"十二五"普通高等教育本科国家级规划教材

金属材料学

（第3版）

强文江　吴承建　主编

北　京
冶　金　工　业　出　版　社
2022

内 容 提 要

本书按照高等学校材料科学与工程、金属材料工程及冶金工程本科专业的“金属材料学”课程教学大纲编写，注重金属材料基本原理的阐述。全书分为4篇，分别介绍了钢铁材料、非铁金属材料、金属功能材料和新型金属材料。为便于学生总结归纳学习内容，各章皆附有内容要点、章末小结、思考题与习题。

本书定位于高等学校金属材料工程专业，以及传统上以金属材料为主或者侧重于金属材料的学校材料科学与工程专业的教学用书，也可供从事金属材料研究、开发与使用的科技、管理及生产人员参考。

图书在版编目(CIP)数据

金属材料学/强文江，吴承建主编．—3版．—北京：冶金工业出版社，2016.9（2022.6重印）

“十二五”普通高等教育本科国家级规划教材

ISBN 978-7-5024-7319-8

Ⅰ.①金…　Ⅱ.①强…　②吴…　Ⅲ.①金属材料—高等学校—教材　Ⅳ.①TG14

中国版本图书馆CIP数据核字(2016)第193399号

金属材料学（第3版）

出版发行　冶金工业出版社　　**电　话**　(010)64027926

地　址　北京市东城区嵩祝院北巷39号　　**邮　编**　100009

网　址　www.mip1953.com　　**电子信箱**　service@mip1953.com

责任编辑　高　娜　宋　良　美术编辑　吕欣童　版式设计　孙跃红

责任校对　孙跃红　责任印制　李玉山

三河市双峰印刷装订有限公司印刷

2000年10月第1版，2009年8月第2版，2016年9月第3版，2022年6月第6次印刷

787mm×1092mm　1/16；31.25印张；755千字；479页

定价66.00元

投稿电话　(010)64027932　投稿信箱　tougao@cnmip.com.cn

营销中心电话　(010)64044283

冶金工业出版社天猫旗舰店　yjgycbs.tmall.com

（本书如有印装质量问题，本社营销中心负责退换）

前言（第3版）

《金属材料学》第2版修订于2009年。作为材料科学与工程专业本科生教材，该书在过去几年里如同其第1版那样继续得到比较广泛的应用。金属材料学科在不断向前发展，需要体现到教材中，使教学工作紧跟学科发展前沿。另外，作为教材，需要不断完善其教学功能。从这两点出发，本次教材修订内容主要包括：新编高熵合金的内容作为第21章；以章为单位增加了简短的内容要点，给出了各章的本章小结内容，并提供了相关的思考题与习题。

这些新增内容，一方面介绍了金属材料及学术思想的新进展，另一方面则希望帮助读者比较准确地把握各章的核心与关键内容，通过思考题与习题引导读者应用已知原理方法解决具体问题，拓展思路。本次修订的指导思想是希望能够更好地引导读者借鉴在金属材料研发和工程应用中已经积累的知识和经验，面向目前和未来的工程需要，思考并大胆地提出解决问题的方法或设想。

参加本书编写工作的人员有：北京科技大学吴承建（第1、3～11、19章）、曾燕屏（第2章）、陈国良（第12、18章）、强文江（第13～17章）、惠希东、陈国良（第20章）、张勇（第21章）。另外，强文江、曾燕屏、郭翠萍共同编写了各章的内容要点、各章小结及思考题与习题。本次修订由强文江、吴承建担任主编。

本书初稿经过北京航空航天大学蒋成保老师和北京科技大学王福明老师审阅，两位老师对教材内容提出了宝贵的修改补充意见。另外，在编写过程中，得到了北京科技大学材料科学与工程学院李长荣、陈冷、王浩、刘国权、杨王玥老师，以及新金属材料国家重点实验室高学绪等老师、杨潇博士等的帮助。他们提供了一些重要的资料并审阅校核了部分内容，在此一并深表感谢。

限于作者水平，教材之中难免存在不足之处，敬请读者批评指正。

编　者

2016年5月

前言（第2版）

《金属材料学》作为普通高等教育“九五”国家级重点教材，自2000年出版以来，经多次重印，被国内多所高等学校选为教材。十年来，金属材料在合金化原理、新型材料、生产工艺和高性能等方面都有重大进展，故迫切需要将这些新进展反映到新修订的第2版教材中来。处于发展前沿的块体金属玻璃更需另辟一章专门介绍。此外，从材料科学与工程、金属材料工程和冶金工程专业课程教学大纲的实际出发，需要增加金属热处理的基本内容。因此，本书新增加了第2章钢的热处理和第20章金属玻璃。在功能材料篇中新增了已经实用化的磁制冷材料、磁阻材料和超大磁致伸缩材料。在非铁金属材料篇中，镁合金作为轻质合金是21世纪飞速发展的新材料，应给予充分重视。

参加第2版编写工作的有：北京科技大学吴承建（第1、3~11、19章），曾燕屏（第2章），陈国良（第12、18章），强文江（第13~17章），惠希东、陈国良（第20章），全书由吴承建担任主编。

《金属材料学（第2版）》的编写过程中，得到了北京科技大学材料科学与工程学院刘国权、王福明、马世才、毛卫民、龙毅老师，以及新金属材料国家重点实验室周寿增、张茂才、高学绪、王艳丽等老师的帮助。他们提供了一些重要的资料并审阅校核了部分内容，在此作者深表感谢。

前言（第1版）

本书作为普通高等教育“九五”国家级重点教材，按照材料科学与工程、金属材料、金属工程、冶金等专业的“金属材料学”课程教学大纲编定，它是我们多年进行材料研究和教学实践的总结。本书着重于金属材料的合金化原理的阐述，并强调了材料的冶金质量问题。其讲授时间为40学时到60学时，可根据不同专业的要求，在内容上有所取舍。本书也可供从事金属材料工作的科技人员参阅。

参加本书编写工作的有：北京科技大学吴承建（第1~10、18章）、陈国良（第11、17章）和强文江（第12~16章）。全书由吴承建担任主编。

目　　录

第2篇 非铁金属材料

第3篇 金属功能材料

第4篇 新型金属材料

绪　论

金属材料是现代文明的基础。从历史的发展来看，人类由石器时代进入青铜器时代，生产力产生了一次飞跃；进入铁器时代，生产力又得到迅猛发展。目前，人类仍处于金属器时期。虽然无机非金属材料、高分子材料的使用量与日俱增，但在可预见的时期内，仍不会改变这种状况。

金属通常分为黑色金属和有色金属两大类。黑色金属通常包括铁及其合金、钢、锰及铬等；有色金属包括轻金属（铝、镁、锂、铍等），重金属（铜、锌、镍、铅等），贵金属（金、银、铂族），稀有金属（钛、锆、钒、钨、钼等）；另外，还有类金属（铀、钍等）等。从总产量来看，钢铁材料的产量占绝对优势，占世界金属总产量的95%，而且具有许多良好的性能，能满足大多数条件下的应用，故用量最大，且价格低廉。在世界金属矿储量中，铁矿资源比较丰富和集中，就世界地壳中金属矿产储量来看，非铁金属矿储量大于铁矿储量，如铁只占5.1%，而非铁金属中铝为8.8%，镁为2.1%，钛为0.6%。非铁金属冶炼较困难，能源消耗大，因而生产成本高，限制了生产总量的增长幅度。而非铁金属所创造的价值高，并且它有着钢铁所不具备的特殊性能，例如比强度高、耐低温、耐腐蚀等，因而非铁金属产量仍在迅速增长。

人类在新石器时代晚期就开始使用天然金属。到公元前3800年，出现人工冶炼的铜器，在两河流域的伊朗、美索不达米亚出现了砷铜器，有的还含有少量镍。我国黄河流域在公元前4000年至公元前3000年早期的仰韶文化晚期出现了铜锌合金。公元前3000年开始进入到青铜时代，在两河流域和黄河流域均出现含锡8%以上的铜锡合金。商、周时期是中国青铜器的鼎盛时期。

自公元前12世纪起，铁器在地中海东岸地区使用日广。到公元前10世纪，铁工具比青铜工具应用更为普遍。公元前8世纪到公元前7世纪，北非和欧洲相继进入铁器时代。我国冶铁技术在春秋末期有很大的突破，公元前八世纪春秋早期（偏晚）进入了液态生铁生产的时期。到战国时期，铁器已经普遍应用在除兵器外的农业、手工业和生活用具，并发明了生铁经退火制造韧性铸铁和以生铁制钢的技术，如生铁固体脱碳成钢、炒钢、炼制软铁、灌钢等。这标志着生产力的重大进步。在战国燕下都出土的大批具有马氏体组织的钢剑，表明此时钢的淬火等热处理工艺已被广泛应用。

中国古代钢铁及非铁金属的生产技术和热处理技术，在明末科学家宋应星所著《天工开物》中有详细的阐述。

现代冶金技术的发展自19世纪中叶的转炉炼钢和平炉炼钢开始。19世纪末的电弧炉炼钢和20世纪中叶的氧气顶吹转炉炼钢及炉外精炼技术，使钢铁工业实现了现代化。在非铁金属冶金方面，19世纪80年代发电机的发明，使电解法提纯铜的工业方法得以实现，开创了电冶金新领域。同时，用熔盐电解法将氧化铝加入熔融冰晶石，电解得到廉价的铝，使铝成为仅次于铁的第二大金属。20世纪40年代，用镁作还原剂从四氯化钛制得纯钛，真空熔炼加工等技术逐步成熟后，钛及钛合金的广泛应用得以实现。同时，其他非铁金属也陆续实现了工业化生产。

工业发展促进了新金属材料的应用。19 世纪末，出现了新型的合金钢，如高速工具钢、高锰钢、镍钢和铬不锈钢，并在 20 世纪发展为门类众多的合金钢体系。与此同时，铝合金、镁合金、铜合金、钛合金和难熔金属及合金等也先后形成工业规模生产。新中国成立后，钢铁工业和有色金属工业有了飞速发展，无论在品种、产量和质量方面都达到新的水平。2014 年，我国钢铁产量超过 7 亿吨，有色金属产量超过 4400 万吨，均稳居世界首位。我国的金属科学研究已跻身于世界先进水平。

人们对金属及其合金的深入研究，在 20 世纪尤其是近半个世纪取得了很大进展，对合金的化学成分、组织结构、生产过程、环境对合金各种性能之间影响的规律已有较充分的了解。在此基础上，不断研制出一系列新的合金和材料，使之造福于全人类。

到目前为止，工业化生产的金属材料可分为：钢铁材料（包括非合金钢、低合金钢、合金钢、高温合金、铸钢和铸铁），非铁金属材料（包括铝合金、镁合金、铜合金、钛合金、锆合金、锌合金等），金属功能材料（包括磁性合金、电性合金、弹性合金、减振合金、形状记忆合金、储氢合金等），以及近代发展起来的金属间化合物材料和金属基复合材料。其中金属功能材料以其特有的各种物理性能，在各种新兴工业中得到广泛应用，其市场和应用前景十分广阔，不断有新型金属功能材料被开发，也是今后相当长时期新材料发展的热点之一。新金属材料（金属间化合物材料、金属基复合材料、金属玻璃和高熵合金）与传统的金属材料相比，体现了一些新的有关材料的构思和应用的前景。

本课程的目的是讲授金属材料的物理冶金问题，使学生掌握金属及合金中的化学成分、组织结构、生产过程、环境对金属材料各种性能的影响的基本规律，并用来分析各种金属材料的化学成分设计、生产、热处理和使用中的问题。本书的总体特点是要阐明原理、总结规律，加强系统性和实用性；在内容上力求少而精，并尽可能反映金属材料研究和发展的新成果；其学科系统是阐述通过加入合金元素来改变金属材料的相组成、显微组织和热处理工艺，以得到各种优异的性能；其次是阐述金属材料的生产过程对质量的影响，如何提高其冶金质量，给学生以全面的质量观点。

在阐述中运用了辩证的分析方法，不同的工作条件要求金属材料具有不同的服役性能，这就需要用不同的显微组织来满足其要求，这样就在其合金化和热处理上各具特点。正由于其矛盾的特殊性，才构成一大类金属材料。这样，读者也容易把握住材料的核心问题，学生一旦有了明确的思路，并掌握了分析问题的方法，就可提高读者分析问题和解决问题的能力。

第1篇

钢铁材料

1 钢铁中的合金相

内容要点：

钢铁中常用合金元素对于Fe-C相图结构、合金相平衡关系及组成相的影响，钢铁中常见的第二相。

在钢铁中加入合金元素，能够改变它的使用性能和工艺性能，得到更优良的或特殊的性能。在使用性能方面，有高的强度与韧性的配合，或高的低温韧性，或高温下有高的蠕变强度、硬度及抗氧化性，或具有良好的耐蚀性。在工艺性能方面，有良好的热塑性、冷变形性、切削性、淬透性和焊接性等。这主要是合金元素加入后改变了钢和铁的组织结构。合金元素的加入产生了合金元素与铁、碳及合金元素之间的相互作用，改变了钢铁中各相的稳定性，并产生了许多新相，从而改变了原有的组织或形成新的组织。这些元素之间在原子结构、原子尺寸及晶体点阵之间的差异，则是产生这些变化的根源。

目前钢铁中常用的合金元素有十几个，分属于元素周期表中不同周期。

第二周期：B、C、N

第三周期：Al、Si、P、S

第四周期：Ti、V、Cr、Mn、Co、Ni、Cu

第五周期：Y、Zr、Nb、Mo

第六周期：La族、Ta、W

1.1 铁基固溶体

铁在加热和冷却过程中产生如下的多型性转变：

$$\alpha\text{-Fe} \underset{A_3}{\overset{912℃}{\rightleftharpoons}} \gamma\text{-Fe} \underset{A_4}{\overset{1394℃}{\rightleftharpoons}} \delta\text{-Fe}$$

钢中的合金元素对 α-Fe、γ-Fe 和 δ-Fe 的相对稳定性及多型性转变温度 A_3 和 A_4 都有极大的影响。合金元素中，在 γ-Fe 中有较大溶解度并能稳定 γ-Fe 的元素，通常称为奥氏体形成元素；而在 α-Fe 中有较大溶解度并使 γ-Fe 不稳定的元素，称为铁素体形成元素。它们对铁多型性转变的影响分为两大类：

（1）使 A_3 温度下降，A_4 温度升高。

这类是扩大 γ 相区的奥氏体形成元素。它包括以下两种情况：

1）开启 γ 相区：如锰、钴和镍与 γ-Fe 可无限固溶，使 δ 和 α 相区缩小。这种类型的相图如图 1-1 所示。

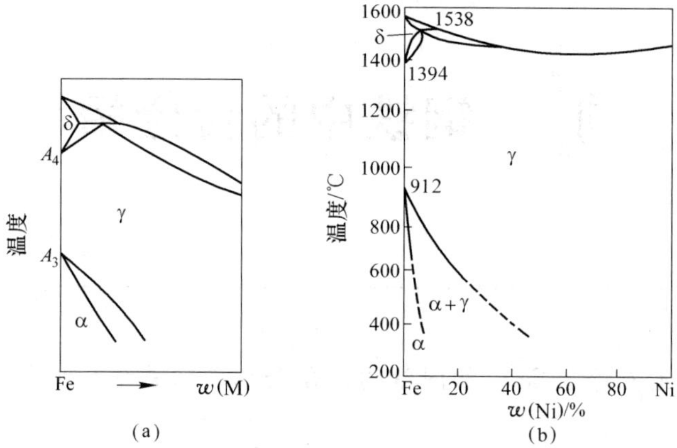

图 1-1　开启 γ 相区类型 Fe-M 相图示意图（a）及 Fe-Ni 相图（b）

2）扩大 γ 相区：如碳、氮和铜，它们虽然使 γ 相区扩大，但与 γ-Fe 有限溶解。其中碳和氮与铁形成间隙固溶体，铜与铁形成代位固溶体。这类相图如图 1-2 所示。

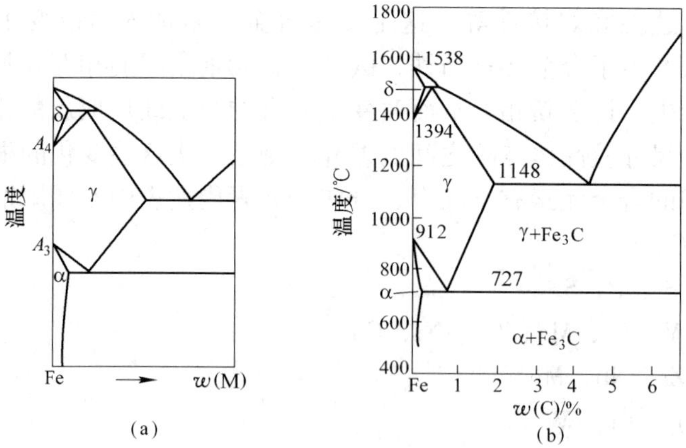

图 1-2　扩大 γ 相区类型 Fe-M 相图示意图（a）及 Fe-C 相图（b）

（2）使 A_3 温度升高，A_4 温度下降。

这类是缩小 γ 相区的铁素体形成元素。它包括以下两种情况：

1）封闭 γ 相区：这类元素使 A_3 温度升高，A_4 温度下降，并在一定浓度处汇合，γ 相

区被 α 相区封闭，在相图上形成 γ 圈，如图 1-3 所示。属于这类元素的有钒、铬、钛、钼、钨、铝、磷、锡、锑、砷等，其中钒和铬与 α-Fe 无限固溶，其余都与 α-Fe 有限溶解。

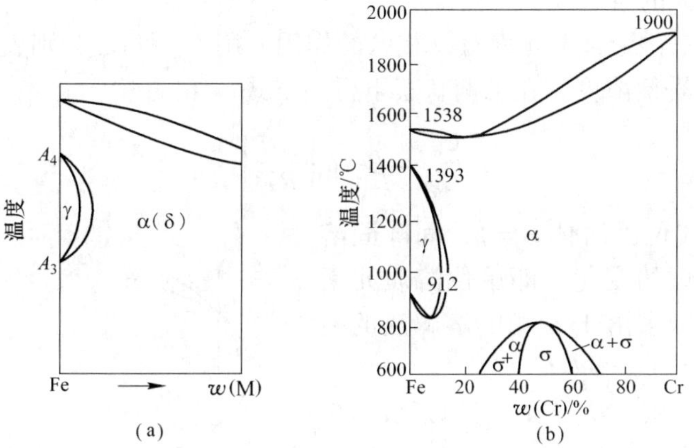

图 1-3　封闭 γ 相区 Fe-M 相图示意图（a）及 Fe-Cr 相图（b）

2）缩小 γ 相区：这类元素与封闭 γ 相区元素相似，但由于出现了金属间化合物，破坏了 γ 圈。属于这类元素的有硼、锆、铌、钽、硫、铈等。这类相图如图 1-4 所示。

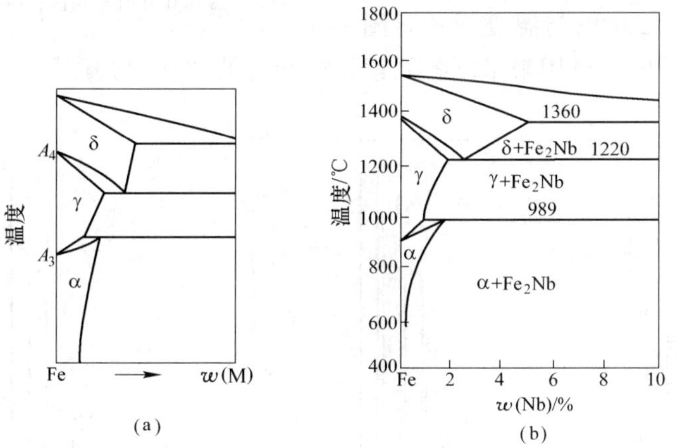

图 1-4　缩小 γ 相区类型 Fe-M 相图示意图（a）及 Fe-Nb 相图（b）

合金元素除碳、氮和硼以外，都与铁形成代位固溶体，它们扩大或缩小 γ 相区的作用与该元素在周期表中的位置有关。有利于扩大 γ 相区的合金元素，其本身具有面心立方点阵或在其多型性转变中有一种面心立方点阵，与铁的电负性相近，与铁的原子尺寸相近。在形成铁基固溶体时，*d* 层电子是主要参加形成固溶体金属键合的电子。以第四周期元素为例，其中过渡族元素由钛到铜，随着原子序数的增高，元素的晶体点阵由体心立方向面心立方转变。其中钛、钒和铬具有体心立方点阵，锰、铁和钴在其多型性转变中都存在面心立方点阵，镍和铜只有单一的面心立方点阵。从其 *d* 层电子数来看，从钛到铜，3*d* 层电子由 2 个增加到 10 个。3*d* 层电子数小于等于 5 的元素是缩小 γ 相区的，如钛（2 个）

和钒（3个）；$3d$层电子数大于等于5的元素是扩大γ相区的，如锰（5个）、钴（6个）、镍（8个）和铜（10个）。介于钒和锰之间的铬（5个）具有过渡性，铬的质量分数在小于7.5%时使A_3下降，大于7.5%时又使A_3上升。Fe-Cr相图中虽然有封闭的γ相区，但铬在γ相区中有较大的溶解度。

可以从热力学来讨论合金元素对γ相区的作用。用C_α和C_γ分别表示在温度T时某元素在α相和γ相的平衡浓度。在平衡状态下得到下式：

$$\frac{C_\alpha}{C_\gamma}=\beta\exp\left[\frac{\Delta H}{RT}\right] \tag{1-1}$$

式中，β为常数，代位固溶体$\beta=1$，间隙固溶体$\beta=3$；ΔH为热焓的变化，即单位溶质元素溶于γ相的溶解热减去溶于α相的溶解热的差值，$\Delta H=H_\gamma-H_\alpha$。

对铁素体形成元素　$H_\alpha<H_\gamma$　所以$\Delta H>0$

对奥氏体形成元素　$H_\alpha>H_\gamma$　所以$\Delta H<0$

由此得到两种最基本的不同类型的平衡图，见图1-5，两者呈镜面反映。图中相平衡边界可由热力学方程来描述。当$\Delta H<0$则$C_\gamma>C_\alpha$，γ相区是开启的；若$\Delta H>0$则$C_\alpha>C_\gamma$，出现了γ圈。作为一级近似，ΔH值与温度无关。图1-6所示为各元素的ΔH值，可用来量度各元素作用能力的“相对强度”。

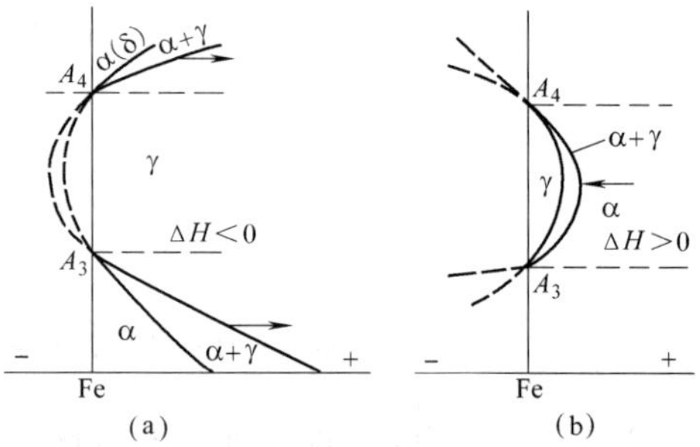

图1-5　两类基本相图

（a）$\Delta H<0$开启γ相区；（b）$\Delta H>0$缩小γ相区

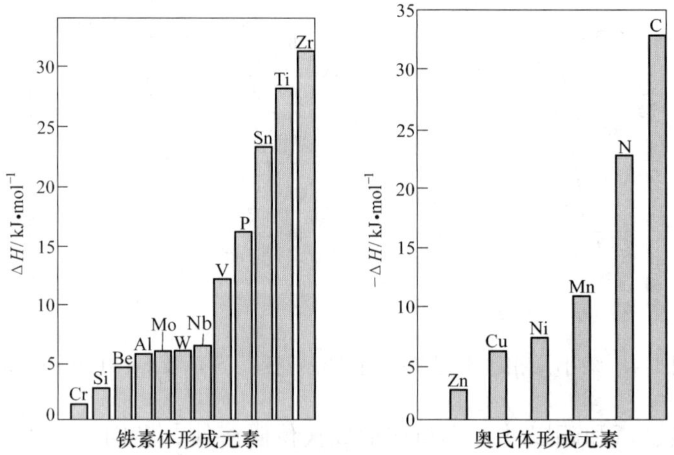

图1-6　各元素的ΔH值

和铁形成代位式固溶体的元素，在铁中的溶解度与该元素所属族、晶体点阵类型、其与铁的电负性和原子尺寸差别有关。锰、钴和镍与γ-Fe无限固溶，铬和钒与α-Fe无限固溶。电负性与铁差别大的元素倾向与铁形成金属间化合物，在钢中都是有限溶解，如铌、铝、硅和磷等元素。

尺寸因素对溶解度起着重要作用。钛、铌、钼和钨等元素由于原子尺寸较大，在铁中的溶解度较小，它们与铁形成尺寸因素化合物——拉维斯相（AB_2 相）。碳、氮和硼在铁中的溶解度主要受畸变能影响。碳和氮与铁形成间隙固溶体，γ-Fe 中八面体间隙比 α-Fe 中的间隙为大，所以碳和氮原子在 γ-Fe 中引起的畸变能小，故在 γ-Fe 中有较高的溶解度，成为扩大 γ 相区的元素，而在 α-Fe 中只有很低的溶解度。硼的原子半径大于碳和氮，硼与铁的原子半径之比为 0.73。硼原子无论与铁形成间隙固溶体或代位固溶体，都会引起较大的畸变能，故硼不论在 γ-Fe 或 α-Fe 中，溶解度都很低。

铜虽处于有利条件之内，但在铁中仅能有限溶解，主要是电子轨道因素起作用。铁基固溶体要求 *d* 层电子参加形成金属键，而铜主要由 *s* 层电子参加结合。铜的 3*d* 层电子已满 10 个，但它可以分解，其中一个 3*d* 层电子可参与铁的金属键结合，故在铁中尚有一定的溶解度。同族的银因 4*d* 层电子很稳定，没有 *d* 层电子参加铁的金属键结合，故银在铁中几乎不溶解。

合金元素在铁中的固溶度见表 1-1。在铁基固溶体中，由于合金元素与铁之间的差异，存在着合金元素的偏聚或短程有序。在 Fe-Cr、Fe-V、Fe-Mo、Fe-Cu 合金中都存在合金元素的原子偏聚。在 Fe-Al、Fe-Si、Fe-Cr-Al 等合金中都存在短程有序。

表 1-1　合金元素在铁中的溶解度

元素	溶解度 w/%		元素	溶解度 w/%	
	α-Fe	γ-Fe		α-Fe	γ-Fe
Co	76	无限	W	33(1540℃),4.5(700℃)	3.2
Ni	10	无限	Al	36	1.1
Mn	约3	无限	Si	18.5	约2
Cu	1(700℃),0.2(室温)	8.5	Ti	约7(1340℃),约2.5(600℃)	0.68
C	0.02	2.06	P	2.8	约0.2
N	0.095	2.8	Nb	1.8	2.0
Cr	无限	12.8	Zr	约0.3	0.7
V	无限	约1.4	B	约0.008	0.018~0.026
Mo	37.5(1450℃),约4(室温)	约3			

1.2　合金元素与钢中晶体缺陷的相互作用

合金中的晶体缺陷有晶界、相界、亚晶界及位错等，这些晶体缺陷区有较高的能量。合金元素和杂质元素溶于合金中，从系统的能量考虑，基于原子的尺寸因素和电子因素，将与这些晶体缺陷产生相互作用。溶质原子与晶界结合形成晶界偏聚，与位错结合形成柯垂耳气团、斯偌克气团。溶质元素在合金中含量虽极微，但因与晶体缺陷的交互作用，使其在缺陷区富集到很高浓度，从而对合金的组织和性能产生巨大的影响，如强化晶界，引发晶界脆性、晶间腐蚀，影响晶界迁移，造成相变时晶体缺陷处形核等。

产生晶界偏聚和柯垂耳气团及斯偌克气团的主要原因是溶质原子与基体原子的弹性作用。晶体点阵发生畸变时需要很大的能量，如把 α-Fe 点阵各向均匀地弹性扩张 10%，所需应力为 15450MPa，相应的畸变能为 62.8kJ/mol。溶质原子在完整晶体内引起的畸变能很高，因此比基体原子大或小的溶质原子将从晶内迁移到晶界、相界和位错等缺陷区。较基体原子大的代位原子趋向于点阵缺陷区膨胀区域，较基体原子小的代位原子趋向于缺陷周围受压缩的区域，间隙原子趋向于缺陷区膨胀的点阵间隙位置，这样可以使点阵畸变松弛，从而降低系统的内能。所以，这种偏聚过程是自发进行的。

McLean 考虑到溶质原子在晶界区和晶内所引起的组态熵，导出了晶界溶质元素偏聚量 x_b 的普遍表达式：

$$\frac{x_b}{x_{b0} - x_b} = \frac{x_c}{1 - x_c}\exp\left(\frac{E}{RT}\right) \tag{1-2}$$

式中，x_{b0}为溶质在晶界区的饱和偏聚量；E 为溶质原子在晶内和晶界区引起畸变能之差，即晶界偏聚的驱动力；x_c 为溶质在基体晶内的溶解量。

若用 c_g 表示晶界区的溶质偏聚浓度，c_0 表示溶质在基体晶内的浓度，上式经过简化，可改写成：

$$c_g = c_0\exp\left(\frac{E}{RT}\right) \tag{1-3}$$

影响晶界偏聚的因素，首先是溶质元素引起的 E 值。E 为正值。一般情况下，从溶质和基体原子尺寸差引起的畸变能来估计 E 值，$E = 0 \sim 20$kJ/mol。溶质原子与基体原子的原子半径（或间隙尺寸）差别越大，E 值也越大，其晶界偏聚富集系数也越高。溶质元素的晶界富集系数 $\beta = \frac{x_b}{x_c} = \frac{c_g}{c_0}$，它表示溶质的晶界偏聚倾向，是溶质元素在基体中的固溶度的函数。固溶度是合金尺寸因素和电子因素的综合反映。固溶度越小，其合金系晶界偏聚也越显著。

温度能影响溶质在晶界的偏聚浓度。假定在一定温度范围内 E 值不随温度改变，随着温度的降低，c_g/c_0 值越来越大，即晶界偏聚浓度越来越高；反之，会减小、降低。

晶界偏聚是个扩散过程，只有在溶质原子能扩散的温度范围才能发生，并需要一定时间才能达到该温度下溶质的晶界平衡偏聚浓度。氢原子扩散激活能小，在0℃以下就在钢中显著扩散，并形成柯垂耳气团。碳、氮原子需要在室温附近才产生晶界偏聚和柯垂耳气团，而磷原子在350℃以上，钼、铌原子在500℃以上，才能发生明显的晶界偏聚。

应该指出，由于晶界区的宽度窄，故溶质原子在晶界偏聚宽度也在纳米级，如钢中磷的晶界偏聚宽度在6nm，锑的晶界偏聚宽度约7nm。从原子尺寸因素考虑，并非晶界区所有区域都能接纳有尺寸差的溶质原子，只有与完整晶体内原子间距偏差 Δa 达到一定临界值的晶界区，才能接纳这些代位溶质原子，这样在晶界区引起的畸变能才最小。

第一种溶质元素的晶界偏聚还受到第二种溶质元素的影响，它们之间在晶界的相互作用有以下几方面：第一种是各晶界偏聚元素间的晶界位置的竞争作用，引起 E 值大的溶质元素优先发生偏聚，如铈的晶界偏聚倾向大于磷；第二种是影响晶界偏聚速度，如铈能减慢锑在铁晶界的偏聚速度；第三种是影响晶界偏聚元素在晶内的溶解度，如镧与磷和锡在晶内沉淀，降低了磷和锡在晶内的浓度；第四种是溶质元素之间发生强相互作用，即共偏聚作用，如镍、铬、锰与磷、锡、锑共偏聚而促进淬火钢的回火脆性。

1.3 钢铁中的碳化物和氮化物

碳化物和氮化物是钢铁中的重要组成相，其类型、成分、数量、尺寸大小、形状及分布对钢的性能有极重要的影响。碳化物和氮化物与纯金属相比，具有高硬度、高弹性模量和脆性，并具有高熔点。这种强的内聚力，很大程度上是由于碳原子中的 p 电子和金属原子中的 d 电子间形成的强共价键。各种碳化物和氮化物的硬度和熔点见表 1-2 和表 1-3。

表 1-2 各种碳化物的硬度和熔点

碳化物	TiC	ZrC	NbC	VC	WC	Mo_2C	$Cr_{23}C_6$	Cr_7C_3	Fe_3C
HV	3200	2890	2400	2094	2200	1500	1650	1700	860
$T_{熔}$/℃	3150	3530	3500	2830	2867	2600（分解）	1520（分解）	1780（分解）	1650

表 1-3 各种氮化物的硬度和熔点

氮化物	TiN	ZrN	NbN	VN	WN	Mo_2N	CrN	AlN
HV	1994	1988	1396	1520	—	630	1093	1230
$T_{熔}$/℃	2950	2980	2300	2360	800（分解）	—	1500	2400

碳化物和氮化物在钢中的稳定性取决于金属元素与碳、氮亲和力的大小，主要取决于其 d 层电子数。d 层电子愈少，则金属元素与碳、氮的结合强度愈大，在钢中的稳定性也愈大。也可以用生成热 $-\Delta H$ 值来比较，生成热绝对值愈高，其稳定性也愈高。这些碳化物和氮化物的生成热见图 1-7。其中钛、锆、铪的碳化物和氮化物的生成热最高，其次是钒、铌、钽，再次是钨、钼、铬，最低是锰和铁。

过渡族金属元素可依其与碳的结合强度的大小分类。钛、锆、铌、钒是强碳化物形成元素；钨、钼、铬是中等强度碳化物形成元素；锰和铁属于弱碳化物形成元素。根据过渡族金属与氮的结合强度分类，钛、锆、铌、钒为强氮化物形成元素，钨、钼是中强氮化物形成元素，铬、锰、铁属于弱氮化物形成元素。间隙化合物愈稳定，它们在钢中的溶解度愈低。

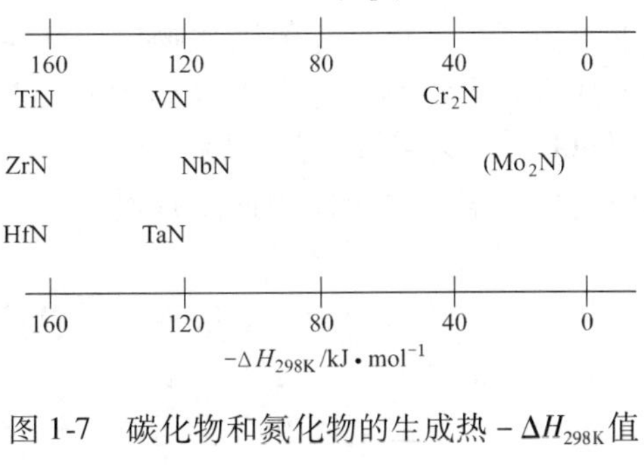

图 1-7 碳化物和氮化物的生成热 $-\Delta H_{298K}$ 值

过渡族金属的碳化物和氮化物中，金属原子和碳、氮原子相互作用排列成密排或稍有畸变的密排结构，形成由金属原子亚点阵和碳、氮原子亚点阵组成的间隙结构。这些金属亚点阵与形成它们的金属点阵不同，但仍属于典型的面心立方、体心立方、密排六方或复杂结构。若金属亚点阵间隙足够大，可容纳非金属碳、氮原子时，就形成简单密排结构。所以，过渡族金属原子的原子半径 r_M 和非金属碳、

氮原子半径 r_x 的比值 r_x/r_M 决定了形成简单密排还是复杂结构。一般来讲，当 $r_x/r_M<0.59$ 时，形成简单密排结构的间隙化合物；当 $r_x/r_M>0.59$ 时，形成复杂结构的间隙化合物。碳的原子半径 $r_C=0.077$nm，氮的原子半径 $r_N=0.071$nm，氮原子半径小于碳原子半径，故 r_N/r_M 均小于0.59，r_C/r_M 只有钒、钛、锆、铌、钽、钼、钨等小于0.59，而铬、锰等均大于0.59。这就决定了氮化物均具有简单密排结构，而碳化物中只有Ⅳ族（Ti、Zr、Hf）、Ⅴ族（V、Nb、Ta）和Ⅵ族（Mo、W）具有简单密排结构，而Ⅵ族（Cr）、Ⅶ族（Mn）和Ⅷ族（Fe）具有复杂密排结构。

形成面心立方点阵（NaCl 型）的密排结构的有Ⅳ族（Ti、Zr、Hf），Ⅴ族（V、Nb、Ta）的碳化物（MC）和氮化物（MN）及某些钼、钨、铬、锰、铁的氮化物，如 Mo_2N、W_2N、CrN、γ'-Fe_4N、MnN、ε-Mn_2N 等。当碳、氮原子达到饱和值时，金属原子与非金属原子数的比达到化学剂量比，但碳、氮原子常有缺位，小于化学剂量值。形成六方点阵密排结构的有 TaN、WN、MoN、Cr_2N、Mn_2N、ε-$Fe_{2\sim3}N$ 等。

具有复杂密排结构的有铬、锰、铁的碳化物，其中具有复杂立方点阵的有 $M_{23}C_6$ 型的 $Cr_{23}C_6$ 和 $Mn_{23}C_6$；具有复杂六方点阵的有 M_7C_3 型的 Cr_7C_3 和 Mn_7C_3；具有正交点阵的有 M_3C 型的 Cr_3C_2、Mn_3C 和 Fe_3C。

在 Fe-M-C 三元系中，还存在三元碳化物，如 Fe-W-C 和 Fe-Mo-C 系中出现复杂立方点阵的 M_6C 型碳化物，如 Fe_3W_3C（或 Fe_4W_2C）和 Fe_3Mo_3C（或 Fe_4Mo_2C），以及 $M_{23}C_6$ 型的 $Fe_{21}W_2C_6$ 和 $Fe_{21}Mo_2C_6$，它们与 $Cr_{23}C_6$ 具有同样的复杂立方点阵。

当钢中存在多种过渡族金属元素时，存在着复合碳化物和复合氮化物，在满足点阵类型、电化因素和尺寸因素三条件时，其中金属原子可互相置换，如 TiC-VC 系形成(Ti,V)C，VC-NbC 系形成(Nb,V)C，TiN-VN 系形成(Ti,V)N 等。否则就是有限溶解，如渗碳体 Fe_3C 中可溶解的元素的质量分数分别为 $w(Cr)=28\%$，$w(Mo)\leqslant14\%$，$w(W)=2\%$，$w(V)\leqslant3\%$，形成合金渗碳体；$Cr_{23}C_6$ 中可溶解铁($w(Fe)=25\%$)以及钼、钨、锰、镍等元素，形成$(Cr、Fe、W、Mo、Mn)_{23}C_6$ 复合碳化物。

氮化物和碳化物之间也可互相溶解，形成碳氮化物。如氮可置换$(Cr,Fe)_{23}C_6$ 中的部分碳原子，形成$(Cr,Fe)_{23}(C,N)_6$，含钒、钛、铌微合金钢中可形成 Ti(C,N)、V(C,N)和Nb(C,N)。

此外，冶炼中钢液需用铝脱氧，因而存在铝的氮化物 AlN。铝非过渡族金属，故 AlN 不属于间隙相，它具有 ZnS 结构的密排六方点阵，氮原子不处于铝原子之间的间隙位置。

当钢中有多种合金元素共存时，会出现多种碳化物、氮化物或碳氮化物并存的状态。一般根据其与碳或氮结合力的强弱而异，强的碳化物形成元素优先与碳结合，形成自己的碳化物，然后才形成较弱的碳化物；而较弱的碳化物形成元素的存在也会降低强碳化物在钢中的稳定性。反之，强碳化物形成元素也能部分溶于较弱的碳化物，并提高其在钢中的稳定性。如含钒钢中加入 Mn($w(Mn)\geqslant1.4\%$)，使 VC 大量溶于奥氏体的温度从 1100℃降低到 900℃。又如钒、钨、钼、铬溶于 Fe_3C，形成的合金渗碳体$(Fe,M)_3C$ 比 Fe_3C 有较高的稳定性，溶入奥氏体的速度减慢。

1.4 钢中的金属间化合物

钢中合金元素之间和合金元素与铁之间相互作用，可以形成各种金属间化合物。过渡族金属形成的二元和三元金属间化合物见表1-4。合金钢中比较重要的金属间化合物有σ相、AB_2 相（拉维斯相）及 AB_3 相（有序相），下面分别讨论。

表1-4 过渡族金属形成的二元和三元金属间化合物

B组元	A组元								
	Ⅳ族（4*e/a*）			Ⅴ族（5*e/a*）			Ⅵ族（6*e/a*）		
	Ti	Zr	Hf	V	Nb	Ta	Cr	Mo	W
Mn （7*e/a*）	AB_2 χ σ	AB_2 χ	AB_2 χ	AB χ σ	AB_2 χ	AB_2 χ	χ σ	χ σ	χ
Fe （8*e/a*）	AB_2 AB χ(Cr)	AB_2	AB_2	AB χ σ	AB_2 σ	AB_2	σ	AB_2 μχ(G) σ	AB_2 μ
Co （9*e/a*）	AB_2 AB G(Si)	AB_2 AB G(Si)	AB_2 AB G(Si)	AB_2 χ σ	AB_2 G(Si)	AB_2 G(Si)	σ	AB_2 μ σ	AB_2 μ
Ni （10*e/a*）	AB_3(γ′) AB_3(η) AB G(Si)	G(Si)	G(Si)	AB_3 χ(Si) σG(Si)	AB_3 μ G(Si)	AB_3 μ G(Si)	σ(Si)	AB_3	

注：*e/a*：电子浓度；μ相：A_6B_7；（ ）：由第三组元Cr或Si加入而稳定；G相：$A_6B_{16}Si_7$。

1.4.1 σ相

在高铬不锈钢、铬镍及铬锰奥氏体不锈钢、高合金耐热钢及耐热合金中，都会出现σ相。伴随着σ相的析出，钢和合金的塑性和韧性显著下降，脆性增加。σ相具有高硬度，在Fe-Cr合金中，σ相的硬度为1100kg/mm²。σ相属正方晶系，单位晶胞中有30个原子，其点阵常数 $a=b\neq c$，点阵常数 $a=0.8808$nm，$c=0.4568$nm。周期表中第一长周期的第七族和第八族过渡族金属与周期表中第五族和第六族能形成σ相，如Cr-Mn、Cr-Fe、Cr-Co、Mo-Mn、Mo-Fe、Mo-Co、W-Fe、W-Co、V-Mn、V-Fe、V-Co、V-Ni等系。第二长周期的第八族与第五族和第六族也能形成σ相。

在二元系中，形成σ相的条件是：(1) 原子尺寸差别不大，尺寸差别最大的W-Co系σ相，其原子半径差为12%；(2) 钢和合金的“平均族数”（或 $s+d$ 层电子浓度）在5.7~7.6范围。形成σ相与组元之间的尺寸因素和电子因素都有关。如Cr-Fe系σ相含铬43.5%~49%（600℃），“平均族数”为7.1~7.0；V-Fe系σ相含钒37%~57%“平均族数”为7.3~6.9；Cr-Mn系σ相含铬19%~24%（800℃），“平均族数”为6.84~6.78。

为避免在合金中出现σ相，考虑到电子因素对形成σ相的作用，用元素的电子缺位数 N_V 来进行合金设计。N_V 是基于接受磁性数据和结合键数据的 d 层电子缺位数的概念。根据实验，铁、钴、镍的 d 层电子缺位数分别为2.66、1.71、0.66。在计算合金的总 $\overline{N_V}$ 值时，从合金成分中扣除沉淀相所占有元素含量，求得基体中各元素的摩尔分数，按下式计算合金总$\overline{N_V}$值。

$$\overline{N_V} = 0.66x(\mathrm{Ni}) + 1.71x(\mathrm{Co}) + 2.66x(\mathrm{Fe}) + 3.66x(\mathrm{Mn}) + 4.66x(\mathrm{Cr+Mo+W}) + 5.66x(\mathrm{V+Nb+Ta}) + 6.66x(\mathrm{Ti+Si}) + 7.66x(\mathrm{Al}) \quad (1\text{-}4)$$

根据大量工业合金计算的结果，合金的$\overline{N_V}<2.52$，则不出现σ相。对铁基和钴基合金，当$\overline{N_V}\approx 2.7$时出现σ相。$\overline{N_V}$值只是常用的表示电子因素的一种方法。

1.4.2 AB_2 相（拉维斯相）

含钨、钼、铌和钛的复杂成分耐热钢和耐热合金中，均存在AB_2相。它是现代耐热钢和合金中的一种强化相。其组元A的原子直径d_A和第二组元B的原子直径d_B之比$d_A : d_B = 1.2 : 1$。AB_2相的晶体结构有三种类型：$MgCu_2$型复杂立方点阵，$MgZn_2$型复杂六方点阵和$MgNi_2$型复杂六方点阵。

AB_2相是尺寸因素起主导作用的化合物，但它具有哪一种点阵，则受电子浓度的影响。周期表中任何两族金属元素，只要符合原子尺寸$d_A : d_B = 1.2 : 1$时，都能形成AB_2相。过渡族金属元素间形成的AB_2相随着B组元原子族数的增高，AB_2相的晶体结构发生了由立方→六方→立方的转变。过渡族金属的AB_2相的“平均族数”均不超过8，最高值为$TaCo_2$的$7\frac{2}{3}$。

在AB_2相点阵中，尺寸小的B原子组成四面体，尺寸大的A原子位于四面体中心。在钢和合金中主要的AB_2相是具有复杂六方结构的$MgZn_2$型，它们是$MoFe_2$、WFe_2、$NbFe_2$、$TiFe_2$。多元合金中出现复合的AB_2相中，尺寸小的合金元素铁、锰、铬、镍处于B原子的位置，而尺寸大的合金元素钨、钼、铌、钛处于A原子的位置。铁基合金中存在复合AB_2相，如$(W,Mo,Nb)(Fe,Ni,Cr)_2$。

1.4.3 AB_3 相（有序相）

钢和合金中使用着多种有序结构的相，它们各组元之间尚不能形成稳定的化合物，处于固溶体到化合物之间的过渡状态。其中一部分有序相的有序无序转变温度较低，超过了就形成无序固溶体，如Ni_3Fe、Ni_3Mn等；另一部分其有序状态可保持到熔点，更接近金属间化合物，如Ni_3Al、Ni_3Ti、Ni_3Nb。这里着重讨论Ni_3Al一类有序相。

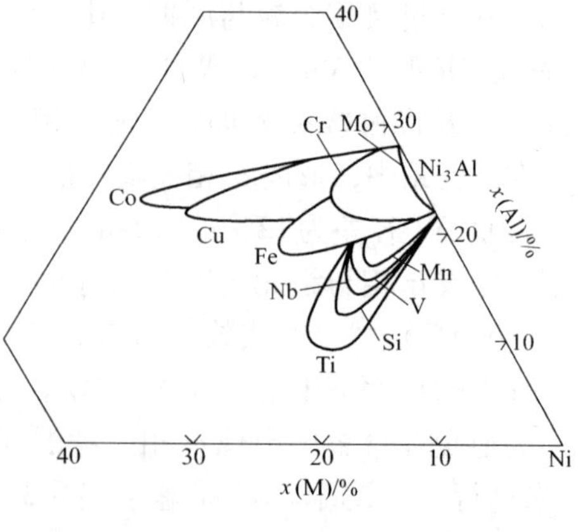

图1-8 Ni_3Al中可溶解其他合金元素的范围（1150℃）

γ′-Ni_3Al为$L1_2$型结构，属面心立方结构，在复杂成分耐热钢和耐热合金中，γ′-Ni_3Al是重要的强化相，它可溶解多种合金元素，见图1-8。电负性和原子半径与镍相近的钴和铜可大量置换镍原子。电负性和原子半径与铝相近的元素可置换铝原子，如钛、铌、钨。另一些元素如铁、铬和钼，其电负性与镍有一定差别，在与镍的二元合金中形成有序固溶体 Ni_3Fe、Ni_3Cr 和 Ni_3Mo，它们既可置换镍，又可置换铝。钒、锰、硅等与镍的电负性差较大，与铝接近，与镍形成有序固溶体 Ni_3V、Ni_3Mn、Ni_3Si，在 Ni_3Al 中置换铝。

Ni_3Al 的点阵常数随溶入不同合金元素而变化，点阵常数在 0.356～0.360nm 范围。原子半径较大的钛、铌等，溶入后点阵常数有所增加，钛可置换 Ni_3Al 中 60% 的铝原子，铌可置换 40% 的铝原子。在耐热合金中，γ'-Ni_3Al 中溶解的 Al/Ti 和 Al/Nb 值对持久强度有很大的影响。

1.5 铁碳相图及合金元素的影响

1.5.1 铁碳相图

铁碳相图 1-9 表示稳定系（Fe-C 系）和亚稳系（Fe-Fe_3C 系）在不同碳含量、温度状态下所呈现的相之间的平衡，它提供了钢铁材料在铸造、热加工和热处理时的重要依据。钢是碳含量 w(C) 小于 2.11% 的铁碳合金，而碳含量 w(C) 在 2.11% 以上的铁碳合金称为铸铁。

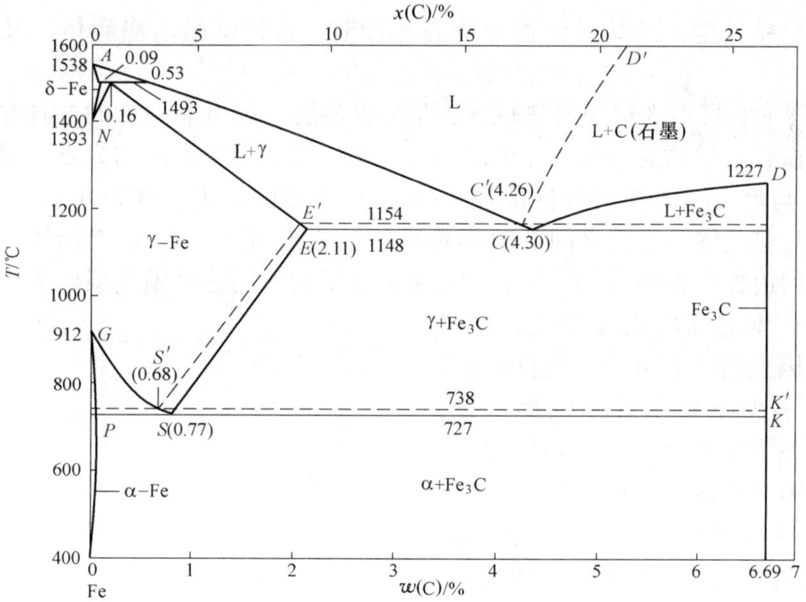

图 1-9 Fe-C 系稳定相图（虚线）及 Fe-Fe_3C 系亚稳定相图

在铁碳相图中有 3 个三相反应。包晶反应 L + δ →γ(1493℃)。共晶反应 L →γ + C(石墨)(稳定系 1154℃)，共晶反应 L → γ + Fe_3C(亚稳系 1148℃)。共析反应 γ →α + C(石墨)(稳定系 738℃)，共析反应 γ →α + Fe_3C(亚稳系 727℃)。其中 α 固溶体又称为铁素体，γ 固溶体又称为奥氏体，δ 固溶体又称为 δ 铁素体。在相图中涉及 Fe_3C 和石墨参与平衡的相线，其中实线为 Fe-Fe_3C 系，虚线为 Fe-C(石墨)系。

亚稳系 $Fe\text{-}Fe_3C$ 相图是应用最多的部分，其中有几个常用的特性点。A 是铁的熔点 1538℃，N 为 γ-Fe 与 δ-Fe 同素异构转变点（A_4）1393℃，G 为 α-Fe 与 γ-Fe 同素异构转变点（A_3）912℃，E 为碳在奥氏体中最大溶解度点（$w(C)=2.11\%$）1148℃，S 为共析点（A_1）$w(C)=0.77\%$，P 为碳在铁素体中最大溶解度 $w(C)=0.0218\%$。其中 GS 线为不同碳含量 $w(C)\leqslant 0.77\%$ 时 $\alpha+\gamma$ 两相区与 γ 单相区的平衡温度线。ES 线为碳含量 $w(C)=0.77\%\sim 2.11\%$ 范围 $\gamma+Fe_3C$ 两相区与 γ 单相区平衡温度线。在 $w(C)=0.77\%$ 的共析合金从单相 γ 区奥氏体组织冷却时低于共析温度 727℃ 发生共析转变形成 $\alpha+Fe_3C$ 的共析体，被命名为珠光体，这个成分的钢称为共析钢。碳含量低于 S 点的钢的显微组织是 α + 珠光体，其中的 α 称为先共析铁素体，而具有先共析铁素体 + 珠光体组织的钢称为亚共析钢。平衡态的亚共析钢的碳含量越接近共析成分，其组织中珠光体的体积分数越高，并可用杠杆定律来计算。当钢中碳含量 $w(C)$ 在 $0.77\%\sim 2.11\%$ 范围内时，平衡态的组织为 Fe_3C + 珠光体，其中的 Fe_3C 为二次渗碳体，又称为先共析渗碳体。这类钢称为过共析钢。

碳含量在共晶成分的铁碳合金在凝固时得到 $\gamma+Fe_3C$ 的共晶体，称为莱氏体，属于共晶生铁，其中 γ 相（奥氏体）在随后冷却时析出二次渗碳体，当冷却到 727℃时，共晶奥氏体的碳含量降至 $w(C)=0.77\%$，转变生成珠光体。在室温平衡组织称为变态莱氏体。碳含量在 E 和 C 点之间的铁碳合金属于亚共晶生铁。而碳含量 $w(C)$ 在 $4.30\%\sim 6.69\%$ 之间是过共晶生铁。这类过共晶生铁由液态冷却时，首先结晶出渗碳体，又称为一次渗碳体。

铁碳相图的相区边界标明了各种碳含量的铁碳合金中可能发生的各种相转变的温度值，又称为临界温度或临界点。在钢的热处理中，有三个重要的临界点，对应于铁素体-渗碳体相区与奥氏体-铁素体相区或奥氏体-渗碳体相区的边界称为 A_1，对应于铁素体-奥氏体相区与奥氏体单相区之间的边界称为 A_3，而对应于渗碳体-奥氏体相区与奥氏体单相区之间的边界称为 Ac_m。A_1、A_3、Ac_m 是处于平衡态的临界温度或临界点，而实际热处理操作时，钢的临界温度是受扩散过程所控制，因此在不同的加热速度或冷却速度下，多少或高或低于临界温度，这就是热滞现象。为表示加热或冷却速率的影响，用符号 Ac 和 Ar 分别表示在加热或冷却时的临界温度。图 1-10 表示铁碳合金中在加热或冷却时相转变的临界温度，即 Ac_1、Ac_3、Ac_{cm} 和 Ar_1、Ar_3、Ar_{cm}。但通常 Ac_{cm} 与 Ar_{cm} 只写成 Ac_m，不再加注加热或冷却的字母。这些临界温度是随加热或冷却速度而改变，加热或冷却速度越大，这些临界温度偏离平衡点也越远。通常热处理手册中所给出的临界温度均是以 30～50℃/h 的加热或冷却速度所测定的。

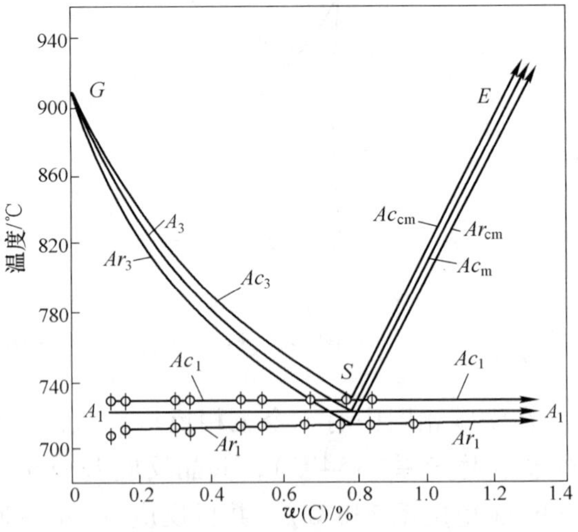

图 1-10 加热和冷却速度为 0.125℃/min 时铁碳合金相图中 A_1、A_3、Ac_m 临界点的位移

1.5.2 合金元素对钢临界点的影响

合金元素对碳钢的重要影响是改变临界点的温度和含碳量，使合金钢和铸铁的热处理制度不同于碳钢。

扩大γ相区的奥氏体形成元素镍、锰、铜、氮等使 A_3 温度下降，因而使 Fe-C 相图中的 A_3 和 A_1 的温度下降。锰对 Fe-C 相图中 A_3 和 A_1 的影响见图 1-11。只有钴例外，它使 Fe-C 相图中 A_3 和 A_1 升高。

缩小γ相区的铁素体形成元素钼、钨、硅、铝、铌、钒、钛等将使 A_3 温度升高。钼的影响见图 1-12，钼使 A_3 和 A_1 温度升高，且使γ相区缩小，其质量分数高于 8.2%，使单相γ区消失。各缩小γ相区元素使γ单相区消失的临界浓度，钨为 12%，硅为 8.5%，钒为 4.5%，钛为 1%，而铬可达 20%。合金元素对共析温度和共析含碳量的影响见图 1-13 和图 1-14。扩大γ相区的元素（如镍、锰）均降低 A_1 温度，缩小γ相区的元素均使 A_1 温度上升。对共析含碳量，所有的合金元素均降低共析含碳量。只有钨、钼、铬当其含量高，出现特殊碳化物时，所形成共析组织的含碳量稍有升高。由此可知，判断合金钢的平衡组织属于亚共析、共析还是过共析，要根据 Fe-C-M 三元系和多元系相图来分析。

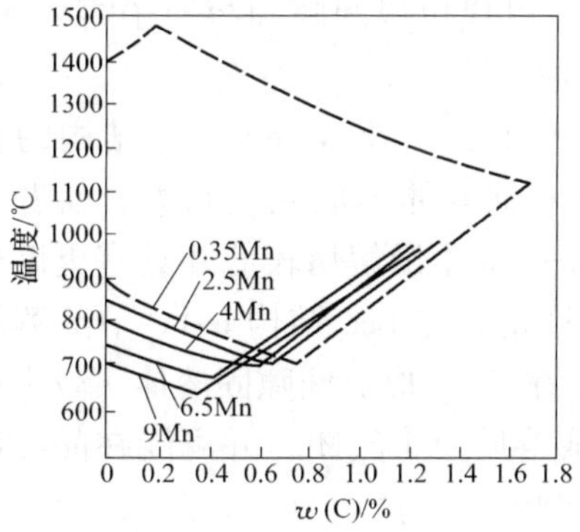

图 1-11　锰对 Fe-C 相图γ相区的影响

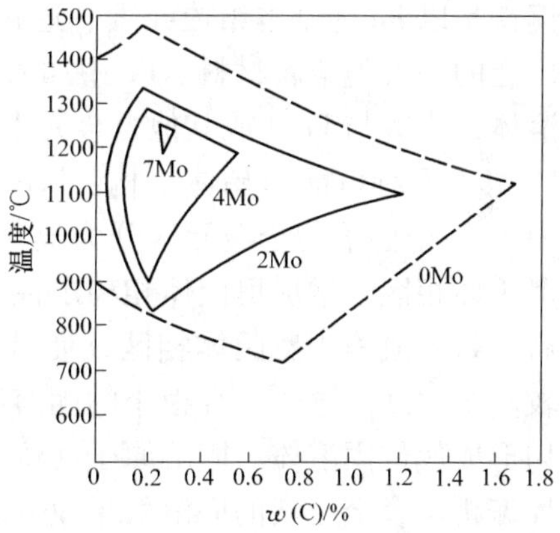

图 1-12　钼对 Fe-C 相图γ相区的影响

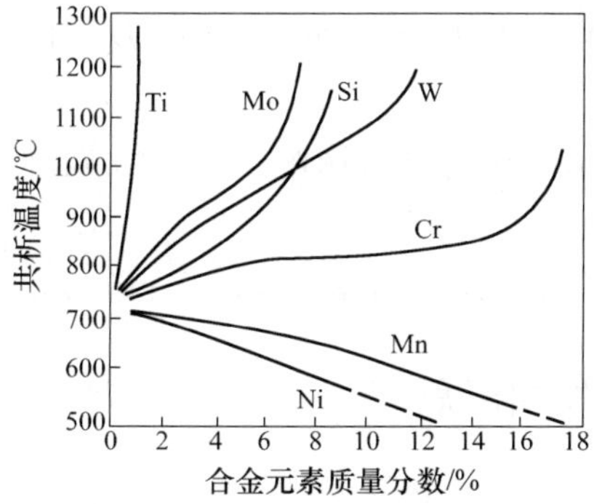

图 1-13　合金元素对共析温度的影响

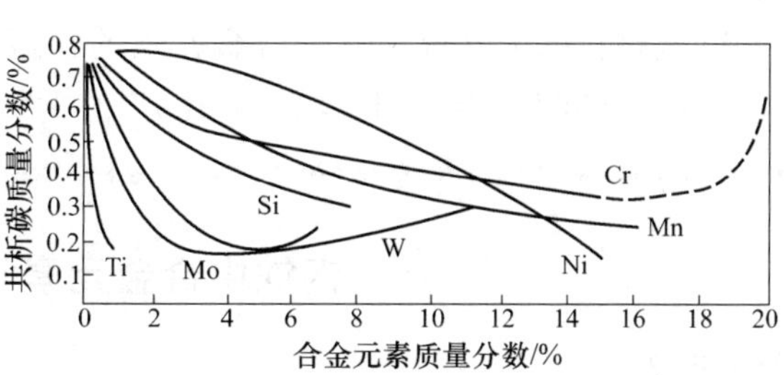

图 1-14　合金元素对共析含碳量的影响

1.5.3 Fe-C-M 三元系

铁、碳和合金元素的三元系，由于合金元素类型不同，出现不同的碳化物相。

1.5.3.1 铁-碳-碳化物形成元素组成的三元系

Fe-C-M 系中，M 为强碳化物形成元素时，仅出现 MC 型和 Fe_3C 型碳化物，如钛、锆、铌、钒、钽，而钽还出现 M_2C 型碳化物。当 M 为中强碳化物形成元素时，出现 MC、M_2C、$M_{23}C_6$、M_6C 及 Fe_3C 型五种碳化物，如钨和钼，而 Fe-C-Cr 系中出现 M_3C_2、M_7C_3、$M_{23}C_6$ 及 Fe_3C 型四种碳化物。弱碳化物形成元素锰与铬相似，出现 M_7C_3、$M_{23}C_6$ 和 M_3C 型三种碳化物。

1.5.3.2 铁-碳-非碳化物形成元素组成的三元系

由于非碳化物形成元素在钢中不形成本组元的特殊碳化物，所以 Fe-C-M 系中在富铁区仅出现 Fe_3C 型碳化物，如镍、钴、铝、硅、磷等元素。

本 章 小 结

****

钢铁是以 Fe 为基本组成元素、通过添加多种合金元素而形成的合金，是工程上应用最为广泛的一大类金属材料。Fe 中加入的合金元素，以代位或间隙固溶原子溶入 Fe 中形成固溶体，或者与 Fe（或其他合金元素）形成第二相。

Fe 具有两种可能的晶体结构：bcc 结构的铁素体（α-Fe 及 δ-Fe）、fcc 结构的奥氏体（γ-Fe）。Fe 中固溶的合金元素分为奥氏体形成元素和铁素体形成元素两类。前者开启或扩大奥氏体相区，增加奥氏体相稳定性，在 fcc 结构 γ-Fe 中溶解焓较低并具有更高的溶解度；后者封闭或缩小奥氏体相区，使铁素体相更加稳定，在 bcc 结构 α-Fe 中溶解焓较低并有较高溶解度。原子半径很小的固溶原子 C、N 等在 Fe 中形成间隙固溶体，较大的固溶原子均形成代位固溶体。固溶原子在位错线周围形成溶质原子气团，并可能在晶界区域存在晶界偏析。合金元素的固溶效果改变基体的强度与塑性。

合金元素可能与 Fe 以及其他的合金元素形成多种化合物或有序相，成为钢铁中的第二相，最常见的是渗碳体。简单的化合物或有序相为二组元相，多元合金中往往是复合型的，即同类型二元相互溶的固溶体，或者同类型组元互相替代的化合物。钢铁中第二相的成分、结构、性能等都显著不同于铁的固溶体相，对材料的强度、硬度、塑性及韧性产生显著影响。

钢铁材料的力学性能，受合金元素的固溶效应与第二相的显著影响，能够大幅度改变从而适应不同的工程应用需求。

****

钢铁中合金元素与化合物相汇总

固溶元素

间隙固溶元素：C、N、B，H；其余为代位固溶元素稳定奥氏体相的合金元素：

开启奥氏体相区：Mn，Ni，Co；扩大奥氏体相区：C，N，Cu

稳定铁素体相的合金元素：

封闭奥氏体相区：Al，Ti，V，Cr，W，Mo；P，As，Sb，Sn

缩小奥氏体相区：Zr，Nb，Ta，Ce；B，S 等

化合物

渗碳体：Fe_3C

碳化物：MC（M = Ti，Zr，Nb，V，Ta，W），M_2C（M = Mo，Ta），M_7C_3，M_3C，$M_{23}C_6$（M = Cr），M_6C

氮化物：TiN，ZrN，NbN，VN，CrN，AlN，WN，Mo_2N 等

复合碳化物：$(Cr,Fe,W,Mo,Mn)_{23}C_6$；合金渗碳体 $(Fe,M)_3C$（M = V，W，Mo，Cr）

碳氮化物：Ti(C，N)，V(C，N)，Nb(C，N)；$(Cr,Fe)_{23}(C,N)_6$ 等

金属间化合物：

拉维斯(Laves)相：AB_2 相（A = Mo，W，Nb，Ti；B = Fe；Ni，Cr，Mn），（$MgZn_2$ 型结构）

复合拉维斯相：$(Mo,W,Nb)(Fe,Ni,Cr)_2$ 等

AB_3 有序相：Ni_3M 相（M = Al，Nb，Ti；Fe，Cr，Mn，V，Mo，Si）

σ 相；μ 相；χ 相；G 相

****

思考题与习题

1-1 金属 Fe 作为钢铁材料的基本组元，从熔融态开始，在温度降低时会发生哪些相变，各相的晶体结构如何，相变的温度分别是多少？

1-2 图 1-10 中给出了 Fe-C 二元合金相图的三个临界温度 A_1、A_3 和 Ac_m，它们对于热处理调节控制钢的微观组织和性能至关重要。请问它们是如何定义的？加热和冷却过程中，临界温度会发生什么变化，如何标记？你认为什么原因导致加热和冷却过程的温度差？

1-3 以一种奥氏体形成元素为例，将它加入到 Fe 中形成固溶体时，总结其对 Fe 的奥氏体相区（温度范围）、铁素体相区、两相转变的相平衡温度 A_3 等的影响。

1-4 如果换成一种铁素体形成元素，将其加入到铁中形成固溶体，又将产生什么样的变化？

1-5 参见表 1-1，铁素体形成元素与奥氏体形成元素在两种不同结构铁中的溶解度数据中有什么规律，对此你能给予什么解释？

1-6 图 1-15 中以元素周期表的形式给出了各元素在面心立方晶体结构 γFe 中固溶的情况。请总结其中的规律性，帮助形成钢铁中合金元素的总体图像。

1-7 不考虑晶界和位错等晶体缺陷影响时，固溶体中溶质原子的分布是否均匀，可能产生哪些非随机分布情况，原因是什么？（提示：考虑溶解焓的影响。）

1-8 固溶体中，考虑晶体缺陷的情况下，溶质原子是否能均匀分布，可能产生哪些非均匀分布，原因是什么，对于固溶体的力学性能有什么影响？

1-9 钢铁中加入 C 之外的合金元素，可能与 C 形成碳化物。这些碳化物比渗碳体更稳定，硬度更高，是改善钢铁性能、尤其是提高屈服强度的重要手段。碳化物有哪些常见类型？

1-10 当强、弱碳（氮）化物形成元素共存于钢铁中时，你预测一下这两种合金元素在碳化物（或氮化物）和铁固溶体中的摩尔分数比例关系，以钢铁的总体摩尔分数比例为基准。

- ■ 形成连续的γ相固溶体(A-Ⅰ型)
- ● 形成封闭的γ相固溶体(B-Ⅰ型)
- ▲ 不溶解的
- □ 扩大γ相区(A-Ⅱ型)
- ○ 缩小γ相区(B-Ⅱ型)
- —— 粗线区内为在钢中形成碳化物的元素

周期	ⅠA	ⅡA	ⅢB	ⅣB	ⅤB	ⅥB	ⅦB	Ⅷ			ⅠB	ⅡB	ⅢA	ⅣA	ⅤA	ⅥA	ⅦA	0
1	1 H □																1 H □	2 He
2	3 Li ▲	4 Be ●											5 B ○	6 C □	7 N □	8 O ○	9 F	10 Ne
3	11 Na ▲	12 Mg ▲											13 Al ●	14 Si ●	15 P ●	16 S ○	17 Cl	18 Ar
4	19 K ▲	20 Ca ▲	21 Sc	22 Ti ●	23 V ●	24 Cr ●	25 Mn ■	26 Fe	27 Co ■	28 Ni ■	29 Cu □	30 Zn □	31 Ga	32 Ge ●	33 As ●	34 Se	35 Br	36 Kr
5	37 Rb ▲	38 Sr ▲	39 Y	40 Zr ○	41 Nb ○	42 Mo ●	43 Tc	44 Ru ■	45 Rh ■	46 Pd ■	47 Ag ▲	48 Cd ▲	49 In	50 Sn ●	51 Sb ●	52 Te ○	53 I	54 Xe
6	55 Cs ▲	56 Ba ▲	57-71 La-Lu	72 Hf	73 Ta ○	74 W ●	75 Re	76 Os ■	77 Ir ■	78 Pt ■	79 Au □	80 Hg ▲	81 Tl ▲	82 Pb ▲	83 Bi ▲	84 Po	85 At	86 Rn
7	87 Fr	88 Ra ▲	89-103 Ac-Lr															

57-71 La系	57 La	58 Ce ○	59 Pr	60 Nd	61 Pm	62 Sm	63 Eu	64 Gd	65 Tb	66 Dy	67 Ho	68 Er	69 Tm	70 Yb	71 Lu
89-103 Ac系	89 Ac	90 Th	91 Pa	92 U □	93 Np	94 Pu	95 Am	96 Cm	97 Bk	98 Cf	99 Es	100 Fm	101 Md	102 No	103 Lr

图 1-15 周期表中各有关元素对铁碳平衡相图中 γ 相区的影响

1-11 金属类合金元素之间会因为电负性差、原子尺寸配比等因素的影响，生成金属间化合物或有序相。它们出现在钢铁、尤其是高合金中，对性能产生显著影响，需要加以利用或者控制。请总结 σ 相的形成条件。该相容易形成于含 Cr 较多的合金中且导致合金变脆。（注意：金属间化合物作为基体相又可以获得新型的金属材料，参见本书第 18 章。）

1-12 Ni_3Al 相及 Ti、Nb 替代 Al 的 AB_3 有序相，在耐热及高温合金中广泛应用作为强化相。请归纳总结该有序相的基本特征。

1-13 钢与铸铁中，C 与 Fe 生成渗碳体。这种化合物的性质与铁的固溶体有什么差别？当 C 含量增加时，钢铁的性能应当如何变化？

1-14 观察 Fe-C 相图的 Ac_m 线，请用直线方程近似表达该临界温度与钢中 C 含量的关系。

1-15 观察 Fe-C 相图，请你自己给出亚共析钢完全奥氏体化的临界温度 A_3 与含碳量的函数关系。C 的质量分数为 0.20% 和 0.45% 的钢，A_3 分别是多少？

1-16 试用自由能随着温度变化的曲线，对于纯铁的相变加以说明。纯铁中发生的相变是否具有普遍性？有什么特殊性值得注意吗？（提示：考虑熵随着温度的变化特点）

1-17 图 1-9 中以两种方式给出了 Fe-C 相图（钢铁材料部分），如何解释两类相平衡之间的差别？（提示：从热力学自由能曲线方面考虑）

1-18 涉及两相平衡的情况时（比如简单的二元共晶系），一个组元在基体中的溶解度，是否对应着该固溶体的自由能曲线随着成分变化的最低点？

1-19 如果一种纯组元（基体）中加入第二组元合金化，第二组元与基体的电负性差较大。请示意性画出自由能随着第二组元摩尔分数变化的曲线。（提示：考虑形成金属间化合物。）

1-20 Cr、Mn 等合金元素可以溶解到渗碳体之中，提高其稳定性。你认为这两种合金元素会如何影响 Fe-C 合金中的 Ac_m 线？

1-21 图 1-1 和图 1-3 中给出的 bcc 固溶体 α 相和 fcc 固溶体 γ 相的相平衡关系，所对应的两相自由能随着成分的变化曲线应当是什么样的（请示意性给出曲线并标注相平衡关系）?

1-22 请示意性给出 bcc 结构和 fcc 结构的铁基固溶体的自由能曲线与某种奥氏体形成元素加入量的变化曲线。请对比 912℃ 及温度高于和低于该温度的情况，画出对应的相图局部，明确其中的两相平衡关系。

1-23 上一个问题中，用某种铁素体形成元素替换奥氏体形成元素，结果如何改变?

1-24 本章涉及合金元素加入 Fe 中的存在形态——形成固溶体及化合物的情况，也就是铁基合金的相平衡关系。目前，热力学分析计算能够给出一些和实际吻合很好的理论结果，在材料领域中有一些科学技术人员专门从事相平衡的热力学分析及计算相图研究。请了解相关领域研究工作的重要学术刊物。

参 考 文 献

[1] 章守华，吴承建．钢铁材料学[M]. 北京：冶金工业出版社，1992.

[2] R. W. K. Honeycombe. Steels—Microstructure and Properties. Edward Arnold，1981.

[3] W. C. Leslie. The Physical Metallurgy of Steels. Mc Graw-Hill，1981.

[4] 干勇，田志凌，董瀚，等．中国材料工程大典，第 2、3 卷，钢铁材料工程（上、下）[M]. 北京：化学工业出版社，2006.

[5] 益小苏，杜善义，张立同．中国材料工程大典，第 10 卷，复合材料工程[M]. 北京：化学工业出版社，2006.

[6] 黄伯云，李成功，石力开，等．中国材料工程大典，第 4、5 卷，有色金属材料工程（上、下）[M]. 北京：化学工业出版社，2006.

2 钢的热处理

内容要点：

金属材料热处理原理与工艺的基本知识，合金元素对固态相变的影响，钢铁材料的典型热处理工艺与组织的关系，受合金元素的影响及其对性能的影响。

钢的热处理是指采用适当的方式对金属材料或工件进行加热、保温和冷却以获得预期的组织结构与性能的工艺，如图2-1所示，它与钢的合金化是两种相辅相成的改善钢铁材料性能的方法。工业上常用的热处理典型工艺有：退火、正火、淬火、回火以及表面化学热处理，通称为“四火一化”。

2.1 钢的加热转变

2.1.1 奥氏体形成的热力学条件

共析钢中奥氏体和珠光体的自由能随温度变化的曲线如图2-2所示，当温度低于 A_1 点时，$G_P < G_\gamma$，珠光体为稳定状态；反之，奥氏体为稳定状态。因此，当把珠光体加热到 A_1 点以上时，珠光体必将自发地向奥氏体转变。

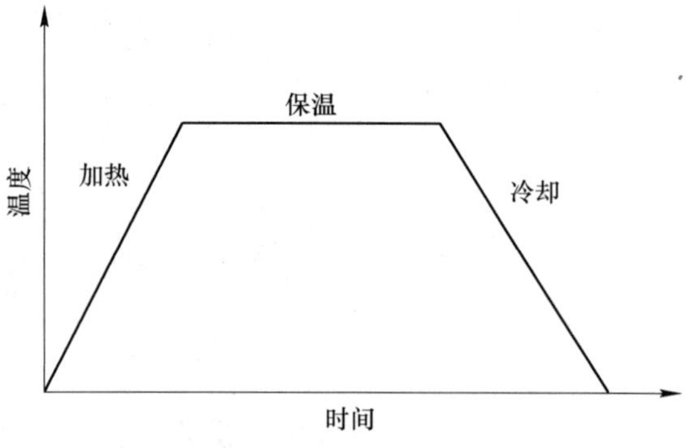

图2-1 热处理工艺示意图

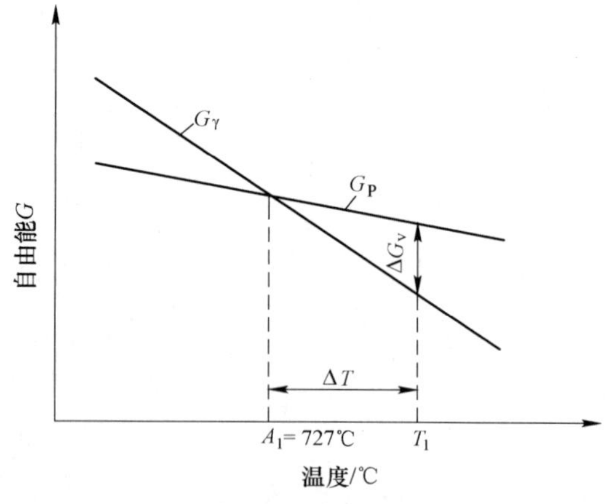

图2-2 珠光体（P）和奥氏体（γ）的自由能随温度变化的示意图

奥氏体核心形成时，系统总自由能变化 ΔG 为：

$$\Delta G = \Delta G_v + \Delta G_s + \Delta G_e$$

式中 ΔG_v——奥氏体与珠光体之间体积自由能之差，即 $\Delta G_v = G_\gamma - G_P$；

ΔG_s——形成奥氏体核心时所增加的表面能；

ΔG_e——形成奥氏体核心时所增加的应变能。

只有当 $\Delta G \leqslant 0$，即 $-\Delta G_v \geqslant \Delta G_s + \Delta G_e$ 时，珠光体才能自发地向奥氏体转变。由此可见，只有在 A_1 点以上，当珠光体向奥氏体转变的驱动力 ΔG_v 能够克服因奥氏体核心形成所增加的表面能 ΔG_s 和应变能 ΔG_e 时，珠光体才有可能自发地形成奥氏体。所以，奥氏体的形成必须在一定的过热度（ΔT）下才能发生。同理，冷却时奥氏体向珠光体的转变也必须在一定的过冷度下才能发生。

2.1.2 奥氏体形成的机理

奥氏体的形成可通过扩散与非扩散两种方式。在高速加热时，奥氏体是通过非扩散方式形成的（即当加热温度高于 Ac_3 后，珠光体中的铁素体首先以非扩散方式转变为奥氏体，然后碳化物再溶解），而在较低速加热时，奥氏体却是通过扩散方式形成的。以共析碳钢为例，当把片状珠光体加热至 Ac_1 以上时，奥氏体晶核将优先在铁素体和渗碳体相界面上形成。这是由于新形成的奥氏体与原来的铁素体及渗碳体的碳含量和点阵结构相差很大，必须依靠系统内的浓度起伏、结构起伏和能量起伏，奥氏体晶核才能形成。在铁素体和渗碳体两相界面处，碳原子浓度相差较大，原子排列不规则，有较高的畸变能，易出现奥氏体形核所需的浓度起伏、结构起伏和能量起伏；又由于在铁素体与渗碳体相界面上，形核是在已有的界面上形核，形核时只是将原有界面变为新界面，总的界面能变化较小，需要消耗的应变能也较小，故奥氏体最易在铁素体和渗碳体相界面上形核。一旦有这样的核心形成，两个新的相界面，即奥氏体-铁素体和奥氏体-渗碳体相界面便形成了。

假定相界面是平直的，那么在 Ac_1 以上某一温度 T_1 时，系统中相界面处各相中的碳浓度可由 Fe-Fe_3C 相图来确定，如图 2-3a 所示。图中 $C_{\alpha-\gamma}$ 表示与奥氏体相接触的铁素体的碳

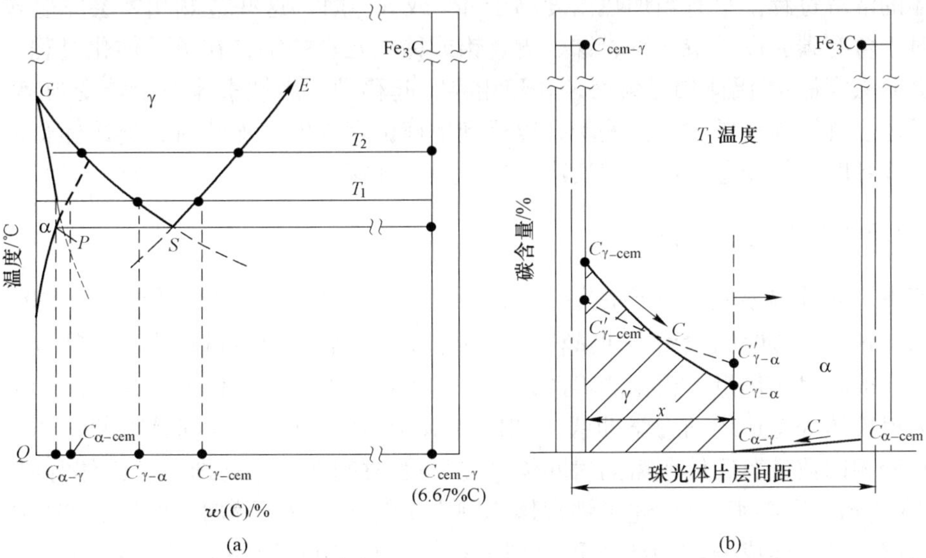

图 2-3 共析碳钢奥氏体形成时各相界面上的碳浓度

浓度；$C_{\alpha\text{-cem}}$表示与渗碳体相接触的铁素体的碳浓度（沿 QP 延长线变化）；$C_{\gamma\text{-}\alpha}$表示与铁素体相接触的奥氏体的碳浓度；$C_{\gamma\text{-cem}}$表示与渗碳体相接触的奥氏体的碳浓度；$C_{\text{cem-}\gamma}$表示与奥氏体相接触的渗碳体的碳浓度（即6.67%）。由于 $C_{\gamma\text{-cem}} > C_{\gamma\text{-}\alpha}$，亦即在奥氏体内存在一个碳浓度梯度，因此碳必然要从高浓度的奥氏体-渗碳体相界面一边，向低浓度的奥氏体-铁素体相界面扩散，结果 $C_{\gamma\text{-cem}}$降低到 $C'_{\gamma\text{-cem}}$，$C_{\gamma\text{-}\alpha}$升高到 $C'_{\gamma\text{-}\alpha}$（图2-3b），相界面处碳浓度平衡被破坏。为了恢复并维持相界面处碳浓度的平衡，渗碳体必须溶解以供应碳量，使该界面处奥氏体的碳浓度升高到 $C_{\gamma\text{-cem}}$。铁素体必须转变为奥氏体，使该界面处奥氏体的碳浓度降低到 $C_{\gamma\text{-}\alpha}$。这样，奥氏体的相界面就自然而然地同时向渗碳体和铁素体中推移，使奥氏体晶核不断长大。此过程主要受碳原子的扩散所控制，铁原子的自扩散影响较小。

由于（$C_{\text{cem-}\gamma} - C_{\gamma\text{-cem}}$）显著大于（$C_{\gamma\text{-}\alpha} - C_{\alpha\text{-}\gamma}$），因此，在奥氏体晶核长大过程中，只需溶解一小部分渗碳体就能使相界面处奥氏体的碳浓度趋于平衡，但必须消耗大量的铁素体，相界面处奥氏体的碳浓度才趋于平衡。所以铁素体向奥氏体的转变比渗碳体的溶解要快得多，珠光体中铁素体总是先消失，剩余的渗碳体需在继续加热或保温过程中才能逐渐溶解。

由于碳在奥氏体中扩散均匀化的速度比铁原子通过自扩散完成晶格改组的速度慢，所以在残余渗碳体完全溶解后，奥氏体内碳的分布仍是不均匀的。原来是渗碳体的区域碳浓度仍然高，原来是铁素体的区域碳浓度仍然低，只有继续加热或保温，使碳原子扩散均匀，奥氏体的成分才能均匀化。

综上所述，共析碳钢的奥氏体化过程可分为四个阶段，即奥氏体晶核的形成、长大、残余渗碳体的溶解和奥氏体成分的均匀化。对于亚共析碳钢，由于原始组织中不仅有珠光体，而且还有先共析铁素体，故在 $Ac_1 \sim Ac_3$ 之间加热时，还会有一个从先共析铁素体向奥氏体转变的过程。此过程既可以是已生成的奥氏体晶粒“吞并”周围的铁素体晶粒，也可以是通过“形核-长大”机理形成新的奥氏体晶粒。同样，对于过共析碳钢，由于原始组织中不仅有珠光体，而且还有先共析渗碳体，故在 $Ac_1 \sim Ac_m$ 之间加热时，还会有一个先共析渗碳体的溶解过程。只有当加热温度高于 Ac_3 或 Ac_m 时，这些过剩相才会完全转变成奥氏体。对于含有碳、硼、磷、锡、锑、铌、钼或稀土元素的钢，在奥氏体化过程中，溶质原子还会向铁素体-奥氏体相界偏聚，并随相界一起移动。当铁素体完全转变为奥氏体后，溶质原子还会继续向奥氏体晶界偏聚，以达到平衡偏聚浓度。加热时，奥氏体化的程度会直接影响冷却时的转变过程以及转变产物的组织和性能。

2.1.3 奥氏体等温形成动力学

研究奥氏体等温形成动力学的方法通常是：将若干共析碳钢小试样加热到 Ac_1 以上某温度保温，每隔一段时间取出一块试样急冷到室温，然后测出各试样中马氏体的数量，即为高温下形成的奥氏体量。根据测得的结果，作出各温度下奥氏体形成量和时间的关系曲线，即为奥氏体等温形成动力学曲线，如图2-4a所示。为了研究问题方便，通常把不同温度下转变相同数量奥氏体所需的时间绘制在温度-时间图上，此即为奥氏体等温形成图，如图2-4b所示。图2-4b只描述了铁素体刚刚完全转变为奥氏体时的情况，如果把残余渗碳体的溶解及奥氏体成分均匀化过程全部描述在共析碳钢奥氏体等温形成图中，则如图2-5所示。

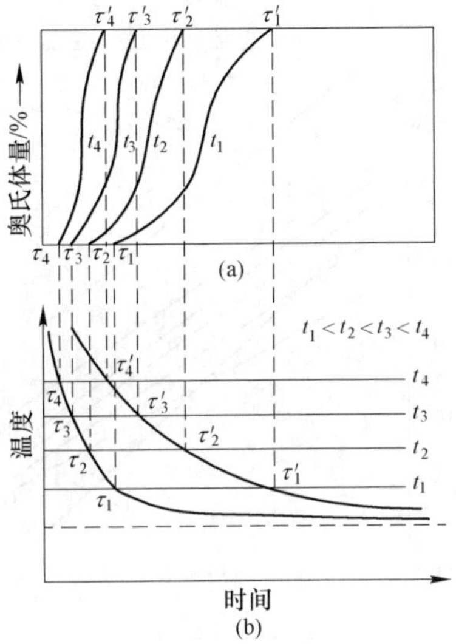

图 2-4 奥氏体等温形成动力学曲线示意图

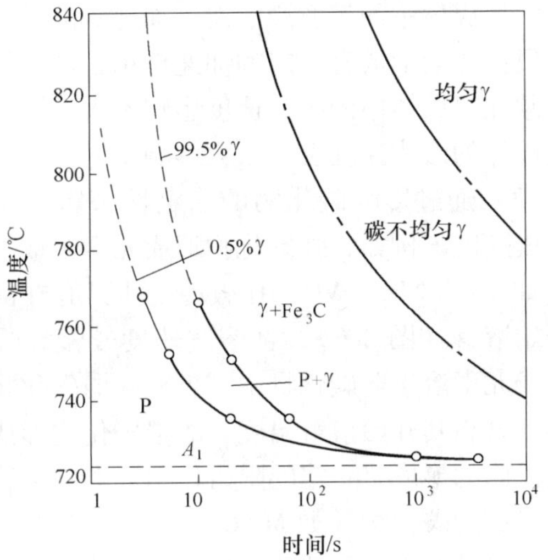

图 2-5 共析碳钢奥氏体等温形成图

由图 2-4 和图 2-5 可以看出：(1) 奥氏体的形成需要等待一段时间，这段时间称为孕育期，温度愈高，孕育期愈短。孕育期的作用是等待出现适当的浓度起伏和能量起伏，以形成临界晶核。(2) 奥氏体形成速度在整个转变过程中是不同的，开始时较慢，之后逐渐增大，在奥氏体形成量约为 50% 时达到最大，然后又逐渐减慢。(3) 温度越高，完成转变所需要的时间越短，即奥氏体形成速度越快。(4) 在整个奥氏体形成过程中，残余渗碳体的溶解，特别是奥氏体成分均匀化所需的时间最长。

在实际采用的连续加热过程中，加热速度愈快，奥氏体开始形成的温度愈高，完成转变所需要的时间则愈短。与等温转变不同的是，连续加热时的转变是在一个温度范围内完成的。

奥氏体的形成速度除与温度有关外，还受钢的原始组织及化学成分等的影响。

钢的原始组织愈细（即原始组织中碳化物分散度愈大），钢中相界面愈多，碳原子所需扩散的距离愈短，奥氏体的形核率与核心长大速度愈大，因而奥氏体的形成速度愈快。钢的原始组织愈不完善，缺陷愈多，钢的自由能就愈高，稳定性就愈差，奥氏体的形成速度也就愈快。与粒状珠光体相比，片状珠光体的相界面积较大，渗碳体较薄，易于溶解，因而奥氏体形成速度较快。

对于亚共析钢，由于随着碳含量的增加，原始组织中碳化物数量增多，铁素体与碳化物的相界面积增大，碳原子所需扩散的距离缩短，碳和铁原子在奥氏体中的扩散系数增大，故奥氏体的形核率与核心长大速度增大，奥氏体的形成速度加快。对于过共析钢，虽然随着碳含量的增加，奥氏体的形核率与核心长大速度也是增大的，但由于碳化物数量过多，将使残余碳化物的溶解和奥氏体成分均匀化时间延长。

合金元素对奥氏体形成速度的影响比较复杂，大体上可归纳为以下四个方面：

(1) 通过影响碳在奥氏体中的扩散来影响奥氏体的形成速度。例如，碳化物形成元素钒、钨、钼、铬等提高碳在奥氏体中的扩散激活能，减慢碳的扩散，因而对奥氏体的形成有一定的阻碍作用；非碳化物形成元素镍、钴等降低碳在奥氏体中的扩散激活能，加速碳的扩散，因而对奥氏体的形成有一定的加速作用；硅、铝等元素对碳在奥氏体中的扩散速度影响不大，因而它们对奥氏体的形成速度没有太大影响。

（2）通过影响碳化物的稳定性来影响奥氏体的形成速度。例如，强碳化物形成元素组成的碳化物（如 TiC、NbC、VC）比较稳定，只有在高温下才开始溶解（图2-6），且溶解速度较慢，强碳化物形成元素溶于弱碳化物中，可提高弱碳化物的稳定性，升高其开始溶解温度，故强碳化物形成元素对奥氏体的形成有一定的阻碍作用。弱碳化物形成元素组成的碳化物（如 $M_{23}C_6$、M_7C_3、M_3C）稳定性差，极易溶解，弱碳化物形成元素溶于强碳化物中，可降低强碳化物的稳定性和开始溶解温度，故弱碳化物形成元素对奥氏体形成的阻碍作用较小，有时甚至加速奥氏体的形成。中强碳化物形成元素组成的碳化物（如 M_6C、M_2C），其稳定性介于强碳化物与弱碳化物之间，故中强碳化物形成元素对奥氏体的形成也有一定的阻碍作用。

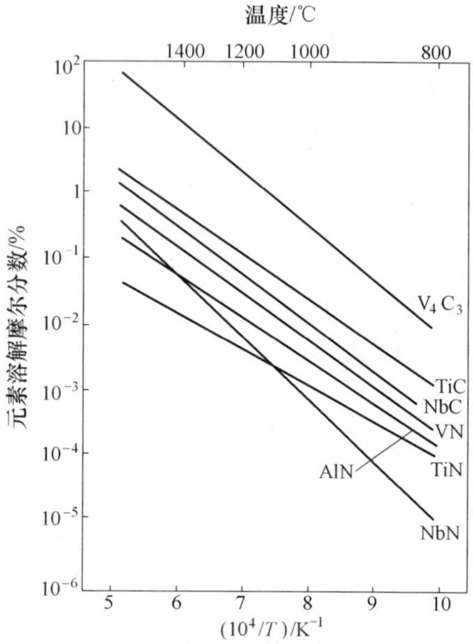

图2-6 碳化物和氮化物在奥氏体中的溶解度与温度的关系

（3）钢中合金元素在铁素体与碳化物两相中的分布是很不均匀的，在退火状态下，碳化物形成元素主要集中于碳化物内，而非碳化物形成元素则主要集中于铁素体内，故当碳化物完全溶解后，在原来碳化物的位置，碳化物形成元素和碳的浓度都高于钢的平均浓度。由于合金元素本身的扩散相当缓慢（比碳慢得多），因而使奥氏体成分均匀化过程大为减速；又由于碳化物形成元素对碳原子有吸引，故在碳化物形成元素均匀化之前，碳在奥氏体中的分布也是不均匀的。

（4）通过改变奥氏体形成温度来影响奥氏体的形成速度。例如，锰、镍等扩大奥氏体相区的元素，使 Ac_1 和 Ac_3 降低，原始珠光体组织细化，故加速奥氏体的形成。

在影响奥氏体形成速度的所有因素中，温度的影响最大。

2.1.4 奥氏体晶粒长大及其控制

奥氏体的晶粒大小显著地影响着冷却转变产物的组织和性能，对改善钢的强韧性至关重要。目前世界各国评定钢铁产品的晶粒大小，统一采用晶粒度的概念。晶粒度是表示晶粒大小的一种尺度，在研究奥氏体晶粒时，首先要区分三种晶粒度的概念：

（1）起始晶粒度：是指在临界温度以上，奥氏体转变刚刚完成，其晶粒边界刚刚相互接触时的晶粒大小。一般情况下奥氏体的起始晶粒是比较细小的，加热前原始组织愈弥散，加热速度愈快，起始晶粒就愈细小。

（2）实际晶粒度：是指在某一具体加热或热加工条件下最终得到的晶粒尺寸。

（3）本质晶粒度：是根据冶金部标准 YB 27—64 的规定，将钢加热到(930±10)℃，保温3～8h后，以适当方式冷却，在室温下显示和测量的高温奥氏体晶粒大小。它表示各种钢奥氏体晶粒的长大趋势。晶粒容易长大的称为本质粗晶粒钢，晶粒不容易长大的称为本质细晶粒钢。

原冶金部晶粒评级标准 YB 27—77 规定，奥氏体晶粒大小分为 8 级。1 级最粗大，8 级最细小。如果晶粒比 1 级还粗大，可定为 0 级、 -1 级等；如果晶粒比 8 级还细小，可用 9 级、10 级等表示，10 级以上的晶粒称为超细晶粒。本质晶粒度为 1 ~ 4 级的钢称为本质粗晶粒钢，本质晶粒度为 5 ~ 8 级的钢称为本质细晶粒钢。晶粒度的级别（N）与晶粒大小间的关系为：

$$n = 2^{N-1}$$

式中，n 为在放大 100 倍下观察时，每平方英寸（6.45cm^2）视野中的平均晶粒数。

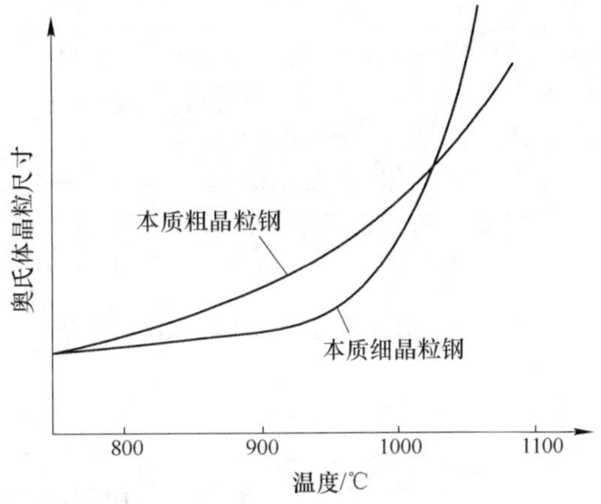

图 2-7　本质粗晶粒钢与本质细晶粒钢奥氏体晶粒长大示意图

不同钢种奥氏体晶粒长大的倾向是不同的，即使是同一钢种，若采用不同冶炼方法炼制，其奥氏体晶粒长大的倾向也不相同。本质细晶粒钢与本质粗晶粒钢在不同加热温度下奥氏体晶粒长大情况如图 2-7 所示。由图 2-7 可以看出，本质粗晶粒钢在不太高的温度下奥氏体晶粒便明显长大，而本质细晶粒钢则要在温度超过 950℃后，奥氏体晶粒才明显长大。此时，本质细晶粒钢奥氏体晶粒长大倾向反而比本质粗晶粒钢大。因此，当加热温度很高（如超过 1100℃）时，本质细晶粒钢也可能得到十分粗大的实际晶粒。

钢中奥氏体晶粒长大的驱动力是晶界自由能（即界面能），长大的方式是通过晶界迁移，即晶界原子扩散，使一些晶粒长大，另一些晶粒缩小直至消失，故凡是能影响这两者的因素都会改变奥氏体晶粒长大的进程。

加热温度是影响奥氏体晶粒长大最重要的因素。在一般加热速度下，加热温度愈高，保温时间愈长，奥氏体晶粒将愈粗大。

钢的化学成分对奥氏体晶粒长大也有重要影响。随着钢中碳含量的增加，若碳全部溶入奥氏体中，则由于碳在奥氏体晶界偏聚，降低了晶界铁原子的自扩散激活能，故奥氏体晶粒长大倾向增加；若碳以未溶碳化物形式存在，则可起阻碍奥氏体晶粒长大的作用。合金元素除磷和锰（高碳时）能促进奥氏体晶粒长大以外，其他元素均不同程度地阻碍奥氏体晶粒长大，其阻碍作用由强到弱依次为：铝、钛、铌、钒、钨、钼、铬、硅、镍、铜等。磷能促进奥氏体晶粒长大，也是因为它在奥氏体晶界偏聚，降低了晶界铁原子的自扩散激活能；锰在高碳钢中可促进奥氏体晶粒长大，是因为锰增强了碳促进奥氏体晶粒长大的作用；铝、钛、铌、钒等元素之所以能阻碍奥氏体晶粒长大，是因为它们的氮化物、碳氮化物和碳化物会沿奥氏体晶界弥散析出，阻碍奥氏体晶界的迁移。图 2-6 所示为这些元素的氮化物和碳化物在奥氏体中的溶解度与温度的关系，可以看出，氮化物比碳化物有更低的溶解度和更高的稳定性，故弥散的氮化物能更有效地阻碍奥氏体晶粒长大。工程上常用 AlN 来细化奥氏体晶粒，其含量对奥氏体晶粒度的影响见图 2-8。由图 2-8 可知，当钢

中残铝量 $w(Al)$ 超过 0.02% 或形成 AlN 的铝量 $w(Al)$ 超过 0.008% 时，奥氏体晶粒明显细化，晶粒度可达 8～9 级。图 2-9 为电镜中观察到的 MnNiMo 钢中的超显微 AlN 质点。

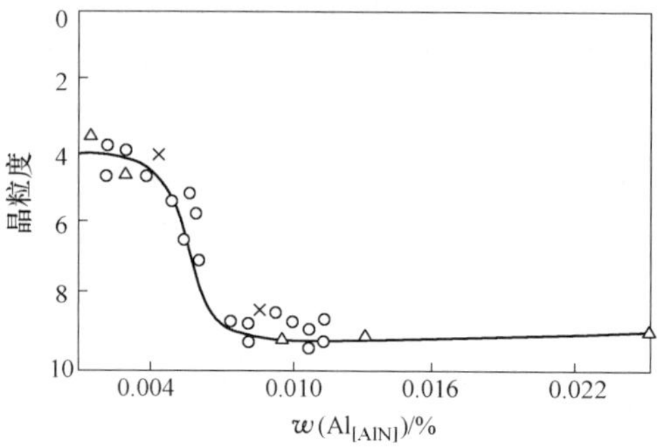

图 2-8 氮化铝含量对奥氏体晶粒度的影响

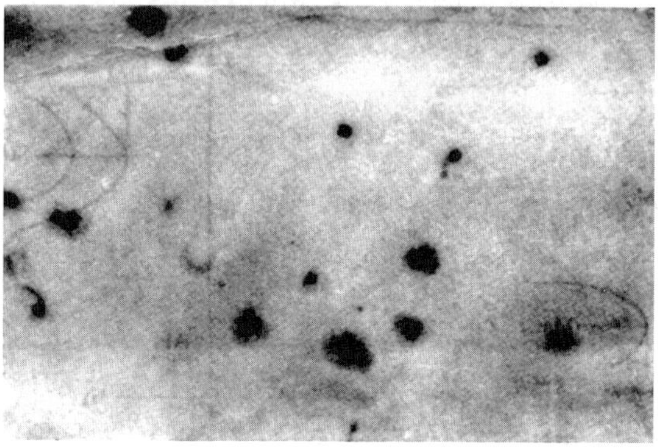

图 2-9 MnNiMo 钢中的 AlN 质点（电解萃取碳复型），×50000

2.2 钢的过冷奥氏体转变图

钢中奥氏体在冷却时的组织转变，既可在某一恒定温度下进行，又可在连续冷却过程中进行。随着冷却条件的不同，奥氏体发生转变的温度也不同。由于这种转变是一种非平衡相变，因此不能完全依据 $Fe\text{-}Fe_3C$ 相图来分析和判定。为了掌握奥氏体在过冷条件下发生转变的行为，人们通过实验手段建立了过冷奥氏体转变图。

2.2.1 过冷奥氏体等温转变图

冷至临界温度以下的奥氏体处于热力学不稳定状态，称为过冷奥氏体。在过冷奥氏体转变过程中，不仅有组织转变和力学性能变化，还有比热容和磁性的改变。因此，可以用金相法、硬度法、膨胀法或磁性法等来测定过冷奥氏体的转变图。通常配合应用两三种方法来测定，其中金相法是最基本的。下面以共析碳钢为例，用金相-硬度法测定其过冷奥氏体等温转变图。

将若干共析碳钢小试样加热奥氏体化后，迅速转入 A_1 以下某温度的盐浴炉中等温，每过一段时间取出一个试样淬入盐水中，使尚未分解的过冷奥氏体转变为马氏体。然后，用金相-硬度法测定不同温度下经一定时间等温后转变产物的类型和转变百分数，并将结果绘制成曲线，即为过冷奥氏体等温转变动力学曲线，如图 2-10a 所示。由于所采用

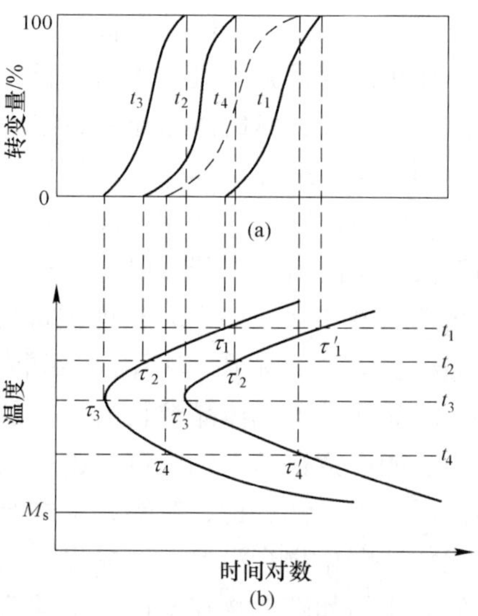

图 2-10 过冷奥氏体等温转变图作法示意图

的测定方法的灵敏度不同，测得的转变开始时间与转变终了时间也就不同，所以，通常以出现1%转变产物的等温时间作为转变开始点，以得到98%转变产物的等温时间作为转变终了点。在实际生产中，常把上述等温转变动力学曲线改绘成图2-10b所示的形式，即把各个温度下测得的过冷奥氏体转变开始时间和转变终了时间分别描绘在以温度为纵坐标，时间对数为横坐标的图上，并各自连成一条曲线，构成过冷奥氏体转变开始线与转变终了线，同时将马氏体转变开始温度 M_s 也以水平线的形式画在此图中。由于这种过冷奥氏体等温转变动力学曲线的形状大致呈英文字母"C"形，故常将其称作过冷奥氏体等温转变C曲线（简称C曲线），又称作TTT（time temperature transformation）图，它反映了过冷奥氏体转变产物及转变量与温度、时间之间的关系。图2-11为共析碳钢的C曲线。

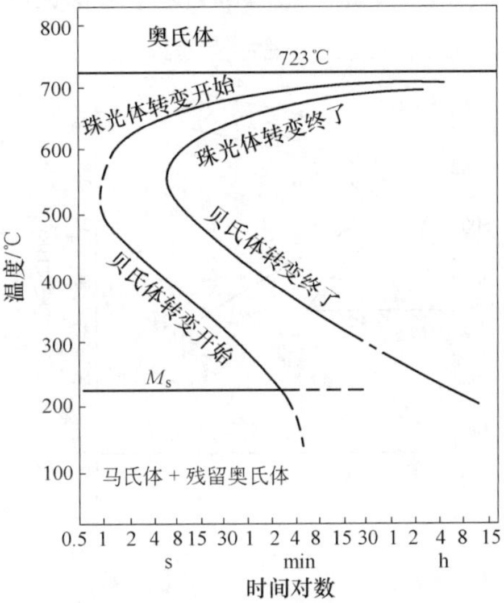

图2-11 共析碳钢（0.8%C，0.76%Mn）的C曲线
（晶粒度：6级；加热温度：900℃）

由图2-10和图2-11可以看出：（1）将奥氏体冷至临界温度以下，它并不马上分解，必须等温一段时间后，它才开始分解，这段时间称为孕育期。奥氏体分解开始后，其分解速度逐渐加快，在转变量约为50%时分解速度达到最大，然后又逐渐减慢，直至转变终了。（2）随着等温温度从临界温度逐渐降低，过冷奥氏体分解的孕育期逐渐缩短，转变速度加快。温度降至某一温度时，孕育期最短，转变速度最快（通常把此处称为C曲线的鼻部或拐点）。温度再降低，孕育期反而增长，转变速度也随之减慢。这是由于随着等温温度的降低，过冷度增大，奥氏体与珠光体的自由能差越来越大，相变驱动力增强，从而使过冷奥氏体分解的孕育期和转变时间缩短，但随着等温温度降低，原子活动能力减小，扩散过程变得愈来愈困难，又使过冷奥氏体分解的孕育期和转变时间增长。（3）对于碳钢，在其C曲线鼻部以上为过冷奥氏体高温转变区，生成珠光体；在鼻部以下至 M_s 点之间为中温转变区，生成贝氏体；在 M_s 点以下为低温转变区，生成马氏体。实际上，共析碳钢的C曲线是由珠光体转变的C曲线和贝氏体转变的C曲线组成的（见图2-12），只不过两条C曲线鼻部的温度较接近，几乎重叠在一起，故看起来只有一条C曲线，一个鼻部。

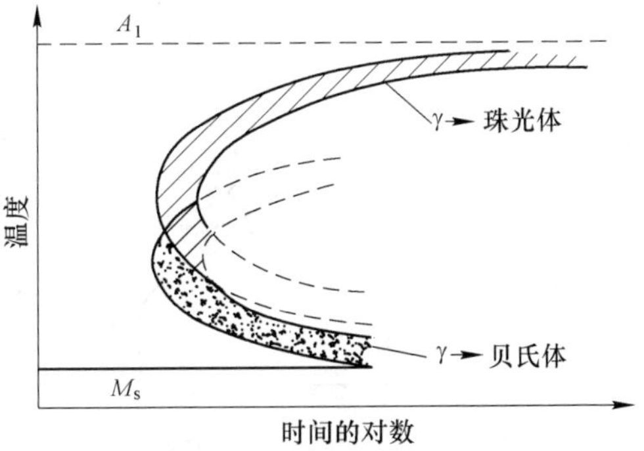

图2-12 普通共析碳钢中珠光体和贝氏体转变C曲线相对位置示意图

亚共析和过共析碳钢的C曲线形状基本与共析碳钢相似，所不同的只是在亚共析碳钢C曲线的左上方有一条先共析铁素体开始析出线，如图2-13所示；在 Ac_m 以上完全奥氏体化的过共析碳钢C曲线的左上方也有一

条先共析渗碳体开始析出线，如图 2-14 所示。钢的成分偏离共析成分愈远，这条先共析相开始析出线距离珠光体转变开始线也就愈远。

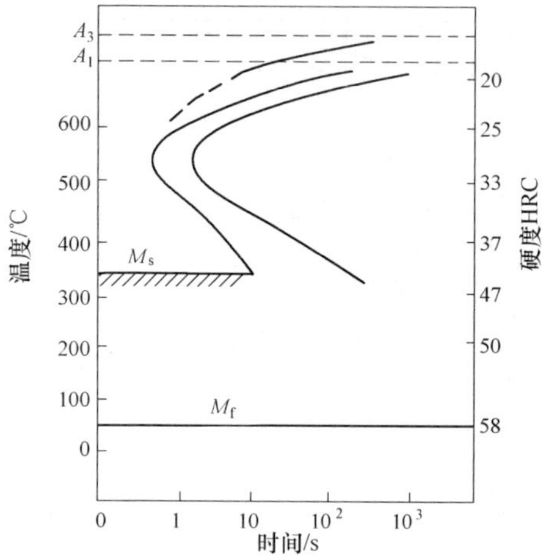

图 2-13 亚共析钢（0.54%C）过冷奥氏体等温转变图

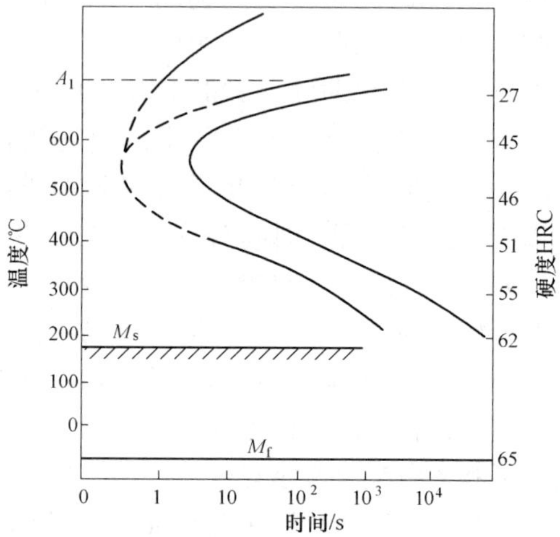

图 2-14 过共析钢（1.13%C）过冷奥氏体等温转变图

钢的成分不同，其 C 曲线的形状和位置就不同，即使同一成分的钢，热处理条件不同，其 C 曲线的形状和位置也不同。影响 C 曲线的因素很多，下面简要介绍合金元素与奥氏体化条件对 C 曲线形状和位置的影响。

合金元素对 C 曲线的影响如图 2-15 所示，可以看出，除钴以外，所有合金元素只要溶入奥氏体，都会增大过冷奥氏体的稳定性，使 C 曲线右移。强和中强碳化物形成元素

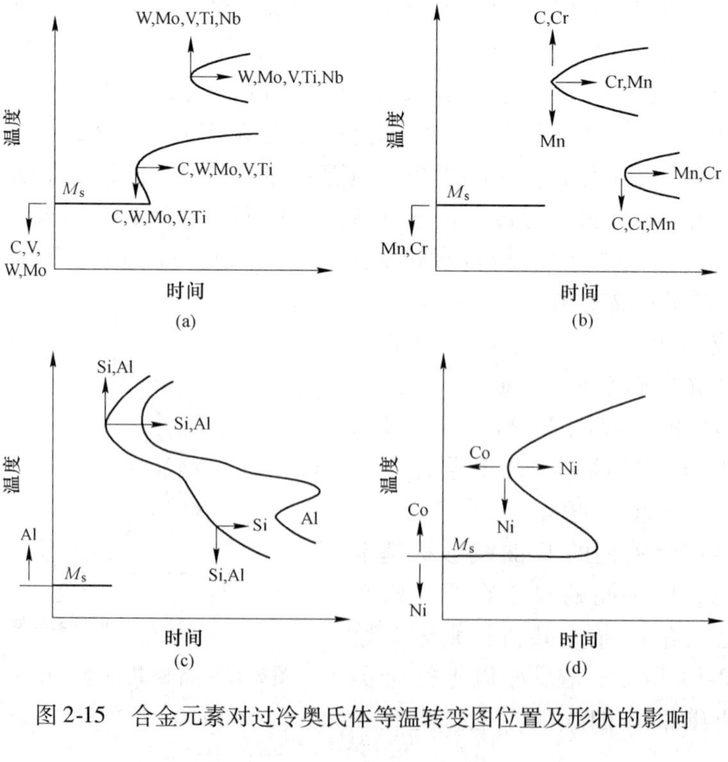

图 2-15 合金元素对过冷奥氏体等温转变图位置及形状的影响

钒、钛、铌、钨、钼等对珠光体转变的推迟作用远大于对贝氏体转变的影响，它们既升高珠光体转变的温度范围，又降低贝氏体转变的温度范围，从而使这两种转变的C曲线明显分开，成为两条C曲线（见图2-15a）。弱碳化物形成元素铬、锰等对贝氏体转变的推迟作用远大于对珠光体转变的影响，故它们也使这两种转变的C曲线明显分开，成为两条C曲线（见图2-15b）。非碳化物形成元素铝和硅对贝氏体转变的推迟作用也比对珠光体转变的影响大，它们对C曲线的影响如图2-15c所示。镍强烈推迟珠光体转变，钴降低过冷奥氏体的稳定性，使C曲线左移，这两种元素都只改变C曲线的位置，不改变C曲线的形状（见图2-15d）。

对于碳钢，在亚共析钢加热到Ac_3以上、过共析钢加热到Ac_1以上奥氏体化的正常加热条件下，随着钢中碳含量的增加，亚共析钢的C曲线向右移，过共析钢的C曲线向左移，故共析钢的过冷奥氏体最稳定。

奥氏体化的加热温度与保温时间，对所形成的奥氏体的晶粒大小与成分的均匀程度有明显的影响。奥氏体化温度愈高，保温时间愈长，先共析相（如渗碳体）及其他难溶相颗粒溶解愈完全，奥氏体成分愈均匀，晶粒愈粗大，所有这些因素都降低过冷奥氏体分解时的形核率，增大过冷奥氏体的稳定性，从而使C曲线右移。

2.2.2　过冷奥氏体连续冷却转变图

等温转变图反映了过冷奥氏体等温转变的规律，是制订等温热处理工艺的依据。然而，实际生产中的热处理大多采用连续冷却的方式，虽然此时也可以利用等温转变图来分析过冷奥氏体的转变过程，但这种分析只是粗略的，有时甚至会得出错误的结果，因此建立连续冷却转变图是十分必要和迫切的。由于连续冷却转变比较复杂，测试起来比较困难，所以至今仍有许多钢的连续冷却转变图有待精确测定。

过冷奥氏体连续冷却转变图的测定可综合应用金相法、硬度法和膨胀法。以共析碳钢为例，用膨胀法测定过冷奥氏体连续冷却转变图的过程如下：首先将若干$\phi 3\text{mm}\times 10\text{mm}$的共析碳钢小试样点焊上铂铑热电偶，并将热电偶与温度-时间记录仪相连。然后将试样在真空中感应加热至奥氏体状态，并以不同速度连续冷却。用快速膨胀仪确定以不同速度冷却至室温时试样长度随温度的变化曲线，根据曲线上的拐点确定出不同冷速下连续冷却时转变的开始点与终了点。将这些点画在温度-时间对数坐标图中，并将转变开始点与终了点分别连接起来，便得到过冷奥氏体连续冷却转变（continuous cooling transformation）图，简称CCT曲线，如图2-16所示。为了比较，图中同时画出了该钢的C曲线。由图2-16可知，共析碳钢的CCT曲线位于C曲线的右下方，这表明连续冷却条件下过冷奥氏体转变的开始时间推迟了，开始温度降低了。

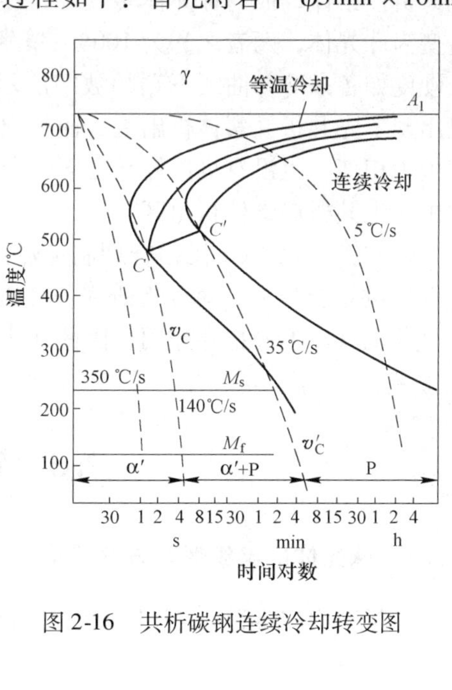

图2-16　共析碳钢连续冷却转变图

图2-16中的CCT图上只有高温区域的珠光体

转变和低温区域的马氏体转变，而无中温区域的贝氏体转变。CC′线为转变中止线，冷却曲线与此线相交时，转变并未完成，但过冷奥氏体已不再分解，剩余部分将在冷至 M_s 点以下后发生马氏体转变。冷却速度大于 v_C 时，过冷奥氏体不发生珠光体转变，全部过冷至 M_s 点以下发生马氏体转变，室温下得到马氏体加残余奥氏体组织。冷却速度小于 v'_C 时，过冷奥氏体全部分解成珠光体，不发生马氏体转变，室温下得到单一的珠光体组织。冷却速度介于 v_C 与 v'_C 之间时，过冷奥氏体将先发生珠光体转变，生成一部分珠光体，然后再发生马氏体转变，生成马氏体加残余奥氏体，室温下得到珠光体、马氏体加残余奥氏体的组织。由此可见，v_C 和 v'_C 是两个临界冷却速度。v_C 是保证过冷奥氏体在连续冷却过程中不发生分解，全部被过冷到 M_s 点以下发生马氏体转变的最小冷却速度，称为上临界冷却速度，通常也叫临界冷却速度或临界淬火速度；v'_C 是保证过冷奥氏体在连续冷却过程中全部分解为珠光体而不发生马氏体转变的最大冷却速度，称为下临界冷却速度。

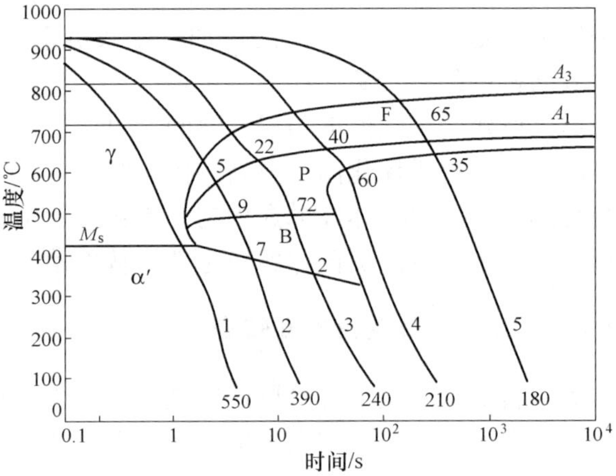

图 2-17 0.30C 钢连续冷却转变图

（奥氏体化温度：930℃；时间：30min）

图 2-17 是亚共析碳钢的连续冷却转变图，图中 γ、F、P、B、α′分别代表奥氏体、铁素体、珠光体、贝氏体和马氏体区域。各条冷却曲线与不同转变终了线相交处的数字，表示已转变为其他产物的过冷奥氏体的体积百分数。例如，冷却曲线 4 与珠光体转变开始线（相当于先共析铁素体析出结束线）相交处的数字 40，表示已有 40% 的过冷奥氏体转变为先共析铁素体，而与珠光体转变终了线相交处的数字 60，则表示已有 60% 的过冷奥氏体转变为珠光体，两者之和为 100%，说明过冷奥氏体此时已全部转变完了，最终组织的布氏硬度如各条冷却曲线下端的数字所示。从图 2-17 可以看出，亚共析碳钢的 CCT 图中不仅出现了先共析铁素体析出区，而且出现了贝氏体转变区。过共析碳钢的 CCT 图与共析碳钢极为相似，也没有贝氏体转变区，所不同的是在 Ac_m 以上奥氏体化的过共析碳钢的 CCT 图中有先共析渗碳体析出区。

钢的 TTT 与 CCT 图是合理制定热处理工艺规程和发展新的热处理工艺（如形变热处理等）的重要依据，对分析研究各种钢在不同热处理条件下的金相组织与性能，合理选用钢材等也有较大的指导作用，因此在生产实践与科学研究中得到广泛应用，具有重要的实际意义。

2.3 钢的珠光体转变

2.3.1 珠光体的组织形态与性能特点

共析碳钢加热到均匀奥氏体状态后缓慢冷却，在 A_1 以下至 550℃的温度区间，过冷奥氏体将分解成由铁素体与渗碳体机械混合组成的珠光体，其典型金相形态为厚片状铁素体与薄片状渗碳体交替排列的片层状组织，如图 2-18 所示。一片铁素体与一片渗碳体的厚度之和称作珠光体的片层间距（或片间距）。片层方向大致相同的区域称为珠光体团或珠光体领域。在一个原奥氏体晶粒内，往往可形成若干位向不同的珠光体团，如图 2-19 所示。

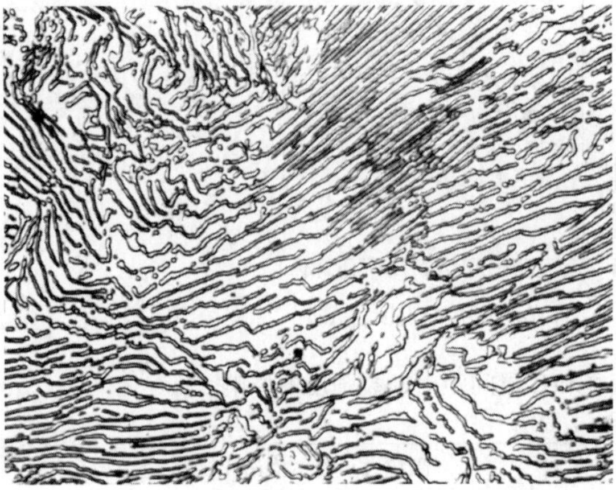

图 2-18 片状珠光体，×500
（T8A 钢；820℃退火）

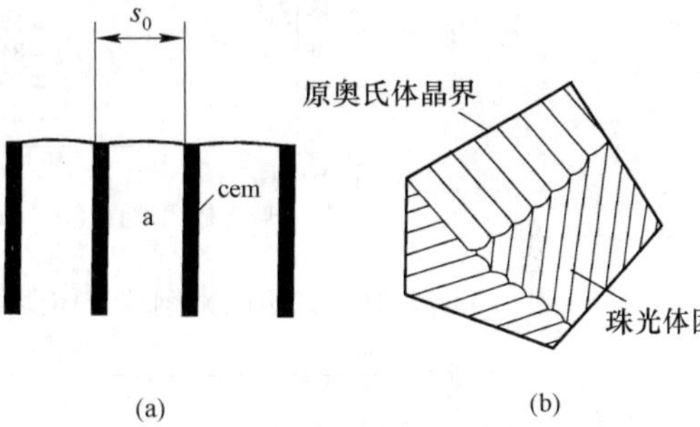

图 2-19 片状珠光体的片层间距（a）和珠光体团（b）的示意图

由于过冷奥氏体向珠光体转变温度的高低不同，珠光体中铁素体及渗碳体片的厚度也不同。根据片层间距的大小，可将珠光体细分为以下三类：（1）在 A_1 ~650℃范围内形成的片层较厚，平均片层间距大于 0.5μm，在低于 400 倍的光学显微镜下就能分辨出层片的珠光体，通常称为粗大珠光体或简称珠光体；（2）在 650 ~600℃范围内形成的片层较细，平均片层间距为 0.3 ~0.4μm，在大于 500 倍的光学显微镜下可分辨出层片的珠光体，称为细珠光体或索氏体；（3）在 600 ~550℃范围内形成的片层更细，平均片层间距小于 0.1μm，即使在高倍光学显微镜下也无法分辨出层片，只有在电子显微镜下才能分辨出层片的珠光体，称为极细珠光体或屈氏体。珠光体、索氏体和屈氏体均属于珠光体型组织，三者之间并无本质差别，且无严格的温度界限，只是其片层厚度不同。

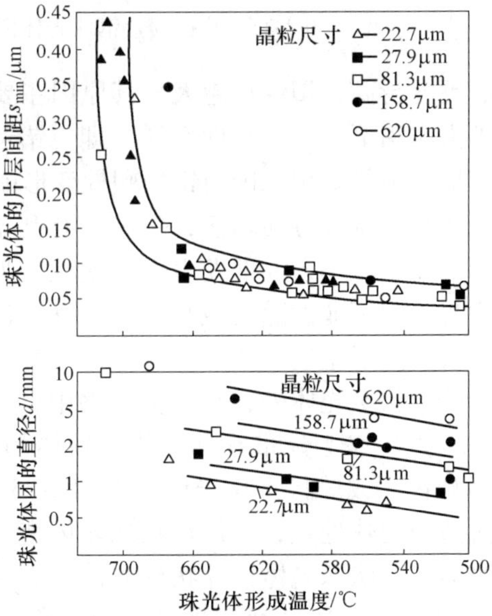

图 2-20 共析碳素钢的珠光体形成温度对珠光体团直径和片层间距的影响

珠光体形成温度越低，其片层间距和团直径越小，如图 2-20 所示。原始奥氏体晶粒尺寸越小，珠光体团的直径也越小，但原始奥氏体晶粒尺寸对珠光体片层间距影响不大。

珠光体团的直径和片层间距对共析碳钢的力学性能有重要影响。由图 2-21 和图 2-22 可以看出，珠光体团的直径和片层间距越小，其强

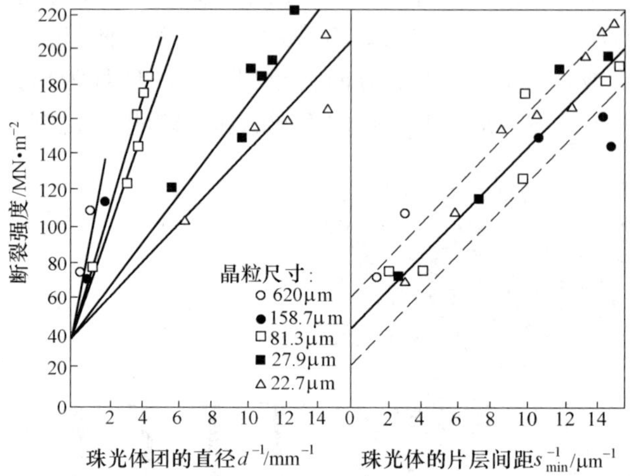

图 2-21 共析碳素钢珠光体团的直径和片层间距对断裂强度的影响

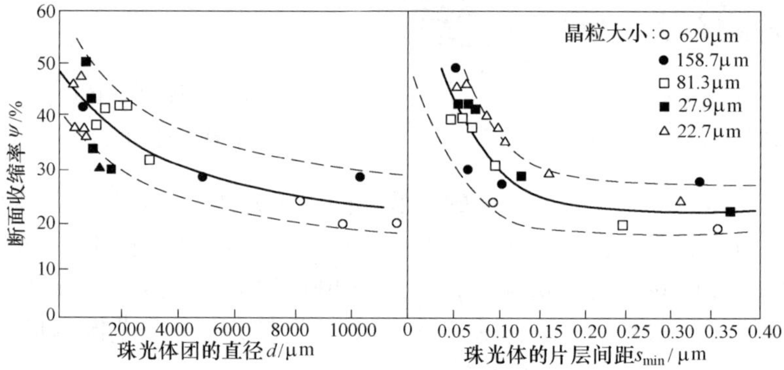

图 2-22 共析碳素钢珠光体团的直径和片层间距对断面收缩率的影响

度、硬度越高，塑性也越大。其原因主要是由于铁素体与渗碳体片越薄，相界面积越大，在外力作用下，其抗塑性变形（即位错运动）的能力就越强；而且由于渗碳体片很薄，容易变形，不易脆裂，因而钢的塑性变形能力也增强。珠光体团直径减小，表明单位体积内珠光体片层排列方向增多，每一个有利于塑性变形的区域减小，局部发生大量塑性变形引起应力集中的可能性随之减小，因而既增高了强度，又提高了塑性。

除片状珠光体外，在工业用钢中，还可见到铁素体基本上分布着颗粒状渗碳体的组织，称为粒状（或球状）珠光体，如图 2-23 所示。通过适当的热处理，可使片状珠光体变为粒状珠光体。粒状珠光体比片状珠光体具有更少的相界面，因而其强度和硬度较低，但塑性较高。实践证明，具有粒状珠光体组织的钢材，其切削加工性和淬火工艺性等都比具有片状珠

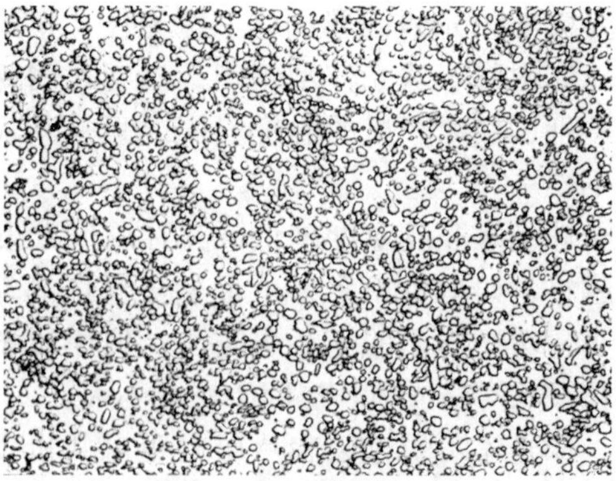

图 2-23 粒状珠光体，×500
（T10A 钢：球化退火）

光体组织的同种钢材好。

2.3.2 珠光体转变的机理

珠光体转变是一个由含碳 0.77% 的奥氏体分解为含碳 6.67% 的渗碳体和含碳 0.02% 的铁素体的转变，转变中必然包含着碳的扩散与重新分布和晶格的改建过程，因此，此转变属扩散型转变，由形核和晶核长大两个基本过程组成。

既然珠光体是由铁素体与渗碳体组成的，那么珠光体的形核也就是这两相形核。由于铁素体与渗碳体在同一微小区域内同时出现的可能性很小，因此，珠光体的形核存在哪一个相首先形成的问题，即领先相问题。目前一般认为铁素体与渗碳体都可能成为领先相。通常在共析与过共析钢中以渗碳体为领先相，而在亚共析钢中则不排除以铁素体为领先相的可能性。由于晶界上容易产生能量、成分和结构起伏，故珠光体晶核优先在奥氏体晶界形成。

假设有一个渗碳体晶核在奥氏体晶界形成，如图 2-24 所示，那么它就会不断吸收邻近奥氏体中的碳原子而长成一小片渗碳体，周围奥氏体中的碳浓度也因此而逐渐降低，慢慢地变成了贫碳区，当此贫碳区的碳浓度降低到该温度下铁素体的平衡碳浓度时，就在渗碳体片的两侧，通过晶格的改建，形成了两小片铁素体，至此，珠光体的形核过程即告完成。

珠光体晶核形成后，随着等温时间的延长，它会继续沿纵向和横向向奥氏体晶粒内长大。如图 2-24 所示，在奥氏体晶界形成一小片渗碳体和两小片铁素体后，渗碳体片只能纵向长大，而铁素体片则既可以纵向长大，又可以横向长大。当铁素体片横向长大时，它必然要向侧面的奥氏体中排出多余的碳，因而增高了侧面奥氏体的碳浓度，这就促进了另一片新的渗碳体在铁素体一侧生成。新的渗碳体片的生成必然会使邻近的奥氏体贫碳，这就促进了另一片新的铁素体在渗碳体一侧生成。如此连续不断地进行下去，就形成了许多铁素体-渗碳体相间的片层，于是珠光体晶核也就横向长大了。

图 2-25 显示出了珠光体晶核纵向长大的机理。在珠光体刚刚出现，奥氏体、渗碳体和铁素体三相共存的情况下，过冷奥氏体中的碳浓度分布是不均匀的，与铁素体相邻的奥氏体碳浓度较高，为 $C_{\gamma\text{-}\alpha}$；与渗碳体相邻的奥氏体碳浓度较低，为 $C_{\gamma\text{-cem}}$，因此碳原子必然会自发地从高碳奥氏体区向低碳奥氏体区扩散，结果铁素体前沿的奥氏体碳浓度降低（小于 $C_{\gamma\text{-}\alpha}$），渗碳体前沿的奥氏体碳浓度升高（大于 $C_{\gamma\text{-cem}}$），打破了该温度下相界面处的碳

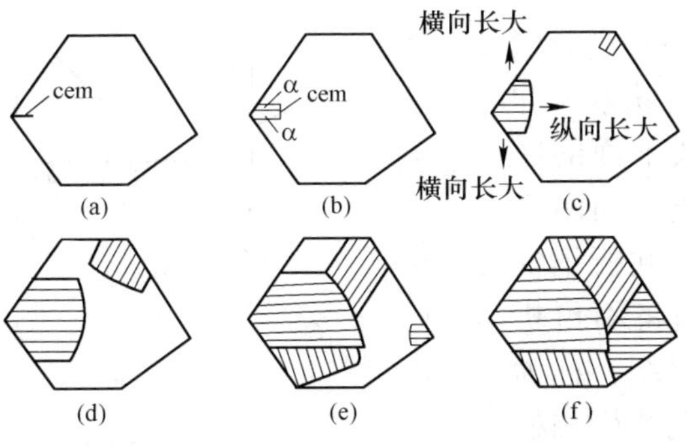

图 2-24 片状珠光体形核与长大过程示意图

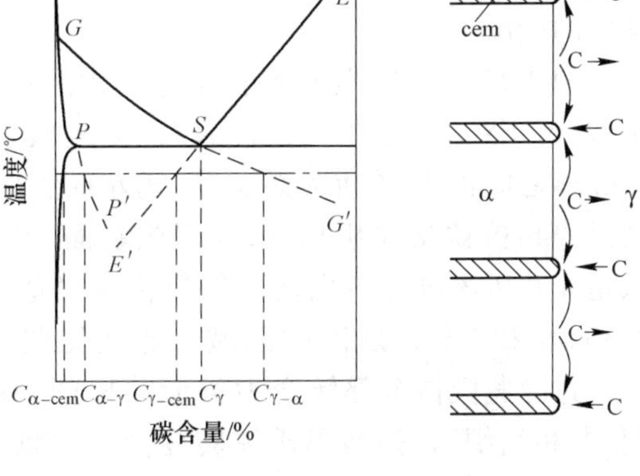

图 2-25 片状珠光体形成时碳原子扩散示意图

浓度平衡。为了恢复并维持相界面处的碳浓度平衡，铁素体必须向奥氏体内长大，以使其前面的奥氏体碳浓度升高；渗碳体也必须向奥氏体内长大，以使其前面的奥氏体碳浓度降低，珠光体晶核就如此得以纵向长大。

由于奥氏体晶界上不只形成一个珠光体晶核（见图2-24），且在长大着的珠光体与奥氏体的相界上，也有可能产生新的具有另一长大方向的珠光体晶核，因此在原始奥氏体晶粒中，各种不同取向的珠光体晶核不断长大，直到长大着的各个珠光体团相碰，奥氏体全部转变为珠光体时，珠光体的形成才告结束。这就是片状珠光体的协作形成机理。

研究表明，在渗碳体晶核生成之后，晶核的长大有时还可能是以渗碳体为主干，通过它的分枝或分杈一边向前长大，一边向周围（横向）扩展，铁素体则协调地在渗碳体的枝间形成，如图2-26所示。这就是片状珠光体的分枝长大机理。

(a) (b)

图2-26 珠光体中渗碳体片的分枝长大

（a）扫描电镜照片；（b）分枝长大示意图

2.3.3 亚（或过）共析钢的珠光体转变

亚（或过）共析钢的珠光体转变，基本上与共析钢相似，所不同的只是需要考虑先共析铁素体或先共析渗碳体的析出。

图2-27是铁碳准平衡示意图，图中SG'和SE'线分别是GS和ES线的延长线，表示A_1以下奥氏体与铁素体和渗碳体之间的亚平衡关系。SE'线左面、GS线下面的区域是先共析铁素体析出区，SG'线右面、ES线下面的区域是先共析渗碳体析出区。如果将亚（或过）共析钢快冷到SG'和SE'线之间的区域，那么先共析相将不再析出，过冷奥氏体全部转变为类似共析产物的组织，称为“伪共析组织”。过冷奥氏体转变温度越低，先共析相析出的数量越少，伪共析程度越大。

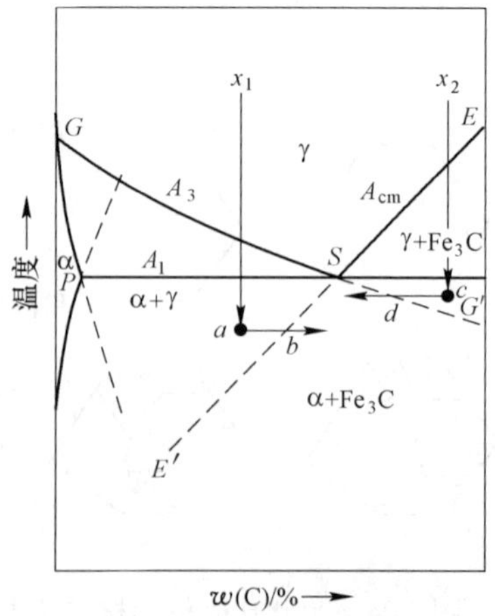

图2-27 铁碳准平衡示意图

若将含碳量为x_1的亚共析钢奥氏体化后急冷至a点

等温，那么钢中将析出先共析铁素体，随着铁素体量的增加，奥氏体的含碳量会不断增高，当其增至 SE'线上的 b 点时，就进入 $E'SG'$区，此时奥氏体将不再析出先共析铁素体而是转变为伪共析珠光体。同理将含碳量为 x_2 的过共析钢奥氏体化后急冷至 c 点等温，那么钢中将析出先共析渗碳体，随着渗碳体量的增加，奥氏体的含碳量会不断降低，当其降至 SG'线上的 d 点时，就进入 $E'SG'$区，此时奥氏体将不再析出先共析渗碳体而是转变为伪共析珠光体。

先共析铁素体的金相形态大致可分为块状、网状和片状（或针状）三类，而先共析渗碳体的金相形态则只有网状和片状（或针状）两类，除非在某些反常的特殊情况下，一般看不到块状渗碳体。图 2-28 显示出了先共析相的各种金相形态。在钢的碳含量接近共析成分、奥氏体晶粒较粗大、冷却速度较慢的情况下，易形成网状先共析相；在过冷度较大、奥氏体晶粒粗大、冷却速度又比较适中的情况下，易形成片状（或针状）先共析相；在偏离共析成分较远的亚共析钢中则易形成块状先共析铁素体。工业上将片状或针状先共析相加珠光体的组织，称为魏氏组织。

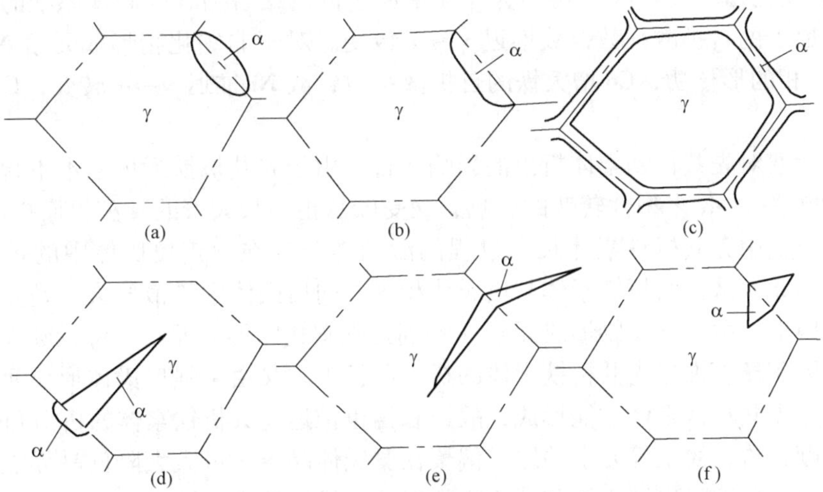

图 2-28　亚共析钢中先共析铁素体的各种金相形态示意图
(a)、(b) 块状铁素体；(c) 网状铁素体；(d)、(e)、(f) 片状铁素体

2.3.4　合金元素对珠光体转变的影响

钢中加入合金元素后，由合金奥氏体分解成的珠光体是由合金铁素体与合金碳化物组成的。在平衡状态下，非碳化物形成元素（Ni、Cu、Al、Co、Si 等）与碳化物形成元素（Cr、W、Mo、V 等）在这两个相中的分布是不均匀的。后者主要存在于碳化物中，而前者则主要存在于铁素体中。因此，要完成合金珠光体的转变，除了要进行碳的扩散与重新分布和晶格的改建外，还必须进行合金元素的扩散与重新分布。合金元素对珠光体转变的影响，正是通过对上述三个基本过程的影响来实现的。

就合金元素对珠光体转变时碳化物形成的影响而言，含强和中强碳化物形成元素钒、钨、钼的钢，其过冷奥氏体转变时，首先形成的是合金元素的特殊碳化物而非渗碳体。例如，钒钢过冷奥氏体转变时，在700～450℃之间会首先生成VC；钨钢过冷奥氏体转变时，在700～590℃之间会首先生成$Fe_{21}W_2C_6$；钼钢过冷奥氏体转变时，在680～620℃之间会首先生成$Fe_{21}Mo_2C_6$。对于铬钢，当$w(Cr)/w(C)$值高时，过冷奥氏体分解也能直接生成铬的特殊碳化物Cr_7C_3或$Cr_{23}C_6$；但当$w(Cr)/w(C)$值低时，过冷奥氏体分解就只能生成富铬的合金渗碳体，此时合金渗碳体中铬的含量可高达钢中平均铬含量的4～6倍。对于锰钢，过冷奥氏体分解只直接生成富锰的合金渗碳体，而合金渗碳体中锰的含量也可高达钢中平均锰含量的4倍。由于碳化物形成元素不仅阻碍碳的扩散，而且自身的扩散也很缓慢（例如，在650℃左右，碳化物形成元素在奥氏体中的扩散系数为10^{-16}cm/s，比碳在奥氏体中的扩散系数10^{-10}cm/s低6个数量级)，故必然延缓碳化物的形核与长大，推迟珠光体转变。对于非碳化物形成元素铝和硅，由于它们不溶解于渗碳体，在渗碳体形核和长大的区域，它们必须扩散开去，所以铝和硅也减慢珠光体的形成。由于渗碳体中镍和钴的含量为钢中镍和钴的平均含量，故渗碳体的形成不取决于镍和钴的扩散。

就合金元素对珠光体转变时$\gamma \rightarrow \alpha$转变的影响而言，由于碳化物形成元素W、Mo、Cr、Mn和非碳化物形成元素Si等增大γ相中原子间的结合力，提高铁原子的自扩散激活能，减小铁原子的自扩散系数，故推迟$\gamma \rightarrow \alpha$转变。对于非碳化物形成元素Ni和Co，由于Ni增大α相的形核功，Co增大铁的自扩散系数，故Ni推迟$\gamma \rightarrow \alpha$转变，Co加速$\gamma \rightarrow \alpha$转变。

就合金元素对先共析铁素体析出的影响而言，由于先共析铁素体基本不含碳，故它的形核和长大既受$\gamma \rightarrow \alpha$多型性转变的影响，又受碳从正在长大着的$\alpha$相界面扩散开的影响。实验表明，钨钢中先共析铁素体长大过程的激活能与碳在含钨奥氏体中的扩散激活能相当，这说明碳原子从先共析铁素体与奥氏体相界面向奥氏体中扩散开去，是先共析铁素体长大的控制因素。由于碳化物形成元素（特别是强碳化物形成元素）降低碳在奥氏体中的扩散系数，因而显著推迟先共析铁素体的析出和长大。又由于强奥氏体形成元素镍和锰必须扩散开去，先共析铁素体才能形成，故镍和锰也推迟先共析铁素体的析出和长大。

此外，硼、磷、稀土等元素的原子偏聚在奥氏体晶界，可大大降低晶界能，因而这类晶界偏聚元素也显著阻碍铁素体和碳化物的形核，推迟珠光体转变。

综上所述，就单个元素的影响而言，除Co以外，所有常用合金元素，只要溶于奥氏体，都或多或少地增大过冷奥氏体的稳定性，推迟珠光体转变。应当指出的是：钢中少量加入某一合金元素，推迟珠光体转变的作用往往不大。如果两种或几种合金元素适当搭配，同时加入钢中，则可使过冷奥氏体扩散型转变显著推迟。这种作用绝非单个合金元素作用的简单加和，而是各合金元素之间的相互加强。

2.3.5 钢中碳化物的相间析出

20世纪70年代发现，含钒、钛、铌、钨、钼、铬的亚共析钢在一定温度范围内等温转变后常常具有一种介于先共析铁素体和珠光体之间的组织。在低放大倍数下观察，这种组织与典型的先共析铁素体毫无差别，但在电子显微镜下观察，却发现在这种组织的铁素体中有极细小的合金碳化物呈层状弥散析出，这就是所谓的相间沉淀或相间析出组织。

相间沉淀也是一个形核与晶核长大的过程，此过程受合金元素和碳原子的扩散所控制。相间沉淀发生时，铁素体晶核首先在奥氏体晶界形成，并按图2-29所示的台阶机制

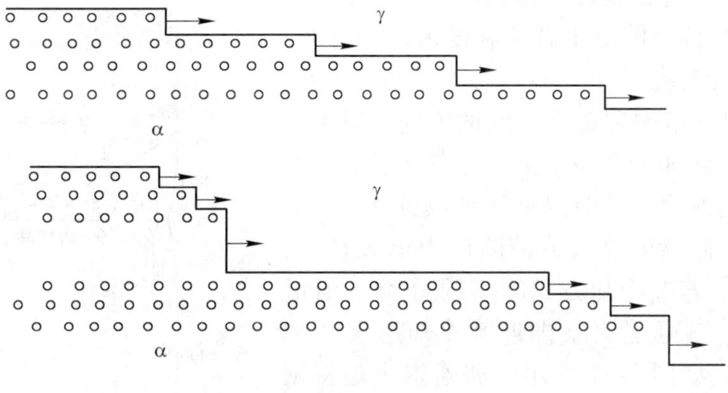

图 2-29 相间沉淀过程示意图

长大；合金碳化物的晶核则周期地在铁素体-奥氏体相界面上形成，并在铁素体中长大。从图 2-29 可以看出，铁素体-奥氏体相界面是由平面和台阶面组成的，平面相界面是低能量的共格或半共格界面，可动性差；而台阶面则是高能量的非共格界面，可动性好，故此时铁素体的长大是靠一系列非共格的高能台阶面在低能共格或半共格相界面上沿箭头所指方向高速移动来实现的。由于台阶面太容易移动，碳和合金元素原子来不及在此处积累，故合金碳化物不容易在那里形核，只能在可动性差的平面相界面上形核。每一个台阶面沿平面相界面移动一次，平面相界面就前进一个台阶的高度，与此同时，一行（实际是一层）合金碳化物也随之形核并长大，因此两行碳化物之间的距离（即相间沉淀间距）就是台阶的高度。如果中间有一个高度较大的台阶面沿平面相界面移过，则相间沉淀间距将增大。不难想象，当试样磨面垂直于平面相界面时，看到的是一行行的碳化物颗粒；而当试样磨面平行于平面相界面时，看到的则是杂乱分布的碳化物颗粒。

相间沉淀间距取决于转变温度和溶质浓度，如在钒钢中，转变温度越低，VC 的体积分数就越大，相间沉淀间距也就越小。相间沉淀的碳化物颗粒的大小，取决于转变温度和碳化物形成元素的种类，转变温度高，转变反应的速度慢，将得到粗大的碳化物颗粒；转变温度低，转变反应的速度快，将得到较细小的碳化物颗粒。含钒、钛、铌的钢，奥氏体向铁素体转变的速度快，故相间沉淀的碳化物颗粒细；而含钨、钼、铬的钢，奥氏体向铁素体转变的速度慢，故相间沉淀的碳化物颗粒粗。若在上述钢中加入镍和锰，使奥氏体向铁素体转变的速度减慢，则相间沉淀的碳化物颗粒变粗。硅和铝能加快奥氏体向铁素体的转变，故它们能使相间沉淀的碳化物颗粒变细。由于相间沉淀的碳化物颗粒细小弥散，如含钒、钛、铌的钢在 750～850℃之间相间沉淀的碳化物颗粒直径才约 10nm，两行碳化物颗粒之间的间距也只有 30nm，故它们在钢中有弥散强化作用。

2.3.6 钢的退火与正火

2.3.6.1 钢的退火

将钢加热到适当温度，保温一定时间，然后缓慢冷却的热处理工艺，称为退火。

退火是钢厂最常用的热处理工艺，可以达到以下目的：（1）减小钢锭的成分偏析，使成分均匀化；（2）消除铸、锻件中存在的魏氏组织或带状组织，细化晶粒，均匀组织，并消除内应力；（3）降低硬度，提高塑性，以便于切削加工；（4）改善高碳钢中碳化物的形态和分布，为淬火做好组织准备。

根据加热温度范围和退火目的的不同，退火工艺可分为：加热到 Ac_1 或 Ac_3 以上的完全退火、不完全退火、球化退火、扩散退火和加热到 Ac_1 以下的再结晶退火、低温退火（或消除应力退火）等，如图 2-30 所示。若按冷却方式的不同分类，则退火工艺可分为：普通退火（即连续冷却退火）和等温退火两种，如图 2-31 所示。普通退火是将钢件加热到临界温度（Ac_1 或 Ac_3）以上奥氏体化后连续冷却至室温的热处理工艺。等温退火则是将钢件加热到临界温度（Ac_1 或 Ac_3）以上奥氏体化后，迅速移入另一温度低于 Ar_1 的炉中等温停留，待转变完成后，出炉空冷至室温的热处理工艺。等温退火可以缩短退火时间，所得组织也更均匀，故更适用于过冷奥氏体稳定性高的合金钢。

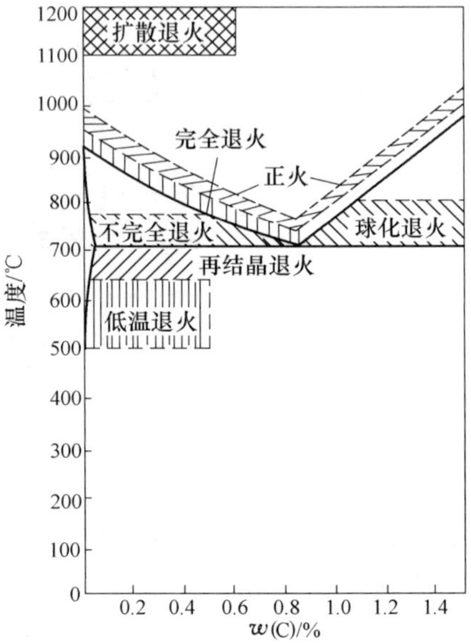

图 2-30 退火与正火的加热温度范围示意图

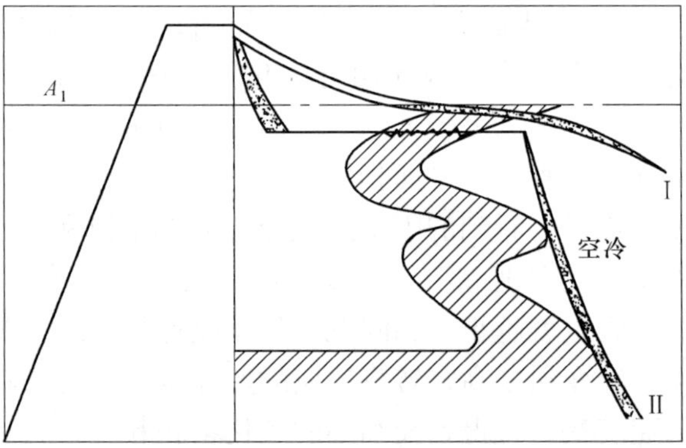

图 2-31 普通退火（Ⅰ）与等温退火（Ⅱ）示意图

将亚共析钢加热至 Ac_3 以上 20～30℃，保温足够时间奥氏体化后，缓慢冷却，从而获得接近平衡状态的组织，这种热处理工艺称为完全退火。完全退火的目的主要是细化晶粒，均匀组织，消除内应力，降低硬度，便于切削加工，并为加工后零件的淬火做好组织准备。热锻轧钢材的完全退火工艺如图 2-32 所示，图中 Q 为装炉吨量，加热保温后以每小时不大于 50℃的速度冷却至 650℃，此时珠光体转变已完成，可出炉在空气中冷却。完全退火只适用于亚共析钢，不适用于过共析钢。因为若将过共析钢加热至 Ac_m以上的单相奥氏体区，缓冷后会析出网状二次渗碳体，使钢的强度、塑性和韧性大大降低。

将亚共析钢在 Ac_1～Ac_3 之间或过共析钢在 Ac_1～Ac_m 之间两相区加热，保温足够时间后缓慢冷却的热处理工艺，称为不完全退火。不完全退火可以细化晶粒，改善组织，消除内应力和降低硬度。其典型的例子就是球化退火。

球化退火是一种将钢中碳化物由片状变为粒状的热处理工艺，主要用于过共析钢，如碳素工具钢、低合金工具钢和滚动轴承钢等，是一种不完全退火。球化退火的目的是消除钢中的片状珠光体，代之以粒状珠光体。与片状珠光体相比，粒状珠光体的硬度较低，切削加工性能较好；加热时奥氏体晶粒不易长大，淬火温度范围较宽，淬火时变形开裂倾向小，淬火工艺性能好；能获得最佳的淬火组织，即马氏体片细小，残余奥氏体量少，并保留有一定量均匀分布的粒状碳化物。

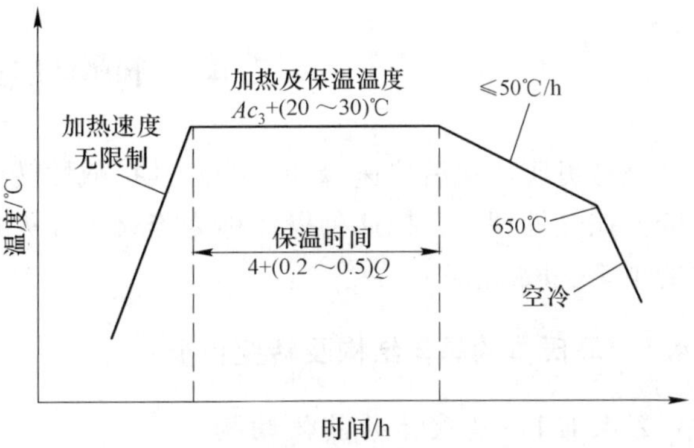

图 2-32 热锻轧钢材完全退火工艺曲线

为了得到良好的球化组织，要求加热时获得成分不均匀的奥氏体和一定数量未溶入奥氏体的碳化物，这样在随后缓冷时，会以未溶的碳化物粒子为核心或在奥氏体中富碳区形成碳化物核心，长大成球状碳化物。因此，球化退火的加热温度不能过高，通常是 Ac_1 以上 20～30℃。若球化退火的加热温度过高，则未溶碳化物粒子少，奥氏体成分较均匀，冷却时易在奥氏体晶界上产生碳化物核心，进而形成片状珠光体。除加热温度外，冷却速度对球化效果也有较大影响。在冷却过程中，为了保证碳原子以及合金元素原子扩散充分，碳化物颗粒析出、长大、聚集球化，球化退火的冷却速度需比一般退火缓慢。

2.3.6.2 钢的正火

正火是将钢加热奥氏体化后在空气中冷却的热处理工艺。对于亚共析碳钢，正火加热温度一般采用 Ac_3 以上 30～50℃；对于过共析碳钢，正火加热温度一般采用 Ac_m 以上 30～50℃。对于含有强碳化物形成元素钒、钛、铌等的合金钢，在不引起晶粒粗化的条件下，应尽可能采用高的加热温度，以加速合金碳化物的溶解和奥氏体成分的均匀化。

根据过冷奥氏体的稳定性和工件的截面尺寸，正火后可获得不同的组织，如粗细不同的珠光体、贝氏体、马氏体或它们的混合组织。

由于钢的含碳量和工件截面尺寸的不同，正火的目的也不相同，通常可分为以下几种情况：

(1) 对于截面较大的钢材、锻件、铸件，通过正火来细化晶粒，均匀组织，为淬火做好组织准备，此时正火相当于退火的效果。

(2) 对于低碳钢工件，由于退火后硬度太低，切削加工中易粘刀，光洁度较差，效率低，故用正火来提高其硬度，改善其切削加工性。

(3) 对于某些中碳钢或中碳低合金钢工件，可以将正火作为最终热处理，以代替调质处理，使工件具有一定的综合力学性能。

(4) 对于过共析钢，正火可消除网状二次碳化物，为球化退火做好组织上的准备。

2.4 钢的马氏体转变

钢经奥氏体化后快速冷却，抑制其扩散性转变，在较低温度下发生的转变称为马氏体转变。在热处理上，把这种操作称为淬火。淬火是热处理中最重要的工序之一，也是钢强化的主要手段。

2.4.1 马氏体的晶体结构及转变特征

2.4.1.1 马氏体的晶体结构

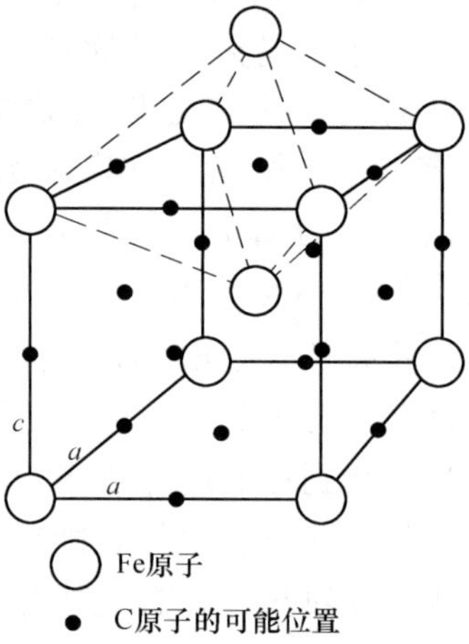

图 2-33 碳原子在马氏体点阵中的可能位置示意图

Fe-C 合金马氏体是碳在 α-Fe 中的过饱和固溶体，碳原子在马氏体点阵中的可能位置是 α-Fe 体心立方单胞的各棱边中央和面心位置，这些位置实际上是由 Fe 原子组成的扁八面体间隙，如图 2-33 所示。该八面体长轴方向顶点的距离为 $\sqrt{2}a$，短轴方向的顶点间距为 a。经计算，α-Fe 中这些间隙在短轴方向上的半径仅 0.019nm，而碳原子的有效半径为 0.077nm。故碳原子占据这些间隙后，必然使这些间隙的短轴方向伸长。马氏体点阵中并非所有八面体间隙都有碳原子存在，这些位置可以分为三组，每组都构成一个八面体，碳原子分别占据着这些八面体的顶点，被称为亚点阵，如图 2-34 所示。图 2-34a 示出了第三亚点阵，该点阵中所有碳原子所在的扁八面体间隙的短轴方向均平行于 α-Fe 体心立方单胞的 c 轴；图 2-34b 示出了第二亚点阵，该点阵中所有碳原子所在的扁八面体间隙的短轴方向均平行于 α-Fe 体心立方单胞的 b 轴；图 2-34c 示出了第一亚点阵，该点阵中所有碳原子所在的扁八面体间隙的短轴方向均平行于 α-Fe 体心立方单胞的 a 轴。如果碳原子在这三个亚点阵上分布的几率相等，即无序分布，则马氏体应为立方点阵。但实际上，在室温以上马氏体点阵中有近 80% 的碳原子优先占据第三亚点阵，只有 20% 的碳原子分布在另外两个亚点阵上。因此，$w(\mathrm{C}) > 0.2\%$ 的马氏体是体心正方点阵，c/a 值称为马氏体的正方度。正方度越低，则无序分布程度越大。对于 $w(\mathrm{C}) < 0.2\%$ 的马氏体，由于在淬火后室温停留过程中，所有碳原子都偏聚到了位错线附近，并不在扁八面体间

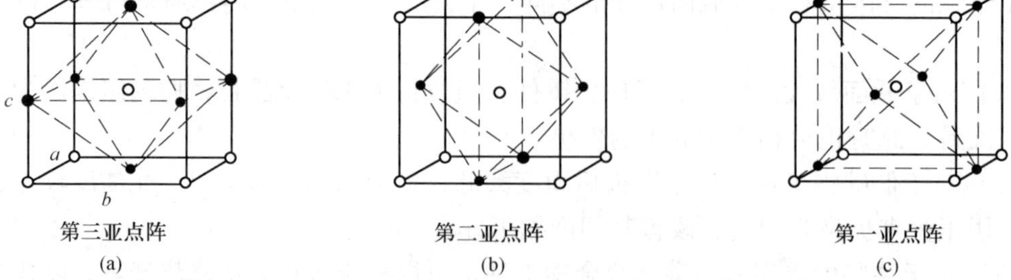

图 2-34 碳原子在马氏体点阵中的可能位置构成的亚点阵

○ Fe 原子；● C 原子的可能位置

隙位置，故其晶体结构为体心立方，$c/a=1$。如图 2-35 所示，随着钢中含碳量的升高，马氏体的点阵常数 c 增大，a 减小，正方度c/a值也随之增大。

2.4.1.2 马氏体转变的基本特征

相对于珠光体转变来说，马氏体转变是在较低的温度下进行的，因而具有一系列的特点，其中最主要的有以下几方面。

A 表面浮凸现象和切变共格性

人们很早就发现，马氏体转变发生后，预先磨光的平整的高碳钢样品表面出现了浮凸现象，如图 2-36 所示，这说明马氏体转变和母相的宏观切变有着密切的关系，图 2-37 为马氏体转变时引起表面浮凸的示意图。

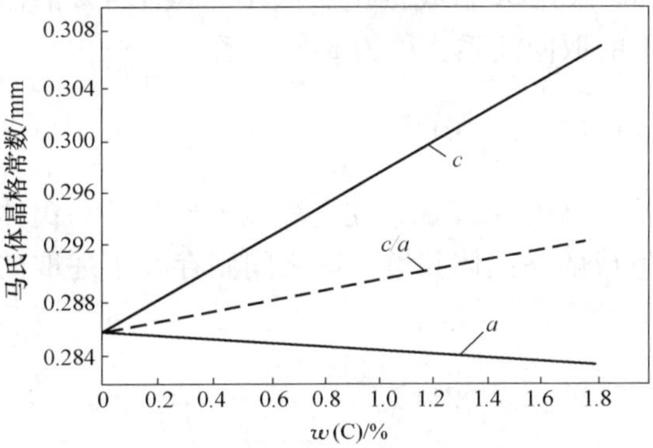

图 2-35 含碳量对马氏体点阵常数的影响

图 2-36 钢因马氏体转变而产生的表面浮凸

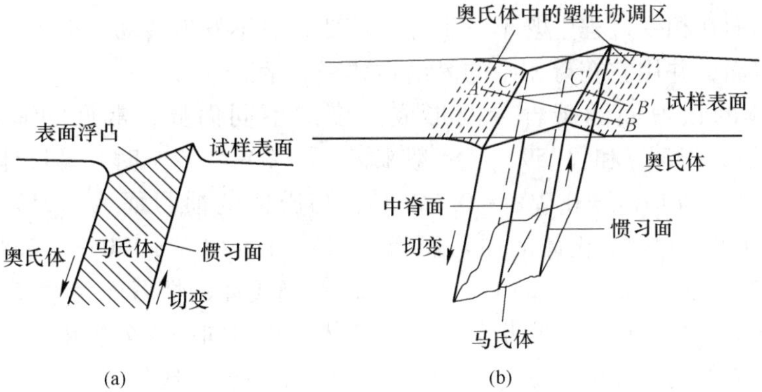

图 2-37 马氏体转变时引起表面浮凸的示意图

从图 2-37 可以看出，马氏体形成时，由于母相奥氏体发生了宏观切变，和马氏体相交的试样表面，一边凹陷，一边凸起，并牵动相邻的奥氏体突出试样表面，从而引起了表面浮凸。相变前磨面上的直线划痕 ACB，在相变后被折成了 $ACC'B'$（见图 2-37b）。由此可见，马氏体的形成是以切变的方式实现的。马氏体与奥氏体之间界面上的原子既属于马氏体，又属于奥氏体，是共有的，并且整个相界面是互相牵制的。这种界面称之为“切变共格”界面。

B 无扩散性

马氏体转变可以在相当低的温度范围内进行，并且转变速度极快。例如，Fe-Ni 合金

在 $-190℃$ 下形成一片马氏体所需的时间仅为 $10^{-7}\sim10^{-5}s$，由此可估算出马氏体的长大速度在 $10^5cm/s$ 数量级。这一事实足以证明，马氏体转变不可能以扩散方式进行，转变过程中原子只作有规则的移动，并保持着相邻原子间的相对关系，不存在相界面迁移时原子穿越相界的无规运动，且相邻原子之间的相对位移不超过一个原子间距。故马氏体承袭了奥氏体的化学成分、原子序态，马氏体转变属无扩散型相变。这是马氏体转变与其他类型相变相区别的一个重要特点。

C 新相与母相之间具有特定的晶体学取向关系

由于马氏体转变时原子作有规则的移动，故新相与母相之间保持着一定的取向关系，在钢中已观察到的取向关系有 K-S 关系和西山关系。

（1）K-S 关系。1930 年，Курдюмов 和 Sachs 采用 X 射线极图法测出含碳 1.4% 的碳钢中马氏体（α'）和奥氏体（γ）之间存在如下的取向关系，称为 K-S 关系。

$$\{011\}_{\alpha'} /\!/ \{111\}_{\gamma};\quad \langle 111\rangle_{\alpha'} /\!/ \langle 011\rangle_{\gamma}$$

（2）西山关系。1934 年，西山在 Fe-30Ni 合金单晶中发现，在室温以上形成的马氏体和奥氏体之间存在 K-S 关系，而在 $-70℃$ 以下形成的马氏体和奥氏体之间则存在下述取向关系，称为西山关系。

$$\{011\}_{\alpha'} /\!/ \{111\}_{\gamma};\quad \langle 011\rangle_{\alpha'} /\!/ \langle 211\rangle_{\gamma}$$

D 惯习现象

由于马氏体转变是以“共格切变”的方式进行的，故马氏体是在奥氏体某一结晶面上形成的。这一晶面在相变过程中既不发生宏观畸变，也不发生转动，视为“不畸变平面”，我们称其为惯习面，并用它在母相中的晶面指数来表示。

钢中马氏体的惯习面随碳含量及形成温度的不同而异，常见的有以下几种：近 $\{111\}_{\gamma}$、$\{557\}_{\gamma}$、$\{225\}_{\gamma}$ 和 $\{259\}_{\gamma}$。一般来说，$w(C)<0.2\%$ 时，马氏体的惯习面为近 $\{111\}_{\gamma}$ 或 $\{557\}_{\gamma}$；$w(C)=0.2\%\sim0.6\%$ 时，马氏体的惯习面为 $\{557\}_{\gamma}$ 或 $\{225\}_{\gamma}$；$w(C)=0.6\%\sim1.0\%$ 时，马氏体的惯习面为 $\{225\}_{\gamma}$；$w(C)=1.0\%\sim1.4\%$ 时，马氏体的惯习面为 $\{225\}_{\gamma}$ 或 $\{259\}_{\gamma}$；$w(C)>1.4\%$ 后，马氏体的惯习面为 $\{259\}_{\gamma}$。随着马氏体形成温度的下降，惯习面有向高指数变化的趋势，故对同一成分的钢，有可能出现两种惯习面，如先形成的马氏体惯习面为 $\{225\}_{\gamma}$，而后形成的马氏体惯习面为 $\{259\}_{\gamma}$。由于马氏体的惯习面不同，常常造成马氏体组织形态的差异。

2.4.2 马氏体的组织形态与性能特点

2.4.2.1 马氏体的组织形态

钢中马氏体的形态多种多样，但就其单元的形态及亚结构的特点来看，最主要的是板条状和片状马氏体。

A 板条状马氏体

板条状马氏体是低、中碳钢中形成的一种典型的马氏体组织，如图 2-38 所示。对于碳钢，板条状马氏体通常在 $w(C)\leqslant0.2\%$ 时单独存在，$w(C)=0.2\%\sim1.0\%$ 时与片状马氏体共存。板条状马氏体与母相奥氏体之间的晶体学取向关系是 K-S 关系，惯习面为 $\{111\}_\gamma$。

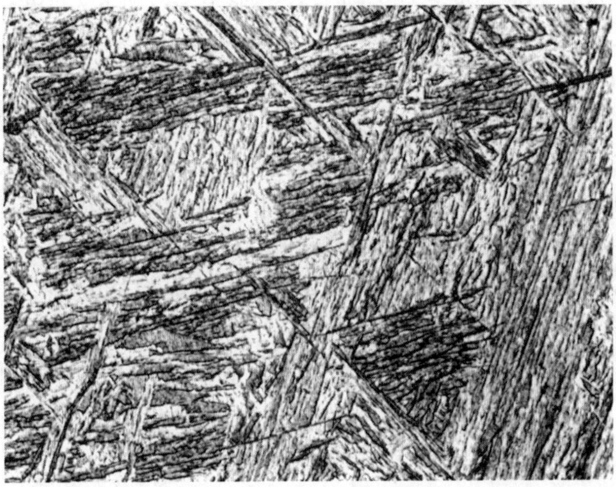

图 2-38 板条状马氏体，×500

（15 钢：1350℃奥氏体化，15℃盐水淬火）

板条状马氏体显微组织的晶体学特征可用图 2-39表示。图中 *B* 是由平行排列的惯习面指数相同且与母相取向关系（指晶面平行关系）相同的马氏体板条组成的，称为板条束。*A* 是由平行排列的像 *B* 那样的板条束组成的较大区域，称为板条群。在一个板条群中，所有马氏体板条的惯习面指数是相同的。例如，几个 $(011)_{\alpha'}$ // $(111)_\gamma$ 的相邻马氏体板条组成了一个板条束，另几个 $(110)_{\alpha'}$ // $(111)_\gamma$ 或 $(101)_{\alpha'}$ // $(111)_\gamma$ 的相邻马氏体板条又组成了一个板条束，这些板条束平行排列就组成了一个板条群。在这个板条群中，所有马氏体板条的惯习面都是 $(111)_\gamma$。由于 $(011)_{\alpha'}$、$(110)_{\alpha'}$、$(101)_{\alpha'}$ 等晶面间互成 60°角，故板条束之间是大角度界面，在光学显微镜下呈现出黑白交替的色调。正因为如此，有人认为，一个板条群是由两种取向的板条束交替排列而成的。但也有一个板条群大体上是由一种取向的板条束构成的情况，如图中 *C* 所示。而一个原始奥氏体晶粒又是由几个取向不同的板条群组成的。奥氏体晶粒的大小，对马氏体板条的宽度几乎没有影响，但板条群的大小却随奥氏体晶粒的增大而增大，两者之比大致不变。因此，一个奥氏体晶粒内生成的板条群数大体不变，通常为 3 ~5 个。

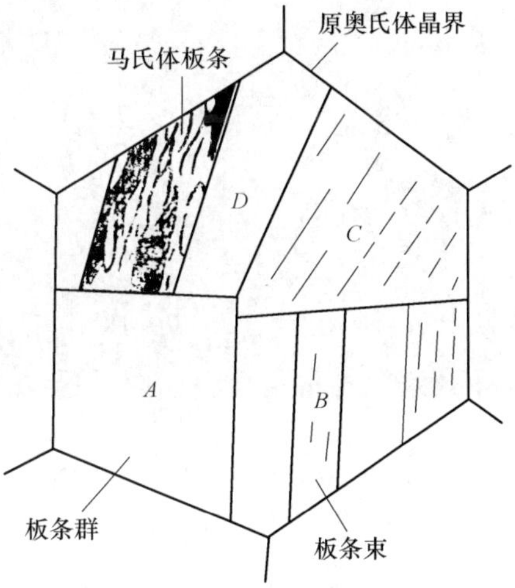

图 2-39 板条状马氏体显微组织的晶体学特征示意图

板条状马氏体的亚结构主要是高密度缠结的位错，位错密度一般为 $(0.3 \sim 0.9) \times 10^{12} cm^{-2}$，故这种马氏体又称为位错马氏体。

B 片状马氏体

片状马氏体是中、高碳钢中出现的一种典型的马氏体组织，如图2-40所示。对于碳钢，片状马氏体通常只有在 $w(C) > 1.0\%$ 时才单独存在，$w(C) = 0.2\% \sim 1.0\%$ 时与板条状马氏体共存。片状马氏体与母相奥氏体的晶体学位向关系是K-S关系或西山关系，惯习面为 $\{225\}_\gamma$ 或 $\{259\}_\gamma$。

片状马氏体的显微组织特征是：在三维空间呈凸透镜片状，与试样磨面相截，在光学显微镜下呈针状或竹叶状，片与片之间不相互平行，而是呈一定的角度。当成分均匀的奥氏体冷至稍低于 M_s 点时，先形成的第一片马氏体将贯穿整个奥氏体晶粒而将其分割为两半，使以后形成的马氏体片大小受到限制。因此，片状马氏体的大小极不均匀，愈是后形成的马氏体片就愈小。片的大小几乎完全取决于奥氏体晶粒的大小。最后残留下来的未转变过冷奥氏体，处于各马氏体片之间。

片状马氏体最突出的特点是，在一个马氏体片中间常有一条明显的筋（如图2-41所示，在三维空间为一薄片），称为中脊。中脊的厚度一般约为0.5～1μm。有人认为中脊面就是马氏体转变的开始面，因而相当于惯习面。对几种Fe-C和Fe-Cr-C合金马氏体中脊进行分析，证明它是 $\{112\}_{\alpha'}$ 型孪晶。

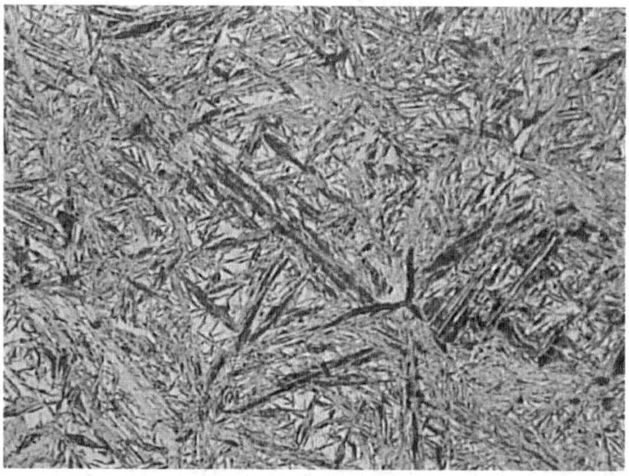

图2-40 片状马氏体，×280
（T12钢：950℃奥氏体化，水淬）

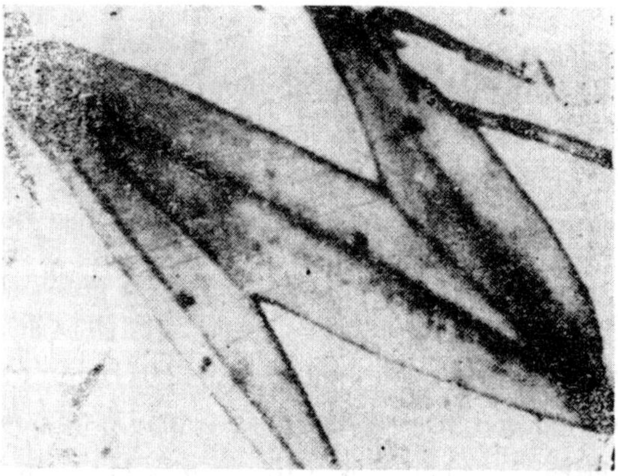

图2-41 具有中脊的片状马氏体，×6000
（0.5C-24Ni钢，惯习面为 $\{259\}_\gamma$）

片状马氏体的亚结构主要是孪晶，相变孪晶的存在是片状马氏体组织的另一重要特征。片状马氏体中的孪晶不是遍布于整个马氏体片中，而是集中分布在以中脊为中心的中央部分。马氏体形成的温度愈低，此孪晶区所占的面积愈大。在孪晶区的外围即马氏体片的边界上，存在着较高密度的位错。片状马氏体内的相变孪晶一般是 $\{112\}_{\alpha'}$ 孪晶，在Fe-1.82C（$c/a = 1.08$）钢中也发现有 $\{110\}_{\alpha'}$ 孪晶存在。

除了板条状和片状马氏体之外，还有蝶状、薄板状和ε（六方）三种形态的马氏体。马氏体的组织形态主要决定于相变时的切变方式，而相变时是以滑移还是孪生的方式进行切变又主要取决于钢的 M_s 点。对于 M_s 点较高的钢，如 $w(C) < 0.2\%$ 的低碳钢，引起滑移所需要的临界分切应力相对较低，故相变时以滑移方式进行切变，形成含有高密度缠结位错的板条状马氏体；而对于 M_s 点较低的钢，如 $w(C) > 1.0\%$ 的高碳钢，引起孪生所需要的临界分切应力相对较低，故相变时以孪生方式进行切变，形成含有大量孪晶的片状马氏体。

2.4.2.2 马氏体的性能特点

钢中马氏体最主要的特性之一就是高强度和高硬度。马氏体的硬度主要决定于它的碳含量，合金元素的影响较小。如图 2-42 所示，随着碳含量的增加，马氏体的硬度急剧增高。引起马氏体高强度和高硬度的原因主要有以下三个方面：

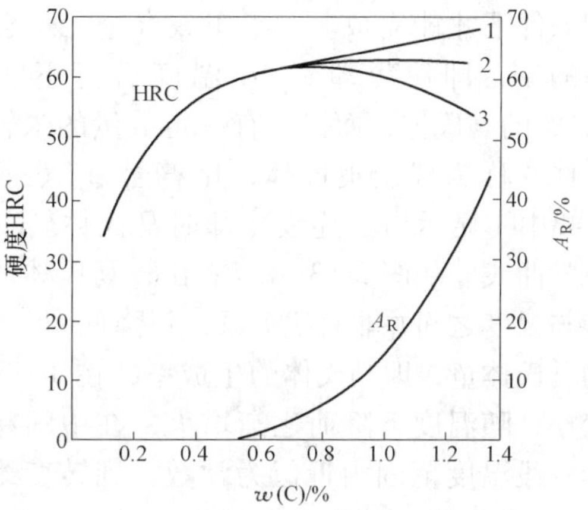

图 2-42 碳含量对马氏体和淬火钢硬度的影响
1—马氏体的硬度；2—稍高于 Ac_1 淬火后钢的硬度；
3—高于 Ac_3 或 Ac_m 淬火后钢的硬度；
A_R—残余奥氏体量（热处理状态同 3）

（1）固溶强化。过饱和碳原子间隙式固溶于马氏体点阵中引起强烈的正方畸变，形成以碳原子为中心的应力场，这种应力场与位错交互作用，使马氏体显著强化。由于合金元素是置换式固溶于马氏体点阵中，引起的点阵畸变远不如碳那么强烈，故其固溶强化效果较小。

（2）亚结构强化。马氏体相变的切变特性造成晶体内产生大量的微观缺陷（位错、孪晶及层错等），这些缺陷交互作用，使马氏体得到强化。

（3）时效强化。马氏体形成过程中发生自回火，使钢中碳原子沿晶格缺陷偏聚或碳化物弥散析出，从而使马氏体得到强化。

马氏体的塑性与韧性主要决定于它的亚结构。大量实验证明，在强度相同的条件下，位错型马氏体比孪晶型马氏体具有更好的塑性与韧性。不仅如此，位错型马氏体还具有韧脆转变温度低、缺口敏感性小等优点。孪晶型马氏体的塑性与韧性之所以较差，可能与孪晶亚结构的存在使滑移受阻、马氏体片在高速长大过程中相互碰撞，或与奥氏体晶界相撞，形成大量显微裂纹有关。

综上所述，位错型马氏体既具有相当高的强度和硬度，又具有良好的塑性与韧性，即具有较高的综合力学性能。孪晶型马氏体虽然具有很高的强度和硬度，但其塑性和韧性却很差。因此，通过各种手段，在保证足够强度、硬度的前提下，尽可能减少孪晶马氏体的数量是改善强韧性，充分发挥材料潜力的有效途径。

2.4.3 马氏体转变的动力学特点

由于马氏体转变属非扩散型转变，故其转变动力学具有很多与扩散型转变不同的特点。铁基合金中马氏体转变动力学的形式是多种多样的，下面着重讨论马氏体的变温形成和等温形成。

2.4.3.1 马氏体的变温形成

马氏体转变发生在某一特定温度以下。在通常情况下，马氏体转变开始后，必须不断降低温度，转变才能继续进行，冷却中断，转变即告停止。在一般的冷却条件下，马氏体转变的开始温度 M_s 与冷却速度无关。当冷至某一温度以下后，马氏体转变不再进行，这个温度用 M_f 表示，称为马氏体转变终了点，故马氏体转变必须在一定温度范围内连续冷却条件下才能完成。对于碳或合金元素含量较高的钢，即使冷却到 M_f 温度后仍不能得到100%的马氏体，而保留有一定数量的未转变奥氏体，称为残余奥氏体，用符号 A_R 表示。图2-43中①显示出了连续冷却时马氏体转变的动力学曲线。从图2-43可以看出，马氏体的转变量与温度之间并非直线关系，每降低1℃所生成的马氏体量，即马氏体的生成率，在 M_s 点附近较小，随温度下降而逐渐增大，在中间相当长的一段温度范围内近似为常数，到转变终止温度 M_f 点附近，则又减小。

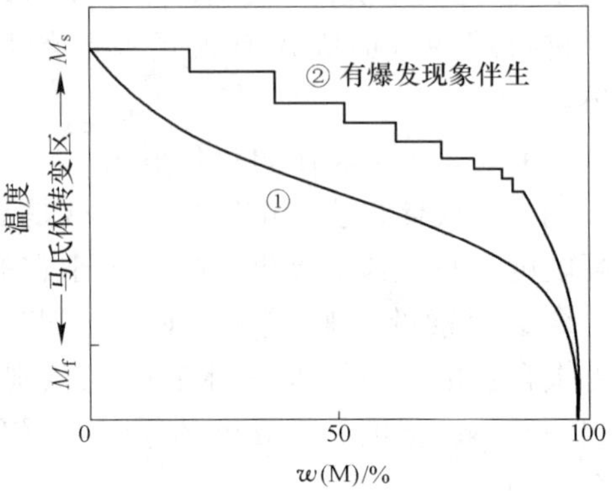

图2-43 连续冷却时马氏体转变动力学曲线

马氏体转变也是通过形核和长大这两个过程实现的，但由于马氏体的形核和长大速度极快，如低碳和高碳型马氏体的长大速度分别达到 10^2mm/s 和 10^6mm/s 数量级，每个马氏体片形核后，一般在 $10^{-4} \sim 10^{-7}$s 内即可长大到极限尺寸。故在通常情况下，观察不到马氏体转变的孕育期和马氏体的形核与长大过程，似乎马氏体一形成就长大到了最终尺寸。在连续冷却过程中，马氏体量的增加不是依赖已有马氏体晶体的继续长大，而是依靠一批批新马氏体的不断产生。

综上所述，马氏体变温形成的动力学特点主要表现为：变温形成，瞬时形核，瞬时长大，转变速度极快。

2.4.3.2 马氏体的等温形成

对于某些 M_s 点在0℃以下的Fe-Ni-Mn、Fe-Ni-Cr和Fe-Mn-C合金，其马氏体转变几乎完全是在等温过程中进行的，典型的转变动力学曲线如图2-44所示。由图2-44可知，在 M_s 点以下不同温度停留，过冷奥氏体需经一定的孕育期后才开始转变为马氏体；随着等温时间的延长，马氏体量不断增多，即转变量是时间的函数。等温温度降低，等温转变速度先增大，待其达到极大值后，随等温温度的下降，等温转变速度又减小。因此，等温马氏体的转变动力学曲线与珠光体转变动力学曲线相似，具有“C”形曲线的形式。但与珠光体转变不同，马氏体的等温转变一般在完成一定转变量后即告停止。

除上述两类转变动力学以外，有些 M_s 点在0℃以下的铁基合金，如Fe-Ni、Fe-Ni-C系合金，当奥氏体过冷到零下某一温度 M_B 时，转变就骤然发生，在不到1s的时间内会剧烈地形成相当大量的马氏体（形成一片马氏体只需(1～2)×10^{-7}s），并伴随有可听见的声响和释放出大量的相变潜热（能引起试样温升），这种现象称为马氏体的“爆发”式形成。有些合金，如高碳钢或Fe-(30～33)Ni合金等，由于马氏体的爆发式转变而使其动力学曲线具有阶梯状，如图2-43中②所示。另外，爆发式马氏体转变常常伴有马氏体的等温形成，而某些完全等温型马氏体转变的合金，如Fe-Ni-C系，也会发生爆发式转变。不

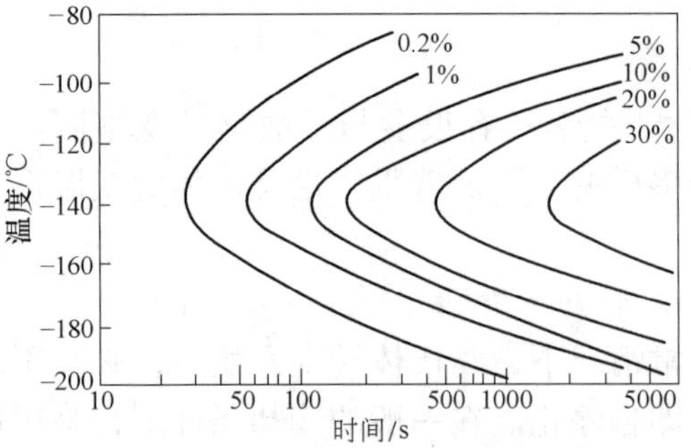

图2-44 Fe-Ni-Mn合金马氏体等温转变动力学曲线

仅如此，对某些高碳钢、高碳合金钢（如滚动轴承钢 GCr15 和高速钢 W18Cr4V）甚至中碳合金钢（如 40CrMnSiMoVA）马氏体转变动力学的研究发现，它们均同时具有等温与变温两种类型的转变动力学，且等温与变温转变各有自己的 M_s 点。这说明各种类型的转变动力学之间是相互联系的。

2.4.4 马氏体转变的热力学条件

2.4.4.1 马氏体转变的驱动力

和一般相变一样，马氏体转变的驱动力也是新相与母相的化学自由能差。图 2-45 为某一成分合金的马氏体和奥氏体的化学自由能随温度变化的示意图，图中 T_0 为两相热力学平衡温度。当温度低于 T_0 时，$G_{\alpha'} < G_{\gamma}$，马氏体比奥氏体稳定，奥氏体有向马氏体转变的倾向，$\Delta G_{\gamma\to\alpha'} = G_{\alpha'} - G_{\gamma}$ 即为马氏体转变的驱动力。

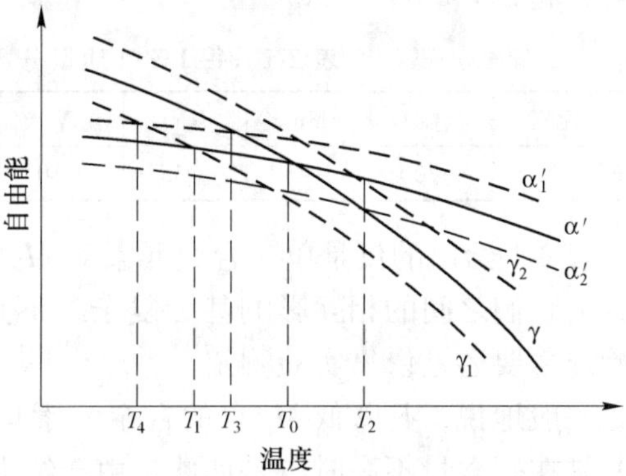

图 2-45 马氏体与奥氏体的化学自由能随温度变化的示意图
α′—马氏体；γ—奥氏体

钢中马氏体转变的热力学特点是，相变需要很大的驱动力。这是由于马氏体转变是以共格切变的方式进行的，转变时除因形成新的界面而消耗界面能外，还有其他一些能量消耗，例如：（1）因新相比热容增大和维持切变共格而消耗弹性应变能；（2）因产生宏观均匀切变而消耗塑性应变能；（3）因产生微观不均匀切变，在马氏体中形成高密度位错和细小孪晶（以能量的形式储存于马氏体中）而做功等。由此可见，马氏体转变需要消耗大量能量，转变要自发进行，就必须深度过冷，以提供足够的化学驱动力。这就是马氏体转变需要较大过冷度的原因。

2.4.4.2 M_s 点的物理意义

由于马氏体转变需要深度过冷，故马氏体转变开始温度 M_s 必定低于 T_0 温度。M_s 点的物理意义即为奥氏体和马氏体两相自由能之差达到相变所需的最小化学驱动力值时的温度。显然，对于一定的 T_0 温度，M_s 点越低，（$T_0 - M_s$）值就越大，亦即转变所需的驱动力越大，所以，马氏体转变的驱动力与（$T_0 - M_s$）值成比例，即

$$\Delta G_{\gamma\to\alpha'} = \Delta S(T_0 - M_s)$$

式中，ΔS 为 $\gamma\to\alpha'$ 转变时的熵变。

2.4.4.3 影响 M_s 点的主要因素

M_s 点在生产实践中具有很重要的意义，它的高低不仅决定着马氏体的形态和亚结构，而且还决定着淬火钢中残余奥氏体量的多少，因此，是制定淬火等热处理工艺必不可少的依据，了解影响 M_s 点的因素十分必要。

A 化学成分的影响

钢的 M_s 点主要决定于钢的化学成分，即溶入奥氏体中的碳与合金元素。而碳与合金元素对 M_s 点的影响又主要决定于它们对马氏体—奥氏体两相热力学平衡温度 T_0 的影响和对奥氏体的固溶强化作用。从图 2-45 可以看出，凡降低奥氏体自由能或提高马氏体自由

能的合金元素，均使 T_0 降低；凡提高奥氏体自由能或降低马氏体自由能的合金元素，均使 T_0 升高。碳既剧烈降低 T_0 又显著增高奥氏体的屈服强度，故碳剧烈降低 M_s 点。Mn、Ni、Cr 也既降低 T_0，又稍增高奥氏体的屈服强度，故它们也降低 M_s 点。V、Ti、Mo、W、Si、Co、Al 等虽不同程度地增加奥氏体的屈服强度，但却提高 T_0；若强化奥氏体的作用大，则使 M_s 点降低，如 V、Ti、Mo、W；若提高 T_0 的作用大，则使 M_s 点升高，如 Co、Al；若这两种作用大致相当，则对 M_s 点影响不大，如 Si。就碳与合金元素对 M_s 点的影响而言，除 Co、Al 能提高 M_s 点以外，绝大多数合金元素均不同程度地降低 M_s 点（如表 2-1 所示），其中碳的作用最强烈，Mn、Cr、V 的作用次之，Ni、Mo、W 的作用再次之，Si 和 B 则基本上不影响 M_s 点。

表 2-1 每 1%（质量分数）的合金元素对 M_s 点的影响

合金元素	C	Mn	Cr	V	Ni	Mo	Cu	Si	Co	Al
ΔM_s/℃	-300	-45	-35	-30	-26	-25	-7	0	+12	+18

表 2-1 给出的仅是单一合金元素对 M_s 点的影响，实际上钢中往往同时含有多种合金元素，它们之间的相互影响甚为复杂，不是其单独影响的简单叠加。在此情况下，M_s 点的确定主要还是依靠实验测定。

一般地说，凡降低 M_s 点的合金元素均降低 M_f 点，只不过对 M_f 点的影响较弱而已，尤其是在碳含量不高时更是如此。由于绝大多数合金元素均不同程度地降低 M_s 与 M_f 点，故钢中加入合金元素均增大形成孪晶马氏体的倾向，使室温下的残余奥氏体量增多。

B 形变与应力的影响

塑性变形对马氏体转变有很大影响。在 M_s 点以上一定温度范围内塑性变形会不同程度地促使奥氏体在形变温度下发生马氏体转变，即相当于塑性变形会促使 M_s 点升高。这是由于形变能为马氏体转变提供了附加的驱动力（称为机械驱动力），补偿了马氏体转变所需要的部分化学驱动力，因而使转变可以在较高的温度下发生。这种因形变而促生的马氏体称为应变诱发马氏体。

形成应变诱发马氏体的温度上限称为 M_d 点。高于 M_d 点塑性变形，虽不能在形变温度下形成马氏体，但对随后冷却时发生的马氏体转变却有影响。对于只具有变温或等温型马氏体转变的铁基合金，高于 M_d 点塑性变形对随后冷却时的马氏体转变起阻碍作用。对于既具有等温又具有变温转变动力学的合金，高于 M_d 点的少量塑性变形能促进随后冷却时的马氏体转变，提高 M_s 点；而超过一定限度的大量塑性变形却会阻碍甚至完全抑制随后冷却时的马氏体转变。

图 2-46 显示出了 M_d 点以下塑性变形对马氏体转变的影响，可以看出，随形变量的增大，形变温度下形成的马氏体量增多，但随后连续冷却时形成的马氏体量却减少，当形变量超过某一临界值后，随后冷却时的马氏体转变可完全被抑制。这说明 M_d 点以下塑性变形对随后冷却时发生的马氏体转变起抑制作用。

由于马氏体转变时比热容会增大，因此应力对马氏体转变也有影响。通常多向压应力会阻止马氏体的形成，降低 M_s 点；拉应力或单向压应力则会促进马氏体的形成，升高 M_s 点。

C 奥氏体晶粒大小的影响

在奥氏体成分一定的情况下，晶粒细化会提高奥氏体的强度，增大马氏体转变的切变阻力，降低 M_s 点。但当晶粒细化的程度还不足以影响切变阻力时，它对 M_s 点也就没有什么影响。

D 淬火速度的影响

对于 M_s 点低于0℃且具有等温型马氏体转变的铁基合金，淬火速度增大不仅会降低 M_s 点，而且在其大于某一临界值后还会完全抑制马氏体转变。但是，对于具有变温型马氏体转变的多数工业用钢，淬火速度在很大范围内并不影响其 M_s 点。

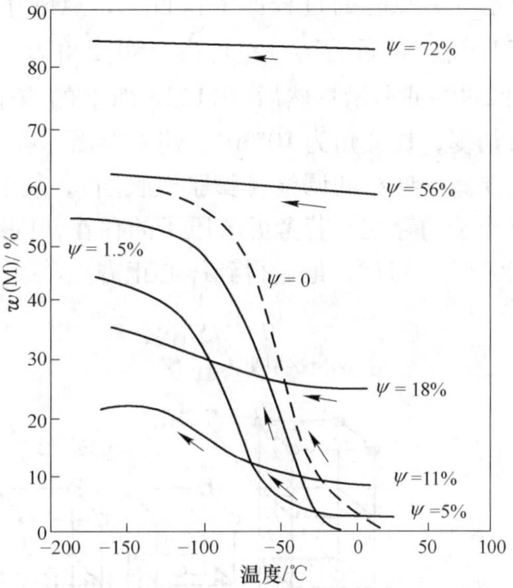

图 2-46 室温塑性变形对 Fe-22.7Ni-3.1Mn 合金（M_s = −10℃）形变温度下以及随后冷却时马氏体转变的影响

2.4.5 马氏体转变模型简介

为了解释马氏体转变过程中原子的迁移情况，人们对马氏体转变的理论研究已持续了半个多世纪，迄今已提出了不少模型，但尚无一个能令人满意地解释所有观察到的实验现象。下面仅就其中几个做一简单介绍。

2.4.5.1 马氏体转变的晶体学经典模型

A Bain 畸变模型

这是最早提出，也是最简单的一种马氏体转变模型。如图 2-47 所示，早在 1924 年，Bain 就注意到在一个面心立方点阵中实际就存在一个轴比为$\sqrt{2}/1$（即 $c/a = \sqrt{2}/1 = 1.41$）的体心正方点阵，只不过这个体心正方点阵的轴比比一般马氏体点阵的轴比大。已知碳含量不同的马氏体，其轴比在 1.00~1.08 之间，故只要奥氏体点阵适当变形（即沿 Z'轴缩短，沿 X'、Y'轴伸长），调整一下轴比，使其中的体心正方点阵达到与其碳含量相应的轴比值，奥氏体即可转变为马氏体。按照这个模型，转变前碳原子在奥氏体点阵中所处的位置（即由 Fe 原子组成的正八面体空隙）正好被转变后的马氏体所继承，马氏体与奥氏体之间的晶体学取向关系也大体符合 K-S 关系。但这个模型不能解释表面浮凸现象和惯习面的存在，尚不能完整地说明马氏体转变的特征。

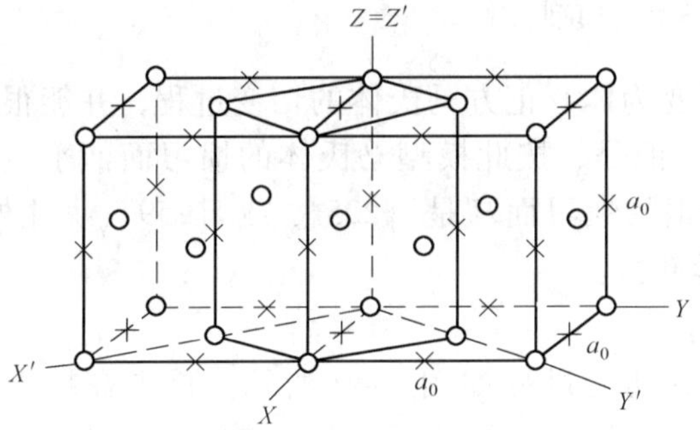

图 2-47 Bain 畸变模型
×—碳原子可能存在的位置

B K-S 切变模型

Курдюмов 和 Sachs 早在 1930 年就提出了奥氏体转变为马氏体的切变模型，如图2-48所示，简称为 K-S 模型。图 2-48a Ⅰ 中的点阵是（111）$_γ$ 面按 $ABCABC\cdots$的顺序自下而上堆砌而成的，它在底层（111）$_γ$ 面上的投影如其下方的投影图所示。该面心立方点阵转变为体心立方点阵的过程如下：首先，点阵中各 $(111)_\gamma$ 晶面上的原子相对于下一层原子沿 $[\bar{2}11]_\gamma$ 方向进行第一次切变，切变角为 11°44′，使 *C* 层原子的投影与 *A* 层原子重叠，如图 2-48a Ⅱ 所示；然后 $(11\bar{2})_\gamma$ 面上的原子再相对于前一层原子沿 $[1\bar{1}0]_\gamma$ 方向进行第二次切变，切变角为 10°30′，使菱形面的夹角从 120°变为 109°30′，如图 2-48a Ⅲ 所示；最后还要做一些小的调整（膨胀或收缩），使晶面间距与实测结果相符合。上述过程没有考虑碳原子的存在，若考虑碳原子的存在，则第二次切变的切变量要略小些，菱形面的夹角从 120°变为 111°，最后得到体心正方点阵。

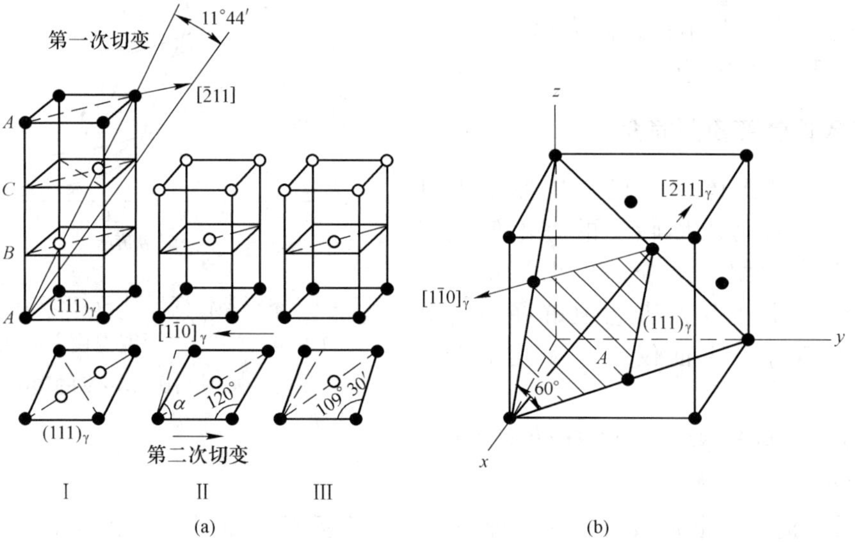

图 2-48 K-S 切变模型

K-S 模型清晰地展示了面心立方奥氏体转变为体心正方马氏体的切变过程，并能很好地反映出新相与母相之间的晶体学取向关系。但是，按此模型马氏体的惯习面似乎应为 $\{111\}_\gamma$，而实际上只有低碳钢才如此，高碳钢的惯习面却是 $\{225\}_\gamma$ 或 $\{259\}_\gamma$。此外，由 K-S 模型引起的表面浮凸也与实测结果相差较大。

C G-T 切变模型

G-T 切变模型是另一种两次切变模型，其切变过程如图 2-49 所示。首先在接近于 $\{259\}_\gamma$ 的晶面（即惯习面）上发生均匀切变，产生整体的宏观变形，使抛光的试样表面出现浮凸。这个阶段的转变产物是复杂的三棱结构，还不是体心正方点阵，不过它有一组晶面，其晶面间距和原子排列都与马氏体的 $(112)_{\alpha'}$ 面相同，如图 2-49a、b 所示。接着在 $(112)_{\alpha'}$ 晶面的 $[11\bar{1}]_{\alpha'}$ 方向上以滑移或孪生的方式进行 12°～13°的第二次切变，使三棱点阵变为体心正方点阵，并形成位错或孪晶亚结构。这次切变仅发生在三棱点阵范围内，是宏观不均匀切变（均匀范围只有 18 个原子层），对第一次切变形成的浮凸也无明显的影响，如图 2-49c、d 所示。最后，点阵做一些微小的调整，使晶面间距与实测结果相一致。

G-T 切变模型较好地解释了马氏体转变的浮凸现象、惯习面、取向关系及亚结构等问题，但不能解释惯习面是不畸变、不转动平面以及碳含量低于 1.4% 钢的取向关系。

上述马氏体转变的晶体学经典模型虽然描述了相变过程中原子的迁移情况，但与实验

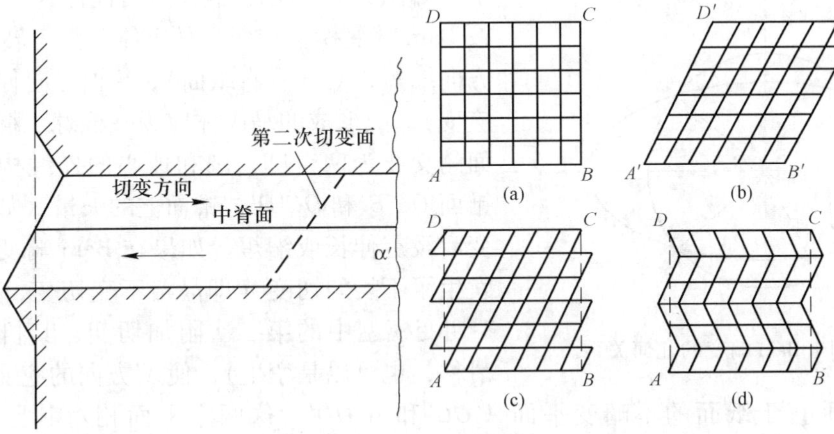

图 2-49 G-T 切变模型

（a）切变前；（b）均匀切变（宏观切变）；（c）滑移切变；（d）孪生切变

结果尚有若干不符之处，尤其不能用来进行预测和做定量处理。

2.4.5.2 马氏体转变的位错理论

位错理论认为马氏体核胚以位错为基础，核胚长大是位错运动和组态变化的结果。Christian 早在 20 世纪 50 年代初就曾预言，面心立方点阵相中的某些全位错可以分解为滑移型的不全位错，其间的堆垛层错区可作为六方点阵相的平面核胚。后来，随着透射电子显微镜和电子衍射技术的发展，人们发现在镍铬不锈钢和高锰钢中，马氏体总是在与具有密排六方点阵的中间相 ε 相接壤的地方出现，因此推断在这类合金中面心立方的奥氏体要经过密排六方的中间相 ε 才能转变为体心立方的马氏体，不全位错之间的堆垛层错可能是马氏体的二维核胚。

1956 年，Knapp 和 Dehlinger 又提出了位错圈相界面模型（又称 K-D 晶胚模型），他们设想在奥氏体中预先存在由位错圈组成的马氏体核胚，如图 2-50 所示，快冷核胚被“冻结”。当化学自由能大于位错圈形成及扩张所需要的界面能和应变能时，位错圈就会沿 $[1\bar{1}0]_\gamma$ 和 $[225]_\gamma$ 方向扩张，沿 $[55\bar{4}]_\gamma$ 方向产生新的位错圈，从而使核胚长大。

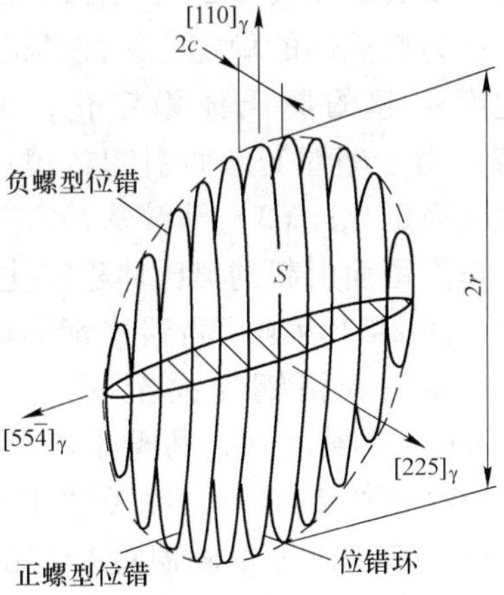

图 2-50 K-D 晶胚模型

马氏体转变的位错理论自 20 世纪 50 年代初提出以来，已有多种模型，但有些尚需在实验中确证，有些尚需进一步完善。

2.4.5.3 马氏体转变的唯象理论

唯象理论是 20 世纪 50 年代初发展起来的，其思路与热力学相似，只形式地处理转变起始与终了的晶体学状态，而不去解释转变过程中原子的迁移情况。

如前所述，在马氏体转变过程中，惯习面既不发生宏观畸变，也不发生转动，被视为“不畸变平面”。始终保持有这种平面的应变称为不变平面应变。马氏体转变过程中存在不畸变平面和不变平面应变，是唯象理论的基本出发点。

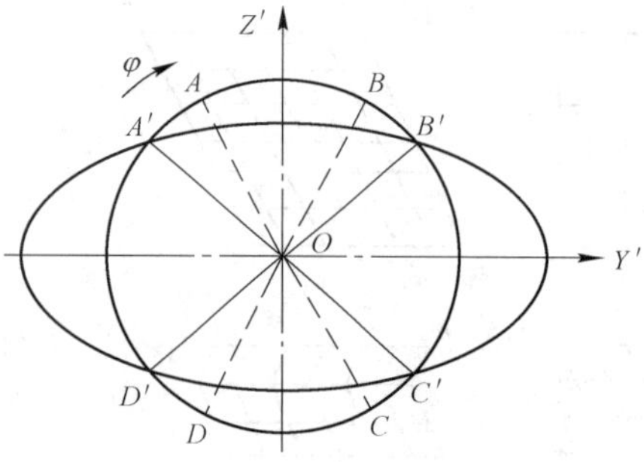

图 2-51 Bain 畸变的几何关系

如图 2-51 所示，假设原奥氏体为一单位球体，按 Bain 畸变模型转变为马氏体。由于转变时 Z'轴方向缩短，X'（垂直纸面）、Y'轴方向伸长（产生应变），故形成的马氏体应为一椭球。椭球面与球面的交线为两个圆，圆和球心的连线构成两个圆锥面 $OA'B'$和 $OC'D'$，锥面上的矢量（如 $\boldsymbol{OA'}$）相变后没有伸长或缩短。如果在 Bain 畸变的同时还发生了不均匀切变（即晶格不变切变，相当于 G-T 切变模型中的第二次附加切变，其机制可以是滑移，也可以是孪生），使 X'方向的应变为零，则可得到两个垂直于纸面的不畸变平面 $A'OC'$和 $B'OD'$。这两个平面相对其原来的位置（AOC 和 BOD）均已转动了一个角度，如果再作一次角度为 φ 的旋转，使其中一个平面回到转变前的位置，如 $A'OC'$回到 AOC，则 AOC 就是一个没有转动的不畸变平面，即惯习面。据此，唯象理论认为在马氏体转变进行的瞬间必须完成三个过程，即 Bain 畸变、晶格不变切变和新相的刚体转动。

唯象理论的特点是利用了矩阵理论来处理新相与母相的点阵及点阵常数，可预测两相的位向关系、惯习面和马氏体内的亚结构，对一些特殊合金（如 Au-Cd、In-Tl 等）和少数马氏体钢的有关计算与实验值吻合较好，但对大多数合金和钢的计算仍与实验结果不符，因此该理论还有待进一步发展和完善。

2.4.6 奥氏体的稳定化

使奥氏体转变为马氏体的能力减弱（表现为 M_s 点降低或马氏体量减少）的现象，均可称为奥氏体的稳定化。按其机理（或本质）的不同，可将其分为：（1）因化学成分变化而引起的奥氏体稳定化，称为化学稳定化；（2）由于塑性变形而引起的奥氏体稳定化，称为机械稳定化；（3）因淬火冷却过程中冷却缓慢或中途停留而引起的奥氏体稳定化，称为热稳定化。

图 2-52 示出了高碳铬钢的奥氏体热稳定化现象。将高碳铬钢淬火至 M_s 点以下的 43℃停留 30min 后继续冷却，马氏体转变并不立即恢复，而是要冷至约 27℃时，奥氏体才开始继续向马氏体转变，其马氏体量随温度变化的曲线与正常转变时得到的曲线平行。由于 M_f 点并不因此而改变，故残余奥氏体量将增加 8% ~9%。将在 t_1、t_2、t_3、t_4 温度停留 30min 后继续冷却的转变再开始温度连成一条线，即为 M_s'轨迹。由 M_s'轨迹可知，冷却中断的温度越低（或中断的时间越长），奥氏体的热稳定化越严重。实验证明，已转变马氏体量的多少，对奥氏体热稳定化的程度也有很大影

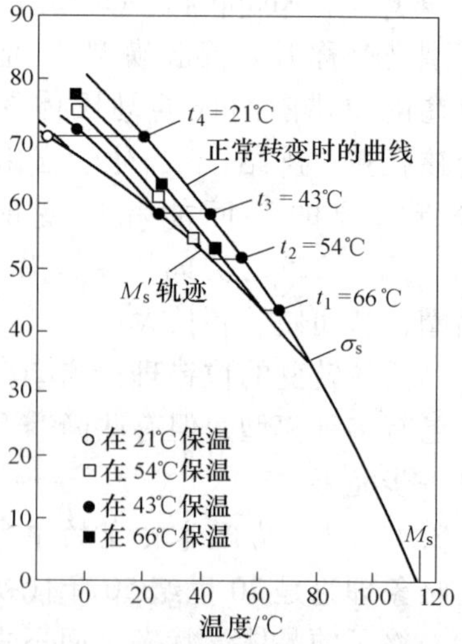

图 2-52 高碳铬钢中奥氏体的稳定化
（试验用钢：1.1% C，1.5% Cr；
奥氏体化温度：1040℃）

响。已转变的马氏体量愈多，等温停留时所产生的热稳定化程度愈大。这说明马氏体形成时对周围奥氏体的机械作用促进了热稳定化。

一般认为，奥氏体热稳定化的原因是：在慢冷或中途停留过程中，碳或氮间隙原子偏聚到位错线附近，形成了钉扎位错的柯垂耳气团，从而使奥氏体得到强化，切变阻力增加，马氏体转变困难。

2.4.7 钢的淬火

将钢加热奥氏体化后以适当方式冷却获得马氏体或（和）贝氏体组织的热处理工艺称为淬火。

淬火的主要目的是：把奥氏体化后的工件淬成马氏体组织，以便在适当温度回火后，获得所需要的力学性能。

2.4.7.1 淬火工艺参数的选择

A 加热温度

钢的淬火加热温度主要由钢的化学成分和所要求的淬火组织来确定。淬火组织应是细小的马氏体，残余奥氏体尽可能少，不能残存未溶的先共析铁素体，因此，亚共析碳钢的淬火加热温度一般采用 Ac_3 以上 30～50℃，共析及过共析碳钢的淬火加热温度一般采用 Ac_1 以上 30～50℃。

亚共析钢在上述温度加热淬火后可获得均匀而细小的马氏体组织，由于钢的含碳量较低，淬火组织中残余奥氏体很少。过共析钢在上述温度加热淬火后可获得细小马氏体加粒状二次碳化物组织，硬度高的二次碳化物颗粒的存在会增加钢的硬度和耐磨性。如果将过共析钢加热到 Ac_m 以上的单相奥氏体区，那么由于奥氏体晶粒较粗大，含碳量较高，淬火后的组织将为较粗大的马氏体加较多的残余奥氏体。这既降低了钢的淬火硬度，又增加了钢的脆性，使钢达不到所要求的性能。

B 保温时间

保温时间是指工件装炉后，炉温回升到淬火加热温度后所需保持的时间。保温的目的是：(1) 使工件透热，即工件整个截面都达到规定的淬火加热温度；(2) 完成加热时的转变过程，获得所需成分的细晶粒奥氏体。在这个前提下，应尽量缩短保温时间，以减少氧化和脱碳。

C 淬火介质及冷却方法

淬火冷却时为保证工件淬硬，要求过冷奥氏体在 M_s 点以上不发生珠光体和贝氏体转变，即在 M_s 点以上的冷却速度应大于钢的临界淬火冷速。但是，快冷会使工件内产生巨大的热应力和组织应力，从而使工件有变形和开裂的危险。为了解决这一矛盾，可采用理想淬火冷却，其冷却曲线如图2-53所示。从图2-53可以看出，在稍低于 A_1

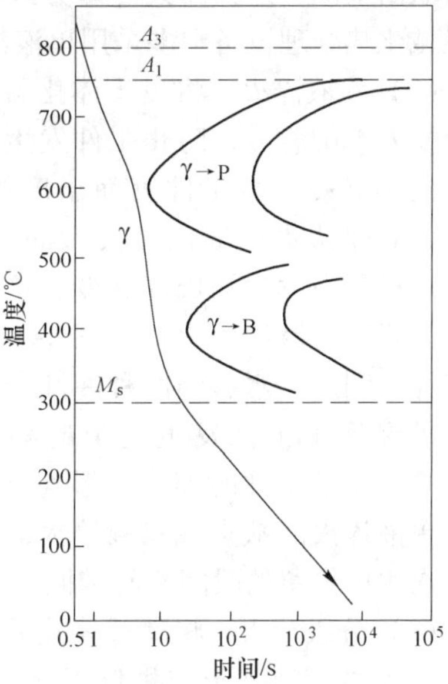

图2-53 钢的理想淬火冷却曲线

温度，过冷奥氏体分解孕育期较长的温度范围，应缓慢冷却，以减小热应力；在 M_s 点以下，为了降低马氏体转变时所产生的组织应力也应慢冷。这种理想淬火冷却曲线是选择和发展淬火介质的依据。

表2-2示出了常用淬火介质及其冷却速度，可以看出，碱水和盐水不仅在高温区（650～550℃）的冷却速度很快，而且在低温区（300～200℃）的冷却速度也很快；油在低温区的冷却速度合适，但在高温区的冷却速度却太慢，因此它们都不是理想的淬火介质。在实际生产中通常是根据钢种的特性来选择淬火介质，如碳钢的临界淬火冷速大，应选用冷却能力较强的水、盐水等作为淬火介质；合金钢的临界淬火冷速小，可选用冷却能力较弱的油作为淬火介质。目前，工业上也使用多种新型淬火介质，如超速淬火油、代替油的水溶液介质等，均取得了较好的效果。

表2-2 常用淬火介质的冷却速度

淬火介质	冷却速度/℃·s^{-1}		淬火介质	冷却速度/℃·s^{-1}	
	在650～550℃区间	在300～200℃区间		在650～550℃区间	在300～200℃区间
水（18℃）	600	270	10%苛性钠水溶液（18℃）	1200	300
水（26℃）	500	270	10%氯化钠水溶液（18℃）	1100	300
水（50℃）	100	270	矿质机油	100	20
水（74℃）	30	200	油水乳状液	70	200

为了实现理想淬火冷却或近似理想淬火冷却，除要选用适当的淬火介质外，还要选用合理的淬火冷却方法。常用的淬火冷却方法有以下四种：

（1）单液淬火：将奥氏体化后的工件迅速投入到一种淬火冷却介质中，冷却到适当温度后取出空冷，这种淬火冷却方式称为单液淬火，如图2-54a所示。单液淬火操作简便，在机械化热处理设备中多采用单液淬火的冷却方法。

（2）双液淬火：将奥氏体化后的工件迅速投入水中急冷，防止工件发生珠光体和贝氏体转变，待工件表面温度接近 M_s 点时，立即从水中取出，投入油中冷却，在油冷过程中发生马氏体转变，这种淬火冷却方式称为双液淬火，如图2-54b所示。双液淬火利用了水、油两种冷却介质的优点，既保证了工件发生完全的马氏体转变，又防止了工件的淬火变形与开裂，克服了单液淬火的缺点。双液淬火的缺点是工件在水中停留的时间不易掌握。

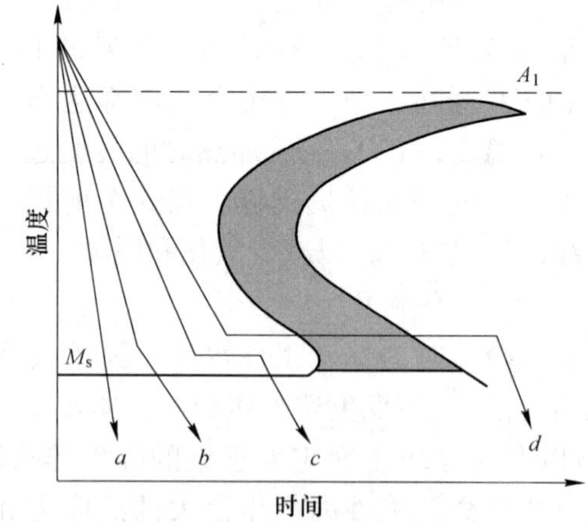

图2-54 各种淬火方法的冷却曲线示意图
a—单液淬火；b—双液淬火；
c—分级淬火；d—等温淬火

（3）分级淬火：将奥氏体化后的工件迅速投入温度稍高于或稍低于 M_s 点的盐浴或碱浴中保持适当时间，在工件整体达到介质温度后取出空冷以获得马氏体，这种淬火冷却方式称为分级淬火，如图2-54c所示。与双液淬火相比，分级淬火进一步减小了工件的淬火应力和变形。

（4）等温淬火：将奥氏体化后的工件快冷到贝氏体转变温度区间等温保持，使奥氏体转变为贝氏体，这种淬火冷却方式称为等温淬火，如图2-54d所示。虽然等温淬火得不到高硬度的马氏体，但由于获得了强韧性好的下贝氏体，可使钢既具有较高的强度，又具有良好的塑性和韧性，因而是一种强韧化处理工艺。

2.4.7.2 钢的淬透性

工件淬火时，从表面到心部冷却速度是逐渐减小的，冷速大于临界淬火冷速的部分被淬成马氏体，如图2-55b中阴影部分，称为工件的淬透层；而冷速小于临界淬火冷速的部分则会出现非马氏体组织。显然，淬透层深度不仅取决于钢的临界淬火冷速的大小，而且还与工件的截面尺寸和淬火介质的冷却能力有关。在工件尺寸和淬火介质一定的情况下，钢的临界淬火冷速越小，工件的淬透层越厚。当工件中心的冷速也大于临界淬火冷速时，工件将获得全马氏体组织，也就是工件被淬透了。

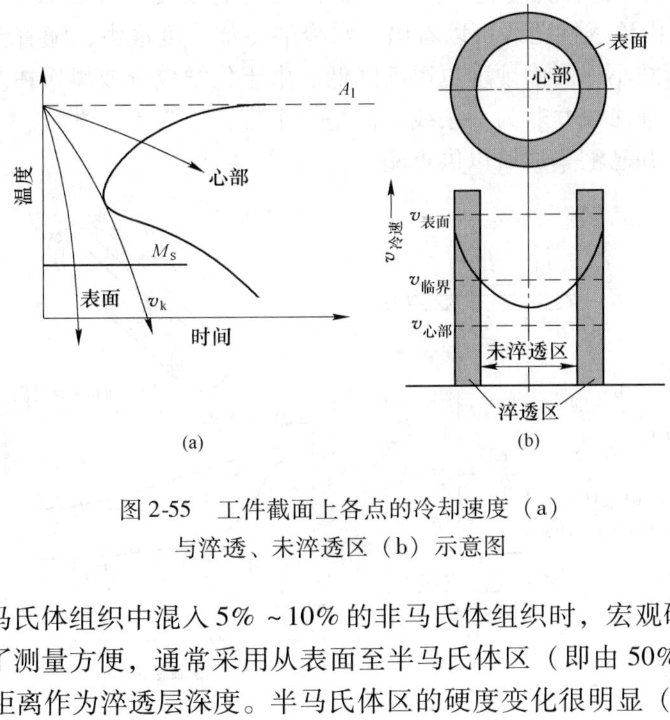

图2-55 工件截面上各点的冷却速度（a）与淬透、未淬透区（b）示意图

实际上由于马氏体组织中混入5%～10%的非马氏体组织时，宏观硬度测量很难分辨出来，因此，为了测量方便，通常采用从表面至半马氏体区（即由50%马氏体和50%非马氏体组成）的距离作为淬透层深度。半马氏体区的硬度变化很明显（见图2-56），金相组织的特征也很明显，因此可准确地测定出淬透层深度。

钢的淬透性是指以在规定条件下钢试样淬透层深度和硬度分布来表征的材料特征，它主要取决于钢的临界淬火冷速的大小。

值得注意的是，淬透性与淬硬性是两个不同的概念。淬硬性是指以钢在理想条件下淬火所能达到的最高硬度来表征的材料特性，它主要与淬火加热时固溶于奥氏体中的碳含量有关。

淬透性的确定方法很多，常用的有以下两种：

（1）断口评级法：根据GB/T 227—91的规定，此方法采用的试样尺寸为20mm×20mm×100mm，中间开一个V形缺口；或ϕ22mm×100mm，中间开环形缺口，缺口深均为3～5mm。首先将试样分别加热至760、800和840℃淬火，然后从缺口处打断试样，观察其断口形貌，并对照相应的评级标准图来评定淬透性等级。标准中规定了0～5六个级别，0级淬透性最小，5级淬透性最大。此方法主要适用于碳素工具钢，低合金工具钢也可参照使用。

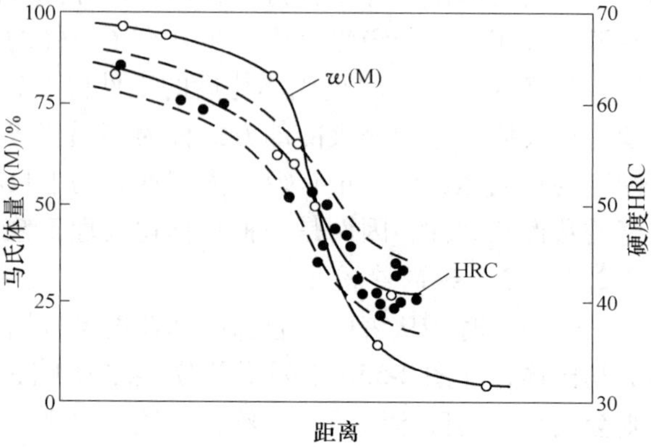

图2-56 淬透-未淬透区过渡部分的马氏体量与硬度变化

（2）顶端淬火法：根据GB/T 225—2006的规定，首先将尺寸为ϕ25mm×100mm的试样加热奥氏体化，然后迅速将其放入图2-57a所示的淬火装置中喷水冷却。待试样冷却后，磨平其两侧（磨削深度约为0.2～0.3mm），然后从水冷端起每隔1.5mm测量一次硬度，得到沿试样轴向的硬度变化曲线，称为淬透性曲线，如图2-57b所示。由淬透性曲线可以看出，水冷端冷却速度最大，随着至水冷端距离的增大，冷却速度逐渐减小，因而硬度也逐渐降低。由于化学成分或奥氏体晶粒度的波动，同一牌号的钢的淬透性曲线并非为一条线，而是一个带，称为淬透性带。工业用钢的淬透性带几乎都已测定，并已汇集成册以供查阅。

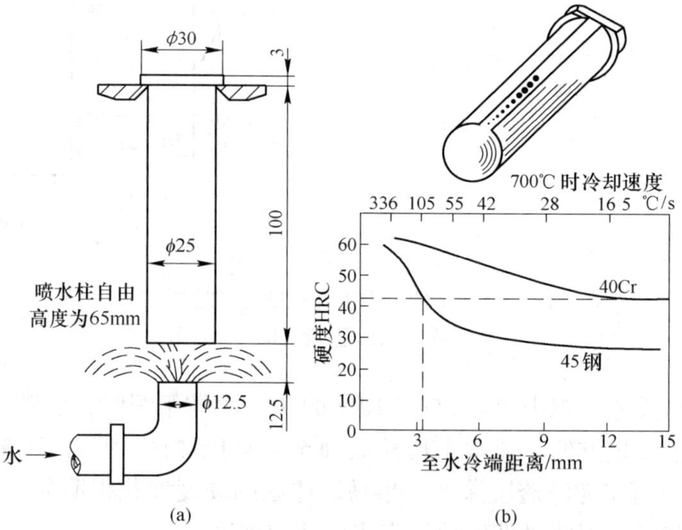

图2-57 顶端淬火法示意图
（a）淬火装置；（b）淬透性曲线

国标规定钢的淬透性应以J $\frac{HRC}{d}$表示，d为至水冷端的距离，HRC为该处的硬度值。如J $\frac{42}{5}$表示距水冷端5mm处，硬度值为HRC42。但是，生产中常用临界淬透直径来衡量钢的淬透性。所谓临界淬透直径，是指在某种淬火介质中，圆柱形试样中心刚好为全部马氏体或50%马氏体组织时的最大直径，可由淬透性曲线推算获得。例如，从图2-57b可知，45钢半马氏体区至水冷端的距离约为3mm，于是可在图2-58横坐标上3mm处作一垂线，使之与图2-58a中的“中心”曲线相交，通过交点再作一条水平线与纵坐标相交，交点处的数值18mm即为45钢水淬时的临界淬透直径。这就是说，ϕ18mm棒材的中心与顶端淬火试样距水冷端3mm处的冷却速度相同，700℃时的冷却速度都为169℃/s，故组织均为半马氏体。

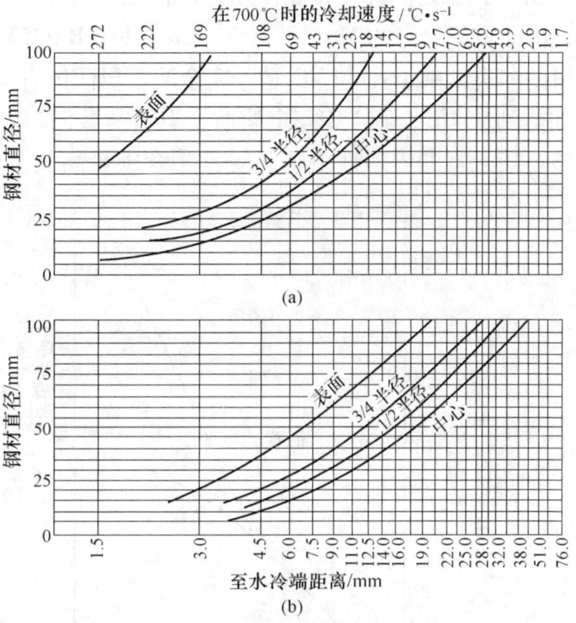

图2-58 不同直径棒材横截面上各点与顶端淬火试样轴向各点的冷却速度对照图

（a）淬入缓动水中；（b）淬入缓动油中

顶端淬火法是目前世界上应用最广泛的淬透性试验方法，适用于碳素结构钢和合金结构钢。

为了定量研究各种合金元素对钢淬透性的影响，除可采用淬透性曲线外，还可通过实验来测定每种合金元素的“淬透性乘子”。淬透性乘子表征了合金元素增大钢临界直径的能力。钢的临界直径不仅受钢中奥氏体的化学成分及其均匀程度、奥氏体的晶粒尺寸、未溶碳化物颗粒等内因的影响，而且还受钢的表面状态、淬火介质的冷却能力等外因的影响。因此，为了比较各种合金元素的作用，首先必须把淬火介质的冷却能力固定下来。现设想有一种理想冷却介质，具有无限大的冷却能力，以致当圆棒试样进入该冷却介质后，其表面温度立即降到冷却介质的温度，而且整个淬火过程中其表面一直保持这个温度。在这样的介质中淬火得到的临界直径称为“理想临界直径”，以D_{I}表示。各种合金元素增大理想临界直径的能力可以用该元素的淬透性乘子来表示。

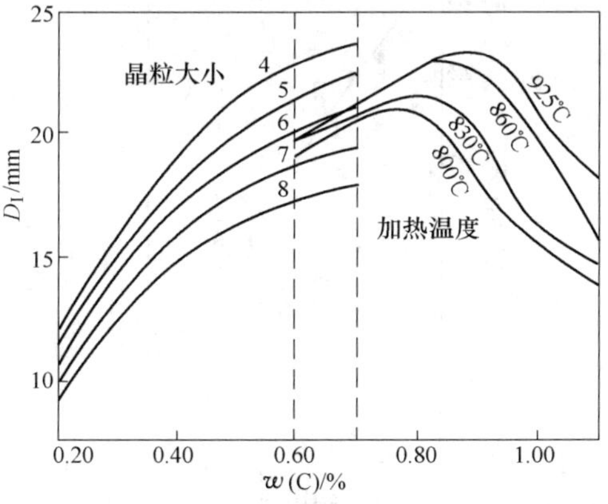

图2-59 钢中碳和奥氏体晶粒尺寸对理想临界直径的影响

在确定各合金元素的淬透性乘子之前，首先要确定碳钢的理想临界直径D_{IC}，即确定碳和奥氏体晶粒尺寸对理想临界直径的影响（见图2-59）。然后在钢的化学成分已知的情况下，用下式来估算圆棒中心马氏体体积分数为50%时钢的理想临界直径D_{I}：

$$D_{\mathrm{I}} = D_{\mathrm{IC}} \times f_{\mathrm{Si}} \times f_{\mathrm{Mn}} \times f_{\mathrm{Cr}} \times f_{\mathrm{Ni}} \times \cdots$$

这是M. Crossmann在20世纪40年代提出的计算式，一直沿用至今。式中f为各合金元素的淬透性乘子，其下标为这些元素的化学元素符号。各合金元素的淬透性乘子并不总是与其在钢中的含量成正比，当几种元素同时存在时，由于元素之间存在相互作用，每种元素的淬透性乘子与其单独存在时的淬透性乘子是不同的，因而重新修订的 Mn、Si、Ni、Cr、Mo、B 的淬透性乘子如图 2-60 所示。强碳化物形成元素钒的淬透性乘子f_V与 VC 是否完全溶于奥氏体有关，如图 2-61 所示，在钢中含 0.08% V 时，若加热到 954℃，则 VC 完全溶解，其$f_V=1.5$；若加热到 815℃，则 VC 仅部分溶解，其$f_V=1.25$。某元素的淬透性乘子还受钢中含碳量高低及奥氏体成分均匀与否的影响。

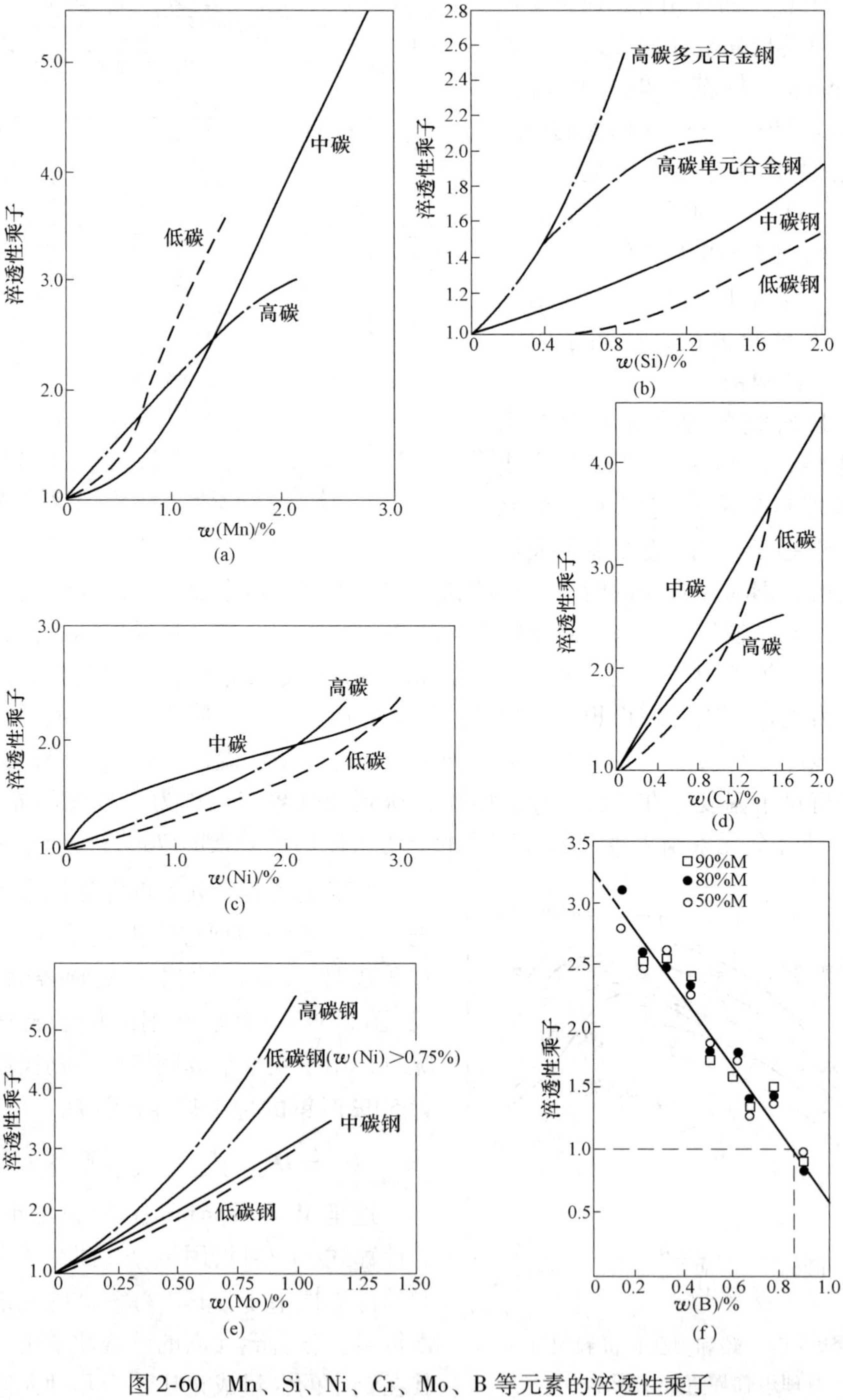

图 2-60 Mn、Si、Ni、Cr、Mo、B 等元素的淬透性乘子

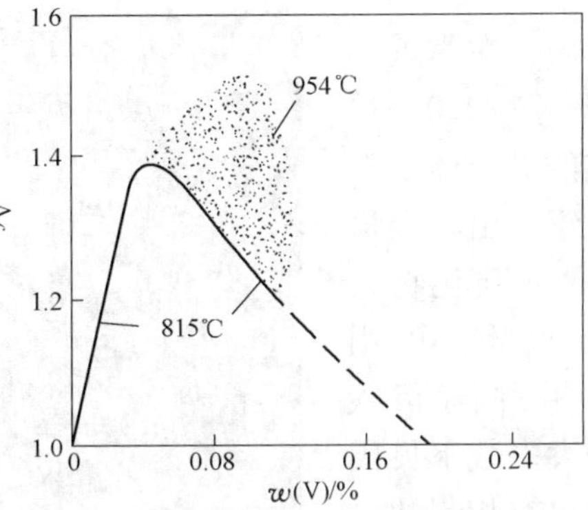

图 2-61 加热温度对钒的淬透性乘子的影响

2.5 钢的贝氏体转变

贝氏体转变是钢经奥氏体化后过冷到中温区域发生的一种转变。这种转变的动力学以及所获得的组织兼有在扩散型的珠光体转变与无扩散型的马氏体转变中所观察到的某些动力学和组织特征，所以贝氏体转变又称为中间转变。

2.5.1 贝氏体的组织形态与性能特点

钢中的贝氏体一般是由铁素体和碳化物组成的非层片状组织。按照组织形态的不同，贝氏体大致可分为以下六种：上贝氏体、下贝氏体、粒状贝氏体、无碳化物贝氏体、反常贝氏体和柱状贝氏体。在这六种贝氏体中，以上贝氏体和下贝氏体最为常见，故本节主要讨论这两种贝氏体。

2.5.1.1 上贝氏体

在贝氏体转变温度范围内（对于共析碳钢大约为 220 ~ 550℃），在接近珠光体转变温度（550℃稍下）的较高温度区域内形成的贝氏体是上贝氏体。它是一种两相组织，由铁素体和渗碳体组成。上贝氏体的典型组织形态如图 2-62 所示，成束的、大致平行的贝氏铁素体板条自奥氏体晶界一侧或两侧向奥氏体晶内长大，渗碳体（有时还有残留奥氏体）则断续地分布在贝氏铁素体板条之间，沿贝氏铁素体板条的长轴方向排列成行（见图 2-63），整体上看呈现为羽毛状，所以上贝氏体又称为羽毛状贝氏体。上贝氏体中的铁素体一般比同温度下形成的珠光体中的铁素体厚；同时，上贝氏体的铁素体中有位错缠结存在。

图 2-62 上贝氏体，×750
（65Mn 钢：铅浴淬火）

2.5.1.2 下贝氏体

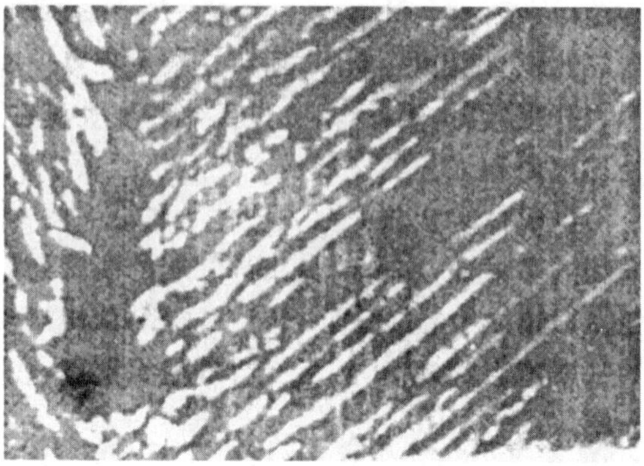

图 2-63 上贝氏体中的渗碳体，×5000
（60 钢：900℃奥氏体化，按 50℃/s 冷却）

在贝氏体转变温度范围内，在靠近马氏体转变温度（对于共析碳钢为 220℃ 稍上）的较低温度区域内形成的贝氏体是下贝氏体。它也是一种两相组织，由含碳量过饱和的铁素体和亚稳定的 ε 碳化物组成。ε 碳化物为密排六方点阵，可用 $Fe_{2.4}C$ 表示，其成分和结构均不同于渗碳体。与上贝氏体不同，虽然大多数下贝氏体是在奥氏体晶界形核，但也有相当数量的下贝氏体在奥氏体晶内形核。下贝氏体的典型组织形态如图 2-64 所示，它在三维空间的立体形态为双凸透镜片状，在光学显微镜下呈针状或竹叶状，各片之间不相互平行，而是呈一定的角度。图 2-65 清楚地显示出了下贝氏体内的碳化物仅分布在铁素体针的内部，沿与铁素体针长轴方向成 55°～60°的方向排列成行。下贝氏体的铁素体中也有位错缠结存在，位错密度比上贝氏体的铁素体高，但在下贝氏体的铁素体中未发现有孪晶亚结构存在。

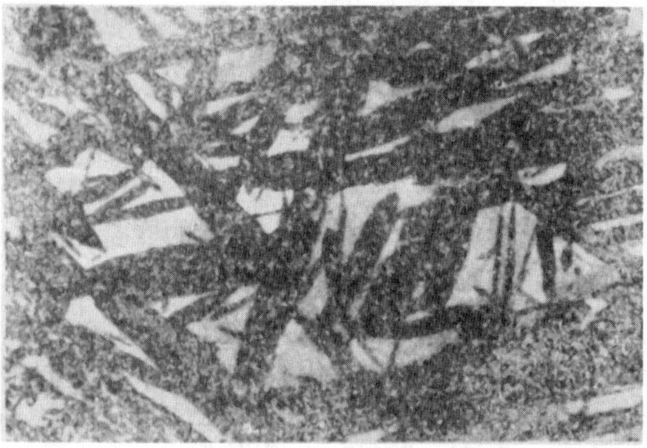

图 2-64 下贝氏体组织，×1500×3/4
（0.545C-1.2Cr-4.12Ni-0.43Mo-0.82W：850℃加热 30min，按 0.006℃/s 冷却）

图 2-65 下贝氏体中的碳化物，×5000
（0.545C-1.2Cr-4.12Ni-0.43Mo-0.82W：850℃加热 30min，按 0.006℃/s 冷却）

2.5.1.3 无碳化物贝氏体和粒状贝氏体

无碳化物贝氏体一般产生于低碳钢中，其形成温度在贝氏体形成温度范围的上部，B_s 点稍下。这种贝氏体是一种单相组织，由大致平行的板条状铁素体组成，板条较宽，板条之间的距离也较大。板条之间为富碳的奥氏体转变的马氏体，也可能是奥氏体的其他转变产物，甚至是全部未转变的残余奥氏体。由此可见，在钢中通常不能形成单一的无碳化物贝氏体，而是形成与其他组织组成物共存的混合组织。

粒状贝氏体一般存在于低、中碳合金钢中，其形成温度稍高于上贝氏体的形成温度，接近 B_s 点。这种贝氏体是由贝氏铁素体和岛状的富碳奥氏体所组成。岛状富碳奥氏体在继续冷却过程中，由于冷却条件和过冷奥氏体稳定性不同，可能出现以下三种情况：(1) 部分或全部分解为铁素体和碳化物；(2) 部分转变为马氏体，其余部分则成为残余奥氏体，这种马氏体和残余奥氏体组成的岛状组织通常被称为 M-A 组织；(3) 全部保留下来而成为残余奥氏体。其中最可能发生的情况是第二种。

图2-66 显示出了碳素钢贝氏铁素体板条的平均宽度及1mm^2 面积内碳化物数量（即碳化物的弥散度）与形成温度的关系。可以看出，形成温度越低，贝氏铁素体板条的平均宽度越小，碳化物的弥散度越大。贝氏铁素体板条的平均宽度和碳化物的弥散度对其强度的影响如图2-67 所示，从图2-67 可以看出，贝氏铁素体板条的平均宽度越小，碳化物的弥散度越大，贝氏体的强度就越高。碳化物的弥散强化对下贝氏体强度的贡献是相当大的，但对上贝氏体强度的贡献则相对小些。这是由于上贝氏体中的碳化物较粗大，且分布状况不良，仅分布在铁素体板条之间。正是由于上贝氏体中铁素体和碳化物的分布都具有明显的方向性，且铁素体和碳化物的尺寸均较大，故这种组织对裂纹扩展的抗力较小，韧性较差，铁素体板条甚至可能成为裂纹扩展的通路。与上贝氏体相比，下贝氏体不但强度高，而且韧性好，所以一般不希望获得上贝氏体，而希望获得下贝氏体。

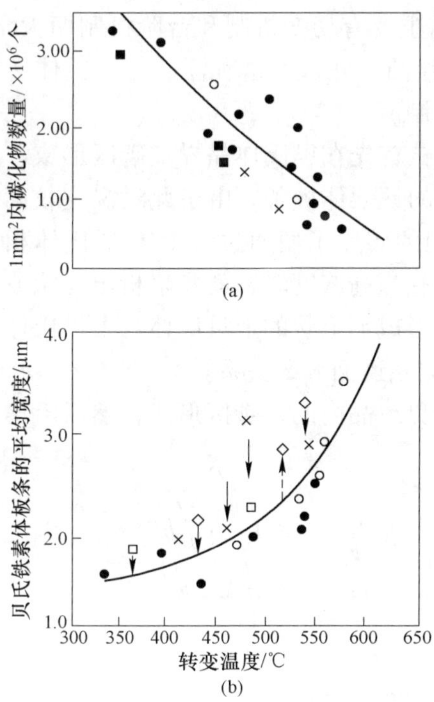

图2-66 贝氏体形成温度对碳化物弥散度（a）和贝氏铁素体板条的平均宽度（b）的影响

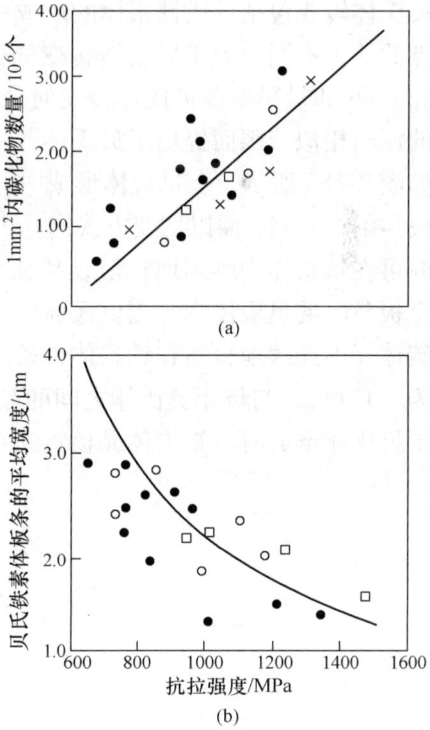

图2-67 贝氏铁素体板条的平均宽度（b）和碳化物弥散度（a）对贝氏体强度的影响

2.5.2 贝氏体转变的特点及机理

贝氏体转变具有以下五个基本特点：

（1）贝氏体转变有一个上限温度，即 B_s 点，高于此温度贝氏体不能形成；贝氏体转变也有一个下限温度，即 B_f 点，到达此温度转变即告终止。

（2）贝氏体转变也是一个形核与长大的过程。贝氏体的形核需要一定的孕育期，其领先相一般是铁素体（除反常贝氏体外）。

（3）由于贝氏体转变受碳原子在奥氏体和铁素体中的扩散所控制，故贝氏体转变速度比马氏体转变速度慢得多。

（4）贝氏体形成时会产生表面浮凸，新相与母相之间也存在一定的晶体学取向关系。

（5）贝氏体转变可能与珠光体转变或马氏体转变重叠。

在碳钢和一些合金钢中，在某一等温温度范围内，贝氏体转变可能与珠光体转变发生部分重叠。这可能有两种情况：一是在过冷奥氏体等温转变图中珠光体开始转变线在贝氏体开始转变线之前，过冷奥氏体形成一部分珠光体后，接着转变为贝氏体；二是在过冷奥氏体等温转变图中贝氏体开始转变线在珠光体开始转变线之前，过冷奥氏体在形成一部分贝氏体后，接着转变为珠光体。对于具有较高 M_s 点的钢，当温度在 M_s 点以下时，贝氏体转变和马氏体转变可能发生重叠。

贝氏体转变包括贝氏铁素体的形成和碳化物的析出这两个基本过程。鉴于对贝氏体转变特点的认识不同，关于贝氏体转变的机理，目前主要有切变机制和台阶机制两大学派。柯俊和 Cottrell 最早发现贝氏体转变时会产生表面浮凸，并认为这种浮凸与马氏体转变时产生的浮凸相似，因而提出了贝氏体转变的切变机制。

如图 2-68a 所示，上贝氏体形成时，铁素体晶核首先在奥氏体晶界贫碳区形成，然后沿奥氏体的 $\{111\}_\gamma$ 面以切变方式向晶内长成密集的铁素体板条，由于此时温度较高，碳原子尚可在铁素体中顺利地扩散，故铁素体板条内的碳原子便通过铁素体-奥氏体相界面扩散至板条间的奥氏体中，当奥氏体中的碳富集到相当高浓度时，就脱溶析出粒状或条状的渗碳体，不连续地分布在铁素体板条之间，从而形成羽毛状的上贝氏体。上贝氏体的惯习面为 $\{111\}_\gamma$，与母相奥氏体之间的晶体学取向关系遵循 K-S 关系。

下贝氏体形成时，铁素体晶核首先在奥氏体晶界或晶内的贫碳区形成，然后沿奥氏体

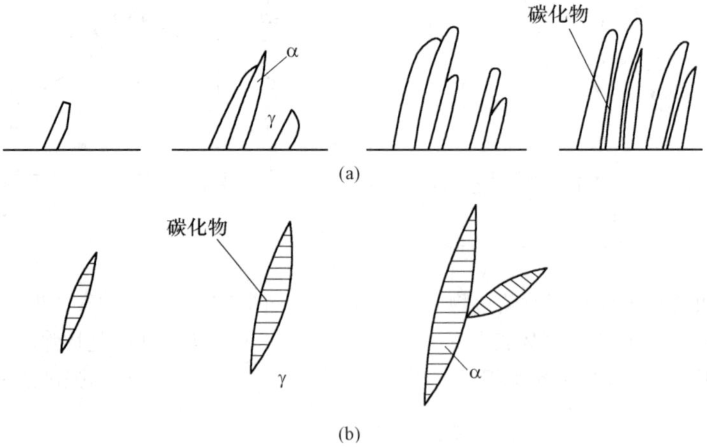

图 2-68 贝氏体形成机理示意图

（a）上贝氏体；（b）下贝氏体

的 $\{225\}_{\gamma}$ 面以切变的方式长大，由于此时温度较低，碳原子在奥氏体中难以扩散，在铁素体内也只能短程扩散，故碳原子在铁素体片内的一定晶面偏聚，进而以碳化物形式析出，从而得到在片状铁素体基体上分布着与铁素体片长轴方向呈一定交角、排列成行的 ε 碳化物的下贝氏体，如图 2-68b 所示。下贝氏体的惯习面为 $\{225\}_{\gamma}$，与母相奥氏体之间的晶体学取向关系也遵循 K-S 关系。

与贝氏体转变切变机制的提出者不同，Aaronson 虽也承认贝氏体转变时会产生表面浮凸，但他认为这种浮凸与马氏体转变时产生的浮凸不同，是由于转变产物的体积变化造成的，并非切变所致。Aaronson 从组织的定义出发，认为贝氏体是非片层状的共析反应产物，其转变机理与珠光体转变机理相同，因而提出了贝氏铁素体的长大是按台阶机制进行的，并受碳原子的扩散所控制，如图 2-29 所示。目前普遍认为，上贝氏体主要是按台阶机制转变，而下贝氏体则倾向于按切变机制转变。

2.5.3 影响贝氏体转变的因素

影响贝氏体转变的因素主要有化学成分、奥氏体化温度、奥氏体晶粒大小、奥氏体在冷却过程中不同温度的停留，以及应力、塑性形变等。

如前所述，在一般情况下，除了铝、钴能加速贝氏体转变以外，其他合金元素，如碳、锰、铬、镍、硅、钼、钨、钒以及微量硼等，只要溶于奥氏体都延缓贝氏体转变，使转变的温度区间降低。其中以碳、锰、铬、镍的影响最为明显，对下贝氏体形成的影响尤为显著。这是由于钢中碳含量增高，形成铁素体时所需要扩散开去的碳原子量增加，不利于铁素体的形核和长大，故贝氏体转变的速度减慢，B_s 点降低。合金元素对 B_s 点温度的影响为：$B_s(℃) = 830 - 270w(C) - 90w(Mn) - 37w(Ni) - 70w(Cr) - 83w(Mo)$。锰、镍等奥氏体形成元素既降低奥氏体的化学自由能，又增高铁素体的化学自由能，故一方面降低 B_s 点，另一方面延缓贝氏体转变。硼能降低奥氏体的晶界能，抑制铁素体晶核的形成，故硼推迟贝氏体转变。硅特别强烈地阻碍贝氏体转变时碳化物的析出，促使尚未转变的奥氏体富集碳，因而使贝氏体转变减慢。钨、钼、钒、钛等中强和强碳化物形成元素，由于增高碳在奥氏体中的扩散激活能，故对贝氏体转变也有一定的延缓作用。含钨、钼、钒、钛的钢由于珠光体转变孕育期长而贝氏体转变孕育期较短，故在空冷条件下就能得到贝氏体组织。由于钴能增大铁的自扩散系数，加速奥氏体向铁素体的转变，因而促进了贝氏体转变。

奥氏体化温度和奥氏体晶粒大小对贝氏体转变均有一定影响。一般来说，在奥氏体成分比较均匀的情况下，提高奥氏体化温度，奥氏体晶粒增大，贝氏体转变的孕育期增长，转变速度减慢。这是由于奥氏体晶粒增大，奥氏体晶界面积减小，贝氏体的形核部位减少。

塑性形变对贝氏体转变的影响较为复杂，通常在高温区（800 ~ 1000℃）对奥氏体进行塑性形变，将使随后的贝氏体转变孕育期增长，转变速度减慢，转变不完全程度增大；而在低于 B_s 温度的中温区（一般为 450℃以下）对奥氏体进行塑性形变，结果则恰好与前述相反。无论是在高温区还是中温区对奥氏体进行塑性形变，都能使贝氏体的结构显著细化，铁素体针发生弯曲，从而使钢在等温淬火后的力学性能得到改善。与普通等温淬火组织相比，形变 - 等温淬火组织有着相同的塑性，高得多的强度，因此，在结构钢中形变

-等温淬火工艺已逐渐得到重视，并被更多地采用。除塑性形变对贝氏体转变有影响之外，弹性应力对贝氏体转变也有影响，通常拉应力能使贝氏体转变加速。

奥氏体在冷却过程中停留的温度区间不同，对贝氏体转变的影响也就不同。在珠光体-贝氏体之间的亚稳定区停留将加速贝氏体的形成；在贝氏体转变区域的上部停留，使部分奥氏体发生转变，将减慢随后在更低温度的贝氏体转变，使转变的孕育期增长，奥氏体的最终转变量减少；在贝氏体转变区域的下部或马氏体转变区域内停留，使部分奥氏体发生转变，将使随后在更高温度的贝氏体转变加速，预先停留的温度愈低，最终转变的温度愈高，对转变的加速作用愈大。

2.6 钢的回火转变

淬火虽然使钢获得了较高的硬度和强度，但钢的弹性、塑性和韧性却较低，淬火内应力较大，组织也不稳定。为了减小淬火钢的内应力，降低其脆性，提高其塑性、韧性和组织稳定性，使其获得强韧性良好配合的最佳使用性能，必须对淬火钢进行回火。回火是淬火钢不可缺少的一道工序。

回火是把淬火钢件加热到低于 A_1 的某一温度，保温一段时间，然后以适当方式冷却至室温的一种热处理工艺。

2.6.1 淬火钢回火时的组织变化

淬火钢的组织主要是马氏体和残余奥氏体，有时还有一些未溶的碳化物。在从室温到 A_1 点这个温度区间回火，马氏体和残余奥氏体均将发生组织转变，其过程大致可以划分为以下五个阶段。

2.6.1.1 马氏体中碳原子的偏聚

100℃以下回火，马氏体中的碳原子将短距离迁移到微观缺陷处，使系统能量降低。由于碳含量不同，马氏体中的这一偏聚过程也有所不同。在 $w(C)<0.2\%$ 的马氏体中，间隙碳原子全部偏聚到高密度的位错线周围，形成柯氏气团。这是碳原子与位错的弹性应力场交互作用，被弹性地吸引到位错线周围的结果，故被称为弹性偏聚。此时，马氏体为体心立方点阵。当马氏体的碳含量 $w(C)$ 增加到0.2%时，弹性偏聚达到饱和状态。在 $w(C)>0.2\%$ 的马氏体中，过饱和的碳原子不再偏聚到位错线附近，而是在垂直于 c 轴的 $(001)_{\alpha'}$ 面上偏聚，并伴随有化学自由能降低，正方度 c/a 值增大，强度、硬度提高，故被称为化学偏聚。

2.6.1.2 马氏体的分解与亚稳碳化物的形成

在100℃以上回火时，马氏体将发生分解，析出碳化物，使其碳浓度降低，正方度（c/a 值）减小。图2-69显示出了 $w(C)=0.96\%$ 的钢回火时马氏体的含碳量、正方度与回火温度及回火时间的关系，由图2-69可以看出，回火温度愈低，马氏体分解延续的时间愈长，马氏体中残留的碳含量愈高。

对于 $w(C)>0.4\%$ 的马氏体，马氏体的分解分为两步。第一步发生在100～150℃之间，为二相式分解；第二步发生在150℃以上，为连续式分解。如图2-70所示，二相式分解发生时，首先在马氏体晶体中的某些富碳区形成碳化物晶核，析出亚稳定的 ε（或 $\eta\text{-}Fe_2C$）碳化物。由于此时温度较低，碳原子只能作短距离迁移，碳化物形成时只能从其

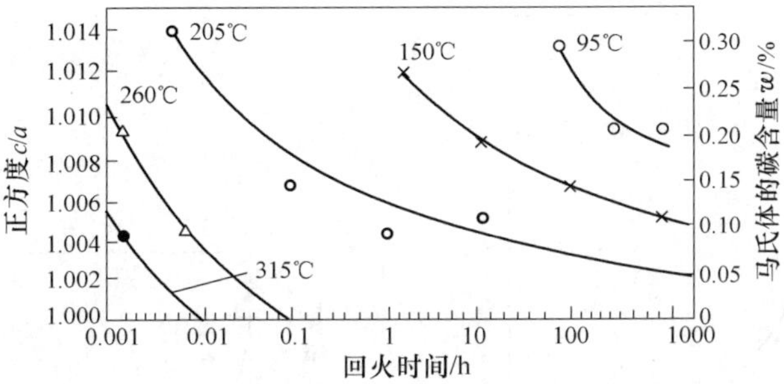

图 2-69 0.96C 钢回火时马氏体的碳含量、正方度 c/a 与回火温度及回火时间的关系

邻近地区取得碳原子，故碳化物周围一定尺寸的马氏体微区内，碳含量明显下降，出现贫碳区，碳化物在微区内长到一定尺寸后也不再长大。此时钢中同时存在两种碳含量不同的马氏体：一种是碳浓度较高，轴比较大，尚未分解的马氏体（即 M）；另一种是碳浓度较低，轴比接近于 1 的马氏体（即 M′）。在此阶段，马氏体的继续分解只能依靠尚未分解的马氏体区域产生新的碳化物晶核，使贫碳区的数量增多，而不能依靠已形成的各个贫碳区尺寸的扩大和该区域碳含量的继续降低。随着回火温度的升高，碳原子的扩散能力逐渐增强，当回火温度高于 150℃后，马氏体便开始“均匀”地连续分解。此时碳原子可作较长距离的迁移，随 ε（或 η）碳化物的析出与长大，马氏体的碳浓度均匀降低，两种碳含量不同的马氏体共存的特征消失。对于碳钢，此过程一直要持续到 250℃。

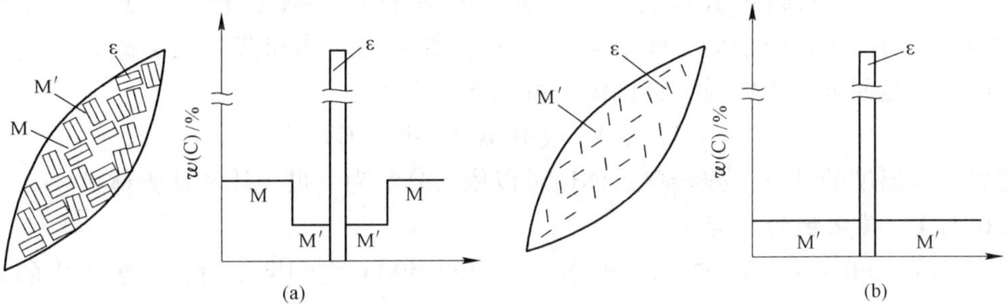

图 2-70 马氏体二相式分解（a）和连续式分解（b）示意图

图 2-71 显示出了含碳量不同的碳素钢中马氏体的碳含量与回火温度的关系。可以看出，在回火温度低于 150℃时，马氏体的碳含量与其原始碳含量有关，而在回火温度高于 150℃后，马氏体的碳含量就与其原始碳含量无关了。图 2-72 是 $w(C) = 1.09\%$ 的钢在不同温度回火时，马氏体的碳含量与回火时间的关系。可以看出，马氏体的碳含量在回火开始时下降较快，1h 左右即趋于稳定。如果在一定的回火温度下回火较长时间，那么马氏体的碳含量为一定值。

综上所述，在 150～250℃之间回火，片状马氏体将分解为含碳过饱和的 α 固溶体和与之共格的 ε（或 η）碳化物的两相组织，称为回火马氏体。由于 ε 碳化物的弥散析出，使得回火马氏体比淬火马氏体易于腐蚀，因而回火马氏体在光学显微镜下呈暗黑色片状组织。

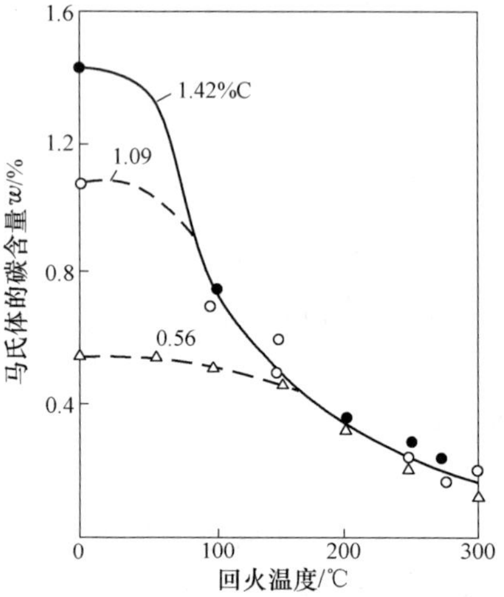

图 2-71 含碳量不同的碳素钢中马氏体的碳含量与回火温度的关系（回火时间为 1h）

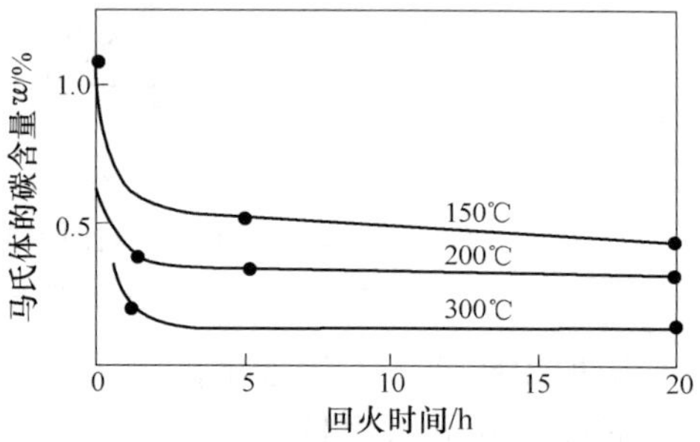

图 2-72 1.09C 钢在不同温度回火时马氏体的碳含量与回火时间的关系

对于 $w(C) < 0.2\%$ 的板条状马氏体，在 100～200℃之间回火时，马氏体一般不析出 ε 碳化物，碳原子仍偏聚在位错线附近。

2.6.1.3 残余奥氏体的转变

$w(C) > 0.4\%$ 的碳钢或低合金钢，淬火后才有一定数量的残余奥氏体存在，在 200～300℃之间回火，残余奥氏体将分解为过饱和 α 固溶体和薄片状 ε 碳化物的两相组织，一般认为是回火马氏体或下贝氏体，可用下式表示：

$$A_R \rightarrow M' \text{ 或 } B(\alpha + \varepsilon\text{-}Fe_{2.4}C)$$

随着回火温度的升高，残余奥氏体还可以依次分解为上贝氏体和珠光体。

2.6.1.4 碳化物的转变

对于 $w(C) > 0.4\% \sim 0.6\%$ 的马氏体，在 250～400℃之间回火时，马氏体中的 ε 碳化物将转变为更加稳定的 χ 和 θ 碳化物。表 2-3 给出了这三种碳化物的组成、结构与稳定性，可以看出，ε 和 χ 碳化物均为亚稳相，只有 θ 碳化物才是稳定相，即渗碳体。

表 2-3 铁碳化合物的组成、结构与稳定性

铁碳化合物	化学式	结构	稳定性
ε	$Fe_{2.4}C$	六方晶系	亚稳定
χ	Fe_5C_2	单斜晶系	亚稳定
θ	Fe_3C	斜方晶系	稳定

碳化物的转变也是通过形核与长大这两个过程实现的，依据新碳化物与母相之间的取向关系和惯习面是否与原碳化物相同，可以将碳化物转变的方式分为两类：(1) 如果新碳化物与母相之间的取向关系和惯习面与原碳化物相同，则新碳化物可以通过原碳化物成分的调整和点阵的重构形成，称为“原位”转变；(2) 如果新碳化物与母相之间的取向关

系和惯习面与原碳化物不同，则原碳化物溶解，新碳化物在其他部位重新形核并长大，称为“异位”转变。由表2-4可以看出，ε碳化物与母相之间的取向关系和惯习面与χ和θ碳化物均不同，故从ε向χ和θ碳化物的转变是以异位转变的方式进行的。而χ碳化物与母相之间的取向关系和惯习面有可能与θ碳化物相同，也有可能不同，当θ碳化物的惯习面为 $\{112\}_{\alpha'}$ 时，χ碳化物与母相之间的取向关系和惯习面与θ碳化物相同，从χ向θ碳化物的转变可以以原位转变的方式进行；但当θ碳化物的惯习面为 $\{110\}_{\alpha'}$ 时，χ碳化物与母相之间的取向关系和惯习面就与θ碳化物不同了，此时，从χ向θ碳化物的转变就必须以异位转变的方式进行。ε和χ碳化物都是亚稳定的过渡相，随着回火温度的升高，最终都要转化为稳定的θ碳化物，即渗碳体。起始析出的渗碳体呈极细薄的片状，与母相α之间保持着共格关系，随着渗碳体的长大，这种共格关系不能继续维持，在300～400℃之间渗碳体就会完全脱离母相α而析出。

表 2-4　铁碳化合物与母相之间的取向关系和惯习面

铁碳化合物	惯习面	取向关系
ε	$\{100\}_{\alpha'}$	$(0001)_{\varepsilon}//(011)_{\alpha'}$；$(10\bar{1}1)_{\varepsilon}//(101)_{\alpha'}$；$[11\bar{2}0]_{\varepsilon}\wedge[100]_{\alpha'}=5°$
χ	$\{112\}_{\alpha'}$	$(100)_{\chi}//(\bar{1}\bar{2}1)_{\alpha'}$；$[010]_{\chi}//[101]_{\alpha'}$；$[011]_{\chi}//[\bar{1}11]_{\alpha'}$
θ	$\{110\}_{\alpha'}$ $\{112\}_{\alpha'}$	$(001)_{\theta}//(\bar{1}12)_{\alpha'}$；$[010]_{\theta}//[11\bar{1}]_{\alpha'}$；$[100]_{\theta}//[1\bar{1}0]_{\alpha'}$

对于 $w(C)<0.2\%$ 的马氏体，在回火温度高于200℃后，碳原子会从偏聚区（位错线附近或板条界上）直接形核析出渗碳体。

对于 $0.2\%<w(C)<0.4\%\sim0.6\%$ 的马氏体，从低温到高温回火时，碳化物的转变情况如表2-5所示。

表 2-5　回火时碳含量不同的马氏体中碳化物的转变情况

碳 含 量	碳化物转变情况
$w(C)<0.2\%$	M－－－－－－－→θ-Fe_3C
$0.2\%<w(C)<(0.4\%\sim0.6\%)$	M→ε-$Fe_{2.4}C$－－－→θ-Fe_3C
$w(C)>(0.4\%\sim0.6\%)$	M→ε-$Fe_{2.4}C$→χ-Fe_5C_2→θ-Fe_3C

综上所述，在250℃以上的温度回火，马氏体将继续分解，形成比ε碳化物更为稳定的碳化物。随着回火温度的升高，直到回火温度升至350℃，马氏体的分解才基本完毕，其碳含量才达平衡浓度，正方度 c/a 值也才为1，但此时α相的形态还未改变，仍为板条状或针状。

2.6.1.5　碳化物的聚集长大与α相的回复、再结晶

回火温度高于400℃后，渗碳体明显聚集、长大并球化，无论是初始片状渗碳体的球化还是粒状渗碳体的长大，均按小颗粒溶解，大颗粒长大的机理进行。

低碳板条马氏体在400℃以上温度回火时，α相将发生回复。在回复过程中，α相中的位错密度逐渐降低，剩下的位错重新排列成二维位错网络，并将α相分割成许多亚晶粒。随着回火温度的升高，亚晶粒逐渐长大，当回火温度高于500℃后，α相将发生再结晶。在再结晶过程中，等轴状铁素体逐步取代了板条状的α相。

在 250 ~ 400℃之间回火时，片状马氏体中的孪晶亚结构就已逐渐消失，但同时出现了位错胞和位错线。回火温度高于 400℃后，α 相也将发生回复和再结晶，但由于钢中碳含量较高，沉淀的碳化物数量较多，碳化物颗粒的钉扎作用，将阻碍 α 相的回复，尤其是再结晶的进行，故片状马氏体的回复与再结晶过程要比板条马氏体更缓慢些。

综上所述，淬火钢在回火过程中的组织变化为：在 150 ~ 250℃之间回火时，片状马氏体将分解为含碳过饱和的 α 固溶体和 ε（或 η）碳化物的两相组织，即回火马氏体。在 350 ~ 500℃之间回火时，碳钢与低合金钢将得到板条状或片状铁素体与细颗粒渗碳体组成的混合物，称为回火屈氏体；在 500℃ ~ A_1 点之间回火时，碳钢与低合金钢将得到颗粒状渗碳体分布于等轴状铁素体基体上的组织，称为回火索氏体。

2.6.2 淬火钢回火时力学性能的变化

淬火钢回火时硬度的变化如图 2-73 所示。对于低碳钢（w(C) < 0.2%），由于淬火时碳原子已经向位错线偏聚，所以在 200℃以下回火时，其组织变化不大，钢的硬度也变化不大。但高于 200℃回火，随着渗碳体的析出、长大、聚集和球化以及 α 相的回复、再结晶，钢的硬度将逐渐降低。对于中碳钢，低温回火时，因碳原子偏聚和 ε 碳化物的析出而增高的硬度小于马氏体分解而降低的硬度，故钢的硬度是降低的；在 200 ~ 300℃之间回火，由于钢中残余奥氏体量较少，其分解后所能增高的硬度远小于回火马氏体继续分解而降低的硬度，故钢的硬度也是降低的。300℃以上回火，中碳钢的组织变化与低碳钢相似，故中碳钢的硬度是随回火温度的升高而逐渐降低的。对于高碳钢，在 200℃以下回火，其硬度不仅不降低，而且还稍有升高。这是因为这类钢低温回火时，不仅碳原子会发生化学偏聚，使钢的硬度有所提高；而且还可能析出大量细小的 ε 碳化物，对钢产生较大的弥散硬化作用。在 200 ~ 300℃之间回火，虽然回火马氏体继续分解将使钢的硬度下降，但残余奥氏体分解为回火马氏体或下贝氏体的硬化作用将使钢硬度的下降趋于平缓。300℃以上回火，高碳钢硬度的变化就与低碳钢和中碳钢相似了。

图 2-74 所示为中碳钢的力学性能与回

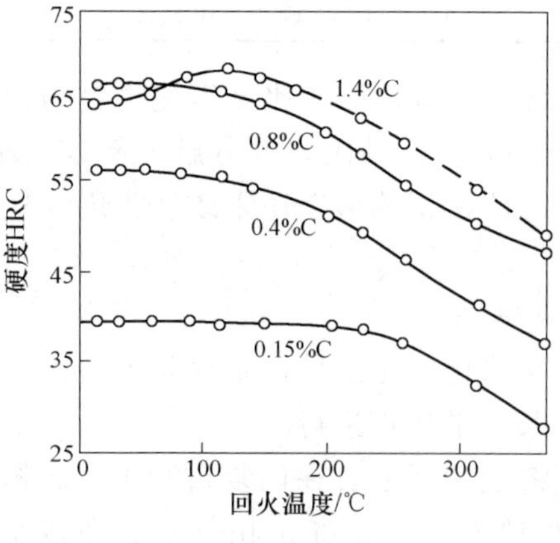

图 2-73 淬火钢回火时硬度的变化

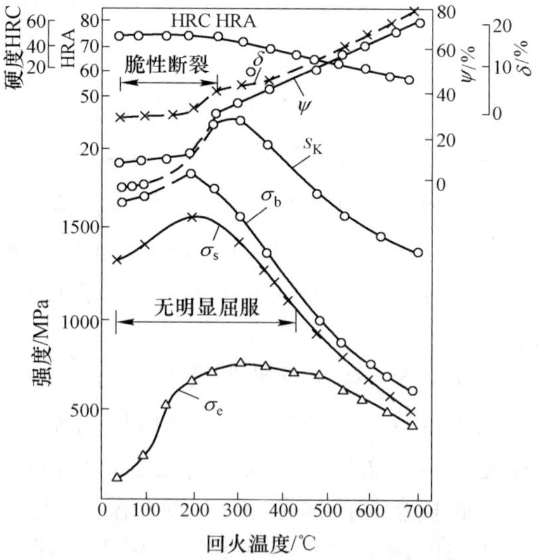

图 2-74 中碳钢（0.41% C，0.72% Mn）的力学性能与回火温度的关系

火温度的关系，从图 2-74 可以看出，处于淬火状态的钢，由于有内应力存在，不仅塑性很差，而且强度也不高。在 200 ~ 300℃之间回火后，由于内应力消除，钢的强度指标 σ_s、σ_b 和 S_K（真实破断强度）均达到最大值。300℃以上，随着回火温度的升高，钢的强度降低，伸长率和断面收缩率升高；在 300 ~ 400℃之间回火，钢的弹性极限达到最大值。低碳钢的力学性能随回火温度的变化规律基本与中碳钢相似，只是随着回火温度的升高，σ_b 是逐渐降低的，没有明显的峰值。高碳钢在 300℃以上回火时，力学性能的变化规律也与中碳钢相似；但在 300℃以下回火，由于淬火内应力未能消除，高碳钢均呈脆性破断，故较难准确地测定出其各项力学性能指标。

淬火钢回火时冲击韧性的变化如图 2-75所示，随着回火温度的升高，钢的冲击韧性并不是单调地增加，而是出现了两个低谷。一个低谷出现在 250 ~ 400℃之间，另一个低谷出现在 450 ~ 650℃之间，这种随着回火温度的升高，钢的冲击韧性反而降低的现象，称为“回火脆性”。为了区别起见，把在较低温度回火引起的回火脆性称为“低温回火脆性”或“第一类回火脆性”；把在较高温度回火引起的回火脆性称为“高温回火脆性”或“第二类回火脆性”。

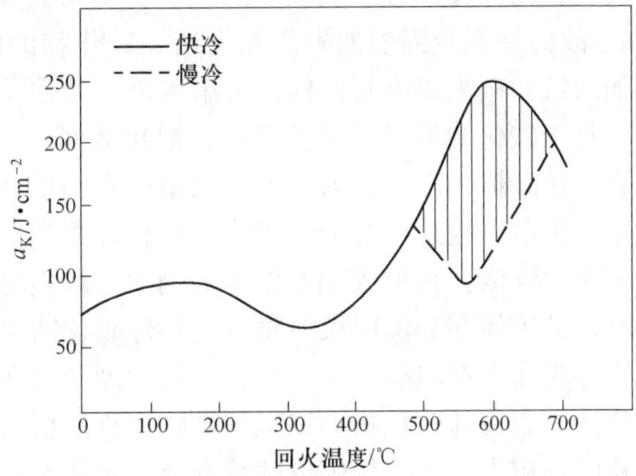

图 2-75 0.3C-1.47Cr-3.4Ni 钢的冲击韧性与回火温度的关系

钢在淬火过程中，由于工件截面各处冷却速度不同，相变也不同，故必然会产生宏观区域的淬火内应力，称为第一类内应力，它是引起工件变形、开裂的重要原因之一。马氏体转变时，由于新旧两相比热容不同，转变有先有后，组织不均，在晶粒、晶胞之间甚至晶胞内必然会产生微观内应力，称为第二类内应力，可用点阵中产生第二类畸变的点阵常数变化 $\Delta a/a$ 来表示。上述两类内应力随回火温度和回火时间的变化如图 2-76 和图 2-77 所示。从图中可以看出，回火开始时这两类内应力下降较快，一段时间后即趋于稳定。随着回火温度的升高，这两类内应力均逐渐减少。150℃回火，第一类内应力可减少 25% ~ 30%；300℃回火，第一类内应力可减少 50%；500℃回火，第二类内应力可基本消除；550 ~ 600℃以上回火，第一类内应力

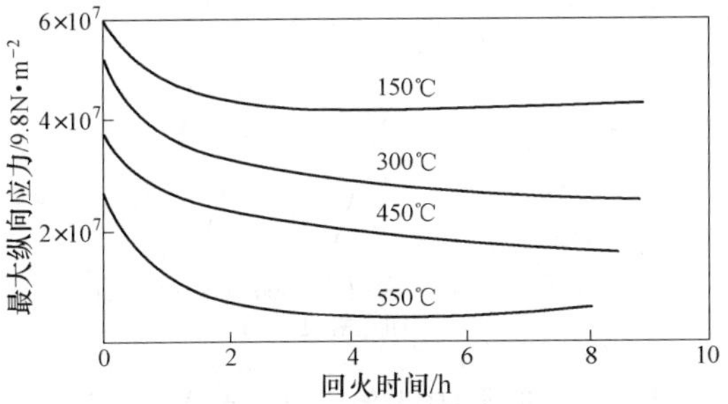

图 2-76 第一类内应力随回火温度和回火时间的变化

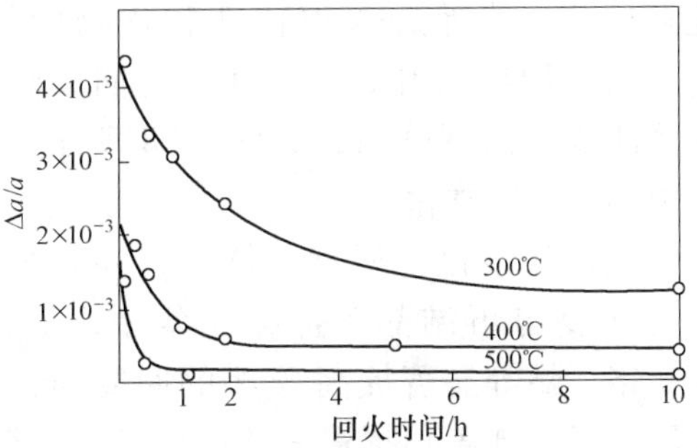

图 2-77 1.0%C 钢回火时 $\Delta a/a$ 随回火温度和回火时间的变化

可基本消除。

2.6.3 合金元素对淬火钢回火转变的影响

合金元素对淬火钢的回火转变以及回火后的组织与性能有很大的影响。由于碳化物形成元素与碳有较强的亲和力，低温下它们扩散较难，大多留在固溶体中，故碳化物形成元素能把更多的碳留在马氏体中，较显著地阻碍马氏体的分解。其中强碳化物形成元素钒的作用最大，钨、钼次之，铬更次之。

由于渗碳体中完全不溶解硅和铝，硅和铝原子必须扩散开去，渗碳体才能在那里形核和长大，而硅在α相中的扩散激活能为200kJ/mol，远大于碳在α相中的扩散激活能75kJ/mol，故硅和铝较强烈地阻碍和推迟ε碳化物的溶解和渗碳体的析出。通常可以利用在钢中加入钒和硅来提高马氏体的分解温度，增强马氏体抗回火的能力。

对于碳化物形成元素钒、钨、钼和铬等，一方面由于它们与碳有较强的亲和力，会减慢合金渗碳体的溶解，另一方面又由于它们增高碳在α相中的扩散激活能，会减慢碳在α相中的扩散，故这些合金元素将阻碍合金渗碳体的聚集与长大。

在含强碳化物形成元素较多的钢中，特别是这些元素与碳的含量比($w(M)/w(C)$)较高时，马氏体在高温回火时将析出特殊碳化物。特殊碳化物的析出有两种途径，一种是碳化物形成元素在渗碳体中富集，当其浓度超过在合金渗碳体中的溶解度时，合金渗碳体在原位转变成特殊碳化物。铬钢特殊碳化物的析出就属于这一类型，由于原来的合金渗碳体颗粒已较粗大，故原位生成的特殊碳化物颗粒也较粗大，强化效果较小。高铬钢回火时碳化物转变的顺序为：回火马氏体→$(Fe,Cr)_3C$→Cr_7C_3→$Cr_{23}C_6$。特殊碳化物析出的另一种途径是从α相中直接析出，同时伴随有渗碳体的溶解。含强碳化物形成元素钒、钛、铌的钢特殊碳化物的析出就属于这一类型，以含钒钢为例，在500℃以上回火时，VC将在位错处形核，并从α相中直接析出；与此同时，渗碳体将在α相中逐渐溶解。也有同时通过上述两种途径形成特殊碳化物的钢，例如，含钨和钼的钢在500℃以上回火时，M_2C型碳化物的形成就既可以通过合金渗碳体的原位转变，又可以从α相中直接析出。由于从α相中直接析出的特殊碳化物尺寸细小，稳定性好，并与母相保持着共格关系，故强化效果比较显著。伴随着这类特殊碳化物的析出，合金钢的硬度会升高，在硬度与回火温度的关系曲线上出现峰值，如图2-78所示，这种现象称为二次硬化。

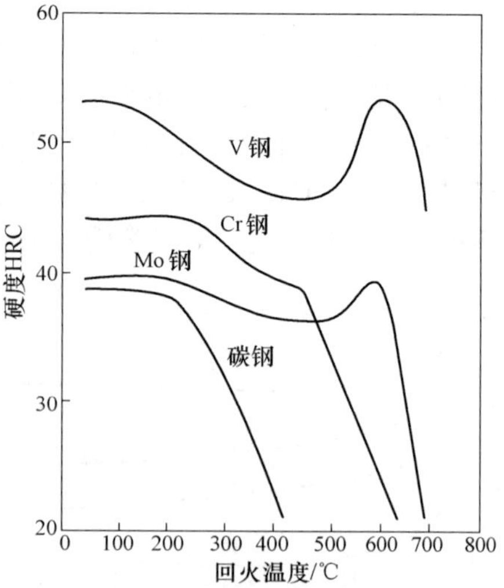

图2-78 钒钢（0.32%C，1.36%V）、钼钢（0.11%C，2.14%Mo）、铬钢（0.19%C，2.91%Cr）中的二次硬化现象

在特殊碳化物析出的同时，还将发生α相的回复与再结晶。合金元素中，钒、钨、钼、铬、钴等显著提高α相的回复与再结晶温度；锰、硅等稍提高α相的回复与再结晶温度；镍对α相的回复与再结晶温度没有影响。这是因为钴能增加铁原子之间的结合力，

阻碍铁原子的自扩散；钒能形成特殊碳化物钉扎位错；而钨、钼、铬等既能增加铁原子之间的结合力，又能形成特殊碳化物钉扎位错，故它们都能显著提高 α 相的回复与再结晶温度。

当淬火钢中存在残余奥氏体时，合金元素对残余奥氏体的分解也有影响，有时残余奥氏体甚至可能在回火时转变为珠光体或贝氏体。如果回火时残余奥氏体没有分解，那么在随后的冷却过程中，由于反稳定化作用（即碳原子形成的柯氏气团消失，使残余奥氏体的稳定性降低，M_s 点升高），它很可能再一次转变为马氏体，这种现象称为二次淬火。高碳高合金钢高温回火时，由于部分碳化物析出，残余奥氏体稳定性降低，M_s 点升高，在随后的冷却过程中也可能发生二次淬火。二次淬火会使钢的硬度升高，脆性明显增大，因此，对发生了二次淬火的钢，必须再次进行回火。

2.6.4 钢的回火

根据对工件回火后性能的要求，回火按加热温度一般可分为以下三类。

2.6.4.1 低温回火

在 150 ~ 250℃之间进行的回火称为低温回火，回火后的组织为回火马氏体。低温回火的目的是在保持高硬度、高强度的前提下，降低钢的淬火内应力，减小其脆性，主要用于处理各种工具、量具、冷作模具、滚动轴承以及渗碳件等。

2.6.4.2 中温回火

在 350 ~ 500℃之间进行的回火称为中温回火，回火后的组织为回火屈氏体。中温回火后的钢具有最高的弹性极限和足够的韧性，主要用于处理各种弹簧，也可用于处理要求高强度的工件，如刀杆、轴套等。

2.6.4.3 高温回火

在 500 ~ 650℃之间进行的回火称为高温回火，回火后的组织为回火索氏体。淬火加高温回火的热处理工艺称为调质处理。调质处理后的工件既具有较高的强度，又具有良好的塑性和韧性，即具有高的综合力学性能，故调质处理被广泛用于要求高强度并受冲击或交变负荷的重要工件，如连杆、轴等。与正火处理相比，在硬度相同的情况下，调质处理后钢的屈服强度、塑性和韧性明显提高了。

除回火温度外，回火时间对淬火钢回火后的组织与性能也有影响，它的确定原则是：在保证工件透热以及组织转变能够充分进行的前提下，还应考虑消除淬火内应力的需要。

淬火钢回火后一般采用空冷，但对某些高温回火脆性较明显的合金钢，如铬钢、铬锰钢、硅锰钢、铬镍钢等，为了避免回火脆性的产生，在 450 ~ 650℃之间回火后，需采用油冷或水冷，然后在较低温度补充回火，以消除快冷产生的热应力。

本 章 小 结

热处理是指采用适当的方式对金属材料进行加热、保温和冷却，以获得预期的组织结构与性能的工艺。热处理工艺包括加热温度、加热速度、保温时间、冷却速度以及冷却方式等一系列工艺参数，改变这些参数可形成多种不同的热处理工艺。金属热处理的基本工艺有退火、正火、淬火、回火等。钢在加热和冷却过程中会发生不同类型的相变，从而形成不同的组织，因而性能不同，故此热处理能显著改变钢铁的性能。经加热奥氏体化后冷却时，钢的组织转变既可以在某个恒定温度下进行（即过冷奥氏体的恒温转变），又可以在连续冷却过程中进行（即过冷奥氏体的连续冷却转变）。针对不同冷却条件下过冷奥氏体转变过程的起止时间和各种类型组织转变所处的温度范围，通过实验手段建立了过冷奥氏体等温转变图和连续冷却转变图。随冷却条件的不同，在 A_1 以下不同温度，过冷奥氏体将按不同的机理转变成完全不同的组织：在较高温度范围内，过冷奥氏体按扩散型转变机制生成珠光体，即发生珠光体转变；在较低温度范围内，过冷奥氏体按非扩散型转变机制生成马氏体，即发生马氏体转变；在中等温度范围内，过冷奥氏体按扩散型转变机制或非扩散型转变机制生成贝氏体，即发生贝氏体转变。马氏体转变产物为马氏体与残余奥氏体，在室温下均处于亚稳定状态，故从室温到 A_1 点以下的温度区间加热（回火）时，马氏体和残余奥氏体还将发生组织转变。

****

钢铁材料显微组织基本类型及热处理重要术语汇总

显微组织基本类型

奥氏体，铁素体，渗碳体，珠光体，索氏体，屈氏体，贝氏体，马氏体

回火马氏体，回火屈氏体，回火索氏体

热处理重要术语

热处理，退火，正火，淬火，回火，调质处理

TTT 曲线，CCT 曲线，淬透性，淬硬性

各临界温度：A_1、A_3、Ac_m，Ac_1、Ac_3，Ar_1、Ar_3，B_s、B_f，M_s、M_f

****

思考题与习题

2-1 简述退火态共析碳钢在加热过程中奥氏体形成的机理。

2-2 试分析奥氏体的三种晶粒度之间的关系与差别。

2-3 试述影响钢加热转变时奥氏体晶粒大小的因素。

2-4 本质细晶粒钢的奥氏体晶粒是否一定比本质粗晶粒钢的细，为什么？

2-5 简述共析碳钢过冷奥氏体等温转变图与连续冷却转变图的建立过程。

2-6 过冷奥氏体等温转变曲线（TTT 曲线）与连续冷却转变曲线（CCT 曲线）有何异同，各有何用途？

2-7 试述影响过冷奥氏体等温转变动力学曲线的因素。

2-8 简述钢中珠光体的组织形态与性能特点。

2-9 试讨论过冷度对珠光体片层间距和力学性能的影响。

2-10 简述共析碳钢珠光体转变的机理。

2-11 简述对钢进行退火与正火的主要目的，常见退火方式及其应用，退火与正火的主要区别。

2-12 简述马氏体的晶体结构与转变特点。

2-13 概述板条马氏体和片状马氏体的组织形态、亚结构与力学性能有何不同。

2-14 简述 M_s 点的物理意义及影响 M_s 点的主要因素。
2-15 试分析产生奥氏体稳定化的条件及奥氏体稳定化对马氏体转变的影响。
2-16 简述对钢进行淬火的目的，亚共析钢和过共析钢淬火加热温度的选择原则。
2-17 试分析单液淬火、双液淬火、分级淬火、等温淬火的区别及适用对象。
2-18 试说明淬透性曲线的测定方法及应用该曲线估计钢临界淬透直径的原理。
2-19 简述常见贝氏体的组织形态与性能特点，贝氏体转变的特点及机理。
2-20 为什么在共析钢与过共析钢的过冷奥氏体连续冷却转变图中没有贝氏体转变区？
2-21 简述淬火钢回火时显微组织和力学性能的变化以及合金元素对淬火钢回火转变的影响。
2-22 简述对淬火钢进行回火的目的，回火工艺的种类及其用途。

参 考 文 献

[1] 刘云旭. 金属热处理原理[M]. 北京：机械工业出版社，1981.
[2] 刘永铨. 钢的热处理[M]. 北京：冶金工业出版社，1987.
[3] 胡光立，谢希文. 钢的热处理（原理和工艺）[M]. 西安：西北工业大学出版社，1996.
[4] 宋维锡. 金属学. 2 版[M]. 北京：冶金工业出版社，2008.
[5] 章守华，吴承建. 钢铁材料学[M]. 北京：冶金工业出版社，1992.

3 工程结构钢

内容要点：

工程结构用钢的使用性能及工艺性能要求，这类工程材料的基本组织类型、材料类别，常用合金元素对性能的影响规律及其作用原理。典型钢材的成分、热处理工艺、组织结构、性能及其相互关系。

结构钢用来制造工程结构和机械结构，它包括工程结构钢和机械制造结构钢两大类。由于这两类结构钢的工作条件对性能的要求不同，因而其服役的显微组织各异，这就在其主要的合金化方案和轧后的热处理技术上有很大差别。为了阐述的系统性，将工程结构钢和机械制造结构钢分成两章来编写。

工程结构钢是指专门用于制造各种工程结构的一大类钢种，如制造桥梁、船体、油井或矿井架、钢轨、高压容器、管道和建筑钢结构等，主要是承受各种载荷，要求有较高的屈服强度、良好的塑性和韧性，以保证工程结构的可靠性。由于工作环境是暴露在大气中，温度可低到零下50℃，故要求低温韧性，并要求耐大气腐蚀。此外，还需要有良好的工艺性能，包括经受剧烈的冷变形，如冷弯、冲压、剪切，以及良好的焊接性等。

工程结构钢包括碳素工程结构钢和高强度低合金钢。前者属于非合金钢，后者属于低合金钢。1995年我国钢产量中，高强度低合金钢占20%左右，碳素工程结构钢占70%，故工程结构钢占总钢产量的90%左右。

3.1 工程结构钢的合金化

常用的工程结构钢是热轧态或正火态使用的低碳钢，显微组织是铁素体-珠光体。为了能承受更大的载荷并减轻结构的重量，要求钢材有较高的强度和良好的塑性。因此，通过对铁素体-珠光体组织加入合金元素提高强韧性。

3.1.1 工程结构钢的强化

在铁素体-珠光体钢中，合金元素对强化的贡献有：（1）溶入铁素体起固溶强化；（2）细化晶粒起细晶强化；（3）析出弥散的碳化物、碳氮化物，起沉淀强化；（4）增加珠光体含量。

3.1.1.1 固溶强化

主要利用锰、硅、铜、磷等元素溶入铁素体来提高强度。磷的强化作用最大，由于低碳钢的塑性储备大，加入一定量磷不致过多降低韧性和塑性，磷作为强化元素含量一般不超过0.1%。锰和硅为常用的固溶强化元素，一般锰含量不超过2%，硅含量不超过0.8%，否则对塑性、韧性、冷弯性能和焊接性不利。例如，锰和硅每增加屈服强度10MPa，使伸长率分别下降0.6%和0.65%。铜作为钢中的残余元素加以利用，一般含0.25%~0.5%。微量铜可提高钢的耐大气腐蚀性能。国际上有的工程结构钢主要加入少量铬和镍，铬不超过0.8%，镍不超过0.7%，它们不产生固溶强化作用。

3.1.1.2 细晶强化

从图3-1上的Hall-Petch关系可见，对C-Mn钢和C-Mn-Nb钢晶粒愈细小，钢的屈服强度呈线性上升。细化晶粒的途径有多种，其中重要的是用铝脱氧和合金化。用铝脱氧生成的细小弥散的AlN质点，用钛、铌、钒的微合金化生成弥散的氮化物、碳化物和碳氮化物，这些弥散相都能钉扎晶界，阻碍奥氏体晶粒长大，转变后细化铁素体晶粒和珠光体领域。钛、铌、钒和铝对钢中加热时奥氏体晶粒长大倾向的影响见图3-2。曲线上阴影斜线区为各种钢的奥氏体晶粒粗化温度范围，低于此温度范围，这些弥散相对晶界有足够的钉扎力以阻止奥氏体晶粒长大。钛的作用最强，铌次之，铝又次之，而钒较弱。溶质原子偏聚于奥氏体晶界，产生对奥氏体晶界的拖曳作用，抑制晶粒长大，如铌、钼等元素。

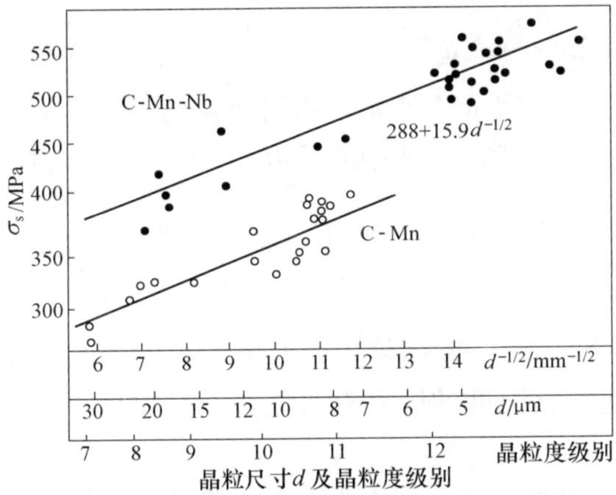

图3-1 C-Mn钢和C-Mn-Nb钢实际测定的Hall-Petch关系图

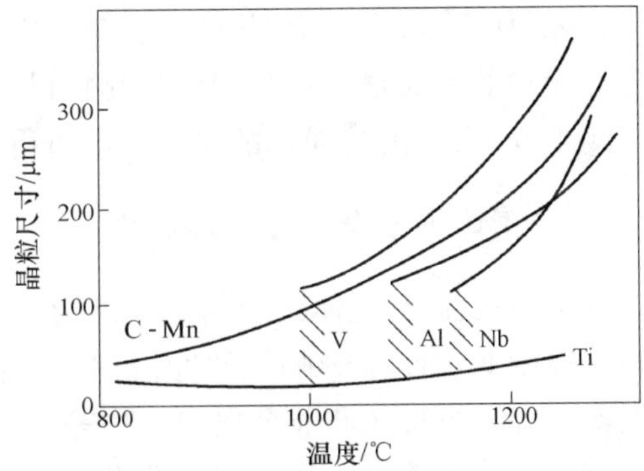

图3-2 各微合金元素对钢奥氏体晶粒长大特征的影响

另外，钢中加入降低A_3温度的合金元素，可使奥氏体在更低温度转变而细化铁素体晶粒和珠光体晶粒，如加入w(Mn)=1.0%~1.5%的锰可降低A_{r3}约50℃。铬和镍与锰一样可增加奥氏体过冷能力，使转变温度降低，细化钢的显微组织，提高了钢的强度。

上述细化奥氏体晶粒的措施互相补充，配之以恰当的轧制和热处理工艺，就可以细化钢的晶粒。

3.1.1.3 沉淀强化

应用钒、铌、钛的微合金化，使过冷奥氏体发生相间沉淀和铁素体中析出弥散的碳化物和碳氮化物，产生沉淀强化。各种微合金碳化物、氮化物在奥氏体中沉淀条件见图2-6。氮化物最稳定，一般在奥氏体中沉淀，对奥氏体高温形变、再结晶和晶粒长大起抑制作用。碳化物和碳氮化物稳定性稍差，一般在奥氏体转变中产生相间沉淀和从过饱和铁素体中析出，从而产生沉淀强化。微合金钢中的相间沉淀见图3-3，这是VC相间沉淀。

微合金钢中主要的沉淀强化相是VC、NbC和TiC，其粒子尺寸在2～10nm范围具有最大的沉淀强化效应。钢中每加入质量分数为0.01%铌和钛，使屈服强度增高30～50MPa；每增加0.10%钒，使屈服强度增高150～200MPa。

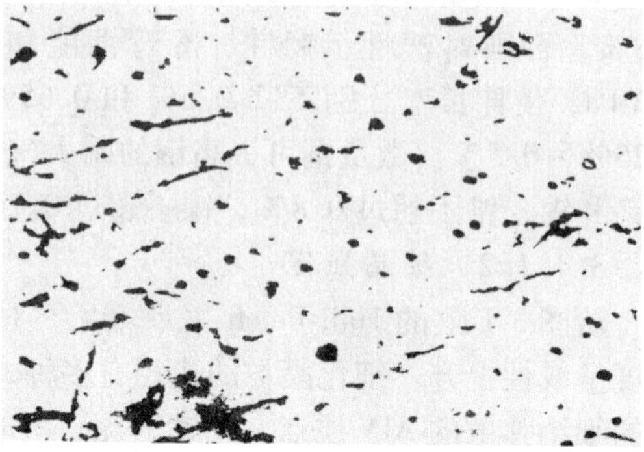

图3-3 V-Ti-N钢中的相间沉淀VC
（薄膜电镜照片，×60000）

当钢中含有一定量碳和氮时，钢中微量钛主要以TiN出现，细化奥氏体晶粒。钢中微量铌既可以在高温形变时析出NbN和铌的晶界偏聚细化奥氏体晶粒，又可以在随后发生相间沉淀和从过饱和铁素体析出Nb(C,N)产生沉淀强化。钒主要是在相变时发生相间沉淀和从过饱和铁素体中析出VC，产生沉淀强化。

根据上述强化机制和Hall-Petch关系，Pickering和Gladman提出了综合屈服强度表达式：

$$\sigma_y = \sigma_0 + \Sigma k_i r_i + \Sigma k_j r_j + k_y d^{-\frac{1}{2}} \tag{3-1}$$

式中，σ_0为基体对强度的贡献，约200MPa；第二项表示几种元素的固溶强化；第三项表示几种元素的沉淀强化；第四项是晶粒尺寸对强度的贡献，式中的系数k_i、k_j、k_y为已知，实际测出σ_y后，沉淀强化的总贡献即可得出。

3.1.2 铁素体-珠光体组织的冷脆性

具有铁素体-珠光体组织的工程结构钢在－50～＋100℃间使用，因而要求有较低的韧-脆转化温度$FATT_{50}$。影响钢的冲击韧性和韧-脆转化温度的因素有含碳量、晶粒尺寸、固溶元素、弥散析出相和非金属夹杂物等。

随着钢的含碳量增加，钢中珠光体含量相应增加。珠光体由于有大量脆性的片层状渗碳体，因而有高的韧-脆转化温度，一般在100℃以上。钢中每增加1%体积珠光体，将使$FATT_{50}$升高2.2℃。故工程结构钢一般为不超过$w(C)=0.25\%$的低碳钢。

钢中合金元素锰、镍和铬固溶于铁素体中可降低$FATT_{50}$，而磷、硅固溶后均升高$FATT_{50}$。锰含量在1%～1.5%范围可促进铁素体中在形变时发生交滑移，使{112}〈111〉滑移系在低温下仍起作用，且锰还使三次渗碳体难于在铁素体晶界析出，减少了晶界在形变时形成的裂纹源。故锰可改善钢的冲击韧性，稍降低$FATT_{50}$。镍和锰一样促进铁素体在形变时发生交滑移，降低其存在温度，使$FATT_{50}$降低，并提高冲击韧性。磷、锡、硅等则相反，限制铁素体在形变时发生交滑移，使{112}〈111〉滑移系失去作用的温度升高，从而降低冲击韧性，升高$FATT_{50}$。碳、氮在铁素体中溶解量虽小，但危害最大。固溶的间隙碳、氮原子强烈升高钢的$FATT_{50}$，并产生应变时效。少量铝可固定氮和脱氧，并细化晶粒，使钢的$FATT_{50}$下降。

细化铁素体晶粒和珠光体团不仅可以提高强度，而且可以提高冲击韧性和降低$FATT_{50}$。含钛和铌的钢在高温轧制时，钢中细小的TiN和轧制时析出的Nb(C,N)及铌的晶界偏聚都可细化奥氏体晶粒，有效地降低钢的 $FATT_{50}$。

微合金钢中的钛、铌、钒产生沉淀强化相 TiC、Nb(C,N)、VC 等，产生沉淀强化，使钢的强度增加，随之钢的 $FATT_{50}$ 也有所升高。这种对韧性的不良影响由于为细化晶粒的作用所抵消，用钛、铌、钒的微合金化方法是可行的。

钢中存在的非金属夹杂物降低钢的冲击韧性及平台能。塑性 MnS 夹杂物在轧制时沿轧向延伸成条状，割裂基体，恶化钢的横向性能，使之下降 60% ~70%。钢中加入稀土元素，可与硫、氧等杂质元素形成球状不变形的稀土硫氧化物$(RE)_2O_2S$，条状的 MnS 消失，使横向与纵向冲击韧性趋于一致。

3.1.3 工程结构钢的焊接性

焊接是构成金属结构的常用方法。金属结构要求焊缝与母材有牢固的结合，强度不低于母材，焊缝的热影响区有较高的韧性，没有焊接裂纹。焊接时，焊缝被钢液充填，电弧移走后，焊缝的热量为周围的母材所吸收，焊缝的冷速很大，往往超过母材钢种的临界冷却速度而发生局部淬火，产生相变，在焊缝和热影响区产生很大的内应力。热影响区由于温度高而引起晶粒粗化。这些都会促使焊接裂纹的产生。

因加入合金元素而恶化工程结构钢焊接性的因素有：增加钢的淬透性，焊后冷却时发生马氏体相变，升高内应力；钢中含碳量增高马氏体的比热容和硬度，引起内应力增加；降低 M_s 点，使马氏体转变温度降低，此时钢的塑性较差；钢中含氢量高将使钢的塑性下降，引起氢脆。这些都将恶化钢的焊接性。

综合考虑钢的焊接性，是以焊缝热影响区的硬度来判断的。经验表明，当其硬度达到 350HV 时，易产生裂纹。故一般控制其硬度不超过 250HV。钢的焊接性的好坏主要决定于钢的淬透性和淬硬性，这两者取决于钢的含碳量和合金元素含量。碳是最有害的元素，其他如锰、铬、钼等提高钢的淬透性的元素也是有害的。为估计钢的焊接性，通常用碳当量，即把其他合金元素对钢焊接性的影响和对热影响区硬化倾向的作用折合成碳的作用的当量系数，最后加成钢的总碳当量 $C_{当量}$，作为钢的焊接性好坏的判据。

对于抗拉强度在 490 ~590MPa 级的钢，其碳当量公式为：

$$C_{当量} = w(\mathrm{C}) + \frac{w(\mathrm{Mn})}{6} + \frac{w(\mathrm{Si})}{24} + \frac{w(\mathrm{Ni})}{15} + \frac{w(\mathrm{Cr})}{5} + \frac{w(\mathrm{Mo})}{4} + \frac{w(\mathrm{Cu})}{13} + \frac{w(\mathrm{P})}{2} + \frac{w(\mathrm{V})}{10} \tag{3-2}$$

式（3-2）在 $w(\mathrm{Cu}) \geq 0.5\%$、$w(\mathrm{P}) \geq 0.05\%$ 时才计算。热影响区的最高硬度为 $\mathrm{HV} = (666C_{当量} + 40) \pm 40$。

当钢的碳当量在 0.47 以上时，热影响区的硬度可超过 350HV，这是一个界限。此时为了安全，防止裂纹产生，在焊接工艺上要采取措施，如采用预热焊件母材，焊后退火等方法，以减少焊接内应力。

我国的高强度低合金钢是锰系的钢种，一般 $w(\mathrm{Mn})$ 在 1.5% 左右。锰能显著提高碳当量，因此钢中实际含碳量不能超过 0.18%。如再考虑其他合金元素的作用，钢的实际含碳量还要进一步降低。微合金钢中由于微合金化元素含量很低，一般这些微量元素对焊接性无明显的不良影响。而微量钛的加入($w(Ti)=0.01\%\sim0.02\%$)可形成弥散的TiN，可细化母材晶粒，阻止热影响区晶粒长大，显著改善焊缝和热影响区的韧性，提高钢的焊接性。

3.1.4 工程结构钢的耐大气腐蚀性能

工程结构多是在大气或海洋大气中服役，在潮湿空气作用下，会产生电化学腐蚀，因而要求有抗大气腐蚀的能力。钢中加入少量铜、磷、镍、铬等元素，都能提高钢抗大气腐蚀的能力。

少量铜非常有效地提高钢抗大气腐蚀的能力。钢中的铜不易发生腐蚀，而以铜元素沉积在钢的表面，它具有正电位，成了钢表面的附加阴极，促使钢在很小的阳极电流下达到钝化状态。为提高钢的抗大气腐蚀能力，一般钢中加入$w(Cu)=0.25\%\sim0.50\%$的铜。有些铁矿石含铜，故也可以作为钢中的残留元素而发挥作用。

磷也有提高钢抗大气腐蚀的能力，为此钢中可加入$w(P)=0.06\%\sim0.15\%$的磷。少量镍和铬都能促进钢的钝化，减少电化学腐蚀。加入微量的稀土金属也有良好效果。若同时加入几种耐蚀的少量和微量元素，则提高耐蚀性的效果更佳，其中铜和磷共同作用最为有效。我国研制开发了09CuPTi、08CuPV及10MnPNbRE等耐候钢。美国有CorTen系列耐候钢，其中的CorTen A为Cr-Ni-Cu-P系($w(Cr)=0.30\%\sim1.25\%$，$w(Ni)\leqslant0.65\%$，$w(Cu)=0.25\%\sim0.55\%$，$w(P)=0.07\%\sim0.15\%$)作为耐大气和海水腐蚀用钢。CorTen B和C不含磷而含铝，$w(Al)=0.02\%\sim0.10\%$。

3.2 铁素体-珠光体钢

这类钢服役时的显微组织是铁素体-珠光体，包括碳素工程结构钢、高强度低合金钢和微合金钢。

3.2.1 碳素工程结构钢

国家标准规定，碳素工程结构钢按屈服强度分为五级，即Q195、Q215、Q235、Q255和Q275，其中Q表示屈服强度，其后的数字表示屈服强度值，单位为MPa。Q235根据质量要求分为A、B、C、D四个等级，主要按钢中硫和磷的含量来区分，其中D还要求加入细化晶粒元素。Q215和Q255只有A、B两个级别，Q195和Q275没有分级别。钢的屈服强度主要取决于钢中含碳量，即珠光体含量。含碳从$w(C)=0.06\%\sim0.38\%$范围增加，屈服强度从195MPa上升到275MPa，伸长率从33%下降到20%。

碳素工程结构钢中有五种常存元素，即碳、硅、锰、硫、磷，其中$w(Mn)\leqslant1.0\%$，$w(Si)\leqslant0.5\%$，它们是冶炼工艺中为了脱氧和稳定硫的需要而加进来的。碳素工程结构钢因冶炼中脱氧程度不同而分为沸腾钢、半镇静钢和镇静钢。沸腾钢规定$w(Si)\leqslant0.07\%$，在钢号末加F表示；半镇静钢中$w(Si)=0.05\%\sim0.17\%$，并在钢号末加b来表示；镇静钢中$w(Si)=0.12\%\sim0.30\%$，但在钢号中不加字。

碳素工程结构钢大部分以热轧成品供货，少部分以冷轧成品供货，如冷轧薄板、冷拔钢管、冷拉钢丝等。用于冷轧板的钢有08F、08Al、06Ti等，冷轧成板后经再结晶退火，最后再施以1%～3%平整变形，以消除上、下屈服点，保证深冲要求。08F钢由于有自由氮存在，即使平整后仍有应变时效倾向，出现上、下屈服点，在冲压时出现板面不平整的吕德斯带。因此，可加入固定氮的元素如铝或钛，以形成AlN或TiN，消除了钢的应变时效倾向。

3.2.2 高强度低合金钢

为提高碳素工程结构钢的强度而加入少量合金元素，利用合金元素产生固溶强化、细晶强化和沉淀强化。利用细晶强化使钢的韧-脆转化温度的降低，来抵消由于碳氮化物沉淀强化使钢的韧-脆转化温度的升高。

工程用高强度低合金钢中16Mn是典型钢种，它属于屈服强度为345MPa级，有较高的强度、良好的塑性和低温韧性以及焊接性，是我国这类钢中产量最多、用量极广的钢种。根据产品截面厚度不同，其屈服强度在295～345MPa之间，如表3-1所示。

表3-1 16Mn的性能

板厚/mm	屈服强度/MPa	抗拉强度/MPa	断后伸长率/%
≤16	345	510	22
>16～25	325	490	21
>25～36	305	470	21
>36～50	295	470	21

16Mn中，$w(\mathrm{Mn})=1.2\%\sim1.6\%$，起着固溶强化作用，锰能降低$A_3$温度，增大钢的奥氏体过冷能力，细化铁素体晶粒，降低钢的冷脆性和$\mathrm{FATT_{50}}$。下面给出16Mn钢实际化学成分和晶粒尺寸计算强度和$\mathrm{FATT_{50}}$的回归方程：

$$\sigma_s(\mathrm{MPa})=15.4(3.5+2.1w(\mathrm{Mn})_{\%}+5.4w(\mathrm{Si})_{\%}+23w(\mathrm{Nf})_{\%}+1.13d^{-\frac{1}{2}}) \tag{3-3}$$

$$\sigma_b(\mathrm{MPa})=15.4(19.1+1.8w(\mathrm{Mn})_{\%}+5.4w(\mathrm{Si})_{\%}+0.25\times w(\text{珠光体})_{\%}+0.5d^{-\frac{1}{2}}) \tag{3-4}$$

$$\mathrm{FATT_{50}}=-19+44w(\mathrm{Si})_{\%}+700\sqrt{w(\mathrm{Nf})_{\%}}+2.2\times w(\text{珠光体})_{\%}-11.5d^{-\frac{1}{2}} \tag{3-5}$$

式中，w(元素化学符号)为该元素的质量分数；$w(\mathrm{Nf})$为自由氮的质量分数；d为铁素体晶粒尺寸（μm）。

16Mn钢广泛用于生产钢筋和建筑钢结构，也应用于多种专用钢，如桥梁、容器、造船等用钢。为进一步改善其综合性能，提高综合成材率，采用微量元素处理，如微钛处理和微铌处理16Mn钢。与微合金钢不同，其钛和铌的含量很低（<0.02%）。微铌处理后，16Mn钢的屈服强度增加约40MPa，-40℃冲击功可达60J，提高了一倍以上。

15MnTi、16MnNb、15MnV钢屈服强度属于390MPa级别，利用加入微量钛、铌、钒起细化晶粒和沉淀强化作用。这类钢用于制造桥梁、船舶、容器。15MnVN钢屈服强度属于440MPa级别，钢中加入$w(\mathrm{N})\leqslant0.022\%$的氮，以形成稳定的VN，比VC更有效地起细化晶粒和沉淀强化作用。15MnVN钢是为适应建筑和桥梁工程而开发的钢种。上述两种级别的钢种一般采用正火作为最终热处理状态。

3.2.3 微合金钢

微合金钢是20世纪70年代以来发展起来的一大类高强度低合金钢，其关键是细化晶粒和沉淀强化。为了充分发挥微合金元素钛、铌、钒的作用，同时发展了与之配套的控制轧制和控制冷却生产工艺。微合金元素在控制轧制和控制冷却生产工艺过程中，对微合金钢的组织和性能产生很大的影响。钛、铌、钒等微合金元素有以下四方面的作用。

3.2.3.1 抑制奥氏体形变再结晶

在热加工过程中，通过应变诱导析出铌、钛、钒的氮化物，沉淀在晶界、亚晶界和位错上，起钉扎作用，有效地阻止奥氏体再结晶的晶界和位错的运动，抑制再结晶过程的进行。铌还偏聚在奥氏体晶界，增强晶界原子间结合力，对再结晶晶界起拖曳作用。铌、钛、钒对C-Mn钢再结晶终止温度的影响见图3-4。铌在阻止形变奥氏体的回复和再结晶方面作用最强，钛次之，钒较弱。在高温区，铌以固溶原子对晶界迁移的拖曳作用为主，在较低温奥氏体区，以应变诱导析出的Nb（C，N）粒子的钉扎晶界作用为主。

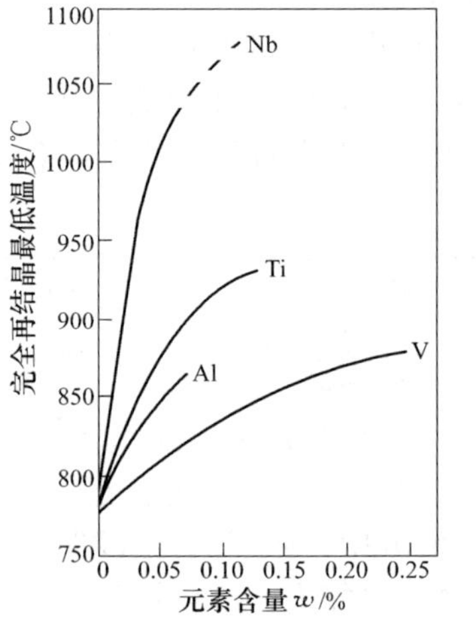

图3-4 微合金元素对C-Mn钢再结晶终止温度的影响（道次变形10%～15%，$w(C)=0.07\%$，$w(Mn)=1.4\%$）

3.2.3.2 阻止奥氏体晶粒长大

在锻造和轧制过程中，每一道次后，再结晶完了，就要发生晶粒长大。通过加钛和铌形成TiN或Nb(C,N)，它们在高温下非常稳定，其弥散分布对控制高温下的晶粒长大有强烈的抑制作用，见图3-2。微量铌（$w(Nb)\leqslant 0.06\%$）形成的Nb(C,N)在1250℃也未完全溶于奥氏体，在轧制中1150℃以下又有部分铌重新以Nb(C,N)析出，因而阻止奥氏体晶粒长大作用可达1150℃。微量钛（$w(Ti)\leqslant 0.02\%$）以TiN从高温固态钢中析出，呈弥散分布，对阻止奥氏体晶粒长大很有效。

3.2.3.3 沉淀相与沉淀强化

钛和铌的碳化物和氮化物有足够低的固溶度和高的稳定性。钒只有在氮化物中才这样。一般微合金钢中的沉淀强化相主要是低温下析出的Nb(C,N)和VC。微合金元素铌、钛、钒对钢的屈服强度的影响见图3-5。$w(Nb)\leqslant 0.04\%$时，细化晶粒造成屈服强度的增量$\Delta\sigma_G$大于沉淀强化引起的增量$\Delta\sigma_{Ph}$；当$w(Nb)\geqslant 0.04\%$时，$\Delta\sigma_{Ph}$增量大大增加，而$\Delta\sigma_G$保持不变。钒引起沉淀强化使钢的屈服强度增量$\Delta\sigma_{Ph}$最显著，而钛的作用处于铌和钒之间。

3.2.3.4 改变钢的显微组织

钛、铌、钒等合金碳化物和氮化物随奥氏体化温度升高有一定的溶解量，如Nb(C,N)在1150℃溶于奥氏体的铌约0.03%，而V(C,N)更易溶于奥氏体。在轧制加热时，溶于奥氏体的微合金元素提高了过冷奥氏体的稳定性，降低了发生先共析铁素体和珠光体的温度范围，低温下形成的先共析铁素体和珠光体组织更细小，并使相间沉淀Nb(C,N)和V(C,N)的粒子更细小。

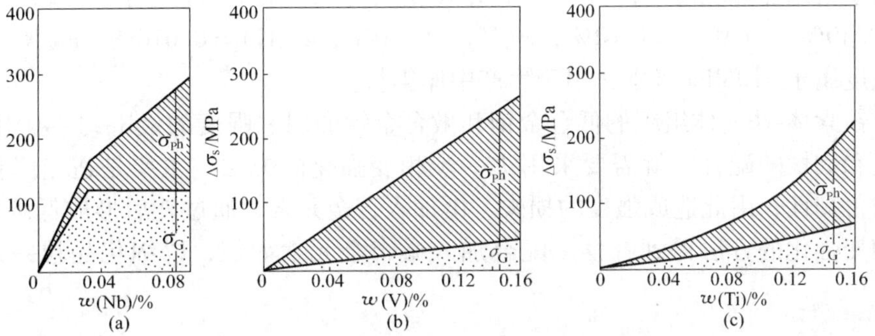

图 3-5 微合金元素对钢屈服强度的影响

σ_G—晶粒细化的贡献；σ_{Ph}—沉淀强化的贡献

生产微合金钢时，采用控制轧制和控制冷却工艺，可以使钢的性能得到大大提高，使之具有高的强度和韧性的配合。其关键就在于微合金元素使钢在转变前的奥氏体中，在热变形过程中达到了合理的组织状态，在转变后得到更细小的铁素体晶粒。

传统的控制轧制是在低于再结晶终止温度时变形，奥氏体在形变道次时间终了时，实际仍保持加工状态的薄饼形晶粒。随后的控制冷却时，铁素体在奥氏体晶界和晶内滑移带上多处形核。加入微合金元素是为了在热加工时应变诱导析出，阻碍奥氏体再结晶，升高奥氏体再结晶温度。只有 Nb(C,N)是最理想的应变诱导析出相；TiN 由于沉淀温度太高，不能成为应变诱导析出相；而 VN 和 VC 沉淀的温度太低，不能用来抑制奥氏体再结晶，只能用来作为沉淀强化相。为适应传统的控制轧制工艺，发展了 Nb-V 复合微合金钢，铌主要用来在高温形变时产生应变诱导析出相 Nb(C,N)，细化奥氏体晶粒；而钒主要用来产生沉淀强化相 V(C,N)。

再结晶控制轧制的终轧温度高于再结晶终止温度。首先要容许奥氏体发生再结晶，并抑制热变形后再结晶奥氏体的粗化和避免应变诱导析出。对此有两种微合金化方法。其一是加入微量钛(w(Ti) =0.010% ~0.020%)使之在钢液凝后析出稳定弥散的 TiN 质点，抑制经反复形变再结晶细化的奥氏体晶粒长大，并以 V(C,N)作为低温析出的沉淀强化相。由于在高温热变形时几乎没有应变诱导的 V(C,N)产生，而在冷却到低温时产生沉淀强化相V(C,N)，由此发展出了再结晶控轧的 V-Ti-N 钢。其二是以 Nb-Mo 复合微合金化，利用未溶的 Nb(C,N)质点钉扎晶界作用和钼、铌的晶界偏聚，产生对晶界迁移的拖曳作用，抑制奥氏体再结晶晶粒长大，低温析出弥散的 Nb(C,N)产生沉淀强化。

适用于传统控制轧制的 X65 管线用钢，应用在高纬度严寒地区的石油和天然气输送管线。其成分为：w(C) = 0.10%，w(Si) = 0.25%，w(Mn) = 1.35%，w(Nb) = 0.04%，w(V) =0.04%。钢的碳当量为 0.32，钢坯加热温度为 1250℃，初轧的终轧温度为 1000℃，第一道次终轧温度为 980℃，最终终轧温度为 830℃，板带卷取温度为 630℃。其力学性能为 σ_s =465MPa，σ_b = 575MPa，$\delta \geqslant 22\%$，－25℃冲击功 129J。我国提供产品规格厚度为 6 ~12mm、宽度 1050 ~1550mm 的热轧钢卷。为改善横向冲击韧性，加入稀土元素，按 $w\left(\frac{RE}{S}\right) \geqslant 2 \sim 3$。

适用于再结晶控轧的钢，有一种 V-Ti-N 钢为 09MnVTiN，其成分为：w(C) =0.09%，w(Si) =0.40%，w(Mn) =1.10%，w(V) =0.10%，w(Ti) =0.010%，w(N) =0.010%；其屈服强度属于410MPa 级别，用于生产中厚钢板。

具有铁素体-珠光体组织的低合金钢和微合金钢的屈服强度的极限约 440MPa。若要求更高强度和韧性的配合，就需要采用进一步相变强化的方法。主要是适当降低钢的含碳量，以改善韧性，由此造成强度的损失，由加入合金元素，通过轧后形成低碳贝氏体或马氏体的相变强化的方法得到补偿。配合加入微合金元素如铌，以细化晶粒并进一步提高韧性。

3.3 低碳贝氏体和马氏体钢

3.3.1 低碳贝氏体钢

低碳贝氏体钢在轧制或正火后控制冷却，直接得到低碳贝氏体组织，与相同含碳量的铁素体-珠光体组织相比，有更高的强度和良好的韧性。利用贝氏体相变强化，钢的屈服强度可达 490 ~780MPa。钢中的主要合金元素是能显著推迟先共析铁素体和珠光体转变，而对贝氏体转变推迟较少的钼和硼。钼和硼对过冷奥氏体恒温转变曲线的影响见图 3-6。在此基础上再加入锰、铬、镍等元素，进一步推迟先共析铁素体和珠光体转变，并使 B_s 点下降，以获得下贝氏体组织。与上贝氏体相比，下贝氏体有更高的强度和低得多的韧-脆转化温度，如图 3-7 所示。另外通过微合金化，充分发挥铌、钛、钒的细化晶粒和沉淀强化的作用。低碳贝氏体钢的化学成分范围为 w(C) =0.10% ~0.20%，w(Mo) =0.3% ~0.6%，w(Mn) =0.6% ~1.6%，w(B) =0.001% ~0.005%，w(V) =0.04% ~0.10%，w(Nb)或 w(Ti) =0.010% ~0.06%，并经常加 w(Cr) =0.4% ~0.7%的 Cr。

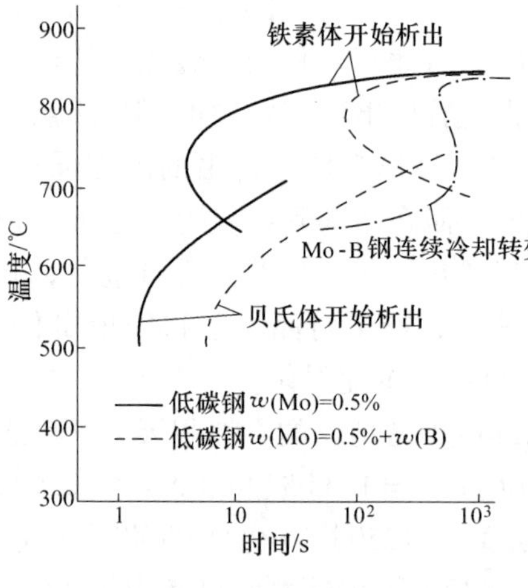

图 3-6 低碳钼钢和钼硼钢的过冷奥氏体恒温转变开始曲线

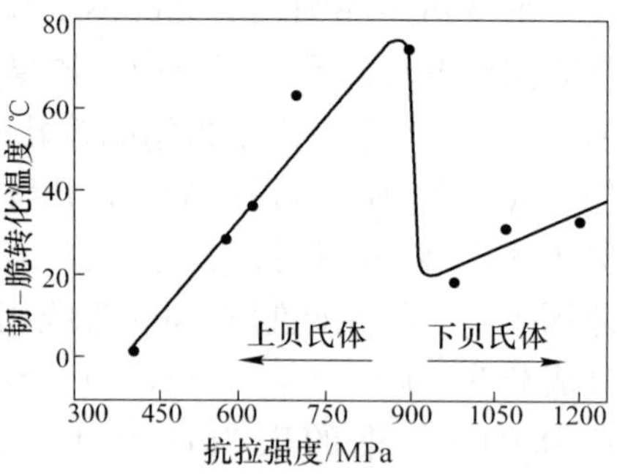

图 3-7 低碳贝氏体钢上贝氏体与下贝氏体的抗拉强度与韧-脆转化温度的关系

14MnMoV 和 14MnMoVBRE 钢是我国发展的低碳贝氏体钢，用于制造容器的板材和其他钢结构，其屈服强度为 490MPa 级。板厚小于 14mm 时，在热轧态即可得到贝氏体；板厚大于14mm时，需要正火热处理。为消除内应力，需要高温回火。14MnMoVBRE钢的性能见表3-2。这类钢的焊接性不好，厚板在焊接前需预热至150℃以上，单层板焊后可用工频感应加热以消除焊缝残余应力。

表 3-2 14MnMoVBRE 钢的力学性能

板厚/mm	工 艺	$\sigma_{0.2}$/MPa	σ_b/MPa	室温 a_K/J · cm^{-2}	-20℃ a_K/J · cm^{-2}
6	热 轧	550	765	94	71
21	900℃正火650℃回火	530	645	85	58

为了提高钢的室温和低温韧性，改善焊接性，发展了超低碳贝氏体钢，钢的含碳量降低到 w(C) = 0.02%，并加入 w(Ti) = 0.01% 的 Ti，成为 Mn-Mo-Nb-Ti-B 超低碳贝氏体钢。通过传统的控制轧制和控制冷却，得到高位错密度的细小贝氏体组织。这种钢可在0℃以下温度条件下服役。

3.3.2 针状铁素体钢

这类钢的显微组织是低碳或超低碳的针状铁素体，属于贝氏体，其α片呈板条状，具有高位错密度。钢中主要合金元素是锰，再加入钼、铌和钒。锰和钼是为了推迟先共析铁素体和珠光体转变，降低 B_s 点，在较低温（<450℃）下形成针状铁素体。低碳或超低碳是为了获得高韧性和耐低温，加入铌是为形成 Nb(C,N) 可细化晶粒和起沉淀强化作用。典型的钢种为 Mn-Mo-Nb 钢，其成分范围为 w(C) ≤ 0.10%，w(Mn) = 1.6% ~ 2.0%，w(Mo) = 0.2% ~ 0.6%，w(Nb) = 0.04% ~ 0.06%，有时还加 w(V) = 0.06% 或 w(Ti) = 0.01%。其屈服强度高于470MPa，伸长率 $\delta \geqslant 20\%$，室温冲击值 $A_K \geqslant 80$J，并具有好的低温韧性。一种针状铁素体钢的成分为 w(C) = 0.05%，w(Mn) = 2%，w(Mo) = 0.4%，w(Nb) = 0.01% ~ 0.02% 或 w(V) = 0.07%，经过正火状态使用，具有以下性能，σ_b = 650 ~ 750MPa，$\sigma_{0.2}$ = 630MPa，δ = 33%。

这类钢施行传统的控制轧制和控制冷却，可以达到高强韧性，保证得到极细的晶粒和针状铁素体片、高位错密度的细小的亚结构和弥散的 Nb(C,N) 沉淀。超低碳的针状铁素体钢不仅有良好的低温韧性，而且有良好的焊接性，成功地应用于制造寒带输送石油和天然气的管线。

3.3.3 低碳马氏体钢

工程机械上对运动的部件和低温下使用的部件，要求有更高的强度和良好的焊接性，因而生产出了低碳马氏体钢。为使钢得到好的淬透性，防止发生先共析铁素体和珠光体转变，加入钼、铌、钒、硼及控制合理含量的锰和铬与之配合，铌还作为细化晶粒的微合金元素起作用。常见的有 BHS 系列钢种，其中 BHS-1 钢的成分为 w(C) = 0.10%，w(Mn) = 1.80%，w(Mo) = 0.45%，w(Nb) = 0.05%。其生产工艺为锻轧后空冷或直接淬火并自回火，锻轧后空冷得到贝氏体 + 马氏体 + 铁素体混合组织，其性能为：$\sigma_{0.2}$ = 828MPa，σ_b = 1049MPa，室温冲击功96J，疲劳断裂周期（261.85 ± 46.9kHz）可用来制造汽车的轮臂托架。若直接淬火成低碳马氏体，性能为：$\sigma_{0.2}$ = 935MPa，σ_b = 1197MPa，室温冲击功50J，-40℃冲击功32J，缺口疲劳断裂大于500kHz，可用于制造汽车下操纵杆。由此看来，这种钢具有极高的强度，好的低温韧性和超群的疲劳性能，可保证部件的高质量和安全可靠。BHS钢还用来生产车轴、转向联动节和拉杆等，也可用于冷镦、冷拔及制作高强度紧固件。

另外一种Mn-Si-Mo-V-Nb系低碳马氏体钢，其屈服强度可达860～1116MPa，室温冲击功为46～75J。

低碳马氏体钢具有高强度、高韧性和高疲劳强度，达到了合金调质钢经调质热处理后的性能水平，若采用锻轧后直接淬火并自回火的工艺，最能发挥其潜力。

3.3.4 双相钢

双相钢的显微组织是通过在$\gamma+\alpha$两相区加热淬火，或热轧后空冷得到20%～30%马氏体和80%～70%铁素体。马氏体呈小岛状或纤维状分布在铁素体基体上。双相钢性能的特点是：（1）低屈服强度，一般不超过350MPa；（2）钢的应力-应变曲线是光滑连续的，没有屈服平台，更无锯齿形屈服现象；（3）高的均匀伸长率（ε_u）和总伸长率（ε_t），其总伸长率ε_t在24%以上；（4）高的加工硬化指数（n值），在应力应变关系$\sigma=K\varepsilon^n$中，n值大于0.24，使之经低应变之后达到高的屈服强度增量；（5）高的塑性应变比（γ值），$\gamma=\dfrac{\varepsilon_w}{\varepsilon_b}$，式中$\varepsilon_w$为宽度应变，$\varepsilon_b$为厚度应变，$\gamma>1.0$，冲压件厚度保持均匀。双相钢首先是为了适应汽车用薄板冲压成形时保持表面光洁，无吕德斯带，并在少量变形后就提高了强度的需要；也应用于冷拉钢丝、冷轧钢带或冷拔钢管上。

这种铁素体+马氏体组织使钢中的碳在奥氏体发生转变，析出先共析铁素体时集中在奥氏体中，最后奥氏体转变成中高碳马氏体，而铁素体中间隙碳原子贫化，并在马氏体转变时在周围铁素体中由于相变的体积效应而激发出许多位错，这些位错是可动的，未被碳、氮间隙原子钉扎。这样，双相钢有低的屈服强度，且是连续屈服，无屈服平台和上、下屈服点，加之有强韧的马氏体岛或纤维，结合得牢的M/F界面，铁素体中又有大量可动的位错，使加工硬化率增大，并且将微孔在相界面的形成及其聚集过程推迟。

根据生产工艺，双相钢可分为退火双相钢和热轧双相钢两大类，两者有不同的合金化方案。

退火双相钢又称为热处理双相钢。将板带材在两相区（$\gamma+\alpha$）加热退火，然后空冷或快冷，得到铁素体+马氏体组织。其化学成分可以在很大范围内变动，从普通低碳钢到低合金钢均可。为控制硫化物形态，可以加入稀土金属。当钢长时间在$\gamma+\alpha$两相区退火时，合金元素将在奥氏体和铁素体之间重新分配，奥氏体形成元素如碳、锰等将富集于奥氏体，提高了奥氏体在过冷条件下的稳定性，抑制了珠光体转变，在空冷条件下即能转变成马氏体。这里要控制退火温度，以控制奥氏体量和奥氏体中合金元素的浓度及其稳定性。若用$w(\mathrm{Mn})>1.0\%$和$w(\mathrm{Si})=0.5\%\sim0.6\%$的低碳低合金钢，在生产工艺上更容易实现。

热轧双相钢，是指在热轧状态下，通过控制冷却得到铁素体+马氏体的双相组织。这就要求钢在热轧后从奥氏体状态冷却时，首先产生适量的多边形铁素体，其体积分数$\varphi=70\%\sim80\%$，然后未转变的奥氏体有足够的稳定性，避免产生珠光体和贝氏体，冷却下来后转变成马氏体。这就要求从合金元素量和风冷速度上来控制。这类钢要求有较多的合金元素。一般热轧冲压双相钢的化学成分范围为：$w(C)=0.04\%\sim0.10\%$，$w(Mn)=0.8\%\sim1.8\%$，$w(Si)=0.9\%\sim1.5\%$，$w(Mo)=0.3\%\sim0.4\%$，$w(Cr)=0.4\%\sim0.6\%$，以及微合金元素钒等。其生产工艺为：1150～1250℃加热，870～925℃终轧，空冷到455～635℃卷取。加入合金元素硅和极低碳是为了提高钢的临界点A_3，促使形成要求含量的多边形先共析铁素体。加入锰、钼、铬是为了防止卷取时剩余奥氏体转变为珠光体和贝氏体，最终冷到低温转变成马氏体。

同时，还研制出了热轧非冲压双相钢，用于冷镦钢、冷拔钢、Ⅳ级螺纹钢筋、薄壁无缝钢管等产品。钢材经热轧后控制冷却，得到铁素体＋马氏体双相钢组织，然后经冷拔、冷镦等工艺制成成品。由于冷却条件良好，可以使用较少的合金元素，降低成本。如用于高速线材轧制生产散卷控制冷却得到的双相钢丝，钢种为09Mn2Si，07Mn2SiV；热轧双相冷镦钢棒材钢种为08SiMn2；薄壁双相无缝钢管用钢07MnSi等。

3.4 工程结构钢的冶金工艺特点

3.4.1 冶炼工艺

工程结构钢的冶炼工艺和终脱氧，对钢的质量有很大的影响。广泛采用的氧气炼钢使钢中氮量降低，再加上用铝脱氧并固定氮，形成AlN，对细化钢的晶粒，减少应变时效，起了良好的作用。用铝脱氧，还保证了微合金化元素钛、铌、钒的收得率。

钢中非金属夹杂物的种类、数量、形态和分布，对钢的塑性、韧性和横向性能有极重要的影响，并使钢的冷、热加工性变坏。非金属夹杂物对力学性能的影响，是由于它破坏了基体的连续性，引起应力集中，促使裂纹形成。

条带状塑性夹杂物如MnS，使钢的冲击韧性，尤其是横向冲击韧性降低。某种中碳钢板的横向试样冲击韧性与含硫量的关系见图3-8。随着钢中含硫量（即硫化物量）及锻压比的增加，钢的横向冲击韧性逐渐降低。为了减少硫化物的危害，首先要减少钢液中的含硫量；再就是钢液中加入稀土金属，对硫化物起变质作用。钢中塑性夹杂物MnS经变质，形成难变形的稀土硫氧化物RE_2O_2S和稀土硫化物RE_2S_3，它们呈小颗粒的圆形或椭圆形。稀土含量对16Mn连轧钢板冲击韧性的影响见图3-9，当钢中$w(RE)/w(S)$比增高，其横

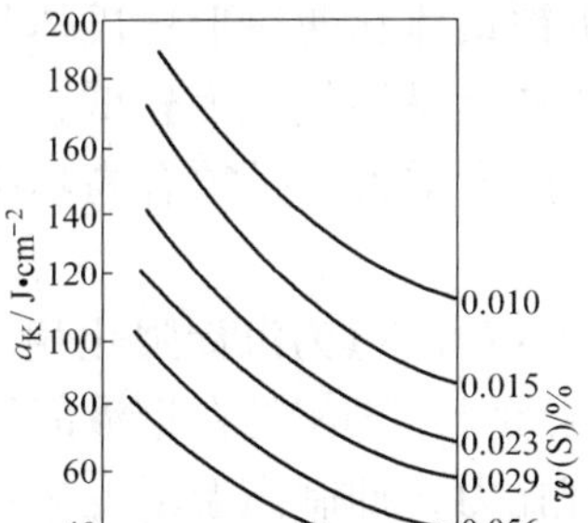

图3-8 钢的横向试样冲击韧性与含硫量和锻压比的关系

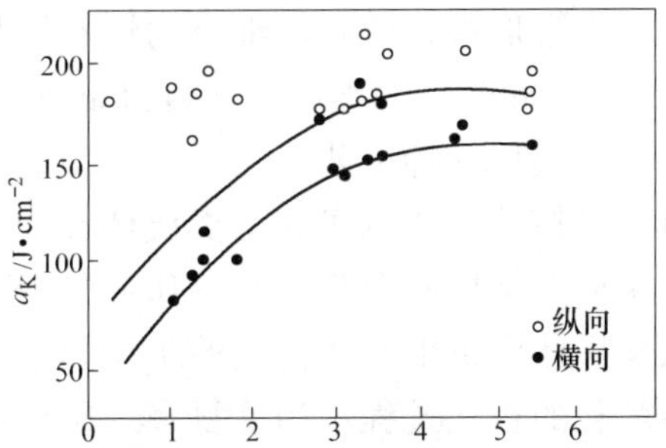

图3-9 16Mn连轧板中$w(RE)/w(S)$比对室温冲击韧性的影响（试样为全板厚6mm U形缺口）

向冲击韧性增高。在$\frac{w(RE)}{w(S)}>3$时，横向冲击韧性与纵向冲击韧性值就非常接近了。即使在极低硫（0.007%）的情况下，稀土金属对改善钢的横向冲击韧性和降低韧-脆转化温度仍很显著。

由于炉外精炼新技术的发展，如钢液真空处理，钢包精炼等，能很好地脱气和脱硫，生产高质量的纯净钢。

另外，返回废钢的利用使得钢中低熔点杂质如锡、锑、铋、砷等的累积量日益增多，给钢带来的危害包括：增加钢的热裂倾向，在有残留铜时更严重；恶化钢坯的表面质量；造成钢的回火脆性进一步恶化；在含氢介质中引起严重的应力腐蚀；在扁平型产品中影响晶粒取向和织构，降低超低碳钢的深冲性能。目前的解决办法是采用稀释法，如加入一定量的海绵铁稀释。也有采用化学固定法，在脱氧和脱硫基础上加入活性元素，使之与低熔点金属形成难熔的化合物，降低其在钢中的有效含量，这种活性金属就是稀土金属。

3.4.2 控制轧制与控制冷却

热轧工艺对钢的性能有重要的影响，钢坯的加热温度、保温时间、开轧温度、轧制道次和道次变形量、终轧温度以及轧后冷却等参数，都极为重要。通过控制轧制过程中的各种参数，形成了轧制新工艺。控制轧制是一种通过细化铁素体晶粒而产生强韧钢的工艺过程，而高强度低合金钢尤其是微合金钢的发展，与控制轧制工艺密切相关。

对含铌、钛的微合金钢，轧制加热温度高于1200℃时，一方面，铌和钛的碳氮化物部分溶解于奥氏体，以便在随后的轧制过程中析出，抑制再结晶和控制奥氏体晶粒长大；在轧制完毕的冷却过程中，又有部分弥散的碳化物析出起沉淀强化作用。另一方面，未溶的碳氮化物起阻止钢坯的奥氏体晶粒过度长大的作用。

目前控制轧制工艺有两种，一种是传统的控制轧制，另一种是再结晶控制轧制。

传统的控制轧制是控制在特定温度范围内的道次压下量，在950℃以上，每一道次的压下都使奥氏体发生再结晶，受到形变的奥氏体迅速发生动态再结晶。微合金元素铌对这个过程有很大影响，使奥氏体中应变诱导析出Nb(C,N)，阻碍再结晶和晶粒长大。在950℃以下属于静态再结晶范围，已变形的奥氏体或者发生再结晶但晶粒来不及长大，或者仅达到回复状态未发生再结晶。终轧温度愈接近A_3点，愈易得到薄饼型完全未再结晶的形变奥氏体。在冷却时发生先共析铁素体转变时，先共析铁素体在薄饼形奥氏体晶界和晶内的形变带形核，得到极细小的铁素体晶粒。这种工艺的缺点是终轧温度较低，一般要低于900℃，此时钢的强度因温度降低而升高，轧制时变形抗力增大，必须有高功率的强力轧机才能实现这种工艺。

再结晶控轧工艺以TiN为奥氏体晶粒粗化的阻碍物，以V(C,N)为沉淀强化相。钢中的含钛量要严格控制在0.01%~0.02%范围，在这种钛的浓度下，TiN是在钢液凝固后冷却时从奥氏体中析出，所得到的TiN非常弥散，有理想的钉扎力，抑制高温形变后再结晶奥氏体晶粒的粗化过程。当反复多道次形变和再结晶后，奥氏体晶粒得到细化。在终轧温度高于950℃的情况下，几乎没有V(C,N)的应变诱导析出，钢中的钒在低温下发生相间沉淀或从过饱和铁素体中析出，产生沉淀强化。V-Ti-N钢就是为适应再结晶控制轧制而研制的一种钢，可以得到极细小的铁素体晶粒和珠光体团。同时，由于TiN非常细小，在焊接时阻碍热影响区的晶粒长大，极大地改善了焊接热影响区的韧性。

Nb-Mo 系 BHS-1 钢也是适应再结晶控制轧制而新近发展起来的一种钢。钢在轧前加热时未溶的 Nb(C,N)细小质点阻碍奥氏体晶粒粗化，钼的晶界偏聚也产生对奥氏体再结晶晶界迁移的拖曳作用，因此有效地限制了奥氏体晶粒的粗化。而 V(C,N)则作为沉淀强化相。

再结晶控制轧制工艺特别适合在不能进行低温轧制的低功率轧机上实施，或在锻造时使用。

控制冷却工艺对获得细小的铁素体晶粒和沉淀强化相极为重要，而对获得双相钢、贝氏体钢和马氏体钢来讲，其重要性就更不用说了。对截面较厚的钢材，冷却速度过慢，析出的先共析铁素体将长大，珠光体团和片层也粗化，这就降低了钢的强度和韧性。对微合金钢的影响还在于，冷却过慢则发生相间沉淀的温度较高，沉淀相过于粗大，减弱了沉淀强化效应。根据截面厚度不同，可采取强制风冷、喷雾、喷水等措施来控制冷却速度。在连轧板材生产中，控制板材卷取温度也很重要，卷取温度一般控制在 600 ~ 650℃，使 600℃以下冷速减慢，以便改善板材的塑性和韧性。

本 章 小 结

****

工程结构用钢是用量最多、专门用来制造工程结构的一类钢。工程结构用钢工作条件复杂，在设计使用过程中除了要考虑强度、韧性、冷脆性等力学性能外，还要考虑冷变形性、焊接性等工艺性能。

工程结构用钢按照使用状态的组织可以分为铁素体-珠光体钢、低碳贝氏体钢、针状铁素体钢、低碳马氏体钢、双相钢以及调质钢。铁素体-珠光体类钢在大型工程构件中属于最主要的服役组织状态，可以分为碳素工程结构钢、高强度低合金钢以及加入 V、Ti、Nb 等元素进行微合金化的微合金钢。16Mn 钢的屈服强度属于 345MPa 级，是高强度低合金工程结构钢中最典型的钢种。

在微合金钢的发展中，控制轧制和控制冷却是改变微合金钢中晶粒尺寸以及沉淀相析出形貌、获得优异力学性能的关键因素。

****

工程结构用钢分类及典型钢种

铁素体-珠光体钢

- 碳素工程结构钢：
  - 强度级别——Q195、Q215、Q235、Q255、Q275
  - 质量等级——A、B、C、D
  - 脱氧程度——沸腾钢、半沸腾钢、镇静钢
- 高强度低合金钢：16Mn；15MnTi、16MnNb、15MnV，15MnVN 等
- 微合金钢：09MnVTiN 等

低碳贝氏体钢和马氏体钢

低碳贝氏体钢：14MnMoV，14MnMoVBRE；MnMoNbTiB（超低碳）

针状铁素体钢：Mn-Mo-Nb 钢

低碳马氏体钢：BHS 系列钢

铁素体-马氏体双相钢：09Mn2Si，07Mn2SiV；08SiMn2；07MnSi 等

调质钢：EQ70

****

思考题与习题

3-1 工程结构用钢的普遍性能要求有哪些？

3-2 如何从选材（化学组成及微观组织结构类型）方面来满足上述性能要求？

3-3 结构用钢的屈服强度主要受哪几个方面因素的影响？

3-4 非合金结构钢、即碳素结构钢按质量分为普通级和优质级，其主要差别是什么？

3-5 钢中杂质元素主要有哪些，它们主要来源是什么？（提示：参考钢铁的生产过程。）

3-6 钢中常存杂质元素 S 对于钢的性能主要有哪些不利影响，其作用机理是什么？

3-7 钢中常存杂质元素 P 对于钢的性能主要有哪些不利影响，其作用机理是什么？

3-8 钢中 S 和 P 分别有什么有益作用？分别举例说明其特殊应用。对它们的有益作用加以应用时，应注意哪些事项？

3-9 炼钢时常用的脱氧剂有哪些？按照脱氧程度的不同，钢可以分为哪几类，它们的优点与不足分别是什么？

3-10 沸腾钢沸腾的原因是什么？

3-11 钢中 Si 属于常存元素，对其在工程结构用钢中的作用及其机理进行归纳总结。

3-12 工程结构用钢中，合金元素 Mn 都发挥了哪些作用？请归纳总结。同时，请查阅资料了解 Mn 的资源和价格情况。

3-13 请查阅有关碳素结构钢的化学成分、力学性能及物理性能的国标文件。

3-14 16Mn 及其衍生（升级）产品主要用途有哪些？

3-15 “控轧控冷”是指什么，其核心要点是什么？请查阅资料，对于“控轧控冷”工艺发展历史、及该工艺成熟应用的钢种加以总结。

3-16 微合金钢中必要的合金元素是哪几种，其添加量范围是如何界定的，它们给钢带来了哪些变化，强化机理是什么？

3-17 工程结构钢中，可变形夹杂物 MnS 沿着轧制方向条带状分布导致钢材的横向性能降低。目前已经有哪些方法可以解决此问题？

3-18 查阅资料，钢中还有哪些带状组织会导致钢材的性能存在明显的各向异性。

3-19 稀土（RE）是我国资源富有的金属原材料之一。请归纳总结工程结构钢中稀土的应用。

3-20 工程结构钢中，与铁素体-珠光体钢相比，低碳贝氏体钢的性能特点是什么，添加的合金元素有哪些特点，主要依靠什么手段提高屈服强度？

3-21 针状铁素体钢与贝氏体钢是什么关系，两者的强度与韧性如何？

3-22 低碳马氏体作为工程结构钢的主要特点是什么，其主要应用方向是什么？

3-23 工程结构钢中，双相钢的微观组织是什么类型的，其性能特点是什么，通过什么工艺获得，这类材料目前已经应用于哪些领域？

3-24 请将几类工程结构钢的强度、韧性特点加以总结比较。

3-25 什么是钢的焊接性？通常怎么衡量焊接性的好坏，为什么？

3-26 常用来判断铁素体-珠光体组织的工程结构钢的低温韧性的指标是什么，改善该类钢的低温韧性的方法有哪些？

参考文献

[1] 章守华，吴承建．钢铁材料学[M]．北京：冶金工业出版社，1992.

[2] 雍岐龙等．微合金钢—物理和力学冶金[M]．北京：机械工业出版社，1989.

[3] 干勇，田志凌，董瀚，等．中国材料工程大典，第2、3卷，钢铁材料工程（上、下）[M]．北京：化学工业出版社，2006.

4 机械制造结构钢

内容要点：

机械制造用钢的服役条件、主要破坏方式、使用性能要求及典型钢材类别。各类钢的典型合金、性能要求、合金成分与热处理工艺、微观组织结构及相互关系。一些合金元素对钢材性能的特殊影响及其作用原理。

机械制造结构钢用于制造各种机械零件，如轴类、齿轮、紧固件、轴承和高强度结构，广泛应用在汽车、拖拉机、机床、工程机械、电站设备、飞机及火箭等装置上。这些零件的尺寸虽差别很大，但工作条件是相似的，主要是承受拉、压、弯、扭、冲击、疲劳应力，且往往是几种载荷同时作用。可以是恒载或变载，作用力的方向是单向或反复的。工作环境是大气、水和润滑油，温度在 -50 ~ +100℃范围之间。机械零件要求有良好的服役性能，有足够高的强度、塑性、韧性和疲劳强度等。

机械制造结构钢根据钢的生产工艺和用途，可分为：调质钢、低碳马氏体钢、超高强度结构钢、渗碳钢、氮化钢、弹簧钢、轴承钢和易削钢等。

4.1 结构钢的强度与脆性

一般机械零件的主要失效形式是变形和断裂。为保证机械零件正常运转，传统设计只考虑钢的弹性和塑性，有的根据弹性来设计，在弹性范围内工作，根据比例极限 σ_p 来计算，这叫弹性设计；有些零件只允许少量塑性变形，可根据屈服强度 σ_s 或 $\sigma_{0.2}$ 来计算，称为塑性设计。在许用应力和 σ_p、$\sigma_{0.2}$（或 σ_s）之间引入一个安全系数。上述情况是只考虑了强度的强度设计。

对于塑性指标 δ、ψ 及综合反映强度和塑性的韧性指标（如冲击韧性），在设计时并不用于工程计算，只是根据经验而提出要求。塑性和韧性指标是考虑到零件的安全性，避免发生突然事故、过载断裂而提出的。对于结构钢，强调了强度和韧性的配合。

多年来，人们为了减轻零件重量，在追求提高钢的强度方面取得了很大进展，使钢的强度达到了很高水平：

中碳回火索氏体钢 低碳马氏体钢	σ_b：1200 ~ 1400MPa
中碳低合金马氏体钢	σ_b：1400 ~ 2000MPa
微碳马氏体时效钢	σ_b：1900 ~ 2300MPa
形变热处理中合金钢	σ_b：2400 ~ 3200MPa
高碳冷拉钢丝	σ_b：3000 ~ 4000MPa

这些高强度的取得，是综合应用了加工强化、细晶强化、固溶强化、沉淀强化和马氏体相变强化等方法的结果。

钢的强度不断提高，往往带来韧性的恶化。20 世纪 40 年代焊接船舰的低温突然断裂，50 年代火箭发射后的突然断裂，高压容器的脆裂，都是在应力远低于屈服强度下发生的。设计工作者和材料工作者对此共同探讨，除传统的强度设计外，寻求防止脆断的措施，即进行韧性设计，既要避免脆断，又要减轻重量。

韧性指标中：(1) 冲击韧性，只反映钢材脆断趋势，不能用于直接设计计算，根据经验总结，提出了在低温下冲击韧性值的临界值。(2) 韧-脆转化温度，要求钢材的韧-脆转化温度比实际零件的工作温度低若干度。(3) 断裂韧性（断裂韧度），是从金属材料中总有在生产工序中造成的钢材缺陷和裂纹出发，研究这些裂纹在什么条件下突然失稳而开始扩展。断裂韧性代表材料抵抗裂纹突然扩展的能力。钢材的断裂强度 σ_f 与平面应变断裂韧性 K_{IC}之间的关系可用下式表示：

$$\sigma_f = \frac{K_{IC}}{(Ya)^{1/2}}$$

式中，a 为材料裂纹突然扩展时裂纹尺寸之半；Y 为裂纹形状因子。对于一定显微组织的钢材，K_{IC}是一定值。当已知钢材的断裂韧性和零件中的裂纹尺寸后，便可计算零件在多大的应力下发生突然断裂。K_{IC}值可作为高强度结构韧性设计的依据。有了断裂韧性，其他的韧性指标仍然有用，它们主要用来检验钢的冶金质量，进行质量控制。

4.2　结构钢的淬透性

淬透性对机械制造结构钢有十分重要的意义。淬透的钢可获得高强度和高屈强比。淬火回火后淬透层的强度可达 1700MPa，且$\frac{\sigma_s}{\sigma_b}$约为 0.8 ~ 0.9。而退火钢的强度仅 690MPa，而$\frac{\sigma_s}{\sigma_b}$约为 0.5 ~ 0.6。淬硬的钢的$\frac{\sigma_s}{\sigma_b}$值远高于未完全淬硬的钢，见图 4-1。淬透的钢可获得最高的断裂韧性 K_{IC}值，最高的疲劳强度和冲击韧性，最低的韧-脆转化温度 $FATT_{50}$。图 4-2 为淬火显微组织对

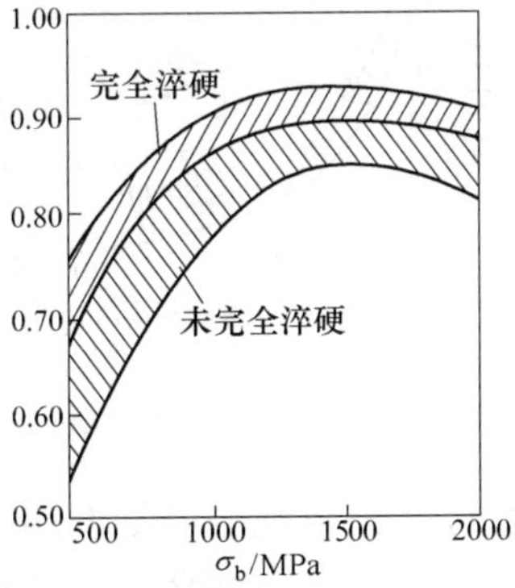

图 4-1　淬硬与未完全淬硬钢的$\frac{\sigma_s}{\sigma_b}$比值的影响

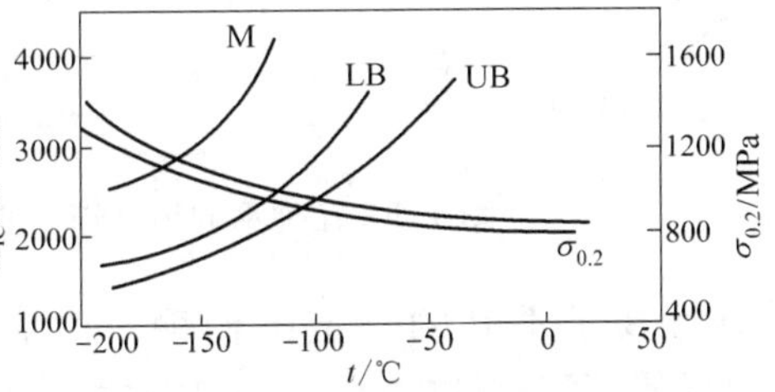

图 4-2　淬火组织对 26CrNi3MoV 钢回火空冷后的 K_{IC}值的影响

M—马氏体；LB—下贝氏体；UB—上贝氏体

26CrNi3MoV 钢 K_{IC} 值的影响，淬火得到马氏体经回火后的 K_{IC} 值最高，下贝氏体次之，上贝氏体再次之。由图 4-3 可见，转子钢调质后 $FATT_{50}$ 与淬火组织的关系。全部淬成马氏体的 $FATT_{50}$ 最低，贝氏体的要高于马氏体，而全部为铁素体 + 珠光体组织的最高。但并非所有情况下零件截面上都要求全部淬成马氏体，而要根据零件受力的情况有所区别。对零件全截面受力的高强度螺栓、销钉、飞机起落架等，要求完全淬透。对受扭转应力的轴类，表面应力大，心部应力小，只要求一定深度淬透成马氏体，心部为 50% 马氏体即可。

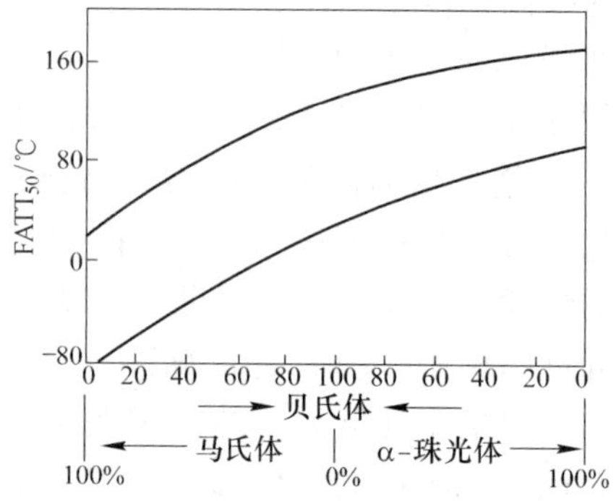

图 4-3 七种转子钢锻件调质后 $FATT_{50}$(℃)与淬火组织的关系 $\sigma_b = 785MPa$，$N = 3 \sim 4$ 级
28NiCrMo74 25CrMo4 28NiCrMo44 30Cr1Ni3Mo 21CrMoV511 25Cr3Mo 32CrMo12

只要淬火成马氏体，碳素结构钢和合金结构钢均有相近的良好综合力学性能。而碳素结构钢的主要弱点是淬透性低，不能用于截面较大或形状较复杂的零件，因而合金结构钢广泛应用于机械制造工业。

在机械零件设计中选择合金结构钢时，广泛应用钢的顶端淬火曲线。合金钢厂在供应合金结构钢时，也应提供有关的淬透性资料，通常是顶端淬火曲线。

钢中合金元素在增大钢的淬透性中所起的作用，可从顶端淬火曲线的比较中显示出来。图 4-4 为几种钢的顶端淬火曲线，它表明了铬、钼、锰、硅、钒、硼等元素的作用。钢中常用的合金元素对增大淬透性的能力按下列顺序依次增大：镍、硅、铬、钼、锰、硼。应该强调，碳是结构钢中最主要的元素，它决定了钢的淬硬性，即淬成马氏体的硬度，同时碳也是一个有效增加淬透性的元素。上述指钢中溶于奥氏体的合金元素，若含碳化物形成元素钢中有未溶碳化物，则降低了奥氏体中碳及合金元素的有效浓度，同时未溶碳化物作为相变非自发形核核心，都对钢的淬透性起相反的作用。

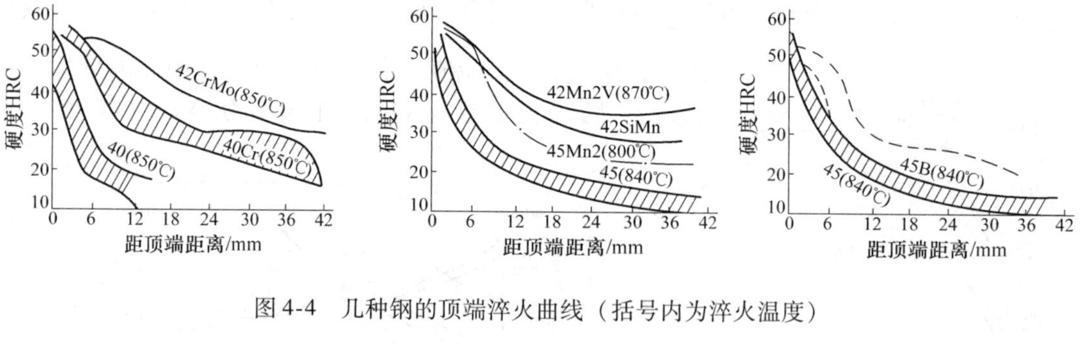

图 4-4 几种钢的顶端淬火曲线（括号内为淬火温度）

对淬透性要求不高的合金结构钢，才采用单一的合金元素合金化方案，如 40Cr，45Mn2。要求较高淬透性的钢，均采用多种合金元素综合合金化方法。多种合金元素对珠光体转变的综合作用不是加和关系，而是相互补充，相互加强。最有效的方法是将强碳化物形成元素、中强碳化物形成元素、弱碳化物形成元素和非碳化物形成元素有效地组合起来，如 Cr-Ni-Mo-V 系和 Si-Mn-Mo-V 系。

实际生产中所用的是顶端淬火曲线，因此需要找到圆棒理想临界直径 $D_{I(50)}$ 与顶端淬火曲线上 50% 马氏体位置的关系，如图 4-5 所示。

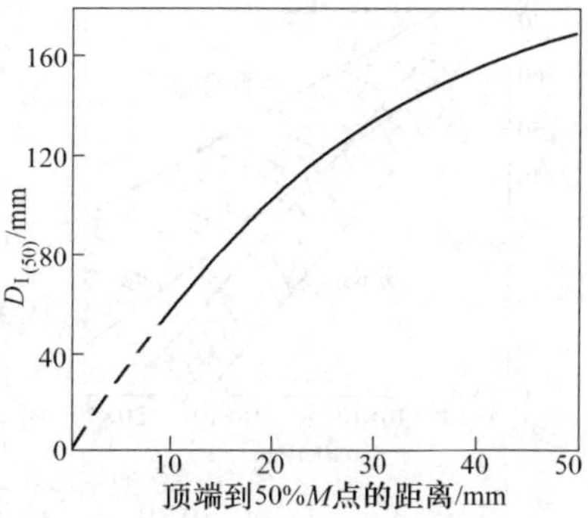

图 4-5 $D_{I(50)}$ 与顶端淬火曲线上 50% 马氏体位置的关系

合金结构钢的化学成分在炼钢时引起的波动，造成成品钢的顶端淬火曲线上有较宽的淬透性曲线带，这给机械制造工艺上带来困难。严格的制造工艺要求零件截面上显微组织均一，以保证零件尺寸在热处理后的尺寸均一，变形一致，这样才有好的装配性能，使工作平稳，可以提高零件（如齿轮）的使用寿命。这就要求各炉钢种钢材之间淬透性一致，即要求有狭窄的淬透性带，故工业上称这种具有狭窄的淬透性带的钢为“H”钢。影响淬透性曲线带宽的因素还有晶粒度、析出物、夹杂物等，除需严格控制钢的化学成分外，还要严格控制硫、磷、氧等以及残余元素钛、铝、硅、铜等，含量尽可能降低以达到高的纯净度和均匀性。冶金厂在生产“H”钢时，要根据对狭窄淬透性带的要求，在精炼炉内进行成分微调，以保证成品钢的淬透性合格。

4.3 调质钢

结构钢在淬火高温回火后具有良好的综合力学性能，有较高的强度，良好的塑性和韧性。适用于这种热处理的钢种称为调质钢。

淬火得到的马氏体组织经高温回火后，得到在 α 相基体上分布有极细小的颗粒状碳化物。它的显微组织根据含有不同合金元素而引起的回火稳定性的差别和回火温度，可得到回火屈氏体或回火索氏体组织，其主要区别在于基体 α 相是否完全再结晶和碳化物颗粒聚集长大的程度。

调质钢的强度主要取决于 α 相的强度和碳化物的弥散强化作用。合金元素硅、锰、镍溶于 α 相，起固溶强化作用。钢中碳的质量分数在 0.3% ~0.5% 之间，可保证有足够大的碳化物体积分数以获得高强度。合金元素铬、钼、钨、钒可阻碍碳化物在高温回火时的聚集长大，保持钢的高强度。铬、钼、钨、钒还阻碍 α 相的再结晶，能保持细小的晶块结构，使 α 相也能保持足够高的强度。如果把不同化学成分的调质钢经淬火得到马氏体，回火到相同的抗拉强度，可得到相近的 σ_s、δ 和 ψ，见图 4-6。这意味着不同成分的调质钢，只要其淬透性相当，则可以互换。

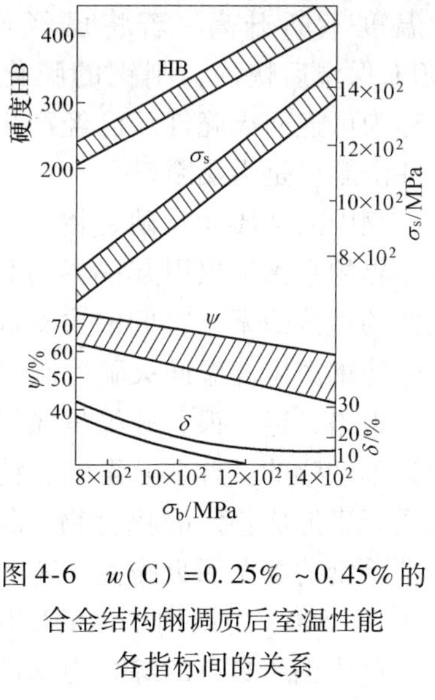

图 4-6 $w(C)=0.25\% \sim 0.45\%$ 的合金结构钢调质后室温性能各指标间的关系

碳素调质钢与合金调质钢经淬火回火到相同强度和硬度，它们在 σ_s 和 δ 值上很相近，但在断面收缩率 ψ 值上存在差别，而强度愈高，差别愈显著，碳素调质钢略

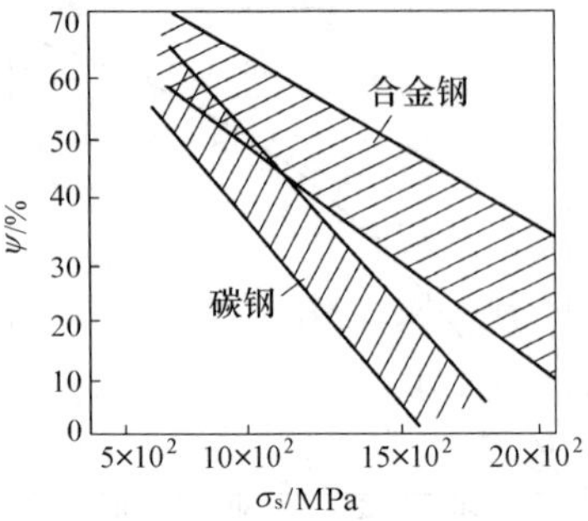

图4-7 屈服强度相同的碳素和合金结构钢的断面收缩率的比较

逊一筹，见图4-7。尽管如此，由于碳素调质钢价格便宜，在满足淬透性条件下，仍被广泛应用于机械零件。

合金元素对调质钢的韧性有不同的影响，在回火后快冷不发生回火脆性的情况下，与碳素结构钢相比，钢中加入 $w=1.0\%\sim1.5\%$ 的Mn后，钢的冲击韧性有所改善，能稍降低其韧-脆转化温度。钢中镍含量增加能使钢的韧-脆转化温度不断下降。而硅则降低回火索氏体的韧性，升高韧-脆转化温度。钢中杂质磷对韧性危害甚大，升高韧-脆转化温度，降低冲击韧性，要严格限制其在钢中的含量。加入 $w=1\%\sim4\%$ 的铬和少量的钼或钒，对回火索氏体的韧性影响不大。

合金调质钢的一个特殊问题是高温回火脆性，它表现在高温回火后的冷却速度严重地影响到钢的韧-脆转化温度，冷却速度愈慢，室温冲击韧性愈低，韧-脆转化温度愈高。一种Cr-Ni调质钢经淬火650℃回火后以不同速度冷却，其室温冲击值如下：

650℃回火后冷却方式	室温冲击值/J
炉 冷	9.4
空 冷	23.5
油 冷	59.8
水 冷	74.6

同时，在350～600℃范围等温回火保持时间愈长，不管回火后冷却快慢，其在室温的冲击韧性愈恶化，韧-脆转化温度愈高。图4-8为33CrNi3钢（$w(C)=0.33\%$，$w(Mn)=0.56\%$，$w(Ni)=2.92\%$，$w(Cr)=0.87\%$）经850℃淬火，650℃回火，1h水冷，然后在500℃保温不同时间的系列冲击曲线。等温时间从0.5h到128h，韧-脆转化温度不断升高。若将已经回火脆化的钢再在650℃保温后快冷，则钢的脆化倾向就可消除，这又称为可逆回火脆性。已经产生高温回火脆性的钢的冲击断口是沿晶断口。

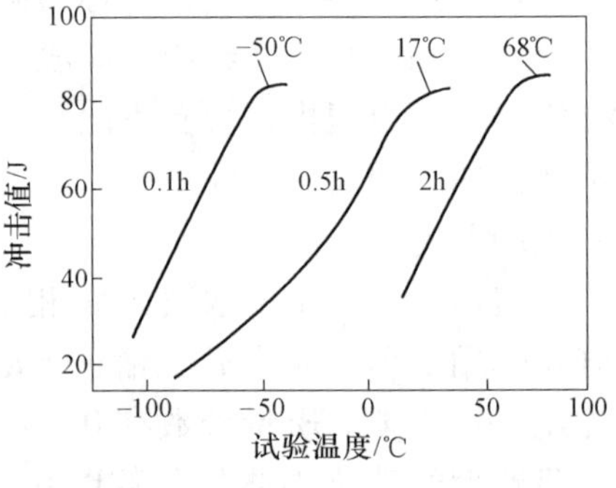

图4-8 33CrNi3钢850℃油淬，650℃回火，1h水冷，再在500℃等温不同时间的系列冲击曲线

钢中的杂质元素磷、锡、锑、砷等，在原奥氏体晶界的平衡偏聚引起晶界脆化，是产生高温回火脆性的直接因素。它们的含量超过十万分之几，就可能使钢产生高温回火脆化倾向。特别是在450～550℃范围工作的钢，对此尤为敏感。合金元素铬、锰、镍、硅等是强烈促进钢的高温回火脆化倾向的，碳素结构钢对高温回火脆性是不敏感的。合金元素钼、钨和钛可减轻合金调质钢感受高温回火脆性。稀土元素能和杂质元素形成稳定的化合物，如LaP、LaSn、CeP、CeSb等金属间化合物，可大大降低甚至消除钢的高温回火脆性。若稀土元素和钼进行复合合金化，则效果更佳，可解决长时间在450～550℃范围内工作的部件的高温回火脆化问题。

调质钢所具有的综合力学性能，保证有较高的强度和韧性的配合。首先要求调质钢有足够的淬透性，使经淬火后零件的截面上得到尽可能厚的马氏体层，再加上回火控制碳化物尺寸和弥散度，可保证达到性能要求。在这里发挥强化作用的元素主要是碳，它是以弥散碳化物的状态控制钢的强度。合金元素的主要作用之一是保证钢有足够的淬透性，在零件截面上得到合适的显微组织，以发挥碳的作用。合金元素的另一主要作用是改善回火索氏体的韧性。

在机械制造工业中，调质钢是按淬透性高低来分级的，也就是根据合金元素含量多少来分级。在同一级内，各钢种可以互换。最普通的调质钢是碳素调质钢，如45钢、45B钢，用做截面尺寸较小或不要求完全淬透的零件，其顶端淬火曲线见图4-4。由于淬透性较低，只能用盐水淬火。要求淬透性较高的钢有40Cr、45Mn2、40MnB、35SiMn等作为同一级，其淬透性可见图4-4，一般可用油淬火。42CrMo、42MnVB、40CrMnMo、40CrNi、35CrMo为要求淬透性更高一级的钢种。对大截面零件，要求高淬透性的调质钢为40CrNiMo、34CrNi3MoV等。调质钢经调质热处理后，其力学性能为：$\sigma_s=800\sim1200\text{MPa}$，$\sigma_b=1000\sim1400\text{MPa}$，$\delta\geqslant10\%$，$\psi\geqslant45\%$，冲击韧性 $a_K\geqslant60\text{J/cm}^2$。

4.4 低温回火状态下使用的结构钢

4.4.1 低温回火钢的显微组织及力学性能

回火索氏体组织不能充分发挥碳在提高钢的强度方面的潜力。淬火低温回火得到的中、低碳回火马氏体发挥了碳在过饱和α相中的固溶强化、$\varepsilon\text{-Fe}_{2.4}\text{C}$ 与基体共格产生的沉淀强化及马氏体相变的冷作硬化。其中回火马氏体的强度主要来自固溶在马氏体α相中的碳。研究表明，钢中的碳的质量分数 $w(\text{C})$ 在0.2%～0.5%范围，低温回火后钢的抗拉强度与钢中含碳量呈线性增加的关系：

$$\sigma_b = 2880w(\text{C}) + 800\text{MPa}$$

当钢中 $w(\text{C})=0.30\%$ 时，可获得 σ_b 约1700MPa的高强度。$w(\text{C})$ 每增加0.01%，σ_b 约增高300MPa。$w(\text{C})$ 在0.20%～0.30%范围，回火马氏体保持较好的韧性和较低的韧-脆转化温度；当 $w(\text{C})$ 超过0.30%，随着钢强度继续升高，钢的韧性特别是断裂韧性下降显著。

合金元素的主要作用是提高钢的淬透性，保证得到马氏体组织。在回火马氏体中，若元素质量分数分别为 $w(\text{Mn})=1\%$，$w(\text{Cr})=1.5\%$，$w(\text{Mo})=0.5\%$，$w(\text{Ni})=1\%\sim4\%$，都能改善钢的韧性，并降低 FATT_{50}，而镍的作用尤为显著。加入少量钒细化了奥氏体晶粒，也可改善钢的韧性。

淬火钢在250～350℃范围有低温回火脆性，在冲击功与回火温度关系曲线上出现脆性的凹谷，见图4-9中曲线 b。引起低温回火脆性有两个方面的原因。首先，在这个温度范围内发生回火第三转变，$\varepsilon\text{-Fe}_{2.4}\text{C}$ 溶解，Fe_3C 在马氏体板条边界和原奥氏体晶界析出，呈连续薄片状，在冲击下沿马氏体板条边界裂开，产生穿晶断裂。350℃以上 Fe_3C 开始球化，韧性又开始恢复增长。第二个原因是杂质元素磷、锡、锑等在淬火加热时发生在奥氏体晶界的偏聚，经淬火后杂质元素被冻结在原奥氏体晶界。富集杂质的原奥氏体晶界同时在这个温度范围存在 Fe_3C 连续薄膜。虽然两者单独存在不足以引起沿晶脆断，但两者叠加起来就会加重原奥氏体晶界的脆性，造成沿晶脆断，因而产生低温回火脆性。含杂质元素极低的超纯钢就不出现脆性凹谷，不产生低温回火脆性，见图4-9中曲线 a。

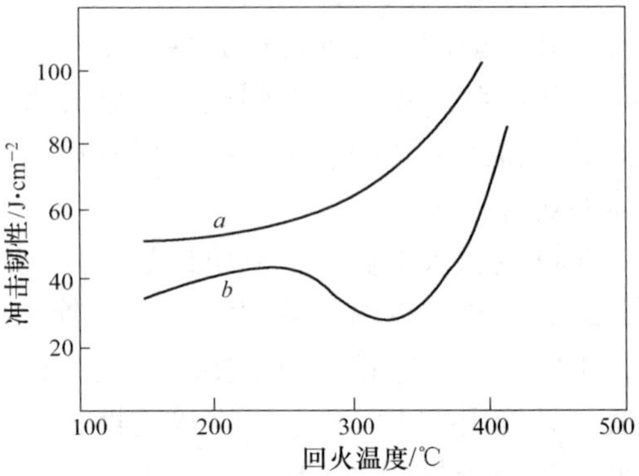

图4-9 低温回火钢冲击功与回火温度的关系
（30Mn，850℃盐水淬火，奥氏体晶粒8～9级）
a—w(P)=0.005%；b—w(P)=0.028%

合金元素锰和铬加剧低温回火脆化倾向，锰的质量分数在2%以上，淬火态也可得到沿晶脆断，其低温回火脆化倾向也将进一步加剧。这主要是淬火加热时奥氏体晶界有高浓度磷的晶界偏聚发生。钼能改善低温回火脆性，但不能消除。硅、铝推迟 ε-$Fe_{2.4}C$ 向 Fe_3C 转变，将低温回火脆化温度范围推向350℃以上。

防止淬火钢的低温回火脆性的措施为：（1）避免在250～350℃温度范围回火；（2）生产高纯钢，降低磷、锡、锑等杂质元素含量；（3）加入硅推迟脆化温度范围，使钢的回火温度可提高到320℃。

4.4.2 低碳马氏体结构钢

钢中碳的质量分数低于0.30%时，淬火后马氏体的微观结构为位错型的板条马氏体，具有高的强度和良好的韧性。在低温回火后，其综合力学性能优于中碳调质钢，并且冷脆倾向小，有低的疲劳缺口敏感度。中碳调质钢和低碳马氏体结构钢力学性能的比较见表4-1。

表4-1 中碳调质钢和低碳马氏体结构钢的力学性能

钢 种	热处理工艺	$\sigma_{0.2}$/MPa	σ_b/MPa	δ/%	ψ/%	a_K/J·cm^{-2}
40Cr	850℃油淬,560℃回火,油冷	≥800	≥1000	≥9	≥45	≥60
15MnVB	880℃盐水淬,200℃回火,空冷	≥1000	≥1200	≥10	≥45	≥90
18Cr2Ni4W	880℃空冷,180℃回火,空冷	1029	1176	12	55	108

由于低碳钢的淬透性较小，一般采用低碳低合金钢。它们在热轧后退火，具有低强度、高塑性和良好的冷变形性。例如，汽车用高强度螺栓、销钉等，过去用中碳调质钢，需要热顶锻锻出螺栓头，表面质量差。中碳调质钢退火后硬度较高，碾压螺纹困难。若采用低碳马氏体结构钢代替中碳调质钢制作上述零件，其优点在于可用冷镦成形，比热顶锻制的螺栓精度高，表面质量好，生产率高，并可减少切削量，节约钢材。

强度和韧性配合要求特别高的零件，如大马力高速柴油机曲轴等，用低碳中合金钢比中碳合金调质钢的效果更好，可采用18Cr2Ni4W钢，其力学性能见表4-1。由于钢中 w(Ni)=4%，因而改善了室温和低温韧性和断裂韧性，具有高强度、低缺口敏感性和高疲劳强度。

4.4.3 低合金超高强度结构钢

超高强度结构钢是为满足飞机、火箭等航空航天器结构上用的高比强度的材料而发展起来的一类结构钢，进而应用于常规武器的零件等方面。低合金超高强度钢是以调质钢为基础发展起来的，可用作飞机起落架、飞机机身大梁、火箭发动机外壳、火箭壳体、高压容器等。为保证钢的高强度，碳的质量分数在0.27%～0.45%范围内。当$w(C)=0.30\%$时，钢的抗拉强度约1700MPa；当$w(C)=0.40\%$时，抗拉强度为2000MPa。若将$w(C)$提高到0.50%时，虽然抗拉强度可接近2300MPa，但钢的韧性和断裂韧性下降较多。

为保证零件的高强度，充分保证碳的强化作用，钢必须有足够高的淬透性，使得整个截面上得到马氏体。这就需要加入一定量的合金元素，主要是铬、锰、硅、镍、钼、钒等，进行综合合金化来有效地提高钢的过冷奥氏体的稳定性。硅还可以增加钢的抗回火稳定性，并推迟低温回火脆性，$w(Si)=1\%\sim2\%$可将其推迟到350℃，使低合金高强度钢能在300～320℃回火，得到强度和韧性的最佳配合。

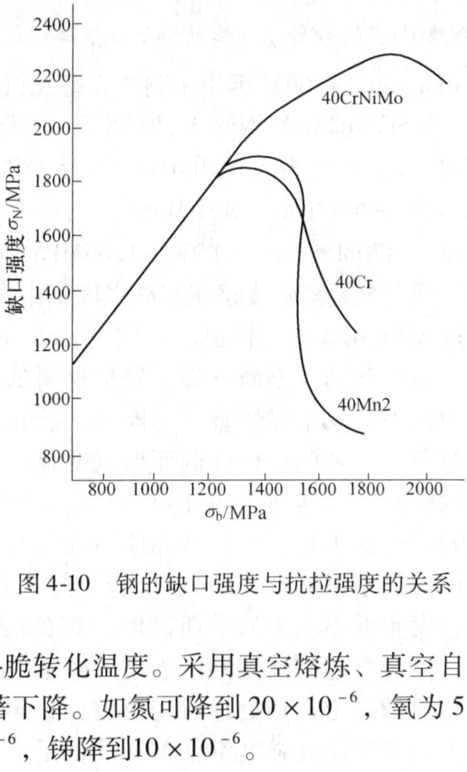

图4-10 钢的缺口强度与抗拉强度的关系

随着强度的提高，钢的主要的问题转化为脆性倾向。如图4-10所示，对低、中强度钢，随着钢的强度不断升高，钢的缺口强度也随之直线上升。但在高强度钢的范围内，随着钢的强度升高，其缺口强度反而下降，缺口敏感性增大，使得疲劳强度值漫散甚至有所降低。钢对各种表面缺陷如刻痕、焊缝及表面加工造成的缺陷，显得十分敏感。

为了改善低合金超高强度钢的韧性，以提高其在服役条件下的安全可靠性，采取的措施是提高钢的纯净度，降低钢中夹杂物、气体及有害杂质元素的含量。钢中氢溶解于基体，会引起氢脆；磷偏聚于晶界，引起晶界脆性；氮、氧、硫等以夹杂物状态存在，降低韧性，提高韧-脆转化温度。采用真空熔炼、真空自耗和电渣重熔后，杂质元素和夹杂物质量分数可显著下降。如氮可降到20×10^{-6}，氧为5×10^{-6}，氢为0.70×10^{-6}，有害元素锡降到40×10^{-6}，锑降到10×10^{-6}。

目前广泛应用的低合金超高强度钢是40CrNiMo、300M、30CrMnSiNi、35Si2Mn2MoV、D6AC等，其化学成分见表4-2。

表4-2 目前国内外主要低合金超高强度钢的牌号及化学成分 w %

钢 号	C	Si	Mn	Cr	Ni	Mo	V
40CrNiMo	0.38～0.43	0.20～0.35	0.65～0.85	0.70～0.90	1.65～2.00	0.20～0.30	
35Si2Mn2MoV	0.32～0.38	1.40～1.70	1.60～1.90			0.35～0.45	0.15～0.25
30CrMnSiNi	0.27～0.34	0.90～1.20	1.00～1.30	0.90～1.20	1.40～1.80		
D6AC	0.42～0.48	0.15～0.30	0.60～0.90	0.80～1.05	0.40～0.70	0.90～1.10	0.05～0.10
300M	0.40～0.46	1.45～1.80	0.65～0.90	0.70～0.95	1.65～2.00	0.30～0.45	0.05～0.10

40CrNiMo钢中合金元素的配合有效地提高钢的淬透性和较好的韧性，经900℃淬火和200℃回火，$\sigma_{0.2}\geqslant1628$MPa，$\sigma_b\geqslant1884$MPa，$\delta\geqslant10\%$。钢中铬和锰主要提高淬透性，镍和

铬组合可有效提高淬透性并能很好改善回火马氏体的韧性。钼除有效提高淬透性外，还可改善回火马氏体的韧性。若采用320℃等温淬火，获得下贝氏体或掺杂有回火马氏体的混合组织，其强度虽稍有降低，但有效改善钢的韧性，冲击韧性提高34%，断裂韧性提高10%。在40CrNiMo钢的基础上加入钒和硅并提高钼含量的300M钢（40SiNiCrMoV）中，钒可细化奥氏体晶粒；硅可提高钢的抗回火稳定性，将回火温度由200℃提高到300℃以上，以改善韧性。故300M钢有高淬透性和强韧性，特别是大截面钢材。经过真空感应炉冶炼和电渣重熔成锭，再经两次镦粗拔长开坯，由于钢的纯净度大大提高，在大截面上钢的横向性能得到改善。300M钢的热处理工艺为：927℃正火，870℃淬火，淬火介质为油，最后经300℃两次回火。在大截面（ϕ300mm）中心的力学性能为：$\sigma_{0.2} \geqslant 1520$MPa、$\sigma_b \geqslant 1860$MPa、$\delta \geqslant 8\%$、$\psi \geqslant 30\%$，$a_{KV} \geqslant 39J/cm^2$。纵向和横向的断裂韧性基本一致，其$K_{IC}$为$75MPa \cdot m^{\frac{1}{2}}$。300M钢用来制造大型飞机的起落架等重要结构材料。

35Si2Mn2MoV钢的Ac_3为880℃，其热处理工艺为920℃淬火和320℃回火。其力学性能为：$\sigma_{0.2} = 1500 \sim 1650$MPa，$\sigma_b = 1800 \sim 1950$MPa，$\delta = 10\% \sim 12\%$，$\psi = 40\% \sim 50\%$，$a_{KU} = 50 \sim 60J/cm^2$。30CrMnSiNi钢经900℃淬火和250℃回火，其力学性能为：$\sigma_{0.2} = 1370 \sim 1470$MPa、$\sigma_b = 1500 \sim 1765$MPa，$\delta \geqslant 9\%$，$\psi \geqslant 40\%$，$a_{KU} \geqslant 60J/cm^2$。

低合金超高强度钢在超高强度钢中发展得最早，成本低廉，生产工艺较简单，性能已接近2000MPa的抗拉强度，因此其产量仍居超高强度钢总产量的首位。随着强度的升高，塑性和韧性不断下降，发生材料的早期脆性破坏。构件在工作时，必须有承受应力集中而不致发生脆性破坏的能力，防止发生突然脆性断裂事故。构件产生应力集中是不可避免的，来源于构件截面形状变化，以及钢材在冶金和机械加工过程中内部和外表产生的缺陷。当构件存在钝缺口时（例如应力集中系数$K_e = 5$），抗拉强度在1900～2000MPa的钢种，实际破坏应力尚能与设计破坏应力相当；当构件存在尖锐缺口时（例如应力集中系数$K_e = 10$），低合金超高强度钢的抗拉强度水平不能超过1700MPa，否则就会发生低强度下的早期破断。钢的强度愈高，这种早期破坏现象就愈严重。除此之外，低合金超高强度钢由于是中碳钢，有较大的脱碳倾向，需要在热处理设备和工艺上采用保护措施；热处理后变形较大，不易矫直；焊接性不太好。因而需要发展克服这些缺点的新型超高强度钢来弥补其不足。

4.5 高合金超高强度结构钢

由于低合金超高强度钢主要是用碳来强化，这就带来了一些先天的弱点。为此就发展了无碳的马氏体时效钢，它在Fe-Ni合金马氏体基础上，利用时效时析出金属间化合物进一步起沉淀强化作用。通用的马氏体时效钢含有$w(Ni) = 10\% \sim 19\%$、$w(Co) = 0 \sim 18\%$、$w(Mo) = 0.2\% \sim 1.6\%$、$w(Al) = 0.1\% \sim 0.2\%$、$w(C) < 0.03\%$。实际应用的马氏体时效钢的标准牌号为18Ni(200)、18Ni(250)、18Ni(300)、18Ni(350)。另外，还陆续发展了变异钢种。

4.5.1 马氏体时效钢中合金元素的作用

由于马氏体时效钢中的强化元素都是铁素体形成元素，要能够得到马氏体基体，首先

必须加入扩大 γ 相区的元素，主要是镍。为保证钢的淬透性，必须含高镍，但又不能使 M_s 点过低，以减少残留奥氏体，故要控制镍加入量。为增加钢中扩大 γ 相区的能力，还需加入一部分钴，因为钴还能升高 M_s 点。这种高镍、钴的无碳马氏体的强度并不高，而有良好的塑性和韧性，同时又有较好的低温塑性和韧性。

钢中加入形成金属间化合物的沉淀强化元素，如镍、钛、铝、钼、铌等，可形成有序相和拉维斯相。有序相为 Ni_3Al、Ni_3Ti 和 Ni_3Mo，其中只有 Ni_3Ti 为 DO_{24} 型结构，属简单六方点阵；其余二者为 $L1_2$ 型结构，属简单立方点阵，但在时效中析出相处于亚稳态时，全部为面心立方点阵。拉维斯相为 Fe_2Mo，具有复杂六方结构。合金元素对马氏体时效钢的强化效应见表 4-3。在 $w(Ni)=18\%$ 马氏体钢中，钼和钴复合加入，使沉淀强化效应进一步加强，见图 4-11。这是由于钴减小含钼强化相的溶解度，促使更多强化相在时效时析出。钼还可降低马氏体时效钢的回火脆性。

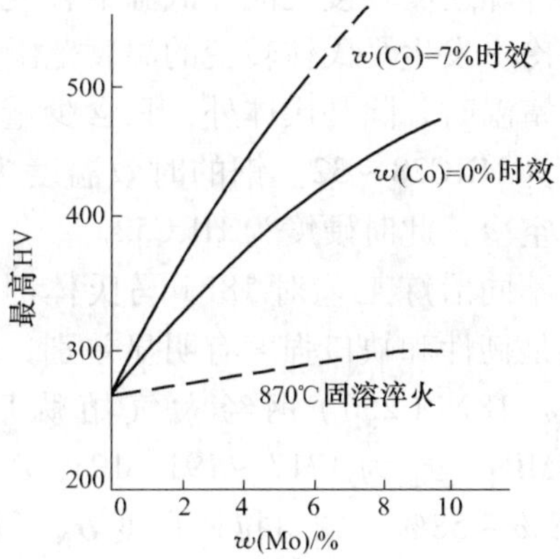

图 4-11 Mo 和 Co 对 18% Ni 钢时效硬度的影响

表 4-3 18%Ni 加 2%x(M)第二组元对 425℃时效硬度峰值的影响

合金元素	Ti	Al	Ta	Nb	W	Mn	Mo	Si	Cr	Co	V
硬度峰值 HRC	52	45.5	45.5	44	44	42	39.5	39.5	—	—	—

为了提高马氏体时效钢的塑性和韧性，必须严格控制钢中的杂质元素含量。首先控制碳含量是关键。碳与钼、钛、铌形成稳定碳化物在晶界析出，使韧性和缺口强度 σ_N 降低，并减少其有效含量，使强化效应减少。若碳固溶于马氏体中，就会钉扎位错，降低马氏体的范性。氮在钢中形成 TiN 和 NbN，是裂纹源。少量硅对韧性有害，硅的总量控制在 $w(Si)$不超过 0.1%。硫和磷也控制得很低，$w(S)<0.008\%$，$w(P)\leqslant 0.005\%$。铬和锰可用来部分代替镍的作用。另外，微合金元素硼、锆、钙、镁和稀土金属可以改善马氏体时效钢的性能。

马氏体时效钢按强度进行分类：18Ni(200)的屈服强度为 1400MPa(200Ksi)，18Ni(250)的屈服强度为 1700MPa(250Ksi)，18Ni(300)的屈服强度为 1900MPa(300Ksi)，18Ni(350)屈服强度为 2400MPa(350Ksi)。此外，还有 400 级(2800MPa，400Ksi)，500 级(3500MPa，500Ksi)以及无钴的马氏体时效钢。主要马氏体时效钢的化学成分见表 4-4。

表 4-4 主要马氏体时效钢的化学成分 w %

标准牌号	Ni	Mo	Co	Ti	Al	其他	无 Co 牌号	Ni	Mo	Ti	Al
18Ni(200)	18	3.3	8.5	0.2	0.1		无 Co18Ni(200)	18.5	3.0	0.7	0.1
18Ni(250)	18	5.0	8.5	0.4	0.1		无 Co18Ni(250)	18.5	3.0	1.4	0.1
18Ni(300)	18	5.0	9.0	0.7	0.1		无 Co18Ni(300)	18.5	3.0	1.85	0.1
18Ni(350)	18	4.2	12.5	1.6	0.1						
12-5-3(180)	12	3	—	0.2	0.3	5Cr					

4.5.2 马氏体时效钢的热处理和性能

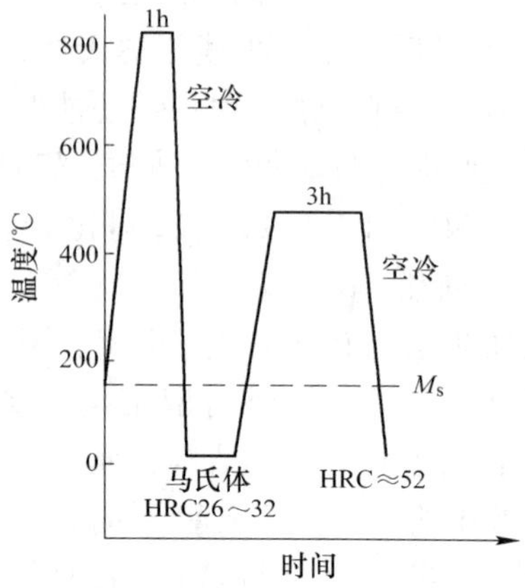

图4-12 18%Ni马氏体时效钢的热处理

18Ni马氏体时效钢的热处理工艺见图4-12。当钢加热到800℃以上形成全部奥氏体后，由于合金度高，即使冷却速度较慢也能在低温下转变为马氏体，一般采用空冷。发生马氏体转变的温度范围为155～100℃，冷却到室温时，除马氏体外，只含少量残留奥氏体。此时硬度为HRC28～32。钢的时效温度为480℃，时效3h，然后空冷，此时硬度为HRC52。

不同冶炼工艺对18Ni马氏体时效钢的力学性能，特别是韧性和缺口强度有明显差别，经真空熔炼后明显提高。18Ni(250)钢经大气熔炼后，$\sigma_{0.2}$为1668～1844MPa，σ_b为1717～1913MPa，δ为10%～12%，ψ为48%～58%，缺口拉伸强度σ_N（$K_t>10$）为2158～2403MPa，21℃冲击值为16～20J。而真空熔炼后，缺口拉伸σ_N（$K_t>10$）上升到2698～2845MPa，21℃冲击值为34～40J。所以，对18Ni(250)和以上级别的马氏体时效钢采用真空熔炼加真空自耗重熔的双真空熔炼工艺。与低合金超高强度钢相比，马氏体时效钢不仅有高强度，而且同时有更好的范性、韧性和缺口强度。即在高强度服役条件下，仍有良好的安全可靠性。

马氏体时效钢的高强度来源于合金元素的固溶强化、马氏体相变的冷作硬化和时效析出金属间化合物的沉淀强化。工业纯铁的强度约215MPa，由于时效析出强化相后，基体中合金元素含量不高，固溶强化对钢的强度的贡献不大，约200MPa。对这种无碳马氏体，由相变冷作硬化使强度的增值约500～600MPa。沉淀强化使强度增值最高，约1100MPa。高位错密度的马氏体中，强化相呈高度弥散析出，贡献出很高的强度增量。马氏体时效钢的高韧性、高范性和高断裂韧性来源于存在大量可动位错，没有受到碳、氮间隙原子的钉扎，加之在400～500℃间时效时，相变引起的显微应力被松弛。此外，马氏体时效钢还有良好的工艺性能，如低的加工硬化指数，高的冷范性形变能力，良好的焊接性。

马氏体时效钢的优异性能是其他类型超高强度结构钢所无法比拟的。它的高合金度和生产工艺严格使钢的成本很高，即使这样，除用于航空和宇航工业外，也发展到工具制造业。在航空和宇航工业中用于关键构件上，如导弹壳体、喷气发动机传动轴、动力传感器、直升飞机柔性传动轴、飞机起落架等。工具制造业中制造柔性传动轴、花键轴、塑料铸模、铝合金和锌合金的挤压模和铸模、柴油燃料泵杆等。

4.6 轴承钢

滚动轴承是各种机械传动部分的基础零件之一，其工作条件极苛刻。由于滚动体和套圈滚道之间接触面积很小，因而接触压应力可高达3000～5000MPa，循环力次数每分钟可高达数万次。滚珠在转动时还受到离心力引起的附加载荷，它随转数增加而加大。轴承滚珠和内外套圈之间还发生滑动而产生摩擦。在这几种载荷作用下，运转一定时间后将产生接触疲劳破坏，或者受磨损而失效。

根据最大切应力理论计算结果，切应力在接触表面下0.786b处达到最大（b为滚动体和套圈接触带宽度）。在高应力下长时间运转，将在这个区域产生剧烈的塑性变形，显微组织由回火马氏体转变为回火索氏体，因而强度降低，比热容减小，在这个区域周围引起附加张应力。若这些部位恰好存在非金属夹杂物或粗大碳化物时，它们就成了疲劳裂纹的发源地。疲劳裂纹一般沿切应力方向发展，其扩展方向与表面呈45°夹角，当裂纹露出表面，就会引起表面剥落。表面下一定深度（1mm）内的非金属夹杂物和组织缺陷的危害最大，它将促使接触疲劳裂纹形成和扩展。

对轴承钢的基本质量要求是纯净和组织均匀。纯净就是杂质元素及非金属夹杂物要少，组织均匀是钢中碳化物要细小，分布要均匀。轴承钢经热处理后要求高而均匀的硬度和耐磨性，高的弹性极限和高的接触疲劳强度。

常用的钢种是高碳铬轴承钢系列（如GCr15、GCr15SiMn等）。此外，根据不同工作条件，还有渗碳轴承钢（20CrNi2Mo、20Cr2Ni4等），不锈轴承钢（9Cr18等），高温轴承钢（Cr4Mo4V、Cr15Mo4V2等）。

4.6.1 轴承钢的冶金质量

轴承钢由冶金质量缺陷造成的失效占总失效的65%。这里是指非金属夹杂物和碳化物不均匀性所造成的冶金质量缺陷。

4.6.1.1 非金属夹杂物

非金属夹杂物根据化学成分，可分为：（1）简单氧化物，如Al_2O_3、SiO_2等；（2）复杂氧化物，包括尖晶石和钙的铝酸盐，尖晶石如$MnO \cdot Al_2O_3$、$MgO \cdot Al_2O_3$等；钙的铝酸盐如$CaO \cdot 2Al_2O_3$、$CaO \cdot 6Al_2O_3$等，其成分不肯定；（3）硅酸盐和硅酸盐玻璃，其成分复杂，可用$lFeO \cdot mMnO \cdot nAl_2O_3 \cdot pSiO_2$表示；（4）硫化物，如MnS、(Mn,Fe)S、CaS等；（5）氮化物，如AlN等。

在检验时，往往根据金相形态（热变形能力）来分类：（1）脆性夹杂物，如刚玉（Al_2O_3）、尖晶石，沿轧制方向排列呈点链状分布；（2）塑性夹杂物，在热变形过程中有良好的塑性，沿轧向呈连续条状分布，属这类的有MnS和铁锰硅酸盐；（3）球状不变形夹杂物，主要是钙的铝酸盐；（4）半塑性夹杂物，主要是复相铝硅酸盐，含有Al_2O_3或尖晶石氧化物，轧后呈纺锤形。轴承钢按三项夹杂物评级，即脆性夹杂物、塑性夹杂物和球状不变形夹杂物。

轴承钢的接触疲劳寿命随钢中氧化物级别增加而降低，氧化物主要是指刚玉和尖晶石，其尺寸愈大，危害程度也愈严重。实验表明，产生危害的临界尺寸为6~8μm。夹杂物的类型对降低轴承的接触疲劳寿命有不同的影响，其危害程度按刚玉、尖晶石、球状不变形夹杂、半塑性铝硅酸盐、塑性硅酸盐、硫化物依次递减。非金属夹杂物可破坏基体的连续性，引起应力集中。特别是刚玉、尖晶石和钙的铝酸盐，它们的膨胀系数比钢小，淬火后周围基体承受附加张应力，并叠加在外力引起的应力集中造成的应力上，可达很高数值。另外，上述三种硬的氧化物在钢变形时不能随之发生塑性变形，在钢发生热塑性流动时会划伤基体，造成夹杂物边缘上的裂口或空洞。塑性硅酸盐夹杂物在室温下不能变形，在基体受外力变形时它就与基体脱开，为裂纹形成创造条件。而硫化物在高温和室温都呈塑性，且膨胀系数大于基体，故其危害程度最小。若在一定含硫量下，硫化物与氧化物共存，并包覆于其外，这将减少氧化物的有害作用。因此，钢中含硫量不要求越低越好。

钢中非金属夹杂物的主要来源是钢在冶炼时产生的脱氧产物，钢液凝固时氧和硫因在固态钢中的溶解度很低而析出氧化物和硫化物。另外，出钢过程中钢液与渣混出时残留在钢中的渣，冶炼和浇注时钢液对耐火材料的浸蚀，出钢时钢液的二次氧化等，也是夹杂物的来源。

综上所述，彻底脱氧是获得高纯净钢的必要条件，利用真空脱气、炉外精炼和电渣重熔，可极大提高钢的纯净度。

4.6.1.2 轴承钢的碳化物不均匀性

高碳铬轴承钢的使用组织，是回火马氏体基体上分布有一定量细小而均匀分布的颗粒状碳化物及少量残留奥氏体。实验表明，马氏体中 $w(C)=0.45\%\sim0.5\%$ 时，钢既有高硬度，又有一定韧性，具有最高的接触疲劳寿命，见图4-13。碳化物的尺寸和分布对轴承的接触疲劳寿命也有很大的影响，大颗粒碳化物和密集的碳化物带都是极为有害的。上述碳化物的缺陷根据其产生条件可分为三类：(1) 碳化物液析和带状碳化物，两者起因于钢锭结晶时产生的树枝状偏析。液析碳化物属于偏析引起的伪共晶碳化物，带状碳化物属于二次碳化物偏析，这种碳化物偏析区沿轧向伸长呈带状分布。(2) 网状碳化物，高碳铬轴承钢为过共析钢，网状碳化物是由二次碳化物析出于奥氏体晶界所造成的。(3) 大颗粒碳化物，在正火消除网状碳化物时加热未溶解的碳化物颗粒，在正火保温和随后退火时继续长大而形成大颗粒。

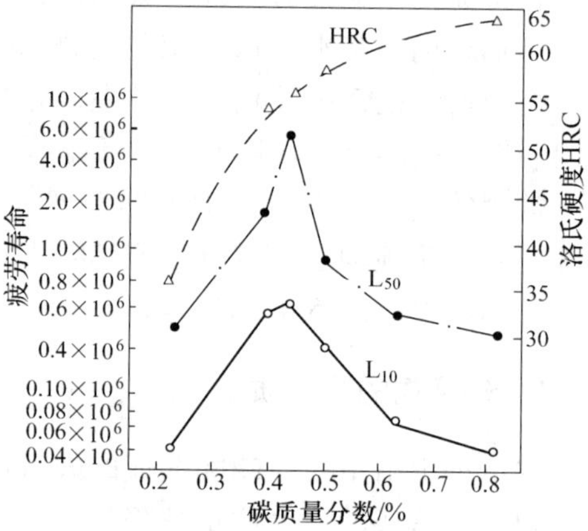

图4-13 高碳铬轴承钢中马氏体含碳量与疲劳寿命的关系

消除液析碳化物可采用高温扩散退火。当加热到钢的共晶温度(1130±10)℃以上，一般为1200℃时进行扩散退火即可。要消除带状碳化物偏析，则需要很长的退火时间。消除网状碳化物可采用控制轧制，终轧温度控制在 A_{rm} 和 A_{r1} 之间，网状碳化物被破碎，得到未再结晶的奥氏体晶粒。冷却后得到细小的索氏体组织，为球化退火创造良好的原始组织。

4.6.2 高碳铬轴承钢的热处理

轴承钢的球化退火是准备好淬火前的原始组织。高碳铬轴承钢的 A_{c1} 为735～765℃，其球化退火加热温度为780～800℃，索氏体中片层状碳化物已断开，残存一定量细小未溶碳化物质点，奥氏体成分不均匀，为冷却时获得许多碳化物形核的颗粒状非自发形核核心，得到球状珠光体组织。轴承钢球化退火的冷却方式有两种，一种是连续冷却，按冷却速度20～30℃/h冷到650℃出炉，或者在700℃等温2～4h，再炉冷到650℃出炉。

轴承钢的淬火温度为840℃，经油淬后，可获得隐晶马氏体上分布细小均匀分布的粒状碳化物，其体积分数为7%～9%，并含有少量残留奥氏体。在性能上可得到最高硬度、弯曲强度和韧性。为防止氧化脱碳，一般采用保护气氛加热或真空加热。

轴承钢回火一般采用160℃保温3h或更长，回火后硬度在HRC62～66。对精密轴承，为保证尺寸稳定，要求消除残留奥氏体，一般采用淬火后立即进行冷处理，然后低温回火。轴承在磨削加工后要进行消除磨削应力的回火，一般用120～150℃保温3～5h。对要求特别精密者，在粗磨、细磨和精磨后各进行一次回火，时间在15～24h。

4.7 渗碳钢和氮化钢

不少机械零件要求表面有高的疲劳强度和耐磨性，这就需要进行表面化学热处理。渗碳钢和氮化钢是为适用于渗碳热处理和氮化热处理的需要而发展起来的钢种。

4.7.1 渗碳钢

零件通过表面渗碳、整体淬火，得到表面是高碳马氏体，沿截面过渡到心部是低碳马氏体或半马氏体，可以使表面有高的弯曲和疲劳强度及耐磨性，而心部又有高强度和韧性。

4.7.1.1 渗碳工艺特点

渗碳是将低碳钢置于适当碳势的气氛中，在高温奥氏体相区保温，使其表面增碳。对于连续规模生产，通常采用气体渗碳。渗碳过程有三个基本过程。第一个过程是高温下渗碳剂的热分解，析出活性碳原子［C］。第二个过程是活性碳［C］和CO被渗碳钢表面吸附，伴随有表面反应 $2CO \rightleftharpoons [C] + CO_2$，［C］吸附表面后向钢内部渗入，在奥氏体表面维持着一定的碳含量。渗碳过程中炉内气氛与钢表面碳含量达到平衡时相对碳含量称为碳势，它对渗碳质量起着决定性的作用。不断向炉内输入渗碳介质就增高了分解产物活性碳原子［C］的浓度，保持着高的碳势。第三个过程是碳由钢表面向钢内部扩散。钢表面吸收活性碳［C］原子后，表面碳浓度增高，这就在钢表面和内部之间构成了碳浓度差，在渗碳温度下获得增厚的渗碳扩散层。

影响渗碳速率的主要因素有温度、保温时间、气氛碳势、渗碳钢中的合金元素种类的含量。影响渗碳层深度的经验公式为：

$$\delta_c = K\sqrt{t}$$

式中，δ_c 为渗碳层深度（mm）；K 为温度的函数，包括扩散系数与温度的关系；t 为保温时间（h）。在不同渗碳温度下 δ_c 与保温时间的关系为：

870℃	$\delta_c = 0.457\sqrt{t}$
925℃	$\delta_c = 0.635\sqrt{t}$
1000℃	$\delta_c = 0.977\sqrt{t}$

渗碳温度升高，渗碳速度越快，渗碳层深也越厚。渗碳时间与渗碳层深呈抛物线关系。目前常用的渗碳温度为920～950℃，若再适当提高渗碳温度，可进行深层渗碳。

气体渗碳介质有连续式供气和滴注含碳有机液体。连续式供气用天然气，主要含甲烷（CH_4）和石油液化气，后者主要成分为丙烷和丁烷。应尽量减少含有不饱和碳氢化物丙烯和丁烯的含量，以减少热分解产物炭黑，妨碍渗碳。滴注渗碳液体有煤油、苯和甲苯、甲醇、乙醇和丙酮。连续式供气适用于大批量生产的连续式渗碳工艺，而滴注式主要用于周期渗碳作业工艺。

为获得合理的渗碳层的碳分布，提高渗碳层质量和渗碳速度，在渗碳前期可将碳势提高到1.2%～1.5%，以不产生炭黑为原则。后期降到0.9%～1.1%。碳势控制应用最多的是露点（表征 H_2O 量）测定仪和红外吸收仪（测 CO_2 量）。对零件上的非渗碳面，可镀铜或涂防渗涂料处理。

4.7.1.2 渗碳钢的合金化

渗碳钢的含碳量决定了渗碳零件心部的强度和韧性，从而影响到零件整体的性能。心部过高的含碳量将使零件整体的韧性低，不能在有冲击载荷的状态下使用。一般渗碳钢都是低碳钢，w(C)不超过0.25%，个别钢种可达0.28%。

加入合金元素的主要作用之一是提高渗碳钢的淬透性。根据零件承受负荷大小不同，心部需要的显微组织也有差别。承受负荷从大到小，要求心部由低碳马氏体到铁素体+珠光体，这就要求钢的淬透性有所不同。常用的合金元素有锰、铬、钼、镍、钨、硅、钒、钛、硼等。钛和钒还可以阻止奥氏体晶粒在高温渗碳时长大。加铌、钒复合合金渗碳钢可获得超细晶粒，奥氏体晶粒度达到12~13级，与高镍铬钢相比，由于镍含量降低了，渗碳层残留奥氏体减少，渗碳后可以直接淬火，提高了渗碳零件的疲劳抗力。

合金元素对钢的渗碳工艺性能也有重要的影响。合金元素对渗碳层表面含碳量和渗碳层深度的影响，见图4-14。碳化物形成元素将增大钢表面吸收碳原子的能力，增加渗碳层表面碳浓度，有利于增加渗碳层深度；另一方面又阻碍碳在奥氏体中扩散，因而不利于渗碳层增厚。就总的效果来看，铬、锰、钼有利于渗碳层增厚，而钛能减小渗碳层厚度。非碳化物形成元素则相反，降低钢表面吸收碳原子能力，减少渗碳层浓度，加速碳在奥氏体中扩散。总的效果是镍、硅等元素不利于渗碳层增厚。钢中碳化物形成元素含量过高，将在渗碳层中产生许多块状碳化物，造成表面的脆性，所以碳化物和非碳化物形成元素在钢中的含量要适当。锰是一个较好的合金元素，它既可以加速渗碳层增厚，又不过多增高渗碳层含碳量。硅使渗碳时钢的晶界氧化加剧，对零件的接触疲劳性能有重要影响，若将其降低到 w(Si)≤0.15%，可使Cr-Mo系钢的晶界氧化层从15~20μm降至小于5μm，而接触疲劳寿命提高一倍以上。

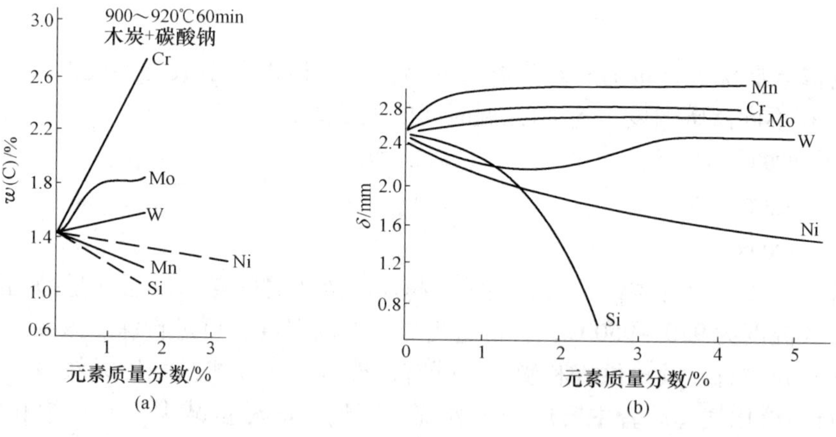

图4-14 合金元素对渗碳层表面含碳量（a）和渗碳层厚度（b）的影响

4.7.1.3 渗碳钢钢种

渗碳钢都是低碳钢，应根据零件对淬透性的要求，并考虑合金元素对渗碳工艺的影响，进行综合合金化。活塞销等小件，采用低淬透性的15钢和20钢；制作齿轮、小轴等要求一定淬透性的，用20Cr、20MnV；制作汽车、拖拉机上承受高速中载荷并要求抗冲击和耐磨的齿轮、后桥和轴，用中淬透性的渗碳钢，如20MnVB、20CrMnTi、25MnTiBRE以及淬透性较高的20CrMnMo；高淬透性渗碳钢有20Cr2Ni4、18Cr2Ni4W、20CrNi2Mo等，用于制作大型齿轮和轴类。

一般渗碳零件的渗碳热处理温度为930℃，常用钢种热处理后的性能见表4-5。20CrMnTi钢齿轮在930℃渗碳后可以预冷到870℃直接淬火，预冷中渗碳层析出部分二次渗碳体，油淬后可减少渗碳体层中残留奥氏体，提高耐磨性和接触疲劳强度，而心部有较高的强度和韧性。20Cr2Ni4和18Cr2Ni4W等中合金渗碳钢，经渗碳后直接淬火，渗碳层将存在大量残留奥氏体，可以在淬火前增加一道650℃较长时间回火工序，使残留奥氏体分解，形成颗粒状合金渗碳体。它在重新加热淬火时不会充分溶解于奥氏体，减少了渗碳层中的合金度，淬火后减少了残留奥氏体量。

表4-5 常用渗碳钢热处理后的力学性能

钢 种	热处理工艺	σ_s/MPa	σ_b/MPa	δ/%	ψ/%	a_K/J·cm^{-2}
20	800℃水淬，180～200℃回火	274～343	490～588	≥18	≥45	—
20MnV	880℃油淬，200℃回火	≥637	≥833	≥10	≥50	≥68
20CrMnTi	870℃油淬，200℃回火	≥834	≥980	≥10	≥45	≥69
25MnTiBRE	850℃油淬，200℃回火	≥1079	≥1373	≥10	≥45	≥59
22CrMnMo	85℃油淬，200℃回火	≥883	≥1177	≥10	≥45	≥69
20Cr2Ni4	780℃油淬，200℃回火	≥1079	≥1177	≥11	≥45	≥78.5
18Cr2Ni4W	850℃油淬，200℃回火	≥834	≥1177	≥11	≥45	≥98

实际生产中，渗碳钢的淬透性带因炉次、浇锭首盘和末盘而发生很大的波动，具有宽的淬透性带。对生产齿轮用渗碳钢来讲，成批生产的齿轮要求从表面到心部显微组织和硬度分布完全一致，才能保证产品变形一致及尺寸精确度，这样配对的齿轮间啮合程度好，齿面受力均匀，运转中平稳、噪声低，从而提高了齿轮寿命。因此，需要对钢的淬透性水平及波动严格控制，这种钢称为H钢，即保证淬透性钢。实际生产中，20CrMnTi钢的淬透性带距顶端9mm处，淬透性带波动范围宽达±9HRC，其中熔炼炉次成分波动造成的淬透性波动占总的波动的85%，同炉次成分波动造成的淬透性波动占总的波动的15%。实际齿轮要求这种波动越小越好。为此，在熔炼时，要根据淬透性带的要求，在精炼炉内进行钢的最终成分微调，达到目标后才能出钢。

4.7.2 氮化钢

机械零件经表面氮化处理后，可显著提高其表面硬度（HV1000～1100）、疲劳强度和耐磨性，还具有抗水、油等介质腐蚀的能力。氮化层在较高温度下仍能保持其硬度。零件在氮化前是中碳钢经调质热处理，得到稳定的回火索氏体组织，保证使用过程中尺寸稳定。在500～580℃温度范围进行氮化处理。当前应用最广泛的是气体氮化，其次是离子氮化。

气体氮化是在氨分解气氛中进行，氨气在加热时分解出活性氮离子，而铁是最主要的氨分解催化剂，故洁净的钢表面就具有氨分解的催化作用，在钢表面产生的活性氮［N］原子被钢表面吸收。钢表面氮化层的合金相可以从Fe-N相图中找到，在含w(N)为5.9%时形成γ'相，其成分符合Fe_4N，温度450℃时其w(N)含量在5.7%～6.7%，属于面心立方晶系。在含w(N)为8.25%～11%时为可变成分的ε相，介于Fe_3N～Fe_2N之间，属于六方晶系。Fe-N 系中，$w(N)$为 2.35%，温度在 590℃发生 $\gamma \to \alpha + \gamma'$的共析转变。在 590℃以下进行氮化时，氮首先溶于基体 α-Fe，达到饱和时，表面就形成 γ'-Fe_4N。当 γ'-Fe_4N 中 $w(N)$浓度超过 5.7%就会在钢表面形成 ε 相。典型的氮化层结构由表面向内分为两层，表层为 ε 相，又称白亮层，紧接着是 γ'相，再向内的氮扩散层为 α 相基体内析出的弥散的 γ'相层，这一层在光学显微镜下呈黑色，又称黑色层。

离子氮化是在低压氮气（130～1300Pa）中，氮化零件为阴极，罩式炉壁为阳极，在电场作用下，激发辉光放电，将氮气电离，产生氮离子，在电场加速作用下，轰击处于阴极的零件，使之升温到 480～560℃，氮离子被零件表面吸附，并向零件内部扩散。这种工艺的优点在于能更好控制氮化层的相组成，生产周期缩短，氮化层增厚速度提高。

钢中加入氮化物形成元素后，氮化层的组织有很大变化，在 α 相中形成含有铬、钼、钨、钒、铝等合金元素的合金氮化物，其尺寸在 5nm 左右，并与基体共格，起着弥散强化作用。钢中最有效的氮化元素是铝、铌、钒，所形成的合金氮化物最稳定，其次是铬、钼、钨的合金氮化物。合金元素对氮化层深度和表面硬度的影响见图 4-15。

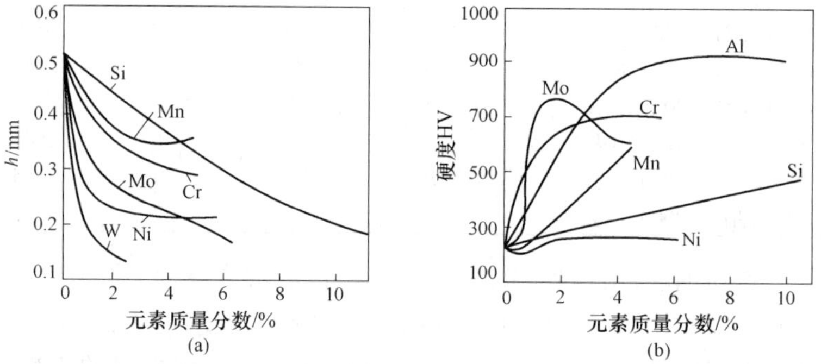

图 4-15 合金元素对氮化层深度（a）和表面硬度（b）的影响（550℃氮化 24h）

要求高耐磨性的零件要有高硬度的表面氮化层，一般采用含强氮化物形成元素铝的钢种，如 38CrMoAl。经调质和表面氮化处理后，38CrMoAl 钢表面可获得最高氮化层硬度，达到 HV900～1200。仅要求高疲劳强度的零件，可采用不含铝的 Cr-Mo 型氮化钢，如 35CrMo、40CrV 等，其氮化层的硬度控制在 HV500～800。不同氮化钢经氮化后截面上硬度分布见图 4-16。用钛进行合金化的氮化钢可以提高钢的氮化速度，减少氮化时间。如 30CrTi2、30CrTi2Ni3Al 钢可以在 600℃氮化 6h，相当于 38CrMoAl 钢在 510℃ 20h 达到的 0.35mm 以上的氮化层厚度。

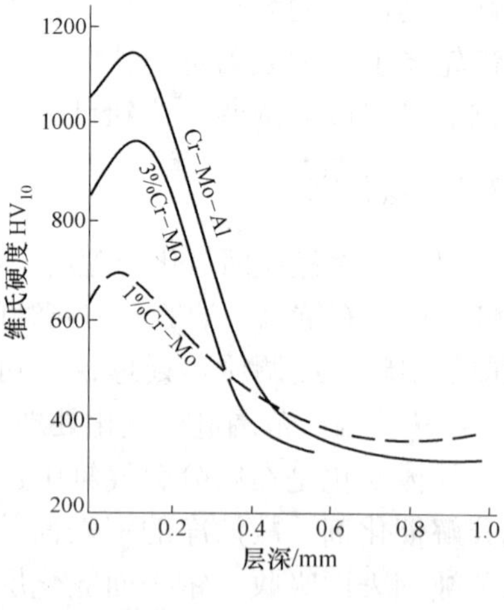

图 4-16 不同氮化钢氮化后截面上的硬度分布曲线

氮化处理提高零件疲劳强度和耐磨性的原因，首先在表面形成高硬度的 γ'-Fe_4N，ε-$Fe_{3-2}N$层；其次是渗入的氮原子与氮化物形成元素形成弥散的合金氮化物，提高表面氮化层的强度和硬度。另外，表面渗入氮原子后体积膨胀，因而在表面产生了残留压应力，能抵消外力作用产生的张应力，减少表面疲劳裂纹的产生。

4.8 其他机械制造结构钢

4.8.1 非调质结构钢

非调质结构钢是不经过淬火和回火调质处理，只经过锻造或控轧控冷即达到调质钢要求的强度和韧性水平的新型合金结构钢。与调质钢相比，非调质结构钢有以下几方面的优点：(1) 减少制品热处理费用，降低生产成本；(2) 简化生产工序，缩短生产周期，降低过程库存量，减小运输量；(3) 提高生产率；(4) 降低能耗，节省能源；(5) 减少氧化脱碳、热处理变形及废品；(6) 改善环境。

非调质结构钢的合金化应用到 Nb、V、Ti 的微合金化作用，在热加工过程中通过形变诱导析出它们的碳氮化物，沉淀在晶界和位错上，起钉扎作用，抑制再结晶，阻止奥氏体晶粒长大，细化奥氏体及其后的相变产物。在相间沉淀温度析出的铌和钒的碳氮化物和碳化物起沉淀强化作用。在奥氏体中溶解 0.03% 的 $w(\mathrm{Nb})$ 产生的沉淀强化作用使钢的屈服强度增量为 150MPa，0.03% $w(\mathrm{V})$ 产生沉淀强化也可以使钢的屈服强度增量为 50MPa。固溶于奥氏体的铌、钒、钛也提高过冷奥氏体的稳定性，细化相变产物的显微组织。研究表明，铌和钒的复合作用使珠光体组织进一步细化，比二者单独存在时更加有效。其他合金元素如锰可改善基体的韧性，提高冲击韧性，降低韧-脆转化温度，在 $w(\mathrm{Mn})$ 提高到 1.20% 都有这种良好的作用，镍也有与锰相似的作用，并可扩展到较高的镍含量范围。锰还可以降低钢的 A_3 温度，$w(\mathrm{Mn})$ 在 1.0% ~1.5% 可使其降低 50℃。奥氏体转变温度的降低就使铁素体和珠光体组织细化。硅增加到 $w(\mathrm{Si})$ 为 0.6% ~0.7% 可改善钢的屈服强度和韧性。钼和硼可提高钢的淬透性，在锻、轧后冷却时容易获得低碳贝氏体和低碳马氏体，提高非调质结构钢的强度和韧性。

根据非调质结构钢的显微组织，可分为铁素体-珠光体型中碳微合金非调质钢和低碳贝氏体、马氏体型非调质钢。

4.8.1.1 铁素体-珠光体型中碳微合金非调质结构钢

在中碳锰钢的基础上加入微合金元素，为保证有足够浓度的铌、钒、钛溶于奥氏体。因而加热温度要达到 1200℃，并且也保留一定量未溶的 Nb(C,N) 和 TiN 起阻止奥氏体长大作用。在控制锻造和控制轧制时起细化奥氏体晶粒作用，在 950 ~850℃ 范围形变诱导析出弥散碳氮化物，此时动态再结晶已停止，形变积累却成为先共析铁素体和珠光体形核的有利位置，因而得到了细化的先共析铁素体晶粒和珠光体团及珠光体片层得到细化的显微组织，改善了钢的韧性和延性。

铁素体-珠光体型中碳非调质钢在中碳锰钢基础上加入铌和钒复合微合金化元素的钢种应用较广泛，如 35MnVNb、45MnVNb、38MnSiVNb、45CrMnVNb 等，也有单加钒的钢，如 35MnVN、32Mn2SiV 等。世界各厂商都有自己的牌号。一般铌含量 $w(\mathrm{Nb})$ 不超过 0.06%，$w(\mathrm{V})$ 不超过 0.12%。其屈服强度 σ_s 在 500 ~650MPa，伸长率 δ 在 12% ~23%，冲击值 A_K 在 40 ~72J。钒微合金化非调质结构钢的冲击韧值较低，用于制造汽车、拖拉机的曲轴、连杆等受冲击力小的部件，而铌钒复合微合金化非调质结构钢可制造汽车、拖拉机上传动的联轴节臂、前轴、联动节等。

4.8.1.2 低碳贝氏体和马氏体型合金非调质结构钢

铁素体-珠光体型中碳微合金非调质结构钢应用在形状要得到稳定的高韧性有困难，对复杂运动部件和低温条件下的部件要求有更高的强度和韧性以及低的韧-脆转化温度更难适应，因而发展了低碳贝氏体型和低碳马氏体型的非调质结构钢。增加钢中锰含量有利于在空冷时得到低碳贝氏体。为防止冷却时发生先共析铁素体和珠光体转变，需要加入推迟上述转变而较少推迟贝氏体转变的元素，如钼、铌、硼。铌还可以细化奥氏体晶粒及贝氏体和马氏体组织，以提高钢的韧性。

Mn-Mo-Nb 系低碳非调质钢的显微组织和力学性能取决于钢的成分、热加工制度和冷却速度。其成分 $w(C)$ 为 0.05% ~0.20%、$w(Mn)$ 为 1.6% ~2.0%、$w(Mo)$ 为 0.40% ~0.50%、$w(Nb)$ 为 0.05%，其生产工艺可在锻后空冷或直接淬火，并不再进行任何热处理。其中 10Mn2MoNb 钢热锻后空冷，得到贝氏体 + 马氏体 + 铁素体组织，其力学性能 $\sigma_s=828$MPa，$\sigma_b=1049$MPa，$\psi=43\%$，CVN(A_{KV}) = 96J。并具有高疲劳性能。若锻后直接淬火，可得到低碳马氏体组织，其 $\sigma_s=935$MPa、$\sigma_b=1197$MPa、$\psi=63\%$、25℃ CVN (A_{KV}) = 50J，-40℃ CVN = 32J，有超群的疲劳性能。这类非调质钢的性能与 40CrMo 合金调质钢的性能相同，可制作要求高强度、高韧性的部件。

4.8.2 弹簧钢

弹簧是机械上的重要部件，它利用其弹性变形来吸收和释放外力，所以要有高的弹性极限；为防止在交变应力下发生疲劳和断裂，弹簧还应具有高的疲劳强度和足够的塑性和韧性；在某些环境下，还要求弹簧具有导电、无磁、耐高温和耐腐蚀等性能。

普通常用的弹簧材料是碳素钢或低合金钢。碳素弹簧钢 $w(C)$ 在 0.60% ~1.05% 范围；低合金弹簧钢在 0.40% ~0.74% 范围，加入硅、锰、铬、钒等合金元素，铬和锰主要是提高淬透性，硅提高弹性极限，钒提高淬透性和细化晶粒。为保证弹簧有高的疲劳寿命，要求钢的纯净度高，非金属夹杂物少，表面质量高。

弹簧钢的热处理工艺是淬火和中温回火，得到回火屈氏体，渗碳体以细小的颗粒分布在 α 相的基体上，由马氏体分解产生的 α 相已发生回复，高碳马氏体孪晶结构已经消失，相变引起的内应力已经大幅度下降。一般弹簧钢经淬火回火后的力学性能见表 4-6。由于加入了提高回火稳定性合金元素，弹簧的工作温度可以提高。如 60Si2Mn 可以在 250℃ 以下使用，50CrV 可以在 300℃ 以下使用，而 55SiMnMoV 可以在更高一些温度下使用。

表 4-6 弹簧钢热处理后的力学性能

钢号	热处理制度	力学性能			
		$\sigma_{0.2}$/MPa	σ_b/MPa	δ/%	ψ/%
75	820℃油淬，480℃回火	880	1080	7	30
65Mn	830℃油淬，480℃回火	780	980	8	30
60Si2Mn	870℃油淬，460℃回火	1180	1270	5	25
55SiMnMoV	880℃油淬，520~580℃回火	≥1270	≥1370	≥7	≥35
50CrV	850℃油淬，520℃回火	1080	1270	10	45

在制造高强度板簧时，可采用形变热处理工艺。钢材在热加工温度下进行大变形量轧制，然后趁热成形，待温度降到淬火温度时及时油淬。这样可以进一步提高板簧的强韧性。弹簧钢在热轧和热处理时，要防止表面脱碳，防止损害其疲劳强度和使用寿命。

4.8.3 易削钢

自动车床的广泛使用，要求发展易削钢以提高切削速度，延长刀具寿命。为改善钢的切削性，非金属夹杂物或金属间化合物起了主要作用，但它又必须满足下列条件：(1) 夹杂物是应力集中源，从而成为裂纹源和细碎化切削，但又不致使工件产生裂纹；(2) 夹杂物要有一定塑性，不致阻断切削时被加工金属的塑性流变；(3) 夹杂物阻断在切削物和刀具间热的传导，减小刀具温升；(4) 夹杂物有光滑表面，与刀具间摩擦系数较低，不致划伤刀具。

钢中加入一定量的硫、碲、铅、硒或钙等元素，形成 MnS、CaS、MnTe、PbTe、α-CaO · SiO_2、2CaO · Al_2O_3 · SiO_2 等，或 Pb 的金属夹杂物。在热轧时，这些夹杂物沿轧向伸长，呈条状或纺锤状，破坏钢的连续性，减少切削时对刀具的磨耗，而又不会显著影响钢材纵向力学性能。

钢中硫含量增加时，硫以 MnS 夹杂物存在，热轧时沿轧向伸长呈条状，钢的横向性能随之下降。强调切削性甚于力学性能的低碳含硫易削钢，硫的质量分数可达 0.24% ~ 0.33%。要求冷镦或焊接的低碳易削钢，w(S)控制在 0.04% ~ 0.13% 范围内。而中碳易削钢中的硫，w(S)不应超过 0.18%。在含硫易削钢中 w(Mn)/w(S)一般控制在 2.5 ~ 4.5 之间，过高的 w(Mn)/w(S)使 MnS 夹杂长宽比增高，对性能不利。钢中含有适量氧有利于 MnS 夹杂的均匀分布，并在热加工中呈纺锤状。钢中高硅或铝使 MnS 夹杂的长宽比增加，因而低碳易削钢不用铝硅脱氧而用锰脱氧。

含铅易削钢用来制作要求力学性能方向性小的零件。加入碲后可进一步提高钢的切削性，可形成 MnTe、MnS 及金属 Pb 三者的复合夹杂物。S-Te-Pb 易削钢能降低刀具磨耗，提高刀具寿命和零件表面光洁度。由于熔炼时铅蒸气造成的公害，其应用受到限制。

发展钙易削钢受到普遍关注。钢用 Ca-Si 脱氧时，钢中非金属夹杂物为 2CaO · Al_2O_3 · SiO_2。机加工时，在刀具工作面沉积一层薄的熔点较低的铝酸钙保护膜，可延长刀具的使用寿命。单纯用钙处理的易削钢，只有用硬质合金高速切削时才有易削性，而 Ca-S、Ca-S-Pb 等易削钢，在用高速钢刀具切削时也有易削性。

含硫、碲、铅、钙等的易削钢，由于这些元素处于夹杂物中，因而热处理工艺与相同成分的非易削钢相似，淬透性不变，热处理后的力学性能不变，而横向塑性和韧性有所降低。

4.8.4 高锰钢

高锰钢是一类高锰奥氏体铸钢，它在强力冲击载荷下发生冷作硬化，具有高抗冲击磨损性能，用于制作各式碎石机的衬板、腭板、挖掘机斗齿、坦克履带板等。

高锰钢的基本成分为高锰高碳，w(Mn) = 10% ~ 14%，w(C) = 0.9% ~ 1.4%。其铸态组织可参看 Fe-Mn-C 三元状态图中 13% Mn 的垂直截面(图 4-17)。由于合金度高，在铸造条件下共析转变难以充分进行，铸态组织是奥氏体加碳化物，固溶处理后的显微组织是单相奥氏体，软而韧，硬度为 HB 180～220，冲击韧性 $a_K > 150J/cm^2$，并有低的屈服强度，其 $\sigma_{0.2}$为250～400MPa，σ_b 为 800～1000MPa，δ_5 为 35%～55%，ψ 为40%～50%，a_{KU}为 180J/cm²。

研究表明，高锰钢冷作硬化的本质，是通过大形变在奥氏体基体中产生大量层错、形变孪晶、ε-马氏体和α-马氏体，成为位错运动的障碍。经强烈冲击后，耐磨件表面硬度极大地提高到 HB500 左右，而心部仍保持韧性的奥氏体，所以能承受强有力的冲击载荷而不破裂。

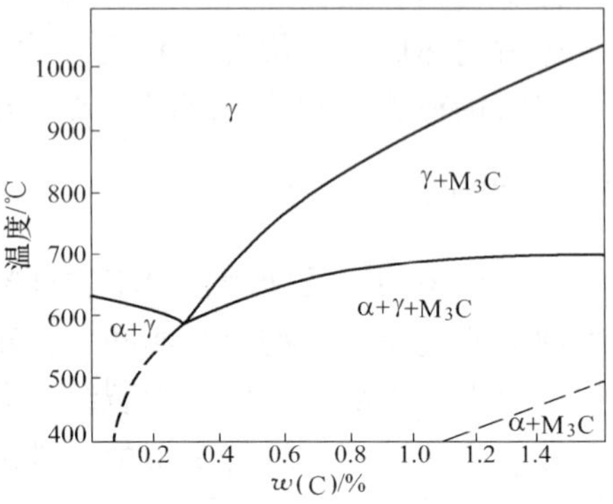

图 4-17　Fe-Mn-C 三元相图中 13% Mn 的垂直截面

高锰钢中加入 $w(Cr) = 2\% \sim 4\%$ 的铬或适量的钼和钒，能形成细小的碳化物，提高屈服强度、冲击韧性和抗磨性。加入稀土金属可以进一步提高钢液的流动性，增加钢液充填铸型的能力，减少热裂倾向，显著细化奥氏体晶粒，延缓铸后冷却时在晶界析出碳化物。稀土金属还能显著提高高锰钢的冷作硬化效应以及韧性。加入稀土还提高了使用寿命。

高锰钢的牌号有 ZGMn13 和 ZGMn13RE。铸态组织中沿晶界析出的网状碳化物显著降低钢的强度、韧性和抗磨性。为此，必须经过热处理，将钢加热到单相奥氏体温度范围，使碳化物充分溶入奥氏体，然后水冷，获得单一奥氏体组织。这种热处理称为水韧处理。ZGMn13 钢的加热温度为 1050～1080℃。加稀土的 ZGMn13RE 钢因稀土显著减少晶界的网状碳化物，其加热温度可降低到 1000～1030℃。细化 ZGMn13 钢的奥氏体晶粒的热处理工艺，首先在610～650℃保温 12h，让奥氏体发生共析分解，然后再加热到 1050℃水韧处理，通过相变细化奥氏体晶粒。

此外，适用于冲击磨料磨损的耐磨钢种 ZGMn6Cr2RE，其铸态组织为奥氏体、碳化物和马氏体。水韧处理为加热到 1100℃水淬，得到单一奥氏体组织。如欲细化奥氏体晶粒，可将铸件在 650℃保温，让奥氏体发生共析分解，然后加热到 1100℃水淬，通过相变细化奥氏体晶粒。ZGMn6Cr2RE 钢的力学性能为：$\sigma_{0.2} = 340 \sim 460MPa$，$\sigma_b = 430 \sim 650MPa$，$\delta_5 = 3\% \sim 14\%$，$a_{KU} = 100 \sim 170J/cm^2$。由于 ZGMn6Cr2RE 钢合金度稍低，奥氏体稳定性较低，在冲击变形的加工硬化能力强，可在受冲击力的条件下有广泛的用途。

本 章 小 结

机械制造结构钢是用来制备各种机械零件的一类钢，在工作中会承受复杂的拉、压、弯、扭、冲击、疲劳应力，而且通常是一种或者几种应力共同作用，因而主要的失效方式是变形和断裂。这就要求机械制造结构钢具有较高的强度、塑性、韧性以及疲劳强度。

机械制造结构钢可以分为以下几类：调质钢、低碳马氏体钢、马氏体时效钢、渗碳钢、弹簧钢、轴承钢、易切削钢、高锰钢等。调质钢包括中碳碳素钢和中碳合金钢，淬火-高温回火后为回火索氏体，具有较好强度与韧性，适合于制作轴、连杆等零件。中碳合金钢需要避免高温回火脆性。低碳马氏体钢是低合金钢，淬火-低温回火后为回火马氏体，具有较高强度和韧性，可用于大马力高速柴油机曲轴等。渗碳钢是低碳钢，包括碳素渗碳钢和合金渗碳钢，预备热处理后渗碳，再进行淬火低温回火，主要用于齿轮等对心部要求韧性较好而表面要求耐磨的零件。弹簧钢属于中高碳钢，包括碳素弹簧钢和合金弹簧钢，淬火-中温回火后为回火屈氏体，具有较高强度和弹性极限，主要用于制作各种弹簧。轴承钢是高碳钢，淬火-低温回火后为回火马氏体，具有较高强度和耐磨性，主要用于制作轴承及小型工具等。易切削钢通常含有 S、Pb、Ca 等合金元素，形成夹杂物有利于切削，获取良好切削性能。

机械制造结构钢的热处理工艺中都包括淬火处理，一般要加入的合金元素在淬火加热时溶入到奥氏体中，以提高钢的淬透性。高锰钢属于特殊的例外。

****

机械制造结构钢分类及典型钢种

调质钢

　　低淬透性：45、45B

　　中淬透性：40Cr、45Mn2、40CrB、35SiMn、40CrMo、42MnVB、40CrMnMo、40CrNi、35CrMo

　　高淬透性：40CrNiMo、34CrNi3MoV

低碳马氏体钢：18Cr2Ni4WA

马氏体时效钢：18Ni、20Ni、25Ni

轴承钢：GCr15、GCr15SiMn、GCr9、GCr9SiMn、GSiMnMo、Cr4Mo4V、Cr15Mo4V2

渗碳钢

　　低淬透性：15、20、20Cr、20MnV

　　中淬透性：20MnVB、20CrMnTi、20MnTiBRE、20CrMnMo

　　高淬透性：20Cr2Ni4、18Cr2Ni4W、20CrNi2Mo

氮化钢：38CrMoAl、35CrMo、40CrV、30CrTi2、30CrTi2Ni3Al

弹簧钢：75、65Mn、60Si2Mn、55SiMnMoV、50CrV

易切削钢：Y40Mn、Y15Pb

高锰钢：ZGMn13、ZGMn13RE、ZGMn6Cr2RE

****

思考题与习题

4-1　机械制造结构钢通常的热处理工艺为淬火后回火，因而钢的淬透性对机械制造结构钢非常重要的意义。常用来改善机械制造结构钢的元素有哪些？查阅资料说明我国的机械制造结构钢使用的主要合金化元素与西方国家使用的合金化元素是否存在明显差异。你是否知道其中的原因？（提示：考虑原材料的资源因素。查找相关的数据。）

4-2　B 元素加入到钢中为什么可以提高钢的淬透性，与其他合金元素相比，提高淬透性的机理相同吗？

4-3　20CrMnTi 属于哪一类机械制造用钢，碳及合金元素的含量是多少？为该钢选择合适的热处理工艺并说明原因。热处理后钢的组织组成物有哪些，由内到外组织组成是如何变化的？

4-4 65Mn属于哪一类机械结构钢？碳及合金元素的含量是多少？为该钢种选择合理的热处理工艺并说明原因。热处理后钢的组织组成物是什么？

4-5 马氏体时效钢中合金元素的作用是什么，其强度主要来源于哪几方面的强化手段？

4-6 说明调质钢碳含量的一般范围及其原因。合金调质钢中通常加入哪些合金元素？说明它们各自的主要作用及其作用机理。

4-7 什么是调质处理，调质钢使用状态的组织属于什么类型？

4-8 与调质钢相比，低碳马氏体型结构钢作为机械零件用钢具有哪些优势？

4-9 GCr15是最典型的轴承钢。该钢中碳以及主要合金元素Cr的含量分别是多少？为该钢选取合理的热处理工艺并说明原因。热处理后钢的组织组成物是什么？

4-10 说明GCr15轴承钢中可能存在的几类碳化物缺陷及其产生原因。总结消除这些缺陷的方法并说明原因或机理。

4-11 轴承钢中，非金属夹杂物分为哪些类别，它们对轴承的接触疲劳寿命分别有什么影响，如何区别对待以提高轴承钢的使用性能？

4-12 请查阅资料，对于钢中夹杂物的类型进行总结。在钢铁的生产过程中，一般都需要对钢中的夹杂物进行分类鉴定及评级。相关检验工作的专业术语是什么，在什么时间进行？试选择一种常用钢材，查阅其产品标准中对相关检验及其结果的要求。

4-13 试归纳总结典型的合金元素在渗碳钢和氮化钢中的作用及其机理。

4-14 说明高锰钢使用状态的组织类型、特点以及获取这种组织的措施。说明高锰钢具有良好耐磨性的机理。

4-15 什么是易切削钢，常用来改善钢的切削性能的合金元素有哪些，机理是什么？

参考文献

[1] 章守华，吴承建主编. 钢铁材料学[M]. 北京：冶金工业出版社，1992.

[2] 干勇，田志凌，董瀚，等主编. 中国材料工程大典，第2、3卷，钢铁材料工程（上、下）[M]. 北京：化学工业出版社，2006.

5 工具钢

内容要点：

工具钢的服役条件与主要使用性能要求，工具钢的类别。工具钢的典型合金、性能要求、合金成分与热处理工艺、微观组织结构及相互关系。一些合金元素对钢材性能的特殊影响及其作用原理。

对各种材料进行加工，需要采用各种工具，主要是各种刃具和模具，随着加工工业的飞速进步，刃具和模具负荷不断加大，因而要求用更耐用的材料制造。

工具钢按其用途可分为刃具钢、模具钢和量具钢。

刃具钢在切削过程中受到弯曲、剪切、冲击、扭转、振动、摩擦等力的作用，产生热量，有可能使刀刃温度升到600℃甚至更高，同时刃部也发生磨耗。要求刃具有高硬度、高耐磨性、一定的韧性和塑性，有的还要求热硬性。

模具钢根据工作状态可分为热作模具钢、冷作模具钢和塑料模具钢。热作模具用于加工赤热金属或液态金属，使之凝固成形，模具温度周期升降，受到“热疲劳”作用，还受到巨大压力、冲击、摩擦和冲刷，要求高温下的硬度和强度，抗热疲劳和良好的韧性。冷作模具如冷冲模、冷镦模、剪切片和冷轧辊等，要求高硬度、耐磨性和一定韧性。塑料制品大部分用模压成形，塑料模具钢也逐渐发展成专用钢系列。

量具钢用来制作量规、卡尺、样板等，用来测量工件尺寸和形状，要保证其测量的准确性，要求高硬度、耐磨性和尺寸稳定性。

5.1 碳素及低合金工具钢

工具钢可分为碳素工具钢和合金工具钢两大类。高速工具钢因其成分和组织的特殊性以及产量大，而另分为一类。

碳素工具钢的碳的质量分数在0.65%～1.35%，钢号从T7到T13，经不完全淬火和低温回火，硬度在HRC58～64范围，可以作低速切削的刃具和简单的冷冲模。因其成本低、加工性能好，热处理简单而被广泛使用。其不足之处在于淬透性低，必须用盐水或碱水淬火，淬火变形开裂倾向大，工作温度低于200℃。

为弥补碳素工具钢的不足而加入合金元素，如铬、锰、硅、钨、钼、钒等元素。主要钢种有Cr2、9SiCr、CrMn、CrWMn等，可做刃具和量具。合金元素的加入提高了钢的淬透性，可用油淬，减少了变形开裂。这些碳化物形成元素细化了碳化物，使合金渗碳体均匀分布且易于球化。在淬火加热时，合金渗碳体较稳定，阻碍奥氏体晶粒长大，改善了钢的韧性。其中硅能提高抗回火稳定性，提高刃具的切削寿命。

碳素及低合金工具钢在淬火前必须经过球化退火，得到粒状珠光体的原始组织，以利于切削加工，并且淬火过热倾向小。球化退火一般采用等温退火工艺，由退火温度以30～40℃/h冷至700℃左右，等温4h，再炉冷到600℃出炉。

碳素及合金工具钢淬火温度一般为Ac_1+(30～50)℃，此时显微组织为奥氏体加细小未溶粒状碳化物。这些剩余碳化物阻碍奥氏体晶粒长大，奥氏体中w(C)=0.5%～0.6%，既保证了基体硬度，又使淬火时变形开裂倾向减小。淬火介质可用油冷，也可以用熔盐分级淬火，来减小工件变形和开裂，分级温度对9SiCr和CrWMn钢为180℃，Cr2钢为160℃，停留时间一般为2～5min，视工件尺寸而定。回火温度为160～200℃，回火后得到回火马氏体基体上分布均匀细小的粒状碳化物。还可以采用等温淬火，9SiCr钢通常在M_s点附近等温0.5～1.0h，使工件的强度和塑性得到提高。

9SiCr钢适于制作形状较复杂的小形工件，如丝锥、扳牙、钻头、铰刀等。CrWMn钢有较高淬透性，淬火后变形小，适于制作形状复杂的工件，如拉刀、扳牙、量具及形状较复杂的高精度冲模。Cr2钢即GCr15钢，只在对非金属夹杂物要求不严格时，制作切削工具、量具及冷轧辊等。CrW5钢由于加入了较多的钨，形成M_6C碳化物，在820℃淬火温度溶于奥氏体中量少，淬透性低，须用水淬，淬火后剩余碳化物多，回火后硬度HRC64～65，而且耐磨性好，适于制作慢速切削较硬金属的刀具，如铣刀、刨刀和雕刻用刀具。

5.2 高速工具钢

高速工具钢适用于高速切削刃具，由于合金度高，可保证刃部在650℃时实际硬度仍高于HRC50，从而具有优良的切削性和耐磨性。根据钢中主要元素成分，高速钢可分成三类，即钨系高速钢、钼系高速钢和钨钼系高速钢。其中钨系的W18Cr4V和钨钼系的W6Mo5Cr4V2应用最普遍，属于通用型高速钢；而高碳高钒、含钴高钒高钴和超硬高速钢属于特殊高性能高速钢。主要高速钢的成分见表5-1。

表5-1 主要高速钢的化学成分 w %

钢　号	C	W	Mo	V	Cr	Co	美国	俄罗斯	日本
W18Cr4V	0.70～0.80	17.5～19.0	≤0.30	1.0～1.4	3.80～4.40		T1	P18	SKH2
W12Cr4V4Mo	1.20～1.40	11.50～13.00	0.90～1.20	3.8～4.40	3.80～4.40			P14Φ4	
W6Mo5Cr4V2	0.80～0.90	5.50～6.75	4.50～5.50	1.75～2.20	3.80～4.40		M2		SKH9
W6Mo5Cr4V2Co8	0.80	6.00	5.00	2.00	4.00	8.00	M36		SKH56
W6Mo5Cr4V3	1.20	6.50	5.00	3.00	4.00		M3		SKH53
高CW-Mo系	1.00	6.00	5.00	2.00	4.00		CM2		
W7Mo4Cr4V2Co5	1.10	6.75	3.75	2.00	4.25	5.00	M41		SKH55
W2Mo9Cr4VCo8	1.10	1.50	9.50	1.15	3.75	8.00	M42		

5.2.1 高速钢中的组成相和碳化物不均匀性

在普通型钨系和钨钼系高速钢中，含有高钨、钼和铬、钒等元素，平衡态下存在合金铁素体和合金碳化物。合金碳化物为M_6C、$M_{23}C_6$及MC三种类型。

M_6C型是以钨或钼为主含铁的碳化物，其成分为Fe_2W_4C～Fe_4W_2C或Fe_2Mo_4C～

Fe_4Mo_2C，在 W-Mo 系中为 $Fe_2(W、Mo)_4C \sim Fe_4(W、Mo)_2C$，钨钼可互换，并溶有一定量铬、钒、钴等元素。$M_{23}C_6$ 是以铬、钨、钼为主，并溶有铁等元素的$(Cr、Fe、Mo、W、V)_{23}C_6$。MC 是以钒为主的 VC，也能溶解少量钨、钼、铬等元素。在热处理过程中，还存在含钨、钼的 M_2C 介稳碳化物，即 W_2C 或 Mo_2C。

高速钢属于高合金莱氏体钢，其相图较复杂，图 5-1a 为 Fe-W-Cr-C 系的变温截面，图 5-1b 为 Fe-6W-5Mo-4Cr-2V 的变温截面。当 W18Cr4V 钢的钢液凝固时，发生下列反应：

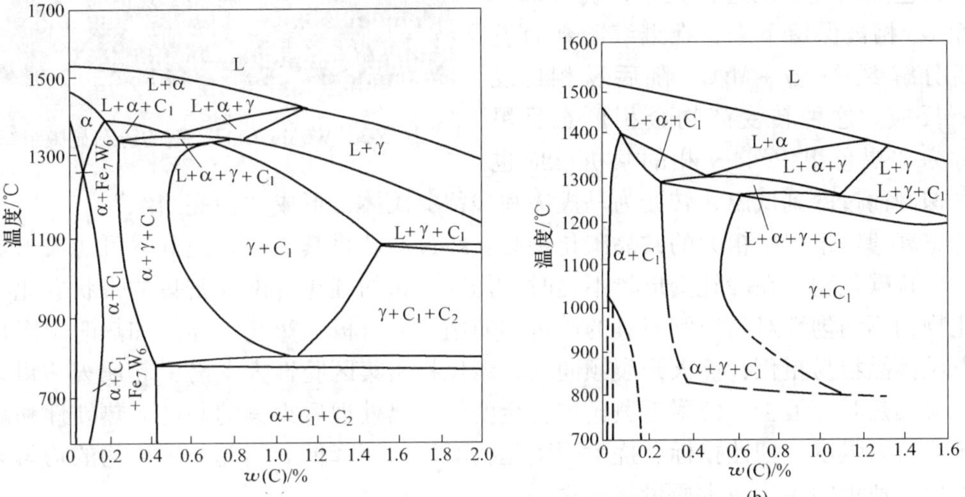

图 5-1 高速钢变温截面图示例

（a）Fe-W-Cr-C 系 18% W、4% Cr 的变温截面图，C_1—M_6C，C_2—Fe_3C；

（b）W6Mo5Cr4V2 钢的变温截面图，C_1—$MC + M_6C + M_{23}C_6$

（1）开始结晶时析出 δ（高温 α）固溶体；

（2）冷到 1400℃ 发生 $L + \delta \rightarrow \gamma$ 的包晶反应；

（3）在 1345℃ 附近很窄的温度范围进行 $L + \delta \rightarrow \gamma + M_6C$ 的包共晶反应；

（4）继而在 1330 ~ 1300℃ 之间发生 $L \rightarrow \gamma + M_6C$ 的共晶反应，一直到完全凝固，形成由奥氏体和碳化物组成的共晶莱氏体，存在于奥氏体枝晶之间，其中碳化物呈鱼骨状，骨络之间为 γ 相，见图 5-2。

（5）凝固后继续冷却时，由奥氏体中析出过共析合金碳化物，在 870 ~ 800℃ 间发生 $\gamma + M_6C \rightarrow \alpha$ 的包析反应，冷却到 800℃ 左右发生共析反应 $\gamma \rightarrow \alpha + M_6C + Fe_3C$。实际上 W18Cr4V 钢中在共晶结晶时还出现 VC，并在随后冷却时，由奥氏体中还析出 VC 和 $M_{23}C_6$ 型碳化物，在低温下未发现 Fe_3C 存在。

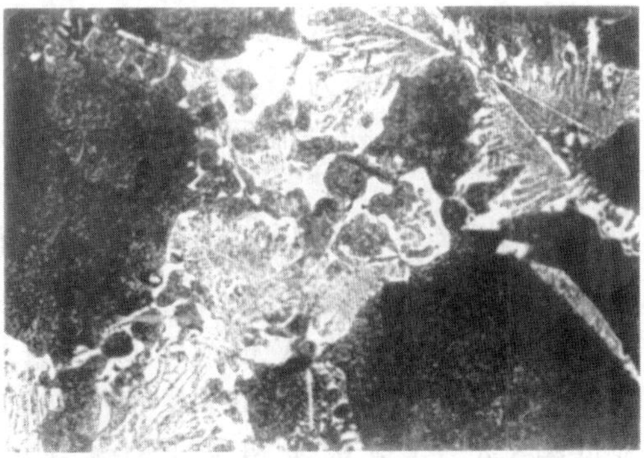

图 5-2 W18Cr4V 钢的铸态显微组织

W6Mo5Cr4V2 钢的变温截面与 W18Cr4V 钢基本相似，只是前者的结晶温度略低，但其共晶碳化物与 W18Cr4V 钢不同，其形态呈鸟巢状，见图5-3。其共晶碳化物为 M_2C 型的$(W,Mo)_2C$，而非 M_6C 型的 Fe_3W_3C，高温长时间保温后，可以转变为 M_6C。由图5-3可以看出，这种鸟巢状的共晶碳化物 M_2C 比鱼骨状的共晶碳化物 M_6C 更为细小。

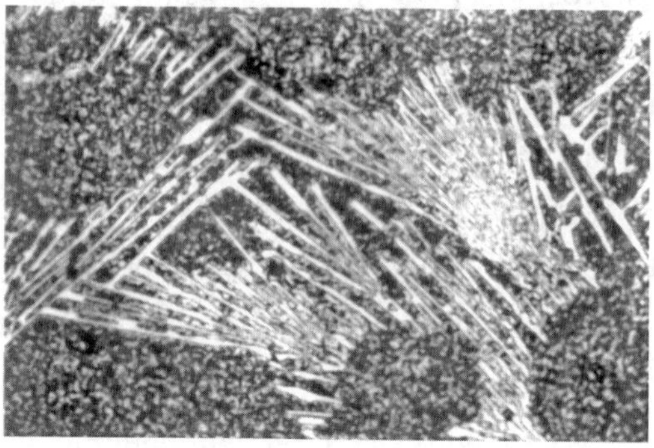

图5-3 W6Mo5Cr4V2钢的铸态显微组织

在实际铸锭凝固时的冷却速度大于平衡冷却，其包晶反应不能进行完毕，仍有部分δ(高温α)相被保留下来，在继续冷却时发生共析分解 $\delta \longrightarrow \gamma + M_6C$，随后γ相再发生共析反应。这种转变产物金相形态呈黑色，称为“黑色组织”。γ相的共析反应也可能被抑制而过冷到低温，转变为马氏体和残留奥氏体，形成“白亮组织”。

铸态高速钢组织中粗大的共晶碳化物必须经过锻轧将其破碎，使其尽可能成为均匀分布的颗粒状碳化物。在锻轧变形量不足时，仍存在粗的碳化物网和密集的带状碳化物。这种碳化物的不均匀性对高速钢刀具的质量和使用寿命有极大影响。淬火加热时，碳化物稀少区奥氏体晶粒易粗化，淬火开裂倾向大，碳化物密集区脆性大，易引起崩刃。粗大碳化物在淬火加热时溶解少，使附近奥氏体合金度低，热处理后刃具的硬度、热硬性和耐磨性都降低，抗弯强度、韧性指标、挠度因碳化物不均匀而降低。因此，碳化物的均匀分布程度是考核高速钢的主要技术质量指标之一。

改善碳化物不均匀性的措施有：（1）采用200～300kg小锭型，使钢锭凝固快，减少结晶时宏观偏析，莱氏体共晶也细小；（2）采用扁锭加快凝固，一般用630kg型，减少集中偏析和使莱氏体共晶细小；（3）增大钢锭锻压比，反复拉拔和镦粗；（4）大尺寸钢材可采用电渣重熔，钢液在水冷结晶器中径向结晶，莱氏体共晶细小。

5.2.2 高速钢的热处理

高速钢经锻轧后，钢材需要退火。高速钢的 Ac_1 在820～860℃范围，故退火温度为870～880℃，保温2～3h，大部分合金碳化物未溶入奥氏体，此时奥氏体中合金元素含量不多，冷却时易转变成粒状珠光体和剩余碳化物。一般冷却速度不大于30℃/h，冷却到600℃出炉空冷。退火后W18Cr4V钢中碳化物体积分数约为30%，其中 M_6C 为16%～19%，$M_{23}C_6$为9%，MC为1.5%～2%。

高速钢的淬火是为了获得高合金的奥氏体，淬火后获得高合金的马氏体，具有高的抗回火稳定性，在高温回火时析出弥散合金碳化物产生次生硬化，使钢具有高的硬度和热硬性。

高速钢中的合金碳化物 M_6C、$M_{23}C_6$ 和 MC 比较稳定，必须在高温下才能将其溶解。三者中 $M_{23}C_6$ 稳定性最差，在900℃以上大量溶解，到1090℃溶解完毕；M_6C 在1037℃以上开始溶解，对W18Cr4V钢，1250℃以上溶解量逐渐减小；MC在1100℃以上逐渐溶解，溶解速度比 M_6C 缓慢。W18Cr4V钢在900℃以上不同加热温度时，奥氏体中合金元素质量分数见图5-4。正常淬火温度1280℃下，W18Cr4V钢奥氏体中合金元素质量分数为：$w(C)=0.5\%$，$w(W)=7\%\sim8\%$，$w(Cr)\approx4\%$，$w(V)=1.5\%\sim1.0\%$，剩余碳化物体积分数总量约9% ~10%，其中 $\varphi(M_6C)$ =7.5% ~9%，$\varphi(MC)$ =1.5% ~1%。W6MoSCr4V2钢正常淬火温度为1220℃，奥氏体中合金元素含量与W18Cr4V钢相当，其中碳和铬相同；钨当量相近，约7%（即 $W_{当量}=W+2Mo$）；钒含量稍高，约1% ~1.9%。剩余碳化物体积分数约8% ~9%。这些未溶碳化物阻碍奥氏体晶粒长大，对W18Cr4V钢，在1280℃得到9级左右的奥氏体晶粒度。

W18Cr4V钢过冷奥氏体转变曲线见图5-5。由于奥氏体合金度高，分解速度较缓慢，珠光体转变区间在 A_1 ~600℃间，转变开始到终了时间最快为1.0 ~10h。从600℃ ~ B_s（360℃）间为过冷奥氏体中温稳定区，B_s ~175℃间为贝氏体转变区间，但转变进行不到底。M_s（220℃）以下为马氏体转变区间。淬火后约含有70%的隐晶马氏体，还有20% ~25%残留奥氏体。在冷却过程中中温停留或慢冷，将发生奥氏体热稳定化，使 M_s 点下降，残留奥氏体量增多。

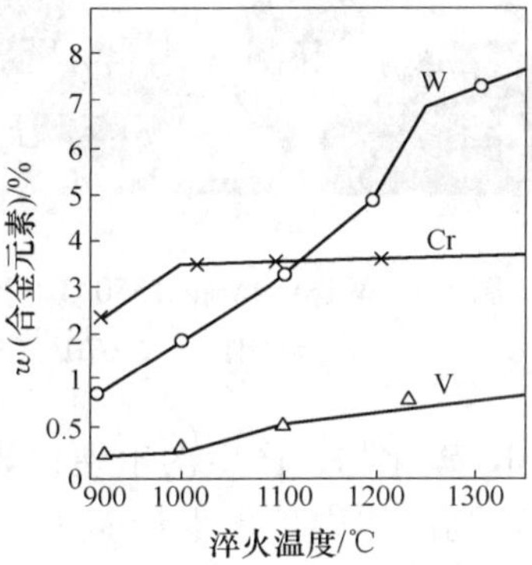

图5-4 W18Cr4V钢奥氏体成分与淬火温度的关系

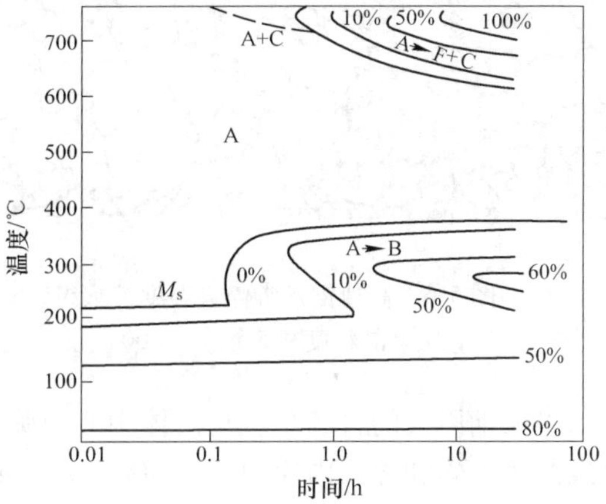

图5-5 W18Cr4V钢加热1300℃时过冷奥氏体恒温转变曲线

高速钢的正常淬火温度范围见表5-2。具体的淬火温度视工件的几何形状、碳化物不均匀度和对综合力学性能的要求而定。对W18Cr4V钢的薄片铣刀和细长拉刀，在1260 ~1270℃淬火，奥氏体晶粒度为10级；要求强度的钻头在1270 ~1280℃淬火，获得9 ~9.5级奥氏体晶粒度；简单车刀在1290 ~1300℃淬火，获得8 ~9级奥氏体晶粒度。

表5-2 几种高速钢的淬火温度

钢　号	W18Cr4V	W12Cr4V4Mo	W6Mo5Cr4V2	W6Mo5Cr4V2Co5	W6Mo5Cr4V3
淬火温度范围/℃	1260 ~1310	1240 ~1265	1210 ~1245	1210 ~1230	1200 ~1230
正常淬火温度/℃	1280	1250	1230	1220	1220

高速钢热导率低，为减少工件在加热时变形开裂和缩短高温保温时间，减少脱碳，可采用预热。一次预热制度在800 ~850℃，两次预热制度在800 ~850℃前加一次500 ~600℃。淬火温度采取在高温盐浴炉中短时保温，防止刃部脱碳和过热。

淬火方式一般用油淬空冷，对细长件和薄片刃具采用分级淬火，一般用580 ~620℃一次分级或再在350 ~400℃做第二次分级。

高速钢正常淬火后的显微组织见图5-6，具有细晶粒组织，奥氏体晶界因淬火时有微量二次碳化物析出而易于浸蚀。W18Cr4V钢淬火温度超过1300℃时，碳化物显著减少，晶粒粗化。淬火后可见粗大马氏体针，这是过热的特征。加热温度超过1320℃将发生过烧现象，晶界局部熔化，碳化物全部熔解，晶内出现δ相。W18Cr4V钢的过烧组织见图5-7。

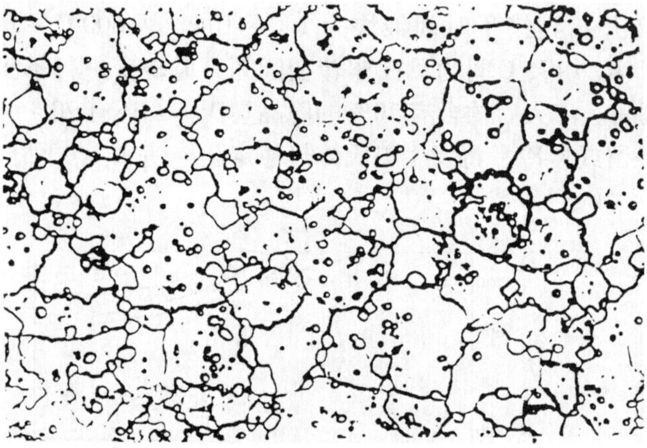

图5-6 高速钢正常淬火温度淬火组织，晶粒度9.5级 ×500

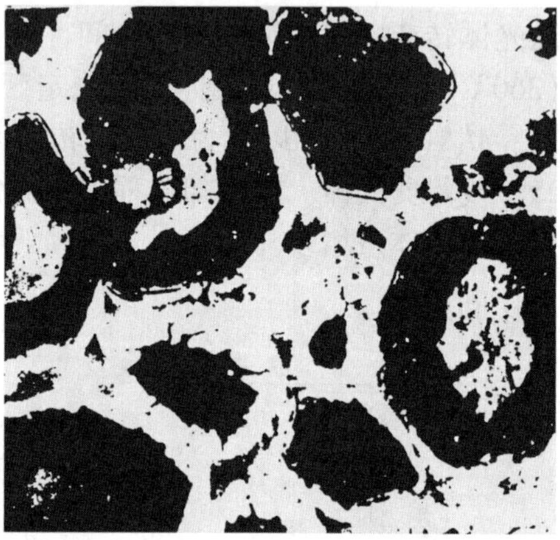

图5-7 W18Cr4V钢1350℃油淬后的过烧组织 ×670

淬火钢回火的目的是从马氏体中析出弥散 M_2C 和MC碳化物，产生次生硬化效应和消除残留奥氏体和淬火内应力。在400℃以下回火时，仅从马氏体中析出少量 M_3C 合金渗碳体；大于450℃时，基体中钨、钼、钒等原子开始扩散，M_3C 溶解。钨钼 M_2C 型碳化物和钒的MC型碳化物弥散析出产生二次硬化，并在560℃达到硬度最高值，硬度为HRC63～65。同时，马氏体基体中仍保持有质量分数为0.25%左右的碳和较高含量的钨（钼）、钒和铬，有很高的抗回火软化能力。图5-8为W18Cr4V钢回火时的硬度变化。在675℃以上 M_2C 开始溶解，析出 M_6C、M_7C_3，M_7C_3 又进一步转变为 $M_{23}C_6$，基体中碳已贫化，合金度不断降低，高速钢已显著软化。

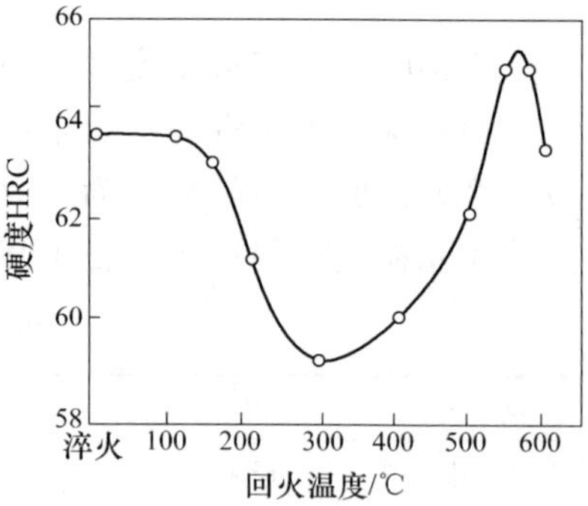

图5-8 W18Cr4V钢回火时硬度变化（1280℃淬火）

淬火后的残留奥氏体合金度高，稳定性大，在回火加热过程中不分解，在500～600℃间保温时也仅从中析出合金碳化物，使残留奥氏体合金度有所降低，因而 M_s 点升高，在冷却到低温时，部分残留奥氏体发生马氏体转变，残留奥氏体量由20%～25%减少到约10%左右。但还需要进一步降低，并且要消除新产生马氏体引起的内应力，所以高速钢需要在560℃三次回火。钢的硬度不降低，保持在HRC62～64，抗弯强度和挠度进一步增高。W18Cr4V钢回火次数与残留奥氏体量和性能的关系见图5-9。回火后的显微组织为回火马氏体加碳化物。

为改善和提高高速钢刃具的切削效率和耐用度，广泛采用表面强化方法，通过表面化学热处理或在刃具表面覆层。高速钢工件表面化学热处理有表面氮化（如辉光离子氮化，气体软氮化）、表面硫氮共渗或硫氮硼等多元共渗、蒸气处理等。这些处理温度均不超过560℃，工件的显微组织和性能均未改变。工件表面覆层是物理气相沉积（PVD 法）在工件表面沉积 TiC 或 TiN 覆层，具有高硬度、优异的耐磨性、抗粘着性和抗咬合性，显著提高工件使用寿命。

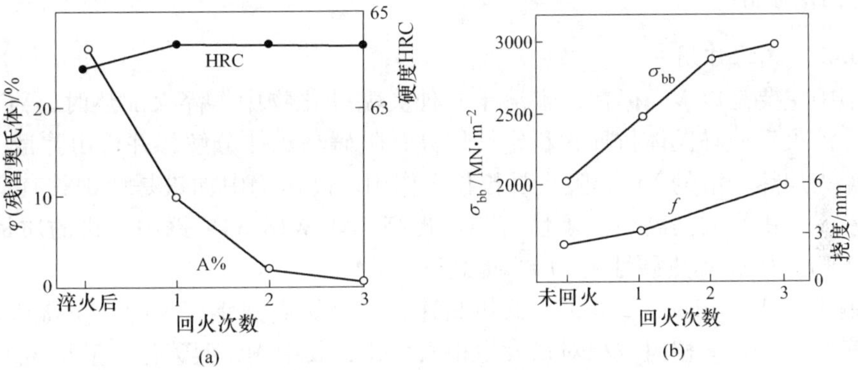

图 5-9　W18Cr4V 钢回火次数与残留奥氏体量和性能的关系

5.2.3　高速钢中合金元素的作用

碳化物是高速钢的主要合金相，钢加热时碳化物的变化反映了奥氏体中合金成分的变化和淬火后回火时马氏体的次生硬化情况和热硬性好坏。

钢的热硬性表示抗回火软化能力。测定高速钢热硬性是在600℃、625℃、650℃温度加热四次后测定其室温硬度，能保持 HRC60 的最高温度即表示该钢的热硬性；或者在高温硬度计上加热到600～650℃，保温4h 后，直接测定其高温硬度。

5.2.3.1　钨和钼的作用

钨是高速钢获得热硬性的主要元素，在钢中形成 M_6C，是共晶碳化物的主要组成，它还以二次碳化物由奥氏体中析出。在锻轧材中 M_6C 以颗粒状碳化物存在，淬火加热时大量未溶 M_6C 阻碍奥氏体晶粒长大，改善钢的韧性，同时溶在奥氏体中约7%～8%的 W 淬火后保留在马氏体中，提高马氏体抗回火稳定性。在 560℃ 回火时析出 W_2C，产生弥散强化。

钼和钨属于同族，可互相取代，由于二者原子质量的差别，1% Mo 可取代 1.5% W。含钼共晶碳化物由粗鱼骨状变为细鸟巢状，减小了碳化物不均匀性，锻轧后含钼 M_6C 颗粒也较细小。钼系高速钢 Mo8Cr4V 热硬性逊于 W 系，因为回火时 Mo_2C 比 W_2C 析出温度稍低，且易聚集长大。热处理时，钼系脱碳倾向大。但钼系高速钢的抗弯强度和冲击韧性远高于 W 系，钨钼系高速钢 W6Mo5Cr4V2 具有钨系和钼系的优点，又克服两者的缺点，其使用量已超过 W18Cr4V 钢。钨系、钼系和钨钼系通用高速钢的性能比较见表 5-3。钨钼系高速钢热塑性好，适宜热成形制造钻头、铣刀、铰刀等。

表 5-3 钨系、钼系和钨钼系通用高速钢性能比较

钢 号	淬火硬度 HRC	560℃三次回火硬度 HRC	热硬性(加热4h)HRC			抗弯强度/MPa(回火态)	无缺口冲击韧性/$MJ \cdot m^{-2}$
			600℃	625℃	650℃		
Mo8Cr4V	64	63	58.5	54	42.5	350～360	5.5
W6Mo5Cr4V2	63.5	65	60.5	58	48.0	330～340	4.8
W18Cr4V	64	64	62.0	59	48.5	290～310	3.0

注：奥氏体晶粒度10级。

5.2.3.2 钒的作用

钒在钢中主要是以VC存在，也溶于其他类型碳化物中。淬火加热时，VC部分溶于奥氏体中，淬火后使马氏体抗回火稳定性增高，阻碍马氏体分解，并析出弥散VC产生次生硬化。淬火加热未溶的VC起阻止晶粒长大作用。高速钢中加钒是使钢具有良好热硬性的重要因素，含钒量的提高使热硬性有明显提高，如W18Cr4V钢中含钒的质量分数是从1.2%提高到1.9%，其热硬性由610℃提高到628℃。

高速钢中w(V)=1%～2%属于低钒高速钢。高钒高速钢将w(V)提高到3%～5%。在高钒高速钢中，合金相组成相对量发生很大变化，其中MC型碳化物量与M_6C型碳化物量相当，并且是共晶碳化物的主要组成。高钒高速钢的共晶碳化物形貌为鸟巢状。MC的大量存在提高了钢的耐磨性，但也使可切削加工性减低。因为MC型碳化物硬度高，为HV2800，而M_6C硬度为HV1500～1800。高钒高速钢属于高热硬性高耐磨高速钢，如W12Cr4V4Mo钢，退火后MC型碳化物的体积分数占10%，M_6C型碳化物的体积分数占12%，$M_{23}C_6$型碳化物的体积分数占10%，总碳化物的体积分数为32%。一般在1250℃淬火，560℃回火三次，热处理后硬度在HRC64～66。

5.2.3.3 铬的作用

铬在高速钢中主要存在于$M_{23}C_6$中，也溶于M_6C和MC型碳化物，促使其溶于奥氏体，增加奥氏体中合金度。淬火加热时，铬几乎全溶于奥氏体，主要起增加钢的淬透性作用。高速钢中若只含w(Cr)=1%，则必须用水淬；而w(Cr)=2%的钢在分级淬火时会出现少量贝氏体，所以一般高速钢中w(Cr)均含4%左右。铬也增加高速钢耐蚀性和增大抗氧化能力，减少粘刀现象，改善刃具切削能力。

5.2.3.4 碳的作用

碳对高速钢的硬度影响很大，是高速钢的主要强化元素。随着含碳量进一步增高，淬火回火后硬度和热硬性都增高。若碳和碳化物形成元素满足合金碳化物中分子式的定比关系，可以获得最大的次生硬化效应。定比碳经验关系式为：

$$w(\mathrm{C}) = 0.033w(\mathrm{W}) + 0.063w(\mathrm{Mo}) + 0.20w(\mathrm{V}) + 0.060w(\mathrm{Cr})$$

W6Mo5Cr4V2钢通常w(C)为0.85%，若提高到1.10%，淬火后硬度和600℃热硬性如下：

85W6Mo5Cr4V2　淬火后HRC63～66　600℃热处理HRC60～61

110W6Mo5Cr4V2　淬火后HRC67～68　600℃热处理HRC64～65

碳量的提高也带来一些问题。由于碳量增高使钢中碳化物总量增加，碳化物不均匀性加重；淬火后残留奥氏体量增多，需要多次回火才能消除；钢的固相线温度降低，使淬火

温度下降，钢中 w(C)每增加 0.10%，晶界熔化温度下降 11℃。另外对钨系高速钢，增加碳量将使钢抗弯强度和韧性明显下降，而钨钼系这种变化不大。

5.2.3.5 钴的作用

钴在钢中为非碳化物形成元素，淬火加热时溶于奥氏体，淬火后存在于马氏体中，提高马氏体抗回火稳定性，加强次生硬化效果，有较好的热硬性。钴与钨、钼原子间结合力强，可减低钨钼原子扩散速率，减慢合金碳化物析出和聚集长大，增加热硬性。钴对热硬性的影响见图 5-10。一般钢中含钴量主要为 5%、8% 和 12% 三个级别，都是高热硬性高速钢。主要牌号有 W6Mo5Cr4V2Co5 和 W2Mo9Cr4VCo8，后者经过热处理其硬度可达 HRC70。另外，钴对高速钢性能也有不利影响，如降低韧性、增大脱碳倾向。

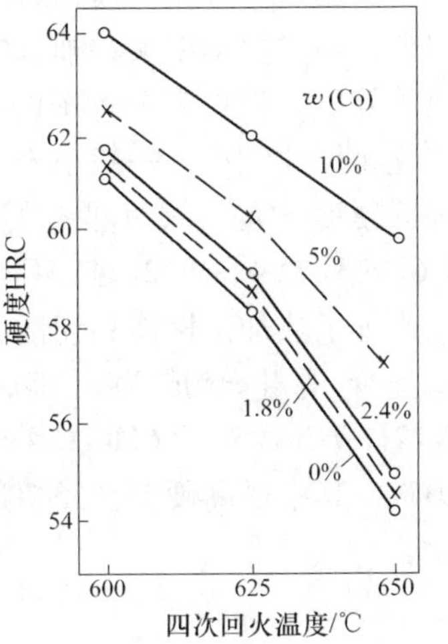

图 5-10 钴对 W18Cr4V 钢热硬性的影响

5.2.3.6 微合金元素的作用

为了改善高速钢的性能，人们研究了微量合金元素对钢组织和性能的影响。

在高速钢中加入微量氮。氮可溶于碳化物，形成合金碳氮化物，使 M_6C 碳化物稳定性增强，减小聚集倾向。氮可细化奥氏体晶粒，提高晶界开始熔化温度，因而提高了淬火温度和合金元素溶解量，增加淬火回火硬度和热硬性。同时也提高了抗弯强度和挠度，改善了韧性。一般高碳超硬高速钢中可加入质量分数为 0.05% ~ 0.10% 的氮，如 W12Mo3Cr4V3N 钢。

稀土元素加入高速钢中，可明显改善其在 900 ~ 1150℃间的热塑性。高速钢的热塑性由于微量硫存在于奥氏体晶界而恶化，在 w(S)降低到 0.002% 亦不可避免，并引起热扭转试样的沿晶断口。当钢中加入稀土元素后，降低了硫在晶界的偏聚。我国生产的含稀土高速钢有 W18Cr4VRE、W12Mo2Cr4VRE。由于有较高的热塑性，可适应刃具的热扭轧工艺。

5.2.4 粉末冶金高速钢

粉末冶金高速钢是应用高压水或氮气雾化制取高速钢粉末而制造的高速钢。由于粉末颗粒细小，制取时冷凝速度快，每颗粉末成分较均匀，组织细小。将粉末用热等静压或热挤压加工成材，消除了钢材中合金元素的偏析，细化了共晶碳化物，使钢材的显微组织细化和均匀化，获得了良好的热加工性能和磨削性能，与相同成分的高速钢相比，有较均匀的硬度、强度和韧性，提高了高速钢刃具的使用寿命。

目前生产粉末冶金高速钢有两种基本生产工艺，一种是采用高压水雾化制粉、压制和烧结工艺；另一种是氮气雾化制粉、装包套和热等静压成坯。

高速钢熔融钢液经高压水雾化，得到形状不规则的粉末颗粒，经过干燥、脱氧软化处理，以降低颗粒氧含量到 1000×10^{-6}以下，硬度低于 HV300，便于压制成形。压坯在高真空或氢气中烧结，控制烧结温度略高于固相线 5 ~ 10℃，产生少量液相，进行液相烧结，提高制品致密度。烧结的成品按高速钢正常热处理工艺进行操作，可制成形状不同的高速钢制品。

高压氮气雾化高速钢熔融钢液获得氧含量很低的球状粉末颗粒。制坯时将粉末装入钢包套，通过振动密实并抽真空和封焊后，装入热等静压机中，在1150℃，100MPa压力下热等静压，获得完全致密的钢坯，最重的可达1t以上，通过热加工成材。粉末高速钢的碳化物尺寸细小，一般小于3μm，且分布均匀，制成品改善了磨削性，提高了韧性，热处理后硬度均匀，尺寸变化稳定。由于生产工艺复杂，成本较高，多生产高钒高速钢如W6Mo5Cr4V4、W12Cr4V4Co5等。这种生产工艺完全消除了大块状莱氏体共晶碳化物，明显改善了热加工性能和韧性，这给以往难以成材的含更高碳和高合金共晶碳化物量的超硬高速钢的生产成为可能，使得高速钢的化学成分又有了新的发展前景。例如W12Mo7Cr4V5、W6Mo7Cr4V6Co10等，最高碳含量可达 $w(C)=2.4\%$，钒含量 $w(V)$ 达10%，其中最高硬度已经超过HRC70。

5.3 冷作模具钢

冷作模具钢是用来制作使金属冷变形的模具，如冷冲、冷镦、冷挤压、冲裁、拉丝等模具。其工作温度不高，主要要求具有高硬度和耐磨性，也要有一定韧性。在热处理时要求淬透性高，淬火变形小。

一般中小型模具常用碳素及低合金工具钢制作，如T12、9Mn2V、Cr2、CrWMn等；另一类是高淬透性、高耐磨的高碳高铬钢；高速钢的基体钢。常用的冷作模具钢化学成分见表5-4。

表5-4 常用的冷作模具钢化学成分 w %

钢 号	C	Si	Mn	Cr	Mo	W	V	其 他
Cr12	2.0~2.30	≤0.40	≤0.40	11.5~13.5				
Cr12MoV	1.45~1.70	≤0.40	≤0.40	11.0~12.5	0.40~0.60		0.15~0.30	
Cr12Mo1V1	1.40~1.60	≤0.60	≤0.60	11.0~13.0	0.7~1.20		≤1.10	
Cr6WV	1.00~1.15	≤0.40	≤0.40	5.50~7.00		1.10~1.50	0.50~0.70	
Cr5Mo1V	0.95~1.05	≤0.50	≤1.00	4.75~5.50	0.90~1.40		0.15~0.50	
Cr4W2MoV	1.15~1.25	0.40~0.70	≤0.40	3.50~4.00	0.80~1.20	2.00~2.50	0.80~1.10	
50Cr4Mo3W2V	0.50			4.50	2.75	2.00	1.00	
65Cr4W3Mo2VNb	0.60~0.70	≤0.35	≤0.40	3.8~4.4	2.0~2.5	2.5~3.0	0.8~1.10	0.30Nb
60Cr4Mo3Ni2WV	0.55~0.64	≤0.40	≤0.40	3.8~4.4	2.8~3.3	0.90~1.20	0.9~1.2	1.9~2.2Ni
55Cr4Mo5WVCo	0.55			4.00	5.00	1.00	1.00	8.00Co

5.3.1 高铬和中铬模具钢

高铬钢是含 $w(Cr)=12\%$ 的高碳亚共晶莱氏体钢，退火态含有体积分数为16%~20%的 Cr_7C_3 碳化物。在铬碳化物中，Cr_7C_3 型碳化物具有最高硬度，为HV1700，可增加模具钢的耐磨性。随钢中碳量的增高，共晶碳化物增多，碳化物不均匀性也加大。在高碳Cr12钢基础上适当降碳，增加钼和钒以减少并细化共晶碳化物，细化晶粒，改善韧性，形成Cr12MoV和Cr12Mo1V1等钢种。

Cr12MoV 钢具有高淬透性，截面 300～400mm 以下可以完全淬透。其过冷奥氏体转变曲线见图 5-11，在 380～680℃间有奥氏体中温稳定区。淬火加热温度一般采用 980～1030℃，然后 150～170℃低温回火，硬度为 HRC61～63，残留奥氏体量少，组织中有占体积 12% 左右的未溶 Cr_7C_3 碳化物。随加热温度升高，碳化物溶解量增加，奥氏体合金度的增加使淬火后残留奥氏体增加，硬度下降，见图 5-12。在 1130℃以上温度淬火，Cr_7C_3 碳化物仅剩 5%（体积分数）左右，组织中绝大部分为残留奥氏体。要消除这些残留奥氏体，需采用500～520℃多次回火，可使硬度回升到 HRC60～61。

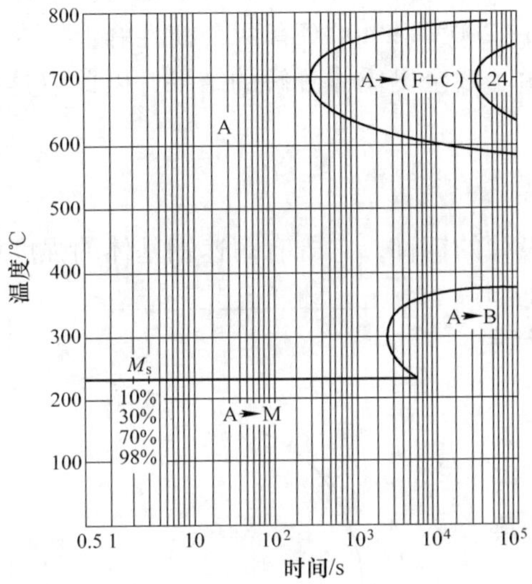

图 5-11 Cr12MoV 钢过冷奥氏体等温转变曲线（980℃加热）

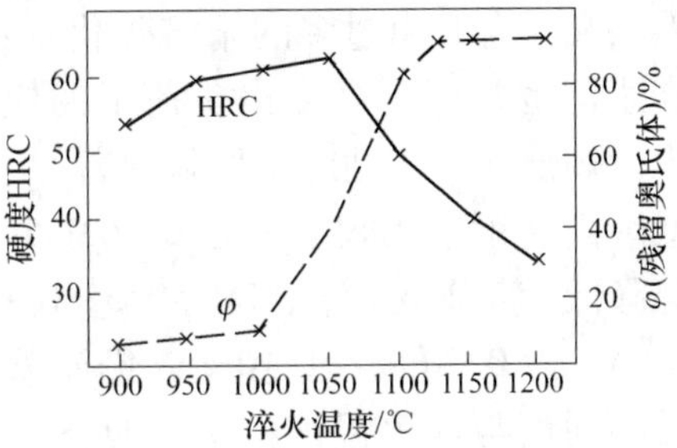

图 5-12 Cr12MoV 钢的硬度、残留奥氏体量与淬火温度的关系

高碳中铬模具钢通常是 Cr6WV、Cr4W2MoV 和 Cr5Mo1V。由于碳量相对低、铬量低，属于过共析钢。由于凝固时偏析，故仍有部分莱氏体共晶。这类钢中的碳化物也是以 Cr_7C_3 型为主，并有少量 M_6C 和 MC 型。这类钢的碳化物分布较均匀，退火态含有 15% 左右的碳化物。这类钢具有耐磨性好和热处理变形小的特点，适用于制造既要求有耐磨性，又具有一定韧性的模具。

Cr6WV 钢的淬火温度通常采用 960～980℃，未溶碳化物约 5%，具有细小的奥氏体晶粒，在热油中淬火和 150～200℃回火，硬度为 HRC 58～62。若采用高温淬火 990～1010℃，可获得最高的淬火硬度和淬透性。空淬时可在 ϕ40mm 棒心部淬硬到 HRC60 以上。Cr6WV 钢的耐磨性稍低于 Cr12 钢，但有较好的强韧性。

Cr4W2MoV 钢由于含有较多的钨、钼和钒，能细化奥氏体晶粒，提高钢的淬透性和抗回火稳定性。Cr4W2MoV 钢的过冷奥氏体等温转变曲线见图 5-13。Cr4W2MoV 钢的淬火温度有两个温度范围。在较低温淬火（960～970℃）和低温回火

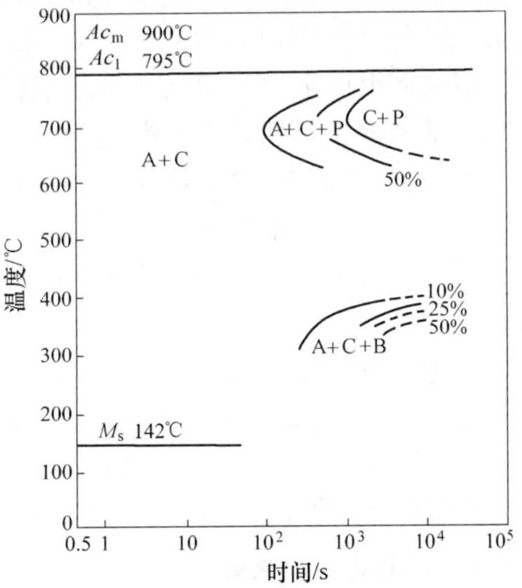

图 5-13 Cr4W2MoV 钢过冷奥氏体等温转变曲线（950℃加热）

（260～300℃）两次，钢具有较高的硬度、强度和韧性，并具有最好的耐磨性。对大动载条件下工作的模具，可采用较高温淬火（1020～1040℃）和高温回火（500～540℃）三次，每次1～2h。

Cr5Mo1V钢可在两个温度区间加热淬火，低温淬火在940～960℃，高温淬火在980～1010℃，淬火后硬度可达HRC63～65。钢从950℃空淬时，可使50mm×152mm×245mm钢块淬硬。Cr5Mo1V钢淬火和不同温度回火时，在200℃和400℃有两个韧性峰值，在每一韧性峰值之后的回火温度下，韧性降低。这是由于残余奥氏体分解的结果，因此模具在回火时应避免在脆性温度区回火。

5.3.2 基体钢和低碳高速钢

基体钢是根据通用高速钢淬火后基体成分而设计的钢种，它既有高速钢基体的强度和热硬性，又不含有由过多的未溶碳化物带来的脆性。低碳高速钢也常用于高冲击负荷下的模具，由于碳化物少，韧性和工艺性能也明显改善。

低碳高速钢应用较多的是6W6Mo5Cr4V钢，碳与钒都降低，其碳含量w(C)为0.55%～0.65%，钒含量w(V)为0.70%～1.10%，仍属莱氏体钢。其淬火后的硬度与淬火温度的关系见图5-14。适宜的淬火温度为1180～1200℃，在油、空气或盐液中冷却，淬火后经560～580℃回火三次，硬度为HRC 60～63。由于有较好的加工性、较高的强度和韧性，以及耐磨性，用做冷挤压模，比高铬冷作模具钢寿命长。

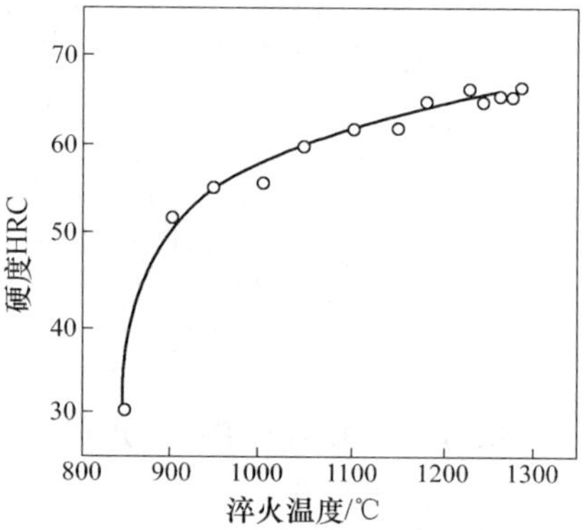

图5-14 6W6Mo5Cr4V钢淬火后硬度与淬火温度的关系

50Cr4Mo3W2V(VascoMA)和55Cr4Mo5WVCo8(Matrix Ⅱ)相当于常用的W6Mo5Cr4V2(M2)和W2Mo9Cr4VCo8(M42)高速钢的基体成分，属于过共析钢。经1110～1120℃淬火后未溶碳化物的体积分数约5.0%，还有较多的残留奥氏体，回火温度在510～620℃范围，多次回火产生次生硬化和消除残留奥氏体，硬度在HRC 61～65。在热处理到相同硬度时，基体钢比起相对应的高速钢制作的模具具有较长的使用寿命。

加铌的65Cr4W3Mo2VNb钢中含质量分数为0.20%～0.35%的铌，并稍提高碳含量，以改善钢的韧性、塑性和疲劳抗力。钢的淬火温度为1080～1180℃，然后在520～580℃回火两次，其抗弯强度和韧性比通用高速钢高，适宜制作形状复杂、受冲击负荷较大和尺寸较大的冷作模具。

加镍的60Cr4Mo3Ni2WV钢含镍2.00%（质量分数）。为改善钢的韧性和疲劳抗力，经1120℃淬火，520～560℃回火后硬度为HRC 59～62，冲击韧性（梅氏）可达15～20 J/cm^2，适宜做要求变形小、韧性高的冷作模具。此钢亦可用于热作模具，但需将回火温度升至620～650℃两次回火，硬度为HRC 50～54。

5.3.3 新型冷作模具钢

为适应冷镦模和厚板冲剪模的工作要求，既要有良好的耐磨性，又有较高的韧性，先后发展了一系列高韧性、高耐磨性的冷作模具钢。代表性的钢有8Cr8Mo2V2Si、

Cr8Mo2V2WSi 等。我国常用的是 7Cr7Mo2V2Si 钢，其主要成分为：$w(C)=0.75\%$，$w(Si)=1.0\%$，$w(Cr)=7.0\%$，$w(Mo)=2.5\%$，$w(V)=2.0\%$。这类钢的总合金元素质量分数为 12% 左右，有较好的淬透性，热处理变形小。在退火状态，钢中碳化物以 VC 为主，还有少量 $M_{23}C_6$ 和 M_6C。随淬火温度升高，碳化物逐渐溶于奥氏体。当温度超过 1180℃，奥氏体晶粒明显长大，故淬火温度应在 1100～1150℃。此时剩余碳化物量为 3% VC，由于 VC 的硬度高达 HV2093，提高了钢的耐磨性。由于剩余碳化物总量不高，钢的韧性较好。经 1150℃淬火，奥氏体晶粒度为 8 级，并含有不超过 15%（体积分数）的残余奥氏体。淬火回火时在 500～550℃间出现二次硬化峰，这是由于 VC 析出和残余奥氏体分解产生的。对要求强韧性好的模具，采用低淬火温度 1100℃加热，550℃回火 2～3 次。若要求高耐磨性和冲击负荷下工作的模具，用高温 1150℃淬火，560℃回火 2～3 次。这类钢用来制造冷镦模、冷冲模及冲头、冲剪模、冷挤压模等。

粉末冶金冷作模具钢是另一种新型冷作模具钢，采用粉末冶金法，用水雾化法将钢水雾化成细小钢粉末，通过快速凝固，每颗粉末中的高合金莱氏体得到细化，显著改善烧结后钢的韧性。同时这种方法还可以生产用传统冶金方法难以生产的高碳高合金冷作模具钢。使钢中含有更多的硬质碳化物 VC，如 $w(V)$ 为 10% 的高碳高钒粉末冷作模具钢 CPM10V，$w(C)=2.45\%$，$w(V)=10\%$，$w(Cr)=5\%$，$w(Mo)=1.3\%$，具有更高的耐磨性。

5.4 热作模具钢

金属的热成形有两种途径：一种是对红热的固态金属施加压力，使之在模具型腔内热变形成形，如锤锻、挤压等；另一种是在压力下使熔融金属注入模具型腔内凝固，即压铸。模具在红热金属作用下升温，锤锻模具型腔表面可达 600℃，局部可高于 650℃；压铸模具表面温度可达 800℃。型腔随操作而周期地受到交替升温和降温所产生的热疲劳和模具工作部位的塑性变形和型腔堆塌。工作条件对模具钢提出的要求有高抗热塑性变形能力、高韧性、高抗热疲劳、良好的抗热烧蚀性。我国常用的热作模具钢成分见表 5-5。

表 5-5 我国常用的热作模具钢的化学成分 *w* %

钢 号	C	Si	Mn	Cr	Mo	W	V	其 他
5CrMnMo	0.50～0.60	0.25～0.60	1.20～1.60	0.60～0.90	0.15～0.30			
5CrNiMo	0.50～0.60	≤0.40	0.50～0.80	0.50～0.80	0.15～0.30			1.40～1.80Ni
3Cr2W8V	0.30～0.40	≤0.40	≤0.40	2.20～2.70		7.50～9.00	0.20～0.50	
4Cr5MoSiV1	0.32～0.42	0.80～1.20	≤0.40	4.50～5.50	1.00～1.50		0.80～1.10	
4Cr5Mo2SiV	0.35	1.00	0.30	5.00	1.70		1.00	
4Cr5W2SiV	0.32～0.42	0.80～1.20	≤0.40	4.50～5.50		1.60～2.40	0.8～1.00	
4Cr3Mo3SiV	0.35～0.45	0.80～1.20	0.25～0.70	3.00～3.75	2.00～3.00		0.25～0.75	
3Cr3Mo3W2V	0.32～0.42	0.60～0.90	≤0.65	2.80～3.30	2.50～3.00	1.20～1.80	1.20～1.80	
5Cr4W2Mo2SiV	0.45～0.55	0.80～1.10	≤0.50	3.70～4.30	1.80～2.20	1.80～2.20	1.20～1.30	

5.4.1 锤锻模具钢

锤锻模具钢种应具有高强度、高热稳定性、高的淬透性、高的冲击韧性和低的回火脆性倾向，因而模具的显微组织应是中碳（$w(C)=0.50\%$ 左右）回火索氏体。回火温度应稍高于模面工作温度，可根据模具尺寸来选择不同淬透性的钢种。对模高小于 400mm 的中、小型锤锻模具，要求有中等淬透性的5CrMnMo等钢种；模高大于400mm的大型锤锻模具，适用高淬透性的5CrNiMo钢及新型钢种3Cr2MoWVNi和45Cr2NiMoSiV，后两种钢性能全面达到要求，具有高温下的高强度和韧性。45Cr2NiMoSiV、3Cr2MoWVNi和5CrNiMo钢，经热处理后的高温性能见表5-6。可见前两种钢比5CrNiMo钢具有更高的高温强度，韧性和热稳定性。因而所制作的大截面热作模具有较高的使用寿命。

表5-6 大截面热作模具钢的抗力指标

指标体系 / 指标值 / 钢种	$\sigma_{0.2}^{650℃}$	$A_K^{300℃}$	$A_K^{650℃}$	TQ(620℃ ×4h)
	≥400MPa	≥70J		≥35HRC
3Cr2MoWVNi	657	116	113	39.5
45Cr2NiMoSiV	556	73	85	40.9
5CrNiMo	262	48	36	30.5

锻模由型腔和燕尾两部分组成，大中型模的型腔部位要求硬度在HRC36～42。对低合金元素的5CrNiMo、5CrMnMo钢，经830～860℃加热，空气中预冷到760℃左右油淬后，可在520～580℃范围回火；燕尾部分承受冲击，要求硬度HRC30～35，燕尾部分可在600～660℃范围补充回火。

对热稳定性高的3Cr2MoWVNi和45Cr2NiMoSiV钢，回火温度将提高。3Cr2MoWVNi钢经1000℃淬火后经两次回火，第一次回火640℃，第二次回火620℃。回火后硬度HRC40.5～41。45Cr2NiMoSiV钢经980℃淬火后两次回火，第一次回火650℃，第二次回火660℃，回火后硬度为HRC39～40。

5.4.2 挤压及压铸模具钢

钢及非铁金属热挤压和压铸时，模具与热金属接触时间长，温升高，承受应力大。对热挤压模，首要性能要求是700℃的$\sigma_{0.2}$≥350MPa。目前采用中铬系中加入钼、钨、钒、硅等元素的中碳系列钢种。我国及世界各国常用的钢有45Cr5MoSiV(H11,美、英、德等国)、45Cr5MoSiV1(H13，美、英、德等国)、4Cr5W2SiV(4X5B2ΦC，前苏联)、4Cr3Mo3SiV及5Cr4W2Mo2SiV等。钢中碳化物类型有$M_{23}C_6$、M_6C及MC。钒在钢中起回火时次生硬化作用；铬、钼、钨、钒能提高钢抗回火软化能力，保持高温下的强度、韧性；硅提高钢的回火稳定性和抗热疲劳能力。铬和硅还能提高抗氧化和抗烧蚀性。

中合金铬系热作模具钢从室温到650℃既具有较高强度，又保持较高的韧性，并具有良好的抗热疲劳性能和热稳定性。在中温下有良好的抗氧化和耐液态金属冲蚀性能。

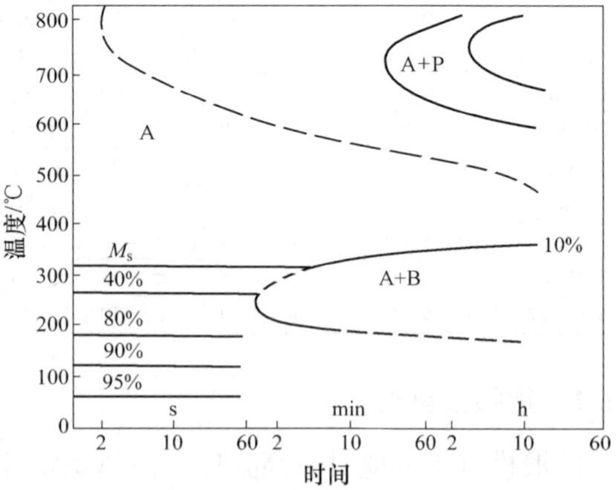

图5-15 4Cr5MoSiV1钢过冷奥氏体等温转变曲线（1010℃奥氏体化）

4Cr5MoSiV1钢的过冷奥氏体等温转变曲线见图5-15，可以看出在450℃以上，有析出先共析碳化物的 C 曲线。应以较快的淬火冷却速度迅速冷到 400 ~ 450℃，以防止先共析碳化物的析出。4Cr5MoSiV1 钢有较高的临界点，Ac_1 为 875℃，Ac_m 为 935℃。由于含较多的钒，钢有良好的抗过热敏感性。淬火硬度随淬火温度升高而增高，到 1050 ~ 1070℃时达到最高值。超过此温度范围硬度很少增加，而奥氏体晶粒开始长大。所以 4Cr5MoSiV1 钢的淬火温度为 1020 ~ 1050℃，奥氏体晶粒度为 8 ~ 10 级，含有少量剩余 M_6C 和 MC 型碳化物和一定量的残余奥氏体。4Cr5MoSiV1 钢在不同温度淬火后回火温度与硬度的关系见图 5-16。钢的次生硬化峰在 550℃左右，进一步升高回火温度，硬度迅速下降。当回火温度为 620 ~ 630℃时，仍能保持 HRC45 左右的硬度。钢的回火温度为 580 ~ 600℃，硬度为 HRC48 ~ 50，σ_b 为1600 ~ 1800MPa，σ_s 为 1400 ~ 1500MPa，δ 为 9% ~ 12%，ψ 为45% ~ 50%，冲击韧性为 40 ~ 50J/cm²。

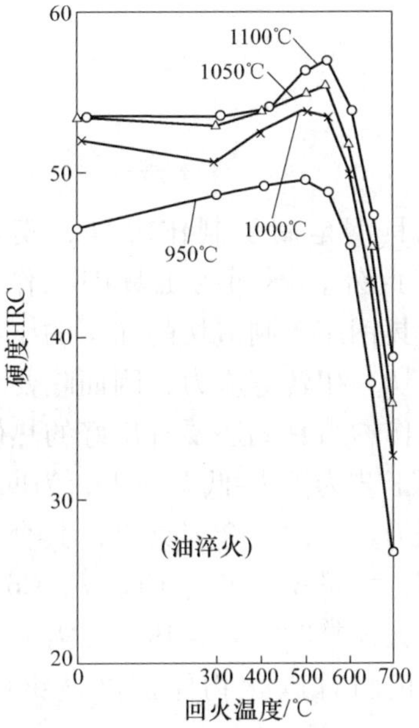

图 5-16 4Cr5MoSiV1 钢回火温度与硬度曲线图

进一步降低中铬系热作模具钢的杂质含量，可以显著改善钢的抗热疲劳性能和韧性。4Cr5MoSiV1 钢的磷 w(P)、硫 w(S)含量从 0.03% 降到不高于 0.01%，钢的冲击值提高 1 倍左右，并显著提高抗热疲劳。若进一步将磷 w(P)降到 0.001%，则可提高冲击值 2 倍。另外，还可提高钢的横向韧性和塑性，提高其等向性，使其与纵向性能接近，则可大幅度提高模具的使用寿命。

中合金铬系模具钢广泛用在铝合金压铸模、热挤压模、热剪切模、精密锻造模及各种冲击和急冷条件下工作的模具，成为主要的热作模具钢钢种。

当工作温度高于 550℃时，钨钼系热作模具钢才比铬系热作模具钢有更高的高温强度，高温硬度和耐磨性。如用做高温变形抗力大的不锈钢、耐热钢和耐热合金的模具材料。较常用的钢有 4Cr3Mo3SiV、3Cr3Mo3W2V 和 5Cr4W2Mo2SiV 等。这些钢的合金度较高，其过冷奥氏体较为稳定，淬透性高，模具尺寸小于 150mm 的可采用空冷淬火，一般尺寸用油淬。由于含钼钢种脱碳倾向较大，应注意采用保护措施，防止氧化脱碳，如用真空加热或保护气氛加热。为保证奥氏体中有足够高的合金度，以使热处理后的模具有更高的高温强度和使用寿命，要采用较高的淬火温度，如 4Cr3Mo3SiV 钢淬火温度为 1030 ~ 1080℃，回火温度为 560 ~ 580℃保温 2h，两次回火，其性能为：硬度 HRC50 ~ 54、$\sigma_b = 1700$MPa，$\delta = 12\%$、冲击韧性 45J/cm²。若钢的淬火温度升高到 1080 ~ 1120℃，回火温度 600 ~ 640℃保温 2h，两次回火，其性能为：硬度 HRC53 ~ 56，$\sigma_b =$ 2200MPa，$\delta = 5.2\%$，冲击韧性 25J/cm²。4Cr3Mo3SiV 钢具有较高的韧性和抗热疲劳性能，适于制造较高温度下受冲击载荷的热作模具和不断用水冷降温的热作模具，如高速精锻机模具、热挤压模具芯棒。5Cr4W2Mo2SiV 等钨钼热作模具钢制造要求高热强性、高耐磨的热挤压模具，精密锻模等。

本章小结

****

工具钢是用于制作刃具、模具、量具的一类钢。这类钢的共同性能特点是耐磨性好。此外，不同的工具因工作条件差异对性能要求还存在不同的特殊要求。

刃具钢用于制造切削加工的工具，与被加工工件接触存在摩擦力，另外还会承受冲击、剪切、扭转等应力，因而除要求高硬度、高耐磨性外，还要有一定的强度和韧性，高温下工作的刃具钢还要有良好的热硬性。刃具钢包括碳素刃具钢和合金刃具钢。刃具钢的热处理工艺为淬火-低温回火，为回火马氏体，保证高硬度、高耐磨性，以及一定的韧性。高速钢为典型的合金刃具钢，其合金元素含量较高、热硬性好，用来制作高速切削工具。高速钢含大量W、Mo、Cr、V、Co，形成多种碳化物，为莱氏体钢。高速钢热处理工艺复杂，淬火加热时需要预热，并需要多次回火以保证组织中残余奥氏体含量少于5%。回火时析出的特殊碳化物保证高速钢的热硬性。较高温度回火的高速钢，基体仍为回火马氏体。

模具钢工作时承受冲击、摩擦等作用，可分为热作模具钢和冷作模具钢。冷作模具钢要求高硬度、高耐磨性及一定的韧性。通常的热处理为淬火-低温回火，得到回火马氏体。典型的冷作模具钢为Cr12、Cr12MoV等，均属于莱氏体钢。热作模具钢还要承受温度剧烈变化，要求一定的高温硬度和强度、良好的抗热疲劳性和韧性。通常的热处理为淬火-高温回火，得到回火索氏体。典型的热作模具钢是5CrMnMo和5CrNiMo。

量具钢工作时主要承受摩擦力，要求良好的耐磨性和一定的韧性，此外还要求良好的尺寸稳定性。通常量具可用碳素刃具钢和低合金刃具钢。

除热作模具钢外，其他的工具钢都属于过共析钢或者莱氏体钢，锻造后都要进行球化退火以改善碳化物的形貌，获得粒状珠光体组织，保证淬火-回火后具有高耐磨性、良好的切削性能及一定的韧性。

****

工具钢分类及典型材料

刃具钢

碳素刃具钢：T7～T13

低合金刃具钢：Cr2、9SiCr、CrMn、CrWMn

高速钢：W18Cr4V、W6Mo5Cr4V2、W6Mo5Cr4V2Co8

模具钢

热作模具钢：5CrMnMo、5CrNiMo、3Cr2W8V

冷作模具钢：T12、9Mn2V、CrWMn、Cr12、Cr12MoV

量具钢

碳素量具钢：T7～T13

低合金量具钢：9SiCr、CrMn、CrWMn

****

思考题与习题

5-1 各举一例说明刃具钢、冷作模具钢、热作模具钢和量具钢的工作条件以及性能要求。

5-2 说明高速钢的合金化特点以及主要合金元素的作用。

5-3 W18Cr4V 高速钢的 A_1 为 800℃左右，但常用的淬火温度是 1280℃；回火时要冷却到室温再进行下一次回火，不能用较长时间一次回火来代替多次回火。请说明原因。

5-4 淬火加热时高速钢需要一次或两次预热，预热温度分别是多少，进行预热的原因是什么？

5-5 为了使高速钢中合金元素溶入到奥氏体中，淬火加热时通常要加热到很高温度，由此会增加淬火加热缺陷。高速钢中常见的淬火加热缺陷有哪些，如何避免？

5-6 比较热作模具钢和冷作模具钢的合金化和热处理的特点，分析合金元素作用的异同。

5-7 用 9SiCr 制作丝锥。试制定工艺路线，说明各热处理工序的目的、工艺参数及各工序后钢的正常微观组织。

5-8 为了保证量具的尺寸稳定性，在淬火后通常进行冷处理。什么是冷处理？说明淬火后冷处理提高量具钢的尺寸稳定性的原因。

5-9 高速钢主要用于制造各种刃具，但有时也用于制造冷变形模具。试根据冷挤压冲头的服役条件和性能要求，选择合适的高速钢钢种并制定合理的热处理工艺。

5-10 Cr12、Cr12MoV 是典型的冷作模具钢，含碳量在 1% 左右，为什么被称为莱氏体钢？3Cr13 的含碳量在 0.3% 左右，被称为过共析钢，其原因又是什么？

参 考 文 献

[1] 章守华，吴承建．钢铁材料学[M]．北京：冶金工业出版社，1992.

[2] Ю. А. Геллер：ИНСТРУМЕНТАЛИНЫЕ СТАЛИ[M]. МОСКВА：МЕТА ЛЛУРИЯ，1983.

[3] Anil Kumar Sinha，Ferrous Physical Metallurgy[M]. Boston：Bufterworths，1989.

[4] 徐进，姜先畲，陈再枝，等编著．模具钢[M]．北京：冶金工业出版社，1998.

[5] 干勇，田志凌，董瀚，等．中国材料工程大典，第 2、3 卷，钢铁材料工程（上、下）[M]．北京：化学工业出版社，2006.

6 不锈耐蚀钢

内容要点：

常温下抗电化学腐蚀性能优良的钢材。钢的钝化现象，化学成分及环境条件对耐蚀性的影响。典型的不锈耐蚀钢，晶间腐蚀、应力腐蚀、点腐蚀等典型腐蚀方式的产生机理及应对措施。不锈耐蚀钢在强度与脆性方面存在的问题及解决方法。

工业生产中经常遇到各种腐蚀介质，有各种强酸、有机酸、盐溶液及含有腐蚀气体和水蒸气的气氛。它们对生产流程中应用的容器、管道、反应塔、泵等，会发生各种腐蚀作用，因而各种类型的不锈耐蚀钢得到广泛的应用。

6.1 钢的耐蚀性

6.1.1 钢的钝化现象

在上述腐蚀介质中,钢发生的腐蚀类型是电化学腐蚀。钢在这些电解质溶液中,由于本身微观上的成分、组织和应力的不均匀,导致微区域间电极电位的差异,形成了微阳极区和微阴极区,在电解质溶液的作用下,构成了腐蚀微电池。微电池的电位差越大,微阳极和微阴极间电流强度也越大,微阳极的腐蚀也越严重。在腐蚀过程中,阳极和阴极均产生极化作用。阳极极化引起阳极电位由负向正方向升高,主要是由于阳极表面形成保护膜,阻碍阳极金属离子进入溶液,降低了阳极表面电荷密度。阴极极化是由于消耗电子的阴极过程的速度低于阳极流来的电子,造成阴极电子堆积,阴极表面电荷密度升高,导致阴极电位降低。图6-1为极化图,$-\varepsilon^0_{阳}$和$+\varepsilon^0_{阴}$相当于两极在断路时的起始电位,而阳极和阴极极化曲线的交点相当于短路状态,即阳极与阴极间电阻趋于零,此时阳极与阴极间的最大电流$I_{最大}$,就是腐蚀电流。钢表面微阳极和微阴极之间的电阻很小,附近溶液的电阻也小,相当于短路状态,此时腐蚀系统产生了最大的腐蚀电流。

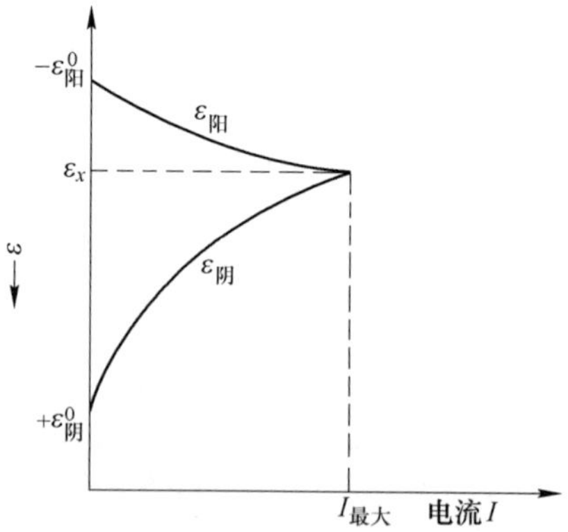

图6-1 极化图

具有活化-钝化转变的金属的阳极极化曲线有特殊的形式，如图6-2所示。图中有三个不同的电化学行为区：活化区（A）、钝化区（P）和过钝化区（T）。由于极化作用，阳极电位升高，当阳极达到最大电流I_P时，阳极电位为ε_P，此时产生了阳极钝化，阳极过程受到了极大的阻滞，电流 I_P 突然下降到最小值 $I_{最小}$。ε_P 称为初始钝化电位，I_P 称为临界电流。在很宽的阳极电位范围内保持 $I_{最小}$ 的腐蚀电流，此时阳极处于钝化区 (P)。阳极电位升高超过 ε_T 后，腐蚀电流又增加。这种现象称为过钝化，ε_T 称为过钝化电位。在阳极电位接近 ε_T 时有一电位 ε_b，称为击穿电位。

影响阳极和阴极的极化曲线相对位置的主要因素有两方面，一方面是合金的成分，另一方面是介质。所存在的相对位置有四种情况，如图6-3 所示。第①种情况是 $\varepsilon_{阳}$ 和 $\varepsilon_{阴}$ 仅有一个交点 A，有一个稳定的 ε_A，它不超过钝化电位 ε_P，此时合金处于活化状态，有大的腐蚀电流，合金的腐蚀速度大。第②种情况是 $\varepsilon_{阳}$ 和 $\varepsilon_{阴}$ 有三个交点 B、C、D。C 点是不稳定的，B 和 D 点是相对稳定的，即合金可以处在钝化状态，也可以处在活化状态，这种钝化状态可以因为其他偶然因素而受到破坏，使合金处于活化状态，如 Cr18Ni9 钢在含氧化剂的硫酸介质中即属于此种情况。第③种情况是 $\varepsilon_{阳}$ 和 $\varepsilon_{阴}$ 相交于 E，仅有一个钝化稳定电位，合金钝化状态是稳定的，它能够自钝化，具有很小腐蚀速度，如不锈钢在硝酸中就是这样。第④种情况是 $\varepsilon_{阳}$ 和 $\varepsilon_{阴}$ 交于 F，ε_F 超过了过钝化电位 ε_T，合金处于过钝化状态，有较高的腐蚀速度，如铬不锈钢在浓硝酸中就出现过钝化。

不锈钢只有在第③种状态下才耐蚀，在其他三种状态下都不耐蚀。由此可见，不锈钢的“不锈性”是相对的，仅是腐蚀速度比较低而已。

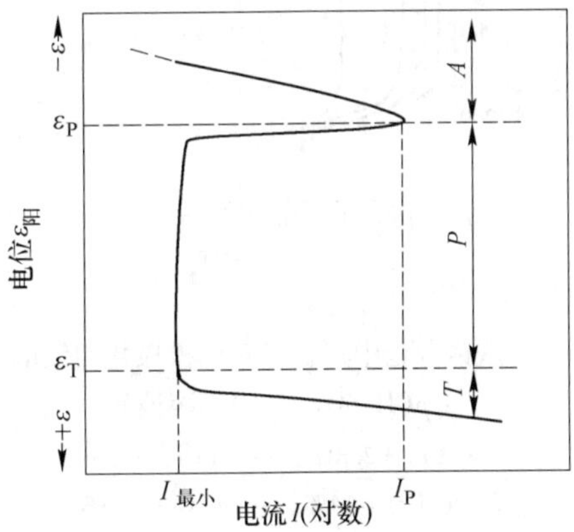

图6-2 具有活化-钝化转变的金属的阳极极化曲线

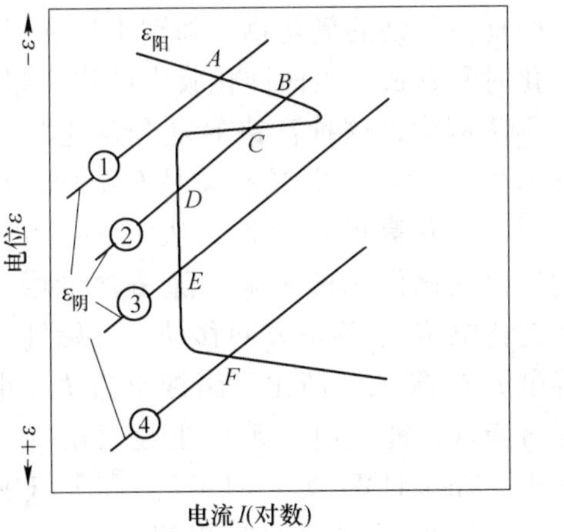

图6-3 不同条件下合金钝化状态稳定性示意图

不锈钢发生电化学腐蚀的主要形式有:一般腐蚀、晶间腐蚀、点腐蚀、应力腐蚀等。对不锈钢来说,晶间腐蚀、点腐蚀和应力腐蚀是不允许发生的,凡是有其中一种腐蚀,即认为不锈钢在该介质中是不耐蚀的。对一般腐蚀,根据不同使用条件对耐蚀性提出不同指标,一般分为两大类:

(1) 不锈钢：指在大气及弱腐蚀介质中耐蚀的钢。凡腐蚀速度低于 0.01mm/a，就认为是“完全耐蚀”；腐蚀速度低于 0.1mm/a，是“耐蚀”；腐蚀速度高于 0.1mm/a，就是“不耐蚀”。

(2) 耐蚀钢：指在各种强腐蚀介质中耐蚀的钢。凡腐蚀速度低于 0.1mm/a，就是“完全耐蚀”；腐蚀速度低于 1.0mm/a，就是“耐蚀”；若腐蚀速度高于 1.0mm/a，就是

“不耐蚀”。

钢的成分和组织是引起电化学腐蚀的内因，而介质、温度等则是电化学腐蚀的外因。

6.1.2 成分对钢钝化的影响

纯铁在腐蚀介质中一般处于活化状态，是不耐蚀的。但它若在浓硝酸中就会处于钝化状态，此时铁的表面上生成一层很致密的具有尖晶石结构的 $\gamma\text{-}Fe_2O_3$ 薄膜，并和铁牢固结合，阳极腐蚀过程受到阻滞，腐蚀暂时停止。若不断把表面 $\gamma\text{-}Fe_2O_3$ 薄膜破坏（例如用机械摩擦、加化学试剂溶解），铁的腐蚀将继续发生。要使铁达到钝化，溶液中必须有氧存在，才能在微阳极表面生成 $\gamma\text{-}Fe_2O_3$ 薄膜。这种薄膜的稳定性易被许多酸和离子破坏，只有在强氧化剂（如浓硝酸）中才能维持稳定的 $\gamma\text{-}Fe_2O_3$ 薄膜。要提高钢的耐蚀性，必须提高这种钝化膜的稳定性，即形成比 $\gamma\text{-}Fe_2O_3$ 更稳定的合金元素的复合氧化膜。

铬是提高钢钝化膜稳定性的必要元素。铁中加入铬量 $w(Cr)$ 超过 8% ~12%，合金的钝化能力有显著提高；当铬的摩尔分数 $x(Cr)$ 依次达到 12.5%、25%、37.5% 时，合金在硝酸中的腐蚀速度都相应有一个突然的降低。研究表明，当钢中铬 $w(Cr)$ 达到 8% 后，钝化膜中富集了铬的氧化物。随钢中铬含量增高，钝化时间延长，表面钝化膜中的铬含量增高。在不锈钢中，这种富铬的复合氧化膜的厚度在 1.0 ~2.0nm，并具有尖晶石结构，在许多介质中有很高的稳定性。从图 6-4 可见，铬含量对钝化作用的影响。随铬含量增加，初始钝化电位 ε_P 朝负方向移动，开始钝化的临界电流 I_P 降低，钝化后腐蚀电流 $I_{最小}$ 也随之显著降低，钝化电位范围也显著扩大。一般来讲，在中性溶液（pH≈7）和大气腐蚀条件下，这种不锈钢的临界铬含量 $w(Cr)$ 为 12%。不同的研究者有不同的临界铬含量，$w(Cr)$ 为 8% ~12%。而非晶态不锈钢在 $w(Cr)$ 为 8% 以下即可钝化。

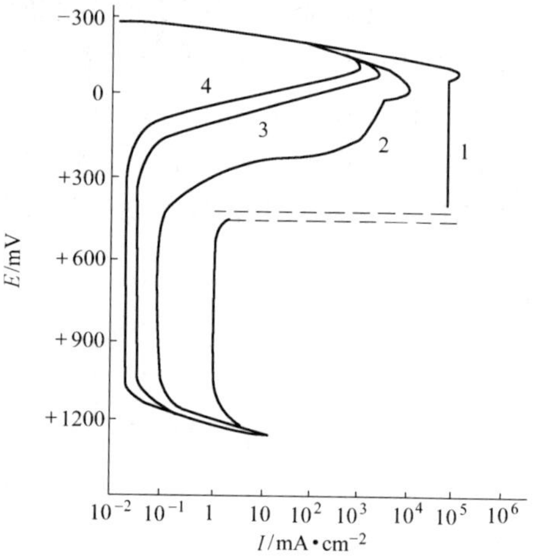

图 6-4 铁铬合金中铬含量对阳极极化曲线的影响
（$\varphi(H_2SO_4)=10\%$ 溶液）
1—$w(Cr)=2.8\%$；2—$w(Cr)=9.5\%$；
3—$w(Cr)=14\%$；4—$w(Cr)=18\%$

镍也能提高铁的耐蚀性，在非氧化性的硫酸中更为显著。当镍的摩尔分数 $w(Ni)$ 为 12.5% 和 25% 时，耐蚀性明显提高，见图 6-5。镍加入铬不锈钢中，能提高其在硫酸、醋酸、草酸及中性盐（特别是硫酸盐）中的耐蚀性。

锰也能提高铬不锈钢在有机酸，如醋酸、甲酸和乙醇酸中的耐蚀性，而且比镍更有效，见图 6-6。

钼能提高不锈钢钝化能力，扩大其钝化介质范围，如在热硫酸、稀盐酸、磷酸和有机酸中。含钼不锈钢中可以形成含钼的钝化膜，如 Cr18Ni8Mo 钢表面钝化膜的成分为 $\varphi(Fe_2O_3)=53\%$、$\varphi(Cr_2O_3)=32\%$、$\varphi(MoO_3)=12\%$。这种含钼的钝化膜在许多强腐蚀介质中具有很高的稳定性。它还能防止氯离子对膜的破坏。Cl^- 半径很小，可穿透不够致密的氧化膜而与钢

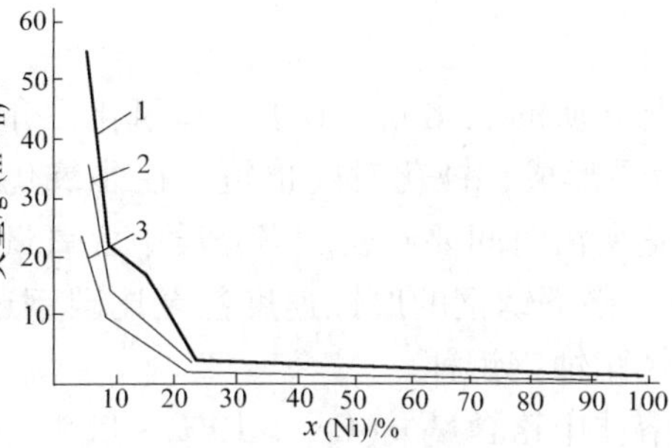

图 6-5 镍对铁镍合金在硫酸中 60℃，100h 腐蚀速度的影响

1—$\varphi(H_2SO_4)=20\%$；2—$\varphi(H_2SO_4)=10\%$；3—$\varphi(H_2SO_4)=5\%$

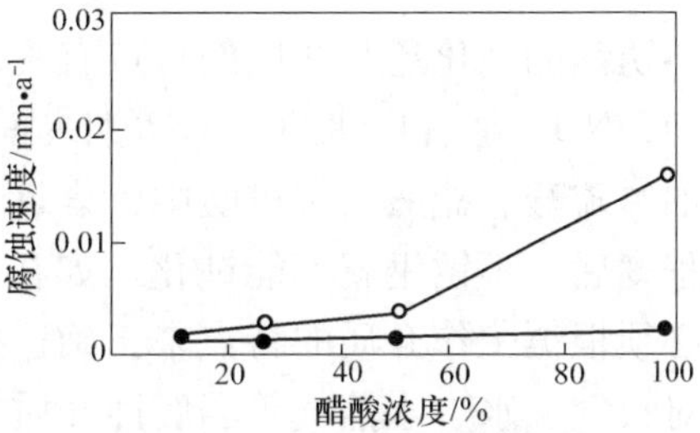

图 6-6 Cr17Mn13Mo2 与 Cr17Ni10Mo2 钢在沸腾醋酸中的耐蚀性

• —Cr17Mn13Mo2；○—Cr17Ni10Mo2

起作用，生成可溶性的腐蚀产物，而在钢表面的局部造成点腐蚀。含钼不锈钢能抗点腐蚀。

贵金属铂等只要少量加入不锈钢中就能有效地提高在硫酸及有机酸中的耐蚀性。在这些非氧化性酸中，溶解氧的浓度很低，由于氢离子（H^+）的去极化作用，不锈钢不容易达到自钝化状态。当铜、铂或钯存在时，能在不锈钢表面沉积下来，作为附加微阴极，促使不锈钢在很小的阳极电流下就能达到钝化状态。一般不锈钢中加入 $w(Cu)=2\%\sim3\%$ 的铜。

硅能提高钢在盐酸、硫酸和高浓度硝酸中的耐蚀性。含硅 $w(Si)=14.5\%$（$x(Si)=25\%$）的 Fe-Si 合金在盐酸、硫酸和硝酸中有满意的耐蚀性。在不锈钢中加入 $w(Si)=2\%\sim4\%$ 的 Si 时，也可提高不锈钢在上述介质中的耐蚀性。

在 Cr18Ni9 钢的基础上加入钼、铜以及提高镍含量时，进一步扩大了钢在硫酸中的耐蚀性的浓度和温度范围。不同镍、钼、铜含量的不锈钢在硫酸中耐蚀的浓度和温度范围，见图 6-7。随着不锈钢中镍、钼、铜含量的增加，钢的耐蚀的硫酸浓度和温度范围有显著扩大。

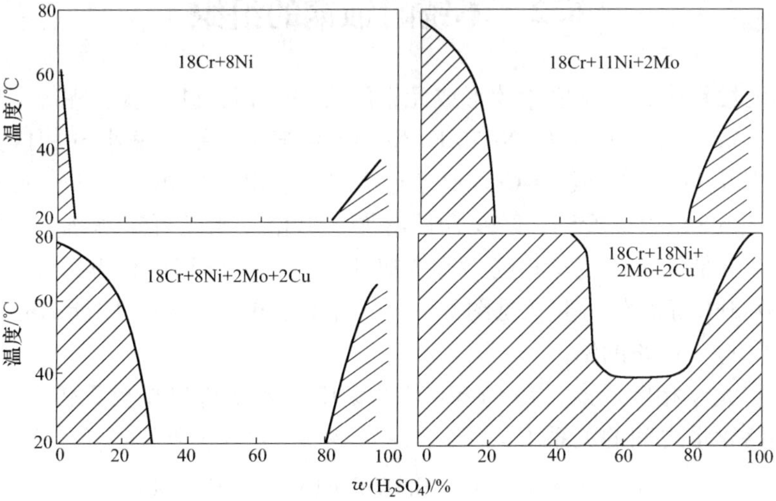

图 6-7 钼、铜、镍对 Cr18Ni9 钢钝化范围的影响

（斜线部分钢的腐蚀速度低于 0.1mm/a）

6.1.3 环境对不锈钢耐蚀性的影响

不锈钢的钝化还与介质的特点有关，特别是与介质的氧化能力有关。在氧化性介质如硝酸中，NO_3^- 是氧化性的，不锈钢表面氧化膜容易形成，钝化时间也短。在非氧化性介质，如稀硫酸、盐酸、有机酸中，含氧量低，钝化所需时间要延长。当介质中含氧量低到一定程度后，不锈钢就不能钝化。如在稀硫酸中，铬不锈钢的腐蚀速度甚至比碳钢还快。所以必须根据工作介质的特点来正确选择使用不锈耐蚀钢钢种。

对大气、水、水蒸气等弱腐蚀介质，只要固溶体中铬含量 $w(Cr) > 10\% \sim 12\%$，就保证不锈。

在氧化性酸如硝酸中，由于有足够的氧使不锈耐蚀钢在短期内达到钝化状态，但是酸中含有 H^+ 作为阴极去极化剂，故随 H^+ 浓度增加，钝化所需铬含量也要增加。只有这样，氧化膜中铬含量才能提高，含高铬的氧化膜在硝酸中才具有很好的稳定性。故 $w(Cr)$ 必须高于 16% 的钢，才有较高的钝化能力。

在稀硫酸等非氧化性酸中，由于介质中溶有的氧量较低，而 SO_4^- 又不是氧化剂，H^+ 浓度又高，一般的铬不锈钢和 Cr18Ni9 型不锈耐蚀钢难以达到钝化状态，因而是不耐蚀的。若再提高铬含量，非但耐蚀性不能提高，有时甚至要降低。在这类介质中，不锈耐蚀钢需要加入提高钢的钝化能力的元素，如镍、钼、铜等。盐酸也是一种非氧化性酸，不锈耐蚀钢在其中也不耐蚀，一般需采用 Ni-Mo 合金，使合金表面生成稳定的 $MoOCl_2$ 保护膜，才能保持良好的钝化能力。

强有机酸中，由于介质中氧含量低，又有 H^+ 存在，一般铬和铬镍不锈钢难以钝化，必须向钢中加入钼、铜、锰等元素，以提高不锈耐蚀钢的钝化能力。

在含有 Cl^- 的介质中，Cl^- 容易破坏不锈耐蚀钢表面的氧化膜，穿透过并与钢表面起作用，产生点腐蚀。含钼的不锈耐蚀钢增强了抗点腐蚀的能力。

6.2 不锈耐蚀钢的组织

各种不锈耐蚀钢中，属于铁素体形成元素的有铬、钼、硅、钛、铌等，属于奥氏体形成元素的有镍、锰、铜。在 Fe-Cr-Ni 和 Fe-Cr-Mn 系统中，铬是缩小 γ 相区元素，不锈钢的显微组织可以从 Fe-Cr-Ni 或 Fe-Cr-Mn 三元相图上查出。从 Fe-Cr-Ni 三元相图 1100℃ 等温截面上（见图 6-8）可以看到，随镍含量增加，单相 γ 相区可溶解铬量也随之增加。常用的 Cr18Ni9 型钢是处于单相 γ 相区，若冷却到室温，可得到单相奥氏体组织。从 Fe-Cr-Mn 三元相图 1000℃ 等温截面上（见图 6-9）可看出锰扩大 γ 相区的能力有限，单相 γ 相区仅能溶解 $w(Cr) = 14\%$ 的铬。

碳和氮是扩大 γ 相区元素，在 Cr-Mn-C-N 钢中，要获得单相奥氏体，所需最少的碳、氮含量和钢中铬含量之间的关系为：

$$w(C) + w(N) = 0.078[w(Cr) - 12.5\%] \tag{6-1}$$

式中，12.5% 为 Fe-Cr 二元相图中 γ 相区能溶解铬的最大质量分数。氮在钢中的溶解度取决于氮化物形成元素铬和锰在钢中的含量：

$$w(\mathrm{N}) \approx \frac{1}{100}[w(\mathrm{Cr}) + w(\mathrm{Mn})] \tag{6-2}$$

式中，$w(\mathrm{N})$、$w(\mathrm{Cr})$、$w(\mathrm{Mn})$分别为三者在钢中的质量分数。如 Cr17Mn13 不锈钢要得到单相奥氏体组织，由式（6-1）算出，$w(\mathrm{C}) + w(\mathrm{N}) = 0.35\%$。一般不锈钢的量 $w(\mathrm{C}) \leqslant 0.10\%$，故在 Cr-Mn-N 钢中 $w(\mathrm{N})$必须大于等于 0.25%。此时 Cr17Mn13 不锈钢中可溶解 $w(\mathrm{N}) = 0.30\%$ 的氮，可保证该钢为单相奥氏体组织。

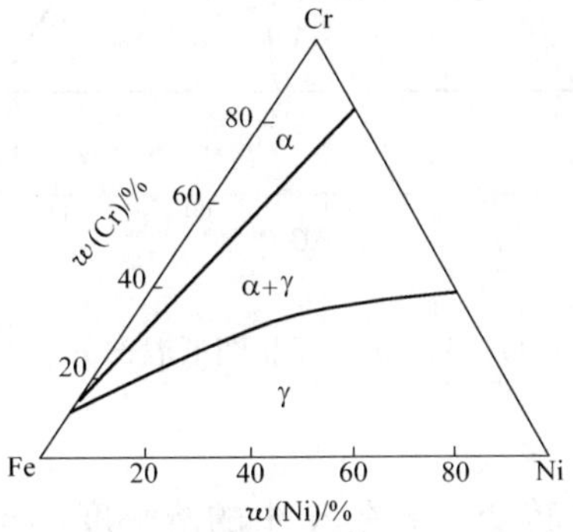

图 6-8　铁铬镍三元相图 1100℃截面

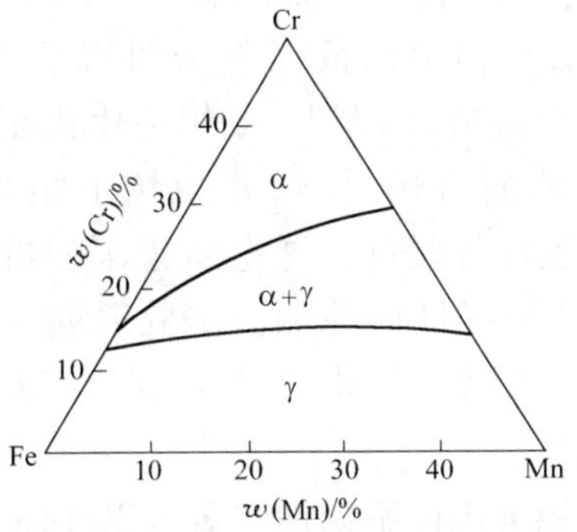

图 6-9　铁铬锰三元相图 1000℃截面

为表明不锈钢的实际成分和所得到组织的关系，人们制成了铬当量[Cr]-镍当量[Ni]图，钢中铁素体形成元素折合成铬的作用，奥氏体形成元素折合成镍的作用，见图 6-10。这张图适用于 Cr-Ni 系，其中：

镍当量$[\mathrm{Ni}] = w(\mathrm{Ni}) + w(\mathrm{Co}) + 0.5w(\mathrm{Mn}) + 30w(\mathrm{C}) + 25w(\mathrm{N}) + 0.3w(\mathrm{Cu})$

铬当量$[\mathrm{Cr}] = w(\mathrm{Cr}) + 1.5w(\mathrm{Mo}) + 2.0w(\mathrm{Si}) + 1.5w(\mathrm{Ti}) + 1.75w(\mathrm{Nb}) + 5.5w(\mathrm{Al}) + 5w(\mathrm{V}) + 0.75w(\mathrm{W})$

可以根据钢的实际化学成分，换算成铬当量和镍当量来估算钢的组织。要获得单相奥氏体组织，必须使这两类元素达到某种平衡，否则钢中就会出现一定量的铁素体，成为复相组织。铁素体形成元素在铁素体中的含量高于钢的平均含量，而奥氏体形成元素在奥氏体中的含量高于钢的平均含量。复相不锈钢在 500～900℃范围停留，铁素体将发生分解。由于铁素体中含铬量高，易分解析出 σ 相，引起钢的脆化。在 Cr-Ni-Mo 和 Cr-Mn-Mo 系复

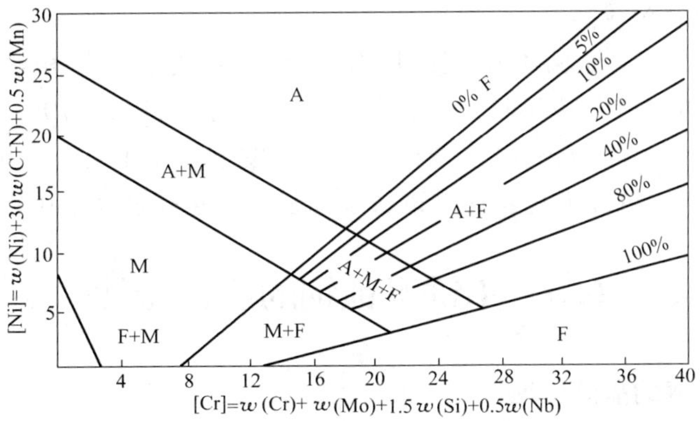

图 6-10　铬当量和镍当量状态图（焊后冷却）

相不锈钢中，铁素体除分解析出 σ 相外，还析出 χ 相。χ 相是具有 α-Mn 结构的 Fe-Cr-Mo 三元金属间化合物，同样会引起钢的脆性。高铬铁素体不锈钢中除形成 σ 相外，在 400 ~ 500℃范围长期保温还会出现 475℃ 脆性，它以在 475℃时脆性最严重而得名。从图 6-11 Fe-Cr 二元相图的低温部分可以看到，此时析出富铬的 α′相。α′相呈片状在高铬铁素体的 {100} 面和位错上析出，其长大速度极缓慢，这些都是 α′相析出引起 475℃ 脆性的原因。实验表明，产生 475℃ 脆性的最低铬含量 w(Cr) 为 13.7%。

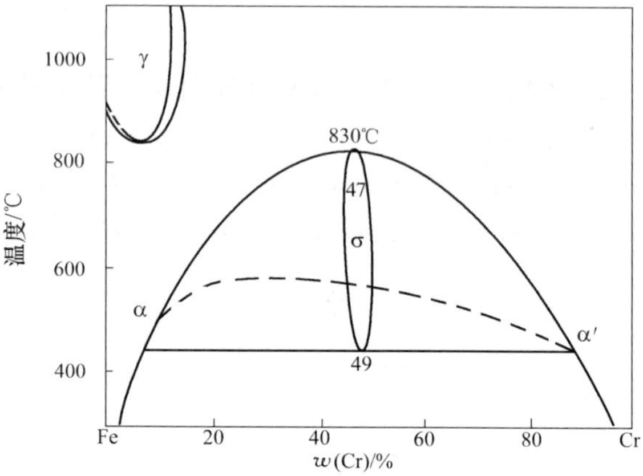

图 6-11 Fe-Cr 二元相图低温部分

亚稳奥氏体不锈钢中氢可以促使 γ →α′的马氏体转变，氢在 α′中的溶解度小于 γ，而氢在 α′中扩散系数高出在 γ 中 4 个数量级，α′的脆性大于 γ，这使 α′马氏体氢脆敏感。而 ε-马氏体没有氢脆。在充氢环境中，Cr18Ni9 型钢中氢含量增加，超过溶解度后就有氢化物 MH_x 沉淀，使钢表面晶格膨胀，在室温时效时 MH_x 分解，使表面收缩，而处于张应力状态，导致 α′马氏体形成表面裂纹，这种裂纹在 α′相内部或在 γ/α′相界面。

稳定的奥氏体不锈钢在充氢时，室温下形变不产生 α′马氏体，也出现氢脆。在 −60 ~ +26℃拉伸时，伸长率从无氢的钢的 $\delta = 50\%$ 降到 30%。

根据不锈耐蚀钢的基本组织，可将它分为五大类：

（1）马氏体不锈钢：w(C)为 0.05% ~ 0.45% 范围的 Cr13 型不锈钢、Cr17Ni2 钢和不锈轴承钢 9Cr18 等，高温加热淬火后基体为马氏体。其中 w(C) 小于 0.10% 的 0Cr13 和 Cr17Ni2 钢在高温是 γ + δ 复相组织，淬火后为马氏体 + δ 铁素体复相组织。

（2）铁素体不锈钢：如 0Cr17Ti、Cr25Ti，Cr26Mo1 等。

（3）奥氏体不锈钢：具有单相奥氏体组织，其中铬镍奥氏体钢有 0Cr19Ni9、1Cr18Ni9Ti、00Cr19Ni10、00Cr18Ni14Mo2Cu2 等，铬锰镍奥氏体钢有 0Cr18Mn9Ni5N，铬锰氮奥氏体钢有 0Cr18Mn15N 等。

（4）奥氏体-铁素体复相不锈钢：具有奥氏体 + 铁素体复相组织，如 Cr21Ni5Ti，00Cr22Ni5Mo3N、00Cr18Ni5Mo3Si2 等，铁素体体积分数为 50% ~70%。

（5）沉淀硬化不锈钢：经过适当热处理后，可发生马氏体相变，并在马氏体基体上析出金属间化合物，产生沉淀强化。这类钢属于高强度或超高强度不锈钢。

6.3 不锈耐蚀钢的腐蚀特性

6.3.1 奥氏体不锈钢的晶间腐蚀

奥氏体不锈钢焊接后焊缝及热影响区（550 ~ 800℃）在许多介质中产生晶间腐蚀，危害极大。这些介质是浓度为 50% ~65% 的热硝酸，含铜盐和氧化铁的硫酸溶液、热有机酸等。

奥氏体不锈钢的晶间腐蚀主要由钢中碳所引起，碳对 Cr18Ni9 钢晶间腐蚀的影响见图 6-12。在550 ~800℃温度范围停留会引起晶间腐蚀，以650℃左右最敏感。钢中碳含量越高，晶间腐蚀倾向越严重。

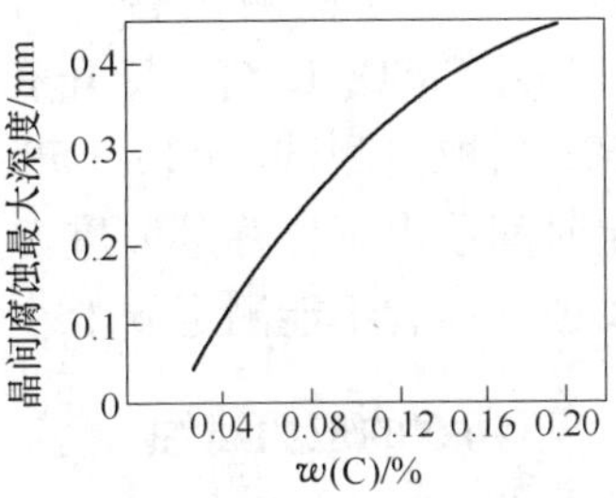

图 6-12 碳对 Cr18Ni9 钢晶间腐蚀的影响（650℃敏化 1000h，H_2SO_4-$CuSO_4$ 试剂中 100h）

奥氏体不锈钢晶间腐蚀主要是晶界上析出连续网状富铬的 $Cr_{23}C_6$ 引起晶界周围基体产生贫铬区，贫铬区的宽度约 10^{-5}cm，w(Cr) 低于 12%，在许多介质中没有钝化能力，贫铬区成为微阳极而发生腐蚀。若在此敏化温度范围长期加热，通过铬的扩散消除贫铬区，则晶间腐蚀倾向就被消除。

Cr18Ni9 钢中的奥氏体在 600℃以下碳的溶解度 w(C) 为 0.02%，此时没有 $Cr_{23}C_6$ 析出。实际上当 $w(C) \leqslant 0.03\%$，也没有晶间腐蚀发生。所以，最有效解决奥氏体不锈钢晶间腐蚀倾向的办法是生产超低碳不锈钢，使钢中 $w(C) \leqslant 0.03\%$，如 00Cr19Ni10 钢。

另一种办法是加入强碳化物形成元素钛和铌，固定钢中的碳，形成稳定的 TiC 或 NbC。与 TiC 相平衡，奥氏体固溶碳仅有 0.01%（质量分数）以下，这就排除了 $Cr_{23}C_6$ 析出的可能性。若加热到 1150℃以上，TiC 或 NbC 开始溶解，或钛、铌含量不足，有过剩的碳溶于奥氏体，则仍不能避免发生 $Cr_{23}C_6$ 析出。为此，钛或铌在钢中的含量分别为：

$$0.8\% \geqslant w(\mathrm{Ti}) \geqslant 5(w(\mathrm{C}) - 0.02\%)$$

$$1.0\% \geqslant w(\mathrm{Nb}) \geqslant 10(w(\mathrm{C}) - 0.02\%)$$

钢中有 10% ~50% 体积的 δ 铁素体，可以改善奥氏体不锈钢的晶间腐蚀倾向。由于 δ 铁素体在 500 ~800℃间发生相间沉淀，$Cr_{23}C_6$ 在 δ/γ 相界 δ 相一侧析出呈点状，排除了在奥氏体晶界析出 $Cr_{23}C_6$，且 δ 相内铬的扩散系数比 γ 相内高 10^3 倍，不致产生贫铬区。

钢中 σ 相在晶界析出也会造成晶间腐蚀。超低碳奥氏体不锈钢特别是含钼钢，如 0Cr18Ni11Ti 和 00Cr17Ni14Mo2 钢，固溶的钼和钛促进 σ 相在晶界析出，在晶界产生贫铬区，在 65%（体积分数）沸腾硝酸中就能产生晶间腐蚀。

钢中不同氮含量对晶间腐蚀产生不同的影响，当 w(N) 低于 0.16%，由于抑制 $Cr_{23}C_6$ 在晶界析出，有利于改善奥氏体钢的晶间腐蚀；当 w(N) 高于 0.16%，由于沿晶界析出 Cr_2N 而增加晶间腐蚀倾向。

在氧化性介质中，奥氏体不锈钢经固溶处理后也会发生晶间腐蚀，是非敏化态晶间腐蚀。如在热的浓硝酸加重铬酸盐溶液中，经 1050℃固溶处理后，奥氏体不锈钢的晶间腐蚀最严重，其原因是杂质元素磷和硅的晶界偏聚。实验表明，当 $w(P) \geqslant 0.01\%$ 后，晶间腐蚀量显著增加，而高纯钢则无晶间腐蚀。

检验奥氏体不锈钢晶间腐蚀倾向的方法，是将试样经固溶处理后再经 650℃-2h 的晶间腐蚀敏化处理后，放在加速晶间腐蚀介质中做试验。试验完毕后，将试样用弯曲法、电阻法和失重法等检测是否存在晶间腐蚀及其腐蚀程度。通常用两种工业检验试剂：(1) H_2SO_4-$CuSO_4$ 试剂，每升蒸馏水加 55mL H_2SO_4，110g $CuSO_4 \cdot 5H_2O$。试样在试剂中煮沸 60h 后取出测试。(2) 65% 沸腾硝酸：试剂每 48h 更换一次，共试验 240h，其间每隔一定时间取出试样称量失重。上述两种试剂主要是浸蚀晶界贫铬区，但后者对晶粒也有少量腐蚀。前者不能测定 σ 相引起的晶界腐蚀，而后者可以。

6.3.2 不锈钢的应力腐蚀

不锈钢受张应力时，在某些介质中经过一段不长时间就会发生破坏。检验应力腐蚀的加速试验介质是 $\varphi(MgCl_2)=42\%$ 的沸腾溶液。由 1Cr18Ni9Ti 钢在试验应力腐蚀过程中电位及伸长率随时间变化图（图 6-13）中可以看出，应力腐蚀破裂有两个阶段，即裂缝的诱发期和裂缝的传播期。在裂缝的诱发期，电位先升高，说明保护膜生成并引起极化作用。继而电位又下降，说明保护膜受到破坏，钢在溶解。电位持续不断降低说明微裂缝开始形成。在裂缝传播期裂缝开始扩展，试样开始伸长，最后造成应力腐蚀破坏。

影响应力腐蚀的因素是介质特点、附加应力和钢的化学成分。

引起奥氏体不锈钢应力腐蚀的介质中含有氯离子（Cl^-），只要含 25×10^{-6} 质量浓度的 Cl^-，甚至浓度更低，都会引起应力腐蚀。随 Cl^- 浓度升高，应力腐蚀破断时间缩短。在微酸性 $FeCl_2$、$MgCl_2$ 溶液中，氧能促进应力腐蚀破坏。在 pH 小于 4～5 的酸性介质中，H^+ 浓度越高，应力腐蚀破断时间就越短。当 pH 大于 4～5 时，加入 NO_3^-、I^- 及醋酸盐，就可以抑制应力腐蚀。

应力也是重要的影响因素。只有张应力才会引发应力腐蚀。在温度恒定时，应力越大，则破断时间越短，如图 6-14 所示。图中折点相当于钢的 $\sigma_{0.1}$。钢的屈服强度越高，抗应力腐蚀破裂的能力越高。钢的应力腐蚀敏感度取决于实际应力和钢的屈服强度之比，比值越高，应力腐蚀敏感度越高。

温度可影响化学反应速度和物质输送速度等。在含 Cl^- 的水溶液中，80℃以上才

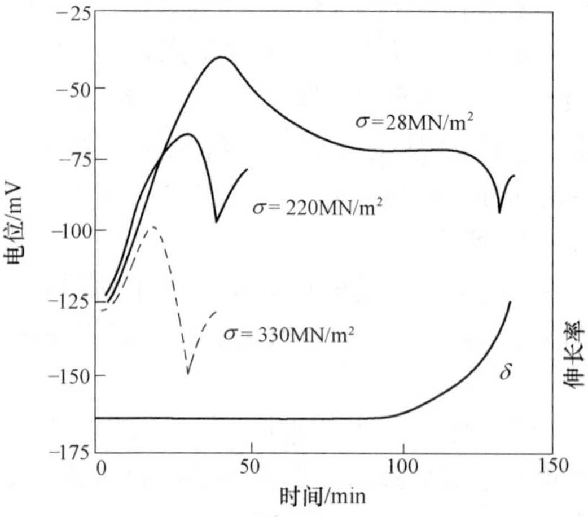

图 6-13 1Cr18Ni9Ti 钢在 $\varphi(MgCl_2)=42\%$ 沸腾溶液（151～154℃）中应力腐蚀时，电位及延伸随时间的变化

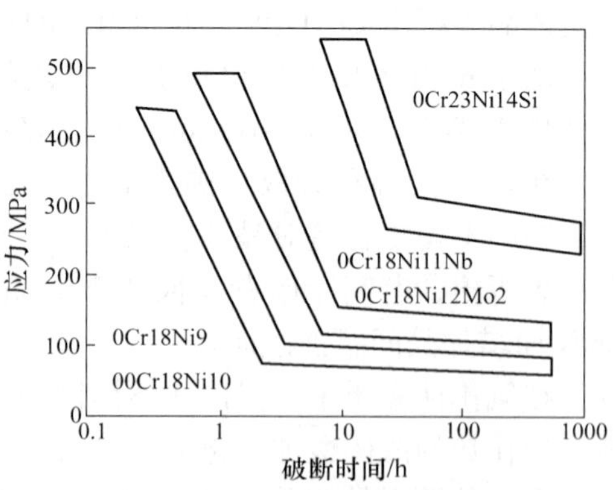

图 6-14 几种奥氏体不锈钢在 $\varphi(MgCl_2)=42\%$ 沸腾溶液中应力对破断时间的影响

产生应力腐蚀。温度越高，应力腐蚀破断时间越短。

不锈钢的组织和成分对应力腐蚀有强烈的影响。$w(Cr)=15\%\sim28\%$的铁素体不锈钢对Cl^-引起的应力腐蚀不敏感，Cr18Ni9型奥氏体不锈钢对应力腐蚀很敏感。含铁素体的复相不锈钢有低的应力腐蚀敏感度。在不稳定的奥氏体不锈钢中，形变引起的马氏体对应力腐蚀有害。超低碳的Cr18Ni9型钢在腐蚀过程中由于氢的渗入，在形变下氢促进$\gamma\rightarrow\alpha'$的马氏体转变，并在α'马氏体中形成裂缝。而在稳定奥氏体不锈钢中，氢的渗入不会引起氢脆。

低镍奥氏体不锈钢对应力腐蚀敏感，而高镍钢($w(Ni)>45\%$)就不会产生应力腐蚀。氮促进应力腐蚀裂缝的诱发和扩展，增加应力腐蚀的敏感；而碳则降低奥氏体不锈钢的应力腐蚀敏感。$w(Cr)$高于12%的奥氏体不锈钢，其铬含量越高，则应力腐蚀敏感性越高。硅在单相奥氏体和复相不锈钢中都提高钢对应力腐蚀的抗力，硅的影响见图6-15。一般硅的加入量为2%～4%（质量分数）。铜能改善奥氏体不锈钢的应力腐蚀，00Cr19Ni10钢中加入$w(Cu)=2\%$的铜，可以有良好的应力腐蚀抗力。钼使奥氏体不锈钢应力腐蚀破裂的诱发期缩短。磷、砷、锑、铋、铝是有害元素，降低奥氏体不锈钢的应力腐蚀抗力。残余硫也是有害的，MnS可优先被溶解，并形成裂纹源。钛与铌对应力腐蚀抗力的影响不显著。

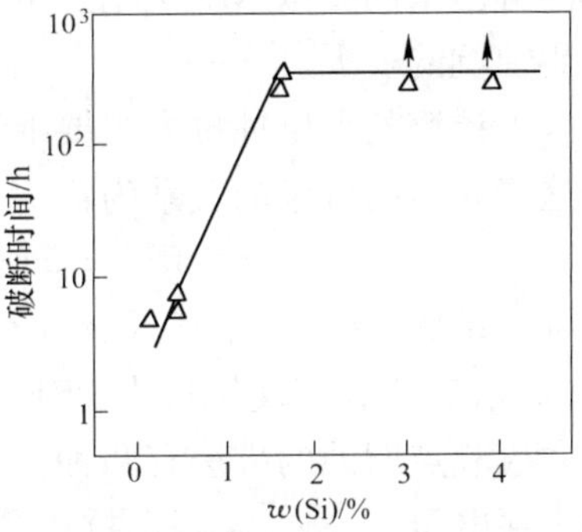

图6-15 硅对Cr17Ni14钢应力腐蚀破裂的影响($w(Mo)<0.01\%$，定荷重294MPa)

一般认为，应力腐蚀是应力和电化学腐蚀共同作用的结果，是滑移-溶解机制。在初始裂纹诱发阶段，张应力引起位错沿滑移面运动移出表面，形成表面滑移台阶，破坏了表面钝化膜，裸露的滑移台阶若来不及修补成完整的钝化膜，就会发生阳极溶解，形成蚀坑，并继续下去，向纵深扩展，在张应力下互相连接，形成腐蚀裂缝，最后导致穿晶断裂。腐蚀裂缝发生在露头的{111}滑移面，但裂缝的传播面尚有争议，许多人认为是沿{111}面，也有人认为是{100}面或不确定。

奥氏体钢的层错能影响位错滑移方式，从而影响应力腐蚀敏感度。层错能高的钢形变时采取交滑移方式，位错缠结呈网状分布，引起表面的台阶小，钝化膜不易被破坏，或破坏小易于修补完善。镍和碳都增高层错能，故高镍奥氏体钢有较高的应力腐蚀抗力。而氮则促进位错呈平面分布，促进应力腐蚀。

铁素体在形变时易发生交滑移，导致表面钝化膜破坏少，易于修补，因而降低不锈钢应力腐蚀敏感性。

为防止奥氏体不锈钢发生应力腐蚀，首先是采用$w(Si)=2\%\sim4\%$或$w(Cu)=2\%$的钢种；提高钢的纯度，将钢中氮含量$w(N)$降低到小于0.04%，并尽量降低钢中磷、砷、锑、铋等杂质含量；采用高纯度铁素体不锈钢；采用奥氏体-铁素体复相钢，铁素体体积含量控制在$\varphi=50\%\sim70\%$。

6.3.3 不锈钢的点腐蚀

不锈钢在含Cl^-介质中表面会出现点状凹坑腐蚀，称为点腐蚀。不锈钢阳极钝化曲线上击穿电位ε_B，当高于ε_B时，则钢发生点腐蚀。故钢的ε_B越正，越抗点腐蚀。介质中含有去极化作用的阳离子 Fe^{3+}、Cu^{2+} 等，加速点腐蚀。

不锈钢中的夹杂物、晶界析出相、晶界等是点腐蚀容易发生的地点。特别是钢中的 MnS，易在无机酸中溶解，造成点腐蚀源。晶界碳化物或 σ 相析出造成晶界的贫铬区也是点腐蚀源。这些地点表面钝化膜的均匀性受到破坏，使得 Cl^- 易于穿透这些地点的脆弱的钝化膜，并与钢的基体发生作用，从而破坏了钝化膜。为提高钝化膜的稳定性，防止 Cl^- 穿透钝化膜，减小点腐蚀倾向，可提高铬含量和加钼。含氮不锈钢的 ε_B 值较正，当钢中 $w(N)$ 高于 0.3% 时，试验中不发生点腐蚀。在 20%（质量分数）$FeCl_2 \cdot 6H_2O$ 水溶液中，钢溶解出来的氮以 NH_4 存在，可防止局部凹坑中腐蚀初期 pH 值的下降，使表面易钝化，阻碍蚀坑的变大。

不锈钢的点腐蚀抗力主要取决于钢中铬、钼和氮的含量。点腐蚀抗力当量值（PRE）与这些元素的含量的关系为：

$$PRE = w(Cr) + 3.3w(Mo) + (15 \text{ 或 } 30)w(N)$$

式中，系数 30 适用于奥氏体不锈钢，而系数 15 用于复相钢。对长时间浸在高 Cl^- 介质（如海水）中，点腐蚀抗力 PRE 值大于 40 就很满意。

检验点腐蚀的方法有两种。一种是电化学方法，在 $\varphi(NaCl) = 3.5\%$ 水溶液中测定钢的击穿电位 ε_B。ε_B 越正，抗点腐蚀能力越强；另一种是化学浸泡法，在 $\varphi(FeCl_3 \cdot 6H_2O) = 10\%$ 水溶液中浸泡 6h，称量失重，计算点腐蚀坑的数目、深度和宽度。

工业上可选用高铬和含钼的钢种，如 00Cr20Ni25Mo6N 钢及 $w(N)$ 在 0.1% 以上的钢如 00Cr22Ni12Mo2.5N 钢，以及高钝的 Cr26Mo1、Cr29Mo4 钢。发展超低硫的钢种，如超低硫 Cr18Ni8MoN 钢，尽可能降低介质中的 Cl^- 的浓度。

6.4 不锈钢的强化与脆化

6.4.1 铁素体不锈钢

铁素体不锈钢比奥氏体不锈钢的屈服强度要高，前者为 280 ~ 460MPa，后者约 230MPa。但前者的冲击韧性低而韧-脆转化温度高，后者则相反。要改善铁素体不锈钢的力学性能，必须控制钢的晶粒尺寸、固溶强化、马氏体量、间隙原子含量及第二相。

铁素体由于原子扩散快，有低的晶粒粗化温度和高的晶粒粗化速率。在 600℃ 以上，铁素体不锈钢的晶粒就开始长大，而奥氏体不锈钢相应的温度为 900℃。若铁素体钢中有一定量奥氏体或 Ti(C，N)，就可以阻碍晶粒长大，提高晶粒粗化温度。细化铁素体不锈钢的晶粒，还可以提高钢的强度。增加铁素体不锈钢中在高温的奥氏体量后，在冷却时将发生马氏体转变，得到铁素体加部分马氏体的组织。少量马氏体（φ 低于 15% ~20%）将降低钢的屈服强度，增高均匀伸长率，对塑性有利。由于同时细化了铁素体晶粒，就消除了含有部分马氏体对冲击韧性的不利影响，降低钢的韧-脆转化温度。

铁素体不锈钢存在 475℃ 脆性。当钢中铬含量 $w(Cr)$ 高于 15.5%，随铬含量增高，其脆化倾向也增加。因而要避免在 400 ~500℃ 范围停留。

高铬铁素体不锈钢产生低温脆性的另一个原因，是钢中含有碳、氮、氧等杂质及夹杂物。若采用精炼技术，如真空感应熔炼、电子束精炼、氩氧混吹脱碳等，可大大降低高铬钢中的间隙元素和杂质元素的含量，能显著提高铁素体不锈钢的塑性和韧性，降低韧-脆转化温度。Cr26Mo1 铁素体不锈钢经过精炼后，w(C)降到 0.001%，w(N)降为 0.010%，就是厚钢材也有很好的韧性。图 6-16 展示了不同基体的不锈钢在 -273 ~200℃范围的冲击韧性和韧-脆转化温度范围。高铬铁素体不锈钢（图中 Cr-F）的韧-脆转化温度在 100℃左右，韧态冲击功为 100J。经过精炼后的高铬铁素体钢[Cr-F(高纯)]，其韧-脆转化温度降到 -50℃以下，韧态冲击功上升到 200J。与奥氏体不锈钢（图中 CrNi-A）相比，虽然其韧-脆转化温度稍高些，但韧态冲击功不低。另外，加少量铝对改善 Cr17 型铁素体不锈钢的韧性也特别有效。

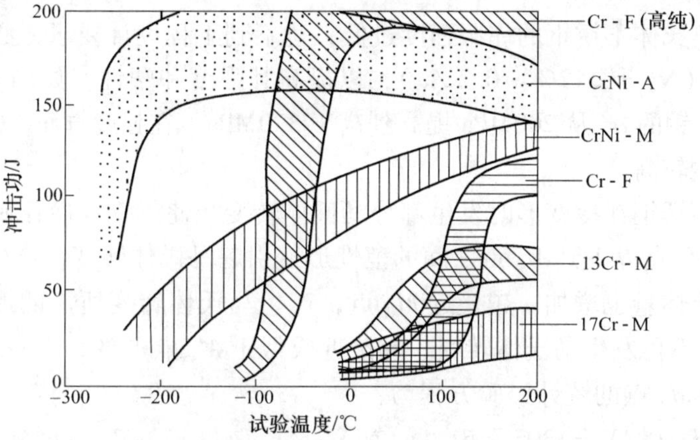

图 6-16　不同组织的不锈钢在 200℃以下温度的冲击功和韧-脆转化温度范围

6.4.2　奥氏体不锈钢

奥氏体不锈钢分为组织稳定和亚稳两大类，后者在大变形量下要发生马氏体转变。

稳定的奥氏体不锈钢具有低的屈服强度和高的塑性、韧性，低的韧-脆转化温度，见图 6-16。影响其强度的因素之一是合金元素的固溶强化。合金元素对 Cr18Ni9 型钢的强化效应见图6-17。间隙元素碳、氮的强化效应远大于代位元素，而氮的强化效应最大。在代位元素中，铁素体形成元素的强化效应又大于奥氏体形成元素。

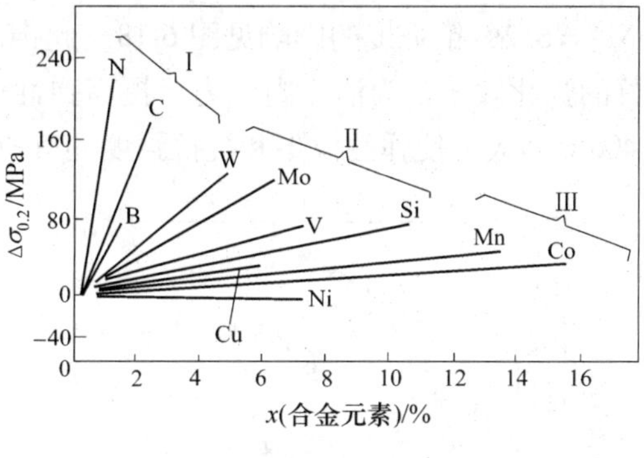

图 6-17　合金元素对 Cr18Ni9 型不锈钢的强化效应
Ⅰ—间隙元素；Ⅱ—铁素体形成元素；
Ⅲ—奥氏体形成元素

组织因素对 Cr18Ni9 型不锈钢的影响表现在：随晶粒尺寸和孪晶间平均距离变小而强度增加；δ 相和马氏体含量增加，钢的强度增加。

影响 Cr18Ni9 型不锈钢强度的统计经验方程为：

$$\sigma_s(\text{MPa}) = 67.8 + 493w(\text{N}) + 354w(\text{C}) + 20w(\text{Si}) + 3.7w(\text{Cr}) + \quad (6\text{-}3)$$
$$14.5w(\text{Mo}) + 18.5w(\text{V}) + 4.5w(\text{W}) + 40w(\text{Nb}) +$$

$$26.2w(\mathrm{Ti}) + 12.6w(\mathrm{Al}) + 2.46\varphi + 7.1d^{-1/2}$$

$$\sigma_b(\mathrm{MPa}) = 447 + 847w(\mathrm{N}) + 539w(\mathrm{C}) + 37w(\mathrm{Si}) + 1.7w(\mathrm{Ni}) + 18.5w(\mathrm{Mo}) + 77w(\mathrm{Nb}) + 46.2w(\mathrm{Ti}) + 18.5w(\mathrm{Al}) + 2.2\varphi + 12.6t^{-1/2} \quad (6\text{-}4)$$

式中，$w(x)$ 为各元素的质量分数；φ 为铁素体的体积分数；t 为孪晶间平均距离（mm）；d 为晶粒平均截距（mm）。

影响奥氏体不锈钢的断面收缩率的表达式为：

$$\psi = 77 + 0.81w(\mathrm{Si}) + 0.94w(\mathrm{Mn}) + 1.3w(\mathrm{Cu}) + 1.6w(\mathrm{Al}) - 0.20w(\mathrm{Ni}) - 6.6w(\mathrm{Nb}) + 0.99t^{-1/2} - 1.0d^{-1/2} \quad (6\text{-}5)$$

由于超低碳奥氏体不锈钢的屈服强度过低，达不到工程设计要求，必须加以强化。通常加入少量氮（$w(\mathrm{N}) = 0.12\% \sim 0.22\%$），以提高其强度和塑性。如加入 $w(\mathrm{N}) = 0.21\%$ 的氮，使 Cr18Ni9 钢的 σ_s 从 200MPa 提高到高于 370MPa。在强度方面，Cr-Mn-N 和 Cr-Mn-Ni-N 奥氏体不锈钢较高。

亚稳奥氏体不锈钢在冷变形时发生部分马氏体转变，使得钢在冷作硬化基础上又加上马氏体强化。在 M_d 点以下到 M_s 点之间的范性形变引起马氏体转变，产生形变马氏体。随形变量增加，马氏体量也增加。越接近 M_d 点，产生马氏体转变所需的形变量也越大；超过 M_d 点，形变就不再发生马氏体转变。越接近或低于 M_s 点形变，就越能增加马氏体量。影响不锈钢 M_s 和 M_d 点的统计经验方程为：

$$\varphi(M_s)(\alpha') = 1305 - 61.1w(\mathrm{Ni}) - 41.7w(\mathrm{Cr}) - 33.3w(\mathrm{Mn}) - 27.8w(\mathrm{Si}) - 1667w(\mathrm{C+N}) \quad (6\text{-}6)$$

$$\varphi(M_d)(\alpha') = 413 - 9.5w(\mathrm{Ni}) - 13.7w(\mathrm{Cr}) - 8.1w(\mathrm{Mn}) - 9.2w(\mathrm{Si}) - 18.5w(\mathrm{Mo}) - 462w(\mathrm{C+N}) \quad (6\text{-}7)$$

亚稳奥氏体不锈钢用来制造不锈弹簧。其最佳成分为 $w(\mathrm{C}) = 0.08\% \sim 0.10\%$，$w(\mathrm{Cr}) = 17\% \sim 18\%$，$w(\mathrm{Ni}) = 6\% \sim 9\%$。不同轧制温度对 $w(\mathrm{C}) = 0.09\%$，$w(\mathrm{Cr}) = 17.4\%$，$w(\mathrm{Ni}) = 6.2\%$ 钢强度的影响见图 6-18。此钢的 M_s 点在 0 ~（−76℃），采取零下温度轧制有较好的强化效果。为消除内应力，提高弹性极限，提高塑性，可采取 425℃ 以下回火。一般在 400℃ 回火，使弹性极限和抗拉强度还有所上升。回火对性能的影响见图 6-19。

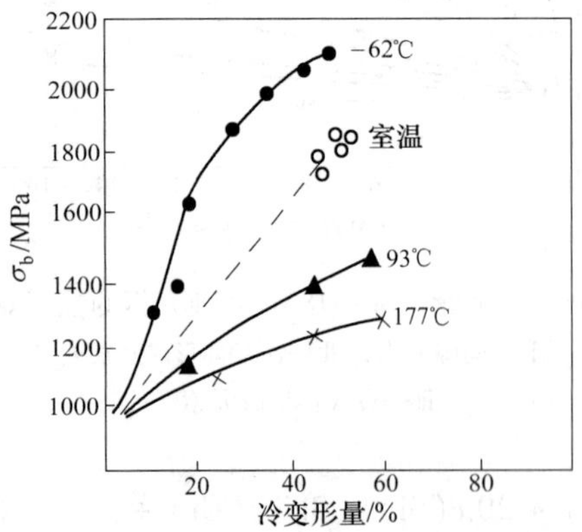

图 6-18 不同变形量对 Cr17Ni6 钢强度的影响

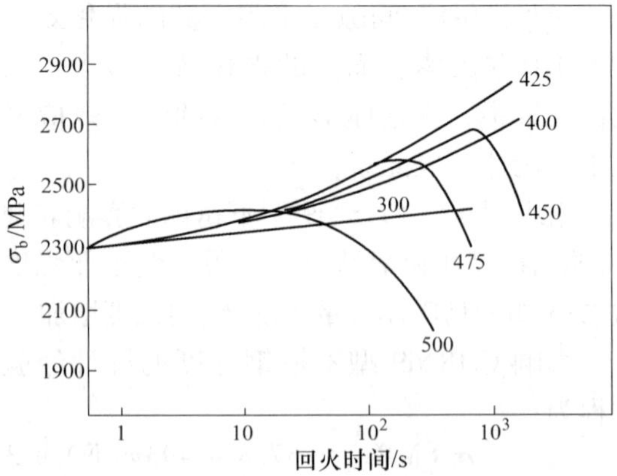

图 6-19 回火温度和时间对 18-8Mo 钢强度的影响

6.4.3 高强度不锈钢

不锈钢要获得高强度，一般采用在马氏体基体上产生沉淀强化的方法。为此加入合金元素钼、钛、铝等，形成新的沉淀强化相，如 Fe_2Mo、Ni_3Mo、Ni_3Ti 和 Ni_3Al 等。根据基体和热处理工艺，沉淀硬化不锈钢分为两类。

6.4.3.1 马氏体型沉淀硬化不锈钢

这类钢是在17-4PH钢基础上通过减铬增镍以消除δ铁素体，并加入钼、钛、铝、铌等强化元素，经高温奥氏体区固溶处理后，冷却时发生马氏体转变，然后经425～600℃时效，从过饱和的马氏体基体中析出弥散的金属间化合物而产生沉淀强化。PH13-8Mo钢含有 $w(Cr)=13\%$，$w(Ni)=8\%$，$w(Mo)=2.2\%$，$w(Al)=1.1\%$，经奥氏体化并淬火和510℃时效4h后，得到的力学性能为：屈服强度 $\sigma_s=1450MPa$，抗拉强度 $\sigma_b=1550MPa$，伸长率 $\delta=12\%$，硬度为HRC47。Custom455钢含 $w(Cr)=12\%$，$w(Ni)=8\%$，$w(Cu)=2.5\%$，$w(Ti)=1.2\%$，$w(Mo)=0.5\%$，$w(Nb)=0.3\%$，经高温固溶处理和480℃时效4h后，屈服强度 $\sigma_s=1620MPa$，抗拉强度 $\sigma_b=1690MPa$，伸长率 $\delta=12\%$，硬度为HRC49。这类钢用于锻件或棒材，由于热处理温度低，变形量小，可在固溶处理后精加工，然后再时效强化。这类钢有良好的工艺性能和低的加工费用。

6.4.3.2 半奥氏体型沉淀硬化不锈钢

这类钢是在Cr17Ni7钢的基础上加入强化元素发展起来的。钼、铝等形成金属间化合物，在马氏体基体上析出产生沉淀强化。钢经固溶处理后，在室温下为奥氏体及少量($\varphi=8\%\sim10\%$)δ铁素体组织。这类钢要获得马氏体，有三种热处理工艺：(1) 两次时效，先经1065℃固溶，再在760℃保温1.5h的调整处理，空冷后经510℃时效30min；(2) 冷处理及时效1h，钢经1065℃固溶后再经950℃调整处理，冷到室温后再在－73℃冷处理，停留8h，最后在510℃时效1h；(3) 冷加工及时效，钢经1065℃固溶处理，冷至室温进行冷加工，形变量为60%，再在480℃时效1h。典型钢种为PH15-7Mo钢，其化学成分为 $w(Cr)=15\%$，$w(Ni)=7\%$，$w(Mo)=2.2\%$，$w(Al)=1.2\%$。钢经固溶及冷处理加时效后，屈服强度 $\sigma_s=1550MPa$，抗拉强度 $\sigma_b=1655MPa$，伸长率 $\delta=6\%$，硬度为HRC48。315℃的持久强度 $\sigma_{100}=1383MPa$。

这类钢经固溶处理后有同奥氏体不锈钢一样良好的冷变形能力，能承受大变形量冷轧。在冷轧和冷处理后，具有马氏体组织，经时效后产生沉淀强化。但在315℃以上使用，会继续析出金属间化合物而使钢变脆，并且仍存在475℃脆性和高温回火脆性，因而要限制其使用温度。

6.4.4 复相不锈钢

复相不锈钢具有奥氏体和铁素体双相组织，含有高含量合金元素铬、钼、镍、氮。这种钢需要控制好奥氏体和铁素体的体积分数，铁素体的体积分数控制在40%～60%，以保证耐蚀性和力学性能。复相不锈钢的力学性能特点是具有高的屈服强度，为单相奥氏体不锈钢的两倍，主要来源于氮的强烈固溶强化作用，还有高铬、钼合金量的固溶强化作用。同时，由于含有塑性、韧性好的奥氏体，复相不锈钢比铁素体不锈钢和马氏体不锈钢有较高的韧性和延性，并且有较低的韧-脆转化温度，使之保持在等于或低于－60℃。

典型的复相不锈钢有 00Cr22Ni5Mo3N、0Cr25Ni6Mo3CuN、00Cr18Ni5Mo3Si2 等。其中 00Cr22Ni5Mo3N 钢的力学性能 $\sigma_{0.2} \geqslant 450$MPa，$\sigma_b \geqslant 620$MPa，$\delta \geqslant 25\%$，$A_k \geqslant 250$J，其奥氏体量为 50% ~60%。00Cr18Ni5Mo3Si2 钢的力学性能 $\sigma_{0.2} \geqslant 440$MPa，$\sigma_b \geqslant 630$MPa，$\delta \geqslant 30\%$，$A_k \geqslant 250$J，其奥氏体量为 40% ~50%。而单相奥氏体 0Cr18Ni9 钢的 $\sigma_{0.2} \geqslant 210$MPa，$\sigma_b \geqslant 515$MPa，$\delta \geqslant 45\%$，$A_k \geqslant 300$J，单相铁素体不锈钢 Cr17 钢的 $\sigma_{0.2} \geqslant 205$MPa，$\sigma_b \geqslant 450$MPa，$\delta \geqslant 20\%$。

复相不锈钢广泛应用于石油、天然气、石化工业、控制污染环保工业等部门中苛刻腐蚀环境，它具有好的综合性能：强度、韧性、塑性和焊接性。这类钢在 350 ~900℃范围停留时，会陆续发生脆化，如475℃脆性，由 500 ~900℃范围析出 σ 相、χ 相等引发的脆性，伴随有钢的耐蚀性下降。因而要避免在 350 ~900℃范围停留。

6.5 不锈耐蚀钢钢种

Cr18Ni9 型奥氏体不锈钢是用量最大的一类不锈钢，广泛用于化工、石油、航空、民用等工业部门。它具有较好的工艺性能、良好的焊接性和在许多介质中有良好的耐蚀性。对不要求焊接的零件，可直接选用 0Cr19Ni9 钢。供焊接用的钢，一种是以钛或铌作碳的稳定剂的 1Cr18Ni9Ti 或 0Cr18Ni11Nb 钢，另一种是超低碳 00Cr19Ni10 钢。要求深冲的钢，可采用含铜的 00Cr17Ni7Cu2 或 00Cr17Ni8SiCu2 钢。

含镍高的奥氏体不锈钢的 M_s 点低，能在极低温时保持单相奥氏体组织具有良好的韧性和塑性，可做液氮（-196℃）或更低温度液体的压力容器。

含氮的铬锰奥氏体和铬镍锰奥氏体不锈钢有 Cr-Mn-N 和 Cr-Mn-Ni-N 钢。氮的固溶强化使钢具有较高的屈服强度、塑性和韧性，性能优于 Cr18Ni9 型钢。超低碳 00Cr19Ni10 钢中由于降碳而降低了屈服强度，在补加一定量氮后，又得到了提高。含氮钢对要求耐蚀的同时还要求较高屈服强度的零部件有其优越性。

高强度不锈弹簧选用亚稳奥氏体不锈钢制作，并经零下轧制和低温回火。常用的钢种有 1Cr17Ni7、1Cr18Ni8Mo、Cr15Mn14N 等。

在非氧化性酸中工作的部件，应选择含钼、铜和镍量较高的钢种，如 0Cr18Ni12Mo3Ti、00Cr18Ni18Mo2Cu2、00Cr20Ni29Mo2Cu3Nb，00Cr18Ni14Mo2Cu2 等。对种类繁多的氧化还原复合性介质，应选用高铬、高镍及钼、铜复合的钢种，如 00Cr20Ni18Mo6CuN、00Cr20Ni25Mo4.5Cu 和 00Cr20Ni29Mo2Cu3Nb。对高浓度硫酸（浓度≥90%）和浓硝酸（浓度≥85%），应选用高硅不锈钢，如 00Cr17Ni20Si6MoCu、00Cr18Ni13Si4Nb。这类钢的屈服强度低，其 $\sigma_{0.2}$ 大于 250MPa，不适于制造重载装置，如离心机等构件。但可采用沉淀硬化型的耐蚀钢，如 0Cr16Ni40Mo5Cu3Ti3Al，钢经 1100℃固溶处理后，在 650℃时效 15h，其 $\sigma_{0.2}=650$MPa，可耐高温硫酸腐蚀介质。

在含卤族元素离子介质中，抗点腐蚀的钢为含钼、氮和高铬不锈钢，如 00Cr22Ni22Mo2N、00Cr22Ni5Mo3N、00Cr20Ni25Mo6N 及超低碳氮钢 Cr26Mo4 等。这些钢种也用于耐海水腐蚀的海洋开发设备上。

抗应力腐蚀用钢为含硅量较高的奥氏体或铁素体-奥氏体不锈钢，如 0Cr18Ni14Si4 奥氏体钢和 00Cr18Ni5Mo3Si2 复相钢。后者抗应力腐蚀和抗点腐蚀，并具有高强度。此外，也可用含铜的 00Cr18Ni9Cu2 奥氏体钢。

铁素体不锈钢0Cr17Ti在硝酸和有机酸（除醋酸、蚁酸和草酸外）中有良好的耐蚀性，可代替1Cr18Ni9Ti钢以节镍，用于石油、化工、人造纤维工业。超低硫超低碳的Cr17Ti钢，其耐蚀性、冷加工性和焊接性进一步得到提高。含钼和铌的Cr17型钢，如超低碳和氮的Cr17Mo1Nb钢，在耐点腐蚀、应力腐蚀、一般腐蚀和焊接性方面更有很大的提高。

高铬铁素体不锈钢通过精炼降低碳和氮含量，提高了塑性和低温韧性，改善了焊接性，有高抗点腐蚀和应力腐蚀能力。高纯Cr26Mo1钢可用于热水锅炉，高纯Cr29Mo4钢可用于海水热交换器。

Cr17Ni2马氏体高强度不锈钢可用做工作于400℃以下的耐蚀高强度钢。它含有一定量的δ铁素体，经1050℃淬火和530℃回火后，得到较好的综合性能。δ铁素体含量过多将降低力学性能，故必须加以控制。提高钢锭锻压比，破碎δ铁素体，使之沿锻轧方向伸长，可提高钢的疲劳强度。

Cr13型马氏体不锈钢，由于含碳量不同而用途各异。0Cr13、1Cr13和2Cr13为结构钢，它对空气、水蒸气、室温硝酸和弱腐蚀介质耐蚀，用做要求耐蚀和强度的结构，如蒸汽涡轮叶片、水压机阀门和食品工业用具和餐具。其热处理工艺为：950～1000℃淬火，650～750℃回火，得到回火索氏体组织，其中0Cr13还保留部分δ铁素体。这类钢有较高的韧性和耐蚀性。3Cr13和4Cr13是工具钢，经950～1000℃淬火，3Cr13钢的硬度为HRC48～53，4Cr13钢的硬度为HRC50～56，经200～280℃低温回火，可保持高硬度和耐蚀性，用来制造医用和日用刀具。

本章小结

不锈耐蚀钢是常温下具有优异的抗电化学腐蚀性能的特殊性能钢，分为不锈钢和耐酸钢两类。金属电化学腐蚀方式有均匀腐蚀，还有晶界腐蚀、点腐蚀、应力腐蚀等局部腐蚀。

不锈耐蚀钢中最基本的合金化元素是Cr，此外是奥氏体形成元素Ni。Cr和Ni改善不锈耐蚀钢的耐蚀性遵循“n/8”规律。C可以提高不锈钢的强度和硬度，但降低钢的耐蚀性，因而铁素体不锈钢和奥氏体不锈钢中C含量都比较低，而马氏体耐蚀钢中的C含量较高。

不锈耐蚀钢可以分为铁素体、奥氏体、马氏体三种基本类型的不锈钢以及双相不锈钢。

铁素体不锈钢主要包括Cr17、Cr25两种不同含Cr量的不锈钢，主要用于化工设备中要求耐蚀性高、塑性好、强度低的容器和管道等。易发生475℃脆性、σ相脆性以及粗大的原始晶粒引起的脆性，不能进行热处理强化。

奥氏体不锈钢是Cr、Ni复合合金化后得到的单相奥氏体不锈钢，主要是Cr18Ni9型，合金中加入Ti、V、Mo能提高抗晶间腐蚀及点蚀能力，以Mn和N取代部分Ni获得节Ni奥氏体不锈钢。奥氏体不锈钢固溶处理后为单相奥氏体组织，具有良好的耐蚀性，主要用于强度要求不高的化工容器以及管道等。

马氏体不锈钢主要是Cr13型不锈钢，淬火-回火后为回火索氏体或者回火马氏体组织，主要用于医疗器械等。

双相不锈钢主要包括奥氏体-铁素体和奥氏体-马氏体不锈钢两类。

****

不锈耐蚀钢分类及典型合金

铁素体型不锈钢

Cr13 型：0Cr13(410)，00Cr13(410)，0Cr13Al(405)，0Cr11Ti(409)

Cr17 型：1Cr17(430)，1Cr17Ti，00Cr17Ti，Cr17Mo1Nb

高 Cr 型：Cr26Mo1，Cr29Mo4Ni2

奥氏体型不锈钢

18-8 型：0Cr18Ni9(304)，00Cr19Ni10(304L)，0Cr18Ni10Ti(321)

Cr-Ni-Mo 型：0Cr17Ni12Mo2(316)，00Cr17Ni12Mo2(316L)，00Cr18Ni14Mo2Cu2

Cr-Ni-Nb 型：0Cr18Ni11Nb(347)

Mn-N 系节 Ni 钢：0Cr18Mn9Ni5N，0Cr18Mn15N

马氏体不锈钢

Cr13 型：1Cr13(410)，2Cr13，3Cr13；3Cr13Mo

Cr17 型：7Cr17(440)，8Cr17(440B)，9Cr18MoV，1Cr17Ni2(431)

双相不锈钢：00Cr22Ni5Mo3N，0Cr25Ni6Mo3CuN，00Cr18Ni5Mo3Si2

高 Cr 高 Ni 不锈钢

00Cr22Ni22Mo2.5N，00Cr20Ni25Mo6N，00Cr20Ni29Mo2Cu3Nb，00Cr25Ni22Mo2N

****

思考题与习题

6-1 钢铁材料的不锈和耐蚀性能如何分级？请查阅资料，设计寿命为100年的桥梁用钢，其抗腐蚀性能有何规定？

6-2 钢铁材料的主要腐蚀机理分哪几类？请查阅资料，归纳总结各种腐蚀的外表特征、微观过程。关注其腐蚀结果对材料抗断裂性能造成的损伤及其危害性。

6-3 给出电极极化曲线上腐蚀电流与电位之间函数关系的一般表达式。

6-4 电化学腐蚀中，金属通常作为阳极。请查阅资料，归纳总结阳极极化的微观机理。（提示：以电化学腐蚀的电流导通性为出发点分析）

6-5 什么是金属电极的钝化，在电极化曲线上钝化的表现是什么，哪些极化会导致钝化？

6-6 一般来说，金属具有良好抗腐蚀能力时，材料自身发生哪种钝化？金属作为阳极在发生腐蚀过程中应当具备什么特征？

6-7 Fe 抗常温电化学腐蚀能力较差，其原因是什么？Cr 加入 Fe 中提高其抗腐蚀性的机理是什么，金属 Cr 自身抗腐蚀能力如何？

6-8 依据微观组织类型将不锈钢分成哪几类？

6-9 奥氏体、马氏体、铁素体三种类型不锈钢，合金冷却过程经历的相变存在哪些明显区别？

6-10 为了获取不同类型的组织，不锈钢中如何选取 C、Cr、Ni 这三种合金元素及其含量？试举例进行对比说明。

6-11 Cr13 型马氏体不锈钢中，C 含量的范围是多少，如何在合金牌号中表达钢的 C 含量，它与 Cr13 型铁素体不锈钢的区别是什么？

6-12 Cr17 铁素体不锈钢中 C 含量如何，这种不锈钢在高温区是否存在奥氏体相区？

6-13 奥氏体不锈钢中 C 含量是否有上限限制，较低 C 含量区的界限是多少，在合金牌号中如何表达？

6-14 18-8 型奥氏体不锈钢中，四种典型合金 0Cr18Ni9、00Cr19Ni10、0Cr17Ni12Mo2、0Cr18Ni11Nb 中 Ni 的含量范围存在一些差别，你注意到了吗？请说明其中的原因。

6-15 不锈钢的焊缝组织中，三种类型的微观组织相对含量与合金化学成分的关系在图 6-10 中给出（该图又名为 Schaeffler 图）。其中，合金的化学成分折算成铬当量和镍当量。结合第 1 章关于奥氏体及铁素体形成元素的划分，对不锈钢中常用合金元素进行归类，同时关注它们的铬当量或镍当量的折算系数，比较它们稳定奥氏体或铁素体的作用效能。

6-16 最普通的奥氏体不锈钢 Cr18Ni9 中，Cr 的质量分数为 18%，Ni 为 9%。这是一种原材料成本最低的 Cr-Ni 系奥氏体不锈钢。请查阅资料说明合金成分的选择缘由。（提示：查阅金属 Cr、Ni 的价格核算合金成本；保证良好抗腐蚀能力的前提为含有足够高 Cr 的单相奥氏体组织）

6-17 奥氏体不锈钢中，主要的奥氏体形成元素是哪几个？以 Cr18Ni8 不锈钢为基础，围绕这些奥氏体形成元素，进行了哪些奥氏体不锈钢的改型工作，主要动机是什么，形成了哪些定型的工业合金产品？

6-18 请采用 Thermo-calc 或其他相图计算软件对 00Cr18Ni11 合金进行相图计算。观察该合金凝固及冷却到室温过程中平衡态组织的转变情况。该合金常温下是否是稳定的奥氏体单相组织，你认为成为单相奥氏体的原因是什么，如果继续冷却可能发生什么变化？

6-19 100% 奥氏体相组成的不锈钢为顺磁性，故此奥氏体不锈钢的磁性非常弱。不过，奥氏体不锈钢的铸锭、锻造坯甚至热轧板都可能呈现一定的铁磁性。其原因是什么？冷轧态呈现很强烈的铁磁性，请查阅资料说明原因。冷加工成形的产品经 1050 ~ 1150℃ 固溶处理后能够基本消除铁磁性，原因是什么，固溶后冷却过程需要注意什么事情？

6-20 深低温区使用的奥氏体不锈钢，有什么特殊问题需要注意，如何避免低温脆性？（提示：Ni 可以稳定奥氏体相，推迟马氏体相变）

6-21 请说明奥氏体不锈钢发生晶间腐蚀的机理。目前采取的有效措施是什么？

6-22 什么是奥氏体不锈钢的点腐蚀，腐蚀产物的形态及危害性如何，有效的预防手段是什么，有哪些典型产品？

6-23 什么是不锈钢的应力腐蚀，不同类型的不锈钢抗应力腐蚀能力存在什么显著差别？

6-24 导致不锈钢应力腐蚀的典型介质有哪些，这种特点对不锈钢的应用领域有什么重大影响吗？（提示：考虑海洋强国建设中所需要的金属材料）

6-25 不锈钢中各种合金元素对于应力腐蚀性能的影响如何？

6-26 总结对于不锈钢应力腐蚀问题机理的认识。

6-27 什么是铁素体不锈钢的 475℃ 脆性，其产生条件和机理是什么，如何预防这种脆性？

6-28 σ 相导致铁素体不锈钢的脆性发生于什么条件下，如何避免？

6-29 铁素体不锈钢存在冷脆性，冷脆性可能发生的温度范围是多少，其产生原因和目前的解决方法是什么？

6-30 请总结比较铁素体、奥氏体、马氏体不锈钢的强度、塑性的差异。

6-31 奥氏体不锈钢的主要强化手段是什么，控制屈服强度的主要方法是什么？

6-32 高强度的不锈钢包含哪些，采用哪些手段可提高其屈服强度？

6-33 查阅资料，了解目前工业规模生产奥氏体不锈钢的典型工艺流程及各工序的主要作用。

参 考 文 献

[1] 章守华，吴承建．钢铁材料学[M]．北京：冶金工业出版社，1992.
[2] 肖纪美．不锈钢的金属学问题（第2版）[M]．北京：冶金工业出版社，2006.
[3] P. Marshall. Austenitic Stainless Steels—Microstructure and Mechanical. Properties，Elsevier Applied Science Publishers，1984.
[4] 陆世英．不锈钢[M]．北京：原子能出版社，1995.
[5] 干勇，田志凌，董瀚，等．中国材料工程大典，第3卷，钢铁材料工程（下）[M]．北京：化学工业出版社，2006.

7 耐热钢和耐热合金

内容要点：

耐热钢与耐热合金的工作条件及性能要求，提高金属材料高温抗氧化腐蚀的机理和方法。铁素体、奥氏体型耐热钢、工业炉用耐热钢以及镍基耐热合金四类合金，它的化学成分、热处理工艺、微观组织结构与性能特点以及它们之间的关系。提高耐热合金高温强度及抗蠕变性能的新型制备工艺及其原理。

7.1 耐热钢和合金的工作条件及性能

耐热钢和耐热合金的发展是高温下工作的动力机械的需要，如火电厂的蒸汽锅炉、蒸汽涡轮，航空工业的喷气发动机，以及航天、舰船、石油和化工等工业部门的高温工作部件。它们都在高温下承受各种载荷，如拉伸、弯曲、扭转、疲劳和冲击等。此外，它们还与高温蒸汽、空气或燃气接触，表面发生高温氧化或气体腐蚀。在高温下工作，钢和合金将发生原子扩散过程，并引起组织转变，这是与低温工作部件的根本不同点。耐热钢和耐热合金的基本要求，一是有良好的高温强度及与之相适应的塑性，二是有足够高的化学稳定性。

钢和合金在温度和应力作用下将发生连续而缓慢的变形，即蠕变。钢和合金中的组织变化是蠕变的内因。表示高温强度的指标有三种：其一为蠕变强度，它表示在某温度下，在规定时间达到规定变形（如0.1%）时所能承受的应力；其二为持久强度，它指定在规定温度和规定时间断裂所能承受的应力；其三为持久寿命，它表示在规定温度和规定应力作用下拉断的时间。另外，高温下的紧固件要求有低的应力松弛性能。承受交变应力的高温零件要求高的高温疲劳强度。

钢和合金在高温下与空气接触将发生氧化，表面氧化膜的结构因温度和合金的化学成分而有着不同的化学稳定性。钢在575℃以下表面生成 Fe_2O_3 和 Fe_3O_4 层，在575℃以上出现 FeO 层，此时氧化膜外表层为 Fe_2O_3，中间层为 Fe_3O_4，与钢接触层为 FeO。当 FeO 出现时，钢的氧化速度剧增。FeO 为铁的缺位固溶体，铁离子有很高的扩散速率，因而 FeO 层增厚最快，Fe_3O_4 和 Fe_2O_3 层较薄。氧化膜的生成依靠铁离子向表层扩散，氧离子向内层扩散。由于铁离子半径比氧离子的小，因而氧化膜的生成主要靠铁离子向外扩散。要提高钢的抗氧化性，首先要阻止 FeO 出现。加入能形成稳定而致密氧化膜的合金元素，能使铁离子和氧离子通过膜的扩散速率减慢，并使膜与基体牢固结合，可以提高钢和合金在高温下的化学稳定性。

合金元素对钢的氧化速度的影响见图 7-1。钢中加入铬、铝、硅，可以提高 FeO 出现的温度，改善钢的高温化学稳定性。就质量分数而言，1.03% Cr 可使 FeO 在 600℃出现，1.14% Si 使 FeO 在 750℃出现，1.1% Al + 0.4% Si 可使 FeO 在 800℃出现。当铬和铝含量高时，钢的表面可生成致密的 Cr_2O_3 或 Al_2O_3 保护膜。通常在钢表面生成 $FeO \cdot Cr_2O_3$ 或 $FeO \cdot Al_2O_3$ 等尖晶石类型的氧化膜，含硅钢中生成 Fe_2SiO_4 氧化膜，它们都有良好的保护作用。铬是提高抗氧化能力的主要元素，铝也能单独提高钢的抗氧化能力。而硅由于增加钢的脆性，加入量受到限制，只能作辅加元素。其他元素对钢抗氧化能力影响不大。少量稀土金属或碱土金属能提高耐热钢和耐热合金的抗氧化能力，特别在1000℃以上，使高温下晶界优先氧化的现象几乎消失。钨和钼将降低钢和合金的抗氧化能力，由于氧化膜内层贴着金属生成含钨和钼的氧化物，而 MoO_3 和 WO_3 具有低熔点和高挥发性，使抗氧化能力变坏。

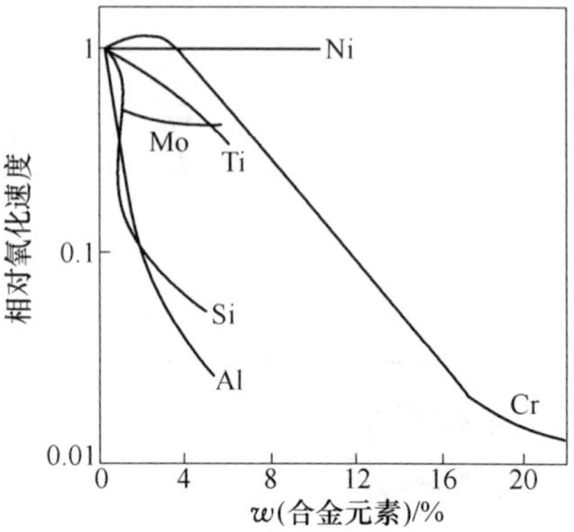

图 7-1 合金元素对钢氧化速度的影响

高于400℃的水蒸气能使钢氧化：

$$3Fe + 4H_2O \rightleftharpoons Fe_3O_4 + 2H_2$$

当氢扩散到钢中将引起脱碳，生成甲烷，并在晶界析出，引起裂缝，即氢腐蚀。

耐热钢和耐热合金的抗氧化和气体腐蚀能力分为五级，腐蚀速度≤0.1mm/a 为完全抗氧化，0.1 ~ 1.0mm/a 为抗氧化，1.0 ~ 3.0mm/a 为次抗氧化，3.0 ~ 10.0mm/a 为弱抗氧化，10.0mm/a 为不抗氧化。

7.2 铁素体型耐热钢

耐热钢根据显微组织可分为铁素体型和奥氏体型两大类。其中铁素体型耐热钢包括铁素体-珠光体耐热钢、马氏体耐热钢和铁素体耐热钢，一般在 350 ~ 650℃范围内工作。

7.2.1 铁素体-珠光体耐热钢

这类钢的合金元素总量不超过5%，退火后得到铁素体加珠光体组织，经过热处理使钢强化；多用于锅炉蒸汽管道，在 450 ~ 620℃蒸汽介质中长期运转。其强化方法是固溶强化和碳化物沉淀强化。

固溶强化元素有钨、钼、铬。钨、钼溶于基体 α 相，能增强基体原子间结合强度，提高再结晶温度，因而能显著地提高基体的蠕变抗力。铬在 $w(Cr) \leq 0.5\%$ 时强化基体的作用较强，铬再增加则强化作用增加很少。其他元素如锰、硅、镍、钴的影响很小。

碳化物沉淀强化作用以 MC 型最高，它不易聚集长大；M_2C 型的沉淀强化作用次之，M_6C 型又次之；M_7C_3 型由于聚集长大速度高，将降低钢的蠕变强度。

强碳化物形成元素钒、钛、铌在钢中形成各自的特殊碳化物 VC、TiC、NbC。钨、钼在钢中形成 M_2C 型的 W_2C、Mo_2C 和 M_6C 型的 Fe_3W_3C、Fe_3Mo_3C。铬在钢中的含量低时，出现合金渗碳体 $(Fe, Cr)_3C$；当 $w(Cr)$ 超过 2% ~ 3% 时，出现 $(Cr, Fe)_7C_3$ 碳化物。

含钨、钼、钒、钛、铌的钢经过热处理，在500～700℃范围析出MC型和M_2C型碳化物，产生沉淀强化。当$w(V)/w(C)=4$，符合VC化学式时，碳和钒几乎全部结合形成VC，就达到最佳的沉淀强化效果，具有最高的蠕变抗力。铌和钛的作用与钒相似，当$w(Nb)/w(C)=8$，$w(Ti)/w(C)=3$时，几乎全部形成NbC或TiC，具有最高蠕变抗力。当其比例小于各自的数值时，有剩余碳存在，它就会与钨、钼形成M_2C或M_6C型碳化物。这两种碳化物，尤其是M_6C，其聚集长大速度高，强化效果差，同时减少了钨、钼在基体中的固溶强化作用。当钒、铌、钛与碳的比例超过各自的数值时，过剩的钒会降低基体的蠕变抗力，过剩的铌或钛会形成AB_2相，如Fe_2Nb和Fe_2Ti，其聚集长大速度较高，对蠕变强度不利。

增加钢中的铬和硅含量，可以提高钢在600℃抗氧化和气体腐蚀的能力。

显微组织对铁素体-珠光体耐热钢的蠕变强度有很大影响。以12Cr1MoV钢为例，经980℃奥氏体化后炉冷（1～6℃/min），得到铁素体加珠光体组织；空冷（200～500℃/min）得到粒状贝氏体加少量铁素体和马氏体组织；淬火（>600℃/min）得到马氏体组织。后两者须经过高温回火。三者在580℃和600℃长时间持久强度试验表明，马氏体高温回火的组织具有最高的持久强度，粒状贝氏体高温回火的组织次之，铁素体-珠光体组织最低，试验结果见表7-1。而持久塑性，则具有铁素体-珠光体组织的最高，粒状贝氏体高温回火组织的最低，马氏体高温回火组织的居中。通过热处理来改变铁素体-珠光体耐热钢的组织，是提高蠕变和持久强度的主要途径。由于铬、钼、钒的作用，钢经淬火后在740℃回火，α相未完全再结晶，仍具有较高的位错密度，VC可沉淀在位错上，阻碍再结晶进行。12Cr1MoV钢经淬火700℃回火后的显微组织见图7-2和图7-3。12Cr1MoV钢淬火或空冷后经740℃回火得到的强化组织在600℃或低于600℃使用时，有足够的组织稳定性，能保持较高的持久强度，可制作最高达580℃的高压过热蒸汽管及超高压锅炉锻件。

表7-1 热处理制度对12Cr1MoV钢持久强度的影响 MPa

热处理制度	580℃		600℃	
	σ_{10000}	σ_{100000}	σ_{10000}	σ_{100000}
980℃水冷，740℃回火5h	127	98	100	83
980℃空冷，740℃回火5h	118	88	78	59
980℃炉冷	78	49	46	29

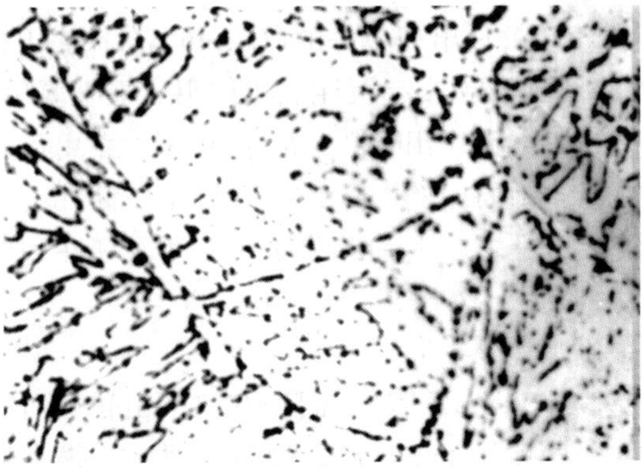

图7-2 12Cr1MoV钢淬火高温回火后的显微组织，×1500

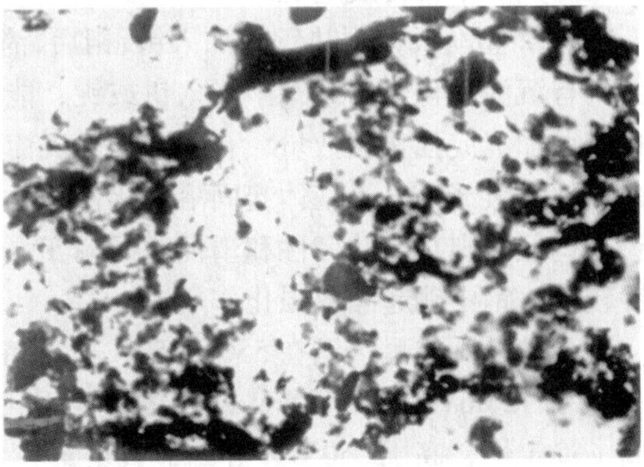

图7-3 12Cr1MoV钢淬火高温回火时析出的碳化物，细小的是VC，大块是M_6C，×60000

铁素体-珠光体耐热钢在400～580℃长期运转后将发生高温回火脆性，钢中杂质元素磷、锡、锑、砷等的晶界偏聚导致钢的回火脆化倾向增大。钢中氮含量也对脆化有较大的影响。钢中虽然含有钼，但这种长时间过热后的回火脆性也难以避免。

铁素体-珠光体耐热钢的典型钢种有12Cr1MoV、12Cr2.25Mo1、15CrMo等，新发展的钢种有12Cr2MoWVSiTiB等。几种有代表性钢种的成分见表7-2。

表7-2 铁素体-珠光体耐热钢的化学成分 *w* %

钢号	C	Cr	Mo	W	V	Ti	Mn	Si	其他
15CrMo	0.12～0.19	0.80～1.10	0.40～0.55	—	—	—	0.40～0.70	0.17～0.37	—
12Cr1MoV	0.08～0.15	0.90～1.20	0.25～0.35	—	0.16～0.30	—	0.40～0.70	0.17～0.37	—
12Cr2.25Mo1	0.12	2.25	1.00	—	—	—	0.55	0.25	—
12Cr2MoWVSiTiB	0.17～0.23	1.6～2.1	0.5～0.6	0.3～0.5	0.28～0.42	0.06～0.12	0.45～0.65	0.46～0.75	≤0.008B

12Cr2MoWVSiTiB钢中钒、钛主要起沉淀强化作用，当钢中 $w(V+Ti)/w(C)=4.5\sim6$ 时，钒和钛能完全形成MC型碳化物（V，Ti)C，少部分钼和钨形成 M_6C 碳化物，大部分铬、钼、钨溶于α相中起固溶强化作用，硼起晶界强化作用，铬和硅能提高钢在600～620℃时的抗氧化性。这种钢有较高的淬透性，经1010～1030℃奥氏体化后空冷，可以得到粒状贝氏体组织，再经过770～790℃回火，得到的强化组织在620℃有良好的组织稳定性。其在620℃的持久强度 $\sigma_{10^5}=63.7\sim98.2$MPa。

7.2.2 马氏体耐热钢

低碳的Cr13型马氏体不锈钢虽有高的抗氧化性和耐蚀性，但组织稳定性较差，只能做450℃以下的汽轮机叶片等。Cr12型马氏体耐热钢是通过加入钼、钨、钒、铌、氮、硼等元素来进行综合强化，有较高的热强性、耐蚀性和振动衰减性能，与奥氏体耐热钢相比导热性好，膨胀系数小，可做570℃汽轮机转子，并可用于593℃蒸汽压30.87MPa的超临界压力大功率火力发电机组。

Cr12型马氏体耐热钢中加入钨、钼后，消除了 Cr_7C_3，只出现单一的 $(Cr,Mo,W,Fe)_{23}C_6$，并具有沉淀强化作用。钢中加入钒或铌，能析出VC或NbC，起沉淀强化作用。加入氮后，也能增加沉淀强化相数量，有利于加强沉淀强化效应。钨、钼除部分溶于 $M_{23}C_6$ 和 M_6C 碳化物外，大部分溶于基体起固溶强化作用。钢中钨、钼的比例影响到钢的强度和韧性，若钼高钨低，则有高的韧性和塑性，但蠕变强度较低；反之，则有高的蠕变强度而韧性和塑性较低。钢中硼起晶界强化作用。

几种马氏体耐热钢在550～650℃长期持久强度见表7-3。

2Cr12MoV和2Cr12WMoV钢的主要强化相是 $M_{23}C_6$ 型碳化物，固溶有钨、钼和钒而提高了稳定性，高于650℃才开始显著聚集长大。由于钢中合金元素含量高，因而有很高的淬透性。钢经1000～1050℃淬火，650～750℃回火，得到回火屈氏体或回火索氏体组织，有很高的回火稳定性，适合制造500～580℃工作温度的大型热力发电设备中大口径厚壁高压锅炉蒸汽管道、汽轮机转子和涡轮叶片等。

表 7-3 几种马氏体耐热钢的蠕变强度

钢 种	热 处 理 工 艺	10^5h 蠕变强度/MPa			工作温度/℃
		550℃	600℃	650℃	
2Cr12MoV	1000 ~ 1050℃油淬 680 ~ 700℃回火	96	49	—	580
1Cr10Mo2VNb	1080℃空冷 785℃空冷	—	83	36	593
1Cr11W2VNbN	1020℃油淬 570℃空冷 720℃空冷	—	196	98	650
1Cr9W2MoVNbNB	1050℃空冷 800℃空冷	—	196	98	650

Cr 9型马氏体耐热钢采用多元合金复合合金化方案，用铬、钨、钼的固溶强化，用钨、钼、钒稳定铬碳化物（Cr、Fe、W、Mo、V)$_{23}$C$_6$ 而加强其析出强化，加钒、铌和氮形成弥散的 MC、MN、M(C，N）碳化物和氮化物以及碳氮化物产生弥散强化，加硼获得晶界强化，钴除产生固溶强化外，还提高基体再结晶温度，延缓马氏体回火时 α 相的回复，提高钢的蠕变抗力。为消除 δ 铁素体而加镍，用钴代镍既可消除 δ 铁素体，又可稳定蠕变强度。

1Cr9Mo1VNbN 钢的强化相有 MC、MN、M(C，N)、$M_{23}C_6$，钼的固溶强化使钢在600℃有较高的蠕变强度。钢经1055℃保温2h后空冷或风冷，再在765℃回火保温3.5h空冷，钢在 600℃ 10^5h 的持久强度为 86MPa，650℃ 10^5h 的持久强度为 50MPa，这表明 1Cr9Mo1VNbN 钢能满足超临界蒸汽发电机组、蒸汽温度在 566 ~ 593℃ 范围的重要钢种。

1Cr9W2MoVNbNB 钢采用多元合金复合合金化，用钨钼复合加强了固溶强化作用，多元碳化物形成元素形成了多种碳化物强化相，钢中强化相有 MC、$M_{23}C_6$ 和 M_6C。钢中加入氮 w(N)0.05% ~0.10% 可增加（V，Nb)N 沉淀强化效果，加上硼的晶界强化，在600℃和 650℃ 有很高的蠕变强度。经 1050℃ 加热后空冷，又经 800℃ 回火，在 600℃，10^5h 的持久强度为 196MPa，650℃为 98MPa，比 Cr18Ni9 奥氏体不锈钢在同样工作条件下还高。这种钢可作为高蠕变强度的高压锅炉用耐热钢。

7.3 工业炉用耐热钢

工业加热炉和热处理炉使用着大量耐热钢构件。其工作时承受的负荷不大，要求能耐工作介质的化学腐蚀，一般采用简单的奥氏体型耐热钢。

7.3.1 铁铝锰系炉用耐热钢

铁铝锰耐热钢的主要化学成分为 w(C) = 0.65% ~0.85%，w(Mn) = 25% ~30%，w(Al) = 6% ~10%，w(Si) = 1.0% ~1.5%，w(Ti) = 0.1%，w(RE) ≤0.1%。其中铝用来提高钢抗氧化和抗渗碳性能，碳和锰用来扩大 γ 相区和稳定奥氏体。铝、锰、碳对钢组织的影响见图 7-4。碳、锰、铝的适当配合，可以得到奥氏体或含有少量 δ 铁素体的奥氏体-铁素体组织。钢中 w(C)若高于0.85%，铁铝锰钢中会在晶界发生不连续沉淀，并发生部分珠光体转变，使钢脆化，这就限制了钢的含碳量。锰对钢抗氧化性不利，若 w(Mn)

减少5% ~6%，能起到增加 w(Al)1% 的抗氧化作用，故锰含量可适当降低。稀土元素 w(RE)≤0.1%，能提高抗氧化性和钢液流动性，改善铸件表面质量，降低热裂倾向。

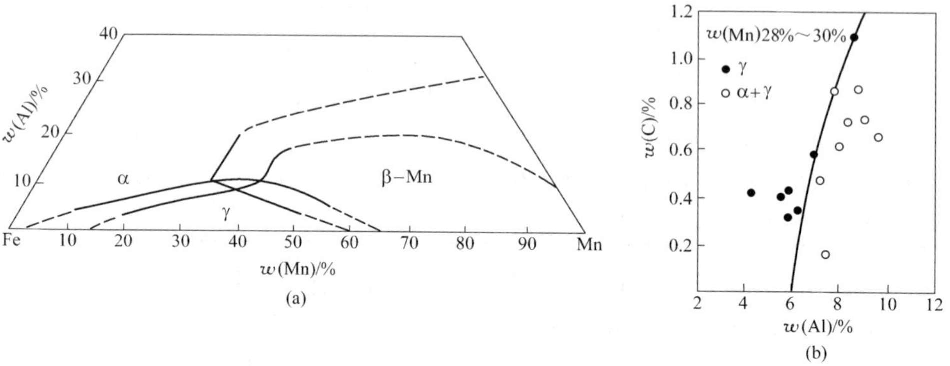

图 7-4 铝锰碳对 Fe-Al-Mn 钢组织的影响

（a）Fe-Al-Mn 三元相图 760℃ 等温截面；（b）铝碳对钢组织的影响

工作在 900℃ 以下的热处理炉用构件，为获得单一奥氏体，以保持较高的高温强度，铝可选在下限 w(Al)=7% ~7.5%，如 6Mn28Al7TiRE 钢。950℃ 以下工作的炉用构件，铝可选 w(Al)=8% ~8.5% 的 6Mn28Al8TiRE 钢，其显微组织为含有体积分数不超过 25% 的 δ 铁素体的奥氏体-铁素体组织。铁铝锰耐热钢的使用经济效益优于铬镍奥氏体耐热钢 Cr20Ni25Si2。

铁铝锰耐热钢可用于含碳的气氛中，用作热处理炉的加热原件。

铁铝锰耐热钢的冶炼铸造质量对使用寿命影响很大，要减少钢中夹杂物含量，防止浇铸时铝的二次氧化，并要严格控制浇铸温度。钢中含锰和铝高时，钢的线膨胀系数增大，在铸后冷却时易产生裂纹，可以从构件结构设计上减少截面突然变化来避免。

7.3.2 铬锰碳氮炉用耐热钢

这类钢是以碳、氮和锰来代镍的节镍钢。比较成熟的钢种有 3Cr19Mn12Si2N、2Cr20Mn9Ni2Si2N 等奥氏体钢。为防止钢中出现氮气泡，钢中氮的溶解度主要取决于钢中的氮化物形成元素铬和锰的含量。由公式 $w(N) = w(Cr + Mn)/100$ 给出氮的溶解度不超过 0.30%，一般钢中氮控制在 w(N)=0.20% ~0.30% 范围。

钢中含有氮和碳，经固溶处理后得到单相奥氏体组织，但在 700 ~900℃ 范围工作时，将析出大量氮化物和碳化物，并产生时效脆性，使钢的室温韧性下降，但高温下仍有较高的韧性。钢中加入一定量镍后，提高了钢的韧性，固溶后在室温下屈服强度较高，约 390MPa，伸长率为 35%。

铬锰碳氮耐热钢有较高的高温强度，可制成锻件，能承受较大负荷，适于制作高温下的受力构件，如锅炉吊挂、渗碳炉构件等，最高使用温度约 1000℃。

7.3.3 铬镍奥氏体炉用钢

高铬镍奥氏体钢可在 1000 ~1250℃ 温度范围长期工作。为提高钢的抗氧化能力，钢中

铬可加入到 $w(\mathrm{Cr})30\%$，硅 $w(\mathrm{Si})2\%$。为提高钢的高温强度，加入固溶强化元素钴及强碳化物形成元素钨、钼、铌等。为提高钢液的流动性，可适当提高碳含量到 $w(\mathrm{C})=0.3\%\sim0.5\%$。通用的钢有 3Cr18Ni25Si2、1Cr25Ni20Si2 等。高温高负荷条件下工作的钢有 5Cr25Ni35Co15W5、5Cr28Ni48W5、4Cr25Ni35Mo 等。为改善铸件的性能，采用 1100～1150℃固溶处理，使碳化物溶解，消除 δ 铁素体，得到均匀的奥氏体组织，改善钢的抗氧化性和高温蠕变强度。3Cr18Ni25Si2 钢经固溶后，室温下的屈服强度约 340MPa，伸长率为 25%。

为降低钢的成本，节约镍，研制了用碳氮部分代镍的高铬低镍耐热钢，如 4Cr22Ni4N、3Cr 24Ni7SiNRE 等，$w(\mathrm{N})$ 在 0.20%～0.30% 范围。4Cr22Ni4N 钢可在 1050℃以下代替 3Cr18Ni25Si2 钢，3Cr24Ni7SiNRE 钢可用到 1100℃，以取代 4Cr25Ni20Si2，3Cr18Ni25Si2 等。

7.4 奥氏体型耐热钢

具有体心立方结构的铁素体型耐热钢，在 600～650℃温度条件下的蠕变强度明显下降。而具有面心立方结构的奥氏体型耐热钢，在 650℃或更高温度下有较高的高温强度。奥氏体型耐热钢可分为 Cr18Ni9 型奥氏体不锈钢、固溶强化型奥氏体耐热钢和沉淀强化型奥氏体耐热钢。

固溶强化型奥氏体耐热钢如 1Cr14Ni19W2NbB、1Cr18Ni14Mo2Nb 等，以钨、钼进行固溶强化，以硼进行晶界强化。这类钢可用来制造在 600～700℃下工作的蒸气过热器和动力装置的管路，680℃以下燃气轮机动、静叶片及其他锻件。经 1100～1150℃固溶处理，在 650～700℃长时间保温后，有不大的时效硬化倾向。钢具有中等持久强度和高塑性，在 650℃的 σ_{1000} 为 200MPa，σ_{100000} 为 100MPa，伸长率为 36%。

7.4.1 碳化物沉淀强化耐热钢

这类钢的沉淀强化相为 MC 型碳化物，并含有钨、钼等固溶强化元素。以 NbC 为沉淀强化相的钢为 4Cr13Ni13Co10Mo2W3Nb3。常用的是以锰部分代镍的 4Cr13Mn8Ni8MoVNb（GH2036，ЭИ481）钢，含有 $w(\mathrm{V})=1.4\%$，$w(\mathrm{Nb})=0.4\%$ 的沉淀强化相是（V，Nb）C，它以 VC 为主，溶有部分铌。当钒、铌和碳的比例正好和 VC、NbC 的化学式相等时，具有最佳的高温强度。VC 析出的最高速度的温度在 670～700℃，在此温度时效后，钢具有最高的沉淀硬化。另外一种碳化物是复合的 $M_{23}C_6$ 型的（Cr，Mn，Mo，Fe，V）$_{23}C_6$，但不能成为沉淀强化相。当 $w(\mathrm{Nb})\geqslant0.6\%$ 时，钢中才会单独出现 NbC 相，它溶有不多的钒和钼。时效温度对碳化物析出量和钢的硬度的影响见图 7-5。$M_{23}C_6$ 在较低温度析出量很少，其最高析出

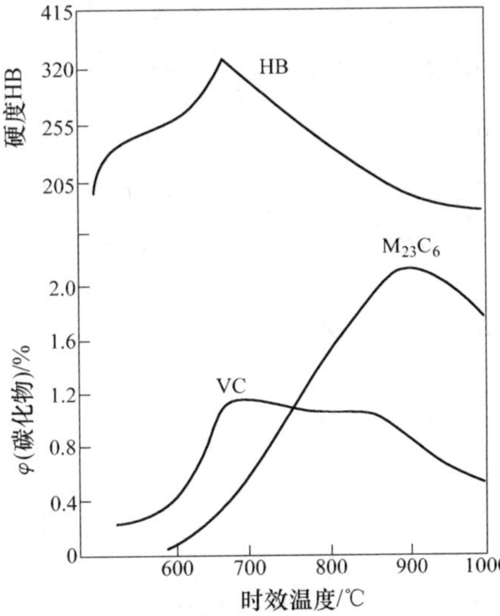

图 7-5 时效温度对 GH2036 钢中 VC 及 $M_{23}C_6$ 析出量及硬度的影响（1140℃固溶，时效 16h）

温度在900℃。钢中的钼主要起固溶强化作用。

GH2036钢的固溶温度为1140℃，保温1.5～2h，然后水冷，以防止冷却时析出VC而造成大截面零件在时效时内外组织和性能的不均匀性。为消除零件内外差别，固溶处理后进行两次时效处理，第一次在670℃时效16h，第二次在760～800℃时效14～16h，然后空冷。第一次时效温度较低，VC析出呈细小而弥散分布，钢的强度虽高，但塑性和韧性较低，且具有缺口敏感性。第二次时效温度高于工作温度，弥散的VC颗粒适当长大，这种组织在低于750℃有很好的稳定性，改善了在670℃时效后钢在性能上的缺陷。GH2036耐热钢用于工作温度在650℃的零件，如涡轮盘件。

采用微合金化方法创制了改进型GH2036钢，加入少量铝（$w(Al)\approx0.30\%$）以结合钢液中的氮，减少含钒和铌的碳氮化物M(C，N)夹杂，以充分发挥钒和铌的沉淀强化作用。同时加入微量镁（$w(Mg)=0.003\%\sim0.005\%$）来强化晶界，提高钢的持久塑性。

7.4.2 金属间化合物沉淀强化耐热钢

合金元素钛和铝在奥氏体耐热钢时效过程中能析出金属间化合物γ′相为主要沉淀强化相。γ'-$Ni_3(Ti,Al)$点阵常数与奥氏体基体相近，二者仅稍有差别。当γ′相析出时，能形成共格，产生沉淀强化。但γ'-$Ni_3(Ti,Al)$相的含量最高只能达到20%左右，过高的钛、铝总量会导致奥氏体基体稳定性降低，性能恶化。几种沉淀强化耐热钢的化学成分见表7-4。

表7-4 几种沉淀强化耐热钢的化学成分 *w* %

牌 号	国外型号	C	Cr	Ni	Mn	Mo
GH2036	ЭИ481	0.34～0.40	11.5～13.5	7.0～9.0	7.5～9.6	1.1～1.4
GH2132	A-286	≤0.08	13.5～16.0	24.0～27.0	1.0～2.0	1.0～1.5
GH2135		≤0.06	14.0～16.0	33.0～36.0	≤0.40	1.7～2.2
GH2302		≤0.08	12.0～16.0	38.0～42.0	≤0.60	1.5～2.5

牌 号	国外型号	W	Ti	Al	Nb	其 他
GH2036	ЭИ481		≤0.12		0.25～0.50	Si：0.3～0.8 V：1.25～1.55
GH2132	A-286		1.75～2.30	≤0.40		B：0.001～0.01 V：0.1～0.5
GH2135		1.7～2.2	2.1～2.5	2.0～2.8		Ce：≤0.03
GH2302		3.5～4.5	2.3～2.5	1.8～2.3	Zr≤0.05	B：≤0.01 Ce：≤0.02

GH2132（A-286）钢用来制造喷气发动机部件，有较高的高温强度，可以在650～700℃使用；对要求抗氧化而强度要求不高的零件，可以在850℃下长期工作。它还具有好的热加工性和切削加工性。

铬主要是提高钢的化学稳定性，控制在 $w(Cr)=15\%$ 左右。钼主要起固溶强化作用。与这些铁素体形成元素相平衡，必须加入足够量的奥氏体形成元素镍，以获得稳定的奥氏体组织。再考虑形成 γ'-$Ni_3(Ti,Al)$ 所需镍量，钢中总镍量 $w(Ni)=25\%$。

钛和铝加入钢中主要是形成 γ'-$Ni_3(Ti,Al)$，经过时效处理产生沉淀强化。Fe-15Cr-25Ni 钢中加钛和铝的状态见图 7-6。$w(Ti)$ 要超过 1.4% 才能产生 γ' 相。含钛高而含铝极低的钢，析出的 γ' 相不稳定，会逐渐转变成简单六方结构的 η-Ni_3Ti。铝控制在一定含量，主要是用来稳定含钛的 γ'-$Ni_3(Ti,Al)$ 相的面心立方结构，保持沉淀强化作用。铝含量若过高，除形成 γ' 相外，还出现 Ni_2AlTi 相，其稳定性差，易聚集长大，不能做沉淀强化相。随钢中 $w(Ti)$ 提高到 2.3%，γ'-$Ni_3(Ti,Al)$ 相数量增加，在 700～760℃ 时效可获得最大的强化效果，如图 7-7 所示。加入质量分数不超过 0.40% 的 Al，是为了稳定 γ'-$Ni_3(Ti, Al)$ 相，防止产生胞状沉淀（η-Ni_3Ti）。产生沉淀强化最适宜钛含量为 $w(Ti)=2.15\%$；当钛含量较高时，易产生缺口敏感性，除加入钼来改善外，还需加入钒和硼才能消除。硼还能产生晶界强化并提高持久塑性。合适的硼含量为 $w(B)=0.001\%\sim0.010\%$。

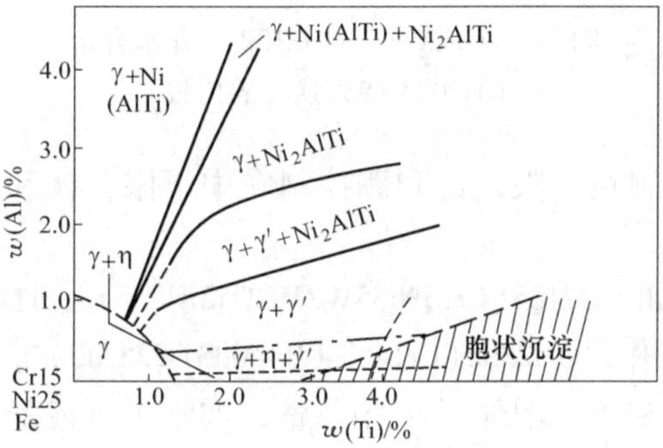

图 7-6　Fe-15Cr-25Ni 钢时效沉淀相的相区与铝钛含量的关系

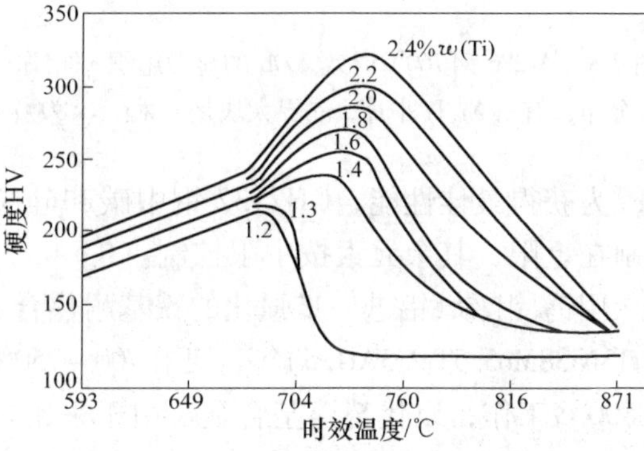

图 7-7　钛含量对钢时效 8h 后硬度的影响（溶解钛量 = 总 $w(Ti)-4w(C)$）

硅是钢中的残存元素，含量 $w(Si)=0.4\%\sim1.0\%$。当含硅量在上限时，钢中出现 G 相（$Ni_{14}Ti_9Si_6$），呈粗粒状，无沉淀强化作用，同时从钢中抽走了镍，提高了形成 σ 相和 Fe_2Ti 相的倾向。硅和锰稍高时，出现以 Fe_2Ti 为基础的 $(Fe, Cr, Mn, Si)_2(Ti, Mo)$ 相。钢中是不希望出现上述两种相的，因此必须将硅和锰含量控制在下限范围。

通过热处理对 GH2132（A-286）钢的显微组织和性能加以控制。固溶温度不能过高，防止晶粒长大，通常在 980～1000℃ 固溶，可获得合适的晶粒度，并使成分均匀，得到较高的室温伸长率、成型性和焊接性。时效温度在 700～760℃，可达到最大的沉淀强化效果。γ'-$Ni_3(Ti, Al)$ 以极细小的球状颗粒分布在基体上，与基体保持共格。A-286 钢经 927℃ 固溶 4h，760℃ 时效 200h 的显微组织见图 7-8。

冷变形量对固溶处理后晶粒大小有重要影响。为避免临界变形量（2%）导致再结晶晶粒的异常长大，冷变形量必须超过 6%，热加工变形量必须超过 10%。冷变形加速时效时 γ' 相的沉淀，并使得在服役时钢的组织稳定性差。为使冷变形量不均匀的零件在整个截面上都得到均匀的性能，采用两次时效工艺，第一次 760℃16h，第二次 704℃16h。薄板在固溶处理后经过冷变形，可直接进行二次时效。

GH2132(A-286)、GH2036(ЭИ481)钢和镍基合金 GH4033(ЭИ437Б)持久强度的比较见图7-9。在650~700℃应用范围，GH2132 钢的持久强度比 GH2036 钢的要高，但不及镍基耐热合金 GH4033(ЭИ437Б)。

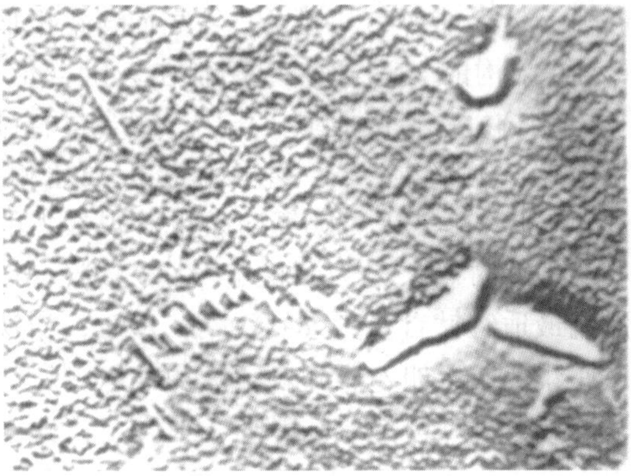

图7-8 A-286钢760℃时效200h的显微组织 γ′相弥散分布，有 η-Ni_3Ti 小片，晶界大块是G相，×8000

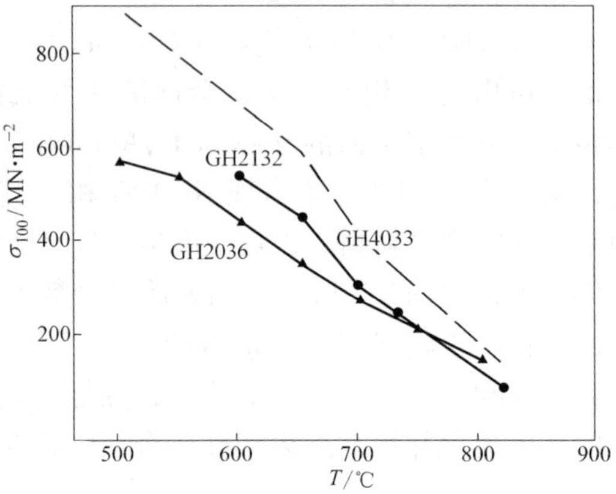

图7-9 GH2036、GH2132 与镍基合金 GH4033 持久强度的比较

为获得最佳性能，GH2132 钢中碳和硅应控制在下限，锰和硼控制在中下限，钛和铝控制在上限，其余元素按中限控制。

用钨、钼、钛、铝进一步强化的铁基耐热合金，如 GH2135(Cr15Ni35W2Mo2Ti2Al2.5)、ЭИ787(Cr13Ni38Mo5.5Ti2.5Al1.5)等，可在700~750℃工作，GH2302(Cr14Ni40W4Mo2Ti2.5Al2)等可在800℃工作，以代替镍基合金。由于采用高钛和铝，增加了 γ′相总量，增强了沉淀强化效果。用高钨、钼和铬增加固溶强化，但合金在长时间高温后在晶界析出 σ 相、μ 相以及 AB_2 相，降低组织稳定性和造成脆化倾向。这需要从调整成分和细化晶粒来减少其析出程度。

7.5 镍基耐热合金

铁基耐热合金的最高工作温度只能达到750~850℃，在更高温度下使用的是镍基耐热合金。镍基合金是在 Cr20Ni80 基础上加入大量强化元素如钨、钼、钛、铝、铌、钴、钽等。

镍基耐热合金中采用金属间化合物作为沉淀强化相，首先采用的是 γ′-Ni_3(Al, Ti)相。γ′-Ni_3(Al, Ti) 相与镍基固溶体有相同的点阵类型和相近的点阵常数，γ′相与基体形成共格，其相界面能低，使其在高温长期停留时聚集长大速度小，且 γ′相本身有较好的塑性，故 γ′-Ni_3(Al, Ti) 相是理想的沉淀强化相。γ′相的稳定性与 w(Al)/w(Ti)比有关，当w(Al)/w(Ti)小于1，就会出现 η′-Ni_3Ti 相，这是不希望发生的。随着使用温度增高，不仅要增加铝、钛总量以增加 γ′相总量，而且 w(Al)/w(Ti)比要增加，以增加γ′-Ni_3(Al, Ti) 相的稳定性。铝钛总量可超过8%，w(Al)/w(Ti)比可达到2~3。图7-10 为29

种镍基合金的铝钛总量与 $\sigma_{100}=196\text{MPa}$ 条件下的持久温度的关系。合金中铝钛总量越高，使用温度也越高。

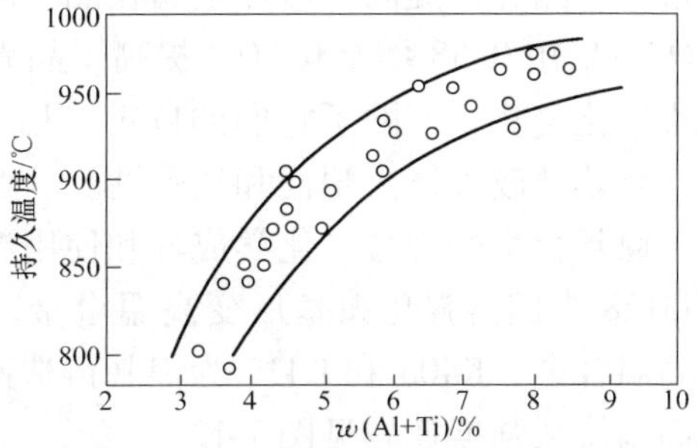

图 7-10　29 种镍基合金的铝、钛总量与 $\sigma_{100}=196\text{MPa}$ 下的使用温度的关系

γ′-Ni_3(Al，Ti）相对合金的强化表现在两方面，其一是共格强化，其二是反相畴界强化。当镍基合金时效时，析出的 γ′相与 γ 固溶体保持共格，γ′相的点阵常数稍大于 γ 固溶体，形成共格界面时存在匹配度差，因而在 γ′相周围的 γ 固溶体中产生畸变应力。匹配度差越大，畸变应力也越大。这种畸变应力场阻碍位错运动，提高了屈服强度，强化了合金。使用温度较低的镍基合金，短期持久强度是主要指标，要求高的屈服强度。此时由于温度不太高，不必担心过时效而使 γ′相与基体失去共格，所以 γ′相和基体的匹配度差越大越好。钛、铌、钽主要溶于 γ′相，能增大 γ′相的点阵常数，增大 γ′相与基体的匹配度差。故 $w(\text{Al})/w(\text{Ti})$ 比小的镍基合金用于较低温度。较高温下工作的镍基合金要求热稳定性好，因而要求 γ′相与基体间匹配度差小，增加 γ′相的体积分数。因此，除增加铝钛总量外，重要的是要增大 $w(\text{Al})/w(\text{Ti})$ 比，降低 γ′相点阵常数；同时要增加钨钼含量，钨钼主要溶入 γ 固溶体，增大其点阵常数，两者都降低 γ′相与基体-γ 固溶体间的匹配度差。这类高 $w(\text{Al})/w(\text{Ti})$ 比的镍基合金中，强化相 γ′-Ni_3(Al，Ti）相的体积分数可高达 60% ~70%。其沉淀强化主要靠 γ′相在位错切割时形成反相畴界强化。当位错切割 γ′相，使原来滑移面上下的原子改变了原来有序的相邻关系，形成了新的高能量的反相畴界，这需要施加更大的外力才能改变。

钨、钼、铬在镍基合金中能提高原子间结合力，减缓扩散，起固溶强化作用。钴和钨、钼综合合金化，其固溶强化效果更高，并改善高钨、钼镍基合金的可锻性。钴可溶于 γ′相，形成 γ′-$(\text{Ni},\text{Co})_3$(Al，Ti）相，提高其稳定性。钴还能减少 γ′-$(\text{Ni},\text{Co})_3$(Al，Ti）相的固溶限，增加 γ′相的数量。钴降低镍基合金的层错能，促使合金中出现扩展位错，并增加扩展位错的宽度。扩展位错整体滑移不灵便，要收缩成一个全位错才能进行，故要消耗额外能量，所以表现出强度的提高。采用多元合金进行综合强化，可以大大提高镍基合金的高温强度，提高其使用温度。

铬的另一个主要作用是提高镍基合金的抗氧化性。含 $w(\text{Cr})=14\%\sim20\%$ 的合金在 500 ~700℃空气中表面生成致密的 Cr_2O_3 膜，有良好的保护作用。在 800 ~1000℃合金紧贴基体的仍然是 Cr_2O_3，其外层是 $NiO\cdot Cr_2O_3$。它具有尖晶石结构，很致密，也有良好的保护作用。

杂质元素，特别是低熔点金属，如铅、锑、锡、铋等，强烈地降低晶界的强度、高温冲击韧性和高温塑性。这些杂质元素有强的晶界偏聚倾向，富集于晶界，降低了晶界原子扩散激活能，使镍基合金的持久性能强烈降低。图7-11为铅和锑对 Cr20Ni80Ti2.5Al 合金持久寿命的影响。故镍基合金的纯净度特别重要。另外，镍基合金中加入了特殊添加剂，如碱土金属钙和钡，稀土金属铈和镧等及锆、硼等元素，在一定含量范围内可以减轻甚至消除低熔点杂质元素的有害作用。其作用由大到小的顺序为：硼、镧、铈、锆、钙、钡。

硼偏聚于晶界，提高低熔点金属在晶界的扩散激活能，如把锡在晶界和晶内扩散激活能之比$Q_{界}/Q_{内}$由0.58增至0.70，提高了晶界软化温度。又如镧、铈、锆，能与低熔点金属形成难熔化合物，消除了它们的危害。稀土和碱土金属有良好的净化作用，去氢、氧、氮、硫，有效地改善持久塑性和热塑性。

镍基合金的牌号、化学成分和使用温度，可参考表7-5，其热处理工艺见表7-6。其中GH3128为固溶强化镍基形变高温合金，GH4033、GH4037和GH4049为时效强化镍基形变高温合金，K403和K417为镍基铸造高温合金。GH4033、GH4037和GH4049镍基合金的高温持久强度比较见图7-12。

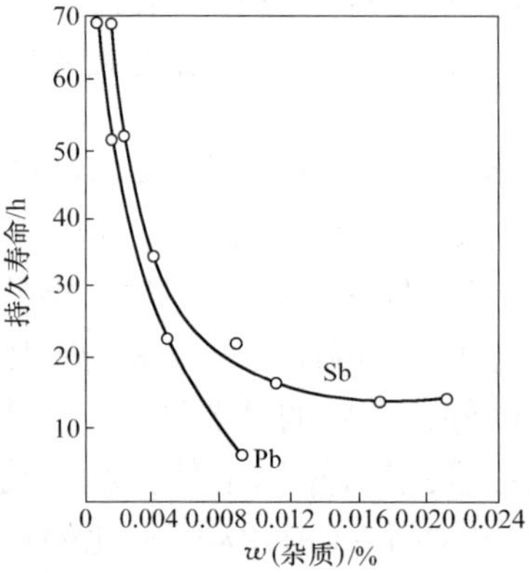

图7-11 铅和锑对Cr20Ni80Ti2.5Al合金在700℃ $\sigma=353$MPa条件下持久寿命的影响

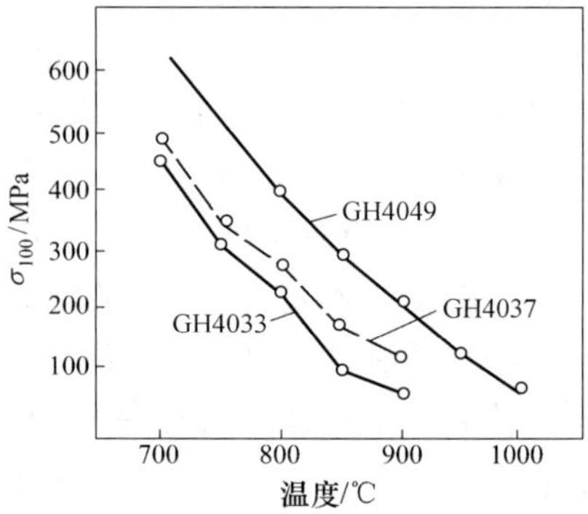

图7-12 镍基合金GH4033，GH4037，GH4049的高温持久强度

表7-5 镍基合金成分和最高使用温度举例

牌号	相当原来国外牌号	化学成分/%									最高使用温度/℃
		C	Cr	W	Mo	Ti	Al	V	Co	其他	
GH4033	ЭИ437Б	≤0.06	19.0~22.0	—	—	2.3~2.7	0.55~0.95	—	—	Ce≤0.01，B≤0.01 Si≤0.60，Mn≤0.35	800
GH4037	ЭИ617	≤0.10	13.0~16.0	5.0~7.0	2.0~4.0	1.8~2.3	1.7~2.3	0.10~0.50	—	Ce≤0.02，B≤0.02 Si≤0.60，Fe，Mn≤0.50	850
GH4049	ЭИ929	≤0.07	9.5~11.0	5.0~6.0	4.5~5.5	1.4~1.9	3.7~4.4	0.2~0.5	14~16	Ce≤0.02，Fe≤1.5 B=0.015~0.026	900
GH3128		≤0.06	19.0~22.0	7.5~9.5	7.5~9.0	0.4~0.7	0.35~0.7	Zr<0.10	Fe≤3	Ce≤0.05，B≤0.05 Si≤0.50，Mn≤0.80	950℃以下燃烧室
K403	ЖC-6K	0.11~0.18	10~12	4.8~5.5	3.8~4.5	2.3~2.9	5.3~5.9	Zr<0.10	4.5~5.5	Ce≤0.01，B=0.01~0.03，Si，Mn≤0.5	900~1000
K417	In-100	0.14~0.20	8.5~9.5	—	2.5~3.5	4.7~5.3	4.8~5.7	0.6~0.9	14~16	B=0.014~0.02 Si，Mn≤0.5，Zr=0.05~0.09	950

表 7-6 镍基合金的热处理工艺

牌 号	国外牌号	热 处 理 工 艺
GH4033	ЭИ437Б	1080℃固溶处理 8h 空冷，750℃时效 6h 空冷
HH4037	ЭИ617	1180℃固溶处理 2h 空冷，1050℃4h 空冷，800℃时效 16h 空冷
HH4049	ЭИ929	1200℃固溶处理 2h 空冷，1050℃4h 空冷，850℃时效 8h 空冷
GH3128		1200℃固溶处理，空冷
K403	ЖС-6К	1210℃固溶处理 4h 空冷
K417	In-100	铸态不热处理

镍基合金采用二次固溶处理，比采用一次固溶处理可得到较高的持久强度和持久塑性。实验证明，碳化物在晶界的形态需要控制，如碳化物在晶界呈断续链状分布，是强化晶界的最好组织形态。以 GH4033 为例，采用一次固溶（1080℃保温 8h）M_7C_3 溶于基体，冷却时析不出来；在其后 700℃时效时，M_7C_3 在晶界大量析出，在晶界析出呈薄网状，使合金变脆，引起缺口敏感。采用两次固溶，第一次加热到 1200℃，再冷到碳化物溶解限以下进行第二次固溶保温，让 M_7C_3 在晶界大量析出，呈断续链状分布，阻碍晶界相对滑动。在链状 M_7C_3 碳化物邻近的晶界产生贫铬区，在 M_7C_3 附近的贫铬区增大了铝钛固溶度，在时效时出现无 γ'相区，提高了晶界附近的塑性，延缓因晶粒相互滑动而造成的应力集中和裂口的形成，提高了持久塑性和持久寿命。GH4033 的两次固溶加时效采取 1200℃固溶，炉冷到 1000℃保温 16h 空冷，再在 700℃时效 16h。与一次固溶加时效相比，在 750℃、σ = 280MPa 条件下，两次固溶加时效的试样，其持久寿命提高 3 倍多。其他镍基合金，如 GH4037、GH4049 及 GH130 等，都采用二次固溶处理制度。

镍基合金采用双重时效处理，可提高其持久塑性。GH4033 先在固溶后 850℃时效 24h，再经 700℃时效 16h，在同样 650℃、σ =431MPa 下，持久塑性由 2.58% ~2.88% 提高到 7.20% ~8.05%，持久塑性增加了 2 倍，同时持久寿命也增加了近 2 倍。高温时效析出较粗的颗粒状 γ'相，较低温时效析出细小的 γ'相，得到两套尺寸的 γ'相。

7.6 新型耐热合金

7.6.1 定向凝固耐热合金

实验表明，大多数耐热合金的蠕变裂纹产生在垂直于主应力方向的晶界上。为减少这种薄弱环节，消除横向晶界，进而消除全部晶界，这就是定向凝固柱晶叶片和单晶叶片要达到的目标。由于采用了真空冶炼、高合金化、气冷技术、定向凝固柱晶和单晶等技术，使高温合金的使用温度获得大幅度提高。定向凝固柱晶较常规合金提高 25℃，而单晶合金至少提高 50℃以上。

定向凝固方法是将合金熔液注入壳型，在底部首先遇到水冷铜板，当即形成激冷薄层。热流通过已经结晶层流向水冷铜板，在结晶层前沿合金熔液存在正向温度梯度。对立方系金属及合金，在结晶过程中择优取向于〈100〉方向长大，排斥了激冷薄层中其他结晶取向的晶粒。只要冷却条件不变，择优晶粒继续沿〈100〉方向生长，就会在整个叶片上形成柱晶。

合金的温度梯度 G 和凝固速率 R 对晶粒类型和显微组织有极大的影响。凝固界面的形态由下式控制：

$$G/R - \Delta T_m/D$$

式中，ΔT_m 为合金凝固温度范围；D 为液态合金中元素的扩散系数。当上式为正值，凝固界面为平滑界面，若上式为负值，凝固界面为胞状界面。合金 ΔT_m 大，R 值也大，通常是树枝状晶凝固。所以，只要控制 G/R 值在合适范围，就可以得到平面状凝固或胞状凝固的定向凝固叶片。

定向凝固的实施方法有多种，常用的是快速凝固法，如图7-13所示。该装置外层为感应圈，通过加热感应体用于铸型加热；下部有辐射挡板，水冷铜板和铸型可以下降。铸型以辐射挡板分为上下的热、冷两个区域，铸型在较低位置下通过水冷铜板散热。采用高温梯度的定向结晶炉，提高凝固前沿的温度梯度 G，可减少成分偏析，枝晶变细，显微空穴少，并有利于〈100〉取向的晶粒成长。

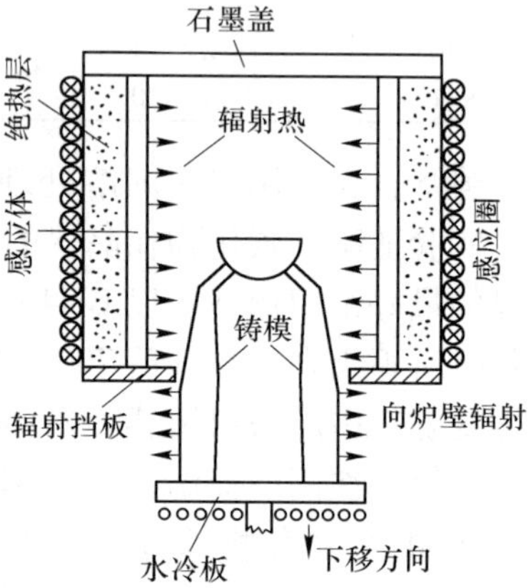

图7-13 快速凝固法装置示意图

上述方法可以得到单晶，主要是铸型温度高，合金液过热，阻止合金在铸型腔内各部形核。凝固核心仅从叶片根部的单晶核心长大，单晶贯穿于整个叶片。

许多普通铸造高温合金都可以用定向凝固法获得定向结晶或单晶。如 In-100（2Cr10Co15Mo3Ti4.7Al5V），B-1900（1Cr8Co10Mo6Ta4Al6Ti）等。由于单晶没有晶界，勿需添加强化晶界的微量元素如碳、硼、铪、锆等。

第一代单晶合金 PWA1480，$w(Cr)=10\%$，$w(Co)=5\%$，$w(W)=4\%$，$w(Al)=5\%$，$w(Ti)=1.0\%$，$w(Ta)=12\%$，$w(C)<0.003\%$。由于加入了高熔点元素钽，可以提高蠕变强度，并与铝生成致密的氧化膜。采用高固溶温度后，可溶解大量合金元素，在时效时形成了体积分数 $\varphi=60\%\sim65\%$ 的 γ' 相，呈弥散分布，尺寸小于 0.3μm，大大提高了使用温度。新型单晶合金中加入了难熔金属铼，进一步提高了使用温度，出现第二代单晶合金 PWA1848（$w(Cr)=5\%$，$w(Co)=10\%$，$w(W)=6\%$，$w(Mo)=2\%$，$w(Re)=3\%$，$w(Al)=5.6\%$，$w(Ta)=8.7\%$，$w(Nb)=0.1\%$）。铼不仅能防止单晶合金中的 γ' 相粗化，而且有强烈的固溶强化效果。在982℃、$\sigma=248$MPa 蠕变条件下，PWA1480 合金的持久寿命为90h，而 PWA1848 合金的持久寿命增加到350h。单晶叶片已在民用和军用航空发动机上使用。

新型共晶合金定向凝固技术得到发展。实际上，该合金是两相共晶经一步工艺制成的复合材料。两相是在控制定向凝固条件下，沿着热流方向规则排列起来。两相中，一相是固溶体；另一相是高强度相。目前主要以增强纤维方式存在于定向共晶中，如 Ni_3Ta、Ni_3Nb、TaC、NbC 等。定向共晶合金的优点是具有很高的持久强度，且温度愈高，其性能的优越性愈显示出来。典型的合金为 NITAC14B（$w(Cr)=4.2\%$，$w(Co)=3.9\%$，$w(W)=4.5\%$，$w(Al)=5.5\%$，$w(Ta)=9\%$，$w(V)=5.6\%$，$w(Re)=6.2\%$，$w(C)=2.7\%$，余为 Ni），它在1138℃的持久强度 $\sigma_{100}=138$MPa。由于增强纤维的定向生长，提高了冲击韧性，其性能高于铸造镍基合金 In-100 等，并且有较好的疲劳性能。但定向共晶叶片的生产工艺在控制上有一定难度，尚待解决。

7.6.2 粉末高温合金

由于耐热合金工作温度越高，合金中加入的强化元素量也越高，合金的成分越复杂，这导致合金的热加工性变差，只能在铸态使用。由于成分复杂，凝固后偏析也严重，造成组织和性能的不均匀。采用粉末冶金工艺生产高温合金，就能完全克服上述缺点。因为粉末颗粒小，制粉时凝固快，消除了偏析，改善了热加工性，把本来只能铸造的合金变成可热加工的形变高温合金，如 In-100、René95 和 ЭИ741НП 合金。我国根据 René95 合金生产粉末合金 FGH95。FGH95 合金（Cr13Co8W3.5Mo3.5Al3.5Ti2.5Nb3.5ZrB）经预制合金粉→压实（热等静压、热压等）→热加工变形→热处理等工序，制成成品。与常规法生产相比，可节省大量机加工切削量，成材率高，节约费用。

预制合金粉末的方法有：惰性气体雾化法、旋转电极法等。惰性气体雾化法是在真空装置中熔化合金，经注口流下熔融合金液体，在高速高压惰性气流中雾化成粉末，再经筛分成 -0.106mm 可用合金粉。旋转电极法是在真空装置中将原料合金棒作为旋转自耗电极，以固定钨极起电弧，连续熔化自耗电极。旋转电极端部熔化的合金液滴在离心力作用下甩出，形成细小的颗粒状粉末。

粉末高温合金显著提高了室温和中温的强度和疲劳强度。如 FGH95 合金在 650℃、$\sigma = 1030$MPa 高应力条件下，其持久寿命在 200h 以上，持久伸长率在 3% 以上。粉末高温合金已用于先进型号发动机上的涡轮盘、压气机盘等重要零件上。

7.6.3　氧化物弥散强化（ODS）高温材料

采用机械合金化方法加入氧化物 Y_2O_3 颗粒，同金属间化合物 γ′相共同强化镍基合金。这是粉末冶金中的一种新工艺。Y_2O_3 具有高的热稳定性，能同合金中过剩的氧和合金元素铝生成极稳定的复合氧化物铝酸钇（$3Y_2O_3 \cdot 5Al_2O_3$）。

材料的制作工艺是将各种金属及中间合金粉末与 Y_2O_3 粉末按规定比例置于高能球磨机中，在隔绝空气条件下球磨。粉末在高速旋转磨球的挤压下发生变形、冷焊、剥落，历经几十小时，最后得到机械合金化粉末。再将粉末装包套，在挤压机中加热挤压成材，并通过热轧和定向再结晶热处理，制成成品。成品须经最终固溶处理和时效，以得到 γ′相沉淀强化为辅，Y_2O_3 弥散强化为主的高温材料。它综合利用了固溶强化、定向晶粒强化、γ′相沉淀强化和氧化物弥散强化等方式，得到优异的综合强化效果。

氧化物弥散强化高温材料的工作温度比普通高温合金提高 100～200℃，可达到基体金属的 $0.85T_m$（熔点），而且有高的组织稳定性和高温蠕变性能。目前有固溶强化型氧化物弥散强化镍基高温材料 MA754（20Cr，0.3Al，0.5Ti，0.03C，$0.6Y_2O_3$）和氧化物弥散强化与时效强化型镍基高温材料 MA60000（15Cr，4W，2Mo，2Ta，4.5Al，2.5Ti，0.15Zr，0.01B，0.05C，$1.1Y_2O_3$）。

目前这种材料广泛应用的障碍是工艺较复杂，成本过高，需要改进制作工艺。

本章小结

耐热钢与耐热合金具有良好的高温强度及抗蠕变性能、抗高温腐蚀性能，目前以铁基合金和以镍基合金为主，主要满足电力、化工、航空等行业对于 450℃ 以上、最高至 1300℃ 的温度范围内使用的要求。

这些合金中添加 Cr、Al、Si 等固溶合金元素，在使用条件下形成致密的尖晶石结构氧化产物，大幅度降低氧化速率来获得良好的高温抗氧化性。添加少量稀土及碱土金属，也可产生有益效果。

依据基体相组织，以铁为基的耐热钢分为铁素体-珠光体、马氏体、铁素体和奥氏体钢。

铁素体-珠光体耐热钢通过 W、Mo、Cr 固溶强化，通过 Nb、Ti、V 的 MC 型碳化物为主进行沉淀强化，以 W、Mo 的 M_2C、M_6C 型碳化物为次要沉淀强化。控制 M/C 比例，减少 M_6C，避免合金元素形成不利碳化物 M_3C_7 及金属间化合物 $Fe_2(Nb,Ti)$。

马氏体耐热钢由 Cr13 型马氏体不锈钢加入 Mo、W、Ti、V、Nb、N、B 综合合金化，沉淀强化依靠 MC 和 $M_{23}C_6$ 型碳化物，W、Mo 进行固溶强化，B 强化晶界。另外，控制回火温度，保持较高的位错密度和组态，也对高温强度有显著贡献。

工业炉用耐热钢承受应力较低，使用温度则可高达 1250℃，有时要求抗工作介质化学腐蚀能力。主要使用奥氏体型耐热钢。Fe-Al-Mn 系炉用耐热钢中，Mn 和 C 稳定奥氏体，Al 提高抗氧化性及抗渗碳能力，稀土提高抗氧化性和工艺性能。Cr-Mn-C-N 系以 Mn、C 和 N 稳定奥氏体相。Cr-Ni 系奥氏体炉用耐热合金含大量 Cr 及 Ni，再加入 W、Mo 固溶强化，加 Si 提高抗氧化性，可在 1000～1250℃长期使用。

奥氏体耐热钢由 Cr、W、Mo、Nb 固溶强化基体，少量 B、Mg 改善晶界强度；由 Nb、V 的 MC 型碳化物沉淀强化；另一类通过 Ni_3（Ti，Al）金属间化合物（γ′相）沉淀强化。

镍基耐热合金由 Cr20Ni80 合金发展而来：通过 γ′相沉淀强化，通过 W、Mo、Cr 固溶强化，加入 Co 降低镍基合金的层错能（并减少 γ′相局限性），合金基体由 Ni 替代 Fe，大幅度提高了扩散激活能。其抗蠕变性能提高，能够应用于 800～1000℃的温度范围。这类耐热合金包括固溶强化和时效强化形变合金、以及铸造合金。

采用定向凝固技术制备能够获得定向结晶或单晶体，消除横向晶界而大幅度提高抗蠕变性能。采用粉末冶金工艺，能够减少耐热合金中高合金化带来的偏析等造成的组织、性能不均匀而提高性能，解决合金热加工性能差的问题，提高成材率，降低加工费用。

采用粉末冶金工艺及定向凝固技术，能使氧化物弥散强化（ODS）镍基高温合金使用温度提高 100～200℃。

****

耐热钢与耐热合金类型及典型合金

铁素体-珠光体（及贝氏体）耐热钢

15CrMo，12Cr1MoV，12Cr2Mog(T22,P22)，12Cr2MoWVTiB(102)，12Cr3MoVSiTiB(II11)，10Cr5MoWVTiB(G106)

马氏体耐热钢

Cr9 型：10Cr9Mo1VNb(T91/P91)，1Cr9W2MoVNbNB，1Cr9Mo1VNbN

Cr12 型：1Cr12，1Cr13Mo，1Cr11MoV，2Cr12MoV，1Cr11Ni2W2MoVNb，1Cr11W2VNbN

工业炉用耐热钢

铁铝锰系：6Mn28Al7TiRE

铬锰碳氮系：3Cr19Mn12Si2N，2Cr20Mn9Ni2Si2N

铬镍系：1Cr25Ni20Si2，3Cr18Ni25Si2；4Cr25Ni35Mo，5Cr25Ni35Co15W，5Cr28Ni48W5

含 N 节 Ni 合金：4Cr25Ni4N，3Cr24Ni7SiNRE

奥氏体型耐热钢

Cr18Ni9 型：1Cr18Ni9(302)，0Cr18Ni11Ti(TP321H)，1Cr19Ni9、0Cr19Ni9(TP304H)，1Cr19Ni11Nb(TP347)，0Cr17Ni12Mo2(TP316H)

固溶强化型：1Cr14Ni19W2NbB，1Cr18Ni14Mo2Nb

碳化物沉淀硬化型：4Cr13Ni13Co10Mo2W3Nb3，4Cr13Mn8Ni8MoVNb(GH2036)

金属间化合物沉淀硬化型：Cr15Ni25MnMoTi2Al(GH2132，A286)，Cr15Ni35W2Mo2Ti2Al2.5(GH2135)，Cr14Ni40W4Mo2Ti2.5Al2(GH2303)

镍基耐热合金（高温合金）

固溶强化形变合金：Cr21W8Mo8TiAlZrCeB(GH3128)

时效强化形变合金：Cr21Ti2.5Al(GH4033)，Cr11Co15W6Mo5Ti2Al4V(GH4049)

铸造合金：Cr11Co5W5Mo4Ti2.5Al5.5CeB(K403)，2Cr10Co15Mo3Ti4.7Al5V(K417)

定向凝固合金：Cr10Co5W4Ta12TiAl5V(PWA1480 单晶)

粉末合金：Cr13Co8W3.5Mo3.5Ti2.5Al3.5Nb3.5ZrB(FGH95)

ODS 强化合金：Cr20Al0.3Ti0.5-0.6Y_2O_3(MA754)

****

思考题与习题

7-1 耐热钢与耐热合金的基本性能要求包含哪些？

7-2 耐热钢和耐热合金的抗高温氧化能力是如何分级的？

7-3 火电站锅炉管道在蒸汽出口侧承受高温高压，这些高温过热器和再热器管道的壁厚通常在 4mm 至 10mm 之间。如果管道的使用寿命要求为 20 年，其抗高温氧化的能力应达到什么级别？

7-4 钢铁的高温氧化产物是什么，与温度是什么关系，氧化产物对于抗高温氧化性有什么影响，哪些固溶合金元素能够显著降低高温抗氧化性，作用机理是什么？

7-5 请归纳总结 12Cr1MoV 耐热钢的性能要求、合金元素的作用及钢的热处理工艺。

7-6 T22、102 钢、II11 钢以及 G106，都可以看作是 12Cr1MoV 耐热钢的改进型。这些合金固溶处理后空冷（正火）的微观组织是什么，是否还是铁素体-珠光体，与合金中 Cr 含量变化及其他合金元素的添加有什么关系，合金元素此外还有哪些作用？

7-7 马氏体耐热钢可以看作是 Cr13 马氏体不锈钢的改进型。与上述铁素体-珠光体耐热钢相比，性能有哪些显著变化？观察 Cr12 型耐热钢的合金化，相对于 Cr13 马氏体不锈钢而言合金性能改进思路是什么，微观组织有哪些变化，采用了哪些强化手段？

7-8 T91 大量应用于我国最近十余年中建成的火力发电站锅炉中，它是我国引进美国火电机组所形成的下列高压锅炉管钢系中重要的一环：

20g→0.5Mo→1Cr0.5Mo→T22→12Cr1MoV→102→T91→TP304/TP347H。

查阅文献，收集有关 T91 性能特点的资料，关注其中位错组态及密度对该合金高温强度及抗蠕变性能的影响。

7-9 查阅文献资料，收集火力发电站中锅炉蒸汽的温度和压力的数据，了解目前过热器管道使用的耐热钢的情况，关注其未来发展趋势。

7-10 工业炉用耐热钢在使用性能要求方面有何独特之处，为此人们研发的耐热钢分为哪几类，各类工业炉用耐热钢的适用范围及合金特点分别是什么？

7-11 高铬镍的奥氏体炉用钢的使用温度和主要性能要求如何，这类钢中加入 Si 和 N 的原因分别是什么？

7-12 奥氏体型耐热钢与18-8型不锈耐蚀钢存在许多可比之处，请关注它们之间的联系。

7-13 从高温强度性能角度看，奥氏体型耐热钢与铁素体型耐热钢的应用温度哪类更高一些，原因是什么？（提示：比较两类合金的基体相的晶体结构类型及蠕变激活能。）

7-14 与铁基奥氏体耐热钢相比较，镍基耐热合金具有更强的抗蠕变性能，故此能够应用于更高的温度范围。基本原因是什么？

7-15 铁基奥氏体耐热钢与镍基耐热合金中，Ni_3Al 为常见的沉淀强化作用相。这种强化相在合金中的最高含量能够达到多少，它的高温稳定性如何，对合金性能的长期稳定性产生什么影响，与该金属间化合物的什么特点相关联？

7-16 在镍基耐热合金（又称高温合金）中，加入 Co 产生哪些有益效果？请特别说明其对于基体相的强化效果机理。

7-17 镍基高温合金的粉末冶金工艺解决了这类合金中的哪些根本性难题？

7-18 镍基高温合金制备中采用定向凝固技术提高了合金的抗蠕变性能。请查阅资料，说明这种性能改善的基本理论依据。

7-19 请总结对比12CrMo型耐热钢、Cr12型马氏体耐热钢、GH2132耐热钢和GH3128镍基耐热合金的强度性能和使用温度上限。说明它们的性能差别的主要原因。

7-20 请总结对比耐热钢及耐热合金中的固溶强化元素，关注固溶元素的加入量范围及其与使用温度上限之间的关系。

7-21 耐热钢及耐热合金中，常加入微量的B进行合金化。它的作用及其机理是什么，还有哪些合金元素可以发挥类似的作用？

7-22 请总结对比耐热钢及耐热合金中发挥沉淀强化作用的碳化物、氮化物类型。

7-23 请总结使用金属间化合物 Ni_3（Al，Ti）进行沉淀强化的耐热钢及耐热合金。查阅资料，关注该强化相的体积分数及其与使用温度上限之间的关系。

7-24 如何区分耐热钢和耐热合金？总结对比各类耐热钢及耐热合金的“耐热”能力。

参考文献

[1] 章守华. 合金钢[M]. 北京：冶金工业出版社，1988.

[2] 陈国良. 高温合金学[M]. 北京：冶金工业出版社，1988.

[3] C. R. 布鲁克斯. 有色合金的热处理、组织与性能[M]. 丁夫等译校. 北京：冶金工业出版社，1988.

[4] 干勇，田志凌，董瀚，等. 中国材料工程大典，第2、3卷，钢铁材料工程（上、下）[M]. 北京：化学工业出版社，2006.

8 铸 铁

内容要点：

铁中石墨的典型形态及形成条件。按照石墨形态对铸铁进行分类，4 种类型的铸铁制备方法、组织、性能及相互关系，一些合金铸铁、性能特点及合金化原理。

铸铁是以铁、碳、硅为主要成分，并有共晶转变的工业铸造合金。铸铁中的碳常以石墨状态存在，根据碳在铸铁中存在的形态和石墨形状不同，铸铁常被分为：

白口铸铁：碳绝大部分以渗碳体形式存在，断口呈银白色，硬度高，性脆。

灰口铸铁：碳大部分或全部以片状石墨形态存在，断口呈灰黑色。

蠕墨铸铁：碳大部分或全部以蠕虫状石墨形态存在。

球墨铸铁：碳大部分或全部以球状石墨形态存在。

可锻铸铁：碳大部分或全部以絮状石墨形态存在。

合金铸铁：加入各种合金元素，具有特殊性能，用于耐磨、耐热和耐蚀等专门用途。

8.1 铸铁中石墨的形态控制

铸铁中加入的元素按其对石墨化的作用差异，排列顺序如下：

铝、碳、硅、钛、镍、铜、磷、铌、钨、锰、钼、硫、铬、钒、铁、镁、铈、硼。铌为中性元素,其前边的为石墨化元素,其后边的为反石墨化元素。各元素的位置离铌越远,其作用越强。

碳和硅都是强石墨化元素，硅可提高碳在铁中的活度，提高共晶温度，缩小 γ 相区，共晶碳浓度左移。考虑碳和硅对显微组织的影响，将硅折合成碳当量，碳当量［CE］为：

$$[CE] = w(C) + \frac{1}{3}w(Si + P)$$

磷是石墨化元素，主要以 Fe_3P 与 γ 相和 Fe_3C 形成磷共晶。硫是反石墨化元素，强烈阻碍石墨化。锰作为碳化物形成元素，阻碍石墨化，但与硫生成 MnS，抵消硫的强反石墨化作用，因而间接促进石墨化。

铸铁基体显微组织的类型取决于石墨化的程度及石墨的形态。石墨是 Fe-C 系的平衡相，而 Fe_3C 是介稳相。当铸铁中含硅量高而冷速较慢时，将出现石墨化进程。根据铁-石墨相图中的共析温度 738℃，可将石墨化进程划分为两个阶段。高于 738℃ 发生的石墨化第一阶段，由于温度高、扩散快，共析温度以上析出的碳能够全部以石墨形式存在。低于 738℃ 发生的石墨化第二阶段，由于温度较低，石墨化不易进行完全，部分碳仍以渗碳体存在，得到铁素体加珠光体及石墨的显微组织。只有在极缓慢的冷却条件下才能全部石墨化，得到铁素体基体及石墨的显微组织。若此时冷速较快，可得到珠光体基体及石墨的显微组织。

石墨的强度极低，对金属基体起着分割作用，降低基体的连续性，使基体承受应力的有效截面减小，降低铸铁的强度、塑性和韧性。但石墨的形态不同，这种弱化铸铁的作用有很大差别。片状石墨的弱化作用最显著，球状石墨的弱化作用最小，处于中间的是蠕虫状石墨和团絮状石墨。

8.1.1 片状石墨形态

由于石墨具有简单六方点阵，基面上的碳原子呈六角网目状分布，相邻两基面上的六角网目状是错开的，如图8-1所示。基面上碳原子间为共价键，结合力强；而基面之间则是分子键，结合力弱，故石墨的强度很低。

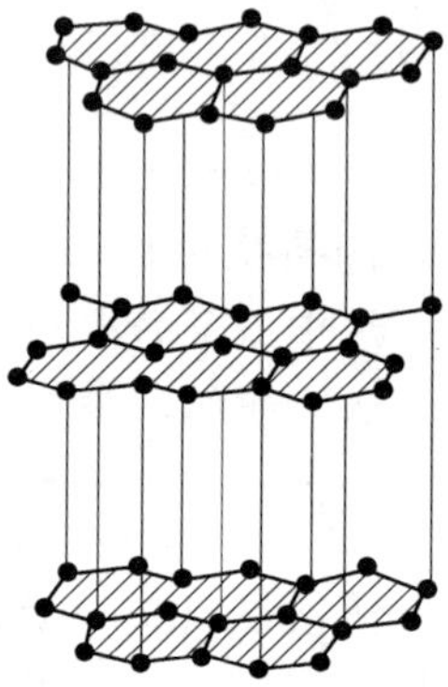

图8-1 石墨的晶体结构

由铁液中析出的石墨易成片状，取决于石墨的晶体结构。基面上密排的碳原子间键力已饱和，而侧面上碳原子密度小，原子键力未饱和，容易吸收碳原子，因而石墨沿侧向生长快，成为片状石墨。铁液中的硫促使石墨呈片状生长。

在共晶转变时，石墨片与奥氏体是共同生长的，石墨是领先相和熔体直接接触。在一个共晶团内，石墨是连续的。石墨片是由一个核心分枝长大，分枝不断生长，又继续再分枝。共晶团和石墨片的三维形貌见图8-2。对共晶和亚共晶成分的铸铁，石墨片的长度取决于共晶团的尺寸和团内石墨的分枝程度。石墨片的粗细和石墨片间的间隔是由扩散控制的。当在过冷度较小时凝固，得到粗石墨片，分枝石墨片间隔是宽的，持续不断过冷导致细石墨片和窄的石墨片间隔。共晶石墨片的长度随共晶团尺寸减小和共晶团数量增多而变短，因而灰铸铁的强度也随之增加。

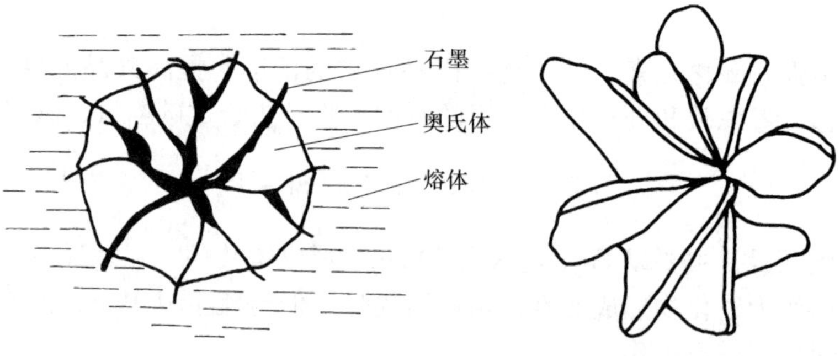

图8-2 铸铁共晶团及片状石墨示意图

（a）石墨片与奥氏体共晶团；（b）石墨片的三维形貌

要使石墨片细化，也可采取增加非自发形核率的方法，通常加入硅铁粒。

8.1.2 球状石墨形态

如果在铸造前向熔体中加入球化剂，可使石墨生成球状，即石墨的球化处理。石墨生长为球状，取决于石墨晶核的生长过程。在球墨铸铁中，每个石墨球是一个多晶体，其中每个单晶的基面（0001）垂直于球的半径方向，整个球状石墨的外表面全部为（0001）面所覆盖，如图 8-3 所示。整个石墨球由许多呈放射状的单晶组成，每个单晶石墨沿 c 轴方向呈螺旋生长。

石墨球化进程的螺旋位错理论表明，球状石墨的中心是以夹杂物为非自发形核核心生长，当石墨析出时，多个石墨原子团附着在这种异质晶核上而连接在一起，处于原子团边缘的碳原子为相邻晶面所共有而集成多面体晶核。组成晶核的（0001）晶面在空间的位向便产生不同，各原子团边缘的原子为共有，通过热激活，在各基面上将产生螺位错，其螺旋台阶有利于二维碳原子团生长，呈螺旋沿垂直的 c 轴方向发展，各单晶的共同生长而使石墨呈球状，如图 8-4 所示。

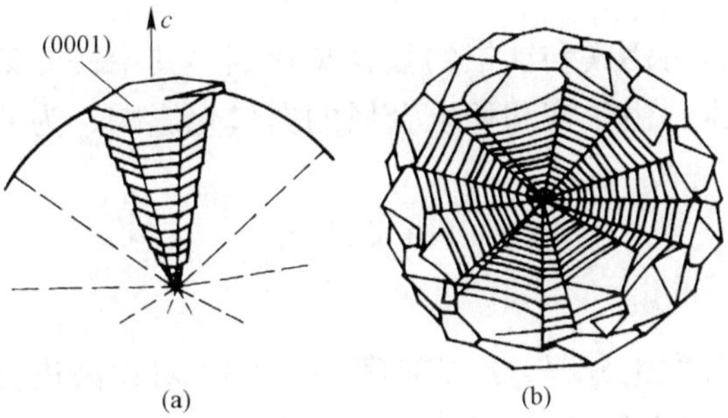

图 8-3 球状石墨螺旋生长示意图

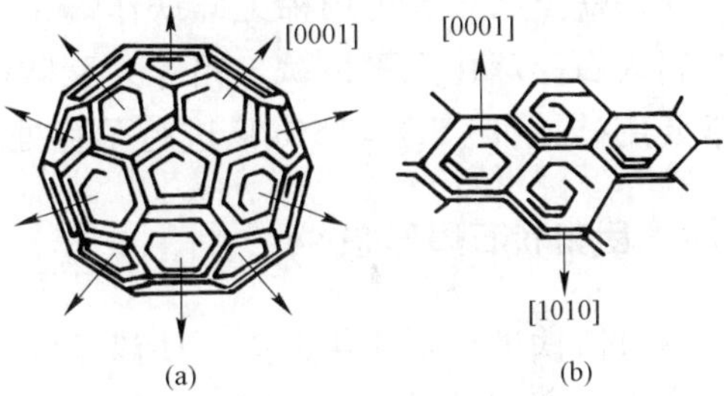

图 8-4 球状石墨多晶体生长示意图

图 8-5 为一颗球状石墨的截面在透射电镜下观察到的结构，截面通过球状石墨的中心，可见石墨球由许多放射状的单晶所组成，每个放射状单晶又存在层状结构。表面内吸附元素铈和镁除与硫和氧形成非金属夹杂物作为石墨结晶时的非自发形核核心外，它们还吸附在石墨晶核表面，促使其呈辐射状向三维空间生长呈球形。所以，稀土元素铈、镧等和碱土金属镁是石墨球化剂的主要组成元素。

另外，石墨球化的气泡理论表明，铁液经过球化剂处理后，在铁液中形成了大量微细气泡，石墨析出时，就在这些微细气泡中形核，从而长大成球状石墨。

通常使用的石墨球化剂为稀土、镁复合球化剂。

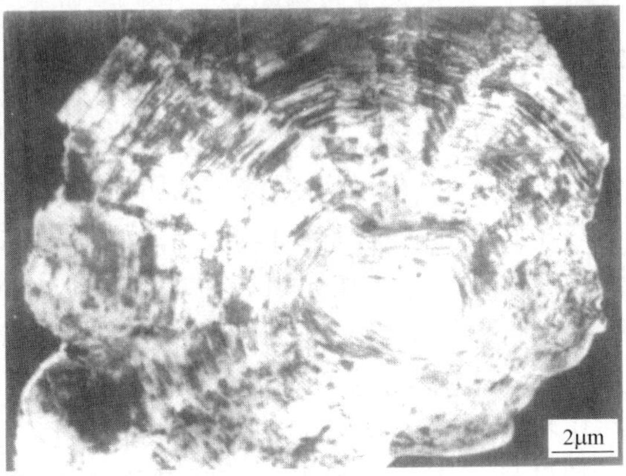

图 8-5 球状石墨截面显示的显微结构
（透射电镜、明场，苗柏和提供）

8.1.3 蠕虫状石墨形态

石墨的另一种形态是蠕虫状，其形貌卷曲，端部圆钝，长宽比小。它是介于球状和片状之间的一种石墨形态。一般将长宽比为 3 ~ 10 的石墨称为蠕虫状石墨。

蠕虫状石墨的形貌见图 8-6，它由许多分枝组成。分枝细小，每一分枝由小团状石墨堆垛而成。整块蠕虫状石墨也是多晶体，其表面主要由基面构成。蠕虫状石墨的生长是以微小石墨球连接在一起，其生长尖端在结晶过程中通过结晶奥氏体壳上的沟槽与铁液相连通，并在其中生长。特别是含有钛、铝等降低熔点的元素，容易保持这种铁液沟槽，造成蠕虫状石墨的生长条件。

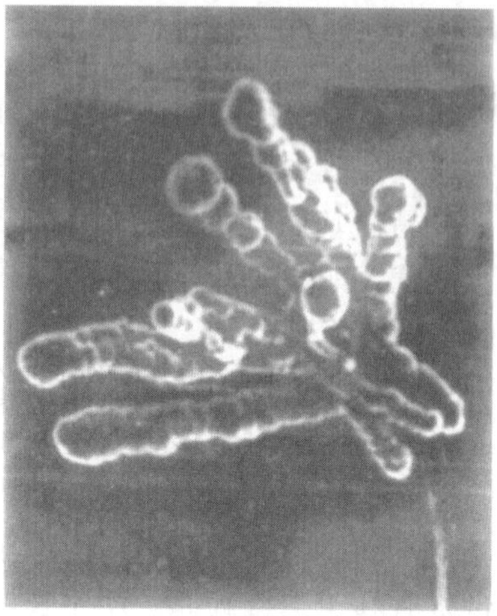

图 8-6 蠕虫状石墨（扫描电镜）

获得蠕虫状石墨可用稀土硅铁作蠕化剂，也可用镁和钛铝的复合蠕化剂。其中镁和稀土金属为石墨球化元素，钛、铝等为反球化元素，由于镁和稀土金属的白口化影响，为此通常要用硅铁(w(Si) =75%）进行孕育处理。

8.1.4 团絮状石墨形态

白口铸铁进行石墨化退火，使渗碳体在固态发生分解，形成团絮状石墨。对铁液进行孕育处理，能有效地缩短石墨化退火时间。通常孕育剂含有铋、铝、硼、钛、稀土等元素，这些元素在铁液中能形成氮化物、碳化物以及稀土的硫氧化物，作为石墨化退火过程中石墨团絮的核心。

8.2 常用的铸铁

8.2.1 灰口铸铁

灰口铸铁的石墨呈片状。根据基体组织的不同，可分为铁素体、铁素体-珠光体和珠光体三种。灰口铸铁有熔点低、流动性好、凝固收缩小和充填铸型能力好等优点。在亚共晶和共晶成分范围内，增加碳和硅，可使铁液的流动性增加；磷可降低共晶温度，能增加铁液的流动性，并增加充填铸型能力。铝、铬、钛、钒等一般都可降低流动性。硫形成 MnS 夹杂物，使铁液流动性降低。灰口铸铁因凝固时析出石墨而增大比热容，体积的膨胀抵消一部分体积收缩，使总收缩量远比钢小。

片状石墨由于破坏了基体的连续性，对铸铁的抗拉强度、塑性和韧性起了削弱作用，故铸铁属于脆性材料。但片状石墨对抗压强度和硬度影响不大，使铸铁接近钢的水平。铸铁中石墨可起减振作用；在摩擦时也可起润滑作用，石墨孔洞在润滑摩擦时起贮油作用。

灰口铸铁的基体类型影响铸铁的抗拉强度，抗拉强度随基体中珠光体量增加而升高。铁素体灰口铸铁因强度和硬度低，一般很少应用。常用的是珠光体-铁素体或珠光体灰口铸铁。为获得所需要的铸铁组织，应根据铸件尺寸来确定适宜的碳硅总量。铸件壁厚影响其实际冷却速度。图 8-7 展示了铸铁的壁厚和碳硅总量对铸铁显微组织的影响。灰口铸铁铁液凝固时，薄壁铸件冷速快，可得到白口铸铁组织，随壁厚增大冷速减低，依次得到麻口铸铁（Fe_3C + 石墨 + 珠光体）、珠光体基灰口铸铁、珠光体-铁素体灰口铸铁和铁素体基灰口铸铁。

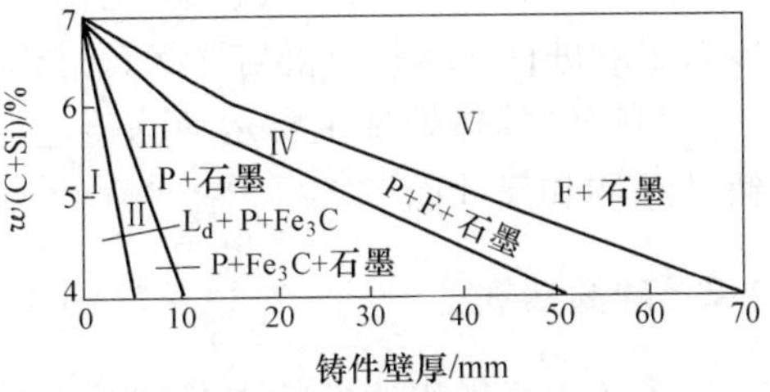

图 8-7 铸铁件的壁厚和碳硅总量对显微组织的影响
F—铁素体；P—珠光体

灰口铸铁的牌号和强度见表 8-1。同一成分的灰口铸铁，由于壁厚效应得到不同的基体显微组织，强度差别较大。灰口铸铁的伸长率在 0.2% ~0.7%，属于脆性材料。细化片状石墨也可以提高强度。普通灰口铸铁的化学成分为：

$$w(\mathrm{C}) = 2.7\% \sim 3.6\%, w(\mathrm{Si}) = 1.0\% \sim 2.2\%,$$

$$w(\mathrm{Mo}) = 0.5\% \sim 1.3\%, w(\mathrm{P}) < 0.13\%, w(\mathrm{S}) < 0.15\%$$

表 8-1 灰口铸铁的牌号和强度

牌 号	抗拉强度/MPa	牌 号	抗拉强度/MPa
HT100	≥100	HT250	≥250
HT150	≥150	HT300	≥300
HT200	≥200	HT350	≥350

将普通灰口铸铁进行孕育处理，加入硅铁或硅钙合金作为孕育剂，出铁时冲入铁水后，形成大量人造结晶核心，使石墨片细化，并使组织和性能对铸件壁厚不敏感，得到显微组织为细密珠光体基体上分布有细小的石墨片，提高了抗拉强度和硬度。所以，强度较高的灰口铸铁都须经过孕育处理。

加入少量合金元素能适当改善灰口铸铁的性能。常用的元素有铬、镍、铜、钼、钒、钛等，除细化石墨片并使其分布均匀外，主要作用是降低铁素体量和细化珠光体。铬、钼、钒为碳化物形成元素，有白口化作用，为此必须加入石墨化元素镍或铜来抵消。

灰口铸铁在 650 ~950℃反复加热和冷却时，体积会膨胀，最后出现开裂。灰口铸铁长度变化见图 8-8，每一次冷热循环，体积就有一定量增加。其中第一次加热时的膨胀是渗碳体分解为石墨所造成。第二次以后主要是共析转变引起的膨胀，它又引起微裂纹，进而微裂纹内又发生氧

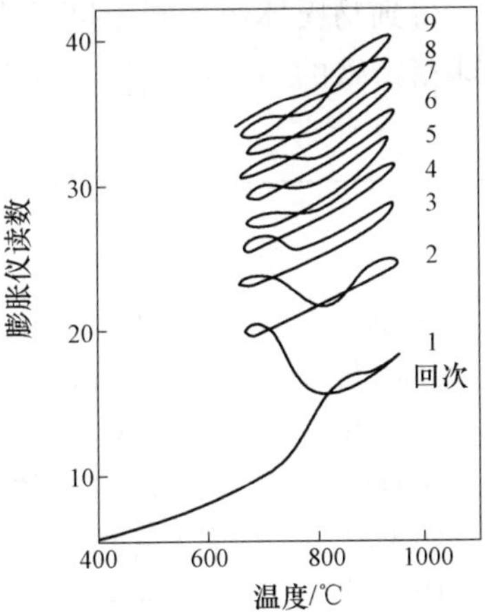

图 8-8 灰口铸铁反复加热冷却时的生长

化，产生附加的体积膨胀。加入碳化物形成元素铬、钼、钒，可阻碍珠光体中的渗碳体分解生成石墨的进程。球状石墨与片状石墨相比，能减少氧进入铸铁，减少体积膨胀。

灰口铸铁的热处理主要是消除铸造应力，退火温度通常为550℃，退火时间不宜过长，视铸件结构和尺寸而定。

8.2.2 球墨铸铁

球墨铸铁显微组织的特点是球状石墨，它对基体的分割作用较轻，对应力集中的影响较小，能较充分地发挥基体的强度、塑性和韧性。其整体的力学性能均高于灰口铸铁。球墨铸铁的屈强比（σ_s/σ_b）为0.7～0.8，远高于碳钢的0.5左右。

要获得质量好的球墨铸铁，严格控制成分十分重要。球墨铸铁的碳当量应控制为共晶成分或稍高，有利于石墨球化和避免产生白口组织。一般碳含量w(C)为3.6%～3.9%，硅含量w(Si)为2.0%～2.5%，可防止白口组织，有利于较多的石墨球半径小，圆整度好。硅含量不宜过高，以防止韧性降低。硫含量尽可能低，应低于0.1%。石墨化元素是稀土元素和镁，首先起脱硫作用，然后再起石墨球化作用，残留镁w(Mg)为0.03%～0.08%，残留稀土w(RE)为0.02%～0.04%。球墨铸铁的孕育剂是硅铁合金，防止球化元素带来的白口化倾向，使石墨更圆整和细化，以提高塑性和韧性。由硅和钙、铝、钼、锶配成的复合孕育剂更具长效，并增大铁液对球化元素的吸收率，细化共晶团，改善组织均匀性，减小壁厚敏感性和增强韧性。

球墨铸铁的力学性能主要取决于基体类型，通过铸造或热处理，可以得到基体的组织为铁素体、珠光体-铁素体、珠光体以及贝氏体。

铁素体球墨铸铁的基体中铁素体体积含量在80%以上，具有较高的塑性。它由铸造加退火获得。珠光体球墨铸铁中珠光体体积含量在80%以上，具有较高的强度和疲劳强度。它可通过铸造加正火获得，广泛用于汽车和拖拉机曲轴。贝氏体球墨铸铁的基体是经过等温淬火得到贝氏体。此外，还可以通过淬火回火，得到马氏体经不同温度回火的基体组织。它具有高强度、高硬度和高疲劳强度，可制作耐疲劳和耐磨零件，如重负荷减速齿轮。球墨铸铁经高温加热后在上贝氏体区等温淬火，得到奥氏体（体积含量25%～40%）加上贝氏体的基体组织，使之具有高强度、高塑性和高韧性的特点。通过淬火与回火处理，得到马氏体经不同温度回火的组织。为获得综合力学性能，采用调质处理。各种基体的球墨铸铁的力学性能见表8-2。

表8-2 球墨铸铁的力学性能

牌号	基体	σ_b/MPa	$\sigma_{0.2}$/MPa	δ/%	硬度HB
		不小于			
QT400-18	铁素体	400	250	18	130～180
QT400-15	铁素体	400	250	15	130～180
QT450-10	铁素体	450	310	10	160～210
QT500-7	铁素体+珠光体	500	320	7	170～230
QT600-3	珠光体+铁素体	600	370	3	190～270
QT700-2	珠光体	700	420	2	225～305
QT800-2	珠光体或回火组织	800	480	2	245～335
QT900-2	贝氏体或回火马氏体	900	600	2	280～360

8.2.3 蠕墨铸铁

蠕墨铸铁对铁液的化学成分要求与球墨铸铁相似，向铁液中加入蠕化剂即可，所得到的蠕虫状石墨的圆整化程度，可用形状系数（圆整化系数）K 来描述：

$$K = \frac{4\pi A}{L^2}$$

式中，A 为单个石墨的截面积；L 为单个石墨的截面周长，取试样上有代表性视场中全部石墨来统计。当 $K<0.15$ 时属于片状石墨；$0.15<K<0.8$ 属于蠕虫状石墨；$K>0.8$ 属于球状石墨。形状系数与石墨形状的对应关系如图 8-9 所示。

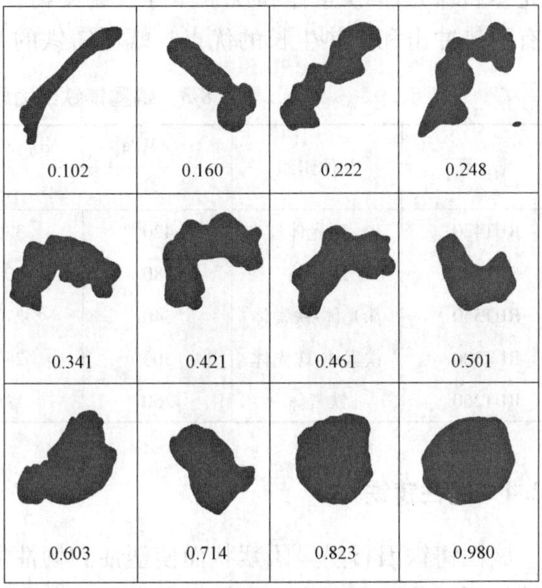

图 8-9 单个石墨的形状系数 K 值

蠕化率用来表述石墨蠕化的效果。它表示在检测视场中蠕虫状石墨占全部石墨的百分数。控制球化元素镁或稀土金属含量，可得到高的蠕化率，但其残留量太窄，不便生产操作。为此，往往加入反球化元素钛、铝与球化元素镁制成复合蠕化剂。为表示其复合蠕化效果，采用复合蠕化系数 K_2：

$$K_2 = \frac{K_1}{w(\mathrm{Mg})}$$

式中，K_1 为反球化元素的当量，$K_1 = 4.4w(\mathrm{Ti}) + 2.0w(\mathrm{As}) + 2.3w(\mathrm{Sn}) + 5.0w(\mathrm{Sb}) + 290w(\mathrm{Pb}) + 370w(\mathrm{Bi}) + 1.6w(\mathrm{Al})$；而 $w(\mathrm{Mg})$ 为铸铁中的残留镁质量分数。复合蠕化系数 K_2 与石墨形态及不同形态石墨含量的关系见图 8-10。

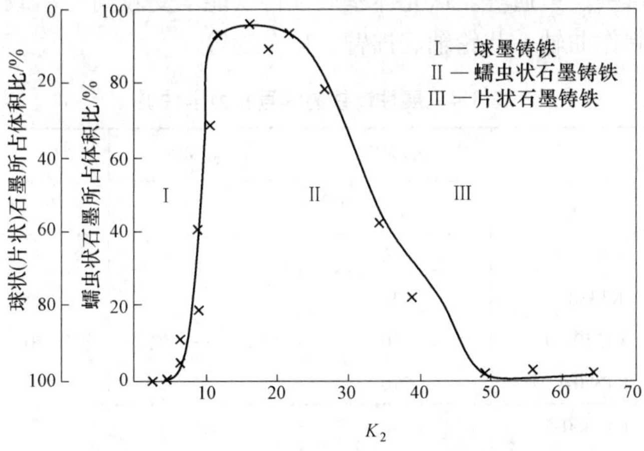

图 8-10 复合蠕化系数 K_2 与石墨形态及其含量的关系

蠕墨铸铁的力学性能取决于石墨蠕化率、形状和分布及基体组织。由基体组织可分为珠光体、珠光体-铁素体和铁素体等。蠕墨铸铁的强度、塑性和韧性优于灰口铸铁，尤其具有耐热冲击和抗热生长的优点。蠕墨铸铁的力学性能见表8-3。

表8-3 蠕墨铸铁的力学性能（单铸试块）

牌　号	基体组织	σ_b/MPa	$\sigma_{0.2}$/MPa	δ/%	硬度 HB	蠕化率/%
		不　小　于				
RUT420	珠光体	420	335	0.75	200 ~ 280	≥50
RUT380	珠光体	380	300	0.75	193 ~ 274	
RUT340	珠光体-铁素体	340	270	1.0	170 ~ 249	
RUT300	铁素体-珠光体	300	240	1.5	140 ~ 217	
RUT260	铁素体	260	195	3	121 ~ 197	

8.2.4 展性铸铁

展性铸铁因石墨呈团絮状而使塑性和韧性均优于灰口铸铁。它由含碳和硅不高的白口铸铁经石墨化退火而成。根据不同热处理方式，可锻铸铁分为白心展性铸铁和黑心展性铸铁。白心展性铸铁由于生产工艺复杂，生产周期长，性能较差，在工业中已经很少应用。黑心展性铸铁是在密闭条件下中性气氛中石墨化退火，采取不同工艺得到铁素体基展性铸铁或珠光体基展性铸铁。前者的主要化学成分为：$w(C)=2.2\%\sim2.8\%$，$w(Si)=1.2\%\sim1.8\%$，$w(Mn)=0.4\%\sim0.6\%$；后者的主要化学成分为：$w(C)=2.2\%\sim2.8\%$，$w(Si)=1.2\%\sim2.0\%$，$w(Mn)=0.8\%\sim1.2\%$。

对铁液进行孕育处理，可有效缩短石墨化退火时间。通常采用含铋、硼、铝、硅、稀土金属的复合孕育剂。

展性铸铁的力学性能见表8-4。铁素体展性铸铁强度较高的可承受较高冲击、振动及扭转载荷，用来制作汽车、拖拉机前后轮壳、转向节壳、制动器等。强度较低的只能承受较低静载荷，如管弯头、三通等。珠光体基展性铸铁能承受较高的动载荷和静载荷，并有较高的耐磨性，可制作曲轴、凸轮轴、摇臂、矿车轮等。

表8-4 展性铸铁的牌号和力学性能

分　类	牌　号	σ_b/MPa	$\sigma_{0.2}$/MPa	δ/%	硬度 HB
		不　小　于			
铁素体展性铸铁	KT300-6	300	—	6	120 ~ 163
	KT330-8	330	—	8	120 ~ 163
	KT350-10	350	—	10	120 ~ 163
	KT370-12	370	—	12	120 ~ 163
珠光体展性铸铁	KTZ450-5	450	280	5	152 ~ 219
	KTZ500-4	500	340	4	179 ~ 241
	KTZ600-3	600	420	3	201 ~ 269
	KTZ700-2	700	550	2	240 ~ 290

8.3 合金铸铁

合金铸铁是在剧烈摩擦磨损、腐蚀介质或高温条件下使用的特殊铸铁，一般含有较多的合金元素。

8.3.1 耐磨合金铸铁

耐磨合金铸铁根据主要合金元素可分为铬系、镍系、锰系、钨系、钒系和硼系，其显微组织都是白口铸铁。

8.3.1.1 铬系耐磨合金铸铁

在 $w(Cr)=12\%\sim28\%$ 的合金铸铁中，能形成 Cr_7C_3 和 $Cr_{23}C_6$ 合金碳化物，而其中 Cr_7C_3 具有高硬度，其硬度在 HV1400 ~ 1800。这样高的硬度足以抵抗石英（HV900 ~ 1280）的磨损。为使获得的全部碳化物为 Cr_7C_3 共晶碳化物，高铬合金铸铁的铬碳比应为 4 ~8。随铬含量增高，共晶碳量不断下降，在 $w(Cr)=13\%$ 时，共晶碳量减至 $w(C)=3.6\%$，$w(Cr)=25\%$ 时又减为 $w(C)=3.3\%$。提高碳含量能增加碳化物数量，它比提高铬含量、增加共晶碳化物数量更有效。铬含量 $w(Cr)$ 一般控制在 14% ~28%，而碳含量则根据耐磨件应力来选择，在低应力下采用上限为 $w(C)=3.2\%\sim3.6\%$，中应力下 $w(C)=2.8\%\sim3.2\%$，高应力下 $w(C)=2.4\%\sim2.8\%$。单纯高铬铸铁的淬透性较差。若为提高其淬透性，一般可加入钼、锰、铜、镍等元素。钼锰或钼铜同时加入可有效提高淬透性。含锰量太高，则剧烈降低 M_s 点，使残余奥氏体量增加。硅可降低淬透性，故一般控制 $w(Si)$ 在 0.8% 以下。高铬铸铁中加入钒、钛、稀土金属，可以细化共晶组织和碳化物，使高铬铸铁中的 Cr_7C_3 碳化物不以网状出现，其韧性比一般白口铸铁好。高铬铸铁中的共晶碳化物 Cr_7C_3 形貌见图8-11。

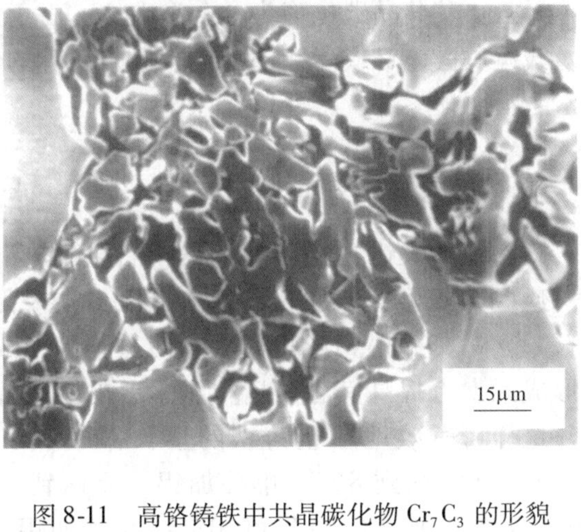

图 8-11 高铬铸铁中共晶碳化物 Cr_7C_3 的形貌（透射扫描电镜）

高铬钼合金铸铁已列入各国国家标准。常用的有 15Cr-3Mo、15Cr-2Mo-1Cu 和 20Cr-2Mo-1Cu 等。后两种有很高的淬透性，在铸型中冷却不会出现珠光体。薄件得到共晶碳化物和大量残留奥氏体；厚件得到共晶碳化物、从奥氏体中析出的二次碳化物及较多的马氏体及残留奥氏体。为消除铸造时形成的过量残留奥氏体，采用去稳定化处理，将高铬钼铸铁铸件加热到950 ~1000℃保温，使奥氏体中析出二次碳化物，降低奥氏体中碳和铬、钼的合金度，提高 M_s 点，使冷却后能得到更多的马氏体。其显微组织为在马氏体基体上镶嵌着 Cr_7C_3 碳化物，硬度为 HRC60 ~65。淬火后为消除铸件内应力，减少残留奥氏体，提高韧性，采用中温回火。若为了切削加工，可采用退火，使基体得到珠光体组织。其热处理工艺为：随炉缓慢升温到950℃保温2h以上，然后炉冷至820℃；再以15℃/h的速度冷至700℃保温4～20h，然后炉冷。这样，铸件的硬度可从铸态的HRC 50～55降到可切削加工的HRC 40～44硬度。

高铬钼合金铸铁的导热率低，塑性差，收缩大，因而发生热裂和冷裂倾向大。当铸件壁厚差大时，更易发生冷裂。严重时只能将铸件在900～1000℃从铸型中取出，热送至保温炉中慢冷。

8.3.1.2 镍系耐磨合金铸铁

镍系耐磨白口铸铁为镍铬合金化的白口铸铁。铬的加入使Fe_3C成为$(Fe, Cr)_3C$，其硬度可提高到HV1100～1150。加入镍以提高淬透性，有利于得到马氏体基体，其硬度高于HV600。镍系耐磨合金铸铁的耐磨性优于普通白口铸铁。其主要化学成分为：镍硬1型$w(C)=3.0\%\sim3.6\%$，$w(Ni)=3.3\%\sim4.8\%$，$w(Cr)=1.5\%\sim2.6\%$，$w(Mn)=0.3\%\sim0.7\%$；镍硬2型$w(C)\leqslant2.9\%$，$w(Ni)=3.30\%\sim5.0\%$，$w(Cr)=1.4\%\sim2.4\%$，$w(Mn)=0.3\%\sim0.7\%$。经过电炉熔炼并铸造成成品，可在铸态获得淬硬的显微组织，经低温回火后即可使用。为改善其冲击疲劳抗力，可采用消除铸态的大量残留奥氏体的措施，提高硬度，消除内应力，以提高冲击疲劳寿命。一般采用双重热处理，经450℃保温4h，冷至275℃保温4～16h后再空冷，此时硬度可达HV670。镍系耐磨合金铸铁可用于球磨机衬板、磨球、干料或泥浆输送管道弯管等。

8.3.1.3 锰系耐磨合金铸铁

锰系耐磨白口铸铁主要的合金元素是锰，$w(Mn)$为$2.0\%\sim8.0\%$，并辅之以钼、铬、铜等元素。其共晶碳化物为合金渗碳体。由于锰强烈提高淬透性，铸态的基体组织为马氏体及残留奥氏体，或者有部分贝氏体，铸件的硬度在HRC 50～60范围。它可制作杂质泵、冲击磨料磨损零件。

8.3.2 耐热合金铸铁

铸铁中加入铬、铝、硅，与它们在耐热钢和耐热合金中一样，可大大提高其抗氧化性。这些元素可单独加入或复合加入，在表面形成稳定的致密的氧化膜；显微组织中减少石墨含量，并得到球状石墨，使之不易形成氧化性气体渗入的通道。铬铝硅都是铁素体形成元素，提高其含量后得到单一的铁素体基体，使得在使用温度范围内完全消除相变。这样可有效地阻止铸铁的生长作用。球墨合金铸铁在950℃能抗氧化，若单独加硅，$w(Si)$要达到8%；单独加铝，要达到$w(Al)=10\%$；单独加铬，要达到$w(Cr)=22\%$。若复合加入，总量可相应减少。如铝硅复合加入，要求在950℃抗氧化，只需$w(Si)=4.5\%$加$w(Al)=4.5\%$。硅系和铝系球墨耐热铸铁有较高的脆性，不耐温度急变。铝硅球墨铸铁在铝硅总量不超过10%时，其脆性较低，有一定的塑性、易切削性和耐温度急变性。

8.3.3 耐蚀合金铸铁

常用的耐蚀合金铸铁是高硅耐蚀铸铁和高铬耐蚀铸铁。

$w(Si)=14.25\%\sim15.25\%$的高硅铸铁的基体是具有面心立方结构的Fe_3Si有序固溶

体，其电极电位较正，与石墨间电位差很小，因而电化学腐蚀微弱，在氧化性腐蚀介质中能生成致密的 SiO_2 保护膜。在各种氧化性酸（如硝酸、硫酸）介质中，在各种温度下都有良好的耐蚀性。在室温的盐酸、各种有机酸和许多盐溶液中都耐蚀。在高硅耐蚀铸铁中加入铜，能进一步改善其在酸类和碱类介质中的耐蚀性。

高硅铸铁在氢氟酸、高温盐酸和强碱溶液中是不耐蚀的。若加入 $w(\mathrm{Mo})=4\%$ 的钼，能显著增加高温下抗盐酸的耐蚀性。

硅可促进石墨化，得到铁素体基体上分布着点状石墨。稀土金属可降低高硅铁素体的脆性。为防止铸造后冷却时开裂，铸件采用700℃以上热送退火缓冷。

高硅耐蚀铸铁适用于除非氧化性酸以外的各种酸类介质，制作可承受压力较小的容器、管件、阀、耐酸泵等。使用时要防止机械振动，在运输过程中避免机械撞击。

本章小结

铸铁是以 C 、Si 为主要合金元素、在凝固过程中发生共晶转变的 Fe 基合金，其中 C 主要以石墨形态存在。这类金属材料一般通过铸造制得各种产品。

按照铸铁中石墨的形状，铸铁通常分为灰口铁、球墨铸铁、蠕墨铸铁和可锻铸铁。加入金属合金元素形成合金铸铁。广义上，还包括碳以渗碳体存在、主要用于炼钢的白口铸铁。

铸铁中的合金元素分为石墨化元素和反石墨化元素。灰口铁、球墨铸铁和蠕墨铸铁，凝固过程中分别直接析出条片状、球团状及蠕虫状石墨。展性铸铁（即可锻铸铁）为白口铸铁通过石墨化退火使渗碳体分解成团絮状石墨得到。

铸铁中除了添加 Si 等石墨化元素外，浇铸之前向铁液中加入硅铁等石墨孕育剂作为石墨形核中心，促进石墨析出。控制 Si 等合金元素含量，为铁液添加适当孕育剂，以及适当选择添加球化剂、蠕化剂，能够获得不同类型的铸铁。

铸铁的基体有铁素体、珠光体、贝氏体和马氏体等基本类型及其混合基体。

灰口铸铁含较高硅碳、大铸件冷速较慢情况下形成铁素体基体，而低硅碳与较高冷速下形成珠光体基体。孕育处理可细化石墨片。蠕墨铸铁具有类似的基体组织。

球墨铸铁通过铸造或热处理，可以得到铁素体、珠光体、铁素体-珠光体和贝氏体基体，以及淬火-回火处理的马氏体及其各种回火组织的基体。

展性铸铁通过控制石墨化工艺，可以分别获得铁素体基体（黑心可锻铸铁）和珠光体基体。

铸铁通过石墨化消除共晶组织中的渗碳体，降低了脆性和硬度。球状石墨相对于条片状石墨减弱了对基体的分割作用而提高韧性。

控制奥氏体共析转变得到的基体组织形态可以大幅度改变铸铁的力学性能。铁素体基体强度最低、塑性最好；珠光体基体则强度高、塑性很差。此外，通过合金化及热处理，可以获得贝氏体、马氏体及其回火组织以及奥氏体等不同的基体，可以析出合金渗碳体及其他类型的合金碳化物强化基体，结合合金元素的特殊作用，获得耐磨、抗高温氧化、抗腐蚀、耐热等特殊性能的合金铸铁。

铸铁分类及典型产品

灰铸铁

麻口铸铁（Fe_3C + 石墨 + 珠光体 P）

珠光体基灰口铸铁，铁素体基灰口铸铁，铁素体 + 珠光体基灰口铸铁

HT100、HT150、HT200、HT250、HT300、HT350

蠕墨铸铁

珠光体基体蠕墨铸铁：RuT420，RuT380

铁素体-珠光体混合基体蠕墨铸铁：RuT340，RuT300

铁素体基体蠕墨铸铁：RuT260

球墨铸铁

铁素体基体球墨铸铁：QT400-18，QT400-15，QT450-10

铁素体-珠光体混合基体球墨铸铁：QT500-7，QT600-3

珠光体基体球墨铸铁：QT700-2，QT800-2

贝氏体球墨铸铁：QT800-2，QT900-2

马氏体（回火）球墨铸铁：QT900-2

展性铸铁（可锻铸铁）

白心可锻铸铁：KTB350-04，KTB380-12，KTB400-05，KTB450-07

黑心（铁素体基体）展性铸铁：KTH300-06，KTH330-08，KTH350-10，KTH370-12

珠光体（基体）展性铸铁：KTZ450-06，KTZ550-04，KTZ650-02，KTZ700-02

合金铸铁

耐磨合金铸铁

低铬抗磨白口铸铁：KmTBCr2

中铬抗磨白口铸铁：KmTBCr8

高铬抗磨白口铸铁：KmTBCr12，KmTBCr15Mo，KmTBCr20Mo，KmTBCr26

镍系抗磨白口铸铁：KmTBNi4Cr2-DT，KmTBNi4Cr2-GT，KmTBNi5Cr9

中锰系抗磨球墨铸铁：MQTMn7，MQTMn6VTiMo

耐热铸铁

硅系耐热铸铁：RTSi5，RQTSi4，RQTSi4Mo，RQTSi5

铝系耐热铸铁：RQTAl4Si4，RQTAl5Si5，RQTAl22

铬系耐热铸铁：RTCr，RTCr2，RTCr16

耐蚀高硅合金铸铁：STSi11Cu2CrRE，STSi15RE，STSi15Mo3RE，STSi15Cr4RE，STSi7RE

****

思考题与习题

8-1 铸铁中石墨化的途径可以如何分类，得到的石墨形态有什么显著不同？

8-2 灰口铸铁的石墨与奥氏体共晶团中，石墨的晶体形态有什么特征？细化共晶组织的手段有哪些，如何影响强度，该影响是否符合普通共晶和共析组织性能变化的共同特点？

8-3 灰口铸铁中常用的孕育剂是什么，如何使用，其作用机理是什么？

8-4 球墨铸铁的石墨晶体形态特征是什么，如何获得这种形状的石墨？球墨铸铁常用的球化剂是什么，如何使用，作用机理是什么？

8-5 比较球墨铸铁与灰口铁的强度与塑性，解释两者差别的原因。灰口铁的什么性能显著优于球墨铸铁？（参见本教材第15章有关内耗与减振合金的内容）

8-6 蠕墨铸铁的石墨晶体形态特征是什么？复合蠕化剂中包含球墨化和反球墨化合金元素。它们与蠕虫状石墨的特点有什么关联性？

8-7 将蠕墨铸铁的强度与球墨铸铁和灰口铸铁进行比较，对此有何评述？

8-8 展性铸铁与上述三种铸铁有什么显著不同？展性铸铁又称可锻铸铁，人们对其进行锻造加工制造产品吗，其孕育剂是什么，该孕育剂与灰口铁、蠕墨铸铁所使用的孕育剂是否应当有差别？主要差别在什么方面？

8-9 上述四种基本类型的铸铁中，一般不进行热处理改性的铸铁是哪些，它们的基体相有哪些基本类型？

8-10 上述四种基本类型的铸铁中，施加热处理改性的铸铁是哪些？热处理使微观组织发生的主要变化什么，如何影响铸铁的力学性能？

8-11 请查阅文献资料，针对上述四种类型铸铁之一，了解其用途及选用技术。

8-12 请查阅有关资料，了解四类铸铁产品牌号中各符号的意义。

8-13 铸铁要求在较高温发生共晶转变时，C以石墨形态凝固析出，或在后续热处理中完成由渗碳体向石墨的转变。请问，铸铁在较低温度下由奥氏体发生共析转变时C的析出形式是否也有类似要求？

8-14 铸铁中C的形态对于性能有显著影响，基体组织也同样有重要影响。请归纳总结铸铁中基体组织的类型，对比寻找铸铁的性能与基体组织之间的联系。

8-15 简单归纳总结铸铁合金化形成的特殊合金铸铁（特殊性能、合金体系、主要应用等）。

8-16 查阅资料，了解以白口铸铁为基础的“冷硬铸铁”、性能特点及其主要应用。

8-17 查阅资料，了解奥氏体铸铁的基本情况、性能及其主要应用。

参考文献

[1] 章守华，吴承建．钢铁材料学[M]．北京：冶金工业出版社，1992.

[2] C. R. Loper，J R.，Physical Metallurgy of Cast Iron Ⅳ. Materials Research Society，1990.

[3] 郝石坚．高铬耐磨铸铁[M]．北京：机械工业出版社，1993.

[4] 干勇，田志凌，董瀚，等．中国材料工程大典，第2卷，钢铁材料工程（上）[M]．北京：化学工业出版社，2006.

第 2 篇

非铁金属材料

9 铝合金

内容要点：

铝的合金化相关的重要二元合金体系的相平衡与相变。铝合金的固溶体与沉淀强化第二相特点，铝合金中重要的微量合金元素与微量相，以及它们对于合金性能的影响及作用机理。典型的变形与铸造铝合金，合金的成分、制备工艺、微观组织与性能及其相互关系。一些铝合金制备的新工艺及其性能特点。

9.1 铝合金中的合金元素

对铝进行合金化，可以大幅度提高其强度。铝合金中常加入的主要合金元素有铜、镁、硅、锌、锰、锂，辅加的微量元素有钛、钒、硼、镍、铬、稀土金属等，杂质元素有铁等。不同的合金元素在铝合金中形成不同的合金相，起着不同的作用。铝合金主要应用固溶强化、沉淀强化、过剩相强化、细晶强化、冷变形强化等方式来提高其力学性能。

9.1.1 铝基固溶体

合金元素与铝均形成有限固溶体，主要合金元素在铝中的极限溶解度见表 9-1。其中如锰、镁、锌等二元系均不产生沉淀强化相，主要溶于铝基固溶体，起固溶强化作用。

表 9-1 主要合金元素在铝中的极限溶解度 %

元素	Zn	Mg	Cu	Li	Mn	Si	Cr	V	Cd	Ti	Zr	Ca
w	82.2	17.4	5.6	4.2	1.82	1.65	0.72	0.6	0.47	1.15	0.28	0.1

根据 Al-Mg 二元相图（图 9-1），在共晶温度 449℃，镁在铝中极限溶解度即极限质量分数 w(Mg)为 17.4%；随温度下降，溶解度迅速减小；室温下溶解度小于 1.9%。由于 Mg_5Al_8 相析出缓慢，即使在退火态，也易得到过饱和固溶体，一般在 w(Mg) <6% 均可得

到单相 α 固溶体。

随着 α 固溶体中 $w(Mg)$ 从 2% 增高至 6%，合金的强度得到提高，而伸长率下降不大。

根据 Al-Mn 二元相图（图 9-2），在共晶温度 658.5℃，锰在铝中的极限固溶度 $w(Mn)$ 为 1.82%，室温下溶解度约 0.2%。金属间化合物 $MnAl_6$ 不具有沉淀强化效果，弥散的 $MnAl_6$ 可阻止晶粒长大。锰固溶于铝中可提高合金再结晶温度，有一定的固溶强化作用。当 $w(Mn)$ 在 1.0% ~ 1.6% 范围，有较高的强度和良好的塑性。

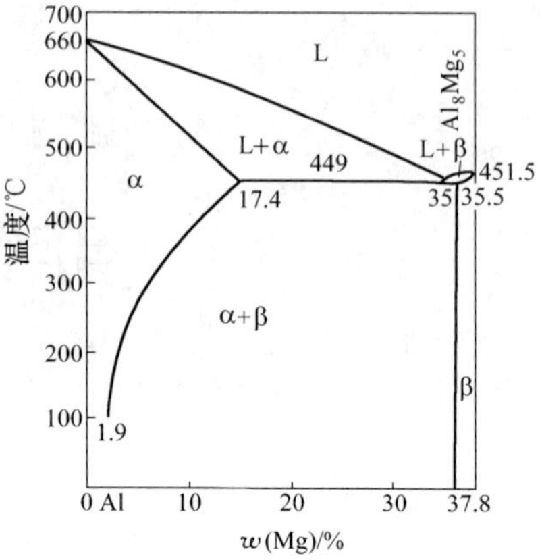

图 9-1 Al-Mg 二元相图铝端

在 Al-Zn 二元合金中，不形成金属间化合物。锌在铝中有很大的溶解度，见图 9-3。固溶的锌起固溶强化作用。在铝合金中 $w(Zn)$ 可达 13%，在铸造冷却时不发生分解，可获得较大的固溶强化效果，能显著提高合金的强度。

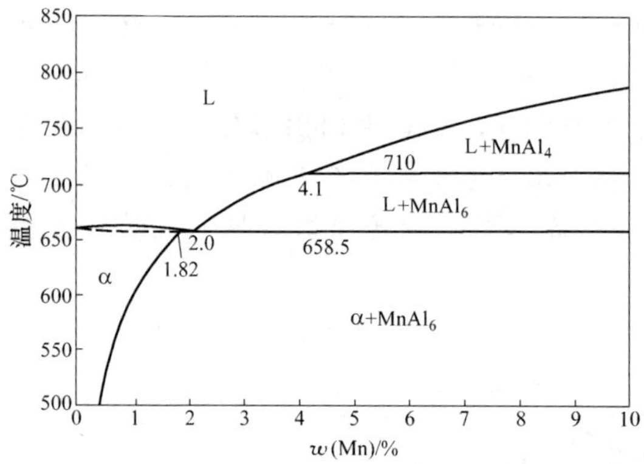

图 9-2 Al-Mn 二元相图铝端

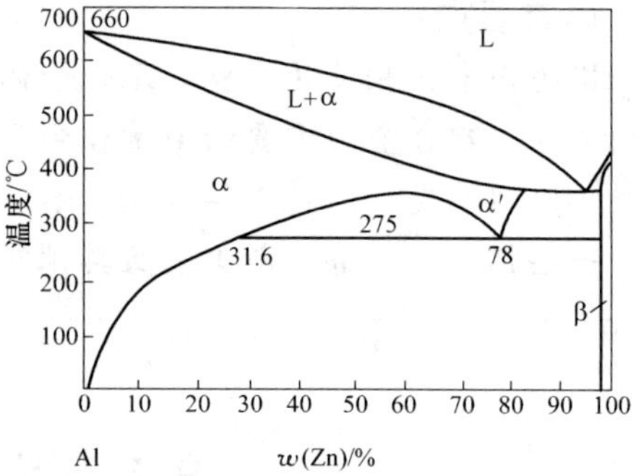

图 9-3 Al-Zn 二元相图

9.1.2 铝合金中的沉淀强化相

铝合金中的沉淀强化相应满足以下的基本条件：

（1）沉淀强化相是硬度高的质点；

（2）沉淀相在铝基固溶体中高温下有较大的溶解度，随温度降低，其溶解度急剧减小，能析出较大体积分数的沉淀相；

（3）在时效过程中，沉淀相具有一系列介稳相，并且是弥散分布，与基体形成共格，在周围基体中产生较大的共格应变区。

9.1.2.1 θ-$CuAl_2$ 相

Al-Cu 相图见图 9-4。铜在 548℃ 共晶温度有极限溶解度 $w(Cu)=5.7\%$，而低于 200℃ 的溶解度小于 0.5%，这就产生了沉淀硬

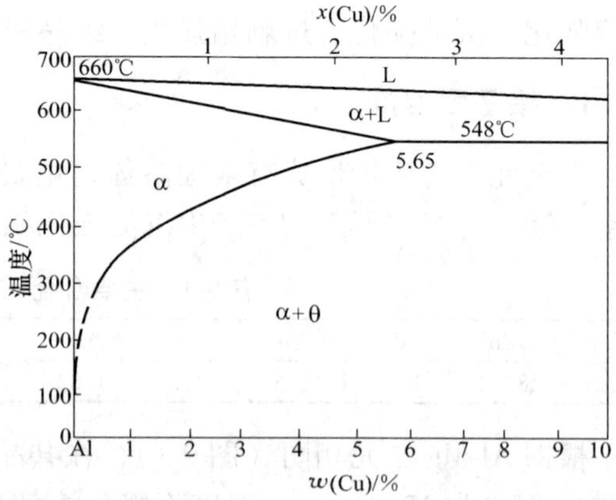

图 9-4 Al-Cu 二元相图铝端

化的条件。

在铝铜过饱和固溶体脱溶分解的过程中，产生一系列介稳相。在自然时效过程中，首先在基体中产生铜原子的富集区（G. P. 区），其点阵类型未变，仅因铜原子尺寸小而使 G. P. 区点阵产生弹性收缩，与周围基体形成很大的共格应变区。G. P. 区呈盘状，只有几个原子层厚，其直径在25℃下约5nm，超过200℃就不再出现 G. P. 区。合金在较高温度下时效，G. P. 区尺寸急剧长大，G. P. 区的铜原子进行有序化，形成 θ″相。θ″相与基体仍然保持完全共格，其点阵常数 $a=0.404$nm，$c=0.768$nm，在 c 轴上较铝的 $2a_{Al}=0.808$nm 略小，产生4%的错配度，在基体中产生弹性应变区。随 θ″相长大而应变区变得很大，以致由一颗 θ″粒子过渡到邻近的 θ″粒子，使应变区在整个基体中连成一片。这种畸变区使合金特别是屈服强度显著提高。继续时效，θ″相将转变成 θ′相。θ′相属于正方点阵，$a=b=0.404$nm，$c=0.580$nm，成分接近 $CuAl_2$。θ′相的（001）面与基体（001）面形成共格，而（100）面和基体（010）面为非共格。θ′相厚度为10～15nm，直径10～600nm。由于弹性应变区小，合金的强度和硬度下降，合金此时处于过时效阶段。继续时效，θ′相过渡到 θ 相（$CuAl_2$），θ 相与基体完全失去共格关系。铝铜系 θ、θ′、θ″及 G. P. 区溶解度曲线见图9-5。G. P. 区和介稳相 θ″相的溶解度较大，而稳定相 θ 相的溶解度较小。从图9-5中可知，在铝铜合金中铜含量不同时各相存在的温度范围。在时效过程中，各种沉淀相的长大都引起基体中铜原子不同程度的贫化。同时析出的介稳相引起硬度的变化见图9-6。在130℃时效，G. P. 区形成后硬度上升，然后达到稳定。长时间时效后，G. P. 区溶解，θ″相形成使硬度又重新上升。当 θ″相溶解而形成 θ′相时，硬度开始下降。通常在高强度合金中采用双重热处理。时效分两步进行：首先在 G. P. 区溶解度线以下较低温度进行，得到弥散的 G. P. 区；然后再在较高温度下时效。这些弥散的 G. P. 区能成为脱溶的非均匀形核位置。与较高温度下一次时效相比，两次时效可得到更弥散的时效相的分布。

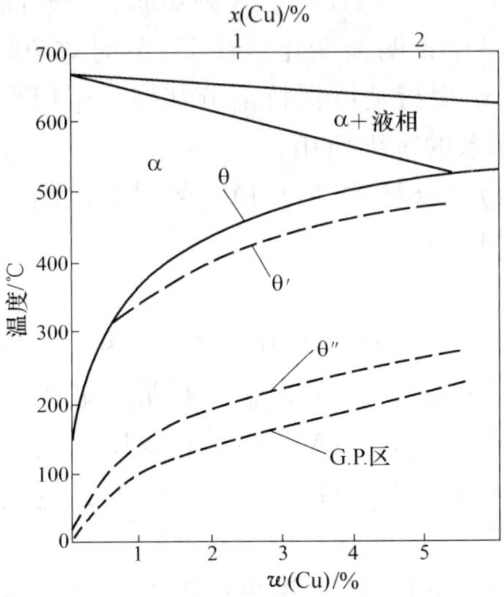

图9-5　Al-Cu 状态图中 G. P. 区及介稳相 θ″和 θ′溶解度线

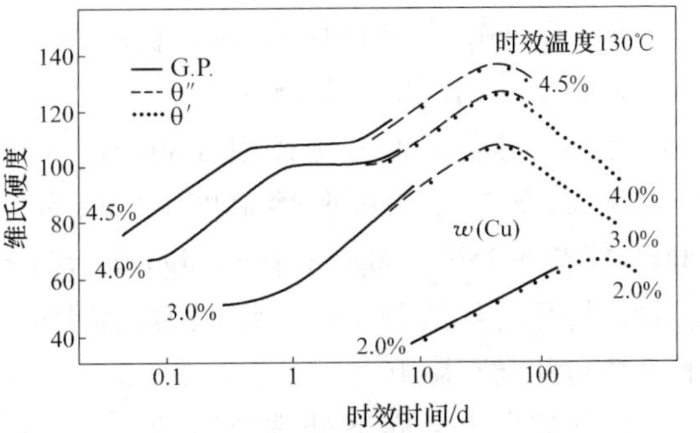

图9-6　在130℃时效时铝铜合金的硬度与时间关系

9.1.2.2 S相（Al_2CuMg）

铝铜镁合金中，当$w(Cu)/w(Mg) \geq 2$时，出现S相（Al_2CuMg）。在$w(Cu)/w(Mg) = 2.61$时，全部为S-Al_2CuMg相。铝铜镁合金在固溶处理后时效时，在较低温度下铜和镁原子在（210）面上偏聚，形成G.P.区。继续时效，由无序结构转变为有序的S″相，它沿[100]方向长大成为棒状，并与基体保持完全共格。进一步时效，S″相转变为S′相，S′相为斜方晶系，$a = 0.405$nm，$b = 0.906$nm，$c = 0.720$nm。S′相仍与基体保持完全共格，一直长大到大于10nm仍维持完全共格。S′相继续长大，即与基体失去共格关系而转变成稳定的S相。

9.1.2.3 η-$MgZn_2$相

在铝锌镁系中，会形成η-$MgZn_2$相和T-$Al_2Mg_3Zn_3$相等一系列合金相。其中η-$MgZn_2$相和T-$Al_2Mg_3Zn_3$相在基体中有很大的溶解度，并随温度降低而急剧减小，见图9-7和图9-8。铝锌镁系合金可产生很高的沉淀强化效果。

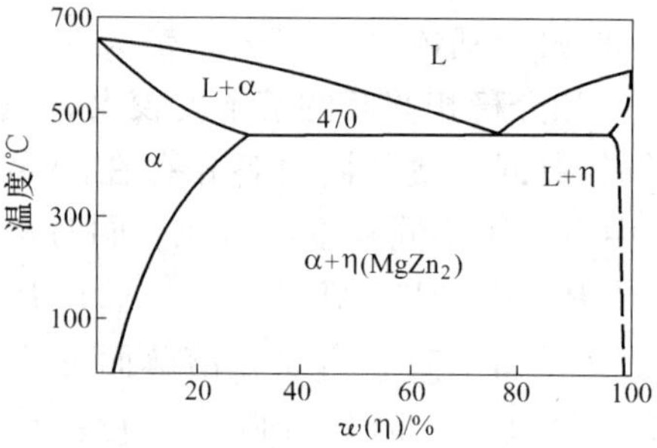

图9-7 Al-η($MgZn_2$)伪二元相图

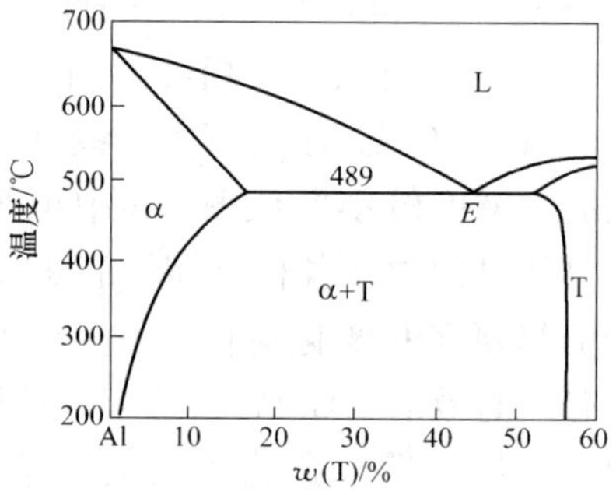

图9-8 Al-T($Al_2Mg_3Zn_3$)伪二元相图

η-$MgZn_2$相有一系列介稳沉淀相。经固溶处理和时效时，室温下可形成G.P.区，呈球形，与基体共格，直径为2～3nm。时效温度升到177℃，直径可长大到6nm。再升高温度，球状G.P.区在基体的（111）面上长成盘状，厚度无明显变化。在177℃时效700h，其直径长大到50nm。继续时效可形成介稳相η′相，η′相与基体保持部分共格，η′相为六方晶系。最后形成稳定的η-$MgZn_2$相，它属于六方晶系的拉维斯相。

图9-9为Al-Mg-Zn系的介稳相G.P.区，η′相的介稳相界线和其稳定的温度范围。对Al-5.9Zn-2.9Mg合金的G.P.区，稳定的临界温度为155℃。

9.1.2.4 β相（Mg_2Si）

在铝镁硅合金中出现β相（Mg_2Si）作为沉淀强化相。由图9-10Al-Mg_2Si伪二元相图中可见Mg_2Si在铝中极限溶解度$w(Mg_2Si)$为1.85%；随温度降低溶解度明显减小，到200℃仅有0.25%。Mg_2Si中$w(Mg)/w(Si) = 1.73$。若合金中$w(Mg)/w(Si) > 1.73$有过剩镁时，将显著降低Mg_2Si在铝基固溶体中的溶解度。当$w(Mg)/w(Si) < 1.73$时，过剩硅的存在对此没有影响。

铝镁硅合金经固溶处理及时效时，开始形成球状G.P.区，并快速长大，沿基体的[100]方向拉长呈棒状，成为β″相，其直径为1.5～6.0nm，长度为15～200nm。β″相与基体保持完全共格，对基体产生压应力，强化合金。继续时效就形成β′介稳相。β′相呈杆

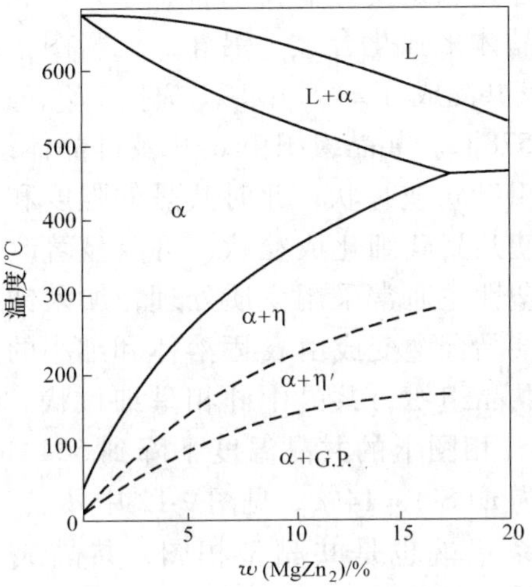

图 9-9 Al-η-$MgZn_2$ 系合金 G. P. 区和 η′相介稳相溶解度线

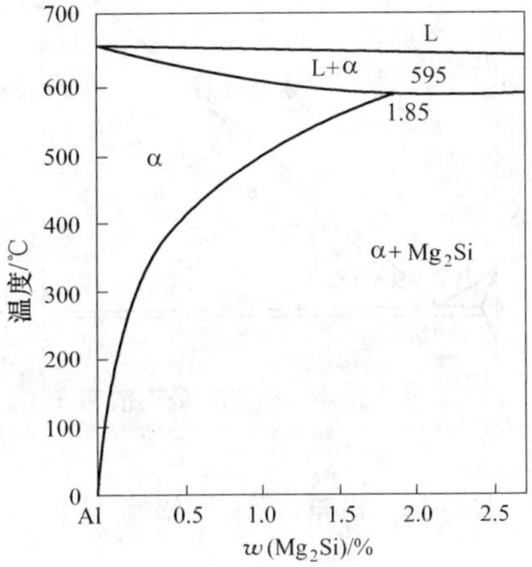

图 9-10 Al-Mg_2Si 伪二元状态图

状，与基体形成部分共格，最后形成稳定相 Mg_2Si。

9.1.2.5 δ 相（AlLi）

铝锂合金系中铝端相图见图 9-11，锂在共晶温度 596℃时极限溶解度 w(Li)为 4.2%。随温度降低，锂在铝基固溶体中溶解度急剧降低，从固溶体中析出平衡相为 δ-AlLi 相。若淬火到低温，过饱和固溶体中将发生 δ′相的连续沉淀。δ′相为 Al_3Li，是一种有序共格析出介稳相，具有面心立方点阵，近似 Cu_3Au。δ′-Al_3Li 介稳相的形状是球形，与基体保持完全共格。δ′相的溶解度线见图 9-11。δ′相与基体间点阵错配应变小于 2%，连续时效时，δ′相质点可长大到 0.3nm 而没有破坏完全的共格界面。铝锂合金过时效将导致 δ′介稳相的溶解和平衡相 δ-AlLi 的形核和长大。δ-AlLi 相与基体保持半共格。加锆后，通过快速凝固方法能得到更高锆的固溶度，w(Zr)约 0.5%，时效时锆将溶入 δ′相，形成 δ′-Al_3(Li,Zr)，使 δ′相获得更高的稳定性。

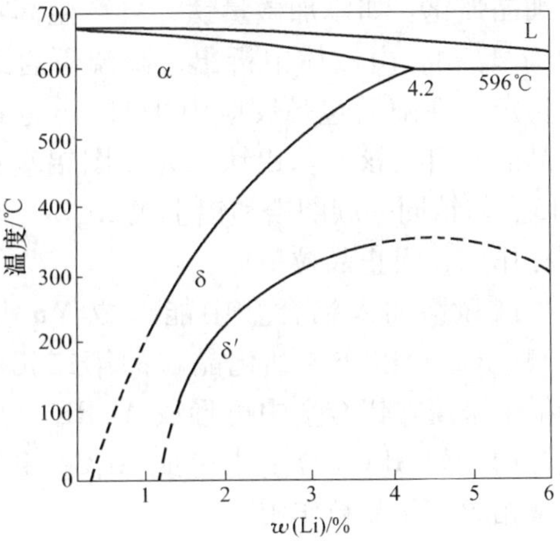

图 9-11 铝锂二元相图铝端

9.1.3 铝合金共晶中的过剩相

铸造铝合金为获得良好的铸造性能，即液态合金充填铸型型腔的能力，一般希望接近共晶成分。但又希望共晶成分的合金元素含量不太高，既保证形成大量共晶组织，以满足液态合金的流动性，又不致因共晶中的脆性第二相数量过多而降低合金塑性。共晶中的第二相不溶于铝基固溶体，又称为过剩相，其数量达到一定量可提高合金的强度和硬度。

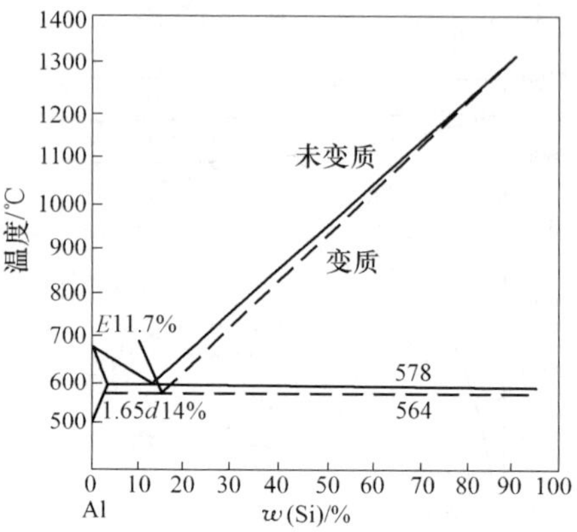

图9-12 铝硅二元相图铝端

铝硅合金系是良好的铸造合金系，可利用共晶中的硅晶体来强化合金。铝硅二元相图铝端见图9-12，其共晶成分 $w(Si)$ 为 11.7%（E 点），共晶温度为 578℃。共晶组织由 α 相及硅晶体组成。共晶硅呈粗针状或片状，此时共晶的强度和塑性很低。若使共晶硅细化成粒状，可以显著改善共晶组织的塑性。通常采用变质处理，加入钠盐变质剂，使共晶合金变成由 α 固溶体和细小的共晶组成的亚共晶组织，共晶中硅相呈细粒状。经变质后，Al-Si 相图上的共晶温度下降到 564℃，共晶成分变为 $w(Si)=14\%$，见图 9-12 中 d 点。

铝铈系铝端也是共晶型相图，共晶成分为 $w(Ce)=10\%$，含铈量低，共晶温度为 638℃，共晶组织由 α 固溶体和 Al_4Ce 相组成。Al_4Ce 起过剩相强化作用。铝铈合金有较高的高温强度和良好的铸造工艺性能。

9.1.4 铝合金中的微量合金相

铝合金中添加微量元素钛、锆和稀土金属，可形成难熔金属间化合物，在合金结晶过程中起非自发形核核心作用，细化晶粒，产生细晶强化。如添加微量钛，可产生高熔点的 $TiAl_3$ 相，由液体中析出，高温下合金非常稳定，在随后包晶反应中 $TiAl_3$ 作为 α 相结晶的非自发核心。铝钛二元相图铝端见图 9-13。与钛同一族的锆和铝生成 Al_3Zr，也起同样作用，阻止晶粒粗化。

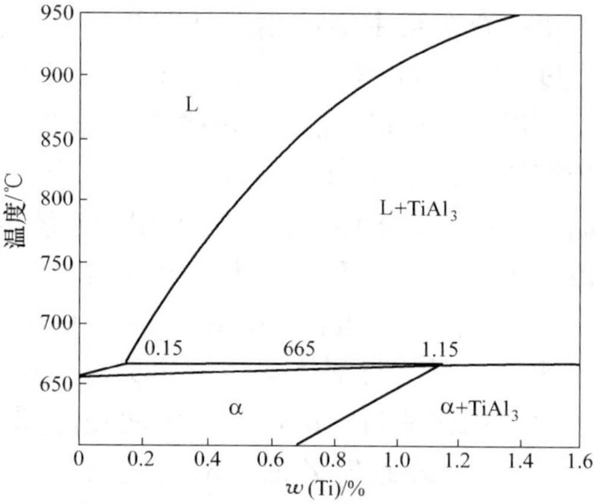

图 9-13 铝钛二元相图铝端

锰和铬加入铝合金中能形成 $MnAl_6$ 和 $Al_{12}Mg_2Cr$，可以作为细化晶粒的第二相。微量稀土金属在铝合金中可形成 Al_4RE 金属间化合物，如 Al-Ce 合金中生成 Al_4Ce 相作为微量相起细化晶粒作用。

TiB_2 和 TiC_x 粒子是更为有效的细化铝合金的微量合金相，特别是 TiC_x 粒的效果更强，抗细化衰退能力更好。通常在熔体中以加入 Al-Ti-B 或 Al-Ti-C 中间合金的方式加入 TiB_2 或 TiC_x 微量相。

9.1.5 铝合金中的微量元素

氢是铝和铝合金中的有害元素，在铝和铝合金凝固时，氢以原子态析出并集合成分子，产生内压力，导致疏松、针孔和晶间裂纹等氢致缺陷出现。稀土元素与氢的亲和力比铝大，加入适量稀土金属，在高温熔融中与氢发生作用形成稀土金属氢化物，如 LaH_2、CeH_2、LaH_3 等，其中一部分上浮，大部分分散在熔体中，大大减少了熔体中自由氢的含量，降低了氢致缺陷。一般稀土金属加入量 $w(RE)=0.1\%\sim0.3\%$。

稀土金属也能起脱氧和脱硫作用，降低铝及铝合金中的夹杂物含量，起净化作用。稀土金属与硅、铁等杂质元素形成化合物，降低这些杂质的固溶量，从而降低了铝的电阻率，对提高铝导线的质量有重要作用。稀土金属与非金属元素作用生成高熔点化合物，以弥散状态分布于基体中。

稀土金属降低液态铝合金的表面张力，提高其流动性，从而改善铝合金的铸造性能。稀土金属能细化铝合金的铸态组织，细化晶粒，提高了铝合金的热塑性，特别是合金元素含量高的铝合金的热塑性。

铝合金的主要合金系见图9-14。

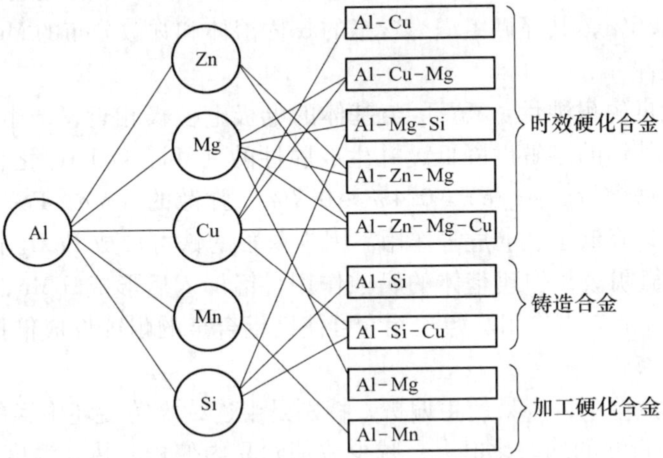

图9-14 铝合金的主要合金系

9.2 变形铝合金

变形铝合金是指这样一类铝合金，它需经过不同的压力加工方式生产成材。这些变形铝合金是机械工业和航空工业中重要的结构材料。由于体积质量轻，比强度高，在航空工业中占有特殊的地位。

变形铝合金分为两大类，一类是非热处理强化变形铝合金，另一类是热处理强化变形铝合金。非热处理强化铝合金是防锈铝合金，它耐腐蚀，易加工成形和好焊接，强度较低，适宜制作耐腐蚀和受力不大的零部件及装饰材料。这类合金牌号用LF加序号表示，如LF21，LF3等。热处理强化铝合金通过固溶处理和时效处理，大体可分为三种：一种是硬铝，以Al-Cu-Mg合金为主，应用广泛，有强烈的时效强化能力，可制作飞机受力构件，牌号用LY加序号表示，如LY12，LY6等；第二种是锻铝，以Al-Mg-Si合金为主，冷热加工性好，耐磨蚀，低温性能好，适合制作飞机上的锻件，其牌号用LD加序号表示，如LD2、LD6等；第三种是超硬铝，以Al-Zn-Mg-Cu合金为主，是强度最高的铝合金，其牌号用LC加序号表示，如LC4、LC6等。此外，还有新发展的铝合金，如铝锂合金、快速凝固铝合金等。

9.2.1 非热处理强化变形铝合金

铝锰合金和铝镁合金是不能用热处理强化的变形铝合金，其化学成分和组织比较单一，没有理想的沉淀强化相，可通过形成固溶体而进行强化。这两个合金系的特点是具有优良的耐蚀性，又称之为防锈铝合金。

9.2.1.1 铝锰防锈铝合金

锰在铝中的最大溶解度 $w(Mn)=1.82\%$。锰和铝形成的金属间化合物 $MnAl_6$ 的沉淀强化效应小，但其弥散析出质点可阻止晶粒长大，能细化合金的晶粒。锰溶于α固溶体起固溶强化作用，减慢扩散速度，提高再结晶温度。常用的铝锰合金为 LF21 合金，$w(Mn)=1.0\%\sim1.6\%$，其显微组织为含锰的α固溶体和弥散分布的 $MnAl_6$ 质点，有较高的强度和优良的塑性。

铝锰合金有优良的耐蚀性。$MnAl_6$ 与基体的电极电位极相近，产生的腐蚀电流很小。铁是杂质元素，可使锰的溶解度降低，并生成脆性的（Mn，Fe）Al_6 化合物，使合金的塑性降低，故要限制铁含量，$w(Fe)=0.4\%\sim0.7\%$。弥散的（Mn，Fe）Al_6 相也可细化晶粒。由于锰的存在，降低了铁的危害作用。因为单独的铁可形成 $FeAl_3$ 相，其电极电位比α固溶体更正，是微阴极，加速基体的腐蚀作用。锰加入后形成（Mn，Fe）Al_6 相，减弱了 $FeAl_3$ 相对耐蚀性的有害作用。稀土元素可使锰铝合金的耐蚀性成倍提高，一般加入量 $w(RE)=0.3\%\sim0.5\%$。

锰对铝是高熔点金属，容易产生偏析，特别是半连续浇铸锭坯中锰的偏析较严重，故要在600～620℃进行锭的均匀化退火，减少或消除晶内偏析。热轧温度在500℃，也可促使成分均匀化。

LF 21合金在大气和海水中与纯铝的耐蚀性相当，有良好的工艺性能，在航空工业中用于承受深冲加工而受力不大的零件，如油箱、润滑油导管、铆钉等零件，以及建筑构件。

LF 21合金在冷变形后进行退火处理，完全再结晶的退火温度为350～500℃。若为保留部分冷作硬化而进行250～280℃低温退火，属于半硬化状态。其不同处理状态的力学性能见表9-2。

表 9-2 LF21 合金的力学性能（不小于）

处理状态	σ_b/MPa	$\sigma_{0.2}$/MPa	δ/%
M（退火）	127	49	23
Y_2（半硬）	167	127	10
Y（硬）	216	176	5

9.2.1.2 铝镁防锈铝合金

镁在铝中固溶量较大，由于镁和铝的化合物 Mg_5Al_8 相析出慢，即使在退火态也易得到过饱和固溶体，一般 $w(Mg)$ 低于5%的合金为单相合金。经扩散退火及冷变形后退火等热处理，组织和成分较均匀，耐蚀性良好。$w(Mg)$ 高于5%的合金经退火后，在晶界连续析出 Mg_5Al_8 相。由于该相电极电位低于α固溶体，Mg_5Al_8 相成为阳极，使镁铝合金的耐蚀性如晶间腐蚀和应力腐蚀倾向恶化。若在退火前对高镁合金的过饱和 α 固溶体施以2%变形，在随后退火时促使 Mg_5Al_8 相在晶内和晶界以颗粒状析出，可以大大减轻上述腐蚀倾向。

镁固溶于 α 固溶体引起的固溶强化效果显著，铝镁合金的强度高于铝锰合金。少量硅能改善铝镁合金的流动性，减少焊接裂纹倾向。锰加入铝镁合金能增加固溶强化，改善耐蚀性。钒和钛加入铝镁合金可细化晶粒，提高强度和塑性。加入稀土金属可减少铝镁合金的偏析，增加液体的流动性，减少疏松，大大改善热塑性，特别对高镁合金的热塑性十分有效。稀土金属也能成倍地改善合金的耐蚀性。铁、铜、锌对铝镁合金的耐蚀性和工艺性能不利，应严格控制。

各种牌号的铝镁合金，其镁含量 w(Mg)从2%到9%，牌号从 LF2 到 LF12。其中应用最广的是低镁的 LF2（w(Mg)=2.0%~2.8%，w(Mn)=w(Cr)=0.15%~0.4%）和 LF3（w(Mg)=3.2%~3.8%，w(Mn)=0.3%~0.6%，w(Si)=0.5%~0.8%）。铝镁合金在大气、海洋中的耐蚀性优于铝锰合金 LF21，与纯铝相当；在酸性和碱性介质中比 LF21 合金稍差。铝镁合金用于航空工业、建筑工业和食品工业，是我国主要的防锈铝合金。铝镁合金的力学性能见表9-3。

表 9-3 铝镁合金的力学性能（不小于）

牌 号	处理状态	σ_b/MPa	$\sigma_{0.2}$/MPa	δ/%
LF2	M（退火）	196	98	23
	Y2（半硬）	245	196	10
LF3	M（退火）	215	108	20

9.2.2 热处理强化变形铝合金

热处理强化变形铝合金通过固溶和时效使合金的强度显著提高。这类铝合金品种系列多，用途广。

9.2.2.1 硬铝

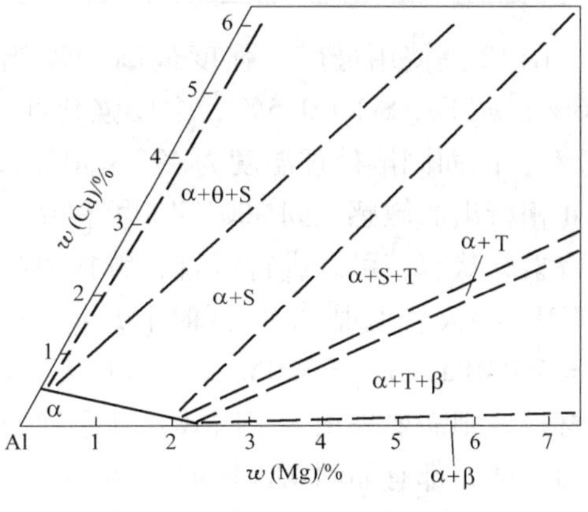

图 9-15 Al-Cu-Mg 三元相图铝端固相区分布图

硬铝属于 Al-Cu-Mg-Mn 合金，其主要成分中 w(Cu)=2.2%~5.0%，w(Mg)=0.2%~2.6%，w(Mn)=0~1.0%。根据 Al-Cu-Mg 三元相图铝端固相区（图 9-15），总共有4个金属间化合物，其中有两个强化相，即θ($CuAl_2$)相和 S($CuMgAl_2$)相。还有 T(Al_6CuMg_4)相和β(Mg_5Al_6)相。由于不同成分的硬铝处于图中不同区域，有着不同的强化相，其性能也有很大差别。S 相有很高的稳定性和沉淀强化效果，其室温和高温强化作用均高于θ相。当硬铝以 S 相为主要强化相时，合金有最大的沉淀强化效应。当合金中 w(Cu)/w(Mg)=2.61 时，正符合 S 相中 w(Cu)/w(Mg)比。合金成分由铜高镁低改变到铜低镁高，强化相由θ相转变为 S 相。常用的硬铝中主要强化相见表9-4。

表 9-4 硬铝中主要强化相

合 金	LY10	LY1	LY11	LY12	LY6	LY2
Cu/Mg	18.3	7.4	7.2	2.86	2	1.22
主要强化相	θ	θ(S)	θ(S)	S(θ)	S	S

硬铝中还添加有一定量的锰，目的是中和铁的有害影响，改善耐蚀性。同时，锰有固溶强化作用和抑制再结晶作用。锰的质量分数若高于 1.0%，会产生粗大的脆性相 $(Mn,Fe)Al_6$，降低合金的塑性。铁和硅是杂质。主要硬铝的化学成分见表 9-5。

表 9-5 常用硬铝的主要化学成分 *w* %

合金牌号	Cu	Mg	Mn	其 他	Fe	Si
LY1	2.2 ~ 3.0	0.2 ~ 0.5	<0.2		<0.50	<0.50
LY2	2.6 ~ 3.2	2.0 ~ 2.4	0.45 ~ 0.7		<0.30	<0.30
LY6	3.8 ~ 4.3	1.7 ~ 2.3	0.5 ~ 1.0	0.001 ~ 0.005Be 0.03 ~ 0.15Ti	<0.50	<0.50
LY10	3.9 ~ 4.5	0.15 ~ 0.3	0.3 ~ 0.5		<0.20	<0.25
LY11	3.8 ~ 4.8	0.4 ~ 0.8	0.4 ~ 0.8		<0.70	<0.70
LY12	3.8 ~ 4.9	1.2 ~ 1.8	0.3 ~ 0.9		<0.50	<0.50

LY12 是使用最广、强度最高的硬铝，$w(Cu) \approx 4.3\%$，$w(Mg) \approx 1.4\%$，$w(Mn) \approx 0.6\%$，$w(Fe, Si) < 0.5\%$，主要强化相是 S 相，θ 相为辅。由于合金的三元共晶温度仅 507℃，因而固溶处理温度为 495 ~ 503℃，且易产生过烧。固溶后用水冷却以避免在 S 相和 θ 相析出的敏感区间 300 ~ 400℃停留，时效采用自然时效。LY12 硬铝在淬火后 0.5h 内保持柔软状态，可以进行矫直、铆接等操作。接着合金将快速时效硬化，强度 σ_b 由初始 350MPa 两天后出现 G. P. 区时上升到 460MPa。自然时效 4 天后可以使用，其力学性能为：$\sigma_b = 460MPa$，$\sigma_{0.2} = 320MPa$，$\delta = 17\%$，$\psi = 30\%$。若 LY12 硬铝用做 150℃以上工作的耐热材料，则需要采用人工时效，其温度为 190℃，主要是形成较稳定的 S′相。LY12 和其他硬铝一样，都有晶间腐蚀倾向。当 $CuAl_2$ 相在晶界析出，周围基体存在贫铜区，它作为阳极，能发生选择性晶间腐蚀。可采用外包纯铝层起保护作用。LY12 合金板材用于制作飞机蒙皮、壁板，型材用做飞机隔框、翼肋和长桁等。

LY11 是中强硬铝，其铜含量与 LY12 相当，而镁含量较低，$w(Mg) \approx 0.6\%$，$w(Cu)/w(Mg) \approx 7.2$，以 θ 相为主要强化相，塑性好，可生产锻件。热处理采用自然时效，其力学性能为：$\sigma_b = 420MPa$，$\sigma_{0.2} = 240MPa$，$\delta = 18\%$，$\psi = 35\%$。LY1 和 LY10 为铆钉硬铝，镁含量低，塑性好，在自然时效状态下可进行铆接。LY2 为耐热硬铝，其 $w(Cu)/w(Mg) = 1.32$，主要强化相为 S 相，还有热稳定性好的 $Al_{10}Mg_2Mn$ 相，可在 150 ~ 250℃范围工作。

LY2 的人工时效制度为 170℃时效 16h。在 200℃时 $\sigma_b=372\text{MPa}$，$\sigma_{0.2}=270\text{MPa}$，$\delta=16\%$，$\psi=33.4\%$，持久强度 $\sigma_{100}=167\text{MPa}$。

9.2.2.2 锻铝

锻铝属于铝镁硅系合金，其主要强化相是 Mg_2Si 相。为保持最大的强化效果，$w(Mg)/w(Si)=1.73$。由于合金中存在和硅结合生成的（Fe，Mn，Si）Al_6 相，故要额外增加硅以弥补硅的消耗，合金中的硅含量要适当提高。

铝镁硅合金中存在较严重的停放效应，即淬火后在室温停置一段时间再人工时效时，合金的沉淀强化效应将降低。这主要是镁和硅在铝中的固溶度不同，硅的固溶度小，先于镁发生偏聚；硅原子偏聚区小而弥散，基体中固溶的硅含量大大减少。当再进行人工时效时，那些小于临界尺寸的硅的 G.P. 区将重新溶解，导致形成介稳的 β″相的有效核心数减少，从而生成粗大的 β″相。由电镜观察发现，铝镁硅合金在室温停留时间越长，β″相的颗粒越粗，因而合金的强度也越低。为减少停放效应，将铜加入合金，此时合金中还可出现 θ-$CuAl_2$ 相和S-$CuMgAl_2$ 相，同样会产生沉淀强化，使铝镁硅铜合金强度增加。但铜会降低其耐蚀性和工艺性能。加锰也可以减小铝镁硅合金的停放效应。锰还有固溶强化、提高韧性和耐蚀性的作用。这方面铬也可起与锰相似的作用。微量钛可细化锻铝铸锭晶粒，改善其热塑性。

锻铝中 $w(Mg)=0.4\%\sim0.8\%$，$w(Si)=0.5\%\sim1.2\%$，$w(Mn)=0.4\%\sim0.8\%$，并含有不同含量的铜，其中 LD5、LD6 $w(Cu)=1.8\%\sim2.6\%$，LD10 $w(Cu)=3.9\%\sim4.8\%$。锻铝有良好的热塑性，可锻制形状复杂的零件。

LD10 是锻铝中最重要的一个品种，$w(Mg)=0.4\%\sim0.8\%$，$w(Si)=0.6\%\sim1.2\%$，$w(Cu)=3.9\%\sim4.8\%$，$w(Mn)=0.4\%\sim1.0\%$，主要强化相是 θ 相和 β-Mg_2Si 相，还有少量 S-$CuMgAl_2$ 相，其热处理是(500±5)℃固溶处理，水淬后在 165℃人工时效 6～15h，其力学性能为 $\sigma_b=490\text{MPa}$，$\sigma_{0.2}=380\text{MPa}$，$\delta=10\%$。

锻铝的另一类合金是耐热锻铝，它是锻铝时效强化基础上进一步加入高熔点合金元素铁和镍。铁和镍按 1∶1 加入形成附加的 $FeNiAl_9$ 弥散相，它具有高的热稳定性，起弥散强化作用，其高温强度较好。LD7 合金的成分为 $w(Mg)=1.4\%\sim1.8\%$、$w(Cu)=1.9\%\sim2.5\%$、$w(Fe)=1.0\%\sim1.5\%$、$w(Ni)=1.0\%\sim1.5\%$、$w(Ti)=0.02\%\sim0.1\%$。添加微量钛可以形成高熔点 $TiAl_3$ 细化合金晶粒，提高强度和延性。LD7 合金经过固溶处理和人工时效后，在室温下 σ_b 为 415MPa、$\sigma_{0.2}$ 为 275MPa，δ 为 13%，200℃时 σ_b 为 315MPa、$\sigma_{0.2}$ 为 245MPa，δ 为 11%，可加工成型材和板材，在 100～250℃条件下工作。

9.2.2.3 超硬铝

超硬铝在铝合金中是强度最高的，韧性储备也很高，又有良好的工艺性能（热塑性和焊接性），是飞机工业中重要的结构材料。

超硬铝是在铝锌镁合金系基础上发展起来的，在铝锌镁系中形成金属间化合物 η-$MgZn_2$ 相和 T-$Al_2Mg_3Zn_3$ 相。在高温下这两个相在 α 固溶体中有较大的溶解度，固溶后在低温下有强烈的沉淀强化效应。当超硬铝中 $w(Zn+Mg)=9\%$ 时，强度达到最高；超过这一值后，因在晶界析出呈网状分布的脆性相而使合金脆化。加入铜、锰、铬等元素，可进一步提高合金的力学性能。

超硬铝属于铝锌镁铜系合金。铜的加入主要是为了改善超硬铝的应力腐蚀倾向，提高强度和塑性。铜除了加强固溶强化外，还出现 S-$CuMgAl_2$ 相作为沉淀强化相。铜还提高沉淀相的弥散度，消除晶界网状脆性相，改善晶界腐蚀倾向。但是铜会降低超硬铝的焊接性，故一般超硬铝采用铆接或粘接。

超硬铝中常加入少量的锰（$w(Mn)=0.2\%\sim0.6\%$）、铬（$w(Cr)=0.10\%\sim0.25\%$）或微量钛（$w(Ti)=0.02\%\sim0.10\%$）。铬和钛可形成弥散的金属间化合物 $Al_{12}Mg_2Cr$、Al_3Ti，强烈提高超硬铝的再结晶温度，阻止晶粒长大。锰主要起固溶强化作用，由于提高了超硬铝强度，也改善了应力腐蚀抗力。

超硬铝的主要牌号和化学成分见表 9-6。超硬铝一般经人工时效后使用。LC4 超硬铝的固溶温度为 470±5℃，采用两次时效制度。首先在 120℃时效 3h，第二次时效在 160℃ 3h，形成 G. P. 区和少量 η′相，此时合金达到最大强化状态。超硬铝材有板、型材和模锻件，其力学性能为：$\sigma_b\geqslant490$MPa，$\sigma_{0.2}\geqslant412$MPa，$\delta\geqslant7\%$，用于飞机结构件如翼梁、蒙皮，使用温度低于 120℃。LC6 超硬铝为高合金量的铝合金，经 470℃固溶处理后水冷，再经两次时效处理，先经 100℃时效 4～5h，又经 155℃时效 8～9h 后，其强度 $\sigma_b\geqslant$ 589MPa，$\delta\geqslant4\%$，是具有最高强度的铝合金。

表 9-6 超硬铝合金的主要成分 *w* %

牌 号	Zn	Mg	Cu	Mn	Cr	Ti	Zr
LC3	6.0～6.7	1.2～1.6	1.8～2.4	<0.10	<0.05	0.02～0.08	—
LC4	5.0～7.0	1.8～2.8	1.4～2.0	0.20～0.60	0.10～0.25	—	—
LC6	7.6～8.6	2.5～3.2	2.2～2.8	0.20～0.50	0.10～0.25	—	—
LC10	3.2～4.2	3.0～4.0	0.50～1.0	0.20～0.35	0.10～0.20	<0.05	—
LC12	5.0～6.5	0.5～1.0	—	—	—	<0.20	0.05～0.25

超硬铝的主要缺点是疲劳强度较低，应力集中敏感，应力腐蚀倾向较大，其耐热性低于硬铝，只能在低于 120℃使用。

9.2.2.4 铝锂合金

铝锂合金系有介稳相 δ′-Al_3Li 产生沉淀强化。合金经固溶处理后淬火，在过饱和固溶体脱溶分解时析出 δ′-Al_3Li，与基体保持完全共格，是一种强的沉淀强化相。

由于锂是超轻元素，体积质量只有 0.53g/cm^3，所以 $w(Li)=1.7\%\sim2.9\%$ 的铝锂合金的体积质量比其他系列铝合金轻 6%～8%，即每 1% w(Li)降低铝合金的体积质量约 3%，而同时增大弹性模量约 6%。所以，铝锂合金是一种既轻而强度又高的合金。然而铝锂合金因其低的延性和断裂韧性而使其应用遇到障碍。其重要原因之一是 δ′相与位错相互作用，位错以超位错切割有序的 δ′相，一旦在特定的滑移面上开始滑移，则在此滑移面上进一步的滑移就变得容易了。这种平面滑移出现导致位错堆积在晶界并引起晶界开裂，即具有应变局部化机制。另外，在晶界附近存在无 δ′相析出区，它比基体软，成为形变集中区，导致迅速加工硬化，是引起脆性晶界断裂的另一个原因。

上述这种铝锂合金形变的模式可以通过加入合金元素和适当的热处理加以改变，从位错切割 δ′相质点到形成位错环或绕过质点。合金元素镁、铜、锆被广泛用来改善铝锂合金的延性和屈服强度。镁的作用之一是产生固溶强化。镁还能降低锂在铝基固溶体中的溶解度，增加δ′相的析出量。当 w(Mg)小于2%时，w(Mg)每增加1%，屈服强度增加50MPa，w(Mg)超过2%，还会出现与基体半共格的强化相 S′-Al_2LiMg 介稳相。加入铜同样会产生固溶强化和 T_1-Al_2CuLi 沉淀强化相。加入镁与铜同样可产生多量的共沉淀 S′-Al_2CuMg，它呈针状，沿〈100〉$_{Al}$方向分布，与 δ′-Al_3Li 一起产生显著的沉淀强化。若经固溶和时效之间施以冷变形，则有力地增加密集的S′相析出并产生良好的沉淀强化效应。这种半共格的S′相在晶界附近的无δ′相析出区沉淀，改变了合金的断裂方式，提高了延性。锆加入后形成金属间化合物 Al_3Zr，它具有正方晶系点阵，在高温下非常稳定，起细化晶粒作用。锆也降低锂和镁在铝基固溶体中的溶解度，增加δ′相和S′相析出量。2091（Al2.0Li2.2Cu1.5Mg0.1Zr）合金中时效时产生的δ′相和S′相形貌见图9-16。

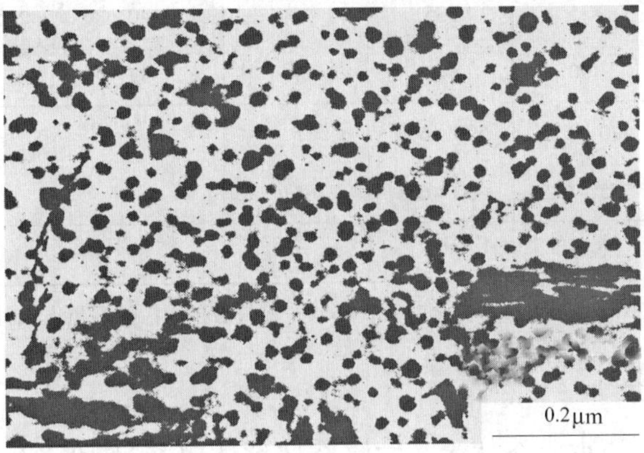

图9-16 2091合金的沉淀强化相（δ′+S′）电镜照片

铝锂铜镁锆合金有很高的屈服强度、良好的延性、低体积质量、高弹性模量。部分铝锂合金的成分见表9-7。一般采用的热处理方式有固溶淬火后人工时效、不完全人工时效、固溶淬火后施以控制冷变形后再人工时效等。部分铝锂合金热处理后的性能见表9-8。其中 Al2.3Li2.9Cu0.5Mg0.1Zr合金在铝锂铜镁系合金中具有最高的强度，此时沉淀强化相有 δ′-Al_3Li、S′-Al_2CuMg、T_1-Al_2CuLi、T′-AlCuLi 等。它有良好的强度和韧性的配合，其体积质量为2.57～2.60g/cm^3，比铝合金的体积质量2.79g/cm^{3}轻7%，弹性模量提高约6.6%。铝锂合金已应用于空间工业，采用超塑性成型，可使飞行器设计重量和制造成本大幅度下降。

表9-7 部分铝锂合金的化学成分 w %

合 金	Li	Cu	Mg	Zr	Fe	Si	Al
8090-CP271	2.2～2.7	1.0～1.6	0.6～1.3	0.04～0.16	≤0.30	≤0.20	余 量
2091-CP274	1.7～2.3	1.8～2.5	1.1～1.9	0.04～0.16	≤0.30	≤0.20	余 量
CP276	1.9～2.6	2.5～3.3	0.2～0.8	0.04～0.16	≤0.30	≤0.20	余 量
2020	0.9～1.7	4.0～5.0	0.8～1.3Mn	0.1～0.35Cd	≤0.40	≤0.40	余 量
S141	0.8～1.2	3.9～4.5	0.5～0.9Mn	0.15～0.25Cd 0.05～0.15Ti	≤0.30	≤0.30	余 量

另外，粉末冶金法是改善铝锂合金性能的有效方法，通过从熔体雾化法生产快速凝固合金粉末，随后通过热压或热挤成锭。这样能更有效地细化晶粒，使成分均匀，消除偏析，细化沉淀强化相并改善其分布，进一步改善铝锂合金的塑性和韧性。

铝锂合金表面在加热时会形成含锂、铝、氧的粉末状复合氧化物，合金元素锂的损失将影响强化效果。为防止在超塑性成型和热处理时锂的损失，可在铝锂合金表面包纯铝层。

表 9-8 部分铝锂合金的性能

合 金	状 态	σ_s/MPa	σ_b/MPa	δ/%	K_{IC}/MPa · $m^{\frac{1}{2}}$	d/g · cm^{-3}	E/GPa
8090-CP271	T6	445	555	7	37	2.52 ~ 2.54	81.2
	T61	435	535	6	40		
	T651	490	540	7	37		
CP276	T6	490 ~ 590	590 ~ 640	5	—	2.57 ~ 2.60	80.2
	T651	575 ~ 625	600 ~ 655	5	—		
2020	T6	531	579	3	—	—	77.2

注：T6—淬火人工时效；T61—淬火后不完全时效；T651—淬火后控制拉伸后再人工时效。

9.2.3 快速凝固铝合金

快速凝固也是一种粉末冶金技术，它将金属熔体以超过 10^4K/s 冷却速度凝固，可以达到以下的一个或多个效应：（1）细化晶粒和第二相质点，减少偏析；（2）扩大溶解度限；（3）形成非平衡晶体或准晶中间相；（4）形成金属玻璃。

通过(1)和(3)的介稳效应可得到微晶合金,既得到单项的又得到复合的有效强化。这种平衡的或介稳的中间相,在过饱和固溶体脱溶分解时,所产生的析出相能将强度提到更高的水平。

快速凝固所得到的产品可以是粉末、箔或薄带，所用的方法可以是雾化和各种熔化旋转离心法。通常前者达到的冷速约 10^3K/s，而后者以传导冷却占优势，其凝固速度可在上述冷却速度基础上提高 2 到 3 个数量级。粉末密实化技术包括筛分、脱气、热等静压或真空热压，并通过各种热加工成材，包括热挤压、热轧、锻造等方法。

用快速凝固技术发展了一类粉末冶金高强度耐蚀铝合金。对铝锌镁合金，快速凝固技术可使合金元素的固溶量大大增加，使高熔点元素铬、铁、镍、钴、锰以及铈等的质量分数可达 3% ~10% 以上，使时效铝合金的强度保持到 350 ~ 450℃。在此基础上发展的粉末冶金高强度耐蚀铝合金，利用雾化制粉，通过冷压密实、真空脱气、真空热压和热加工（热挤或锻造）。这种工艺制成的新合金获得的产品的成分和室温力学性能见表 9-9。这类铝合金具有细小的显微组织，高的合金溶质浓度和细小的第二相质点，得到高的断裂韧性，低的疲劳裂纹扩展速率，高的强度，高的比弹性部件。作为飞机骨架，某些快速凝固铝合金甚至可与钛合金竞争。

表 9-9 高强度耐蚀粉末铝合金的室温力学性能

合 金	热处理状态	$\sigma_{0.2}$/MPa	σ_b/MPa	δ/%	K_{IC}/MPa·$m^{\frac{1}{2}}$
7075（铸锭）	淬火人工时效	510	572	13	—
7075+1Ni+1Fe（粉末冶金）	挤 压	634	717	9	—
7090（粉末冶金）	挤压淬火稳定化回火	586	627	10	26
7091（粉末冶金）	挤压淬火稳定化回火	545	593	12	44
CW67（粉末冶金）	挤压淬火稳定化回火	580	614	12	47

注：7075：Al-5.6Zn-2.5Mg-1.6Cu-0.23Cr；7090：Al-8.0Zn-2.5Mg-1.0Cu-1.5Co；7091：Al-6.5Zn-2.5Mg-1.5Cu-0.4Co；CW67：Al-9.0Zn-2.5Mg-1.5Cu-0.14Zr-0.1Ni。

低体积质量、高刚性铝锂合金，虽然锂在铝中最大溶解度 $w(\mathrm{Li})$ 为 4.2%，但 $w(\mathrm{Li})$ 高于 2.7% 后，产生偏析较严重及铝锂合金的低延性。通过快速凝固技术可以克服上述难题，使得锂和锆的固溶量可分别高达 $w(\mathrm{Li})=5\%$ 和 $w(\mathrm{Zr})=0.5\%$，而无任何有害的影响。较高的锆将溶入 δ'-Al_3Li，置换部分锂形成 δ'-$Al_3(Li, Zr)$ 相，完全阻止了形变时 δ' 相的剪切变形，消除了铝锂合金的平面滑移问题，而且消除了合金的力学性能的各向异性。通过快速凝固技术制造的铝锂合金的室温力学性能见表 9-10。这些合金含锂和锆高，具有极高的疲劳裂纹扩展抗力，优良的耐蚀性和应力腐蚀抗力。

表 9-10 快速凝固铝锂合金室温力学性能

合 金	热处理/℃·h^{-1}	$\sigma_{0.2}$/MPa	σ_b/MPa	δ/%
雾化法				
Al-3Li-1Mg-1.5Cu-0.2Zr	190/8	509	596	3.1
Al-3Li-0.2Zr	160/32	454	492	10.5
Al-4Li-1Cu-0.2Zr	160/32	473	510	3.8
Al-4Li-1Mg-0.2Zr	160/32	408	514	4.9
喷射凝固带材合金				
Al-3.1Li-2.1Cu-1Mg-0.45Zr	170/4+190/16	531	607	6.1
Al-3.1Li-2.1Cu-1.5Mg-0.5Zr	160/4+180/16	554	632	5.5

9.2.4 超塑性铝合金

获得稳定的等轴细晶粒的铝合金可产生超塑性。超细晶粒合金的超塑性状态方程为：

$$\sigma = \kappa \dot{\varepsilon}^{m}$$

式中，σ 为应力；$\dot{\varepsilon}$ 为应变速率；m 为应变速率敏感指数。超塑性铝合金在较高温度（$T > 0.5T_{熔}$）和低应变速率条件下进行变形，其均匀伸长率可达到 200% 以上。铝合金的晶粒越细，在超塑性成型过程中晶粒越能保持细小，超塑性越高。为获得细晶粒铝合金，可采取从生产工艺上铸锭激冷法，热机械处理和粉末冶金等。铝合金添加锆、钛、铬等高熔点微合金元素形成难熔金属间化合物如 $ZrAl_3$ 和 $TiAl_3$ 在合金凝固时，起非自发形核核心作用，细化铸锭晶粒，并且在高温形变时抑制晶粒长大。采用超塑性铝合金制造复杂形状的零件，其优点在于使用轻型设备，在低应力下完成。

Al-Cu-Zr 合金就是有代表性的超塑性铝合金，其成分为：$w(Cu)=5\%\sim6\%$，$w(Zr)=0.4\%\sim0.5\%$。其获得超塑性的条件为：温度430℃，应变速率$\dot{\varepsilon}=1.3\times10^{-3}/s$，应变速率敏感系数$m=0.5$，可以获得最大伸长率$\delta$为3000%。该合金的力学性能$\sigma_{0.2}=314MPa$，$\sigma_b=425MPa$，$\delta=14\%$。若再加入$w(Mg)=0.3\%\sim0.4\%$，$w(Ge)=0.08\%\sim0.12\%$后，新合金具有更高的强度和应力腐蚀抗力，其$\sigma_{0.2}=435MPa$，$\sigma_b=500MPa$，$\delta=7.5\%$，最大伸长率可达1320%。

另外，通常硬铝 LY12，超硬铝 LC4 和 LC9 等合金，若通过热机械处理获得细晶粒（约10μm），也可获得超塑性。

9.2.5 烧结铝粉

铝粉表面存在Al_2O_3层，在烧结期间不能被还原为铝。粉末中的Al_2O_3含量与生产工艺有密切关系。薄片粉可含有20%体积的Al_2O_3，雾化喷粉含百分之几的Al_2O_3，电解铝粉的Al_2O_3含量介于上述两者之间。球磨粉由焊在一起的细小粒子组成，铝粉表面和内部都存在Al_2O_3。另外，也可通过超声波振动将Al_2O_3粉散布到熔融铝中，还可吹入高熔点金属的可被铝还原的氧化物到熔融铝中，得到Al_2O_3粒子。

铝粉制品的性能取决于自然形成的氧化铝含量。铝粉经压实烧结后，Al_2O_3以细小弥散的颗粒存在，它们能与位错和空位相互作用，阻碍其运动，阻止晶粒长大。由于铝基体中氧的浓度极低，要发生小颗粒Al_2O_3溶解，大颗粒Al_2O_3聚集长大，根据计算需经过4年以上的时间，故实际是不可能发生的，其细小颗粒可保持到铝的熔点。烧结铝在800K下持续几年之后，其显微组织没有什么变化。所以Al_2O_3弥散颗粒的弥散强化作用可保持到铝的熔点。烧结铝在高温下有高的蠕变强度，超过所有其他铝合金。

烧结铝的强度与Al_2O_3的含量成正比，而塑性与Al_2O_3的含量成反比。铝粉的粒度对烧结产品的强度无明显影响，但粗粒度对高温强度有利。Al_2O_3颗粒间距和基体晶块尺寸共同控制着性能。烧结铝的力学性能与Al_2O_3含量及温度的关系见表9-11。随着Al_2O_3体积含量从1%增加到15%，室温下屈服强度从40～70MPa提高到200～260MPa，伸长率从25%～30%降至5%～9%。烧结铝的强度能保持到较高温度，含15%体积Al_2O_3的烧结铝在700K的屈服强度保持在100～150MPa。烧结铝的冲击强度随温度升高而增加，达到800～850K后再下降。

表9-11 烧结铝的力学性能与氧化铝含量的关系

氧化铝含量/%	300K			700K		
	σ_b/MPa	$\sigma_{0.2}$/MPa	δ/%	σ_b/MPa	$\sigma_{0.2}$/MPa	δ/%
1	80～140	40～70	25～30	40～70		27～34
2	150～220	100～140	18～24	60～80		14～18
7	230～280	120～160	14～18	70～100	60～90	4～8
12	320～380	180～240	8～12	100～140	80～120	3～6
15	400～500	200～260	5～9	100～150	100～150	3～5

烧结铝中由于Al_2O_3粒子钉扎位错，故有极细的晶粒和晶块。随Al_2O_3粒子含量增高，

再结晶温度急剧升高。当 Al_2O_3 粒子含量高于 7%，再结晶过程受到抑制。含有过饱和的铁、镍、锰的烧结铝合金进一步提高了再结晶温度。

含有大量高熔点金属铬、镍、钴、铁、锰和碳化钛的铝合金经过激冷或快速雾化形成过饱和的铝合金粉末，经过烧结后，既可以析出大量强化相，而铬、铁等的氧化物又可与铝反应，增加 Al_2O_3 的含量，因而有更高的强度和耐蚀性。

9.3 铸造铝合金

铸造铝合金应具有高的流动性，较小的收缩性，热裂、缩孔和疏松倾向小等良好的铸造性能。共晶合金或合金中有一定量共晶组织就具有优良的铸造性能。常用的铸造铝合金有铝硅系、铝铜系、铝镁系、铝稀土系和铝锌系合金。主要铸造铝合金的牌号和化学成分见表 9-12。

表 9-12 铸造铝合金的主要牌号和化学成分 *w* %

合金系	牌 号	Si	Cu	Mg	Mn	Zn	Ni	Ti	Zr
Al-Si	ZL102	10.0～13.0	<0.6	<0.05	<0.5	<0.3			
	ZL104	8.0～10.5	<0.3	0.17～0.30	0.2～0.5	<0.3			
	ZL105	4.5～5.5	1.0～1.5	0.35～0.60	<0.5	<0.2			
	ZL111	8.0～10.0	1.3～1.8	0.4～0.6	0.1～0.35	<0.1		0.1～0.35	
Al-Cu	ZL201	<0.3	4.5～5.3	<0.05	0.6～1.0	<0.1	<0.1	0.15～0.35	<0.2
	ZL203	<1.5	4.5～5.0	<0.03	<0.1	<0.1		<0.07	
Al-Mg	ZL301	<0.3	<0.1	9.5～11.5	<0.1	<0.1		<0.07	
	ZL303	0.8～1.3	<0.1	4.5～5.5	0.1～0.4	<0.2		<0.2	

9.3.1 铝硅及铝硅镁合金

铝硅系铸造合金用途很广，其最基本的合金为 ZL102 二元铸造合金，具有共晶组织。含硅的共晶能提高强度和耐磨性，液态有良好的流动性，是铸造铝合金中流动性最好的。由于其共晶中硅晶体含量不高，不会使塑性降低太多。这种合金的比重轻，焊接性良好。共晶组织中硅晶体呈粗针状或片状，过共晶合金中还有少量初生硅，呈块状。这种共晶组织塑性较低，达不到实用要求，需要细化组织。

铸造铝硅合金一般需要采用变质处理，以改变共晶硅的形态，使硅晶体细化和颗粒化，组织由共晶或过共晶变为亚共晶。常用的变质剂为钠盐，加入 1%～3%（质量分数）的钠盐混合物$\left(\frac{2}{3}\text{NaF}+\frac{1}{3}\text{NaCl}\right)$或三元钠盐（25% NaF + 62% NaCl + 13% KCl）。钠盐的缺点是变质处理有效时间短，加入后要在 30min 内浇完。而锶和稀土金属都可作为长效变质剂。

这种变质作用一般认为是吸附作用。通常铝硅共晶结晶时，硅晶体形成时易产生孪晶，使其沿孪晶方向〈211〉长成粗片状，在加入变质剂后，钠原子在结晶硅的表面有强烈偏聚，降低硅的生长速度并促使其发生分枝或细化。

另外，加入变质剂也使铝硅合金变为亚共晶组织。由图9-12可见，加入变质剂后改变了铝硅二元相图，共晶温度由578℃降为564℃，共晶成分 $w(Si)$ 由11.7%增加到14%，因而 $w(Si)=10.0\%\sim13.0\%$ 的铝硅合金成为亚共晶组织，由初始α固溶体和细小的共晶组织所组成。这样，合金的强度和塑性都提高了。变质前其 $\sigma_b=147MPa$，$\delta=2\%\sim3\%$；变质后 $\sigma_b=166MPa$，$\delta=6\%\sim10\%$。ZL102合金的强度不算高，但流动性好，可生产形状复杂薄壁、受力不大的精密铸件。

为提高铝硅共晶合金的强度而加入镁，形成强化相 Mg_2Si，并采用时效热处理以提高合金的强度。ZL104合金 $w(Si)=8\%\sim10.5\%$，$w(Mg)=0.17\%\sim0.30\%$，$w(Mn)=0.2\%\sim0.5\%$。镁在铝硅合金的α相中，其极限溶解度 $w(Mg)$ 为0.5%~0.6%，在ZL104合金中，$w(Mg)$ 不超过0.3%，可保证有足够的 Mg_2Si 相产生沉淀强化。ZL104合金在铝硅铸造合金中是强度最高的，经过金属模铸造，(535±5)℃固溶3~5h水冷，(175±5)℃人工时效5~10h，其力学性能为：$\sigma_b=235MPa$，$\delta=2\%$。它可以制造高负荷复杂形状零件，工作温度低于200℃，如发动机汽缸体、发动机机匣等。若适当减少硅含量而加入铜和镁，可改善合金的强度和耐热性，得到铝硅铜镁系铸造合金，其强化相有 $CuAl_2$、Mg_2Si 及 Al_2CuMg 相。ZL105经(525±5)℃固溶3~5h，在60~100℃水中冷却，再经175℃时效5~10h后空冷，其 $\sigma_b=225MPa$，$\delta=0.5\%$，在200℃的持久强度 $\sigma_{100}=88MPa$，250℃持久强度为 $\sigma_{100}=58MPa$。ZL105可制作在250℃以下工作的耐热零件。ZL111可铸造形状复杂的内燃机汽缸等。

9.3.2 铝铜铸造合金

铝铜铸造合金的主要强化相是 $CuAl_2$，所以有较高的强度和热稳定性，适于铸造耐热铸件。但铜含量高了使合金的质量密度增大，耐蚀性降低，铸造性能变差。

ZL203合金的热处理强化效果最大，是常用的铝铜铸造合金。为了改善其铸造性能，提高流动性，减少铸后热裂倾向，需要加入一定量硅以形成一定量的三元共晶组织（$\alpha+Si+CuAl_2$）。一般用金属模铸时，加入 $w(Si)=3\%$ 的硅，砂模铸时加 $w(Si)=1\%$ 的硅。加硅后有损于室温性能和高温性能。ZL203铸造合金固溶处理为(515±5)℃保温10~15h，在热水80~100℃中冷却，采用自然时效，强度虽稍低，但有较高塑性，其 $\sigma_b=210MPa$，$\sigma_{0.2}=106MPa$，$\delta=8\%$。若采用不完全人工时效，在150℃保温2~4h，则强度较高，塑性稍低，其 $\sigma_b=240MPa$，$\sigma_{0.2}=144MPa$，$\delta=5\%$。ZL203铸造合金用于制作低于200℃、受中等负荷的零件。

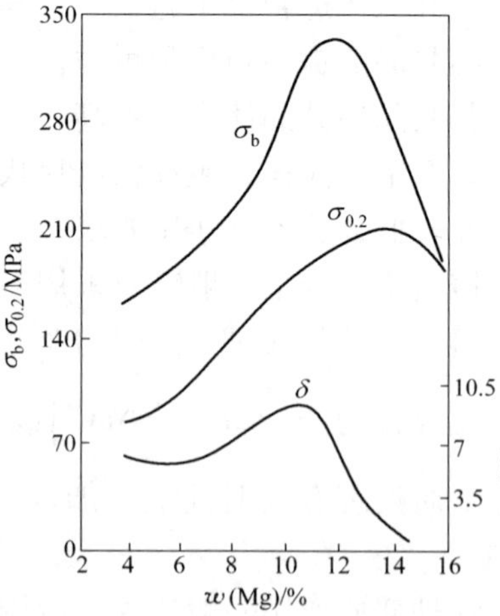

图9-17 铝镁合金在淬火自然时效状态下性能与成分的关系

9.3.3 铝镁铸造合金

铝镁铸造合金的优点是密度轻，强度和韧性较高，并具有优良的耐蚀性、切削性和抛光性。

铝镁二元合金的成分与性能关系见图9-17。其强度和塑性综合性能最佳的镁含量为 $w(Mg)=$

9.5% ~11.5%。这就是常用的ZL301合金的镁含量。再高的镁含量因β-Al_8Mg_5相难以完全固溶而使合金性能下降。ZL301合金铸态组织中除α固溶体外，还有部分Al_8Mg_5离异共晶存在于树枝晶边界。这种Al_8Mg_5相性脆，使合金强度和塑性降低。只有在固溶温度保温较长时间才能将树枝晶界的Al_8Mg_5相溶解，淬火后得到过饱和固溶体，提高了强度和塑性。固溶温度为（430±5）℃，保温12~20h油冷，经自然时效后，σ_b = 343MPa，$\sigma_{0.2}$ = 167MPa，δ = 10%，HB为80。

为了改善铝镁铸造合金的铸造性能，加入w(Si) = 0.8% ~1.2%硅及微量钛。其中钛形成细小的$TiAl_3$，起细化晶粒作用。

铝镁铸造合金适用于造船、食品及化学工业。

本章小结

铝及其合金是用量最大的有色金属材料。工程上实际应用的铝合金分为铸造合金和变形合金。金属铝熔点低、强度性能较差。铝合金中常用的合金元素包括Mg、Mn、Zn、Cu、Si、Li以及RE等。铝合金通过固溶强化、沉淀强化、冷变形硬化和细化晶粒强化等方式来提高强度。铝合金中有合金元素与Al形成的强化第二相，如θ-$CuAl_2$、δ′相Al_3Li、S相Al_2CuMg等；也有合金元素之间形成的强化第二相，如β相Mg_2Si、η相$MgZn_2$等。热处理型Al合金通过时效处理提高强度。时效过程中，很多情况下首先析出的第二相为亚稳相，随着时效时间的延长、时效温度的提高，经过一系列转变，才得到热力学稳定的析出相。AlCu合金时效时，GP区、θ″、θ′、θ四种不同析出相的脱溶贯序为典型代表。不同的析出相、析出粒子与基体的共格关系特点及粒子尺寸，对合金的强度、硬度存在显著影响，最高强度往往对应着共格形态的亚稳析出相。

铝合金中还采用过剩相强化等特殊手段提高强度。快速凝固技术能够优化改善铝合金的微观组织而获取更佳的性能，通过粉末冶金技术、利用铝粉表层的氧化物实现强化制备烧结铝，是新型的铝合金材料的制备技术。

铝合金分类及典型合金

铸造铝合金

ZL1xx合金（Al-Si系）：ZAlSi7Mg(ZL101)，ZAlSi20Cu2RE1(ZL107)，YZAlSi12(YL102)

ZL2xx合金（Al-Cu系）：ZAlCu5Mn(ZL201)，ZAlCu4(ZL203)

ZL3xx合金（Al-Mg系）：ZAlMg10(ZL301)，ZAlMg5Si1(ZL303)

ZL4xx合金（Al-Zn系）：ZAlZn11Si7(ZL401)，ZAlZn6Mg(ZL402)

变形铝合金

非热处理合金（防锈铝合金）：Al-Mg系（LF2~LF12），Al-Mn系（LF21等）

时效硬化合金：Al-Cu-Mg系（硬铝，LY），Al-Mg-Si系（锻铝，LD），Al-Zn-Mg，
Al-Zn-Mg-Cu（超硬铝合金，LC），Al-Li系

铝合金系列

1xxx 合金（纯 Al）：99.0% Al(1100)，99.60% Al(1060)，99.99% Al(1199)

2xxx 合金（Al-Cu）：AlCu2.5Mg(2A01，LY1)，AlCu4Mg1(2A12，LY12)，AlCu4SiMg(2A14，LD10)，AlCu2SiMg(2A50，LD5)，AlCu2MgNi(2A70，LD7)

3xxx 合金（Al-Mn）：AlMn1Cu(3A21，LF21)

4xxx 合金（Al-Si 系列）：AlSi5(4043)，AlSi12(4047)

5xxx 合金（Al-Mg 系列）：AlMg2.5(5A02，LF2)，AlMg3.5(5A03，LF3)

6xxx 合金（Al-Mg-Si 系列）：AlSiMg0.5Mn(6A02，LD2)，AlMgSi1Cu(6061)

7xxx 合金（Al-Zn 系列）：AlZn6Mg2.5Cu2Mn(7A04，LC4)

8xxx 合金（其他系列）：AlLiCu1.5Mg(8090)

****

思考题与习题

9-1 收集总结纯金属铝的基本物理、化学性质数据。

9-2 固溶强化的铝合金中常用的合金化元素有哪些？

9-3 是否所有情况下铝合金中析出的金属间化合物都具有沉淀硬化作用？请举例并说明其不具有沉淀强化作用的原因。

9-4 在铝合金中，析出相的析出位置如果不合适，不仅起不到沉淀强化的有益作用，还可能对合金性能造成伤害。请查找这样的合金例子，并注意为了避免这种负面影响采取了什么措施。结合该例谈谈采用沉淀强化改善合金性能的措施可能需要注意的事项。

9-5 铝合金中，时效热处理析出第二相进行沉淀强化的实际例子很多。其中，时效过程中析出亚稳相并利用亚稳相粒子获取最佳强化效果的情况实际中普遍存在。请选择至少一种合金，对此加以归纳总结。

9-6 从动力学角度说明合金时效过程中第二相析出时出现脱溶贯序的原因。

9-7 请针对图 9-5 所示的 α 相与不同的第二相（含亚稳相）之间的相平衡关系，示意性给出合金的自由能随着成分变化的曲线。注意不同第二相的自由能相对高低，并说明 α 相固溶度随着温度变化受析出相影响的原因。

9-8 按照修订后的国家标准，变形铝合金分成 8 个系列。总结它们各自的主要合金元素，明确主要的强化方式，并关注合金的性能特点。(查阅必要的文献资料)

9-9 什么是非热处理强化变形铝合金，主要有哪些合金，这些合金的强度如何得以改进？

9-10 Al-Mn 合金（如 x_{Mn} 约 1.3% 的 LF21 合金），其中能够形成 $MnAl_6$ 金属间化合物。该相析出物以什么方式影响合金的强度？

9-11 同一种变形铝合金可以有退火态、半硬态和硬态。这些不同的状态，强度和塑性有什么差别，性能差别的原因是什么，合金的生产工艺分别有什么特征？

9-12 铝合金时效热处理工艺中，固溶处理的加热保温温度一般有多高，选择原则及注意事项是什么，时效的温度一般有多高，什么是自然时效？

9-13 铝合金时效处理中存在一些特殊注意事项。请找出这样的例子，查看原因分析。

9-14 铝合金中，加入一些微量的合金元素能够显著改善材料的力学性能。常用的微量合金元素有哪些，它们通过哪些途径改善合金的性能？

9-15 铝合金中的过剩相指什么，对合金性能产生什么影响？

9-16 铝合金的超塑性需要什么条件，有什么独特之处？

9-17 与熔炼方法制备的合金相比较，通过粉末烧结工艺制备铝合金有什么特点？

9-18 铝合金的一种重要制备方法是铸造。铸造铝合金有哪些主要的合金系？

9-19 良好的铸造工艺性能对合金有哪些要求？

9-20 合金铸造过程中，经常向合金熔体中加入变质剂，改变合金的铸造组织从而提高合金的工艺性能或者产品最终性能。请以一种铸造铝合金为例，归纳总结这种变质剂的作用。

9-21 铸造铝合金通过热处理也能够改善其力学性能。请以一种铸造铝合金为例进行总结。

9-22 快速凝固铝合金制备工艺的大致过程是什么样的，这种工艺对铝合金的微观组织及性能的改进作用是什么？

参考文献

[1] 张宝昌，等．有色金属及其热处理[M]．北京：国防工业出版社，1981.

[2] C. R. 布鲁克斯．有色合金的热处理、组织与性能[M]．丁夫等译校．北京：冶金工业出版社，1988.

[3] 林肇琦．有色金属材料学[M]．沈阳：东北工学院出版社，1986.

[4] O. N. Mohanty，C. S. Sivaramakrishnan Eds. Rapid Solidification Processing and Technology[M]. TRANS TECH PUBLICATIONS Ltd，1990.

[5] C. Baker，P. J. Gregson，S. J. Harris，C. J. Peal. Aluminium-LithiumAlloys111，The Institute of Metals，London，1986.

[6] 谭树松．有色金属材料学[M]．北京：冶金工业出版社，1993.

[7] 黄伯云，李成功，石力开，等主编．中国材料工程大典，第4卷，有色金属材料工程（上）．北京：化学工业出版社，2006.

10 镁合金

内容要点：

重要的二元镁合金的相平衡、相变及强化第二相特点，镁合金的塑性变形特点及强韧化机理。典型的铸造与变形镁合金，镁合金性能调控方法以及性能特点和应用，镁合金的成分、制备工艺、微观组织与性能关系。

镁合金是一种轻合金，熔点为650℃，体积质量为1.74g/cm^3，比铝轻。镁具有密排六方点阵，其滑移系较少，冷变形主要是沿｛0001｝基面〈$11\bar{2}0$〉方向的滑移和｛$10\bar{1}2$｝孪晶，冷变形较困难。升高温度到250℃以上，则棱柱面｛$10\bar{1}0$｝和棱锥面｛$10\bar{1}1$｝也是滑移面，使变形较容易，因而有较好的塑性。镁和镁合金在300～500℃间可以挤压、轧制和锻造，在230～350℃间可进行温加工。镁的屈服强度和弹性模量较低，在大气中有足够的耐蚀性，在氢氟酸、碱和矿物油中也耐蚀，但在淡水、海水中耐蚀性差。镁的性能可用合金化来加以改善。

我国是世界上镁储量最大的国家，产量也居世界第一，占全球镁产量的2/3。镁合金广泛应用于航空、宇航、汽车、电信产品和军工等领域。

10.1 镁合金中的合金元素

镁合金中的合金元素主要是铝、锌、稀土金属、锂、银、锆、钍、锰及微量元素镍等。它们在镁合金中有固溶强化、沉淀强化、细晶强化等作用。

10.1.1 镁基固溶体

镉在镁中是无限溶解，其他金属大多为有限溶解。

铝在镁中的溶解度如图10-1所示，在共晶温度437℃极限溶解度 w(Al)为12.6%，随温度下降而溶解度明显减少。经过固溶处理淬火得到的过饱和固溶体在较低温度时效，将发生分解，不出现预沉淀和介稳相，直接析出平衡相$Al_{12}Mg_{17}$。一种是在晶界形成Mg_4Al_3的胞状沉淀，另一种是晶内的连续沉淀。当铝含量较高和时效温度较高时，以连续沉淀为主。

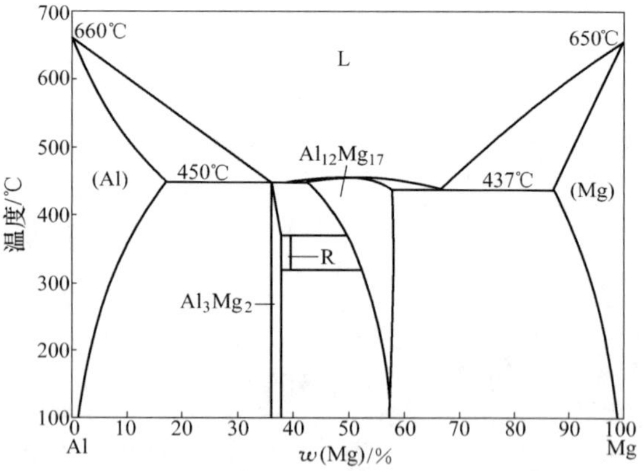

图10-1 镁铝二元相图

在 w(Al) 大于 4% 时，铝除有固溶强化作用外，也出现沉淀强化现象，但效果不显著。

锌在镁中有较大的溶解度，在共晶温度 340℃ 时锌在镁中的极限溶解度为 6.2%，随着温度降低，锌的溶解度有较快的降低，200℃ 时为 2.0%。镁锌二元相图见图 10-2。在镁锌系中有金属间化合物 Mg_2Zn_3 和 $MgZn_2$ 等，可作为沉淀强化相。

稀土金属在镁中的溶解度在各元素之间有很大差别，随原子序数增加而增大，重稀土金属，如钆、铽、镝、铒和钇，在镁中的极限固溶度最大，轻稀土金属钕和钐居中，镧、铈较小。镁钕二元相图见图 10-3。在共晶温度 552℃，钕在镁中的极限溶解度 w(Nd) 为 3.6%，随着温度降低，溶解度急剧降低，在 300℃ 时仅为 0.16%。钐在镁钐共晶温度 542℃ 时，其极限溶解度 w(Sm) 为 5.8%。钆在镁钆共晶温度 548℃ 时，其极限溶解度 w(Gd) 为 23.5%。铽在镁铽共晶温度 559℃ 时，其极限溶解度 w(Tb) 为 24%。镝在镁镝共晶温度 561℃ 时，其极限溶解度 w(Dy) 为 25.8%。钇在镁钇共晶温度 567.4℃ 时，其极限溶解度 w(Y) 为 12.4%。镧和铈在镁中的极限溶解度 w(La) 和 w(Ce) 分别为 0.79% 和 0.52%。固溶的稀土元素可以增强镁合金的原子间结合力，降低合金中原子扩散速度，增加合金的热稳定性。镁与稀土金属形成一系列金属间化合物，如 $Mg_{12}RE$、$Mg_{24}RE_5$ 等。稀土镁金属间化合物的热稳定性高，有明显的沉淀强化效果。

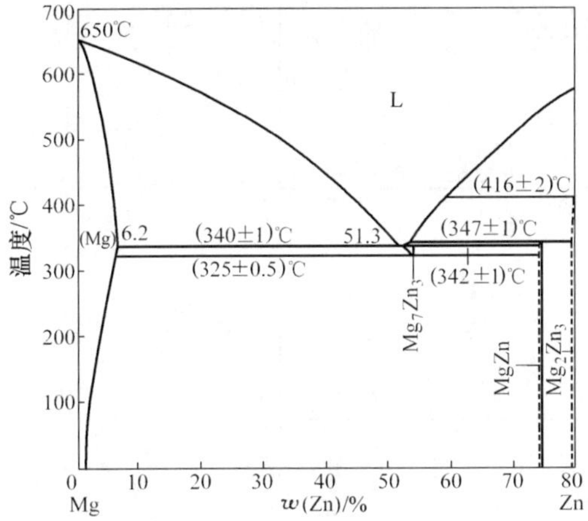

图 10-2　镁锌二元相图

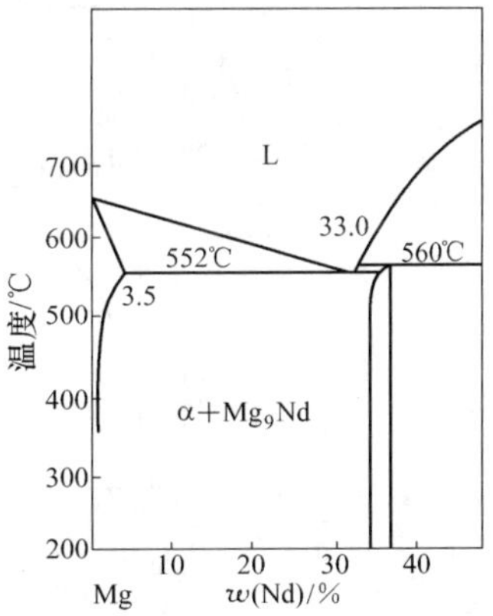

图 10-3　镁钕二元相图镁端

镁钍相图中镁端为共晶，钍在镁中的极限溶解度 w(Th) 为 4.75%，镁钍相图中 α 相的固溶线随温度下降，钍的溶解度急剧降低，同时有金属间化合物 $Mg_{23}Th_6$ 析出，见图 10-4。在 200℃ 以下，钍在镁基固溶体中的溶解度极小。由于钍原子尺寸远大于镁原子，故钍有很强的固溶强化作用。在镁钍过饱和固溶体脱溶过程中，有一系列介稳相析出，可作为强化相。

锰在镁锰系中镁端的包晶温度为 625℃，此时锰在镁中的极限溶解度 w(Mn) 为 3.4%，随着温度降低，其溶解度急剧降低。但由于沉淀相是纯锰 β 相，强化效应很小，但热稳定性较高，见图 10-5。由于锰是高熔点金属，对镁基固溶体有较强的固溶强化作用。

锆和镁组成包晶反应，在包晶温度 654℃，锆在镁中的极限溶解度 w(Zr) 为 3.8%，随温度下降，锆的溶解度急剧下降。镁锆二元相图见图 10-6。锆是高熔点金属，溶于镁基固溶体，起相当的固溶强化作用。锆与镁同为密排六方点阵，镁锆合金在冷凝时，首先从

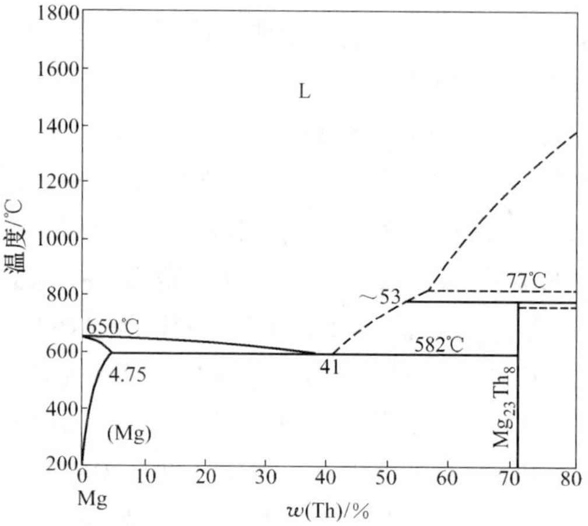

图 10-4 镁钍二元相图镁端

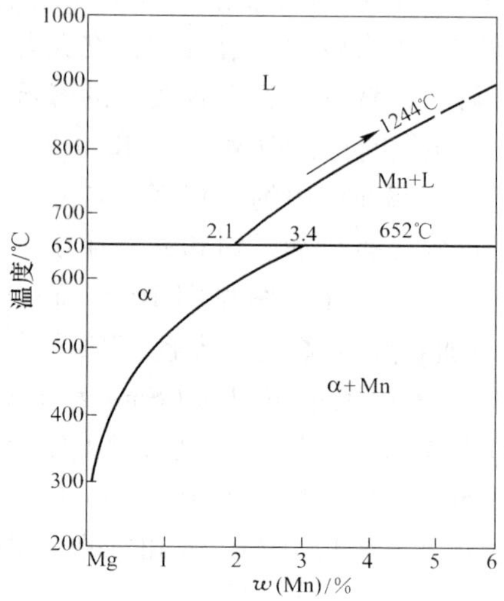

图 10-5 镁锰二元相图镁端

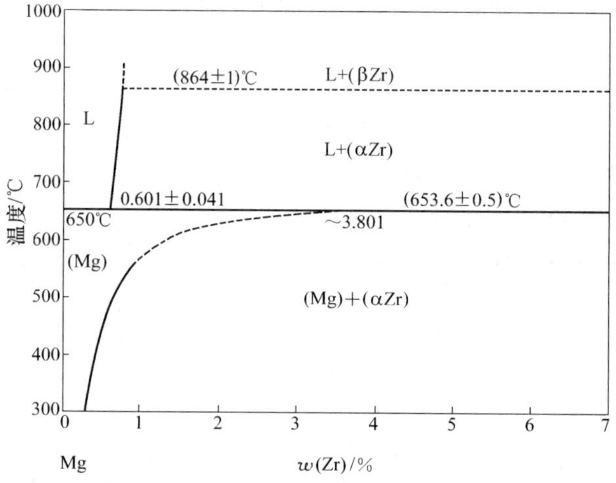

图 10-6 镁锆二元相图镁端

液相中析出α-Zr，锆与镁点阵类型相同，点阵常数接近，可作为镁结晶时的非自发形核核心，使合金的凝固组织细化。

锂和镁形成共晶系，在共晶温度588℃，锂在镁中的极限溶解度$w(\mathrm{Li})$为5.5%，随温度下降，其溶解度基本保持不变。镁在锂中也有极大的溶解度，极限溶解度为91.5%，固溶体具有体心立方点阵。镁锂二元相图见图10-7。锂溶解在镁中有固溶强化作用，特别是压缩强度明显高于其他镁合金，并有极高的室温和低温韧性。但由于锂的熔点较低（为180.6℃）故镁锂合金中的原子扩散快，合金的耐热性差。

镉在镁中无限溶解，溶解的镉起固溶强化作用。

溶质原子对镁基固溶体的固溶强化作用取决于溶质原子和镁原子尺寸之差$(d_{\mathrm{Mg}}-d_{\mathrm{M}})/d_{\mathrm{Mg}}$。部分镁合金中的合金元素对镁基固溶体的固溶强化效果见表10-1，其中钍、铈、钙是特别有效的固溶强化元素。由于原子尺寸差越大，溶解度越小，就限制了这些元素的固

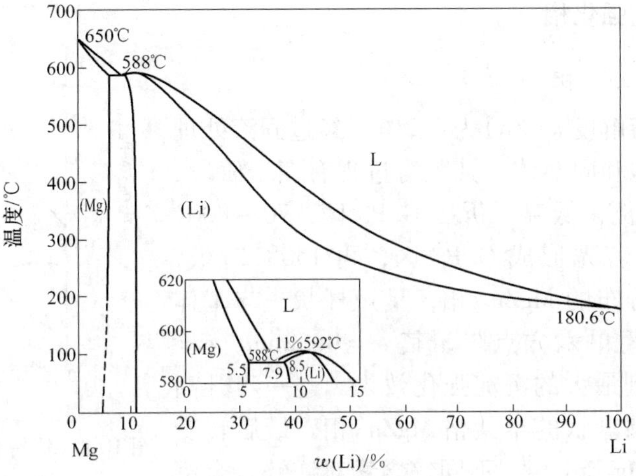

图 10-7 镁锂二元相图

溶强化作用程度。

表 10-1 部分合金元素对镁基固溶体的固溶强化作用

合金元素	原子直径差$\left(\frac{d_{Mg}-d_M}{d_{Mg}}\right)$/%	M 在 Mg 中 200℃时近似溶解度/%	每增 1% 质量分数溶质时性能的提高/%	
			$\sigma_{0.2}$	硬 度
Al	+10	3	25	8
Zn	+16	2	45	7
Ag	+9	5	23	7
Cd	+7	50	10	1
Li	+5	5	—	3
Ca	-24	1	110	—
Ce	-14	2	148	—
Th	-13	1	212	—

快速凝固技术可以极大提高合金元素在镁合金中的固溶度，扩展了 α-Mg 的固溶区间、冷速愈大，则固溶度的扩展也愈大。这对强化元素钙和稀土元素等尤为重要。表 10-2 显示了对固溶度扩展的影响。

表 10-2 快速凝固对二元镁合金固溶度的影响 *x* %

元 素	极限固溶度	最大扩展固溶度	元 素	极限固溶度	最大扩展固溶度
Al	11.5	21.6/22.6	Gd	—	3.25
Ag	3.83	5.9	Mn	1.0	2.2
Ca	0.98	6.5/7.2	Sm	约 1.0	5.8
Ce	0.09	3.15	Zn	约 2.8	4.8
La	0.07	2.1	Zr		0.32
Nd	0.63	3.15	Y	3.5	9.7

10.1.2 镁合金中的强化相

10.1.2.1 Mg_2Zn_3 相

锌在镁中极限溶解度 $w(Zn)$ 为6.2%，经过固溶处理和淬火，可获得过饱和固溶体。其脱溶过程有四个阶段，以 Mg-5.5Zn 合金为例，低温下析出 G.P. 区，70～80℃ G.P. 区开始溶解。若先形成 G.P. 区，再 150℃时效，可析出更细小弥散分布的 $MgZn_2$ 相，呈短杆状，与基体保持完全共格，为简单六方点阵，其 $a=0.52nm$，$c=0.85nm$。此时可得到最大的沉淀强化效果。进一步升高温度，逐步转变为圆盘状的半共格 $MgZn'_2$ 相，最后转变成非共格的平衡相 Mg_2Zn_3 相。不同锌含量对镁锌合金沉淀强化的作用见图 10-8。

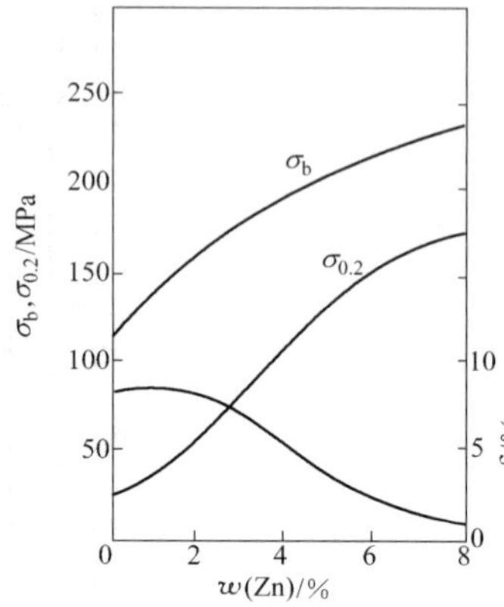

图 10-8 镁锌合金中锌含量对时效后沉淀强化作用的影响（175℃时效 16h）

10.1.2.2 γ-$Mg_{17}Al_{12}$ 相

镁铝合金中形成富镁的 γ-$Mg_{17}Al_{12}$ 相，铝在镁中极限溶解度 $w(Al)$ 为 12.6%，其溶解度 $w(Al)$ 随温度下降而迅速减小。经固溶处理后得到的过饱和固溶体，在脱溶时直接析出平衡相 γ-$Mg_{17}Al_{12}$ 相，与基体不产生共格应变。时效温度较低时，首先在晶界产生不连续的胞状沉淀，然后晶内开始连续沉淀。而在较高温度（如 250℃以上）时效，则只产生连续沉淀。虽然时效只析出平衡相 γ-$Mg_{17}Al_{12}$，但其连续沉淀也有一定强化作用。

10.1.2.3 $Mg_{12}RE$ 相

镁-轻稀土合金中存在沉淀强化相 $Mg_{12}RE$。不同的稀土元素与镁形成的金属间化合物在镁中的溶解度不同，只有极限溶解度较大的合金系才可能产生显著的沉淀强化效应。钕在镁中的极限溶解度较大，达到 $w(Nd)$ 为 3.6%，钕和镁形成的金属间化合物 $Mg_{12}Nd$ 能产生有效的沉淀强化效应。镁钕合金经固溶淬火得到过饱和固溶体，其脱溶过程分四个阶段，首先从过饱和固溶体中出现 G.P. 区，呈薄片状，平行于 $\{10\bar{1}0\}_{Mg}$ 面，与基体保持完全共格，其存在温度从室温到 180℃；然后出现具有 DO_{19} 超结构的 β″-Mg_3Nd 介稳相，呈薄片状，与基体保持完全共格，其 $\langle 0001\rangle_{\beta''} // \langle 0001\rangle_{Mg}$，$\{10\bar{1}0\}_{\beta''} // \{10\bar{1}0\}_{Mg}$，存在于 180～260℃范围，此时合金具有最大的强化效果；接着是析出具有面心立方点阵的 β′介稳相，也呈薄片状，与基体保持半共格，在 200～300℃范围析出于位错线上；最后是析出平衡相 $Mg_{12}Nd$。

10.1.2.4 $Mg_{24}RE_5$ 相

在镁-重稀土合金中存在沉淀强化相 $Mg_{24}RE_5$ 或 Mg_5RE，在镁镝系合金中存在 $Mg_{24}Dy_5$ 相，在过饱和固溶体脱溶分解过程中，存在一系列介稳相，首先出现 β″相，具有 DO_{19} 超结构，接着是 β′相，属正交晶系，二者均有强的沉淀强化效应。最后是平衡相 $Mg_{24}Dy_5$。在镁钇系合金中，脱溶初期出现 β″相，具有 DO_{19} 超结构，接着是 β′相，属正交晶系，最后是平衡相 $Mg_{24}Y_5$。β″相和 β′相具有强沉淀强化效应。在镁钇钕系合金中，出现复杂的沉淀强化相，脱溶初期出现 β″相，具有 DO_{19} 超结构，接着是 β′-$Mg_{12}NdY$ 相，最后是平衡

相 β-$Mg_{14}Nd_2Y$ 相。在镁钆合金中出现的是 β-Mg_5Gd 相。

10.1.2.5 $Mg_{23}Th_6$ 相

钍在镁中有限溶解，在共晶温度 582℃时，钍在镁中的极限溶解度为 4.75%。镁钍固溶体随温度下降，钍的溶解度很快降低，并有金属间化合物 $Mg_{23}Th_6$ 析出。镁钍过饱和固溶体脱溶时分三个阶段，在低温下首先析出 β″介稳相，具有 DO_{19} 超结构，呈圆盘状，与基体保持完全共格，此时合金具有最大的强化效果；然后析出 β′相，它与基体保持半共格，最终析出平衡相 $Mg_{23}Th_6$。

这种具有 DO_{19} 超结构共格相如 Mg_3Th、Mg_3Nd 的强化效果最大。其单胞的 a 轴是镁单胞 a 轴的两倍，而 c 轴与镁相同，析出呈圆盘状或片状，DO_{19} 射在 $\{10\bar{1}0\}_{Mg}$ 和 $\{11\bar{2}0\}_{Mg}$ 面上，沿 $\langle 0001\rangle_{Mg}$ 方向，这是由于 Mg_3X 的 DO_{19} 单胞 $\{10\bar{1}0\}$ 和 $\{11\bar{2}0\}$ 面都是全部由镁原子组成的面，因此与在基体的相界面两侧的原子相同，只有次近邻原子的结合有变化，因而这是一个界面能很低的界面，所以有很高的共格稳定性，对高温蠕变强度很有利。

10.1.2.6 $Mg_{12}Nd_2Ag$ 相

镁钕银系中产生三元金属间化合物 $Mg_{12}Nd_2Ag$。据报道，高温下固溶处理后得到的过饱和固溶体在时效时，有两个独立的时效过程。其一是首先形成棒状的 G. P. 区，与基体保持完全共格，然后转变为 γ 相。它具有六方结构，$a = 0.963nm$，$c = 1.024nm$，与基体保持完全共格，具有最大的沉淀强化效应。接着 γ 相转变成 β 相，与基体形成半共格，最后转变成平衡相 $Mg_{12}Nd_2Ag$。另一种时效过程是形成椭圆形的 G. P. 区，它与基体保持完全共格，然后直接转变成 β 相，最后转变成平衡相 $Mg_{12}Nd_2Ag$。

10.1.2.7 Al_2Nd 和 Al_2Y 相

将铝加入镁钕合金中，在镁基固溶体中形成非常稳定的高熔点 Al_2Nd 金属间化合物。它具有非常弥散的分布，产生弥散强化作用。同样，铝加入镁钇合金中也能形成高度弥散的 Al_2Y，也是高熔点的金属间化合物。Al_2Nd 和 Al_2Y 相可在快速凝固粉末镁合金中生成，以非常细小的颗粒弥散分布，在随后的粉末致密化过程加热时，能抗聚集长大。

10.1.2.8 Mg_2Ca 和 Al_2Ca 相

镁合金中加入过饱和的钙可形成 Mg_2Ca，它呈弥散分布，并且热稳定性好，起弥散强化作用。在 Mg-Al-Ca 合金中，当 $w(Ca)/w(Al)$ 大于 0.8 时，可形成 Mg_2Ca 和 Al_2Ca，若其比值小于 0.8 时，只出现 Al_2Ca。当 $w(Ca)/w(Al)$ 大于 0.8 时，Mg_2Ca 的形成不仅提高了合金的强度和硬度，而且提高了高温力学性能。在 Mg-Al-Ca 系镁合金中，其强化相为复合金属间化合物 $(Mg、Al)_2Ca$。

10.1.2.9 准晶 Mg_3YZn_6 相

经快速凝固的 Mg-Zn-RE 系中和普通铸造条件下均可形成，是稳定型准晶，Mg_3YZn_6 准晶相的准点阵常数 a_R 约 0.52nm，属 FK 型 20 面体准晶，具有高有序结构，与电子因素有关，其平均价电子浓度约 2.1，它具有高硬度，低表面能、高的热稳定性，是重要的镁合金强化相。

10.1.3 镁合金的强韧化

由于镁和镁合金基体具有密排六方点阵，其滑移系较少，冷塑性变形较困难，韧性差。可以通过细化晶粒和合金化方法不仅可以显著提高基体的强度和韧性，而且能产生超塑性。细化晶粒对镁的强化效应非常大，根据 Hall-Petch 关系 $\sigma_y = \sigma_0 + kd^{-\frac{1}{2}}$ 晶粒尺寸对屈服强度的贡献项的系数 k，纯镁的 k 值高达 280MPa · $m^{1/2}$，因而晶粒尺寸对镁的强度的贡献远大于铝等面心立方点阵金属，纯铝的 k 值仅为 68MPa · $m^{1/2}$。细化晶粒可以显著提高镁合金的韧性，降低其韧-脆转化温度。镁的晶粒尺寸为 60μm 时，其韧-脆转化温度为 250℃，当晶粒细化到 2μm 时，则韧-脆转化温度降到室温。当镁合金的晶粒尺寸细化到 1μm，晶界滑移成为新的形变机制，大大改善合金的韧性和塑性，出现超塑性。

通过合金化的方法，固溶的合金元素改变了镁合金的晶体结构参数，降低了密排六方晶格的轴比 c/a 值，由 1.623 下降，激活了棱柱滑移系 $\{10\bar{1}0\}\langle 11\bar{2}0\rangle$，使镁合金的滑移系数目增加。在 Mg-Li 合金中 x(Li) 量增加到 8% 的固溶量，其 c/a 值降到 1.618，显著增加了镁锂合金的塑性和韧性。采用快速凝固技术可以获得高浓度的过饱和 α-镁合金固溶体，如使稀土元素 La、Ce、Nd、Sm、Y、Gd 在镁中固溶度大大增高，大幅降低 c/a 值。在 Mg-Y 合金中 x(Y) 达到 8.3%，所获得的过饱和固溶体，其 c/a 值降低到 1.6088，从而获得非常优异的延性。

10.2 镁 合 金

工业中应用的镁合金分为变形镁合金和铸造镁合金两大类。许多镁合金既可做铸造合金，又可做变形合金。经锻造和挤压后，变形合金比相同成分的铸造合金有更高的强度，可加工成形状更复杂的部件。此外还有新发展的快速凝固粉末冶金镁合金和非晶态镁合金。变形镁合金牌号冠以 MB，铸造镁合金冠以 ZM，后面标以序号。镁合金常用的热处理类型有：

T_1——部分固溶 + 自然时效；T_2——铸后退火；T_3——固溶 + 冷加工；T_4——固溶 + 自然时效；T_5——人工时效；T_6——固溶 + 人工时效；T_7——固溶后稳定化；T_8——固溶、冷加工 + 人工时效。

10.2.1 变形镁合金

变形镁合金的牌号见表 10-3。主要合金系为：镁锌锆系，镁铝锌系、镁稀土锆系、镁锰系和镁锂系。

表 10-3 变形镁合金 *w* %

牌 号	美国牌号	Al	Zn	Mn	Zr	Th	Nd	Y
MB2	AZ31B	3.0 ~ 4.0	0.2 ~ 0.8	0.15 ~ 0.5				
MB8				1.5 ~ 2.5			0.15 ~ 0.35	
MB15	ZK60A		5.0 ~ 6.0	0.1	0.3 ~ 0.9			
MB22			1.2 ~ 1.6		0.45 ~ 0.8			2.9 ~ 3.5
MB25			5.5 ~ 6.4	0.1	≥0.45			0.7 ~ 1.1
MB7	AZ80A	8.5	0.5	0.2(≥0.12)				

10.2.1.1 镁锌锆系合金

这类镁合金是热处理强化变形镁合金。其中镁合金 MB15 的 w(Zn) = 5.0% ~ 6.0%，

$w(Zr)=0.3\%\sim0.9\%$ 和 $w(Mn)=0.1\%$。其沉淀强化相为 Mg_2Zn_3。当加热到400℃左右，Mg_2Zn_3 相即溶于基体。但要使锆质点溶解，要加热到更高温度，一般固溶处理温度为505～515℃。时效温度在160～180℃温度范围，得到沉淀强化相为β′相。固溶的锆能降低合金中原子扩散，提高再结晶温度。从液态析出的锆可强烈细化晶粒。MB15合金的热加工温度为380～420℃，通过挤压或锻造成型。

MB15合金的热处理工艺有两种：一种是固溶处理和人工时效，即505～515℃保温24h空冷，150～170℃时效24h；另一种是热变形（挤压或锻造）后直接进行人工时效，即在380～420℃热变形，然后在170～180℃时效10～24h。第二种热处理工艺避免了加热到高温时引起晶粒长大，从而降低塑性的结果。所以经过挤压的MB15合金具有细晶组织，有较高的强度和塑性的配合。挤压棒材经过固溶淬火和人工时效，其 $\sigma_{0.2}=343$MPa、$\sigma_b=363$MPa、$\delta=9.5\%$。而经过挤压和人工时效后，其 $\sigma_{0.2}=324$MPa、$\sigma_b=355$MPa，而 δ 增至16.7%。

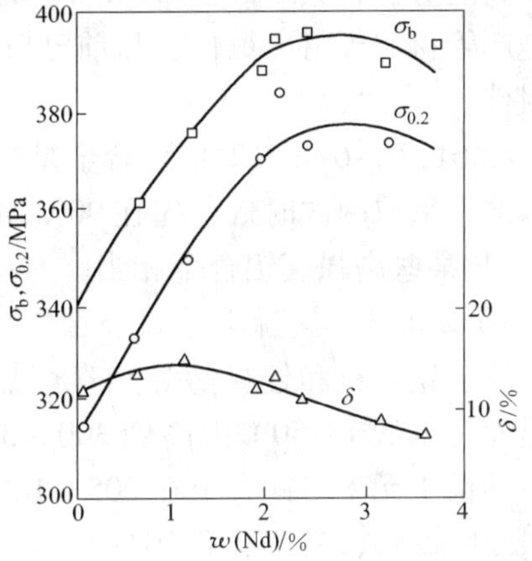

图10-9 钕对MB15镁合金室温性能的影响

MB15为高强度变形镁合金，其缺点是焊接性差，不能做焊接件。由于其强度高，耐蚀性好，无应力腐蚀倾向，且热处理工艺简单，能制造形状复杂的大型构件，如飞机上的机翼长桁、翼肋等，其使用温度不超过150℃。

在镁锌锆系合金中添加稀土金属钕能改善合金的质量，减少铸锭疏松，降低热裂倾向，提高耐蚀性，并进一步提高强度。钕对MB15合金性能的影响见图10-9。加钕的MB15合金的抗拉强度和屈服强度随钕含量增加而提高，最合适的钕含量 w(Nd)为2%左右。

在镁锌锆合金系中加入稀土金属钇，对强度的影响见图10-10。当钇含量 w(Y)达0.9%左右时，抗拉强度出现极大值。镁锌锆钇系的MB25合金含有 $w(Zn)=5.5\%\sim6.4\%$，$w(Zr)\geqslant0.45\%$，$w(Mn)=0.1\%$，$w(Y)=0.7\%\sim1.1\%$。合金在热轧态棒材，其 $\sigma_{0.2}\geqslant275$MPa，$\sigma_b\geqslant345$MPa，$\delta\geqslant7.0\%$。合金中强化相除 $Mg_{24}Y_5$ 外还有准晶 Mg_3YZn_6 相。MB25镁合金可以取代部分中等强度铝合金，用于制造飞机受力构件。

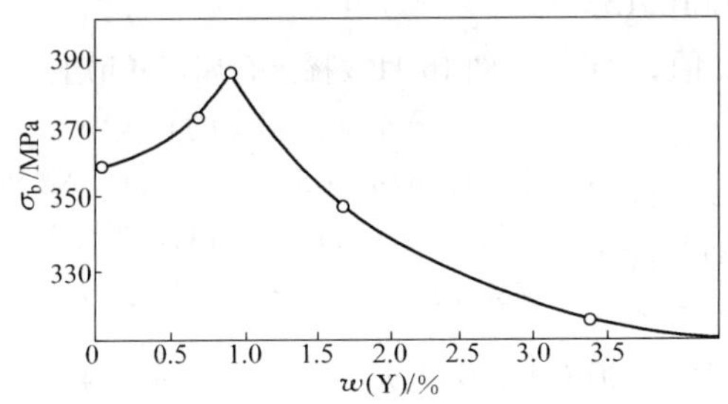

图10-10 MB25镁合金中钇含量对强度的影响

在镁锌锆系合金中加入少量镉、钕或镧，可进一步强化合金，提高室温和高温强度，改善焊接性。Mg-6Zn-0.6Cd-1.7Nd-0.7Zr合金，室温下的 σ_b 接近400MPa，150℃持久强度 $\sigma_{100}=98$MPa，是变形镁合金中强度最高的合金之一。

10.2.1.2 镁锰系合金

镁锰合金中的过饱和固溶体析出相为β-Mn，故其热处理强化作用很小，其使用组织是退火组织，在固溶体基体上分布着少量 β-Mn 颗粒。随锰含量增高，合金的强度略有提高。锰的主要作用是提高合金的耐蚀性，锰与合金中杂质铁结合成锰铁化合物沉积下来，除去了铁的有害影响。这类合金经过挤压成型，强度有所提高。镁锰合金有良好的耐蚀性和焊接性。

MB1 合金含有 $w(\mathrm{Mn}) = 1.3\% \sim 1.5\%$，经过 340 ~ 400℃ 退火，其 $\sigma_{0.2} = 98\mathrm{MPa}$，$\sigma_b = 206\mathrm{MPa}$，$\delta = 4\%$。其高温塑性好，可生产板材、型材和锻件。在 MB1 合金基础上加入 $w(\mathrm{Ce}) = 0.15\% \sim 0.35\%$，成为 MB8 合金，铈加入形成 Mg_9Ce（或 $Mg_{12}Ce$）金属间化合物，细化了合金的晶粒，改善了冷加工性，并提高了室温和高温下合金的强度，将工作温度由 MB1 合金的低于 150℃ 提高了 50℃。镁合金的特点是力学性能的方向性明显，而 MB8 合金在双重挤压和再结晶退火后，其性能的方向性被消除了。MB8 合金有中等强度和较高的塑性，其 $\sigma_{0.2} = 167\mathrm{MPa}$，$\sigma_b = 245\mathrm{MPa}$，$\delta = 18\%$，又有良好的耐蚀性和焊接性，可生产管材、板材、锻件，目前已取代 MB1 镁合金，用于飞机的蒙皮、壁板及润滑系统的附件。

ZM61（Mg-6Zn-1.2Mn）合金是强度最高的挤压合金之一，经挤压后再在 420℃ 固溶处理水冷，采取两次时效，先在 90℃24h 和 180℃16h，其 $\sigma_{0.2} = 340\mathrm{MPa}$，$\sigma_b = 385\mathrm{MPa}$，$\delta = 8\%$，与某些高强度铝合金相当。

10.2.1.3 镁稀土系镁合金

钕、钇、钪和钍、锰等元素可显著提高镁合金的工作温度，从低于 150℃ 提高到 300 ~ 350℃ 范围。图 10-11 为各种稀土元素对镁合金在 205℃100h 变形量 0.5% 的蠕变强度的影响，其强化作用依 Nd > Ce > La 顺序变化。铈与以铈为主的混合稀土金属（MM）的作用相当。

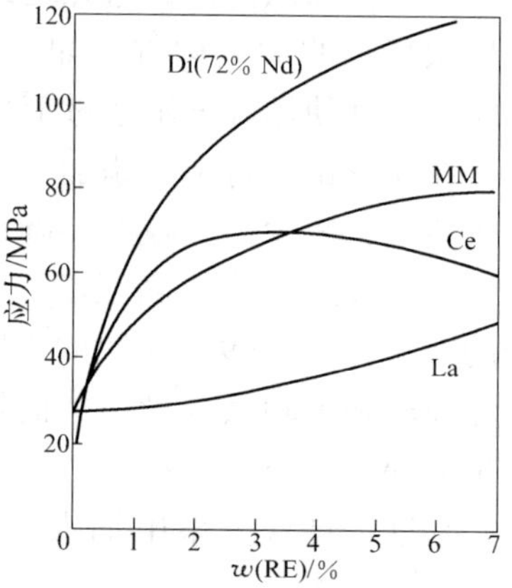

图 10-11 稀土金属对镁稀土合金蠕变强度的影响
（205℃，100h，0.5% 变形量）Di（Nd-Pr 混合稀土金属，$w(\mathrm{Nd}) = 72\%$）
MM（混合稀土金属，以 Ce 为主）

重要的合金有镁钕系，可利用 Mg_9Nd 的沉淀强化作用。当过饱和固溶体脱溶，在 180 ~ 260℃ 范围存在 β″ 介稳相起沉淀强化。在镁钕锰合金中，随钕含量增加，室温和高温强度都可大幅度提高，见图 10-12 和图 10-13。钕含量 $w(\mathrm{Nd})$ 在 3% 左右，室温强度达到最大值；在 300℃ 下，抗拉强度仍能保持在 147MPa 以上。

在镁钕合金基础上加入锰和微量镍，锰可提高合金的蠕变性能，微量镍可进一步降低蠕变速率。MA11 合金的成分为：$w(\mathrm{Nd}) = 2.5\% \sim 3.5\%$，$w(\mathrm{Mn}) = 1.5\% \sim 2.5\%$、$w(\mathrm{Ni}) = 0.1\% \sim 0.22\%$。其热处理制度为：500℃ 固溶淬火，175℃ 时效 24h，室温下 $\sigma_{0.2} = 150\mathrm{MPa}$，$\sigma_b = 275\mathrm{MPa}$，$\delta = 7\%$，工作温度不超过 250℃。另一牌号 MA12 合金是镁钕锆合金，锆可细化晶粒，提高室温和高温塑性，并提高室温和高温短时强度。MA12 合金经 530℃ 固溶淬火，200℃ 时效 16h，其室温下 $\sigma_{0.2} = 160\mathrm{MPa}$，$\sigma_b = 275\mathrm{MPa}$，$\delta = 6\%$，工作温度低于 200℃。

研究表明，重稀土金属钆、镝、钇和轻稀土金属钕、钐的组合，进行复合合金化，具有极明显的时效强化作用。Mg-6Gd-2Nd-0.5Zr 合金经 500℃6h 固溶处理，225℃12h 时效后，其抗拉强度 σ_b 达 335MPa，屈服强度 $\sigma_{0.2}$ 达 180MPa，伸长率 δ 达 8%。对于 Mg-6Gd-

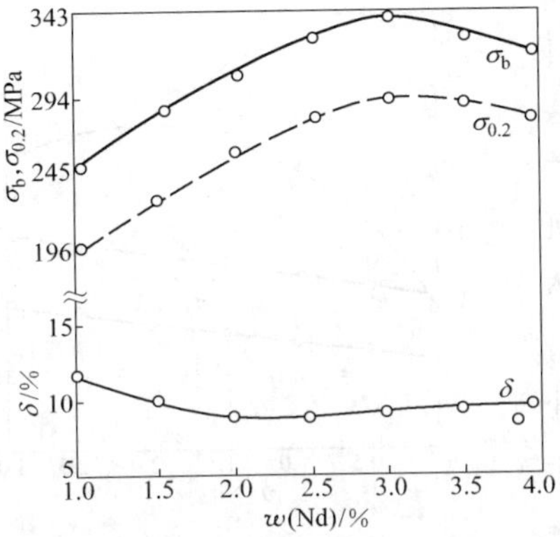

图 10-12 钕含量对镁锰合金室温性能的影响

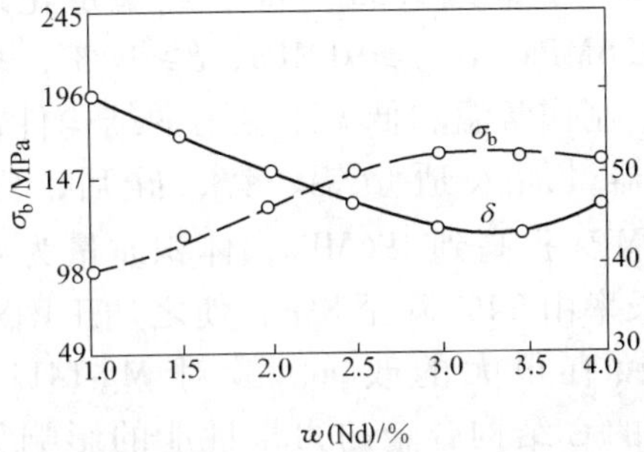

图 10-13 钕含量对镁锰合金 300℃性能的影响

4Sm-0.5Zr 合金，由于钆和钐的组合在 520℃6h 固溶处理，225℃1h 时效后，其室温力学性能 σ_b 达 310MPa，$\sigma_{0.2}$ 达 205MPa，δ 达 3%。镁合金中镝和钆含量总和超过 10% 时，可以获得优异的室温和高温力学性能，尤为难得的是提高了屈服强度和屈强比。

钐和钕同属轻稀土金属，钐在镁中的极限固溶度 w(Sm) 为 5.7%，与钕一样也能产生明显的时效强化。Mg-4Sm-4Y-0.5Zr 合金经固溶和时效后，σ_b 达 330MPa，$\sigma_{0.2}$ 达 220MPa，δ 达 3.5%。

Mg-Gd-Y-Zr-Ca 系合金具有很好的室温和高温力学性能。Mg-12Gd-3Y-0.4Zr-0.4Ca 合金，经过热挤压后时效，强化效果显著，σ_b 高达 450MPa，$\sigma_{0.2}$ 高达 320MPa，δ 达 5% 以上。

这种不同稀土金属的复合强化作用是经固溶后时效时，具有高含量稀土金属的过饱和固溶分解时，不同的稀土金属互相作用，影响其分解速度和沉淀相析出动力学，同时沉淀相的化学成分也复杂，其稳定性也增加，析出强化相数量也增加，这些都增强了沉淀强化效应。

10.2.1.4 镁锂合金

镁锂合金的特点是密度小，属于超轻型结构合金，其体积质量在 1.30 ~ 1.65g/cm³。锂在镁中的固溶度 w(Li) = 5.5% 范围内，随锂含量增加强度变化不大。其显微组织是单相密排六方的 α 固溶体。在 w(Li) = 5.5% ~ 10% 范围是 α + β 复相组织，由于 β 相为体心立方，其强度较低，但室温和低温塑性很好。大于 w(Li) = 10% 为 β 单相组织，强度低，室温和低温塑性很高。为了提高镁锂合金的强度，需要进一步进行合金化，加入强化元素铝、锌、锰、镉、钕和铈等。

由于锂的熔点仅 180.6℃，故导致镁锂合金中原子扩散速率高，高温强度低，并且锂的化学性质活泼，易与氧、氮、氢等形成稳定的化合物，耐蚀性较低，并有较严重的应力腐蚀倾向。

具有单相 α 组织的镁锂合金的成分为 w(Li) = 4.5% ~ 6%、w(Al) = 5% ~ 6%、w(Zn) = 0.6% ~ 1.2%、w(Mn) = 0.2% ~ 0.8%、w(Sn) = 0.6% ~ 1.2%，其体积质量为 1.65g/cm³。最终热处理为稳定化退火，力学性能 $\sigma_{0.2}$ = 206MPa，σ_b = 285MPa，δ = 8%。

单相 β 组织的镁锂合金的强度低，但有良好的冷变形能力。Mg-Li-Al 合金（w(Li) =

13% ~ 15%，w(Al) = 1.0% ~ 1.5%，w(Mn) ≤ 0.15%）工业应用较多，是密度最低的金属结构材料，体积质量为 1.35g/cm^3，经稳定化退火后，其 $\sigma_b \geq 126$MPa，$\sigma_{0.2} \geq 91$MPa，$\delta \geq 10\%$，多用于生产板材，制作常温和低温下受力的结构件，用于宇航飞行器。加入适量铝、锌、硅后，强度 σ_b 从 117.6MPa 提高到 196MPa，体积质量为 1.48g/cm^3，但伸长率由 24% 降至 8%，使之加工困难。通过补充加钕有很大的改善。钕对 Mg-14Li-0.5Al-2Zn-0.5Si 的 β 结构合金的力学性能的影响见图 10-14。加入w(Nd) =1% ~2%，可使伸长率上升到 21% 左右，同时强度也有一定提高。这种合金可以焊接。

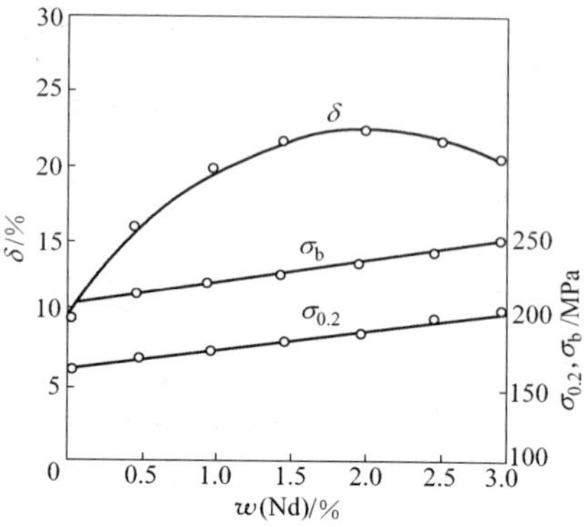

图 10-14 钕对 Mg-14Li-0.5Al-2Zn-0.5Si 合金力学性能的影响

10.2.1.5 快速凝固镁合金

传统的熔铸镁合金的强度较低，耐蚀性较差。快速凝固镁合金在这两方面都得到改善，并具有高的断裂韧性。为提高镁合金的强度，通过加入合金元素形成热稳定性高的弥散析出相，而又不恶化合金的耐蚀性。稀土元素的电化学位与镁相近，在镁中能形成高度弥散相，增高强度而又不降低耐蚀性。通过快速凝固技术加入钕和铝，可形成弥散的 Al_2Nd 质点；加入钇和铝，可形成弥散的 Al_2Y 质点。这些弥散的 Al_2Y 和 Al_2Nd 质点在随后的快凝粉末致密化过程中，加热时也不聚集长大，合金仍有极好的力学性能。镁铝钕锌合金的 $\sigma_{0.2}$ = 428MPa，σ_b = 469MPa，δ = 14%。镁铝钇锌合金的 $\sigma_{0.2}$ = 434MPa，σ_b = 497MPa，δ =5%。这类镁合金完全达到了高强度铝合金的性能水平。用保护气体雾化制粉和热挤压成型的 Mg-1Zn-2Y 合金具有极高强度和延性，其 σ_b 可达 600MPa，δ 达到 16%，在 423K 高温屈服强度 σ_s 高达 510MPa。

另一类快速凝固镁合金是非晶态镁合金，其力学性能大幅提高，强度和塑性明显改善。含 x(Cu)为 25%、x(Y)为 10% 的 $Mg_{65}Cu_{25}Y_{10}$ 合金是最先研制的大块状非晶态镁合金，它具有较低的临界冷速 R_c 为 93K/s。若加入银和铅后，有利于非晶形成，并提高了合金的强度，获得非晶态合金的直径可达 12mm。含 x(Cu) 为 25%，x(Gd) 为 10% 的 $Mg_{65}Cu_{25}Gd_{10}$和含 x(Cu)为 25%、x(Y)为 10% 的 $Mg_{65}Cu_{25}Y_{10}$两种非晶态镁合金有更强的非晶态形成能力，可在普通铜模喷射铸造成直径 8mm 的非晶棒。为改善其脆性，加入镍 x(Ni)为 5%后，$Mg_{65}Cu_{20}Ni_5Gd_{10}$合金提高了室温韧性，并降低了腐蚀速度。

研究表明，Mg-M-RE 系非晶态镁合金比其他合金系有更高的抗拉强度。含 x(Y)为 10%、x(Cu)为 10% 的 $Mg_{80}Y_{10}Cu_{10}$的合金抗拉强度达到 820MPa，而含 x(Ni) 为 15%，x(Y)为 5% 的 $Mg_{80}Ni_{15}Y_5$ 的合金抗拉强度达到 830MPa，而且耐蚀性也非常好。

还有一类是准晶强化镁合金。准晶是一种不同于晶体和非晶态的长程固态有序相，其主要特点是非晶体学旋转对称，以及长程准周期性。由于准晶中不存在特定的滑移面，室温下位错难以运动，是一种硬脆相，可作为金属基体中的强化相。在镁合金中存在某些在热力学上稳定的准晶，它主要在 Mg-Al-X（X 为 Cu、Zn、Pt、Ag）、Mg-Zn-RE（RE 为 Y 及 Gd 到 Er 的重稀土金属）等合金中发现。新型的 Mg-Zn-Al-Y 准晶增强的镁合金，在 Mg-8Zn-4Al镁合金中，准晶相为 $Mg_4Zn_5Al_2$。加入 w(Y)1%后使镁合金在普通铜模铸态获得的枝状准晶更为弥散。在 Mg-Zn-Al-1Y 镁合金中枝状准晶相的热稳定性在 320℃120h 后仍保持着，并提高了高温蠕变抗力。

Mg-Zn-RE(RE 为 Y 及 Gd 到 Er 的重稀土金属)准晶增强镁合金中的 Mg_3YZn_6 准晶相是一种极好的强化相。Mg-5.5Zn-1.5Y-1Ce(-1Zr)镁合金经快速凝固薄带,再经粉碎和 300℃热挤压成形得到型材,在合金基体上均匀分布有弥散的 ω 相($Mg_3Y_2Zn_3$)和 20 面体准晶 Ⅰ相（Mg_3YZn_6），其室温强度 σ_b 高于 590MPa，伸长率 δ 为 17%，既具有极高的强度和延性，且可将其保持到 250℃。在 Mg-Zn-Cu-Gd 镁合金中存在的准晶强化相为 $Mg_5Zn_4Cu_2Gd_1$，该镁合金在 200℃具有高的蠕变抗力。

10.2.1.6　镁合金超塑性成形

快速凝固工艺使得镁合金具有超塑性成形能力。研究表明，镁合金经快速凝固可以明显细化晶粒。晶界滑移是超塑性变形的最主要机制，只要能通过快速凝固或热机械处理控制好镁合金的晶粒尺寸足够细小，就可以获得满意的超塑性。将镁合金的晶粒细化到 1μm 以下，在低温下（约 $0.5T_m$）具有超塑性。Mg-9Al-1Zn 合金通过挤压获得晶粒尺寸为 1μm 的细晶组织，在 $0.5T_m$（200℃）可获得伸长率 δ 为 661% 的高超塑性。Mg-6Zn-0.5Zr 合金若其晶粒尺寸为 0.55μm 时，在 270℃应变速率为 $3.3\times10^{-3}s^{-1}$ 最大应变速率敏感指数 m 为 0.5 时，总伸长率 δ 高达 1000% 以上。新型高强度镁合金 MB26（MB15 + Y）合金在热挤压态即具有良好的超塑性，在 400℃初始应变速率 $\dot{\varepsilon}_0 = 1.17\times10^{-2}s^{-1}$ 条件下，超塑性成形时，伸长率可达到 $\delta = 1450\%$，该合金的超塑性成形温度宽，超塑性应变速率较高，所需流变应力小，合金的塑性流动性好，利于成形，能将镁合金棒材、板材直接制造形状复杂的产品。

许多镁合金如 Mg-Al-Zn 系、Mg-Zn-Zr 系、Mg-Y-Nd-RE-Zr 系和 Mg-Li-Zr 系在热加工控制细化晶粒后，都可获得超塑性。

10.2.2 铸造镁合金

铸造镁合金的化学成分见表 10-4。部分铸造合金的屈服强度与温度的关系见图 10-15，部分铸造合金在 260℃变形 0.5% 时的应力-时间关系见图 10-16。铸造镁合金中主要合金系为镁锌锆系、镁铝锌系、镁稀土锆系、镁钍锆系、镁钕银系等。其中含稀土元素的铸造镁合金占铸造镁合金总数的比例，除个别国家外，都占半数以上。我国现有九种铸造合金中，由稀土元素合金化的有六种。铸造镁合金加稀土金属进行合金化，提高了镁合金熔体的流动性，降低微孔率，减轻疏松和热裂倾向，并提高耐热性。

表 10-4　铸造镁合金的主要化学成分 w　　%

牌号	美国牌号	Al	Zn	Mn	Zr	Th	RE	Nd	Ag
ZM1			3.5～5.5		0.5～1.0				
ZM2	ZE41		3.5～5.0		0.5～1.0		0.7～1.7		
ZM3			0.2～0.7		0.3～1.0		2.5～4.0		
ZM5	AZ81	7.5～9.0	0.2～0.8	0.15～0.5					
ZM4	EZ33		2.0～3.0		0.5～1.0		2.5～4.0		
ZM6			0.2～0.7		0.4～1.0			2.0～2.8	

续表 10-4

牌号	美国牌号	Al	Zn	Mn	Zr	Th	RE	Nd	Ag
ZM8			5.5~6.0		0.5~1.0		2.0~3.0		
ZM10	AZ91	9.0~10.2	0.6~1.2	0.1~0.5		Si 0.3			
	HK31				0.7	3.2			
	HK32		2.2		0.7	3.2			
	QH21				0.7	1		1	2.5
	QE22				0.7			2.5	2.5

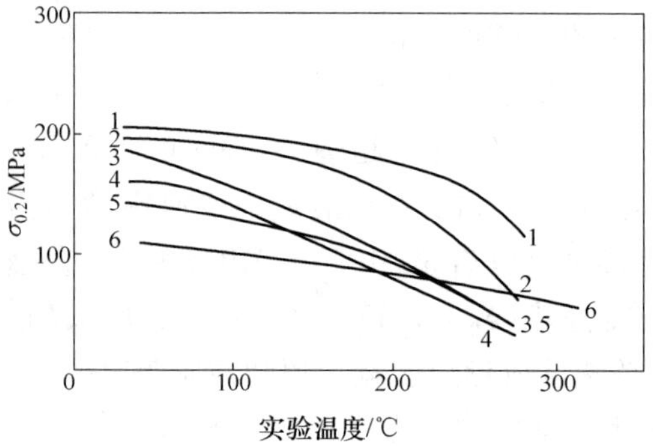

图 10-15 部分砂模铸造镁合金的 $\sigma_{0.2}$ 与温度的关系
1—Mg-2.5Ag-0.7Zr-1Nd-1Th(T6); 2—Mg-2.5Ag-2.5Nd-0.7Zr(T6); 3—Mg-5.7Zn-1.8Th-0.7Zr(T5); 4—Mg-9.0Al-2Zn-0.13Mn(T5); 5—Mg-4.2Zn-0.7Zr-1.3RE(T5); 6—Mg-3.2Th-0.7Zr(T6)

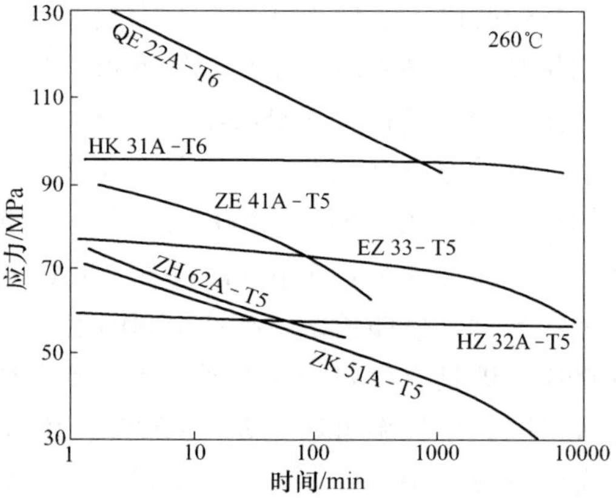

图 10-16 部分砂模铸镁合金在260℃蠕变变形0.5%时的应力-时间关系
QE22-Mg-2.5Ag-2.5Nd-0.7Zr; HK31A-Mg-3.2Th-0.7Zr; ZE41-Mg-4.2Zn-0.7Zr-1.3RE; EZ33-Mg-2.6Zn-0.7Zr-3.2RE; ZH62-Mg-5.7Zn-1.8Th-0.7Zr; HZ32-Mg-2.1Zn-3.2Th-0.7Zr-≤0.1RE; ZK51-Mg-4.5Zn-0.7Zr

10.2.2.1 镁铝锌铸造合金

镁铝合金中只有铝含量 w(Al) 高于4%才有足够的体积分数的 $Mg_{17}Al_{12}$ 相产生沉淀强化，故一般铝含量 w(Al) 要高于7%才能保证合金有足够高的强度。加入少量锌可提高合金元素的固溶度，加强热处理强化效果，有效地提高合金的屈服强度。加入少量锰是为提高耐蚀性，消除杂质铁对耐蚀性的不良影响。含高锌的镁铝锌合金有更好的模铸性能。图10-17为铸造合金中铝和锌含量对模铸性能的影响。在镁铝合金中锌含量在一定范围内易引起热裂，尤其在模铸时更易发生。根据高锌的镁铝锌合金的良好铸造性能，发展了AZ88合金（Mg-8Zn-8Al），它比AZ91合金（Mg-9Al-0.5Zn）有更好

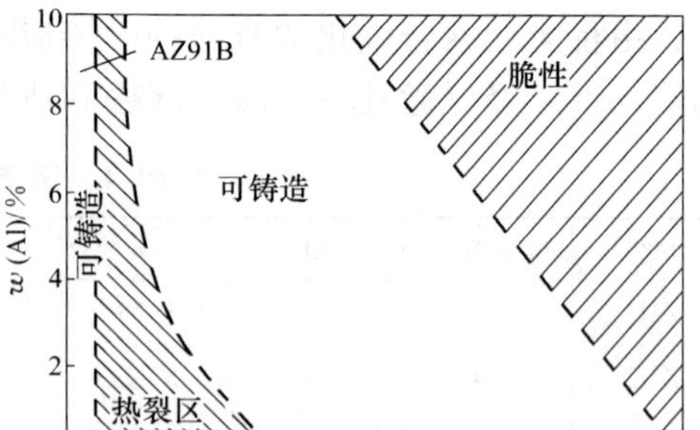

图 10-17 铝和锌含量对镁铝锌合金的模铸性能的影响

的耐蚀性和可铸性，用于制作压铸件。

常用的镁铝锌铸造合金为 ZM5，含 $w(Al)=7.5\%\sim9.0\%$，$w(Zn)=0.2\%\sim0.8\%$，$w(Mn)=0.15\%\sim0.5\%$，体积质量为 $1.81g/cm^3$。由于锌含量不高，故合金的流动性好，可以焊接。其热处理通常在 415 ~ 420℃固溶处理，在热水中或空气中冷却，再经 175℃或 200℃时效处理。显微组织中晶界有胞状沉淀，晶内为连续沉淀。其力学性能 $\sigma_{0.2}=118MPa$，$\sigma_b=250MPa$，$\delta=3.5\%$，用于制造飞机机舱连接隔框，舱内隔框等，以及发动机、仪表和其他结构上承受载荷的零件。加 2.5% ~ 4.0% 富铈混合稀土金属的 ZM5 合金，明显改善了铸造性能，减少疏松和热裂倾向，提高了在 200℃下的蠕变抗力和耐蚀性，用于生产飞机的发动机前舱和离心机匣。

10.2.2.2　镁锌锆铸造合金

镁锌合金中有沉淀强化相 Mg_2Zn_3，其介稳相 $MgZn_2$ 有沉淀强化效果，当锌含量增加时，合金的强度升高，但 $w(Zn)$ 超过 6% 时，合金的强度提高不明显，而塑性下降较多。加入少量锆后可细化合金的晶粒，改善力学性能。加入镉和银后增大了固溶强化作用。加一定量混合稀土金属可改善工艺性能，但其室温力学性能有所降低。增加锌和稀土金属后出现晶界脆性相，难以在固溶时溶解，后来发展了 H_2 固溶处理（480℃）。氢渗入晶界区，使原来含锌、锆等强化元素的晶界脆性相分解而生成稀土氢化物，把部分锌和锆释放出来，进入固溶体，以后再进行人工时效，均匀析出针状强化相（可能是 ZrH_2）。在 ZK61（Mg-6Zn-0.7Zr）合金中加 $w(RE)=2\%$ 的 ZK62 合金在 H_2 中 500℃固溶 24h 后，合金的塑性得到提高，由无稀土的 ZK61 合金的 $\delta=2.5\%$ 提高到 ZK62 合金的 $\delta=12\%$。

早期使用的 ZM1 合金含 $w(Zn)=3.5\%\sim5.5\%$，$w(Zr)=0.5\%\sim1.0\%$。采用铸件直接进行人工时效，其 $\sigma_{0.2}=167MPa$，$\sigma_b=275MPa$，$\delta=7.5\%$。ZM2 合金在 ZM1 基础上加入 0.7% ~ 1.7% 富铈稀土金属以改善 ZM1 的显微疏松和焊接性，其高温蠕变强度、瞬时强度和疲劳强度得到明显提高，铸件致密，易铸造和焊接，可在 170 ~ 200℃工作，用于飞机的发动机和导弹各种铸件。进一步用银和镉强化的 Мл18 合金含 $w(Zn)=7.0\%\sim8.0\%$，$w(Zr)=0.7\%\sim1.1\%$，$w(Cd)=0.4\%\sim1.0\%$，$w(Ag)=1.0\%\sim1.6\%$，采用热水中淬火和人工时效，达到较高的强度，其 $\sigma_{0.2}=245MPa$，$\sigma_b=334MPa$，$\delta=6\%$。

10.2.2.3　镁稀土锆系耐热铸造合金

由于稀土金属对铸造镁合金质量的改进，工作温度的升高，形成了以含稀土金属为主要合金元素的铸造合金系列，用于 200 ~ 300℃范围，具有良好的高温强度。镁钕系的 Mg_9Nd 有稳定的沉淀强化效应，介稳相 β''-Mg_3Nd 抗聚集长大能力强，在高温下仍能保持高的强度。合金加入一定量锆后可以进一步细化晶粒，保证显微组织和性能的稳定，并可改善耐蚀性，形成镁稀土锆系合金。ZM6 含 $w(Nd)=2.0\%\sim3.0\%$，$w(Zr)=0.4\%\sim1.0\%$，经 540℃固溶处理淬火，205℃时效，室温下 $\sigma_{0.2}=157MPa$，$\sigma_b=245MPa$，$\delta=4\%$；在 200℃下强度仍保持较高水平，其 $\sigma_{0.2}=108MPa$，$\sigma_b=196MPa$，可在 250℃长期工作。在镁钕锆合金基础上加入 $w(Y)=1.4\%\sim2.2\%$ 的 Y，可进一步提高高温强度。Мл19 合金含 $w(Nd)=1.6\%\sim2.3\%$，$w(Zr)=0.4\%\sim1.0\%$，$w(Y)=1.4\%\sim2.2\%$，在 300℃下仍保持较高强度，其 $\sigma_{0.2}=98MPa$，$\sigma_b=147MPa$，$\delta=10\%$。

稀土金属钇、钆、镝、钕等在镁中有高的极限固溶度和时效强化能力，使 Mg-RE 系合金有很强的固溶强化效应和沉淀强化效应。固溶态的稀土原子加强了基体中的原子间结合强度，增加基体中原子的扩散激活能，提高了镁-稀土合金强化组织的稳定性，保持高的蠕变抗力。稀土金属能提高镁合金的抗氧化性。由于稀土金属与氧的亲和力强，改变了镁合金表面氧化膜的成分和结构，形成含稀土氧化物的复合氧化物保护层，并且更致密，阻碍氧原子向合金内扩散，减慢氧化膜的增厚速度。

在镁稀土锆合金中 w(Ag) >2%，会改变时效过程，增大析出强化相的数量，这类合金中应用最广的是 QE22（Mg-2.5Ag-2Nd-0.7Zr），经 525℃ 固溶 4 ~ 8h 水冷，200℃ 时效 8 ~ 16h，其 $\sigma_{0.2}$ = 185MPa，σ_b = 240MPa，δ = 2%，在 250℃ 以下有高的屈服强度，可用于飞机起落架等部件。为进一步提高其高温强度，可用更有效强化效果的其他稀土元素来取代部分钕，以取得多元合金强化的效果。加 w(Y) = 2% 主要起固溶强化，而含 4% Y 时又增强了时效时的沉淀强化。含 w(Th) = 1% 的 QH21（Mg-2.5Ag-1Nd-1Th-0.7Zr）比 QE22 合金有更优越的蠕变性能。钍降低钕在镁中的溶解度，促使时效析出更细小的沉淀强化相，并且不易聚集长大。图 10-18 为 QE22、QH21 及不同钇含量的试验合金在 250℃ 时的蠕变性能。

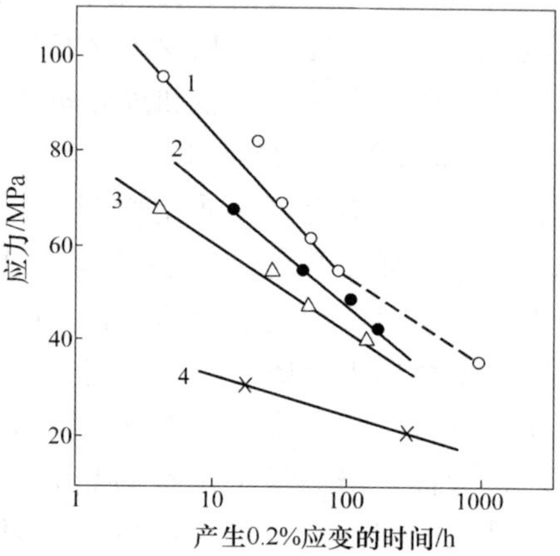

图 10-18 钍、钇对镁银钕锆系合金在 250℃ 蠕变性能的影响
1—Mg-2.5Ag-2Nd-0.6Zr-4Y 合金；
2—Mg-2.5Ag-2Nd-0.6Zr-2Y 合金；
3—Mg-2.5Ag-1Nd-1Th-0.6Zr 合金；
4—Mg-2.5Ag-2Nd-0.6Zr 合金

重稀土元素对铸造镁合金的高温强度有重要的贡献，发展了含钇、钆、铒、铽等稀土元素为主加合金元素的镁-稀土系耐热铸造镁合金。Mg-Y-Nd-Zr 系镁合金在 300℃ 时仍然保持着很高的高温强度和抗腐蚀性。Mg-5.1Y-3.2RE-（1.5 ~ 2.0）Nd-0.5Zr 合金经固溶和时效后，室温的力学性能为：$\sigma_{0.2}$ 达 200MPa，σ_b 达 275MPa，δ 为 4%，已在飞机和赛车汽缸上应用，达到许多铸造铝合金的水平，但在 150℃ 长期服役时，合金的延性逐渐降低，达不到使用要求。若适当降低钇含量，调整钕和其他重稀土元素的含量，开发出新型镁合金 Mg-4Y-2.25Nd-1RE-0.5Zr，则有优异的综合力学性能和性能的长期稳定性，在 300℃ 时抗拉强度 σ_b 为 150 ~ 170MPa。在加入钇时，用混合重稀土金属（含 w(Y)75% 及其他 Gd、Er 等重稀土金属）取代纯钇时，非常经济。一种含铒 w(Er) 大于 10% 的镁合金，在 250℃ 时仍保持较高的抗拉强度和屈服强度，其 $\sigma_{0.2}$ = 151 ~ 171MPa，σ_b = 215 ~ 237MPa，是很好的耐热镁合金。高含量重稀土金属的镁合金能更大幅度提高高温强度。含铽 w(Tb) 为 20% 的镁合金和含钆 w(Gd) 为 20% 的镁合金在 250℃ 的抗拉强度 σ_b 达 280 ~ 320MPa。另一种含钆和钇的成分为 Mg-9.3Gd-4.5Y-0.61Mn 的镁合金，在 350℃ 下仍有良好的蠕变抗力，可作为在此温度下运转的结构镁合金。高强度 Mg-10Gd(Dy)-3Nd-Zr 镁合金也可用于汽车发动机。

10.2.2.4 铸造镁合金的生产特点

镁在高温下极易氧化，其氧化膜非但无保护性，反而促进进一步氧化。熔炼镁合金都在 650℃ 以下进行，温度高使氧化加速，到 850℃ 以上表面有火焰和在新鲜表面处发生爆裂。因此熔炼时要用惰性气体或保护熔渣。但只有碱金属或碱土金属的氧化物或氟化物的熔流体可作保护熔渣。镁合金在熔化初期多采用薄渣，用 $MgCl_2$、KCl、BaCl 等混合渣。以后用厚渣，含 CaF_2、MgF_2、MgO 的熔渣取代薄渣，以利于更好隔离空气进行合金化及精炼。浇注前要搅拌以除去氧化物和氯化物夹杂，特别是氯化物夹杂，以防止其降低合金的耐蚀性。浇注时还需撒硫以防氧化。

合金元素以中间合金加入，而锆以 K_2ZrF_6 及大量 $BaCl_2$ 渣还原的方法使锆进入熔融镁合金。

熔炼含铝的镁合金有吸氢问题。首先要使原料干燥，否则氢易产生铸造疏松。对有疏松敏感的镁铝、镁铝锌合金，要在 725 ~ 750℃用气体进行脱氢处理。含锆合金为防止锆因脱氢作用形成 ZrH_2 而损失过多，要在加锆前先进行去氢处理。

镁合金常用来细化晶粒的方法是加六氯乙烷，以球团状沉入合金熔体的底部，加入量为 $w = 0.025\% \sim 0.1\%$。当其分解时，形成 Cl_2 和 Al_4C_3 或 AlN，起非自发形核结晶核心。Cl_2 气逸出时起脱气作用。

镁合金铸件多用砂型铸造，为防止熔镁与砂型反应，对湿型砂等用硫加强结合，对合成砂可用 KBF_4、$KSiF_6$ 等，也可用硼酸进行黏结。

镁合金热容量小，为获得致密的铸件，要有较大的浇冒口。一般镁合金的熔体与实际铸件体积之比为 4∶1 。

用永久性模铸可获得较大冷速，有利细化晶粒和组织均匀。目前镁合金锭都采用永久模，并采用半连续浇注。

本 章 小 结

镁及其合金是典型的轻金属材料。镁为六方结构晶体，轴比 c/a 为 1.624，室温下滑移系数量少、塑性差。镁及镁合金往往需要在加热条件下塑性加工。一些固溶合金元素能够减小轴比、激活非基面滑移系而改变合金塑性。镁合金通过固溶强化、细化晶粒强化、以及第二相时效析出强化来提高其强度。细化晶粒的一些镁合金具有超塑性，有利于加工成形。

Mg 合金热处理包括退火、固溶处理和时效处理，目的在于组织均匀化、冷变形组织的回复与再结晶、以及时效析出强化相。Mg 合金的过饱和固溶体时效析出第二相的过程往往存在复杂的亚稳相析出。

实际应用的镁合金分为铸造合金和变形合金。两类合金成分体系相似，变形合金的力学性能明显高于铸造合金。镁合金目前主要包括 Mg-Al 系、Mg-Zn 系和 Mg-Re 系，Mg-Li 合金为目前最轻的合金。

镁合金分类及典型合金

镁锌系：Mg-5.5Zn-0.6Zr-0.1Mn(ZK61M，MB15)，Mg-4.5Zn-0.8Zr(ZK51，ZM1)

镁铝系：Mg-9Al-0.5Zn-0.3Mn(AZ81，ZM5)，Mg-8Zn-8Al(AZ88)

镁稀土系：Mg-(1.5～4.0)RE-(4.75～5.5)Y-(0.3～1.0)Zr(WE54A)，
Mg-3Nd-2Mn-0.15Ni(MA11)

镁锰系：Mg-1.4Mn(M2M，MB1)

镁锂系：Mg-14Li-Al(LA141)，Mg-5Li-5Al-Zn-Mn-Si

****

思考题与习题

10-1 收集总结金属Mg的基本特征参数。尝试与Fe、Al比较，理解镁及镁合金的工程应用。

10-2 金属Mg的室温塑性变形能力如何？说明其原因。有什么方法能够解决Mg及镁合金的塑性加工成形中遇到的困难？

10-3 Mg合金中常用的合金元素Al、Zn、RE（稀土）、Mn等在Mg中的固溶情况如何，固溶度随着温度如何变化，这些特点对于镁合金的强化有什么意义，如何实现强化？

10-4 Mg合金中，与Al、Zn、Mn、RE（Nd、Y）等形成的具有强化作用的化合物分别是什么？

10-5 三元以上的镁合金中，有哪些由合金元素（不含Mg）组成的化合物作为析出强化相？这样的强化相粒子的析出过程，与合金元素和Mg形成化合物析出会有什么不同之处？

10-6 镁合金中细化晶粒能够显著提高强度。举例说明实现细化晶粒的方法。

10-7 Mg-Al合金系中是否含有合金元素Zr？解释其原因。（提示：了解Zr在镁合金中提高强度的主要作用机理。另外，请查阅资料，了解Zr与Al共存时会发生什么反应？）

10-8 镁合金中晶粒细化能够赋予合金超塑性。为此，合金晶粒需要细化到什么程度，合金显示超塑性的条件是什么？

10-9 镁合金具有良好的铸造工艺性能。请说明其原因。

10-10 举例说明铸造镁合金制备时，改善合金铸造工艺性能的典型措施。

10-11 查阅文献，了解关于镁合金的压铸工艺。比较压力铸造与普通铸造产品的性能差别。

10-12 镁合金制备过程中采用的热处理工艺有多种类型。请分别选择一种铸造合金和变形合金，对其热处理及合金性能的变化加以总结。

10-13 目前为止，镁合金能够使用温度上限是多少，镁合金是如何提高其使用温度的？

10-14 文献报道，目前Mg合金的铸造产品比例远超变形产品。然而，不论从所有镁合金产品的总体、还是相似化学成分的合金的对比看，变形产品的性能都显著高于铸造产品。请结合铸造镁合金的微观组织特点及组织缺陷，说明产生这种差别的原因。

10-15 镁合金是一类重要的减振合金，并且作为生物医用材料具有非常独特的生物活性特点。此外，镁及镁合金还具有非常好的电磁波吸收能力，具有特殊应用。请关注这些发展，查找阅读相关的文献资料。

参考文献

[1] I. J. Polmear. Light Alloys，Edward Arnold Ltd，ASM，1981：P127.

[2] 张宝昌，等．有色金属及其热处理[M]. 北京：国防工业出版社，1981.

[3] 徐光宪．稀土（第2版）下[M]. 北京：冶金工业出版社，1995.

[4] 陈振华，等．镁合金[M]. 北京：化学工业出版社，2004.

[5] 黄伯云，李成功，石力开，等．中国材料工程大典，第4卷，有色金属材料工程（上）[M]. 北京：化学工业出版社，2006.

11 铜合金

内容要点：

铜的基本物理化学特性、铜及其合金的工程应用领域。铜合金的合金化原理及相变特点（包括其中常见的合金元素、合金相图特征，固溶及析出相情况，铜合金中的马氏体相变），铜合金的强度、导电性等力学、物理性能的调控方法及作用机理。纯铜、黄铜、青铜、白铜等合金，铜及其合金的性能和应用。

铜是人类最早使用的金属，自然界有自然铜存在。公元前 17 世纪我国黄河上游齐家文化时期，人们就懂得冷锻和铸造红铜技术。铜及铜合金作为工程材料，由于其高导电率和导热率，易于成型及某些条件下有良好的耐蚀性，至今仍然被广泛应用。

工业中广泛应用的铜和铜合金有工业纯铜、黄铜、青铜和白铜。

11.1 铜中的合金元素

11.1.1 铜基固溶体

在铜中无限固溶的合金元素有镍、金、锰（γ-Mn）等，大多数合金元素为有限溶解。周期表中第Ⅱ～Ⅴ族元素在铜中的最大溶解度（$C_{最大}$）近似地与被溶元素的原子价（p）减 1 成反比，即与（$p-1$）成反比；而两者的乘积 $C_{最大}(p-1)=40\%$，并对应于电子浓度 1.36。第Ⅱ～Ⅴ族元素在铜中的溶解度见表 11-1。值得注意的是，当溶质元素与铜原子尺寸差别很大时，溶解度明显减小，如锡和砷。

表 11-1 第Ⅱ～Ⅴ族元素在铜中的溶解度

溶质元素	族号 p	$C_{最大}$，$x/\%$（$w/\%$）	$C(p-1)$	最大电子浓度	原子半径差$\frac{\Delta R}{R}/\%$
Zn	2	38.4（39）	38.4	1.38	+8
Al	3	20.4（9.4）	40.8	1.41	+12
Ga	3	19.3（22.2）	38.6	1.39	+6
Si	4	14.0（5.4）	42.0	1.42	+5
Ge	4	11.4（13）	34.2	1.34	+9
Sn	4	9.3（15.8）	27.9	1.28	+20
As	5	6.8（8）	27.2	1.27	+15

在铜中固溶的合金元素将起固溶强化作用，图 11-1 表明少量固溶的合金元素对铜合金的临界分切应力的影响，锡、锑、铟的固溶强化效应最强烈，金、锰、锗次之，镍、硅、锌又次之。镍、铝、锡、锌、锰在铜中的溶解度较大，是有效的固溶强化元素。铜锌

固溶体中存在 Cu_3Zn 有序固溶体，其有序-无序转变温度在 450℃左右，在此温度下形成 α_1 有序固溶体，在 217℃以下由 α_1 转变为 α_2 有序固溶体。

固溶的溶质元素对铜的导电性有很大的影响，由图 11-2 可见，磷、硅、铁、钴、铍、铝、锰、砷及锑均强烈降低铜的导电性，而银、镉、铬、镁对导电性的降低幅度较小。

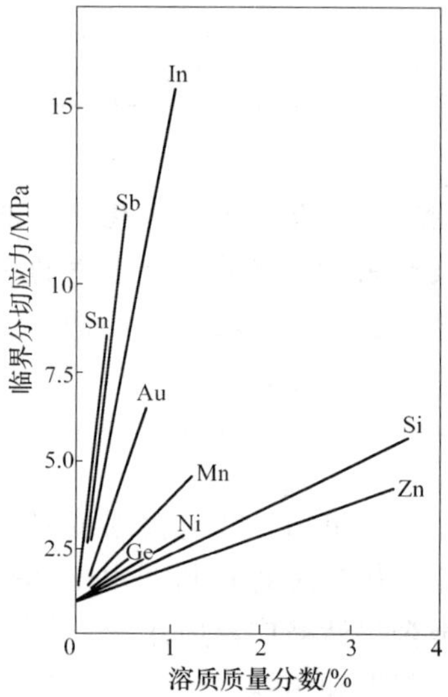

图 11-1 溶质元素对铜基固溶体在室温临界分切应力的影响

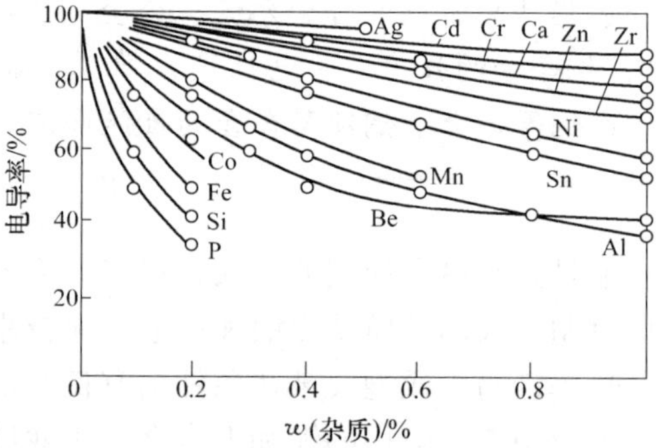

图 11-2 溶质元素对铜导电性的影响

固溶元素对铜的导热性的影响见图 11-3，溶质元素均使铜的热导率有较大的降低。

11.1.2 铜合金中的强化相

铍在铜中的溶解度 $w(Be)$ 从高温 866℃时的 2.7% 降到室温的 0.16%，溶解度变化剧烈，铜铍二元相图见图 11-4。电子化合物 γ_2-CuBe 相是有效的强化相，在过饱和固溶体脱溶过程中产生弥散的 γ'' 有序介稳相，呈片状，与基体 {100} 面保持完全共格。由于与基体的比容

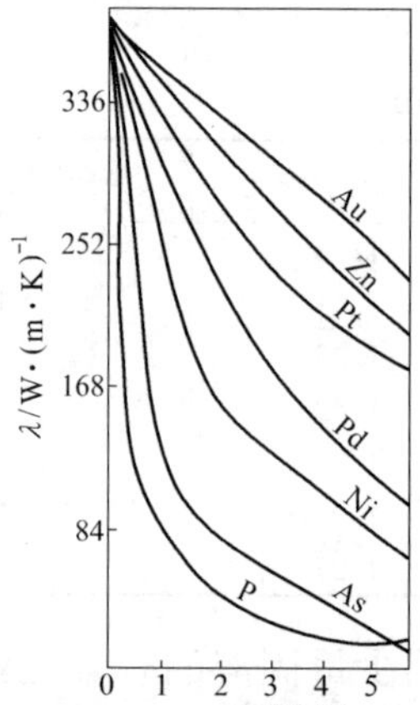

图 11-3 溶质元素对铜热导率的影响

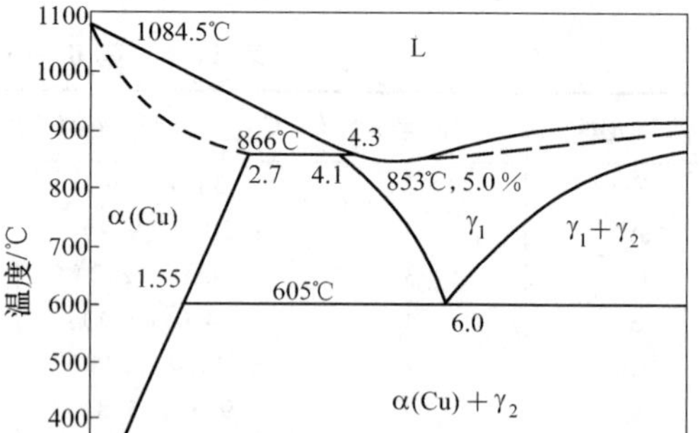

图 11-4 铜铍二元相图铜端

差大，在基体中产生很强的共格应力场，其沉淀强化效应强烈。随时效过程进行，γ″转变为γ′过渡相，γ′相与基体保持半共格。当γ″向γ′转变，此时铜铍合金获得最高的力学性能。当时效温度低于380℃，过饱和固溶体以上述连续沉淀为主；在380℃以上时效，则产生胞状沉淀，从晶界开始向晶内推移，其沉淀相为γ′过渡相。这种胞状沉淀使合金的力学性能降低。

铬和锆共同加入铜合金能生成 Cr_2Zr 金属间化合物，可以产生沉淀强化，提高铜合金的强度和耐热性，同时有高的导电率。

镍与硅在铜合金中形成 Ni_2Si 金属间化合物、其镍与硅的质量比为3∶1，图11-5为Cu-Ni_2Si 伪二元状态图。Ni_2Si 在铜基固溶体中的溶解度随温度下降而急剧降低。经固溶淬火后，铜镍硅合金在时效时有很强的沉淀强化效应。

镍与铝在铜合金中形成 NiAl 或 $NiAl_2$ 金属间化合物，其溶解度随温度下降而减小，经高温固溶淬火后，在450~600℃范围时效，有很强的沉淀强化效应。铜镍铝三元相图铜端在1000℃和400℃的等温截面见图11-6。

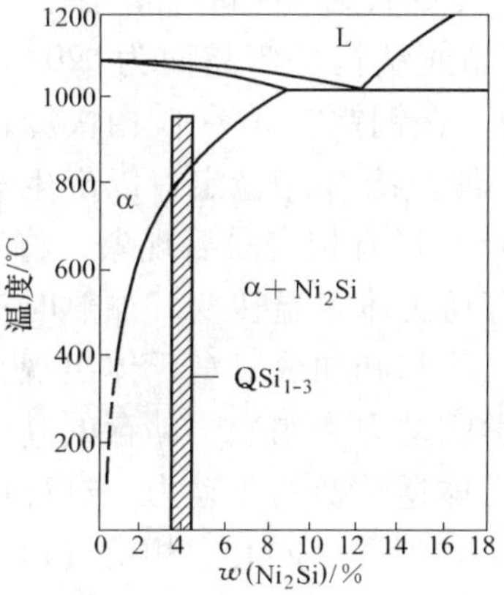

图11-5 Cu-Ni_2Si 伪二元状态图

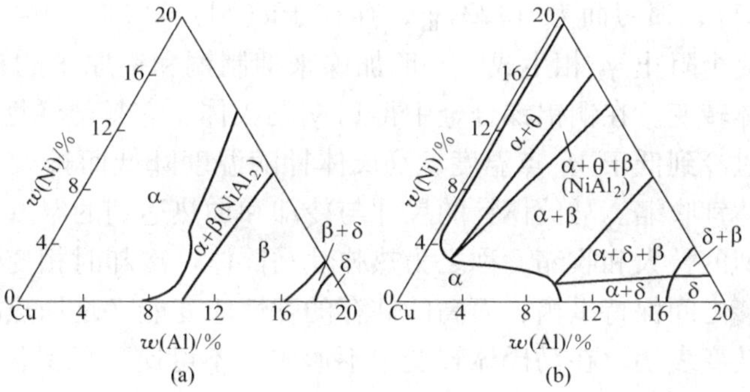

图11-6 铜镍铝三元相图1000℃(a)和400℃(b)等温截面

钛在铜中能形成 Cu_3Ti 相，可作为沉淀强化相。由图11-7可见，在包晶温度896℃时，Cu_3Ti 在铜基固溶体中的溶解度为4.7%；随温度降低，其溶解度减小；当 Cu_3Ti 从过饱和固溶体中析出时，产生沉淀强化。钛与锡在铜中能形成 TiSn 相，可固溶于铜中，时效后有沉淀强化作用，能提高锡青铜退火后的硬度和软化温度。钛与铍在铜中能形成 $TiBe_2$ 相，具有沉淀强化作用。钛和镍在铜中可形成 Ni_3Ti 作为沉淀强化相，成为沉淀强化型合金。

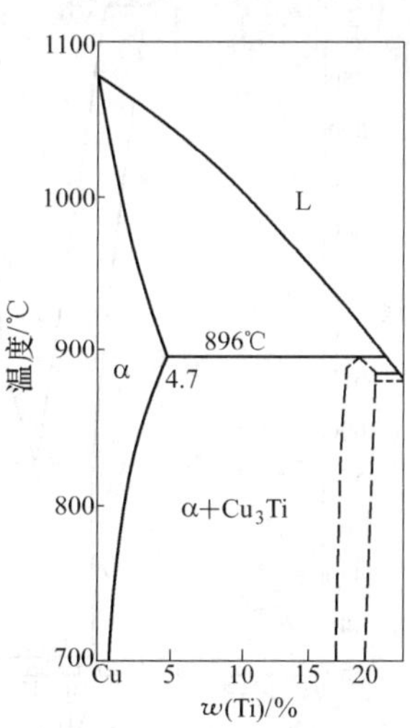

图11-7 铜钛二元相图铜端

11.1.3 铜合金的退火硬化

在铜基α固溶体中，当 w(Zn)大于10%的黄铜、w(Al)大于4%的铝青铜、w(Ni)大于30%的白铜，经固溶退火后，硬度明显升高，弹性极限升高。其原因目前尚无定论，可能是发生原子的有序化，形成不均匀固溶体，使点阵部分收缩，引起应变硬化。也可能是代位溶质原子引起形变时效，溶质原子与位错交互作用，位错挣脱溶质原子或重新吸附交替进行，或位错裹挟溶质原子一起运动。

11.1.4 铜合金中的马氏体型相变

许多铜合金中都存在可逆马氏体转变，如 Cu-Al、Cu-Al-Ni、Cu-Zn、Cu-Zn-Al、Cu-Zn-Si、Cu-Zn-Sn、Cu-Al-Ni 及 Cu-Al-Ni-Mn-Ti 等合金系。

在铜铝二元系中，从图11-8可见，$w(\mathrm{Al})=9.4\%\sim15.6\%$ 的合金缓冷到565℃时，β相发生共析转变，形成 $\alpha+\gamma_2$ 片层状共析组织，若冷速大于5～6℃/min，则共析转变被抑制。从β相淬火快冷，就发生马氏体转变。由于铝含量的增加使铜铝合金的层错能下降，在低层错能的合金中形成马氏体。所形成马氏体的类型与铝含量有关，见图11-9。其中β相为体心立方点阵，原子无序，β_1 为有序相，β′为无序马氏体，层错亚结构，为六方（一为面心立方）点阵，存在于 $w(\mathrm{Al})=10\%\sim11.3\%$ 范围。体心立方β相经过一个中间有序固溶体 β_1，β_1 形成温度低于 T_0，然后在 M_s 温度以下再转变为 β'_1 和 γ'_1 马氏体。β'_1 马氏体为有序正交点阵，微细结构为细层状层错亚结构，惯习面为 $\{133\}_{\beta_1}$，存在于 $w(\mathrm{Al})=11.3\%\sim13\%$ 范围。γ'_1 为有序正交点阵，微观为孪晶亚结构，孪晶面为{201}、{121}，惯习面为 $\{122\}_{\beta_1}$，存在于 $w(\mathrm{Al})=13\%\sim14\%$ 范围。在铜铝二元系β相快冷也难完全阻止 γ_2 相生成。一般加镍来抑制铜和铝原子的扩散，使过冷β相稳定，以产生马氏体转变。在铜铝镍合金中得到 γ'_1 马氏体，它是热弹性马氏体，没有相变滞后现象，将β相过冷到低于 M_s 点温度，马氏体针随温度降低而长大，没有马氏体等温转变。加热时马氏体针收缩。马氏体针的尺寸与冷却和加热达到的温度对应，冷却和加热时马氏体出现弹性似的长大和收缩，称之为热弹性马氏体。冷却时相变的化学驱动力和相变中储存的高弹性能之间保持平衡，而高的储存的弹性应变能又是加热时马氏体逆转变的驱动力。这种可逆转变表明，在马氏体转变中不形成"不可逆"的晶体缺陷如位错等。同时，相变过程没有破坏热弹性马氏体与母相之间界面结构的完整性，仍然保持完全的共格关系。这种转变的特点是由马氏体的结构所决定的。每一片马氏体呈矛状，由两部分互为孪生构成。每一部分还有孪生区。马氏体有24个晶体学变体，在晶体学上与母相相联系。这种结构使得在相变过程中所聚集的应变能可通过自协调过程而保持在相对低的水平，

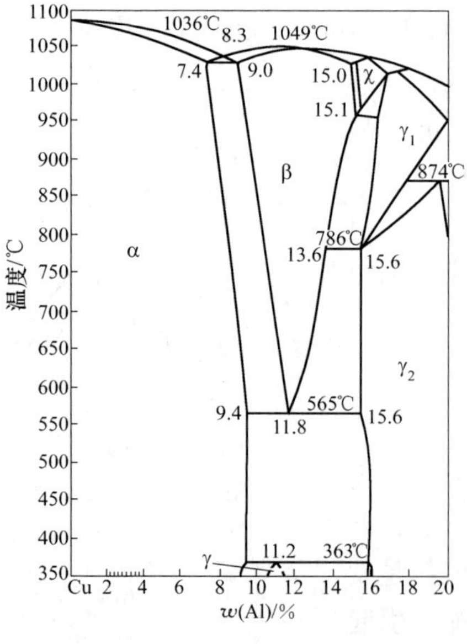

图11-8 铜铝二元相图铜端

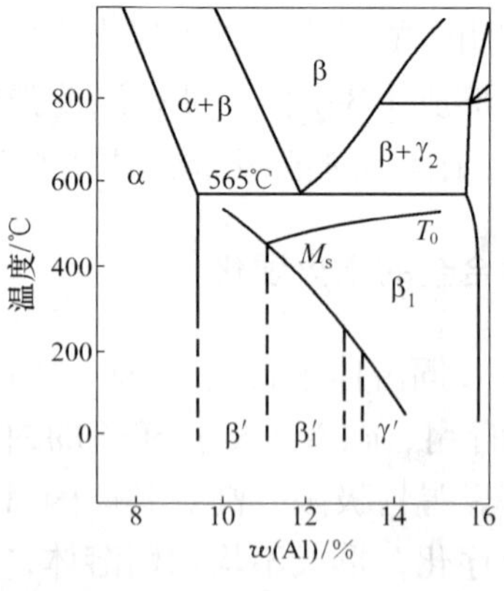

图11-9 铜铝合金快冷时β相的转变（亚稳相区界限）

从而避免产生塑性变形。在马氏体片之间或一片马氏体内部，都有许多孪晶界，这些晶界面是可以移动的。通过孪晶界面移动，让对外力有利取向的变体长大，不利取向的变体收缩，来协调宏观形状改变，而不发生塑性变形。总之，热弹性马氏体的所有界面，包括热弹性马氏体和母相之间的界面和马氏体中的不同变体之间的界面，在温度或外力作用下，都是可动的。图 11-10 为 Cu-14Al 合金中的 γ_1' 马氏体的电镜照片，可看到它的孪晶结构。

图 11-10　Cu-14Al 合金中的 γ_1' 马氏体孪晶结构

热弹性马氏体在受外力作用下发生变形，这种变形只通过其有利取向的变体长大而不利取向变体收缩来实现。当受到变形的马氏体重新加热到逆转变温度 A_t 以上时，转变回母相，并且恢复到母相原始状态的形状，即产生形状记忆效应。

11.2　工业纯铜

工业纯铜又称紫铜，呈玫瑰红色。它分为两大类，一类为含氧铜；另一类为无氧铜。由于有良好的导电性、导热性和塑性，并兼有耐蚀性和焊接性，它是化工、船舶和机械工业中的重要材料。另外还有一种弥散强化铜，在纯铜中加入高熔点氧化物粒子，获得强化效果。

11.2.1　工业纯铜的性能

工业纯铜的导电性和导热性在 64 种金属中仅次于银。冷变形后，纯铜的电导率变化小，形变 80% 后电导率下降不到 3%，故可在冷加工状态用作导电材料。杂质元素都会降低其导电性和导热性，尤以磷、硅、铁、钛、铍、铝、锰、砷、锑等影响最强烈；形成非金属夹杂物的硫化物、氧化物、硅酸盐等影响小，不溶的铅、铋等金属夹杂物影响也不大。

铜的电极电位较正，在许多介质中都耐蚀，可在大气、淡水、水蒸气及低速海水等介质中工作。铜与其他金属接触时成为阴极，而其他金属及合金多为阳极，并发生阳极腐蚀，为此需要镀锌保护。

铜的另一个特性是无磁性，常用来制造不受磁场干扰的磁学仪器。

铜有极高的塑性，能承受很大的变形量而不发生破裂。

11.2.2　杂质元素对铜塑性的影响

铋或铅与铜形成富铋或铅的低熔点共晶，其共晶温度相应为 270℃ 和 326℃，共晶含 $w(\mathrm{Bi})=99.8\%$ 或 $w(\mathrm{Pb})=99.94\%$，在晶界形成液膜，造成铜的热脆。

铋和锑等元素与铜的原子尺寸差别大，含微量铋或锑的稀固溶体中即引起点阵畸变大，驱使铋和锑在铜晶界产生强烈的晶界偏聚。铋在铜晶界的富集系数$\beta_{Bi} \approx 4 \times 10^4$。锑在铜晶界的富集系数$\beta_{Sb} \approx 6 \times 10^2$。铋和锑的晶界偏聚降低铜的晶界能，使晶界原子结合弱化，产生强烈的晶界脆化倾向。

含氧铜在还原性气氛中退火，氢渗入与氧作用生成水蒸气，这会造成很高的内压力，引起微裂纹，在加工或服役中发生破裂。故对无氧铜要求$w(O)$低于0.003%。

11.2.3 工业纯铜的应用

工业纯铜的氧含量$w(O)<0.01\%$的称为无氧铜，以TU1和TU2表示，用做电真空器件。TUP为磷脱氧铜，用做焊接铜材，制作热交换器、排水管、冷凝管等。TUMn为锰脱氧铜，用于电真空器件。T1～T4为纯铜，含有一定氧。T1和T2的氧含量较低，用于导电合金；T3和T4含氧较高，$w(O)<0.1\%$，一般用做铜材。

11.2.4 弥散强化铜

铜中加入高熔点金属氧化物粒子作为弥散强化相。常用的是Al_2O_3粒子，通用的制备方法是内氧化法，其氧化剂含有Cu_2O、CuO和少量Al_2O_3粉末，根据Al_2O_3粒子含量，所需氧含量选择不同低铝含量的铜合金计算配入氧化剂含量。制成的弥散强化铜中的铝均以Al_2O_3的形式存在。根据不同Al_2O_3粒子含量有多种牌号弥散强化铜。材料经过热加工致密化而成材。美国常用的两种DS铜是C15715和C15760。C15715DS铜含有$w(Cu)$不低于99.62%，$w(Al)$为0.13%～0.15%，$w(O)$为0.12%～0.19%，其棒材的体积质量为8.34g/cm^3，电导率92%IACS，热导率为385.88W/(m·K)，电阻率(20℃)为1.86μΩ·cm。经过挤压成材，再经冷加工率为94%时，抗拉强度σ_b为496MPa，屈服强度σ_s为468MPa，伸长率δ为19%。

C15760DS铜含有$w(Cu)$不低于98.77%，$w(Al)$为0.58%～0.62%，$w(O)$为0.52%～0.59%。棒材的体积质量为8.8g/cm^3、电导率为78%IACS、热导率为322.38W/(m·K)、电阻率（20℃）为2.21μΩ·cm。经过挤压成材，再经冷加工率为74%时，抗拉强度σ_b为620MPa、屈服强度σ_s为599MPa，伸长率δ为14%。DS铜C15715的退火温度为550～680℃，DS铜C15760的退火温度为650～980℃。DS铜具有良好的冷加工性，焊接采用锡焊和铜焊以及电阻对焊，用于集成电路引线框架，二极管和白炽灯引线，断路器、继电器闸刀等。

11.3 黄 铜

铜锌合金称为黄铜，再加入其他合金元素后，形成多元黄铜。我国应用黄铜在宋代已有明确记载，但最早发现的黄铜器是史前的龙山文化时期。

根据铜锌二元相图（见图11-11），锌在铜中的α固溶体中包晶温度903℃时，$w(Zn)=32.5\%$；在456℃，$w(Zn)$最大为39.0%。α固溶体中有两个有序固溶体，即Cu_9Zn和Cu_3Zn。Cu_3Zn有两个变体α_1和α_2。α固溶体有良好的力学性能和冷热加工性，是常用的合金成分范围。

β 相为电子化合物，其电子浓度 $e/a=\frac{21}{14}$，是以 CuZn 为基础的固溶体，具有体心立方结构，在 456 ~ 468℃以下为 β′有序相。高温无序的 β 相的塑性好，而有序的 β′相难以冷变形。故含 β′相的黄铜只能采用热加工成形。

γ 相是电子化合物 Cu_5Zn_8 为基的固溶体，电子浓度 $e/a=\frac{21}{13}$，硬且脆，难以塑性加工，故含 γ 相的合金无实用价值。

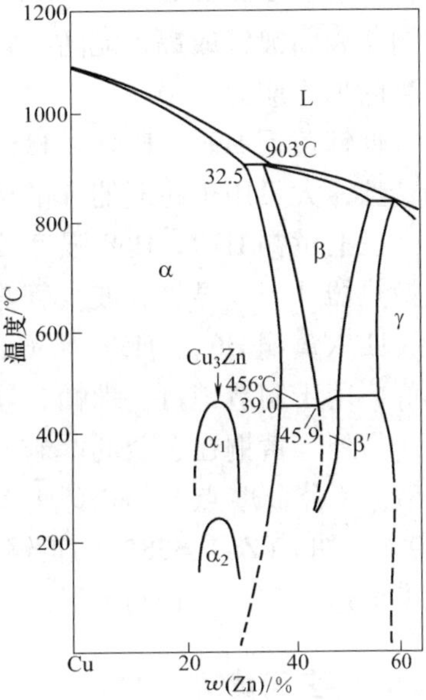

图 11-11 铜锌二元相图铜端

11.3.1 二元黄铜的组织和性能

w(Zn)小于 36% 的合金为 α 黄铜，铸态组织为单相树枝状晶，形变及再结晶退火后得到等轴 α 相晶粒，具有退火孪晶。w(Zn) = 36% ~ 46% 的合金为（α + β）黄铜。

在铸态，黄铜的强度和塑性随锌含量增加而升高，直到 w(Zn) = 30% 时，黄铜的伸长率达到最高值；而强度在 w(Zn) = 45% 时最高。再增加锌含量，则全部组织为 β′相，导致脆性增加，强度急剧下降。锌和组织对黄铜性能的影响见图 11-12。黄铜经变形和退火后，其性能与锌含量的关系与铸态相似。由于成分均匀和晶粒细化，其强度和塑性比铸态均有提高。

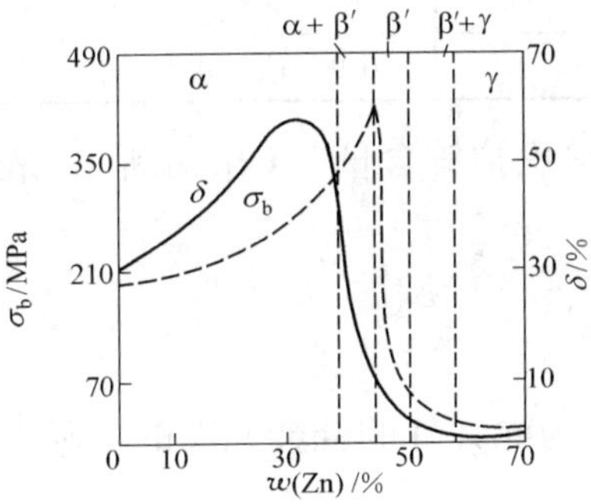

图 11-12 铸态黄铜的性能与锌含量的关系

单相的 α 黄铜具有极好的塑性，能承受冷热塑性变形，但在 200 ~ 700℃间存在低塑性区，有两方面影响因素：一种是存在 Cu_9Zn 和 Cu_3Zn 有序固溶体，在中温时发生原子有序化，使合金塑性下降；另一种是含有微量低熔点的铋、锑、铅等杂质元素引起的晶界脆性。由于稀土金属能与这些杂质元素结合成高熔点的稳定化合物，如 $REPb_2$、$REBi_2$、RE_3Sb_2；另外又可减慢黄铜中原子扩散，减慢有序化进程。故加入微量稀土金属可消除这些杂质元素的有害影响，并改善黄铜在这个温度范围的塑性。

（α + β）黄铜在加热到高于 500℃时，低温有序的 β′相转变成无序的 β 相，β 相极软，但晶体结构为体心立方，原子扩散快，晶粒易长大。一般锻造温度略低于(α + β)/β 相线，以保留少量 α 相，阻碍 β 相晶粒长大。

黄铜有良好的铸造性能，在大气、淡水中耐蚀，在海水中耐蚀性尚可。黄铜的腐蚀表现在脱锌和应力腐蚀。脱锌是电化学腐蚀，在中性盐水溶液中锌发生选择性溶解，可加入微量砷 w(As) = 0.02% ~ 0.06% 来防止。黄铜经冷变形后放置时，可发生自动破裂，又称为“季裂”。在张应力下（包括残留张应力），由腐蚀介质氨、二氧化硫和湿空气的联合作用，发生应力腐蚀。锌含量 w(Zn)高于 25% 的黄铜和 H70、H68、H62 对此更为敏感。

黄铜中加入少量硅 $w(Si)=1.0\%\sim1.5\%$ 或微量砷 $w(As)=0.02\%\sim0.06\%$ 可减小其自裂倾向。表面镀锌或镉也能防止自裂。黄铜制品必须经过退火以消除应力，并在装配时避免产生附加张应力。

低锌黄铜 H96、H90、H85 有良好的导电性、导热性和耐蚀性，有适宜的强度和良好的塑性，大量用于冷凝器和散热器。

三七黄铜 H70、H68 强度较高，塑性特别好，用于深冲或深拉制造复杂形状的零件，如散热器外壳、导管、波纹管等以及枪弹和炮弹壳体。

四六黄铜 H62、H59 为（$\alpha+\beta$）黄铜，可经受高温热加工。H62 黄铜强度高，塑性较好，用于制造销钉、螺帽、导管及散热器零件等。

另外，黄铜在合金的晶粒小于 10μm 的超细晶粒状态，在外界条件为形变温度大于 $0.5T_{熔}$（合金熔点）、应变速率为 $10^{-1}\sim10^{-5}$/s 时产生超塑性，其均匀伸长率远大于 100%，如 $w(Zn)=38\%$ 的黄铜，在形变温度 600℃、应变速率敏感性指数 $m=0.5$ 时，伸长率可达 500%。在低应力下发生超塑性流变，可制造复杂形状的零件。

11.3.2 多元黄铜

加入其他合金元素如锡、铝、硅、铅、锰、铁、镍等后，改变了黄铜的组织，使 $\alpha/(\alpha+\beta)$ 相界发生移动，有的缩小 α 相区，有的扩大 α 相区。每 $w=1\%$ 的合金元素在组织上代替锌的量称“锌当量”（K），以保持 $\alpha/(\alpha+\beta)$ 相界不变。几种元素的锌当量见表 11-2。锌当量小于 1 的都是扩大 α 相区的元素。

表 11-2 元素的锌当量

合金元素	Si	Al	Sn	Mg	Cd	Pb	Fe	Mn	Ni
锌当量 K	10	6	2	2	1	1	0.9	0.5	-1.4

铜锌合金加入其他合金元素后产生的相区移动可由“虚拟锌含量” x 来判断。x 表示加入其他合金元素后，相当于铜锌二元合金中的锌含量。

$$x=\frac{A+\Sigma CK}{A+B+\Sigma CK}\times100\%$$

式中，A、B 分别为多元黄铜中锌和铜的实际含量；ΣCK 为除锌外的合金元素的实际含量（C,%）和该元素的锌当量（K）的乘积总和。

11.3.2.1 铝黄铜

在黄铜中加入少量铝，可在合金表面形成致密并和基体结合牢固的氧化膜，提高合金对腐蚀介质特别是高速海水的耐蚀性。铝在黄铜中的固溶强化作用，进一步提高合金的强度和硬度。$w(Al)=2\%$，$w(Zn)=20\%$ 的铝黄铜具有最高的热塑性，故 HAl77-2 铝黄铜可制成强度高、耐蚀性好的应用广泛的管材，用于海轮和热电站的冷凝器等。HAl85-0.5 铝黄铜 $w(Al)=0.5\%$，$w(Zn)=15\%$，色泽金黄，耐蚀性极高，可做装饰材料，作为金的代用品。

11.3.2.2 铜锌铝形状记忆合金

铜锌铝合金具有热传导率大，电阻小，加工性特别是热加工性好，相变温度范围宽

-100 ~ +100℃，相变滞后小，工艺简单，制造成本低，在工业上已获实际应用，制成棒状、管状和线状，制造螺旋弹簧、防火洒水器、各种安全阀、控温装置、断路器等。

11.3.2.3 锡黄铜

黄铜中加入锡 w(Sn) = 1% 能提高其在海水中的耐蚀性，抑制脱锌，并能提高强度。HSn70-1 锡黄铜又称“海军黄铜”，用于舰船。

11.3.2.4 铅黄铜

铅在 α 黄铜中溶解量 w(Pb) < 0.03%。它作为金属夹杂物分布在 α 黄铜枝晶间，引起热脆。但其在 α + β 黄铜中，凝固时先形成 β 相，随后继续冷却，转变为 α + β 组织，使铅颗粒转移到黄铜晶内，铅的危害减轻。在四六黄铜中加入铅 w(Pb) = 1% ~ 2%，可提高切削性。

此外，还有锰黄铜、镍黄铜、铁黄铜和硅黄铜，都是为了改善耐蚀性或进一步提高强度。

11.4 青 铜

青铜是铜和锡、铝、铍、硅、锰、铬、镉、锆和钛等元素组成的合金的统称。青铜根据成分可分为锡青铜和特殊青铜。在特殊青铜中，根据主加元素又分别命名为铝青铜、铍青铜等。

11.4.1 锡青铜

锡青铜是历史上应用最早的合金。我国在公元前 16 世纪黄河中游早商遗址中就发现大量青铜器。我国应用青铜器的历史还可追溯到更远古时代，公元前 3000 年甘肃东乡马家窑文化的青铜刀，w(Sn) = 6% ~ 10%，是我国迄今为止发现的最早的青铜器。

铜锡合金系也由一系列电子化合物组成。铜锡二元相图如图 11-13 所示。α 相为含锡的铜基固溶体，β 相为 Cu_5Sn，具有体心立方结构，电子浓度为 $\frac{21}{14}$，降温时分解。γ 相为不稳定的高温相。δ 相为 $Cu_{31}Sn_8$，复杂立方结构，电子浓度 $\frac{e}{a} = \frac{21}{13}$，硬而且脆。在 350℃ δ 相分解为 α + ε，但实际因原子扩散慢而难以进行，故一般生产中（α + ε）组织难以出现。ε 相是 Cu_3Sn，电子浓度 $\frac{e}{a} = \frac{21}{12}$，具有密排六方结构。

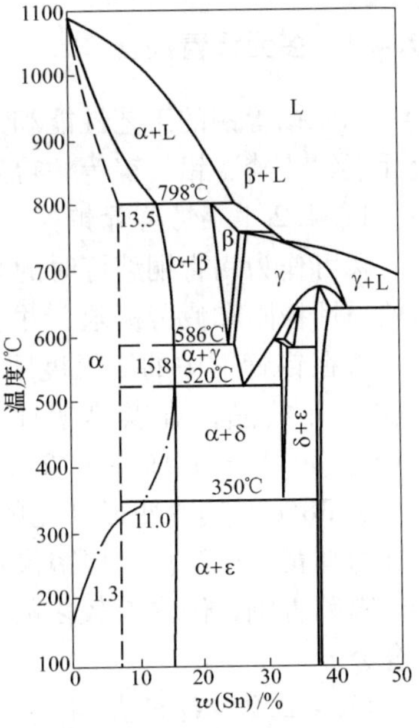

图 11-13 铜锡二元相图铜端
----铸造状态；— —普通退火状态；
-·-·—冷变形后 1000h 退火平衡态

锡青铜的显微组织与锡含量和合金状态有关。由于其结晶间隔宽，偏析严重，且锡扩散慢，合金难以得到平衡组织。实际组织如图 11-13 中虚线所示。w(Sn) 小于

6%的铸态组织由树枝状α固溶体组成。$w(Sn)$大于6%时为α固溶体和（α+δ）共析体所组成。在700~800℃退火后，$w(Sn)$=7%~14%合金中（α+δ）共析组织消失。由于δ相在降温过程中析出缓慢，室温下仍为单相α固溶体。

锡青铜铸造的优点是铸件收缩率小，适于铸造形状复杂，壁厚变化大的器件。这是由于合金液固相线结晶间隔大，液体流动性差，锡原子扩散慢，结晶时树枝晶发达，易形成分散性显微缩孔，所以收缩率小，且不易裂。历史上曾铸造出许多精美的古青铜器。

锡青铜存在枝晶间的分散缩孔，致密性差，在高压下容易渗漏，不适于制造密封性高的铸件。同时铸件凝固时含锡高的低熔点液相易从中部向表面渗出，出现反偏析，严重时会在表面出现灰白色斑点的"锡汗"，它主要由δ相所组成。

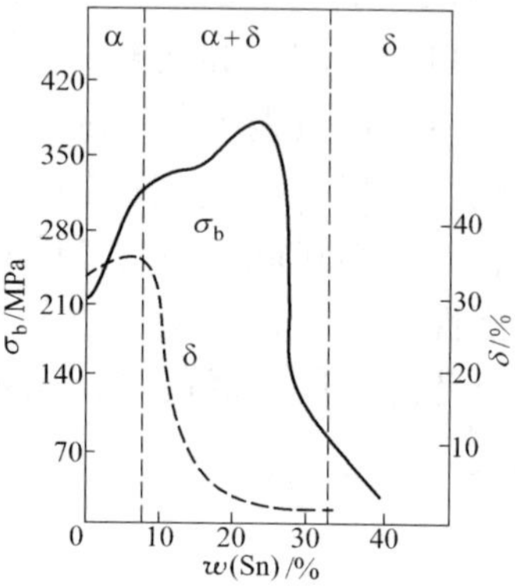

图11-14 铸态锡青铜的力学性能与锡含量的关系

在铸态，锡青铜的力学性能与锡含量的关系见图11-14。锡固溶于α固溶体，有强的固溶强化作用。锡青铜的强度和伸长率随锡含量升高而增加，当$w(Sn)$超过6%，由于出现δ相而使伸长率急剧下降，而强度随锡含量升高而继续增加，直到$w(Sn)$=25%时，因δ相含量较高而强度随之急剧下降。所以，工业锡青铜中锡含量不超过14%，其中$w(Sn)$低于7%~8%为变形锡青铜，有高塑性和适宜的强度；$w(Sn)$高于10%的锡青铜为铸造合金，用于铸件。

锡青铜在大气、海水和碱性溶液中有良好的耐蚀性，用于铸造海上船舶和矿山机械零件。

11.4.2 多元锡青铜

二元锡青铜的工艺性能和力学性能需要进一步改进。一般工业用锡青铜都分别加入合金元素锌、磷、铅、镍等，得到多元锡青铜。

11.4.2.1 锡磷青铜

磷可作为锡青铜熔炼时的脱氧剂。溶于锡青铜的少量磷（$w(P)<0.4\%$）能显著提高合金的弹性极限和疲劳极限，并能承受压力加工，广泛用于制造各种弹性元件。

磷在锡青铜中的溶解度限为$w(P)$=0.2%，过多的磷将形成熔点为628℃的α+δ+Cu_3P三元共晶，难以热塑性变形，故一般用于热变形的锡磷青铜中的$w(P)$不超过0.4%。$w(P)$=0.1%~0.25%的锡磷青铜QSn6.5-0.1，在退火后σ_b不小于300MPa，δ不小于38%。其冷变形硬化的带材，σ_b=550~650MPa，δ=8%~2%，用于制造导电性好的弹簧、接触片、精密仪器中的齿轮等耐磨件和抗磁元件。$w(P)$=1%的ZQSn10-1铸造锡磷青铜，因含有较多的Cu_3P和δ相并列为青铜轴承材料的耐磨相，可做耐磨的轴承合金。

11.4.2.2 锡锌青铜

锌能缩小锡青铜液固相线结晶间隔，提高液相的流动性，减小偏析，并促进脱氧除气，提高铸件密度。锌能大量溶于α固溶体，改善合金的力学性能，$w(Zn)$=2%~4%时，有良好的力学性能和耐蚀性。QSn4-3（$w(Sn)$=4%，$w(Zn)$=3%）的性能，σ_b=

300MPa，$\delta_{10}=38\%$，常用于制造弹簧、弹片等弹性元件和抗磁零件等。

11.4.3 铝青铜

铝青铜有良好的力学性能、耐蚀性和耐磨性，是青铜中应用最广的一种。

铜铝二元相图见图11-8。在共晶温度1036℃下，铝在铜基α固溶体中的溶解度w(Al)为7.4%；在565℃时，铝的最大溶解度w(Al)为9.4%。铝在α固溶体中有强的固溶强化作用。铝青铜有高的强度和塑性。β相为Cu_3Al电子化合物为基的固溶体，具有体心立方点阵，在565℃发生共析分解，$\beta\to\alpha+\gamma_2$。若从β相淬火，可发生马氏体转变。γ_1、γ_2相是以Cu_9Al_4电子化合物为基的固溶体，γ_2相硬而且脆，能提高合金的耐磨性。

二元铝青铜的结晶间隔小,液相有极高的流动性,缩孔集中,可获得高密度铸件;但体积收缩大,要求有大的冒口。w(Al)=5%～8%的合金为单相α合金,有高的塑性,一般做变形合金,w(Al)高于8%的合金,在高温下为α+β双相合金,可经受热加工,一般用热挤压法成型。

铝青铜可在表面生成含铝和铜的致密复合氧化膜，有良好的耐蚀性，在大气、海水、碳酸和有机酸中，耐蚀性优于黄铜和锡青铜。

工业中二元铝青铜有QAl5、QAl7和QAl10。经退火，QAl5的$\sigma_b=380$MPa，$\delta=65\%$；QAl7的$\sigma_b=470$MPa，$\delta=70\%$。在冷变形状态，QAl5的$\sigma_b=750$MPa，$\delta=5\%$；QAl7的$\sigma_b=980$MPa，$\delta=3\%$。

为进一步改善二元铝青铜的工艺性能和使用性能，可添加铁、镍、锰等元素，获得多元铝青铜。加入少量铁后，在液相中形成细小的$FeAl_3$质点，使合金在凝固时作为非自发形核核心，细化铸造组织，消除铸锭的粗大柱状晶，改善热塑性。铁阻碍铝青铜的再结晶，细化晶粒。铁还减慢β相共析分解。一般加入铁w(Fe)=2%～4%。在950℃铁全溶于基体,得到α+β双相组织,淬火后在250～300℃回火,β相分解形成细小的($\alpha+\gamma_2$)共析组织,使合金强化。

镍能显著提高铝青铜的强度、热稳定性和耐蚀性。Cu-14Al-4Ni合金是形状记忆合金。镍和铁同时加入时，会形成κ相。当镍和铁加入量相当时，得到细小而分散的κ相分布，具有很好的力学性能，并在高温下有良好的热强度。铝铁镍青铜QAl10-4-4的力学性能为$\sigma_b=650$MPa，$\delta=40\%$，在冷变形状态，$\sigma_b=1000$MPa，$\delta=12\%$。它用于制造受力大、转速高并要求耐热、耐磨的零件，如排气门座、齿轮、蜗杆等。QAl10-4-4铝铁镍青铜可进行淬火时效强化，根据时效温度来调整其强度和塑性之间的配合。

11.4.4 铍青铜

铍青铜有强的沉淀强化效应，经固溶淬火和时效，得到高的强度和弹性极限，且稳定性好，弹性滞后小，并具有良好的导电和导热性能，耐蚀和耐磨，无磁，冲击时无火花，可制造高级弹性元件和特殊耐磨元件，还用于电气转向开关、电接触器等。铍为强毒性金属，生产时应严格操作。

铍青铜一般w(Be)=1.5%～2.5%。铍青铜最高的力学性能是在γ''向γ'转变时获得的，此时γ''介稳相充分析出和长大，由于γ''与α固溶体比热容差别大而引起的共格畸变区体积大，故强化效果非常显著。热处理时，在760～790℃进行固溶处理，快速淬火并在

310～330℃时效，其强度 σ_b 可达到 1250～1500MPa，σ_e 为 700～780MPa。

少量镍抑制淬火时 α 过饱和固溶体分解，使热处理效果好，降低铍在晶界的偏聚量，抑制晶界不连续沉淀。同时镍也抑制铍青铜的再结晶，并细化晶粒。故铍青铜中都含镍 $w(Ni)=0.3\%$。加入 0.3% 的 Ni 可使 $w(Be)=1.5\%$ 的合金达到 $w(Be)=2\%$ 合金的性能水平。但过高的镍会使铍在 α 固溶体中溶解量减少，沉淀强化效应减小。

微量钛 $w(Ti)=0.1\%\sim0.25\%$ 形成 $TiBe_2$ 相，它具有沉淀强化作用，并可抑制过饱和固溶体脱溶，细化铸造和再结晶晶粒，减少晶界不连续沉淀，改善铍青铜的力学性能。铍青铜 QBe2 的 $w(Be)=1.9\%\sim2.2\%$，$w(Ni)=0.2\%\sim0.5\%$，经淬火和时效，其 σ_b 大于 1150MPa，δ 大于 2%。若经固溶、冷轧后时效，其 σ_b 可大于 1200MPa，δ 大于 1.5%。QBe1.9 的 $w(Be)=1.85\%\sim2.1\%$，$w(Ni)=0.2\%\sim0.4\%$，$w(Ti)=0.1\%\sim0.25\%$，其性能比 QBe2 略优，经固溶和时效后，$\sigma_{0.2}=1158$MPa，$\sigma_b=1290$MPa，$\delta=4\%$；经固溶后受 38% 冷变形再时效，$\sigma_{0.2}=1220$MPa，$\sigma_b=1372$MPa，$\delta=3\%$。

11.4.5 其他青铜

11.4.5.1 硅青铜

硅在铜中的最大溶解度 $w(Si)$ 为 5.4%。随硅在 α 固溶体中含量增加，合金的强度和塑性增加；当 $w(Si)$ 超过 3.5%，由于非平衡结晶出现了脆性相的缘故，使铸态的塑性开始下降。硅含量对铸态铜硅合金的力学性能的影响见图 11-15。工业硅青铜的 $w(Si)$ 不能超过 4%。硅青铜的弹性好，耐蚀性极高，有良好的耐磨性，并且抗磁、耐寒，撞击无火花，工艺性能好。钛对硅青铜有细化晶粒作用，提高合金的硬度和强度。

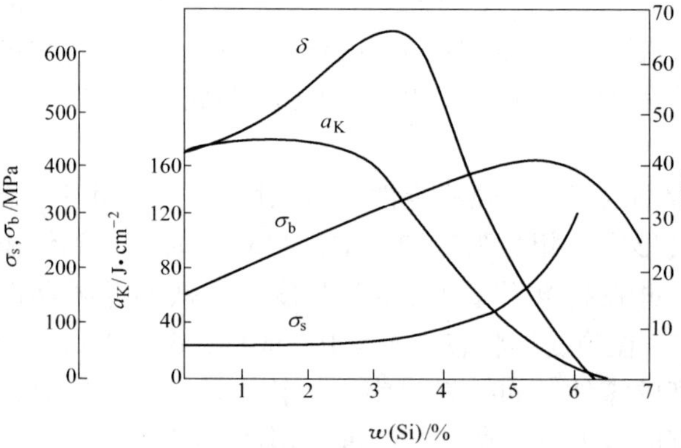

图 11-15 铜硅二元合金中硅含量对力学性能的影响（铸态）

锰加入二元硅青铜中起固溶强化作用，提高合金的力学性能和耐蚀性。$w(Mn)=1\%$、$w(Si)=3\%$ 的 QSi3-1 硅青铜，其软态的板材和带材的 σ_b 为 340～372MPa，δ 为 40%～45%，在仪器制造中用作弹性元件，在机械制造中用作蜗轮、蜗杆、齿轮等耐磨件。

镍加入后与硅形成 Ni_2Si。Cu-Ni_2Si 的伪二元状态图见图 11-5。Ni_2Si 从过饱和固溶体脱溶,能产生强的沉淀强化效果。镍与硅的比例为 3∶1。硅镍青铜 QSi1-3 含有少量锰（$w(Mn)=0.1\%\sim0.4\%$），自 860℃固溶淬火，450～500℃时效，其强度 $\sigma_b=700$MPa，增高了一倍多。QSi1-3 有良好的减摩性，在大气和海水中有良好的耐蚀性，用于制造发动机和机械中的结构零件，如工作温度在300℃以下、单位压力低的摩擦零件，排气和进气门的导向套等。

11.4.5.2 耐热、高导电合金

铬和锆都能提高铜合金的蠕变强度，提高再结晶温度，并且电导率降低小。铬和锆同时加入可形成 Cr_2Zr 金属间化合物。$w(Cr)=0.15\%\sim0.35\%$、$w(Zr)=0.08\%\sim0.25\%$ 的铜铬锆合金，正好位于 Cu-Cr_2Zr 伪二元状态图截面上。Cr_2Zr 是良好的沉淀强化相。该合金经950℃固溶淬火，经60%～70%冷变形后，在465℃时效3～4h，具有高的强度、高耐热性和导电性。其 σ_b 为460～520MPa，δ 为10%～20%，电导率达85%～90%。适当提高铬和锆的含量，可进一步增大沉淀强化效果，可得到耐热性更好的高导电合金。铬青铜中加入一定量钛和锡形成 TiSn 相，能提高合金的硬度、强度和耐热性。

11.5 白铜

白铜是以镍为主要合金元素的铜合金，在中国古代即得到应用。白铜按用途可分为结构白铜和电工白铜。

铜与镍由于在电负性、尺寸因素和点阵类型上均满足无限固溶条件，因而可形成无限固溶体。其硬度、强度、电阻率随溶质浓度升高而增加，塑性、电阻温度系数随之降低。

11.5.1 结构白铜

铜镍二元铜合金为普通白铜，单相固溶体，常用的牌号有 B10、B20、B30。由于在大气、海水、过热蒸汽和高温下有优良的耐蚀性，而且冷热加工性能都很好，可制造高温高压下的冷凝器、热交换器，广泛用于船舶、电站、石油化工、医疗器械等部门。B20 也是常用的镍币材料，可制造高面额的硬币。

铁能显著细化晶粒，增加白铜的强度又不降低塑性，尤其提高在有气泡骚动的流动海水中发生冲蚀的耐蚀性。铁最高的加入量不超过1.5%（质量分数）。在 B10 中加入 $w(Fe)=0.75\%$ 的铁，可得到与 B30 同样的耐蚀性；加入少量锰，可脱氧和脱硫，能增加合金的强度。故 B10 中加入 $w(Fe)=1.0\%\sim1.5\%$ 的铁，$w(Mn)=0.5\%\sim1.0\%$ 的锰，用来制作舰船的冷凝器等。

锌能大量溶于铜镍合金，有固溶强化作用，能提高耐大气腐蚀能力。应用最广的是 $w(Ni)=15\%$、$w(Zn)=20\%$ 的锌白铜 BZn15-20，它呈现美丽的银白色光泽，具有高强度、高弹性，用于仪器、医疗器械、艺术制品等。

铝在铜镍合金中能产生沉淀强化效应。铝与镍形成 θ(NiAl) 相和 β($NiAl_2$) 相，高温下在 α 固溶体中有较大的溶解度。其过饱和固溶体在低温下脱溶分解，析出 θ 相和 β 相，产生沉淀强化。$w(Al)=3\%$ 的 BAl13-3 铝白铜在900℃固溶淬火，经冷轧25%变形后于550℃时效，则强度 σ_b 达800～900MPa，δ 为5%～10%。铝白铜由于有高强度、高弹性和高耐蚀性，可制作舰船冷凝器等。

锡加入白铜中经高温固溶后在低温时效或形变时效，会产生调幅分解，可以采用热处理强化。当白铜中 $w(Ni)=4\%\sim15\%$，$w(Sn)=4\%\sim8\%$，随镍和锡含量增加，其强度也增高。Cu4Ni4Sn 白铜经800～850℃固溶处理，冷变形量50%～90%后，再经过350～400℃时效，其 σ_b 为1000MPa，$\sigma_{0.2}$ 为550MPa，ψ 为3%～15%。Cu15Ni8Sn 白铜采用上述工艺，σ_b 为1300MPa，$\sigma_{0.2}$为900MPa，ψ 为3% ~15%。这种白铜的抗应力松弛性能优于铍青铜，是一种高弹性白铜。

11.5.2 电工白铜

11.5.2.1 康铜

含 w(Ni)=40%，w(Mn)=1.5%的锰白铜又称康铜，具有高电阻、低电阻温度系数，与铜、铁、银配成热电偶对时，能产生高的热电势，组成铜-康铜、铁-康铜和银-康铜热电偶，其热电势与温度间的线性关系良好，测温精确，工作温度范围为 -200 ~600℃。

11.5.2.2 考铜

w(Ni)=43%、w(Mn)=0.5%的锰白铜又称考铜，有高的电阻，与铜、镍铬合金、铁分别配成热电偶时，能产生高的热电势，其热电势与温度间的线性关系良好。考铜-镍铬热电偶的测温范围从 -253℃（液氢沸点）到室温。

11.5.2.3 B0.6 白铜

w(Ni)=0.6%的白铜B0.6在100℃以下与铜线配成对，其热电势与铂铑-铂热电偶的热电势相同，可做铂铑-铂热电偶的补偿导线。

本章小结

铜及其合金普遍具有优异的导电性、导热性和抗磁性，通过合金化能够获得良好的强度、耐磨性等力学性能，良好的抗腐蚀性能，以及形状记忆特性等独特的性能。作为结构材料和功能材料广泛应用于工程实际。

工业纯铜中，杂质元素O造成氢脆效应使含氧铜应用受到严重限制。通过P等脱氧获得无氧铜，通过 Al_2O_3 等粒子弥散强化提高强度，成为实际应用的工业纯铜材料。

铜中添加单一的合金元素或者多种元素复合添加，可以形成黄铜（以Zn为主）、白铜（以Ni为主）、青铜（Sn、P、Be、Al等为主）等多种铜合金。这些合金中，通过合金元素的固溶强化或者各种不同的第二相粒子时效析出强化等，可显著提高强度等力学性能，获得多种用途的铜合金结构材料。

铜及铜合金分类及典型合金

工业纯铜：T1，TU2，TUMn，C15715，C157715DS

黄铜：α 黄铜，（α+β）黄铜；H96，H70，H62；HAl77-2，HSn70-1；HPb59-3

青铜：QSn6.5，QSn6.5-0.1，QSn4-3；QAl5，QAl10，QAl10-4-4；QBe2；QBe1.9-0.1；QSi3-1

白铜：B10，B30；BAl13-3；康铜，考铜，B0.6

思考题与习题

11-1 与 Fe 相比，金属铜有哪些特点，铜的这些基本特征有哪些保留到铜合金中并得到实际应用？

11-2 铜合金按照外观颜色分类成紫铜、黄铜、白铜、青铜。二元合金的黄铜与白铜分别是什么合金？查阅资料，紫铜、黄铜、白铜的颜色特征的机理是什么？（提示：与能带结构及电子的激发相关）

11-3 纯铜的性能如何受氧的影响，其影响的机理是什么，解决该问题的方法是什么？

11-4 纯铜用作集成电路引线框架（导电材料）时强度偏低。通过添加 P 来解决该问题是否合理？说明理由。对解决该问题有什么设想？查阅资料，与设想进行对比。

11-5 用什么方法能够提高工业纯铜的屈服强度？

11-6 举例说明铜合金中的固溶强化。合金的制备工艺如何？

11-7 举例说明铜合金中的时效强化。观察合金相图特征，总结合金的制备及处理工艺。

11-8 金属很多情况下需要通过机加工制作成零件制品，机加工性能是需要关注的特性之一。易切铜合金是什么样的合金，其微观组织有什么特点，目前这种合金存在着什么问题，人们采用什么方法加以解决？试将其与易切钢进行对比。

11-9 解释铜合金牌号 HSn70-1 中各符号和数字的含义。这种合金性能有何特点，有哪些重要应用？

11-10 解释铜合金牌号 QSn4-3（锡锌青铜）、QSn6-0.1（锡磷青铜），以及 ZQSn10-1（锡磷青铜）中各符号和数字的含义。

11-11 解释铜合金牌号 BAl13-3 中各符号和数字的含义。该合金的强化相是什么，获得硬化效果的热处理工艺是什么样的？

11-12 二元黄铜中，为获得（$\alpha+\beta$）双相组织，合金中 Zn 的最低含量是多少？

11-13 二元黄铜中存在哪些有序固溶体结构？它们的塑性变形能力如何，对合金的总体变形能力及合金应用产生什么影响？

11-14 锡青铜历史悠久，很早以前就大量用于铸造各种制品。从简单的二元锡青铜合金出发，说明合金铸造工艺性能相关的事项。

11-15 铍青铜是铜合金中强度最高的合金。其屈服强度及抗拉强度能达到什么水平，强化机理是什么，制备这种合金需要特别注意什么？

11-16 本章采用铜合金的外表颜色特征对其进行分类，主要介绍从结构材料需求角度使用的铜合金。请查阅资料，了解从功能材料角度出发铜及其合金的分类情况。

11-17 在有色合金中，铜合金的品种、工程用量仅次于铝合金，因此，本章所介绍的铜合金只是选择了一些代表性的加以介绍。目前已经得到工程应用的铜及其合金的品种非常多，请查阅资料更加全面了解铜及其合金。

11-18 本书中，还有关于铜及铜合金作为高弹性材料、导电材料、形状记忆合金等比较特殊场合应用的介绍，请将这些内容联系起来，形成对铜基金属材料的全面认识。

参考文献

[1] 谭树松．有色金属材料学[M]．北京：冶金工业出版社，1993.

[2] 张宝昌．有色金属及其热处理[M]．西安：西北工业大学出版社，1993.

[3] 林肇琦．有色金属材料学[M]．沈阳：东北工学院出版社，1986.

[4] 黄伯云，李成功，石力开，等．中国材料工程大典，第 4 卷，有色金属材料工程（上）[M]．北京：化学工业出版社，2006.

12 钛合金

内容要点：

钛合金的结构类型，合金的微观组织类型及其控制，各种合金元素的影响。代表性的钛及其合金，合金的强度、塑性及断裂韧性等性能特点、及其与合金元素、微观组织及制备工艺的关系。钛合金的加工制备工艺特点及钛合金广泛的实际应用领域。

钛及钛合金发展至今，已有60多年历史。由于它具有很高的比强度和耐蚀性，是世界各国大力发展的轻金属材料。世界市场每年需求4~5万吨钛及钛合金。美国是最大的钛消费国。1994年用于军事宇航约3200t，用于非军事商业宇航约7700t，用于非宇航业约4800t，总共约15700t。日本则注重发展钛的耐蚀性应用，1994年总共消费4241t，耐蚀性商业纯钛占3773t，以应用其高比强度为主的结构材料钛合金只占468t，其中宇航应用的钛合金只占32.7%，非宇航用钛合金占67.3%，这其中又以消费品为主（占三分之二），例如运动用消费品是很重要的钛合金产品。日本由于大力发展非宇航用钛及钛合金，每年钛合金需求量预计不断增加，可达550t。近年世界钛材总产量约每年60000t。我国钛和钛合金发展始于20世纪50年代中期，2005年我国钛材年产量达到10000t以上，与美、俄、日一道成为四大钛工业国之一。

由于钛及钛合金具有优异的性能，各国都在大力发展生产，专家估计目前世界钛及钛合金的生产能力已超过消费需求量的2~2.5倍（包括海绵钛及钛合金熔炼能力），因而钛及钛合金世界市场竞争激烈，各国都在努力提高质量、降低成本，一些老的技术已被淘汰。欧洲已关闭Deeside Titanium钛厂，并不再生产海绵钛。与此同时，钛合金的发展却在大力推进，美国注重宇航用钛合金及其他各方面应用，同时开发新的应用领域；日本则注重发展非宇航领域用新型钛合金。

本章着重介绍现代钛合金的基础理论和钛合金的发展。

12.1 钛的特性及钛冶金基础

12.1.1 钛的基本性质

（1）钛存在两种同素异构体α及β。α-Ti在882℃以下稳定，具有h.c.p.结构。β-Ti稳定于882~1678℃（熔点），具有体心立方结构。

（2）钛的体积质量小（4.51g/cm^3），比强度高，熔点高，塑性好，虽然其强度随温度升高而下降，但其比强度高的特性仍可保持到550~600℃。与高强合金相比，相同强度水平可降低质量40%以上，因此在宇航上有巨大应用潜力。

(3) 具有优良的耐蚀性，在室温下就能很快生成一层具有极好保护性的钝化层(TiO_2)。它仅有纳米尺度，室温下长大极慢。许多介质中，钛的耐蚀性极高；但在还原性介质中差一些，不过可以通过合金化改善。

(4) 钛的低温性能很好，在液氮温度下仍有良好的力学性能，强度高而仍保持有良好的塑性及韧性。

(5) 弹性模量较低 (120GPa)，约为铁的54%。

(6) 导热系数及线胀系数均较低。其导热系数比铁低4.5倍，使用时易产生温度梯度及热应力，不过，线胀系数低可补偿因导热系数低带来的热应力问题。

12.1.2 钛冶金基础

钛矿的存在形式是金红石(TiO_2)及钛铁共生矿(FeO-TiO_2)。在我国,还有钒钛铁矿。

目前，生产金属钛都采用钛的氯化物热还原法：

第一步是将钛铁精矿制成球团，再还原成高钛渣 ($w(TiO_2)>90\%$)。FeO 则还原得出铁副产品。

第二步是进行氯化，生成 $TiCl_4$：

$$TiO_2 + 2C + 2Cl_2 \rightleftharpoons TiCl_4 + 2CO$$

再把纯 $TiCl_4$ 分离出来，得到纯净的液态 $TiCl_4$。

第三步是用镁或钠还原 $TiCl_4$，得到海绵钛。

据国外报道，目前采用钠还原技术的工厂已大多被淘汰，这是由于用镁还原技术可以得到纯度极高的产品，能够生产低成本粉末：

$$TiCl_4 + 2Mg \rightleftharpoons 2MgCl_2 + Ti$$

海绵钛是多孔金属，易吸收空气中水分、氧气及氮气，因此海绵钛必须用铁桶密封包装。海绵钛中含有各种杂质元素，用镁还原的海绵钛的杂质含量见表12-1和表12-2。

表12-1 海绵钛中杂质元素的质量分数 w %

杂质元素	Mg	Si	Al	Fe	Ni	Co	Cr	Mn	C	N	O
Kroll Ti	0.13	0.05	—	0.20	—	0.02	—	0.02	0.08	0.04	0.11
Iodided Ti	0.01	0.01	0.02	0.01	0.01	—	0.01	0.005	0.01	0.02	0.02

注：Kroll Ti—镁还原法；Iodided Ti—碘还原法。

表12-2 不同级别钛的间隙元素含量 $\times 10^{-6}$

钛级别	C	N	O	钛级别	C	N	O
区域熔炼提纯 MRC (MARZ级)	78	6	63	Kroll Ti (Toho 海绵钛)	—	110	860
真空熔炼提纯 MRC (VP级)	150	40	350	Kroll Ti	800	400	1100
电解精炼 (ELXX级)	—	40	370	碘化法 Ti (IodidedTi)	100	200	200

生产高纯钛可以采用碘化法，原理是利用金属碘化物的高温分解温度不同的特性来提

纯，杂质含量降至很低水平（表12-1和表12-2）。

电解精炼钛是以粗钛作阳极，在700～850℃熔盐中电解精炼，粗钛阳极溶解，纯钛在阴极沉淀，得到的金属纯钛杂质含量低于0.2%。

12.2 钛合金物理冶金基础

12.2.1 钛合金二元相图

以钛为基的二元合金相图大致可分为四类，见图12-1a～d。

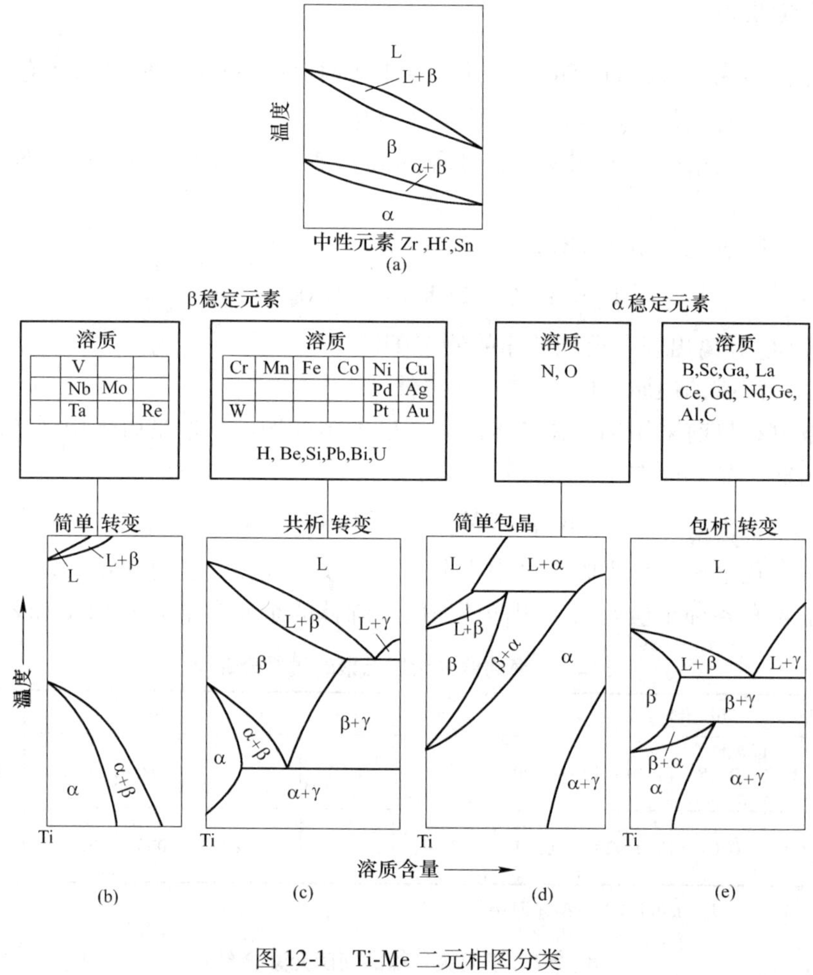

图12-1 Ti-Me二元相图分类

（1）合金元素与α-Ti及β-Ti形成连续固溶体（图12-1a），锆、铪等元素的性质与Ti极相近，原子半径差别也不大，因此可以形成连续固溶体。

（2）合金元素与β-Ti形成连续固溶体，而与α-Ti只形成有限固溶体（图12-1b），这类元素扩大β相区，缩小α相区，降低β相→α相的相变温度，称为β相稳定元素。钛在周期表中的近邻，如钒、铌、钽、铼、钼属于这一类，它们也是b. c. c结构，原子尺寸也相差不大。

（3）合金元素与 β-Ti、α-Ti 都形成有限固溶体，β 相会发生共析分解，如图 12-1c。这类元素有铬、钴、钨、锰、铁、镍、铜、银、金、钯、铂等。它们使 β 相转变温度下降，所以也属于稳定 β 相元素。

（4）合金元素与 α-Ti、β-Ti 都形成有限固溶体，但 α 相由包析反应生成（图 12-1d, e），使 β 相转变温度升高，因而是 α 相稳定元素。主要元素有铝、硼、氧、氮、碳、钪、镓、镧、铈、钆、钕、锗等，其中氮、氧属于图 12-1d 类简单的包晶相图。

12.2.2 主要合金元素与相的形成

现有钛合金中的主要合金元素有钒、钼、铌、铬、铜、锰、铝、锆、锡及钽等，可以分为三类：

第一类是 α 相稳定元素，能提高 α→β 相转变温度。铝是最常见的、最有效的 α 强化元素，能有效提高低温和高温（550℃以下）的强度，同时铝的密度小，因此铝是钛合金中的一个基本合金元素。

第二类合金元素（锡、锆等）能有效强化 α 相，它们在 α-Ti 和 β-Ti 中均有大的固溶度，但对 α ⇌ β 相变温度影响较小，故有中性强化元素之称。它们的强化作用也可保持到较高温度。

第三类是 β 相稳定元素，一般是降低 β 相转变温度。它又可以分为两小类：

第一小类是产生 β 相共析分解的元素，如铬、锰、铁、铜、镍、钴、钨等。随温度降低，β 相会发生共析分解，析出 α 相及金属间化合物相。共析反应的速率随元素而异，铜、硅等合金化时，共析转变快，析出 $TiCu_2$、Ti_5Si_3，而铁、锰、铬、钴、镍等合金化时则速率较慢，即使连续缓慢冷却，也可能转变不完全，保留一些残余的 β 相。当快速冷却时，共析反应可以被完全抑制，过冷 β 相可保留到室温；当合金元素含量足够高时，β 相可以完全过冷到室温，而不产生相变。

第二小类元素包括钼、钒、铌、钽等，二元相图上不产生 β 相共析分解，但慢冷时析出 α 相，快冷时有 α′马氏体相变。随着合金元素含量达到临界值，快冷使 β 相成为室温稳定相。研究表明，$w(Mo)=10\%$，$w(V)=15\%$，$w(Nb)=36\%$，$w(Ta)=60\%$ 时，可使 β 相成为室温稳定相。可以以此临界含量表示该元素稳定 β 相的能力。由此可见，β 相稳定能力依钼 > 钒 > 铌 > 钽次序变小。同样，可以根据元素在 α 相中的溶解度来评价元素稳定 β 相的能力，当温度接近 600℃时，钼在 α 相中的质量分数为 0.8%，钒为 1% ~3.5%，铌为 3% ~4%，钽为 6% ~12.5%，因此，稳定 β 相的能力也是钼 > 钒 > 铌 > 钽。

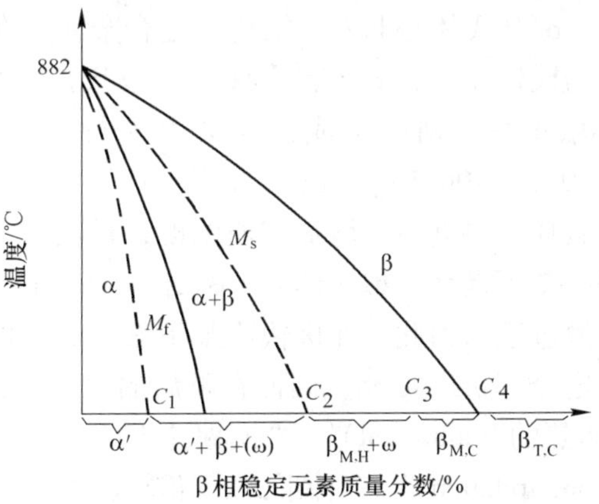

图 12-2 β 相稳定元素的含量与淬火快冷组织关系示意图

高温 β 相淬火快速冷却时可以发生马氏体相变，图 12-2 示出合金元素对 β 相快冷时相变影响，表示合金元素含量不同时可能获得不同的快冷组织。当含量较低时，β 发生马氏体相变，形成 α′相。马氏体转变的开始和终了曲线分别以 M_s 和 M_f 线表示，可以看出，当含量达到 C_1 之前，β 相在快冷淬火时发生完全的马氏体相变，在成分 C_1 到 C_2 区间，可以有部分 β 相残留下来，得到 α′ + 残余 β 相组织。有时，淬火温度过高时，会形成一种 ω 相。当成分达到 C_2 时，马氏体转变完全被抑制，只有残留 β 相存在。这种残余 β 相在机械外力作用下是不稳定的，可在应力作用下分解，称为机械不稳定 β 相（$\beta_{M,H}$），分解形成 ω 相。当含量不低于 C_3 时，应力不再起作用，残余 β 相保持稳定，不再分解，称为机械稳定 β 相（$\beta_{M,C}$）。实际上，此相并非热力学稳定，回火时就会分解生成弥散的 α 质点，只有当元素含量超过 C_4 时才得到室温热力学稳定的（$\beta_{T,C}$）相，表 12-3 给出了各具体合金元素影响的数据。

表 12-3 合金元素含量 *x* 对快冷时 β 相相变的影响 %

元素	M_s = 200℃的成分	100% β 相稳定成分	析出 ω 相的成分范围（β + ω 两相区）	
			最小成分	最大成分
V	13.3	15	14	21
Nb	20.5		12	20
Ta	19.1	15 ~ 21	—	—
Cr	6.0	7.5	—	11
Mo	6.7	7.2 ~ 7.4	6	10
W	8.2	7	—	—
Mn	5.0	5.5 ~ 8	—	—
Fe	5.3	6 ~ 8	4	10
Co	6.0	6 ~ 7.5	—	—
Ni	7.6	7 ~ 8	7	—
Ru	—	—	5	10
Ti-5V-Ru	—	—	3.5	7.5
Ti-10V-Ru	—	—	1.5	4

α′马氏体是 h. c. p 结构，是合金元素在 α 相中的过饱和固溶体。β→α′相变是非扩散型马氏体相变，α′相有块状（或板状）马氏体和针状马氏体两种。块板状马氏体由 50 ~ 100μm 不规则区组成，区又由平行的共格细片（≤1μm）组成。晶体学位向关系为 $(110)_\beta // (0001)_{\alpha'}$，$[111]_\beta // [11\bar{2}0]_{\alpha'}$。当溶质浓度增大时形成针状马氏体，其共格结合被破坏，再进一步增加溶质浓度，马氏体相变被抑制。此时，β 相冷却时析出 α 相，在较快冷却下是针状魏氏体 α + β 相，其 α 相长轴平行 β 相的 $\{110\}$ 面。这个相变是形核长大扩散过程。因此，在极快冷却下 β→α 被抑制，产生无扩散型析出 ω 相。但是快冷时 β 不一定全部析出 ω 相，因而在随后的时效中，还可以析出 ω 相。最新研究指出，ω 相析出有“非热的（athermal）”、“模糊淬火的（diffuse quenched）”和“完整的 ω 相沉淀的（entire ω precipitation）”三种形式，随冷却时的冷速和回火条件不同而变化。ω 相具有六方或正方结构（随合金成分而异），其成分范围见表 12-3，其结晶学关系为 $(0001)_\omega // (111)_\beta$，$[2\bar{1}\bar{1}0]_\omega // [1\bar{1}0]_\beta$。ω 相的金相形态主要为立方或椭圆形。

机械不稳定的 β 相在应力作用下产生相变，当成分处于 M_s 点附近时，发生应力诱导马氏体相变。当成分远离 M_s 点时，产生孪晶化。

图 12-3 是各个相（块（板）状马氏体、针状马氏体、魏氏组织 α + β 和 ω 相）的典型金相形态。

图 12-3 钛各个相的典型金相形态

（a）块（板）状马氏体（Ti-1.78Cu900℃淬火）；（b）针状马氏体（Ti-12V900℃淬火）；（c）魏氏体组织 α + β（Ti-6Al-4V）：*a*—暗场；*b*—明场；（d）ω 相（Ti-5Mo，淬火，暗场上的 ω 相亮点）

12.2.3 气体杂质元素的作用

α-Ti 是 h.c.p 结构，但其 $c/a = 1.587$，小于理想的 c/a 轴比值（1.633）。它的 $\{0001\}$ 面不是唯一的滑移面，其他如 $\{10\bar{1}1\}$，$\{10\bar{1}0\}$ 晶面也可参与滑移，因此，纯钛的塑性好，较优于其他只有 $\{0001\}$ 为唯一滑移面的具有 h.c.p 结构的金属，如镁、锌等。但钛的力学性能与其气体、杂质（包括氧、氮、碳、氢、铁及硅等）含量有密切关系。

氧是稳定α相元素，可提高α→β相变温度。氧在α相中的溶解度$w(O)$高达14.5%，占据八面体间隙位置，产生点阵畸变，起强化作用而不利于塑性。因此，利用含氧量的不同可得到几种不同强度及加工性能组合的商业用纯钛。一般含氧量均较高，$w(O)$达0.1%～0.2%。

氮与氧类似，是强稳定α相元素，溶解度达6.5%～7.4%（质量），也是存在于间隙位置，形成间隙固溶体。它强烈提高强度而降低塑性，当$w(N)=0.2\%$时已可发生脆性断裂。所以含氮量不能太高，但实际合金的$w(N)$也有0.03%～0.06%水平。

氢是稳定β相元素。在335℃下，氢在α-Ti的溶解度为0.18%，并随温度降低而迅速下降。故α相钛合金很易发生氢脆，一般纯α-Ti的冲击韧性$a_K\approx180J/cm^2$，当$w(H)=0.015\%$时，a_K降至$30J/cm^2$，脆化原因是生成TiH_2氢化物。因此，具有α及α+β组织的Ti合金要求含氢量低，一般采用真空冶炼，使含氢量较低。具有β相的钛合金含氢量为$w(H)=0.01\%\sim0.02\%$（β钛合金），因为氢在β相中的溶解度较高，且容易吸氢。近来研究了氢在冷轧Ti-15V-3Cr-3Sn-3Al合金板中的作用，在一个大气压氢（8L/min流量）、500℃下渗氢1h，再经800℃1h，水冷+510℃不同时间处理。渗氢后含氢量达0.09%，经510℃40h退火去氢后仍达到0.05%。而不经渗氢处理的合金含氢量$w(O)$为0.01%～0.02%，低于渗氢合金。研究认为，氢可稳定β相，推迟β相的时效析出，固溶处理后渗氢试样的断面收缩率略有降低。未经渗氢的试样，经超真空时效，塑性增加，因此认为氢不利于塑性。同时，由于在断裂瞬时有大量气体逸出，因此推断，氢与断裂过程有密切联系。

碳在α-Ti包析温度时的溶解度$w(C)=0.48\%$。溶解度随温度下降而降低。当碳的质量分数小于0.1%时，为钛（碳）间隙固溶体；当碳的质量分数大于0.1%时，析出碳化物。碳在钛合金中的作用视合金元素不同而异。

12.2.4 钛合金分类

钛合金可以根据成分和室温基本组织特点分类。

12.2.4.1 α-钛合金

显微组织是α相组织，含有α相稳定元素及一些中性强化元素。纯钛是一个典型的α-钛合金，α-钛合金中的主要元素是铝、锆、锡等。当加入少量β相稳定元素时，可以得到近α-钛合金，显微组织上除α相基体外，还有少量β相。典型的钛合金有Ti-8Al-1Mo-1V、IMI685(Ti-6Al-5Zr-0.5Mo-0.25Si)等。

12.2.4.2 α+β钛合金

含有较多的α相稳定元素和β相稳定元素，具有α+β相混合组织结构。这些相的金相形态和数量依成分、热加工变形和热处理方式而异。这类合金可经处理得到很高的强度水平，典型例子有Ti-6Al-4V(IMI318)合金和IMI550(Ti-4Al-2Sn-4Mo-0.5Si)。Ti-6Al-4V合金至今仍是使用最广泛的钛合金。

12.2.4.3 β-钛合金和近β钛合金（lean β type alloy）

这类合金含有大量的β相稳定元素，多数还含有铝、锆、锡等元素。β-钛合金的室温强度可达到α+β钛合金水平，但具有更佳的工艺性能，不过其高温强度比不上α+β合金。近β钛合金的显微组织也是由α+β两相组成，但是α强化相分布于β相基体之上。

相的形态、分布、尺寸与热加工、热处理密切相关。典型的 β 钛合金如 Ti-15V-3Cr-3Sn-3Al（Ti-15-3）合金,典型的近 β 钛合金如 Ti-10V-2Fe-3Al（Ti-10-2-3）合金。

这三类合金的成分范围都很宽，合金元素的种类和数量都可在很大范围内变化，可以根据使用要求进行合金设计。

12.2.5 钛合金热处理基础

少数钛合金系，如 Ti-Cu 系，可以进行时效析出金属间化合物（如 Ti_2Cu）强化。大多数钛合金只是通过热处理控制 β→α 相变，合金成分，特别是 β 相稳定元素含量以及冷却速度，对 β 相变有重要影响。

自高温 β 相稳定区冷却下来，β 相发生分解的 TTT 曲线见图 12-4。当转变温度为 T_3 时，转变终了得 β + α 相。当转变温度为 T_2 时，先是 β→β + ω，此时 ω 为介稳定相，再进一步转变为 β + ω→β + α + ω→β + α。当转变温度为 T_1 时，发生 β→β + ω 相变。三种情况下相应的硬度变化示于图 12-4。ω 相均匀细小，析出明显强（硬）化合金，但一般同时引起严重脆性。因此，ω 相沉淀硬化是难以接受的。图 12-4 同时给出连续冷却时的相变情况。慢冷时，β→β + α；增加冷速会出现 ω 相，逐步由 β→β + α→β + α + ω变为 β→β + ω 相变；再增加冷速，可以不发生相变得到室温介稳的 β 相，或者得到 β→α 马氏体相变，得到 α 马氏体相（当 β 稳定剂小于临界浓度时）；在随后的时效时，马氏体又可以分解析出细小 β 相。

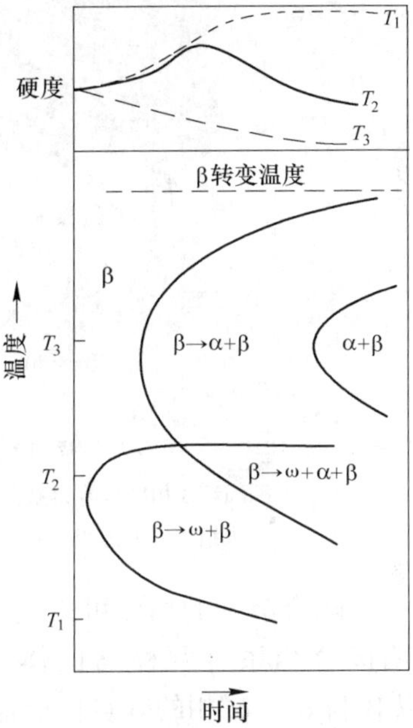

图 12-4 钛合金 TTT 曲线示意图
（β 稳定剂超过临界浓度）

通过不同冷速，可以得到不同金相形态的 α 相。慢冷时，α 由 β 相中析出，得到片层魏氏组织及沿 β 相晶界的 α 相；快冷时，含有较高 β 稳定元素的合金易得到一种网篮状组织（basket-weave morphology）；再增加冷速，β 相分解已非形核长大过程，而发生无扩散马氏体相变，生成六方 α′相（针状及块状）及正交马氏体相（溶质含量高时生成）。对于 α 钛合金或近 α 钛合金，一般室温组织基本上全是 α 相，只是随从单相 β 相区冷却下来的冷速不同，得到不同金相形态 α 相及不同晶粒尺寸的 α 相。通过热机械处理，可以得到等轴 α 相。近 α 钛合金则可通过控制冷速得到细的网篮 α 组织，这种组织在低温具有保载的低周疲劳条件下，裂纹长大速率比具有片状 α 相的合金低得多。因此，近 α 合金通常在 β 相区固溶以得到好的蠕变抗力，同时要适当快冷（对厚部件用油冷，对薄件可以空冷），以得到大面积的网篮状 α 组织。

对于 α + β 钛合金，通过淬火时效得到细晶粒 α + β 结构，一次 α 相的比例要相对较高，这样可以得到很好的热疲劳性能。如果提高固溶温度，得到较多的大晶粒 β 相转变产物，则断裂韧性较高。合理的热处理可以综合这两方面的优点，例如 Ti-6Al-4V 合金采用 960℃1h 水冷 +700℃2h 空冷热处理，得到细的等轴 α 相和转变后的 β 相，得到好的综合性能，可以作为压缩机盘件热处理制度，其典型组织如图 12-5 所示。

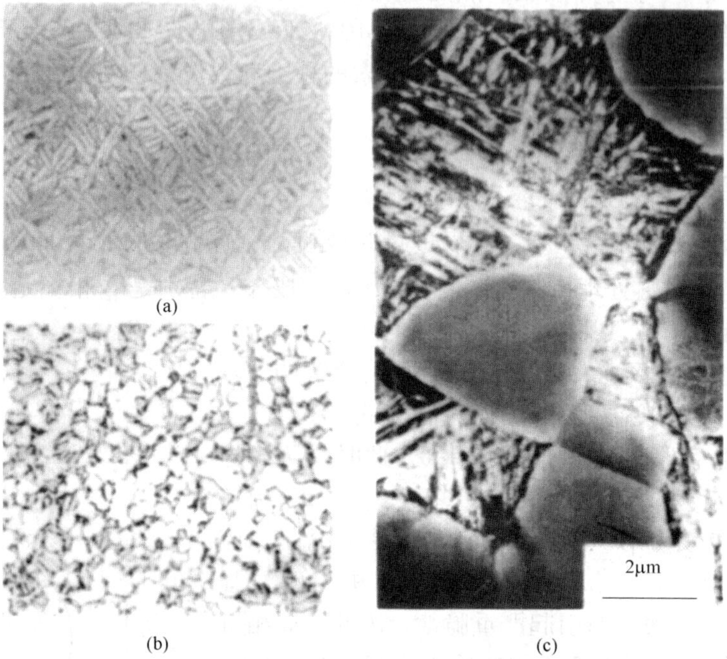

图 12-5 Ti-6Al-4V（IMI318）合金典型组织

（a）β 相区慢冷得魏氏组织 α 片网篮状组织，×320；（b）700℃（α + β 相区）退火组织 α + 转变的 β 相组织，×500；（c）TEM 照片：经转变的 β 相（魏氏 α 相）

实际合金中的相变可以更为复杂。图 12-6 示意说明该合金系有两种马氏体（α′和 α″）的 M_s 线（以 β 与 α′、α″相的等自由能温度表示，T_0（β→α′或 β→α″）），马氏体回火时可以发生正交 ω 相 spinodal 分解和非 spinodal 分解两种溶解曲线。图中还给出平衡的 α/α + β 及 α + β/β 相界线。另外，实际合金中氧含量对 β 分解有重大影响，图 12-7 是一例。制备工艺也可能影响 β 相转变，例如冷加工将促进 β 相分解和 α 相析出。

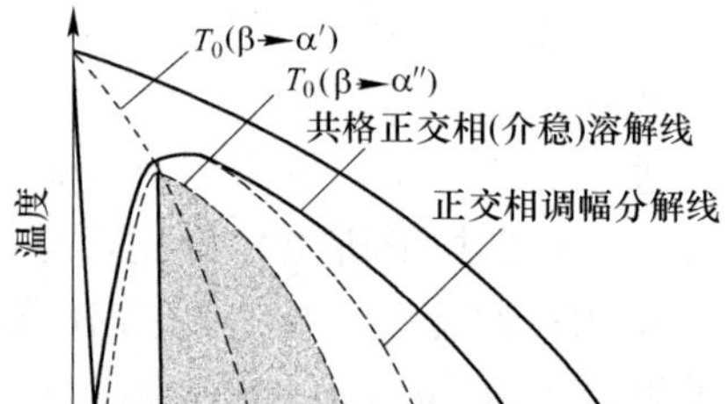

图 12-6 复杂的 Ti-X 合金马氏体相变和马氏体分解

12.2.6 钛合金的强韧化基础

钛合金的力学性能与其显微组织密切相关，通过热处理和热机械处理，可以得到需要的组织和性能。下面分 α 及近 α 钛合金、α + β 钛合金和 β 钛合金三类合金来讨论。

12.2.6.1 α 和近 α 钛合金

这类合金的力学性能对一般的热处理不很敏感，因为总是 α 相没有相变。但是通过冷加工和随后退火可以控制 α 相晶粒大小，通过固溶强化可以强化 α 相。热加工制度可以依终加工于 α、α + β 和 β 相区分为 α 热加工、α + β 热加工和 β 热加工三种。经 β 热加工冷却后得到片状魏氏组织 α 结构，α 热加工可得到等轴 α 结构，对近 α 钛合金经 α + β 热加工也可得到等

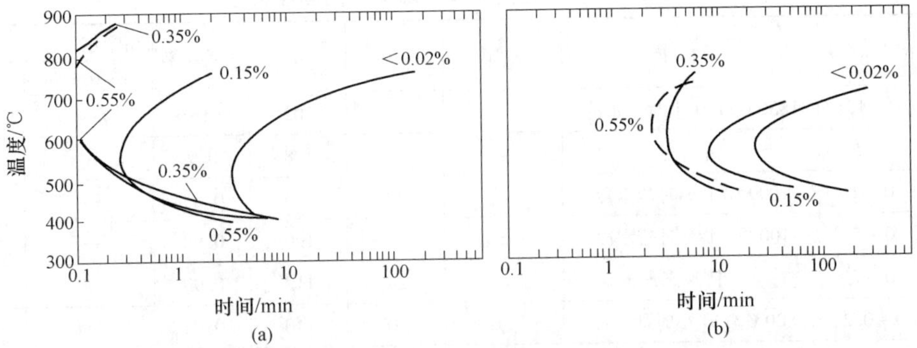

图 12-7 Ti-11Mo 中氧含量对 TTT 曲线的影响

（a）开始转变；（b）转变完成

轴 α 结构。

魏氏组织 α 片结构的断裂韧性和抗疲劳裂纹扩展性能很好（其改善机制可参阅下节），而等轴 α 相结构的低周疲劳性能和拉伸强度较高。图 12-8 是断裂韧性（以临界裂纹张开距离 δ_c 表示）与屈服强度之间的联系，可以看出，在相同的屈服强度下，经 β 相处理得到魏氏组织 α 片结构，可以有较高的断裂韧性（Ti-8Al-1Mo-1V 为近 α 合金）。

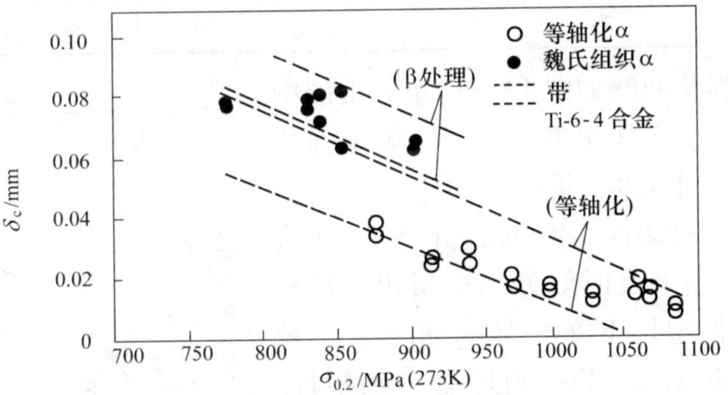

图 12-8 钛合金显微组织魏氏组织 α 片（β 处理后的 Ti-8Al-1Mo-1V）的断裂韧性与 $\sigma_{0.2}$ 的关系

（图中给出等轴 α 相的 Ti-6Al-4V 的性能带，以便对比）

表 12-4 是各种固溶强化元素的硬化作用。由表可见，间隙元素的硬化能力比 α 稳定元素大，Ti 合金固溶强化来源于形成强的局部定向电子结合键，而这种倾向可用元素负电性差、溶解热或金属间化合物形成热表示，越是容易形成这种局部的定向结合键，硬化就越大。如表中铝和氧的硬化系数（1%x(Al+O)）分别为 15 和 97，其比例约为 1∶6.5 。文献所述铝和氧负电性差之比也是 1∶6.6 ，单价化合物 TiAl 和 TiO 的形成热之比为 1∶6.5，可见，用负电性差等参量可以把替代式原子铝与间隙式原子氧的硬化作用统一起来。一些 β 稳定元素的 α-Ti 强化作用列于表 12-5。由于一般钛合金中硬度约等于 3 倍屈服强度，如果这类元素的固溶强化作用平均为 20kPa，则只相当硬化系数为 $6kg/mm^2$，比铝、氧等元素低得多。因此，β 稳定元素主要不是固溶强化，而是起稳定 β 作用和沉淀硬化作用。

表 12-4 α稳定元素和间隙元素的固溶强化

元素	浓度 x/%	条件	公式	b	a	相关系数	在摩尔分数 x 下的硬化率	
							$x=0.1\%$	$x=1\%$
Al①	0~10	1850℃/100小时盐水冷	c	15	102	0.996	—	15
Ga①	0~5	铸态	c	24	108	0.9	—	24
Si①	0~2	1000℃/1小时盐水冷	c	39	125	0.83	—	39
Ge①	0~5	1000℃/1小时盐水冷	c	33	120	0.98	—	33
Sn①	0~7	铸态	c	24	112	0.99	—	24
B①	0~0.2	800℃/120小时盐水冷	$c^{\frac{1}{2}}$	218	110	0.92	344	109
C②	0~0.5	800℃/120小时盐水冷	$c^{\frac{1}{2}}$	170	104	0.999	269	85
O②	0~5	800℃/120小时盐水冷	$c^{\frac{1}{2}}$	239	98	0.998	378	97
N②	0~3	800℃/120小时盐水冷	$c^{\frac{1}{2}}$	194	100	0.999	307	120

① 适用 $H_v = a + bc$，a—kg/mm²，b—kg/mm²，c—摩尔分数；

② 适用 $H_v = a + bc^{1/2}$，a—kg/mm²，b—kg/mm²，c—摩尔分数。

表 12-5 β稳定元素的钛固溶强化作用（σ_s）

固溶强化率	V	Cr	Mn	Fe	Co	Ni	Cu	Mo
质量分数/MPa	19	21	34	46	48	35	14	27
摩尔分数/MPa	20	23	39	54	59	43	18	54

铝和镓的固溶强化曲线如图 12-9 所示。由图中 Ti-Al-Ga 曲线可知，多元强化更为有效。固溶强化在低温时有效。高温时需要沉淀析出强化。

当合金中含铝量过多时，有可能析出 Ti_3Al 有序 α_2 相，它可以在固溶及时效处理后析出，虽然可提高强度，但拉伸塑性下降。当 α_2 相不多，位错可以以绕过方式通过 α_2 相，则还有一些塑性。当位错以切割方式通过 α_2 时，这种面滑移特性导致极低的塑性。

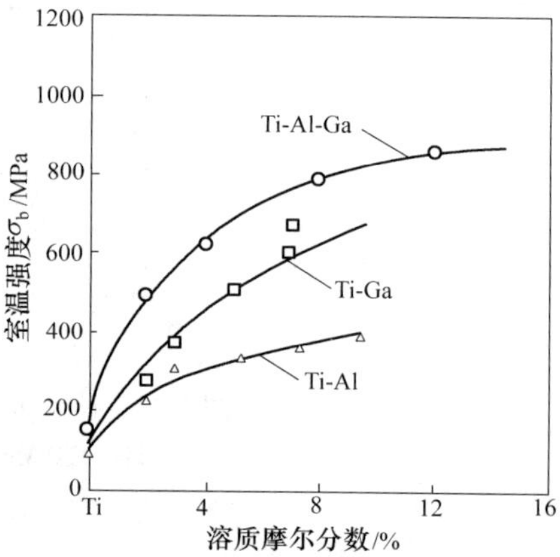

图 12-9 铝和镓的固溶强化作用及铝+镓复合强化作用

12.2.6.2 α+β 钛合金

Ti-6Al-4V 是应用最广泛的 α+β 钛合金，其强度特性可通过控制 α、β 二相的相对含量及金相形态而变化。退火态合金拉伸强度约 900MPa，而固溶时效态可以获得 1200MPa 拉伸强度。

一般来说，通过组织细化和 β 相变控制，可获得高强度。首先经 α+β 两相区热加工后控制固溶处理，得到细而均匀分布的一次 α 相，再时效得到在前 β 相区析出的细的二次 α 相质点。细的等轴 α 结构还具有较高的塑性、疲劳裂纹形成阻力和高温低周疲劳强度。

当合金在 β 相区处理时，则控制冷却可得到魏氏组织片状 α 相和网篮状组织。在相同强度条件下，这种组织具有比等轴 α 结构高的断裂韧性、疲劳裂纹扩展阻力和蠕变强度。

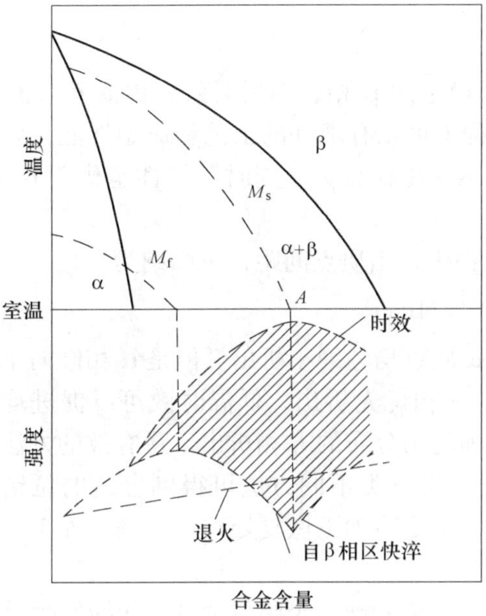

图 12-10 β 相强度与热处理的关系

图 12-10 示出淬火回火 Ti 合金的析出及强度关系。图中直线为退火态的成分-强度关系。另一条线为快冷得到马氏体相变的强度，它随成分的增加先增后减。这是由于马氏体数量的减少和残留 β 相增多。阴影区为回火后的强度，当 100% β 相在回火时转变，时效强化效果最大。当合金成分低于 A 点时，为 α + β 钛合金；当成分高于 A 时，为 β 钛合金。

进一步提高 β 稳定合金元素，得到富 β 相的 α + β 钛合金，可以有效提高强度，如 Ti-4. 5Al-3V-2Fe-2Mo 合金有 1400MPa 的拉伸强度。

另一个强化方向是超细等轴 α 相强化，一般需要很好控制 α + β 两相区热加工制度，才能得到较细的等轴 α 相，但其细化程度是有限制的。有文献报道，通过氢热化学（TCP）处理 Ti-6Al-4V 合金，可以得到 1μm 直径的超细等轴 α 组织，可以同时提高强度和塑性。有人仔细研究了各种 TCP 处理的作用，发现随氢化温度升高，强度和塑性均有所下降。TCP 处理都将降低断裂韧性。

钛合金的断裂韧性决定于裂纹分叉及弯折、裂纹尖端处的钝化和显微裂纹的形成。魏氏组织片状 α 结构易发生裂纹分叉和弯折，片状 α 愈粗，愈容易发生裂纹分叉和弯折，故断裂韧性更好。研究认为断裂韧性

$$J_{1c} = I_o^* \sigma_o \varepsilon_f^*$$

$$\sigma_o = (\sigma_b + \sigma_y)/2$$

式中，ε_f^* 为面应变断裂应变值 $\approx \frac{\varepsilon_f}{2}$（拉伸断裂变量值）；$I_o^*$ 为一种显微组织结构单元的表征。对于魏氏组织 α 片状结构，此 I_o^* 值是 α 片状结构集合体的尺寸。增大转变之前的 β 相尺寸，魏氏组织 α 片状结构粗化，使得 I_o^* 值增大，因而有利于提高断裂韧性。再者，此时易在 α 片结构中产生亚结构界面，增加裂纹扩展弯折，提高断裂韧性。这种情况示意于图 12-11。

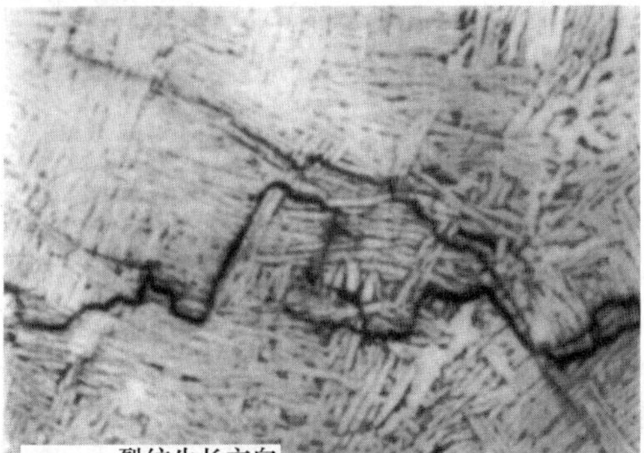

图 12-11 α 片状组织中的亚结构使裂纹扩展产生弯折

具有细的 α 等轴结构的 Ti-6Al-4V 合金的断裂韧性，比具有魏氏组织 α 片的合金差，原因是细 α 等轴组织容易产生很多显微裂纹，由于这些显微裂纹数目太多和距离太近，所以裂纹容易联结扩展，降低断裂韧性。对于魏氏组织 α 片状结构，裂尖形成少量的微裂纹，能起释放应力集中作用，反而有利于提

高断裂韧性。

12.2.6.3 β 钛合金和近 β 钛合金

β 钛合金的 β 相可以残留到室温，但却是不稳定的 β 相，随后时效析出 α 第二相强化。因此，这类合金主要是时效硬化，在制备过程中可以有很好的工艺和成型性能，以后经热处理又可以得到很高的强度，其强度可优于 α + β 钛合金，同时其韧性也优于 α + β 合金。但如果控制不当，β 合金可产生严重脆性。

通过 β 相 TTT 曲线控制析出，得到的强度依赖于析出质点间距，可归纳为：

$$\sigma_{0.2} = 850 + 70d^{-1}(\text{MPa})$$

式中，d 为 α 析出相质点间距（μm）。因此要求 α 质点均匀细小析出。但是 α 相倾向于优先在 β 相晶界析出，细化 β 相晶粒可以推迟晶界 α 相优先析出，低温时效可以促进均匀析出并推迟 α 相长大，二次时效处理也可得到更加均匀分布的 α 相析出。最有效的方法是控制位错结构，以促进 α 质点在位错处均匀析出。有三类不同方法可得到合适的位错结构，促进 α 相均匀细小析出。一是固溶前冷加工；二是冷加工恢复处理；三是温加工。一般来说，温加工较易得到合适的位错结构。

在固定时效条件下 β 晶粒大小有很大作用，当晶粒大到一个临界值 A，开始发生沿晶断裂而塑性下降；再增大到另一个临界值 B，塑性值降到零。试验证明 A、B 值与合金强度水平相关，强度水平愈高，临界晶粒大小 A、B 值愈低。

图 12-12a 是各种钛合金的塑性和强度关系。由图可以看出塑性随强度升高而下降，但可以细分为两个性能带：高塑性带内的合金多半是经过合适的处理得到细 β 晶粒及适当大小的 α 沉淀强化，低塑性带却多与大的 β 晶粒及 ω 相析出（低温时效）或极细的 α 质点相联系，同时还可看到，当屈服强度达到 1500MPa 左右，塑性出现大幅度下降（如图中虚线所示），这就限制了强度再进一步提高。其原因是出现沿晶裂纹。图 12-12b 表示进一步改善的方向。通过控制位错结构处理，以把强度和塑性进一步提高到如图实圆点表示的极限线，提高了强度的上限值。

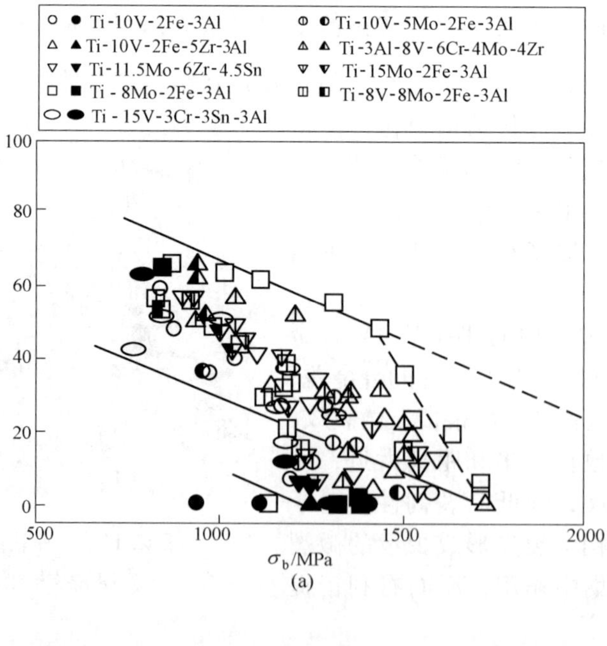

(a)

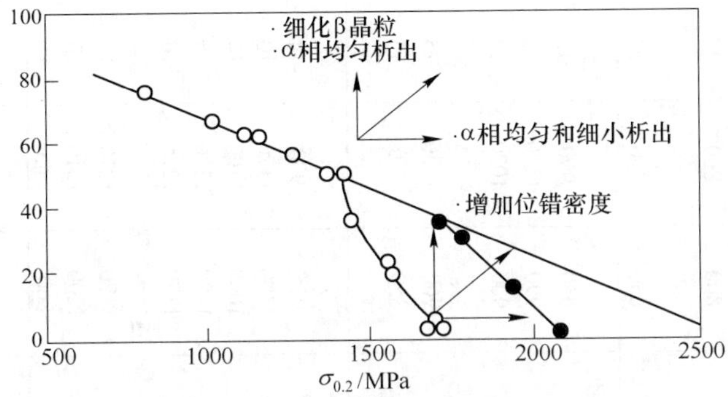

(b)

图 12-12 强度与断面收缩率的关系

（a）强度 σ_b 与断面收缩率关系（圆点合金经 723～923K 时效，实点合金经573～673K 时效）；

（b）改善强度-塑性关系（圆点是热处理后的性能，实点是经热机械处理后的性能）

12.3 钛合金的发展与应用

自 20 世纪 50 年代初以来，钛合金获得了很大的发展。表 12-6 是部分有代表性的钛合金的性能数据。图 12-13～图 12-17 是部分钛合金的力学性能。

α 钛合金主要用铝、锆、锡固溶强化。Ti-5Al-2.5Sn 合金是这类合金的典型，早期开发成功，至今还在 300℃以下应用，可以焊接，但冷加工困难（加工硬化率高）。为了进一步强化，加入更多的 α 稳定元素，试图发展一种超 α 钛合金，其蠕变性能优异，但制备困难，在制备过程和使用过程中易产生脆性。研究证明，这是由于有 Ti_3Al-α_2 有序相析出，造成脆性。由此提出一个临界“Al 当量”式，只要合金的铝当量值满足下式，就可以得到稳定的 α 钛合金，没有 α_2 相析出。

$$[\text{Al 当量}] = w(\text{Al}) + \frac{1}{3}w(\text{Sn}) + \frac{1}{6}w(\text{Zr}) + \frac{1}{2}w(\text{Ga}) + 10 \times w(\text{O} + \text{C} + 2\text{N}) \leqslant 9$$

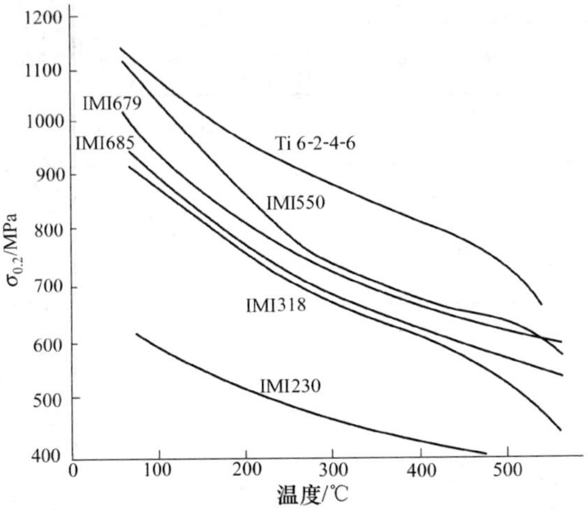

图 12-13 商业钛合金的屈服强度-温度关系

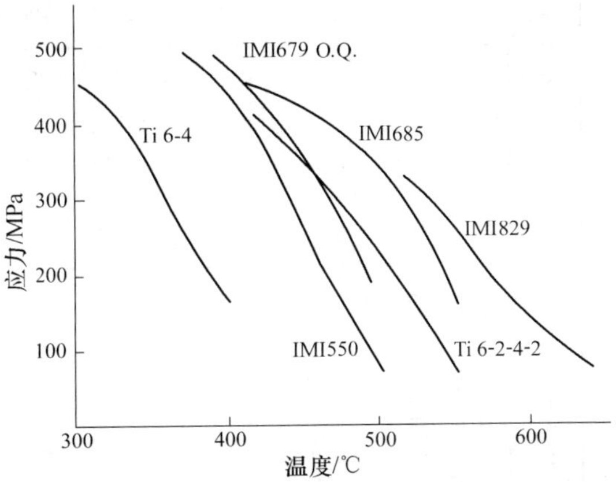

图 12-14 商业钛合金的蠕变强度（100h 总塑性变形 0.1% 时的强度）与温度关系

表 12-6 部分钛合金的成分w、体积质量和典型室温拉伸性能

一般合金牌号	Al	Sn	Zr	Mo	V	Si	其他	体积质量 /g·cm^{-3}	状态	$\sigma_{0.2}$ /MPa	σ_b /MPa	δ/%
α-合金												
CP Ti99.5% IMI 115. Ti-35A							0	4.51	退火 675℃	170	240	25
CP Ti99.0% IMI 155. Ti-75A							0	4.51	退火 675℃	480	550	15
IMI260							0.2Pd	4.51	退火 675℃	315	425	25
IMI317	5	2.5						4.46	退火 900℃	800	860	15
IMI230							2.5Cu	4.56	ST（α）①，双时效 400and475℃	630	790	24
近-α 合金												
8-1-1	8			1	1			4.37	退火②780℃	950	990	15
IMI679	2.25	11	5	1		0.25		4.82	ST（α+β）时效③500℃	990	1100	15
IMI685	6		5	0.5		0.25		4.49	ST（β）时效 550℃	900	1020	12
6-2-4-2	6	2	4	2		0.1		4.54	ST（α+β）退火 590℃	960	1030	15
Ti-11	6	2	1.5	1		0.1	0.35Bi	4.45	ST（β）时效 700℃	850	940	15
IMI829	5.5	3.5	3	0.3		0.3	1Nb	4.61	ST（β）时效 625℃	—	—	—
α/β 合金												
IMI318，6-4	6				4			4.46	退火 700℃	925	990	14
									ST（α+β）时效 500℃	1100	1170	10
IMI550	4	2		4		0.5		4.60	ST（α+β）时效 500℃	1000	1100	14
IMI680	2.25	11		4		0.2		4.86	ST（α+β）时效 500℃	1190	1310	15
6-6-2	6	2			6		0.7（Fe，Cu）	4.54	ST（α+β）时效 550℃	1170	1275	10
6-2-4-6	6	2	4	6				4.68	ST（α+β）退火 590℃	1170	1270	10
IMI551	4	4		4		0.5		4.62	ST（α+β）时效 500℃	1200	1310	13
Ti-8Mn							8Mn	4.72	退火 700℃	860	945	15
β-合金												
13-11-3	3				13		11Cr	4.87	ST（β）时效 480℃	1200	1280	8
BetaⅢ		4.5	6	11.5				5.07	ST（β）双时效	1315	1390	10
8-8-2-3	3			8	8		2Fe	4.85	480 and 600℃	1240	1310	8
Transage129	2	2	11		11			4.81	ST（β）时效 580℃	1280	1400	6
Beta C	3		4	4	8		6Cr	4.82	ST（β）时效 540℃	1130	1225	10

① ST(α)，ST(α+β)，ST(β)相当于各自在 α，α+β 和 β 相区固溶处理；

②、③ 退火处理通常比时效处理时间短。

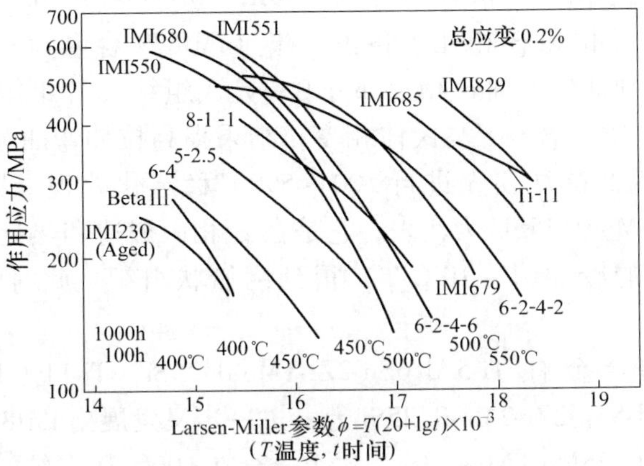

图 12-15　商业钛合金的 Larsen-Miller 曲线

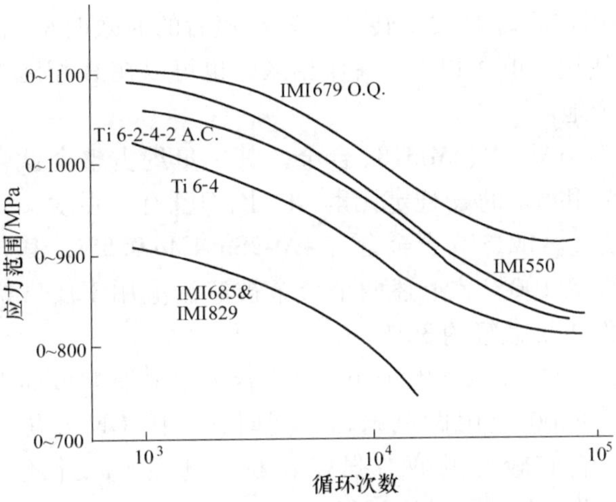

图 12-16　商业钛合金的低周疲劳性能（20℃）

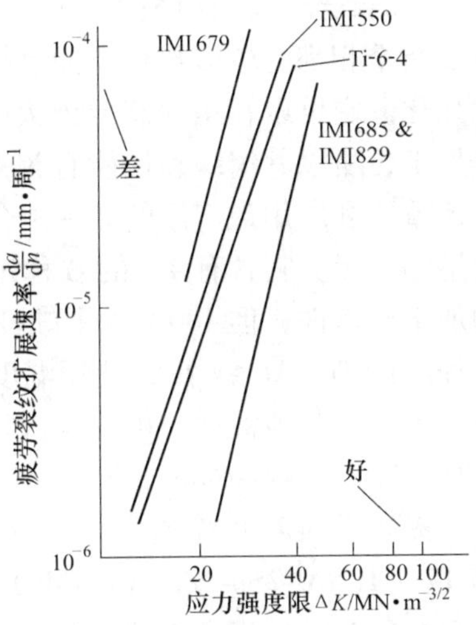

图 12-17　商业钛合金的疲劳裂纹扩展速率（20℃）

由于有［Al 当量］的限制，α 合金的发展受到限制。进一步发展的方向是研究时效硬化 α 合金（IMI230Ti-25Cu 合金），400/475℃二次时效析出圆盘状细小共格 Ti_2Cu 相。该合金可冷加工及焊接，是唯一广泛用于发动机铸件和法兰盘的真正的时效硬化钛合金。

另一个有效发展方向则注重于加入一些 β 稳定元素，发展近 α 钛合金。这类合金 β 稳定元素含量小于或等于2%，产生少量 β 相，改善热加工性，但性能改善主要是由 β→α′马氏体和控制 α/α′显微组织，或控制 β→魏氏组织 α 片状组织。IMI679（Ti-11Sn-2.25Al-5Zr-1Mo-0.2Si）是一个典型的近 α 合金，首先是采用大量锡而不是铝进行固溶强化。因为锡有较弱的形成有序脆性相的能力，锆则可进一步加强固溶强化作用。加入 1% 的钼是使 β 相稳定和增加可热加工性。少量硅可固溶于 α 相，它易偏析于位错处，减少位错可动性，提高拉伸强度和450℃蠕变强度。美国发展的 Ti-8Al-1Mo-1V（Ti8-1-1）合金也是一个例子，含有较高的 β 稳定元素，可锻性好，可焊，密度低，弹性模量高，400℃蠕变性能好。但这个合金的 Al 当量已大于9%，所以有 α_2 脆性相析出（高温长期暴露后）。后来又发展出可在470℃使用的Ti-6242合金（Ti-6Al-2Sn-4Zr-2Mo-0.1Si）。上述诸合金一般在α+β相区热加工，α相和β相几乎各占一半（IMI679合金为900℃，Ti8-1-1合金为1010℃），随后空冷得到部分等轴α相及部分β→魏氏组织α片组织，可得到最大的蠕变强度。当加快冷却时，发生β→α′马氏体相变，结果提高拉伸弯曲强度，但大于450℃时的蠕变强度低一些，因此往往要先进行500～590℃稳定化处理。另一类近α合金是以IMI685(Ti-6Al-5Zr-0.5Mo-0.25Si)为代表，它是在β相区锻造和热处理，淬火后得到板状马氏体α′。较慢一些的冷却(1～10℃/s）得到网篮状组织，此时蠕变强度较好，可在520℃使用。

在美国，类似的合金有Ti-5Al-6Sn-2Zr-1Mo-0.25Si，Ti-11（Ti-6Al-2Sn-1.5Zr-1Mo-0.35Bi-0.1Si)和Ti-5Al-5Sn-2Zr-2Mo-0.25Si等。进一步又发展出IMI829近α钛合金，成分为Ti-5.5Al-3.5Sn-3Zr-0.25Mo-1Nb-0.3Si。这个合金在600℃还有较好的蠕变强度，但疲劳性能较低（见图12-14～图12-16）。

α+β钛合金是目前最重要的一类钛合金，一般含有4%～6%的β稳定元素，从而使α和β两个相都有较多数量。而且抑制β相在冷却时发生转变，只在随后的时效时析出，产生强化。它可以在退火态或淬火时效态使用，既可以在α+β相区，也可以在β相区进行热加工，所以其组织和性能有较大调整余地。

最重要和应用最广泛的α+β合金是Ti-6Al-4V(IMI318)合金，其用量约占整个钛合金用量的一半。它含有4%的β稳定元素V和6%的α稳定元素Al，因而既有高强度又有好的加工成形性，但400℃以上蠕变强度稍逊。IMI550合金含有4Al-2Sn-4Mo-0.5Si，其合金化程度比Ti-6Al-4V高，使用温度也提高约100℃。上述两个合金被广泛应用于压气机盘件、叶片和其他锻件，可使压气机转动件质量减轻约30%。

Ti-6Al-2Sn-4Zr-6Mo（Ti-6-2-4-6）合金，是在原来的Ti-6-2-4-2合金中增加4Mo而得到的，提高了强度和淬透性，已在发动机F100上用做风扇盘。同时，美国GE公司发展Ti-17（Ti-5Al-2Sn-2Zr-4Cr-4Mo）合金，它有较好的疲劳强度和断裂韧性。此外还有Ti-662（Ti-6Al-6V-2Zr-0.7（Fe，Cu）），Ti-4Al-4Sn-4Mo-0.5Si（IMI551）和Corona-5(Ti-4.5Al-5Mo-1.5Cr)合金，它们含有较多的β稳定元素和时效析出元素，因而有很高的强度；另一方面，如果控制冷却得到魏氏组织α结构，则有很高的断裂韧性，如Corona-5合金可以得到155MPa·$m^{1/2}$断裂韧性，比Ti-6Al-4V合金的断裂韧性大一倍。

β钛合金中含有更多的β稳定元素。它具有更好的热加工成形性，可以冷加工成形再时效强化；同时有较好的淬透性，以利于较厚部件淬火。但由于合金元素量较多，易有偏析，密度提高（甚至大于5g/cm^3），因此首先发展的是Ti-13V-11Cr-3Al合金，经固溶淬火冷成形及时效（480℃）后，拉伸强度达1300MPa，但可焊性因要析出ω相而恶化，长期暴露时有$TiCr_2$析出而脆化。不过，该合金已成功制作SR-71飞机的蒙皮。英国的Ti-15Mo(IMI205)合金具有中等的强度，已用于化学工业。其他的β钛合金有13-11-3(13V-11Cr-3Al)、BetaⅢ(11.5Mo-4.5Sn-6Zr)、10-2-3(10V-2Fe-3Al)及其变种8-8-2-3(8V-8Mo-2Fe-3Al)、Ti-17(4Mo-4Cr-5Al-2Sn-2Zr)、15-3-3-3(15V-3Cr-3Al-3Sn)、Beta C(4Mo-8V-6Cr-3Al-4Zr)和15-5-3(15Mo-5Zr-3Al)等，一般都有较多α稳定元素合金及中性强元素（铝、锆、锡），以强化合金，又促进α相析出（或者说是抑制ω析出）；同时，β稳定元素也要足够高，不希望产生形变诱导马氏体相变，这样对冷成形性有利；另外，稳定共析反应的元素也不可过多，否则不利于时效析出强化。这类合金要经固溶和时效处理。例如，BetaⅢ合金经750/775℃固溶快冷，再475℃时效析出细小α相，抗拉强度可达1400MPa，断裂韧性可达54MPa · $m^{\frac{1}{2}}$，综合性能较好。如果结合冷加工改善位错结构，加强析出强化，则抗拉强度可提高到1700MPa而不产生缺口敏感性。一般来说，β钛合金具有比α+β钛合金更好的断裂韧性（图12-18）。

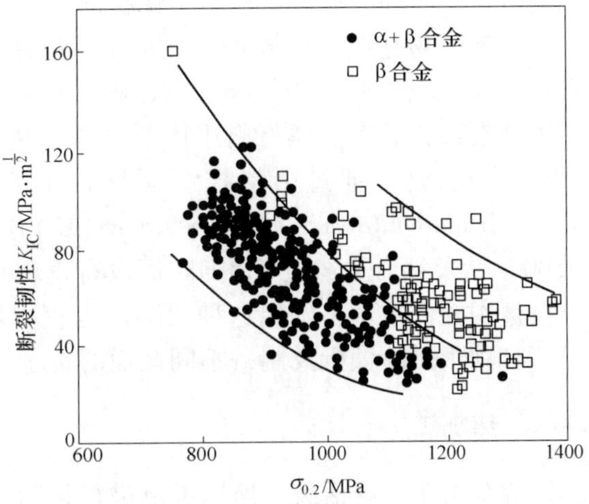

图12-18　β和α+β钛合金的K_{IC}-$\sigma_{0.2}$关系

总之，β钛合金可以得到很高的强度（拉伸强度甚至达2000MPa），但受到缺口强度和断裂韧性的限制，要想提高强度，先要解决韧性问题。一种办法是细化β晶粒，但是试验证明，细化晶粒确能改善塑性却不能改善断裂韧性。例如，Ti-15-5-3经750℃、850℃和1000℃固溶处理1h，再500℃时效1000min，得到三种晶粒大小5.4、37和152μm，其伸长率分别为9%、3%和1%，断面收缩率分别为52%、7%和2%，疲劳极限（$N_f = 10^7$）则为700、570和580MPa。小晶粒的疲劳极限与Ti-6Al-4V相当，但是合金的断裂韧性与晶粒大小关系正好相反。另外，Ti-15-3-3-3合金的试验也证明，随晶粒大小由约400μm降到50μm时，合金的伸长率、断面收缩率增加，而K_{IC}反而下降。热机械处理（TMP）可以进一步提高断裂韧性。例如Ti-10-2-3合金，先在700℃固溶1h水冷，再进行75%冷轧，再快速加热到760℃5s水冷，再510℃时效8h空冷，得到长条的一次α相和均匀分散析出的二次α相。可以得到$\sigma_b = 1320$MPa、$\sigma_s = 1220$MPa、10%伸长率和$K_{IC} = 90 \sim 100$MPa · $m^{\frac{1}{2}}$水平，而经一般固溶时效处理得到相同屈服强度时，其K_{IC}值只有40～50MPa · $m^{\frac{1}{2}}$。

12.4　钛合金的生产工艺

12.4.1　熔炼

钛的化学性质很活跃，熔炼时要和耐火材料坩埚起反应，因而必须采用水冷铜坩埚冶炼，通常是用自耗炉冶炼。先要仔细准备原材料（清洁干燥），并压成自耗电极棒，再进行熔炼。可制备直径75mm～1.5m的锭子。这种熔炼方法的主要问题是合金锭的均匀性和夹杂物。锭子的成分偏析有宏观和微观偏析两种，一些β稳定元素，如铁、铬、锰、钒、铜等在凝固时有正偏析，所以易在锭头部及锭中心处产生较高浓度宏观偏析，从而提高β相变温度，产生所谓β核（beta core）缺陷。另外，它还在枝晶间产生微观正偏析。氧的偏析正好相反，是负偏析。这两种偏析的发展程度还与随后的热加工及热处理有关，如控制不好，不仅在高β稳定元素偏析区形成β核缺陷，还在贫β稳定元素的区域形成所谓β斑（beta-fleck）缺陷。为了使成分均匀，必须重复自耗熔炼一次以上。可采用多次真空自耗炉重熔，不断加大锭型。但由于偏析问题，钛合金的锭型也不可过大。

外来夹杂物基本上有两类——低密度夹杂（LDI或硬α夹杂）和高密度夹杂（HDI）。前者是海绵钛原材料含氮（还有氧，碳）量太高，形成极稳定的硬α夹杂，机械加工时易产生微裂纹；后者是原材料中由于种种原因混入的难熔金属（钨、铌等）及其化合物（如WC碳化物）。通过严格控制原材料中的高密度夹杂，以及采用电子束重熔技术（electron-beam cold-hearth refining furnace或EBCHM），可以有效去除这类高密度夹杂。已有45000t钛及钛合金经过EBCHM而没有发现有高密度夹杂。但要去除低密度夹杂是困难的，而且用探伤技术去发现这种缺陷，也较困难。尽管如此，EBCHM仍是一种先进冶炼技术，有利于解决偏析及制备不同截面的锭子。

12.4.2 热加工

钛合金由于过于活泼，所以不能进行长期扩散退火。一次热加工是为破碎铸锭中的粗大柱状晶。一般$T_{加工}=T_{\beta}+(100\sim150)$℃（$T_{\beta}$是β相界温度），可以直接拉拔或锻粗，终锻温度要低于T_{β}。由于表面及中心有温度差，所以，锻件从表面到中心的组织可以略有不同。即等轴一次α相及冷却时析出的魏氏组织α片的相对数量不同。为了消除这一不均匀性，往往在破碎性热加工后，就在$T_{\beta}+(50\sim75)$℃处理保温，时间尽可能短，只要求完成再结晶但不要求晶粒长大。不过，即使控制时间短，其晶粒一般也在500μm左右。冷却要快一些，避免在晶界析出α相，而只形成魏氏组织细α片，因为晶界α相不利于随后的二次热加工性。形成魏氏组织α片的温度与热加工应变速率和压下量有关，应变速率低（如为10^{-2}/s和在50%压下量条件下），在$T_{\beta}-60$℃开始转变为魏氏组织α片，并已开始粗化和球化。当应变速率为10/s时，则转变温度为$T_{\beta}-20$℃，此时可得到细片，粗化程度小。这是因为低温转变区中，α片的变形极不均匀，这种不均匀变形促进球化。二次热加工是为了控制组织结构，一般有α+β相区加工和β相区加工的区别。可采用锻造、轧制和挤压，在α+β相区热加工以后可以有许多不同的热处理：

（1）复相退火处理（$T_{\beta}-50/75$℃/空冷+540/675℃时效2~8h），得到一次α+魏氏组织α片组织；

（2）固溶时效处理（$T_{\beta}-40$℃固溶淬火+535/675℃8h），得到一次α相及回火α′组织或α+β相；

（3）β退火（$T_{\beta}+15$℃/空冷+650/760℃2h），得到魏氏组织α+β片状组织；

（4）再结晶退火（925℃/4h控制冷却50℃/h冷到760℃空冷）得到等轴α相及三角晶界处β相组织；

（5）β淬火$T_{\beta}+15$℃/水冷+650/760℃2h得到回火α′组织；

（6）热加工退火（α+β相区热加工+705℃/30min~几小时，空冷），得到不完全再结晶的α相及少量的β质点。

在β相区热加工可以得到拉长的β晶粒及部分的再结晶β相，在β相区挤压可得到细的等轴α+β相。有时钛合金热加工也可能产生织构。热加工炉的气氛是重要的，一般钛在高于550℃下要吸氧、吸氢，所以电炉优于油炉或煤气炉。如果用模锻，模要预热至200~450℃（慢速加工温度高些）。当锻制薄件时，预热温度要更高。

钛合金的超塑性成形，包括超塑性板材成形法和等温锻造法，主要是通过低于T_{β}

热加工得到极细的等轴 α 相及 β 相。在915℃附近，等轴极细小的 α 及 β 相（约各占一半），在应变速率为 $10^{-3} \sim 4 \times 10^{-5}$/s 之间，都有最大的应变速率敏感系数的值，因而具有超塑性。SP-700 是一个新的超塑性合金（Ti-4.5Al-3V-2Fe-2Mo），具有很高的室温抗拉强度。

12.4.3 粉末冶金钛合金

粉末冶金钛方法特别有利于制造近终形部件，比较成功的制造合金粉末的方法是旋转电极法（REP）及其进一步发展出来的改进方法。现已证明，其产品性能可以满足宇航工业的需要。主要的问题是生产粉末的清洁度。早期生产有钨电极污染。粉末压制的电极比较便宜，如采用锻造的自耗电极则成本太高。利用氢化物和脱氢化物过程来制造粉末，是一个正在研究发展的新工艺（HDH），比较吸引人的方法是直接用混合元素粉末制备钛合金。近来 NKK 公司进一步发展了该方法并用于制造 Ti-6Al-4V 合金和其他钛合金。但此法制备的合金强度-塑性配合欠佳。TIARA 是一种新的混合元素粉末制备钛合金的方法，要求钛粉粒度在 100 目(150μm)左右，可以是海绵钛粉（即 CP 粉，但氯气量多，影响产品质量）。采用 HDH 法制造的低氧粉末较好。还要有 325 目(44μm)的中间合金粉。有两种中间合金粉，成分为 60Al-40V 和 39Al-26V-17.5Fe-17.5Mo。前者用于制备 Ti-6Al-4V 合金，后者用于新型超塑性合金 SP-700（Ti-4.5Al-3V-2Fe-2Mo）。粉末混合均匀并压实后，在 1260℃真空烧结，可得到 99.5% 理论密度的合金。结果表明用这种方法生产的合金有很好的强度-塑性配合。用 HDH 粉末制备的合金性能略优于用 CP 粉末制备的合金，得到的粉末冶金 SP-700 合金的力学性能和冷加工成形性要比 Ti-6Al-4V 合金好一些。

12.5 钛合金的近期发展

钛合金的近期发展有三方面，一是改善工艺、提高质量；二是发展新合金以适应市场需要；三是扩大应用市场。

12.5.1 改善工艺，提高质量，降低成本

首先是要提高钛的纯洁度，一方面要改善工艺；另一方面要改善无损探伤技术。20 世纪 90 年代以前，工业生产的钛缺陷率大于 4 件产品/百万磅钛产品（约 40 多万 kg 钛产品），现已降到 3 件以下。主要是因为发展了 EBCHM 熔炼方法，这种方法对去除高密度缺陷很有效。还可用三次真空冶炼方法来改善。改善探伤方法使原来的探伤能力大为提高。对于 254mm 直径坯料，已可探到0.8mm平底孔洞，比原来的探伤能力提高 50%（原来是1.2mm 孔洞）。

只有商业纯钛带及焊接管有足够的产量，允许使用像生产钢一样的大规模生产装备，才能降低成本。例如，有人考虑把 EBCHM 熔炼和连续铸锭法联系起来大规模生产纯钛合金。RMI 钛公司已成功地用无缝钢管生产装置生产出直径 250～350mm 的无缝钛合金管。轧制钛复合钢板是一种降低成本的新工艺，先轧制复合一层便宜的钛层垫底，再轧上一层 1～1.4mm 厚的高级耐蚀钛合金或 Zr-702 合金层，就可得到耐蚀性极优的复合钢板，成本下降 15%～45%。另外，用永久铸模代替精密铸生产铸件，可降低成本 40%～50%。

12.5.2 钛合金的新发展和新应用

Ti-6Al-4V 是宇航工业应用的最主要的老牌钛合金。但是，近来 Ti-10-2-3 合金、Ti-6-22-22.5 合金、Ti-6Al-2Sn-2Zr-2Cr-2Mo-0.15Si 合金和 Alloy C 也有机会应用于宇航工业。Ti-10-2-3 是 20 世纪 60 年代发展起来的，强度达到 $\sigma_b = 1170\text{MPa}$，$\sigma_s = 1070\text{MPa}$，$\delta = 78\%$，已可用于制作飞机的起落架（波音 777 和 C-17）。最高使用温度为 260℃，其板材的性能可达 $\sigma_b = 1240\text{MPa}$，$\sigma_s = 1000\text{MPa}$，$\delta > 5\%$，可制作飞机构件。Alloy C 是一个新型高温钛合金，使用温度达 650℃，它的特性是抗燃烧阻力大和高温强度大，用于制造 F-119发动机的排气管，$\sigma_b = 1000\text{MPa}$，$\sigma_s = 930\text{MPa}$，$\delta > 20\%$。

当前，钛合金已扩大应用到民品工业及船舶工业。一个发展是用 Ti-6Al-4V 做蒸汽涡轮叶片，1993 年已做出 101.6cm 长的叶片，用于 700MW 透平机。同时期发展出 Ti-15Mo-5Zr 抗腐蚀性合金，经焊接和热处理后，可得到均匀的显微组织和一层抗腐蚀表面层，使用效果好。Ti-6Al-4V 的可锻性略差。为了提高涡轮叶片收得率，研究用 Ti-10V-2Fe-3Al 和 Ti-17 来做叶片，该合金是近 β 钛合金，强度和韧性配合优于 α + β 合金，耐腐蚀性和疲劳性均超过 α + β 合金，已做出 50.8cm 长的模型叶片，目前，Ti-6Al-4V 合金已扩大了在船舶工业上的应用。1992 年，已做出 1 万米深海压力容器。此外，已有报道 Beta C 合金（Ti-38-6-4-4）用做深海装置，充分利用钛合金极优的抗海水腐蚀能力。

近年来，钛合金的应用市场明显扩大到民用消费品。首先是用 Ti-6Al-4V 做电磁烹调器具。钛是没有磁性的，但其电阻率高，质量轻，低热容和高耐蚀性是很吸引人的，特别是可以用超塑性加工做精确形状的烹调用具。

20 世纪 90 年代开始做钛合金的高尔夫球棒头，日本采用 Ti-6Al-4V 合金、Ti-15V-3Cr-3Sn-3Al β 钛合金和其他钛合金，可以是锻件或铸件，现已发展一种用磁悬浮炉熔炼吸进陶瓷模的方法（LEV1-CAST），生产率和质量均令人满意。Ti-15V-3Cr-3Sn-3Al 是日本应用最多的高尔夫球头合金。在美国，1995 年的高尔夫球头市场需求就超过 1400t，且每年以 20% ~25% 速率增长，主要是用 Ti-6Al-4V 合金。

要扩大钛合金在民品工业中的应用，首要任务是降低成本，因此发展了一些低成本合金。表 12-7 是其简单情况。另外，可用钛合金回收碎屑和采用 Fe-Mo 中间合金降低成本，性能也能满足要求，希望能在民品工业中大量应用。

表 12-7 低成本钛合金

合金	成本	σ_s/MPa	特性	应用
Ti-6Al-4V	1	825	对比合金	
Ti-5Al-2Fe	0.82	825	低成本合金元素	汽车工业
Ti-6Al-4V-0.25O SAT	0.85	900	用低成本碎屑	弹道装甲
Ti-4.5Fe-6.8Mo-1.5Al LCB	0.78	1100	用 Fe-Mo 中间合金	弹簧，扭转棒

耐蚀钛合金是一个重要的发展领域，表 12-8 列出了一些典型的耐蚀钛合金。一般采用钛 + 少量钯的合金，后来发展一些 Pd-Co、Ru-Ni 以及 Pd-Ni-Ru-Cr 复合合金化合物，在 HCl 和 H_2SO_4 中有很好的耐蚀性。耐蚀机理的研究表明，由于在钛表面形成一层富钯或钯 + 钴层，起到钝化作用。现在想把这种耐蚀机理用到高强度钛合金上，如 Ti-6Al-4V-0.1Ru，Ti-6Al-4V-0.05Pd-0.4Ni，Ti-3Al-2.5V-0.05Pd-0.4Ni 等。

表 12-8　典型的耐蚀钛合金

钛合金	热处理	σ_b/MPa	σ_s/MPa	δ/%	备注
0.15Pd (JIS Gr. 11)	退火	270/410	≤165	≤27	
(JIS Gr. 12)	退火	340/510	≤215	≤23	ASTM Gr. 7
(JIS Gr. 13)	退火	480/620	≤345	≤18	
0.3Mo-0.8Ni	退火	≤483	≤345	≤18	ASTM Gr. 12
0.5Ni-0.05Ru	退火	≤275	≤170	≤18	TiCOREX ASTM Gr. 13. 14. 15
0.05Pd	退火	≤345	275/450	≤20	SMI-ACE ASTM Gr. 16
0.05Pd-0.3Co	退火	≤345	275/450	≤20	SMI-ACE
0.4Ni-0.15Cr-0.01Pd-0.03Ru	退火	340/510	≤215	≤23	AKOT
5Ta	退火	340/510	≤215	≤23	KS50Ta
3Al-2.5V-0.05Pd-0.4Ni	CW/SR	≤860	≤725	≤8	SM-Ti-110
6Al-4V-0.05Pd-0.4Ni	退火	≤895	≤825	≤8	SM-Ti-130

日本近期发展了一些新型钛合金。一类合金是可冷变形的合金，如 Ti-22V-4Al (DAT51)，Ti-20V-4Al-1Sn(SAT-2.41CF)，Ti-16V-4Sn-3Nb-3Al 等 β 钛合金。β 钛合金一般具有良好的冷变形性，加工硬化较好。最近又发展了一类 α 钛合金 Ti-10Zr（氧含量w(O) <0.1%）。α 钛合金具有良好的冷变形性，但加工硬化率较高，所以经冷加工后的硬度、强度较高。这些合金的使用目标是民用汽车、眼镜架、钟表和高尔夫球杆头等。

近来日本发展了一系列高强度低成本 β 钛合金，例如 Ti-0.5Fe-0.1N(TIX-80)合金，加 Fe 后可以得到晶粒细化的效果。另外发展了一种 SP-700 低温超塑性合金（Ti-4.5Al-3V-2Mo-2Fe），在 700℃、10^{-3}/s 变形速率有良好超塑性，其超塑性温度比 Ti-6Al-4V 合金低 100℃。另一个合金是 Ti-6Al-4V-10Cr-1.3C（SAT-64AW），利用 TiC 弥散强化 β 基体，有极优的耐磨性。另外，还有含硫的易切削 Ti 合金 Ti-3Al-2V-0.1S（DAT52F），还有一些稀土元素的细硫化物均匀分布于 α + β 基体，切削性极好。

本 章 小 结

****

钛合金是以金属钛为基的合金。钛合金密度较低，约为$4.5g/cm^3$，比强度和比断裂韧性显著高于钢铁材料。钛合金室温强度高，疲劳强度和断裂韧性高。钛合金的强度能够维持到550℃左右，并具有良好的低温韧性，抗腐蚀性能优异，制备加工工艺性能好。钛合金在航空、航天、化工、造船等工业部门获得日益广泛的应用。

钛合金的组织类型分为α型（六方结构）与近α型、β型（体心立方结构）与近β型，以及α+β混合型三种。代位固溶合金元素划分为稳定α相（Al等）、稳定β相（Mo、V、Cr、Mn、Fe等）、以及中性强化元素（Sn、Zr等）三类。高温下稳定的β相淬火快冷时转变成马氏体α′相，淬火温度过高时还会产生ω相。钛合金的力学性能主要受合金的微观组织类型影响，固溶强化与细化晶粒强化显著影响强度，而特殊的组织形态可以显著提高合金的疲劳、蠕变特性及断裂韧性。Ti及其合金中能够大量溶解O、N、C等间隙原子，并且对性能产生显著影响。钛合金的制备加工一般以海绵钛为主要原料，不同方法制备的海绵钛主要杂质不同，对钛合金性能有影响。钛合金主要通过真空自耗电弧熔炼，经塑性加工成形并通过热处理控制合金微观组织结构，制备板、棒、管、线等型材；或者直接铸造成产品。

****

典型钛及钛合金

α型与近α型（国标TA、ZTA类纯钛及钛合金）：工业纯钛（TA0～TA3），Ti-4Al-0.005B（TA5），Ti-5Al-2.5Sn（TA7），Ti-2Al-2.5Zr（TA16），Ti-6Al-2Sn-4Zr-2Mo（TA19，Ti-6242）

β型与近β型（国标TB、ZTB类合金）：Ti-22V-4Al（DAT51），Ti-5.5V-8Cr-5Mo-3Al（TB2），Ti-8V-1Fe-10.5Mo-3Al（TB3），Ti-15V-3Cr-3Sn-3Al（TB5），Ti-3V-2Mo-2Fe-4.5Al（SP700）

α+β型（国标TC类钛合金）：Ti-6Al-4V（TC4，IMI318），Ti-6Al-3.5Mo-1.5Zr-Si（TC11），Ti-6Al-2Sn-4Zr-6Mo（TC19，Ti-6246），Ti-5Al-5Mo-2Sn-Si-Ce（ZTC3）

****

思考题与习题

12-1 请总结金属钛的基本物理化学性质（如熔点、密度、弹性模量、化学活性等），并将其与最常用的金属Fe、Cu、Al、Mg等加以比较。

12-2 金属Ti的晶体结构有哪些类型，对钛合金的类型有什么影响，相变过程受哪些因素影响？

12-3 纯钛室温下为密排六方结构（α相）。它具有很强的塑性变形能力，而同为密排六方结构的金属Mg室温下很难塑性变形。请说明这种差别的原因。

12-4 不同结构类型的钛合金，分别有哪些代表性合金？归纳总结其中合金元素对晶体结构的影响。

12-5 工业纯钛的室温强度、塑性大约为多少，α 型钛合金室温强度能达到多高，强化的机理是什么？

12-6 β 型钛合金室温强度一般能达到多高，主要的强化方法及强化机理是什么，如何获得 BCC 结构的合金组织？

12-7 α + β 型钛合金室温强度一般能达到多高，合金的典型微观组织是什么样的，如何通过热处理获取这种微观组织？

12-8 比较不同结构类型钛合金的强度、塑性与韧性。

12-9 总结钛合金在热处理控制其组织形态方面的重要规律性。

12-10 一般而言，钛合金具有非常强的抗裂纹扩展能力，其断裂韧性在 50 ~ 200MP · $m^{1/2}$ 之间。请根据微观组织特点说明钛合金断裂韧性良好的原因。

12-11 Ti-6Al-4V 是最早研究开发的钛合金，其实际应用量至少达到钛合金的四分之三，而且有多种钛合金可以看作是由其衍生发展出来的。请按照合金的“成分-制备工艺-性能”关系对该合金进行比较全面的归纳总结。

12-12 查阅文献，比较钛合金与钢铁材料的比强度、比断裂韧性及比弹性模量。

12-13 金属钛的主要制备方法有哪些，产品的特点是什么，什么是海绵钛，它作为生产钛合金的主要原料，有哪些问题需要注意？

12-14 钛及钛合金中，H、O、N、C 等杂质元素对性能有哪些突出影响，如何避免，是否有加以利用的例子？

12-15 查阅文献资料，给出钛合金工业生产的工艺流程。对其中的特殊要求加以总结。

12-16 钛合金的实际应用非常广泛。请查阅文献资料，思考以下几个方面的问题：（1）对这些应用领域进行总体归纳总结；（2）针对某一个具体的应用领域加以细化总结；（3）如果在具有钛合金生产及加工能力的企业，进行市场拓展，在资金投入比较有限的情况下，你会选择什么样的发展方向？

参考文献

[1] E. W. Collings, J. C. Ho. Phys. Rev. 2, (1970) 235.

[2] E. W. Collings. The Physical Metallurgy of Titanium alloys. ASM, 1984: 81 ~ 83.

[3] I. J. Polmear in “Light Alloys-Metallurgy of the Light Metals”. Edward Arnold Ltd, 1981: 162 ~ 209.

[4] S. Fujishiro, D. Eylon, T. Nishimura Metallurgy and Technology of Titanium Alloys Ⅱ, Mater. Sci. and Engr. 1996, A213: 1 ~ 169.

[5] Yoshikuni Kawabe and S. Muneki ISIJ International. 1991, 31 (8. 78).

[6] M. Ninomi and T. Kobayashi ISIJ International. 1991, 31 (8. 848).

[7] Titanium Processing JOM 1997. 1997, 49(6): 20 ~ 46.

[8] F. H. Froes, D. Eylon. Titanium Net Shape Technologies. Warrendale PA: TMS-AIME, 1984.

[9] F. H. Froes. J. E. Smngeresky Powder metallurgy of titanium alloy. Warrendale PA; TMS-AIME, 1980.

[10] D. Eylon R. R. Boyer. and D. A. Koss Beta titanium Alloys in the 1990's. Warrendale PA: TMS, 1993.

[11] F. H. Froes and I. L. Caplan Titanium '92, Science and Technology. Warrendale PA: TMS, 1993.

[12] Light Metals, JOM. 50 (9) 1998: 15 ~ 29.

[13] H. Margolin et al. Proc. 4th Int. Conf. on Ti, 1980, 169.

[14] T. Kobayashi et al. J. Soc. Mater. Sci. Jpn. 1987, 36: 831.

[15] M. Ninomi et al. Castings, Forging and Heat Treatment 1990, 43: 33.

[16] M. Tanaka, ibid, 13.

[17] 黄伯云，李成功，石力开，等. 中国材料工程大典，第 4 卷，有色金属材料工程（上）[M]. 北京：化学工业出版社，2006.

第3篇

金属功能材料

本篇内容提要：

给出了功能材料的性能特点及基本范围，全篇分5章介绍了磁性合金，特殊电学性能合金，弹性、膨胀与减振合金，形状记忆合金，以及储氢合金、生物医用合金和近期发展迅速的3种新型磁功能合金。每一种特殊性能的功能合金的介绍，首先对固体材料这类性能的一般规律性及物理本质加以总结，为读者理解后面所介绍的相关功能材料的性能机理及特点奠定基础。进入到具体的合金材料的介绍后，以化学成分、制备工艺、微观组织与性能关系为核心，介绍人们在改进合金性能的实践中获取的重要成果与规律，并且努力与基础理论知识联系起来，理解其中的本质问题。

特别提示：

希望读者不要仅仅满足于通过本教材了解一些现有的功能材料及其制备工艺。更希望读者能够从实现材料性能的控制、改进，以及研发新材料的角度出发，主动思考，面向材料工程实际问题，提出新的思路、设想。

请特别注意广泛了解教材中所介绍的各种合金成分选择的原则和指导思想、所采用的特殊工艺方法、对合金微观组织结构的构思等。将这些人类积累起来的经验，能够在未来面对材料工程实际问题时加以借鉴，提出新的发展方向，创造出新的学术思路。

所有的工程材料都是为了满足工程实际的需要而设计生产的，故此都在某个或某些方面具有独特的功能。在最为广泛的意义上，它们都属于功能材料。前面两篇中介绍的工程材料，共同特点是主要利用了材料的力学性能。因为它们在实际工程材料中占很大比例，因而单独作为一类材料，即人们常说的结构材料。与结构材料并列的，是一般意义上的功能材料。功能材料在能量与信息的显示、转换、传输、存储等方面，往往具有独特的功能。这些特殊功能是以它们所具有的优良的电学、磁学、光学、热学、声学等物理性能，特殊的力学性能，优异的化学以及生物学性能为基础的。

功能材料的发展历史悠久，对技术的进步、社会的发展起到非常巨大的作用。较早期的硅钢片和铜、铝导线材料，对电力工业的发展起到关键作用。20世纪50年代，与微电子技术密切相关的半导体材料迅速发展。60年代，激光技术中以光导纤维为代表的光学材料得到广泛研究与开发应用。80年代，能源技术又促进了贮能材料的发展。近年来，新型功能材料更是不断涌现，多种功能材料迅速发展，大批具有多方面特殊性能的功能材料得到广泛研究与开发。今天，许多功能材料已经在工程实际中得到应用。功能材料极大地促进了现代信息社会的技术进步，同时也带来了很高的经济效益。

从材料的原子结合键、化学成分特征出发，可将功能材料分成金属功能材料、无机非金属功能材料、有机功能材料和复合功能材料。不同类别的功能材料，其突出性能不同，因而应用于不同的工程领域。可能存在着某个领域以某一类功能材料为主的现象，但从整体上讲，以上4类功能材料缺一不可。金属功能材料具有多方面的突出物理性能，在功能材料中占有重要地位，在工程实际中应用很广泛。它们的突出性能，主要表现在导电性、磁性、导热性、热膨胀特性、弹性、抗腐蚀性等方面。有些金属功能材料还具有非常特殊的性能，如马氏体相变引发的形状记忆特性，基于这种特性，人们开发出具有“人工智能”的机构；某些合金对氢具有超常吸收能力，适当控制外界条件，可实现材料对氢的吸收和释放，基于这种现象，人们得到了二次能源材料——贮氢材料，并制成氢电池。

本篇按照材料的性能分类，选择介绍磁性材料，包括软磁和硬磁材料（第13章），电性材料（第14章），膨胀、弹性与减振合金（第15章），形状记忆合金（第16章），第17章对储氢合金、生物医学材料以及近年来发展迅速的三种新型磁功能材料做了介绍。

金属功能材料中的大部分材料，习惯上称为精密合金。现行的“精密合金牌号”国家标准，GB/T 15018—1994，将精密合金分成软磁合金、变形硬磁合金、弹性合金、膨胀合金、热双金属合金以及精密电阻合金6类。在合金牌号中，第一个数字表示合金类别，1至6分别对应于软磁、变形硬磁、弹性、膨胀、热双金属及精密电阻合金。类别数字后用J表示精密合金，后面再用数字（一般是两位，热双金属多用4位）表示一种具体的材料在该类合金中的编号。本篇中未使用标准中的合金牌号，而是使用合金成分标示，以节省篇幅。未被列入精密合金的其他功能材料，多数也有相应的国家或部颁标准。此外，还有各类合金手册及专业期刊，向读者介绍各种金属功能材料工业产品的合金成分、处理工艺、性能要求、主要特性及用途，使人们得以了解功能材料的生产与应用信息、最新研究成果等。

思考题与习题

Ⅲ-1 功能材料在性能要求方面与结构材料的显著差别是什么？

Ⅲ-2 金属功能材料大致分类情况如何，分类依据是什么？

Ⅲ-3 查阅有关功能材料的国内外学术期刊。

13 磁性合金

内容要点：

金属合金的磁性基础理论知识，软磁合金和硬磁合金两大类实际应用的主要磁性金属及合金材料。工业纯铁与低碳钢，Fe-Si 系合金（硅钢）与 Fe-Al、Fe-Ni 系、非晶态与纳米晶软磁合金，Alnico 系磁钢、Sm-Co 系和 Nd-Fe-B 系稀土永磁、纳米晶复合永磁。合金成分、工艺、微观组织与性能的关系。

磁性材料是利用材料的磁性特点，在一定空间中建立磁场或者改变磁场分布状态的一类功能材料。工程实际中使用的磁性材料有金属磁性材料和铁氧体陶瓷材料两类。其中，金属磁性材料以合金为主，一般称为磁性合金。

磁性材料通常分为软磁材料（矫顽力 H_c 低于 10^2A/m）、硬磁材料（H_c 高于 10^4A/m）和半硬磁材料（H_c 介于 10^2A/m 至 10^4A/m 之间）。磁性材料的应用很广泛，电机的定子和转子，变压器及继电器的铁心、轭铁，以及各种通讯、传感、记录仪器中的软磁元器件等，是用软磁材料来制造的。硬磁材料作为恒定磁场的场源，大量用于各种电工仪表、扬声器、永磁电机、电视、录音机、录像机、雷达、核磁共振仪、磁选机、磁水器以及儿童玩具中。此外，计算机内存的记忆磁芯，用于信息存储的磁带、磁盘，都是用磁性材料制成的。将磁性材料制成微粒，与界面活性剂及载液共同制成可流动的磁性液体（称作磁流体），有多种特殊用途，如对运动的机械部位进行密封，效果良好。

本章首先简单介绍有关金属及合金磁性的一些基础知识。在此基础上，介绍工程实际中用量较大、比较有代表性的软磁和硬磁合金材料。

13.1 金属及合金的磁性

13.1.1 物质的磁性起源

物质的磁性一般用其磁化强度随磁场的变化规律来表征。所有物质的磁性，主要来源于电子。电子是带电粒子，其空间运动（或称轨道运动）与自旋运动使其具有轨道磁矩和自旋磁矩。一个原子或离子的磁矩，就是其中所有电子的这两种磁矩合成的结果。它是物质磁性的基本单元，并一般性地称做“原子磁矩”。物质的宏观磁化强度是单位物质（一般取单位体积，有时也用单位质量）中所有原子磁矩之和。

原子或离子中一个全部被电子填满的亚电子层，其中的电子磁矩互相抵消。因而只需将未填满的亚电子层中的电子磁矩进行合成，就得到该物质的原子磁矩。原子磁矩不为零的物质，才可能具有强磁性，即具有较高的磁化强度。强磁性是磁性材料的必要条件。目前为止，所有磁性材料的磁性主要来源于其中的 $3d$ 过渡族金属的磁性，即未填满的 $3d$ 亚电子层的磁矩；此外，镧系元素（又称稀土元素）中未填满的 $4f$ 亚电子层的磁矩，在某些磁性材料中也起着重要作用。

合理地考虑材料中电子状态的特征时，通过理论计算得到的原子磁矩（理论值），能够与实验测量结果（实验值）很好地吻合。其中，$3d$ 过渡族金属材料及其离子化合物材料中，要考虑 $3d$ 亚电子层处于外层，$3d$ 态电子的轨道运动受晶格场影响。其结果是轨道运动对原子磁矩的贡献消失，称为“轨道冻结”。这样，原子磁矩只是电子因自旋运动而具有的自旋磁矩的合成结果。$3d$ 过渡族金属及合金材料中，还需再考虑 $3d$ 电子的公有化倾向。$3d$ 电子与最外层的 $4s$ 电子遵循最低自由能原理，共同填充随电子自旋方向的不同而能量明显不同即发生了分裂的能带。稀土金属原子及其离子的磁矩，与孤立原子磁矩的理论计算值一致性很好。这是因为对磁性有贡献的 $4f$ 亚电子层上的电子，为内层的非公有化电子。

物质具有强磁性的另一个必要条件是，不为零的原子磁矩要平行排列起来，称为自发磁化。其内在原因是电子间的交换作用使原子磁矩平行排列时的能量最低。交换作用有3种不同类型。第一种是直接交换作用，存在于 $3d$ 过渡族金属及其合金中。这种交换作用使得铁、钴、镍具有强磁性。另一方面则导致铬为反铁磁性（其相邻的原子磁矩反平行）。第二种是 RKKY 交换作用，主要存在于稀土金属中。它使得不同原子中 $4f$ 亚电子层上的电子之间发生交换作用。第三种是间接交换作用，主要发生在离子化合物材料中，铁氧体磁性材料中的离子磁矩之间的相对取向关系源自这种交换作用。它一般使得相邻的离子磁矩反平行排列。但由于不同的离子磁矩大小不等，因而不能完全抵消，为亚铁磁性。不过，铁氧体磁性材料的饱和磁化强度都因此而很低。

13.1.2 铁磁性材料特性及相关能量

铁磁性材料中导致自发磁化的能量是交换能。它与相邻原子的角动量的相对取向，即与原子磁矩的相对取向有关，一般是短程作用。两个原子磁矩间的交换能可以表达为：

$$\varepsilon_{ex} = -2A\boldsymbol{\sigma}_1 \cdot \boldsymbol{\sigma}_2$$

式中，A 为交换积分常数；$\boldsymbol{\sigma}_1$ 和 $\boldsymbol{\sigma}_2$ 为两个原子的自旋角动量（以普朗克常数 $\hbar$ 为单位）。

铁磁性材料具有磁致伸缩效应。它是材料发生自发磁化时，伴随着原子磁矩的空间相对取向有序化发生的几何形状和尺寸的变化，通常用线磁致伸缩系数 λ 表达。晶态材料中不同晶体学方向上的磁致伸缩系数一般有所差别，具有各向异性，因而常用 λ_{uvw} 表达。其中的脚标注明晶体学方向。实际材料的磁致伸缩在其被外加磁场磁化的过程中表现出来。磁致伸缩系数随磁化场改变，一般用磁化趋于饱和时基本不再改变的饱和磁致伸缩系数 λ_s 表示。非低温情况下，磁致伸缩也发生于很强的外磁场使铁磁性材料发生顺磁性磁化过程中，主要表现为体积的变化，称为强迫磁致伸缩。此外，由于反铁磁物质中原子磁矩也处于有序态，因而也存在与铁磁性材料完全相似的磁致伸缩。当外加应力或材料中存在内应力时，因磁致伸缩效应，材料具有磁弹性能 E_σ，最简单的情况下可表达为：

$$E_\sigma = \frac{3}{2}\lambda_s\sigma\sin^2\theta = K_\sigma\sin^2\theta$$

式中，σ 为应力（拉应力为正，压应力为负）；θ 为应力轴与磁化强度矢量的夹角。

晶态强磁性材料中存在磁晶各向异性。当原子磁矩（矢量）处于不同晶体学方向上时，能量有所差别，原因是材料中原子排布在不同方向上的差异。磁晶各向异性一般用磁晶各向异性能 E_k 表征。在属于四方或六方点阵类型的材料中，磁晶各向异性能 E_k 的最简单表达式为：

$$E_k = K\sin^2\theta$$

式中，K 是磁晶各向异性常数；θ 为 c 轴与磁化强度矢量的夹角。

铁磁性材料经磁化后，宏观磁化强度 $\boldsymbol{M}$ 不为零。它在周围建立磁场，同时在自身内部形成退磁场 $\boldsymbol{H}_d$，$\boldsymbol{H}_d = -N\boldsymbol{M}$，其中 N 为退磁因子，主要取决于磁体的几何形状。与此相关，铁磁体本身具有退磁能。一个磁化至饱和的旋转椭球形磁体，其退磁能可表达为：

$$E_d = \int_0^{M_s} \mu_0 \boldsymbol{H}_d \cdot d\boldsymbol{M} = \frac{1}{2}\mu_0 N_c M_s^2 + \frac{1}{2}\mu_0 (N_a - N_c) M_s^2 \sin^2\theta = E_0 + K_d \sin^2\theta$$

式中，N_a，N_c 分别是磁体在椭球体的 a 轴和 c 轴方向的退磁因子；M_s 为饱和磁化强度；$\mu_0 = 4\pi \times 10^{-7}$H/m，为真空磁导率；$\theta$ 为磁化强度 $\boldsymbol{M}$ 与 c 轴的夹角。

为了降低退磁能，铁磁性材料在居里温度以下分成许多细小的磁畴。一个磁畴内原子的磁矩互相平行排列。相邻磁畴的磁化强度之间存在差别。

铁磁性材料处于外磁场 $\boldsymbol{H}$ 中，其静磁能 $E_H = -\mu_0 \boldsymbol{M} \cdot \boldsymbol{H}$。为降低静磁能，铁磁性材料中的原子磁矩向外磁场方向靠拢。静磁能与以上几项铁磁性材料所特有的能量共同影响材料的磁化行为。

13.1.3 金属及合金的技术磁化

实际磁性材料在外磁场作用下的磁化过程，称为技术磁化。畴壁移动和原子磁矩转动是发生磁化的两种基本方式。它们的基本特征，是分析磁性材料磁化与反磁化过程特性的基础。

畴壁是磁性材料中两个相邻磁畴中间的一个很薄的过渡层（厚度一般在 0.1μm 以下）。其中原子磁矩的方向逐渐改变，因而具有较高的磁晶各向异性能和交换能，总体上构成畴壁能 γ，并以单位畴壁面积的能量表征。一个 180°布洛赫畴壁的畴壁能 γ 为：

$$\gamma = 4\sqrt{A \cdot K}$$

式中，A、K 分别为交换积分常数和磁晶各向异性常数。

同时考虑磁弹性能的影响时，畴壁能应表达为：

$$\gamma \propto \sqrt{A \cdot (\alpha K + \beta K_\sigma)}$$

式中，α 和 β 为系数（均为正值）。

畴壁移动过程的阻力主要是由磁性材料中存在的各种晶体缺陷引起的。晶体缺陷与磁畴壁发生多种交互作用，如空位、杂质原子、位错等，都会造成局部晶格畸变，形成小范围的应力场，通过磁弹性能影响畴壁能 γ 的大小；而非磁性夹杂物处于畴壁中间时，可减小畴壁的面积，从而降低总的畴壁能量，另外，它还会改变材料中局部的磁畴结构，影响磁畴壁的面积等。所有这些能量，如果随着畴壁位置的改变而发生变化时，就构成畴壁的阻力，即磁化的阻力。磁化时，外磁场通过静磁能为畴壁移动提供驱动力。克服畴壁移动的最大阻力所需的磁场，一般情况下就是材料的壁移矫顽力。由此基本点出发，能够得到一系列磁性材料的矫顽力与各种晶体缺陷的理论关系。这类畴壁移动的阻力，在软磁材料磁化过程中往往起着决定性作用。为降低材料的矫顽力，一方面要选择单相材料，并尽量降低各种缺陷密度，以减少畴壁钉扎点的密度；另一方面要选择晶体对称性高的材料（一般是立方点阵类型的），以降低其磁晶各向异性常数 K，并通过合金化等方法，使材料的磁晶各向异性常数 K 与磁致伸缩系数 λ_s 尽量趋于零，从而降低畴壁能 γ，减低材料性能对应力等因素的敏感性。在某些硬磁材料中，畴壁移动也是矫顽力的决定因素。为了提高矫顽力，需要磁性相具有很高的畴壁能，并且材料中要具有很强的畴壁钉扎位置。这类材料的晶体结构的对称性要低，可为六方或四方点阵类型。多相材料内部的晶界、相界，成为畴壁的钉扎面。

磁化过程中原子磁矩的转动，相对于畴壁移动过程在理论分析方面要简单得多。只要综合考虑磁性材料中的各项能量，基本上可确定原子磁矩在给定磁场下的平衡位置，从而得到磁化强度及其随磁场的变化情况。其中，磁晶各向异性能 E_K 或形状各向异性能（与之相关的是退磁能 E_d）是磁矩转动的主要阻力来源。原子磁矩的转动有可逆及不可逆之分。磁性材料中原子磁矩一致转动（所有原子磁矩始终保持平行取向关系不变）时，发生不可逆转动的临界磁场（对应于矫顽力）为：

$$H_A = 2K_{eff}/\mu_0 M_s$$

式中，K_{eff} 为有效各向异性能常数，等于磁晶各向异性常数 K（E_K 为阻力时）或形状各向异性能常数 K_d（阻力源自退磁能 E_d 时）。

该临界磁场受外加磁场与磁化强度原始方向之间夹角的影响，上面的表达式对应于两者方向正好相反的情况。同时它也是沿垂直于磁化强度的原始方向进行磁化，达到饱和所需的最低磁场，称为各向异性场。

这种原子磁矩转动的磁化过程，在软、硬磁材料中均可出现。在软磁材料中，主要发生于磁化趋近饱和阶段。有些比较特殊的材料（如恒导磁软磁合金），起始磁化阶段也以该磁化方式为主。硬磁材料磁化饱和后，反磁化时的反向磁畴形核需要此过程来完成，其临界磁场就对应着矫顽力。不过，实际硬磁材料的反向磁畴形核过程中，原子磁矩的转动可能发生于晶粒中磁晶各向异性能较低的某些缺陷处。因而上式中的 K_{eff} 可能明显低于磁性相整体的磁晶各向异性常数，矫顽力也因此低于式中给出的临界磁场 H_A。

13.1.4 磁性材料交流磁化时的损耗

许多磁性材料应用于变化的磁场中，其磁化属于交流磁化。它与上述变化速率很慢的“直流磁化”过程相比较，存在许多特殊之处。

交流磁化过程中，随着磁场的反复改变出现的能量损耗，成为这种场合下使用的磁性材料（如电机、变压器中的铁心等）的一个核心问题。这些能量大部分转化成热能，造成能量浪费的同时，引起仪器设备的温度升高，对性能稳定性不利。这里，与磁性材料有关的损耗称为铁心损耗 P_m，简称铁损。此外还有使磁性材料磁化的线圈因电阻发热产生的能量损耗，称为铜损。铁损 P_m 一般用单位质量的磁性材料在单位时间内所消耗的能量来表示，是一个损耗功率，习惯上简称作损耗。

铁损 P_m 由三部分构成：涡流损耗 P_e、磁滞损耗 P_h 和剩余损耗 P_c，即 $P_m = P_e + P_h + P_c$。其中涡流损耗 P_e 源自磁性材料中磁通变化产生的感应电流的焦耳热：

$$P_e \propto \frac{f^2 B_m^2}{\rho} \cdot l^2$$

它与磁场的交变频率 f、最大磁感应强度 B_m（以下简称磁感应强度为磁感）以及磁性材料的尺度 l 的平方成正比，反比于磁性材料的电阻率 ρ。此处的尺度 l，对于圆柱体，为其半径 r；对于薄板，为其板厚 d。注意，l 应取材料中电流互相导通部分的尺度。涡流损耗为动态损耗。另外，电磁感应具有趋肤效应，受它的影响，磁性材料的尺寸对涡流损耗影响的理论分析很复杂。磁性材料分成很多细小的磁畴，磁化时各微观区域中磁通的变化不均匀，使得实际涡流损耗明显高于完全均匀磁化时的损耗。细化材料的磁畴使磁通的变化均匀化，能明显降低涡流损耗。

磁性材料磁化时，其磁化强度的变化一般滞后于磁场的变化，因而产生磁滞损耗 P_h。磁滞回线包围的面积对应于单位体积的材料在一个磁场循环过程中消耗的能量。磁滞损耗 P_h 属于静态损耗，它对铁损的贡献是

$$P_h = f\eta B_m^n$$

正比于磁场的交变频率，与最大磁感的 n（$n = 1 \sim 2$）次方成正比。η 为系数。

剩余损耗 P_c 是总的铁损扣除磁滞损耗和涡流损耗之后的剩余部分。它起因于磁性材料内多种对材料磁化过程有影响的弛豫过程，如间隙原子的扩散过程等。在磁场不变时，它们使材料的磁化状态随时间改变（称作磁性后效），引起损耗。剩余损耗在低频、中等或较高强度的磁场条件下，对总体损耗的贡献不大。

13.2 铁基软磁合金

对软磁合金的性能，一般有以下共性要求：第一，矫顽力低、磁导率高。软磁材料使用时，通常处于外磁场（如通电线圈的磁场）中。其磁化状态及随之建立的磁场受外磁场控制，易于被磁化，可保证其元器件具有高灵敏度，适合于弱磁场下信息转化及处理的要求。第二，损耗低。大多数软磁合金在交流电磁场中使用。随之而来的功率损耗（铁损），是在强磁场和高频电磁场中使用的合金的主要性能指标之一。降低铁损，既可减少能量浪费，又能延长仪器使用寿命，简化冷却系统等。另外，软磁合金的饱和磁感应强度 B_s 高，可减少合金用量；合金组织结构稳定、磁性能对外界干扰因素敏感程度低，能提高元器件的稳定性。从材料生产制备角度，要求软磁合金易于加工成形，生产过程简单、成本低。此外，具体的应用场合，对软磁合金还有特殊性能要求。

软磁合金被磁化的难易程度，通常用磁导率 μ（permeability）表征，$\mu = B/H$，H 与 B 分别表示磁场强度和磁性合金的磁感应强度。磁导率 μ 与真空磁导率 μ_0 之比称作相对磁导率 μ_r，即 $\mu_r = \mu/\mu_0$。μ_r 比 μ 的使用频率高，又与 cgs 单位制中的磁导率在数值上相同，为磁性材料方面的专业人员所普遍接受。下文中一般均使用相对磁导率，并且就以 μ 表示。

磁性材料的磁导率与磁场相关，是磁化状态的函数。对不同材料进行比较时，常用起始磁导率 μ_i 和最大磁导率 μ_m，它们是表征软磁材料磁导率的主要性能指标。在较高频率的交流电磁场中，还常用到有效磁导率 μ_e。另一个用于表征磁化难易程度的量，是一定磁场下合金的磁感。如 B_{10}、B_{25}分别表示合金在磁场为 10A/cm 和 25A/cm 时的磁感值。

软磁合金在交流电磁场中的铁损是一个重要性能指标，用合金在给定交变频率 f 的磁场中磁感幅值 B_m 达到给定值情况下的损耗功率表征。如 $P_{10/50}$、$P_{15/50}$，分别表示 50Hz 下，最大磁感为 1T(10kGs)和 1.5T(15kGs)时，软磁合金的损耗。

软磁合金的应用可追溯到 19 世纪，与电力工业的发展相辅相成。“二战”以后，又与电子工业的发展密切相关。1885 年，艾文（Ewing）发表了纯铁磁性的研究结果，被视为软磁材料的诞辰。同年，威斯汀豪斯（Westinghouse）发明了交流发电及电力传输方法。19 世纪末，哈德菲德（Hadfield）成功地冶炼出Fe-Si合金，对电力工业的发展起到关键性的促进作用。时至今日，该合金仍为用量最大的软磁合金，处于无法被替代的地位。

软磁合金的发展史可用图 13-1 简单表示（截止到 20 世纪 70 年代），纵轴表示年代。软磁合金可分为铁系合金（低碳钢、工业纯铁、Fe-Si 合金）、Fe-Ni 系合金和 Fe-Co 系合金。70 年代以后，软磁合金的发展主要以非晶态和纳米晶软磁合金为代表，其中的基本成分是铁、镍、钴三个具有铁磁性的Ⅷ族元素（又称铁族元素）。

铁基软磁材料，是指以铁为主要组成元素的软磁合金（这里不包括非晶态的新型铁基软磁合金），主要有工业纯铁、铁硅合金（硅钢）、铁铝合金、铁硅铝合金。这类软磁合金发展早，至今仍占主导地位。

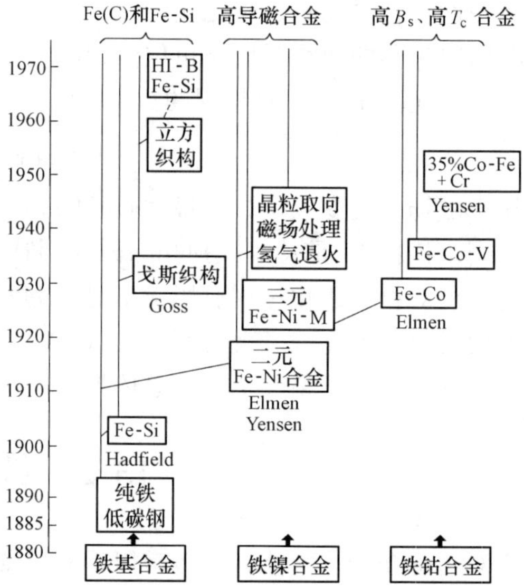

图 13-1 软磁合金发展简史图
（截止到 20 世纪 70 年代）

13.2.1 工业纯铁

工业纯铁主要组成元素是铁，另含有一些难于完全去除的杂质，如碳、氮、氢、氧、硫、磷等。还有一些冶炼过程中加入的少量元素，如作为脱氧镇静剂加入的铝、硅，部分地残留在纯铁中。此外就是特别加入的含量不高的合金元素，如锰、镍、铬、铜等。工业纯铁共有 8 个品种，牌号为 DT1 ~ DT8。

工业纯铁作为软磁材料，突出特点是：饱和磁感高（室温下达 2.16T），资源丰富、价格低廉；其电阻率低，室温下 $\rho = 10\mu\Omega \cdot cm$。它主要用于直流场中，如直流电机和电磁铁的铁心及轭铁等。用作软磁材料的工业纯铁是 DT3 ~ DT8 共 6 个品种。国产电工纯铁的磁性能分成普通级、高级、特级和超级 4 个等级，最大磁导率 μ_m 分别达到 6000、7000、9000、12000 以上。而不同磁场下的磁感要求在各个牌号和级别的产品中是一致的：B_5、B_{10}、B_{50}、B_{100}分别为：1.40、1.50、1.71 和 1.80T。

工业纯铁的软磁性能主要受其中杂质的影响。固溶态杂质原子使局部区域晶格发生畸变，形成应力场。此应力场与材料的磁致伸缩发生交互作用，具有磁弹性能，导致磁畴壁移动困难，使矫顽力增加，磁导率降低。碳、氮等间隙原子的影响远高于硅、锰、镍等代位原子。以化合物夹杂形式存在的杂质，其自身以及它们的存在引起的材料中磁畴结构的变化，对畴壁的移动也有很大的阻碍作用，从而使磁导率下降。这类夹杂包括：氧化物（MnO、Al_2O_3、SiO_2 等）、氮化物（AlN、Fe_4N、Fe_2N 等）、碳化物（Fe_3C）以及硫化物（MnS、FeS）。肖飞（Cioffi）将纯铁在氢气中进行退火处理，得到的实验结果充分证明杂质对磁性的不利影响：1300～1500℃温度范围内退火处理后，纯铁的最大磁导率 μ_m 由 7000 猛增到 320000。原因是退火处理时，碳、氮、氧及一部分硫与氢结合成 CH_4、NH_3、H_2O、H_2S 等离开金属，使之纯净化。

杂质元素的另一种不利影响是，使材料的磁性能随时间发生较大变化，即发生磁时效，严重影响材料的实际应用。碳、氮等间隙原子在高温冶炼时溶入纯铁中，在降温过程中溶解度下降，但不能及时脱出，室温下处于过饱和状态。使用过程中，室温或稍高温度下发生时效析出非常弥散、细小的碳化物、氮化物，导致合金的软磁性能发生大幅度变化。通常表现为矫顽力上升、磁导率降低。为了降低和消除磁时效，在纯铁生产过程中，尽量将碳、氮控制在较低水平，并加入少量铝和钛，使之与碳、氮结合成化合物，降低固溶态的原子含量。将合金在使用前进行人工时效处理，是有效提高磁性能长期稳定的另一重要方法。一般采用在 100℃下保温 100h 的处理工艺。

用做软磁材料的工业纯铁，一般由平炉或转炉冶炼，经充分脱氧镇静（DT3、DT4 用铝，DT5、DT6 用铝和硅），用锰脱硫。加工成形的元器件，在 860～930℃范围内进行消除应力退火。若使用干燥的氢气保护，可使软磁性能及表面质量更佳。

13.2.2 Fe-Si 软磁合金

作为软磁材料的 Fe-Si 合金，又称硅钢或矽钢。合金中 $w(\mathrm{Si})=1\%\sim5\%$。它主要用于工频交流电磁场中，多数情况下是强磁场。如交流电机、变压器中的铁心材料，是用量最大的软磁材料。

Fe-Si 软磁合金最重要的性能指标是铁损 P_m。为减小涡流损耗 P_e，一般都将其制成薄板（即硅钢片）；使用频率较高时，还要加工成更薄的带材。同时应提高合金的电阻率。为降低磁滞损耗 P_h，要提高最大磁导率，降低矫顽力，并改善合金的磁畴结构（如使之细小化）。剩余损耗 P_c 的起因是磁性后效，降低该项损耗的方法是去除引发磁性后效的间隙原子等，使合金尽量纯净化。

合金应具有高饱和磁感 B_s，以减少软磁材料用量。从而降低总的铁损，并可节约其他材料（如线圈铜导线等），减小设备体积，降低设备的成本。

Fe-Si 软磁合金自问世以来，其生产技术经历了三次重大进步：

第一次技术进步是硅钢片加工方法由热轧向冷轧的变化。冷轧硅钢较热轧产品的 B_s 高，P_m 低，板材表面质量好；但要求生产设备投资大、工艺较严格。

第二项重大技术进展是通过二次冷轧获取戈斯（Goss）织构的取向硅钢。取向硅钢的铁损明显低于无取向产品，其经济效益显著。自 1934 年戈斯发表专利后，取向硅钢迅速得到广泛应用。

第三次技术进步是1964年日本人发明、在新日铁公司进行生产的一次冷轧取向硅钢生产工艺。它简化了戈斯织构取向硅钢的生产工艺，产品的B_s也达到更高的水平。其商业产品命名为HI-B，代表高磁感取向硅钢。

随着生产技术的进步，硅钢的磁性能不断提高，如热轧产品的$P_{15/50}$难于降到2.2W/kg以下，而冷轧单取向硅钢一般都能低于1.0W/kg。

Fe-Si合金作为性能优异的交流软磁合金，主要依赖于合金元素硅的作用和晶粒取向（即织构）。下面分别进行介绍。

13.2.2.1 硅在合金中的作用

Fe-Si合金中的硅，以代位方式固溶于基体铁中。它是封闭γ相区的元素，使A_3点上升。低硅区的Fe-Si二元相图如图13-2所示。

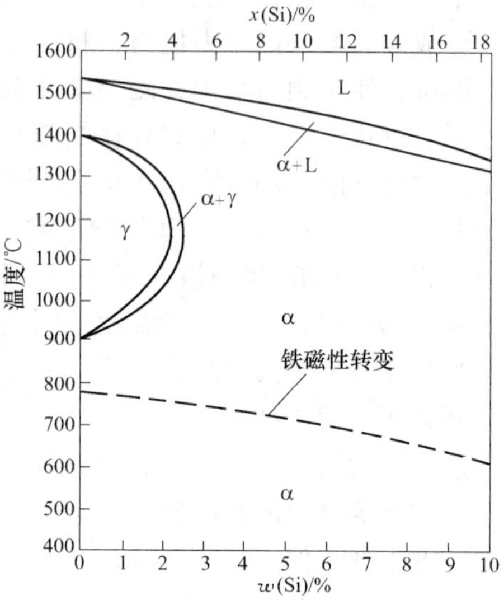

图13-2 Fe-Si合金相图（富Fe局部）

硅对合金性能的影响首先是使得合金的电阻率升高，从而降低P_e。在$w(Si)$不大于6%的范围内，合金的电阻率ρ随硅含量的增加直线上升，符合一般固溶体电阻率的变化规律。定量关系可近似表达为：

$$\rho = \rho_{Fe} + 1150 \cdot w(Si)$$

式中 ρ，ρ_{Fe}——合金及铁的电阻率，μΩ·cm；

$w(Si)$——合金中硅的质量分数。

硅的作用，另一方面表现为对合金磁晶各向异性常数K_1和磁致伸缩系数λ_s的影响，见表13-1和图13-3。合金的K_1和λ_s随硅含量增加而降低。因而硅使合金矫顽力H_c减小、最大磁导率μ_m提高，从而显著降低了合金的磁滞损耗P_h。$w(Si)=4\%$的合金，μ_m达到6000，H_c为40A/m。而工业纯铁$H_c=80A/m$，$\mu_m=2000$。实验表明：$w(Si)=6.5\%$的硅钢具有最高的μ_m，该合金〈100〉方向上$\lambda_s=0$。

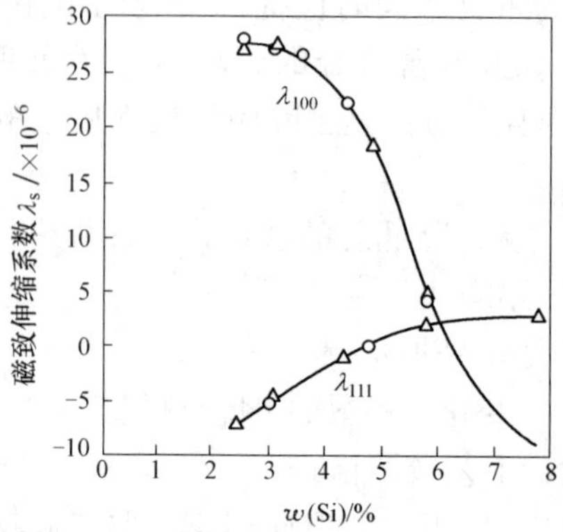

图13-3 Fe-Si合金磁致伸缩系数λ_s与Si含量的关系

硅对合金软磁性能也有不利的影响。硅使合金的B_s下降、居里点T_c降低。硅对合金B_s的影响效果，可通过将其单纯作为非磁性原子起稀释作用来进行近似。硅含量增大时，合金的B_s与$w(Si)$的关系曲线降低速度略有增大，呈非线性关系。

硅对合金的加工性能影响很大，降低合金的塑性变形能力。硅的质量比达到5%的合金，室温下伸长率已降至0。为保证合金具有足够的塑性进行加工成形，不得不限制硅含量低于磁性达到最佳时的含量。一般热轧硅钢中，硅的质量比不超过4.5%；冷轧硅钢中，不高于3.5%。

表 13-1 Fe-Si 单晶磁晶各向异性常数 K_1

w(Si)/%	K_1/kJ·m^{-3}	w(Si)/%	K_1/kJ·m^{-3}
0	46.0	4.48	30.0
1.45	42.5	5.38	24.0
3.06	36.5	6.37	22.0

13.2.2.2 Fe-Si 合金的织构

晶态材料中，原子排列的特征使材料的各种性质普遍具有各向异性。软磁材料的磁晶各向异性造成沿不同晶体方向磁化时所消耗的磁化功不同。Fe-Si 合金的易磁化方向是〈100〉，难磁化方向是〈111〉。晶粒的易磁化方向趋于平行排列的多晶合金，即具有特定织构的合金，磁滞损耗 P_h 大幅度降低。图 13-4 表明了晶粒取向对合金磁性能的影响。

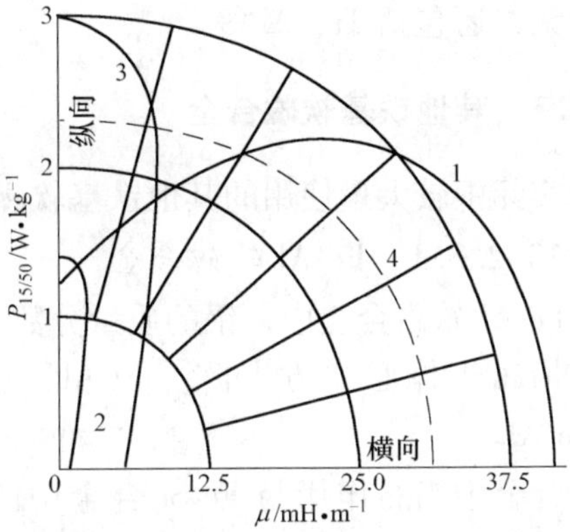

图 13-4 冷轧单取向硅钢（实线）与 w(Si) = 4% 热轧硅钢（虚线）在相对于轧向的各方向上性能的对比

（1、3 线为 $P_{15/50}$；2、4 线为 B = 1.0T 时的绝对磁导率）

热轧硅钢为各向同性。Fe-Si 合金只有通过冷轧才能获得织构。戈斯织构是{110}〈001〉，即晶粒的〈001〉方向平行于轧向，{110}面平行于板面。戈斯织构并不是在冷轧过程中直接得到的变形织构。实验表明，热轧的硅钢板经 70% 压下率冷轧后，变形织构主要是三种类型：{110}〈001〉、{112}〈$1\bar{1}0$〉和{111}〈$11\bar{2}$〉。戈斯织构是在冷变形合金再结晶特别是二次再结晶过程中生成的，由最后一种变形织构转化得到。一次冷变形后具有这种织构的晶粒比例低。将合金再次冷轧，其强度显著提高。获得戈斯织构的另一个条件是二次再结晶的温度必须在 900℃ 以上。这其中的机理尚未从理论上完全弄清。

为了获得戈斯织构，合金应含有适量锰与一定量的硫。两者结合成 MnS，以夹杂物形式存在于合金中。冷轧后经退火再结晶处理后，MnS 应在晶界上弥散析出，抑制较低温度下晶粒发生长大。当温度高于 900℃ 时，MnS 溶化进入基体（其中硫部分地与气氛中的氢气化合成 H_2S 排除），从而使二次再结晶迅速进行，得到很锋锐的戈斯织构。MnS 对低于 900℃ 下发生的二次再结晶起到关键的抑制作用，被称作抑制剂、有利夹杂。在后来发展的一次冷轧工艺制取高磁感取向硅钢技术中，对轧制工艺进行了适当的调整，用 AlN 取代了 MnS，作为二次再结晶的抑制剂。

从电阻率、磁晶各向异性能，尤其是磁致伸缩系数与合金中硅含量的关系看，Fe-Si 合金都应当在 w(Si) = 6.5% 时具有最佳的软磁性能。不过，该成分的合金在室温下塑性很差，难于进行加工。对此问题，日本首先研发了扩散增硅的生产方法。其中，采用传统工艺生产的硅含量较低的硅钢片为原材料，在其表面上通过硅的化学沉积方法提高硅含量。另一方面，从塑性加工方法入手，T Ishizaka 早在 1966 年就开发了热轧—冷轧工艺，成功制备出厚度为 0.3mm 的薄带；俄罗斯研究了热轧—温轧—冷轧工艺；国内近期研发了铸锭挤压开坯—热轧—温轧—冷轧工艺，成功地制备出厚度为 0.05mm 的硅钢薄带。

研究表明：含硅量较高的合金塑性差的根本原因，首先是合金中存在着多种不同的有序结构，环境因素导致脆性断裂是另一个重要方面。通过较高温度下塑性变形，有效地抑制或者破坏这种有序结构就有可能提高合金的塑性。加入适当合金元素是改变有序结构与微观组织，从而提高合金塑性的另一种有效途径。试验结果表明：微量的合金元素硼可以显著提高合金的塑性。其原因是多方面的，包括：有效抑制合金产生有序化结构，明显细化晶粒，提高晶界结合强度，抑制可能出现的环境导致的脆性断裂。可以改善合金塑性的合金元素还包括 Ti、Al 等。

13.2.3 其他铁基软磁合金

实际中较大量使用的其他铁基软磁合金主要还有 Fe-Al 合金与 Fe-Si-Al 合金。

13.2.3.1 Fe-Al 软磁合金

Fe-Al 软磁合金中，铝的质量分数 $w(\mathrm{Al})$ 一般不超过 16%。合金为单相固溶体，其晶体结构属于体心立方点阵。$w(\mathrm{Al})$ 在 10% 以上的固溶体冷却时会发生有序转变，形成 Fe_3Al。

合金中铝的作用与 Fe-Si 合金中的硅有许多相似之处。电阻率提高显著，$w(\mathrm{Al})=16\%$ 的合金高达 $150\mu\Omega\cdot\mathrm{cm}$，使得 Fe-Al 软磁合金适合于交流电磁场中使用。其不利影响是降低合金的饱和磁感及居里温度，使得合金具有冷脆性，不易于冷加工成形。

Fe-Al 软磁合金依铝含量不同形成一个合金系列，主要有 3 类，其特点如下。

$w(\mathrm{Al})$ 在 6% 以下的 Fe-Al 合金称为低铝合金。其磁性能与无取向、$w(\mathrm{Si})$ 为 4% 的硅钢相近，耐蚀性良好。可用于交流强磁场中。第二类是 $w(\mathrm{Al})$ 约为 12% 的导磁合金。其磁晶各向异性常数 K 接近于零。该合金磁导率高（μ_m 达 25000），饱和磁感也比较高（1.45T）。第三类是 $w(\mathrm{Al})$ 约为 16% 的导磁合金。其磁晶各向异性常数 K 和磁致伸缩系数 λ_s 同时接近零，因而具有高磁导率（μ_m 达 50000），是廉价的高导磁合金。该合金的缺点是不能冷加工，生产工艺比较复杂。另外，饱和磁感也较低（0.78T）。

13.2.3.2 Fe-Si-Al 软磁合金

该三元合金的典型成分是：$w(\mathrm{Al})=5.4\%$、$w(\mathrm{Si})=9.6\%$，其余为铁，被称作 Sendust合金。它的磁晶各向异性常数 K 和磁致伸缩系数 λ_s 同时接近于零，因而起始磁导率很高。它的饱和磁感较高，硬度也较高。实际中用来制作要求耐磨性较好的磁头。不过，该合金很脆，通常只能通过粉末冶金或铸造得到棒材，再线切割加工成形。为改善其脆性，人们做了用镍合金化提高塑性以及快淬制备微晶薄带两方面的研究工作。

这里再简单介绍 Fe-Co-V 软磁合金。该合金属于 Fe-Co 系合金，具有代表性。其典型成分为：$w(\mathrm{V})=2\%$、$w(\mathrm{Co})=w(\mathrm{Fe})=49\%$。该合金最突出的特点是其饱和磁感高，达 2.4T。比纯铁高出约 10%，是现有普通工艺生产制备的磁性材料中最高的。原因是该合金中铁与钴两种金属原子的比例，使得对材料磁性有贡献的 $3d$ 电子能带中正、负自旋两个分能带中电子数量差别达到最大（其中正自旋能带基本被填满）。钒的作用是提高合金的塑性，使其具有良好的加工性能。该合金与大多数 Fe-Co 系软磁合金一样，主要应用于对饱和磁感要求很高的场合。合金的最大缺点是价格很高，这是因为它含大量的稀有贵重金属钴。

13.3 Fe-Ni 系软磁合金

该软磁合金系是 $w(\mathrm{Ni})=30\% \sim 90\%$ 的 Fe-Ni 二元合金，以及在此基础上添加少量钼、铜、铬、钨等元素的多元软磁合金的总称。Fe-Ni 合金作为软磁材料是 1913 年由埃尔门（Elmen）首先发现的，至今已形成品种繁多的一个庞大合金家族，可大致分为以下几类：

（1）高导磁合金（又称坡莫合金），特点是矫顽力很低，磁导率 μ_i、μ_m 非常高；

（2）中导磁、中饱和磁感合金，其 μ_i 略低于坡莫合金，饱和磁感 B_s 较高；

（3）恒导磁合金，其磁导率 μ 在较大磁场范围内基本恒定不变；

（4）矩磁合金，其磁滞回线近似于矩形，剩磁接近于饱和磁感 B_s；

（5）磁温度补偿合金，其特点是居里点 T_c 接近室温，B_s 随温度升高直线降低。

Fe-Ni 系软磁合金的多样性是通过改变镍含量、加入不同含量的第三组元、进行磁场热处理、控制晶粒取向等方法得到的。这些因素改变合金的内禀磁特性（如 K、λ_s、M_s、T_c 等）、组织结构（如原子的有序排列、织构等）及其他性能（强度、硬度、电阻率等），从而影响材料的使用性能，使之适应多种要求。

13.3.1 Fe-Ni 合金的基本物理特性

图 13-5 所示为 Fe-Ni 二元系合金的平衡相图。这种相平衡关系只有在极其缓慢的加热和冷却过程中才能达到。Fe-Ni 合金的热滞现象非常严重，因而在通常的加热和冷却条件下，$\alpha \leftrightarrow \gamma$ 相转变的界线与图 13-5 中的平衡相图偏差很大，如图 13-6 所示。Fe-Ni 软磁合金室温下均为单一的 γ 相固溶体，因而一般要求 $w(\mathrm{Ni})>30\%$ 即可。相图中另一个需引起注意的是发生于大约 500℃以下的有序转变。有序相的中心成分是 Ni_3Fe。

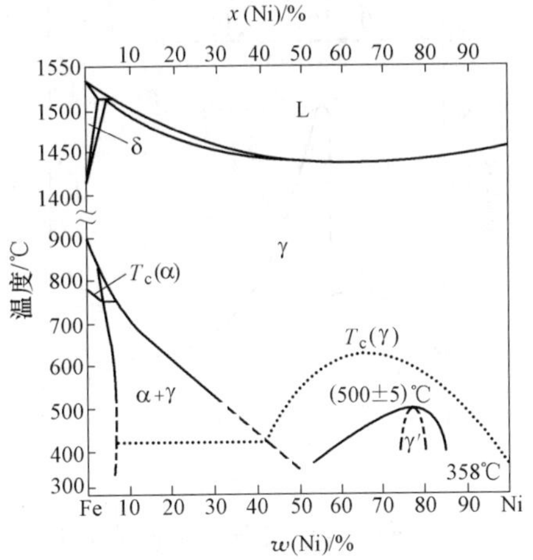

图 13-5 Fe-Ni 平衡相图

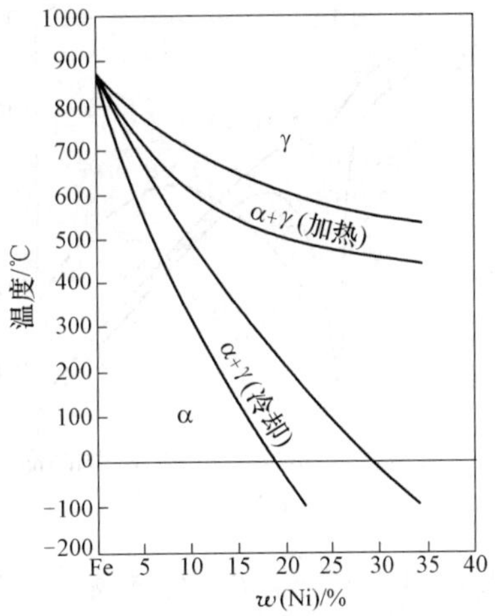

图 13-6 通常加热及冷却速度下的 Fe-Ni 系合金相图（局部）

图 13-7 给出合金的磁晶各向异性常数 K_1 与镍含量的关系。图中同时给出了快冷（无序）和缓冷（有序）两种状态下的结果，反映了 Ni_3Fe 有序化的影响。Ni_3Fe 有序相的 K_1

绝对值很大，无序态时却接近于0。通过冷速的改变控制有序化程度可使较宽镍含量范围内的合金均达到 $K_1 \approx 0$。合金中镍含量对其磁致伸缩系数 λ 的影响示于图 13-8。Ni_3Fe 有序化对这种关系也有影响，但不如对 K_1 的影响那么大，图中未示出。合金居里点 T_c、饱和磁感 B_s 与镍含量的关系示于图 13-9。

合金的电阻率 ρ 与镍含量关系如图 13-10 所示。在 γ 相低镍边界处存在反常的突然升高，最高达 80μΩ · cm 以上，比纯铁高出 7 倍多。

Fe-Ni 系软磁合金，退火态下均具有优异的冷加工性能，一般制成薄带（约 5μm）或微细丝，可用于较高频率的交流电磁场中。

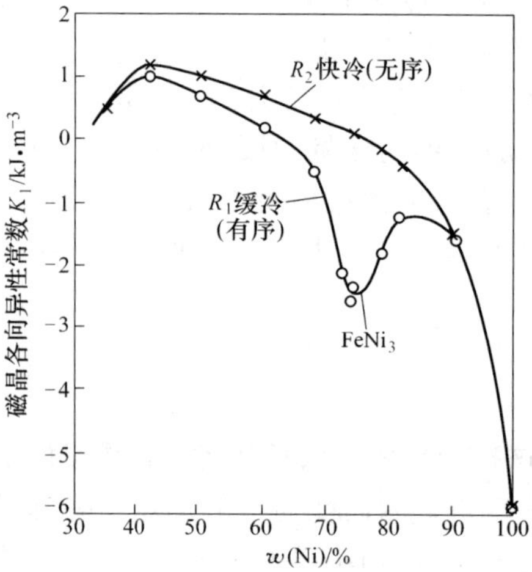

图 13-7 Fe-Ni 合金的 K_1 与成分及冷速的关系

R_1—缓慢冷却；R_2—水中淬火

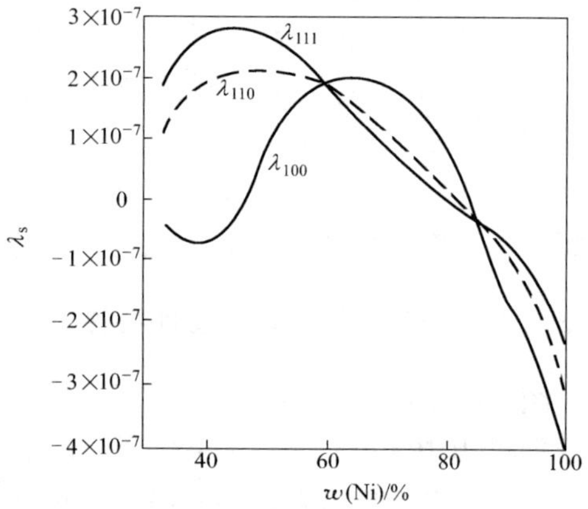

图 13-8 Fe-Ni 合金的 λ_s 随成分的变化

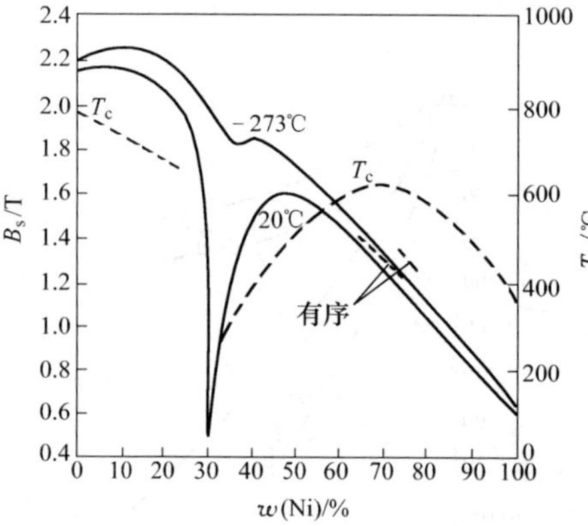

图 13-9 Fe -Ni 合金 T_c、B_s 随成分的变化

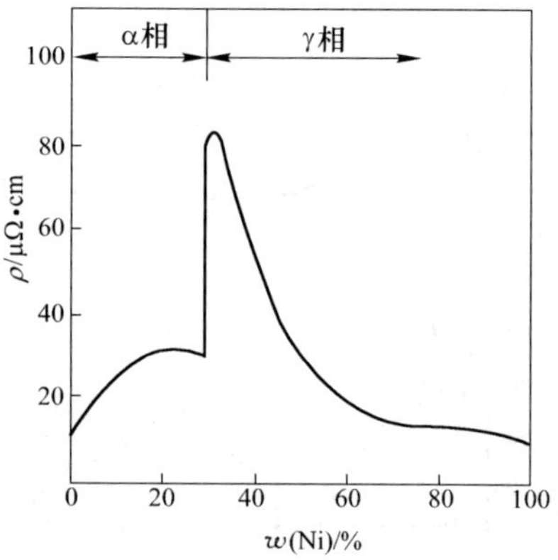

图 13-10 Fe -Ni 合金电阻率 ρ 随成分的变化

13.3.2 典型的 Fe-Ni 系软磁合金

13.3.2.1 高导磁合金（坡莫合金，permalloy）

Fe-Ni 二元合金的初始磁导率 μ_i 随镍含量的变化如图 13-11 所示。最大磁导率 μ_m 的变化趋势非常相似，数值上高一个数量级。合金经过了三种不同的热处理。合金磁导率的最

高值出现在 $w(Ni)=78.5\%$ 的合金中。其中，双重处理抑制了合金的有序转变，从而使合金在该镍含量下 K_1 及 λ_s 同时接近0。该合金就是所谓的高导磁合金，称为坡莫合金，它是最早研究并使用的高导磁合金，典型性能：$\mu_i=10000$，$\mu_m=100000$。

目前，高导磁合金 $w(Ni)$ 为76%～82%，并都添加有合金元素成为三元或多元坡莫合金，以改进二元合金的不足。常用的合金元素包括钼、铜、铬、锰、硅等。代表性的多元坡莫合金包括Fe-Ni-Mo（钼坡莫）、Fe-Ni-Mo-Cu（Mumetal和1040合金）等合金。

钼可明显地提高合金的电阻率 ρ，改变了二元合金 ρ 非常低的不足，但也使合金的 B_s、T_c 直线降低，如图13-12所示。钼的另一个有利作用是改善合金的工艺性能。二元坡莫合金的软磁性能对热处理工艺极其敏感。原因是热处理控制着有序化，从而决定了合金的 K_1。二元合金的最佳冷速高，不易控制。钼减缓合金的有序化速度，使最佳冷速降低到随炉冷却的水平（约1K/min），从而大大简化了工艺，提高了合金性能的稳定性。Fe-Ni79-Mo4合金是目前广泛使用的高导磁合金。而Fe-Ni79-Mo5合金的磁导率达到更高水平（$\mu_m=1000000$），被称作超坡莫合金。

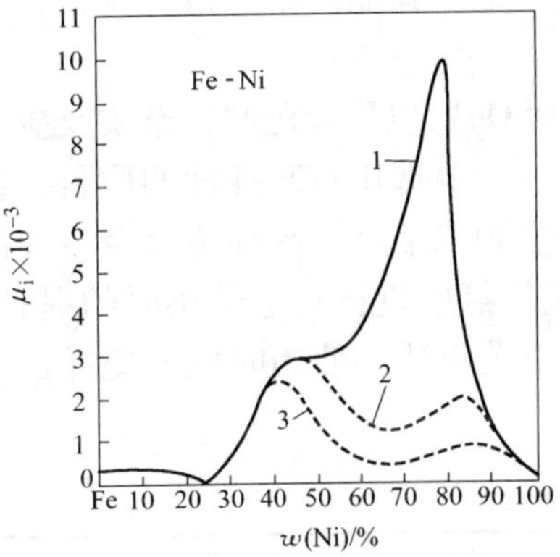

图13-11　Fe-Ni合金的起始磁导率与成分及热处理的关系

1—双重处理（退火+淬火）；2—缓冷；3—退火

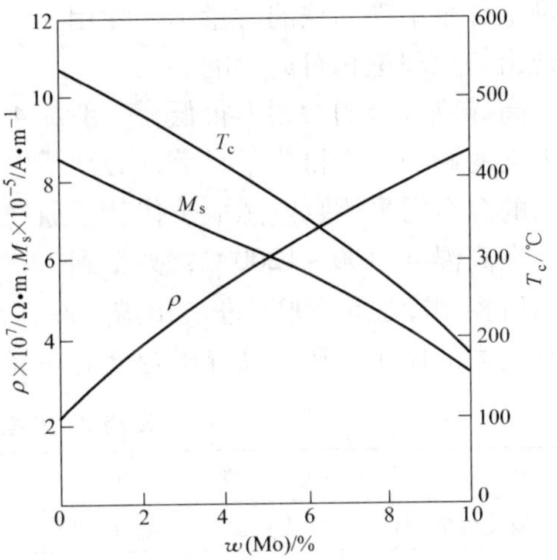

图13-12　Mo对Fe-Ni78.5坡莫合金性能的影响

铜也是常用的合金元素，其作用与钼很相似。二者常同时加入到合金中。图13-13所示为含这两个元素的合金，使 K_1、λ_s 近似为0时的冷速要求的详细研究结果。图中标出

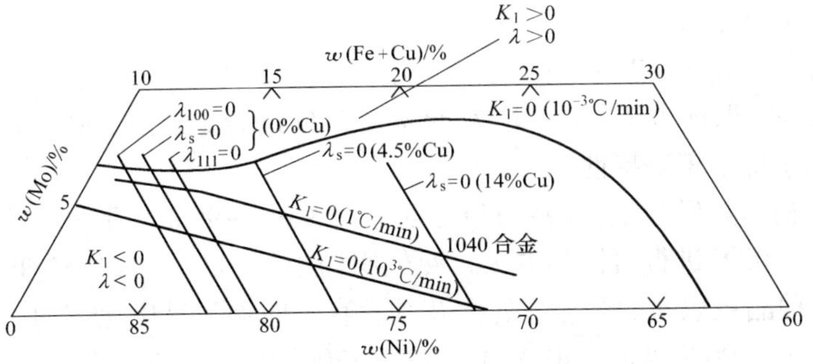

图13-13　Ni-Cu-Mo-Fe合金 K_1、λ_s 为0的成分及冷速图

了1040合金（3% Mo、14% Cu、72% Ni和余量的Fe，为质量比），其 $K_1=0$ 的冷速接近于1K/min。

在对多元高导磁合金的研究总结中，伊诺克（Enoch）等人提出了具有最佳磁导率的合金组成的半经验理论。其核心内容可表述为：具有最高磁导率的合金，其“有效”镍与铁的原子比例与二元Fe-Ni合金（即Fe-Ni78.5）相同，为3.48。“有效”镍是指从原子磁矩角度出发，被所有合金元素的原子“中和”后合金中剩余的镍原子。即从金属原子磁矩的能带理论出发，认为合金化原子的外层电子进入镍的3d能带，使其负自旋带中的电子数增加，从而原子的磁矩降低。而合金中镍原子的原子磁矩经合金化降低为零的部分就被“中和”而“失效”。结合镍的能带结构，可以得出Fe-Ni-Cu-Mo合金获取高磁导率的成分应满足：

$$\frac{x_{Ni}-9x_{Mo}-0.67x_{Cu}}{x_{Fe}}=3.48$$

式中，x_i 为第 i 元素的摩尔分数。在依据其他要求确定了钼和铜的含量后，就可以依据此式确定合金中镍和铁的含量了。除钼和铜外，高导磁合金中其他的第三组员元素，多数也表现出与该理论相符的影响。

高导磁合金的矫顽力很低，一般在4A/m（即0.05Oe）以下。此时，杂质及应力等方面因素的影响也变得非常显著，必须予以充分注意。一般要选用较高纯度的原料；性能要求高的合金需采用真空感应炉代替普通情况下的非真空炉来冶炼；高导磁合金冷轧薄带一般要在高温（1100～1200℃，甚至到1300℃）下，氢气氛中进行长达数小时的退火处理。保温后控制冷速至300℃左右出炉空冷，冷速的控制至关重要。使用时应避免冲击、振动及其他力的作用。典型高导磁合金的性能见表13-2。

表13-2 典型的高导磁合金的性能

合 金	主要成分 w/%	μ_i	μ_m	H_c/A·m^{-1}	B_s/T	T_c/℃	ρ/μΩ·cm
78坡莫合金	78.5Ni	8000	100000	4.0	1.08	600	16
4-79坡莫合金	79Ni，4Mo	20000	100000	4.0	0.87	460	55
超坡莫合金	79Ni，5Mo	100000	1000000	0.16	0.79	400	60
1040合金	72Ni，3Mo，14Cu	40000	100000	1.6	0.60	290	56

高导磁合金常用于对低磁场下磁导率要求高的交流弱磁场中，如电讯、仪器仪表中的互感器、音频变压器、磁头、磁屏蔽等。

13.3.2.2 矩磁合金

矩磁合金的剩磁比 B_r/B_s 一般高于0.85。在Fe-Ni系软磁合金中，w(Ni)为50%和80%的合金通过晶粒取向方法，w(Ni)为34%及65%的合金通过磁感生各向异性（磁畴取向）方法，分别获得了矩磁特性。

（1）晶体织构与矩磁合金　Fe-Ni50合金经过98%～99%压下量的冷轧后，得到变形织构。在1050～1100℃进行再结晶退火，冷轧织构中的{110}⟨1$\bar{1}$2⟩转变成{100}⟨001⟩立方织构。具有这种晶粒取向的合金，轧向及其垂直方向均为易磁化方向，该方向的磁滞回线为矩形，剩磁比达90%以上。退火温度高于1200℃时，发生二次再结晶，立方织构破坏而失去矩磁性。

(2) 磁场热处理与感生磁各向异性　磁场热处理又称磁退火，是指将磁性合金在略低于其居里点的温度下，在足以使其磁化饱和的磁场中进行的保温处理。许多磁性合金经磁场热处理后，显现出以外磁场方向为易磁化轴的单轴各向异性，这就是感生磁各向异性。处理前后合金的磁性发生很大变化：易磁化轴方向上的磁滞回线呈矩形，最大磁导率 μ_m 也大幅度升高。同时，垂直于易磁化轴方向上，磁化曲线为平缓的直线。在较大的磁场范围内，磁导率基本恒定。具有明显磁场热处理效果的软磁合金，未经处理时，其磁滞回线往往呈蜂腰状，μ_m 较低。图 13-14 给出 Fe-Ni65 合金在磁场热处理前后的磁滞回线，μ_m 分别为 10000 和 255000。

对于磁退火中感生各向异性的成因，比较一致的观点是“原子对方向有序”理论。该理论从合金中原子磁矩的磁交互作用能角度进行分析。将每个磁性原子的磁矩等效为一个磁偶极子，来考虑最近邻原子之间存在的赝磁偶极子交互作用。这项能量一方面与原子的种类有关，另一方面与原子磁矩的方向即磁化强度方向有关。图13-15所示的两个磁矩之间的作用能为：

$$E_{ab} = -\frac{\mu_0\mu_a\mu_b}{4\pi t^3}\cdot(3\cos^2\varphi - 1)$$

式中，μ_0 为真空的磁导率；t 为 a、b 两个原子之间的距离；μ_a、μ_b 代表 a 和 b 两个磁性原子的磁矩。a、b 两类原子换位时，每有 a-a 和 b-b 各一个新的最近邻原子对形成，就同时使两个异类 a-b 原子对消失。因而沿磁化强度方向（对应于 $\varphi=0$）的同类原子对越多，因磁偶极子的交互作用，合金的能量越低。当某个方向上的同类原子对超过其他方向时，就形成了原子对方向有序。图 13-16 示出了二元 a-b 合金中有序态的原子对分布情况。

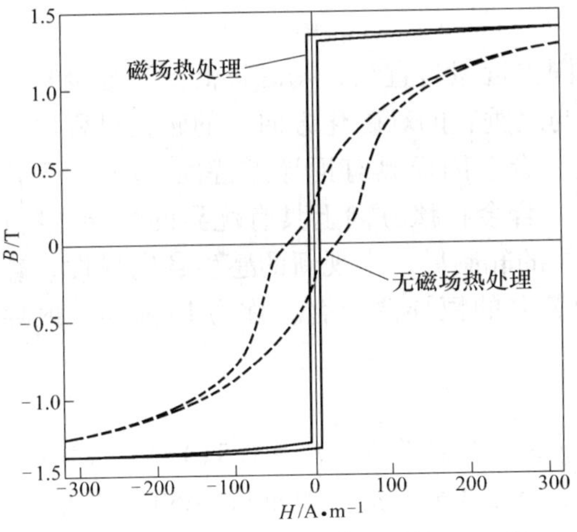

图 13-14　Fe-Ni65 合金的磁滞回线

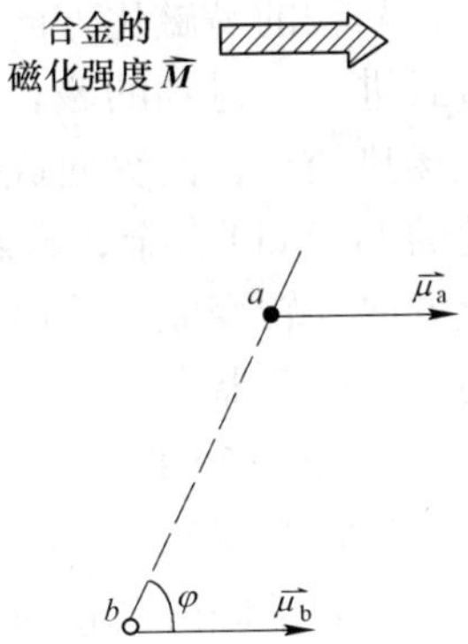

图 13-15　两个磁偶极子的相对方位图

依据该理论，感生磁各向异性呈单一易磁化轴特征，各向异性能为 $E_K = K_u\sin^2\theta$。还说明感生磁各向异性只能出现在原子磁矩大小不同的异类原子构成的合金中，且与合金成分有关。二元合金中，感生磁各向异性常数 $K_u \propto x_a^2 \cdot x_b^2$，最大值出现在两种元素的原子浓度相同时。这些都已被实验结果证实。就其数值而言，Fe-Ni65 合金经磁场热处理后 K_u 达 $350J/m^3$。而该合金缓冷时磁晶各向异性常数 $K_1 \approx 0$。因而磁场热处理感生的各向异性占主导地位，合金的磁性能也必然受到热处理的显著影响。

这里要特别说明的是：合金制备过程中，原子对的方向有序化，伴随着合金冷却到居里点以下发生自发磁化时已经完成。合金中各个晶粒以及不同磁畴的磁化方向不一致，各局部原子对有序方向不同。这种不同区域的感生各向异性，增强了合金的局部不均匀性，对畴壁起到钉扎作用，使合金磁化困难，而且呈区域不均匀性。因而合金矫顽力增大，磁导率下降，退磁曲线呈蜂腰状。磁场热处理过程中，合金内原子通过短程扩散调整其位置，形成沿磁场方向的统一原子对序。使得所有晶粒及磁畴的磁化方向趋于平行排列，得到单轴各向异性，消除了不均匀性。因而合金的退磁曲线矩形化，最大磁导率大幅度升高。

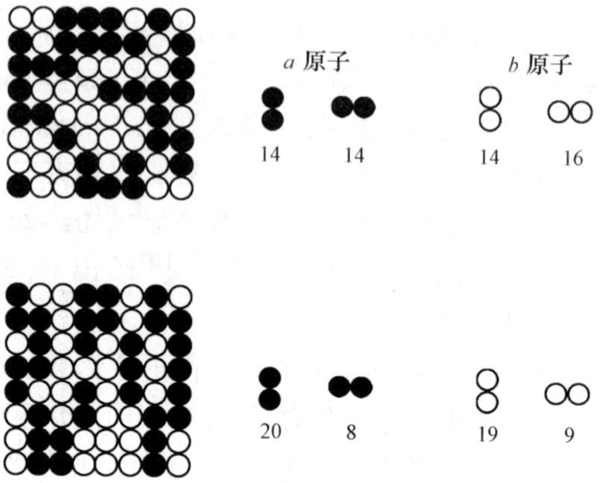

图 13-16 *a*-*b* 合金中原子对有序态下原子分布情况

原子对方向有序要依靠代位原子的短程扩散实现，又必须在低于合金居里点的温度下进行磁场热处理，因而磁场热处理对居里点很低的合金的性能影响不大。

此外，Fe-Ni 系合金在高镍区低温下发生有序化转变。为了保证合金感生磁各向异性，磁场热处理时形成的原子对方向有序应不被更低温下发生的结构有序转变破坏。Fe-Ni65 合金的 T_c 约为 610℃。为使合金具有矩磁性，从此温度开始在大约 800A/m 的磁场中缓冷至约 400℃，完成磁退火。随后去掉磁场，快速冷却，防止发生结构有序转变。

13.3.2.3 恒导磁合金

这类合金的磁化曲线在一定宽度的磁场范围内近似为直线，剩磁很低。当合金具有单轴各向异性，晶粒的易磁化方向平行排列时，与之垂直的难磁化方向上的磁化过程以原子磁矩转动方式进行，得到的磁化曲线接近直线，合金因而具有恒导磁特性。Fe-Ni65 合金通过横向磁场热处理，使纵向成为难磁化方向。合金在该方向上具有优异的恒导磁特性。具有矩磁性的 Fe-Ni50 合金，再经过 50% 变形量的轧制后，出现新的感生各向异性，轧向成为难磁化方向，转变成恒导磁性。这是一种著名的恒导磁合金，称为 Isoperm。恒导磁合金主要用于恒电感器中。

13.3.2.4 中饱和磁感、中导磁合金

w(Ni) 在 50% 左右的 Fe-Ni 合金，是该合金系中饱和磁感（$B_s \geqslant 1.5$T）高、磁导率也比较高的合金。为了保持其较高的磁感，应尽量少加合金元素。因而 Fe-Ni50 合金是 Fe-Ni 系软磁合金中至今唯一的实用纯二元合金。出于提高电阻率的考虑，有时也加入少量的铬、锰等。这类合金可用于中等强度的交流电磁场中。

13.3.2.5 耐磨高导磁合金（硬坡莫合金）

通常高导磁合金比较软。加入铌、钼或进一步加入少量钛、铝等合金元素，通过固溶强化，及弥散细小的析出相 Ni_3(Al，Ti) 的沉淀强化，提高合金硬度。析出相颗粒尺寸远低于畴壁厚度，对合金中畴壁移动的阻力较低，合金仍保持高的磁导率。硬坡莫合金主要用作录音录像、磁盘及数字磁带机的磁头铁心材料。

13.3.2.6 磁温度补偿合金

该软磁合金中，$w(Ni)$在30% ~33%，其居里点 T_c 略高于室温。合金的饱和磁感 B_s 在室温附近随温度升高线性地急剧下降。将这类合金制成磁导体，并联于主磁回路。温度升高时，作为磁源的硬磁材料 B_s 降低。补偿合金构成的磁回路中，因合金 B_s 下降，导通的分流磁通降低，可保证主磁回路中的磁通量不变。其目的是实现主磁回路中间隙磁场的强度恒定。

13.3.2.7 Fe-Ni36 软磁合金

该合金的电阻率异常高($\rho \approx 70\mu\Omega \cdot cm$)，耐蚀性良好。另外因含镍量较低，合金价格比较低（镍与铁的价格比大约是10∶1）。该软磁合金特别适用于环境中有腐蚀性介质的场合。其不足之处是居里点低，$T_c \approx 230℃$。

13.4 非晶态及纳米晶软磁合金材料

20世纪60年代，杜威兹（P. Duwez）等人首先通过液态熔融金属高速冷却（冷速达 10^6K/s）成功地获得了非晶态合金（amorphous alloy/metallic glass），为合金材料开辟了全新的领域。进入70年代，制备技术大大提高，用熔体旋辊急冷方法已能批量生产非晶薄带。经历了近30年的研究与开发，今天的非晶态合金已经在许多方面得到广泛应用。其中，应用最早、最成熟、最广泛、用量最大的就属非晶态软磁合金了。80年代后期，对非晶态的Fe-Cu-M-Si-B（M = Nb，Mo，W，Ta）和Fe-M-B（M = Zr，Nb，Hf）合金进行晶化退火处理时，得到了以纳米尺寸的晶态相颗粒为主要组成相的纳米晶软磁合金(nanocrystalline alloy)。它们的软磁性能与非晶合金相当，二者共同成为软磁合金家族的新成员。

13.4.1 非晶态软磁合金

非晶态合金中原子排布呈无序状态，磁晶各向异性消失，因而矫顽力都比较低，并主要受磁致伸缩效应的影响；合金的电阻率明显高于晶态合金。非晶软磁合金通常被制成极薄（10^0 ~10^1μm量级）的带材或极细的丝（直径约 10^2μm），因而特别适用于交流场中，尤其是较高频电磁场，其铁损很低。

非晶软磁合金主要有3类：铁基、铁镍基和钴基合金。非晶软磁合金均由各自的基体金属和非金属（硼、硅、磷、碳）组成。后者的作用主要是降低合金形成非晶态的临界冷速，易于得到非晶态。一般采用多种元素复合加入，效果更佳。过渡族金属（锆、铪、铌等）及稀土金属也容易与铁、钴、镍形成非晶态合金，能够替代非金属元素。

铁基非晶合金中一般含有原子比例约为80%的铁和20%的非金属（硅、硼为主）。该合金的典型软磁性能及电阻率如表13-3所示。它是非晶软磁合金中饱和磁感 B_s 最高的，电阻率 ρ 达 $137\mu\Omega \cdot cm$。该材料主要用作中、小功率的变压器铁心。在美国等国家已大量投入使用。使用铁基非晶合金的变压器，空载铁损降低到硅钢片变压器的50%以下，具有显著的节能效果。不过，在满负荷运转时，由于非晶合金的饱和磁感明显低于Fe-Si合金，使用这两种铁心材料的变压器，损耗水平相当。

表 13-3 一些非晶软磁合金的性能

合金	B_s/T	H_c/A·m^{-1}	μ_m	T_c/K	T_{cry}/K	ρ/μΩ·cm	λ_s/×10^{-6}	P_c/W·kg^{-1}
$Fe_{79}Si_9B_{13}$	1.56	2.4		688	823	137	27	$P_{14/50}$=0.24
$Fe_{40}Ni_{40}P_{14}B_6$	0.78	0.64	900000	523	685	180	7	$P_{0.2/10K}$=0.15
$Co_{70.5}Fe_{4.5}Si_{10}B_{15}$	0.88	1.20	μ_e(1kHz)=70000			147	0	$P_{0.2/100K}$=60

铁镍基非晶合金是国内开发最早、用量最大的非晶合金。它的饱和磁感 $B_s\approx0.75$T，初始磁导率 μ_i 较高，最大磁导率 μ_m 很高。经磁场热处理还呈现矩磁性。主要用途是代替 Fe-Ni78坡莫合金作环型铁心。由于非晶合金制备工艺简单，价格明显低于坡莫合金。

钴基非晶合金的饱和磁致伸缩系数接近于0，因而具有极高的 μ_i 和 μ_m、很低的矫顽力和高频损耗。主要用作传感器材料，如图书防窃磁条。该合金因含大量钴而价格很高。

13.4.2 纳米晶软磁合金

1988 年，吉沢克仁（Yoshizawa）等人首先发现，含有少量铜和 M（M 为铌，钼，钨，钽）的 Fe-Si-B 非晶合金，在适当温度下进行晶化处理后，具有优异的软磁性能。合金的显微组织由约 70% 的晶态超细晶粒（晶粒直径约 10nm 的 Fe-Si 相，属于体心立方点阵）和约 30% 的晶间剩余非晶相组成。合金的典型成分是 $Fe_{73.5}Cu_1Nb_3Si_{13.5}B_9$，磁性能为：$B_s$=1.24T，$H_c$=0.53A/m，1kHz、0.4A/m 条件下，有效磁导率 μ_e=100000。该合金的商品牌号是 Finemet，译为“细晶粒合金”。其后不久，铃木（Suzuki）等人又成功地研制出了 Fe-M-B（M 为锆，铪，铌）纳米晶软磁合金。合金也是通过非晶晶化制成。其中晶化相是约 10~20nm 的 α-Fe 晶粒，均匀地分布在非晶基体上，与 Finemet 很相似。该合金铁含量较高，x(Fe) 约 90% 左右，如 $Fe_{90}Zr_7B_3$，饱和磁感 B_s 可达 1.5~1.7T。另外，Fe-Zr-B、Fe-Hf-B 的磁导率也远高于通常的 Fe-Si-B 非晶合金，达到 μ_e(1kHz,0.4A/m)=30000，商品合金牌号是 Nanoperm，译为“纳米高导磁合金”。纳米晶软磁合金与其他软磁材料磁性能的比较如图 13-17 所示。

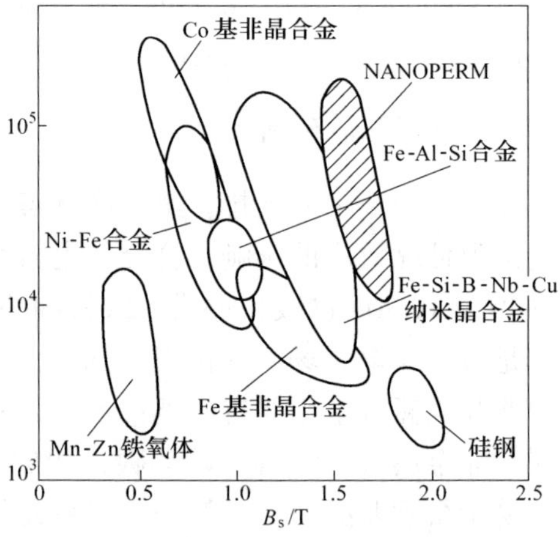

图 13-17 不同软磁材料的磁性比较

与非晶合金不同，纳米晶合金中主要是晶态相，因晶体中原子的规则排列而具有各向异性（$K\neq0$）。晶粒处于纳米尺寸范围的合金，各晶粒易磁化轴在空间随机分布，使得有效的磁晶各向异性常数〈K〉（所有晶粒的平均结果）远低于单个晶粒的 K 值。根据荷策（Herzer）的理论分析，二者的关系为：

$$\langle K\rangle=\frac{K^4\cdot D^6}{A^3}$$

式中，D、K、A 分别为纳米晶态相的晶粒直径、磁晶各向异性常数和交换积分常数。合金的初始磁导率与〈K〉成反比，即：

$$\mu_i = P_\mu \frac{J_s^2}{\mu_0 \langle K \rangle} \propto D^{-6}$$

式中，P_μ 为常数；J_s 为饱和磁极化强度。

根据此式，纳米晶软磁合金的磁导率随晶态相晶粒直径的增加极其迅速地降低。

纳米晶软磁合金具有优异的软磁性能，前提条件是合金中的晶态相晶粒大小处于纳米量级。在非晶合金的晶化过程中，添加元素对晶粒大小影响很大。$Fe_{73.5}Cu_1Nb_3Si_{13.5}B_9$中，析出的晶化相是α-Fe(Si)固溶体，其中的铜、铌含量都很低。晶化退火处理时，铜的富集区周围首先形成α-Fe(Si)的晶核，而高熔点的铌在非晶相中的扩散非常缓慢，它还与硼形成有序原子团，二者共同有效阻止晶化相与非晶相界面的移动，从而抑制α-Fe(Si)晶粒的长大，使之处在纳米级尺寸。不含铜、铌的 Fe-Si-B 非晶合金晶化后晶粒约 0.1 ~ 1μm。图 13-18 示意性给出了 Finemet 的典型显微组织。Fe-M-B（M 为锆，铪，铌）纳米晶合金中，晶化相为含少量硼的α-Fe，x(B)约 2%。而锆和其余的硼主要分布于剩余非晶相中，原子比例可分别高达 25% 及 10%，它们构成晶化α-Fe 晶粒长大的障碍。

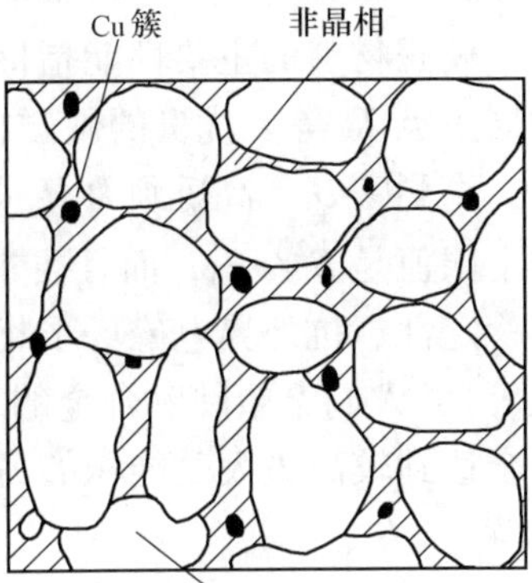

图 13-18　纳米晶软磁合金的组织结构示意图

剩余非晶相是相邻晶态相晶粒间磁性作用的传媒，其性质对合金的磁性影响很大。它具有较高居里点及与晶态相相近的饱和磁感，有利于降低合金矫顽力，提高磁导率。

控制好非晶合金的退火过程，获得均匀的纳米晶组织，是使合金达到优异软磁性能的保证。退火温度过低，合金不能晶化；处理的温度过高，又会使合金中析出其他不利相颗粒，如 $Fe_{73.5}Cu_1Nb_3Si_{13.5}B_9$ 合金中析出 Fe_2B 相，或使晶化相与非晶相的性能差别过大，导致合金的软磁性能下降。

13.5　硬磁合金概述

硬磁材料通常经过一次性磁化后单独使用，建立磁场。硬磁合金广泛应用于各种仪器仪表中，作为恒定磁场源。与电流建立磁场相比，通过省掉导体的电阻热而节约了能源。

对硬磁合金的性能要求主要是保证它所建立的磁场足够强，稳定性高，受环境温度（在一定范围内）波动、时间推移等因素的影响小。

硬磁材料最重要的性能指标是它的最大磁能积，用 $(B \cdot H)_m$ 表示，是材料的退磁曲线上磁能积（$B_m \cdot H_m$）的最大值（通常取其绝对值）。硬磁合金应具有高的最大磁能积$(B \cdot H)_m$。

硬磁体和缺口（空气隙）构成的简单环形磁路，气隙中的磁场为：

$$H_g \propto (B_m \cdot H_m \cdot V_m)^{1/2}$$

式中，V_m 为硬磁体的体积；H_m 及 B_m 分别为磁体工作状态下的磁场强度与磁感应强度。

无外磁场时，H_m 是硬磁体自身的退磁场强度，磁体处于磁滞回线的第Ⅱ象限，$(B_m \cdot H_m) \leqslant (B \cdot H)_m$。

硬磁体建立的气隙磁场，正比于其磁能积。适当设计磁路，可使硬磁材料工作点处于最大磁能积点，即使得 $(B_m \cdot H_m) = (B \cdot H)_m$。$(B \cdot H)_m$ 高的材料，能够建立较高的磁场；在磁场要求一定时，能成比例地减少硬磁材料的用量。

硬磁材料的主要性能指标还包括剩磁 B_r、矫顽力 H_c 以及关系到材料磁性能热稳定性的居里点 T_c 等。优良的硬磁材料，三个性能指标都应具有较高的数值。

高剩磁 B_r、高矫顽力 H_c 是合金具有高的最大磁能积 $(B \cdot H)_m$ 的必要条件。$(B \cdot H)_m$ 的上限值是 $B_r^2/4\mu_0$，而且要求 $H_c \geqslant B_r/2\mu_0$。为了提高材料使用时磁性能的稳定性（包括热稳定性、抗外界电磁场干扰能力等），使之可用于比较极端的情况（较高温度下、薄片状等），人们希望硬磁合金的 H_c 不仅仅达到 $B_r/2\mu_0$，而是努力使其达到更高的水平。硬磁合金达到较高最大磁能积的另一个条件是退磁曲线的隆起度 γ 大。其定义是：

$$\gamma = (B \cdot H)_m / (B_r \cdot H_c)$$

磁性材料的矫顽力有两种表达方式，即磁感矫顽力 ${}_bH_c$ 和内禀矫顽力 ${}_iH_c$（或 ${}_MH_c$、H_{ci}），分别对应于磁体的磁感应强度 B 及磁化强度 M 由饱和磁化状态减小至 0 时的磁场。二者中，内禀矫顽力更能反映磁性材料的反磁化过程特点。

硬磁合金中，高矫顽力主要来源于合金中磁性相的各向异性，包括形状各向异性（如 Alnico 硬磁、Fe-Cr-Co 硬磁、微晶粒子金属磁粉等，制成非球形的晶粒），磁晶各向异性（如稀土永磁，磁性相属于非立方点阵类型，晶体对称性低）；另外，利用晶界、相界等对畴壁的强烈钉扎也可获得高矫顽力。但是，晶体中的点缺陷、线缺陷、第二相粒子以及应力等因素对畴壁的钉扎作用，对矫顽力贡献相对较弱，可以忽略。硬磁材料常为多相合金，存在大量的相界面。

矫顽力具有组织敏感性，强烈依赖于材料的组织结构，因而受到合金成分、制备工艺及热处理等因素的影响。矫顽力是硬磁合金从选材到制定生产工艺的核心问题，其数值很高也是硬磁材料与软磁材料的根本区别所在。

人类在很早以前就已开始使用天然磁石（Fe_3O_4）。硬磁合金材料的发展，始于 1880 年代，以含钨、铬的高碳合金钢硬磁的制成为标志。这类磁钢经淬火处理，得到马氏体（铁磁性）与奥氏体（非磁性）的双相组织，依靠过饱和固溶原子、相变内应力及弥散碳化物，阻碍磁畴移动，获得较高的矫顽力（通常不高于 8kA/m）。钨钢的最大磁能积 $(B \cdot H)_m$ 达到 8kJ/m^3。高出此前磁钢（高碳钢）的 1.6kJ/m^3 数倍。以后又研制出了钴钢、铝钢等，矫顽力稍高。今天，这类淬火马氏体型磁钢已极少用做硬磁材料，仅作为半硬磁材料使用。

1930 年代，人们研制成功了 Alnico 硬磁合金。该合金在经历了磁场热处理、定向凝固等制造技术上的重大进步后，其 $(B \cdot H)_m$ 已达到 100kJ/m^3 水平，至今仍是一类重要的实用硬磁合金，主要用于对磁性的热稳定性要求高的场合。

1960 年代，人们发现了以 $SmCo_5$ 为代表的稀土-钴硬磁合金。一般称为 1∶5 型稀土永磁，或第一代稀土永磁。$SmCo_5$ 永磁的 $(B \cdot H)_m$ 为 160kJ/m^3。进入 1970 年代，人们又开发出稀土与钴的 2∶17 型金属间化合物 R_2Co_{17} 作为永磁合金，使 $(B \cdot H)_m$ 再上新台阶，达到 240kJ/m^3 的水平，被称为第二代稀土永磁。

1983 年，稀土永磁的研究又取得新的突破。以 Nd-Fe-B 合金为代表的第三代稀土永磁问世。其 $(B \cdot H)_m$ 高达 400kJ/m^3，成为当今世界上性能最高的硬磁材料。

进入 1990 年代，发现了一种新型的纳米级晶粒尺寸的硬磁材料。它由自身为软磁性和硬磁性两种截然不同的磁性相组成，依靠跨越相界的交换作用，整体上表现出硬磁性特征。

此外，还有一些其他的硬磁材料也在不同时期得到研究开发。如具有较好的塑性、可通过塑性加工成形的硬磁合金（又称变形永磁），先后有 Fe-Co-Mo、Fe-Ni-Cu、Fe-Co-V、Fe-Co-W、Pt-Co、Fe-Mn、Fe-Cr-Co 及 Mn-Al-C，其中 70 年代发展起来的 Fe-Cr-Co 变形永磁合金，磁性能达到较高水平。它与 Fe-Co-M（M = V，Mo，W）及 Fe-Mn 构成今天实用变形永磁合金的主体。

在永磁材料家族中，还有一位重要的成员——铁氧体永磁材料，属于陶瓷材料。其典型代表是 1950 年代发展起来的锶铁氧体和钡铁氧体。其高矫顽力来自于低对称性晶体（属六方点阵类型）的高磁晶各向异性。由于属于亚铁磁性，饱和磁感低，最大磁能积一般不高于 36kJ/m^3，硬磁性能低。该硬磁材料的最大特点是价格很低，至今仍是用量最大的永磁材料。此外，γ-Fe_2O_3、CrO_2、CoS 等作为磁记录材料也属于重要的实用硬磁材料。

13.6 Alnico 永磁合金

Alnico 永磁合金是指以铁、铝、镍、钴为基本组成，少量添加铜、钛、铌等合金元素的永磁材料。这类合金很脆，不能进行任何塑性加工，只能通过铸造及随后的机加工制成各种元器件。又叫铸造磁钢。该合金突出特点是居里点高（750℃以上）。磁性能的热稳定性很好。不足之处是矫顽力低。一般在 48 ~ 120kA/m 之间，限制了合金的 $(B \cdot H)_m$ 一般不超过 100kJ/m^3；另外，合金含有资源短缺、价格很高的钴，并且含较贵的镍。20 世纪 70 年代中期世界上钴资源危机时，该合金被永磁铁氧体大量取代。进入 80 年代后期，其应用又部分地为 Nd-Fe-B 永磁合金取代。

13.6.1 磁硬化机理

Alnico 永磁合金的矫顽力来源于合金中非球形的磁性相粒子的形状各向异性。它使合金的磁化强度方向变化时，磁体自身退磁能发生变化。相应的形状各向异性能常数为：

$$K_d = \mu_0(N_\perp - N_{/\!/})M_s^2/2$$

式中，$N_\perp$ 与 $N_{/\!/}$ 分别为磁性粒子短轴和长轴方向的退磁因子；M_s 为其饱和磁化强度。

粒子的反磁化过程通过原子磁矩的一致转动完成时，矫顽力为：

$$H_c = \frac{2K_d}{\mu_0 M_s} = (N_\perp - \mathrm{N}_{/\!/})M_s$$

由大量的磁性粒子（α_1 相）分布于另一基体相（α_2 相）上组成的硬磁体的矫顽力为：

$$H_c = AP(1-P)(N_{\perp} - N_{//}) \frac{(M_1 - M_2)^2}{M_s}\left[1 - \left(\frac{D_c}{D}\right)^2\right]$$

式中，A 为磁性粒子的取向度；P 为 α_1 磁性相的体积分数；M_1、M_2、M_s 分别为 α_1 相、α_2 相和磁体总的饱和磁化强度；D_c 和 D 分别为 α_1 相的超顺磁性粒子的临界直径及单畴粒子直径。

为了获得较高的矫顽力，Alnico 永磁合金的磁性相 α_1 晶粒要达到适当的尺寸，形状各向异性要大，要有适当的体积分数，并且粒子的长轴方向应尽量平行，达到较高的取向度。在 Alnico 永磁合金的发展过程中，磁场热处理技术和定向凝固技术的应用，实现了 α_1 相粒子的良好取向，提高了剩磁和矫顽力，从而大幅度提高了合金的最大磁能积。

13.6.2 合金成分及制备工艺

13.6.2.1 Fe-Ni-Al 三元硬磁合金的成分及制备工艺

历史上，Alnico 磁钢是在 Fe-Ni-Al 三元硬磁合金中再添加钴、铜、钛等发展起来的。这两类硬磁合金在相平衡关系、磁硬化机理、单畴磁性粒子的获取方式等方面都基本相同。

图 13-19 为 Fe-Ni-Al 三元合金系在 850℃ 下的等温截面图的局部。硬磁合金的成分大体为铁、镍、铝的原子比为 2∶1∶1（如图中 C 点）。该合金在 850℃ 下处于（$\alpha_1+\alpha_2$）的两相区内，α_1 相富铁，α_2 相中富集镍和铝。该合金冷却时首先由液态（L）转变成固态 α 相。约 900℃ 开始发生 $\alpha \to (\alpha_1+\alpha_2)$ 转变。随着温度的下降，α_1 相中铁含量增加，为强磁性相；镍和铝向 α_2 中富集，该相的饱和磁化强度和居里点均随之降低。

该合金中，$\alpha \to \alpha_1+\alpha_2$ 的相变过程以调幅分解的方式进行。α_1 和 α_2 均属于体心立方点阵，与 α 相相同，并保持其晶体学位相不变。强磁性的 α_1 相形成时，主要受到弹性应变能的控制，合金的弹性又具有明显的各向异性。结果是形成沿 {100} 面伸展的片条状。粒子的尺寸在面上比面法线方向上要大得多，从而具有形状各向异性。

Alnico 永磁具有高矫顽力的基本条件是形状各向异性的 α_1 相粒子分布于 α_2 基体上。调幅分解是得到该组织特征的必经途径，适当的合金成分及热处理工艺是重要保证。

图 13-20 示意性地给出了 $\alpha \to \alpha_1+\alpha_2$ 转变区。虚线以内为调幅分解区，外部是形核、

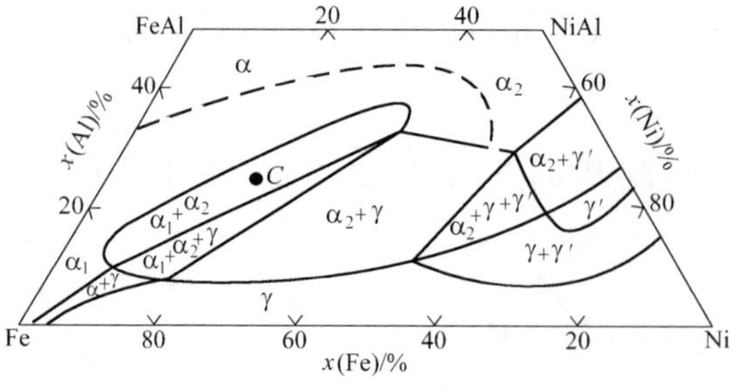

图 13-19 Fe-Ni-Al 三元合金相图在 850℃ 下横截面（局部）

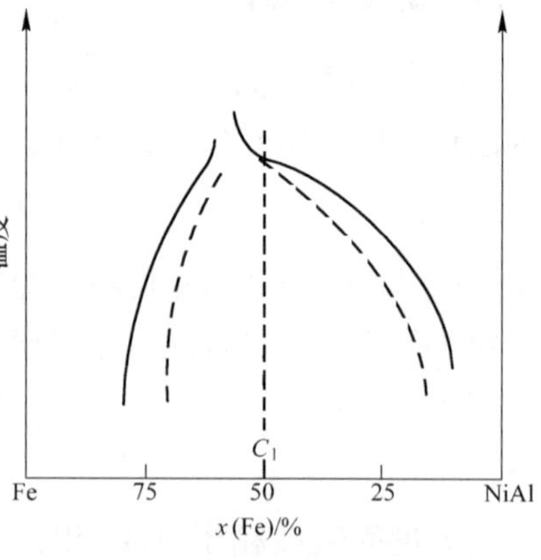

图 13-20 调幅分解转变示意图

长大区。永磁合金的成分必须位于调幅分解区内。从提高转变温度、减小 α 相以形核、长大方式发生转变的可能性出发，希望合金的成分尽量接近调幅分解反应的“中心”。合金中的强磁性相是以铁为主的 α_1 相。提高铁的含量能增加 α_1 相的比例，提高合金的饱和磁感。但铁含量过高时，即使合金仍以调幅分解方式完成 $\alpha \to \alpha_1 + \alpha_2$ 的转变，较多的 α_1 相成为基体相，不再是具有形状各向异性、彼此分离的单畴粒子。这种组织形态的合金，矫顽力很低。因而合金中必须含有足够的镍和铝。它们的原子比例接近1∶1，可以避免合金冷却时从 α 相中析出面心立方点阵的 γ 相，同时使合金处于调幅分解区的中间区。调幅分解的开始温度高，形核、长大方式的温度区间小，有利于发生调幅分解。

合金冷却或热处理时，应快速通过形核、长大转变方式的温度区。另外，调幅分解过程中，成分起伏的波长受温度的影响；保温过程中新相粒子要发生长大。因而温度和时间都要适当控制，以保证得到形状各向异性大、尺寸合适的强磁性 α_1 粒子。

13.6.2.2 Alnico 磁钢

（1）合金元素的作用。钴、铜、钛是 Alnico 磁钢中常用合金元素，各自的作用如下：

钴：Alnico 磁钢中，w(Co)在5%～40%范围。Fe-Ni-Al 合金中加入钴后，磁性能显著提高。钴分配于 α_1 和 α_2 两相中。以铁为主的 α_1 相增加了钴后（不超过30%时），饱和磁化强度 M_1 提高，从而使合金的剩磁 B_r、矫顽力 H_c 均增加，同时，居里点 T_c 也提高。钴降低调幅分解 $\alpha \to \alpha_1 + \alpha_2$ 的开始温度以及分解速度，从而使获得最佳矫顽力的冷却速度（称为临界冷速）降至空冷（1K/s 左右）甚至更低，简化了生产工艺。

另外，钴扩大合金的 γ 相区，Alnico 合金从液态冷凝过程中通过 α + γ 两相区，如图 13-21 所示。一旦形成了 γ 相，由它再转变成 α 相（记为 α_γ），对磁性能极为不利。不过，γ 相析出速度很慢，只要通过这个两相区时冷速不很低，就可避免形成 γ。

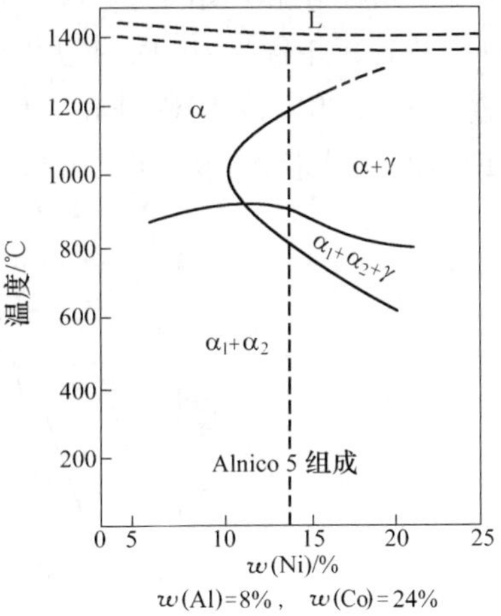

图 13-21 Fe-Ni-Al-Co 合金系相图纵剖面与 Alnico 5 磁钢的冷却过程

铜：在 Alnico 磁钢中取代镍，w(Cu)通常在3%～4%。铜主要影响合金获得最佳磁性能的临界冷速以及磁性能对成分的敏感性，有利于提高产品合格率。

钛：可显著提高磁钢的矫顽力，是较高矫顽力磁钢（H_c 在100kA/m以上）的必要组成元素。w(Ti)一般在5%～8%范围。钛原子进入 α 相，使得 α_1 与 α_2 相的点阵常数差别增大，α_1 相粒子的形状各向异性增大。有实验表明，含钛合金的 α_1 相比例 P 比较接近0.5，可能是提高矫顽力的主要原因。钛的不利影响是降低 α_1 相的 M_1，使磁钢的 B_r 比较低。

添加钴、铜、钛等合金元素后，磁钢中铁、镍、铝三个主要组元之间的比例应进行小幅度的调整，以保证获得较佳磁性能。

（2）定向凝固与磁场热处理。一般的铸造磁钢，晶粒随机取向，每个晶粒内的 α_1 相粒子又等几率地分布于3个〈100〉方向上。合金的剩磁 $B_r \approx 0.5\mu_0 PM_1$，磁钢 B_r 为0.6T左右。

1938 年，奥立佛（Oliver）和舍顿（Shedden）引入了磁场热处理。处理后，每个晶粒中的 α_1 粒子的长轴都平行于和磁场夹角最小的〈100〉方向。即所有 α_1 粒子的长轴都分布在与外磁场方向成 54.7°的圆锥内。磁钢在该方向上 $B_r = 0.832\mu_0 PM_1$，大幅度提高。Alnico 5 磁钢经磁场热处理，B_r 由 0.87T 提高到 1.29T。同时 H_c 还提高了约 10%，而 $(B \cdot H)_m$ 从 17kJ/m³ 上升到 40kJ/m³，升幅达 134%。

为进行磁场热处理，合金的居里点 T_c 应高于进行调幅分解的温度。由于钴具有提高 T_c 及降低调幅分解开始温度的双重作用，含钴较多的 Alnico 5 和 Alnico 8（w(Co)分别为 24%和 35%）两种磁钢，能够通过磁场热处理获得良好的硬磁性能。选择热处理温度略低于 T_c，并与调幅分解的开始温度尽量接近。另一方面，热处理时磁场强度应比较高（较软磁合金热处理的磁场强度高许多倍），使磁钢达到或接近磁化饱和状态，以保证处理的效果。

定向凝固技术进一步提高了磁钢磁性能。通过定向凝固，得到平行柱状晶，其生长方向正好是 α 相的〈100〉。由于所有晶粒的〈100〉方向近似平行排列，再经过磁场热处理使所有 α_1 相晶粒的长轴都平行排列。因而，磁钢的剩磁 $B_r \approx \mu_0 PM_1 = P \cdot B_1$。$\alpha_1$ 相的饱和磁感 B_1 可达 2.4T，取 $P = 0.55$，则 Alnico 磁钢的剩磁可达 1.3T 以上。定向凝固技术可以有效地提高磁钢的磁性能，因而已广泛应用于 Alnico 磁钢的生产。

Alnico 8 磁钢的典型热处理工艺如图13-22所示。该磁钢的成分为（质量比）：34.0% 钴，14% 镍，7.0% 铝，4.0% 铜，5.0% 钛和余量的铁。固溶处理得单一的 α 相，T_c 为 810℃，调幅分解开始于 860℃。800℃下保温进行磁场热处理，分解得到的 α_2 相居里点在 300℃以上，并且与 α_1 相的饱和磁化强度差也比较小。随后进行分级时效，增大两相的成分差，使 α_2 相成为弱磁性相，磁钢矫顽力升高。通过定向凝固得到的柱晶磁钢经以上热处理后的磁性能为：$B_r = 1.10$T，$H_c = 108$kA/m，$(B \cdot H)_m = 72$kJ/m³。

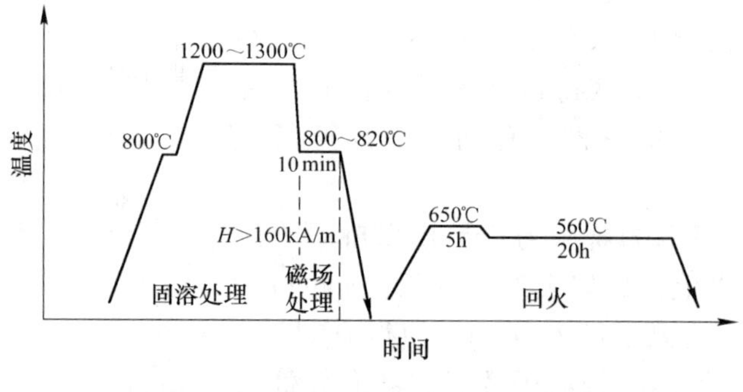

图 13-22 Alnico 8 磁钢的热处理工艺示意图

13.7 稀土永磁

1967 年，斯垂那特（K. J. Strnat）用高磁晶各向异性能的 YCo_5 成功地制成硬磁合金，揭开了人类开发应用稀土永磁的历史。

稀土永磁是指稀土金属（R 或 RE）与 3d 过渡族金属（TM）组成的永磁合金。合金中硬磁性相是金属间化合物 R_mTM_n，三元化合物含有非金属组元（如硼、碳、氮等）。其典型代表是二元的 1∶5 型和 2∶17 型的 Sm-Co 永磁合金和三元的 Nd-Fe-B 永磁合金。

稀土包括镧系 15 种元素及钪(Sc)和钇(Y)。镧系元素又分为轻稀土（LR，指原子序数较低的镧至钐）和重稀土（HR，其余的元素）。稀土矿中各元素的含量相差很大，表 13-4 中为主要稀土矿独居石中的比例。我国稀土资源非常丰富，占世界总储量的 80% 以上。充分利用稀土资源，对我国国民经济的发展意义重大。

表 13-4 我国独居石中各主要稀土元素的含量

元 素	La	Ce	Pr	Nd	Sm	Eu	Gd	Y	其 他
原子序数	57	58	59	60	62	63	64	39	
w/%	18.6	40.0	4.0	15.0	2.7	0.09	1.9	4.9	12.8

稀土永磁中过渡族金属主要是铁和钴。二元稀土永磁合金（R-TM）中 TM 主要是钴；三元合金中 TM 以铁为主。下面分别介绍。

13.7.1 合金系相图与晶体结构

稀土元素与钴、铁、镍等元素的原子半径、电负性等方面差别大，R-TM 合金系形成一系列金属间化合物。图 13-23 所示为 Sm-Co 二元相图。Sm-Co 永磁中的主要磁性相是钴含量高的 $SmCo_5$（1∶5 型）和 Sm_2Co_{17}（2∶17 型）。它们也形成于 R = Ce、Pr、Nd、Y、Gd、Dy、Ho、Er 的 R-Co 二元系中。不过 La-Co 二元系中在钴含量高范围内，形成 $LaCo_5$ 和 $LaCo_{13}$。R-Fe 合金系中没有 $SmFe_5$，但形成 Sm_2Fe_{17}化合物。

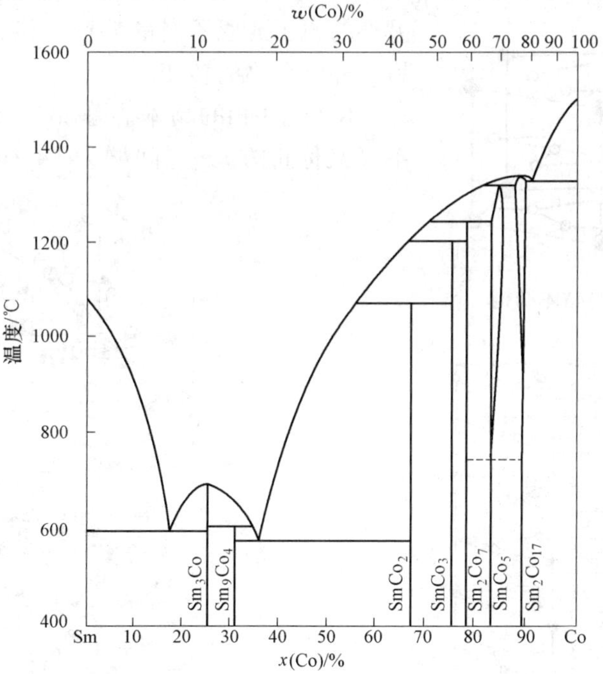

图 13-23 Sm-Co 二元合金系相图

图 13-24 所示为 Nd-Fe-B 合金系相图。能与磁性相 $Nd_2Fe_{14}B$ 化合物相平衡共存的相包

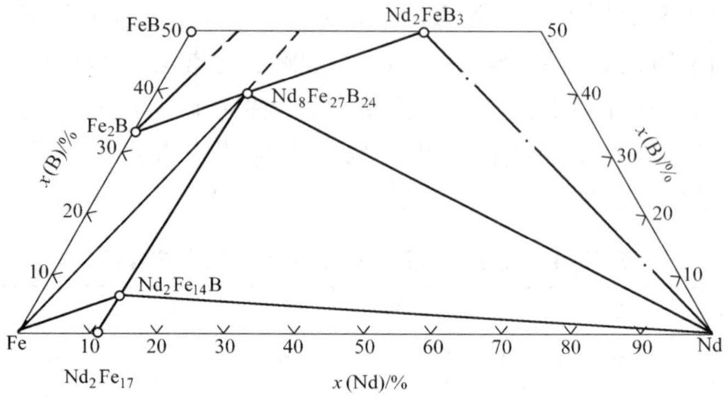

图 13-24 Nd-Fe-B 合金系相图的室温截面

括α-Fe、钕（称为富钕相，其中含有少量的铁）、$NdFe_4B_4$（相图中以$Nd_8Fe_{27}B_{24}$标识，称为富硼相）及Nd_2Fe_{17}相。不同的研究人员对富钕相和富硼相的成分给出了不完全相同的结论。富钕相不是化合物，其成分与合金的热处理及冷速等因素有关。所有的稀土元素都能替代钕形成$R_2Fe_{14}B$化合物。

RCo_5的晶体结构是$CaCu_5$型，如图13-25所示，属六方晶系，空间群为Pb/mmm。$SmCo_5$的晶格常数为：$a=0.4989nm$，$c=0.3981nm$。R_2Co_{17}在高温下为Th_2Ni_{17}型，属六方晶系，空间群为$P6_3/mmc$；常温下一般转变成Th_2Zn_{17}型，如图13-26所示，属菱方晶系，空间群为$R\bar{3}m$。Sm_2Co_{17}的晶格常数为：$a=0.8395nm$，$c=1.2216nm$。R-TM 合金系中的这些二元化合物，化学组成及晶体结构之间有很强的内部联系。通过特定位置上的原子被另外的原子或原子对的替换，能完成由一种化合物向另一种化合物的转变。

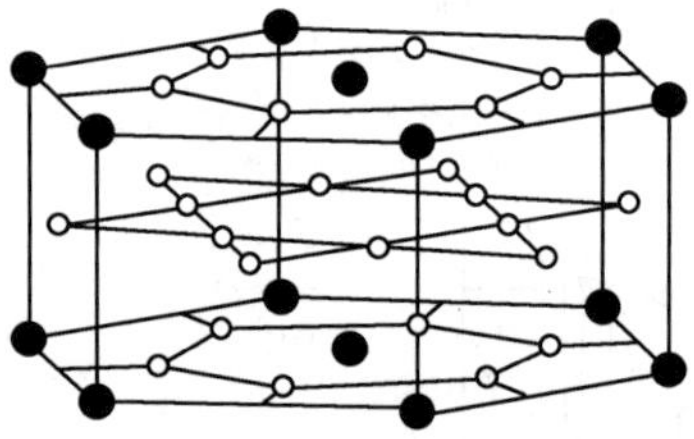

图 13-25 RCo_5的晶体结构

$R_2Fe_{14}B$相的晶体结构如图13-27所示，属四方晶系（又称正方），空间群为$P4_2/mnm$。$Nd_2Fe_{14}B$相的

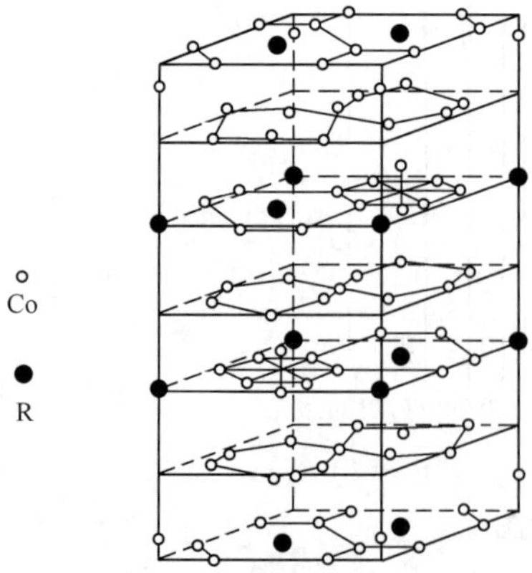

图 13-26 Th_2Zn_{17}型R_2Co_{17}的晶体结构

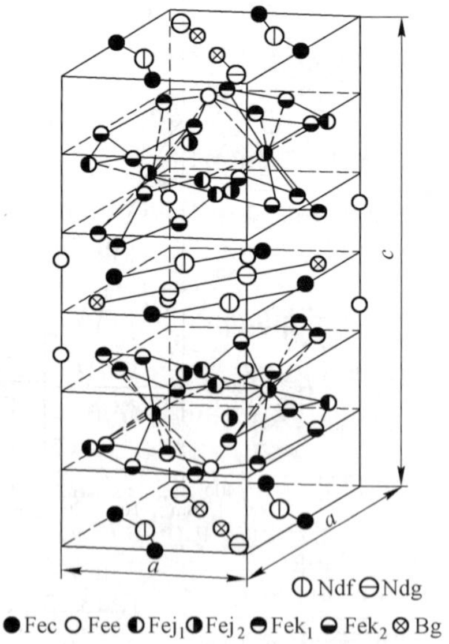

图 13-27 $Nd_2Fe_{14}B$的晶体结构

晶格常数为：$a = 0.882\text{nm}$，$c = 1.224\text{nm}$。

13.7.2 稀土永磁的磁性

13.7.2.1 矫顽力

稀土永磁合金的突出特点之一是具有极高的矫顽力。其根源是合金中磁性相具有特别高的磁晶各向异性能：$SmCo_5$ 室温下 $K_1 = 2 \times 10^7 \text{J/m}^3$，磁体的内禀矫顽力一般可达1600kA/m。当原子磁矩从低磁晶各向异性能方向（易磁化方向）转过高各向异性能的方向（难磁化方向），到达相反的易磁化方向时，所需的反向磁场强度$H = \frac{2K_1}{\mu_0 M_s}$，即达到各向异性场 H_A 的水平；另一方面，磁体中畴壁能密度 $\gamma \propto \sqrt{AK_1}$，畴壁厚度$\delta \propto \sqrt{A/K_1}$（这里 A 代表合金的交换积分常数）。稀土永磁合金中，畴壁能量非常高，畴壁很薄，其移动过程中受到各种晶体缺陷的阻力也比较高。

稀土永磁中磁性相（$SmCo_5$、Sm_2Co_{17}、$Nd_2Fe_{14}B$ 等）的 K_1 值非常高，原因是晶体结构及稀土离子中 $4f$ 电子的磁性特征。原子空间排布对称性低，使 TM 原子构成的亚点阵具有很高的磁晶各向异性；稀土离子中 $4f$ 态电子，总的轨道角动量 $\boldsymbol{L}$ 和自旋角动量 $\boldsymbol{S}$ 均不为 0 时，通过 $\boldsymbol{L}$ 与 $\boldsymbol{S}$ 耦合作用，对磁晶各向异性有非常大的贡献。不同稀土元素与钴（或铁）构成的磁性相的 K_1 值差别很大。如 YCo_5、$SmCo_5$、$GdCo_5$ 的 K_1 分别为 5.5、8.1～11.2、4.0MJ/m³，其中钇、钐、钆的三价离子的轨道量子数 L 分别是 0、5、0，自旋量子数 S 分别是 0、5/2、7/2。

难磁化方向是磁矩转动的必经方向时，高的磁晶各向异性能才成为磁矩转动的阻力，使得磁体具有高矫顽力。属于六方晶系或四方晶系的晶体，就要求易磁化方向以 c 轴为最佳方向，而不能是晶体中处于“基面”（六方的（0001）面、四方的（001）面）上的某个方向。如 $NdCo_5$ 的 K_1 绝对值高达 40MJ/m³，但为负值，其易磁化方向处于基面上（称易基面）。我们无法得到高矫顽力的 1∶5 型 Nd-Co 永磁。

稀土永磁合金中，也同样表现出矫顽力对合金显微组织的敏感性。实际磁体的矫顽力 ${}_iH_c$ 与 H_A 之间尚有很大差距，并且因热处理状态的不同会在很大幅度内变化。

13.7.2.2 磁化强度

稀土永磁中，磁性相的磁化强度是稀土 R 与 $3d$ 族 TM 原子磁矩的总和。合金中 R 通常为三价离子。其离子磁矩因 $4f$ 态电子数不同而异，多数稀土离子的磁矩不为 0，并且一般由轨道运动与自旋运动共同贡献，见表 13-5。TM 原子的磁矩与其纯金属中相近。

表 13-5 各种稀土三价离子的磁矩 μ_B

元素	La	Ce	Pr	Nd	Sm	Gd	Tb	Dy	Ho	Er
离子磁矩	0	2.40	3.50	3.50	1.50	8.0	9.5	10.6	10.6	9.5

R 离子与 TM 原子的磁矩之间耦合方式的规律是：轻稀土元素 LR 离子磁矩与 TM 的原子磁矩为铁磁性耦合，互相平行；重稀土元素 HR 离子磁矩与 TM 的磁矩为反铁磁性耦合，反平行。原因是通过公有化电子的自旋传递的交换作用，使得 $3d$ 电子与 $4f$ 电子的自旋角动量 $\boldsymbol{S}_{4f}$ 与 $\boldsymbol{S}_{3d}$ 的方向相反。LR-TM 合金中磁性相的磁化强度是两类组元各自磁矩的加和，而 HR-TM 中磁性相的磁化强度是两类组元的磁矩之差。

实际的稀土永磁合金中，3*d* 金属的原子比例高，其原子磁矩占主导地位。因而 LR-TM 永磁合金的饱和磁化强度 M_s 高，而 HR-TM 合金的 M_s 低。

温度升高时，LR-TM 磁性合金的 M_s 单调降低。而 HR-TM 磁性合金的 M_s 降低慢，甚至在一定的温度范围内不降反升，表现“异常”，如图13-28所示。这是由于温度升高，使 3*d* 原子磁矩与 HR 离子磁矩的耦合减弱，反方向的平行程度降低，从而使二者的抵消作用降低所致。

13.7.2.3 *居里温度* T_c

稀土永磁合金中，交换作用通常有三类：R-R 离子间的交换作用（4*f*-4*f* 交换）、R-TM 间的交换作用（4*f*-3*d* 交换），及 TM-TM 之间的交换作用（3*d*-3*d* 交换）。实验结果表明：3*d*-3*d* 交换作用最强，占主导地位，是合金居里点高低的决定性因素。

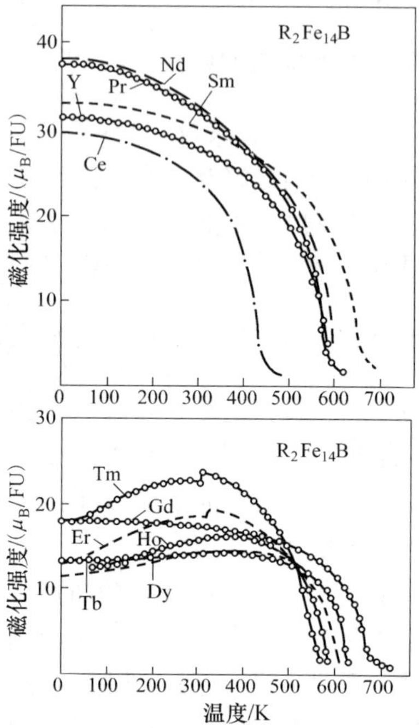

图 13-28 $R_2Fe_{14}B$ 的饱和磁化强度随温度变化（μ_B/FU 表示每个 $R_2Fe_{14}B$ 分子式单元的玻尔磁子数）

二元 R-TM 化合物中，R-Co 合金的 T_c 比较高，RCo_5 与 R_2Co_{17}的 T_c 分别达到600℃及800℃以上的水平。而 R-Fe 的化合物要低得多，铁含量高的 R_2Fe_{17}不超过200℃，所有二元化合物中居里温度最高的 RFe_2 也不过310℃左右，难以作为永磁材料使用。R-Ni 合金系的居里温度更低。因而，实际使用的二元硬磁合金中以 R-Co 为主，铁的含量一般都很低（只是从降低合金原料成本出发，以铁替代部分的钴），基本上不用镍。

稀土永磁合金的 T_c 也受到众多因素的影响。一般都可归结为它们对合金磁性相中相邻的 3*d* 金属原子间距离的影响。遵循著名的贝特-斯莱特（Bethe-Slater）关系，合金的交换积分常数随着原子间距的变化而改变。改变相邻的 3*d*-3*d* 金属原子的间距，特别是改变那些对交换作用能特别不利的原子间的距离，是改善合金居里温度的重要途径。进入20世纪90年代，人们成功地实现了这个愿望。柯依（J. M. D. Coey）等将氮原子加入到 Sm_2Fe_{17}中，使之转变成 $Sm_2Fe_{17}N_\delta$（$\delta = 2 \sim 3$），居里点从二元化合物的126℃提高到约460℃，成为新型硬磁材料的研究开发热点。杨应昌教授等对 R(Fe, M)$_{12}$(M 为钼，钛）化合物进行氮化，合金的磁性发生了类似于 Sm_2Fe_{17}的变化，成为另一种有前途的硬磁材料。

合金居里点 T_c 由 3*d*-3*d* 交换作用基本确定的同时，3*d*-4*f* 交换作用也有一定影响。同类化合物中 R 不同时，T_c 有一定差别。原因是稀土离子的自旋角动量 ***S*** 的变化。钆的 4*f* 电子态处于半满，***S*** 最大，其化合物的 T_c 在同类化合物中一般最高。

13.7.3 1∶5 型 RCo_5 永磁合金

RCo_5 化合物是1∶5型 R-Co 永磁的磁性相。表13-6给出了部分该化合物的基本磁参量。

表 13-6 各种 RCo_5 化合物相的磁参量

RCo_5	YCo_5	$LaCo_5$	$CeCo_5$	$PrCo_5$	$SmCo_5$	$MMCo_5$	$GdCo_5$	Sm_2Co_{17}
$\mu_0 M_s$/T	1.06	0.91	0.77	1.20	1.12	0.89	0.363	1.19
T_c/℃	648	567	374	612	724	495		922
K_1/MJ·m^{-3}	5.5	6.3	5.2~6.4	6.9~10.0	8.1~11.2	6.4~6.9	4.02	3.4~6.0

13.7.3.1 粉末冶金法制备永磁合金工艺

该方法制作烧结稀土磁体的工艺过程为：原料准备→合金冶炼→粗破碎→磨粉→磁场取向并压制成形→烧结→热处理→外形加工→磁化及性能检验。粉末冶金工艺中，对合金铸锭破碎、磨粉得到单晶体为主体的磁粉；利用外加磁场对磁粉取向；经压制得到磁性相晶粒高度取向的压坯；然后通过烧结使压坯密实化，最终得到剩磁和最大磁能积很高的各向异性磁体。粉末冶金法是生产包括永磁铁氧体在内的许多永磁材料的常用方法。

RCo_5 永磁，通过磁场取向获得沿磁化场方向的［0001］织构，磁体剩磁 $B_r \approx P\mu_0 M_s$ 高（P 为合金中 RCo_5 相的体积分数，M_s 是饱和磁化强度），保证了磁体的高性能。

13.7.3.2 永磁合金的成分与磁性能

实验表明：稀土含量略高于 1∶5 相的化学计量成分（$SmCo_5$ 相中，$x(Sm)=16.7\%$、$x(Co)=83.3\%$，即 $w(Sm)=33.8\%$、$w(Co)=66.2\%$）的合金，具有良好的硬磁性能。

合金成分首先应保证磁体的剩磁高。提高剩磁，要求合金中磁性相的体积分数 P 高。因而合金成分应接近于 RCo_5 的化学计量成分。不过，化学计量成分或稀土含量更低的合金，经粉末冶金工艺制成的磁体，磁性能很低。表现为磁体的密度低、剩磁低，特别是矫顽力低，因而最大磁能积也很低。适量的稀土过含量（高出 1∶5 相计量成分部分），使磁体的内禀矫顽力达到很高水平，磁性能全面升高。但是，稀土过多，增大合金中非磁性相比例，降低剩磁及最大磁能积。稀土金属化学活性高，易于受氧化转变成氧化物。它一方面消耗有效稀土含量，另一方面增加非磁性杂质比例，导致磁体磁性能降低，应尽量避免。从合金冶炼到磁体制造过程，都需采用真空或惰性气体进行保护，减少氧化。以氧化物形式存在的稀土，起不到合金中“过量”稀土的有利作用，因而不应计入稀土的过含量中。

稀土元素不同，RCo_5 的饱和磁化强度 M_s 不同（见表 13-6），以 $PrCo_5$ 最高。不过，该相的稳定性较差，合金中易出现 Pr_5Co_{19} 和 Pr_2Co_{17} 相，使磁体的矫顽力降至很低水平。生产中常用镨部分地取代钐（可达 50%），既能有效地避免不稳定性问题，又得到比 $SmCo_5$ 磁性能高的 $(SmPr)Co_5$ 磁体。出于资源与价格原因，人们大量使用未进行分离的混合稀土 MM 和含量最高的铈来制备 1∶5 型稀土永磁材料，这两种稀土金属比钐价格低得多，不过磁体的磁性能略低于使用钐、镨的磁体。实用的 1∶5 型永磁材料有：$SmCo_5$、$(Sm,Pr)Co_5$、$MMCo_5$、$(Sm,MM)Co_5$、$Ce(Co,Cu,Fe)_5$ 等。

13.7.3.3 烧结与热处理工艺

烧结是粉末冶金工艺中一个必要的环节。其首要任务是保证合金的密实化。合金中遗留的孔隙相当于非磁性相，将导致剩磁降低。因而，烧结工艺对永磁体的剩磁有很大影响。$SmCo_5$ 磁体的烧结温度一般在 1100~1150℃，时间通常是 1h 左右。提高烧结温度，延长烧结时间，有利于合金的密实化。不过，这会导致磁性相晶粒发生明显长大，从而明显降低磁体的矫顽力。因此，必须适当控制烧结温度和时间。

大量实验结果表明：烧结后，冷却过程中的冷速对磁体的矫顽力影响很大。首先以低冷速（低于1℃/min）冷却至900℃左右，再以较快的速度（50℃/min以上）冷却至室温，可以得到高矫顽力。否则，磁体的矫顽力明显降低。

若将$SmCo_5$磁体在500～800℃范围进行回火，其矫顽力降低，在750℃左右达到最低，被称作“750℃回火效应”。长时间回火的合金中可观察到Sm_2Co_{17}相。它可能来自于1∶5相的共析分解（其另一产物是Sm_2Co_7）。一般认为相组成的变化是矫顽力降低的原因。

13.7.3.4 合金的矫顽力机理

正常的1∶5型稀土永磁合金中，只有1∶5型化合物一个磁性相。其矫顽力对应于单畴晶粒中反向畴的形核场，即所谓的“形核”机制。不过，磁体的矫顽力实际远未达到其理论值，即与磁矩一致转动（完成反磁化畴形核）对应的各向异性场$H_A=2K_1/\mu_0M_s$有很大差距。$SmCo_5$磁体的H_A高达32MA/m，而矫顽力最高仅达到4.8MA/m。通过大量的实验事实及理论分析，人们认识到，合金中存在着微量的其他磁性相。它们影响反向畴的形核过程，其中Sm_2Co_7相的磁晶各向异性能比1∶5相要低得多。微量存在的该相最可能成为反向畴的形核中心，从而影响磁体的矫顽力。

13.7.4 2∶17型R_2Co_{17}永磁合金

R_2Co_{17}化合物的基本磁参量使它适合于作为磁性相，以它为主要磁性相的永磁合金就是2∶17型稀土永磁。R_2Co_{17}中仅有Sm_2Co_{17}具有单轴各向异性。用适量铁取代钴能使一些R_2Co_{17}化合物由易基面转变成单轴各向异性，这里的R包括钸、镨、钇，及MM等。2∶17型化合物的优势是饱和磁化强度M_s高，从而能得到更高磁能积，居里点也更高些，见表13-6。铁部分地取代钴，既提高磁体的磁化强度，又降低原材料成本。其不足之处是磁晶各向异性能较低。

2∶17型硬磁中，2∶17型化合物通常作为磁体的主要磁性相，但常常不是唯一的磁性相。这种永磁合金大致可分成两类：一类是单相的$Sm_2(Co,Fe,M)_{17}$磁体（M为锰，铬）；另一类以2∶17相为主，与一定量的1∶5相共同组成，又称为沉淀硬化磁体。合金的组成可一般性地记为$Sm(Co,Cu,Fe,M)_z$（$z=5\sim8.5$）。实际中广泛应用的2∶17型硬磁合金是M = Zr的$Sm(Co,Cu,Fe,M)_z$，其中z限定在7.0～8.3的范围内。下面主要介绍这种永磁合金。

经过固溶和时效处理后，具有高矫顽力的合金为胞状组织，如图13-29所示。2∶17相为基体，胞径在50nm左右，其周围被1∶5相的薄层（即胞壁）所包围，壁厚约5nm。

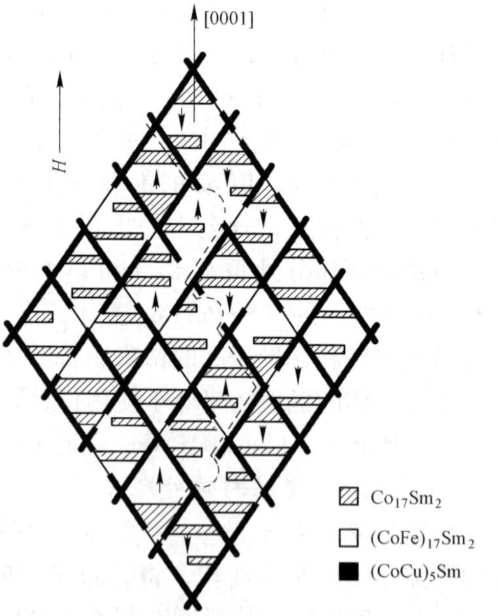

图13-29 2∶17型Sm-Co-Cu-Fe-Zr磁体的显微组织示意图（虚线为畴壁，箭头表示磁化强度方向）

后者将前者分隔开，但不能使其完全彼此孤立。两相之间为共格界面。更细致的观察表明，胞内的2：17相还有两种不同成分的相，分别是$Sm_2(CoFe)_{17}$和富集锆和铜的长片条相。

Sm（Co，Cu，Fe，M）$_z$中各合金元素的作用如下：

（1）铁：替代部分钴，主要分布在2：17相中，提高合金的饱和磁化强度M_s。

（2）铜：使合金的矫顽力增加，M_s下降。它的溶解度随温度的变化较大。在固溶、时效处理过程中，重新分配，导致合金中出现第二相析出。在1：5相中的溶解度高于2：17相，因而富集于1：5相中。在胞内则与锆一起，富集于长片状相中。

（3）锆：Sm(Co,Cu,Fe,M)$_z$中，M代表锆、铪、钛、镍等多种元素，其中以锆的作用最佳。它对磁体获得高矫顽力起到关键作用。锆使得磁体在较高的铁含量下，矫顽力仍不明显下降，使矫顽力显著增加所需的铜含量降低，因而提高磁体的磁性能。

2：17型稀土永磁的矫顽力机理一般公认为是钉扎机制，即畴壁移动时会遇到两相界面的阻碍。原因是1：5相与2：17相的基本磁特性的区别导致两相中畴壁能不同。最简单的理论结果是：

$$H_c = \frac{\gamma_{1:5} - \gamma_{2:17}}{2\mu_0 M_s \delta}$$

式中，γ为各相中的畴壁能密度；δ为畴壁的厚度；M_s为合金的饱和磁化强度。对其矫顽力机理的研究工作很多，各有千秋。

13.7.5 Nd-Fe-B永磁

Nd-Fe-B永磁的特点是磁性能高，原材料丰富廉价，产品的性能价格比高。其实际应用的发展速度极快，远远高于其他的稀土永磁。自1983年首次研制成功以来，其工业产量一直保持很高的增长速度。自20世纪90年代以来，年增长率几乎都保持在20%以上，其中在2003年更创下增速超过100%的纪录。目前它的产量仅次于永磁铁氧体，产值则超过后者而居永磁材料的首位。不过，Nd-Fe-B永磁材料的不足之处也很明显：合金的居里点低，磁性能的温度稳定性较差，一般只能在较低温度范围使用，难以应用于对热稳定性要求较高的场合。对此，主要从两个方面进行弥补：一方面提高磁体的矫顽力，使其在较高温度下继续保持较高的数值，避免因为矫顽力过低出现热退磁现象，同时降低磁体开路剩磁的不可逆损失；另一方面设法提高磁体的居里温度，从而降低磁体的可逆损失。Nd-Fe-B永磁材料有烧结磁体和黏结磁体两大类产品。其中，烧结磁体因为经过磁场取向具有非常高的磁性能，因此占据主导地位。

13.7.5.1 烧结Nd-Fe-B永磁合金

A 烧结Nd-Fe-B磁体的基本成分与微观组织结构特征

大量试验表明，具有优良硬磁性能的合金中，钕的含量略超过$Nd_2Fe_{14}B$化合物的化学计量成分。相应的合金微观组织特征是：合金中以铁磁性的$Nd_2Fe_{14}B$相为主，是合金的基体相，体积分数在85%以上，甚至超过90%。该相晶粒为等轴晶，一般小于10μm，最好在3～8μm之间。相邻的基体相晶粒之间，具有厚度很小的非磁性富钕相薄层。另外，在晶界的角隅部位可能会有少量细小的富钕相粒子。此外，在烧结磁体中，往往无法避免少量的烧结残留孔隙。图13-30和图13-31中给出了最大磁能积为425kJ/m^{3}的烧结磁体的

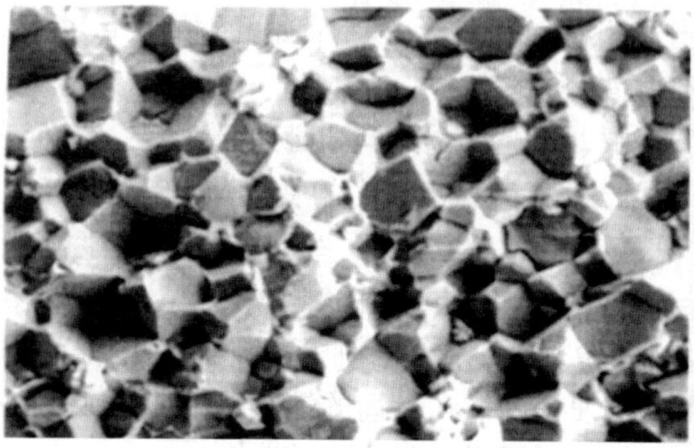

图 13-30 烧结磁体的断口形貌

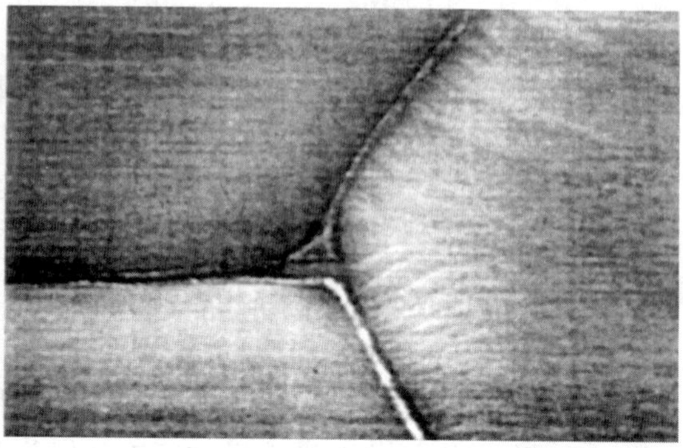

图 13-31 烧结磁体的金相组织

断口形貌与金相组织。磁体的断口为典型的沿晶石状断口，从中可以清晰地看出晶粒的形状和大小分布情况，但几乎看不到穿晶断裂和非基体相的杂相晶粒。在金相组织照片中可以清晰地看到均匀分布于基体相晶粒边界上的富钕相薄层，以及富钕相在晶粒角隅处的分布状态。在早期性能较差的烧结磁体中，往往还有少量的富硼相，富钕相的颗粒较粗大、含量也较多，还可以见到明显的稀土氧化物颗粒。

高性能烧结 Nd-Fe-B 永磁合金的关键生产技术：自烧结 Nd-Fe-B 永磁问世以来，人们一直在努力提高其磁性能。近年来，这种努力特别体现在工业化生产中，使得烧结 Nd-Fe-B 磁体的磁性能得到迅速提升。目前，最大磁能积 $(B\cdot H)_m$ 已经达到 444kJ/m^3，工业化规模生产的商业产品也已经达到 400kJ/m^3（50MGOe）以上，内禀矫顽力 H_{ci} 则可以达到 3.0MA/m（38kOe）。烧结磁体的磁性能开发几乎达到了极限。由于加入重稀土元素合金化在提高内禀矫顽力时，使剩磁和最大磁能积降低，人们将 cgs 单位制下 $(B\cdot H)_m$(MGOe) 与 H_{ci}(kOe) 的数值加和作为产品性能的标志量，目前高性能工业产品的这个指标达到 60~65，在有些高级产品中已经达到 70。而 1983 年 NdFeB 烧结永磁问世时，其实验室制备样品的该性能指标只有 48(36MGOe + 12kOe)。

烧结 Nd-Fe-B 磁体的性能提高，是通过一些关键制备技术的引入或者改进来实现的。目前，高性能烧结磁体的生产中，使用了下面一些关键性技术。

首先是合金铸锭微观组织的控制。Nd-Fe-B 永磁合金液冷却时，首先从液体中结晶析出 α-Fe，接下来通过包晶反应 α-Fe 再转化成 $Nd_2Fe_{14}B$。合金越接近 $Nd_2Fe_{14}B$ 的化学计量成分，其中稀土含量越低、铁含量越高，凝固过程中得到的初次结晶 α-Fe 的最大数量越多。在平衡转变过程中，合金完全凝固后 α-Fe 相应当全部消失。不过，在传统的铸造工艺中，合金达不到平衡态组织。比较典型的 Nd-Fe-B 永磁合金铸态组织如图 13-32 所示。首先，初次结

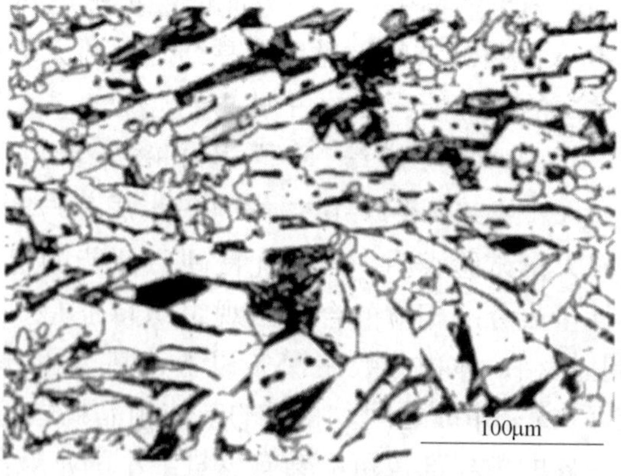

图 13-32 普通铸锭的微观组织

晶的 α-Fe 不能在接下来的冷却过程中通过包晶反应完全转化成 $Nd_2Fe_{14}B$ 相，残存在铸锭组织中（照片中边沿形状不规则的白色晶粒），其晶粒较粗大。生产中一般将铸锭进行较长时间的高温退火消除残存的 α-Fe。由于冷速比较慢，合金铸锭中各相的晶粒组织都比较粗大。其中，深色的富钕相颗粒甚至成块状。在消除初次结晶 α-Fe 过程中，还会使包括富钕相在内的组织更加粗大。

如果将粗大的富钕相颗粒保持到烧结磁体中，不利于提高磁性能。理想的状态是富钕相以薄层形态处于基体相晶粒之间，割断后者跨越界面的交换耦合，使基体相为细小的晶粒，从而使合金具有高的内禀矫顽力；同时，又要尽量减少磁体中富钕相的体积分数、避免造成饱和磁化强度和剩磁的损失。由组织粗大的铸锭制备烧结磁体时，制粉过程中合金经历破碎，烧结过程中富钕相会熔化与基体相发生反应，都不可能显著地使富钕相颗粒细化。因为富钕相比基体相的韧性要好得多，块状的富钕相颗粒不可能在制粉时转变成细颗粒或者成为薄片；烧结时，受界面能的影响富钕相总体上是要团聚，因为液化而分散开的可能性不大，合金铸锭中较大的块状富钕相，最大可能的方式是转化成晶界角隅处的富钕相，并使这种位置上的富钕相颗粒较大。我们不可能期望铸锭中那些粗大的富钕相转化成沿基体相晶粒边界分布的薄层。故此，使用传统铸锭工艺生产烧结磁体时，必须使合金中稀土金属的含量较高，来保证较高的内禀矫顽力。这样，就相应的减少了合金中基体相的体积分数。由此降低了磁体的剩磁和最大磁能积。合金铸态组织粗大造成富钕相的利用效率低是问题的关键。

控制合金铸态微观组织的新技术，是指真空熔炼后，用双面快冷制备薄板，或者单辊快冷制造薄片技术，取代传统的铸锭技术。双面快冷制备薄板（板厚 10 ~ 15mm），或者单辊快冷制造薄片（薄片厚度为 1 ~ 2mm），提高了合金液体冷凝过程的冷速，有效抑制了初次结晶 α-Fe 的长大，获取细小均匀的铸态微观组织，其中富钕相大多呈薄片状分布于基体相的边界上，很少观察到块状聚集的富钕相。图 13-33 中给出了单辊快冷制造的薄片的微观组织。这样的微观组织为烧结磁体中富钕相在基体相晶粒周围形成均匀的薄层奠定了良好的基础。利用这样的母合金生产的烧结磁体，获得比较理想的微观组织，特别是提高富钕相的利用效率，从而提高烧结磁体的磁性能。

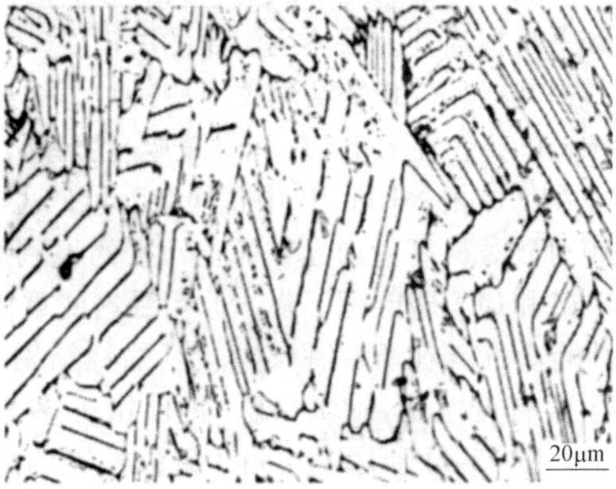

图 13-33 快冷薄片的金相组织

制粉工艺普遍采用气流磨方法。这种方法的优点是可以准确地将磁粉的颗粒尺寸控制在很窄的范围内，为烧结磁体获得晶粒细小、均匀的微观组织提供了基础，有利于获取高矫顽力。另一种新的制粉工艺是采用氢气爆裂技术（hydrogen decrepitation，HD）。也就是使母合金吸氢，在此过程中合金晶格发生显著膨胀，利用由此产生的内应力使合金碎裂成磁粉。经过 HD 制备的磁粉再进行气流磨，达到最终大小的磁粉。由于有氢的保护，合金粉末基本上不发生氧化，可以有效降低所生产的磁体中的氧含量。不过，需要注意的是，在压坯烧结过程中，需要将粉末中的氢充分脱除，否则，烧结磁体的机械强度降低，易于碎裂，最终产品的加工成品率低下。

在制粉过程中，有效防止合金中活泼的稀土元素发生氧化，对于提高稀土的利用效率同样非常重要。为此，在高性能的烧结磁体生产过程中，特别是针对破碎成3～5μm的细粉末，采用了湿法成形工艺，利用保护性的有机液体防止磁粉的氧化。另外的一种有效方法是采用双相工艺，减少基本合金中稀土的含量，另外采用激冷快淬工艺制备富含稀土的合金薄带。这种非晶薄带呈非晶态，具有良好的抗氧化性，易于粉碎为非常细的颗粒。将富含稀土的合金带粉碎后与基本合金粉末混合，来补充基本合金中的稀土，获得高矫顽力的磁体。

磁粉在压制成形过程中，采用组合模具、横向压制技术完成初次压制成形。施压方向与取向磁场垂直的横向压制，相对于两者方向一致的平行压制，可以显著提高烧结磁体的磁性能。统计数据显示：横向压制烧结磁体的最大磁能积，比平行压制磁体提高32kJ/m^3（4MGOe）以上，最高可提高64kJ/m^3（8MGOe）。取得这种显著效果的原因是提高了磁粉在磁场中的取向效果。高性能烧结磁体的压制成形，一般还要在初次压制后，再进行等静压制，提高压坯密度。初次压制后压坯的相对密度一般仅能达到60%，经过等静压后可提高到80%。这样，减少磁体烧结过程中的收缩率。如果烧结过程中收缩率高，压坯会发生明显变形，影响烧结磁块不同部位上磁取向的一致性，造成产品的性能降低，并且均匀一致性差。

B 烧结Nd-Fe-B磁体的矫顽力

人们一般都希望永磁材料具有较高的内禀矫顽力。对于烧结Nd-Fe-B永磁合金，提高矫顽力是提高其上限使用温度的关键。

提高Nd-Fe-B烧结磁体内禀矫顽力的途径很多。从合金的化学成分方面，可分为以重稀土HR替代轻稀土LR和过渡族金属替代两大类。合金中加入重稀土镝（Dy）、铽（Tb）等，在基体相$Nd_2Fe_{14}B$中置换钕，可以大幅度提高该相的各向异性场H_A，使磁体的内禀矫顽力显著提高。加入重稀土元素的不利影响是降低合金的饱和磁化强度M_s，导致磁体的剩磁和最大磁能积下降。原因是这些重稀土元素的原子磁矩与铁原子的磁矩反平行。重稀土合金元素在所有矫顽力较高的烧结磁体中都是不可缺少的。用于替换过渡族金属Fe的元素有铝、铌、镓、锆、钨、钼等多种元素。图13-34所示为铝对于磁体性能的影响规律。这类合金元素的作用机理比较复杂，并且与合金的微观组织密切相关。一般不是通过磁性基体相本身的特性来影响磁体的性能。它们中的多数也进入到磁性相之中，并且多数都使其M_s降低，并经常对磁体的居里温度有不利影响。因此其总量必须控制在较低的水平。

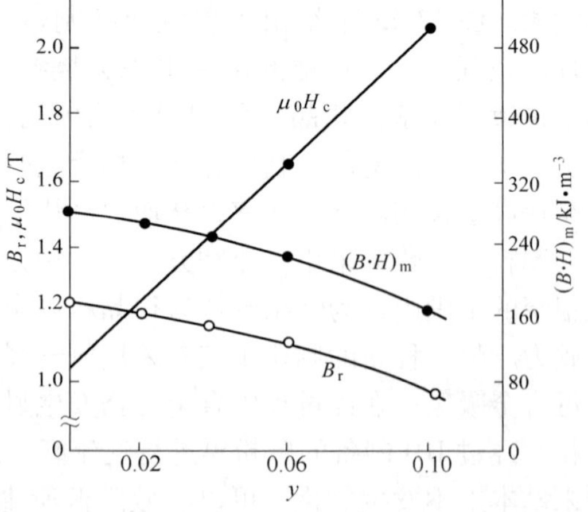

图13-34 Al对$Nd_{16}(Fe_{1-y}Al_y)_{78}B_8$磁体性能的影响

烧结磁体的内禀矫顽力，随着合金中磁性基体相晶粒尺寸的增加而降低。其极端情况是晶粒粗大的铸锭的矫顽力非常低，一般情况下不超过100kA/m；$Nd_2Fe_{14}B$单晶样品的矫顽力更低，在室温下还不到10kA/m。故此，高内禀矫顽力的合金中，基体相的晶粒一定要控制在足够细小的范围，并且要均匀。

为了获取高的内禀矫顽力，烧结磁体一定要在烧结后进行适当的热处理，使微观组织达到优化状态。在1060～1120℃烧结的磁体，经过600℃回火处理普遍能够显著提高矫顽力。不过，采用两级回火处理能够使矫顽力达到更高的数值，其中，与普通的回火处理相比较，增加了在大约900℃下的第一级回火处理工艺。回火处理对于合金的微观组织结构的影响并不很明显：磁性相的晶粒大小、形状及分布几乎不发生变化，只是在晶界区域及含量较少的富钕相会发生一些变化。而很多的试验结果都充分证明：磁性相边界区域的状况对烧结Nd-Fe-B永磁的内禀矫顽力起到决定性作用。

烧结Nd-Fe-B合金的矫顽力机理是反向畴形核。磁体正常组织中只有$Nd_2Fe_{14}B$一个磁性相。磁化饱和后每个晶粒都是单畴颗粒。反磁化时，首先要形成磁化方向相反的反向磁畴。形核地点是磁性相晶粒中存在晶体缺陷，因而磁晶各向异性能比较低的区域。在这些局部区域内，原子磁矩通过转动实现反磁化。磁体的矫顽力为：

$$H_c = \alpha_K H_A - N_{eff}M_s = \alpha_K \frac{2K_1}{\mu_0 M_s} - N_{eff}M_s$$

式中，α_K为形核的局部区域内磁晶各向异性能降低的影响系数；$H_A = \frac{2K_1}{\mu_0 M_s}$为各向异性场；$N_{eff}$为形核区的有效退磁因子，它与$M_s$的乘积项代表了退磁场对矫顽力的影响。若考虑磁体中磁性相晶粒取向的不完整性，假设磁体的矫顽力对应于取向最不利的晶粒中原子磁矩反转时的形核场，上式中的各向异性场还要用方向因子α_φ修正，即：

$$H_c = \alpha_\varphi \alpha_K \frac{2K_1}{\mu_0 M_s} - N_{eff}M_s$$

C　烧结$Nd_2Fe_{14}B$合金磁性能的热稳定性

$Nd_2Fe_{14}B$磁性相的居里温度只有312℃，是Nd-Fe-B永磁合金性能热稳定性差的根本原因。如在20～100℃的温度范围内，磁感温度系数α达－0.122%/K，即温度每升高1K，磁感相对降低0.122%。内禀矫顽力的温度系数β更高达－0.67%。作为比较，给出了Alnico永磁、1∶5型和2∶17型R-Co永磁的温度系数（见表13-7）。这样的温度系数限制磁体只能在较低温度下使用。永磁合金使用时，为了保证它所建立的磁场的稳定性，一般要求磁体开路剩磁的变化量在5%以内。这种变化一般又由材料磁感随温度的正常变化（如上面所述的磁感温度系数，又称可逆损失）和合金组织变化引起的不可逆损失组成。

表13-7　不同类别的永磁材料的磁性能温度系数

永磁合金	Alnico	1∶5 R-Co	2∶17 R-Co	NdFeB
磁感温度系数 α/%·K^{-1}	－0.02	－0.05	－0.03	－0.122
矫顽力温度系数 β/%·K^{-1}	－0.07～－0.03	－0.3	－0.3	－0.67

改善NdFeB永磁性能的热稳定性，方法之一是使用钴取代部分铁进行合金化。这是提

高 NdFeB 永磁合金居里温度的唯一有效方法。图 13-35 给出了有关的实验结果。合金中的钴对改善磁性能热稳定性的作用非常明显。钴大部分进入到磁性相中，有降低磁性相的磁晶各向异性能、影响合金矫顽力的不利影响，也提高永磁体的原材料成本。不过，钴仍然是 NdFeB 永磁合金中常用的合金元素。

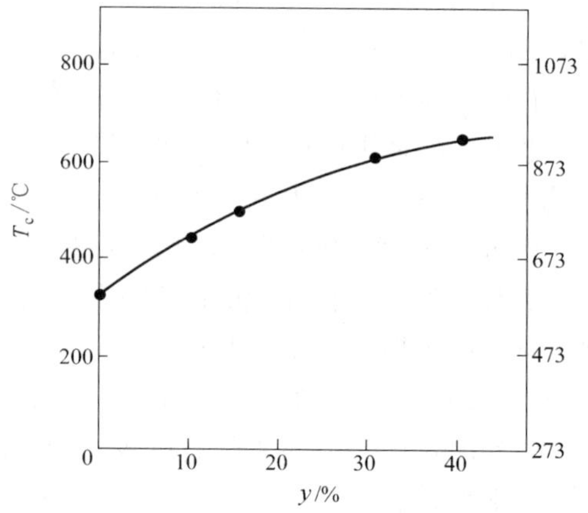

图 13-35 Nd-($Fe_{1-y}Co_y$)-B 合金 T_c 与 Co 含量的影响

通过提高合金的内禀矫顽力，可以在一定程度上降低磁体的开路剩磁不可逆损失，也同样可以显著提高磁体的最高使用温度。因此，人们对于提高 NdFeB 烧结磁体的内禀矫顽力进行了大量的研究，并且在工业生产中，发展了多种具有很高内禀矫顽力的磁体，使得 NdFeB 永磁合金的使用温度最高达到了 240℃。

13.7.5.2 黏结磁体与 Nd-Fe-B 永磁粉末的制备方法

永磁材料的元器件另一种常用的生产方法是，首先将合金制成比较细的磁粉，然后将其与有机黏结剂混合，采用压制、挤压、注射等方式成形，并在必要时加热固化，得到强度较高的黏结磁性元器件（黏结磁体）。这种生产方法的优点可表现为：

（1）元器件的形状可以比较复杂、特殊，如薄壁环形元件、穿孔磁性元件等；

（2）元器件一次性成形，达到高尺寸精度要求，无需再加工处理，生产效率高；

（3）磁性材料无边角废料，并且磁粉可再生使用，利用率高，产品合格率高；

（4）元器件不易开裂，有一定弹性。

黏结永磁的用量很大。比如永磁铁氧体材料的黏结磁体产量与其烧结体大致相当。所有的永磁材料都有相应的黏结磁体。

生产黏结磁体首先要制备磁粉。Nd-Fe-B 合金磁粉的生产方法之一是快淬方法。即将熔融的合金直接快速冷却，制成非晶或晶粒极细小的微晶合金，通过适当的晶化退火处理，得到具有良好硬磁性能的磁性合金，称为快淬合金。这种合金经简单的破碎处理即得到磁粉，适用于生产黏结磁体，是目前 Nd-Fe-B 磁粉的主要工业化生产方法。

快淬 R-Fe-B 永磁合金的研究开发早于烧结磁体。将非晶态的 R-Fe-B 合金进行回火处理，晶化析出纳米尺寸的 $R_2Fe_{14}B$ 型化合物颗粒，使合金矫顽力急剧升高，从而具有优异的硬磁特性。不过，快淬 Nd-Fe-B 永磁合金各向同性，$B_r \leqslant \mu_0 M_s/2$，使得 $(B \cdot H)_m$ 不高，因而由它制成黏结磁体时，未能充分发挥该永磁材料的高性能优势。后来，李（R. W. Lee）通过热加工变形工艺，获得形变织构：将合金中非常细小的磁性相晶粒的易磁化方向平行排列起来，使得快淬合金的磁性能达到了与烧结磁体相当的水平，这就是各向异性的快淬磁粉。用它可以制得高性能的各向异性黏结磁体。今天的快淬 Nd-Fe-B 永磁的代表性产品是美国通用汽车公司（GM）的快淬 MQ 粉。磁粉的典型性能如表 13-8 所示。

表 13-8 快淬磁粉的磁性能

牌 号	磁 性 能			最高使用温度/℃
	B_r/T	$_iH_c$/kA · m^{-1}	$(B \cdot H)_m$/kJ · m^{-3}	
MQA1	0.59 ~ 0.61	1120 ~ 1360	56 ~ 64	175
MQB1	0.63 ~ 0.70	640 ~ 800	72 ~ 88	150
MQ2	0.80 ~ 0.82	1040 ~ 1120	104 ~ 120	150
MQP-B$^+$	0.910	800	130	150
MQ3	1.32 ~ 1.37	960 ~ 1120	320 ~ 360	130 ~ 140
MQ3-G32SH	1.16	1728	256	>176

稀土元素一般都有强烈吸收氢的能力，并与之发生一系列复杂的物理、化学作用。稀土永磁合金也具有这种特性。Nd-Fe-B 永磁合金铸锭吸氢后碎裂成很细小的粉末颗粒，原因是沿晶界分布的富稀土相吸氢后体积膨胀使合金发生沿晶界断裂。该过程能替代机械破碎成为制粉方法。1989 年，竹下（Takeshita T.）等人发现，将合金与氢气的作用温度选在 650℃到 1000℃之间，H_2 与 $Nd_2Fe_{14}B$ 磁性相发生化学反应，使其分解成 NdH_2、Fe_2B 和 α-Fe。再降低环境气氛中的氢气压力，氢从合金中脱出，同时合金重新还原成以 $Nd_2Fe_{14}B$ 相为主的相组成。经此过程处理后，铸态合金中粗大的磁性相晶粒变成平均直径只有 0.3μm 的细小晶粒。多个细小晶粒组成一个磁粉颗粒。经此变化，合金的内禀矫顽力由铸态下很低的数值升至很高，从而具备优异的硬磁特性。由此人们开发出一种实用化的 Nd-Fe-B 制粉方法——“HDDR” 法。HDDR 是上述“氢化-歧化-脱氢-重组” 过程中主要变化的英文缩写（hydrogenation-decomposition-desorption-recombination)。用该方法制备的磁粉称 HDDR 磁粉。由于一个磁粉颗粒中含有多个细小晶粒，这种磁粉通常为各向同性，磁粉的磁性能也不高。1990 年，通过合金化及工艺控制，HDDR 磁粉实现了各向异性化，提高了磁性能。从而使“HDDR” 方法成为一种重要的高性能磁粉生产方法。

13.8 纳米晶多相永磁合金

20 世纪 80 年代末，柯霍恩（Coehoorn）等人在对低稀土含量的 $Nd_4Fe_{78}B_{18}$ 合金进行研究时发现：合金快淬成非晶态，再经适当温度下的晶化回火处理，合金中形成 $Nd_2Fe_{14}B$ 和 Fe_3B 两种磁性相。后者比例高，可达 85%，两相的晶粒尺寸均在纳米级。就自身的磁性而言，$Nd_2Fe_{14}B$ 相为典型的硬磁性，Fe_3B 相是软磁性（Fe_3B 合金属软磁合金），两者完全不同。然而合金的退磁曲线显示良好的整体性永磁特性，如图 13-36 所示。随后，人们通过快淬法和机械合金化法，得到了多种具有类似组织特征的永磁合金：如 Sm_7Fe_{93} 合金（经氮化处理，合金中有硬磁性相 $Sm_2Fe_{17}N_3$ 和软磁性 α-Fe）、Nd-Fe-B 合金（$Nd_2Fe_{14}B$ 和 α-Fe）等。这类永磁合金的另一个共同特点是两个磁性相晶粒的尺寸都在纳米级。这类合金被称为纳米多相永磁合金。

纳米多相永磁合金的磁性能特征中，有两个我们在前面的永磁合金中未曾提到过的问题：一是其软磁相的高矫顽力起因；二是各向同性磁性材料（硬磁相为单轴各向异性）具有异常高的剩磁比，达0.7～0.8，不是0.5。

永磁合金中如果出现了软磁相，其退磁曲线一般情况下呈蜂腰形，软磁性相在很低的磁场下反磁化。纳米多相永磁合金只有一个矫顽力，说明其中的软磁相矫顽力相当高，并与硬磁相在相同或相近的反向磁场下反磁化。很显然，软磁相颗粒的高矫顽力不是来自于它自身，必与硬磁相有关。奈勒（Kneller）等人解释为：合金中软、硬磁性晶粒之间的交换作用提高了软磁相晶粒的矫顽力。这种交换作用可用图13-37示意性表达。这种交换作用决定了纳米多相永磁独特的反磁化特征。

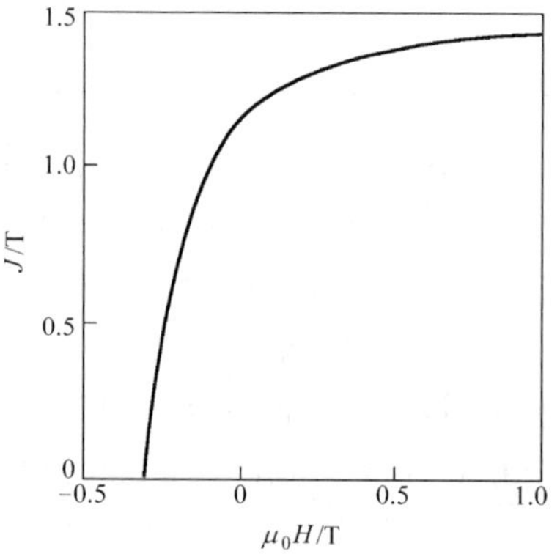

图13-36 $Nd_4Fe_{78}B_{18}$合金的退磁曲线

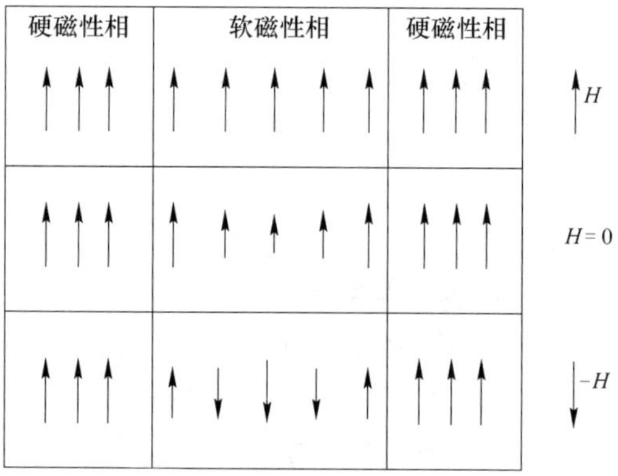

图13-37 交换耦合作用示意图

磁体中的交换作用使相邻原子的磁矩趋于平行，以降低交换能 $\varepsilon = -2A\sigma_1 \cdot \sigma_2$。

将纳米多相永磁体磁化饱和后去掉外磁场（相当于剩磁态），硬磁相晶粒中原子磁矩处于其易磁化方向上。因而跨越晶界的交换作用使得软磁相晶粒中紧靠晶界的原子的磁矩，与硬磁相中原子磁矩趋于平行。这种趋势还将通过软磁相晶粒中相邻原子间的交换作用继续向该晶粒中心方向延续。

纳米多相磁体受到反向磁场作用时，软磁相晶粒中的原子磁矩首先试图反转到外磁场方向上，以降低静磁能。显然，软磁相晶粒中磁矩反转首先发生在远离软、硬磁两相晶界面的中心部位。此过程中，软磁晶粒中心部位形成反向畴，晶粒内形成磁畴壁。如果软磁晶粒直径大于其自身畴壁厚度的2倍，该畴壁在结构及畴壁能密度γ等方面均与软磁材料自身的畴壁相近。这种情况下，与单一的软磁相材料通过原子磁矩转动形成反向畴的反磁化过程相似。纳米多相永磁合金中软磁相的反磁化发生于很低的反向磁场下，矫顽力数值很低，受硬磁相的影响很小。如果软磁相的晶粒直径减小（低于自身畴壁厚度的2倍），中心部位原子磁矩反转时形成的磁畴壁，厚度小于软磁相材料自身的壁厚。该畴壁能密度必然具有较高的数值。此时反向磁场要高于软磁相材料自身的矫顽力。由于硬磁相尚保持正向磁化状态，通过交换作用，使与它相邻的软磁相晶粒中的原子磁矩保持正向。如果去除反向磁场，软磁相中原子磁矩又会回到剩磁态的方向上，从而使得退磁曲线有很大的可逆性，表现出一种磁性的“弹性”效应。根据奈勒的观点，当受到外磁场作用，软磁相中畴壁内的原子磁矩的取向变化使得畴壁能密度（仅计算磁晶各向异性能与交换能）达到硬磁相中畴壁能密度时，它就越过晶界，进入硬磁相晶粒内，并通过壁移，导致硬磁相反磁化。此时的磁场就是整个磁体的矫顽力。纳米多相永磁材料中，为使软磁相晶粒达到较高的矫顽力，其晶粒尺寸必须严格控制，应在不明显大于其自身畴壁厚度的范围内。实验已证实，软磁相晶粒一旦明显长大，合金不再具有整体性的永磁特性，而显现软、硬磁双重特征。

受交换作用的影响，纳米多相永磁合金的剩磁也不同于一般永磁合金。对于各向同性的无织构磁体，经磁化饱和后，其硬磁相（一般是单轴各向异性）晶粒的磁化方向沿各自的易磁化方向分布，对剩磁的贡献是该相的饱和磁感的一半。软磁相中原子磁矩受到交换作用的影响，取向分布不同于一般磁性材料。其贡献要高于其饱和值的一半。因而，磁体的剩磁比高，可达0.7～0.8。已经有人做了一些对这类磁体剩磁态的原子磁矩分布的理论模拟计算工作，但不同作者的出发点不完全一致，尚无普遍为大家接受的理论解释。纳米多相永磁合金的剩磁比高，这一点对于获得高的硬磁性能是非常有利的。另一方面，这类材料呈各向同性，在磁体制备和应用过程中，往往较各向异性的材料有多方面的优点。因而这类新型的永磁材料从开始就受到重视，人们正在努力将其制成实用性的永磁材料。

本 章 小 结

磁性材料是磁化-反磁化过程中有独特性质的强磁性物质。磁性材料按照矫顽力由低至高通常分为软磁材料、半硬磁材料和硬磁材料。

软磁金属及合金一般为立方晶体或者非晶态，尽量避免或减少包括杂质原子、位错、晶界、第二相在内的各种晶体缺陷，通过合金元素降低磁晶各向异性系数、磁致伸缩系数，从而降低材料磁化、反磁化时畴壁移动、磁矩转动的阻力，提高磁导率、降低矫顽力。特定的织构能够使合金呈现矩磁性，提高剩磁和最大磁导率；低各向异性能合金垂直方向上呈现恒导磁性。应用于交变磁场时，软磁材料需要合金化提高电阻率，细化磁畴、减小材料制品几何厚度，来降低涡流损耗。某些软磁合金可以通过磁场热处理产生感生各向异性。

金属类软磁材料中，工业纯铁、低碳钢资源丰富、价格低廉，适用于直流或者常断路状态的应用场合。Fe-Si 合金用量最大，主要应用于工频强磁场中。Fe-Al 合金类似于 Fe-Si 软磁合金。Fe-Si-Al 合金具有很高的磁导率，硬度高、脆性大。Fe-Ni 系合金通过改变 Ni 质量分数以及添加 Mo、Cu 等合金化，形成庞大的软磁合金家族，其软磁性能可以在很宽范围内变化而满足不同应用需求，并具有磁温度补偿功能等特殊磁性的合金，其中坡莫合金及超坡莫合金的最大磁导率最高。Fe-Co 系软磁合金具有很高的居里温度以及最高的室温饱和磁感应强度。

非晶软磁合金矫顽力很低。可分为 Fe 基、Fe-Ni 基和 Co 基合金。Fe-Cu-Nb-Si-B 等非晶合金晶化转变为纳米晶，软磁性能显著提升，成为纳米晶软磁合金。

硬磁材料一般为低对称性晶体，含有稀土金属能大幅度提高磁晶各向异性，由此增大畴壁移动阻力、反向磁畴形核阻力来获取高矫顽力。利用磁性相晶粒形状各向异性也可获得较高的矫顽力。

目前广泛应用的硬磁材料包括 Alnico 永磁和稀土永磁。Alnico 永磁通过调幅分解形成形状各向异性的铁磁性粒子而获取较高矫顽力；Fe-Cr-Co 永磁合金矫顽力机理相同，其塑性变形能力使之能轧制拉拔成丝。$SmCo_5$、Sm_2Co_{17}、$Nd_2Fe_{14}B$ 为基体的三代稀土永磁合金构成了高性能合金类永磁材料的主体。稀土永磁还包括 $Sm_2Fe_{17}N_\delta$ 等合金。稀土永磁合金的高矫顽力均源自于异常高的磁晶各向异性能。在纳米尺度上，将上述稀土永磁中的硬磁性化合物与软磁性的 α-Fe、Fe_3B 等混合形成双相纳米复合稀土硬磁合金，具有异常高的剩磁比和良好的硬磁性能。其矫顽力源自跨越相界面的交换作用。

****

磁性合金分类及典型合金

软磁金属及合金

纯铁与电工钢：电工纯铁（DT3 ~ DT6，普通级、高级、特级、超级），低碳电工钢

铁硅系合金：热轧硅钢（DR 系列），无取向硅钢（DW 系列），冷轧取向硅钢（DQ 系列），高磁感取向硅钢（HI-B 系列），磁畴细化硅钢（ZDKH 激光刻痕 HI-B系列），取向薄硅钢（DG 系列）

Fe-Al 系合金：Fe-Al6(1J6)，Fe-Al12(1J12)，Fe-Al16(1J16)；Fe-Si9.6Al5.4(Sendust 合金)

Fe-Co 系合金：Fe-Co50V2(1J22)，Fe-Co35Cr1.5

Fe-Ni 系合金：

Ni80 坡莫合金：Fe-Ni79Mo4(1J79)，Fe-Ni81Mo6(1J86)，Fe-Ni77Mo4Cu5

Ni50 高磁导较高饱和合金：Fe-Ni50(1J50)

热磁补偿合金：Fe-Ni30(1J30)，Fe-Ni38Cr13(1J38)

恒导磁合金：Fe-Ni65Mo2(1J67H)，Fe-Ni47Co23(47HK)

非晶软磁合金：

铁基合金：$Fe_{80}B_{20}$，$Fe_{78}Si_9B_{13}$(1K101,Metglas2605)，$Fe_{80.1}B_{13.6}Si_{5.3}C_1$(1K102)

铁镍基合金：$Fe_{40}Ni_{38}Mo_4B_8$(Metglas2826)，$Fe_{40}Ni_{40}P_{12}B_8$(1K501)

钴基合金：$Co_{66}Fe_4V_2Si_8B_{20}$(1K205)，$Co_{69}Fe_4Ni_1Mo_2Si_2B_{12}$(Metglas2705M)

纳米晶合金：$Fe_{73.5}Cu_1Nb_3Si_{13.5}B_9$(1K107，Finemetal)；$Fe_{90}Zr_7B_3$，$Fe_{83}Nb_7B_9Cu_1$(Nanoperm)

硬磁合金

铝镍钴永磁：铸造 Alnico 永磁（LN 系，LNG 系列，LNGT 系列；Alnico1，Alnico2，Alnico5，Alnico8），烧结 Alnico 永磁（FLN 系列，FLNG 系列）

稀土永磁：

Sm-Co 系永磁：$SmCo_5$，$Ce(Co,Cu,Fe)_5$；Sm_2Co_{17}，$Sm_2(Co,Fe)_{17}$，$Sm_2(Co,Cu,Fe,Zr)_{17}$

Nd-Fe-B 系永磁：$Nd_2Fe_{14}B$，$(NdPr)_2Fe_{14}B$，$(Nd,HR)_2Fe_{14}B$，$Nd_2(FeCo)_{14}B$；烧结磁体，粘接磁体

Sm-Fe-N 系永磁：$Sm_2Fe_{17}N_3$

Sm-Fe-Ti 系永磁：$SmFe_{11}Ti$

双相纳米晶永磁：$Nd_5Fe_{76.5}B_{18.5}$，$Nd_9Fe_{76.5}B_{14.5}(Nd_2Fe_{14}B/Fe_3B)$；$SmFeN(Sm_2Fe_{17}N_3/\alpha\text{-}Fe)$

****

思考题与习题

13-1 具有磁性的物质中，哪些特征的材料可以作为磁性材料？

13-2 饱和磁化强度是表征物质磁性强弱的重要特性。3*d* 金属及其合金的饱和磁化强度与组成原子的外层电子数之间存在着著名的 Pauling-Slater 关系，这种关系是什么样的，其理论依据是什么？

13-3 宏观尺寸的磁性材料，微观组织的独有特征是什么，为什么说这种特征对于分析磁性材料的宏观磁化特性具有决定性的影响？

13-4 磁性材料在外磁场中发生磁化的基本方式有哪些，磁性材料中哪些微观组织因素会形成磁化过程的阻力？

13-5 软磁材料和硬（永）磁材料的区分依据是什么，它们有什么共性要求？

13-6 复习总结铁磁体中的能量：静磁能（及退磁能）、磁晶各向异性能、磁弹性能、交换能，畴壁能。（提示：阅读铁磁学、磁性物理学等有关书籍）

13-7 工业纯铁和低碳钢作为软磁材料的优点与劣势分别是什么？说明其适合范围。

13-8 磁性材料应用于交变强磁场中，产生哪几类典型的能量损耗，如何降低这些损耗？

13-9 硅钢发展历史中，哪些新的生产技术改善了磁滞损耗性能，其基本原理是什么？

13-10 硅钢合金中 Si 的作用表现在哪些方面，什么是高硅合金，请查阅文献归纳总结其制备技术的目前状态及发展趋势。

13-11 铁铝软磁合金中 Al 的作用有哪些，与硅钢中 Si 有什么相似之处，Sendust 合金是一种什么样的软磁材料？

13-12 Fe-Ni 系软磁合金可以细分为几类，各自的性能特点是什么？

13-13 什么是坡莫合金，从合金内禀磁特性和微观组织角度方面看，哪些是关键因素？

13-14 热磁补偿合金有什么特点，这类合金如何应用以发挥其热磁补偿作用？

13-15 Fe-Co 软磁合金的突出特点是什么？

13-16 Fe-50% Co、Fe-45% Ni、Fe-80% Ni 三种合金的饱和磁化强度分别是多少？

13-17 什么是恒导磁合金，如何获得比较高磁导率的恒导磁合金？

13-18 与晶态软磁相比，非晶软磁合金的性能有何突出特点，其优先应用于哪些领域？

13-19 纳米晶软磁的磁性能与其中晶粒尺寸存在什么样的特殊规律性？请查阅相关文献，给出一些具体的试验规律。

13-20 选取某一种软磁合金，从合金成分的选择以及生产制备工艺的控制两个方面总结获取优异软磁性能的途径。说明化学成分、生产工艺与特定微观组织之间的关系。

13-21 试选择一些不同的软磁材料，对比它们获取优异软磁性能所依赖的主要微观组织特征，并且总结获取这些特定微观组织特征的方法。

13-22 根据所了解的软磁合金知识，归纳总结具有良好软磁性能，合金的成分和微观组织的选择与控制

方面的共性原则。

13-23 Alnico 铸造永磁的微观组织特征是什么，这种硬磁材料依据哪种能量获得高矫顽力？

13-24 提高 Alnico 铸造永磁剩磁、进而提高其最大磁能积的两项重要技术是什么？请说明提高剩磁的原因。

13-25 请归纳总结 Alnico 铸造永磁中加入 Co 的合金化作用并说明其必要性。

13-26 Alnico 永磁合金还有一类烧结制品。请查阅文献资料，归纳总结其主要工艺过程。

13-27 从微观组织角度看，确保 $SmCo_5$ 磁体具有高矫顽力需要避免出现的关键问题是什么，实际生产中采取的保证措施是什么？

13-28 2∶17 型 Sm-Co 永磁的磁性能较 $SmCo_5$ 磁体有何变化，其微观组织特征有什么改变？

13-29 理想的 Nd-Fe-B 烧结磁体微观组织有哪些重要特征，它们如何影响硬磁性能？

13-30 高性能 Nd-Fe-B 烧结磁体需要从控制合金的凝固组织开始，为此专门研发了快冷铸片（strip-cast）技术。请将这种铸锭组织与普通铸锭进行比较，分析普通铸锭的微观组织对烧结磁体性能产生不利影响的原因。（请查阅相关文献资料）

13-31 稀土永磁材料具备非常高矫顽力。获取高矫顽力基础是什么，化合物中稀土原子发挥什么作用，是否所有的稀土原子都具有这种作用？试举例说明。（提示：请查阅 $R_2Fe_{14}B$ 化合物的磁晶各向异性能数据，观察不同稀土原子的影响。另请查阅有关理论，结合稀土金属电子态特点说明。思考 3*d* 过渡族金属的磁晶各向异性能的特点及其原因。）

13-32 稀土金属分为轻稀土 LR 和重稀土 HR。在 3*d* 过渡族金属 TM 与稀土金属组成的同类型磁性金属间化合物中，TM-LR 与 TM-HR 化合物的饱和磁化强度有什么显著区别？

13-33 3*d* 过渡族金属 TM 与轻、重稀土金属组成的磁性金属间化合物中，TM 与 LR、HR 的原子磁矩的耦合分别属于哪一种，这两种原子磁性耦合方式中，电子自旋的耦合方式有共性规律吗，3*d* 电子与 4*f* 电子之间的交换积分 *A* 是正值还是负值？（提示：交换作用是指电子自旋之间的交换作用能与自旋相对取向之间的关系，而原子磁矩的耦合关系是原子或者离子的磁矩之间的相对取向关系。两者不一定相同。）

13-34 如果了解粉末冶金制备金属材料的方法，请说明稀土永磁合金的粉末制备工艺中，提高材料硬磁性能的主要原因是什么，这里，粉末冶金方法发挥了什么特殊作用？Alnico 永磁的粉末制备工艺中，粉末冶金方法的主要优势是什么？

13-35 双相纳米复合稀土永磁的宏观磁性有什么不同寻常之处，具备这样的特性所必需的微观组织结构特征如何？

13-36 与传统硬磁材料相比，双相纳米复合稀土永磁在组成相方面有什么不同？由此体会某种已形成观念的突破性进展及新学术思想的产生。

13-37 试选择一些不同的硬磁合金材料，总结分析优异的硬磁性能的实现途径，包括合金成分的选择以及生产制备工艺的控制两个方面。

13-38 归纳总结有关硬磁合金的知识，说明为获取良好硬磁性能，硬磁合金的成分和微观组织的选择与控制的共性原则。

13-39 我国的金属原材料资源特点是"缺 Ni、少 Cr、无 Co"，请查阅一些相关资料。软、硬磁合金中大量使用这些资源比较缺乏的金属原料，尤其是 Ni 和 Co。软、硬磁合金大量应用于仪器仪表中，为电子信息产业不可或缺的材料。因此，现代化社会的生产、生活，特别是高新技术发展及国防领域离不开这些资源。故此，这些金属具有战略意义。请关注使用这三种金属比较多的金属合金材料，关注其替代材料的研制与发展。

13-40 查阅金属 Ni 的原材料价格变化。依据合金化学组成的各原材料价格对比，说明非晶及纳米晶软磁合金相比较于 Fe-Ni 系软磁合金的优势。

13-41 查阅金属 Co 的原材料价格，归纳硬磁合金中金属 Co 的使用情况。永磁合金研发中，围绕着少用甚至不用 Co，形成了硬磁合金发展的一条主线。试对此进行总结，并关注永磁合金实际应用量与其中 Co 含量之间的关系。

参考文献

[1] 功能材料及其应用手册编写组．功能材料及其应用手册[M]．北京：机械工业出版社，1991.
[2] 何开元．精密合金材料学[M]．北京：冶金工业出版社，1991.
[3] 周寿增，等．稀土永磁材料及其应用[M]．北京：冶金工业出版社，1990.
[4] Chih-Wen Chen. Magnetism and Metallurgy of Soft Magnetic Materials [M]. North-Holland Publishing Co. Amsterdam, New York, Oxford, 1977.
[5] 周寿增，董清飞．超强永磁体——稀土铁系永磁材料（第 2 版）[M]．北京：冶金工业出版社，2004.
[6] 干勇，田志凌，董瀚，等．中国材料工程大典，第 2 卷，钢铁材料工程（上）[M]．北京：化学工业出版社，2006.

14 电性合金

内容要点：

金属合金的导电性影响因素、超导性和热电性基础理论知识。典型的导电合金、精密电阻合金、电热合金和热电偶合金。合金的性能要求，成分、制备工艺、微观组织结构的特征及其相互关系，以及对性能的影响规律。

今天，我们时时刻刻都离不开电力能源，电子技术也渗透到工作与日常生活的各个方面。电力工业、电子技术都离不开相关的材料，金属材料占据着重要位置。这就是所谓的电性合金材料。因而，电性合金与国民经济及我们的日常生活紧密地联系在一起。

电性合金，既包括导电合金（含超导合金）、精密电阻合金、电热合金等具有特殊导电性（主要以电阻率表征）的合金，也包括具有显著热电效应的金属及合金组成的热电偶材料。此外，电性合金还包括：电阻温度计材料，其电阻随温度变化的特性被利用来测温，如铂、铜、铂钴、铑铁等；电接点材料（又称电触头材料）及焊接材料，用于各种电路的连接及开关接触部位，使得连接部位的电阻值稳定，从而保证电路的稳定性；电阻对变形敏感的合金材料可制成电阻应变片，是测量微小变形量的重要工具。它们都属于电性合金。

本章主要介绍导电、精密电阻、电热合金和热电偶材料。

14.1 金属与合金的电学性能

14.1.1 一般金属材料的导电性

金属及合金材料中，原子的外层电子公有化，形成能带。电子未将能带填满，使得费米（Fermi）能级的电子态密度比较大。这种电子态特征保证了金属及合金具有良好的导电性。金属材料的电阻，源自于微观组织结构的不完整性。所有破坏材料内晶格势场空间分布周期性的因素，都将对参与导电的公有化电子的运动产生散射，使电子受电场加速产生的定向运动受到影响，从而减弱其导电作用，形成电阻。晶格势场不规则处又称散射中心，它的势能与其正常值的偏离程度越大，散射效应越强，可用散射面积表征。合金中的各种晶体缺陷，都是散射中心，诸如空位及异类原子、位错、晶界、相界等各种内界面，以及第二相粒子等。另一类散射中心源于原子的热振动形成的晶格波动，即声子，数量随温度升高而增加。而晶格与公有化电子之间的作用强度，依合金及其晶体结构的不同而异。合金发生相变时，其电阻率会发生突变。

纯金属的导电性最高。当加入其他元素后，电阻率增大，导电性降低。处于固溶状态的合金元素的影响，一般情况下可表达成：

$$\Delta\rho = Ax(1 - x)$$

在合金元素加入量较少时，电阻率的升高近似地正比于其摩尔分数 x。系数 A 反映了合金元素影响的强弱。它随合金元素的原子与基体原子的半径差及化合价差的增大而增大。多元合金双相组织状态下，其电阻率随两相体积分数的改变呈线性变化。通过合金化，可以较大幅度地改变（特别是提高）金属材料的电阻率。

金属及合金的导电性随温度的变化，是导电材料性能优劣的重要评价依据，一般用电阻温度系数（TCR）表征。它是指单位温度变化造成的电阻率的相对变化，通常用一定温度范围内的平均相对变化量来表示（以 293K 作为参考温度 T_0）：

$$\alpha = \frac{\rho(T) - \rho(293\text{K})}{\rho(293\text{K}) \cdot (T - 293\text{K})}$$

一般纯金属的电阻率低，温度系数 TCR 比较高。过渡族金属一般为 10^{-2}，其他纯金属约为 4×10^{-3}。精密电阻合金的 TCR 要求至少比纯金属低两个数量级，一般在 $\pm 20 \times 10^{-6}$范围内。在一般情况下，电阻率随温度的变化表达为：

$$\rho_{\text{T}} = \rho_{\text{T}_0}[1 + \alpha(T - T_0) + \beta(T - T_0)^2]$$

式中，β 为二次电阻温度系数，它反映了电阻随温度变化的线性度；ρ_{T} 和 ρ_{T_0}分别表示温度 T 与 T_0 下的电阻率。

一般而言，金属及合金的电阻率随温度升高而升高。实际中发现，在德拜温度 θ_{D} 以上范围内，许多金属及合金的电阻率随温度 T 升高直线增加，遵循马提申规则：

$$\rho_{\text{T}} = \rho_{\text{T}_0}[1 + \alpha(T - T_0)]$$

而且电阻温度系数 α 和 ρ_{T_0}的数值基本上与合金元素的加入量无关。不过，也有一些合金电阻率随温度的变化偏离马提申规则，可表达为：

$$\frac{\text{d}\rho}{\text{d}T} = \alpha_0\rho_0 + \alpha_\xi\rho'$$

式中，ρ_0、α_0 分别为基体的电阻率及其温度系数；ρ'、α_ξ 分别为添加合金元素产生的残余电阻率及其温度系数。其中 α_ξ 不为 0，并且既可为正值，也可能为负值。

降低金属材料 TCR 有两种途径：提高电阻率 ρ_{T_0}，如加入固溶合金元素；降低电阻率随温度的变化率，选择 α_ξ 为负值的合金元素并适当控制其含量。

14.1.2 金属材料的超导性

1911 年，昂那斯（H. K. Onnes）首先在汞中发现了超导现象。超导态材料的电阻几乎为零，同时具有很强的抗磁性，显示超导电子对隧道效应。材料具有超导性，是因为其中的传导电子借助于与晶格的交互作用，形成了较低能量的电子对。只有温度 T、承载的电流密度 j 及所处的磁场 H 均不超过临界值，材料才处于超导态，并且这 3 个因素彼此相关。

根据超导材料的抗磁性特征，可将其分为两类。第一类超导体具有完全抗磁性，即外磁场小于临界值时，超导体除了表面极薄（约 10^{-7} m）的一层外，体内的磁通密度为0。这种状态一直保持到外磁场达到临界值，材料由超导态直接转变成正常导电材料。第二类超导体有2个临界磁场 H_{c1} 和 H_{c2}（$H_{c1} < H_{c2}$）。当外磁场低于 H_{c1} 时，与第一类超导体一样，具有完全抗磁性。当外磁场高于 H_{c1} 但低于 H_{c2} 时，超导体内部分成两类区域：一类区域内仍保持超导态，磁通密度为0；另一类区域则处于正常的导电态，有空间上整齐分布的磁通线。此时，材料处于混合态。这种状态下，材料的电阻仍然是0，但磁化率不再是 -1。外磁场高于 H_{c2} 时，材料转变成正常态，如图14-1所示。

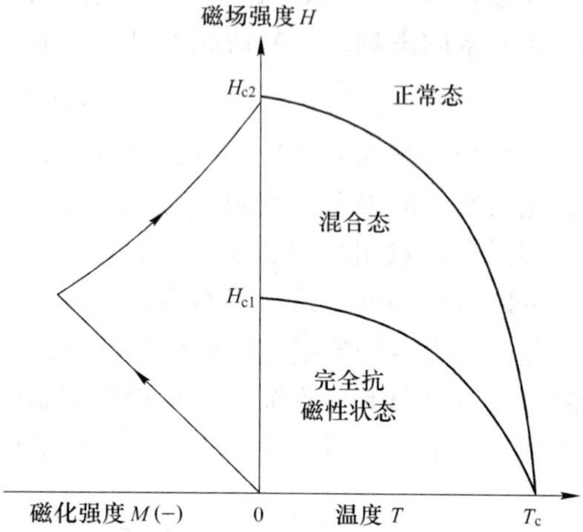

图 14-1 第二类超导体的状态变化示意图

在决定超导材料超导性的三个因素中，临界温度 T_c 与临界磁场 H_c 是组织不敏感量，主要取决于材料的化学组成与晶体结构。通过晶格振动（声子）与传导电子的交互作用决定的电子结构特征，从根本上决定了 T_c 与 H_c。其中，第一类超导体的临界磁场 H_c 很低，均低于 10^2kA/m。单质的超导材料多属这一类。铌、钒等少数属于第二类超导体，不过它们的临界磁场 H_{c2} 也不高，与第一类超导体 H_c 相当。实际中不用第一类超导材料，有实际使用价值的都是第二类的多元超导材料，并且使用时一般处于混合态。

超导材料的临界电流密度 j_c 是组织敏感量。材料内传输的电流与磁通线之间存在洛伦兹力的作用，它驱使磁通线进入超导体，使超导区减小。随着超导体中电流密度增大，这种驱动力增加，临界电流密度 j_c 就是使超导区完全消失时电流密度的最低值。在超导材料中，磁通线的移动会受到多种晶体缺陷的影响，位错、晶界、析出相等都可对磁通线产生强烈的钉扎力而阻碍其移动。因此，临界电流密度 j_c 又是使磁通线移动的驱动力与晶体缺陷的最大阻力相平衡的电流密度，它是组织敏感量。增大超导材料的组织不均匀性来增大磁通线移动的阻力，是提高超导材料 j_c 的关键。

超导材料使用时有一个很关键的问题：超导状态的稳定性。超导材料的临界温度很低，温度略有升高，对临界磁场等的影响都较大，很容易导致材料超导态的破坏，即“失超”。一旦局部区域发生失超，该正常区中会产生大量热量，这是由于超导体工作时承载很大的电流，而正常态下又都是不良导体。这种热量因超导材料本身的不良导热性难于散发掉，因而很可能会引发连锁反应，导致整个超导体迅速转变为正常态。超导材料工作时的机械扰动和微观上的磁通跳跃是影响其稳定性的两个主要因素。

机械扰动是指承载大电流的超导体处于强磁场中，电磁作用力很高。如果不能很好地使之固定不动，扰动时的机械能即使少量地转化成热能，也能导致局部失超进而破坏整体的超导性。使用中，超导体必须被很好地固封住。

超导材料使用时一般处于混合态，内部的正常区已有磁通线。材料内的电流与磁通线之间存在的洛伦兹力作用使磁通线移动，于是在超导体内产生电场。特别是这种移动以不连续的方式进行时，即所谓的磁通跳跃，会产生热量，对材料超导性的稳定非常不利。而磁场、电流、温度的变化，都能成为磁通跳跃的原因。将超导体制成尺度小于临界值（一般在几十至几百微米）的细丝，可有效地抑制磁通跳跃。

此外，一般将超导材料的细丝包覆于铜基体中，增强超导体的散热性，提高稳定性。

14.1.3 材料的热电势

1821 年，塞贝克（Seebeck）首先发现了热电效应。这种效应是指将两种不同的金属（A 与 B）连接起来，两个连接端点置于不同温度下（T_1、T_2），于是电路中就产生一个电动势 E_{AB}。它对应于开路状态下的 V_{ab}，而形成回路时，其中就有电流 I，如图14-2所示。电动势的数值与 T 有对应关系：

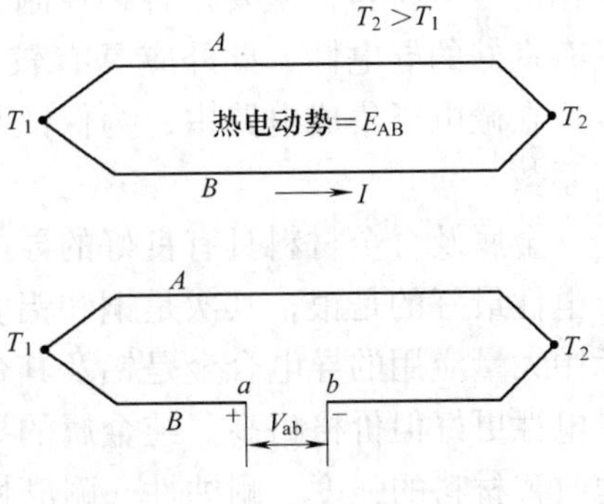

图 14-2 塞贝克效应示意图

$$E_{AB} = \int_{T_1}^{T_2} S_{AB} \mathrm{d}T$$

式中，S_{AB}为热电势率，又称塞贝克系数：

$$S_{AB} = \lim_{\Delta T \to 0}\left(\frac{\Delta E}{\Delta T}\right)$$

塞贝克效应普遍存在于各种材料中。它是由于材料中的电子态随温度变化引起的。以金属丝为例，其中的自由电子遵从费米分布律。温度高的一端，具有高能量的电子多于温度低的一侧，因而会发生电荷的输运（伴随传热），随之出现电子空间分布的不均匀性。比如说，高温端电子少、低温端电子多，于是高、低温端之间出现了电位差，并形成电场。该电场对后续的电荷输运起阻碍作用。电荷输运过程进行到某种程度达到平衡，电位差保持恒定。此电位差是两端温度的函数，取一端温度作为参比温度（记作 T_0，保持不变），则此“热电位差”可表达为：

$$V = \int_{T_0}^{T} S \mathrm{d}T$$

式中，S 为材料的绝对热电势率，是材料的常数，可为正值，也可为负值。它对材料的化学成分、显微组织状态等很敏感，同时受应力、电场与磁场等作用的影响。另外，它与温度之间有比较复杂的关系，作为一级近似，对一些金属及合金可简单表达为：

$$S = c + mT$$

由两种材料组成的热电偶，其热电势是这两种材料的各自的热电位差之差，即：

$$E_{AB} = V_A - V_B$$

显然，热电偶的热电势率与两种组成材料的绝对热电势率之间的关系为：

$$S_{AB} = S_A - S_B$$

14.2 导电合金

导电金属及合金用于电流传输，可分为强电流传输和弱电流传输两种。在强电流的传输中，主要目标是减少因焦耳热导致的电能损耗，即要求合金的电阻率低。此外，要求材料具有较高的强度，如高压架空传输电线，强度高，可以减少支撑架的数量。用于弱电流传输的导电材料，主要是各种控制、测量仪器仪表中的导线。这类材料的主要性能要求是具有良好的导电性，此外应具有较好的抗氧化、腐蚀能力，较高的强度，良好的焊接性等。在微电子集成电路中，为保证与半导体基体材料的匹配连接，还需有与之相近的热膨胀系数。

金属及合金材料具有良好的导电性，因而在导电材料方面占据绝对主导地位。室温下导电性最好的是银，其次是铜和铝。纯银的价格高、硬度低，很少单独作为导电材料。实际中大量应用的导电合金是铝及其合金与铜及其合金。前者特点是密度低、价廉，后者的导电性更好但价格略高。纯金属的导电性比较好，而少量加入其他元素形成合金，可有效地改善材料的强度、耐蚀性、耐磨性等。对导电合金的热膨胀系数有特殊要求时，铁镍合金发挥着重要作用，不过其导电性略低一些。超导材料的导电性显著高于一般金属材料，其电阻率几乎为0。今天，主要的实用超导合金是铌钛、铌锡合金。

14.2.1 铝及铝合金

表14-1给出了铝的导电性及其他基本特性，其显著特点是密度低。在相同的电阻要求下，铝导线的用量少，其质量比同样长度的铜线的一半还小，因而具有显著的经济效益。铝的抗氧化腐蚀能力很强，易于塑性加工成形。

表14-1 一些金属的导电性及其他特性

金 属	密度 $/\mathrm{Mg \cdot m^{-3}}$	熔点/℃	强度 σ_b/MPa	电阻率 $\rho_{20℃}$ $/\times10^{-8}\Omega\cdot m$	电阻温度系数 $\alpha_{20℃}$ $/\times10^{-3}K^{-1}$
Ag	10.50	962	160~180	1.59	3.80
Cu	8.90	1085	200~240	1.69	3.93
Al	2.70	660	70~120	2.65	4.23
Fe	7.86	1535	250~330	9.78	5.0

铝的熔点低，强度低，限制了它的使用范围，如不能用于架空导线。为扩大其使用范围，需要提高其屈服强度，但不大幅度降低其导电性。主要方法是冷加工及合金化。

冷加工可显著提高铝及其合金的屈服强度，而对电阻率的影响不大。

用作导体的铝合金主要使用镁、硅、铁、锆作为合金元素，加入量很低，通常不超过1%。含Mg量0.65%~0.9%的二元合金，经冷加工后，抗拉强度可提高到230~260MPa。同时加入0.5%~0.65%的镁和硅及少量的铁，经过适当的固溶、时效处理，得到均匀细小的Mg_2Si析出相颗粒，并通过冷加工，其抗拉强度可提高到300~360MPa。这二者是架空导线的主要材料。

铝及其合金一般用作室温或更低温度下的导电材料。

14.2.2 铜及其合金

铜的导电性及其他基本特性也在表14-1给出。它的导电性比铝还好，同时还具有良好的抗氧化腐蚀能力，易于塑性加工成形及焊接。相对于铝而言，铜的熔点高一些，强度因而也较高。不过它的密度大，接近于铝的3倍。

铜作为导电材料，缺陷是强度低、耐磨性差。为此，含锡、铍、镉、磷等的青铜合金和以锌为主要合金元素的黄铜，较多地用做导电合金。

14.2.3 复合导电材料

复合导电材料是将性能方面有显著差异的两种或两种以上的材料复合在一起的导电材料。一种是利用塑性加工、镀覆等工艺将包覆材料复合到基体材料的表层，得到结构上复合的导电材料。可达到提高强度、导电性、耐蚀性等目的。例如，将铝的外表面包覆上铜或银，可得到导电性优于铝，而密度比铜或银小的导体，可节约大量的贵金属；在钢线外层包覆铝，能利用钢线的高强度与铝的优良导电性，用做大跨度的架空导线。

另一种复合导电材料是通过内氧化或直接向金属中掺入氧化物微粒得到的金属与氧化物的双相复合材料。通过氧化物微粒的弥散强化，使得合金的强度大幅度提高，并维持到较高温度下；而导电性的损失也可以保持在较低的程度。这类材料的代表有 Al/Al_2O_3、Cu/Al_2O_3、Cu/BeO 等。采用内氧化法制备的铝、锆或铍的氧化物强化的铜合金，导电率达到纯铜的90%以上，屈服强度高达500MPa以上，可长期使用于500℃以上。

14.2.4 超导合金

利用超导材料的零电阻效应可实现大容量输电、建立强磁场等，承载大电流时没有焦耳热产生，节约大量能源；利用其抗磁性，制成无接触的机械构造，避免摩擦，如超导磁悬浮列车、轴承、陀螺仪等；利用超导材料的超导电子对隧道效应，能够进行超高精度的电磁测量，如超导量子干涉仪（SQUID）可检测 10^{-9}A/m 的磁场，伏特计和检流计的检测精度分别达 10^{-16}V 和 10^{-8}A。从实际应用出发，希望超导材料具有尽量高的临界温度 T_c、临界电流密度 j_c 及临界磁场强度 H_c。

14.2.4.1 单质超导体

铌的临界温度 T_c 为9.26K，临界磁场强度 $H_c=126$kA/m，在单质超导体中最高。铅的性能也比较高，分别为7.2K和64kA/m。可用做交流电力电缆等对磁场要求不高的场合。

14.2.4.2 合金超导体

铌与钛、锆、钽等形成合金后，临界磁场强度大幅度提高，同时保持了较高的临界温度。表14-2给出了一些合金的超导性能。Nb-Ti系合金是应用最广泛的超导材料。用它制造的磁体，磁场强度可达8～9.5MA/m。

表14-2 一些超导材料的超导性能

超导材料	T_c/K	$H_c/kA\cdot m^{-1}$	$H_{c2}/MA\cdot m^{-1}$	超导材料	T_c/K	$H_c/kA\cdot m^{-1}$	$H_{c2}/MA\cdot m^{-1}$
Pb	7.20	63.9(0K)		Nb_3Ge	23.2		30.2(4.2K)
Nb	9.26		0.31(0K)	$Nb_3(Al_{0.75}Ge_{0.25})$	21		33.4(4.2K)
Nb-60%Ti	9.3		9.55(4.2K)	V_3Ga	16.8		19.1(4.2K)
Nd_3Sn	18.05		19.5(4.2K)	$Y_1Ba_2Cu_3O_{7-\delta}$	90～95		80～160(0K)

Nb-Ti 合金在高温下为体心立方点阵类型的 β 相，低温下是 β 相与六方点阵类型的 α 相（富集钛）共存。用液氦冷却至 4.2K 时，β 相是超导相，α 相是正常相。合金中的钛含量对临界温度及磁场的影响如图 14-3 所示。

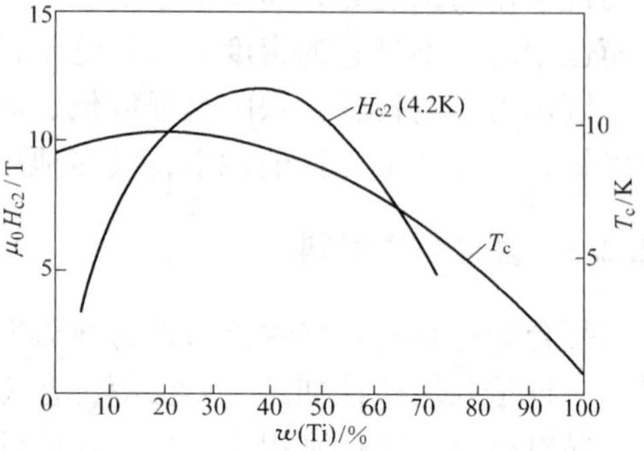

图 14-3 Nb-Ti 合金的 T_c 和 H_{c2}（4.2K）随钛含量的变化

合金的生产过程是：将 Nb-Ti 合金熔炼成锭，锻成直径为几十毫米的棒，经加热、淬火成均匀的 β 相。合金棒置入钻孔的铜棒中，进行冷加工及必要的中间热处理。合金中形成胞状的大量位错并析出 α 相粒子，形成对磁通线的钉扎，使合金线材具有很高的临界电流密度。

14.2.4.3 金属间化合物超导体

一些金属间化合物具有优异的超导性能。其中 Nb_3Ge 曾在较长的时间内保持着临界温度的最高纪录，$T_c = 23.2K$。Nb_3Sn 和 V_3Ga 是具有良好使用性能的超导材料。它们的临界温度、磁场及电流密度均高于 Nb-Ti 系合金（见表 14-2）。可用于制作更高磁场的磁体，可达 14.3MA/m。

金属间化合物的共性是塑性差，难以加工成形。主要的制作方法是青铜法，即将铌棒置于青铜（含质量分数不高于 13% 的锡）棒材内，完成塑性加工后，进行适当的热处理，通过锡的扩散，在铌与铜的界面上生成 Nb_3Sn 薄层。由于 Nb_3Sn 层只有几个微米，限制了临界电流密度。在青铜内部或外部提供锡源可增大超导层的厚度。Nb_3Sn 超导材料中磁通线的移动阻力来自非常细小的 Nb_3Sn 晶粒的晶界的钉扎作用。

14.2.4.4 高温超导体

金属及合金系列的超导材料，到目前为止还在实际应用中占主导地位。其最大的不足是临界温度低，要依靠高价的液氦进行冷却获得超导状态。1986 年，以 Y-Ba-Cu-O 为代表的陶瓷超导体将临界温度提高到 77K 以上，从而可用液氮作为冷却介质，实现了根本性的突破。这种新型超导材料可望得到更广泛的应用。

14.3 精密电阻合金

精密电阻合金是电阻值的温度系数(TCR)小并且长期稳定的合金。作为电路的基本组成元件，电阻值稳定，直接提高仪器的精度及可靠性。另外，该类合金的电阻随温度变化的线性度要好，对铜的热电势低；从易于生产使用的角度出发，希望加工性能良好，抗腐蚀，抗氧化，耐磨，易于焊接等。此外，电阻率处于不同范围的精密电阻合金，可适应不同的需要。

精密电阻合金主要有 Cu-Mn、Cu-Ni、Ni-Cr、Fe-Cr-Al及贵金属合金。20 世纪 60 年代发展起来的非晶态合金，作为精密电阻合金显示了良好的性能。

14.3.1 Cu-Mn 系合金

Cu-Mn 系精密电阻合金是向铜中加入锰，并且在此基础上再加入少量第三乃至第四合金元素组成的合金。

Cu-Mn 二元合金在 w(Mn) <20% 时，保持单相状态（图 14-4）。锰使合金电阻率较铜大幅度提高，同时它的残余电阻率温度系数 α_ξ 为 -2.65×10^{-4}，使电阻温度系数 α 和 β 同时降低。其中，α 在 x(Mn) =11% 左右达到最低，锰含量继续增加时会回升；β 随锰含量的增加直线降低，在 x(Mn) =7% 附近通过零点，由正变负。锰导致合金对铜的热电势 E_{Cu} 增大，当 x(Mn) >10% 以后增大很迅速，见图 14-5。

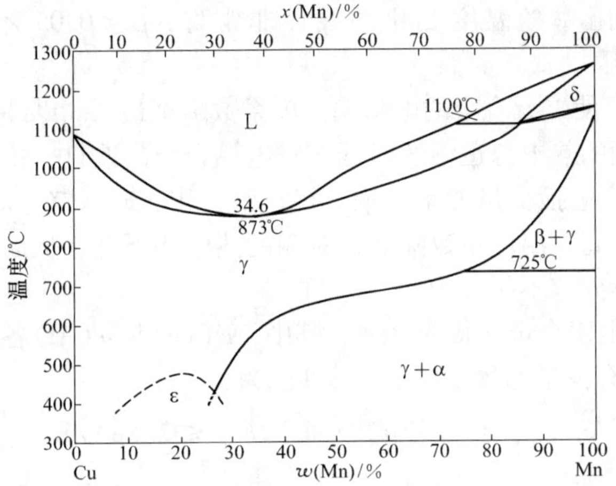

图 14-4　Cu-Mn 合金相图

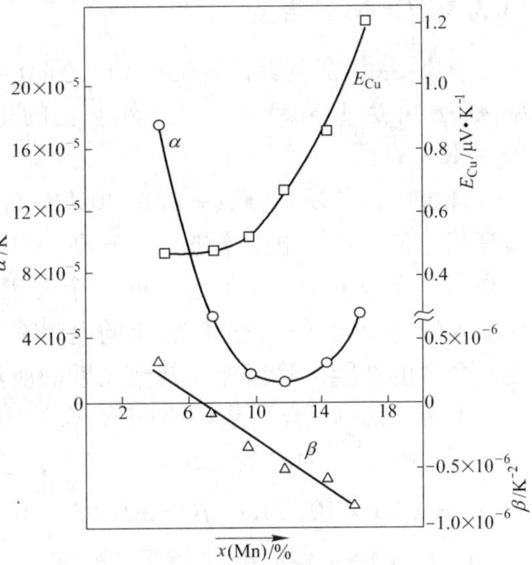

图 14-5　Cu-Mn 合金的性质与 Mn 含量的关系

实际使用的 Cu-Mn 系精密电阻合金，w(Mn)一般不超过 13%，并再加入少量的镍、铝、硅、锡、锗、镓、铁等改善性能。作用是降低热电势 E_{Cu}、提高电阻率及抗蚀性、进一步改善电阻温度系数。“锰加宁”（manganin，又称“锰铜”）和“锗拉宁”（zeranin，“锗锰铜”）是该合金系中比较具有代表性的。其成分及性能如表 14-3 所示。

表 14-3　锰铜与锗锰铜精密电阻合金及其性能

合金	化学成分 w/%					ρ /μΩ·m	α /$10^{-6}K^{-1}$	β /$10^{-6}K^{-2}$	E_{Cu} /μV·K^{-1}
	Mn	Ni	Fe	Ge	Cu				
锰铜	11~13	2~3	<0.3	—	余	0.47	±10	-0.5	≤1
锗锰铜	5~7	—	—	5.5~6.5	余	0.43	±3	-1.3	≤1.7

Cu-Mn 系精密电阻合金，一般经加工成形后在 500℃ 进行再结晶退火处理。合金具有“K 状态”（见下面的 Cr-Ni 合金），电阻率提高，从而获得非常低的电阻温度系数。

14.3.2　Cu-Ni 系合金

铜与镍均为面心立方结构，其合金均为单相固溶体，电阻率 ρ 的最高值出现在两元素摩尔分数各为 50% 的成分下，符合一般规律。合金的电阻率温度系数 α 的最低值出现在 w(Ni) =40% 左右。Cu-Ni 系合金一般都选择在 α 最低、ρ 接近最高值的成分范围附近，即铜含量略高于镍。康铜（constantan）是典型代表，性能为：$\alpha = \pm 20 \times 10^{-6}/K$，$\beta = -0.1 \times 10^{-6}/K^2$，$\rho = 0.49\mu\Omega \cdot m$，$E_{Cu} = -43\mu V/K$。

Cu-Ni 合金中加入少量的锰、铁、钴、硅、铍，可使电阻温度系数进一步降低直至0，有提高耐热性等作用。

Cu-Ni 系合金的特点是：电阻线性好，可在较宽的温度范围使用，最高使用温度为400℃，耐蚀性、耐热性较好；不足之处是对铜的热电势高，通常限用于交流。

14.3.3 Cr-Ni 系合金

Cr-Ni 系精密电阻合金是在 Cr20Ni80 电热合金基础上改良而得的。其突出特点是电阻率高，ρ 可达 $1.3\mu\Omega \cdot m$。此外，它的电阻率随温度变化的线性非常好，$\beta < 0.05 \times 10^{-6}/K^2$。

合金中铬的质量分数一般在20%左右，使二元合金的电阻率温度系数降至最低。继续提高其含量，可使电阻率进一步升高，对铜的热电势也继续降低。对电热合金的改良，主要是向二元合金中又添加了新的合金元素，包括少量的铝、铜、锰、铁、钼、硅、钇等。新加入的合金元素一般都使合金的电阻率提高，温度系数降低，对铜的热电势下降，从而提高合金的性能。除锰外，其他元素的质量分数不超过4%。

卡玛(Karma)合金是 Cr-Ni 系合金精密电阻合金的代表之一。其中，w(Fe)与w(Al)各为2% ~3%，w(Mn)为1.5% ~2.5%，还有少量的稀土(Y)。其性能为：

$$\alpha = \pm 20 \times 10^{-6}/K, \quad \beta = \pm 0.05 \times 10^{-6}/K^2, \quad \rho = 1.33\mu\Omega \cdot m, \quad E_{Cu} \leqslant 2.5\mu V/K$$

Cr-Ni 系合金精密电阻合金的性能，对塑性加工后的热处理非常敏感。以卡玛合金为例，980℃退火消除加工硬化后快冷的合金，其电阻率随温度的升高，从350℃至约850℃范围内出现一个峰，偏离正常的直线增长，如图14-6所示。这就是所谓的“K 状态”。它与合金内原子微观分布的变化形成短程有序态有关。这种变化始于350℃，在850℃以上又完全消失。具有高电阻率的“K 状态”是获取良好的性能所需要的。在热处理过程中，要使其充分形成。卡玛合金退火后，要在550℃左右进行回火处理得到“K 状态”，使电阻率升高、温度系数趋于0，同时降低对铜的热电势。

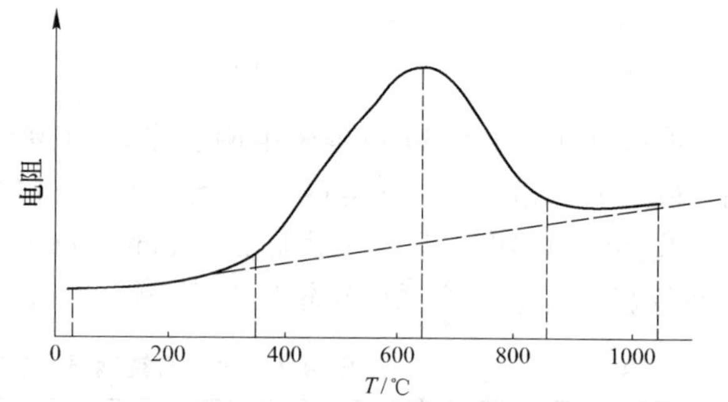

图14-6 卡玛合金快冷或冷加工后加热过程中电阻的变化

Cr-Ni 系精密电阻合金的不足之处是其长期稳定性较差，另外焊接性也不好。

14.3.4 Fe-Cr-Al合金

Fe-Cr-Al合金是20世纪60年代发展起来的精密电阻合金。与 Fe-Cr-Al电热合金有密切联系。它的特点与 Ni-Cr 合金相同，电阻率较高。成本低是该合金的优势。相对于 Fe-Cr-Al电热合金而言，其改进主要是铝、铬含量的选取及严格控制，另外加入少量的钴、钛、锆、钒、钼等以改进性能。合金的缺点是，性能对铝、铬含量比较敏感，对铜的热电势较高。另外，Fe-Cr-Al合金的加工和焊接性能差。

14.3.5 贵金属系合金及其他精密电阻合金

贵金属精密电阻合金包括贵金属铂、银、金与其他元素组成的精密电阻合金。主要特点是抗氧化、抗腐蚀能力强，通过其表面与其他导体实现良好的电接触。受价格因素影响，只用于特殊需要场合。

人们还研究过多种其他的合金来作为精密电阻材料。如锰基合金，其突出特点是电阻率非常高，在 1.8 ~ 2.2μΩ · m 的范围；钛基合金（以铝为主要合金化元素）的电阻率也达到与锰基合金相当的水平，而它的密度低，具有良好的抗氧化、抗腐蚀能力。

14.3.6 非晶态精密电阻合金

在非晶态合金的研究中，人们发现其导电性与晶态合金的规律有很大区别。首先，非晶态合金的电阻率都显著高于晶态合金，一般都在 1μΩ · m 以上。非晶态合金的电阻率值在 300K 与 4.2K 下几乎相同，即 $R_{300K}/R_{4.2K} \approx 1$，而晶态金属此值要高得多，相差数百倍，甚至上千倍。非晶态合金的电阻温度系数较低，并且可为正，也可是负值。这些特性，为它作为精密电阻合金提供了非常有利的条件。非晶态合金的缺点在于它处于亚稳态而造成性能长期稳定性较差，使用温度较低等。

有两种途径可改变这类材料的电阻温度系数。第一是改变合金成分。如，处于非晶态的合金$(Ni_{0.5}Pd_{0.5})_{1-x}P_x$，$x \leqslant 23$ 时，TCR 为正；而 $x \geqslant 25$ 的合金的 TCR 实验值为负。改变合金 TCR 的另一种方法是对非晶态合金进行适当的热处理，可以使其 TCR 值发生变化。原因是热处理过程中发生晶化。晶化相的 TCR 为正。对于非晶态下 TCR 为负的合金，两者的作用相互抵消，使得整体合金的 TCR 能够调整到 0。这种获得零 TCR 的机制仅限于非晶态下 TCR 为负的合金。

14.4 电热合金

很多情况下，需要将电能转化成热能。实现这种转化主要有两种方式，电流通过电阻产生焦耳热及使气体电离产生电弧发热。电热合金是通过其自身电阻将电能转化成热能的合金。种类繁多的电热合金与非金属的石墨、碳化硅、二硅化钼等是主要的电热转化材料。电弧发热中也常用到高熔点的金属及合金作为电极材料。

作为电热合金，主要性能要求是电阻率值。另外，合金必须耐高温，具有高温下的化学稳定性、一定的高温强度及显微组织的稳定性。此外，要求材料易于加工、价格低。

高电阻率可使设备重量轻、体积小；电阻率随温度变化率小，有利于温度调节及控制。合金的性能优于纯金属，单相、无相变合金最佳。

金属电热材料包括纯金属与合金两类。纯金属电热材料主要是钨、钼等，主要应用是产生高温。应用最广泛的合金是 Ni-Cr 系、Fe-Cr-Al系及 Fe-Al-Mn系电热合金。

14.4.1 金属电热材料

纯金属电热材料用于高温条件下，一般是熔点特别高的金属。过渡族元素的熔点较高，同一族元素中随原子序数的增大而增加。在同周期元素中，第ⅥB族的金属（铬、钼、钨）的熔点最高。实际应用的主要是钨、钼及钽、铂等。其中钨的熔点最高，达3400℃，钼、钽、铂的熔点分别是2600℃、3000℃及1769℃。它们的最高工作温度分别达2400℃、1800℃、2200℃和1600℃。不过它们自身不具备足够的高温抗氧化、抗腐蚀能力，因而使用时应适当进行保护。钨、钼需在非氧化性环境中使用。

14.4.2 Ni-Cr系合金

Ni-Cr二元合金在镍含量较高时为面心立方点阵型的固溶体。室温下铬的最大溶解度$w(Cr)$可达30%，加热时直至开始熔化均为单相合金、无相变。

溶入镍中的铬，使合金电阻率大幅度升高，电阻温度系数降低。$w(Cr)$超过20%后，电阻率的增加变缓，而电阻温度系数又开始升高，加工性能变坏。因而$w(Cr)$一般在20%左右。该合金系的代表性合金是Ni80Cr20，熔点是1400℃，室温电阻率为1.1μΩ·m，最高使用温度为1150℃，常用温度是1000～1050℃。

Ni-Cr系合金发生氧化后的产物NiO和Cr_2O_3都具有显著降低氧扩散速度的作用，形成良好的抗氧化保护层，因而合金具有良好的抗高温氧化性。面心立方点阵类型的镍基合金具有较高的高温强度。

二元合金中加入少量的硅、锆、铝、钡，微量的稀土(铈等)以及铁、钴、铌、钙，可进一步提高性能，最高使用温度提高至1200℃以上。合金中如含有碳、硫、磷、氧等，对性能不利。高温下碳与氧化膜中的氧生成CO气体，逸出时使保护性氧化膜破坏；硫、磷会造成合金的热、冷加工脆性。消除方法是用锰、硅脱氧、固硫。

Ni-Cr系合金具有良好的冷加工性能。

14.4.3 Fe-Cr-Al系合金

Fe-Cr-Al系电热合金是20世纪30年代发展起来的，迟于Ni-Cr系。该合金不含镍，原料便宜；合金电阻率高，密度低，是目前应用最广泛的电热合金。

Fe-Cr-Al系电热合金以铁为基，其中$w(Cr)$为13%～27%，$w(Al)$为3.5%～7%，形成具有体心立方点阵类型的单相合金。图14-7所示为Fe-Cr-Al三元合金相图局部。在电热合金成分附近，合金可能发生的相变包括铬含量较低时的Fe_3Al有序转变和铬含量较高而铝含量较低时的σ相析出。合金中形成σ相后变脆，在常温下无法进行加工成形。有序转变也将对合金电阻率及其塑性加工带来不利影响。因而合金在成分选取及加工、热处理过程中应避免出现这两种转变。

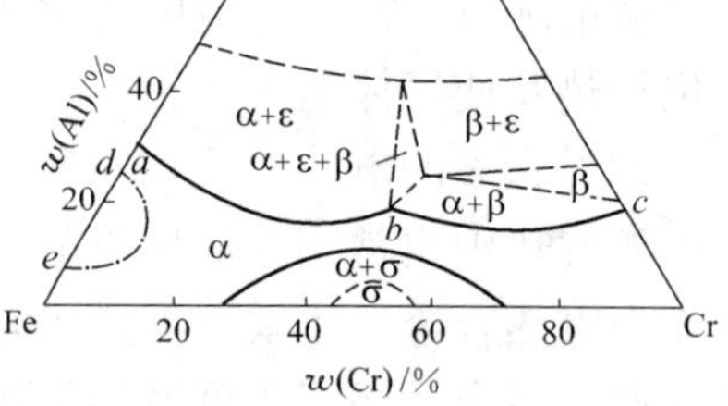

图14-7 Fe-Cr-Al系合金相图

合金中的铝和铬均使其电阻率升高，电阻温度系数降低。由于铝的结构属于面心立方点阵，而铬与铁的结构均属于体心立方点阵，铝的作用效果比铬更强烈。

铝和铬明显提高合金高温抗氧化能力。其机理是形成具有保护性的铝及铬的氧化物薄膜，有效地阻止了氧化过程的发展。铝和铬含量较高，而且温度更高时，铝的氧化物更稳定，合金表面的氧化物以Al_2O_3为主，因而其作用更加重要。

合金中 w(Al)一般不高于7%。原因是它使得合金在强度增加的同时，塑性大幅度降低。提高铬的含量，有一定的缓解作用。因此，含铬量较高的合金中，铝含量也略高些，从而合金的电性能与耐高温性能均较好，可在更高温度下使用；而铬和铝的含量较低时，合金价格较低，使用温度略低。受到合金中σ相形成的限制，w(Cr)上限一般不高于27%。在这个成分范围的Fe-Cr-Al电热合金可分为三类，它们的成分及性能见表14-4。再增加合金中铬与铝的含量，可将合金的使用温度提高。如 w(Cr) = 35% ~ 45%、w(Al) = 5% ~ 12%的合金，可用至1350℃。合金中会形成σ相，其成形可通过热加工完成。

表14-4 Fe-Cr-Al电热合金的成分及性能

合 金	w(Cr)/%	w(Al)/%	其 他	Fe	ρ_{300K}/μΩ·m	最高温度/℃	常用温度/℃
Cr13Al4	13 ~ 15	3.5 ~ 5.5	w(C)≤0.15%	余	1.26	850	650 ~ 750
Cr17Al5	16 ~ 19	4.0 ~ 6.0	w(C)≤0.05%	余	1.3	1000	850 ~ 950
0Cr25Al5	23 ~ 27	4.5 ~ 6.5	w(C)≤0.06%	余	1.45	1200	950 ~ 1100
FeCrAl	25.6 ~ 27.5	6 ~ 7	w(Mo)：1.8% ~ 2.2% w(Ti)：0.1% w(稀土)：0.3%	余	1.5	1400	1350

Fe-Cr-Al系电热合金因其结构属于体心立方点阵而高温强度较差。高温下晶粒长大明显，使用后常有变形、变脆现象。添加微量稀土元素，可细化铸态晶粒，使晶界弯曲，抑制晶粒长大，还增强氧化膜与基体合金的结合力，从而提高了合金的使用温度及寿命。微量钛也能阻止晶粒长大。碱土金属（钙、钡）也可有效提高合金寿命。合金中碳含量对其冷加工性能的不利影响很大，w(C)一般应控制在0.07%以下。

14.5 热电偶合金

利用热电效应用热电偶进行实际测温，是从1886年开始的。原则上，几乎所有导电材料（导体及半导体）都可作为热电极材料组成热电偶。实际应用中，对热电极材料的具体要求主要有以下几方面：

（1）热电势足够大，并且随温度的变化具有单值性、变化率（塞贝克系数）大。以保证组成的热电偶具有高热电势、高可靠性和高灵敏度。

（2）组成热电偶的两种电极材料的热电势随温度的变化尽量一致，使得热电偶的热电势与温度的关系尽量接近线性。

（3）电极材料稳定性非常高，组织均匀，使用温度范围内不发生相变、有序转变、偏聚等变化；抗氧化、抗腐蚀性能好（工业上，要求热电偶在上限使用温度经1000h使用后，热电势变化所对应温度值的相对变化低于0.75%）。

（4）用于测量高温的热电极材料，其自身熔点要高。

（5）具有良好的塑性及足够的强度，便于拉制成丝材。

14.5.1 热电偶电极材料

热电偶分为正、负两极，相应的热电极材料也分为正极和负极，分别在材料类型符号后以P和N标示。国际标准化的热电偶有8种类型，另外各国还有一些用量较大的标准化热电偶。我国已定国标（GB）或国家专业标准（ZBN）的热电偶材料有12种，其中包括上述8种国际标准化的热电偶，见表14-5。

表14-5 我国的热电偶丝标准

热电偶	分度号	正极代号	名义成分/%	负极代号	名义成分/%	使用最高温度		分度表温区/℃	标准号
						长期/℃	短期/℃		
铂铑30-铂铑6	B	BP	PtRh30	BN	PtRh6	1600	1800	0～1820	GB/T 2902—1998
铂铑13-铂	R	RP	PtRh13	BN	Pt	1400	1600	-50～1769	GB/T 1598—2010
铂铑10-铂	S	SP	PtRh10	SN	Pt	1300	1600	-50～1769	GB/T 3772—1998
镍铬-镍硅	K	KP	NiCr10	KN	NiSi3	1200	1300	-270～1373	GB/T 2614—2010
镍铬-铜镍（康铜）	E	EP	NiCr10	EN	CuNi45	750	900	-270～1000	GB/T 4993—2010
铁-铜镍（康铜）	J	JP	Fe	JN	CuNi45	600	750	-210～1200	GB/T 4994—2015
铜-康铜	T	TP	Cu	TN	CuNi45	350	400	-270～400	GB/T 2903—1998
镍铬-金铁	NiCr-AuFe	NiCr	NiCr10	AuFe	AuFe0.07（原子）	0	—	-273.15～0	GB/T 2904—2010
铜-金铁	Cu-AuFe	Cu	Cu	AuFe	AuFe0.07（原子）	0	—	-270～0	GB/T 2904—2010
镍铬硅-镍硅	N	NP	Ni14.5 CrSi1.5	NN	NiSi4.5	1200	1300	-270～1300	ZBN 05004—88
钨铼3-钨铼25	WRe3-WRe25	WRe3	WRe3	WRe25	WRe25	2300	—	0～2315	ZBN 05003—88
钨铼5-钨铼26	WRe5-WRe26	WRe5	WRe5	WRe26	WRe26	2300	—	0～2315	ZBN 05003—88

在热电偶电极材料中，纯金属铂是一种常见的材料。它是R、S两种类型的热电偶的负极材料。同时，人们选它作为表征材料热电势的标准电极，即将一种材料作正极、纯铂作负极的热电偶的热电势，作为这种材料的热电势。这种热电势，实际上是材料相对于铂的绝对热电势的数值，相当于将各温度下铂的热电势均视为零。铂适合于此用途，是因为该材料熔点高（1769℃），无相变，热电势重复性好，抗氧化能力强，化学稳定性好，高纯度的材料易得。因而测温范围大，可靠性高。

纯组元的热电极材料还有铜和铁。铜作正极组成的热电偶适合于低温及深低温的测量。需要注意的是，铜中如果含有铁磁性的杂质如铁，其热电势在低温区（50K 以下）与无杂质的纯铜偏差很大，会出现负峰值。对于深低温（液氢）的测量，应当选用无磁铜，其中铁的质量分数控制在 0.0002% 以下。纯铁作 J 型热电偶的正极，由于540℃以上氧化迅速，限定它的使用温度不高于此值。为了防止铁的电化学腐蚀（氧化生锈），可进行发蓝或磷化预处理。

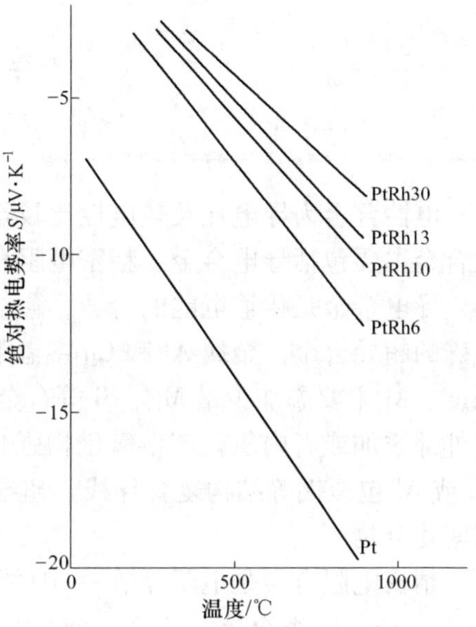

图 14-8 铂铑合金的热电势特性

热电极材料也大量使用合金。如 Pt-Rh、Ni-Cr、Ni-Si、Cu-Ni（康铜）、W-Re 合金等。合金元素的主要作用是改变材料的热电势，使其适合于实际需要。例如，B、R、S 型热电偶的 Pt-Rh 合金，铑的含量明显影响其热电势，如图14-8所示。不同铑含量的合金，分别作为正、负极，组成热电偶，如 B 型。此外，合金元素导致合金的其他性能发生变化。在 Pt-Rh 合金中，铑的添加提高其熔点、增加合金强度；N 型、K 型负极镍合金中加入的硅，有提高合金抗氧化能力的作用等，对材料的实际应用产生有利的影响。这些合金的共性是：加入合金元素后，形成均匀的固溶体，至少在使用温度范围内不发生相变，也不出现有序转变。这是由热电偶材料的特性要求决定的。

14.5.2 热电偶的使用

使用热电偶进行温度测量，必须根据待测点的温度范围、气氛条件，选择适当的热电偶。否则，不能保证测量结果的正确性，还有可能损坏热电偶。可参考图 14-9 加以选择。

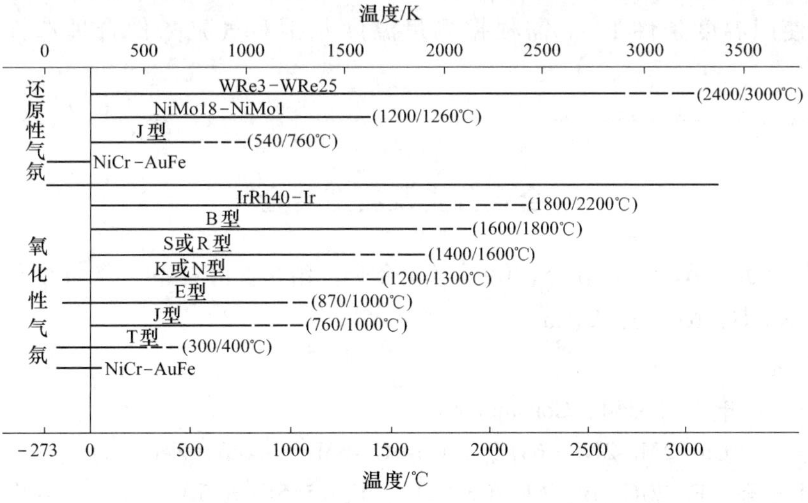

图 14-9 各种热电偶适合的气氛及使用温度范围

本 章 小 结

****

电性合金为导电性及热电性比较特殊、从而具有重要工程应用的合金材料。目前，电性合金主要包括导电合金、精密电阻合金、电热合金及热电偶合金。

导电合金是传输电能的合金，包括传统的 Al 合金和 Cu 合金、新型的复合材料、以及特殊的超导合金。金属 Al 和 Cu 室温下导电性能优异，可通过冷加工或合金化来提高屈服强度。Al 主要添加少量 Mg、Si 等合金元素、时效析出第二相进行强化。复合材料包括通过外部添加或者内氧化产生氧化物强化质点的 Al 基或 Cu 基复合材料，以及 Cu 包覆 Al、Cu 或 Al 包覆钢等结构复合导线。超导合金有纯金属 Nb、Nb-Ti 等合金，以及 Nb_3Sn 等金属间化合物。

精密电阻合金是电阻率在一定的温度范围内相对变化很小的一类合金。目前主要有 Cu-Ni、Cu-Mn 系合金，Cr-Ni 系合金，Fe-Cr-Al 系合金，以及非晶态合金。晶态精密电阻合金通常为单相固溶体，固溶原子提高电阻率，Mn 的残余电阻率温度系数为负，从而减小电阻率温度系数。Cr-Ni 合金中存在短程有序 K 状态，提升电阻率。非晶合金电阻率非常高，并在非常宽的温度范围内都变化很小。精密电阻合金与 Cu 的接触电位要尽量低。

电热合金是将电能转换成热能的合金。目前主要是 Ni-Cr 合金、Fe-Cr-Al 合金，具有较高的电阻率，具有良好的抗高温腐蚀性能、高温强度和组织稳定性。

热电偶合金是通过热电势检测温度变化的合金，包括负极合金和正极合金。依照测量温度范围由高到低，主要使用的热电偶依次为 W-Re 合金热电偶（上限 2300℃），Pt-Rh合金热电偶（可达 1800℃）和廉价的 NiCr-NiSi 热电偶（可达 1300℃），纯铜、康铜、铁等组成的热电偶（上限 400℃ 至 900℃ 不等），低温用热电偶合金以 NiCr-AuFe、Cu-AuFe 为主。热电偶电极材料要求具有单相、均匀的微观组织，而且具有很高的稳定性（包括在使用温度条件下）。需根据测量温度范围和气氛条件合理选择热电偶电极材料。

****

合金分类及典型合金

导电金属及合金：Al 及 Al 合金，Cu 及 Cu 合金，结构复合导线，双相复合导电合金

超导合金：Nb-Ti，Nb_3Sn，V_3Ga

精密电阻合金

Cu-Ni 合金：康铜（6J40，Constantan）

Cu-Mn 合金：Cu-12Mn-2Ni（6J12），Cu-6Ge-6Mn（4yc6，Zeranin）

Fe-Cr-Al 合金：Fe-20Cr-5Al（Fe-Cr-Al-I），Fe-15.5Cr-6.5Al（Fe-Cr-Al-Ⅱ）

Cr-Ni 合金：Ni-20Cr-3Al-3Fe-1Mn（6J22，Karma alloy）

贵金属合金：PtIr20，PtRu20，AuPd20V10，PdAg40，AgMn8Sn7

电热合金

Ni-Cr 合金：Cr15Ni60，Cr20Ni80，Cr30Ni70

Fe-Cr-Al 合金：1Cr13Al4，1Cr25Al5，0Cr13Al6Mo2，0Cr21Al6Nb，0Cr27Al7Mo2

热电偶合金

WRe3-WRe25，PtRh30-PtRh6，PtRh10-Pt，NiCr10-NiSi3

NiCr14.5Si1.5-NiSi4.5Mg0.1，Cu-NiCu55，Fe-NiCu55，Cu- $Au_{99.3}Fe_{0.07}$

****

思考题与习题

14-1 电性合金包含哪几类合金，它们各自的基本电学性能特征是什么，各自的特殊性能要求又是什么？

14-2 用作导线的合金，需要通过添加合金元素提高屈服强度时，采用哪种类型的强化比较合理，须尽量避免采用什么类型的强化方式？

14-3 超导合金需要具有强烈钉扎磁通线的组织缺陷来获取高的临界电流密度。Nb-Ti 超导合金中磁通线的钉扎主要依靠什么缺陷实现，合金细丝的制备工艺流程及成品的微观组织特点是什么样的？

14-4 在金属及合金类超导材料中，Nb_3Sn 的超导临界温度和临界电流密度都比较高。实际应用时，超导体需要制作成几何尺度非常小的状态（极细丝或薄片层），以防止局部过热丧失超导性。请查阅有关资料了解有关使用要求，并针对 Nb_3Sn 超导材料查阅资料，总结其制备方法。对比 Nb-Ti 超导合金的制备方法，思考两者差别的原因。（提示：Nb_3Sn 为金属间化合物，基本上不具有塑性加工变形能力，见第 18 章。）

14-5 分别以 Mn 和 Ni 作为基本合金元素加入 Cu 基体中形成了两大系列的精密电阻合金。这两种合金元素改进合金电阻特性的作用有什么异同点？

14-6 精密电阻合金的微观组织有什么共性特征？所加入的各种合金元素都以什么形态存在于合金之中？（请与上面题 14-2 进行比较）

14-7 精密电阻合金要求对 Cu 的热电势要尽量低。请从直流电路应用出发思考其原因。

14-8 某些电阻合金中存在 K 状态。归纳总结与此相关的合金电阻特性的各种反常变化。（提示：查阅文献，总结内容包括冷变形前后比较，以及加热与冷却过程中电阻的变化。）

14-9 非晶态合金适合作为精密电阻的原因是什么，其不足之处是什么？（提示：请从金属及合金的电阻根源出发考虑非晶态合金的电阻特性，并注意非晶合金的制备特点。）

14-10 电热合金材料的宏观特性要求有哪些，为此需要有什么样的微观组织特征？选择合金元素时，有哪些注意事项？试举例说明。

14-11 FeCrAl 系电热合金的哪些特点对其生产制备过程有特殊影响，如何解决问题？（提示：请查阅关于 FeCrAl 系电热合金的文献资料，该合金的加工成形过程存在很多难点。）

14-12 FeCrAl 系电热合金在使用中容易产生的问题是什么，采取什么方法从材料本身特性角度加以改进？

14-13 金属及合金材料的热电势系数受什么因素影响？

14-14 热电偶金属及合金微观组织的共性特点是什么？

14-15 有人选择了某种成分的合金作为热电偶电极材料，它在测温使用范围内处于两相区。该选择是否合适，为什么？

14-16 用热电偶检测温度时，对于热电偶类型的选择需要考虑哪些因素？

14-17 测温用的热电偶，需要定期进行校验(包括自己校验以及由法定计量部门进行检定)，原因有哪些？

参考文献

[1] 功能材料及其应用手册编写组．功能材料及其应用手册[M]．北京：机械工业出版社，1991.
[2] 何开元．精密合金材料学[M]．北京：冶金工业出版社，1991.
[3] 干勇，田志凌，董瀚，等．中国材料工程大典，第2卷，钢铁材料工程（上）[M]．北京：化学工业出版社，2006.

15 膨胀、弹性与减振合金

内容要点：

膨胀合金、弹性合金和减振合金。膨胀合金的热膨胀性质特殊性及与磁有序物质中磁致伸缩效应的关系。低膨胀合金、定膨胀合金及复合热双金属。高弹性极限和恒弹性合金。减振合金及其各种微观机制。

15.1 膨胀合金

热胀冷缩是金属材料的共性。热膨胀特性一般用体膨胀系数 β_T 或线膨胀系数 α_T 表示，其定义分别是：

$$\beta_T = \frac{1}{V} \cdot \frac{dV}{dT} \quad 及 \quad \alpha_T = \frac{1}{l} \cdot \frac{dl}{dT}$$

式中，V、l 分别为材料的体积、长度；T 为温度。

金属材料的膨胀特性主要取决于其化学组成。具有立方与六方点阵类型结构的纯金属熔化前的体积膨胀总量一般约为6%，线膨胀总量约为2%。因而金属的熔点越高，膨胀系数越低：熔点最高的钨（$T_m = 3673K$），$\alpha_{293K} = 4.6 \times 10^{-6} K^{-1}$；铝的熔点仅为933K，$\alpha_{293K} = 23.6 \times 10^{-6} K^{-1}$。合金材料的膨胀系数，近似地等于各组元的膨胀系数按其含量进行加权平均的结果，可能存在一定程度的有规律的偏差。

金属及合金的热膨胀，与温度密切相关。图15-1给出了铝的线膨胀系数随温度的变化。温度为0K时，膨胀系数为0，随温度升高而增大。

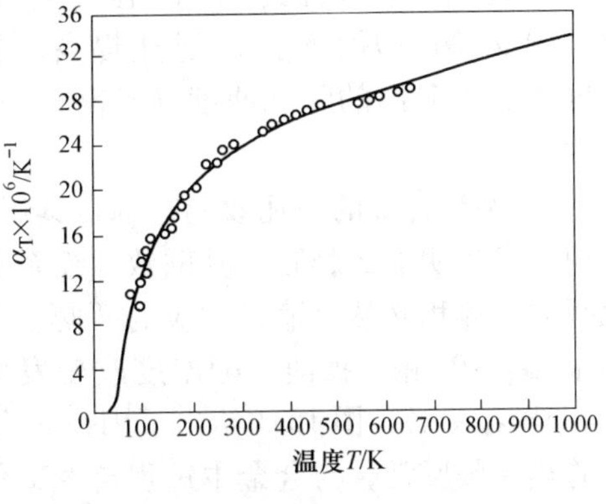

图15-1 铝的线膨胀系数 α_T（曲线为理论计算结果，点为实验数据）

膨胀性质有一定特殊性的金属及合金材料，构成一类功能材料——膨胀合金，包括低膨胀、定膨胀和高膨胀合金三种。膨胀合金的特殊膨胀性能，许多情况下都是偏离正常热膨胀规律的，是利用“反常”膨胀特征获得的。

1896年，法国吉洛姆(Guillaume)首先发现了 $w(Ni) = 36\%$ 的Fe-Ni36合金在室温附近 α_T 仅为 $1.2 \times 10^{-6} K^{-1}$，比Fe-Ni合金的“正常值”

低一个数量级。该合金被称做因瓦合金(Invar alloy)，表示尺寸几乎不随温度改变。1927年，增本量发现了Fe-Ni32Co4的低膨胀合金，它的α_T降到$0.8\times10^{-6}K^{-1}$以下，被称做超因瓦合金。这两种合金，至今仍是主要的低膨胀合金。低膨胀合金主要用于精密仪器仪表中，作为对尺寸变化量要求很高的元件材料。

电子、电讯仪器中，真空电子元件使用量大。这里同时使用玻璃、陶瓷、云母等绝缘材料和导电合金材料。两类材料的热膨胀性能应接近，实现匹配封接，从而保证元器件的气密性。若两类材料的热膨胀系数的差异较大，在较高温度下封接及随后的冷却过程中，可能在结合部形成高的热应力，造成密封不严，甚至使玻璃等脆性材料炸裂。为解决该问题，人们研制了热膨胀系数限制在某些特定范围的合金，这就是定膨胀合金。1930年，斯考特（Scott）和豪尔（Hull）最早研制出Fe-Ni29Co18合金，被称做“可伐合金”（Kovar alloy，意为协同变化)，适用于与硬玻璃封接。定膨胀合金还广泛应用于晶体管和集成电路中作引线和结构材料，用量很大。

高膨胀合金是指具有较高线膨胀系数的合金，热膨胀系数一般不低于$15\times10^{-6}K^{-1}$，主要用作热双金属片的主动层。

15.1.1 低膨胀合金

15.1.1.1 Fe-Ni36因瓦合金

Fe-Ni合金的热膨胀性能随镍含量的变化如图15-2所示。合金的热膨胀系数在一个较宽的镍含量区间内均低于正常热膨胀值。当w(Ni)约为36%时，合金的热膨胀系数达到最低值，即为因瓦合金。

因瓦合金是单相固溶体，处于亚稳态，其晶体结构属于面心立方点阵。低温下会发生马氏体相变，对热膨胀性能产生严重不利影响，必须避免。w(Ni)高于35%时，合金的马氏体转变开始温度T_M低于-100℃，可以确保可靠性。因瓦合金呈铁磁性，居里点T_c为232℃。

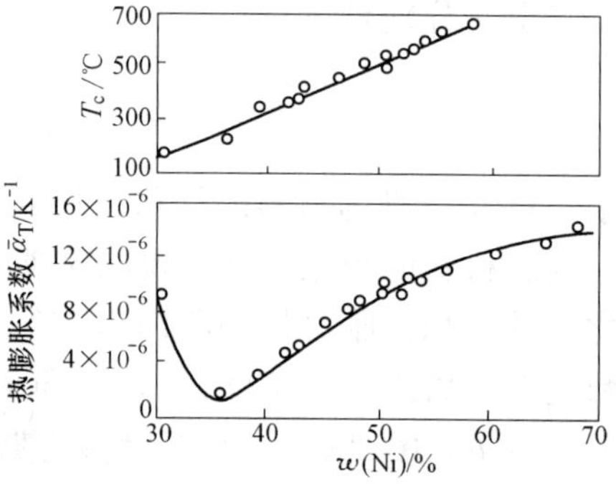

图15-2 Fe-Ni合金热膨胀系数与镍含量关系

合金中w(Ni)增加将使T_c迅速提高。另外，在室温以上范围内，因瓦合金的饱和磁化强度随温度升高的降低速度异常高，明显偏离一般铁磁性合金的理论曲线，表现出热磁特性的反常。

Fe-Ni36合金的因瓦效应，源自其磁致伸缩效应。该合金在自发磁化至饱和的过程中体积要发生明显的膨胀，其磁致伸缩系数为异常高的正值。当温度升高时，合金的自发磁化减弱，体积必然收缩，相应的“热膨胀”系数为负($\alpha_M<0$)。这种收缩与合金的正常热膨胀($\alpha'_T>0$)相互抵消。随温度改变发生的这两种尺寸变化共同决定合金的热膨胀系数，即$\alpha_T=\alpha_M+\alpha'_T$。图15-3给出了因瓦合金热膨胀系数的构成。其中温度超过合金T_c后仍存在的热膨胀反常，与合金中短程自发磁化（有序态）相对应。磁致伸缩效应也是许多种铁磁性、亚铁磁性及反铁磁性低膨胀合金的内在原因。

如果磁致伸缩量正比于饱和磁化强度M_s，则反常热膨胀系数$\alpha_M\propto\partial M_s/\partial T$。因而合

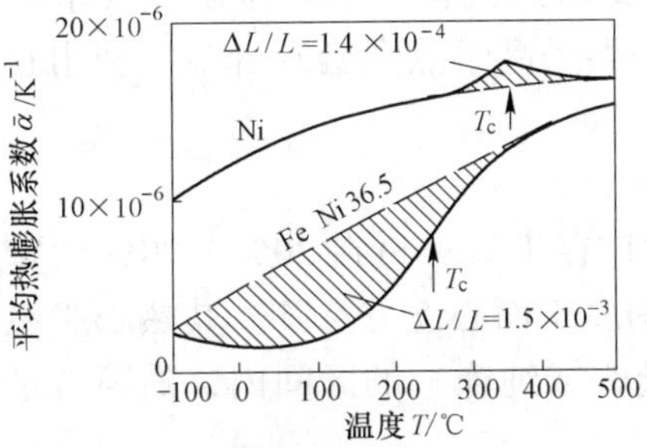

图 15-3 因瓦合金的热膨胀曲线

金的 α_M 数值随 T_c 降低、M_s 增高而增大。为使 α_M 在较宽温度范围内都具有较大数值，要求合金的 M_s 在相应的温度范围内变化速率比较一致。Fe-Ni36合金的热磁曲线反常，有利于合金在较宽的温度范围内 α_T 都保持较低。

因瓦合金的热膨胀特性受到合金状态的影响。冷加工使 α_T 降低，甚至变成负值。但是，合金处于这种状态下性能不稳定，一般都要回火使合金充分再结晶。通常还要进行人工时效老化处理，使组织充分稳定。

Fe-Ni36因瓦合金中碳为杂质，含量需严格控制。因为它会引起时效析出碳化物，使合金组织发生变化，影响合金性能的稳定性。

Fe-Ni36因瓦合金的热加工性能差，易开裂，加入少量锰、硅可明显改善；合金切削时粘刀比较严重，加入硒（w(Se) = 0.1% ~ 0.25%），可明显改善其切削性，成为易切因瓦。不过这些合金元素都使热膨胀系数有所增大。

15.1.1.2 超因瓦合金

超因瓦合金是人们在Fe-Ni-Co合金系中发现的，其热膨胀系数比因瓦合金更低。合金的成分范围是 w(Ni) = 31% ~ 35%，w(Co) = 5% ~ 10% 及余量的Fe。合金中 w(Ni) + w(Co) 在 36.5% 时，热膨胀系数比较低，并且该值一般不超过 37.5%。其中，Fe-Ni32.5Co4及Fe-Ni31.5Co5的热膨胀系数 $\bar{\alpha}_{20\sim100℃}$ 均小于 $0.8\times10^{-6}K^{-1}$。

超因瓦合金低膨胀效应的机理与Fe-Ni系合金相同。合金的居里点为230℃，马氏体点较高，为 -80℃，稳定性比因瓦合金差。为改善稳定性，常加入少量铜或铌，如 w(Cu) = 0.4% ~ 0.8%，w(Nb) = 0.1% ~ 0.5%。它们对合金热膨胀系数的影响不大。

15.1.1.3 不锈因瓦及其他低膨胀合金

具有低膨胀系数的合金还有多种。如耐蚀能力明显优于Fe-Ni36因瓦合金和Fe-Ni-Co超因瓦合金的Fe-Co54Cr9合金，$\bar{\alpha}_{20\sim100℃} = 0.42\times10^{-6}K^{-1}$。该合金含钴，价格昂贵，加工性差。

以上几种低膨胀合金均是铁磁性的。对磁场有特殊要求的场合中，它们的使用受到限制。此时可以使用非磁性合金，如Cr-Fe5.5Mn0.5 铬基反铁磁性合金，其低膨胀特性起因于尼尔（Neél）点（T_N = 50℃）以下温度范围内的磁致伸缩效应，室温下 $\alpha = 1.0\times10^{-6}K^{-1}$。该合金塑性差、难于加工的问题最近已得到解决。非磁性低膨胀合金还有Pd-Mn35 合金，Fe-Ni28/32-Pd5.5/10合金等。这些合金因含钯而价格昂贵，难于大量应用。

15.1.2 定膨胀合金

定膨胀合金按用途可分为封接材料和结构材料两种。作为封接材料，要求合金在封接温度至元器件最低使用温度的区间内，平均热膨胀系数与对接材料差别很小（不大于10%），从而降低接触面上的应力，实现匹配封接。由于合金发生相变时通常有体积突变，因而定膨胀合金在使用过程中一般不允许发生相变。此外，定膨胀合金的性能要求还涉及它的导热、导电、机械性能以及加工性能等多方面。

定膨胀合金主要有两类。一类是借助因瓦反常热膨胀达到特定热膨胀系数要求的合金，主要是Fe-Ni和Fe-Ni-Co合金系定膨胀合金；另一类是高熔点金属及合金，利用它们的低膨胀系数达到特定膨胀性能要求。

15.1.2.1 Fe-Ni系合金

Fe-Ni系合金由于磁致伸缩效应引起的热膨胀反常存在于 $w(Ni)$ 在30%～70%的宽成分范围内。此范围内的合金均为单相固溶体，晶体结构属于面心立方点阵。其热膨胀系数在 $1.2\times10^{-6}K^{-1}$(Fe-Ni36合金)至约 $12\times10^{-6}K^{-1}$（纯铁或纯镍）的区间内，随镍含量的改变连续变化，是重要的定膨胀合金。

该合金系中常用的定膨胀合金为 $w(Ni)=42\%\sim54\%$ 的二元合金。合金的 T_c 在420～550℃之间，其反常热膨胀温度区间的最高温度一般不低于450℃。随合金中 $w(Ni)$ 的增加，平均热膨胀系数增大，$\bar{\alpha}_{20\sim400℃}$ 从 $5.4\times10^{-6}K^{-1}$(Fe-Ni42合金)一直到 $11.4\times10^{-6}K^{-1}$。它们主要用于与软玻璃、陶瓷及云母进行封接，可满足与多种不同热膨胀系数材料的匹配封接。此外，Fe-Ni42合金大量用做集成电路引线框架材料。

Fe-Ni系合金具有良好的塑性。其抗拉强度一般在550MPa左右。碳、硫、磷属有害元素，含量必须控制在较低水平。合金中常含有少量的硅和锰，可改善其热加工性能，一般情况下，$w(Si)\leqslant0.3\%$，$w(Mn)\leqslant0.6\%$。

15.1.2.2 Fe-Ni-Co系合金

Fe-Ni-Co系合金的居里点与合金中镍及钴的含量有关。适当调整二者的比例，可以达到热膨胀系数与Fe-Ni二元合金相当，而 T_c 明显高于后者的目的。此时三元合金中铁的含量低于二元合金。提高 T_c 可以使合金的热膨胀系数在较宽的温度范围内具有较低的数值，从而满足上限温度较高条件下的匹配封接。如可伐合金（Fe-Ni29Co18）的热膨胀性能为：$\bar{\alpha}_{20\sim400℃}=(4.6\sim5.2)\times10^{-6}K^{-1}$，$\bar{\alpha}_{20\sim450℃}=(5.0\sim5.6)\times10^{-6}K^{-1}$。

Fe-Ni-Co系合金由于含钴，较相同镍含量的二元Fe-Ni合金的马氏体点 T_M 明显升高，合金稳定性变差。提高合金的镍含量可以降低 T_M，一般要将 T_M 控制在－80℃以下。

15.1.2.3 Ni-Mo定膨胀系合金

有些使用场合对合金磁性的要求严格，需用无磁合金。这类定膨胀合金中，Ni-Mo系合金已经实用化。镍中加入钼、钨、硅、铜等，均可降低其磁性。从热膨胀及其他性能综合对比，Ni-Mo系合金较好。该合金系在钼含量较低一侧，形成属于面心立方点阵的α相；$w(Mo)\geqslant8\%$ 时，居里点降到室温；$w(Mo)$ 达到15%时，α相的原子磁矩降至零，保证无磁（顺磁性）。定膨胀合金中 $w(Mo)$ 为17%～25%，也可用钨部分取代钼。该系定膨胀合金的热膨胀系数为 $\bar{\alpha}_{20\sim600℃}=(12.1\sim13.6)\times10^{-6}K^{-1}$。

除上述合金外，实用定膨胀金属材料还有Fe-Ni-Cu系、Fe-Ni-Cr系、Fe-Cr系等合金和难熔金属（W，Mo，Ta，Zr，Ti，Hf）等。此外，人们也试验用粉末冶金方法生产热膨胀合乎要求的金属混合物。

15.1.3 热双金属

热双金属是由两种热膨胀性能有很大差异的金属片状材料，沿层面牢固结合在一起构成的片状复合材料。有时两种层状材料中间还要加上第三层材料，习惯上仍称作热双金属。它们在实际中应用广泛，特别是在自动控制方面。

当热双金属的温度变化时，热膨胀系数不同的两层合金，倾向于按各自的热膨胀系数改变其长度。接触面上的结合，限制它们的“自由”膨胀，从而形成内部作用应力。在材料的热膨胀与内应力的共同作用下，温度改变时，热双金属的外形将发生明显变化。如图15-4所示，一端固定、另一端自由的平直双金属条会弯曲。计算表明，偏转角 φ 与温度的变化及热双金属的自身参数的关系如下：

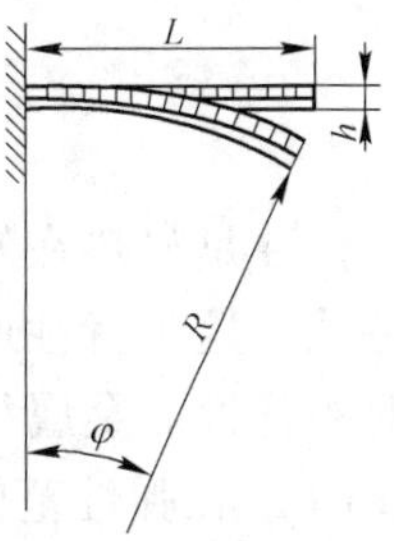

图 15-4 热双金属受热弯曲变化

$$\varphi = \frac{3\Delta\alpha \cdot L \cdot (T - T_0)}{2h}$$

式中，$\Delta\alpha = \alpha_2 - \alpha_1$，为两种膨胀合金的热膨胀系数之差；$L$、$h$ 分别为热双金属条的长度与厚度，（$T - T_0$）表示温度的变化量；T_0 为热双金属处于平直状态时的“起始”温度。如果将热双金属制成盘状或螺旋状，受热时自由端会发生转动。利用这种特性，可以制成温度指示、控制元件等。

热双金属元件的主要使用性能指标包括：

（1）热灵敏度：我国用比曲率表示，即单位厚度的热双金属片，与单位温度变化相对应的曲率变化量。它正比于偏转角 φ。显然，两种合金的热膨胀系数差越大，灵敏度越高。

（2）温度范围：其一是热双金属弯曲的位移量与温度成线性关系的温度范围，称线性温度范围，是热双金属最灵敏的温度区间。其二是指温度变化引起的热应力达到热双金属片弹性极限时的温度，为允许使用温度范围。温度的变化超出此范围，热双金属将有残余变形，在温度回复到初始温度时，不能完全恢复原形。热双金属的组成合金的热膨胀特性，决定了其线性温度区间。同时，它们的机械性能对后者有明显影响。

（3）弹性模量：热双金属的使用，常常是感温（测温）兼执行元件。当温度变化超过一定值时，元件的变形量达到预定值而使受控机构发生突变，如断开电路等。此过程中要反抗外部应力做功，因而要求热双金属具有一定的机械性能，弹性模量不能太低。

（4）电阻率：热双金属经常用于电路中，作为导电元件。电阻率对于其发热起到决定性影响，具有特定的电阻，经常成为实际应用的需要。不同的热双金属，其电阻率的差别达数倍，甚至接近10倍。热双金属的电阻率，是其中各层合金并联的结果。

热双金属中，膨胀系数较低的合金层，被称作被动层；高膨胀系数的合金层为主动层。被动层选用因瓦合金，可以达到较高的灵敏度。该合金的居里点低，热双金属的线性温度区间较小，一般在 -20 ~ 180℃。使用温度较高时，可选用 Fe-Ni42、Fe-Ni50等居里点较高的合金，因膨胀系数较高，其灵敏度稍低一些。

主动层选用高膨胀合金，要求具有适当高的熔点、高弹性模量 E、较好的焊接性能等。实际使用的高膨胀合金主要是 Cu-Zn 合金（黄铜）、Fe-Ni和 Mn-Ni-Cu 合金。其中 $w(Zn)$ 为10%和38%的黄铜，膨胀系数高（均在 $20 \times 10^{-6} K^{-1}$ 左右），导电、导热性好，易于塑性加工，但合金的弹性模量比较低。Fe-Ni合金（$w(Ni)$ 一般不超过25%）膨胀系数较高，弹性模量很高（190GPa 或更高），强度高，但导热、导电性明显低于黄铜；锰基合金的膨胀系数比黄铜还高，强度也较高，不过导电、导热性差，弹性模量也比较低。

15.2 弹性合金

弹性是材料在外力作用下发生弹性变形，并且在外力去除后恢复受力前的形状、尺寸的特性。这种特性通常用杨氏弹性模量 E 及剪切弹性模量 G 分别表征受正应力和切应力作用时的弹性。金属材料弹性的一般特征是：

（1）在弹性范围内，应力与应变近似为线性比例关系，即弹性模量（E、G）近似为常数。

（2）金属材料的弹性变形过程，被塑性变形的开始所中断，一般的最大变形量不超过1%，因此更高应变量下的特征观察不到。

（3）实际的金属材料在不同程度上有滞弹性，即应变的变化在时间上落后于应力。具体表现为弹性滞后、应力松弛，以及材料受到循环应力的作用时产生内耗。

金属弹性的本质是材料内原子结合能。反映材料弹性的弹性模量 E 与材料内相邻原子之间的距离 a 的关系近似为：

$$E = C/a^m$$

式中，C、m 为材料常数。随着温度的升高，原子间距增大，结合力下降，弹性模量也因而降低。金属材料弹性模量的温度系数定义为：

$$\beta_E = \frac{1}{E} \cdot \frac{dE}{dT}$$

弹性模量 E 与同样反映材料中原子结合能的熔点 T_m 之间的关系是：

$$E = KT_m^p/v^q$$

式中，v 为比容；K、p、q 为常数，$p \approx 1$，$q \approx 2$。

金属材料的弹性模量受多方面因素的影响。单一合金相的弹性模量主要取决于其化学组成及晶体结构。合金材料的弹性模量与其相组成有关。影响合金中相组成及相对量的工艺因素都可能引起合金弹性模量的变化。相对于金属材料的许多性质而言，它的弹性模量是组织不敏感量。

绝大多数的金属材料是晶态的。单晶体不同晶体学方向上原子排列方式不同，因而弹性模量具有明显的各向异性，体现在单晶材料及具有明显织构的多晶材料中。多晶材料往往因晶粒取向的随机性在宏观上表现为各向同性。

作为一类功能材料，弹性合金在弹性方面具有一定的特殊性。主要包括高弹性合金、恒弹性合金。

15.2.1 高弹性合金

高弹性合金的基本要求是具有较高的弹性极限 σ_e、抗拉强度 σ_b 以及比较高的弹性模量 E，一般要求 $E \geq 140$GPa。此外，根据具体需要往往还要求合金具有某些特殊性能，如低内耗、弱弹性后效、高疲劳强度、高耐磨性，以及弱磁性、高抗腐蚀能力等。实际中大量应用的高弹性合金可分为铜基、铁基、镍基和钴基合金4类。

铜基合金的特点是导电、导热性能优异，无磁，易于塑性加工成形。不足之处是合金的弹性极限和弹性模量均较低，工作温度上限不高。这类合金包括黄铜、磷青铜、铍青铜等，其中以铍青铜的性能最高、应用最广。今天铜基高弹性合金主要用于电器仪表。

铁基合金的特点是弹性模量与弹性极限高，成本较低；高弹性铁基合金基本上限定于不锈钢，以达到较高的抗蚀性要求。为提高弹性极限，采用了各种强化方法。这类合金有形变强化的18-8型奥氏体不锈钢、弥散强化的Ni36CrTiAl奥氏体不锈钢、相变强化的马氏体不锈钢2Cr13、3Cr13、4Cr13等，以及弥散和相变共同强化的马氏体时效钢。

镍基高弹性合金的特点是耐热、抗蚀，多数无磁；不足之处是弹性极限及抗拉强度不如铁基合金那样高。合金主要包括Ni-Cu、Ni-Be、Ni-Cr及镍基多元合金。

钴基高弹性合金各方面性能均较好：弹性极限高、弹性模量高、弹性后效极低、疲劳强度高、抗蚀、无磁、工作温度上限高。其应用很广泛，代表性合金有：Co40NiCrMo、Co40NiCrMoW、Co40TiAl等。

具有代表性的各类高弹性合金的典型性能汇总于表15-1中。

表15-1 典型高弹性合金的性能

合金	主要成分	E/GPa	σ_e 或 σ_ε^*/MPa	σ_b/MPa
QBe1.9	Cu-Be2.0-Ni0.3-Ti0.18	121.5	833[a]	
Ni36CrTiAl	Fe-Ni35.5-Cr12.5-Ti3.0-Al1.4	176/196	716[a]	1380
NiBe2	Ni-Be2	196	883/1079[b]	1670/1800
Co40NiCrMo	Co40-Ni15-Cr20-Mo7-Mn2.0-Fe	204	1668[b]	2453/2649

注：1. 残余变形量 ε：[a]0.002%，[b]0.005%；

2. 成分以元素的质量百分比的中间值给出。

高弹性合金中所选用的合金元素可大致分为3类。第一类是固溶于基体相中的代位元素，一般为高熔点金属钨、钼、铼、铌等。为达到提高合金弹性模量的明显作用效果，含量一般都比较高。第二类合金元素加入后，形成较高弹性模量的强化第二相。如含镍合金中加入钛、铝，形成 $Ni_3(Ti,Al)$ 析出强化相；含铍的铜基合金，通过时效，铍析出成为第二相，其弹性模量明显高于基体。这类合金元素的含量一般不高，只要保证析出相的量达到要求即可。第三类合金元素的主要作用是改善合金的抗蚀性或解决特殊问题，如提高抗蚀性的铬、改善加工性的锰，两者的加入量均较高。

合金的热处理工艺一般都围绕着合金达到较高弹性极限的原则选择。主要保证合金中的强化相具有合理的尺寸及分布特征，又不出现有害组织。与一般金属及合金的强化方法有很多相同之处。不过，高弹性合金在处理后，位错开始运动的阻力一定要尽量高，使用过程中不允许发生塑性变形，因而加工硬化提高强度的方法是不能利用的。

15.2.2 恒弹性合金

15.2.2.1 恒弹性机理

一般金属及合金的弹性模量 E 随温度升高而降低，温度系数 β_E 在低于其自身熔点一半 $T_m/2$ 的温度范围内一般为 $(3\sim10)\times10^{-4}K^{-1}$。恒弹性合金在一定温度范围内 E 基本恒定，β_E 可低至 $2\times10^{-7}K^{-1}$，又称艾林瓦合金（Elinvar）。获取恒弹性的途径目前主要有两种：第一种是利用铁磁性及反铁磁性材料（处于磁有序状态）的“弹性模量损失”现象，或 ΔE 效应；第二种途径是利用某些合金弹性模量自身随温度变化的反常性。

铁磁性、亚铁磁性及反铁磁性合金具有磁致伸缩效应。这类合金受应力作用时，有磁弹性能 $E_\sigma = \frac{3}{2}\lambda_s\sigma\sin^2\theta$。磁化时伸长（$\lambda_s>0$）的合金，如果受到外加拉应力（$\sigma>0$）作用，其原子磁矩尽量平行于应力，即二者间的夹角 θ 尽量接近于0，以降低磁弹性能；外加压应力时（$\sigma<0$），原子磁矩尽量垂直于应力方向。磁化时缩短（$\lambda_s<0$）的合金，原子磁矩取向情况正好相反，使磁弹性能降低。一种原子磁矩处于有序状态的合金，只要其磁致伸缩系数 λ_s 不为0，承受外力作用时，受该项能量的驱使，其原子磁矩必然选择相对于应力而言适当的方向，并由此产生应力作用下的磁化。在铁磁性合金中，该过程通过磁化强度转动或磁畴壁移动实现。伴随着该磁化过程，由于磁致伸缩效应，合金沿外应力方向会发生附加变形。当然，材料受到外应力作用时，还必然发生正常的弹性变形。磁致伸缩导致的附加变形总是与正常弹性变形同方向，因而使得材料的总变形量增加，由此导致其弹性模量降低，这就是铁磁性材料的“模量损失”，或称 ΔE 效应。反铁磁性合金在尼尔温度 T_N 以下，分成许多畴——反相畴。受外应力作用时，反相畴界面移动，因磁致伸缩效应引发附加变形，因而反铁磁性合金中同样存在着类似的“模量损失”。

材料的正常弹性变形与其中原子结合力相对应。随温度升高，原子结合力降低，弹性模量下降，其温度系数 β_E^n 是一个绝对值比较大的负数。随着温度升高，合金的磁有序程度降低，因而磁致伸缩量减小，由此引起的“模量损失”也减少。这使得合金的弹性模量呈上升趋势。将该部分的温度系数记作 β_E^m，其数值为正。合金弹性模量的温度系数为两者之和：$\beta_E = \beta_E^n + \beta_E^m$。在适当条件下，能够得到温度系数很低（$\beta_E \approx 0$）的恒弹性合金。

铁磁性合金在外应力作用下磁化状态改变，是合金弹性反常的根本原因。如果合金已经被外磁场磁化到饱和，受力时不再发生畴壁移动或磁矩转动，相应的“模量损失”消失，恒弹性不复存在。因而，这种类型的恒弹性，与磁化状态改变直接联系在一起，对合金的磁化状态非常敏感。图15-5所示为纯镍在不同磁场下弹性模量随温度变化（E-T）的曲线，从中可以清楚地看到这种影响。另外，铁磁性材料中，多种显微组织结构因素都对其磁化状态改变的难易有影响。故此，铁磁性材料的弹性模量成为组织敏感参量。而反铁磁性合金的弹性反常，对外磁场不敏感，因为外磁场不会使反相畴界面移动。

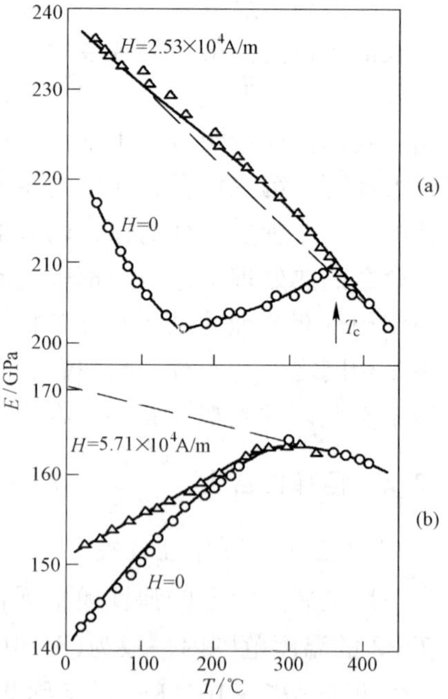

图15-5 纯镍（a）及Fe-Ni36合金（b）在不同磁场下的 E-T 关系

铁磁性合金出现弹性反常的原因不仅限于受力作用时的铁磁性磁化。磁畴壁移动和磁矩转动两种机制下的磁化完成后，继续增加外磁场强度，通常温度下还会出现顺磁磁化过程，被称作“强迫磁化”。在因瓦合金中，这种过程的磁化率相当高，能使磁化强度增加较多。该过程中的磁致伸缩量也能达到较高的数值。外应力还能通过磁弹性能诱发顺磁磁化导致附加变形，产生“模量损失”。图15-5中同时给出了Fe-Ni36合金在不同磁场 H 下弹性模量

E 随温度变化的曲线。可见，在室温附近，与铁磁性磁化对应的弹性反常使 E 从 153GPa($H = 57.1$kA/m，已磁化至饱和）降低到 143GPa（$H = 0$，热退磁状态)。而由高温顺磁区外推得到室温下“非磁性状态”合金是 170GPa，它与磁化饱和状态下的 153GPa 的差值，就对应着“强迫磁化”的弹性反常。后者导致的“模量损失”已超过铁磁性磁化的效果而起到主要作用。

另一种获得恒弹性的途径是利用合金弹性模量自身随温度变化的反常性。其典型代表是铌及部分铌合金。图 15-6 给出了纯铌单晶体不同方向上的弹性模量随温度变化的曲线。可见，〈100〉方向上的弹性模量符合一般规律，而在〈110〉和〈111〉方向上出现反常变化。在单晶体的某特定方向上可能得到恒弹性，而得到某种特殊织构的多晶材料，也同样能够获得恒弹性。

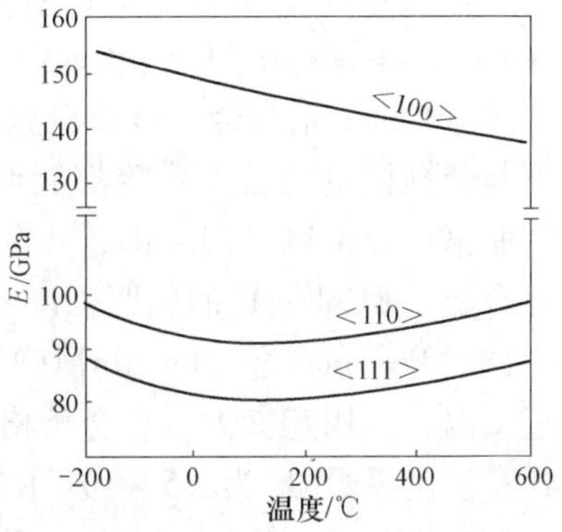

图 15-6 铌的不同晶向上的 E-T 关系

15.2.2.2 恒弹性合金

依据弹性反常的机理，恒弹性合金可分为铁磁性恒弹性合金、反铁磁性恒弹性合金和顺磁性恒弹性合金。铁磁性恒弹性合金是人们最早研究、应用，并且至今仍在大量使用的恒弹性材料。主要有 Fe-Ni 系合金，如 Fe-Ni30-Cr12、Ni42CrTi；Co-Fe 系合金，如 Co-Fe-V-Ni、Co-Fe-Mo-Ni、Co-Fe-W-Ni、Co-Fe-Mn-Ni分别被称为 V-、Mo-、W-、Mn-艾林瓦。反铁磁性恒弹性合金主要是 Fe-Mn基、锰基和铬基合金。顺磁性恒弹性合金主要包括铌基合金，如 Nb-Zr、Nb-Ti 合金及钯基合金。

（1）Fe-Ni系合金。最早人们研究发现二元合金的弹性模量温度系数随 w(Ni)变化很大，在 20% ~50% 的范围内 β_E 先从 $-350 \times 10^{-6}K^{-1}$ 增加到 $500 \times 10^{-6}K^{-1}$，再降至 $-200 \times 10^{-6}K^{-1}$，$w$(Ni)为 28% 和 44% 的两种合金的 $\beta_E = 0$。然而，这两个合金的 β_E 对 w(Ni)都过于敏感，合金冶炼技术不能保证其性能的稳定，无法实用。后来发现加入铬可使合金的 β_E 随 w(Ni)变化的峰值下降、趋势变缓。w(Cr) = 12% 且 w(Ni) = 36% 的 Fe-Ni36Cr12合金，$\beta_E = 0$ 且正好处于峰位，其 β_E 对成分的敏感性降至最低。它就成为最早的恒弹性合金。

Fe-Ni36Cr12合金具有单相奥氏体组织，其强度、硬度低，弹性模量也不高，需要添加合金元素进行强化。如加入钼、钨和碳，通过时效形成弥散 $M_{23}C_6$ 及 M_7C_3 型碳化物，实现强化。另一种典型的恒弹性合金 Ni42CrTi 中采用金属间化合物 Ni_3(Ti,Al)(γ'相)进行强化。合金的成分为（质量比）：w(Ni) = 41.5% ~43.0%，w(Cr) = 5.20% ~5.80%，w(Ti) = 2.30% ~2.70%，w(Al) = 0.5% ~0.8%，w(C) ≤0.05%，w(Mn) ≤0.80%，w(Si) ≤0.80%，w(S 或 P) <0.020%，余量的 Fe。钛和铝一部分形成 γ'相，另一部分则固溶于属于面心立方点阵的基体 γ 相中，影响合金的弹性模量温度系数。形成 γ'相需消耗镍，为保持其在基体相中的含量，总含量适当增加。受其他元素的影响，合金中w(Cr) = 5.5% 为佳。合金的热处理工艺为：950 ~980℃ 均匀化后淬火，然后进行回火，温度为 550 ~600℃，使均匀化加热时溶解的 γ'相析出，达到强化目的。回火前进行冷变形，将使回火时 γ'相弥散程度增加，提高强化效果。变形量很大时还会形成织构，使合金的弹性模

量增大，同时合金性能产生各向异性。该合金的典型性能为：$\sigma_b \geq 1370$MPa，$E = 186 \sim 196$GPa，$\beta_E \leq 5 \times 10^{-6}K^{-1}$。

（2）Co-Fe 系合金。该系合金以钴、铁、铬为基本组成元素，统称钴-艾林瓦，一般情况下其弹性模量的温度系数都能调整到正值。一般可用镍来同时替换合金中部分的钴和铬，而铬可以由钒、钼、钨、锰全部替换，得到恒弹性合金。同时含铬、钼、钨、镍的恒弹性合金（Elcolloy）的屈服强度$\sigma_{0.2}$高达1350MPa，抗拉强度$\sigma_b = 1750$MPa。

（3）Fe-Mn合金。Fe-Mn恒弹性合金是反铁磁性恒弹性合金之一，其特点是合金的T_N接近室温，实用意义大。合金价格低廉。w(Mn) = 25% ~ 27%的合金，为单相奥氏体，弹性模量温度系数β_E为$\pm 5 \times 10^{-6}K^{-1}$。

（4）铌合金。铌合金是主要的顺磁性恒弹性合金。主要有 Nb-Zr 和 Nb-Ti 合金。Nb-Zr合金中w(Zr)一般在19% ~ 22%。Nb-Ti 合金的钛含量有所不同，具有代表性的55NbTiAl 的成分为：w(Nb) = 55%，w(Ti) = 39.5%，w(Al) = 5.5%。该合金强化热处理工艺是：1000℃固溶处理→冷变形→回火时效（温度在650 ~ 725℃之间）。700℃1h时效后的性能为：$\sigma_{0.2} = 1020$MPa，$\sigma_b = 1049$MPa，$E = 107.9$GPa，在20 ~ 600℃的温度范围内$\beta_E = (70 \sim 80) \times 10^{-6}K^{-1}$。其最高使用温度可达600℃以上，是典型的高温恒弹性合金。合金通过$(Nb,Ti)_3Al$析出相实现强化。一般认为合金由于形成形变织构而获得恒弹性。

15.3 减振合金

噪声是社会的一大公害，重要起因之一是机械的振动。减振降噪的方法主要有两种：第一，通过改进机械装置的结构设计、提高零件的加工及装配精度，尽量减低装置的振动；第二是设法将已发生的振动，吸收转换成其他形式的能量。可以附加减振器或吸（隔）音器，而采用高阻尼的减振合金制作零件是重要途径之一。减振合金也称高阻尼合金。

阻尼，是指一个自由振动的固体，即使与外部完全隔离，也会发生机械能向热能的转换，从而使振动减弱的现象。表征固体材料阻尼本领的高低，常用比阻尼（specific damping capacity，或 S. D. C.）表示。它是通过扭摆实验测定的，其定义是：

$$\text{S. D. C.} = \frac{A_n^2 - A_{n+1}^2}{A_n^2} \times 100\%$$

式中，A_n与A_{n+1}分别为扭摆实验中的第n次与$n+1$次振动的振幅。

S. D. C. 实质上是振动能量在相邻的两次振动中的相对衰减的百分值。利用扭摆法，还可以测定出另一个常用的阻尼本领表征量——对数衰减率δ：

$$\delta = \ln \frac{A_n}{A_{n+1}}$$

表征阻尼本领的另一种方法是采用品质因数的倒数Q^{-1}，一般通过共振频率法测定。定义为：

$$Q^{-1} = \frac{f_2 - f_1}{\sqrt{3}f_0}$$

式中，f_0、f_1、f_2 分别为内耗峰中的共振频率和振幅下降一半时的两个频率($f_2 > f_1$)。

当振动衰减比较缓慢时，以上三个量间的近似关系为：

$$Q^{-1} = \frac{\delta}{\pi}, \quad Q^{-1} = \frac{\text{S. D. C.}}{2\pi}$$

阻尼是材料受周期性应力作用时表现出来的一种性质。具有理想弹性的材料，其受力变形过程是完全可逆的，即应力-应变之间为单值对应关系。实际材料中并不存在这种理想弹性。所有实际材料在受到力的作用时，其应变与应力都不同步，应变滞后于应力。在循环应力的作用下形成应力-应变回线，吸收外部能量，并将其主要部分转变成热量。这种能量消耗，对于做机械运动的物体，特别是振动物体，将使其运动减慢，起到一种对运动的阻碍作用，被称做阻尼。这是所有材料的共性。减振合金是阻尼本领非常高的一类金属材料，又称高阻尼金属（high damping metal），是柏寇（D. Birchon）1964 年首先命名的。

应变滞后于应力有两种基本类型：静态滞后与动态滞后。实际材料中，可能以某一种为主，也可能二者并重，决定其阻尼的高低。

动态滞后（dynamic hysteresis）与滞弹性（anelasticity）有关。齐纳（C. Zener）的标准线弹性固体模型给出，由滞弹性导致的阻尼（较低时）为：

$$Q^{-1} = Q_0^{-1} \cdot \frac{\omega\tau}{1 + (\omega\tau)^2}$$

式中，ω 为应力的圆频率；τ 为阻尼微观过程弛豫时间；Q_0^{-1} 为材料的阻尼特性常数。

这种动态滞后最大的特点是：材料的阻尼与振动的频率密切相关，在某一频率（共振频率）下具有最高的阻尼。

静态滞后是指应力-应变曲线是不受时间因素影响的恒定多值回线的情况。经受力作用后，再去除应力（完全卸载），应变将保持在某个不为零的数值上，并且不随时间变化，即出现残余变形。而动态滞后则表现为应变随时间逐渐衰减为零。静态滞后的特点是：阻尼的大小与振动（或应力）的频率无关，而与振幅（或应力的幅值）密切相关。

材料的阻尼不论属于哪种类型，都是与其微观组织密切相关的。特别是晶体缺陷的影响常常是决定性的。其中，复相、位错、孪晶三方面的显微组织特征，以及材料的铁磁性，对减振合金的高阻尼特性起到重要贡献。

目前人们开发应用的高阻尼材料可以分成均质材料、复合材料和粉末材料三种，实际应用材料以均质为主。其中，金属及合金材料，既有传统的铸铁、纯铁、纯镍、12Cr 钢，它们早被人们从其他力学性能出发加以应用，又兼有高阻尼特性，也有突出利用材料的高阻尼特性的“专门”减振材料。表 15-2 简单汇总了高阻尼减振金属材料及其特性。

表 15-2 典型高阻尼金属材料及阻尼本领

合金名称	合金成分(w)	阻尼类型	S. D. C. ①
铸铁	Fe-C合金	复相	2% ~20%
Zn-Al	Zn-22% Al	复相	—
	纯 Fe	铁磁性	16%
	纯 Ni	铁磁性	18%
铁素体不锈钢	Fe-12% Cr-0. 5% Ni	铁磁性	3%
12Cr 钢	Fe-12% Cr	铁磁性	8%
Silentalloy	Fe-12% Cr-3% Al	铁磁性	40%
纯 Mg/Mg-Zr 合金	Mg/Mg-0. 6% Zr	位错	60%
Proteus	Cu-(13% ~21%)Zn-(2% ~8%)Al	孪晶	—
Sonoston	Mn-37% Cu-4% Al-3% Fe-2% Ni	孪晶	40%

①表中所给出的 S. D. C. 值，在应力为拉伸屈服强度的 1/10 的条件下测得。

15. 3. 1 复相型减振合金

复相型减振合金的阻尼主要源于其复相结构，是受力作用变形过程中，相界面发生粘性移动从而吸收外部能量的结果。

铸铁是最普通的减振合金。它广泛应用于机械制造中，如机床的底座。利用其高阻尼特性，吸收机床工作时的振动能量，达到很好的降噪目的。铸铁可在较高温度下使用。

铸铁的阻尼源于金属基体与分散的石墨的两相结构。在铸铁的碳含量确定的情况下，石墨相的形态及分布对阻尼性能有很大影响。片状石墨铸铁因两相界面大，阻尼高，S. D. C. 可达6%；球状石墨（可锻球墨铸铁）的阻尼性能最低，S. D. C. 仅为2%。高阻尼的铸铁，通过提高碳含量，并加入镍(w(Ni) =20%时)，S. D. C. 可达20%。

属于复相型的减振合金还有 Zn-Al 二元合金，典型的合金中 w(Al)约为22%。它具有超塑性。合金由富铝的 α 相和富锌的 β 相组成。合金在不同的温度范围显示有三个内耗峰，分别与 α 相的晶界滑移、两相的相界滑移以及 β 相的晶界滑移过程联系在一起。这种晶界滑移，受晶界原子扩散控制。与之相对应的阻尼属于动态滞后型，对作用应力的频率有强烈的依赖性。

15. 3. 2 铁磁性减振合金

铁磁性合金具有磁致伸缩效应，外加应力作用下，通过微观上磁畴的壁移或磁矩转动，磁化状态发生变化。此过程中，在正常的弹性变形之外，还有附加的变形。磁畴壁移过程中有各种阻力，畴壁的位置不能随应力可逆地改变，落后于后者，与其相对应的变形因而落后于应力的变化，从而使合金的应变落后于应力，故循环应力作用下形成内耗，产生阻尼。

铁磁性材料的磁致伸缩系数 λ_s 及其磁化过程特性（磁畴壁移、磁矩不可逆转动的阻力），是影响材料阻尼本领大小的主要因素。磁致伸缩系数影响附加变形量，同时影响应力对磁化过程的推动力，因而影响阻尼。应力是磁化过程的动力源。如果磁畴壁移或磁矩不可逆转动的阻力较大时，磁化过程将发生于较高的应力下，这样将增大应变相对于应力的滞后，从而提高阻尼。

铁磁性阻尼属于静态滞后型，阻尼的高低与作用应力的幅值密切相关。随着应力幅值的增大，阻尼相应增加。对于一种确定的材料，存在一个临界应力，当应力高于此值时，应力循环一次过程中消耗的能量（滞后回线的面积，数值上并不与阻尼大小相对应）保持恒定，不再增大。

这类阻尼合金的典型代表是 Fe-Cr-Al合金（Silentalloy）。

15.3.3 位错型减振合金

一般而言，合金中总存在各种各样的晶体缺陷，它们对合金中的位错构成钉扎点，阻碍其运动。各缺陷处的最大钉扎力并不完全相同。当合金受到外力的作用时，位错受力，在相邻的两个钉扎点之间弧形弯出，并倾向于脱钉向前移动。随着应力的逐渐增大，位错在某些钉扎点处的受力超过其最大钉扎力后，局部脱钉，向前移动至下一个更高钉扎力的钉扎点。此过程伴随着一定的塑性变形，因而总的变形量高于单纯的弹性变形量。应力减小时，缺陷的钉扎点力又反过来阻碍位错回复原位的逆向移动，使得应力-应变曲线上形成回线，产生内耗，形成阻尼。

位错型阻尼属于典型的静态滞后，阻尼与应力幅值相关，与应力的频率无关。

Mg-Zr 合金（Kixi）的阻尼与合金中的位错运动密切相关。

奥氏体无磁不锈钢的阻尼也源于位错运动，作为广泛使用的钢铁材料，在要求无磁的场合，作为减振材料，具有较好的实际使用性能。

15.3.4 孪晶型减振合金

存在孪晶的合金，受力作用时，孪晶界面移动，宏观上发生变形。而孪晶界移动过程中的阻力，使得变形落后于应力，从而产生内耗，形成阻尼。

属于孪晶型的减振合金很多。其中 Mn-Cu 系合金已经在工程实际中广泛使用。在 20 世纪 80 年代，Fe-Mn系合金又得到广泛研究开发。

$w(\mathrm{Mn})$在 50% 以上的 Mn-Cu 二元合金具有非常高的阻尼本领，且在$w(\mathrm{Mn})=60\%$左右时达到最高。合金中形成非常细小的孪晶，其孪晶界具有良好的可动性。这种合金的不足之处是减振性能随时间变化较大，稳定性差；此外合金的力学性能较低，抗蚀性也不高。为此，人们又加入了少量的铝、铬、镍等进行改性，提高了合金的组织稳定性及其他性能。典型的代表合金是 Mn-Cu37-Al4-Fe4-Ni2（Sonoston）。该合金已用于制造凿岩机、船舶的推进器以及冲压机等。Fe-Mn二元合金在 $w(\mathrm{Mn})=5\%\sim30\%$ 的范围具有高减振性能，在$w(\mathrm{Mn})=17\%$时达到最高。

15.3.5 具有形状记忆特性的减振合金

具有形状记忆特性的合金中，存在大量的相界面及晶界，它们的移动阻力不很高，具有较高的可动性。应力作用下，它们克服阻力移动，产生阻尼。在第16章中将对有关内容进行介绍。

本 章 小 结

膨胀合金主要包括低膨胀合金、定膨胀合金和热双金属合金。

低膨胀合金是在一定温度范围内膨胀系数很低的合金，目前主要有铁磁性和反铁磁性的磁有序合金，利用其磁致伸缩效应及其温度特性产生反常热膨胀而获得低膨胀系数。此外还有贵金属低膨胀合金。低膨胀合金一般为单相固溶体，主要合金元素作用在于调节合金的磁致伸缩系数和居里温度，从而降低热膨胀系数。添加诸如Se、Nb等少量合金元素改善切削性等特殊性能。合金热处理目的在于获取稳定的组织和热膨胀性能。

定膨胀合金是在一定温度范围内获得特定的热膨胀系数的合金，实现与玻璃、半导体等材料的热膨胀匹配，热膨胀系数的典型数值为$(4\sim12)\times10^{-6}K^{-1}$。一类为磁有序合金，类似于低膨胀合金，并通过控制主要合金元素含量来调节居里温度，从而获得特定的热膨胀系数。此外，还有非磁性的Ni-Mo系、高熔点金属及合金的定膨胀合金。这些合金因为熔点高，自身正常的热膨胀系数比较低。

热双金属是将高膨胀和低膨胀合金牢固粘合在一起形成的结构复合材料。在温度改变时弯曲，用于自动控温。所用高膨胀合金为黄铜、锰基合金等，热膨胀系数可达$20\times10^{-6}K^{-1}$。

弹性合金包括高弹性合金和恒弹性合金两大类。

高弹性合金是指具有很高弹性极限、高抗拉强度及较高弹性模量的合金。目前，铁基、镍基、钴基和铜基合金都有各自的高弹性合金。这类合金都需要添加合金化，目的主要是提高弹性极限和屈服强度，强化方式包括固溶强化、第二相强化和马氏体强化等，另外兼顾改善抗腐蚀性等。合金热处理目的在于获取合适的微观组织、提高弹性极限。

恒弹性合金是指在一定温度范围内，弹性模量基本恒定的一类合金。目前主要是铁磁性艾林瓦合金、反铁磁性Mn基恒弹性合金，以及耐高温Nb基恒弹性合金。磁有序合金利用磁致伸缩与应力耦合及其温度特性，获得低弹性模量温度系数。主要合金元素影响磁致伸缩系数和磁有序-无序转变温度，少量添加的合金元素改善合金的强度性能。Nb基恒弹性合金利用特定晶体学方向上的弹性模量特殊温度特性及特定的多晶织构获取恒弹性。

减振合金是具有较高内耗本领、能高效吸收外部振动能量的一类合金，目前主要包括复相、铁磁性、位错、以及孪晶型四类减振合金。复相合金依靠相界面的黏性移动吸收能量；铁磁性减振合金通过磁弹性耦合将振动变形转换为畴壁移动，借助于磁滞过程和涡流损耗消耗能量；位错及孪晶型合金通过振动变形过程中位错及孪晶界移动的内摩擦力消耗能量。

合金分类及典型合金

膨胀合金：

低膨胀合金：Fe-Ni36(4J36,因瓦)，Ni32Co4Cu(4J32,超因瓦)，Fe-Co54Cr9(4J9,不锈因瓦)

定膨胀合金：

Fe-Ni、Fe-Ni-Co 系：Fe-Ni42(4J42)，Fe-Ni29Co18(4J29,可伐合金)

Fe-Cr、Fe-Ni-Cr 系：Fe-28Cr(4J28)，Fe-42Ni6Cr(4J6)，Fe-47Ni-3. 5Cr(4J48)

Ni-Mo 系：Fe-21Mo(4J70)

高弹性合金

铁基

奥氏体型：Ni36CrTiAl(3J1)，Ni36CrTiAlMo5 (3J2)

马氏体时效钢：Fe-18Ni-9Co-5Mo-TiAl(3J33)

马氏体时效不锈钢：Fe-6. 5Ni-14. 5Cr-Ti(AM362)

钴基：Co40NiCrMo(3J21)，Co40NiCrMoW(3J22)，Co40TiAl(3J24)

镍基：NiBe2，Ni65Cu30Mn2Fe3(Monel)，NiCrFeMoTiAl(Inconel 718)

铜基：QBe2，Cu-3. 5Ti，Cu-6. 5Zn-0. 4P，Cu-33Zn，Cu-15Ni -20Zn

铌基：Nb-25Ti，Nb-10Ti-5Mo，Nb-10Ti-5V，Nb-15Ti-4. 5Al

恒弹性合金

Fe-Ni 系：Fe-Ni36Cr12 (艾林瓦合金)，Ni35MoCrW (3J51)，Ni42CrTi (3J53)

Co-Fe 系：Co-、V-、Mo-、W-、Mn-艾林瓦

Mn 基：79Mn-21Ni，43Mn-57Cu，49Mn-41Cu-10Fe，59Mn-16Ni-25Cr

Nb 基：Nb-Zr，Nb-Ti，55NbTiAl

减振合金

复相型：灰口铸铁，Zn-22Al

铁磁性：纯铁、12Cr 钢、Ni、Fe-12Cr3Al (Silentalloy)

镁基位错型：Mg，Mg-Zr (KIXI 合金)

孪晶型：54Mn37Cu4Al3Fe2Ni (Sonoston)，Fe-17Mn，Cu-Zn-Al (Proteus)

****

思考题与习题

15-1 因瓦合金是典型的低膨胀合金，其热膨胀性能是否符合金属及合金热膨胀的正常规律？如果不正常，说明其机理。

15-2 Fe-Ni36 合金车削加工时，车屑柔韧不断甚至粘刀，影响加工效率。应如何解决该问题？

15-3 如果需要耐腐蚀很强或者不允许有磁性的低膨胀合金，推荐使用什么材料？

15-4 如果需要一种室温附近低膨胀系数（不高于 $2\times10^{-6}K^{-1}$）而且磁导率比较高（最大相对磁导率不低于 5000）的合金，推荐使用什么材料？什么样的微观组织形态是比较合理的？说明主要依据。（提示：请综合本章及第 13 章内容思考该问题）

15-5 Fe-Ni 二元合金的室温热膨胀系数如何随着 Ni 含量的改变变化，其居里点又如何变化，两者之间

是否有某种关联性？如果有，原因是什么？

15-6 可伐合金是一类重要的定膨胀合金，其名称的来源及意义是什么？

15-7 曾经的重要封接合金 Fe-Ni42 合金（合金牌号 4J42），如今广泛用做集成电路引线框架材料。它的室温热膨胀系数是多少，与半导体 Si 的匹配情况如何？请查资料，总结对引线框架材料的性能要求，并关注其新近进展情况。

15-8 Fe-Ni29Co18 可伐合金相比于 Fe-Ni42 的性能改进是什么，该合金需要注意什么问题？

15-9 请查阅 Fe-Cr 系定膨胀合金的基本资料并加以简单总结。

15-10 高熔点金属及合金的正常热膨胀系数也比较低。估算室温热膨胀系数在 $6\times10^{-6}K^{-1}$ 左右的金属，其熔点需要多高？查阅资料，看哪些金属可能用于此。

15-11 请查找关于“米原器”（曾经作为长度的计量标准）的资料，并对该材料进行简单评述。

15-12 热双金属是什么样的一种材料，如何理解被动层和主动层，能否利用热双金属制作一个简单的温度计，自动控温机构中如何使用热双金属？

15-13 热双金属使用时可能遇到的失效方式是什么？查阅文献资料，对此在材料制备时采取了那些措施，有什么建议？（提示：该问题针对热双金属的复合生产工艺）

15-14 高弹性合金的基本性能要求有哪些，哪些属于力学性能范畴？

15-15 高弹性合金的种类非常多。如何看待这种特点并说明其原因。

15-16 Ni36CrTiAl（3J1）是应用最广泛的 Fe 基高弹性合金。请查阅资料，归纳总结该合金的化学成分范围、组织结构特征、各合金元素的作用、主要的强化机制，以及合金的热处理工艺制度。

15-17 作为 3J1 合金的改进合金，加入 5% 至 8% 的 Mo 得到 3J2 和 3J3 合金。请查阅课外资料，说明合金元素 Mo 的作用。这种改进对于合金的使用性能有什么显著提高作用？

15-18 与本章后部的减振合金比较，高弹性合金的内耗特性要求是什么样的，提高弹性极限与降低高弹性合金的内耗有什么样的关联性？

15-19 恒弹性合金具有什么样的独特性质，艾林瓦合金的名称来源及含义是什么？

15-20 Fe-Ni36Cr12（艾林瓦合金）恒弹性合金属于 Invar 反常型恒弹性合金。请查阅资料，了解合金的弹性模量温度系数随着合金中 Ni 含量的变化规律，以及合金元素 Cr 的影响。你会选取什么样的合金成分（Cr、Ni 含量）作为恒弹性合金？说明理由。

15-21 Ni42CrTi（3J53）相比于艾林瓦合金性能有什么变化，这种性能改善的原因是什么？

15-22 请总结铁磁性、反铁磁性恒弹性合金弹性异常的机理。

15-23 如果使用环境中存在强磁场，铁磁性恒弹性合金的恒弹性是否会发生改变？此时如果使用反铁磁性恒弹性合金，情况是否会有所改变？

15-24 用什么办法可解决上面的问题，有哪些材料可用？

15-25 请查阅文献资料：添加一些合金元素形成的多种“合金化”Co-Fe 系恒弹性合金（如 V-艾林瓦合金），所主要改进的性能是什么？

15-26 Nb 合金获取恒弹性的机理是什么，55NbTiAl 合金的微观组织有什么特点，其恒弹性有什么特殊之处，其适用范围有什么特点？

15-27 镁及镁合金作为减振合金属于什么类型，其基本原理是什么？

15-28 孪晶型减振合金有哪些典型的合金材料，这类合金的孪晶界应具备什么样的特征才能使合金具有良好的减振特性？试查阅总结 Cu-Zn-Al 合金（proteus）的基本资料。

15-29 铸铁作为减振合金属于哪种类型？如果从铸钢和铸铁中选择机床底座材料，选择是什么，原因是什么，对铸铁有什么更具体的要求吗？

15-30 铁磁性合金作为重要的一类减振合金，其基本原理是什么，这些合金的磁特性应当更接近于硬磁还是软磁？说明理由。

15-31 几种类型减振合金的内耗有什么共性，设想这类材料的工程应力-应变回线应当具有什么特征？

15-32 本章中有若干种不同功能的合金，它们的独特性质依赖于合金的铁磁性，具体而言都与其磁致伸缩特性有关。请对其进行归纳总结，并加以对比。

参 考 文 献

[1] 王润．金属材料物理性能[M]．北京：冶金工业出版社，1991.

[2] 何开元．精密合金材料学[M]．北京：冶金工业出版社，1991.

[3] 功能材料及其应用手册编写组[M]．功能材料及其应用手册．北京：机械工业出版社，1991.

[4] 谭延昌．金属材料物理性能测量及研究方法[M]．北京：冶金工业出版社，1992.

[5] 干勇，田志凌，董瀚，等．中国材料工程大典，第 2 卷，钢铁材料工程（上）[M]．北京：化学工业出版社，2006.

16 形状记忆合金

内容要点：

热弹性马氏体相变，形状记忆效应的微观机理以及伴随的伪弹性效应。Ti-Ni、Cu 基以及铁基形状记忆合金。Ni-Mn-Ga 合金磁控形状记忆效应。

16.1 合金的形状记忆效应

一般金属及合金材料承受作用力超过其屈服强度时，发生永久性的塑性变形。某些特殊合金在较低温度下受力发生塑性变形后，经过加热，又恢复到受力前的形状，即塑性变形因受热消失，如图 16-1 所示。在该变形和温度变化过程中，合金似乎对初始形状有记忆性，故称这种特性为形状记忆效应，或“SME”（shape memory effect）。具有形状记忆效应的合金，就是形状记忆合金，或“SMA”（shape memory alloy）。

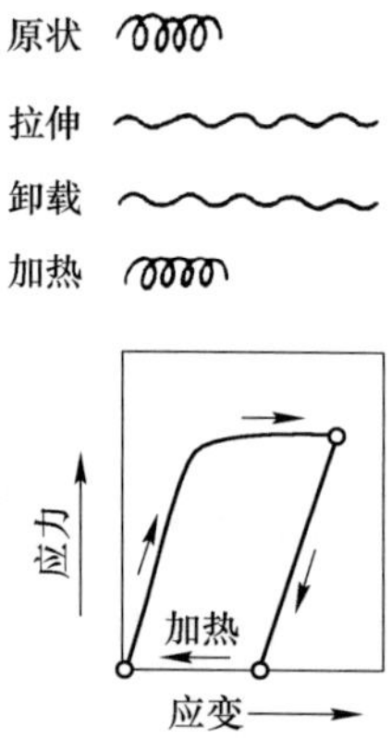

图 16-1 形状记忆效应示意图

早在 20 世纪 30 年代，格莱宁格（A. B. Greninger）等人就在 Cu-Zn合金中观察到形状记忆现象。作为一类重要的功能材料，形状记忆合金的广泛研究与开发工作始于 1963 年。这一年比勒（J. Buehler）等人发现 Ti-Ni 合金具有良好的形状记忆效应，进行了比较深入研究。70 年代，人们发现了铜基形状记忆合金（Cu-Al-Ni）。80 年代中，又在铁基合金（Fe -Mn-Si）中发现了形状记忆效应，从而大大推动了形状记忆合金的研究开发工作。至今，人们已经发现了 20 多个合金系，共 100 余种合金具有形状记忆效应。其中，具有比较优异的综合应用性能的合金，主要是上面提到的 Ti-Ni 合金、铜基合金和铁基合金。

合金的形状记忆可分成单程、双程和全程形状记忆三种。单程形状记忆是指合金在较低温度下加工变形后，加热时恢复加工前的原有形状，再冷却时此形状保持不变；双程形状记忆合金经低温加工变形，加热时回复原形，再冷却时形状又回到低温下加工后的形状；全程形状记忆合金在实现双程形状记忆过程后，继续冷却，会在相反的方向上再现高温下的初始形状，如图 16-2 所示。

16.1.1 形状记忆效应的基本原理

合金的形状记忆效应，是与合金中发生马氏体相变密切相关的。目前所有形状记忆合

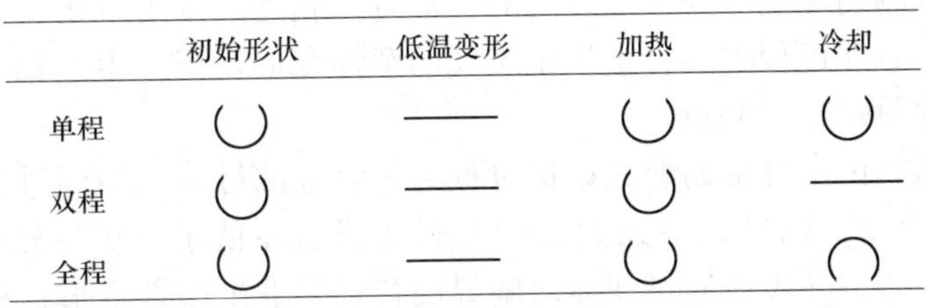

图 16-2 三种形状记忆效应示意图

金，具有记忆特征的形状变化都是在马氏体相变过程中发生的。马氏体相变是一种无原子扩散的相变。冷却时，较高温下稳定的母相到新相（马氏体相）结构转变过程中，发生切变，微观上发生较大的剪切变形。母相与马氏体相的界面共格或半共格，存在着非常严格的晶体位相对应关系。温度再回升，马氏体发生逆相变，即经历逆向切变后回到母相。此时合金可能恢复原有形状。形状记忆效应是以马氏体相变及其逆相变过程中母相与马氏体相的晶体学可逆性为依据的。

为了保证相变时晶体学的可逆性，中间不能发生其他相变过程。温度升高过程中马氏体向高温母相的转变，经常发生一系列的新相形核长大过程，因而使得逆转变不可能与马氏体转变具有晶体学上的可逆性，这些合金不可能具有形状记忆效应，如碳钢。

目前人们所发现的形状记忆合金，多数发生热弹性马氏体相变。它是马氏体相变的 4 种类型之一。其特点是，相变时形成的马氏体片，随温度的降低（升高），通过两相界面的移动长大（缩小）。其尺寸由温度决定，随温度的变化具有“弹性”特征。这种既无其他相变参与，又通过两相界面移动进行相变的过程中，母相与马氏体相保持着严格的晶体学可逆。不过，这种晶体学的可逆性并不是在所有发生马氏体相变的合金中都能得到保证的。比如，碳钢中的马氏体，加热时通常发生回火，使得相变过程不可逆，因而不可能出现形状记忆现象。

形状记忆与马氏体的变形密切相关。晶体具有对称性，存在多个等效晶面及晶体学方向。因而一个母相晶粒中可形成多个有等价共格关系的马氏体新相，称为马氏体变体。以碳钢中常见的 K-S 共格关系为例。奥氏体 γ 相（母相）与马氏体 M 相的共格关系为：

$$\{111\}_{\gamma} // \{011\}_{M}, \langle 011\rangle_{\gamma} // \langle 111\rangle_{M}$$

人们将 γ 相作为母相，将 M 相视作从母相中“生长”出来的。一个 γ 相晶粒上可以在 4 个不同的 $\{111\}_{\gamma}$ 面上“长出”马氏体相，与该面平行的是 $\{011\}_{M}$；而在每一个 $\{111\}_{\gamma}$ 面上“长出”马氏体，其 $\langle 111\rangle_{M}$ 方向可以和一个 $\{111\}_{\gamma}$ 面上的 6 个 $\langle 011\rangle_{\gamma}$ 方向中的任意一个相同，即有 6 种可能取向。每一种取向的马氏体都是一种马氏体变体。这样，碳钢中母相与马氏体相满足K-S取向关系的马氏体变体共有 24 种。不同的马氏体变体片，空间伸展方向不同，转变过程中发生的塑性切变方向以及由此造成的微观区域的变形也不同。不过，马氏体相变过程中可观测到的宏观变形比较小，远远低于一个马氏体变体中的切变形变量。原因是相变过程中不同变体晶片存在“自协作”，遵循最小宏观变形原则，使得相变前后的宏观形状变化很小。

热弹性转变得到的马氏体，与钢中马氏体有很大不同。它并不是很硬、强度很高的相。受力时，相邻的马氏体变体之间的界面很容易发生移动。由一个母相晶粒转变的马氏体变体，有些自身的切变变形与外加应力的变形方向相近，受力作用长大；而另一些差距较大的变体将缩小。此过程中，合金发生宏观的塑性变形。当发生逆相变时，所有马氏体变体变回到原始的单一母相晶粒。

综上所述，形状记忆合金的形状记忆过程为：合金的母相在降温过程中，自温度低于 M_s 起发生马氏体相变，该过程中无大量的宏观变形。在低于马氏体转变完成温度 M_f 以下，对合金施加应力，马氏体通过变体之间界面移动，发生塑性变形，变形量可达数个百分点；温度再升高至马氏体逆转变终了温度 A_f 以上，马氏体逆向转变回到母相，合金低温下的“塑性变形”消失，于是恢复原始形状。这就是典型的形状记忆效应。

具有形状记忆效应的合金，较高温度下稳定的母相多数是有序相。有序态的母相，其自由能低，相变的潜热小，温度滞后小，有利于马氏体相变以热弹性方式实现。有序结构提高了母相的屈服强度，可使母相在相变过程中有效地避免因周围发生的马氏体相变引发塑性变形，不发生稳定化。另外，有序结构在一定程度上减少了合金发生切变时的变形“自由度”，或者说减少滑移及孪生的切变方向，从而有利于马氏体相变及其逆相变过程中母相与马氏体相的晶体学方面的完全可逆性。

16.1.2 形状记忆合金的伪弹性

在形状记忆合金的实际使用中，许多情况下，人们并非应用其形状记忆效应，而常使用它的另一种特性——伪弹性（pseudoelasticity）。所谓伪弹性，是指具有形状记忆效应的合金，受到外应力的作用时，首先发生正常的弹性变形（弹性模量相当高），达到较高应力时起，合金发生“大量”的变形，而这一阶段合金表现出的“弹性模量”，大大低于其正常值，甚至应力几乎不再随变形量的增加而升高；当外应力降低时，合金的变形量先按正常弹性降低，随后，突然大幅度减小，回到接近于正常的弹性应力-应变关系上来。

图16-3所示为 $x(\mathrm{Ni})=49.5\%$ 的Fe-Ni合金在不同温度下的受力变形曲线。变形温度 T 在逆相变终了温度 A_f 以上时，表现为完全的伪弹性；而 $A_f>T>A_s$ 的情况下（A_s 为逆相变起始温度），合金的应力-应变关系中同时包含着伪弹性和形状记忆效应（如 −5℃下的曲线），加热后合金的变形恢复到0。形状记忆合金的伪弹性，在微观机理方面与形状记忆效应有很大的相似之处：由于尚未发生马氏体相变的母相受到应力的作用，诱发转变成马氏体，并且马氏体变体已与外应力相适应，因而发生比较大的宏观变形；当外应力去除后，应力诱发的马氏体相回到母相，相应的宏观变形也随之消失，表现为一种“弹性”变形特征。

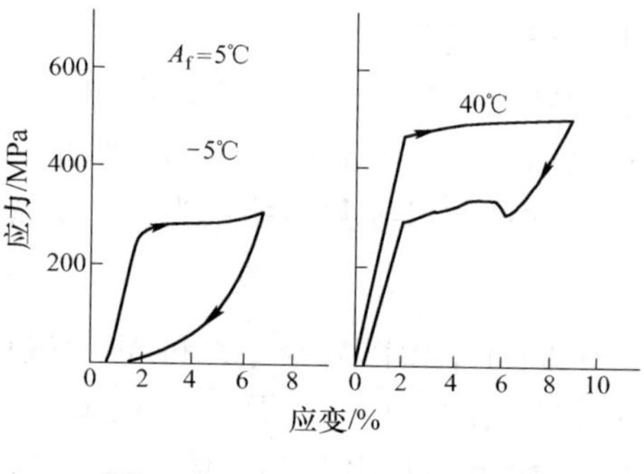

图16-3 SMA的伪弹性变形

形状记忆合金的性能要求包括：

（1）相变温度。包括合金马氏体相转变及其逆相变的特征温度 M_s、M_f 和 A_s、A_f。这些特征温度关系到形状记忆合金使用过程中的处理加工的温度限制及工作范围。

（2）热循环及形变循环特性。形状记忆合金在使用过程中，经历热循环（形状记忆效应）或形变循环（伪弹性效应）后，其相变点等性能均有可能发生比较明显的变化（见后面图 16-5）。原因是在循环过程中发生的相变，使得合金的微观组织发生变化。这种变化对合金的使用是不利的，应设法消除或尽量减低，使得合金的性能具有较高的循环稳定性。

（3）疲劳特性。一般情况下，形状记忆合金工作于温度反复变化的热循环条件下。材料要反复改变形状。每次反复形变，合金都要进行马氏体相变，局部发生大量剪切变形。在合金完成形状记忆过程时，有些取向的马氏体变体的产生受到很大限制，多晶合金晶界部位的变形更难于协调，其附近极易形成微裂纹，因而合金容易发生断裂。一般而言，形状记忆合金的疲劳寿命都比较短，是应用中遇到的比较突出的问题。

形状记忆合金研究开发的历史还较短，已经得到多方面的实际应用。其应用主要利用了这类材料的形状记忆效应和伪弹性效应。

1970 年，美国用 Ti-Ni 形状记忆合金制成宇宙飞船的天线。在母相态下，加工成实用时的形状（占很大空间的抛物面形），然后在马氏体相下将其变形成伸展范围很小的球形，便于发射过程中的安置。发射升空后，在空间通过加热再转变回到母相，相应地恢复到伸展的实用形状。又如，Ti-Ni-Fe 形状记忆合金制成的管接头在许多场合得到大量应用，其中，美国的 F-14 战斗机中的油压管线上全部采用形状记忆合金接头，在几十万例应用中无一发生漏油，具有极高的可靠性。其原理是将合金接头的内径首先在母相状态下加工成比被连接管的外径小 4% 左右，然后在低温下用锥形塞将接头的内径扩张 7% 左右，使被连管顺利插入到接头中。再加热时，接头发生马氏体逆相变，内径变小，从而紧紧将被连接管卡住。上面两例是这类合金的形状记忆效应的实际应用的典型代表。这种效应还有多种其他应用，如形状记忆合金的动力机构、生物医学材料等。特别值得提出的是，形状记忆合金由于对温度敏感，而且在温度变化时能够发生很大幅度的形状变化，并且这种变形可以在抵抗较高的外力作用情况下进行，因而在自动控制方面有特殊的用途，在智能材料与结构系统中扮演主要角色。在这样的系统中，材料或结构中植入传感器、信号处理器、通信与控制器及执行器，使材料或结构具有自诊断、自适应，甚至损伤自愈合等某些智能与生命特征。形状记忆合金与压电材料、电流变液和电磁致伸缩材料是这类智能系统中执行器的制作材料，是一种重要的智能材料。

形状记忆合金的伪弹性特征也有多方面用途。该合金制作的弹簧性能独特。因为合金的伪弹性，“弹性”变形量很大，ε_{pe}可高达 20%，远远超过普通金属材料（钢的屈服强度即使达到 1000MPa，其室温下最大弹性变形量也不过 0.5% 左右），因而弹簧的弹性变形范围大；另一方面，处于应力诱发马氏体相变区域内的弹簧，其应力随应变量的变化不大，基本恒定为诱发马氏体相变的应力 σ_M，因而弹簧具有应力基本不变的特性。

该合金还是能量储存密度很高的材料，其弹性能密度 E_t 可以用（$\sigma_M \cdot \varepsilon_{pe}$）进行估算。经过适当处理后，$x$(Ni) = 50.6% 的 Ti-Ni 合金，$\sigma_M \approx \sigma_s = 620\text{MPa}$，该密度达到 42.2MJ/m^3（对应于 ε_{pe}约为 7%），而普通钢材通常约为 1MJ/m^3。应力诱发的马氏体相变过程不完全可逆，表现为马氏体相变开始的应力 σ_M 高于逆相变的开始应力 σ_R。从材料变形的微观过程分析，其原因是母相与马氏体相界面移动的阻力。由此导致应力循环过程中产生内耗 E_d。内耗大小对应于该过程的应力-应变曲线包围的面积。内耗是合金中储存的能量中不可利用的部分（主要以热能的形式释放掉），其余的能量才是被重新释放出来的可利用机械能 $E_m = E_t - E_d$。由此定义机械能的储存效率 $\eta = \frac{E_m}{E_t}$。x(Ni) = 50.6% 的 Ti-Ni

合金的储存效率可高达81%。

形状记忆合金受循环应力作用时具有很高的内耗和很好的阻尼特性，是高性能减振材料。原因是合金中存在马氏体相的晶界面、马氏体相与母相的相界面，有的合金中母相及马氏体相内还有堆垛层错面。这些界面在交变应力作用下都可能往返移动。移动过程中受到各种因素的阻力（称内摩擦）作用，从而产生内耗。某类界面移动阻力大小及使其移动的推动力决定了它的内耗大小。各种界面对合金内耗的贡献不同。对 $w(\mathrm{Mn})=17\%$ 的Fe-Mn高阻尼合金的定量分析表明：马氏体（ε相）、母相（γ相）以及两相之间的界面的内耗对合金阻尼（表现为减振）的贡献分别是83%、14%及3%。因而，为使合金具有高阻尼，其成分及加工处理工艺必须保证合金中马氏体相的比例要高。此外，要保证马氏体相之间的界面有适当的可动性。

16.2 钛镍与铜基形状记忆合金

Ti-Ni 合金与铜基合金的形状记忆效应均基于合金的热弹性马氏体相变，典型的合金成分及其性能参量汇总于表16-1中。

表16-1 典型的Ti-Ni与铜基形状记忆合金

合金	组成	M_s/℃	A_s+M_s/℃	母相	体积变化/%	弹性模量/GPa	抗拉强度/MPa
Ti-Ni	$x(\mathrm{Ni})$：49% ~ 51%	-50 ~ 100	~30	B2有序	-0.34	82	1000
Cu-Zn	$w(\mathrm{Zn})$：38.5% ~ 41.5%	-180 ~ -10	~10	B2有序	-0.50		
Cu-Al-Ni	$w(\mathrm{Al})$：14% ~ 14.5% $w(\mathrm{Ni})$：3% ~ 5.4%	-140 ~ 100	~35	DO_3有序	-0.30		
Cu-Zn-X	X = Si，Sn，Al，Ga	-180 ~ 100	~10	DO_3有序			

Ti-Ni 形状记忆合金的研究开发比较早，是形状记忆合金中最成熟、应用最广泛的。与Ti-Ni形状记忆合金相比，铜基合金的突出优点是合金成本低、加工性能好，因而对人们有很大的吸引力，其中以Cu-Zn-Al和Cu-Al-Ni的应用前景最好。不过铜基合金仍有较多的问题，如易于沿晶界断裂、疲劳寿命低、强度低、合金性能稳定性差（由于发生高温时效及低温时效，分别使母相及马氏体相稳定化），存在形状记忆效应衰退问题。

具有形状记忆效应的Ti-Ni合金中两类原子的比例接近于1∶1，母相处于有序态，晶体结构为CsCl型B2结构。Ti-Ni形状记忆合金在冷却过程中，高温下稳定的母相首先发生“R相变”，转变成菱方结构的R相；继续冷却，合金由R相转变成单斜结构的马氏体相。Ti-Ni合金主要利用其马氏体转变过程的形状记忆效应。合金的R相变过程也具有形状记忆特性，母相与R相相变中晶体学上可逆。R相变的正向转变与逆转变的温度滞后很小，只有1~2K，因而适于作为温度传感及执行元件；另外，性能参量（如转变温度等）的重复性好，在经历多次热循环后几乎不变。不过R相的最大变形量比较小，只有马氏体相的10%左右。R相变的形状记忆效应也有一定的实用意义。

Ti-Ni 形状记忆合金的马氏体相变开始温度 M_s 受包括合金成分、加工及热处理制度等许多因素的影响。其中，合金成分的影响最显著。图 16-4 给出了这种关系。x（Ni）变化 0.1% 时，能使 M_s 改变 10K 左右。因而合金的成分在熔炼时必须采用特殊方法进行控制。

Ti-Ni 合金中以铜代镍，只要 x(Cu) <30%，对合金的相变温度就无显著影响。以钒、铬、锰替代钛，或用铁、钴替代镍，都使合金的 M_s 降低。

Ti-Ni 合金马氏体相变的温度 M_s 和 M_f 随热循环次数 N 的增加逐渐降低，如图 16-5 所示。原因是在热循环或形变循环过程中，合金的母相因位错密度增加而稳定化。

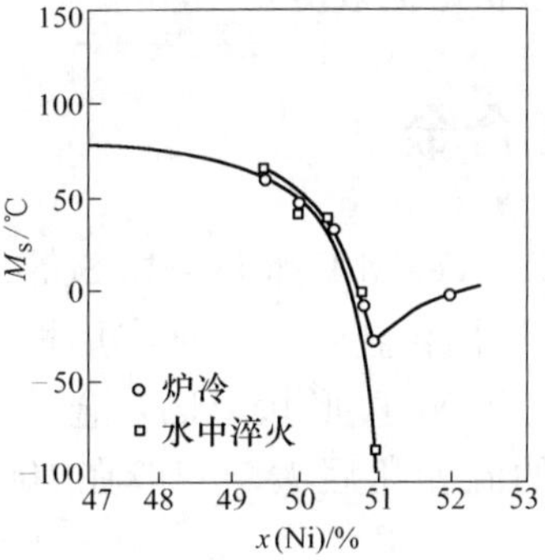

图 16-4 合金 M_s 与成分的关系

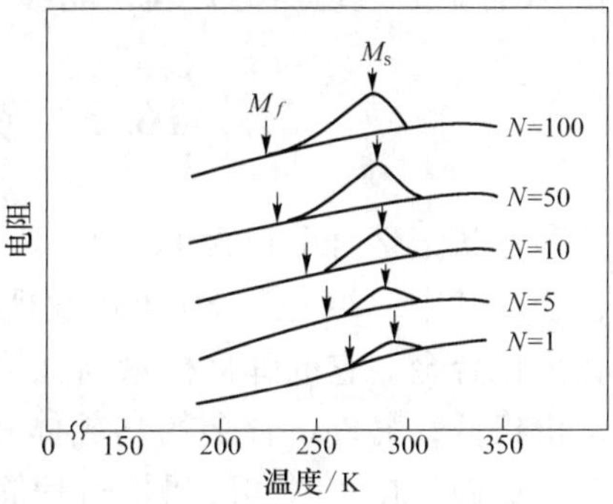

图 16-5 热循环对合金电阻-温度曲线的影响

为使合金具有足够高的稳定性，预先对合金进行加工处理。常用的方法是对合金进行时效处理。一般将合金在 1273K 保温 1h 固溶后，冰水淬火，再在 573 ~673K 下保温 1h 时效。热处理后，合金中形成弥散的析出相颗粒，提高了位错移动的阻力，避免合金在循环过程中发生塑性变形等显微组织变化，从而提高了合金性能的循环稳定性。另一种稳定化处理方法是对合金进行较大形变量的塑性加工，也能有效避免其循环不稳定性。原因是塑性加工中已经产生大量位错，其密度在随后的循环过程中基本不变，因而相变温度基本恒定。实际应用中，常对合金进行“综合处理”：首先进行时效处理，随后再进行冷加工处理，使合金达到更高的循环稳定性。

与其他的形状记忆合金相比，Ti-Ni 合金具有比较好的疲劳性能。在形状记忆条件下，发生反复形状变化（受循环应力作用或受力时经受温度循环）时，一般能比较好地满足使用要求。在 2% 的形变恢复量下，疲劳寿命可达 10^5 次；在 0.5% 的形变量下，高达 10^7 次。马氏体屈服强度低，不超过 200MPa，塑性变形容易，形成裂纹的几率较低。

如果处于伪弹性条件下，合金的疲劳寿命大大缩短。此时，疲劳寿命主要取决于循环应变量的大小。原因是：母相因伪弹性变形时所受的应力较高（在诱发马氏体相变的应力以上），因而在母相与马氏体相的界面部位易于形成疲劳裂纹而降低疲劳寿命。

Ti-Ni 合金处于较高温度及低应力条件下，宏观上保持母相状态不变时，疲劳寿命很高。原因是在应力集中很强的局部微小区域，通过应力诱发的马氏体相变，发生形变可缓解应力集中，同时能量被吸收，因而抑制裂纹的早期形成。

Ti-Ni 形状记忆合金中常用的合金元素是铜。它可替代镍加入合金，减小合金相变的温度滞后，$A_f - M_f$ 由 50K 以上降低至 20K 左右。同时还能提高合金的形状恢复力。不过，铜会导致合金母相变脆，使其热加工性能恶化，因而应控制铜含量 $x(\mathrm{Cu}) < 30\%$。

铌对于合金相变的热滞的影响与铜正好相反，使得相变滞后大幅度增加。可使 $A_f - M_f$ 增大到 150K 以上。这种特性为合金的使用提供方便，如用于管接头等情况。

Ti-Ni 合金因含大量的钛，在熔炼过程中，必须使用真空或惰性气体进行保护，因而一般都要使用真空冶炼。相变温度对合金成分的极高敏感性，要求特殊控制合金的成分。

Ti-Ni 合金通过适当的处理，能够具有双程与全程形状记忆效应。

16.3 铁基形状记忆合金

铁基形状记忆合金包含 Fe-Pt、Fe-Pd、Fe-Ni-Co-Ti、Fe-Ni-C和 Fe-Mn-Si等多个合金系的合金。其中，20 世纪 80 年代发现的 Fe-Mn-Si形状记忆合金，是一种实用性很强的新型形状记忆合金。它的弹性模量与强度均明显高于铜基和 Ni-Ti 形状记忆合金；合金原料丰富，价格低；另外，合金的马氏体相变及其逆相变的温度滞后大，一般在 100℃ 以上，使该合金用做管接头时实际操作过程简便。

Fe-Mn-Si合金在形状记忆效应机理方面，与铜基和 Ni-Ti 合金有明显不同。该合金的马氏体相变不是热弹性的，母相与马氏体相的晶体学可逆性的保证另有原因。Fe-Mn-Si合金，高温母相结构属于面心立方（fcc）点阵，马氏体相变后转变成密排六方（hcp）类型的 ε 马氏体，而不是普通碳钢中的体心四方（bct）点阵的马氏体。相变前后两相在晶体结构方面接近，可认为仅是密排面的堆垛次序不同。这可能是相变时两相晶体学可逆性易于实现的原因，为形状记忆效应提供基本保证。由 fcc 到 hcp 的结构转变可通过不全位错 $(a/6)\langle 112\rangle$ 的运动完成（每相隔两个密排面有一个不全位错扫过）。不过，受力时合金中的全位错 $(a/2)\langle 110\rangle$ 也会受力从而可能发生移动，其后果是合金发生滑移塑性变形，不利于形成 hcp 的 ε 马氏体，因而不利于合金的形状记忆效应，需要得到有效抑制。降低合金的层错能，增大由一个全位错分解成的两个不全位错之间的距离，可有效地抑制全位错的滑移过程，有利于不全位错的移动来完成 ε 马氏体转变。

Fe-Mn-Si 形状记忆合金中存在应力诱发马氏体相变现象，不过至今未发现该合金具有伪弹性效应。这可能与合金马氏体相变所需的驱动力高，温度滞后大相关联。

Fe-Mn-Si 形状记忆合金的基本组成元素是铁、锰和硅，常用合金元素为铬、镍。

合金中锰是奥氏体稳定元素，其含量应足够高。硅能有效地降低合金的层错能，有利于不全位错的移动，抑制全位错的滑移，是合金具有形状记忆效应的保证元素。然而，硅可降低合金的塑性，一般应控制 $w(\mathrm{Si})$ 在 6% 以下。Fe-Mn-Si合金的另一个问题是其抗蚀性很差，易于发生氧化、腐蚀。解决该问题的方法是向合金中加入铬。$w(\mathrm{Cr})$ 高于 7% 时，会形成 σ 相，导致合金变脆、难于加工。抑制该相析出的有效方法是再向合金中加入镍。

铁基形状记忆合金比较典型的合金成分如：三元的 Fe-Mn32Si6；具有较好的抗蚀性能的 Fe-Mn16Si5Cr12Ni5；铬含量较低的合金有 Fe-Mn28Si6Cr5等。

形状记忆合金通常要进行“形状记忆训练”，通过训练提高其形状记忆能力。铁基形状记忆合金的“训练”，是将合金进行少量的塑性变形后，在600℃下反复进行退火处理。经历数次训练后，合金受力时应力诱发马氏体相变的量提高了，从而合金形状记忆过程中的形变量提高，达到2% ~3%的正常水平。未经训练的合金只有1% ~1.5%。实验证实，训练处理提高了合金滑移的临界应力 σ_s，同时降低诱发马氏体相变的应力 σ_L，使得具有形状记忆效应（$\sigma_L < \sigma_s$）的温度范围向比较高的温度区扩展，如图16-6所示。

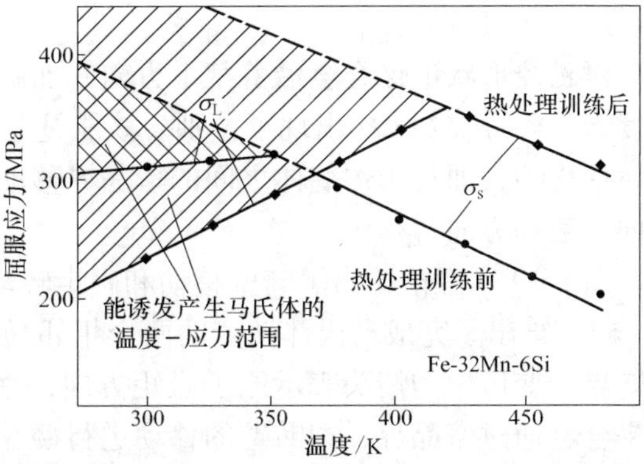

图16-6 热处理训练前后屈服应力与温度的关系

16.4 磁控形状记忆合金

磁控形状记忆合金是具有受磁场控制的形状记忆效应的合金。图16-7示意性给出了磁控形状记忆现象的宏观表现。主要特点是处于马氏体转变终了温度 M_f 以下的合金，在磁场中会产生明显的宏观变形，而去掉作用磁场后，这种宏观变形随之消失。因此，这种合金材料可以作为磁场控制的驱动器材料。磁控形状记忆合金与温控形状记忆合金，以及超大磁致伸缩材料具有类似的功能。

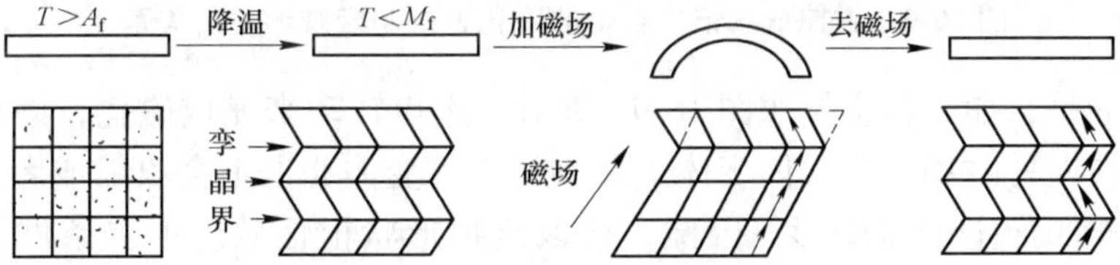

图16-7 磁控形状记忆效应及 Ni_2MnGa 的微观机理示意图

典型的磁控形状记忆合金是Heusler类型的合金 Ni_2MnGa。1996年K Ullakko等人首先发现了其磁控形状记忆效应。图16-8给出了高温下 Ni_2MnGa 母相奥氏体的晶体单胞，为 $L2_1$ 立方结构。与普通形状记忆合金相似，当温度降低到马氏体转变点以下时，Ni_2MnGa 合金由母相发生热弹性马氏体转变，转变为体心正方结构的马氏体。

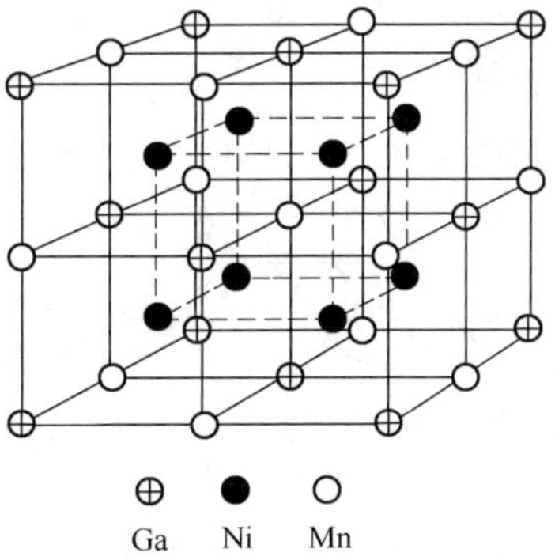

图16-8 Ni_2MnGa 的晶体结构

图16-7中给出了 Ni_2MnGa 合金对应于磁控形状记忆过程各个阶段的微观变化。奥氏体转变终了温度 A_f 以上的母相，在低温下转变成多种变体的马氏体，马氏体中具有大量孪晶。受到磁晶各向异性能的影响，相邻的马氏体孪晶中原子磁矩取向不同，故此马氏体变体的孪晶界也是磁畴之间的畴界。没有外磁场作用时，不同的马氏体变体存在各种取向、呈随机分布，故马氏体转变过程中微观切变造成的变形相互抵消，宏观变形几乎为零。这种状态下合金的宏观磁化强度

为零。

对磁控形状记忆合金沿着某个方向施加磁场作用时，不同取向的马氏体变体的静磁能密度 $E_H = -\mu_0 \boldsymbol{M}_s \cdot \boldsymbol{H}$ 出现了差别。该能量差驱使合金以两种可能的方式磁化：一种是通过畴壁移动，即马氏体变体之间的孪晶界移动；另一种是所有的马氏体变体中的原子磁矩转向外磁场方向。

图 16-9 示意性给出了畴壁移动和磁矩转动两种不同磁化方式下合金宏观变形的差别。图 16-9a 给出了完成马氏体转变的两个相邻马氏体变体Ⅰ、Ⅱ，中间的界面是孪晶界，也是畴界，变体中的箭头表示原子磁矩方向，平行于变体Ⅰ的原子磁矩方向施加磁场作用。如果合金通过孪晶界，即畴壁的移动进行磁化，如图 16-9b 所示，孪晶界移动，变体Ⅱ消失，变体Ⅰ长大，合金产生宏观变形。具有各种马氏体变体的实际合金，经过足够强的磁场磁化后，只剩下原子磁矩与外磁场夹角最小的马氏体变体，其他取向的变体都基本消失。合金的磁化接近或者达到饱和，宏观塑性变形也达到最大。当外磁场去掉时，合金中孪晶界，即畴壁自动回复原位，并相应地退磁，因磁场诱发的变形消失。这就是合金的磁控形状记忆的微观机理。

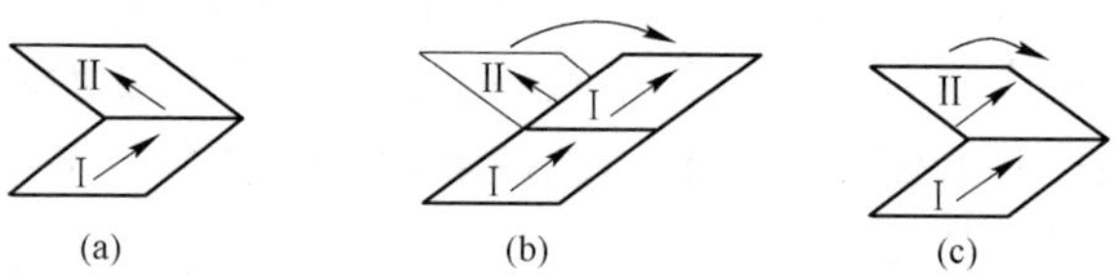

图 16-9 磁控形状记忆合金的磁化方式与宏观形变的关系

需要注意的是，如果合金按照图 16-9c 所示的磁矩转动来完成磁化，即马氏体变体Ⅱ中的原子磁矩转向外磁场，马氏体变体Ⅰ并不长大，变体Ⅱ也不会收缩或者消失，合金就不会响应磁场作用产生宏观变形。因此，获取磁控形状记忆效应前提条件是抑制磁矩转动。为此，合金必须具有足够高的磁晶各向异性能，来对磁矩转动形成足够高的阻力。低温下马氏体的晶体结构为体心正方，不再是高温下对称性很高的立方晶体，为合金具有足够高的磁晶各向异性能奠定了基础。

图 16-10 给出了 Ni_2MnGa 单晶体在磁场作用下的变形试验曲线，测试温度为 265K，在马氏体转变温度以下 15K。注意到，图中箭头所标识的磁化方向对[001]方向上观察到的形变量有非常大的影响。理论和试验都表明：最大的变形量对应于磁化方向与变形观察方向重合的情况。在图示曲线中，通过大约 800kA/m 的磁场得到的最大变形量达到 0.2%。文献报道：室温下 Ni_2MnGa 合金在 320kA/m 的磁场中最大变形量达到了 5%。此外，图 16-10的下部的实线为相应的磁滞回线。变形量及磁化强度与磁场的关系都不是可逆的，其根源是畴壁移动受到各种阻力（内摩擦力）作用。

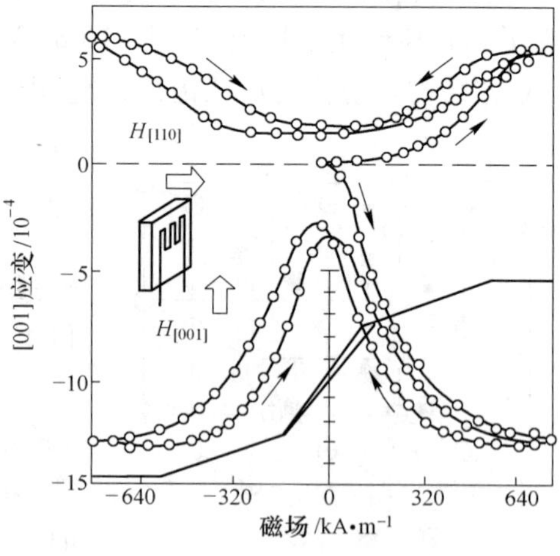

图 16-10 Ni_2MnGa 单晶体的变形与磁场关系的试验曲线

本 章 小 结

****

形状记忆合金为对于高温下几何形状具有记忆能力的特殊合金，具体表现为合金在马氏体相变温度以下受应力作用发生塑性变形，再加热时逆向切变恢复其高温奥氏体相形状。形状记忆效应有单程、双程和全程三种类型。其本质是马氏体相变为切变，与高温奥氏体母相具有固定的相位关系，低温下的马氏体受力变形为马氏体变体之间界面的移动。这类合金高温奥氏体母相为有序结构，冷却时一般发生热弹性马氏体相变。在略高于 M_s 点的温度范围，存在应变诱发马氏体相变，合金显示超弹性。目前这类合金包括 Ni-Ti 合金、铜基合金以及铁基合金。

磁控形状记忆合金是新型形状记忆合金，受磁场控制而发生形状的可逆变化。这类铁磁性合金中，低温马氏体孪晶界受磁场驱使移动而导致宏观变形。目前主要有 Ni_2MnGa 合金。

****

合金分类及典型合金

普通形状记忆合金（SMA）

镍钛合金：Ti-Ni

铜基合金：Cu-Zn，Cu-Al-Ni，Cu-Zn-X(X = Si、Sn、Al、Ga)

铁基合金：Fe-Si-Mn、Fe-Pt、Fe-Ni-Co-Ti、Fe-Ni-C

磁控形状记忆合金：Ni_2MnGa

****

思考题与习题

16-1 以单程形状记忆过程为例说明合金的普通形状记忆效应。

16-2 Ti-Ni 合金作为管接头是其成功应用范例之一。请示意性表达这个过程，给出中间状态下合金的微观组织形态，以及重要的宏观尺寸变化过程中微观组织结构的变化。

16-3 根据本章介绍的内容，制备满足用户性能要求的 Ti-Ni 形状记忆合金，工艺方面可能遇到什么难点？查阅资料文献，总结归纳相应的对策。

16-4 普通的形状记忆合金也经常作为超弹性合金使用，其中典型例子为制作牙齿矫形丝。请仿照 16-2 题的方式对这种应用过程及机理加以说明。

16-5 从微观角度看，伪弹性变形过程是否属于弹性变形，与宏观的表现是否一致？

16-6 总结归纳磁控形状记忆合金的形状记忆效应的机理。

16-7 查阅关于 Ni_2MnGa 合金的资料，从中了解到该合金还有什么值得关注的其他特性？

16-8 形状记忆效应（SME）与马氏体相变之间有什么关系，是否所有的马氏体相变都会导致形状记忆效应？与 SME 密切相关的马氏体相变是哪一类，它有什么特点？

16-9 什么是马氏体变体？由奥氏体转变为马氏体过程中，这些马氏体变体呈现什么状态，与之相对应的宏观变形如何？

16-10 SMA 的形状记忆效应、伪弹性效应，以及磁控形状记忆效应中，马氏体变体受力或磁场驱使发生什么样的微观与宏观变化，其中微观变化过程是否会遇到阻力？如果能够控制这种阻力，应当使之增强还是减弱；如果这种阻力完全消失，是否会带来不便？

16-11 人们不仅发现合金中有 SME，在高分子及陶瓷材料中也发现类似效应，请查阅收集相关资料，将不同类别材料的 SME 加以比较。

参考文献

[1] 杨杰，吴月华. 形状记忆合金及其应用[M]. 北京：中国科学技术出版社，1993.

[2] 功能材料及其应用手册编写组. 功能材料及其应用手册[M]. 北京：机械工业出版社，1991.

[3] 高技术新材料要览编委会编. 高技术新材料要览[M]. 北京：中国科学技术出版社，1993：160 ~ 164.

[4] 徐祖耀. 马氏体相变与马氏体[M]. 北京：科学出版社，1980.

[5] R. C. O'Handley. 现代磁性材料原理和应用[M]. 周永洽等译. 北京：化学工业出版社，2002.

17 其他功能材料

内容要点:

超大磁致伸缩合金、磁阻与磁阻抗合金、磁蓄冷与磁制冷合金，以及贮氢合金、生物医用合金。

近年来，金属类功能材料的研究与开发工作很多，新材料不断涌现。除了前面叙述的材料外，还有许多的功能材料，如能源材料、超大磁致伸缩合金、磁阻与磁阻抗合金、磁蓄冷与磁制冷合金，以及生物医学材料等。下面就比较多地被大家谈及的金属类功能材料进行介绍。

17.1 贮氢合金

能源问题是人类社会发展面临的一个重要问题。解决途径之一是开发新能源，以满足社会发展的需要。围绕着能源问题开发研究的材料称做能源材料，是一类重要的功能材料。如核燃料材料、太阳能材料、贮氢材料等。其中，核燃料及贮氢材料均是金属类材料。

另一方面，人们越来越多地注意到环境问题。今天，在解决能源问题的同时，必须尽量减少能源使用过程中对环境带来的不利影响。众所周知，氢气燃烧可以释放大量的热能，而其燃烧后的产物是水，对环境无害。因而利用氢作为二次能源的技术符合社会发展的要求，引起人们的极大兴趣。要利用氢气，首先要有廉价、安全、方便的氢气储运方法。传统方法是用氢气瓶储运，不能很好地满足上述要求。贮氢合金的研究开发，比较好地解决了该问题，为氢气作为二次能源的实际应用起到重要推动作用。

贮氢材料，是一类能够大量吸收氢气并与之结合成金属氢化物的材料。当温度升高到一定程度时，氢化物分解，将氢气重新释放出来。贮氢材料有很多种：单质类材料有钛、锆、镁；合金类可分为 AB_5、AB_2、AB、A_2B 和 BCC 固溶体几种类型。不过，有关贮氢合金的分类方法并不统一，有人将镁及其合金单独作为一类。

作为贮氢材料，其性能要求包括：氢气储存量大，吸收与释放速度高，并且离解温度（即氢与材料的化学结合破坏，从而还原成氢气并释放出来的温度）较低。

表 17-1 给出了几种贮氢材料的氢储量。作为对比，同时给出氢气瓶及氢气自身在典型状态下的密度。可见，贮氢材料中的氢密度最高，又没有气瓶的高压危险性，是比较理想的氢储运工具。不同贮氢合金有比较大的差异。各类合金以质量比表示的贮氢量分别是：AB_5 型—1.3%，AB_2 型—1.8%，AB 型—2.0%，A_2B 型—3.6%，BCC 型—3.8%。

AB_5 型的合金主要是 $LaNi_5$ 和 MM-Ni(MnAlCo)，这里 MM 为混合稀土。它们的晶体结构为 $CaCu_5$ 型，开发于 20 世纪 70 年代。目前其实用化程度较高，主要用于电池负极材料。其特点是易活化，不易吸附杂质致使吸氢能力降低而“中毒”。

表 17-1 贮氢材料中氢原子的密度比较

材 料	Ti (TiH_2)	Zr (ZrH_2)	Mg (MgH_2)	$LaNi_5$ ($LaNi_5H_{6.7}$)	FeTi ($FeTiH_2$)	H_2 标准态	液态 H_2 (−253℃)	固态 H_2 (−269℃)	氢气瓶 (15.2MPa)
H 密度 $/\times10^{28}m^3$	9.1	7.3	6.6	7.6	6.3	0.0054	4.2	5.3	0.81

AB_2 型，具有 Laves 相结构，不过其成分并不固定，可在很大范围变化。代表性合金有 $TiMn_{1.5}$、$ZrMn_2$ 等多种合金。其特点在于更高的氢气储存能力。

AB 型合金主要是 FeTi 合金，结构是 CsCl 型。优点是贮氢量大，缺点是初期活化困难，通过添加合金元素锰、铌、氧、锆等可明显改善。此外，它还包括 CoTi、Ni_δ(Ti,Zr) ($\delta=0.5\sim1$)合金。

A_2B 型合金主要指 Mg_2Ni 合金，故又称镁系合金。其突出特点是单位质量贮氢合金存储的氢气量高，原因是镁合金自身密度低。其重要的发展方向是车用动力型电池。

BCC 型合金是指晶体结构属于 bcc 空间点阵的合金，主要是 V-Ti、V-Ti-Cr、V-Ti-Mn、V-Ti-Ni等合金。这些合金的特点及应用方向与镁系贮氢合金很相似。

合金吸收及释放氢的速度是这类材料使用性能的重要方面，关系到能否充分发挥表 17-1中所给的贮氢合金的贮氢能力。实验发现，有些合金在初次使用时对氢的吸收与释放很困难，速度及释放量都很低。经历若干次吸氢-放氢循环后，速度和释放量均明显增加，逐渐达到其稳定态下的水平。这种现象被称做“初期活化问题”，对合金的实际使用有不利影响。不同类别的贮氢合金，这方面的性能差异很大。其中 AB_5 型合金的此项性能很好。另外，贮存于合金内部的氢，需要通过在合金中的扩散进入或离开合金。提高吸、放氢速率的有效方法之一是增大合金的比表面积，降低完成氢化过程中氢的扩散距离。减小合金的粉末尺寸，有利于改善合金对氢的吸收与释放速度。贮氢合金使用时反复地吸氢-放氢，而每次吸放氢都发生化学反应，伴随着一系列的其他变化。其中氢化导致晶格变形及体积变化，使合金发生严重的微粉化。经历数个吸氢-放氢循环后，合金部分地变成极细粉末，不利于氢气流通，从而降低吸氢、放氢的速度。提高合金的抗粉化能力，是贮氢合金面临的重要任务。加入适当的合金元素，可以有效地改善该项性能。如 $LaNi_5$ 合金中以钴、铝等部分替换镍，能有效地抑制使用时的微粉化。近来人们发现，非晶态或纳米晶态的贮氢合金，具有抗氢脆性好、吸氢速率高、贮氢容量高等特点。在 Mg_2Ni 合金中，还观察到其释氢温度从 250℃降低到大约 200℃的变化，对实际应用很有利。

从长远看，贮氢合金可能作为汽车等动力机械中发动机的氢气源。目前已有这种样车试车的报道。其时速达 170km，一次运行 100km。样车上使用 340kg 的贮氢合金存储了 $400m^3$ 的氢气。另外，利用合金吸氢过程放热、释氢过程吸热的特征，通过热循环过程，制成冷冻机、取暖器，并有可能成为余热系统的工作媒体。其他的应用还包括氢气的分离与净化处理。1991 年，在杭州应用 MM-Ni-Mn 合金从合成氨的吹洗气（45%～50% 的氢气）中回收并纯净化处理，得到纯度为 99.999% 的氢。此外，贮氢合金自然也可用于氢的存贮及运输。贮氢合金作为电池的负极材料是该合金目前最主要的实际应用，这就是所谓的Ni-H 电池（或Ni-MH 电池）。它于20 世纪90 年代初开始商品化，其产量及用量都在迅速增加。人们也试验了将这种电池作为电力汽车的能源，效果良好。

镍氢电池，是以镍氢氧化物作为正极，以贮氢合金为负极构成的电池，其反应是 $2NiOOH + H_2 \rightleftharpoons 2Ni(OH)_2$，向右是放电过程，反方向为充电过程。其中的负极材料目前多用 $LaNi_5$ 型贮氢合金。从降低合金成本出发，人们使用混合稀土代替纯镧，同时为了改善合金性能，用钴、铝、锰等部分取代镍。Ni-H 电池属于可充电电池，又可称为蓄电池。它具有无毒、电容量大、反复充电性好等特点，是目前人们大力推广应用的电池。它与铅蓄电池、Ni-Cd电池（镉有毒，对环境污染大）及锂离子电池共同构成目前人们所拥有的实用可充电电池。它们之间各方面性能的比较见表 17-2（不含铅蓄电池）。

表 17-2 三种可充电电池的比较

项 目	镍镉电池	镍氢电池	锂离子电池	项 目	镍镉电池	镍氢电池	锂离子电池
公称电压/V	1.2	1.2	3.6	安全性	○	○	○
能量密度	△	◎	◎	价 格	◎	○	—
循环特性	◎	◎	◎	充电器互换性	○	◎	×
自己放电	○	○	◎	环境适合性	×	○	○
快速充电	◎	◎	○	电压平坦性（放电）	◎	◎	◎
大电流放电	◎	◎	△				

注：◎非常优良；○优良；△适合多种机器；×差。

17.2 超大磁致伸缩合金

磁致伸缩是能够发生磁有序-无序转变的铁磁性、亚铁磁性及反铁磁性物质的一种基本特性。在一般的磁有序物质中饱和磁致伸缩系数 λ_S 数值非常小，如 $3d$ 过渡族金属及合金中 Co40-Fe 的 λ_S 较大：在室温下，λ_S 的最大值是单晶的 $\lambda_{<100>} = 146 \times 10^{-6}$，而多晶体平均值是 64×10^{-6}。一些 $3d$ 金属氧化物的 λ_S 数值还略大一些，如钴铁氧化物单晶最大可达 -590×10^{-6}，而平均值约为 -200×10^{-6}。

20 世纪 60 年代，首先在稀土金属中发现了低温超大磁致伸缩效应（giant magnetostrictive effect），77K 下 $Tb_{0.6}Dy_{0.4}$单晶体的 λ_S 达到 6300×10^{-6}，且随着温度降低继续升高，最高可达 10^{-2}的数量级。至今稀土合金的 λ_S 仍然是所有材料中最大的。不过，稀土金属在低温下才具有这种超大磁致伸缩效应。70 年代初期，在一些 RFe_2 金属间化合物（Laves 相）中发现了室温下的超大磁致伸缩效应，其中具有代表性的是 $TbFe_2$ 和 $DyFe_2$。将其中的两种稀土金属互相替换，获得了低磁晶各向异性 $Tb_{0.27}Dy_{0.73}Fe_2$ 赝二元化合物材料，使其更加实用化。表 17-3 中给出了 $TbFe_2$、$DyFe_2$ 及 $Tb_{0.27}Dy_{0.73}Fe_2$ 的一些基本特性参数。经过研究与开发，这类稀土超大磁致伸缩金属材料成为一类特殊的功能材料。它的尺寸与磁场密切相关，因此能够实现电磁能与机械能的互相转换。用其制作声呐和水声传感器，用于水中信号传递与探测。

表 17-3 $TbFe_2$、$DyFe_2$ 及 $Tb_{0.27}Dy_{0.73}Fe_2$ 的一些室温基本特性参数及居里点

项　　目	晶体结构	$\lambda_S/\times10^{-6}$	$K_1/J\cdot m^{-3}$	居里点/℃
$TbFe_2$	$MgCu_2$	1753	-7.6×10^6	438
$DyFe_2$	$MgCu_2$	433	2.1×10^6	362
$Tb_{0.27}Dy_{0.73}Fe_2$	$MgCu_2$	2000	-0.06×10^6	354

优异的超大磁致伸缩材料，首先要求 λ_S 大，在磁场作用下的变形量大。为了达到高的能量转换效率，需要磁致伸缩应变量随磁场的变化率 $d\lambda/dH$ 的数值比较大，通常称 $d\lambda/dH$ 为动态磁致伸缩，记作 d_{33}。一般情况下 d_{33} 不是恒定值，其最大值 $(d\lambda/dH)_{max}$ 可以作为能量转换效率的衡量指标。由于高强度磁场在技术上实现起来难度较大，希望材料的饱和磁化场尽量低一些。另外，还要考虑材料的磁致伸缩特性在环境温度变化时尽量小一些，特别是在使用温度范围内不能突变。为此，需要材料的磁晶各向异性常数的绝对值要低一些，并且在使用温度范围内易磁化方向不应改变。

17.2.1 合金成分对于性能的影响

超大稀土磁致伸缩合金的化学成分，主要考虑以下几个方面的影响：

第一，正常的合金是由 RFe_2 相（作为基体）和分布于基体相晶间的少量稀土相组成的。需要避免产生 RFe_3 相，以免对合金的磁致伸缩性能产生不利影响。为此，合金中稀土含量略高于 RFe_2 相的化学计量成分。首先，从图 17-1 所示的 R-Fe 合金相图清晰地看到，如果合金中稀土含量等于或者低于 RFe_2 的计量比例时，合金中会出现 RFe_3 相。另外，合金制备过程中稀土金属易于挥发，也非常容易被氧化，会损耗掉一些稀土金属。此外，从合金凝固过程中，为了直接从合金熔体中结晶析出 RFe_2 相，避免首先析出 RFe_3 相，也需要合金中稀土金属含有多一些。试验证明：通过包晶反应来完全消除先析出的 RFe_3 相很困难。适当提高合金中稀土含量，能有效地降低合金制备工艺要求，提高产品的合格率。通常采用的合金成分为 $x(R):x(Fe)=1:(1.92\sim1.95)$。

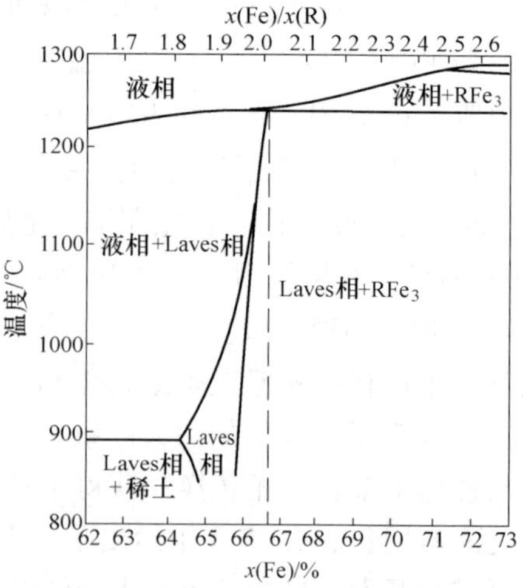

图 17-1 Tb-Dy-Fe 合金相图局部

第二，合金中两种稀土 Tb、Dy 的相对含量对于合金性能的影响。RFe_2 中磁致伸缩系数最大的 $TbFe_2$ 具有非常高的磁晶各向异性能，需要很高的磁场来驱动其发生磁致伸缩。克拉克等人利用 $DyFe_2$ 具有相反符号的磁晶各向异性常数 K_1 的特点，将 Tb 和 Dy 按照一定比例组成赝二元金属间化合物 $Tb_{1-x}Dy_xFe_2$，成功地获得了磁晶各向异性能很低的材料（见表 17-3），降低了合金饱和磁化场，显著提高了 $(d\lambda/dH)_{max}$。实用的超大磁致伸缩材料中，不仅有 λ_S 非常高的 $TbFe_2$（商品牌号 Terfenol），更广泛应用的是 λ_S 低一些、易于磁化的 $Tb_{0.27}Dy_{0.73}Fe_2$（Terfenol-D）。图 17-2 给出了赝二

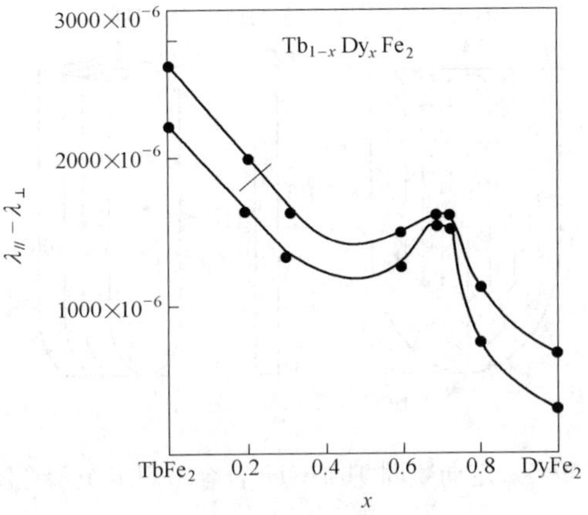

图 17-2 $Tb_{1-x}Dy_xFe_2$ 合金室温磁致伸缩特性与成分的关系

元化合物 $Tb_{1-x}Dy_xFe_2$ 的磁致伸缩特性随稀土组成的变化。

值得注意的是：材料的磁晶各向异性能一般都随温度发生变化。这种变化表现为数值改变，有时还会导致易磁化方向改变（称作自旋再取向）。其中，$Tb_{0.27}Dy_{0.73}Fe_2$ 化合物在 285K 以上易磁化方向为〈111〉，285 ~ 23K 范围内，〈100〉方向成为易磁化方向，而在 23K 以下，易磁化方向还会改变到〈110〉方向上。而 $Tb_{1-x}Dy_xFe_2$ 中，稀土金属中 Dy 的摩尔分数 x 在 0.20 ~ 0.58 之间，易磁化方向始终为〈111〉方向。如果合金在温度改变时发生了自旋再取向，其磁致伸缩性能会因此显著改变。$Tb_{1-x}Dy_xFe_2$ 化合物的磁晶各向异性常数及其随温度的变化受到其中两种稀土金属的比例的影响，因此不同成分的材料具有不同的使用温度范围。

17.2.2 合金制备工艺、组织结构与磁致伸缩性能的关系

RFe_2 合金的磁致伸缩系数显示出非常强烈的各向异性。$Tb_{0.27}Dy_{0.73}Fe_2$ 在〈111〉方向上最大，$\lambda_{\langle 111\rangle} = 1640 \times 10^{-6}$，而在〈100〉方向上最小，$\lambda_{\langle 100\rangle} \leqslant 100 \times 10^{-6}$。因此沿着〈111〉方向的单晶材料性能最好。完全随机取向的多晶立方材料，λ_S 理论值为 $\lambda_S = (2/5)\lambda_{\langle 100\rangle} + (3/5)\lambda_{\langle 111\rangle} \approx 1000 \times 10^{-6}$。故此，超大磁致伸缩合金都采用特殊工艺制备单晶或者具有明显织构的材料，一般为棒材。棒材的轴向最好与合金的〈111〉晶体学方向一致。

RFe_2 单晶体采用提拉法（或称丘克拉尔斯基方法）制备，如图 17-3 所示。合金熔体在旋转籽晶与熔体的固/液界面上结晶凝固。晶体以一定的速度向上提拉，速度只有几个微米每秒钟，单晶体制备效率很低。由于熔体中稀土的挥发、氧化，易于析出 RFe_3 相而使性能降低。图 17-4 中给出了 $Tb_{0.27}Dy_{0.73}Fe_2$ 单晶体在几个晶体学方向上的磁致伸缩特性。

目前普遍采用布里吉曼法和浮区法制备定向凝固稀土超大磁致伸缩合金。图 17-5 示意性给出了布里吉曼法所制备的〈112〉取向合金的微观组织。其组织呈片层状，基体 RFe_2 相片层平行于生长方向，生长方向多数是〈112〉方向，也有〈110〉方向的报道，片层法向是〈111〉。RFe_2 相片层内有孪晶，晶粒内部还有高密度的堆垛层错，片层之间夹着稀土金属薄层。两种晶体缺陷对合金的畴壁具有钉扎作用，导致磁化困难，因而降低 d_{33} 的最大值。将合金棒材在 900 ~ 950℃ 下热处理可以部分地消除晶体缺陷，从而显著提高磁致伸缩系数 λ 和 d_{33} 的最大值。

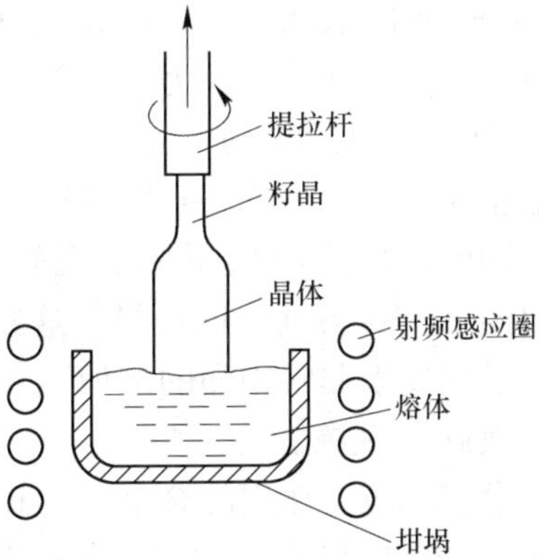

图 17-3 Tb-Dy-Fe 合金单晶制备示意图

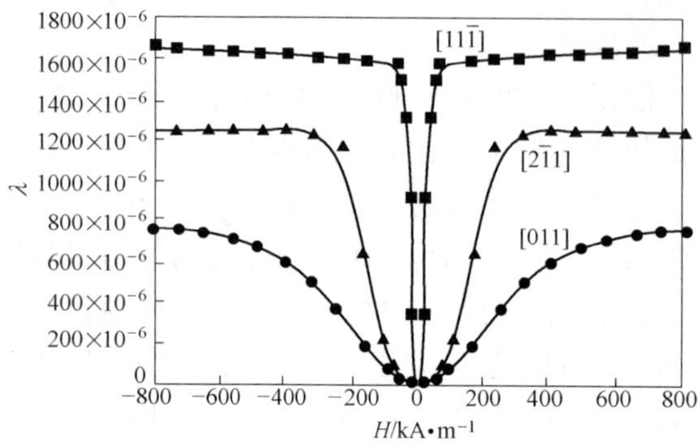

图 17-4 $Tb_{0.27}Dy_{0.73}Fe_2$ 单晶体的磁致伸缩特性

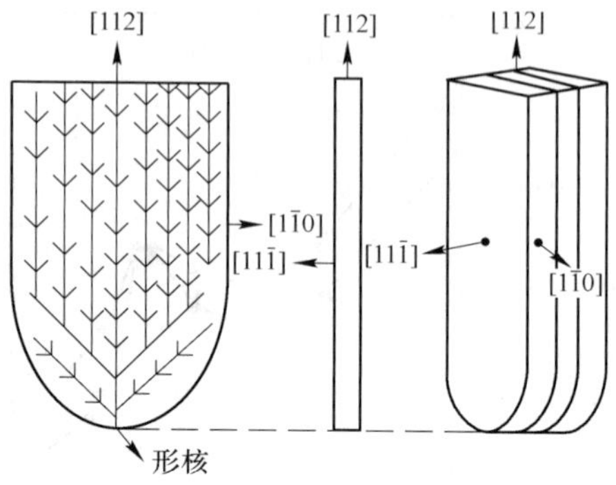

图 17-5 定向凝固 Tb-Dy-Fe 合金微观组织示意图

还可以采用粉末冶金方法和粉末黏结方法制备〈111〉取向的稀土超大磁致伸缩材料。这两种方法中，首先都将预先制备好的合金破碎成单晶颗粒。然后利用磁场作用使所有粉末的易磁化方向，也就是〈111〉方向平行排列，最后将粉末之间的这种取向关系通过烧结或者黏结固定下来，最终得到良好的〈111〉取向的稀土超大磁致伸缩材料。

17.2.3 应力作用对合金磁致伸缩性能的影响

磁致伸缩材料在实际工作时，都要沿着棒材的轴向施加一定的压应力。图 17-6 中给出了应力对磁致伸缩特性的影响。压应力产生了两个方面的有利影响：第一，增大了合金的最大磁致伸缩量；第二，使合金具有很高的动态磁致伸缩最大值，在低磁场下发生“磁致伸缩跳跃”。

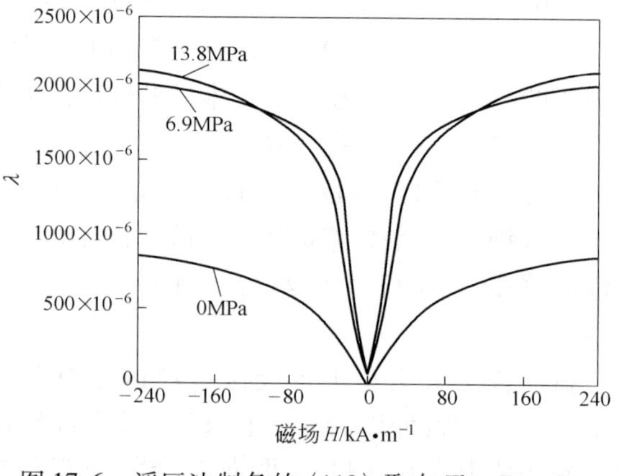

图 17-6 浮区法制备的〈112〉取向 $Tb_{0.3}Dy_{0.7}Fe_2$ 磁致伸缩特性与应力的关系

在轴向压应力 σ 作用下，磁弹性能驱使原子磁矩转移到垂直轴向的易磁化方向〈111〉上去，使合金垂直磁化，合金棒相应地轴向缩短，形变量 $\lambda_{\perp}<0$。假设合金体积不变，垂直磁化导致的最大轴向收缩变形量为 $\lambda_{\perp}\approx-\lambda_{\langle 111\rangle}/2$。此时，再沿着合金棒轴向进行磁化，所产生的轴向伸长量 $\lambda_{//}\approx\lambda_{\langle 111\rangle}\cos\alpha=0.943\lambda_{\langle 111\rangle}$。其中，$\alpha$ 为〈112〉与近邻的〈111〉方向的夹角。这样，总的磁致伸缩量 $\lambda=\lambda_{//}-\lambda_{\perp}\approx1.443\lambda_{\langle 111\rangle}$。另外，轴向压应力降低了原子磁矩在垂直轴向的〈111〉方向上的能量。这样，沿着轴向磁化时，需要外加磁场达到一定强度，才使磁化强度发生非常剧烈的增加，导致轴向尺寸因磁致伸缩迅速增加，在磁致伸缩曲线上出现“跳跃”现象。

没有压应力作用的合金棒，其最大磁致伸缩量明显低于 $\lambda_{\langle 111\rangle}$。原因是不同磁畴中原子磁矩分散在与轴向〈112〉夹角不同的〈111〉方向上，在轴向磁化时，这些磁畴的磁化对轴向伸长的贡献各不相同。磁矩所在的〈111〉方向与轴向垂直的磁畴，对轴向伸长贡献最大；而磁矩最接近于轴向的磁畴（大约25%），对磁致伸长基本上没有贡献。另外，合金为多畴状态，其轴向磁化过程随着磁场增大逐渐完成，轴向磁致伸长也逐渐增大，故合金d_{33}小，能量转换效率低。

17.3 磁阻与磁阻抗合金

本节介绍一些导电性受磁场作用发生显著改变的特殊金属及合金，其中直流导电性对磁场敏感的材料为磁阻材料，而交流导电性对磁场敏感的材料为磁阻抗材料。

17.3.1 磁阻材料

磁阻材料是指电阻率在外部磁场作用下发生显著变化的材料。磁阻材料广泛应用于高密度磁记录中。使用各向异性磁阻(anisotropic magneto-resistance, AMR)材料制作磁盘的读取磁头出现在20世纪80年代中期。今天，先进的读取磁头使用多层膜结构的巨磁阻(giant magneto-resistance, GMR)材料。

所有合金的电阻率都会受外磁场的影响而发生变化，原因是传导电子在磁场中感受到洛伦兹力的作用而改变运动路径。不过，这种正常的磁电阻效应(OMR)很弱，没有实用意义。

金属材料中比较明显的磁阻效应，都是由于传导电子的自旋磁矩与材料中原子磁矩之间的作用所致，本质上是电子的自旋与固体材料原子中特定亚电子层内电子自旋之间交互作用的结果。传导电子与固体中电子自旋态之间的相对取向关系（平行或者相反），影响到原子对于传导电子的散射，即影响其自由程。在磁有序的固体材料中，通过磁场作用改变固体材料的磁化状态，也就是改变固体原子的自旋排列状态，就会影响材料的导电性。当磁场对自旋有序状态的改变能够显著影响传导电子由自旋交互作用散射而决定的自由程时，就会显著影响金属的电阻。

具有显著磁阻(MR)效应的金属材料主要有两大类。一类是以Fe-Ni坡莫合金为代表的各向异性磁阻(AMR)材料，另一类是多层膜结构和纳米颗粒形态的巨磁阻(GMR)材料。

早在1857年就发现了铁磁性金属材料的AMR效应，围绕应用的深入研究始于20世纪80年代。薄膜材料的AMR特性，是指沿着薄膜材料的膜面方向施加磁场，检测薄膜与磁场垂直和平行的两个方向上的电阻率$\rho_{\perp}$和$\rho_{//}$，将两个方向上的电阻率的相对差值

$$\Delta\rho/\rho_0 = (\rho_{\perp} - \rho_{//})/\rho_0$$

作为材料AMR的数值，其中，薄膜材料的电阻率ρ_0用其平均电阻率来近似，即

$$\rho_0 = (\rho_{\perp} + 2\rho_{//})/3$$

目前为止，显示最大AMR效应的金属材料为Fe80Ni20坡莫合金，合金的电阻率在磁场作用下的相对变化率最大值在2%～5%之间，并且随着温度发生显著变化。当温度降低到5K时，其数值可以升高到15%。磁电阻发生这种变化所需的磁场大约为800A/m。AMR材料的另一个重要性能指标是磁电阻的磁场灵敏度，也就是对应于单位磁场变化的磁电阻相对变化率，即

$$\frac{\Delta\rho}{\rho_0}\cdot\frac{1}{\Delta H}$$

在 Fe-Ni 坡莫合金中，AMR 效应的磁场灵敏度大约为 2.5×10^{-3}%/(A/m)，或者 0.2%/Oe。

典型的 GMR 材料是多晶多层膜 Fe/Cr/Fe。该材料的结构如图 17-7 示意性给出。其中，铁磁性的 Fe 层被反铁磁性的 Cr 层隔开。当 Cr 原子层厚度适当时，相邻的 Fe 层之间为反铁磁性耦合，使得近邻 Fe 层的原子磁矩反平行排列。图 17-7 中给出了其磁滞回线及 GMR 特性。磁滞回线上元素符号后面的长度值为该金属层的厚度，下标为 Fe/Cr 复合层的周期数。Cr 层的厚度数值标注在电阻—磁场关系曲线上。可见，Cr 层的厚度对于多层膜磁化至饱和所需要的磁场强度具有显著的影响，同时，对电阻的最大相对变化率也具有显著影响。GMR 材料的电阻率在磁场作用下相对变化率比 AMR 材料可以高一个数量级。以未加磁场时的数值作为基准，室温下 MR 值可以达到25%以上，低温下更高。考虑所需磁场大小，GMR 效应的磁场灵敏度约为 12.5×10^{-3}%/(A/m)，或者 1%/Oe。

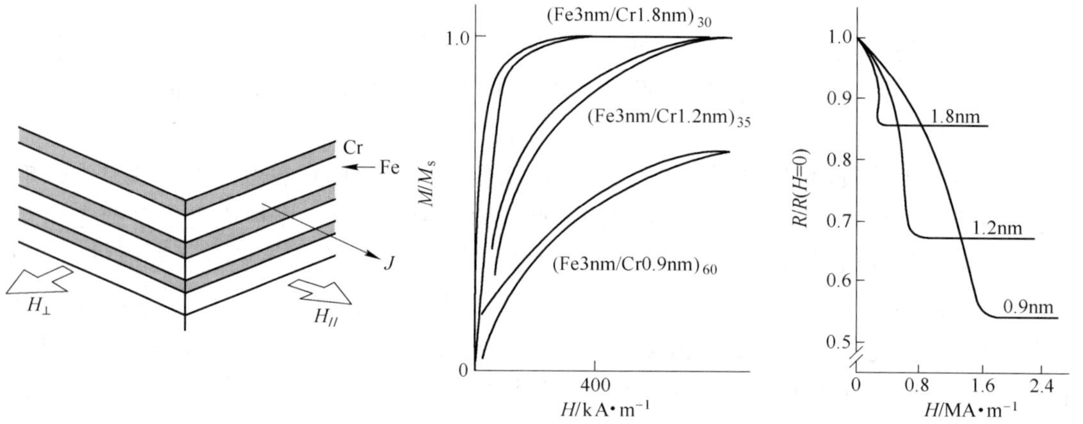

图 17-7　GMR 多层膜材料结构（左）示意图与其磁滞回线及对应的 GMR 特性（中，右）

由铁磁性过渡族金属及其合金与非磁性过渡族金属材料的薄层交替排列的磁性多层膜材料大多具有 GMR 特性。它的 GMR 特性受到材料结构因素的强烈影响：包括磁性层、非磁性层的厚度，多层膜的周期数等。

多层膜材料是通过逐层制备不同成分金属及合金的方法制备。在多层膜 GMR 材料中往往还包含着一些辅助层。比如，在衬底上首先制备厚度为 5～10nm 的缓冲层，可以改善多层膜的平整度；从防止氧化出发，在外表面沉积覆盖层；表面和底部各沉积一层适当的金属氧化物，可以改善 GMR 特性等。这样，实际的 GMR 多层膜的结构很复杂。各层厚度多为几个纳米，甚至小于 1nm，并需精确控制，才能获得良好的 GMR 特性。

这种多层膜材料中，磁性层材料选用 Co 或 FeCo 合金，可以获得最好的 GMR 特性。因为这些居里点高的材料自旋有序度高，作为铁磁性金属层可加强与传导电子的自旋相互作用强度。

Fe/Cr 磁性金属多层膜材料中，需要很高的磁场来实现电阻率的显著变化，磁场灵敏度低。因此，实际应用的技术难度大。在寻找饱和磁场低、磁电阻的磁场灵敏度高的

GMR 材料过程中，于20 世纪90 年代初发现了自旋阀 GMR 材料。

自旋阀 GMR 效应，首先是在 NiFe/Cu/NiFe/FeMn 多层膜中发现的。两个 NiFe 层为铁磁性，其中，最底下的第一层 NiFe 称作自由层，非磁性 Cu 层上面的第二个 FeNi 层称作钉扎层。FeMn 为反铁磁性的。经过退火处理，FeMn 层呈现单向各向异性，并且通过界面的强交换作用使相邻的 NiFe 层钉扎层呈现单向各向异性。施加外磁场时，FeNi 自由层首先在较低的磁场下被磁化，与 FeNi 钉扎层的磁矩相反。这时，多层膜处于高电阻态。当磁场加强，使得 FeNi 钉扎层也被磁化后，多层膜的电阻就会降低下来，从而得到 GMR 效应。

自旋阀 GMR 材料中不再需要相邻磁性层中原子磁矩的反铁磁性耦合。FeNi 钉扎层受到 FeMn 层的钉扎作用比较弱，故此可以在较低的磁场下实现该层中原子磁矩的反转。所选用的 FeNi 合金是典型的软磁合金。因此，自旋阀 GMR 材料的饱和磁场很低，只有8kA/m 左右。这样，尽管自旋阀 GMR 材料的最大磁电阻变化较小，但磁场灵敏度高，可以达到 $2.5\times10^{-2}\%/(\mathrm{A/m})$，即 2%/Oe，成为目前高密度读取磁头中实用化的材料。在这种自旋阀 GMR 材料中，还可以使用硬磁材料来取代 FeMn 层钉扎相邻的 FeNi 钉扎层。

另一种具有显著磁电阻效应的材料是所谓的隧道结磁电阻(tunneling magneto-resistance TMR)材料。其基本结构与 GMR 材料类似，只是位于两个铁磁性层之间的材料为绝缘体，也就是具有“铁磁金属/绝缘体/铁磁金属”（FM/ I/ FM)结构的多层膜。其中，传导电子借助于隧道效应穿越很薄的绝缘层导电，故称这种结构的材料的磁电阻效应为隧道结磁电阻效应。典型的 TMR 材料是 $Fe/Al_2O_3/Fe$ 多层膜，其中 Fe 层厚度为 100nm、Al_2O_3 层为 5.5nm 的样品，室温下 TMR 数值达到 15.6%。而用 CoFe 合金代替 Fe 的隧道结多层膜中获得的 TMR 在 4.2K 下高达 691%。TMR 材料中的两个铁磁性层之间没有层间耦合，饱和磁场低，故此具有很高的磁场灵敏度。

将 TMR 多层膜材料中的铁磁性金属层替换成磁性的非金属材料，特别是具有钙钛矿结构的含稀土的铁氧体材料，人们获得了更高数值的磁电阻相对变化。而这些稀土-过渡族金属-氧化物自身就具有非常高的磁电阻相对变化值，最高达到上千倍，故此称作庞磁阻效应(colossal magneto-resistance)。具有多层膜结构的材料，可以大幅度降低获取磁电阻变化的磁场，提高磁电阻的磁场灵敏度。由于其中的主体材料不属于金属材料，不再叙述。

17.3.2 巨磁阻抗材料

20 世纪90 年代，人们发现 CoFeSiB 非晶细丝的交流阻抗 Z 随着作用于轴向上的磁场 H 发生非常显著变化。随后，又在多种低维的丝材和薄带材料中发现了交流阻抗随着磁场发生显著变化的现象，称为巨磁阻抗效应(giant magneto-impedance, GMI)。材料 GMI 效应的表征量一般采用阻抗在磁场作用下的相对变化率，有两种表达方式：

$$\frac{\Delta Z}{Z_0}=\frac{Z(H)-Z_0}{Z_0} \quad 及 \quad \frac{\Delta Z}{Z_\infty}=\frac{Z(H)-Z_\infty}{Z_\infty}$$

式中，Z_0 为轴向磁场为零时的阻抗值；Z_∞ 是增大轴向磁场 H 使阻抗 Z 达到稳定时的阻抗值。两种表达方式中表示阻抗相对变化的基准有所差别。前者的基准值易于测得，实用性强，但该基准易受影响变化；后者基准值稳定，物理意义明确，但需特别标定。

将 GMI 材料看作一个导电元件，它的阻抗 Z 由电阻 R 和感抗 X 两个部分组成，即：

$$Z = R + iX = R + i\omega L$$

式中，L 为电感；ω 为电流的交变频率；i 为虚数单位。GMI 效应来源于阻抗的两个组成部分受磁场 H 的影响。经典电磁理论分析表明，GMI 材料的电阻变化根源在于交变电流趋肤深度 δ，即

$$\delta = \sqrt{\frac{\rho}{\pi\mu f}} = \sqrt{\frac{2}{\mu\sigma\omega}}$$

式中，ρ、σ 分别是材料的电阻率和电导率；f 为交变电场的频率；μ 为材料的磁导率。轴向磁场会显著地改变 GMI 材料在交变电流磁场的磁化方向上的磁导率。而电流趋肤深度 δ 减小时，材料的有效导通面积减小，宏观电阻升高。同样，当材料的磁导率发生显著变化时，其电磁感应所表现出来的电感和相应的感抗也必然发生变化。

GMI 材料都是典型的软磁材料，以 $Co_{68.15}Fe_{4.35}Si_{12.5}B_{15}$ 非晶态丝材最具代表性。它没有磁晶各向异性，λ_S 也非常低，约为 -10^{-7}，因此矫顽力低、磁导率非常高。它的居里点约为 408℃。

合金丝材一般用水冷纺丝设备制备。合金熔融液体在激冷过程中来不及结晶而保留非晶态，同时，由于丝的表层与中心部位冷却不同步而在丝中形成残余应力（外层为残余压应力，而心部为残余拉应力）。残余应力与 λ_S 的耦合产生磁弹性能，其低能状态下原子磁矩的取向特征是：外层的残余压应力使原子磁矩平行于圆周方向；心部的拉应力使原子磁矩沿轴向排列。相应的磁畴结构在图 17-8 示意性给出。

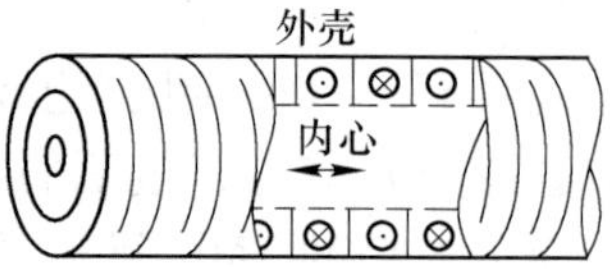

图 17-8 CoFeSiB 非晶细丝磁畴结构示意图

CoFeSiB 非晶丝中，沿着轴向通流的交变电流，在丝的圆周方向上产生交变磁场 H_{ac}，使得非晶丝发生动态磁化，并且期待具有很高的周向磁导率。

沿着非晶丝的轴向施加的磁场 H，对其在交变电流磁场 H_{ac} 作用下的磁化产生显著影响。具有如图 17-8a 所示磁畴结构的非晶丝，其外层磁畴中磁矩以转动方式向轴向偏转。由于 λ_S 很小，这种转动很容易，而且当轴向磁场达到临界值时，非晶丝外层的原子磁矩都转到轴向上。这种磁矩的转动，对于 H_{ac} 的周向磁化产生显著的影响：畴壁移动的驱动力减小，由此产生的壁移磁导率 $\mu_{\phi D}$ 随着轴向磁场 H 的增加而下降；磁矩转动产生的转动磁导率 $\mu_{\phi R}$ 随着轴向磁场 H 的增加先增大后降低，在某个轴向磁场 H 值下会出现最大值。轴向磁场 H 通过影响非晶丝周向磁导率 μ_ϕ 来改变其交流阻抗 Z。

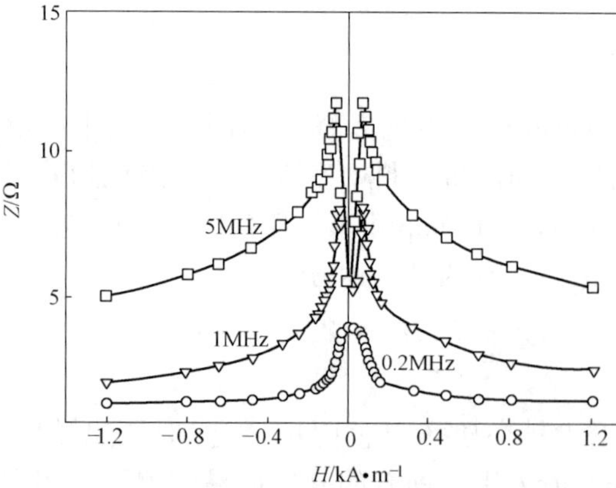

图 17-9 非晶丝的两类磁阻抗变化行为

图 17-9 给出了 CoFeSiB 非晶丝的 GMI

特性试验结果，三条曲线上给出了各自的测试频率。随着轴向稳恒磁场 H 的增加，非晶丝的交流阻抗 Z 呈现两种类型的变化。一种是当交变电流的频率比较低时，非晶丝的阻抗随着 H 的增加降低；另一种是频率较高时，非晶丝的 Z 随着 H 增强先增加后降低。GMI 特性分别呈现一个阻抗峰和两个阻抗峰。

较低频率下，非晶丝的周向磁化主要以畴壁移动方式完成。轴向磁场 H 增大，畴壁移动驱动力降低而使其周向磁导率降低。由此非晶丝中交变电流的趋肤深度增加，电阻 R 和感抗 X 均减小，阻抗也因此减小。当轴向磁场增强使磁导率降低到一定程度、趋肤深度达到丝的半径尺寸时，轴向磁场继续增大就基本不再改变非晶丝的电阻，相应的电阻 R 趋于恒定。

较高频率下，非晶丝中原子磁矩的转动取代畴壁移动成为主要的周向磁化方式。这样，随着轴向磁场 H 增加，非晶丝的周向磁导率先增大后降低。因此，由交变电流的趋肤深度决定电阻和感抗都会先增加后降低，从而表现出双峰式的 GMI 特性。

激冷态的非晶丝经过适当的热处理具有更高的 GMI 效应。其中，主要的两种处理方法是拉应力退火处理和电流退火处理。所谓的拉应力退火，是指对非晶丝施加轴向拉应力作用下，对其进行加热保温处理。热处理的温度在 470℃ 左右，低于其非晶晶化温度，热处理后仍然保持其非晶态，但是会发生结构弛豫。处理时所施加拉应力的典型数值为数百兆帕。在热处理后的冷却过程中，轴向拉应力与合金的负磁致伸缩系数特性的交互作用，使非晶丝的原子磁矩都转到与轴向垂直的圆周方向上，形成圆周方向上的磁畴。这样的处理可以至少部分地消除激冷过程的残余应力，心部的轴向磁畴也可能消失。显然，经过处理得到的这种磁畴结构，也会呈现出 GMI 特性。特别是外加应力的作用，使得非晶丝中圆周方向的磁畴结构更整齐、可以比较有效地消除残余应力比较杂乱的分布状况，可望提高合金的磁导率，使得合金的圆周磁导率在轴向磁场作用下发生更大幅度的变化，故此，具有更显著的 GMI 效应。

另一种热处理是给非晶丝通入交流或者直流电流，通过非晶丝的焦耳热实现自身加热进行热处理。在电流热处理中，非晶丝一方面可以受热释放残余应力，提高最大磁导率。另一方面，电流产生的周向磁场诱发产生各向异性（其机理类似于第 13 章第 3 节中介绍的原子对有序排列产生的感生磁各向异性），从而使非晶丝中原子磁矩沿着圆周方向排列、并形成相应的磁畴。这样的磁畴结构也使得非晶丝呈现良好的巨磁阻抗效应。

非晶丝的阻抗在轴向磁场作用下相对变化率很容易达到 100% 的水平。而且，这样的阻抗相对变化在很小的轴向磁场 H 作用下就可以完成。因此，GMI 合金具有非常高的磁场敏感度，可以达到 1%/(A/m) 至 10%/(A/m)，远远高于 GMR 材料。同时，GMI 合金的阻抗变化对磁场变化具有很快的响应速度。因此，GMI 合金成为目前快速检测弱磁场的最有效手段。

由非晶丝的巨磁阻抗产生机理看到：它是交变电流产生的磁场对于合金的磁化效果受外部磁场影响的结果。如果外部磁场能够使合金材料在交流电流磁场中的磁导率发生显著的变化，就会由趋肤效应和感抗的变化，得到显著的 GMI 效应。从这种机理出发，人们在多种金属材料中获得了 GMI 效应。除了上述非晶丝外，FeCuNbSiB 纳米晶软磁合金薄带，铜丝外包覆坡莫合金的复合材料中，都观察到显著的 GMI 效应。

17.4 磁蓄冷与磁制冷合金

铁磁性材料升温或降温时发生铁磁性与顺磁性之间的磁相变，在居里点附近温度范围内从环境中吸热或对外放热，这种现象称作磁热效应或磁卡效应(magnetocaloric effect, MCE)。这种效应的根源是决定材料磁性的电子体系的有序度在居里温度附近发生显著变化：在铁磁性的有序态与顺磁性无序态之间发生变化，电子体系的熵发生变化，因为这种变化的直接外在表现为材料的磁性发生变化，故此称作磁性熵。理论分析表明：具有1mol磁性原子的物质，原子磁矩在0K下的完全有序和高温下完全无序的两种状态之间的磁熵变化 ΔS_J 为：

$$\Delta S_J = R\ln(2J+1)$$

式中，R 为气体常数；J 为磁性原子的总角动量量子数。利用这种相变潜热，铁磁性材料可以在低温及制冷技术中得到特殊应用。首先，工作于几K至十几K的低温范围的设备，使用居里点处于该温度区间的铁磁性材料，其磁热效应所赋予的热容可以弥补普通材料低温下热容很小的不足，从而增加低温设备的维持恒温的能力。满足这种需求的磁性材料称作磁蓄冷材料。在制冷技术中应用的是磁制冷材料，利用这种材料可以实现新型高效环保的制冷。图17-10中示意性给出了磁制冷的工作原理。首先在较高的温度 T_1 下施加磁场将材料磁化，增加体系的磁有序性，即由 A 点到 B 点，该过程中材料磁熵降低而放出热量；随后去掉磁场，通过绝热去磁等方式使磁有序度降低，如由 B 点到 C 点的变化，材料自身温度降低到 T_2。在吸收热量(用于制冷)后，回到 A 点。这样，通过重复磁化-去磁过程，利用外部磁场实现放热-吸热循环来完成磁制冷。

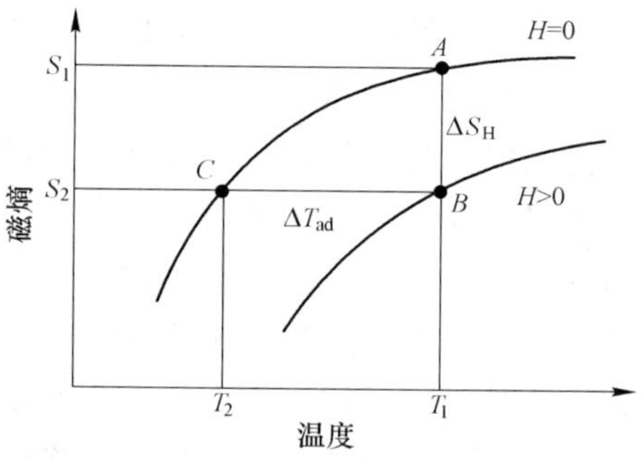

图17-10 磁制冷工作原理示意图

自20世纪90年代以来，涌现出许多种具有实用前景的磁蓄冷和磁制冷材料。具有良好使用性能的磁蓄冷和磁制冷材料，需要满足以下三个方面的性能要求：

(1) 具有适当的居里温度。磁蓄冷和磁制冷材料的居里点都大致与所需要的工作温度相同。对于磁蓄冷材料，要求在非常低的温度范围内；磁制冷材料则要求在制冷需求的温度范围，比如说在室温附近。为此，经常需要对材料的居里点进行调整，使其进入预定范围。

(2) 使用温度下，在一定的温度范围内具有尽量大的磁熵变，获取显著的磁热效应。对于磁蓄冷材料，在同样的热量扰动时，体系的温度波动减小，或者在同样的温度波动幅度下，减少材料的使用量；对于磁制冷材料，由此可以增强制冷能力，提高制冷效率。

(3) 对于磁制冷材料，从降低控制磁场的实现技术难度出发，希望能在较低的磁场下获取较高的磁制冷效果。

17.4.1 磁蓄冷材料

磁蓄冷材料的研究与应用开发工作以 Er-Ni 合金系最具代表性。该合金系中，稀土金属的作用体现在两个方面：第一，通过 RKKY 超交换作用获得极低温区的居里点，在 4 ~ 30K 之间；第二，4f 亚电子层的电子具有非常高磁熵值，其中，Er 是总角动量量子数 J 最大的稀土原子，其他的重稀土原子Ho、Dy、Tb也具有比较高的 J 值。

稀土磁蓄冷合金都属于金属间化合物，在 Er-Ni 系中有 Er_3Ni、ErNi 和 $ErNi_2$，分别为 5 ~ 9、11 ~ 13 和 6.7K。稀土磁蓄冷材料还包括 $DyNi_2$、$ErCo_2$ 和 $HoCu_2$ 等。$HoCu_2$ 的磁性转变温度 9K，$DyNi_2$、$ErCo_2$ 略高，分别为 23 ~ 30K 和 32.5 ~ 48K。其中，Er_3Ni 和 $HoCu_2$ 为反铁磁性磁有序结构，磁热效应在奈尔温度附近最明显。需要指出，上述磁转变温度数值的差别源自不同的研究工作。

图 17-11 中给出了 Er-Ni 合金系中一些磁蓄冷材料的比热容随温度变化的情况。试验结果显示：磁热效应比热容在磁性转变临界温度（铁磁性材料的居里点和反铁磁性材料的奈尔温度）下最高，但总体热效应是在一定的温度变化范围内累积的结果。磁蓄冷材料的有效比热容是在使用温度范围内的总体热效应。

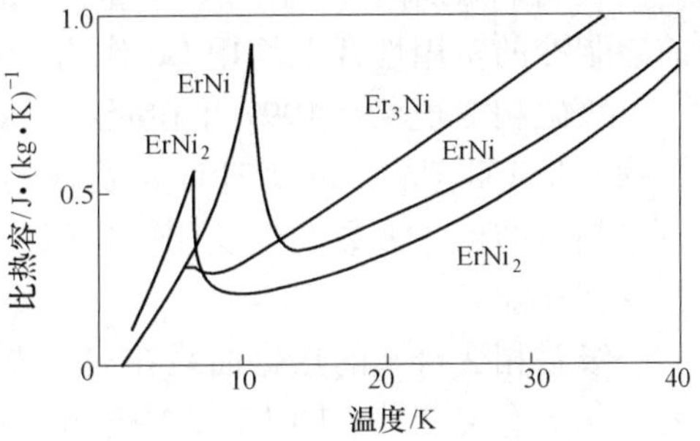

图 17-11 Er-Ni 合金系的一些磁蓄冷材料的比热容与温度关系曲线

大量试验结果表明：由稀土系合金的磁热效应推算得到的合金的磁熵变往往远低于其理论值。比如，ErNi 在经历居里温度后的磁熵变化为(ln4)R，Er_3Ni 经历奈尔温度后的磁熵变仅有(ln2)R。偏差的一方面原因是测试温度范围偏窄，不能完成从完全的磁有序到完全磁无序的转变；另一方面是晶格场对合金中稀土原子磁矩的影响所致。理论分析已经指出：重稀土金属与过渡族金属的合金中，稀土金属的有效量子数 J 受晶格场的影响低于自由稀土原子，因此对于磁熵的贡献有所降低。此外，一种稀土金属的有效量子数 J 在不同的合金中还存在明显差别，对此不再详细讨论。

磁蓄冷合金的磁性转变温度可以通过元素替代进行调节控制。比如，在 $ErNi_2$ 中加入部分 Dy 替代 Er、Co 替代部分 Ni 的合金化，形成赝二元金属间化合物，使合金居里温度在 6.7 ~ 30K 范围可调。还可以将不同磁性转变温度的合金机械混合，使得合金在较宽的温度范围内比热容波动较小，甚至基本恒定，从而提高制冷效果。

17.4.2 磁制冷材料

习惯上将磁制冷分为低温（15K 以下）、中温（至 77K）和高温磁制冷。低温磁制冷所使用的金属材料（习惯上称作制冷工质）主要有三类：（1）稀土合金和金属间化合物，它们利用稀土金属原子中 4f 电子层的磁熵变；（2）过渡族金属的合金，利用 3d 电子层的磁熵变；（3）包含着 4f 电子层和 3d 电子层的共同磁熵变的磁制冷材料。图 17-12 给出了磁性转变温度在 400K 以下范围内的典型磁制冷材料在最大磁场 μ_0H = 5T 时的磁熵变情况。

在磁制冷材料的研究中，人们最初利用的是普通的二级磁相变过程中熵变的热效应。这种类型的各种磁制冷材料所产生的磁熵变，汇总起来处于图 17-12 中的左下方(虚线)。此虚线的右上方还有两条实线，上面的磁制冷材料具有更好的磁熵变特性。它们更高的磁熵变起因于材料中存在的一级磁相变(first order magnetic transition，FOMT)。图中还给出了稀土金属 Gd 的磁熵变数据，它是比较材料磁熵变性能的一个重要参照。目前磁制冷的实用性开发均用 Gd 作为工质。

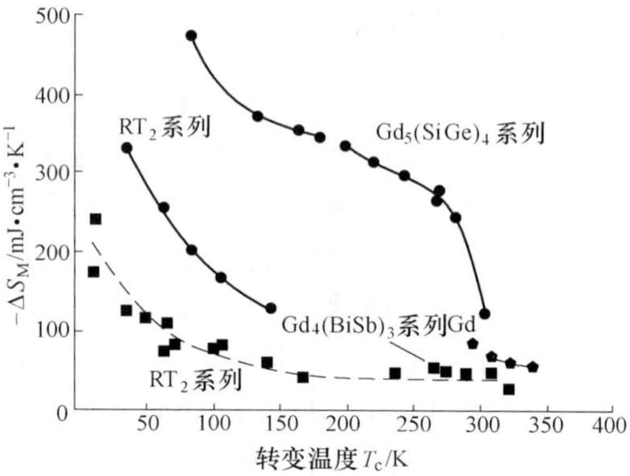

图 17-12 各类磁制冷材料的转变温度与磁熵变

一级磁相变现象是1997年在研究金属间化合物 $Gd_5Si_2Ge_2$ 的磁熵变时首先发现的。所谓的一级磁相变，指的是伴随着磁性相变，材料的晶体结构、参数发生变化，也就是说，二级磁相变诱发出一级结构转变，或者有一级相变相伴随。

一级磁相变合金的热磁曲线在居里点附近非常陡峭，表明材料的饱和磁化强度随着温度的变化具有突变性。图 17-13 中给出了 MnAs 合金在不同磁场下的热磁曲线。该合金发生铁磁性向顺磁性转变时，晶体结构同时由 NiAs 型六方结构向 MnP 型正交结构转变。热磁曲线的突然降低是合金达到其结构转变温度，由铁磁性相向顺磁性相转变造成的。在 1∶13 型 La-Fe-Si 合金中，磁相变没有使合金发生结构相变，但是导致晶格常数发生突变，如图 17-14 所示。

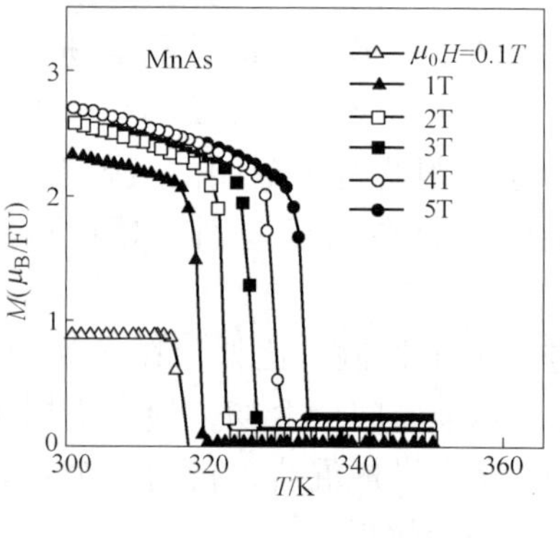

图 17-13 不同磁场下的 MnAs 合金热磁曲线

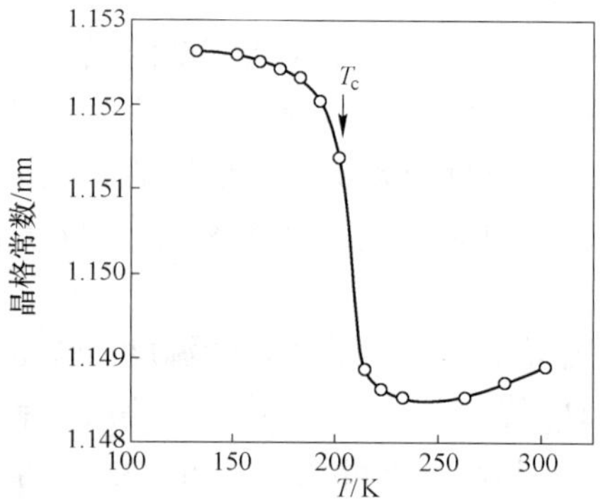

图 17-14 $LaFe_{11.4}Si_{1.6}$合金晶格常数在居里点附近的变化

在 MnAs 的热磁曲线上看到：根据热磁曲线最陡峭点的温度确定的相变临界温度，随着磁场发生显著变化，增加速度大约为 3.4K/T。磁场作用下，合金处于铁磁性的低温相静磁能降低、增加了稳定性，从而使相变温度提高。确切地说，磁场所改变的是结构相变的转变温度。如果没有结构转变参与，低温下铁磁性相的磁性转变还要延迟到更高的温度下。

图 17-15 中给出了具有一级磁相变的 LaPrFeSi 在不同温度下的一组恒温磁化曲线。低

温下为典型的铁磁性材料的特性，而在较高温度下，在磁场较低时首先磁化强度缓慢升高，接近于顺磁磁化；当磁场达到某个数值时，磁化强度陡然升高，表现为铁磁性的磁化行为；更高磁场下，磁化强度升高再次变缓，又表现为顺磁磁化。这里，中间段的铁磁性磁化是顺磁性相在磁场作用下转变为铁磁性相并相应发生磁化的结果。合金中发生了磁致相变。随着温度升高，磁化曲线陡升段所需要的磁场增大，是磁致相变随着温度升高所需驱动力越来越大的表现。

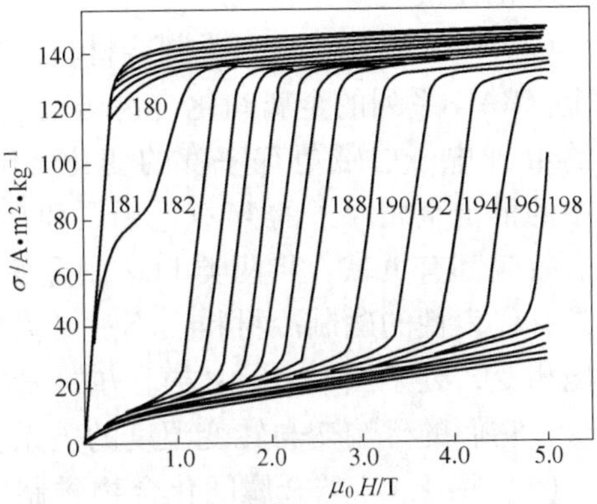

图 17-15 LaPrFeSi 在不同温度下的恒温磁化曲线

磁场作用诱发的一级相变，使得磁场作用前后的磁化强度发生显著变化。在一级磁相变过程中，磁场使合金的磁有序度发生非常显著的变化，由此导致磁熵变大幅度升高。图 17-16a 中给出了 $Gd_5Si_{1.8}Ge_{2.2}$ 合金在没有磁场及 20T 的磁场中的热磁曲线，图 17-16b 中给出了与此对应的磁熵变随着温度的变化曲线。利用这种性质可以获取非常高的磁熵变。在众多的一级磁相变材料中，$Gd_5Si_xGe_{4-x}$ 系列合金的磁熵变目前是最高的。

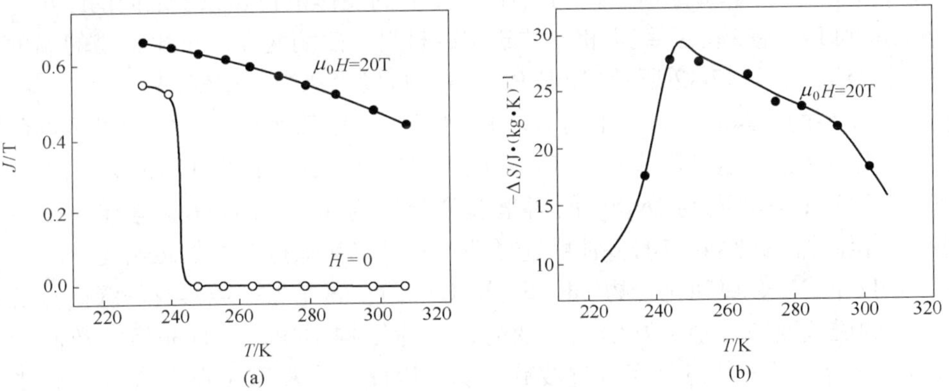

图 17-16 $Gd_5Si_{1.8}Ge_{2.2}$ 合金在不同磁场中的热磁曲线及相应的磁熵变曲线

稀土合金及金属间化合物磁制冷材料，主要可以划分为如下几类：

（1）Gd 系金属磁制冷材料。稀土金属 Gd 的居里点为 293K，是稀土金属中自旋角动量最大、居里点最高的。该材料是室温磁制冷试验中使用最早，也是目前向实用化方向发展的材料。图 17-17 中给出了金属 Gd 及其他两种磁制冷合金的磁熵变随温度的变化曲线，试验数据分别在磁场 μ_0H 最大值为 2T 和 5T 的条件下测得。在最强磁场为 5T 时，Gd 的磁熵变最大值为大约 8J/(kg · K)，而在 2T 的最大磁场下约为 5J/(kg · K)。

为了改变其居里点，将其他稀土金属与 Gd 形成合金，如 GdDy 合金等。这些稀土合金的磁熵变是由二级磁相变产生的，故此，磁熵变在居里点附近的较大温度范围内比较平缓地变化，最大值比较低。

（2）1∶2 型 RT_2 系列磁制冷材料。包括 RAl_2 系（R = Gd、Dy、Tb、Ho、Er）合金和 RCo_2 系合金。RAl_2 系列的金属间化合物居里点在十几 K 到 170K 左右，磁熵变来自其中的稀土金属的 4*f* 亚电子层磁矩有序度的变化。RCo_2 材料（R = Ho、Er、Dy）的居里点在 100K 以下，其中的稀土金属原子的 4*f* 亚电子层和 Co 的 3*d* 亚电子层的磁性对于制冷过程中磁熵变产生的热效应都有贡献。将两类 1∶2 型金属间化合物中的 Co 和 Al 进行替代，得到的 RCoAl 也是具有代表性的磁制冷材料。不过，需要注意的是，多数的 1∶2 型化合物均属于传统的二级磁相变，处于图 17-12 中左下方的虚线上。而 $HoCo_2$、$ErCo_2$ 和 $DyCo_2$ 的磁相变属于一级相变，它们的磁熵变与转变温度的关系在图 17-12 中处于中间位置（RT_2 系列的实线上）。

（3）稀土 Gd 的金属间化合物磁制冷材料。围绕着稀土 Gd 开展研究工作中，通过添加合金元素得到了多种具有高磁熵变的含稀土金属间化合物磁制冷材料。其中以 $Gd_4(Bi_{1-x}Sb_x)_3$、$Gd_5Si_xGe_{4-x}$ 两个系列最具代表性。$Gd_4(Bi_{1-x}Sb_x)_3$ 系列的金属间化合物都是利用二级磁相变的磁熵变制冷，居里点在 270～330K 之间。而 $Gd_5Si_xGe_{4-x}$ 系列材料属于一级磁相变合金。

$Gd_5Si_xGe_{4-x}$ 中伴随着磁转变发生结构转变。以 $Gd_5Si_2Ge_2$ 为例，在高温下为单斜结构的顺磁相，随着温度的降低，转变成 Gd_5Si_4 正交结构的铁磁性相，结构相变与磁相变同时完成。该金属间化合物中 Si 与 Ge 的比例对居里点有决定性影响，从 Gd_5Ge_4 的 38K 到 Gd_5Si_4 的 335K，原因是 Si 与 Ge 的原子半径差影响到晶体中相邻原子之间的距离，从而影响交换作用的强度。依赖于一级磁相变的磁制冷材料，磁熵变在一个比较窄的温度范围内具有很高的数值，如图 17-17 所示（$MnFeP_{0.45}As_{0.55}$ 也发生一级磁相变，见下）。

这种 5∶4 型的金属间化合物中的 Gd 可以被 Tb、Dy 等替换，它们的居里点可以在较大范围内变化，并且可通过调节 Si 与 Ge 的比例来控制，比如：Tb_5Ge_4 的居里温度为 91K，而 Tb_5Si_4 为 225K；Dy_5Ge_4 与 Dy_5Si_4 的居里温度分别为 46K 和 141K。这样，提供了原材料、制冷工作温度及磁热效应的多种可选择性，并且仍然保持较高的磁熵变。

（4）$LaFe_{13-x}M_x$ 金属间化合物（M = Si、Al、Co 等）。这是另一类具有一级磁相变，因此表现出巨大的磁熵变的合金。发生磁相变时，晶体结构不变，但是晶格常数陡变，如图 17-14所示。该合金系的特点是富含过渡族金属，因此其饱和磁化强度值高。不过，1∶13 相的形成比较困难，需要长时间高温退火。

（5）Mn 系磁制冷材料。主要包括 MnAs 和 $MnFe(P_{1-x}As_x)$ 两种类型。

MnAs 在 0.1T 的磁场中于 318K 下发生铁磁-顺磁转变，同时伴随着由 Ni-As 型六方结构向 MnP 型正交结构的转变。采用 Sb 置换 As，以及 Fe 置换部分 Mn，来调整材料的性能，获得居里点和磁熵变不同的 $Mn(Sb_{1-x}As_x)$、$(Mn_{1-x}Fe_x)As$ 材料。

$MnFe(P_{1-x}As_x)$ 材料的居里点则随

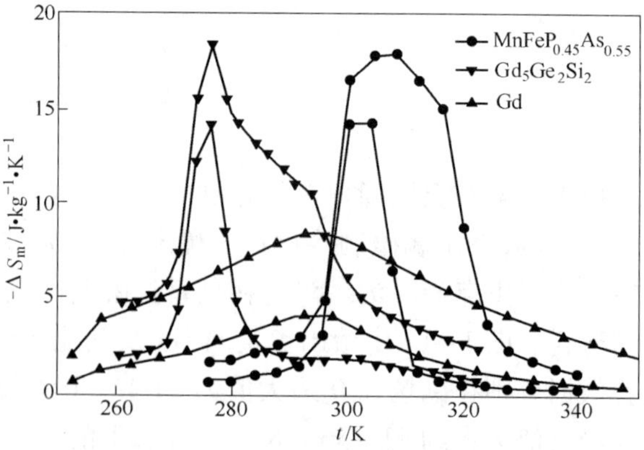

图 17-17　三种磁制冷金属及合金的磁熵变特性曲线（磁场 μ_0H 最大分别为 2T 和 5T）

着 x 从0.25 增加到0.65，从168K 提高到332K，在0～5T 磁场中的磁熵变在16～33J/(kg·K)之间。这种材料的一级磁相变过程中也只有晶格常数不连续变化，而晶体结构不发生变化，在 x=0.15～0.66 的成分范围中始终保持六方 Fe_2P 结构。针对 As 的毒性问题已经成功地研制出 $MnFeP_{1-x}Si_x$，其中 Si 替代 P 的范围可以达到100%。当 Si 含量 x 从0.28增加至0.64 时，化合物磁性转变温度从214K 提高至377K，晶体结构也是六方 Fe_2P。

（6）Ni_2MnGa 系 Heusler 合金磁制冷材料。这种材料的大磁熵变也是利用一级磁相变效应来获得的。不过，该材料与其他一级磁相变材料存在明显不同。该合金的一级结构转变为马氏体转变。它与二级磁相变是独立的，不同步发生。图17-18 给出了合金的马氏体相变开始温度 M_s 和居里点 T_c 随着外层电子浓度的变化曲线。这里，外层电子浓度为合金的外层总电子数与原子总数之比。其中，3d 过渡族金属计算 3d 与 4s 亚电子层电子数之和，即每个 Mn、Ni 原子分别提供7 和10 个外层电子，而每个 Ga 原子提供3 个外层电子。该合金的高温奥氏体相和低温马氏体相都可以具有铁磁性，它们的 T_c 随着 e/a 呈现缓慢连续的变化，而 M_s 的变化比较剧烈，同时，M_s 与 T_c 的变化趋势相反，故此在特定的 e/a 值下合金的两种相变临界温度重合，从而获取高的磁熵变。需要指出一点：Ni_2MnGa 合金在低温下的马氏体相存在多种不同的结构。磁制冷合金的成分与前面介绍的磁控形状记忆合金不同，其马氏体转变不必为热弹性的。

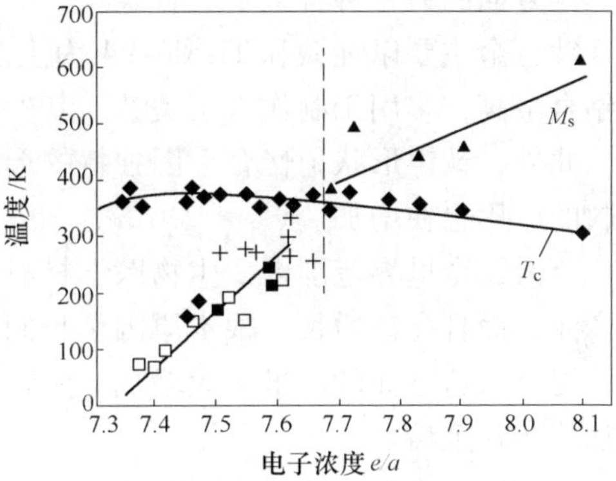

图17-18 Ni_2MnGa 合金 M_s 和 T_c 与电子浓度 e/a 的关系

需要指出，低温磁制冷中，使用更多的是顺磁性的盐类化合物材料，比如，石榴石结构的 $Gd_3Ga_5O_{12}$(GGG)、$Dy_3Al_5O_{12}$(DAG)、$Gd_3Ga_{5-x}Fe_xO_{12}$(GGIG)等。最低的制冷温度为 10^{-6}K，是利用更弱的原子核磁性绝热去磁获得的。在高温磁制冷材料方面，人们研究 $(R_{1-x}M_x)MnO_3$(其中,R 为轻稀土原子,M 为 Ca、Sr 等)系列的氧化物材料时，也发现了非常高的磁熵变，其中一级磁相变同样发挥着关键作用，成为有前途的室温磁制冷材料。限于材料的类别，对它们不再进行介绍。

17.5 生物医学材料

生物医学材料被单独地或与药物一起用于人体内组织及器官，起替代、增强、修复等医疗作用。随着医学及医疗技术的提高，这类功能材料性能涉及面越来越广，用量也越来越大。金属类材料应用最早，一百多年前人们已经用耐腐蚀的金属来修复或替代人体器官。它的应用也是最多的，与聚合物类生物材料相当。今天，金属生物材料比较广泛地用于承受力的骨骼、关节和牙等硬组织的修复与替换。这类材料既要满足强度、耐磨性以及较好的疲劳性能等力学性能的要求，又要具有生物功能性(biofunctionability)和生理相容性(biocompatibility)，即满足生物学性能的具体要求，还要无毒、不引起人体组织病变，对人体内各种体液具有足够抗侵蚀能力。金属类生物医学材料主要是不锈钢、钴铬合金和钛合金。其中，不锈钢与钴铬合金的生理相容性最好。

不锈钢的特点是成本低。主要问题是要求有足够的抗蚀性。通过降低碳含量及加入钼合金化，可达到要求。国外主要使用牌号为316L（Fe-Cr17-Ni12-Mo2.5）与317L（Fe-Cr18.5-Ni14.5-Mo2.5）的奥氏体不锈钢，其中，$w(C)$均在0.03%以下。

钴铬系合金（Co-Cr-Ni-Fe-Mo）强度高，耐蚀性也较好。该合金主要用于牙科及整形。这方面的另一种合金是金合金及一些其他的贵金属或合金，如Au86-Pd8-Pt4。

钛合金主要以纯钛和Ti-Al6-V4为主。其特点是耐腐蚀性好、疲劳强度高，但强度不如钴合金高，多用于制作人工关节。其丝材则被广泛用于编织支架。

此外，钛镍形状记忆合金因独特的形状记忆功能及伪弹性特征，近年来作为生物医学材料的应用也在增加。

今天，全世界范围内，生物医学材料（包含各类材料，不仅限于金属类）已形成很大的产业，而且高速增长。根本原因是我们每一个人都是这类材料的潜在用户。随着生活水平的提高，这方面的需求大大增加。生物医学材料属于典型的高技术（知识密集型）、高附加值产业范畴。

本章小结

本章简单介绍了超大磁致伸缩、磁制冷与磁蓄冷以及磁阻与磁阻抗合金，以及生物医用和储氢金属及合金。

超大磁致伸缩材料是具有异常高磁致伸缩系数的金属及合金。主要包括3d过渡族金属合金，稀土金属与合金及其和3d过渡族金属形成的一些金属间化合物。磁致伸缩特性存在显著各向异性，特定织构多晶体、定向凝固晶体及单晶体，可显著提高磁致伸缩系数。施加外部应力将原子磁矩置于垂直外磁场方向上，能显著增强材料在外磁场中的磁致伸缩系数。稀土元素置换可显著降低稀土金属合金及其金属间化合物的磁晶各向异性能，提高合金动态磁致伸缩系数。合金中孪晶界、位错等晶体缺陷也对其有显著影响。

所有磁有序材料在有序-无序转变过程中都存在磁卡效应，并在其转变临界温度附近最显著。居里点接近室温的铁磁性材料可作为磁制冷材料，低温下发生转变的材料可作为磁蓄冷材料。有些材料的磁有序-无序转变温度范围内发生晶体结构转变，称为一级磁相变。这些材料在很窄温度范围完成磁有序结构相向顺磁结构相的转变，产生异常高的磁熵变，适合作为磁制冷材料。

磁阻合金和磁阻抗合金分别是直流导电及交流导电性受磁场影响比较显著的材料。磁阻材料目前主要是薄膜各向异性磁阻材料（AMR）和多层膜结构巨磁阻材料（GMR），巨磁阻抗材料（GMI）的典型代表是非晶细丝。

储氢合金饱和状态下氢的单位体积存储密度能够达到液态氢甚至超过固态氢的金属材料。目前已经有多种金属及合金具备这样的存储能力，又能够在适当的温度下较快速地吸收及释放H，适合作为储氢材料。

生物医用金属及合金是具有良好生物功能性和生理相容性的材料，用于修复、替代人体组织器官等，包括不锈钢、钴铬合金、钛合金、镍钛形状记忆合金，一些贵金属及其合金。

****

金属及合金分类及典型材料

储氢金属及合金

单质金属型：Ti、Zr、Mg

合金型

AB_5 型：$LaNi_5$、MM-Ni(MnAlCo)

AB_2 型（Laves 相）：TiMn、$ZrMn_2$

AB 型：Fe-Ti，Co-Ti，Ni(Ti，Zr)

A_2B 型：Mg_2Ni

BCC 固溶体型：V-Ti，V-Ti-Cr，V-Ti-Mn、V-Ti-Ni 等

（超）大磁致伸缩系数金属及合金

大磁致伸缩系数 3d 合金：Co40Fe60

超大磁致伸缩稀土金属及合金：$Tb_{0.6}Dy_{0.4}$

超大磁致伸缩稀土金属间化合物：$Tb_{0.27}Dy_{0.73}Fe_2$，$TbFe_2$，$DyFe_2$

磁制冷合金

Gd，$Gd_5Si_2Ge_2$，$LaFe_{13-x}Si_x$ 系，MnAs、MnFe(PAs)，Ni_2MnGa

RT_2(R = Gd，Dy，Tb，Ho，Er；T = Al，Co)

磁蓄冷合金

Er_3Ni，ErNi，$ErNi_2$，$DyNi_2$，$ErCo_2$，$HoCu_2$

磁阻合金

形状各向异性磁阻（AMR）合金：Fe80Ni20 坡莫合金薄膜

巨磁阻（GMR）材料：Fe/Cr/Fe 多层膜，NiFe/Cu/FeMn 多层膜自旋阀

隧道结磁电阻（TMR）材料：Fe/Al_2O_3/Fe 多层膜

磁阻抗合金（GMI）

Co-Fe-Si-B 非晶丝，Fe-Cu-Nb-Si-B 纳米晶薄带，坡莫合金包覆铜丝复合材料

生物医用金属及合金

贵金属及合金：Au，Au86Pd8Pt14

奥氏体不锈钢：Fe-Cr17Ni12Mo2.5(316L)，Fe-Cr18.5Ni14.5Mo2.5(317L)

钴铬系合金：Co-Cr-Ni-Fe-Mo

钛及钛合金：Ti，Ti-Al6V4

Ni-Ti 形状记忆合金（SMA）

****

思考题与习题

17-1 已知 Fe 为体心立方结构，晶格常数为 0.286nm，氢原子的半径为 0.046nm。分析判断氢在金属中

所处的位置。如果仅从结构角度出发，Fe 中能否溶解非常高密度的 H，饱和态 Fe 与 H 的原子比例是多少？

17-2 六方结构的 Ti、Zr 和 Mg 均具有很强的储氢能力。存储氢饱和状态下均生成 MH_2 类型的氢化物。已知这三种金属的原子半径分别为 0.160、0.147、0.158nm。分析判断氢在这几种金属中的所处的位置。（提示：考察金属中间隙尺寸来确定 H 原子的位置。作为估算，六方晶体的轴比均按照 1.663 计算）

17-3 Fe-Ti 适合用作储氢合金。如果按照 Fe 的晶体结构参数（bcc 结构）估算，并以（Fe，Ti）H_2 作为饱和固溶态，该储氢合金中氢原子的体积密度为多大，与 150 大气压下氢气瓶中的氢密度对比结果如何？

17-4 H 在 Fe 单质中的饱和固溶度很低，但在 Fe-Ti 合金中非常高。H 在这两种材料中溶解度相差如此巨大原因是什么？试查阅文献，为所做推断寻找依据。（提示：请查阅 Fe 及 Ti 两种组元吸氢反应的吸放热数据。建议推广到所有储氢合金的单个组元，寻找其中的规律性）

17-5 从实际应用出发，储氢合金在吸收与释放氢方面应当具有什么样的特性，为此，需要合金对氢的化学特性方面有什么特点？

17-6 储氢合金的初始活化是指什么，储氢合金在使用过程中可能遇到哪些导致失效或性能严重衰退的问题？

17-7 储氢合金的实际工程应用有哪些方式？说明其工作原理。

17-8 图 17-6 所示特性曲线中，请针对 0MPa 及 13.8MPa（压应力）两种不同外部应力条件，分别示意性给出 0、40kA/m 及 240kA/m 三种磁场下取向晶体的磁畴结构状态。

17-9 请示意性划出 Terfenol 与 Terfenol-D 两类超大磁致伸缩合金（假设为单晶体）的特性曲线，比较存在的差别，并简要说明原因。

17-10 查阅文献收集一些铁磁性材料的磁致伸缩系数，比较其相对大小。关注稀土及其合金的磁致伸缩系数的特点。

17-11 磁卡效应宏观特性的普遍性规律是什么？（提示：普通磁有序-无序转变为二级相变）

17-12 合金发生磁有序-无序转变过程中，内能与熵变化发生变化的微观机理分别是什么？

17-13 示意性给出合金磁有序-无序转变过程中熵和磁化强度随着温度的变化。温度升高过程中金属及合金的饱和磁化强度降低为零时，磁熵增加是否 100% 完成？给出判别依据。（提示：注意热容的温度变化曲线，关注短程有序）

17-14 请针对图 17-10 说明磁制冷材料的工作原理。示意性给出图中 A、B、C 三点状态下材料中原子磁矩的分布特征。

17-15 如何理解磁蓄冷材料的应用目的？比较它与磁制冷材料工作特性的异同点。

17-16 什么是一级磁相变？能否考虑磁场的影响，用两相的自由能-温度关系曲线说明一级磁相变过程。依此分析一级磁相变过程的磁熵变化特点，并与二级磁相变过程相比较。

17-17 请示意性给出图 17-13 中 MnAs 合金在 $M(T)$ 曲线中 M 处于较低温"高台阶"和较高温"低台阶"状态下合金的相结构及磁结构。

17-18 请结合图 17-15 中 180K 及 190K 下 LaPrFeSi 合金磁化曲线，示意性给出不同磁化阶段合金的磁结构。说明各阶段磁化的属性或者机理。

17-19 针对图 17-16（a）所示的特性曲线，示意性给出 230K 及 280K 下，不同磁场下 $Gd_5Si_{1.8}Ge_{2.2}$ 合金的相结构与磁结构。说明两个温度下的主要磁化机理。

17-20 各向异性磁阻（AMR）材料的磁场灵敏度如何定义，其典型数值是多少？

17-21 目前的巨磁阻（GMR）材料有哪几种类型？请查阅文献资料，总结并比较它们的组织结构与性能特点。

17-22 查阅计算机硬盘信息读取磁头所使用材料的文献资料，了解巨磁阻材料的实际应用。

17-23 GMR 材料的典型结构及制备方法是什么，需要什么特殊的材料制备装置？

17-24 Co-Fe-Si-B 非晶丝 GMI 材料的残余应力状态如何，它如何影响初始态的磁畴结构及其阻抗？

17-25 Co-Fe-Si-B 非晶丝磁阻抗特性曲线（参见图 17-9）中，外加轴向磁场数值为零、比较低及很高时，非晶丝的磁畴结构分别是什么样？这几种磁畴结构下，作为对其中轴向交流电产生磁场的响应，非晶丝分别通过什么磁化机理发生磁化，其磁导率大小如何，电流的频率具有什么影响，其感抗如何？

17-26 非晶丝 GMI 材料的阻抗随着外加轴向稳恒磁场强度的变化规律是 GMI 材料的基本特性，可用于检测弱磁场。请查阅资料，总结 GMI 材料的有关应用及其突出特点。（提示：与第 20 题中关于 AMR 材料加以比较）

17-27 电镀制备 Ni-Fe 坡莫合金（外表镀层）包覆 Cu 丝（内部芯线）如何具有巨磁阻抗效应？

17-28 生物医用材料的两项基本性能要求是什么，它们的实际应用意义是什么？

17-29 按照生理相容性可以将单质金属分成两类，哪些常见的单质金属具有非常明显的生物毒性，哪些单质金属具有良好的生理相容性？

17-30 作为生物医用材料植入人体时，为了保证无毒安全性，奥氏体不锈钢 316L、317L 在合金成分方面有什么特殊选择，各合金元素加以特殊控制的具体作用分别是什么？

17-31 出于某种特殊治疗需求，需要将居里点为 50℃ 至 70℃ 范围的 Ni-Cu 二元合金植入体内。能预见到存在的问题吗，如何解决该问题？

17-32 哪种合金能够同时用作 SMA 和生物医用材料？设想利用其形状记忆效应（SME）更好地完成其生物功能性，试查阅有关资料并加以总结。

参考文献

[1] 龙毅，张正义，李守卫．新功能磁性材料及其应用[M]．北京：机械工业出版社，1997.

[2] 陈贻瑞，王建．基础材料与新材料[M]．天津：天津大学出版社，1994.

[3] 孙光飞，强文江．磁功能材料[M]．北京：化学工业出版社，2007.

[4] 王博文．超磁致伸缩材料制备与器件设计[M]．北京：冶金工业出版社，2003

[5] R. C. O'Handley. 现代磁性材料原理和应用[M]．周永洽等译．北京：化学工业出版社，2002.

第 4 篇

新型金属材料

18 有序金属间化合物结构材料

内容要点：

金属间化合物的晶体结构及缺陷、电子态及结合键等基本特性，力学性能的特点、脆性特征。Ni-Al、Fe-Al、Ti-Al 三种合金体系的金属间化合物研究进展，金属间化合物结构材料的未来发展展望。

金属间化合物材料是当前正在发展的一类新型金属材料。以前所有的金属材料，都是以相图中端际固溶体为基体；而金属间化合物材料，则以相图中间部分的有序金属间化合物为基体。因此，这是一类全新的材料，与传统的金属材料相比，有许多新的特点和规律。

早在 20 世纪 50 年代，人们就已发现金属间化合物具有作为高温结构材料的特殊优点，即许多金属间化合物的强度随着温度的升高不是连续下降，而是先升高后下降。这种强度随温度升高而提高是一种反常强度-温度关系，完全不同于传统金属材料的强度随温度升高而不断下降的关系。这一发现推动了一轮研究热潮，去探索强度随温度升高而提高的物理本质，由此在金属间化合物形变特性和屈服强度反常温度关系机制方面提出了新的模型。但是，由于材料有严重的脆性，发展材料的研究工作没有进展。1979 年，日本的 Izumi 发现加硼可以大大提高 Ni_3Al 金属间化合物的塑性，为解决金属间化合物的脆性问题提供了可能性。由此，以美国为代表的先进工业国家，为了能在 21 世纪保持在航空和航天领域的优势，大力推动了这方面的研究工作。希望能发展出一种能耐更高温度，比强度更高的新型高温结构材料，给新一代航空和航天器的发展开辟一个新时代。因此，具有轻密度、高熔点、具有塑性的金属间化合物结构材料，广受瞩目。

十多年来，先进工业国家，如美、日、欧洲诸国都制订了全国性的研究计划，每年都有多次相关学术会议交流这方面的研究成果，目前已取得重大进展。发展金属间化合物的主要目标是发展比镍基高温合金具有更高高温比强度的轻金属材料，特别注重发展一种介于镍基高温合金和高温陶瓷材料之间的高温结构材料。如图 18-1 所示，目标是要充填镍基高温合金和先进高温陶瓷材料之间的空隙。不仅是指使用温度在它们两者之间，而且是指其机械性能也存在它们两者之间，即比镍基高温合金具有更高的比强度，又比先进高温陶瓷材料具有更高的塑性和韧性，并在其生产工艺和装备上更接近已有金属材料的生产装备。

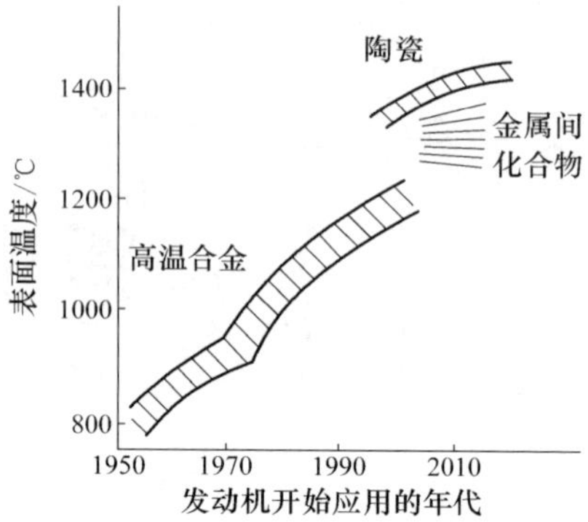

图 18-1 高温结构材料的发展示意图

目前已发展出许多有希望工业化的金属间化合物合金，确实具有比镍基高温合金更高的比强度，其中有的已经做成许多模型零件，经受实际使用考验。有的已经进入生产阶段，在航空科技领域、汽车工业及其他民用工业应用。虽然某些新型金属间化合物结构材料确实具有比镍基高温合金更高的比强度，但是在使用温度上，还达不到充填镍基高温合金和先进高温陶瓷之间空隙的目标。因此，当前的研究要更加注重于发展更高温更好综合性能的金属间化合物系，同时使已发展的新型金属间化合物结构材料实用化。

本章主要介绍金属间化合物材料的理论基础，同时简略介绍目前发展的各类新型金属间化合物结构材料。

18.1 金属间化合物的基本结构

金属间化合物是金属之间的化合物，它具有不同于组成金属晶体结构的长程有序点阵结构，这种结构的形成反映了不同金属原子之间的非常强的交互作用。金属间化合物的特殊的力学性能和物理、化学性能，与其晶体结构、电子结构有密切联系。

18.1.1 金属间化合物的晶体结构及缺陷

金属间化合物的晶体结构是多种多样的，由于金属间化合物的键性仍具有金属键的基本特性，因此，其晶体结构也倾向于尽可能密排。但是它与金属元素的密排晶体结构又不尽相同，可以大致分为两大类：一类是金属元素密排晶体结构的衍生结构，包括面心立方（fcc）衍生结构、体心立方（bcc）衍生结构和密排六方（hcp）衍生结构等；另一类是具有更为复杂的密排结构，主要有拓扑密排相（TCP 相）及硅化物复杂结构相等。

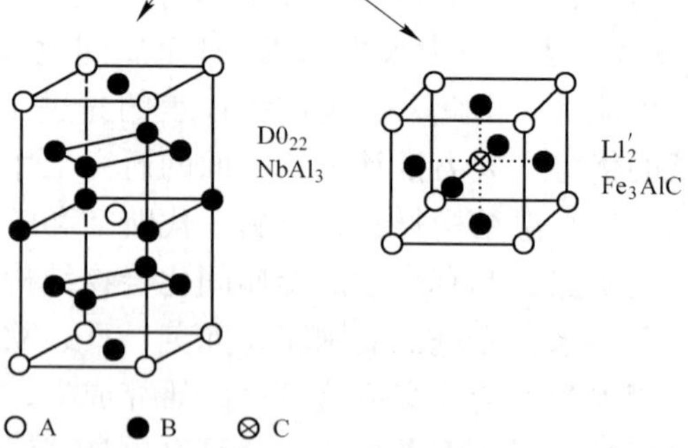

图 18-2 fcc 的各种有序衍生结构

18.1.1.1 面心立方（fcc）的有序衍生结构（图 18-2）

（1）$L1_2$ 结构。主要是 AB_3 金属间化

合物，如 Ni_3Al、Cu_3Au 等。晶体单胞的原子位置与 fcc 结构相同，每个单胞有 4 个原子，但异类原子占据不同位置，面心位置是镍原子，顶点位置是铝原子。在密排面(111)上的 *A*、*B* 两类原子交替有序排列（图18-3），原子沿 $\boldsymbol{b}_A$、$\boldsymbol{b}_S$ 或 $\boldsymbol{b}_C$ 矢量移动就分别形成三种面缺陷，即反相畴界（APB），内禀层错（SISF）和复杂层错（CSF）。

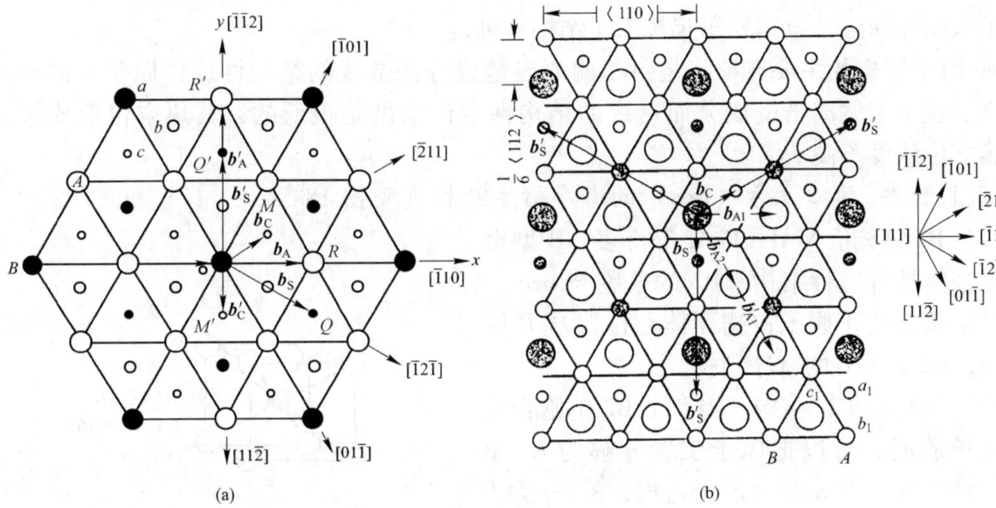

图 18-3　点阵结构

（a）$L1_2$ 结构的(111)原子排列；（b）DO_{22}结构的(111)原子排列

（2）$L1_0$ 结构。一些 AB 型金属间化合物具有这种结构，如 TiAl、CuAu 等。这种结构也是 fcc 的衍生结构，但 *A*、*B* 两类原子面沿 *c* 轴方向交替排列，同时引起点阵畸变，使 fcc 变为面心正方(fct)结构，*c/a* 轴比约为 1.02～1.04。在(111)密排面上的 *A*、*B* 两类原子分别沿[$\bar{1}$10]方向排列呈行并按行交替排列。同样有 $\boldsymbol{b}_A$、$\boldsymbol{b}_S$ 和 $\boldsymbol{b}_C$ 滑移矢量分别形成 APB、SISF 和 CSF 面缺陷（图 18-4）。

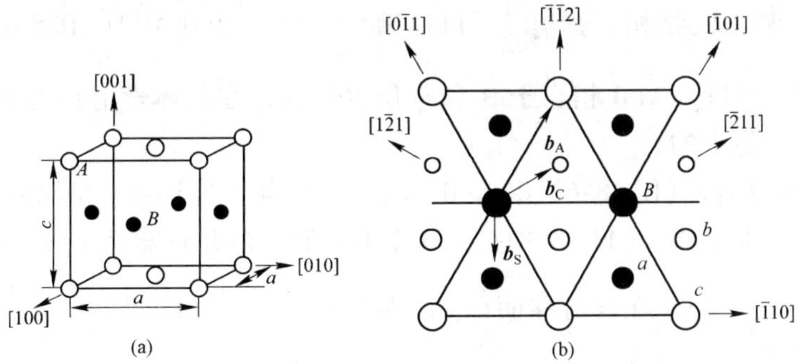

图 18-4　$L1_0$ 结构的(111)原子排列

（3）DO_{22}结构。$TiAl_3$、$NbAl_3$ 等 A_3B 相具有这种结构。这种结构是 $L1_2$ 型结构的变种，可视为 $L1_2$ 结构沿 *c* 轴每隔一个$(001)_{L1_2}$，产生一个$\frac{1}{2}[110]$滑移形成一个 APB 而得到。因而是正方点阵单胞，$a_{DO_{22}} = a_{L1_2}, c_{DO_{22}} = 2c_{L1_2}, \frac{c}{a} = 2$。当 $L1_2$ 结构的(100) APB 能比较

低时，容易转变为 DO_{22}结构。

（4）DO_{23}结构。DO_{23}结构与 DO_{22}结构相似，不过是每隔两个$(100)_{L1_2}$产生 1 个(001)面上的$\frac{1}{2}\langle 110\rangle$滑移而得到，因此，$a_{DO_{23}}=a_{L1_2}$，$c_{DO_{23}}=4c_{L1_2}$，$\left(\frac{c}{a}\right)_{DO_{23}}=4$。

（5）$L1_2'$结构。当有间隙原子如碳、氮存在时，可能出现这类结构，如 Fe_3AlC，碳原子处于八面体间隙，金属原子仍按 $L1_2$ 结构排列。

fcc 衍生结构的主要点缺陷是由于偏离当量成分而造成的结构性反位原子，或称组成反位原子。由于偏离当量成分而造成的结构性空位浓度是很低的，其热空位形成温度较高，热空位浓度不高。

18.1.1.2 体心立方（bcc）的有序衍生结构（见图 18-5）

（1）B2 结构。NiAl、FeAl 等许多 AB 型金属间化合物具有这种结构。B2 的单胞与 bcc 一样，只是基点被 A 原子占据而体心位置被 B 原子占据，B2 是 bcc 的有序结构。

（2）DO_3 和 $L2_1$ 结构。当 8 个 B2 单胞合成一个大单胞时，可以把原子位置分解为 α、β 和 γ 三种位置，当 α 为 A 原子占据，β + γ 为 B 原子占据时，就是 B2 结构；当 α 和 γ 被 A 原子占据（如 Fe），β 位置为 B 原子占据（如 Al），则形成 Fe_3Al 的 DO_3 结构，其单胞是 B2 的 8 倍；当三种位置分别被 A，B，C 三种原子占据时，就为 $L2_1$ 结构，如 Ni_2AlTi。

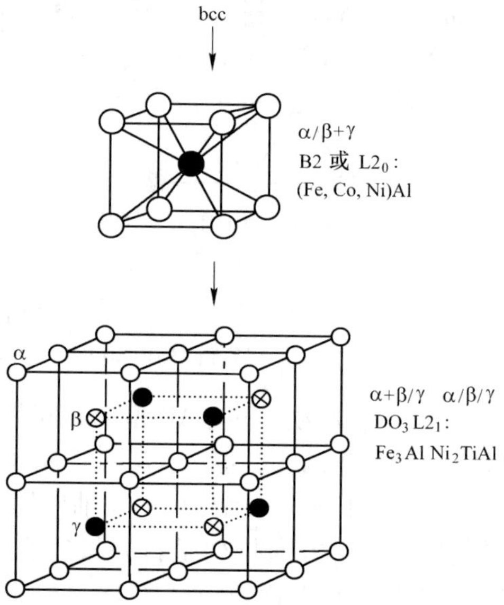

图 18-5 bcc 有序衍生结构

B2 结构没有稳定的 SISF 存在，但在{110}或{112}面上的$\frac{1}{2}\langle 111\rangle$位移矢量则产生稳定的 APB。对于 DO_3 和 $L2_1$ 结构，则有$\frac{1}{2}\langle 111\rangle$和$\langle 111\rangle$两种 APB。$\langle 111\rangle$ APB 相当于 β 和 γ 位置互换，在晶体学上相当于$\langle 001\rangle$APB，所以一般来说它总是稳定的。

$C11_b$ 的 $MoSi_2$ 结构（图 18-6）和 C40 的 $CrSi_2$ 结构（图 18-7）是两种典型的 bcc 衍生结构的复杂的长周期结构。$C11_b$ 结构是由 3 个 bcc 沿 c 轴方向堆垛而成。但在 c 轴方向有较大的压缩，所以$\frac{3}{a}<3$。在其滑移面(110)面上有 $b_A=\frac{1}{2}[1\bar{1}1]$，$b_C=\frac{1}{4}[1\bar{1}1]$，$b_S=\frac{1}{4}[1\bar{1}3]$三种滑移矢量，分别产生 APB、CSF 和 SISF 三种缺陷。

C40 的 $CrSi_2$ 结构的单胞和基面上原子排列见图 18-7，其基面上的原子排列与 $C11_b$ 结构的(110)面相似，但其堆垛顺序为 ABCABC。而 $C11_b$ 结构是其按 ABAB 堆垛的，所以在 $C11_b$ 结构(110)面上产生一个 SISF，就像引入 C40 结构的三层堆垛一样。

bcc 衍生相都具有较低的空位形成能和较高的空位浓度。温度大于0.33熔点时就产生显著的空位。偏离当量成分引起的结构性缺陷则随化合物和成分而异。

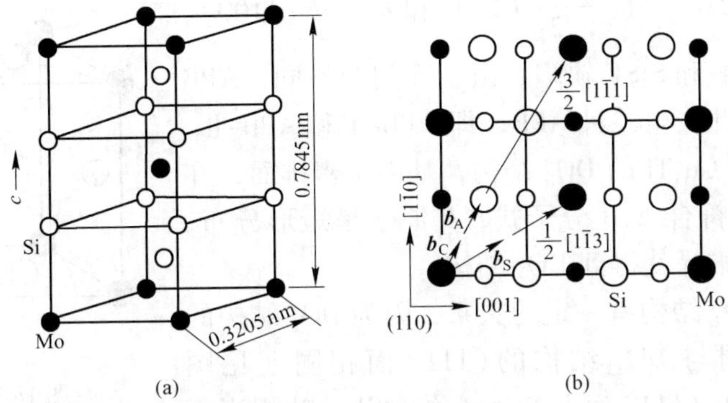

图 18-6 $MoSi_2$ 的 $C11_b$ 结构单胞（a）和 $MoSi_2$（110）面上原子排列（b）

（○ 和 ○ 表示两相邻(110) 面上原子排列）

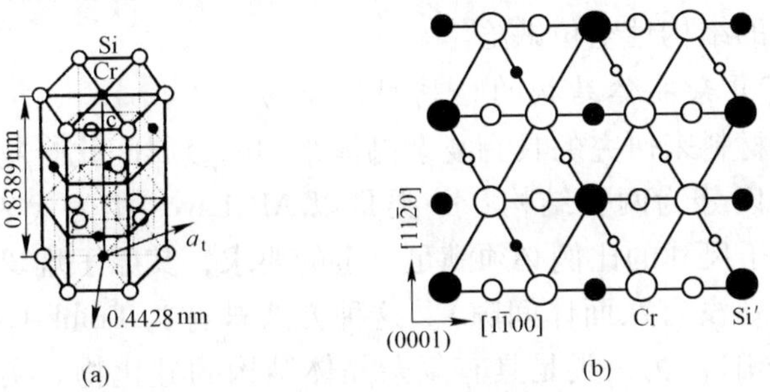

图 18-7 C40 的 $CrSi_2$ 结构单胞（a）和 C40 结构基面上原子排列（b）

（○、○ 和 ◦ 分别表示三层基面上的原子排列）

18.1.1.3 密排六方结构的有序衍生结构

DO_{19}是基本的密排六方有序衍生结构，分子式 A_3B，典型代表是 Ti_3Al。另一种有序衍生结构是正交的 DO_a 结构（见图 18-9）。图 18-8 给出了 DO_{19}结构的单胞。有序化使 DO_{19}单胞比原来的 hcp 单胞大四倍，$a_{DO_{19}} = 2a_{hcp}$，$c_{DO_{19}} = c_{hcp}$。图 18-8b 指出在基面上有三种位

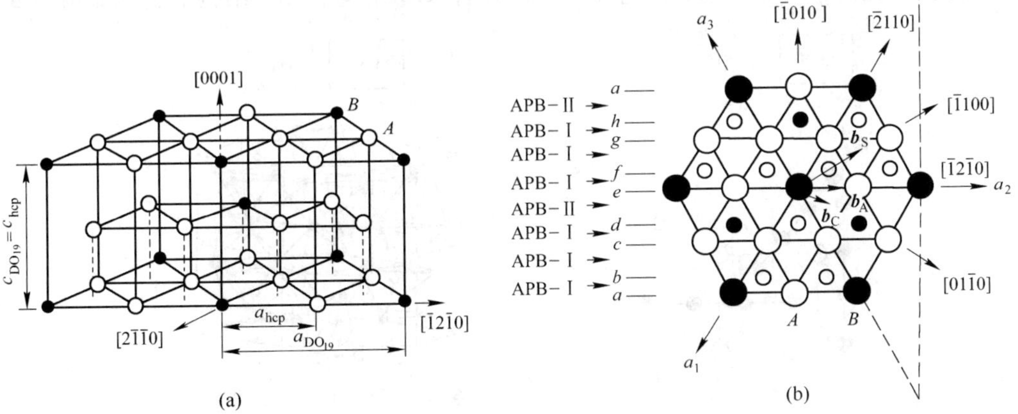

图 18-8 DO_{19}单胞（a）和 DO_{19}基面上的原子排列（b）

（大小圈表示两个相邻面上的原子）

移矢量，$\boldsymbol{b}_A=\frac{1}{3}[\bar{1}2\bar{1}0]$，$\boldsymbol{b}_C=\frac{1}{2}[01\bar{1}0]$和$\boldsymbol{b}_S=\frac{2}{3}[\bar{1}100]$，分别形成 APB，CSF 和 SISF 缺陷。由于面间距不同，APB 能的大小不同，由此产生二种 APB，即 APB-Ⅰ和 APB-Ⅱ。

图 18-9 是正交 Cu_3Ti 的 DO_a 结构，基面是密排面，在此面上的原子比例符合 A_3B 分子式，B 原子呈矩形分布，这个基面按 ABAB 堆垛就得到 DO_a 结构。

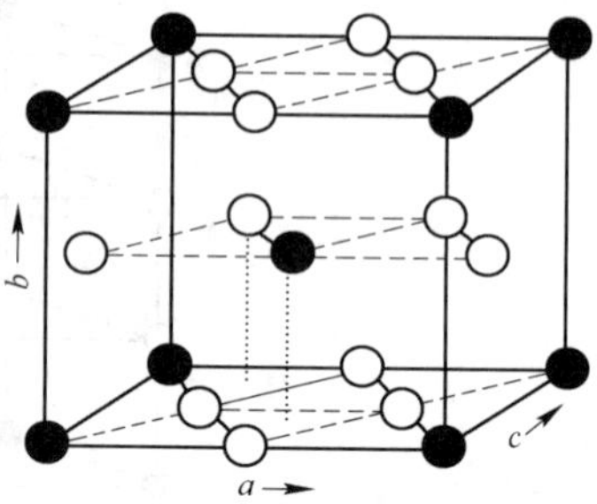

图 18-9 DO_a 单胞

DO_a 结构与 DO_{22} 结构有一定的关系，因为 DO_a 结构的基面原子有序排列与 DO_{22} 结构的(111)面相同（见图 18-3b），因此在 DO_{22}(111)面上产生一个 SISF，就相当于产生一个 4 层的 DO_a 式的堆垛。

具有 DO_{19} 结构的 Ti_3Al，当成分偏离当量成分时产生结构性缺陷，主要是结构性反位原子，尚未发现明显的结构性空位缺陷。

18.1.1.4 具有复杂晶体结构的金属间化合物

目前，作为结构材料来研究的具有复杂晶体结构的金属间化合物不是很多，按其晶体结构特点，大体上可以分为两类结构：一类是以 AB_2Laves 相为代表的尺寸因素化合物，特点是其组成元素原子尺寸的比例必须满足一定的要求，其原子堆垛方式是一种只具有四面体间隙的堆垛方式（没有八面体间隙）。这种方式被称为 Frank-Casper 堆垛方式，并称为拓扑密排相（TCP 相）。另一类是具有复杂晶体结构的硅化物。实际上硅化物的结构各式各样，很难说属于同一类，这里只是因为硅化物是一类很重要的金属间化合物结构材料，而且晶体结构大多比较复杂，故而归为一类。

硅化物主要有 MSi_2、M_5Si_3 和 M_3Si 等几类。MSi_2 类硅化物的结构大体有 $C11_b$($MoSi_2$)，C40($CrSi_2$,$NbSi_2$,$TaSi_2$)和 C54($TiSi_2$)三种。M_5Si_3(Ti_5,Si_3 等)大多具有 $D8_8$ 结构，M_3Si 大多具有 A15 结构，只有 Ni_3Si 和 Nb_3Si(0)具有 $L1_2$ 结构。我们在 bcc 衍生结构一节中已经介绍过 $C11_b$ 和 C40 结构。

A15 及 $D8_8$ 结构见图 18-10，立方 A15 结构实际是最简单的 TCP 相，近来作为潜在高温结构材料研究的 Cr_3Si 和 Nb_3Al 化合物相都具有 A15 结构。A15 结构的特点是硅（或铝）

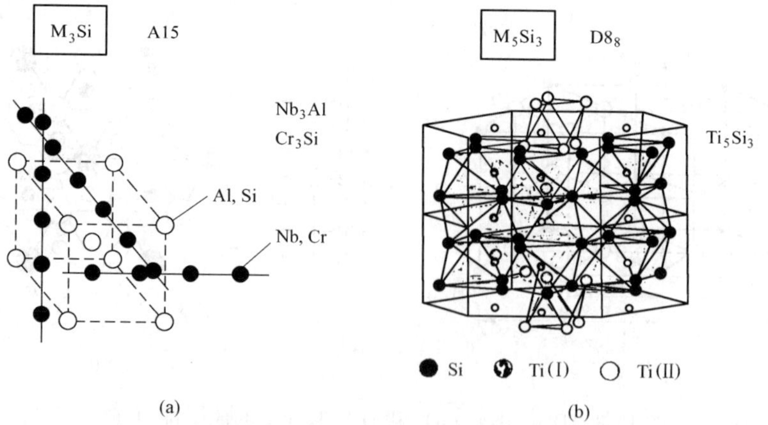

图 18-10 Cr_3Si(A15)(a)和 Ti_5Si_3($D8_8$)晶体结构(b)

原子组成体心立方排列，而铬（或铌）原子组成三个正交的原子键穿过体心排列，所以有人把 A15 结构视为 bcc 衍生相，至少应视为复杂的 bcc 衍生结构。

$D8_8$ 结构的特点（以 Ti_5Si_3 为例）是一部分 Ti(Ⅰ)原子沿着六方轴方向形成链状，周围有组成八面体排列的硅原子，而第二类 Ti(Ⅱ)原子形成沿 c 轴连接的八面体列，进入这类八面体间隙的间隙原子能稳定 $D8_8$ 结构。因此一些非 $D8_8$ 结构的 M_5Si_3 相可以通过加入碳等间隙原子而转变为 $D8_8$ 结构（有人称为 Nowotny 相）。

TCP 相即拓扑密排相是最密排的结构，配位数大于 12，因而它只能是由不同原子尺寸的异类原子组成，并要满足一定范围的原子尺寸比（R_A/R_B）及电子浓度比。TCP 相包括 Laves、$\mu(A_7B_6)$、$\sigma(AB)$ 和 $\chi(Fe_{32}Cr_{12}Mo_{10})$ 等相。

Laves 相是典型的 TCP 相，分子式为 AB_2，A 为大原子，B 为小原子，它有三种不同的结构：C14 的 $MgZn_2$ 六方结构，C15 的 $MgCu_2$ 立方结构和 C36 的 $MgNi_2$ 双六方结构。图 18-11 是三种结构中 A 原子与 B 原子分别组成的四面体网络。C15 的立方 $MgCu_2$ 结构由 24 个原子（8 个 A 原子，16 个 B 原子）组成，B 原子组成正四面体，它们在空间以顶点对顶点联结（见图 18-11a）组成 B 原子点阵；A 原子为金刚石结构（见图 18-11d），两者穿插起来，使 A 原子处于 B 点阵最大间隙中，这样就得到如图 18-12a 的单胞，8 个 A 原子本身组成金刚石结构，16 个 B 原子分成 4 个四面体交叉分布于晶胞中。六方的 $MgZn_2$ 由 12 个

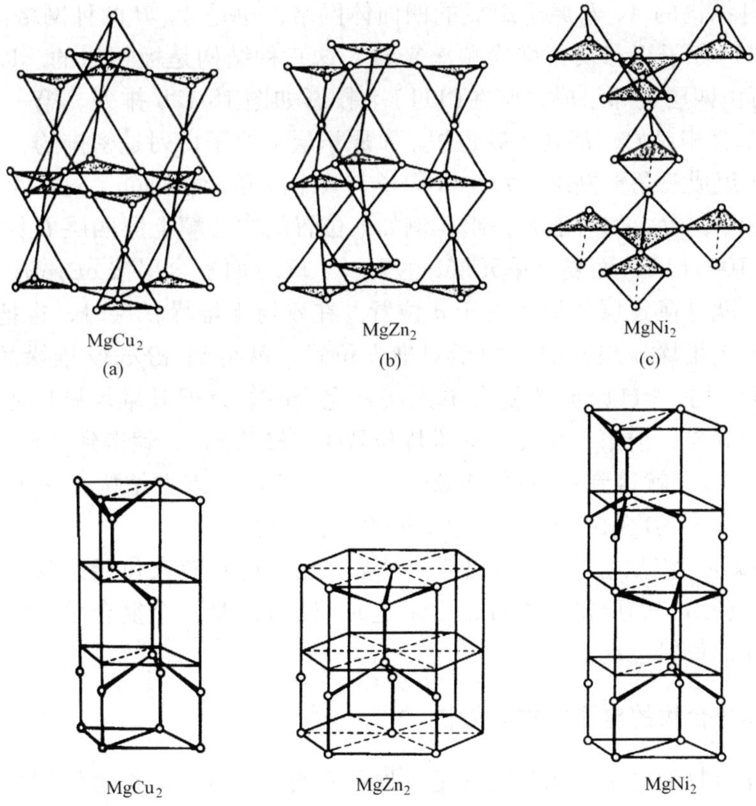

图 18-11 AB_2 Laves 结构中的四面体网络

（a）、（b）、（c）B 原子组成的四面体网络；（d）、（e）、（f）A 原子组成的四面体网络

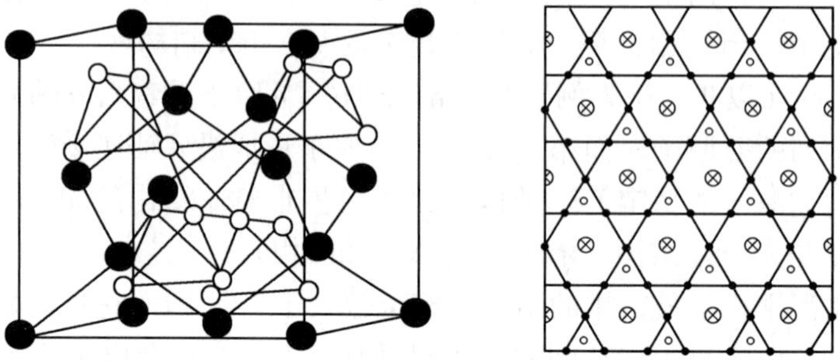

图 18-12 Laves 相 $MgCu_2$ 相结构

（a）$MgCu_2$ Laves 单胞；（b）$MgCu_2$ Laves(111)面复合单元层上的原子排列及复合单元层的堆垛顺序

○—第一层 *A* 原子，设为 *a* 位置；×—第三层 *A* 原子，垂直重叠第一层 *A* 原子；

•— 第二层 *B* 原子；○— 第四层 *B* 原子，处于 *B* 原子三角形中心的

B 原子位置是 *b* 位置，则其对应的中心位置为 *c* 位置

原子组成（4 个 *A* 原子，8 个 *B* 原子）；而双六方的 $MgNi_2$ 由 24 个原子组成（8 个 *A* 原子，16 个 *B* 原子），单胞 c/a 的轴比是 $MgZn_2$ 的 2 倍，故而称双六方结构。图 18-11b，c，e，f 分别表示出两种结构的 *A*、*B* 原子组成的四面体网络，也是 *A*、*B* 两种网络穿插组成点阵。从 $MgCu_2$ 的(111)原子组态及其堆垛顺次来看，这三种结构是极相似的。以 $MgCu_2$ 为例，其(111)实际可由四层近邻组成，其在(111)上投影如图 18-12b 排列。第一层 *A* 原子与第三层 *A* 原子是垂直相对的，都处于 *a* 位置。*A* 原子层上原子排列是密排的，二层 *B* 原子插在中间。*B* 原子组成三角形网络，每个 *A* 原子与 6 个三角形相近邻，这 6 个三角形各取其三分为两组 *b* 和 *c* 位置，如对准其一组，例如 *b* 位置的中心填上第四层 *B* 原子，将这样的四层作为一个(100)(111)面复合单元层，使这个(111)面复合层按 $\alpha\beta\gamma\alpha\beta\gamma$ 堆垛，就得到 $MgCu_2$ 结构，也就是在 α 层 *A* 原子处于 *a* 位置。在 α 层上堆垛 β 层时，也把 *A* 原子对准 *c* 位置，再在 β 层上堆垛 γ 层，把 *A* 原子对准 *b* 位置，就得到 $\alpha\beta\gamma\alpha\beta\gamma$ 堆垛的 $MgCu_2$ 结构。对于 $MnZn_2$C14 结构，(111)面各复合单元层是完全一样，但其堆垛顺序不同。若仍以 *a* 位置堆垛第一单元层，但第二单元层的堆垛位置由 *b* 转移到 *c*，就得到 β' 堆垛；如此以 $\alpha\beta'\alpha\beta'\cdots$ 堆垛顺序类推，就得到六方的 $MgZn_2$ 结构。$MgNi_2$ 双六方结构介于上述两种结构之间，其堆垛顺序改为 $\alpha\beta'\beta\gamma\alpha\beta'\beta\gamma\cdots$，则组成双六方结构。

由于三种 Laves 相结构之间的相似性，只要有相应的肖克莱位错滑移，很容易在一种结构中产生另一种结构的层错。不过，由于这时(111)面是一个复合单元层，所以位错运动也是一种团体的位错运动。

18.1.2 金属间化合物的电子结构与键性

金属生成化合物的电子结构和键性是各种各样的，可以大体按键性特征分为三类：即以离子键结合为主要特征的 Zintl 相；以共价键结合为主要特征的 Wurtzite 相；以金属键为主含有部分局部化电子形成的非金属键性的金属间化合物。在这类化合物中，定向键的强弱差别很大，有时，某些电子化合物密排相的公有化电子密度分布不均匀，异类原子间分

布密度高一些，但不是很强，甚至还不能说形成定向键，基本上是金属键结合。例如 KNa_2 化合物。

Zintl 相的价电子数为 8，正好充满价电子轨道。它们往往是周期表中ⅠA，ⅡA 元素与ⅢB-ⅤB 元素之间的化合物，如 NaTe（立方结构 B32）、Mg_2Si（立方结构 C1）等，电子结构似典型的离子键晶体 NaCl，正负离子之间的库仑力是主要的结合键。实际上 Zintl 相不是典型的金属间化合物，它还可以细分为若干小类，其电子结构不尽相同，例如 AlB_2（立方结构 C32）等。鉴于它不是本书所涉及的主要金属间化合物，这里不再深入讨论。

纤锌矿（Wurtzite）和闪锌矿（Zincblende）相具有类似金刚石结构，有强的共价键结合，例如 $CuSe_2$、Ag_3Al 等。这类化合物也非典型的金属间化合物，也很少作为结构材料研究。

作为结构材料的金属间化合物通常以金属键性为主，但含有其他键的因素。这里包括有以价电子浓度为控制因素的 Hume-Rothery 电子化合物，以尺寸因素为控制因素的尺寸因素化合物或 TCP 相等。可以说大部分过渡金属的金属化合物属于这一类。其中过渡金属的铝化物、硅化物和 AB_2 Laves 相是备受重视的。它们是目前结构材料研究的主要对象。

近来已用第一原理计算了几个典型金属间化合物的电子结构，图 18-13 是 Ni_3Al 的计算结果。这个计算结果说明，铝原子的 p 电子与镍原子的 d 电子有强的杂交作用，有电子转移。铝原子是正电性的，它供应 p 电子形成 Ni-Al 原子间定向的 d-p 键合电子，这种结合具有共价键性质（定向键）。与此同时，镍原子之间是金属键结合的，具有公有化 d 电子结合。由于镍原子的非结合性的局部化 d 电子的减少，增加了 Ni-Ni 间公有化电子，加强了金属键结合。

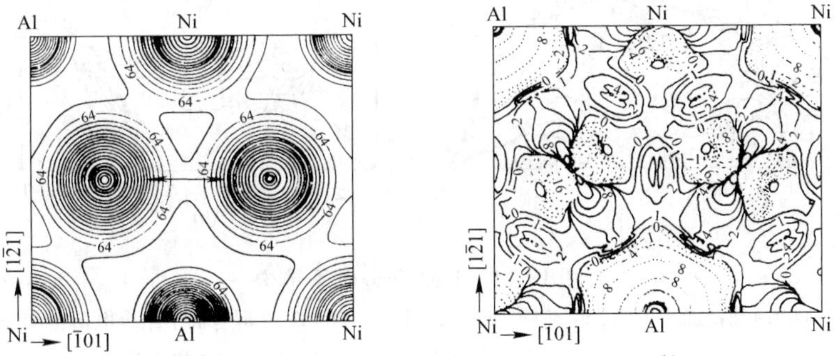

（单位：10^{-3} e/cawe）^{5}

图 18-13 $Ni_3Al(111)$的总的电荷密度分布 Ni_3Al（a）与中性 Ni_5Al（b）(111)的电荷密度之差（实线、虚线代表增加、减少电荷密度，这个差值代表结合电荷的强弱）

NiAl 的电子结构的第一原理计算表明，镍原子与铝原子的电荷密度分布变化与 Ni_3Al 相似；铝也是正电性的，给出电子，其 p 电子与镍的 d 电子进行杂交；镍原子之间是公有电子的，但是 NiAl 与 Ni_3Al 的原子比例不同，两种键性的相对强弱就不同。这种区别反映在组成点缺陷类型上，Ni_3Al 的结构性组成点缺陷主要是反位原子，而 NiAl 则不同。过当量的 NiAl 中，镍空位浓度比较高，铝的反位原子浓度较低；而在亚当量成分区，过量的镍原子易形成反位原子。这是由于铝原子是正电性的，当铝原子含量大时，过量铝原子形成反位原子，会明显增加 Al-Al 之间斥力，能量上不如形成镍原子组成空位有利。可是当过量镍原子形成反位原子时，却会明显增加 Ni-Ni 之间的金属键结合，所以是有利的。

TiAl 具有 $L1_0$ 结构，用第一原理计算的电子结构如图 18-14 所示，分别是(001)纯钛面和(100)Ti-Al 原子混合面的结合电荷密度分布图。图 18-14a 清楚地表明，由于形成了 *d-d* 电子重叠，导致纯钛面中 Ti-Ti 最近邻原子之间的定向键，但是在 Ti-Ti 次近邻原子之间电子密度增加不多，即(001)面的钛原子间沿〈110]方向存在有明显的定向极性键合；此外，在(110)和(112)等其他纯钛面上也类似，因而沿〈001]方向也有这种定向键合特性。图 18-14b 表明铝的 *p* 电子与镍的 *d* 电子沿[001]方向杂交，使(001)纯铝面上的电荷密度减少，增强了(100)面上 Ti-Al 键合。而(001)纯铝面上铝原子之间是金属键结合。同时分析说明，键合的共价键性还与两原子面间的距离有关。若该原子面的间距较小，则 Ti-Al 原子间的相互作用将增强，可有效地减弱共价键性。Greenberg 等人最早提出，TiAl 相中的键合普遍具有某些共价键特征，这种键合的方向性（共价键性）将使位错运动的派纳力呈各向异性，当位错线方向为〈001]、〈110]和〈112]时，即垂直于纯 Ti 原子所构成晶面（或平行于强共价键方向）时，运动位错将承受很高的派纳力而难以运动。这是 TiAl 电子结构导致的位错运动的基本特点。TiAl 合金的缺陷主要是反位原子。

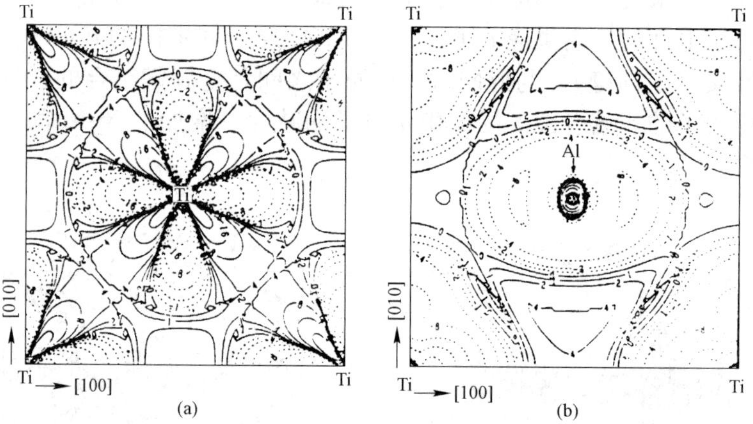

图 18-14 TiAl 合金电子结构

(a) (001)纯钛面上的结合电荷密度分布；(b) (100)Ti-Al 混合面上结合电荷密度分布

结合电子密度指 TiAl 电荷密度与纯钛纯铝电荷密度之和的差值

（实（虚）线为增加（减少）电荷密度）

18.1.3 金属间化合物的晶界结构

许多金属间化合物表示出严重的晶界脆性，优先发生沿晶断裂。例如，具有 $L1_2$ 结构的 Ni_3Al、Ni_3Si、Ni_3Ga、Ni_3Ge、Pt_3Ge、Zr_3Al、$Al_{67}Ni_8Ti_{25}$、$Al_{67}Cr_8Ti_{25}$ 等都发生室温沿晶断裂；具有 B2 结构的 NiAl、FeAl、$Ni_{30}Al_{20}Fe$ 及 $MoSi_2$、Ti_5Si_3（$D8_8$ 结构）、$Be_{12}Nb$（bct 结构）等合金则易发生室温沿晶和串晶混合断裂。因此，$L1_2$ 结构及 B2 结构的晶界结构及其对形变断裂过程的作用，是一个重要的研究内容。本节以 Ni_3Al 及 NiAl 的晶界结构为典型例子，来说明金属间化合物的晶界结构特性。

用分子静力学的方法来模拟 $L1_2$ 的晶界结构，无论是用简单的对势还是多体势来进行模拟，均得到类似图 18-15 的结果。图 18-15a 是 0K 下 Cu_3Au 的 $\Sigma=73(830)/[001]$ 对称倾转晶界的结构，图 18-15b 是 Ni_3Al 的晶界的结构。由于这种模拟一般不考虑成分的变化（即不同原子之间的交换），只考虑原子位置的松弛以得到具有最低能量的晶界结构，所以只能看出由能量松弛导致的原子结构变化，而 A、B 两类原子之比没有变化。由于 Cu_3Au 的有序能很低（其有序化温度 T_c 很低），而 Ni_3Al 则具有高有序能，因此其晶界结构有很大不同，对于 Cu_3Au 原子能够进行较大的位移以松弛能量，结果使得晶界区原子的位置既不同于界面上方的原子排列，也不同于界面下方的原子排列，而是一种拓扑分布，与一般 fcc 晶界结构相近。Ni_3Al 则不同，晶界区原子移动较小，使得晶界区的原子仍可视为或者属于晶界上方的原子排列，或者属于晶界下方的原子排列。结果形成周期性的柱状空穴（如图 18-15b）。这种柱状空穴的形成是由于晶界两边晶体的错配度引起的。对于完全共格的界面（如 $\Sigma=3(111)$），则不出现这种柱状空穴。这种柱状空穴可能是晶界裂纹的发源地，导致晶界脆性，同时 Ni_3Al 晶界原子排列比较有序，因而发射位错要克服较大的 APB 能。

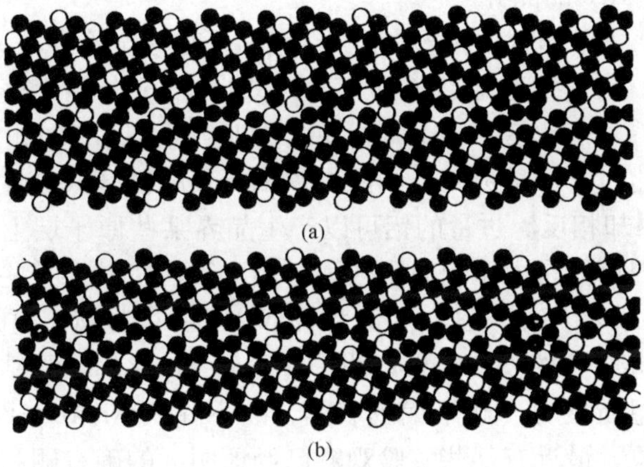

图 18-15 0K 下 $\Sigma=73(830)/[001]$ 对称倾转晶界结构

（a）Cu_3Au；（b）Ni_3Al

○—Al 和 Au 原子；●—Ni 和 Cu 原子

在 $T>0K$ 时，要考虑熵的变化对晶界结构的影响。此时必须允许有成分变化性的原子交换，即模拟时要允许相当数量的不同组成原子之间发生交换（但两种原子的总数不变）。此时晶界结构的周期性规律仍要保持，但其周期单胞要扩大几倍，并且不作原子周期排列的刚性移动。这种模拟一般采用 Monte Carlo(MC)方法。图 18-16 是 Cu_3Au 300K 的模拟结

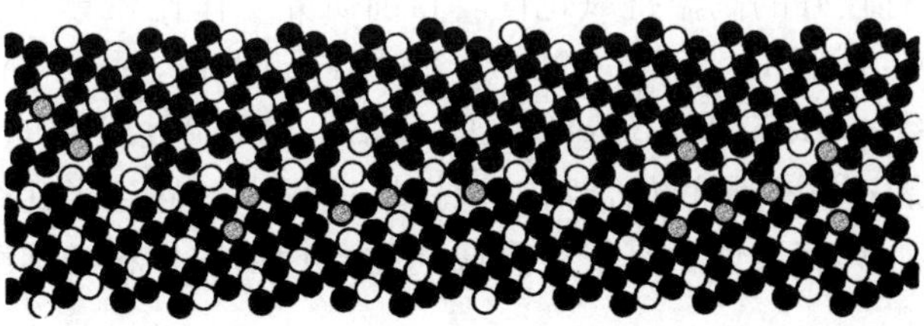

图 18-16 Cu_3Au 300K 的 $\Sigma=73(830)$ 晶界平衡结构

●—95% 以上是铜原子；○—5% 以下是铜原子（5 种灰度的○表示不同几率的铜原子）

果。此结果证明，晶界区原子几何拓扑分布与0K情况相似，但铜和金的原子比例发生很大变化。图18-17给出不同原子层上Cu/Au原子比的变化（以过剩铜摩尔分数表示）。0原子层表示晶界面，+1，+2…表示晶界面上面晶粒内的原子层，而 -1，-2…则为晶界面下面晶粒内的原子层。由图可见，300K时 Cu_3Au 晶界面已发生很大的成分性无序。温度升高，成分性的无序化加大，而且更深入到基体。当温度达到有序化温度 T_c 时晶界和晶内均为成分性无序分布。不过，晶界原子的拓扑几何排列仍保持，就像fcc的晶界一样。

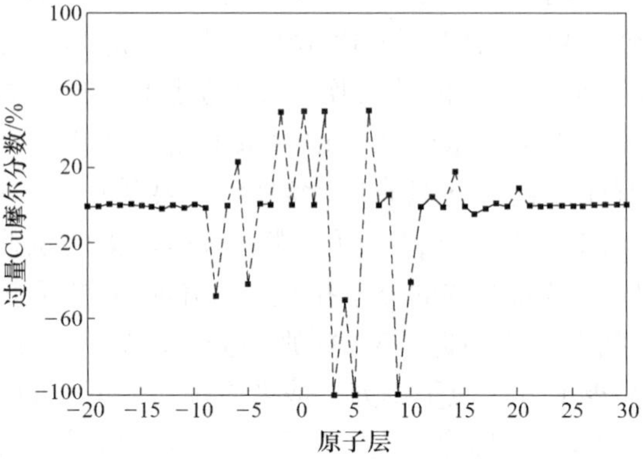

图18-17　300K下 $Cu_3Au\Sigma=73(830)/[001]$ 界面上不同原子层的过量 x(Cu)分布

Ni_3Al 则情况不同，成分性无序发展很少，室温下是完全不存在；在600K开始有极少量的成分性无序发生；只在接近熔点 T_m 时，才有明显的成分性无序发生。当然，晶界的拓扑原子分布仍保持着。当改变 Ni_3Al 成分使之为亚当量 Ni_3Al 时，则发现有明显的镍晶界偏析及成分性无序化。含镍量愈高，则晶界镍偏析及晶界区成分性无序化愈严重。过当量的 Ni_3Al 模拟的结果却相反。过量的铝可以产生晶界某些原子层上的铝偏聚，但没有引起成分性无序化。原因可能是由于铝原子较大，因此只能在晶界某些有利地区偏聚，引起局部的富铝的二维Ni-Al有序排列区（有人称为NiAl区）。显然，这是晶界脆性区。

Ni_3Al+B 合金晶界结构的模拟结果证明，含硼的 Ni_3Al 的晶界结合能有所下降，从而提高断裂时所需的理想断裂功（硼不偏到表面，故不降低 Ni_3Al 表面能）。同时，推测硼与镍可能有共偏析现象。最近有某些实验观察已经证明，的确有硼和镍共偏析现象和晶界成分性无序区。但这种无序区的尺度很小，在含硼的Ni-24Al合金中，在距晶界20nm内发现有这种无序区。尽管这种区很小，但仍可影响晶界裂纹尖端发现位错的能力和位错运动穿过晶界的能力，从而韧化晶界。

18.2　金属间化合物结构材料的基本力学性能特征

金属间化合物作为结构材料的基本特色是有高的比强度，不仅在室温下有高的比强度，而且在高温下也能保持高的比强度。因此，作为高温结构材料的金属间化合物，必须是密度低的，而且要有较好的高温抗氧化性。目前研究工作比较集中于过渡金属的铝化物和硅化物。例如，Ni-Al系的 Ni_3Al、NiAl，Fe-Al系的 Fe_3Al、FeAl，Ti-Al系的TiAl、Ti_3Al、Al_3Ti，Ni-Si系的 $Ni_3Si(Ti)$，Fe-Si系的 $Fe_3Si(Al)$，Mo-Si系的 $MoSi_2$、$MoSi_3$，Ti-Si系的 Ti_5Si_3 等。在发展这些金属间化合物结构材料过程中，遇到了几个基本的力学性能问题，它们在不同程度上具有共性，是发展金属间化合物结构材料必须解决的问题。

18.2.1　金属间化合物的屈服强度反常温度关系

金属间化合物力学性能的一个显著特点，是屈服强度反常温度关系，统称为屈服强度与温度关系的 R 现象。1957 年，Westbrook 首先发现 Ni_3Al 的硬度随温度升高而提高的反常现象，推测金属间化合物 Ni_3Al 具有反常的屈服行为。1960 年，Flinn 得到如图 18-18 所示的多晶 Ni_3Al 的反常屈服行为，其屈服强度具有随温度升高而提高的反常现象。后来，对于许多单晶和多晶的金属间化合物，无论是拉伸还是压缩变形，实验中都发现有类似的屈服强度的反常温度关系，只是其程度有所不同。图 18-19 归纳了三类屈服强度与温度的关系，*A* 类金属间化合物的屈服强度随温度升高而提高；*B* 类的屈服强度随温度升高无明显下降，但在低温区却随温度降低有明显硬化；*C* 类金属间化合物的屈服强度随温度升高却是降低的。出现屈服强度峰值的温度范围一般为中温区(800 ~ 1100K)，它随金属间化合物而不同，但一般均在发生显著扩散的温度以下。温度再升高，屈服强度随温度升高正常地下降。在单晶研究中发现，位向对 R 现象有影响。图 18-20 是 NiAl 单晶的屈服强度与温度的关系，硬取向的屈服强度很高，在 77K 达 1825MPa；温度升高到 300K，迅速降到 1250MPa；以后保持不变，直到 600K 以上迅速下降。软取向则强度很低，变化趋势相似，这种情况基本属于 *B* 类。富铝 TiAl 单晶有明显的 R 现象，[001]位向最强，而[110]位向最弱，但多晶 TiAl 的屈服强度却随温度上升不明显升高。研究还发现，Ni_3Al 单晶和多晶的流变应力随温度上升而升高的程度与变形量有关（见图 18-21）。当变形量为 10^{-6}时，流变应力不随温度升高而升高。流变应力随温度而升高的程度随变形量增加而增大，但对应变速率却影响不大。

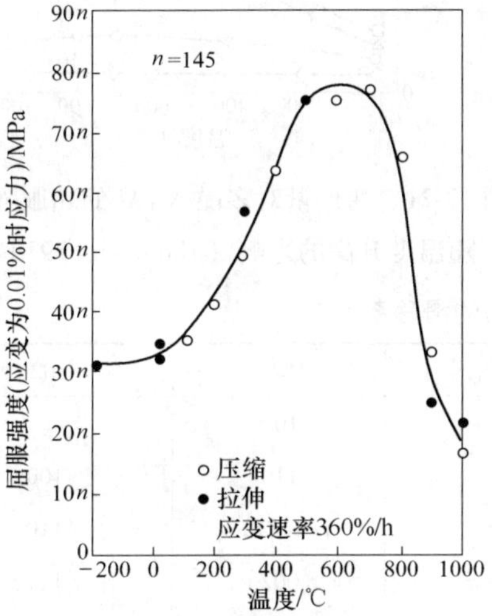

图 18-18 多晶 Ni_3Al 的屈服强度随温度升高的变化

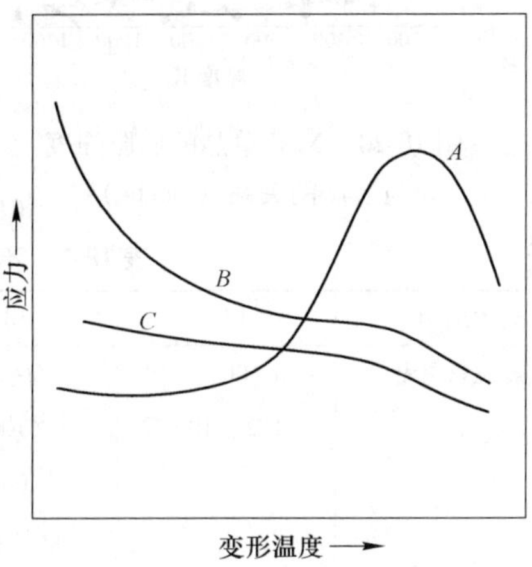

图 18-19 $L1_2$ 金属间化合物的屈服强度与温度的关系

随后的大量研究已经揭示了屈服强度反常温度关系的本质。它与金属间化合物的位错运动和滑移特性密切相关。金属间化合物的位错运动的难易，不仅与位错总的柏氏矢量长度有关，而且还与位错分解形成 APB、SISF 或 CSF 等任何形式的层错能量有关。因此，尽管 Ni_3Al 的 $L1_2$ 结构是 fcc 的有序衍生相结构，其位错运动和滑移特性与 fcc 无序合金是不同的。对其他具有 bcc 和 hcp 的衍生相结构的金属间化合物，情况类似。表 18-1 是具有不同晶体结构的金属间化合物常见的滑移系。

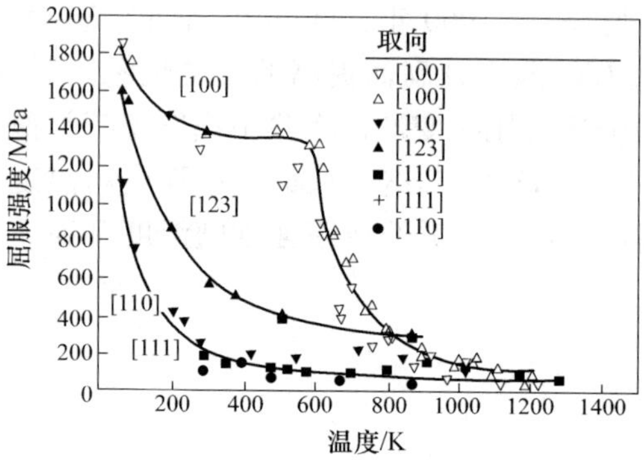

图 18-20 NiAl 单晶的屈服强度与温度的关系（Noebe）

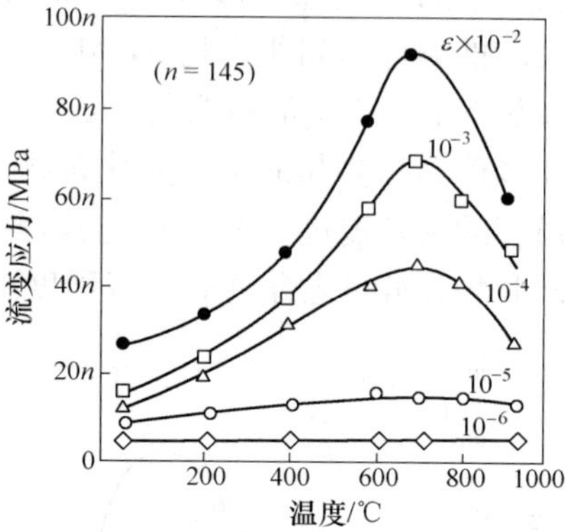

图 18-21 变形量对多晶 Ni_3Al 的屈服强度随温度升高的影响（Thornton，1970）

表 18-1 不同金属间化合物的滑移系

晶体结构	$L1_2$	$L1_0$	DO_{19}	DO_{22}	B2
较短位移矢量	〈001〉 1/2〈110〉	1/2〈110] 〈100] 〈001] 1/2〈112] 〈101]	a c $c+a$	〈100〉 〈110] 1/2〈112] 〈002] 〈202]	〈100] 〈110〉 〈111〉
低温 滑移方向	1/2〈110〉	〈101]为主 1/2〈112] 1/2〈110]	a	1/2〈112] 〈100]	〈100〉(NiAl)① 和 NiAl② 〈111〉(CuZn) 和 NiAl②
滑移面	{111}	{111}	棱面	{111}，孪生 {001}	{001}(NiAl)① {011}(NiAl)① {110}(CuZn)
高温 滑移方向	1/2〈110〉 〈001〉	1/2〈110] 孪生 〈101] 1/2〈112]	a	1/2〈112] 〈100]	〈100〉(NiAl)①
滑移面	{001}	{111}	基面	{001}攀移	{001}(NiAl)① {011}(NiAl)①

① NiAl 多晶和软取向（即非[001]位向）NiAl 单晶；

② 对于硬取向（即[001]位向）NiAl 单晶，600K 以下滑移系为〈111〉{112}，{011}或{123}，高温下滑移系为〈110〉{011}和〈100〉{011}。

金属间化合物的滑移方向并不一定是具有最小柏氏矢量的方向。位错的可动性还决定于位错分解产生的各类 APB 或 SFE 的大小，而不同面上的 APB 和 SFE 是不同的。对于 $L1_2$ 结构的 Ni_3Al，第一原理的能量计算以及实验测定都指出，进行$\langle\bar{1}10]$方向滑移和超位错 APB 反应 $[\bar{1}10] = 1/2[\bar{1}10] + APB + 1/2[\bar{1}10]$ 时，在{111}面上产生的 APB 能比在

{001}面上产生的 APB 能高。Fu 等人用第一原理计算得到的 Ni_3Al-$APB_{(111)}$ 和 $APB_{(100)}$ 分别为 220 和 140mJ/m²。由于(111)面上的 1/2⟨$\bar{1}$10⟩滑移将造成有序原子的错排，产生了额外的 B-B 原子对（见图 18-22）；而比较图 18-22a 和 b 说明，经(001)面上的 1/2⟨$\bar{1}$10⟩滑移前后原子排列不变，并不造成(001)面的有序原子错排，因而其 APB 能较低。{111}面的 APB 能比在{001}面的 APB 能高，就产生一个推动力，使运动 1/2[$\bar{1}$10]螺位错部分由{111}向{001}面交滑移，形成非平面位错结构，使 1/2[$\bar{1}$10]{111}位错的可动性下降，其临界分切应力增加。因此，金属间化合物 APB 的各向异性是造成 A 类屈服强度反常温度关系的基本推动力，并造成对 Schmid 规律的偏离。应该指出，当其 APB 能较低和 CSF 能不是很高时，1/2 [$\bar{1}$10] 还可以进一步分解为1/6⟨112]偏位错，产生 CSF + APB 分解反应：

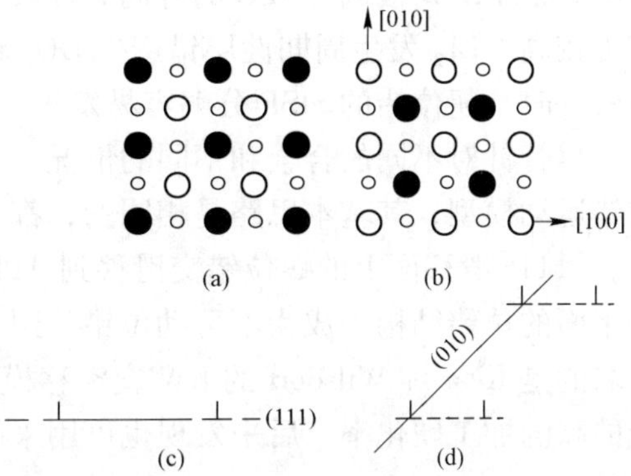

图 18-22 Ni_3Al 中非平面位错结构的形成过程

(a) 两个相邻的(001)面的原子排列，分别以大小圈表示上下两层；(b) 上层(001)面经 1/2⟨$\bar{1}$10⟩滑移后的原子排列；(c) (111)面上的位错分解，[$\bar{1}$10] = 1/2 [$\bar{1}$10] + APB + 1/2 [$\bar{1}$10]；(d) 1/2 [$\bar{1}$10] (111)螺位错部分交滑移到(001)面，形成 (001) 面 APB，产生非平面位错结构

$$[\bar{1}10] = 1/6[\bar{2}11] + \text{CSF} + 1/6[\bar{1}2\bar{1}] + \text{APB} + 1/6[\bar{2}11] + \text{CSF} + 1/6[\bar{1}2\bar{1}]$$

这时就不仅是 APB，而且有 1/6⟨112]偏位错和层错能对交滑移的难易产生影响。另外，(111) 面 1/2[$\bar{1}$10]超位错分解的 1/6⟨112]Shockley 偏位错的刃型部分，总有相反的符号，因此在拉伸或压缩应力下，刃型 Shockley 偏位错对或是分开，或是收缩，这是造成 Ni_3Al 不同拉伸或压缩变形行为的重要原因。同样，超位错[$\bar{1}$10]可以进行分解反应产生 SISF：[$\bar{1}$10] = 1/3[$\bar{1}2\bar{1}$] + SISF + 1/3[$\bar{2}$11]。这种带有 SISF 的 1/3⟨112]位错核心是非平面的，需要热激活的帮助才能运动，导致 B 类屈服强度与温度的关系，在很低温度区屈服强度随温度降低而提高很快。APB 的稳定性和 APB 与 SFE 的相对大小影响这两种分解进行的相对难易。例如，Ni_3Al 容易发生 APB 分解，而 Pt_3Al 则易发生 SISF 分解。最近，Yoo 提出，由于有序结构 $L1_2$ 具有弹性各向异性，导致(111)面两 1/2[$\bar{1}$10]螺位错间有一个扭矩，有助于它向(100)面交滑移。他推导出下式：

$$\left(\frac{3A}{A+2}\right)\frac{\gamma_{111}}{\gamma_{010}} > \sqrt{3}$$

式中，$A = 2C_{44}/(C_{11} - C_{12})$；$\gamma_{111}$ 和 γ_{010} 是不同面的 APB。只要满足此式，总有一个非零的交滑移驱动力使之产生从{111}到{100}的交滑移。总之，在考虑 APB、SISF 能及晶体弹性的各向异性各种因素之后，才能解释屈服强度与温度的各种形式的反常关系。

由于 APB、SFE 能及晶体弹性的各向异性是造成屈服强度反常温度关系的重要原因，就可以根据 $L1_2$ 结构对其他 GCP 相结构的相对稳定性，来区分流变应力与温度关系及反常屈服应力的高低。例如，DO_{22} 和 DO_{23} 结构是每隔一个和两个(001)面引进一个 1/2⟨110]位移而形成的。当 $L1_2$ 结构相对于 DO_{22} 和 DO_{23} 结构的稳定性较低时，即意味着 $L1_2$ 结构

(100)面的 APB 很低，APB 的各向异性较大，流变应力与温度的反常关系明显，反常屈服应力较高。$L1_2$ 发生周期性层错产生 DO_{19} 结构，因此，当 $L1_2$ 结构相对于 DO_{19} 结构的稳定性较低时，超位错的 SISF 分解容易发生，导致 *B* 型屈服强度反常温度关系。

尽管针对不同的合金和不同的情况，有许多细节不同的解释屈服强度反常温度关系的位错运动模型，其基本思路是相同的，都是在 APB、SFE 能及晶体弹性的各向异性的推动下，{111}滑移面上的螺位错交滑移到 APB 或 SISF 能较低的{100}或$(11\bar{1})$滑移面，造成非平面的位错结构，成为不可动位错。图 18-22c 和 d 是这种情况的示意图。这些模型中最著名的是 Kear 和 Wilsdorf 的 KW 交滑移模型。这个机制最初是用来解释 Cu_3Au 和 Ni_3Al 合金的高的加工硬化率，后来发现也可用来解释屈服强度反常温度关系。其位错分解反应可以是：

$$[\bar{1}10] = 1/6[\bar{2}11] + CSF + 1/6[\bar{1}2\bar{1}] + APB + 1/6[\bar{2}11] + CSF + 1/6[\bar{1}2\bar{1}]$$

图 18-23 是这种交滑移机制的示意图。当{111}面上$[\bar{1}10]$分解位错滑移到(001)面时，在低的 $APB_{(001)}$ 推动下，螺位错部分发生交滑移到(001)面，导致可动位错被钉扎，形成大量不可动螺位错。Takeuchi 和 Kuramoto 进一步提出了交滑移钉扎模型(CSP)，如图 18-24a所示。一个运动的螺位错上有几小部分交滑移到(100)面而形成钉扎点，两个钉扎点之间的位错必须通过弯曲绕过钉扎点运动,因而两个钉扎点之间的距离或钉扎点的数量决定了强化的程度。由于交滑移是热激活过程,温度升高有利交滑移进行,且呈指数关系。当然,它还与作用到(100)面的 $1/2[\bar{1}10]$位错的分切应力大小有关。后来，Lall 补充认为 (111) 面上超位错可以分解成带 CSF 的两个 $1/6[11\bar{2}]$Shockley 偏超位错 (SP)。Paidar 等用计算机模拟证明了 SP 的核心总是分布在 {111} 面上。他们发展了 TK 交滑移模型，得到 PPV 模型 (见图18-24b)。它假设领先偏位错 SP_1 的一小部分螺位错先在 {111} 面束集，再交滑移 *b*/2 到 {100} 面上分解形成一小段 *b*/2 高的双扭折，后又重新回到 {111} 面再分解。因此，交滑移这个热激活过程与两种分切应力都有关系。作用到 (100) 面的 $1/2[\bar{1}10]$超位错的分切应力越大，作用到 $1/6[11\bar{2}]$Shockley 刃型偏超位错的分切应力越大，则交滑移需要的热激活能越小，发生位错交滑移并产生钉扎点的数目就越多。因此，R 现象与试样位向和应力方向 (拉或压) 有关，试样位向不同，分切应力的大小不同。应力方向 (指拉或压) 不同，在拉或压应力作用下两个 $1/6[11\bar{2}]$Shockley 刃型偏位错的分

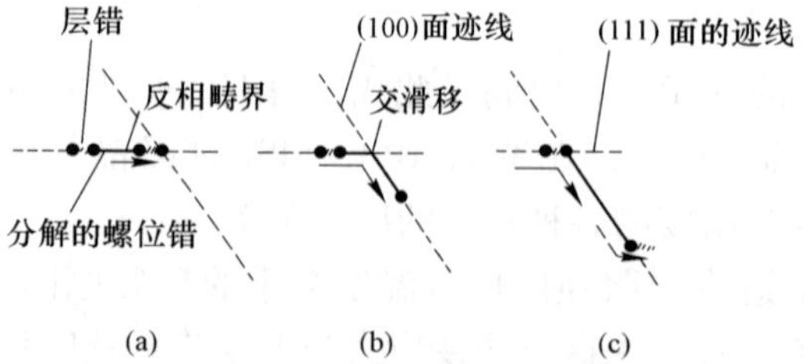

图 18-23 KW 交滑移模型(Kear,1962)

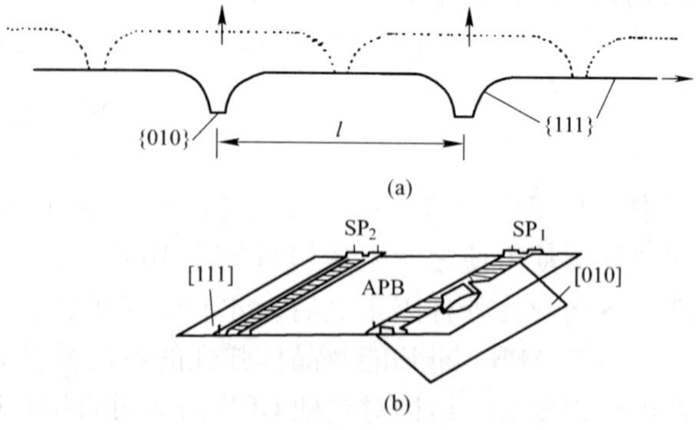

图 18-24 交滑移钉扎模型(CSP)

(a) TK 模型；(b) PPV 模型

开程度不同，交滑移时束集宽度就不同。这两个因素都影响交滑移所需的热激活能大小。同时，也可理解成 R 现象与变形量有关。当变形很小时，刃型位错和各种混合位错都可开动，R 现象不明显；当增加变形量和变形温度，愈来愈多的运动的螺位错被钉扎而降低活动性，因而，流变应力愈来愈高，直至峰值。温度超过峰值温度，（100）面的位错运动成为主要位错运动方式，其临界分切应力随温度升高而降低。图 18-25 是实测的 $L1_2$ 型 Ni_3Ga 的临界分切应力随温度变化的关系。此图清楚地反映了不同温度下两种位错开动的临界分切应力的变化。在峰值温度以下，位向对 1/2⟨110]{111}位错的临界分切应力有影响；到峰值温度以上，位向对 1/2⟨110]{100}位错的临界分切应力影响较小，但应变速率对其却有影响。

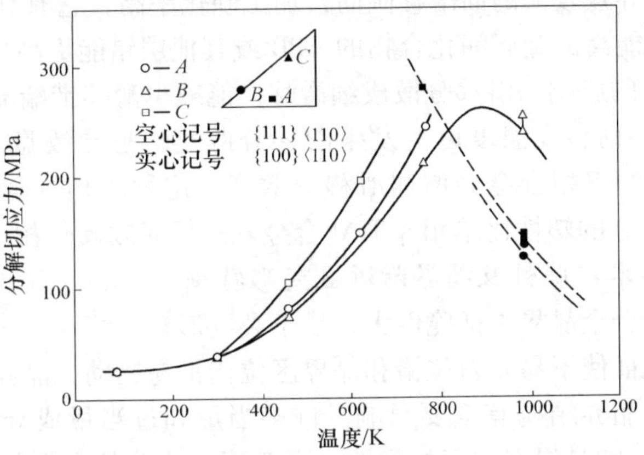

图 18-25 $Ni_3Ga[\bar{1}01]\{111\}$、$[\bar{1}10]\{001\}$ 和临界分切应力与温度的关系

近来，有学者还提出了其他一些模型和修正的模型，但主要是细节上有所不同，基本原则是一致的。另外还须指出，金属间化合物中交滑移产生非平面位错结构虽然是一个相当普遍的现象，但是，由于有时 APB 或 CSF 能较高，超位错分解和交滑移只有几个原子间距，因此，实际上是位错核心的结构问题。计算机模拟研究位错核心结构的结果，却证明了许多金属间化合物超位错核心结构的非平面性。限于篇幅，这里不一一详述。

18.2.2 金属间化合物的本征脆性

金属间化合物经常表现出脆断，一种是沿晶的脆断，一种是穿晶解理断裂，有时是两者混合脆性断裂。通常，这种脆断还伴随有一定的塑性变形，其断裂时要克服的能量包括表面能和塑性功。

有许多因素都可能使金属间化合物产生本征脆性，可以归纳为以下几种。

18.2.2.1 电子结构特征

有序金属间化合物的下列电子结构特征可导致脆性：

（1）电子结构含有高的共价键结合因素，金属键结合因素相对较弱。

（2）电子结构导致断裂面断裂应力低。

（3）电子结构复杂，使位错运动 P-N 力变大而解理面断裂应力变小；或可使体积模量 K 与剪切模量 G 之比（K/G）小于 2，因而优先发生脆性断裂。

18.2.2.2 晶体结构特征

有序金属间化合物的下列晶体结构特征可能导致脆性：

（1）有序化使单胞变大，位错运动柏氏矢量变大。

（2）APB及其他面缺陷能高，超位错运动需克服更高的能量。

（3）晶体结构复杂，使独立滑移系少于5个，滑移不易通过界面。

（4）有序金属间化合物的晶体结构的各向异性，硬取向单晶体的脆性大。

18.2.2.3 位错运动特征

有序金属间化合物的下列位错运动特征可能导致脆性：

（1）滑移和交滑移难。有序合金超位错滑移需要克服APB或其他层错能等附加的能量，滑移困难，并且导致较大的面滑移倾向，加工硬化率高，它有利于应力集中和裂纹形核。熔点高的和有序能高的金属间化合物的APB或其他层错能更高，滑移更困难。

（2）滑移分散度的影响。滑移分散成细滑移，能减少滑移带端部的应力集中和裂纹形核。如TiAl合金在脆-韧转变温度以上发生滑移分散化，是导致脆-韧转变的重要原因之一。具有适当相界面的双相合金会增加滑移分散度。这种双相合金的塑性比单相合金优越，如Ti48Al复相合金的塑性比单相γ-TiAl合金好。但时效硬化相一般会降低塑性。

18.2.2.4 晶界本征脆性及晶界附近区变形特征

（1）有序能高的合金晶界本征脆性大，易于裂纹形核。

（2）晶界结构特征使不易发射位错和晶界区位错不易运动，晶界附近区变形难。

（3）当量成分对晶界结构有重要影响。许多当量和过当量成分的金属间化合物合金（如Ni_3Al，Co_3Ti等）的晶界有很高的脆性；而亚当量成分的合金的晶界结构，由于无序化程度增加，晶界本征脆性较小。

18.2.2.5 应力状态特征和材料的缺口敏感特征

（1）存在拉应力容易发生脆断，而三向压应力却会诱导塑性。如500MPa水静压力使NiAl的伸长率增加到大于10%。其原因一方面是压应力不利于裂纹张开和扩展，另一方面还发现有非〈001〉位向的滑移发生。表面粗糙造成局部三向拉应力，使伸长率明显下降。

（2）缺口试样易发生脆断，而光滑试样则可能是塑性断裂。当Ni_3Al加B后，原来沿晶断裂改变为塑性穿晶断裂。但是当增加缺口拉伸试样的厚度时，加载时就逐步产生缺口处三向拉应力，出现脆性沿晶断裂。当试样厚度达到两倍平面应变塑性区大小（δ_t）时，原来的塑性断裂变为沿晶脆断（见图18-26）。可以按下式计算临界厚度δ_t：

$$\delta_t = \frac{1}{\pi}\left(\frac{K_{IC}}{\sigma_s}\right)^2$$

如图中所用Ni_3Al + B合金的K_{IC} = 30MPa·$m^{\frac{1}{2}}$，σ_s = 450MPa，则可计算得到

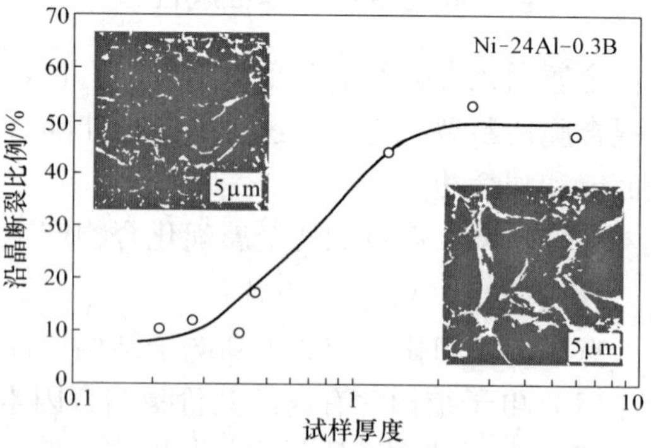

图18-26 缺口试样（Ni-24Al-0.3B）厚度与脆性沿晶断裂关系

δ_t = 1.4mm，即当试样厚度达 1.4mm 时，产生脆性沿晶断裂。

18.2.2.6 气体杂质原子、间隙原子和点缺陷特征

（1）气体杂质原子和间隙原子对晶界结构有重要影响，从而对金属间化合物的塑性有重要影响。氢原子可引起脆化（见环境脆性一节），氧能引起 Ni_3Al 的中温脆性。分布于晶界的氢、氧等原子能降低晶界断裂强度，而硼原子能韧化晶界，气体含量和间隙原子对金属间化合物材料的脆韧性影响是一个不可忽略的重要的研究内容。

（2）在 B2 结构中，其空位作用表现较明显。由于 B2 结构易产生热空位，所以高温快冷时易将冷冻空位保留到室温，其塑性往往比用慢冷退火的低空位浓度状态的塑性低(FeAl)。

（3）间隙原子对 B2 结构化合物的固溶强化作用大。当碳和硼的质量分数约在 0.01% 水平时，就可使 NiAl 的屈服强度上升一倍，导致塑性降低。这是由于 B2 结构间隙原子-位错交互作用比较强烈。

18.2.3 金属间化合物的室温环境脆性

许多材料在一定的环境中会发生脆性，例如在氢气环境中导致氢脆等。本节讲述的是一种特殊的金属间化合物的环境脆性。通常，金属间化合物的环境脆性是指一种水汽环境诱导的室温脆性。含有一种活性组元的金属间化合物往往表现出这种室温环境脆性。例如，铝化物中的铝，硅化物中的硅，都是活性元素。它们在室温下就会与空气中的水汽发生表面反应，最终导致产生活性原子氢，渗入材料表面，使之发生氢脆。因此，这是一种环境反应诱导的氢脆。

金属间化合物既有本征脆性，又有环境脆性。两者既有区别又相互影响。本征脆性是指由金属间化合物的结构和位错运动特征带来的固有的脆性。环境脆性是指金属间化合物与一定的含水汽的环境相互作用导致脆性。在实践中，金属间化合物在室温空气中拉伸试验时呈脆性，很难区分是由环境脆性还是本征脆性造成的。例如，对 Ni_3Al 的环境脆性研究证明，室温空气中拉伸试验 Ni_3Al 单晶是塑性的，而多晶则是脆性的，说明晶界有本征脆性或环境脆性；亚当量多晶 Ni_3Al 在极高真空或干氧气中没有脆性，而在空气及水汽中则有严重脆性，说明亚当量多晶 Ni_3Al 有环境脆性，没有本征脆性；铝含量大于当量成分的多晶 Ni_3Al，无论在有水汽或无水汽的环境下均表现为沿晶脆断，说明有晶界本征脆性，而本征脆性又模糊了环境脆性的表现。只有去除了本征脆性，环境脆性的作用才能表现出来。所以，一般用对比在室温空气中的拉伸塑性与在高真空或干氧气中的拉伸塑性来判断是否有环境脆性。表 18-2 是 FeAl 合金在室温下不同气氛中拉伸试验结果。高纯氧气中塑性最高，一般认为此时完全没有水汽的作用；在氢气中有脆化；在水汽中脆化最大，比在氢气中还严重；但在空气中的脆化却与在水汽中相似。这个结果说明，FeAl 有明显环境脆性。环境脆性一般在室温表现明显，降低温度或提高温度皆可使环境脆性降低。具有各种不同晶体结构的金属间化合物都可能有环境脆性，主要条件是该金属间化合物含有一种活性组元。目前研究比较多的金属间化合物，如 Ni-Al系、Fe-Al系、TiAl 系和硅化物等，都可能具有环境脆性。发展金属间化合物材料必须注意解决环境脆性。

表 18-2 不同气氛下 Fe-36.5Al（摩尔分数）的室温拉伸性能

气氛（压力 p）	伸长率/%	屈服强度/MPa	抗拉强度/MPa
空 气	2.2	360	412
真空（$<1\times10^{-4}$Pa）	5.4	352	805
纯氧气（6.7×10^{-4}Pa）	17.6	360	805
Ar+4% H_2（6.7×10^{-4}Pa）	6.2	379	579
水汽（67Pa）	2.4	368	430

不同金属间化合物的环境脆性严重性或敏感性不尽相同。表 18-3 给出了金属间化合物的典型环境脆性数据。其中，铝化物最敏感，其次是硅化物，再次是其他化合物。从环境脆性的观点出发，认为亚当量的 Ni_3Al 的晶界没有本征脆性。晶界脆性是由水汽环境引起的。亚当量的 Ni_3Al 在 O_2 中具有高达50%的塑性。但 Ni_3Al 对水汽极为敏感，即使在高真空（10^{-4}Pa）中，由于仍有 10^{-4}Pa 的残余水汽，仍表现出较低的塑性。硅化物及其他金属间化合物则没有这么敏感。

表 18-3 各种金属间化合物的典型环境脆性数据

合 金	室温拉伸伸长率/%			
	高真空中		空气中	
Ni_3Al	高真空（10^{-4}Pa）	12.8	2	（George，Liu 1997）
	超高真空中（10^{-9}Pa）	23		
	O_2 中	50		
Fe-36.5Al	真空中	5.4	4	（Stoloff 1994）
	O_2 中	17.6		
Ni_3（Si，Ti）	29～35		7	（Takasugi 1995） （Liu 1991） （Chen 1997）
Co_3（Ti）	50		20	（Takasugi 1986）
$(CoFe)_3V$	36		20	（Nishimura 1992）
Ni_3Fe	>40		>40	（Liu 1990）和 （Chia 1996）

水气诱导的脆性使拉伸伸长率降低，但不影响屈服强度，拉伸强度往往与伸长率同步降低。图 18-27 是一个典型的应力-应变曲线。环境脆性断裂可以是沿晶的，也可以是穿晶的。Ni_3Al、Ni_3Si、$Ni_3(Si,Ti)$、Co_3Ti、$(Co,Fe)_3V$ 等金属间化合物的环境脆性具有沿晶脆断特点，而 FeAl、Fe_3Al 等金属间化合物则以穿晶脆断为特征。图 18-27 表明，具有环境脆性的断口是穿晶的，而在氧气中拉断的断口却是沿晶的。含铝量越高，FeAl 合金的晶界脆性也越严重，并表现出有环境沿晶脆断的特点。Co_3Ti 等单晶也可有环境脆性。

环境脆性具有应变速率敏感性，图 18-28 是一个典型例子。在很高的应变速率下拉伸，往往没有环境脆性，塑性也没有下降。随应变速率的降低，塑性不断下降，达到最小值，以后就不随应变速率进一步降低而下降。在较弱的水汽环境下，产生环境脆性的应变

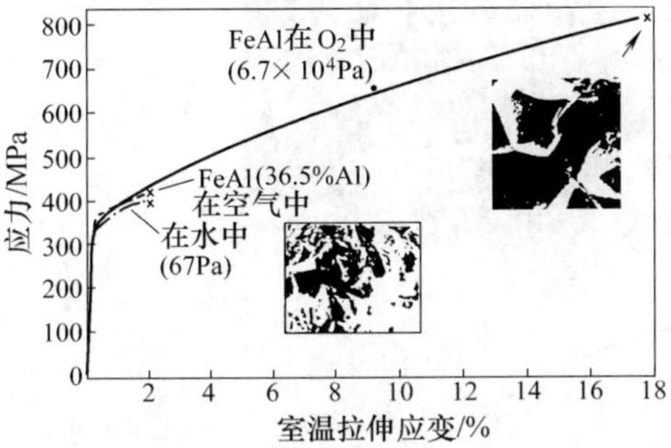

图 18-27 Fe-36.5Al的室温拉伸试验气氛对塑性的影响

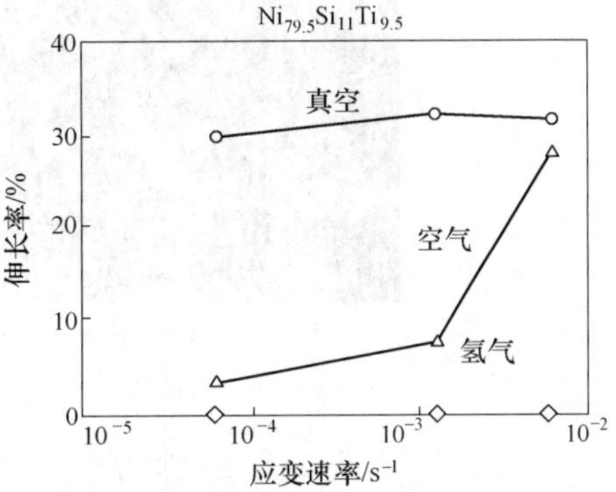

图 18-28 应变速率对 $Ni_3(Si,Ti)$ 的拉伸塑性影响（Takasugi）

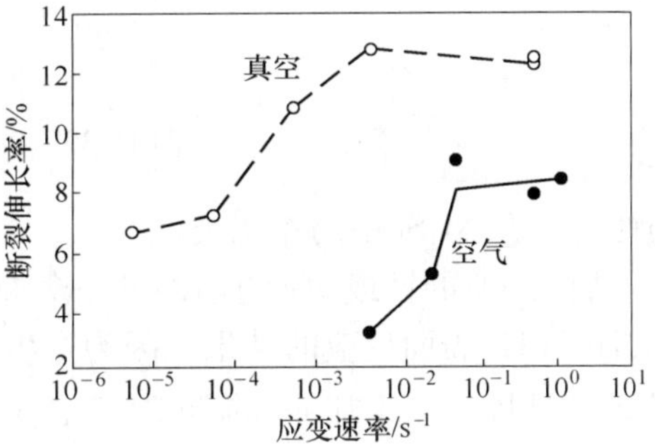

图 18-29 应变速率对 Ni_3Al 塑性的影响

速率范围向较慢的应变速率方向移动。图 18-29 为应变速率对 Ni_3Al 室温真空拉伸塑性的影响，可以看出，即使在真空条件下，Ni_3Al 仍表现出具有应变速率敏感性，不过是在更低的应变速率范围内表现出来。这是由于气氛中水汽分压非常低，只有在极慢应变时，才具备足够的动力学条件，使之发生水汽诱导氢脆性。另外，在十分严重的脆性环境下的拉伸实验，应变速率敏感性消失。这是由于环境条件恶劣，即使较快的应变速率也来不及抑制环境脆性。

许多金属间化合物的成分偏离当量成分的程度对环境脆性也有影响。一般当量成分和过当量成分的合金表现出较严重的环境脆性。当量和过当量的 Ni_3Al 的晶界脆性严重，Ni_3Al 合金必须是亚当量的。Co_3Ti 合金中当钛含量为 23% 和 21% 时，合金的环境脆性敏感性有明显差别，发生沿晶脆断的临界水汽压力分别为 1.5×10^{-5}Pa 和 0.1Pa。一般认为，这是由于接近当量成分的 Co_3Ti 晶界具有更大的脆性，更容易发生环境脆性。$Ni_3(Si,Ti)$ 中的 Si、Ti 含量的少量变化，也会影响其环境脆性敏感性。

合金化能影响环境脆性，但合金元素的作用是不同的。硼是最有效的抑制水汽诱导沿晶断裂的合金元素。图 18-30 是硼在 Ni-24Al 中的作用，加入 0.1%（摩尔分数）的硼，可使其伸长率提高到50%。硼能提高塑性的全部原因尚在讨论，但可以肯定下列因素是硼的主要作用：硼显著偏析于晶界；提高晶界断裂强度；晶界硼降低氢原子沿晶扩散系数（在同样的渗氢条件下，含硼合金的渗氢深度比无硼合金小得多）。此外，有实验指出，硼还可能影响晶界区表面吸附和表面反应。总之，硼的有利作用主要表现在晶界区域。硼在 Co_3Ti 合金中不产生晶界偏析，也不能改善其沿晶环境脆性。

锆能有效提高 Ni_3Al 的塑性。钛能明显提高 Ni_3Si 的塑性。由于没有发现锆在 Ni_3Al 中有明显的晶界偏析，也不改变沿晶断裂模式，但却能普遍提高 Ni_3Al 在不同气氛条件下的塑性（水汽、空气和氧气中的伸长率均提高）。因此认为，锆的作用是提高 Ni_3Al 的本征

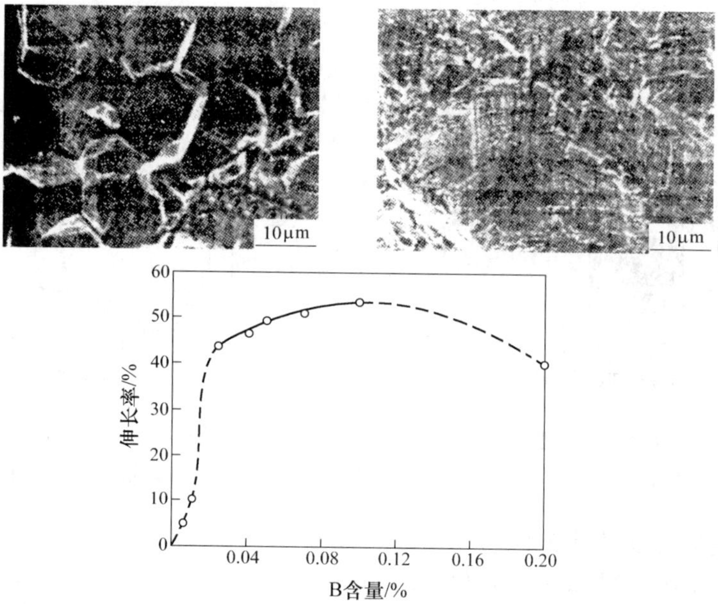

图 18-30 B 在 Ni-24Al 合金中的作用

塑性。钛在 Ni_3Si 中的作用类似。

加入 3% 的铁或 2% 的铝，可完全抑制 Co_3Ti 的环境脆性，研究者认为这是因为抑制了 Co_3Ti(21Ti)表面反应的结果，因为产生沿晶脆性断裂的临界水汽压力由于加入 3% 的铁而提高到 1kPa，而不加 Fe 的 Ni-21Ti 合金的临界水汽压力则为 10^{-1}Pa，相差 5 个数量级。

金属间化合物的水汽诱导脆性的机制是：环境中的水汽在新鲜表面处吸附（物理吸附或化学吸附）；吸附的水汽与金属间化合物中的活性元素原子发生表面触媒反应，并导致产生活性氢原子，这种反应一般以下式为代表：

$$2Al + 3H_2O \longrightarrow Al_2O_3 + 6H \text{ 或 } xM + yH_2O \longrightarrow M_xO_y + 2yH$$

或

$$Al + (OH)^- + H^+ \longrightarrow Al(OH) + H$$

活性氢原子从试样表面向深度方向扩散，建立氢的扩散层，促进裂纹形核；或在裂尖吸氢原子加速裂纹扩展致断。依赖于材料本身及环境条件，具体的反应机制及动力学过程可以不同，环境脆性的具体控制环节也可以不同。因此，要针对具体情况，采用不同的措施和方法，去改善材料的环境脆性。

18.3 金属间化合物结构材料的发展

发展工业上能够实际应用的金属间化合物结构材料，要满足两项基本要求：首先是要满足作为一种高温结构部件的性能要求，特别是要比已经经受长期使用考验的高温合金有更加吸引人的性能，才具有替代高温合金的可能性；其次是要有良好的制备工艺性能，可以经济地实现生产规模的制备。在众多的金属间化合物中，首先是铝化物，其次是硅化物受到重视，因为它们比较容易得到，并且具有良好的抗氧化性，在高温下可能得到具有良好保护性的氧化铝或氧化硅膜。许多铝化物的晶体结构比硅化物简单，晶体对称性高，因而铝化物备受重视。Ni_3Al，Fe_3Al，Ti_3Al 等化合物都具有金属元素密排晶体结构的衍生结构，它们是第一批开发的金属间化合物结构材料。由于 Ni_3Al 合金的室温脆性问题首先被解决，因此 Ni_3Al 合金被作为典型材料大力研究开发，大大加深了人们对金属间化合物结构材料的理性认识，也得到了实用工程合金。不过，Ni_3Al，Fe_3Al，Ti_3Al 分别与镍基高温合金、铁基合金和钛合金相比，其比强度的优越性有限，所以人们更愿意开发密度更小的 NiAl，FeAl 和 TiAl 基合金，它们也具有较简单的晶体结构，含铝量高，更易得到好的抗氧化性。NiAl 是金属间化合物中抗氧化性最佳的。TiAl 是目前最有前途的金属间化合物结构材料。在此期间，研究者还注意到一系列的三铝化合物，如 Al_3Ti，Al_3Zr，Al_3Nb 等，它们含有大量的铝，其熔点大大高于铝的熔点，同时又很轻，因而被认为是具有比铝合金更多的优越性的合金。但是，这方面的研究一直没有得到突破，室温脆性问题一直没有很好解决。

硅化物大多具有比较复杂的晶体结构，熔点高，比较脆。Ni_3Si 和 Fe_3Si 都具有比较简单的晶体结构，尤其是 Ni_3Si 自发现钛能大大改善 Ni_3Si 室温塑性以来，$Ni_3(Ti,Si)$已可能发展成工程合金。其作为高温结构材料的优越性（与镍基高温合金相比）不很明显，但在耐蚀合金方面早就有所发展。

要发展能充填镍基高温合金与陶瓷高温结构材料之间的空缺，发展使用温度能处于它们两者之间的金属间化合物合金，必须选择具有更高熔点的金属间化合物。为此考察了所有具有简单晶体结构如 $L1_2$ 结构的金属间化合物，发现其大多数具有密度大或熔点不够高的特点。因而必须注意研究开发那些具有较复杂晶体结构的金属间化合物。目前研究比较多的是 $MoSi_2$，Mo_5Si_3，Ti_5Si_3，Nb_5Si_3，A15 结构的 Cr_3Si，Laves 相等，其共同特点是脆性大。这些化合物的晶体结构复杂，定向结合键强，塑性变形和位错运动难，孪晶变形复杂，晶界结构弱，因而有大量理论和实践问题尚待解决。

金属间化合物基复合材料是另一个发展方向。现已证明，通过复合软相或者硬相，都可以在一定程度上改善材料的韧性。合适的复合材料可以同时提高强度与韧性，但它们要作为高温结构材料，也还有一系列问题要解决。

下面简单介绍比较成熟的金属间化合物工程合金。

18.3.1 Ni-Al 系金属间化合物合金

18.3.1.1 Ni_3Al 基合金

自从 Aoki 和 Izumi 发现硼可以大大提高 Ni_3Al 的室温塑性以来，Ni_3Al 作为一个典型合金得到了广泛的研究，主要合金成分范围为 Ni-14/18Al-6/9Cr-1/4Mo-0.1/1.5Zr 或 Hf-0.01/0.02B（摩尔分数，%）。铬的作用是提高抗氧化性及降低氧的损伤作用，锆和铪是固溶强化元素，锆还能提高合金的塑性。钼能有效提高高温强度，而硼则起强化晶界和降低环境脆性的作用。目前已可工程化的合金成分见表 18-4，这些合金都是双相合金，含有 85% ~ 95% 的 Ni_3Al（γ'）和 5% ~ 15%（体积分数）的 γ 相（无序 fcc 相）。其室温塑性达到 14% ~40%。图 18-31 是其 100h 持久强度曲线。

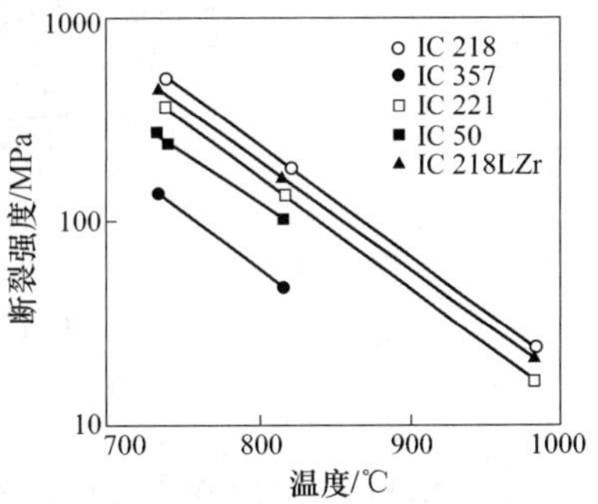

图 18-31 Ni_3Al 基合金的持久强度

表 18-4 美国发展的典型 Ni-Al 合金的成分

合金元素	合金元素质量分数/%							
	IC-50	IC-221W	IC-218	IC-218LZr	IC-221	IC-221M	IC357	IC396M
Al	11.3	8.00	8.5	8.69	8.5	7.98	9.54	8.0
Cr		7.70	7.8	8.08	7.8	7.74	6.95	8.0
Fe							11.20	
Zr	0.6	3.00	0.8	0.2	1.7	1.7	0.35	0.8
Mo		1.50			1.43	1.43	1.28	3.0
B	0.02	0.003	0.02	0.02	0.008	0.08	0.02	0.005
Ni	余		余	余	余	余	余	余

我国发展了一种高 Mo 的 Ni_3Al 定向凝固合金，成分为 Ni-7.77Al-13.89Mo-0.05B，也是双相合金，这个合金的成分与高钼 Ni 基合金 NX188(DS)（成分为 Ni-18Mo-8Al 的定向合金）系列很相近。

Ni_3Al 基合金已在各种工业领域应用，铸态和锻态都有应用，可以做高温模具，热处理炉部件，汽车活塞，阀门，增压器涡轮等，我国发展的高 Mo 的 Ni_3Al 合金，已做成导向叶片，通过试车和试飞。

18.3.1.2 NiAl 合金

NiAl 合金熔点高，抗氧化性好，热导率极高，具有作为高温结构材料的条件，缺点是室温脆性大和高温强度不够。NiAl 电子结构的特点之一是 Ni-Al 原子间交互作用的短程性，造成(110)面解理强度低；同时它是 B2 结构，是 bcc 衍生结构，导致高温强度不足。因此，NiAl 的这两个问题都具有本征特性。

单晶 NiAl 合金曾作为重点研究的合金，结果证明，通过合金化得到 Ni_2AlTi Heusler 相，与 NiAl 基体共格结合，可以得到高的蠕变强度，达到 Ni 基高温合金水平（见图 18-32）。但是其室温脆性仍是一个大问题。

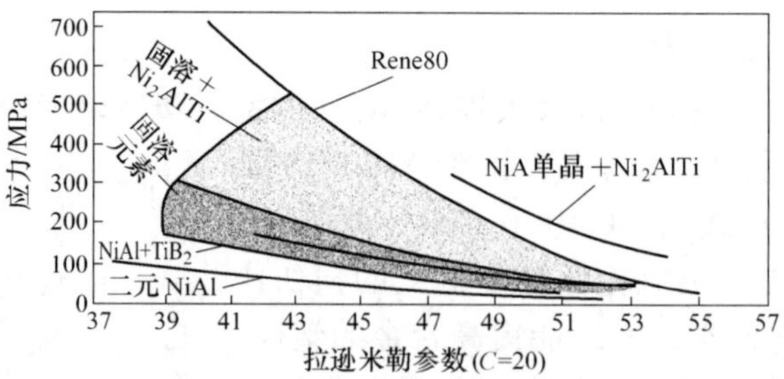

图 18-32 单晶 NiAl 合金的 L-M 曲线

（图中列出 Rene80 Ni 基高温合金的曲线，以便对比）

多晶 NiAl 合金经调整铝含量和用铁合金化得到 Ni-30Fe-20Al和 Ni-20Fe-30Al合金系列。此时得到 NiAl(β)和 $Ni_3Al(\gamma')$ 双相组织，还可能有无序质点，起强韧化作用；

进一步加钛、铌、钽，可得β + γ + Heusler相合金，明显提高蠕变强度（见图 18-33），是一种有希望的多相 NiAl 合金。发展 NiAl 基复合材料也是一个正在进行研究的方向。

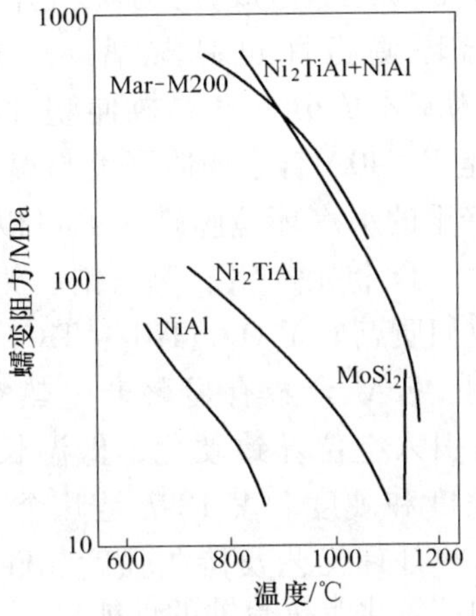

图 18-33　NiAl，Ni_2AlTi 及 NiAl + Ni_2AlTi 合金Ⅱ = 10^{-7}/s 蠕变强度与温度关系
（列出 Mar-M200 高温合金性能，以便比较）

18.3.2　Fe-Al系富铁金属间化合物

富铁的 Fe-Al有序合金包括含 23% ~ 32%（摩尔分数）铝的 Fe_3Al 基合金和含 36% ~45%（摩尔分数）铝的 FeAl 基合金。

Fe_3Al 基合金一般以 Fe-28Al-5Cr-B为基础合金，再加若干强化元素组成。含 28Al 的 Fe_3Al 较其他含铝合金有更好的塑性。铬是唯一的固溶软化元素，明显提高塑性。硼的作用主要是抑制水汽环境脆性。合金元素钛、钼、锆、铌、钽、硅和碳均能起强化作用，但大多会降低塑性。表 18-5 列出典型的 Fe_3Al 基合金成分。FA1 合金中含有0.1%的锆，起细化晶粒作用。铌、钼、碳均起强化合金作用，尤其是能有效提高高温强度。热处理制度对性能有很大影响（见表 18-5），美国橡树岭国家实验室和本文作者先后发展 *B* 处理，得到未再结晶的拉长扁晶粒（B2 结构），显著提高了强韧性及抑制了水汽环境脆性。表 18-6 是典型合金的持久强度。

表 18-5　典型的 Fe_3Al 基合金的成分、热处理与性能

合　金	*A* 处理①			*B* 处理②		
	$\sigma_{0.2}$ /MPa	σ_b /MPa	δ /%	$\sigma_{0.2}$ /MPa	σ_b /MPa	δ /%
Fe-28Al-5Cr-0.1Zr-0.05B（FA1）	312	546	7.2	480	973	16.4
Fe-28Al-5Cr-0.5Nb-0.2C（FA129）	320	679	7.8	384	930	16.9
Fe-28Al-5Cr-0.5Nb-0.5Mo-0.1Zr-0.2B	379	630	5.0	589		

① *A* 处理—850℃/1h + 500℃/5 ~7 天空冷；
② *B* 处理—750℃/1h 油冷。

表 18-6　典型 Fe_3Al 合金的 1000h 持久强度　MPa

合　金	823K	873K	923K
Fe-28.1Al-2Cr-0.04B	98	55	31
Fe-28Al-5Cr-0.08Zr-0.04B	117	65	36
Fe-28.1Al-5Cr-0.5Nb-0.2C	149	77	40

B2 结构 FeAl 合金允许的 Al 含量范围很宽（x(Al) = 36.5% ~50%）。但当含 x(Al)大

于40%，越接近当量成分其强度越高，脆性越大，室温环境脆性也越显著。一般倾向以Fe-40Al为基本成分，室温拉伸塑性可达3%。图18-34是Fe-40Al合金屈服强度与温度的关系。FeAl有严重的水汽环境脆性，硼可以有效抑制环境脆性，合金元素铬、钨、锆、钼、铪、碳以及弥散相质点如Y_2O_3、TiB_2、TiC，均有一定强化作用。FeAl合金有显著产生热空位倾向，高温淬火引入空位导致硬化，低温长期退火降低空位浓度和硬度。表18-7是几个FeAl合金的成分、热处理工艺及持久强度。FeAl合金具有极好的抗氧化及抗硫蚀的性能。

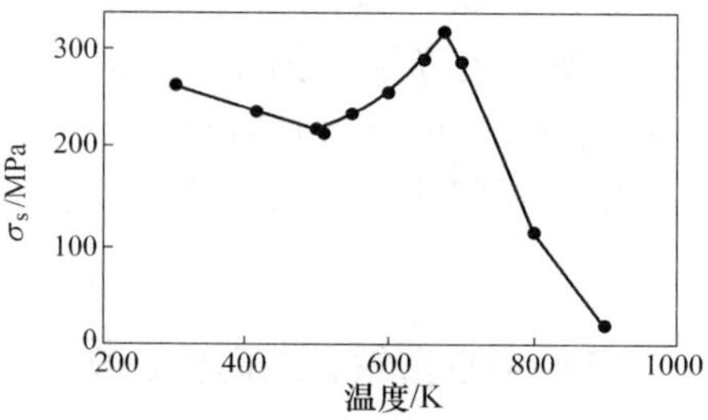

图18-34 Fe-40Al合金的屈服强度与温度的关系
（平均晶粒$d_{cp}\approx 250\mu m$；低温长时退火后，从室温260MPa降到500K的220MPa，峰值温度为675K）

表18-7 FeAl合金的水平

合金	工艺	晶粒/μm	600℃ 200MPa下断裂时间/h
Fe-24Al-0.11Zr-0.0023C-0.0014B	铸锭+挤压		
Fe-25Al-2Cr-0.1Ce-0.003B	铸锭+挤压	20	92.5
Fe-23Al-0.15Zr-0.4Ce-0.0078C-0.0013B	气体雾化+挤压	7	27
Fe-24Al-0.1Zr-0.01C-0.001B-0.5Y_2O_3	机械合金化+挤压	2	408

18.3.3 Ti-Al系金属间化合物合金

Ti-Al系金属间化合物是最有前途在先进的发动机中使用的合金。特别是TiAl合金，有显著的比强度优越性。

18.3.3.1 Ti_3Al基合金

Ti_3Al基工程合金多以Ti-24/25Al-Nb为基础合金，有$\alpha_2+\beta$双相组织。表18-8为部分Ti_3Al基合金的成分与性能，合金的强度和塑性随含铌量x(Nb)增加到17%而不断提高。用钒、钼、锡、锆合金化，可进一步提高高温强度。Ti-25Al-10Nb-3V-1Mo称为超级α_2合金，有很高的蠕变强度。当合金的含铌量x(Nb)达到17%时，合金中可以出现O相。Ti-25Al-17Nb-1Mo是α_2+O相合金，其蠕变强度和塑性均优于超α_2合金。进一步增加含铌量，可得到以O相为主的O+α_2双相合金，从而进一步提高了强度与塑性。Ti_3Al基合金的组织控制，包括β晶粒，一次及二次α_2相的形态、尺寸（间距）及数量等，对性能都有很大影响。图18-35是Ti_3Al基合金的L-M曲线，可以看出成分和显微组织的影响。

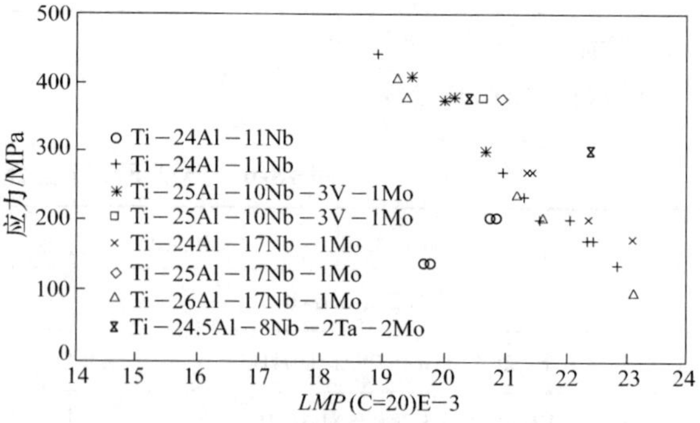

图18-35 Ti_3Al基合金的蠕变断裂强度
（不同符号表示不同成分或显微组织的合金）

表 18-8 Ti_3Al 合金的力学性能

合 金	σ_s/MPa	σ_b/MPa	δ/%	K_{IC}/MPa · $m^{\frac{1}{2}}$	蠕变寿命①
Ti-25Al	538	538	0.3		
Ti-24Al-11Nb	787	824	0.7		44.7
	761	967	4.8		
Ti-24Al-14Nb	831	977	2.1		59.5
Ti-24Al-14Nb-3V-0.5Mo			26.0②		
	797	1034	9.4③		
Ti-25Al-10Nb-3V-1Mo	825	1042	2.2	13.5	360
Ti24.5Al-17Nb	952	1010	5.8	28.3	62
	705	940	10.0		
Ti-25Al-17Nb-1Mo	989	1133	3.4	20.09	476
Ti-15Al-22.5Nb	860	963	6.7	42.3	0.9
Ti-22Al-23Nb④	863	1077	5.6		
Ti-22Al-27Nb	1000		5.0	30.0	
Ti-22Al-20Nb-5V	900	1161	18.8		
	1092	1308	8.8		

① 650℃/380MPa 下的断裂时间；②没时效的特殊处理；③带时效的特殊处理；④薄片。

18.3.3.2 TiAl 合金

γ-TiAl + α_2-Ti_3Al 两相 TiAl 合金的性能远优于单相 γ-TiAl 合金，因而一般以 Ti-45/48Al 为基础合金，得 $\gamma+\alpha_2$ 两相组织。TiAl 合金具有复杂的固态相变，组织控制乃是优化性能的关键。表 18-9 列出各种典型组织特征，图 18-36 是其性能对比，可以看出有四种基本组织状态：双态组织（DP）、近 γ 组织（NG）、近全片组织（NL）和全片组织（FL），基本的区别是片层组织（NL，FL）和等轴组织（NG，DP）。一般片层组织要自高温 α 单相区冷却得到，晶粒较大；双态组织则在 $\gamma+\alpha$ 双相区处理，晶粒细。片层组织随冷速不同得到不同片间距。片层组织强度高而塑性低，双态等轴组织则反之。

表 18-9 TiAl 合金的显微组织分类及特征

处理方式	组织类别	特 征	组织状态
标准处理	近 γ（NG）	$\gamma+\alpha_2$ 颗粒	γ 等轴晶
	双态（DP）	$\gamma+\alpha_2$	GS：10~40μm（轧态）
		（$\alpha_2+\gamma$）片	GS：10~100μm（铸态）
	近片（NL）	$\gamma+\alpha_2$ 片 + 晶界 γ	中等晶（$\gamma+\alpha_2$）片 + 晶界细 γ（锻态）
			大晶（$\gamma+\alpha_2$）片 + 中等 γ 晶（铸态）
	全片（FL）	$\gamma+\alpha_2$ 片（晶界 γ）	大晶（$\gamma+\alpha_2$）片（>400μm）+ γ
特殊片状处理	TMP	片团	50~150μm 片团/锯齿晶界，微量 γ
	TMT	片团	100~300μm 片团锯齿晶界
	改进的 NL（MNL）	片团 + γ 晶	100~300μm 片团 + 无序细 γ 晶
	细化的 FL（RFL）	只有片团	约 300μm 片团 + 细片间距
	其他片状	无序 γ 片	改善的魏氏组织 γ 片

注：片中都有 α_2 片。

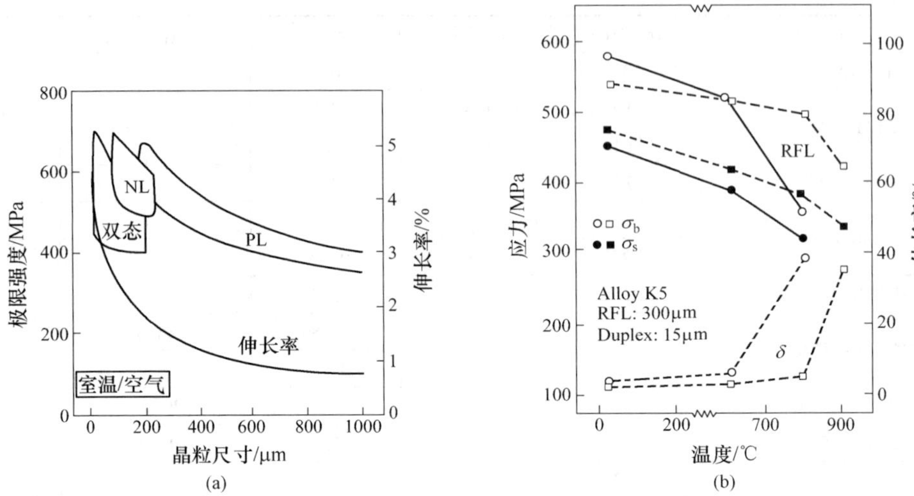

图 18-36 两相 γ 合金

（a）不同组织状态对室温拉伸性能影响；（b）不同温度拉伸性能与组织状态的关系

进一步研究表明，双相 TiAl 合金的拉伸塑性随晶粒细化而提高，而其断裂韧性却是片状组织的高，因而细晶双态等轴组织塑性高而韧性低，大晶片层组织则相反。TiAl 合金的强度与晶粒大小的关系符合 Hall-Petch 式，TiAl 合金的强度与片间距也符合 Hall-Petch 式，但其 Hall-Petch 强化系数更高。为此，经过各种特殊片层组织处理，细化晶粒，细化片团，细化片间距，可得到更佳的强度与塑、韧性配合。TiAl 合金的强度与晶粒大小的关系符合 Hall-Petch 式，强度与片间距也符合 Hall-Petch 式，但其 Hall-Petch 强化系数更高。

早期的 TiAl 合金是 Ti-48Al-1V。后来美国 GE 公司发展了 Ti-48Al-2Nb-2Cr 合金，它是现代工程 TiAl 合金的基础。目前发展出的 TiAl 成分范围大致是，Ti-45/48Al-0/2M-0/5X-0/2Z（M = Cr、Mn、V，X = Nb、Ta、W，Z = Si、B、C、N）。M 类合金元素有利于塑性和再结晶，铌、钽是主要的固溶强化元素，少量的钨和锡也有类似作用；而硅、硼、氮、碳则析出第二相 Ti_5Si_3、Ti_3AlC 或 Ti_2AlC 等起强化作用；硼起细化晶粒作用，但可能增大片间距。

目前比较有前途的变形 TiAl 合金有：

（1）Alloy7（Ti-46Al-4Nb-1W），挤压加热处理后室温屈服强度为 648MPa，伸长率为 1.6%。（2）AlloyK5（Ti-46.5Al-2Cr-3Nb-0.2W），经锻造及热处理后室温屈服强度约为 470MPa，伸长率为 2% 左右。本文作者研究了新一代高温高性能高铌的 TiAl 合金，其基础成分为 Ti-45Al-8/10Nb，可以进一步用铪、碳、硅、钨强化，目标是使 TiAl 合金的使用温度提高到 900℃ 水平。图 18-37 是 Ti-45Al-10Nb 合金不同组织状态的屈服强度随温度的变化关系，图中还给出 K5 合金的性能，作为参考。

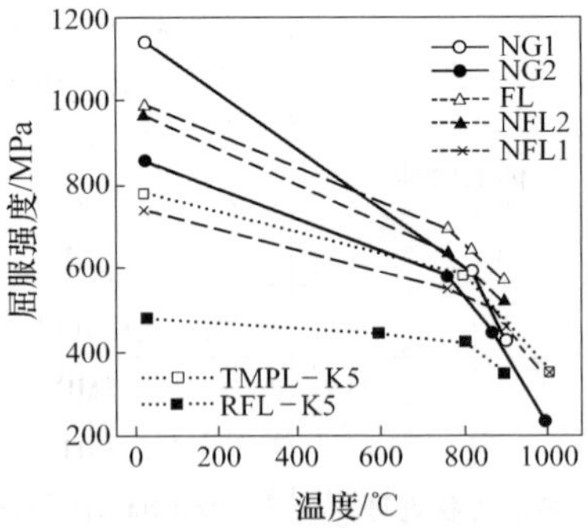

图 18-37 Ti-45Al-10Nb 合金不同组织状态的屈服强度随温度的变化关系

目前已进入工程应用的铸态 TiAl 合金见表 18-10。

表 18-10 工程铸态合金

合　　金	760℃，140MPa 断裂/h
Ti-47Al-2Nb-2Cr（GE 公司）	100
Ti-47Al-2W-0.5Si（ABB 公司）	650
Ti-47Al-2Nb-1Mn-0.5Mo-0.5W-0.2Si（USNavy/GE）	305
Ti-47Al-2Nb-2Mn +0.8TiB$_2$（Howmet）	63.5
Ti-45Al-2Nb-2Mn +0.8TiB$_2$（Howmet）	16.5

18.3.4 其他金属间化合物结构合金研究

除了前三节所述已可生产应用的工程合金外，还有许多正在研究发展的金属间化合物合金，有许多问题尚待研究。

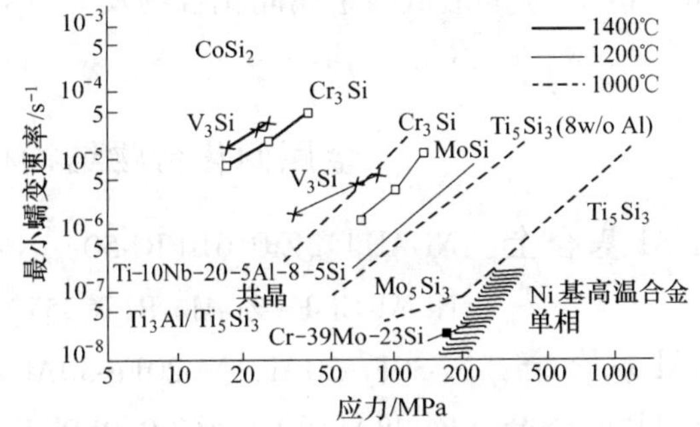

图 18-38 各种硅化物的压缩蠕变性能

首先，为了追求能在更高温度下应用的合金，研究发展 $MoSi_2$ 基合金、Mo_5Si_3 合金、Ti_5Si_3 合金和 Nb_5Si_3 合金等。这些合金的熔点较高，晶体结构较复杂，形变困难，脆性高。无论在理论上和材料发展上还存在大量问题。图 18-38 为各种硅化物的高温压缩性能。Ti_5Si_3 和 Mo_5Si_3、$MoSi_2$、Cr_3Si 等高熔点合金的蠕变性能，可以达到单晶镍基合金水平；而 $CoSi_2$、V_3Si 等低熔点合金则较差，但硅化物一般很脆，塑性问题不易解决。

Nb_3Al 基合金具有 Al5 结构，高熔点且脆性大，为了提高合金塑性，发展 Nb + Nb_3Al 双相合金，有良好的高温强度，但抗氧化性极差。

近来研究的以 Laves 相为基础的合金，强度大且脆性大。目前处于初始研究阶段。但这类合金的变形行为很有特点，位错运动和孪晶变形很复杂，是比较新的学术研究内容。

Al_3Ti 合金相对于 Al 合金有极高的熔点，因而应有较高的高温强度。它具有 DO_{22} 结构，晶体结构的对称性低，滑移系少，是产生脆性的一个重要原因。因此，加入铬、锰、铁、镍等合金元素，结果可以改变 DO_{22} 结构为 $L1_2$ 结构，具有 $L1_2$ 结构的合金的典型成分为：$Al_{67}Ti_{25}Ni_8$、$Al_{67}Ti_{25}Cr_8$、$Al_{67}Ti_{25}Fe_8$、$Al_{67}Ti_{25}Mn_8$ 等，但具有 $L1_2$ 结构的 Al_3Ti 合金的脆性仍然很大。电子结构的研究结果指出，$L1_2$ 结构 Al_3Ti 和 $L1_2$ 结构其他三铝化合物一样，其电子结构特点是非金属性较高，最近邻原子之间 d 电子的定向分布明显，其 APB 和 SISF 能较高，位错运动困难；同时，泊松比比较低，只有 0.2，断裂面解理应力低。另一种观点认为，$L1_2$ 结构的 Al_3Ti 合金裂尖发射位错没有困难，但位错运动却比较困难，是造成脆性的重要原因。许多作者，包括本文作者的研究表明，$L1_2$ 结构的 Al_3Ti 合金往往有 Al_2Ti 相析出，而极细小的 Al_2Ti 析出，特别是应变时效能有力钉扎位错运动。这个作用可能也是造成脆性的一个重要原因。

Ni_3Si 和 $Ni_3(Si,Ti)$ 合金是具有良好耐蚀性的金属间化合物材料，也是用以研究硅化物水汽环境脆性的良好材料。

本章小结

****

金属间化合物材料是金属与金属或类金属形成的具有化合物特点的合金，其结合键以金属键为主，同时呈现一定的离子键特性。作为结构材料，金属间化合物的屈服强度随着温度升高并非单调降低，存在中温区反常升高的R现象。这类材料存在本征脆性及常温环境敏感性，如水气环境脆性等，严重制约其加工制造和应用。添加适当的微量合金元素可以改变某些化合物的晶界性质从而有效提高塑性和韧性，比较广泛研究的材料包括Fe、Ni、Ti与Al、Si构成的Ni_3Al与NiAl，Fe_3Al与FeAl，及TiAl等金属间化合物。高熔点的Mo、Nb等与Si形成的金属间化合物及Laves相类型的材料，也得到了越来越多的关注。

****

金属间化合物结构材料分类及典型合金

Ni_3Al基合金：Ni-Al11.3Zr0.6B(IC-50)，Ni-Al8.0Cr7.7Zr3.0Mo1.5B(IC-221W)，Ni-Al-Cr-Fe-Zr-Mo-B(IC357)

NiAl基合金：Ni-30Fe-20Al，Ni-20Fe-30Al

Fe_3Al基合金：Fe-28Al-0.1Zr-5Cr-0.05B(FA1)，Fe-28Al-0.5Nb-0.2C(FA129)，Fe-28Al-4Cr

FeAl基合金：Fe-35.8Al-0.2Mo-0.05Zr-0.24B，Fe-40Al-0.12B

Ti_3Al基合金：Ti-24Al-11Nb，Ti-25Al-10Nb-3V-1Mo，Ti-25Al-17Nb-1Mo

TiAl基合金

铸造合金：Ti-47Al-2Nb-2Cr，Ti-47Al-2W-0.5Si，Ti-45/47Al-2Nb-2Mn+0.8TiB

变形合金：Ti-46Al-4Nb-1W，Ti-46.5Al-2Cr-3Nb-0.2W，Ti-45Al-8/10Nb

Si化物：$MoSi_2$，Mo_5Si_3，Ti_5Si_3，Nb_5Si_3，Cr_3Si

****

思考题与习题

18-1 请与传统金属及合金材料比较，总结金属间化合物的特点。

18-2 如何通过某些宏观性能的检测区分金属间化合物与离子键化合物？（提示：考虑原子间结合键的类别及其基本特性）

18-3 B2结构的普通金属中位错滑移的柏氏矢量是什么？如果一种二元金属间化合物具有如同CsCl那样的晶体结构，其中位错滑移的柏氏矢量是什么？二者之间的差别，对于位错滑移的晶格阻力有什么影响，这种变化是否会影响材料的宏观塑性和韧性？

18-4 请给出fcc结构的普通金属中全位错的滑移系。其衍生$L1_2$结构（如Ni_3Al）的晶体中，同样的滑移系产生什么样的位错滑移结果，两类材料的强度是否会因此产生差别？

18-5 B2结构的CsCl晶体，如果按照同样结构的纯金属那样发生位错滑移，在位错滑移过程中会发生什么变化，这种变化对于结合键离子性比较强烈的金属间化合物中位错的移动方式有什么影响？

18-6 Ni_3Al 金属间化合物中加入 B 的目的是什么，该项研究成果具有什么重要意义？

18-7 NiAl 金属间化合物基结构材料从微观组织看有哪些类别，对此有何感想和评价？

18-8 与奥氏体不锈钢比较，Fe-Al 金属间化合物结构材料的主要优势和劣势分别是什么？

18-9 查阅 Fe-Al 二元系相图，说明成分介于 Fe_3Al 和 FeAl 之间的合金的组织转变过程。

18-10 以 Fe_3Al 化合物为基体的结构材料，哪种微观组织具有特殊的强韧化效果，如何实现？

18-11 以 Fe_3Al 化合物为基体的结构材料，Al 的常用含量是多少，需要特别注意什么？

18-12 以 Ti_3Al 化合物为基体的结构材料，Al 的常用含量是多少，改善合金性能的主要合金元素是什么，其合金化的作用及其机理是什么？

18-13 TiAl 金属间化合物为基体的结构材料，Al 的常用含量是多少？本书所介绍的有关内容，留下比较深刻印象的是什么，可能从哪些方面入手继续深入了解这种类型的金属间化合物结构材料？

18-14 对于其他类型的金属间化合物结构材料有什么期待？

18-15 通过本书对于金属间化合物结构材料的介绍，对于这类结构材料形成了什么样的总体印象，对于其发展方向有何想法？如果从事相关的研究工作，哪些问题必须予以考虑；如果从事相关材料的应用开发工作，打算从哪里入手？

参考文献

[1] Yamaguchi M. , etc. , Progress in Materials Science, 34, 1990, 1.

[2] Sinha A. K. , Topologically Close-packed Structures of Transition Metal Alloys, Pergamon Press, Oxford, 1972.

[3] Fu C. L. , Yoo M. H. , Acta Mater. , 40, 1992, 703.

[4] Fu C. L. , etc. , in "High Temperature Ordered Intermetallic Alloys Ⅴ" MRS Symp. Proc. , 288, 1993, 21.

[5] Yoo M. H. , etc. , Metall. and Mat. Trans. , 29A 1998, 49.

[6] Vitek V. , Chen S. P. , etc. , in "Grain Boundary Chemistry and Intergranular Fracture" ed. Was G. S. , Bruemmer S. M. , Mater. Sci Forum 46, 1989, 237.

[7] Kear B. H. , Wilstorf H. G. F. , Trans. TMS-AIME, 224, 1962, 382.

[8] Takeuchi S. , Kuramoto E. , Acta Met. , 21, 1973, 415.

[9] Veyssiere P. , Intermetallics, 6, 1998, 587.

[10] Liu C. T. , Lee E. H, McKamey. Scripta Metall. 23, 1989, 875.

[11] Chen G. L. , Peng J. H. , in "High Temperature Ordered Intermetallic Alloys Ⅶ" 1997 MRS Symp. 466, ed. Koch C. C. , etc. , 1997, 575.

[12] Chen G. L, Peng J. H. , Xu W. X. . Intermetallics 6, 1998, 315.

[13] Liu C. T. , Scripta Metall. . Mater. 27, 1992, 25.

[14] George E. P. , Liu C. T. . High Temperature Ordered Intermetallic Alloys Ⅵ. MRS proc. V. 364, ed. by Horton J. A. , Baker I. , Hanada S. , Noebe R. D. , Schwartz D. S. , 1995 MRS Pittsburgh, 1995, 1131.

[15] Aoki K. , and Izumi O. , JIM Japan. 43, 1979, 1190.

[16] Stoloff N. S. , Liu C. T. , Intermetallics 2, 1994, 75.

[17] Takasugi T. , Izumi O. , Acta Metall. 34, 1986, 607.

[18] Nishimura C. , Liu C. T. , Scripta Materialia 35, 1996, 1441.

[19] Ma. C. L. , Takasugi T. , Hanada S. . High Temperature Ordered Intermetallic Alloys Ⅵ. MRS proc. V. 364, ed. by Horton J. A. , Baker I. , Hanada S. , Noebe R. D. , Schwartz D. S. , 1995 MRS Pittsburgh, 1995, 1159.

[20] Deevi S. C. , Sikka V. K. , Intermetallics. 5, 1996, 357.
[21] Liu C. T. Intermetallic Compounds V. 2 Practice. Westbrook J. H. and Flleischer R. L. , John Wiley & Sons Ltd. , 1994, 17.
[22] Liu C. T. Structural Intermetallics ed. Darolia R. Lewandowski J. J. Liu C. T. , etc . 1993, 365.
[23] Darolia R. Structural Intermetallics ed. Nathal M. V. , etc. TMS Publication, 1997, 585.
[24] Chen G. L. , etc. , in "Processing, Properties, and Applications of Iron Aluminides" ed. Schneibal J. H. and Crimp TMS Publication, 1994, 131.
[25] Schneibal J. H. , Crimp. Processing Properties and Applications of Iron Aluminides. TMS Publication, 1994.
[26] Deevi S. C. , Sikka V. K. , etc. Inter. Sym. of Nickel and Iron Aluminides: Processing, Properties and Applications Materials Week ASM Materials Park, Ohio, 1997.
[27] Banerjee D. Intermetallic Compounds V. 2 Practice. Westbrook J. H. , etc. , John Wiley & Sons Ltd, 1994, 91.
[28] D. M. Dimiduk, Intermetallics: 6, 1998, 613.
[29] Kim Y-W, etc. Gamma Titanium Aluminides. Kim Y-M, etc. TMS, Warrendale, PA, 1995, 509.
[30] Kim Y-W, etc. JOM, 46, 1994, 30.
[31] Kumar K. S. Physical Metallurgy and Processing of Intermetallic Compounds. Stoloff N. S. , Sikka V. K. , Chapman & Hall, 1996, 10.
[32] 陈国良，林均品 . 有序金属间化合物结构材料[M]. 北京：冶金工业出版社，1999.

19 金属基复合材料

内容要点：

金属基复合材料中常用增强相、分类和基本性质，复合强化的基本原理，金属基复合材料的界面要求及界面反应的控制，典型的材料制备工艺，复合材料的强度与断裂特性；比较典型的 Al 基、Mg 基、Cu 基和 Ti 基复合材料及其工程应用。

复合材料是将两种或两种以上性质截然不同的物质加以优化组成的新材料，它结合各自的优点，避免各自的缺点。金属基复合材料是由连续的金属与合金基体和增强体所构成。增强体一般是具有高强度、高模量的非金属材料，如碳纤维、硼纤维和陶瓷材料等。金属基复合材料具有一系列与金属性能相似的优点，如兼有高强度、高弹性模量、高韧性，热冲击敏感性低，表面缺陷敏感性低，导电导热性好等。不同金属与合金基体及不同增强体的优化组合，可使金属基复合材料具有各种特殊性能和优异的综合性能。与合金和聚合物相比，金属基复合材料性能特点有：高比强度、高模量、高韧性、高导热导电性、膨胀系数小、耐磨性好、高温强度高、表面稳定性好等。

目前用做金属基复合材料基体的种类有铝基、镁基、钛基、钢基、铜基等多种，上述几种应用较成熟。增强体类型有连续纤维、短纤维和晶须、颗粒。

金属基复合材料的实际研究始于 20 世纪 20 年代关于铝/氧化铝粉末烧结工作。对于弥散强化机理的研究，都是利用小颗粒第二相阻碍位错运动，通过存在于金属基体中的微细氧化物或不可切割的沉淀相颗粒而获得。60 年代，集中研究用纤维强化的连续纤维增强金属基复合材料。80 年代以来，发展了非连续强化的金属基复合材料，无论基体和增强体，承载的比例都介于弥散强化与纤维强化这两种极端情况之间。70 年代出现的双相钢，也可归结为一种特殊的金属基复合材料。

在金属基复合材料中，存在组分间的交互作用和载荷传递，其中许多领域，界面都起着关键作用。金属基复合材料在承受载荷时发生的屈服与塑性变形，裂纹的生核和断裂过程，以及材料的显微结构变化，都是人们关注的焦点。

19.1 金属基复合材料体系选择

19.1.1 基体材料

基体金属的选择对金属基复合材料的使用性能有着举足轻重的作用，既要考虑金属基体的力学、物理、化学性质及其与增强体的相容性，又要考虑工作环境。

不同的工作环境要求金属基复合材料有特殊的使用性能。在航空和航天工程中，要求高比强度、高比模量和尺寸稳定性，必须选择体积质量小的金属与合金作为基体金属，如镁合金和铝合金。在汽车发动机中，工作温度较高，要有高温强度、抗气体腐蚀、耐磨、导热等。工作温度在450℃以下的，可选择铝合金和镁合金。其牌号和性能见表19-1和表19-2。高性能发动机，不仅要求高比强度和高比模量，而且要求在更高温度下的高温强度和抗气体腐蚀。工作温度在450～650℃，基体金属要选择更耐热的钛合金、不锈钢，其牌号和性能见表19-3；工作温度在800℃以上的，基体金属应是铁基和镍基耐热合金。

表 19-1 各种牌号铝合金的性能

合金牌号	美国对应牌号	主要成分 w/%					体积质量 /g · cm^{-3}	抗拉强度 /MPa	弹性模量 /GPa	线胀系数 /$10^{-6}K^{-1}$	热导率 /W · (m · ℃)$^{-1}$
		Mg	Si	Cu	Mn	Cr					
工业纯铝 Al	1100						2.6	60～108	70	22～25.6	218～226
LY12	2024	1.2/1.8	(Fe 0.5)	3.8/4.9	0.3/0.9	0.1	2.8	172～549	68～71	22.7	121～193
	2124	1.2/1.8	(Fe 0.3)	3.8/4.9	0.3/0.9	0.1					
LD2	6061	0.8/1.2	0.40/0.80	0.15/0.40	0.15	0.04/0.35	2.7	347～379	70	23.5	155～176
LF6		5.8/6.8			0.5/0.8		2.64	330～360	66.7	22.8	117
ZL104		0.17/0.30	8.0/10.5				2.65	255～275	69	21.7	147

表 19-2 各种牌号镁合金的性能

合金牌号	美国对应牌号	主要成分 w/%			体积质量 /g · cm^{-3}	抗拉强度 /MPa	弹性模量 /GPa	热膨胀系数 /$10^{-6}K^{-1}$	热导率 /W · (m · ℃)$^{-1}$
		Al	Zn	Mn					
MB2	AZ31B	3.0～4.0	0.15～0.50	0.15～0.50	1.78	255	40	26	96
MB5	AZ61A	5.5～7.0	0.15～0.50	0.15～0.50	1.81	260	41	26.8	78.5
MB15	ZK60A		4.8～6.2	Zr≥0.45	1.83	335	44	20.9	121

表 19-3 各种牌号钛合金的性能

合金牌号	主要成分 w/%				体积质量 /g · cm^{-3}	抗拉强度 /MPa	弹性模量 /GPa	热膨胀系数 /$10^{-6}K^{-1}$	热导率 /W · (m · ℃)$^{-1}$
	Al	V	Mo	Zr					
工业纯钛 TA1					4.51	345～685	100	8.0	16.3
TC4	5.5～6.8	3.5～4.5			4.40	1020	114	8.9	8.8
TC3	4.5～6.0	3.5～4.5			4.45	990	118	8.4	8.4
TC11	5.8～7.0		4.8～5.8	0.8～2.0	4.48	1010～1225	123	8.5	6.3

由于增强体的增强机制不同，对基体金属成分选择上有很大差别。以纤维强化的连续纤维增强金属基复合材料中，纤维具有高强度和高模量，连续纤维是主要承载体，基体应有良好的塑性和与纤维的相容性。研究发现，用纯铝或低合金防锈铝合金作基体，其性能比用高强度铝合金作基体的金属基复合材料更高。这与基体本身的塑性、强化相及基体与纤维的界面状态等因素有密切关系。而非连续增强的金属基复合材料，金属基体是主要承载体，它的强度对材料有决定性的影响。一般选择高强度铝合金为金属基体。

金属基复合材料中，基体金属与增强体之间存在着界面，负有传递载荷的作用。界面的结构和性质无疑对金属基复合材料的性能有重要的影响。在制备过程中，基体金属与增强体之间将发生界面反应。增强体与不同的基体金属或与含有不同合金元素的基体合金发生界面反应时，界面反应产物不同，界面的组成、结构、黏结强度也不同。因而在选择基体金属时应当充分考虑二者的相容性。

19.1.2 增强体材料

增强体在金属基复合材料中起着提高材料强度、模量、高温强度、耐磨性等作用。根据其形态，主要有连续长纤维、短纤维、晶须、颗粒等。增强体应具有高比强度、高模量、高温强度、高硬度、低热膨胀等，使之与基体金属配合、取长补短，获得材料的优良综合性能。增强体还应具有良好的化学稳定性，与基体金属有良好的浸润性和化学相容性，没有严重的不良界面反应。

19.1.2.1 连续纤维

连续纤维长度很长，沿其轴向有很高的强度和弹性模量。根据其化学组成，可分为碳(石墨)纤维、碳化硅纤维(烧结法)、氧化铝纤维和氮化硅纤维，纤维的直径为5.6～14μm，通常组成束丝使用。硼纤维、碳化硅纤维(化学气相沉淀法)的直径为95～140μm，以单丝使用。

(1) 碳纤维。碳纤维是以碳元素形成的各种碳和石墨纤维的总称。根据其石墨化程度，可分为以石墨微晶和无定形碳组成的碳纤维和完全石墨化的石墨纤维。

碳纤维是用高含碳的有机纤维（如聚丙烯腈纤维）、沥青纤维经过特殊的热处理过程制成。这种热处理过程分三个步骤：稳定化处理、碳化处理和石墨化处理。在250℃下进行预氧化的稳定化处理，在250～1500℃高纯氮气保护下进行碳化处理，在1500～2500℃氩气保护下进行石墨化处理。经碳化处理后，得到以石墨微晶和无定形碳组成的碳纤维。经石墨化处理后，得到完善的石墨结晶和取向的石墨纤维。

碳纤维为有黑色光泽的柔韧细丝，一般单根纤维直径为5～10μm，产品为500～12000根的束丝。碳纤维的性能与石墨微晶尺寸、取向和空洞缺陷密切相关，若微晶尺寸大、结晶取向度高、缺陷少，则强度、弹性模量和导热导电性都显著提高。高强型碳纤维的拉伸强度最高可达7000MPa，体积密度为1.8g/cm^3。超高弹性模量碳纤维的最高弹性模量可达900GPa，密度为1.85～2.1g/cm^3。碳纤维有优良的导热性和良好的导电性，超高模量沥青纤维的导热系数可达铜的3倍。碳纤维还具有低的热膨胀系数，并有优异的高温力学性能，在惰性气体中，可将其保持到2000℃；但在高温下与金属有着不同程度的界面反应，导致损伤碳纤维。故碳纤维用于金属基复合材料时，须采用表面涂层处理加以改善，通过化学气相沉积法、化学镀金属法和溶胶凝胶法，在碳纤维表面形成10nm～1μm不同厚度的涂层，有 SiC、Al_2O_3、TiB、Ni 等。

（2）硼纤维。硼纤维是运用化学气相沉积法将还原生成的硼元素沉积在载体纤维（如钨丝或碳纤维）表面上，制成具有高比强度和高比模量的高性能纤维。

作为载体纤维，钨丝直径约 10～13μm，碳丝直径为 30μm，生产硼元素的原料是高纯 BCl_3 和 H_2，在高温 1000℃以上借助氢还原，反应在载体表面上进行，硼原子不断沉积在载体纤维表面，形成直径为 43～140μm 的硼纤维。

硼纤维的平均抗拉强度为 3400MPa，拉伸弹性模量为 420GPa，硼纤维的密度在 2.5～2.67g/cm^3。硼纤维的缺点是在高温下能和多数金属反应而发生脆化。为防止脆化，可在表面上包覆一层碳化硅材料。

（3）碳化硅纤维。碳化硅纤维具有优良的高温性能，高强度、高弹性模量、高硬度和高化学稳定性。碳化硅纤维是一种陶瓷纤维。碳化硅纤维的制造方法主要有化学气相沉积法和烧结法。

碳化硅纤维的化学沉积法与硼纤维相似，氢和硅烷混合气在加热到 1300℃的钨丝上反应生成碳化硅，形成钨芯碳化硅纤维单丝。这种碳化硅纤维具有优异的室温和高温力学性能，其抗拉强度高过 3500MPa，拉伸弹性模量为 430GPa，其熔点为 2700℃，高温强度稳定，加热到 1350℃时，其强度仅损失 30%，密度为 3.45g/cm^3。

烧结法（有机聚合物转化法）的主要工艺为聚碳硅烷合成。聚碳硅烷纺丝、不熔化处理和烧结等阶段。聚碳硅烷纺成直径为 10～15μm 的聚碳硅烷丝束，进行 200℃氧化的不熔化处理后，在保护气氛中加热到 1200～1300℃烧结成碳化硅纤维。这种纤维的密度较小，约 2.55g/cm^3，抗拉强度为 2740～3230MPa，弹性模量为 176～206GPa。

（4）氧化铝纤维。氧化铝纤维根据其氧化铝含量的不同，凡含量在 70%以上的，称为氧化铝纤维；氧化铝含量低于 70%又含二氧化硅者，称为硅酸铝纤维。

氧化铝连续长纤维的生产，一般由烷基氧化铝加水缩合为聚铝氧烷，然后与有机硅聚合物放在有机溶剂中溶化，再拉丝干燥，在空气中加热到 1000℃以上焙烧，制成 α-Al_2O_3 长纤维，其中含 15% SiO_2。

另一种方法是烧结法。把 Al_2O_3 细粉（<0.5μm）与 $Al(OH)_3$ 及少量 $Mg(OH)_2$ 混合进行干法纺丝，然后将丝加热到 1000℃以上烧结成 Al_2O_3 纤维。为改善它与金属的浸润性并减少表面缺陷，提高纤维强度，表面涂有约 0.1μm 厚的 SiO_2 涂层。

不同牌号的氧化铝连续长纤维的抗拉强度在 2100～2400MPa。拉伸弹性模量在 189～385GPa，密度为 3.05～4.2g/cm^3。

氧化铝短纤维是一种将铝盐水溶液与聚乙烯醇混合后，用高速气流喷吹得到短纤维，又继续经高温焙烧而成的氧化铝短纤维，其氧化铝体积分数约为 95%。

硅酸铝短纤维是用电炉熔融氧化铝和一定比例的二氧化硅，将熔体用压缩空气或高温水蒸气喷吹成短纤维。

氧化铝短纤维的强度为 1000MPa，弹性模量为 1000GPa。

19.1.2.2 晶须

晶须是在人工控制条件下长成的小单晶，其直径在 0.2～1.0μm，长度约几十微米。由于晶体缺陷很少，其强度接近完整晶体的理论值，可明显提高复合材料的强度和弹性模量。

金属基复合材料常用的晶须有碳化硅、氧化铝、氮化硅、硼酸铝晶须。这些陶瓷晶须的制备方法主要是化学气相法。晶须的气体原料在一定温度下，通过触媒液滴与气体的界面进入液滴，成为含有晶须气体原料的熔体，当达到过饱和状态时就析出晶体。在气体原料连续供应条件下，晶体逐步长成细小晶须。

碳化硅晶须的生产是用 SiO_2 加炭黑，经催化剂作用，在高温下发生反应，生成碳化硅晶须。

各种类型晶须的基本性能见表 19-4。

表 19-4 几种晶须的基本性能

晶 须 名 称	体积质量/$g \cdot cm^{-3}$	熔点/℃	抗拉强度/MPa	拉伸弹性模量/GPa
氧化铝(蓝宝石)	3.9	2080	$(1.4 \sim 2.8) \times 10^4$	482 ~ 1033
碳化硅(α-型)	3.15	2320	$(0.7 \sim 3.5) \times 10^4$	482
碳化硅(β-型)	3.15	2320	$(0.7 \sim 3.5) \times 10^4$	550 ~ 820
氮化硅	3.2	1900	$(0.35 \sim 1.06) \times 10^4$	379
石 墨	2.25	3590	2×10^4	980
氧化铍	1.8	2560	$(1.4 \sim 2.0) \times 10^4$	689

19.1.2.3 颗粒

金属基复合材料用的颗粒增强体，是选用现有的陶瓷颗粒材料，主要有氧化铝(Al_2O_3)、碳化硅(SiC)、氮化硅(Si_3N_4)、碳化钛(TiC)、硼化钛(TiB_2)、碳化硼(B_4C)及氧化钇(Y_2O_3)等。上述陶瓷颗粒具有高强度、高弹性模量、高硬度、耐热等优点。常用陶瓷颗粒增强体的物理性能见表 19-5。陶瓷颗粒呈细粉状，尺寸小于 50μm，一般在 10μm 以下。

由于用于增强体的陶瓷颗粒成本低廉，易于批量生产，而汽车工业对材料价格又很敏感，从而刺激了颗粒增强金属复合材料生产技术的发展。

表 19-5 陶瓷颗粒的性能

名 称	体积质量 /$g \cdot cm^{-3}$	熔点/℃	HV	弯曲强度 /MPa	弹性模量 /GPa	线膨胀系数 /K^{-1}
碳化硅	3.21	2700	2700	400 ~ 500		4.00×10^{-6}
碳化硼	2.52	2450	3000	300 ~ 500	360 ~ 460	5.73×10^{-6}
碳化钛	4.92	3300	2600	500		7.40×10^{-6}
氮化硅	3.2	2100(分解)		900	330	$(2.5 \sim 3.2) \times 10^{-6}$
氧化铝	3.9	2050				9×10^{-6}
硼化钛	4.5	2980				

19.2 金属基复合材料性能设计

金属基复合材料的特点，是通过不同的金属基体与不同增强体以不同方式复合来控制其性能。理解复合材料力学行为的核心，是基于基体与增强体间载荷分配的概念。在材料中，各点间的应力可以不同，但各组成部分所承担的外加载荷比例可以用它们中的体积平均载荷推算。在平衡态，外加载荷必须等于基体和增强体按体积平均载荷的总和，即：

$$\sigma_A = f\bar{\sigma}_f + (1-\varphi)\bar{\sigma}_M$$

上式确定在外加应力 σ_A 下，增强体的体积分数为 φ 时，基体与增强体的体积平均应力（$\bar{\sigma}_M$，$\bar{\sigma}_f$）。只要处于弹性范围，这个比例与外加载荷无关，它反映复合材料本身的一个重要特性，通常称为混合定律。

19.2.1 连续纤维增强金属基复合材料的强度

在连续纤维金属基复合材料中，金属基体是作为传递和分散载荷给纤维的媒体，因而其力学性能除了与金属基体及纤维的力学性能和体积分数相关外，还与金属和纤维界面的粘接强度和状态、纤维的排列状态等有关。

纤维增强金属基复合材料的破坏，主要是由纤维断裂所引起，因而其强度可近似地用混合定律来计算。对一个片层金属基复合材料，当纤维开始断裂时的复合材料拉伸强度 σ_{Cu} 为：

$$\sigma_{Cu} = \varphi\sigma_{fu} + \sigma_{M*}(1-\varphi) \tag{19-1}$$

式中，σ_{fu} 为纤维拉伸强度；σ_{M*} 为纤维断裂应变 ε_{fu} 相对应的金属基体的拉伸应力，见图19-1。假定纤维开始断裂时金属基复合材料应力不会增加，即 $\sigma_C = \sigma_{Cu}$，此时纤维将逐步裂开成更短的纤维。当纤维体积分数 φ 很小时，由上式算出的失效应力值比相应于以孔洞取代纤维的金属基体值 $(1-\varphi)\sigma_{Mu}$ 还小，见图19-1b，这是不真实的。只有纤维的体积分数 φ 大于 φ' 时，才可以使用式（19-1）。φ' 称为纤维的最小体积分数，可表示为：

$$\varphi' = \frac{\sigma_{Mu} - \sigma_{M*}}{\sigma_{fu} - \sigma_{M*} + \sigma_{Mu}} \tag{19-2}$$

实际数据在 φ 大于 φ' 时与上式相吻合。

纵向弹性模量 E_{Cl} 亦可用混合定律表示。根据纤维和基体等应变假设，得到：

$$E_{Cl} = E_f \cdot \varphi + E_M(1-\varphi) \tag{19-3}$$

式中，E_f 和 E_M 分别为纤维和金属基体的弹性模量。实际值与式（19-3）计算值略有偏差，这与纤维排列的实际状态等有关，需要按式（19-4）加以修正。

$$E_{Cl} = k[E_f \cdot \varphi + E_M(1-\varphi)] \tag{19-4}$$

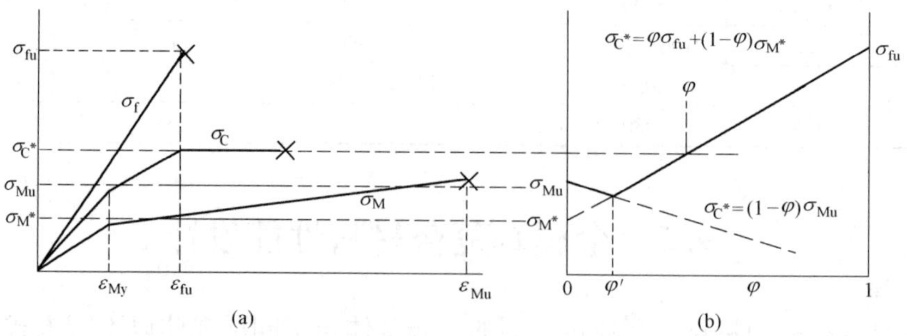

图19-1 一个片层金属基复合材料平行于纤维轴向承受载荷的失效

（a）对纤维、金属基体和复合后材料的理想应力-应变曲线；

（b）复合材料拉伸强度与纤维体积分数变化的关系

19.2.2 非连续金属基复合材料的强度

混合定律应用于短纤维（包括晶须）时，应考虑其长度对直径比 L/d 和基体抗剪强度 τ_{Mu} 有关。短纤维增强金属基复合材料的强度 σ_{Cu} 为：

$$\sigma_{Cu} = \overline{\sigma}_f \cdot \varphi + \sigma_M(1 - \varphi)$$

短纤维长度不同时，最终表达式有差别。若纤维长度 L 小于临界长度 L_c，则纤维的最大应力达不到纤维的平均强度，纤维不会断裂，破坏是由于界面或基体破坏所造成的。直径为 d_f 的纤维平均强度 $\overline{\sigma}_f = \tau_{My \cdot L}/d$。材料的强度 σ_{Cu} 近似表示为：

$$\sigma_{Cu} = \frac{\tau_{My \cdot L}}{d_f} \cdot \varphi + \sigma_{Mu}(1 - \varphi) \tag{19-5}$$

若纤维长度 $L > L_c$ 纤维的应力达到其平均强度，纤维所受的最大应力达到其平均强度时，材料开始破裂。纤维的平均强度 $\overline{\sigma}_f = \sigma_{fu}\left(1 - \frac{L_c}{2L}\right)$，此时金属基复合材料的强度表示为：

$$\sigma_{Cu} = \sigma_{fu}\left(1 - \frac{L_c}{2L}\right)\varphi + \sigma_{M*}(1 - \varphi) \tag{19-6}$$

也可以求得短纤维的最小体积分数 φ'，当实际 $\varphi > \varphi'$时，上式才能应用。只是短纤维的 φ'值比连续纤维的要高，因为短纤维的增强作用不及连续纤维那样有效。

19.2.3 颗粒增强金属基复合材料的强度

颗粒增强金属基复合材料的强化机制是弥散强化。若 G_M 为金属基体的切变模量，颗粒间距为 D_p，当切应力τ大到使位错曲率半径 $R = D_p/2$ 时，位错即开动。使金属基体发生塑性变形，切应力必须达到：

$$\tau = G_M b/D_p \tag{19-7}$$

颗粒的直径 d_p，体积分数 φ 与颗粒间距 D_p 之间满足关系：

$$D_p = (2d_p^2/3\varphi)^{\frac{1}{2}}(1 - \varphi)$$

在外加载荷作用下，在金属基体与颗粒界面上作用应力 τ 为：

$$\tau = n\sigma$$

式中，n 为位错塞积数；σ 为外应力，与式（19-7）比较，则 $n = \sigma D_p/G_M b$，将其代入上式即得

$$\tau = \sigma^2 D_p/G_M b$$

若τ等于颗粒强度 σ_{pb}时，颗粒开裂，引起材料变形，则

$$\tau = \sigma_{pb} = \frac{G_p}{C} = \sigma_{cy}^2 D_p/G_M b \tag{19-8}$$

式中，σ_{cy}为金属基复合材料的屈服强度；C 为表征颗粒特性的常数；G_p 为颗粒的切变模量。

19.3 金属基复合材料的界面

金属基体和增强体之间的界面区域的厚度在纳米级到微米级。在金属基复合材料中，界面的作用很是关键，强化取决于载荷从金属基体跨过界面传递到增强体上，韧性受裂纹通过界面发生偏转和纤维拔出的影响，塑性受靠近界面的峰值应力的松弛的影响。另外，金属基复合材料在制作过程，或在高温工作条件下，需要控制组合之间在界面的化学反应，以获得适宜的界面的黏结强度。这种化学反应造成界面区域复杂的化学成分、相组成和显微结构。这些界面反应显著改变界面的性质。

根据界面反应的程度，可以将其分为三类：

（1）弱界面反应。金属基体与增强体之间发生浸润，形成直接与原子结合的界面结构或仅有少量细小尺寸的反应产物，界面黏结强度较好，对增强体没有发生损伤和金属基复合材料性能下降。

（2）中等程度界面反应。金属基体与增强体之间发生界面反应，生成反应产物，对增强体造成损伤，界面结合强度增加，不会产生脆性破坏。

（3）强界面反应。界面产生粗大的脆性相和脆性层，并造成增强体的损伤，性能下降，导致金属基复合材料的性能剧烈下降。

19.3.1 金属基复合材料的界面化学

19.3.1.1 界面反应的热力学和动力学

在金属基复合材料的制作过程和高温工作条件下，都会发生界面化学反应，可以由热力学上不稳定的组分制造出好的、实用的金属基复合材料。从金属基复合材料系统在界面区域发生的各种化学反应的热力学和动力学数据中可看出，反应产物的生成热 $\Delta G^{\ominus}$ 在给定温度下具有很大的负值，表明其在给定温度下，反应有很大的热力学驱动力。而 $\Delta G^{\ominus}$ 为正值时，表明此反应不能进行。这些热力学和动力学数据可见表19-6。界面反应经过 t 秒钟后，反应层的厚度 x 可根据表19-6中给定的温度下的反应速度常数 k 计算：

$$x = k\sqrt{t} \tag{19-9}$$

表19-6中给出反应激活能 Q，可根据 Q 值估算出任何温度下的反应速度常数。因而可根据某一温度下的 k_1 值估算出另一温度下的新的反应速度常数 k_2 值。

$$k_2 = k_1 \exp\left[\frac{Q(T_2 - T_1)}{2RT_2T_1}\right] \tag{19-10}$$

表19-6 在金属基复合材料界面区域可能发生的各种反应的热力学和动力学数据

反应		生成热 $\Delta G^{\ominus}$ /kJ · mol^{-1}	反应速度常数 k /nm · s$^{-1/2}$	Q/kJ · mol^{-1}
基体+增强剂	反应产物			
8/3Ti + Si	$1/3Ti_3Si_3$ + TiC	−900(1200K)	22(1200K)	200
Ti + TiB_2	2TiB	−30(1200K)	8(1200K)	220
Ti + B_4C	4TiB + TiC		12(1200K)	220

续表 19-6

反应		生成热 $\Delta G^{\ominus}$ /kJ · mol^{-1}	反应速度常数 k /nm · s$^{-1/2}$	Q/kJ · mol^{-1}
基体 + 增强剂	反应产物			
$4/3Al + SiC$	$1/3Al_4C_3 + Si$	-88.5(900K)		
$4/3Al + SiO_2$	$2/3Al_2O_3 + Si$	-210(900K)		
$3/4Mg + Al_2O_3$	$3/4MgAl_2O_3 + 1/2Al$	-13(900K)		103
$2Mg + SiC$	$Mg_2Si + C$	-7(900K)		
$2Mg + Li + SiC$	$Mg_2Si + 1/2Li_2C_2$	-18(900K)		
$MgO + Al_2O_3$	$MgAl_2O_4$	-28(900K)		
$4Mg + SiO_2$	$2MgO + Mg_2Si$	-131(900K)		
$Al + 1/2Mg + SiO_2$	$1/2MgAl_2O_3 + Si$	-219(900K)		

注：引用的反应物的标准生成热 $\Delta G^{\ominus}$ 变化，此时其他所有组分的活度都为 1。

19.3.1.2 金属基复合材料中的界面反应

A 铝基复合材料中的界面反应

铝是高度活泼的金属，可还原大部分氧化物和碳化物，故可与大部分增强体起反应。由于表面有 Al_2O_3 层，故反应速度通常较慢。

铝与碳反应生成 Al_4C_3，在室温至 2000K 之间，其标准生成热均为负值，都能生成。Al_4C_3 的成分可在一定范围内变化。低温下，铝与碳之间的反应速度非常慢，在界面仅生成少量尺寸细小的 Al_4C_3。而在 400～500℃之内，两者间有明显的作用。铝中加入 w(Zr) 为 0.5% 时，能有效抑制高温下碳和铝的反应，形成稳定的界面。

铝与硼的复合材料中，界面可能存在 AlB_2 和 AlB_{12}。但因铝基成分不同，平衡时的产物为二者之一。如纯铝（L4～L6）最终产物为 AlB_2；若为铝合金 Al6061（LD2），则最终产物为 AlB_{12}。

铝与碳化硅反应生成 Al_4C_3 和 Si，在 900K 时，$\Delta G^{\ominus}$ 为 -88.5kJ/mol。温度低于 620℃时，铝与碳化硅实际上不能作用。提高硅在铝熔体中的浓度，可以促进逆反应，以减少反应程度，改善相容性。铸造的铝基复合材料通常为含硅的铝合金，故在界面只有非常薄的反应层，约几纳米厚。铝与碳化硅的浸润性不好。在热处理过的 Al-Mg/SiC 复合材料中，界面反应产物有薄层 Al_4C_3，提高了界面黏结强度，阻碍界面滑动并明显提高弹性模量。

铝与氧化铝在 1000℃以下的浸润性差。采用液态法制造 $Al\text{-}Al_2O_3$ 复合材料时，铝与 Al_2O_3 会发生反应。若向铝中添加锂（w(Li) < 3%），既可抑制反应，又可改善铝对氧化铝的浸润性。

镁存在于铝合金基体中时，可显著提高界面活性。如铝合金基显微复合材料中存在以 SiO_2 为基的黏结剂时，纤维富硅的表面层渗透了镁，这便明显提高了黏结强度。

B 镁基复合材料中的界面反应

在低温用基体中，多种镁基复合材料的热力学稳定性一般是合适的，镁与碳不起反应，不生成热力学上稳定的碳化物。镁与碳化硅间的反应在热力学上非常勉强，见表 19-6。镁中加入锂时也如此，在高温下，Mg-Li 合金中的碳化硅晶须不受侵蚀。镁与氧反应强烈，生成 MgO 或 $MgO \cdot Al_2O_3$ 尖晶石。

C 钛基复合材料中的界面反应

钛和硼反应生成 TiB_2，从室温到高温都稳定。

钛及钛合金很容易与大部分增强体反应，但不同的钛-增强体体系的反应特性有显著差异。增强体为 SiC 时，制造钛基复合材料的扩散黏结过程中，会产生明显的界面反应。反应层厚度约 1μm，对性能有害。TiB_2 与钛的反应速率明显比 SiC 与钛的反应慢，B_4C 与钛的反应速率处在前两者反应速率之间。对于钛及钛合金，目前还没有理想的陶瓷增强体，若在增强体表面产生覆盖层，可防止或延后有害的界面反应。

19.3.2 纤维覆盖层

为保护纤维不受化学侵蚀，提出了许多覆盖层和沉积方法。首先要找出不和金属基体或增强体反应的材料。从热力学观点来看，高度稳定的氧化物可以作为障碍覆盖层。Y_2O_3 的生成热 ΔG_{1000K} 为 -1080kJ/mol，非常稳定。对 Y_2O_3 作纤维覆盖层的研究表明是有效的，但沉积过程的应用范围比较有限。目前许多已探索的覆盖层并非是在热力学上稳定，而只是将界面反应减到适当的程度。

覆盖技术多用于长纤维，对短纤维和颗粒增强体的覆盖技术方法不多。覆盖方法有化学蒸汽沉积（CVD）、物理蒸气沉积（PVD）、喷镀和喷射技术等。

化学蒸气沉积（CVD）法是将加热的纤维穿过反应区，由反应区的热分解或其他蒸气反应的蒸发物在纤维上形成沉积物。这项技术已在生产 SiC 和硼单丝上纳入生产工艺过程。为促进或改变沉积过程，也采用放电等离子体技术的等离子体辅助 CVD。

物理蒸气沉积（PVD）法是通过加热（蒸发）或用高能离子轰击靶以溅射产生蒸气。沉积物在沉积时放电，受到轰击的离子喷镀也是可能的。有研究者采用活性溅射在 SiC 纤维上形成 Y_2O_3 覆盖层。

此外，喷镀和喷射技术是在生产复合材料时促进其浸润。将纤维通过喷镀槽，在碳纤维和 SiC 纤维上镀铝，它采用金属钠或钠盐来促进浸润。也可通过电镀来促进喷射过程，在碳纤维上镀铜和镍薄层(0.5 ~ 3μm)。

在溶体中进行化学沉积技术也可行，如用溶胶-凝胶法在 SiC 颗粒上涂上一薄层(约 50μm) Al_2O_3 或 MgO 作为覆盖层。

减慢界面反应速度的覆盖层有钛基复合材料中的 SiC 单丝，用 CVD 法沉积的 TiB_2 覆盖层或双重的 C/TiB_2 覆盖层。铝基复合材料中的硼纤维上沉积 TiB_2 或 B_4C 等。

钛基复合材料中的 SiC 单丝用 Y/Y_2O_3 双层覆盖层有良好的效果，若 Y_2O_3 覆盖层受力而破裂时，暴露出金属钇层，钇将激发吸收效应，将与钛基合金中溶解的氧作用，重新修补成有保护作用的 Y_2O_3 层。这种以钛复合材料中的 SiC 单丝用 C/TiB_2 或 Y/Y_2O_3 多层覆盖层的研究成功，开辟了新的覆盖途径，以不同的层为不同的力学和/或化学行为的目标服务。

19.4 金属基复合材料的强化与断裂

要描述金属基复合材料的形变和强化现象，需要考虑纤维和颗粒存在所引起的显微组织的影响。

19.4.1 金属基复合材料的强化

金属基复合材料中，一定比例载荷由增强体承担，其余为金属基体承受。它取决于增强体的体积分数、形状及取向，也取决于这两者的弹性性质。增强体的强度和刚度通常均高于金属基体，若增强体承受较高比例的外加载荷，则这种增强体起着非常有效的强化作用。

连续纤维增强金属基复合材料的连续纤维是重要承载物体，充分发挥其增强作用，即所谓纤维强化作用，而金属基体主要起固定纤维的作用。但其强化作用受纤维与金属基体界面状态的影响很大，后面将进一步讨论。

在非连续增强金属基复合材料中，金属基体是主要承载物，因此要考虑纤维和粒子存在所引起的显微组织的影响。

19.4.1.1 位错强化

在金属基复合材料中，局部应力或残余热应力都会产生位错。假设增强体与金属基体间的错配应变由放出位错环来松弛，由此估算其强化效果。这种所谓错配应变是指增强体的“自然”形状与它在金属基体中所占空穴的自然形状间的差别。其位错密度的增加量 $\Delta\rho$ 为：

$$\Delta\rho = \frac{\Delta a \Delta T N A}{b}$$

式中，$\Delta a \Delta T$ 为热错配应变；N 为粒子数；b 为柏氏矢量；A 为每个粒子的总表面积。若粒子的形状是立方体，上式可表示为：

$$\Delta\rho = 12\frac{\Delta a \Delta T \varphi}{bd} \qquad (19\text{-}11)$$

式中，d 为粒子尺寸；φ 为粒子体积分数。为预测位错密度对金属基体强度的影响，用下式：

$$\Delta\sigma_{TM} = Gb\sqrt{\rho} \qquad (19\text{-}12)$$

图 19-2 给出了 Al-SiC 系统中强化增量 $\Delta\sigma$ 与增强体 SiC 的颗粒直径、体积分数 φ 之间的关系。可以看出，当增强体很细、体积分数高时，原位屈服应力显著增加。

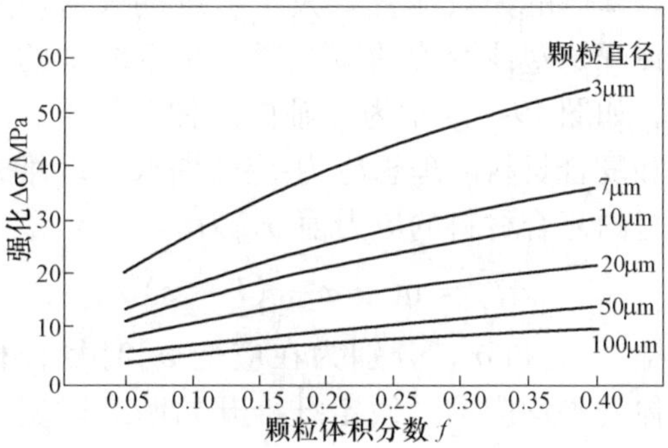

图 19-2 弥散颗粒的体积分数和颗粒直径对由于热诱生的位错引起的强度增量的影响（$\Delta T = 100$℃）

19.4.1.2 细晶强化

不连续增强金属基复合材料具有极细的晶粒尺寸，远比非增强基体金属细小。颗粒尺寸不同，对再结晶有两种影响。当颗粒尺寸较小（$\varphi/d > 0.1\mu m^{-1}$），颗粒会钉扎大角晶界；若颗粒尺寸较大（大于 1μm），颗粒会促进再结晶形核，使复合材料获得极细小晶粒。估计细晶强化的最简便方法是假设每一个粒子是一个核心形成的单晶。这样可以用 Hall-Petch 关系来估算细晶强化的贡献，其表达式为

$$\Delta\sigma_{YM} \approx \beta D^{-1/2} \approx \beta d^{-1/2}\left(\frac{1-\varphi}{\varphi}\right)^{1/6} \qquad (19\text{-}13)$$

式中，β为多因素的因子，其典型值约0.1MPa · $m^{\frac{1}{2}}$。若颗粒的直径D减小至1μm，估算其对屈服强度的增强约100MPa。实践表明，典型的增强值约几十兆帕。

19.4.1.3 弥散强化

时效强化合金中的Orowan强化，在颗粒增强金属基复合材料中并不显著。颗粒尺寸和颗粒间距大于时效强化合金，而且许多增强颗粒处于基体中的晶粒边界。但对时效强化型基体金属，增强剂颗粒对在基体金属中沉淀相的尺寸和分布有很大的影响。如增加由缓解热错配应变而引起的位错密度，可以加速沉淀相的形核，提前达到强度峰值。

根据大量不连续增强金属基复合材料的力学性能测试结果表明有下列趋势：

（1）加入增强剂均提高屈服强度和拉伸强度；

（2）屈服强度随增强体的体积分数增加而提高，但拉伸强度并不总有类似效果；

（3）晶须比颗粒增强效果更有效；

（4）对晶须增强金属基复合材料，屈服强度的增加通常在压缩时比在拉伸时为大，在晶须排列的横向，拉伸屈服强度的增加比平行晶须排列方向为大。

19.4.2 金属基复合材料的断裂

19.4.2.1 连续长纤维金属基复合材料的断裂

对承受轴向应力下的金属基复合材料，因为连续长纤维是主要承载体，金属基体和连续长纤维承受相同的轴应变，两者承受与其杨氏模量成正比的应力。由于金属基体表现出韧性，所以基体的失效应变要大于纤维的失效应变，但基体开始塑性变形的应变通常小于纤维的失效应变，如图19-3所示为在轴向拉伸时纤维、金属基体和复合材料的理想应力-应变曲线。纤维开始断裂时的复合材料的应力值σ_{Cu}为：

$$\sigma_{Cu} = \sigma_{fu} \cdot \varphi + (1-\varphi)\sigma_{M*}$$

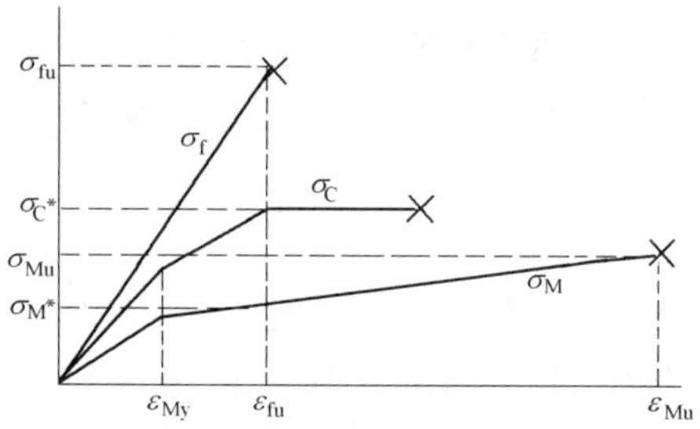

图19-3 长纤维片层金属基复合材料的轴向应力下，纤维、基体的复合材料的理想应力-应变曲线

式中，σ_{Cu}和σ_{M*}分别为在应变ε_{fu}时复合材料和基体的平均应力。假定纤维开始断裂时复合材料的应力不会增加，此阶段纤维将逐渐断开变成更短的纤维。连续纤维增强金属基体复合材料的断裂主要是由连续纤维断裂所引起。

横向拉伸断裂受界面黏结本质、纤维分布、空洞的存在等因素的影响，横向强度通常远小于未增强的金属基体的强度，且失效应变更低。若界面黏结很弱，裂纹倾向于在界面形成，并穿过基体高应力断面连接起来。若界面黏结很强，裂纹能在纤维中生成。

剪切断裂易于在纤维方向所在平面出现。剪切强度受到决定横向拉伸强度相同因素的影响。

19.4.2.2 不连续金属基复合材料的断裂

不连续金属基复合材料的断裂是通过基体内孔洞的形成和连接而发生的。

实验观察结果表明，短纤维很少开裂。一般来说，当颗粒尺寸很大时，颗粒开裂才是颗粒增强金属基复合材料断裂的重要失效机制。例如 Al-SiC$_p$ 体系，当颗粒尺寸大于 20μm 时才是颗粒断裂导致复合材料失效。

孔洞通常在增强体附近形核，并因三轴应力高和基体加工硬化程度增加而加剧。界面应力不仅由外加载荷引起，而且由不均匀热收缩和基体的优先塑性流变引起。促进孔洞形成所需的应力状态取决于孔洞形核具体的细节。如果孔洞起源于基体内，则多半是界面黏结强，因而要产生孔洞，必须超过一个表征基体材料的临界水静压力 σ_H 才行。对黏结较弱的界面，必须超过临界法向应力 σ_{r*} 才能使增强体与基体脱黏而出现孔洞。目前，由于实验数据很少，尚无任何体系的、可靠的 σ_H 或 σ_{r*} 值。但对在给定的宏观一般速度下，可估计局部应力的函数的孔洞生长速度。促进孔洞形成的组织因素有：粗的增强体颗粒，处于晶界处的增强体颗粒，颗粒分布不匀的颗粒集聚区，垂直于载荷的大颗粒的表面，颗粒表面的脆性反应层等。

形成孔洞所需的应变对界面黏结强度很敏感。弱黏结的增强体的体系就在很低应变下产生孔洞；而和基体金属黏结很牢的增强体，就需要更大的局部应变去产生足以引起界面脱黏或基体形成孔洞的局部应力。

孔洞的粗化过程要考虑孔洞首先在高的局部水静应力处形成，并在一定条件下以塑性撕裂机制相互连接。图 19-4 表示这种拉伸下的失效过程。

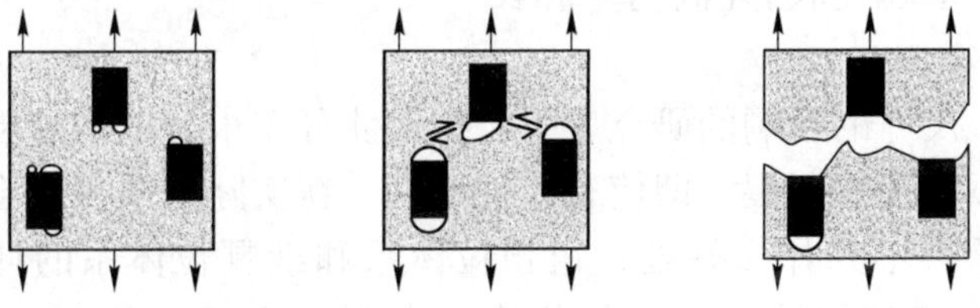

图 19-4 非连续增强金属基复合材料拉伸断裂过程示意图

基于对铝基颗粒增强和短纤维增强的复合材料在拉伸时孔洞含量变化的研究，提出了一种模型，认为孔洞生长至由临近增强颗粒控制的某一距离，并可利用孔洞位置被激活到某一分数 φ_0 时，孔洞发生粗化。此时复合材料的应变可用增强体占有体积 φ、孔洞本身贡献和基体因增强体对塑性形变的约束等项的乘积来表示。图 19-5 显示了这种情况。导出的失效应变表达式：

$$\frac{\varepsilon_{C*}}{\varepsilon_{M*}} = (1-\varphi)\left(1+\frac{\varphi_0\varphi^{2/3}}{s}\right)\left[1-\frac{2s}{5(\varphi^{-1}-1)}\right] \tag{19-14}$$

式中，ε_{C*} 和 ε_{M*} 分别为失效时复合材料和金属基体的应变。通过孔洞的粗化，这些激活的孔洞直接导致早期断裂。实验表明，用粉末法制造的纯铝基复合材料，其典型的 F 值接近于 1；而有强界面黏结的铸造复合材料的 φ_0 值较低。

进一步的研究表明，在孔洞形成过程中塑性功起主要作用，是决定复合材料断裂韧性的主要因素。微观组织对非连续增强体的金属基复合材料的韧性和裂纹扩展有极重要的作用。

对疲劳裂纹途径起源的研究表明，已开裂和相互接触的颗粒处、纤维和晶须的末端，这些应力集中处是易于发生疲劳裂纹的位置。裂纹能借助许多微观机制长大，这取决于界面强度、基体加工硬化和增强体的完整性等因素。对 Al-20μmSiC$_p$ 颗粒增强体系，疲劳裂纹主要借助于颗粒两极附近基体产生的孔洞而传播，也观察到在裂纹前端的颗粒裂开，然后和主裂纹连接。固接不好的颗粒团聚区存在疏松，也促进裂纹扩展。角状颗粒和塑性功起主要作用，是决定复合材料断裂韧性的主要因素。非连续增强体大的球状颗粒容易诱发孔洞形成，因为小的角状颗粒的棱角虽然可引起局部应力集中，但通过微塑性流变而松弛，延缓了孔洞萌生。而大的球状颗粒在垂直外加载荷的球面两极所发展的高水静应力极可能诱发孔洞萌生。在这个意义上讲，大的球形颗粒和末端平整的碎片有同样的效果。因而球形颗粒与角状颗粒比较，孔洞萌生和长大的速度低得并不多。

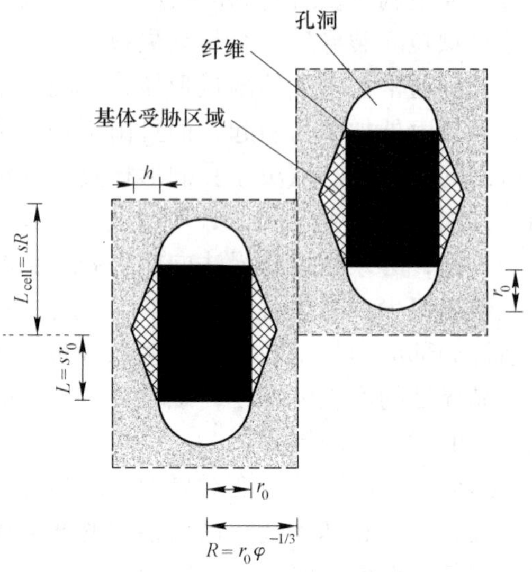

图 19-5　模型中被激活的空洞位置达到临界分数所对应复合材料应变的几何示意图

对增强体的颗粒尺寸的影响的研究表明，在尺寸分布很分散的颗粒系中，最大的颗粒最易断裂，而细小颗粒很少断裂。即使有这种差别，在实际金属基复合材料中，采用优良的颗粒尺寸分布几乎得不到什么好处，粗颗粒体系和细颗粒体系的伸长率仍很相近。在 Al-SiC$_p$ 体系，在研究断裂韧性与尺寸的关系时发现，除了非常大（250μm）的颗粒外，所有颗粒体系的断裂韧性在很大程度上和颗粒尺寸无关。因为大颗粒体系和小颗粒体系失效的机制有所转变，从大颗粒以颗粒开裂为主转变到小颗粒以颗粒两极脱黏为主。

有关界面黏结强度对失效的影响的资料甚少，大多数研究集中在界面黏结很好的 Al-SiC 体系。但在对 Fe-Al$_2$O$_{3p}$体系的研究表明，通过合金化增加界面黏结强度，复合材料的塑性可提高达4倍。在 Al-B$_4$C$_p$ 体系中也有相似结果。在 Ti-SiC 体系中，由于发生界面反应过程，结果韧性逐渐降低。

对增强体在复合材料中的分布情况的研究表明，最有利的裂纹形核位置处于增强体局部分布密集区。裂纹扩展时，颗粒团聚区能以两种不同方式之一激发裂纹形核。其一，在裂纹尖端应力作用下，若各颗粒彼此间独立移动，则约束引起非常大的塑性应变，并且裂纹优先穿过颗粒团聚区。因为此时颗粒间不完全浸润，且常存在孔洞。其二，若团聚的颗粒群同一个单独的大颗粒一样发生移动，颗粒之间的金属基体应变很小，并且颗粒团可以使裂纹偏转。

金属基体的时效状态下，考查金属基体在高度约束条件下的流变应力时，基体能承受应力大小是极为重要的。在 Al-SiC$_p$ 体系中，自然时效（T4）后，塑性应变是均匀的，颗粒开裂现象普遍，有较高的伸长率。而经人工时效到最高强化状态（T6）后，延伸集中在失效区，颗粒断裂仅限于断裂区内，伸长率随强度增加和应变区集中而减少。

时效条件的变化能够引起断裂微观机制的改变。如在 Al-Zn-Mg-Cu 合金—20% SiC

（颗粒尺寸为 4μm）复合材料中，欠时效状态断裂面积百分比近似等于假设断裂是由颗粒裂开引起所预测的值。而在过时效状态下的实测值明显比预测值小。这说明断裂主要出现在铝合金基体中，特别是在增强体附近基体的无沉淀区。这种微观机制的变化并不反映在断裂韧性值上。

以 Al_2O_{3p}、SiC_p、SiC_w 增强的铝基复合材料的断裂韧性强烈地依赖于时效条件，如图 19-6 所示。在欠时效状态，随时效强化增加，复合材料屈服强度增加，断裂韧性减少。但在过时效状态继续热处理时，断裂韧性并未随屈服强度的降低而改善。可能是金属/陶瓷界面析出物的作用，也可能是附近基体中的无沉淀区软化。在 Al-Al_2O_{3p}复合材料中，过时效状态断裂韧性未恢复，是由于沉淀相粗化引起应变集中和减少了在开裂颗粒处形成的条带的应变，这使得随过时效加大沉淀相尺寸粗化而减少形变时吸收的能量。

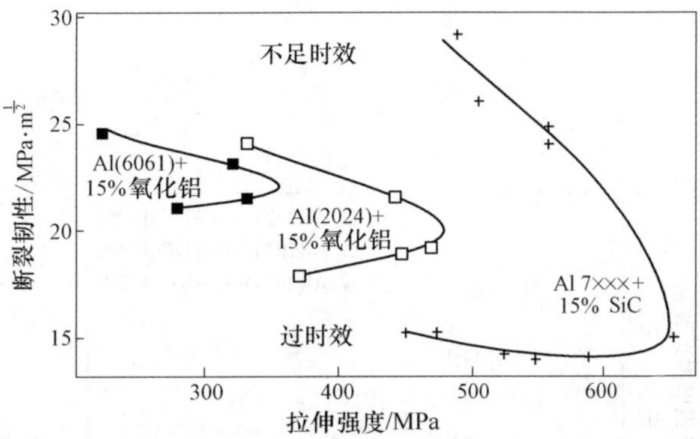

图 19-6　Al-15%（体积分数）SiC_p 和 Al-15%（体积分数）Al_2O_3 复合材料，在不同时效状态的断裂韧性与屈服强度的对应关系

19.4.3　金属基复合材料的磨损

磨损的机制均为塑性流变和断裂，二者均可导致材料表面发生凹坑和脱落。材料提高硬度会使塑性流变降低，但又会增加断裂倾向。故只有高硬度和高断裂韧性的适当分配才有最佳的耐磨性。研究表明，在铝和钢等合金中含有 SiC 和 Al_2O_3 粒子或纤维时，其耐磨性都得到提高。增强体陶瓷粒子量越多，尺寸越大，则耐磨性越高。耐磨性的改善是由于硬质增强体颗粒或纤维受到突出点或磨料颗粒的冲击时粒子或纤维不受影响。在相同增强体材料和相同尺寸在改善耐磨性方面，纤维的作用并不显著优于颗粒的作用。另外，增强体的直径相对于耐磨颗粒尺寸是重要因素。图 19-7 表明 Al_2O_3 颗粒直径对 2024Al/Al_2O_3 颗粒复合材料无量纲摩擦系数 B 的关系。随 Al_2O_3 颗粒直径加大，含量增加，其耐磨性明显增强。

19.4.4　金属基复合材料的蠕变特点

颗粒和短纤维增强金属基复合材料的等温蠕变显示出与弥散强化合金相似，其蠕变速率与未经增强的基体合金比较起来是相当低的。图 19-8 为 SiC 增强 6061 铝合金经粉末冶金制造的铝合金基复合材料，与用铸造法生产的未经增强的 6061 铝合金在 288℃时最小蠕变速率的比较。SiC_w 和 SiC_p 明显降低 6061 铝合金的最小蠕变速率。另外，晶须比颗粒更有效地提高蠕变抗力。

连续纤维增强金属基复合材料比短纤维和颗粒增强金属基复合材料具有更大的蠕变抗力。因为高强度的连续长纤维承担了所有载荷，复合材料的蠕变速度依赖于长纤维的蠕变特征。

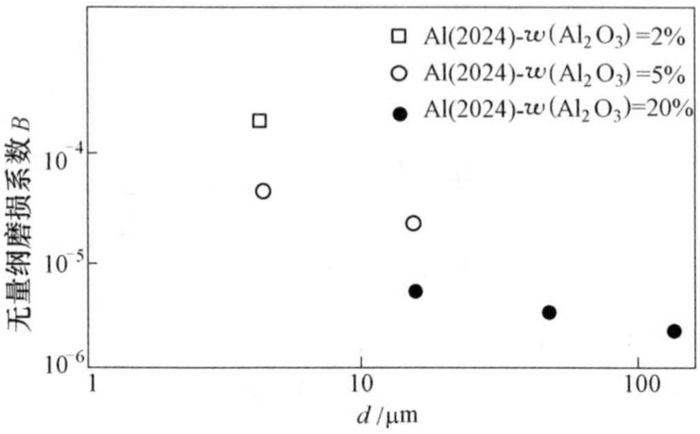

图 19-7 2024Al/Al_2O_3 对于钢作无润滑剂滑动时，无量纲磨损系数 B 与 Al_2O_3 粒子直径的关系

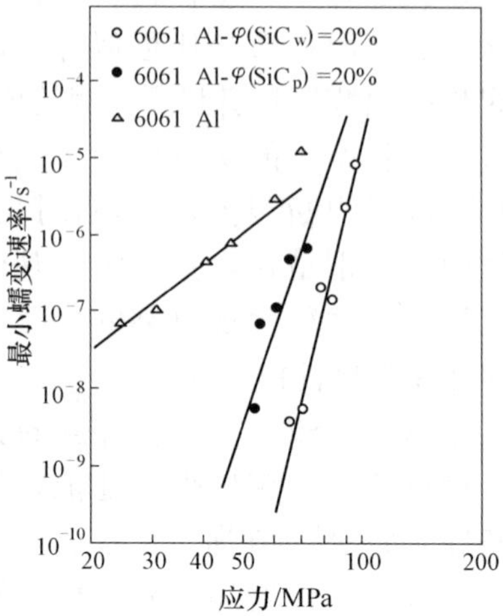

图 19-8 碳化硅晶须（SiC_w）和颗粒（SiC_p）增强 6061 铝基金属材料与基体合金 6061（铸造法）在 288℃时最小蠕变速率的比较

19.5 金属基复合材料的制造工艺

有许多不同的工艺都可以用来将增强体加入到金属基体内。但正确选择生产工艺，对产品的实用化及零件的微观组织和性能都是至关重要的。区分这些方法，很重要的一点是基体是否在某一阶段形成液相。因而将制备方法分为液相工艺与固相工艺。

19.5.1 液相工艺

这类方法表明基体金属与陶瓷增强体接触时，基体金属至少是部分熔化的状态。这有利于密切的界面接触，得到较强的黏结，但会促进界面反应产生脆化界面反应层。

19.5.1.1 压挤渗透法

这种方法主要是将熔融的基体金属通过压力渗透到纤维预制件中，在压力下凝固成型。压挤渗透的示意图见图 19-9。基体金属原料熔化后，抽出坩埚滑动底板，熔融金属进入模具腔内；压头向下移动，对熔融金属加压使之在压力下渗透入放置在模具中的纤维预制件，在压力下凝固成形。模具与底座间有一定间隙，以利空气逸出。为了克服熔融金属通过纤维间通道的黏滞性流动的阻力，必须有压力梯度。由于熔融金属的黏度低，一般压力梯度为 1MPa，保证渗透过程快速进行。一般情况下，

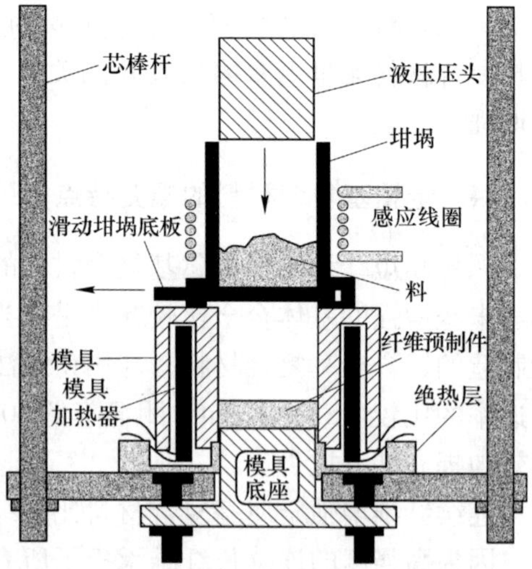

图 19-9 压挤渗透法装置的示意图

金属复合材料中纤维的分布与预制件内纤维的分布非常近似。一些缺陷，如宏观孔洞、显微孔隙、显微断裂或分布不均都可避免。金属基复合材料在凝固中，最后凝固的富集合金元素熔体和高等静压作用下加上有局部的界面反应，会形成很强的界面结合。压挤渗透的复合材料的优点是界面层没有氧化膜。

19.5.1.2 喷雾沉积

(1) 熔体雾化（OSPREY 工艺）。喷雾沉积是20世纪80年代由OSPREY公司开发应用的工艺。其基本工艺是将熔融金属通过压缩气体喷射雾化，同时在压缩气体中注入陶瓷粉末，在喷雾锥形区内成为沉积锭子的一部分，见图19-10。随陶瓷粉末输入比例提高，损失率将增加，故一般陶瓷粉末加入的上限为20%～25%。

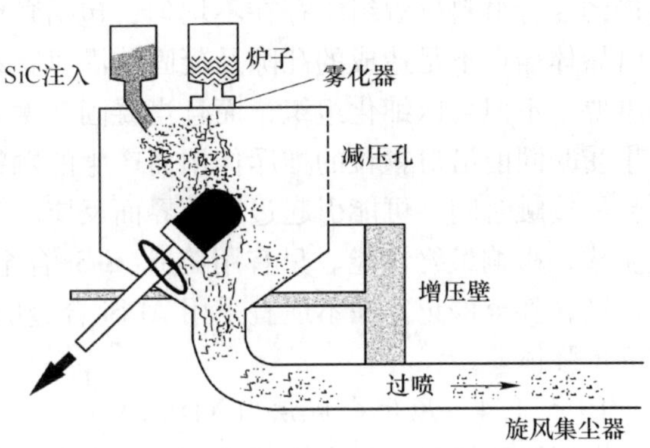

图19-10 OSPREY工艺生产复合材料的装置示意图

利用OSPREY工艺生产的金属基复合材料，存在的特点之一是陶瓷增强体颗粒分布不均匀。这种情况可以根据经验和改变喷雾参数而减少到最低程度。在后续工序中经过挤压，可大大减少或消除。用这种生产工艺制造的复合材料在组织上的特征是界面黏结力强，界面反应层很薄或没有，非金属夹杂物含量非常低。

(2) 热喷射法。热喷射法是将粉末或线材输入到火焰的加热区，粉末在这里被加热。在气体受热急速膨胀时，各颗粒得到加速喷射，在冷却模内凝成锭子。加热是由电弧、燃气或等离子等介质完成的。等离子喷射技术成熟，工艺容易控制。等离子喷雾枪的工作原理如图19-11所示。粉末被注射到等离子区中心，在10000～20000K加热，停留时间约1ms，多数材料的粉末可被熔化。这种方法除生产一般大块状金属基复合材料外，还可在生产组分梯度化金属基复合材料涂层方面有很大潜力。如表面是纯Al_2O_3陶瓷层，从外向内铝含量逐渐增加。表面耐磨并与铝基体（铝富集区）有很强结合力。

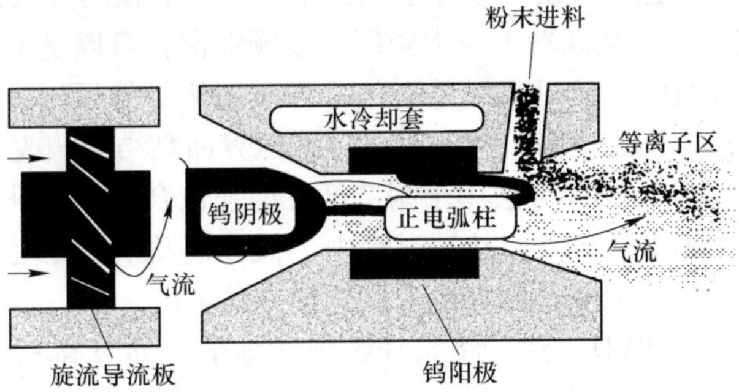

图19-11 等离子喷雾枪剖视图

热喷射法与熔体雾化法不同，沉积速度较低，一般小于1g/s。其孔隙度可控制到低于1%。其他种类的复合材料也可用粒子喷雾法生产，包括金属/陶瓷层状结构的薄板和单纤维排列的纤维强化薄板。

19.5.1.3 浆体铸造（复合铸造）

陶瓷粉末逐渐加入熔融金属，浆体被连续不断搅拌，然后让整个混合体凝固。整个工艺可以是连续或半连续。这种工艺已用于 Al-SiC_p 复合材料工业生产。

向熔体内加入陶瓷粉末，在陶瓷粉末体积分数达40%时，仍能保持流动状态，可以连续不断地搅拌，促进颗粒浸润，防止颗粒成团及颗粒沉积，促进颗粒在悬浮状散开。浆体铸造的复合材料微观组织存在不均匀，包括颗粒结团、颗粒在熔体里沉积、吸入气泡、凝固时熔体输送不足造成的孔隙及凝固前沿对颗粒推斥而发生颗粒偏析等。保证快速凝固十分重要，不但可以细化组织，而且当凝固速度大于某临界值时，固体颗粒会包进去而不致发生受凝固前沿对颗粒的推斥作用而产生的颗粒偏析。在搅拌过程中，延长了熔体与陶瓷颗粒的接触时间，可能引起过度的界面反应。如 Al-SiC 体系，界面可能有过多的 Al_4C_3 和 Si 生成，影响最终性能。只有用铸造 Al-Si 合金为基体金属，其高含量的 Si 将降低界面反应速度，甚至停止。在不适宜采用 Al-Si 合金的条件下，铸造铝基复合材料只有采用 Al_2O_3 作为增强体。

19.5.1.4 原位合成法（XD 法）

利用增强体各组分之间的热反应，在金属基体内生成原位的弥散增强体颗粒。具体工艺是将增强体各组分与金属粉按预定比例混合压坯，将压坯加热到一定温度，一般是金属熔点以上，低于增强体熔点，增强体各组分之间发生热反应，在原位生成弥散分布的增强体。由于热反应是在液态金属中进行，故金属基复合材料的致密度很高。此工艺又称为 XD 法。例如制造碳化钛颗粒增强铝基复合材料，将铝粉、钛粉和碳粉，按 $x(\mathrm{Al})50\%$、$x(\mathrm{Ti}+\mathrm{C})50\%$ 混合，在压力为200MPa下冷压成坯。将压坯在反应装置中加热到700℃以上，通过热反应钛和碳生成 TiC，弥散的 TiC 分布在铝基体中，制成稳定的碳化钛颗粒增强铝基复合材料。利用 TiO_2 粉和硼粉加上铝粉压坯，用此法在700℃以上通过热反应制成用 Al_2O_3 和 TiB_2 弥散增强体复合强化的铝基复合材料。由于热反应是在铝的熔点660℃以上，在液态铝中进行，得到的铝基复合材料制品致密度高。

19.5.2 固相工艺

固相工艺是一种与陶瓷相接触的基体金属完全不出现液相的方法：

（1）混粉与压制法。将金属粉末与陶瓷纤维或颗粒混合可以是干混合或在悬浮液中进行。混合后装包套、抽真空，然后高温致密化，可采用热等静压（HIP）或热挤压。这种方法很方便，可准确控制陶瓷含量。热等静压可增强界面黏结力，改善性能。

（2）薄膜的扩展黏合。这种方法用于制造纤维增强钛合金。将排列的纤维置于钛合金薄膜之间，缠绕丝线，然后热压。在热压过程中，钛合金发生塑性流变，使之致密化。另外，以超塑性铝合金为基体的复合材料也采用这种方法生产。

（3）物理气相沉积（PVD）法。将长纤维连续地输送通过高真空区域。在这个区域内所需沉积的金属（或合金）的气相分压很高，升华的金属或合金气相便在纤维表面沉积下来，生成较厚的涂层。金属升华是通过高能电子束轰击金属（或合金）杆的端部而产生的，沉积速度为5~10μm/min。这种方法曾用于钛合金、铝合金的沉积。金属基复合材料的生成是将经过涂层的纤维束集合起来，再进行热压或热等静压操作以致密化。这种方法的优点是纤维分布均匀，纤维体积分数可以通过涂层的厚度准确加以控制。

（4）机械合金化法。这种方法是在高能球磨机中，各种粉末在球磨运转中高速磨球挤压下，各种粉末发生强烈变形、焊合，又不断破碎，积累了高的应变能，诱发了包括固、液、气多相反应，生成一系列高熔点稳定的化合物，如各种碳化物、氮化物和氧化物，呈弥散均匀分布，最后得到机械合金化粉末，再经装包套和热挤压成材。如用铝粉和石墨粉经高能球磨，制造出 Al_4C_3 颗粒增强铝基复合材料，在室温 σ_b 达 400MPa，δ 为 2% ~5%，其高温强度高于锻铝。用此法制成的碳化钛颗粒增强铜基复合材料，其 σ_b 为 657MPa，δ 为 11%。

19.5.3 金属基复合材料的加工

通常的后续热加工是为了复合材料的致密化，使纤维顺向排列或成形。操作是在高温和大变形量下进行。

热挤压通常用于连续增强金属基复合材料。当含有纤维时，在挤压过程中纤维逐渐断裂并沿挤压轴平行排列。挤压温度较高，应变速率降低，则纤维的断裂程度将降低，有利于保持纤维的长径比值。最终纤维的长径比值取决于纤维的强度。

热挤压、热旋压和热轧等加工方法适用于晶须增强金属基复合材料，可提高晶须分布的均匀性，消除材料中的残余孔隙，提高强度而且明显改善其塑性。

常规热加工方法成型，如热压、热锻、热轧等用于颗粒增强金属基复合材料比较简单容易，使颗粒增强体在金属基体内分布具有方向同性。

热等静压是复合材料致密化，消除残余孔隙的好方法。若加包套密封操作，还可以消除与表面连通的孔隙。

超塑性加工的优点是能进行大变形量加工成型。由于成型速度较低，不至于造成微观组织上的缺陷。研究表明，通过热循环过程中产生的内应力，复合材料中增强体的存在能够促进材料的超塑性。这是一种内应力超塑性和不匹配诱发的超塑性。它适合于颗粒增强或短纤维增强的金属基复合材料的成型。

利用高压下变形，可使颗粒增强金属基复合材料冷成型成为可能，并得到良好的综合性能。如在 650MPa 压力下，热挤态 2024Al, $\varphi(SiC_p)=10\%$ 复合材料的压缩极限塑性达 42%。这种高压下压缩塑性的提高，有对材料内部缺陷的抑制和愈合作用，以及高压下材料与模具接触面的强制润滑作用。

19.6 金属基复合材料的工程性能和应用

金属基复合材料的最优异的性能之一是能提高材料的刚度或比刚度。因为许多工程部件在服役中不允许有较大的弹性变形，故刚度是关键的设计参数。对转动件、支撑件和结构主体件等，例如主动轴、仪表架、自行车主架、三叉戟导弹的惯性导向球等，刚度的改善有极大的效益。

增强体使金属基复合材料的屈服强度（$\sigma_{0.2}$）和抗拉强度大幅度提高。例如，飞机的降落架就要求比强度高并有高的低频疲劳抗力。特别当金属基复合材料因高刚度使得工件薄壁断面上承受高应力时，高强度和高韧性就特别重要。

金属基复合材料有良好的高温性能，如高的蠕变抗力。这在长纤维强化金属基复合材料中表现尤为突出。

在金属基体中加入不同增强体后，大大提高了材料的耐磨性，磨损率可降低一个数量级。

金属基复合材料加入的增强体的体积质量小，因而材料的密度可显著降低。

利用陶瓷的低的热膨胀系数，使用它为增强体，可用来调整金属基复合材料的膨胀系数，从而获得与多种材料相匹配的复合材料。例如，哈勃太空望远镜上的 Al-C 纤维天线支撑杆结构要求有极高的轴向刚度，同时有零热膨胀系数，使得在反复出入日照的条件下保持尺寸稳定性。

19.6.1 铝基复合材料

19.6.1.1 长纤维增强铝基复合材料

目前主要的长纤维铝基复合材料是硼-铝复合材料、碳（石墨）-铝复合材料、碳化硅-铝复合材料、氧化铝-铝复合材料等。

A 铝-硼复合材料

硼纤维具有高的力学性能，单丝的制造工艺较成熟。为防止硼与铝的界面反应，已有三种硼纤维的化合物涂层，它们是 SiC、B_4C 和 BN。铝-硼复合材料的制造方法为：先用等离子喷涂法获得铝-硼无纬带，再将其用热压法制成零件。由于固态热压温度较低，界面反应较轻，不会过分影响复合材料的性能。

随着硼纤维体积分数增加，铝基复合材料的抗拉强度和弹性模量增高。图 19-12 为 1100Al-B_w 复合材料的纵向抗拉强度和弹性模量与直径为 95μm 硼纤维的体积分数的关系。不同成分铝基合金与硼纤维的复合材料的室温性能见表 19-7。表中列举了 2024Al-B_w、2024（T6）Al-B_w、6061Al-B_w 和 6061（T6）Al-B_w 的纵向拉伸性能。由图 19-12 和表 19-7 可见，Al-B_w 复合材料的抗拉强度和弹性模量均明显高于铝合金基体。从图 19-13 可看出，当温度升高，铝-硼复合材料仍保持很高的抗拉强度，同时其弹性模量在 20℃ 为 250GPa，升温到 500℃ 仍保持在 220GPa。

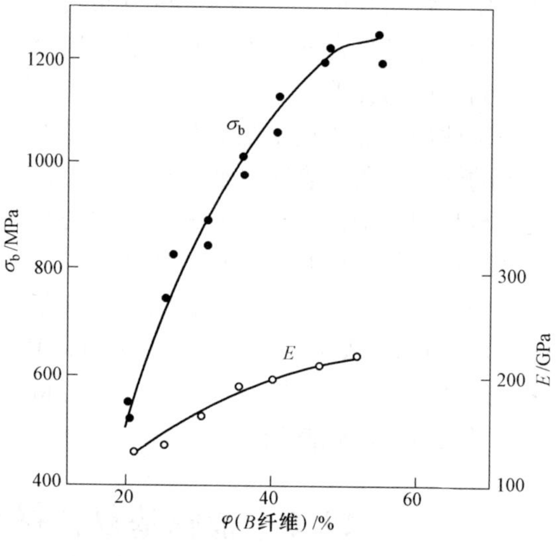

图 19-12 1100Al-B_w 复合材料中硼纤维体积分数与抗拉强度和弹性模量的关系

表 19-7 铝-硼长纤维复合材料的室温纵向拉伸性能

基 体	硼纤维体积分数/%	抗拉强度/MPa	弹性模量/GPa	纵向断裂应变/%
2024	47	1421	222	0.795
	64	1528	276	0.72
2024T6	46	1459	229	0.81
	64	1924	276	0.755
6061	48	1490		
	50	1343	217	0.695
6061T6	51	1417	232	0.735

铝-硼复合材料有优异的疲劳强度，含硼纤维体积分数为47%时，10^7 循环后室温的疲劳强度约550MPa。

对铝基复合材料的断裂韧性来说，硼纤维的直径越粗，材料的断裂韧性越高。表19-8为硼纤维的直径对铝基复合材料的韧性的影响。基体铝合金的性能对复合材料的断裂韧性影响很大，基体的抗拉强度越高，断裂韧性越低。表19-9为基体合金对Al-B复合材料韧性的影响，其中纯Al(1100)的韧性最高。而2024铝合金的韧性最低。

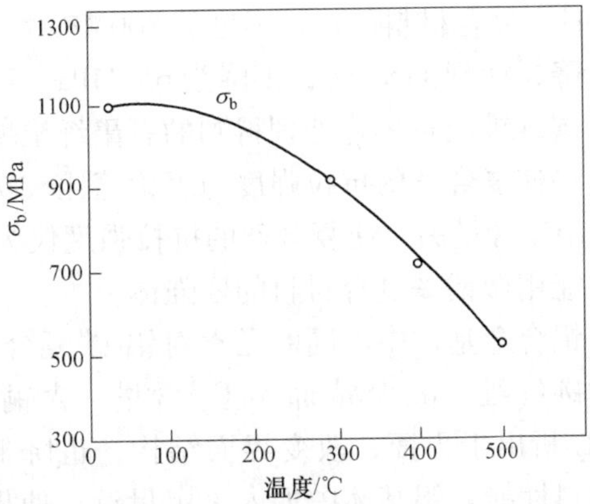

图19-13 1100Al基含硼纤维 φ(B) = 40% ~ 50% 复合材料纵向抗拉强度与温度的关系

表19-8 硼纤维直径对Al-B复合材料韧性的影响

基 体	纤维直径/μm	断裂能/kJ·m^{-2}
1100	100	90
	140	150
	200	200 ~ 300

表19-9 铝基体对Al-B复合材料韧性的影响

基 体	夏氏冲击功/kJ·m^{-2}	基 体	夏氏冲击功/kJ·m^{-2}
1100	200 ~ 300	6061	80
5052	170	2024	40

硼纤维增强铝基复合材料由于比强度和比模量高，尺寸稳定性好，主要用于航天器、卫星、空间站的结构件；由于其膨胀系数与半导体芯片非常相近，可做多层半导体芯片的支座散热板。

B 铝-碳（石墨）复合材料

碳（石墨）纤维具有密度小，力学性能优异的特点。铝与碳（石墨）纤维发生明显作用的温度为400 ~ 500℃，界面生成 Al_4C_3，纤维的石墨化程度高，其反应程度也稍高。T300碳纤维与铝反应生成 Al_4C_3 的温度高于400℃，而M40石墨纤维反应的温度高于500℃。因而在制成复合材料中，界面不可避免产生 Al_4C_3，影响了材料的性能。为减少界面反应，采用在碳（石墨）纤维上涂层，起阻碍作用。可采用化学气相沉积法在碳（石墨）纤维上生成涂层，一般SiC涂层效果最好，TiN涂层次之。为改善与熔融铝之间的润湿性，往往在SiC涂层外再涂一层铬。

碳纤维的长度与直径比例对铝-碳复合材料的性能有很大的影响。在Al-Si/C纤维复合材料中，当长径比由小增大时，开始抗拉强度增加；当长径比继续增加到较高时，抗拉强度又开始下降。存在一个最佳长径比。如Al-Si/50%（体积）碳纤维复合材料，当长径比由8加到100时，抗拉强度由550MPa增加到770MPa；当长径比增加到1000时，又下降到300MPa。又如碳纤维表面经SiC和Cr双重涂层后，当碳纤维的长径比从6.5增加到

400时，复合材料的抗拉强度从800MPa增加到940MPa。若继续增加长径比，抗拉强度开始下降，达到1180时，即降为650MPa。

碳纤维经石墨化处理得到的石墨纤维增强铝基复合丝，界面反应产生的 Al_4C_3 含量较少，可使复合丝的抗拉强度与理论值比较接近，可达78%～94%；而碳纤维制得的复合丝因 Al_4C_3 含量高，使复合丝的抗拉强度仅为理论值的28%。所以，碳纤维必须经表面涂层后方能用做铝基复合材料的增强体。

铝合金基体中不同的元素对铝-碳复合材料的性能有不同影响。铝合金中高硅含量可保护碳纤维，减少界面 Al_4C_3 含量。含铜时，$CuAl_2$ 析出于界面，改变界面结构，也降低复合材料性能。铝基体中加入一定量钛，使界面反应的激活能增加，反应速度显著减慢，界面生成TiC和 TiO_2，保护碳纤维。与纯铝基体相比，Al-Ti合金为基体的复合材料有较高的室温抗拉强度，并随升高温度开始软化。图19-14为钛对铝基复合材料强度的影响。

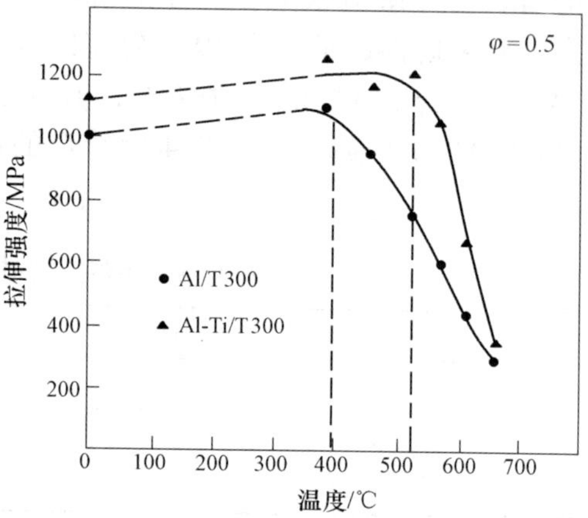

图19-14 钛对铝基复合材料强度的影响，T300碳纤维体积分数 $\varphi=0.5$

由于使用了不同类型的碳（石墨）纤维和基体铝合金，不同的制造工艺，加上（石墨）纤维性能的离散，所得到的碳（石墨）纤维增强铝基复合材料的性能值较分散。表19-10为人造丝基Thornel 50石墨纤维增强的不同铝基复合材料的力学性能。铝合金有Al3（纯铝）、6061（LD2）。

表19-10 石墨纤维增强铝基复合材料的力学性能

基体合金	纤维组织体积分数/%	热压温度/℃	伸长率/%	拉伸模量/GPa	抗拉强度/MPa	弯曲模量/GPa	弯曲强度/MPa
Al3	36.8	645	1.20	179	686	160	682
	36.9		0.68	155	488	169	750
	37.1		1.03	163	537	166	886
	42.8		0.73	189	543	162	670
6061	26.7	675	1.03	142	447	—	—
	30.0	685	0.93	154	525	157	574
	42.5	670	0.83	215	641	169	760

Al合金/60%碳纤维复合材料具有轴向刚度高，密度低，超低轴向热膨胀。用于NASA的哈勃太空望远镜卫星上的一种构架悬臂波导结构。它在工作时温度变化大，要求有极高的尺寸精度及稳定性。上述Al-C纤维复合材料最合适，它比原来使用铝和碳-树脂复合材料设计质量减轻30%，并有较大的环境稳定性，避免树脂材料在有离子放射性作用时的化学降解作用。它同样可用于人造卫星抛物面天线、照相机波导管和镜筒、红外发射镜等。

C 铝-碳化硅复合材料

碳化硅纤维具有优异的室温和高温力学性能和耐热性，与铝的界面状态较好。由于有芯碳化硅纤维单丝的性能突出，复合材料的性能较好。有芯 SCS-2 碳化硅长纤维增强 6061 铝合金基复合材料在碳化硅体积分数为 0.34 时，室温抗拉强度为 1034MPa，拉伸弹性模量为 172GPa，接近理论值。其抗压强度高达 1896MPa，压缩模量为 186GPa。无芯 Nicalon 碳化硅纤维增强铝基复合材料在碳化硅体积分数为 0.35 时的室温抗拉强度为 800～900MPa，拉伸弹性模量为 100～110GPa，抗弯强度为 1000～1100MPa，在室温到 400℃之间能保持很高的强度。铝-碳化硅纤维复合材料可作飞机、弹导结构件以及发动机构件。

D 铝-氧化铝复合材料

氧化铝长纤维增强铝基复合材料具有高刚度和高强度，并有高蠕变抗力和高疲劳抗力。氧化铝纤维的晶体结构有 α-Al_2O_3 和 γ-Al_2O_3 两种。不同结构的氧化铝纤维强化的铝基复合材料在性能上有差别。Al/50%（体积）α-Al_2O_3 复合材料和 Al/50%（体积）γ-Al_2O_3复合材料性能特点的比较见表 19-11。含少量锂的铝锂合金可抑制界面反应和改善对氧化铝的润湿性。氧化铝纤维增强铝基复合材料在室温到 450℃范围保持很高的稳定性。如 Al/50%（体积）γ-Al_2O_3 复合材料在 450℃抗拉强度仍保持在 860MPa，拉伸弹性模量只由 150GPa 改变到 140GPa。

表 19-11 50%氧化铝纤维增强铝基复合材料性能的比较

纤维种类	体积质量 /g·cm^{-3}	抗拉强度 /MPa	弹性模量 /GPa	抗弯强度 /MPa	弯曲强度 /GPa	抗压强度 /MPa
α-Al_2O_3	3.25	585	220	1030	262	2800
γ-Al_2O_3	2.9	860	150	1100	135	1400

19.6.1.2 短纤维增强铝基复合材料

短纤维增强体主要有氧化铝和硅酸铝。硅酸铝的化学式为 $3Al_2O_3 \cdot 2SiO_2$，是晶态结构。非晶态硅酸铝中 SiO_2 含量（质量分数）超过化学式量。氧化铝短纤维增强的铝合金复合材料的室温强度并不比基体铝合金高，但在较高温度范围的强度保持率明显优于基体铝合金。短纤维增强表现在复合材料在室温和高温下的弹性模量有较大提高，而热膨胀系数有所降低，耐磨性改善，并有良好的导热性。图 19-15为氧化铝短纤维增强 Al-Si-Cu 合金抗拉强度与温度的关系。温度在 200℃以上随机取向的氧化铝短纤维有最好的高温强度。

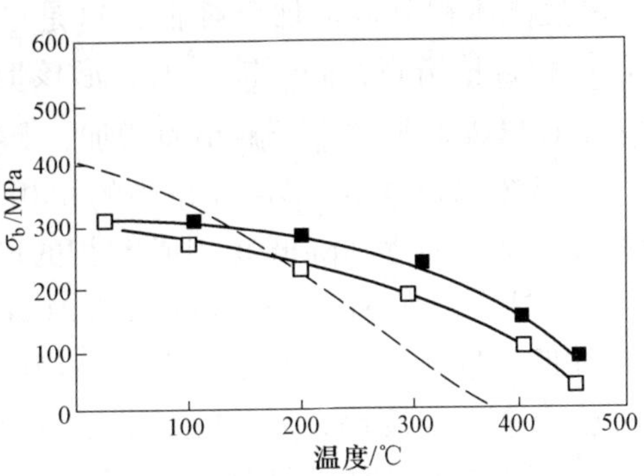

图 19-15 氧化铝短纤维增强 Al-Si-Cu 合金复合材料强度与温度的关系

—■—Al-Si-Cu/12%（体积）Al_2O_3F；
—□—Al-Si-Cu/24%（体积）Al_2O_3F；
- - - - Al-Si-Cu

表 19-12 中列出粉末冶金法和压力铸造法制造的 Al/Al_2O_3 短纤维增强复合材料的室温性能。

表 19-12 粉末冶金法和压力铸造法制 Al/Al_2O_3 短纤维增强复合材料室温性能

制造方法	纤维取向	体积含量/%	弹性模量/GPa	$\sigma_{0.2}$/MPa	σ_b/MPa	δ/%
粉末冶金	二向随机	20	89.3	349	392	0.9
		30	97.1	380	417	0.8
粉末冶金挤压	轴向	20	93.5	383	475	1.9
	横向	20	91.2	378	434	1.5
压力铸造	二向随机	20	90.2	321	425	1.2

氧化铝短纤维增强铝合金复合材料已大量应用于柴油机活塞、缸体等。在柴油机中，为预防活塞环与上环槽及孔的胶合，活塞环附近用了一种镍硬铸铁的衬套，这样做妨碍热流，增加质量和加快磨损。丰田汽车公司把内衬改为挤压铸造5%（体积）Al_2O_{3F}短纤维增强铝合金复合材料，使质量减轻了5%～10%。与基体铝合金相比，磨损减少到原来的五分之一，胶滞应力增加一倍，导热系数为镍硬铸铁的四倍，有良好导热性，衬套的寿命比镍硬铸铁衬套都长。内燃缸体用12%（体积）Al_2O_3短纤维加9%（体积）碳短纤维增强 Al-Si 过共晶合金复合材料制造，是一种突破性进展，发动机的效能有显著提高。

19.6.1.3 晶须和颗粒增强铝基复合材料

晶须和颗粒增强铝基复合材料由于具有优异的性能，生产制造方法简单，其应用规模越来越大。目前应用的晶须和颗粒增强体主要是碳化硅和氧化铝。增强体的存在既影响基体铝合金的形变和再结晶过程，又影响其时效析出行为。由于铝基复合材料形变后基体的储存能比相同的未增强合金的高，所以它的再结晶温度更低。图19-16显示用粉末法制备的 Al/SiC_p 复合材料经60%变形后的50%再结晶温度随 SiC 增强体体积分数增加而降低，这是由于增强体体积含量增高，储存能增大，形核地点数目随 SiC 增强体颗粒直径减小而增加，其效应也越强，因而使再结晶温度降低。

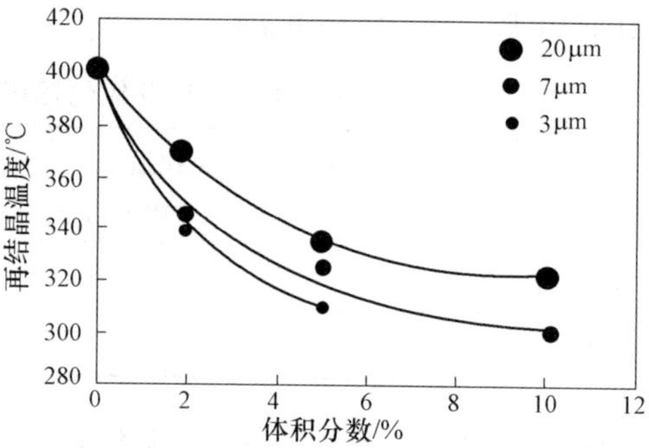

图 19-16 Al/SiC_p 复合材料的再结晶温度与 SiC 体积分数和颗粒尺寸的关系

在基体铝合金中，Al-Cu 系中的θ′相和2124合金中的S′相的析出会因为增强体颗粒的含量逐渐增加而逐渐降低θ′相或S′相的形成温度，加速时效硬化过程。

SiC 晶须增强 Al-Cu-Mg-Mn 系的2124铝合金复合材料随着 SiC 晶须含量增加，抗拉强度和弹性模量都增加，温度对强度的影响见图19-17。材料经固溶处理及自然时效。由于基体铝合金的强度高，SiC 晶须增强后复合材料的强度高。温度对弹性模量的影响见图19-18，SiC 晶须对室温和150℃以下的弹性模量有较大的增加。SiC 晶须增强铝基复合材料可经受挤压加工成型材。

SiC 晶须增强2124铝合金复合材料经不同热处理后的力学性能见表19-13。热处理状态对弹性模量影响较小，而对强度和伸长率影响较大。碳化硅晶须增强铝基复合材料用于制造导弹和航天器的构件和发动机部件、汽车的汽缸、活塞、连杆、飞机尾翼平衡器等。

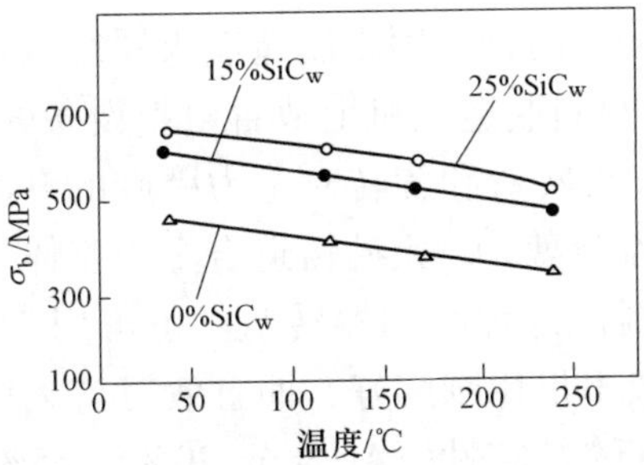

图 19-17 不同体积含量的 SiC 晶须增强 2124-T4 铝合金复合材料的强度与温度的关系

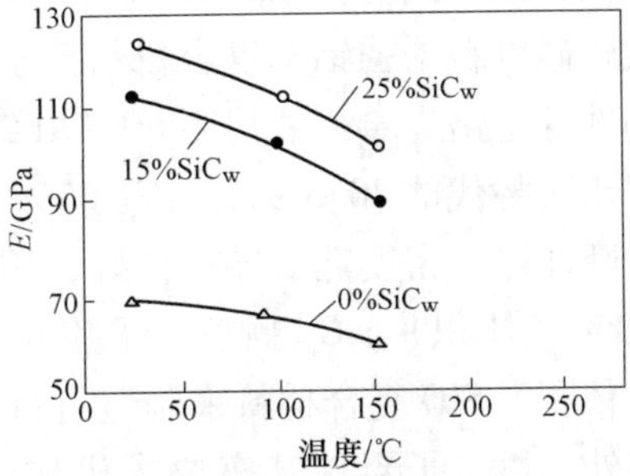

图 19-18 不同体积含量的 SiC 晶须增强 2124-T4 铝合金复合材料的弹性模量与温度的关系

表 19-13 SiC 增强 2124 铝合金基复合材料在不同热处理后的力学性能

热处理状态	体积含量/%	抗拉强度/MPa	屈服强度/MPa	弹性模量/GPa	伸长率/%
再结晶退火（0）	0	214	110	75	19
	8	324	145	90	10
	20	504	221	128	2
固溶处理自然时效（T4）	0	587	—	79	18
	8	669	—	97	9
	20	890	—	130	3
固溶处理人工时效（T6）	0	566	400	69	17
	8	642	393	95	8
	20	800	497	128	2
固溶处理冷作，人工时效（T8）	0	587	428	72	23
	8	662	511	94	9
	20	897	718	128	3

碳化硅颗粒增强铝基复合材料的制造方法有浆体铸造法、粉末冶金法，制成坯后再经热挤压。亦可将二者机械混合后直接热挤压成复合材料。随 SiC 颗粒体积分数的增加，SiC 颗粒增强铝基合金复合材料的强度随着升高。图 19-19表示 SiC 颗粒增强 6061 铝合金复合材料的强度和弹性模量与其含量的关系。随 SiC 颗粒体积含量增加，强度和弹性模量均有提高。对碳化硅颗粒增强铝基复合材料进行强化热处理后，随 SiC 颗粒体积分数增高，强度和弹性模量均升高。SiC 颗粒增强铝基复合材料有优异的耐磨性，远优于稀土铝硅合金、Al_2O_3 纤维增强铝基复合材料和高镍奥氏体铸铁。研究表明，以 2024 铝合金为基体，含有 20%（体积）的 16μm SiC 颗粒的复合材料在钢表面作无润滑滑动时，其磨损率比 2024 铝合金

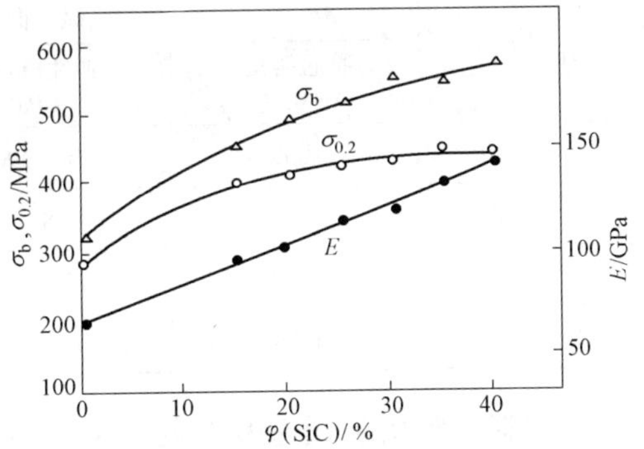

图 19-19 SiC 颗粒增强 6061 铝合金复合材料的强度和弹性模量与 SiC 含量的关系

明显降低，无量纲磨损系数 B 值从 2×10^{-3} 降至 10^{-4}。

碳化硅颗粒增强铝基复合材料由于比强度和比刚度高，可用来制造航天器结构件、汽车零部件等。洛克希德公司用6061Al-25% SiC_p 复合材料制造飞机上放置电气设备的架子，其刚度比所替代的7075铝合金高65%，以防止在飞机转弯和旋转时重力引起的弯曲。由于其耐磨性好、密度低、导热性好，用来制作制动器转盘。以铝硅铸造合金为基体，增强体为20%（体积）SiC_p 颗粒，采用挤压铸造方法制作这种制动器转盘。也可用2124Al/20%（体积）SiC复合材料来制造自行车支架，车架不仅比刚度好，而且疲劳持久抗力良好。另外，微电子器件基座要求机械的、热的和电的稳定性，Al合金/20%～65%（体积）SiC_p 复合材料由于热膨胀匹配、热导率高、密度低、尺寸稳定性好并适于钎焊，用来制造支撑微电子器件的 Al_2O_3 陶瓷基底的基座，使集成件质量减轻。

氧化铝颗粒增强铝基材料同样具有密度低、比刚度高，韧性也满足要求。以20%（体积）Al_2O_3 抗力增强的6061铝合金复合材料来制造汽车驱动轴，主要考虑其有高刚度和低密度，复合材料料坯由芯杆穿孔后以无缝挤压成管状轴杆，使轴杆的最高转速提高约14%。

19.6.2 镁基复合材料

由于镁在结构合金中密度最低，因而镁基复合材料是金属基复合材料中比强度和比模量最高的一种，其尺寸稳定性好，具有耐蚀性，有良好应用前景。

硼连续纤维增强镁基复合材料随着硼纤维含量增加，其强度和弹性模量均增加。当硼纤维体积含量为25%时，抗拉强度约900MPa；当其体积含量增到40%～45%时，抗拉强度增至1100～1200MPa，弹性模量约为220GPa，伸长率为0.5%；当体积含量增高到75%，其抗拉强度可增至1300MPa。不同镁合金基体的硼纤维增强镁基复合材料，其硼纤维体积含量为70%，经液态浸渍法制造，力学性能见表19-14。

表19-14 硼纤维增强不同镁合金基体复合材料的力学性能

纤维	纵向			横向	
	抗拉强度/MPa	弹性模量/GPa	弯曲强度/MPa	弹性模量/GPa	弯曲强度/MPa
B/Mg	1055	276～296	2324	121	167
B/AZ31B	—	285	2255	124	254
B/ZK	1048	275～296	1758	—	—
B/HZK	1089	269～300	1784	143	283

连续碳纤维增强镁基复合材料的弹性模量较低，一般在70～92GPa。而石墨纤维增强镁基复合材料的性能最优。不同石墨纤维和铸锭形状对镁基复合材料性能的影响见表19-15，具有最高的比强度和比模量，最好的抗热变形阻力，故用于卫星的10m直径抛物面天线和支架。由于它热膨胀系数很小，使环境温差引起结构的变形很小，使天线能在高的频带上工作，其效率是石墨增强铝基复合材料的五倍，也应用于航天和航空系统的构件。

表 19-15 石墨纤维增强镁基复合材料的性能

纤维	体积分数/%	铸锭形状	纵向		横向	
			抗拉强度/MPa	弹性模量/GPa	抗拉强度/MPa	弹性模量/GPa
P55（缠绕预成型）	40	棒	720	172	—	—
P55（预浸处理）	40	板	480	20	159	21
P100（缠绕预成型）	35	棒	720	248	—	—

碳化硅纤维增强镁基（ZE4）复合材料当纤维体积含量为 34% 时，抗拉强度为 1000MPa，弹性模量为 170GPa；纤维体积分数为 50% 时，抗拉强度为 1330MPa，弹性模量为 230GPa。

碳化硅颗粒增强镁基复合材料可以提高其强度、模量和耐磨性。采用较细的 SiC 颗粒可以进一步提高材料的强度，碳化硅颗粒（20% 体积）增强镁基（AZ31B）复合材料的力学性能见表 19-16。其结果虽然与 AZ60A-T5（Mg-5.5Zn-0.5Zr）镁合金的力学性能相当，但其比模量增高显著。

表 19-16 碳化硅颗粒增强镁基复合材料的力学性能

材料	σ_s/MPa	σ_b/MPa	E/GPa	δ/%	材料	σ_s/MPa	σ_b/MPa	E/GPa	δ/%
AZ31B	165	250	45	12.0	AZ31B/SiC(粒度 10μm)	270	341	79	4.0
AZ31B/SiC(粒度 16μm)	251	330	79	5.7	AZ60A-T5	270	340	45	12.0

碳化硅和氧化铝颗粒增强镁基复合材料，在颗粒体积含量不超过 25% 时，对复合材料的力学性能改善不多，但可以明显提高其耐磨性。因为碳化硅和氧化铝颗粒增强镁基复合材料耐磨性优良，且耐油，用于制造油泵的泵壳体、止推板和安全阀等零件。

19.6.3 钛基复合材料

钛合金密度小、强度高、耐腐蚀，在 450～650℃ 温度范围仍具有高强度。利用纤维强化和颗粒强化后，钛基复合材料可进一步提高使用温度。

用做钛基复合材料纤维强化的主要是碳化硅纤维（SCS-6）。生产长纤维增强钛基复合材料的方法是将排列的纤维置于钛合金薄膜之间，然后经热压成材。致密化所需压力与纤维的体积分数无关，而随相接触面间的摩擦系数增加而加大。由于钛在 700℃ 以上能溶解钛的氧化物，因而有利于扩散键合。SiC 单纤维与 Ti-6Al-4V 合金通过扩散键合的 SiC 长纤维增强钛基复合材料显微组织见图 19-20。SiC 长纤维增强钛基复合材料比钛合金提高了比强度和高温强度，两者比强度与温度的关系见图 19-21。SiC 长纤维体积分数为 65%。以 Ti-6Al-4V 为基的钛基复合材料的室温抗拉强度为 1690MPa，弹性模量为 186GPa，伸长率为 0.96%。

含有 40%（体积）SiC 纤维的钛基复合材料的刚度可增加一倍，强度增加 50%，密度也降低 10%。这种材料用来制造飞机发动机部件，在结构上可作一系列改进，发动机质量可大幅度减少。

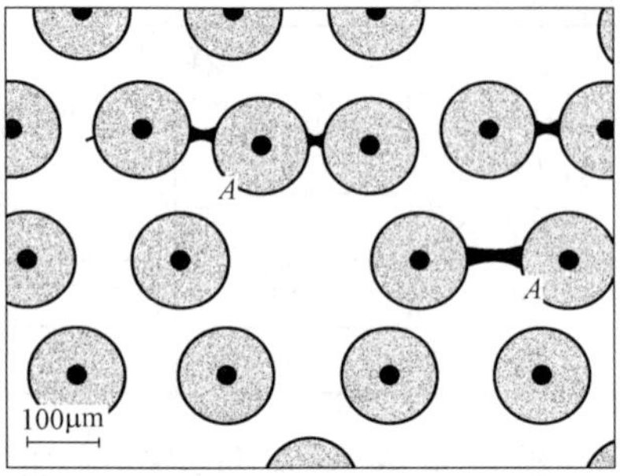

图 19-20 扩散键合 Ti-6Al-4V/SiC 长纤维复合材料
（标记 A 处可见残余孔隙）

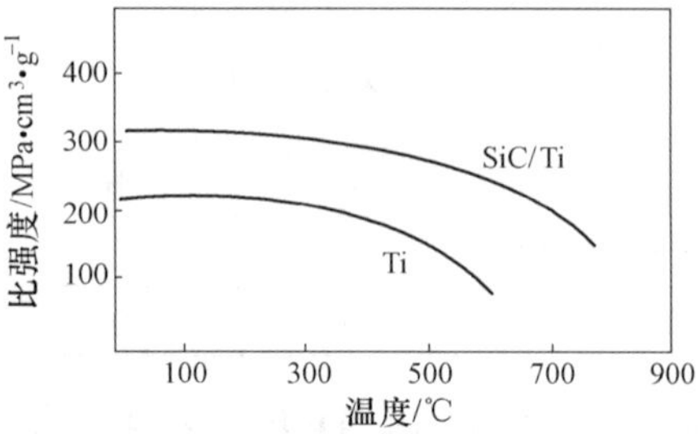

图 19-21 SiC/Ti 与 Ti 的比强度与温度的关系

用 SiC 和 TiC 颗粒增强的钛基复合材料的性能与基体钛合金相近，没有显示出强化效果。

用 XD 法在 Ti-Al 合金基体中生成的 TiB_2 颗粒得到 TiB_2 颗粒增强钛基（Ti-45Al）复合材料，原位生成 64% TiB_2，使得抗拉强度得到改善，特别是经过 1200℃ 50h 热处理后，在高温下的持久寿命明显提高。

本 章 小 结

金属基复合材料是指以金属为基体，通过添加强化相构成的性能显著不同于基体金属的一类金属材料。金属基复合材料包括 Al、Mg、Ti 等金属及其合金为基体的复合材料，常用的强化相包括多种陶瓷粒子及合金内部原位合成的粒子、纤维以及晶须。通过强化相强化基体金属，提高弹性模量、屈服强度，改善断裂性能等。

将金属或合金基体与强化相复合化的制备方法包括压渗、喷射沉积、复合铸造和原位合成等液相复合工艺，以及机械合金化等粉末成型的固相复合工艺。金属基复合材料可以采用热挤压、热锻、热轧、热等静压等成型方法进行后续加工。制备过程中，需要复合材料中基体金属和强化相之间的界面上实现良好的冶金结合，并且控制界面反应，避免由此对强化相产生严重损伤、生成粗大的脆性相颗粒或者完整的脆性层。

Al 基复合材料采用多种不同化学成分的长纤维、短纤维、晶须及颗粒状强化相进行强化，显著提高室温下材料的弹性模量、抗拉强度、冲击吸收功，降低热膨胀系数，改善耐磨性，并能降低蠕变速率，提高使用温度上限。

Mg 基复合材料使用长纤维增强，提高弹性模量和抗拉强度，密度低，因而比强度、比模量达到金属材料之最。采用颗粒强化，提高耐磨性。

Ti 基复合材料采用 SiC 纤维等强化，提高强度与弹性模量，提高 Ti 合金的使用温度。

金属基复合材料的增强体、复合材料类型及典型材料

增强体

纤维（fibre）：C，B，SiC，Al_2O_3，$Al_2O_3 \cdot SiO_2$

粒子（particle）：SiC，Al_2O_3，Si_3N_4，TiC，TiB_2，B_4C，$Al_2O_3 \cdot SiO_2$，Y_2O_3

晶须（wisker）：Al_2O_3，SiC，Si_3N_4，AlN，B_4C

金属基复合材料

Al 基复合材料

纤维增强：C_f/201Al，C_f/6061Al，C_f/5056Al，B/Al，SiC_f/Al，Al_2O_3/Al

颗粒增强：SiC_p/Al，SiC_p/2024Al，SiC_p/6061Al，SiC_p/7075Al，SiC_p/Al-Cu-Mg-Si
AlN_p/6061Al，Al_2O_{3p}/2024Al，Al_2O_{3p}/6061Al，Si_3N_{4p}/2124Al，SiC_p/LD2

晶须增强：SiC_w/1100Al，SiC_w/2024Al，SiC_w/2124Al，SiC_w/6061Al，SiC_w/7075Al，
SiC_w/Al-Li-Cu-Mg-Zr，Si_3N_{4w}/2124Al，Si_3N_{4w}/6061Al，SiC_w/LD2

混合增强：$(C + Al_2O_3)_f$/Al-Mg-Si-Cu，$(SiC_w + SiC_p)$/Al

Mg 基复合材料：B/Mg，B/AZ31B，C_f/Mg，SiC_p/AZ31B，SiC_w/MB15，SiC_w/AZ91

Ti 基复合材料：SiC/Ti6Al4V，TiC_p/Ti6Al4V，TiB_{2p}/Ti-47Al-2V

****

思考题与习题

19-1 金属基复合材料中，目前常用的增强相有哪些类型？

19-2 总结碳纤维的典型基本性能或性质（强度、熔点、密度、弹性模量、膨胀系数等）的数据。将其与金属基复合材料中常用的金属（Al、Mg、Ti、Cu、Fe 及其合金）进行对比。

19-3 根据教材中描述的硼纤维制备方法，示意性给出其横截面的组织图像。

19-4 关注硼纤维的基本性能或性质，将其与碳纤维进行比较。

19-5 如何区分长纤维和短纤维，它们在金属基复合材料中如何使用，对性能的影响有什么不同？

19-6 如何区分强化用的晶须与纤维，两者的什么性能存在比较明显的差别？

19-7 金属基复合材料中常用的颗粒状强化相通常为陶瓷颗粒，颗粒的尺寸大致在什么范围，有哪些陶瓷材料是常用的？与基体金属材料相比较，它们的基本性质存在哪些显著差异？将这样的强化相加入基体金属及合金中，能够期待哪些性能的改变？

19-8 金属基复合材料的基体金属及合金目前有哪些类型？

19-9 金属基复合材料的密度随着增强相比例变化的一般规律如何，还有哪些性能或性质遵循类似的规律？

19-10 复合材料的哪些性能随着增强相的比例改变呈现非线性变化？

19-11 假设由片层状的两相交替排列形成复合材料，两相界面上形成牢固结合。不考虑组成相发生塑性变形的情况，复合材料的热膨胀系数与两个组成相各自的热膨胀系数及其体积分数的关系是什么？比较片层叠放方向及其垂直方向（即片层面内）上的差别。

19-12 在金属基复合材料中，基体相与增强相的界面发挥的作用是什么？

19-13 保证金属基复合材料具有良好的性能，基体相与增强相界面理想的状态是什么样，需要注意哪些问题？

19-14 为了避免复合材料相界面发生反应产生不利影响，有哪些相应的对策？请举出一些具体例子说明。

19-15 请比较 Al（及其合金）、Mg（及其合金）与这两种金属为基体的纤维增强复合材料的室温弹性模量数据，并与钢铁的弹性模量比较。说明复合材料弹性模量提高的原因。

19-16 请比较 Al（及其合金）、Mg（及其合金）与这两种金属为基体的纤维增强复合材料的室温强度。

19-17 Ti6Al4V 基复合材料中，有效的强化相是什么，显著改善的性能有哪些，颗粒强化效果如何？

19-18 具有高弹性模量、高强度的 Al 基和 Mg 基复合材料，其中纤维的体积分数大约多少，常用的制备工艺是什么样的？

19-19 Ti 基复合材料制备工艺与上述两类复合材料是否存在显著差别，与基体金属（或合金）的基本性质有什么关系？

19-20 请以一种具体的金属基复合材料为例，说明复合的目的及原理。

19-21 请以一种具体的金属基复合材料为例，说明其制备方法及注意事项。

参考文献

[1] T. W. Clyne，P. S. Withers. 金属基复合材料导论[M]. 余永宁，房志刚译. 北京：冶金工业出版社，1996.

[2] 张国定，赵昌正. 金属基复合材料[M]. 上海：上海交通大学出版社，1996.

[3] 赵玉涛，戴起勋，陈刚. 金属基复合材料[M]. 北京：机械工业出版社，2007.

[4] 黄伯云，李成功，石力开，等. 中国材料工程大典，第5卷，有色金属材料工程（下）[M]. 北京：化学工业出版社，2006.

20 金属玻璃

内容要点：

合金由高温熔体凝固形成非晶过程及获取金属玻璃的热力学和动力学分析，合金非晶形成能力的一些判断准则、参数和规律。金属玻璃的制备方法，金属玻璃合金体系，金属玻璃的性能特点及特殊应用。

金属玻璃合金是指熔融合金在冷却过程中不发生结晶，而其内部结构中的原子呈长程无序排列的一类材料。1951 年，美国物理学家 Turnbull 通过水银的过冷实验，提出液态金属可以过冷到远离平衡熔点以下而不产生形核与长大，即可以冷却到玻璃态。1960 年，美国加州理工学院 Duwez 小组采用喷枪急冷快淬技术，在 10^5 ~ 10^6K/s 冷却速度下，首次制备出了 $Au_{75}Si_{25}$ 金属玻璃合金。20 世纪的 80 年代，由于利用连续铸造工艺制备商用非晶带、线和板材获得了成功，金属玻璃条带在变压器铁芯和磁传感器方面获得了广泛应用。80 年代后期，日本东北大学 A. Inoue 小组成功发现了主要由普通元素组成的多组元金属玻璃合金系。他们在 100K/s 速度下就能铸造出几个厘米粗的 La-Al-Cu-Ni 和 La-Al-Cu-Ni-Co 等四元和五元块体金属玻璃。通过用碱土金属代替稀土金属，发展了 Mg-Y-Cu，Mg-Y-Ni 等块体金属玻璃。90 年代以来，越来越多的材料和物理学家从事金属玻璃的研究。迄今为止，包括 Pd-、Mg-、La-、Zr-、Ti-、Fe -、Co-、Ni-、Cu-、Nd-、Pr-、Ce-、Pt-等在内的大量金属玻璃体系均已在实验室内获得了临界尺寸达毫米以上量级的样品。目前，$Pd_{40}Cu_{30}Ni_{10}P_{20}$ 合金能够形成块体金属玻璃的最低冷却速率为 0. 1K/s，其最大样品直径可以达到 75mm。非晶合金由于具有优良的物理、化学和力学性能，越来越引起人们的广泛关注，成为近半个世纪以来材料科学与凝聚态物理研究领域的热点。本章简要介绍非晶态合金形成的基本原理、制备方法、合金体系、性能特点和应用。

20.1 金属玻璃的形成

金属玻璃是如何形成的？当液态金属冷到熔点以下，就存在结晶驱动力，驱动力的大小随过冷度大小而变，至于结晶过程是否能真正发生，主要取决于冷却速度的大小。如图 20-1所描述的温度-时间-转变（TTT）曲线所示，当冷却速度大于临界冷却速度 R_c 时，熔体中的结晶过程就有可能避免，形成玻璃态结构。

玻璃转变还可以从转变过程中材料的物性变化特征来理解。如图 20-2 所示，当沿着（a）路径变化时，体系的体积和焓出现了突变，熔体发生结晶。当沿着（b）和（c）路径变化时，尽管熔体已经冷却到熔点 T_m 以下，但是过冷熔体中原子仍然有足够的弛豫时

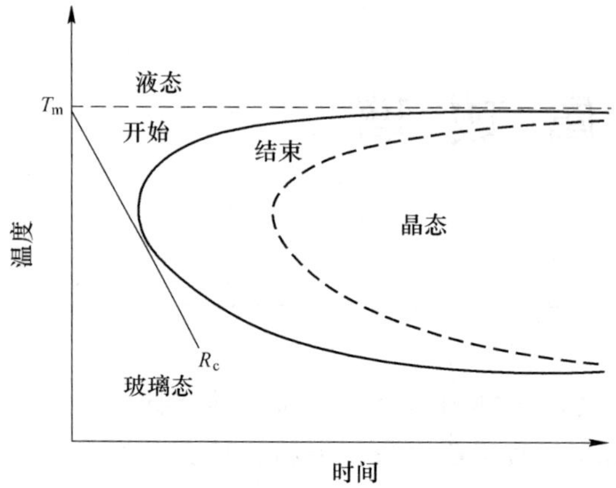

图 20-1 温度-时间-转变（TTT）示意图
（R_c 为发生结晶的临界冷却速度）

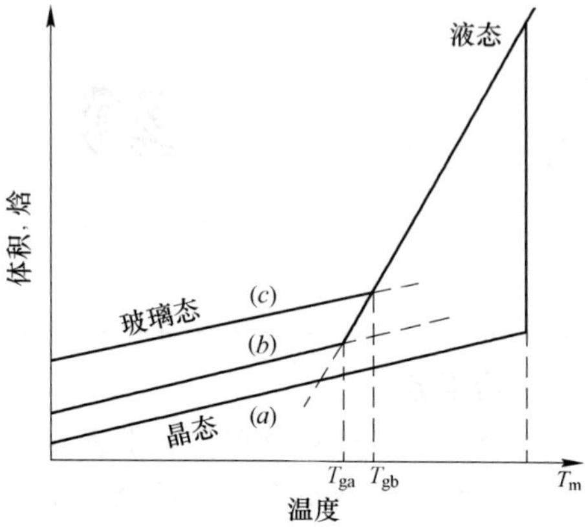

图 20-2 等压条件下熔体的焓与体积随温度的变化

间，可保持内平衡，使合金仍保持过冷熔体状态。当过冷度进一步加大，原子运动变得更加迟缓，黏度迅速增加，以至于可以排除结构弛豫，此时，材料达不到内平衡。当过冷熔体的黏度达到 $10^{13} \sim 10^{15}$Pa·s 时，原子被冷冻住，保存住该状态的焓与体积，形成玻璃结构。玻璃转变温度 T_g 定义为过冷熔体保持内平衡状态的温度。

20.1.1 金属玻璃形成热力学

由图 20-1 可知，过冷熔体形成玻璃的能力就等价于在过冷熔体中抑制结晶的能力。假设是稳态形核，形核速率就由热力学和动力学因素共同决定。

$$I = N_v^0 \nu D \exp\left(\frac{\Delta G^*}{kT}\right) \tag{20-1}$$

式中 N_v^0——单位体积的单原子数目；
ν——频率因子；
D——有效扩散系数；
k——Boltzmann 常数；
T——绝对温度；
ΔG^*——晶胚必须克服的激活能。

根据经典形核理论，形核功表达式为：

$$\Delta G^* = \frac{16\pi}{3}\frac{\Delta G_{1-s}^2}{\sigma^3} \tag{20-2}$$

式中 σ——晶核与熔体间的界面能；
ΔG_{1-s}——液固相自由能差，即结晶驱动力。

频率因子 ν 由 Stokes-Einstein 方程表示：

$$\nu = \frac{kT}{3\pi a_0^3 \eta} \tag{20-3}$$

式中 a_0——扩散跳跃的平均原子或离子直径；

η——黏度，可以通过 Volgel-Fulcher 方程进行计算。

可见驱动力（热力学因素）、扩散和黏度（动力学因素）和构形（结构因素）是理解多组元合金玻璃形成的关键。从热力学上考虑，块体金属玻璃在过冷液态中应呈现出低结晶驱动力。低驱动力则导致低的形核速率，因而玻璃形成能力高。

20.1.2 非晶形成动力学

熔体只要冷到足够低的温度不发生结晶，就会形成非晶态。Uhlmann 认为，所形成的晶体在液体中呈无规则分布，可以把 10^{-6}作为刚能觉察到的结晶相的体积分数值。当结晶相的体积结晶分数值 x 很小时，它与形核率 I、生长速率 U 及时间 t 的关系可用下面的方程表示：

$$x = \frac{1}{3}\pi I U^3 t^4 \tag{20-4}$$

均匀成核率 I 与生长率 U 可表示为：

$$I = \frac{N_A kT}{3\pi a_0^3 \eta}\exp\left[-\frac{16\pi}{3}\alpha^3\beta\frac{1}{T_r(\Delta T_r)^2}\right] \tag{20-5}$$

$$U = \frac{fkT}{3\pi a_0^2}\left[1 - \exp\left(-\beta\frac{\Delta T_r}{T_r}\right)\right] \tag{20-6}$$

$$T_r = T/T_m, \Delta T_r = 1 - T_r$$

式中 k——Boltzmann 常数；

a_0——平均原子直径；

N_A——Avogadro 常数；

T_m——熔点温度；

α——约化表面张力；

β——约化熔解焓；

f——界面上原子优先附着或者移去的位置分数。

$$\alpha = \frac{N_A{}^{1/3}\sigma}{\Delta H_m} \tag{20-7}$$

$$\beta = \frac{\Delta H_m}{R_g T_m} \tag{20-8}$$

式中 ΔH_m——摩尔熔化焓；

R_g——气体常数。

对于非晶来说，一般采用下列方程计算其黏度：

$$\eta = 10^{-3.3}\exp\left(\frac{3.34T_m}{T - T_g}\right) \tag{20-9}$$

Turnbull 等认为，在简化条件下，$\alpha = \alpha_m T_r$，其中 α_m 为一常数，是 $T = T_m$ 时的 α 值，取 $\alpha_m = 0.86$，此时均匀成核率 I 也可简化为：

$$I = \frac{K_n}{\eta}\exp\left[-\frac{16\pi}{3}\alpha_m^3\beta\left(\frac{T_r}{\Delta T_r}\right)^2\right] \tag{20-10}$$

式中，K_n 为形核率系数。

这样，将方程式(20-5)~式(20-10)代入方程式(20-4)就可以计算得出达到 $x = 10^{-6}$ 所需要的时间 t 为：

$$t = \frac{9.32\eta}{kT}\left[\frac{a_0^9 x}{f^3 N_A^0}\frac{\exp\left(\frac{1.024}{T_r^3\Delta T_r^2}\right)}{\left[1-\exp\left(\frac{-\Delta H_m\Delta T_r}{RT}\right)\right]^3}\right] \tag{20-11}$$

根据此关系可以绘出时间-温度-相转变曲线，即 TTT 曲线。这样形成玻璃的临界冷却速率 R_c 就可以根据 TTT 曲线由下式进行计算：

$$R_c \approx \frac{T_m - T_n}{t_n} \tag{20-12}$$

式中 T_m——合金的熔点；

T_n——TTT 曲线极值点所对应的温度；

t_n——TTT 曲线极值点所对应的时间。

20.1.3 玻璃形成能力判据

除了从热力学和动力学方面直接计算玻璃态形成的难易程度外，人们也提出了一些简单的判据来预测合金的玻璃形成能力（GFA）。

20.1.3.1 约化玻璃转变温度准则

该准则是基于 Turnbull 的非平衡凝固理论提出的，即处于熔点的熔体是内平衡的，当冷到熔点以下，就存在结晶驱动力，驱动力的大小随过冷度大小而变。起初，结构弛豫时间与冷却速度相比可能很短，过冷液体可以保持内平衡。但是如果冷却速度快，熔体黏度迅速增加，这时原子运动迟缓，以至于可以避免结构弛豫，则会出现材料随着温度下降将保持非平衡状态的情况，即发生所谓的玻璃转变。因此，玻璃转变温度并不是一个固定的数值，它随着冷却速率的增加而增加。根据玻璃转变的特点，不难理解，玻璃转变温度越高，玻璃就越容易形成。因此，Turnbull 提出了约化玻璃转变温度准则，即：

$$T_{rg} = \frac{T_g}{T_m} \tag{20-13}$$

式中，T_g 为玻璃转变温度；T_m 为合金的熔点。

20.1.3.2 共晶线准则

共晶点准则是由约化玻璃转变温度准则发展而来，深共晶谷处的合金溶液能够在比较低的温度下保持，而 T_g 往往变化不大，所以这些合金具有高 T_{rg} 值，实践证明，在深共晶谷处容易找到具有高玻璃形成能力的合金。通过二元相图，可发现 Pd-Si、Pd-P、Ni-Nb、Cu-Zr 和 Zr-Be 都是高玻璃形成能力体系的候选者，这些合金系都有深共晶谷。在三元 ZrTiCu 中，也可以找到深共晶谷，在这个区域内具有更好的玻璃形成能力。采用四元合金系 Cu-Ti-Ni-Zr 的情况就更好一些。靠近四元共晶成分，$Ti_{34}Zr_{11}Ni_8Cu_{48}$ 的约化玻璃转变温

度为 $T_{rg}=\dfrac{T_g}{T_m}=0.6$，其临界冷却速度为50～100K/s。对高组元数的ZrTiCuNiBe合金，在五元相图稍偏离中心的部位呈现出深的共晶特征，相对于更加稳定的液体相，结晶相的热力学竞争消失，从而形成GFA更高的深“共晶”结构。

20.1.3.3 过冷液相区宽度

过冷液相区宽度 ΔT_x 的大小也是作为评定合金玻璃形成能力的一个参数。即：

$$\Delta T_x = T_x - T_g \tag{20-14}$$

式中，T_x 表示合金的晶化温度。

实际上，ΔT_x 表示金属玻璃在加热到 T_g 以上发生晶化的趋势。大的 ΔT_x 值说明非晶态可以在很大区域内存在而不晶化，对形核与生长有高的抵抗能力。因为晶化与玻璃化是两个相互竞争的过程，因此大的过冷液相区就意味着大的玻璃形成能力。从总体上来说，大过冷液相区容易导致大玻璃形成能力。但是这种关系不是绝对的，在某些合金系中，出现了 ΔT_x 与 T_{rg} 不一致的情况。不同的合金系之间，采用 ΔT_x 与 T_{rg} 来衡量玻璃形成能力GFA也会出现不一致的情况。例如，Zr-Al-Ni-Cu-Pd系的 ΔT_x 远大于Pd-Ni-Cu-P合金，但是所得到的最大厚度却不及Pd-Ni-Cu-P合金。

20.1.3.4 γ 参数

既然 ΔT_x 可以作为表征玻璃形成能力的一个参数，为了便于比较，将 ΔT_x 除以 T_g，则得到一个新的无量纲参数。

$$(T_x - T_g)/T_g = [(T_x/T_g) - 1] \tag{20-15}$$

因此，玻璃形成能力就与 T_x/T_g 成比例。根据Wakasugi等的分析，T_x/T_l 比值（T_l 为熔化温度），随着过冷液相黏度、熔化熵、黏性流动激活能和加热速率的提高和液相线温度的降低而升高，这些变化规律与临界冷却速率的变化十分相似，因此按照过冷熔体中的结晶理论，T_x/T_l 比值是玻璃形成能力的一个指标。大的 T_x/T_l 比值意味着高玻璃形成能力。

由上可见，如果从熔体冷却过程中的结晶和过冷熔体在加热时的晶化两个方面考虑，玻璃形成能力与 T_x/T_g 和 T_x/T_l 两个参数相关，即：

$$\mathrm{GFA} \propto \left(\frac{T_g}{T_x}, \frac{T_l}{T_x}\right)^{-1} \tag{20-16}$$

为了简化，取 T_g/T_x 和 T_l/T_x 两个参数的平均值，则得到：

$$\mathrm{GFA} \propto \left(\frac{T_x}{T_g + T_l}\right) \tag{20-17}$$

因此Lu定义一个新参数 γ 来表征GFA，即：

$$\gamma = \frac{T_x}{T_g + T_l} \tag{20-18}$$

20.1.3.5 三个经验规律

Inoue提出了获得大的玻璃形成能力和宽的过冷液相区的合金组成的三个经验规律：

（1）由三个或三个以上的元素组成合金系；

（2）组成合金系的组元之间有较大的原子尺寸比，且满足大、中、小的原则，其中主要组成元素之间的原子尺寸比应大于13%；

（3）组成元素之间的混合热为负值。这些经验规律对于某些合金是适用的，但也存在与之不同的情况。

20.1.3.6 多元短程序畴过冷判据

早有学者指出液态存在短程序畴分布，而不是成分均匀分布，陈国良和惠希东等把这种模型再向前推进一步，认为对于玻璃形成能力强的合金系，也必然存在多个多组元化学短程有序畴结构（MCSRO），它导致液相吉布斯自由能的降低，进而影响结晶的动力学和热力学过程。在结晶核心形成和生长的过程中，与晶核近邻的不同组成的多组元短程有序畴必将被溶解，因此必须克服一个附加自由能量 ΔG_{SO}。另一方面，这个过程需要原子的长程扩散，延长了扩散路径，为了缩短扩散路径，迫使结晶核心改变形状，从而导致更大比表面积，结果使结晶动力学转变曲线右移。因此，与均匀的理想的液态结构相比，存在有多组元有序畴的熔体在凝固时将有更大的过冷度。在大过冷条件下发生结晶，过冷液体将有更大的黏度，更大的黏度又进一步使结晶更加困难，从而使过冷熔体被保持到玻璃转变温度，提高了非晶的形成能力。这个概念被称为多组元短程有序畴过冷，可用多组元短程有序畴熔体过冷度与均匀熔体的过冷度的差值来评价，表示为 ΔT_{MCSRO}。ΔT_{MCSRO} 值越大，表示合金的玻璃形成能力越强。因而可以认为，过冷液体中“多元短程序畴过冷”是在低冷却速度下得到大体积金属玻璃的基本条件。

20.2 金属玻璃的制备方法

金属玻璃的制备方法有多种，主要可分为以下四类：快淬薄带和平流铸造、粉末雾化、熔体净化深过冷以及普通铸造技术等。

20.2.1 快淬和平流铸造技术

在金属玻璃发展初期及后来磁性材料带材制备中，这种方法始终是最重要的方法。它的基本思路是，熔体通过感应或其他方法加热熔化至一定温度，在一定压力和流量下，稳定喷射到急冷衬底上，通过控制衬底的旋转速度，获得不同厚度的金属玻璃带材，其示意图见图20-3。在这种方法中，根据喷射压力、喷嘴与衬底几何参数和衬底旋转速度的不同，熔体的冷却速度在 $10^3 \sim 10^6$ K/s 变化，带材的厚度一般在几十微米左右。生产中利用该方法制备金属玻璃带材时，往往在熔炼炉和喷嘴之间再增加一个保温中间包，以起到恒温和稳流的作用。而实验室制备样品时，往往是在熔炼完熔体后直接喷射到衬底上，衬底的材料大都采用铜材制造。铜轮上有时采用水冷，以强化冷却能力。

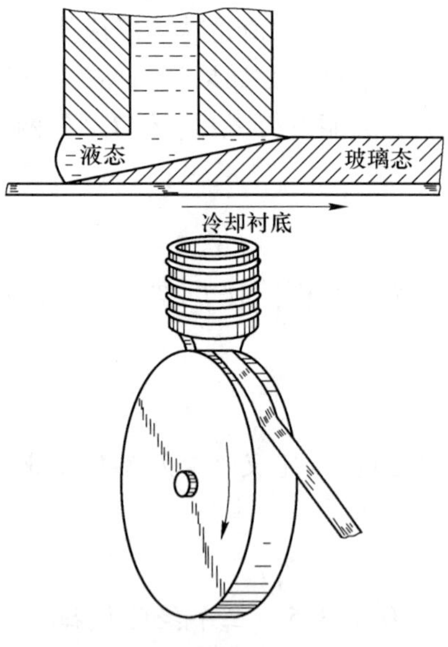

图20-3 快淬和平流铸造法制备金属玻璃带材示意图

20.2.2 净化和深过冷技术

净化和深过冷技术主要用来抑制熔体中的非均质形核。根据经典形核理论，要降低结晶形核数量必须抑制非均质形核，即控制容器壁和/或其他外来相的非均质形核作用，使合金熔体达到最大的过冷度，从而提高玻璃形成能力。具体技术措施可通过熔炼时提高过热温度（如达到熔点温度以上250K）、采用电磁悬浮熔化、无容器壁冷凝的落管技术、以 B_2O_3 溶剂包裹吸收熔体表面乃至内部的杂质使合金纯化以控制非自发形核的发生。多年来研究较为充分的是Pd-Si和Pd-Ni-P的合金，利用上述技术已获得直径为10mm的玻璃锭子。运用抑制非均质形核方法制备大块金属玻璃时，首先要求合金具有较高的玻璃形成能力，其次要求原材料纯度很高，因为杂质元素O、C、N的含量将大大影响熔体的结晶，临界冷却速率随它的含量增加而增大；同时要求洁净的设备环境，高质量的真空系统，合理的加热保温与冷却规范及纯化技术。

20.2.3 粉末法

由于制备金属玻璃粉末的技术早已发展，因此这种方法也被用来制备金属玻璃粉末，气雾化、超声雾化等各种雾化方法原则上都可用来制备金属玻璃粉末。近年来，随着高玻璃形成能力合金的不断发现，人们尝试先用雾化获取非晶粉末，然后在低于其晶化温度下进行温挤压、温轧、冲击（爆炸）固化和高等静压烧结等方法，通过利用过冷液相区中的大黏性流动和原子扩散性，将雾化粉末形成高致密的块体金属玻璃。这种生产方法开辟了另一种合成块体金属玻璃路线。

图20-4为一金属玻璃粉末冶金加工示意图。粉末的生产采用高压雾化方法，这种方法的冷却速率比普通雾化方法高得多。以 $Zr_{65}Al_{10}Ni_{10}Cu_{15}$ 合金为例，该合金在氩气保护下采用感应加热，然后利用氦气雾化金属。$Zr_{6.5}Al_{10}Ni_{10}Cu_{15}$ 的动态压力为9.8MPa，熔体温度1473K，导管的直径为2mm，平均颗粒尺寸79μm。X射线衍射（XRD）结果表明，颗粒尺寸小于150μm时，为全玻璃态组织，进一步增加就出现了少量的结晶相。获得粉末后，在0.29MN下机械热压。粉末经过过筛后，在钢模中预压实到65%的密度，在473K，1×10^{-3}Pa下除气900s。利用安装在手套箱内的自动弧焊机将粉末封在内径20mm、外径23mm的铜套中，最后在673～713K间以3～5的压缩比进行拉拔，最后获得金属玻璃棒材。

20.2.4 金属模铸造法

金属模铸造是将液态金属直接浇入金属模中，利用金属模导热快的特点，实现快速冷却以获得块体金属玻璃（BMG）。该工艺过程比较简单，也易于操作，但由于金属模的冷速有限，所能够制备的金属玻璃的尺寸也有限。金属模可以是有水冷和无水冷两种，水冷的目的主要是为了保证在合金熔化期间，模具不被坩埚加热而尽可能保持最低温度；型腔的形状则根据需要可以是楔形、阶梯形、圆柱形或片状等；金属模的体积应该足够大，以保证在短暂的熔体充型时间内提供足够的吸热源。

楔形铜模具有在单个铸锭中得到一系列不同的冷速、将合金的快冷与慢冷组织连接起来的优点。此时，可以将铸件玻璃部分的最大厚度看作是合金GFA的量度。

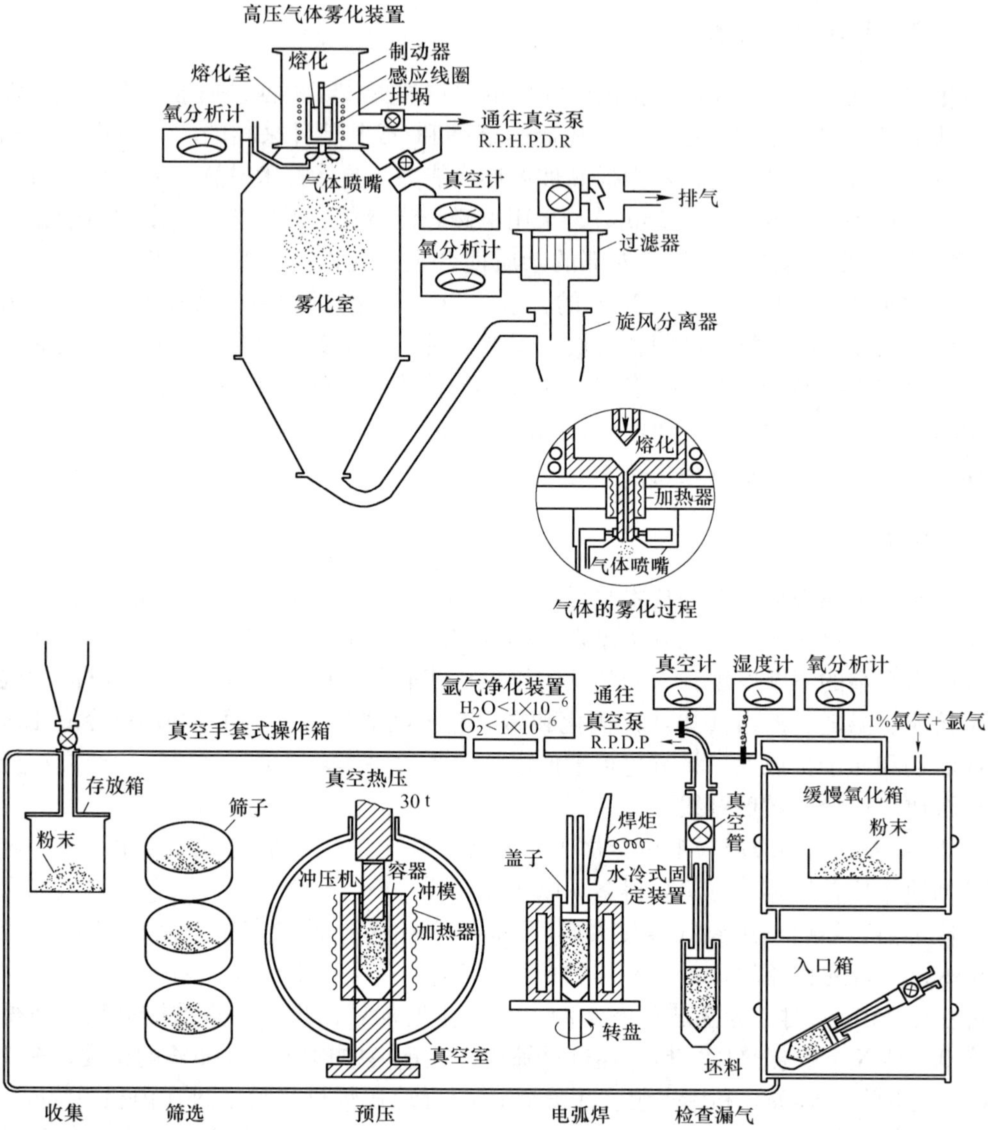

图 20-4 非晶粉末挤压法生产流程图

20.2.5 水淬法

水淬法的基本工作原理是：将母合金置入一容器中，将合金熔化后连同容器一起淬入流动的水中，以实现快速冷却，从而形成大体积玻璃。这个过程可以在封闭的保护气氛系统中进行，也可将合金放在容器中，将其抽成高真空并密封。这种方法由于冷却速度较低，因而适合玻璃形成能力特别大的合金体系。目前在制备 PdNiCuP 和 ZrTiCuNiBe 块体金属玻璃时，经常采用这种方法。

20.2.6 喷铸吸铸法

喷铸吸铸技术的原理是：将母合金置于底部具有一定直径小孔的坩埚中，铜模置于坩埚下面，铜模的下端始终与真空系统相连。采用高频或中频感应加热熔化母合金，整个装置放在一个密闭的真空系统中。母合金完全熔化后，从石英管上端导入压力为 p_1 的惰性气体，底部形成 p_0 的负压，在压力差 $\Delta p = p_1 + p_0$ 的作用下，液态母合金从坩埚注入水冷铜模型腔中。液态母合金在水冷铜模型腔中快速冷却形成非晶。

该方法的优点是，采用高频或中频感应加热，合金熔化速度快，电磁搅拌作用使合金成分更加均匀，熔炼的合金量可以从几克到几千克，适合大尺寸玻璃样品的制备，同时可以保证熔体充型速度快，提高玻璃形成能力。

20.2.7 电弧熔炼吸铸法

这项技术是将电弧熔炼技术与铜模铸造技术融为一体。既利用电弧熔炼合金的无污染、均匀性好的优点，又利用了吸铸技术熔体充型好，铜模冷却快的长处。特别是，这种技术使合金的熔炼、充型、凝固过程在真空腔内通过一次抽真空来完成，属于一种短流程制备方法。

电弧熔炼吸铸设备的基本构造是将电弧熔炼用的水冷铜盘下连接铸造玻璃棒材的水冷铜模，电弧熔炼铜盘附近放置电磁搅拌线圈，从而保证合金充分混合均匀。合金在电弧熔炼过程中靠毛细管作用和电磁悬浮的共同作用保持在熔炼铜盘中，待合金熔炼完成后，关闭电源，打开吸铸阀门，合金液体在重力和负压的共同作用下，快速充型。

20.2.8 定向凝固法

定向凝固是一种可以连续获得大体积玻璃的方法。它有两个主要的控制参数，即定向凝固速率 v 和固液界面前沿液相温度梯度 G。该方法所能够达到的冷却速率可以用下面的方程计算出来，即 $R_c = Gv$，可见温度梯度越大，凝固速率越快，冷却速率就越快，可以制备的金属玻璃的直径就越大。然而，温度梯度的大小主要受定向凝固设备限制，一般在10 ~ 100K/mm 范围内。增大定向凝固速率受设备的熔化速率限制，例如熔区定向凝固必须保证在样品相对下移过程中熔区固相能够完全熔化，并达到一定的过热度，因此，定向凝固速率也不可能太快。综合上述的因素，当样品的直径在 20mm 以下时，取 $G = 100\text{K/mm}$，$v = 1\text{mm/s}$，则 $R_c = 100\text{K/s}$，这个冷却速率对于制备具有较强的玻璃形成能力的合金，比如 Zr 基和 La 基合金等，完全是可行的。

20.2.9 压铸法

利用压铸技术也可制备金属玻璃合金棒状样品。图 20-5 是日本东北大学 Inoue 研究小组

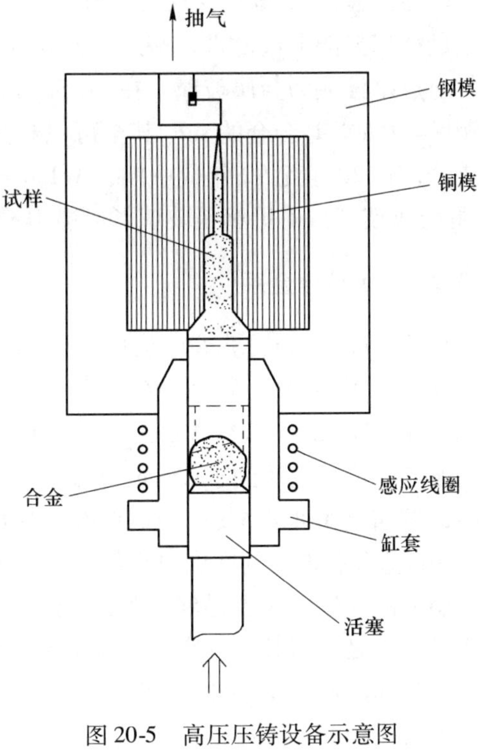

图 20-5 高压压铸设备示意图

设计的金属玻璃高压压铸设备示意图。高压压铸设备主要由熔炼母合金的缸套与活塞、施加高压的水压机、耐高压的铸造铜模、能够在浇注之前迅速除去坩埚和铜模中气体的抽气系统等组成。缸套与活塞由耐热工具钢(SKD 61)制成。母合金在氩气氛保护、带有高频感应线圈的缸套内熔炼，通过水压推动活塞，将熔融的金属快速推入到铜模中。该设备具有如下特点：

（1）熔体在几毫秒之内完全充入铸型，这将导致更高的冷却速率和更加明显的淬火效果。

（2）高压将导致熔体与铸型更紧密的接触，因而使熔体与铸型之间的导热因子增加并加速热流的传出，从而提高了冷却速率。

（3）由于凝固收缩引起的疏松等铸造缺陷将减少。

（4）即使对于高黏性的熔体，也能够由液体直接成形出复杂形状的铸件。

20.3 金属玻璃体系

目前已经发现的金属玻璃体系已达十几种，如 Pd、Pt、Au、Ln、Ce、Nd、Pr、Er、Ho、Mg、Ca、Cu、Ti、Fe、Co、Ni、Zr 基等。从组成金属玻璃的组元数来看，从简单的二元系 Cu-Zr 系，一直到含有 8 个组元的（$Fe_{44.3}Cr_5Co_5Mo_{12.8}Mn_{11.2}C_{15.8}B_{5.9})_{98.5}Y_{1.5}$合金，都可以形成非晶态，合金的性能也各不相同。下面简要介绍几种合金体系。

20.3.1 Pd 基合金系

Pd 基合金系是最早发现的具有较大过冷区和玻璃形成能力的合金系统。Pd-Si 二元系合金最初仅能够形成薄带，最近研究发现，通过净化的方法，可使尺寸为 10mm 的 $Pd_{81}Si_{19}$ 棒材通过水淬成为金属玻璃。在 Pd-Si 合金基础上添加 Cu 和 Ni，可显著增加合金的过冷液相区。Pd-Ni-P 合金的 ΔT_x 甚至可以超过 60K。通过进一步优化 Pd-Cu-Ni-P 四元系的合金成分，在 20 世纪 90 年代中期，A. Inoue 等人发现了尺寸更大的 Pd-Cu-Ni-P 大体积玻璃。Pd 基金属玻璃目前仍然是玻璃形成能力最高的体系。

20.3.2 Mg 基合金系

目前，Mg 基金属玻璃已从最初的 Mg-TM-RE(TM = Cu、Ni; RE = Ce、La、Y、Nd)，发展到了 Mg-Cu-Y-M(M = Al、Ag、Zn、Gd)四元系和五元系，如 Mg-Cu-Zn-Y、Mg-Cu-Ag-Y、Mg-Cu-Ag-Gd、Mg-Cu-Y-Gd、Mg-Cu-Ni-Zn-Ag-Y 和 Mg-Cu-Y-Ag-Pd 等。其中$Mg_{54}Cu_{26.5}Ag_{8.5}Gd_{11}$金属玻璃的尺寸已达到了 25mm 直径。Mg 基非晶具有普通 Mg 基晶态合金无法比拟的力学性能，例如金属玻璃 Mg-Cu-Zn-Y 的压缩强度可以达到 880MPa，约是晶态合金的 2 ~ 3 倍。由于 Mg 基金属玻璃的密度也很低，是一种具有高比强度的新型结构材料。另外，Mg 基金属玻璃的耐蚀性问题也得到了改善。这些优良的特性预示了 Mg 基金属玻璃具有广阔的应用前景。但是，与其他种类的金属玻璃一样，Mg 基玻璃面临的一个主要问题就是它的脆性，并且 Mg 基玻璃的脆性可以说是所有金属玻璃中最高的，这严重限制了它在工程结构材料中的应用。

20.3.3 稀土基合金系

稀土基块体金属玻璃是20世纪80年代末最早发现的块体金属合金体系之一。最初得到的具有强玻璃形成能力的是$Mg_{50}La_{30}Ni_{20}$合金。后来，A. Inoue及其同事又发现Al-La-Ni(或Cu)合金系具有更大的玻璃形成能力。目前已经在La基、Nd基、Pr基、Ce基、Er基、Gd基、Sc基、Tb基、Dy基和Ho基等均已制备出毫米级，甚至厘米级块体金属玻璃。

20.3.4 La基合金

La系非晶主要是La-Al-Cu、La-Al-Ni、La-Al-Ni-Cu和La-Al-Ni-Cu-Co等。La的含量x(La)在55%～65%之间。目前以$La_{62.0}Al_{15.7}(Cu, Ni)_{22.3}$获得的金属玻璃样品尺寸最大，达到了11mm，但是这种合金的过冷液相区并不大，仅有38K。在该合金系过冷液相区最大的是$La_{55}Al_{25}Ni_{10}Cu_{10}$合金，为79.8K。

20.3.5 Nd基和Pr基合金

Nd-Fe-Al和Pr-Fe-Al合金是目前发现的为数不多的几个具有较好硬磁特性的大体积金属玻璃系统，它的过冷区域和玻璃形成能力完全可以与Zr基和Pd基大体积玻璃相比较。Nd-Fe-Al三元合金在很大的成分范围内都能形成块体玻璃。对该合金系金属玻璃的硬磁性能测试表明，该类合金具有较大的矫顽力、较大的剩磁和大的磁能积，显示了较好的硬磁性能。除了Nd-Fe-Al外，最近又发现了Nd-Cu-Ni-Al、Nd-Cu-Ni-Al-Fe和Nd-Cu-Ni-Al块体金属玻璃系。

20.3.6 Ce基及其他稀土基合金

Ce基金属玻璃系有Ce-Al-Ni-Cu、Ce-Al-Cu-Fe和Ce-Al-Ni-Cu-Nb，最大临界尺寸为5mm，最大过冷液相区宽度为78K。其他合金系包括用Er、Gd、Sc、Tb、Dy和Ho替代Ce的合金，这些金属玻璃合金的共同特点是除了以稀土元素为基外，都是含有Al、Co和Y这三种元素，另外添加Fe和Nb元素。$Er_{36}Al_{24}Co_{20}Y_{20}$合金报道的最大临界尺寸达到8mm。

20.3.7 Ti基合金系

目前发现的Ti基金属玻璃合金有Ti-Be、Ti-Ni、Ti-Si、Ti-M-Si(M = Ⅳ ~ Ⅷ族元素)、Ti-Nb-Si-B、Ti-Ni-Cu、Ti-Zr-Cu、Ti-Ni-Cu-Al、Ti-Zr-Cu-Ni、Ti-Zr-Ni-Cu-Al等。其中的一些Ti基合金系统显示出较强的玻璃形成能力，如，Ti-Be-Zr合金系和Ti-Ni-Cu合金系的过冷液相区可达到25K，而对于Ti-Ni-Cu-Al和Ti-Zr-Ni-Cu-Al两个合金系，通过适当的调整组元成分范围，他们的过冷液相区可达到35～40K。

在Ti-Ni-Cu合金系统中添加适量的Sn元素，可提高该合金系统的玻璃形成能力。研究表明，Ti-Ni-Cu-Sn合金系统在$w(Sn) = 5\%$的情况下其拥有相当大的玻璃形成能力，其最大的过冷液相区可达到60K。而$w(Sn) = 3\%$时，其过冷液相区达到了73K。利用强水冷铜模铸造的方法可制备直径约10mm的$Ti_{50}Ni_{20}Cu_{25}Sn_5$基块体玻璃。另外，在Ti-Ni-Cu合金系统中添加适量的Sb元素，也可较大地提高该合金系统的玻璃形成能力，Ti-Ni-Cu-Sb

合金系统的最大过冷区可达到45K。在Ti-Ni-Cu-Sn的基础上进一步优化合金成分，通过添加w(Si)2%和w(B)1%，可使金属玻璃的过冷液相区宽度提高到74K，这是目前已经发现的合金中最高的。而在Ti-Zr-Ni-Cu-Al合金基础上添加w(Si)3%和w(B)1%，也使合金的过冷液相区宽度提高到了69K。

20.3.8 Fe基合金系

20.3.8.1 Fe-(Al、Ga)-(P、C、B、Si、Ge)合金

利用单辊薄带法制备的$Fe_{72}Al_5Ga_2P_{11}C_6B_4$合金的薄带材料具有较大的过冷区和玻璃形成能力，同时，该薄带材料在室温下具有良好的韧性和软磁性能。在该合金系中添加Si元素，用Si元素部分地取代P元素或C元素，又进一步地提高了该合金具有的过冷区和玻璃形成能力。当x(Si) = 1%时，ΔT_x约为63K。随Si的继续增加，ΔT_x急剧下降。利用铜模水冷法制备的$Fe_{72}Al_5Ga_2P_{11}C_5B_4Si_1$合金的大体积玻璃其最大尺寸为2mm。

20.3.8.2 (Fe、Co、Ni)-(Zr、Nb、Ta、Hf、Mo、Ti、V、W)-B合金

Fe-Co-Ni-Zr-B合金的薄带材料也具有较大的过冷区和玻璃形成能力，该材料在室温下也具有良好的韧性和软磁性能。在该合金系中添加Nb元素，用Nb元素部分地取代Zr元素，又提高了该合金的过冷区和GFA。当x(Nb)为2%时，合金具有最大的过冷区，ΔT_x约为85K。随Nb含量的继续增加，ΔT_x开始下降；当x(Nb)大于8%时，ΔT_x急剧下降。

20.3.8.3 Fe-Co-Ln-B合金

在该系列合金中，添加的稀土元素有Sm、Tb、Dy、Pr、Nd、Gd、Er等，几种稀土元素可以联合使用，合金添加的稀土元素总量w(RE)均不超过6%。在这些合金中，过冷液相区宽度超过60K的有$Fe_{62}Co_{9.5}Gd_{3.5}B_{25}$和$Fe_{62}Co_{9.5}Tb_{3.5}B_{25}$金属玻璃。添加Sm、Tb、Dy、Gd、Er元素的合金具有软磁性能，而含Nd和Pr元素的金属玻璃显示出硬磁性能。

20.3.8.4 Fe-(Cr、Mn)-(Mo、Co)-(C、B)-(Er、Y)合金

该合金是目前发现的玻璃形成能力最大的金属玻璃体系，其中$(Fe_{44.3}Cr_{10}Mo_{12.8}Mn_{11.2}C_{15.8}B_{5.9})_{98.5}Y_{1.5}$和$(Fe_{44.3}Cr_5Co_5Mo_{12.8}Mn_{11.2}C_{15.8}B_{5.9})_{98.5}Y_{1.5}$的临界尺寸首次达到了厘米级，而后$(Fe_{44.3}Cr_5Co_5Mo_{12.8}Mn_{11.2}C_{15.8}B_{5.9})_{98.5}Y_{1.5}$金属玻璃系临界直径达到了16mm。在力学性能方面，前两种合金的压缩断裂强度超过了4000MPa。这些合金大都呈现出超顺磁性能。

20.3.9 Cu基合金系

目前已经发现的Cu基块体金属玻璃系有：Cu-Zr、Cu-Zr-Al、Cu-Zr-Ti、Cu-Zr-Nb、Cu-Zr-Al-Ag、Cu-Zr-Ti-Ni、Cu-Zr-Ti-Sn、Cu-Zr-Ti-Hf、Cu-Zr-Ti-Ni-Sn、Cu-Zr-Ti-Ni-Cr等。类合金的压缩强度大都超过2000MPa。其中Cu含量大于50%直径为4mm的Cu-Zr-Ti和Cu-Hf-Ti合金的拉伸断裂强度2000～2160MPa，压缩断裂达到了2060～2150MPa，压缩塑性达到了0.6%～1.8%，远大于Zr基块体金属玻璃的性能。值得注意的是，在目前发现的为数不多的二元块体金属玻璃中，Cu-Zr二元合金系是其中之一。在这类合金中，也发现了高玻璃形成能力的合金，如利用铜模铸造法就可制备出直径达14mm的$Cu_{46}Zr_{47-x}Al_7Y_x$ $(0<x\leqslant 10\%)$合金棒状样品，该合金过冷液相区的宽度达到了100K。

20.3.10 Ni 基金属玻璃合金系

Ni-P 系是最早研究的金属玻璃合金之一。近年来，随着研究的不断深入，Ni 基合金已经形成了比较完整的体系，人们对 Ni 基金属玻璃的兴趣，主要源于这类合金可望具有高强度和高抗腐蚀性能。Ni 基金属玻璃体系主要有三种：

（1）Ni-Zr-Al 系，包括：Ni-Zr-Al-Nb、Ni-Zr-Al-Ti、Ni-Zr-Al-Ti-Sn、Ni-Zr-Al-Ti-Cu；

（2）Ni-Ti-Zr 系，包括：Ni-Ti-Zr-Pd、Ni-Ti-Zr-Sn、Ni-Ti-Zr-Si、Ni-Ti-Zr-Si-Sn、Ni-Ti-Zr-Si-Sn-Nb；

（3）Ni-Nb 合金系，包括：Ni-Nb-Ti、Ni-Nb-Ta、Ni-Nb-Sn、Ni-Nb-Ta-P、Ni-Nb-Ti-Zr、Ni-Nb-Ti-Hf、Ni-Nb-Cr-Mo-P-B、Ni-Nb-Ti-Zr-Co-Cu。

Ni 基合金的玻璃形成能力不高，但是却具有超高耐蚀性，如 $Ni_{57.25}Nb_{4.5}Ta_{33.25}P_5$ 金属玻璃合金在 12M HCl 溶液中，腐蚀速率比普通 Ni 基合金低三个数量级。在 Ni-Nb 合金的基础上进一步添加 Cr 和 Mo，可以使合金的抗腐蚀性进一步提高。在力学性能方面，Ni-Nb系金属玻璃具有极高的压缩性能，$Ni_{60}Nb_{20}Ti_{12.5}Hf_{7.5}$ 合金的压缩断裂强度达到了 3.18GPa，该合金过冷液相区宽度为 60K，说明具有很高的玻璃形成能力。

20.3.11 Zr 基合金系

目前已发现的能够制备大体积玻璃块的 Zr 基合金系有很多种，如 Zr-Cu、Zr-Cu-Al、Zr-Ni-Al、Zr-Al-Co、Zr-Cu-Ni-Al、Zr-Cu-Ni-Al-Ti、Zr-Cu-Ni-Al-Be、Zr-Cu-Ni-Al-Nb、Zr-Cu-Ni-Al-Ta、Zr-Cu-Ni-Al-Y、Zr-Cu-Ni-Al-Ti-Hf、Zr-Ti-Cu-Ni-Be、Zr-Ti-Cu-Ni-Be-Nb、Zr-Ti-Cu-Ni-Be-Y 合金系等。所有这些合金系统都是在 Zr-Cu 和 Zr-Ni 二元合金系的基础上通过添加适当的合金元素来实现的。由于 Zr 基合金系具有强大的玻璃形成能力和宽大的过冷液相区，能够利用不太复杂的设备较为容易的制备出质量很好的块体金属玻璃，同时 Zr 基块体玻璃又显示出非常优异的力学性能，因此，20 世纪 90 年代初到 2000 年这段时间，对块体金属玻璃的研究大都集中在 Zr 基合金系统上，各种应用研究也是针对该类合金进行的。

20.3.12 Al 基合金系

铝合金作为一种重要的工程材料，始终是人们关注的重点。人们致力于铝基金属玻璃的研究和开发，已经历了 30 年的历程。然而，由于 Al 元素极强的活性和极易氧化的特性，制备 Al 基块体金属玻璃是相当困难的。到目前为止，还没有文献报道哪一个 Al 基合金系统具有较大的玻璃形成能力（$\Delta T_x > 40K$），得到的铝基金属玻璃都是薄带，尚没有大体积的块体金属玻璃。

20 世纪 80 年代初，单相玻璃首次在 Al-(Fe,Co)-B 系三元合金中生成，但因该合金极脆而未引起人们的兴趣。之后在 Al-Fe-(Si 或 Ge) 系合金中也制成了单相玻璃，与上述三元合金一样脆。因此认为铝基金属玻璃脆性是带有普遍性的。在这种情况下，实现铝基金属玻璃的高塑性、高强度成了科学家们努力的目标。1987 年，日本的 A. Inoue 采用单辊旋淬法制备的 Al-Ni-Si 和 Al-Ni-Ge 非合金能弯曲 180°不断裂，并发现含 80% 以上铝原子的金属玻璃其拉伸强度可达 1000MPa 以上。这是令人鼓舞的新发现，此后人们又成功地研制出了一系列的Al-LM-RM（其中 LM 为Ⅳ、Ⅴ、Ⅵ族过渡金属；RM 为Ⅶ、Ⅷ族过渡金属）三元合金，例如Al-Zr-Cu、Al-Zr-Ni 和 Al-Nb-Ni 等在较宽的成分范围都可以形成单相非晶。

近年来，人们发现 Al-TM(过渡金属)-RE(Y,La,Ce 等)三元合金系和 Al-RE 二元合金系，都有比较好的非晶形成能力，而且形成的金属玻璃除了具有塑性，还能达到 980MPa 以上的高强度。目前已研究的铝基金属玻璃已超过 200 多种合金成分，40 多个合金系，从简单的二元合金到复杂的六元合金，基本上都可以归属 Al-EM-LM （EM 为前过渡族金属）和 Al-TM-RE 系。

与传统铝合金相比，铝基金属玻璃的拉伸断裂强度有很大提高，x(Al)为 84% ~86% 的金属玻璃的拉伸强度为 1000MPa，有些三元合金形成的非晶最高可达 1300MPa。铝基金属玻璃薄带的伸长率通常为 1% ~2%，最低为 0.7%，最高为 4.9%。与铝基晶态合金相比，金属玻璃的显微硬度有很大的提高，通常为 HV300 ~400，如 $Al_{94}V_4M_2$(M = Fe、Co、Ni) 金属玻璃的显微硬度更是高达 HV470。铝基金属玻璃的弹性模量由于成分的不同而有较大差别，但总的来说铝基金属玻璃的弹性模量都远远高于铝基晶态合金。

Al-Mn 非晶镀层的耐蚀性远优于 1Cr13 不锈钢和工业纯铝，并超过 1Cr18Ni9Ti 不锈钢。铝基金属玻璃还具有良好的耐磨性能。测试表明，$Al_{88.5}Ni_8Y_{3.5}$与 $Al_{88.5}Ni_8Mm_{3.5}$(Mm 为混合稀土金属)金属玻璃的热膨胀系数分别为 $19.6\times10^{-6}K^{-1}$，$20.2\times10^{-6}K^{-1}$，与传统晶态铝合金相比，非晶态的要小 20% 以上。

20.4 金属玻璃的性能及应用

近年来，随着对金属玻璃的成分、结构与性能研究的不断深入，金属玻璃所具有的优异物理、化学、力学性能及精密成形性越来越多的为人们所认识。Inoue 根据块体金属玻璃的特性归纳出了块体金属玻璃合金所具有的 15 项特性。基于这些优点，他提出了块体金属玻璃合金 15 项可能应用前景，如表 20-1 所示。在这些领域里，有些已经开始进入商业应用，有些是正在进行探索研究，下面根据文献报道资料来介绍块体金属玻璃的性能及应用情况。

表 20-1 金属玻璃的性能及应用展望

基本特征	应用领域	基本特征	应用领域
高强度	高性能结构材料	高黏滞流动性	生物医学材料
高硬度	光学精密材料	高弯曲比	复合材料
高断裂韧性	模具材料	优良软磁性	复写材料
高冲击断裂能	工具材料	高频磁导率	体育用品
高疲劳强度	切削材料	高磁致伸缩	连接材料
高弹性能	电极材料	高效电极（氯气）	软磁材料
高抗腐蚀性	耐腐蚀材料	高储氢性	高磁致伸缩材料
高耐磨性	储氢材料		

20.4.1 高性能结构材料

块体金属玻璃近年来引起人们极大关注的原因就在于这种材料具有优异的力学性能，

它们不仅在强度、弹性、韧性、硬度等方面大大优于传统金属材料，而且在比强度、疲劳性能等方面也不亚于晶体材料。图 20-6 和图 20-7 比较了金属玻璃与传统材料的常规力学性能及其比强度，由图可见金属玻璃的各项性能指标均优于晶体材料。

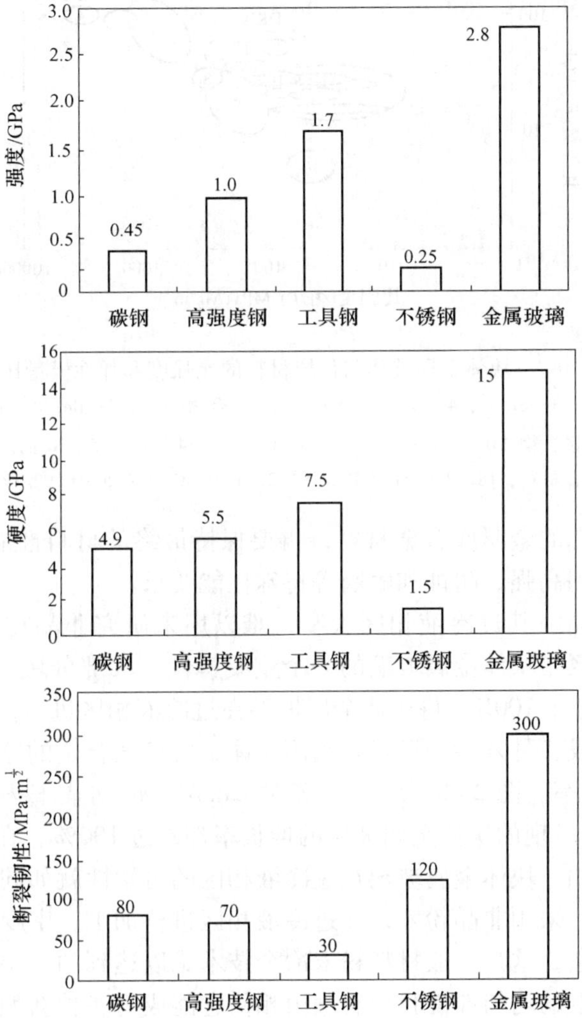

图 20-6 块体金属玻璃与传统金属材料的常规力学性能比较

块体金属玻璃具有超过常规结晶材料 2 倍以上的高比强度，使这种材料在航空领域很有竞争力。特别是对 Al 合金来说，当非晶相基体上析出纳米晶颗粒时，由 Al 基非晶/纳米相组成的复合材料其极限抗拉强度可达普通晶态铝合金的数倍，成为目前比强度最高的金属材料，是理想的制造航空、航天器的结构材料。

20.4.2 微型精密器件

随着生物科学、生命科学、信息通信技术的发展，需要越来越多的微型和小型机械。这些微型和小型机械不仅在尺寸精度上要求严格，更重要的是要求组成零件具有高的力学性能。使用常规材料，不仅采用常规机械加工工艺很难达到要求的微小尺寸，而采用高温

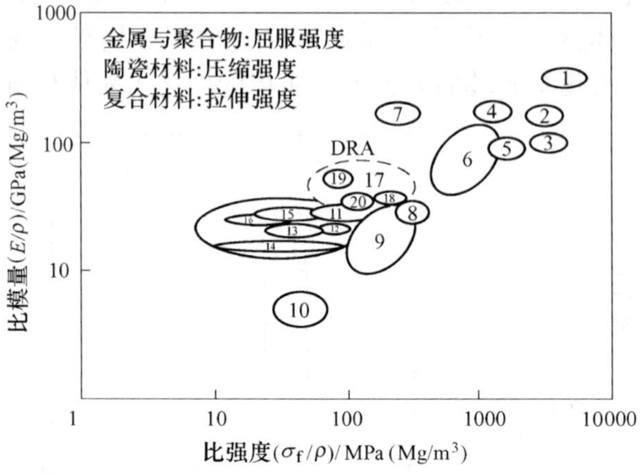

图20-7 块体金属玻璃与传统材料的比强度和弹性模量比较

1—金刚石；2—SiC；3—Si_3N_4；4—B；5—Al_2O_3；6—聚合物(0°)；7—Be；8—非晶Al；9—聚合物X-ply；10—聚合物(90°)；11—Ti；12—Mo；13—W；14—Cu；15—Ni钢；16—Al，Mg；17—陶瓷材料；18—7093/15/SiC；19—2214/55/Al_2O_3；20—6092/17.5/SiC

下塑性变形，对于晶态的金属或合金材料，再要保持最终的材料性能不变是很难实现的，这样性能上就难以达到高强、耐蚀和耐磨等特殊性能要求。

传统的薄带状非晶因其过冷液相区太窄，难以用来研究非晶在过冷液相区的行为特性。具有宽过冷液相区是块体金属玻璃的一个重要特性，大部分块体金属玻璃的ΔT都大于40K，有些甚至超过了100K。将块体金属玻璃在过冷液相区进行塑性变形，样品可以通过理想的黏性流动形成各种复杂的形状。利用块体金属玻璃合金的这种超塑性能，可获得15000%的最大的伸长率。图20-8为Inoue等对$La_{55}Al_{25}Ni_{20}$非晶棒材拉伸后的实物照片。除了La合金，多数已发现的块体金属玻璃的伸长率都超过100%，在过冷液相区内塑性变形的抗力仅有几十兆帕，块体金属玻璃在过冷液相区的可塑性就如同面团一样易于形变而用于精确地压制成型，采用非晶粉末，在过冷液相区进行加工，密度非常容易超过90%或更高，形状可更加复杂，这是一般材料粉末冶金技术难以达到的。块体金属玻璃所具有的这些优异性能和微观上的均匀性使我们有理由相信它能成为一种新型的工程材料。从生产的角度看，因具有高应变速率和超塑性特性，以及易于控制质量和费用低等优点，使进行大规模高效率生产成为可能。

图20-9显示了采用Liquidmetal公司制作的块体金属玻璃合金齿轮。Schroes认为这种齿轮的最大优点是微收缩和近静成型。由于只需要很小的变形力和很低的温度，因此加工过程中消耗的能量少，模具寿命长。图20-10为采用直接铸造法获得的直径80μm块体金属玻璃合金齿轮，该齿轮的模数仅有25μm，齿数为9，而采用机械加工时，齿轮直径、模数和齿数所能够达到的最小值分别为647μm、40μm和14μm。采用铸造法制作齿轮的优势还在于提高效率，降低成本，是一种短流程工艺。

目前制造微电子-机械系统上的各种微型部件也开始尝试采用块体金属玻璃材料，日本科学家已经用$Zr_{55}Al_{10}Ni_5Cu_{30}$块体金属玻璃合金在冷液相区变形后制成了光学仪器和电子显微镜用引伸计样件。

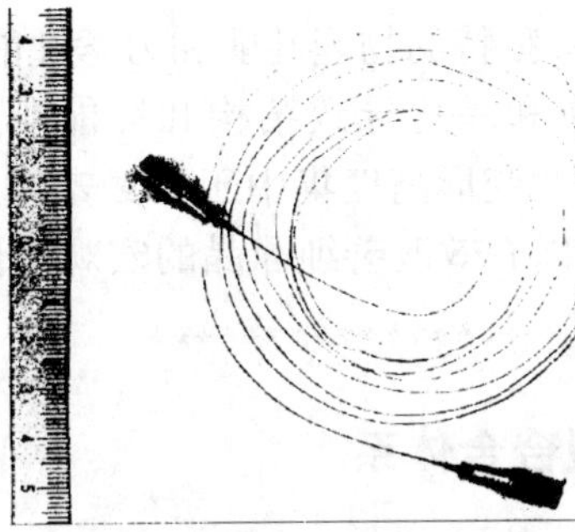

图 20-8　$La_{55}Al_{25}Ni_{20}$ 非晶棒材拉伸后的实物照片

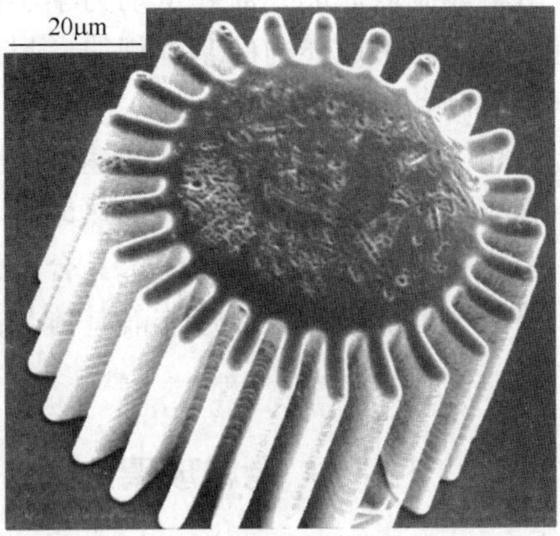

图 20-9　由 Liquidmetal 公司制备的非晶微型齿轮

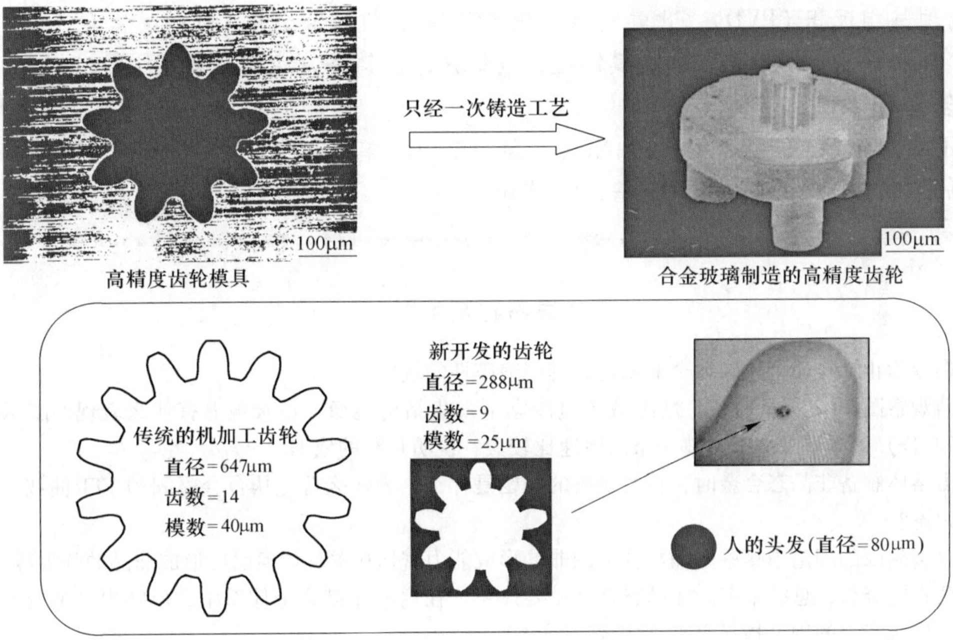

图 20-10　采用直接铸造法获得的直径 80μm 块体金属玻璃合金齿轮

本章小结

非晶合金是以金属键结合的、以无长程序结构为特征的金属材料，其中存在着结构和化学成分的短程序。从高温熔体冷却制备非晶合金过程中，温度低于熔点时，过冷熔体内部发生弛豫改变结构位形熵，达到液态下的平衡态。当温度降低到玻璃化转变温度 T_g 时，弛豫过程来不及进行，结构位形熵被冻结，伴随黏度突然升高，由流动性液体转变成固体。由熔体制取非晶，需要从动力学出发避免熔点以下发生结晶。井上三原则总结了合金具有高的非晶形成能力的基本规律。目前，已经获得了临界冷速降低到 $10^3 \sim 10^0$K/s 的合金，成功制备了 Pd 基、Mg 基、Cu 基、Zr 基、Al 基、稀土基及 Fe 基合金等块体非晶合金，非晶棒的临界直径最大已经达到 75mm。非晶合金具有独特的物理性能和力学性能。

非晶合金远离平衡态。再加热时，非晶合金发生弛豫和晶化导致结构和性能明显改变，由此获得了一些实用的纳米晶合金。块体非晶合金塑性变形高度集中于少量塑性剪切带，塑性变形能力差。通过非晶基体与晶化相的复合，可以有效改善纯非晶的宏观塑性。

****

金属玻璃分类、制备方法及典型合金体系

金属玻璃类型

快淬非晶带，块体非晶金属玻璃（BMG），金属玻璃基复合材料

制备方法

物理气相沉积（PVD），化学气相沉积（CVD），机械合金化（MA），雾化法，
熔体快淬法，水淬法，金属模铸造，吸铸法，压铸法，定向凝固法

典型合金体系

Pd 基，Zr 基，Ti 基，Fe 基，Ni 基，Mg 基，Cu 基，Al 基
稀土基（La 基，Nd 基，Pr 基，Ce 基）

****

思考题与习题

20-1 迄今为止，非晶金属及合金的制备有哪些突破性的进展？

20-2 请观察图 20-2 所示曲线，熔融液体过冷态下发生结构弛豫，在宏观上有什么表现？图示中（*b*）和（*c*）两条转变曲线，哪一条的冷速比较大？说明判断的依据。

20-3 由熔体制备非晶态合金时，首要解决的问题是什么，为什么首先从合金凝固的 TTT 曲线入手展开讨论？

20-4 合金凝固的理论中哪些方面与合金的非晶形成能力密切相关，如何引出形成非晶的临界冷却速度？

20-5 请查阅资料，总结早期的非晶态合金主要体系。在这些非晶合金体系中，反映出来的提高合金非晶形成能力的理论指导思想是什么？

20-6 近期非晶态合金的体系有哪些突破？尤其是有关块体非晶合金中，提高非晶形成能力的基本原则有哪些，其中体现的理论指导思想有什么变化？

20-7 归纳总结目前关于合金非晶形成能力的判据。

20-8 井上关于提高合金非晶形成能力、制备块体非晶合金（BMG）的 3 条基本原则是什么？

20-9 多元短程序畴结构是什么，存在于哪里，对于提高合金非晶形成能力有什么作用？

20-10 硅酸盐类玻璃很容易形成非晶态，其结晶过程则非常难以实现。其中的硅氧四面体基本结构单元发挥什么样的作用？近期获得的块体非晶合金，就非晶形成能力而言，与硅酸盐玻璃是否有相互接近、互相借鉴之处？

20-11 请归纳总结目前金属玻璃的制备方法，并尝试对其进行分类。

20-12 典型的非晶态合金制品是什么样的，与合金的非晶形成能力有什么关系，由高温熔体制备非晶过程的典型工艺及其冷速如何？

20-13 什么是块体非晶（BMG）？制备这种材料，抑制合金凝固过程中结晶所需要的临界冷速需要满足什么条件？

20-14 对于非晶态金属及合金的制备技术发展有何预期？

20-15 非晶合金的力学性能有哪些突出特点，使其显著区别于晶态金属及合金？

20-16 非晶合金物理性能方面有哪些突出特点？试举出一些例子具体说明。

20-17 非晶合金的腐蚀性能有什么特点，与非晶合金的结构之间有什么联系？

20-18 非晶合金再加热时，较低温下发生的弛豫过程分成哪两类，其区别是什么，非晶发生弛豫转变的内在依据是什么？

20-19 非晶合金再加热时，较高温度下发生晶化，其内在依据是什么？一种非晶合金在不同化学组成下晶化过程可能很复杂，如何借助于热力学理论加以说明？

20-20 由熔体冷却制备非晶的玻璃化转变温度，以及非晶合金再加热时的晶化温度，两者之差的名称是什么，有何作用，这两个温度是否都是“恒定”的热力学温度？

20-21 基于块体非晶合金用于结构材料的出发点，其复合化的基本目标是什么，基本原则又是什么？复合材料中第二相“增强体”的作用与其他复合材料相比，有什么特点？

参考文献

[1] 惠希东，陈国良编著．块体非晶合金[M]．北京：化学工业出版社，2007.

[2] 王一禾，杨膺善编．玻璃态合金[M]．北京：冶金工业出版社，1988.

[3] 戴道生，韩汝琪编．玻璃态物理学[M]．北京：电子工业出版社，1988.

[4] F. E. 卢博斯基主编．非晶态合金[M]．柯成，唐与谌，罗阳，何开元译．北京：冶金工业出版社，1987.

[5] A. Inoue ed. Bulk Amorphous Alloys. Trans Tech Publications Ltd. 141.

21 高熵合金

内容要点：

新型的高熵合金——多基元体系中的单相固溶体合金。高熵合金晶体结构与其晶格畸变和微观组织特点，混合熵特点与稳定性的热力学参数 Ω，力学性能与其他性能的独特性。

从化学组成角度看，以单质应用的金属材料非常少，绝大多数都是由不同金属或者金属与半金属及非金属元素组成的合金。相比于高分子材料和陶瓷材料，金属材料的优势在于同时具有高强度与高塑性，因此具有高韧性，作为结构材料具有良好的安全性。

根据已经掌握的热力学知识，含有多组元的合金，尤其是多个组元含量都较高时，合金中相平衡关系趋于复杂。一方面，可能存在更多不同结构和组成的相，处于平衡态的相数量增加；另一方面，合金中更加容易生成金属间化合物。由于多数金属间化合物呈现脆性，它的存在使合金塑性、韧性变差，丧失金属材料的主要性能优势。因此，此前介绍的合金大多以一种元素为基本组元（其含量一般超过 50%），再加入较少量的其他组元来改善合金的组织与性能。多组元而且各组元含量比较平均的合金体系，是金属结构材料传统研究工作有意避开的范围。故此，传统的金属结构材料以单一基元的晶态合金为主要研究对象。

近年来，人们探索新型金属结构材料的研究工作从合金的化学成分范围方面实现了突破。金属间化合物结构材料、大块非晶金属材料所研究的合金，一般都包含着不止一种基本组成元素。尤其是大块非晶合金，依据井上三原则，大都包含多于 3 个基本组元，故此称为多基元合金。

这样的多基元合金体系，在合金相图中处于中心成分区域。从合金凝固过程的热力学和动力学出发，如上一章所述，这样的合金一般而言不容易结晶，而易于凝固成非晶固体。因为多组元合金的混合熵高，热力学稳定性高，有利于高温熔体的原子分布状态保留到固体中，从而形成非晶合金。另一方面，多基元合金如果在凝固过程中发生结晶，从热力学相平衡关系看，人们一般预期合金中存在着复杂的多相平衡关系，或者容易生成多种化合物相。

2003 年，Cantor 等人研究一系列等原子比多基元合金的非晶形成能力时，得到了出乎预料的结果。以五元 CoCrFeNiMn 合金为例，获得了单一面心立方结构的晶态固溶体组织，观察到典型的树枝晶形貌。首先，采用非晶合金制备方法，没有制得多基元合金的大块非晶；其次，多元合金中既没有生成各种各样的金属间化合物，也没有形成复杂的多相平衡组织。该实验结果完全不同于人们的预期。

人们后续又成功地制备出多个系列的等原子比或接近等原子比的多基元晶态合金。由此人们逐渐认识到：简单结构的晶态固溶体是多基元合金的典型形态之一。这种晶态固溶体形态的多基元合金称为高熵合金。进一步的研究发现，高熵合金具有很多独特的性能，成为潜在的新型金属结构材料。由此人们开辟了金属材料的一个全新研究领域。

高熵合金新颖的组织结构和优异的性能越来越多地吸引着研究人员的注意。作为一种新型的合金，人们对于高熵合金开展了多方面的研究。包括高熵合金形成多元固溶体的热力学及动力学条件及规律性，因为高熵合金在成相方面与大块非晶合金、金属间化合物存在直接竞争关系；高熵合金的微观组织结构特征以及其他的特殊性，因为高熵合金的多基元特点，很可能使其在微观组织的形成及演变方面明显不同于传统的合金；合金的力学性能、物理性能、化学性能方面的特点，这类合金的化学成分的特殊性，很可能使其具有独特的性能，作为新型结构材料及功能材料具有独特的工程应用。

21.1 高熵合金概述

21.1.1 高熵合金特点

基于已有研究结果，人们总结出高熵合金存在着四个方面的特殊效应：热力学上的高熵效应、结构上的晶格畸变效应、动力学上的迟滞扩散效应和性能上的“鸡尾酒”效应。以下分别介绍。

21.1.1.1 合金的熵与多基元合金的高熵效应

熵 S 是一个热力学状态函数。根据玻耳兹曼热力学统计原理，一个体系的熵与系统微观状态数 W 的关系为

$$S = k\ln W \tag{21-1}$$

式中，k 为玻耳兹曼常数。

相比于混合前的各纯组元而言，合金形成过程中因不同组元原子混合而导致熵的增加称为合金的混合熵。合金混合熵包括组态熵（或配置熵）和振动熵。其中，对应于合金中原子空间排列微观状态数的组态熵为混合熵的主体，合金化造成的振动熵变化相对而言要小得多，通常可以忽略。

假设合金形成完全随机互溶的单相固溶体，按照规则溶体模型，合金的混合熵为

$$\Delta S_{mix} = -R\sum_{i=1}^{n}(x_i\ln x_i) \tag{21-2}$$

式中，R 为气体常数；n 为合金组元数；x_i 为第 i 组元的摩尔分数。当各组元具有相同原子比例时，由 n 个组元形成的合金混合熵最大，数值为

$$\Delta S_{mix} = R\ln n \tag{21-3}$$

按照完全随机互溶状态下合金的混合熵 ΔS_{mix}，将合金大致分为如下三类。即：

（1）低熵合金：$\Delta S_{mix} < R$，包括以一种或两种元素为基元的传统金属；

（2）中熵合金：ΔS_{mix} 在（1～1.5）R 范围，由两种到四种基元组成的合金通常属于这一类；

（3）高熵合金：ΔS_{mix} 超过 1.5R，高熵合金需要包含至少五种主要组成元素。

五种合金元素等原子比随机互溶组成的五基元合金的混合熵高达 1.61R，远高于两种

合金元素等原子比随机互溶合金的混合熵(0.69R)，甚至高于一般金属的熔化熵(约1R)。如此高的混合熵必然会影响到合金体系的自由能，进而影响合金在冷却过程中的相形成。

需要说明一点：计算高熵合金的混合熵时，基于规则溶液模型进行。真实的高熵合金受到混合焓、原子尺寸差等因素的影响，各组元的原子往往不能够完全随机混合，因此相比于规则溶体还存在着过剩熵。

最早期研究的高熵合金，基元数 n 达到或者超过 5，而且各主要组元的摩尔分数比例相等。不过，合金中各基元等原子比并非是高熵合金的必要条件，只要合金基元数 $n \geqslant 5$ 即可。目前，高熵合金的化学组成特征为：包含不少于 5 个基元，各基元摩尔分数在 5% ~35% 之间。

高熵合金中，出于调节合金组织结构与性能的需要，还可能加入非基元性低含量的合金元素，其中也包括 Si、C、B 等非金属合金元素。由此大幅度扩展了高熵合金的种类范围。

此外，有学者提出了四元高熵合金的概念。例如，WNbMoTa 和 NbTiVZr 四元高熵合金，以难熔金属为主要基元形成 BCC 结构的固溶体。甚至有人将高熵合金拓展到三元合金，将块体和薄膜样品中均具有 BCC 结构固溶体的 ZrNbHf 三元合金归类为高熵合金。

21.1.1.2 高熵合金的晶体结构与晶格畸变效应

高熵合金的基本特征是：合金的各基元形成简单结构的晶态固溶体，成为合金的基本组成相（又称基体相）。目前，高熵合金中固溶体主要是面心立方（FCC）与体心立方（BCC）两种类型的简单晶体结构。其中，CoCrFeNiCu 为代表性的面心立方固溶体，而 CoCrFeNiAl 为代表性的体心立方固溶体。

图 21-1 示出了两种不同晶体结构的五基元高熵合金的单胞。需要说明的是：图中的 A ~ E 并非对应于合金中的 5 种不同的基元原子。在理想情况下，高熵合金中各基元的原子完全随机地占据晶体的不同位置，不存在有序排列。只有在这种原子分布的情况下，使用式（21-2）计算出来的合金混合熵才能与实际相吻合。

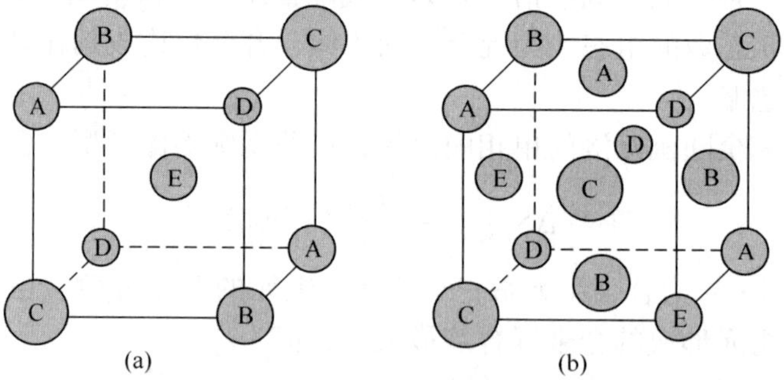

图 21-1 五基元高熵合金的固溶体晶体结构示意图
（a）BCC 结构；（b）FCC 结构

图 21-2 中给出了由 Cu-Ni 二元合金逐渐增加组元一直到 Cu-Ni-Al-Co-Cr-Fe-Si 七元合金的 X 射线衍射图谱。衍射分析表明：从合金基元数量增加到三开始，合金不再是单一的 FCC 结构固溶体，而是转变为 FCC 结构与 BCC 结构两种固溶体的混合物形态。

对 Co-Cr-Fe-Ni-Cu 系列高熵合金研究中发现：铸造和快速凝固状态下，CoCrFeNiCu、

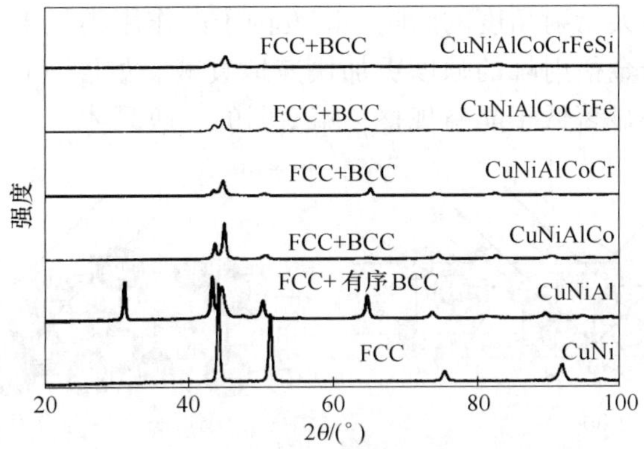

图 21-2 Cu-Ni 合金及逐渐增加基元数量的不同合金的 XRD 图谱

$CoCrFeNiCuAl_{0.5}$、$CoCrNiCu_{0.5}Al$、TiCoCrFeNiCuAlV 等合金均为 BCC 结构或 FCC 结构的固溶体。$CoCrFeNiAl_x$ 合金中，当 $x<0.5$ 时，合金由单一的 FCC 结构固溶体构成；当 $x>0.875$ 时，合金主要生成 BCC 结构固溶体；铝含量介于两者之间时，生成 FCC 结构和 BCC 结构固溶体的混合组织。$Ti_xCoCrFeNiCu_{1-y}Al_y$、$AlTiFeNiCuCr_x$ 等高熵合金系也主要由简单晶体结构的 FCC 和 BCC 固溶体组成。另外，研究证明：以高熔点金属元素为主要组元的高熵合金，在凝固的过程中倾向于生成 BCC 结构的固溶体。

多基元的高熵合金中，固溶体由多种基元元素组成，一般认为其中各元素的原子随机占据晶体的点阵位置。由于各基元原子尺寸不同，导致固溶体存在严重的晶格畸变。图 21-3（a）为 CoCrFeNiAl 合金 BCC 固溶体的三维晶格畸变情况示意图，图 21-3（b）为合金的高分辨透射电镜照片，从中可以观察到合金中实际存在的严重畸变。

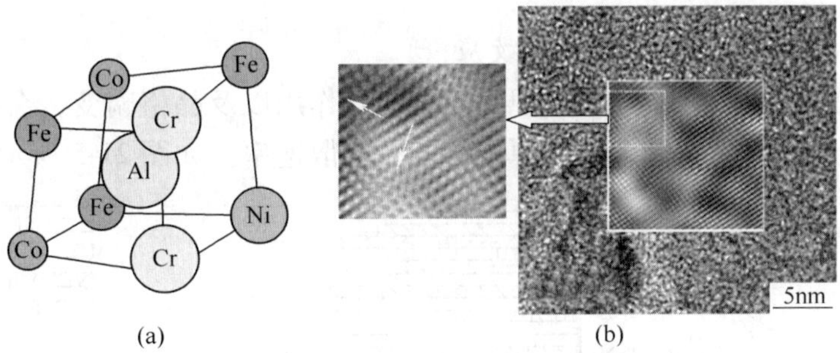

图 21-3 CoCrFeNiAl 合金晶体结构
（a）固溶体的三维晶格示意图；（b）高分辨透射电镜照片

高熵合金的晶格畸变非常显著地减弱了材料的 X 射线衍射峰的强度。图 21-2 中给出的组元数不同的合金衍射谱中，已经清晰表明了这一点。如图 21-4 所示，这种特点源自于高熵合金中各组元原子的尺寸差造成的晶体结构严重畸变。其中，（a）图为单质晶体中原子的理想排列方式。根据晶体的 X 射线衍射原理，这种无畸变晶体在原子无热振动的情况下，其衍射峰强度不随衍射角度改变，为恒定值。考虑晶体中原子热振动会偏离平衡位置，衍射峰强度随着衍射角增加而降低，需要采用所谓的温度因子进行修正。高熵合金中存在着如图（b）所示的严重晶格畸变，其 X 射线衍射峰强度相应地需要采用畸变因子修正，其结果是进一步增大衍射角度的影响，畸变因子的作用类似于温度因子。因此，随着衍射角的增大，高熵合金衍射峰的强度更加快速地衰减。如图（c）所示，多基元高熵合金的各衍射峰的强度都显著低于晶格规整、畸变弱的一般晶体。

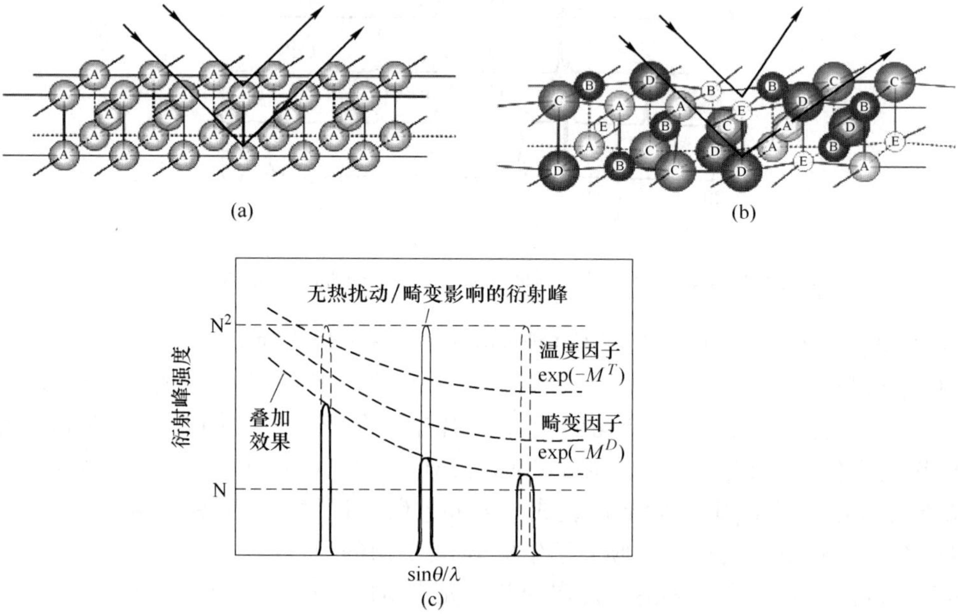

图 21-4 高熵合金晶格畸变效应对 X 射线衍射峰强度的影响示意图
（a）理想晶格及其衍射线；（b）晶格畸变的影响
（c）衍射峰强度受热扰动及晶格畸变的单独影响及两者的叠加效果

21.1.1.3 动力学上的迟滞扩散效应

高熵合金中组元众多，不同组元原子间的相互作用以及晶格畸变，会严重影响其组元间的协同扩散，从而限制高熵合金中原子的有效扩散速率。如图 21-5 所示，温度为 $0.8T_m$

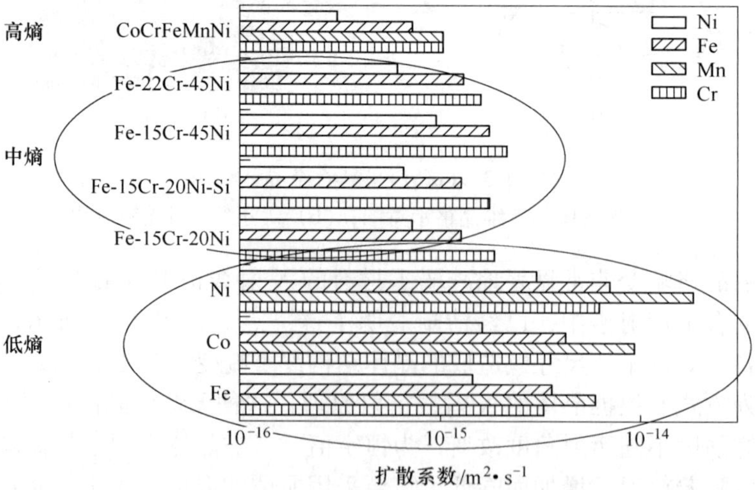

图 21-5 不同合金中原子扩散系数的比较

（T_m 为合金熔化温度）时，高熵合金中原子扩散系数明显低于其他合金。

很多的相变受控于原子扩散，需要元素之间的协同扩散才能实现不同相的平衡分离。高熵合金的迟滞扩散效应会影响合金中新相的产生。另外，高熵合金在凝固过程中，在高温范围相分离会由于高熵效应的作用受到抑制而延迟到低温区间，由此加剧了迟滞扩散效应的影响。因此，高熵合金基体上往往会有细小的纳米沉淀析出。在 TiCoCrFeNiCu 合金基体中实验就发现了纳米相粒子。

迟滞扩散效应不仅影响相分离，还会对合金的其他方面产生影响。主要体现在以下几点：（1）减缓相变速率；（2）容易得到过饱和固溶体及细小的沉淀；（3）提高再结晶温度；（4）阻碍晶粒形核长大；（5）提高抗蠕变性能等。可以看出，迟滞扩散效应有利于合金微观组织及性能的控制。

21.1.1.4 性能上的“鸡尾酒”效应

多组元高熵合金的“鸡尾酒”效应最早是由印度科学家 Ranganathan 提出的。这种效应源于元素的基本特性以及它们之间的相互作用，使高熵合金呈现出一种复合效应。换句话说，合金组元的一些性质会反映到最终合金的宏观性能上，如密度、强度、抗氧化性、耐腐蚀性等。除了多种组元的混合规律之外，“鸡尾酒”效应往往还会对高熵合金的性能造成一些额外效果。例如：在铸态 Al_xCoCeFeNiCu 高熵合金中，随着 Al 含量的增加，合金的显微硬度呈现递增的“鸡尾酒”效应；而 Al_xCoCeFeNiCu 高熵合金的相结构却随之发生改变，由 FCC 结构逐渐转变为 BCC 结构。

已有的研究结果表明：上述四种效应在多数的多组元合金中都很明显。了解这四种效应，可以更好地帮助我们理解高熵合金的微观结构和性能特点，有助于做好高熵合金的成分选择与设计工作。

21.1.2 高熵合金的微观组织

高熵合金以多组元固溶体相为基本组成相。不过，合金中往往还包含有其他的组成相。另外，应用聚焦离子束技术（FIB）和 3D 原子探针（3DAP）的实验研究，还发现合金的微观组织存在化学成分起伏等各种不均匀性。图 21-6 归纳总结了 CoCrFeNiCuAl 高熵

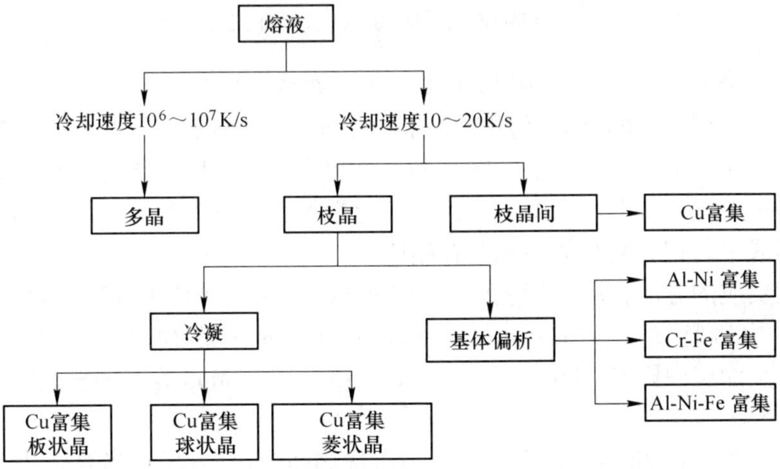

图 21-6 CoCrFeNiCuAl 合金中相分离的示意图

合金的组织和成分分析的结果。显然，这种高熵合金的微观组织具有多变性和复杂性，合金从高温熔融态冷凝过程中的冷却速度对合金的组织形态也产生显著影响。

21.1.2.1 高熵合金基体相的微观组织

图21-7为熔融液体凝固得到的CoCrFeNiCu高熵合金的微观组织，基体相为FCC固溶体，呈现典型的铸造枝晶（DR）形貌；枝晶间（ID）富集Cu，同为FCC结构。故此，该合金存在成分偏析。有的高熵合金中，合金元素会更加严重分离从而形成多相平衡，形成类似于共晶或包晶的微观组织形态。

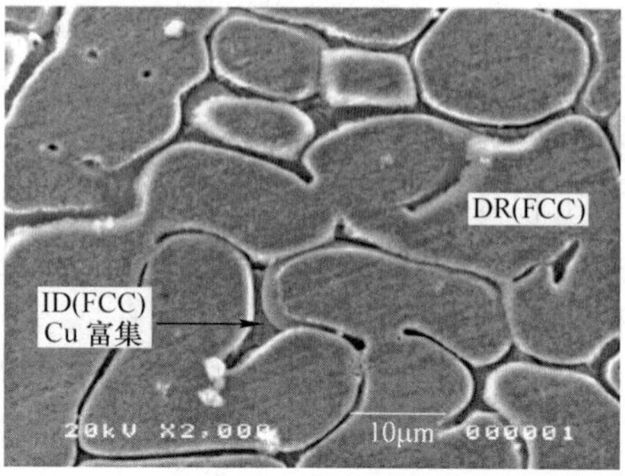

图21-7 CoCrFeNiCu合金的扫描电镜微观组织照片

DR—树枝晶；ID—枝晶间

高熵合金的微观组织也受控于凝固过程中的晶体生长速度和生长方向。人们利用Bridgman定向凝固方法，改变抽拉速度和凝固次数，获得了等轴晶及单晶高熵合金，如图21-8和图21-9所示。

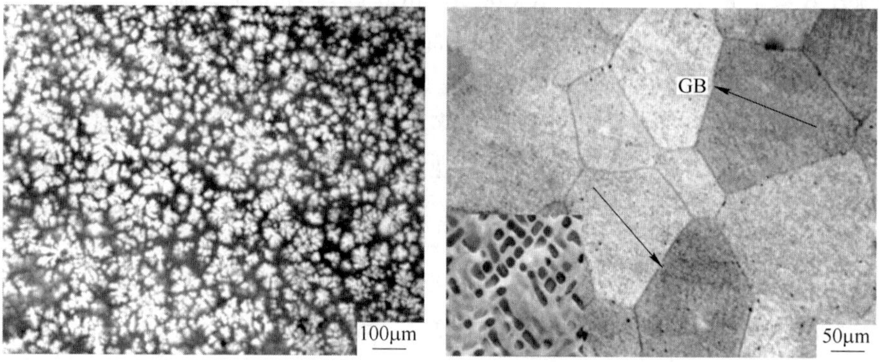

图21-8 不同方法制备出CoCrFeNiAl合金的微观组织形貌

（a）铜模铸造；（b）Bridgman定向凝固法

21.1.2.2 高熵合金中的中间相及其他复杂组织

如前所述，高熵合金的高熵效应有利于抑制有序金属间化合物的生成和相分离的发生，促进固溶体相的生成。但是，影响高熵合金相形成的其他因素还有很多，包括合金的混合焓、原子尺寸差、价电子浓度等。由一些化学相容性较差的合金元素构成的高熵合金中，往往会形成中间相或复杂的多相共存结构。

通过原位反应的方法在中碳钢表面制备NiCrAlCoCu和NiCrAlCoMo两种等原子比合金涂层，微观结构研究发现：NiCrAlCoCu涂层仅包含简单的BCC和FCC固溶体相；而NiCrAlCoMo合金涂层中则有$AlFe_{0.23}Ni_{0.77}$、$Co_6Mo_6C_2$、$Fe_{63}Mo_{37}$等多种复杂的中间相，如图21-10所示。

对$AlCoCrCuNiTiY_x$和$Ti_xCoCrFeNiAl$合金的相组成研究发现：当合金中Y、Ti元素的含量增加时，会促使中间相及其他复杂组织的形成，并且其含量随着Y、Ti含量的增加而

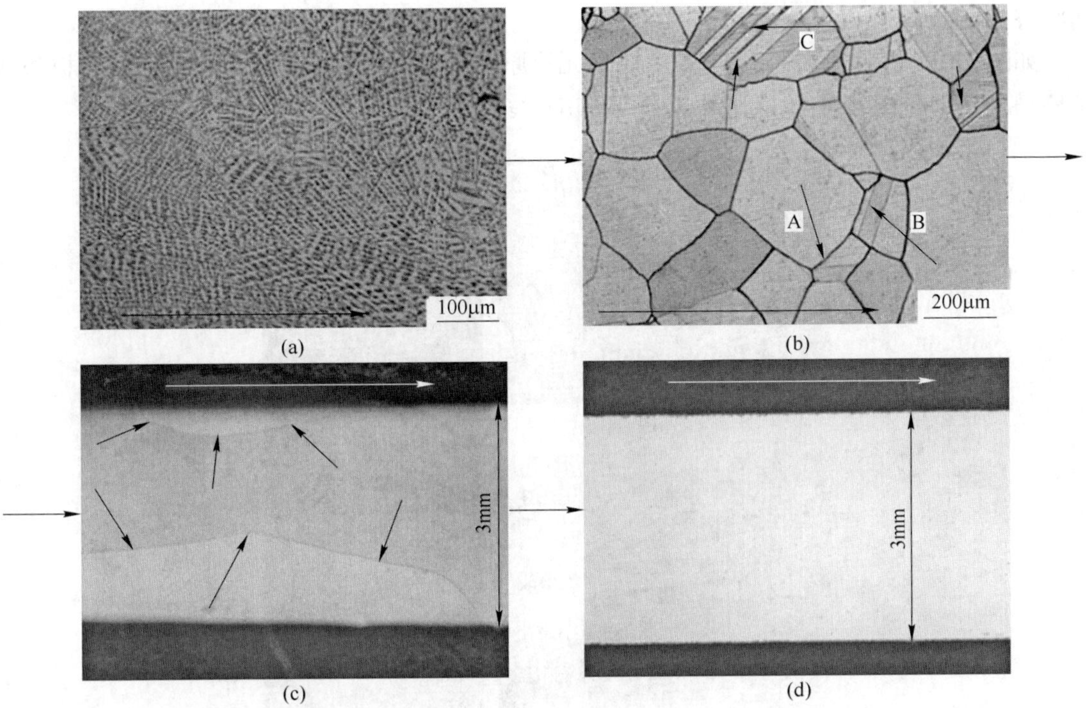

图 21-9 Bridgman 法制备 $CoCrFeNiAl_{0.3}$ 单晶高熵合金的组织生长过程

（a）铸态树枝晶（未重熔区）；（b）等轴晶（过渡区）；（c）柱状晶（稳定生长区）；（d）单晶

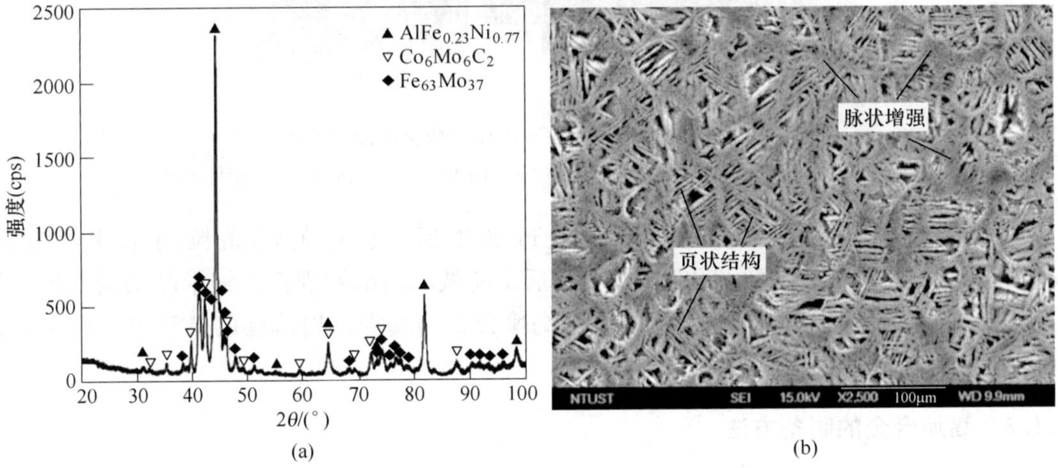

图 21-10 NiCrAlCoMo 合金涂层的 XRD 图谱（a）和 SEM 图像（b）

增加。Co-Cr-Fe-Ni-Cu-Al 系合金中添加 Mo、B、Zr 等元素会与其他组元相结合，促进有序化合物的生成。Co-Cr-Fe-Ni 合金中添加 Al，也会导致有序相的析出。

21.1.2.3 高熵合金中的纳米晶和非晶相

传统合金只有经过特殊热处理才可能获得纳米晶相。高熵合金中强烈的晶格畸变效应和缓慢扩散效应，严重阻碍晶粒的形核和长大，使某些体系的高熵合金在铸态和完全回火态析出纳米相，甚至保留非晶态结构。高熵合金的凝固过程介乎普通结晶与生成非晶的中间状态。

如图21-11所示，在CoCrFeNiCuAl六元等原子比高熵合金中，板条状基体相和板条间基体相上分别存在大量FCC和BCC结构的纳米级沉淀相。

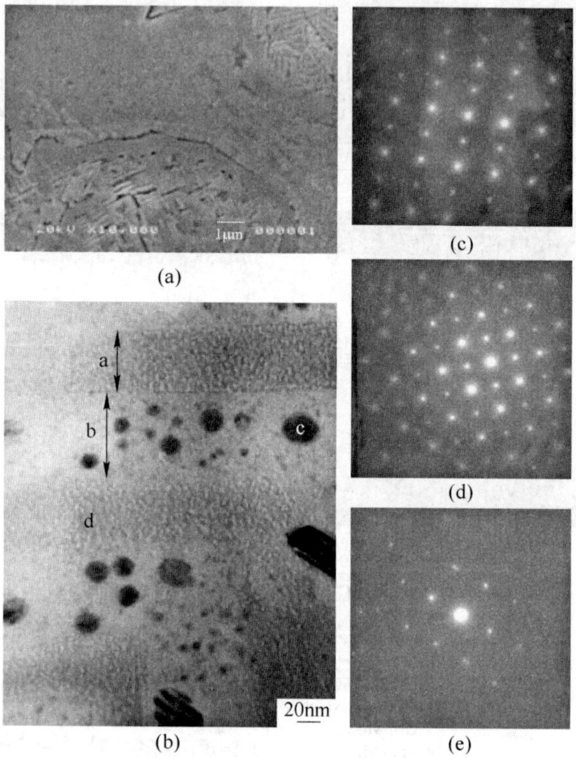

图21-11 铸态的CoCrFeNiCuAl高熵合金的微观组织结构

（a）SEM图像；（b）TEM图像；（c）~（e）为图中a、b、c区选区电子衍射图像

另据研究发现，多组元高熵合金经过加工后，也可使其晶粒纳米化。例如：$CoCrFeNiCuAl_{0.5}$高熵合金经过50%冷压变形后，树枝晶内部发现存在纳米晶结构，尺寸约为几纳米到几十纳米；而$Cu_{0.5}CoNiCrAl_2Fe$高熵合金的真空溅射薄膜的微观组织中也存在FCC结构的纳米晶，晶粒尺寸约5nm。

21.1.3 高熵合金的制备方法

高熵合金迄今为止还处于实验室研究阶段，这种材料的发现与大块非晶的研究密切相关。故此，高熵合金的制备方法在很大程度上继承了非晶材料的制备方法。这里对有关的制备方法再进行简单归纳。

（1）熔体快淬法与磁控溅射法。所制备高熵合金都是薄带和薄膜。熔体快淬法将合金的高温熔体通过旋转铜辊快速冷却凝固。磁控溅射法采用固体合金或者其纯组元材料作为固体靶材，通过气化沉积制备镀膜层，镀膜致密、均匀，成分容易控制。

（2）电弧熔炼+铜模铸造法。与大块非晶合金的同类方法完全相同，可以制备出直径为毫米至分米级的高熵合金棒，是实验室中最早也是目前仍然最常用的制备方法。铜模内腔表面需要做特殊处理以减少异质形核。通过气体加压，避免因合金熔体凝固收缩与模具分离，保证较高冷却速度。

(3) 机械合金化法。制备粉末状高熵合金的方法。通过高能球磨使粉末经受反复的变形、冷焊、破碎，从而达到原子水平合金化而获得高熵合金的粉末。

(4) 激光熔覆法。以不同的添料方式在被熔覆基体表面上放置所选择的涂层材料，经激光辐照使之和基体表面层同时熔化，随后快速凝固形成稀释度极低、与基体成冶金结合的表面涂层。能够显著改善基体合金表层的耐磨、耐蚀、耐热、抗氧化及电气特性，达到表面改性或修复的目的。

需要指出：高熵合金属于晶态材料，其制备过程中无需像非晶合金那样必须采用高速冷却。故此，高熵合金应当还有更多的制备工艺选择，比如传统合金中的锻造、粉末冶金、喷涂、化学沉积等方法也可以用来制备高熵合金。相关工作都是高熵合金今后的开发研究内容。

21.2 高熵合金的微观结构稳定性

高熵合金往往具有五种以上的主要组元，其成分点位于相图的中心位置。高熵合金的微观组织特点在于其单一的多基元固溶体组织，或者以其作为基体。

依据热力学理论，合金系中最大平衡相数目 P 与合金组元数 C 的关系为 $P = C+1$。按照吉布斯相律，因为合金组元数多，多基元的高熵合金中更容易出现多相平衡共存。另外，多元合金中也更容易生成金属间化合物和复杂结构相。然而，高熵合金却往往生成数量少、结构简单的固溶体，与一般的热力学预期结果相背。这一点反映了高熵合金热力学方面的独特性，从一个方面说明了获取高熵合金的困难及其要点：多元合金中获取固溶体，需要避免生成金属间化合物。另外，高熵合金呈现晶态结构，使之根本上区别于非晶合金。高熵合金在很多方面符合大块非晶合金的条件。故此，制备高熵合金，还要避免其在快冷条件下形成大块非晶。

本节分析讨论多基元合金中固溶体稳定性及其影响因素。作为生成合金固溶体的竞争对象，需要同时关注多基元合金中形成各种金属间化合物的问题，以及在较快冷却速度条件下形成非晶的问题，目标是获取固溶体形态的多基元高熵合金。

迄今为止，有关高熵合金微观组织稳定性的研究工作，主要从热力学出发，分析多基元合金中获得固溶体的有利条件，由此来选择合适的合金体系与化学成分来提高获取高熵合金的成功率。

21.2.1 高熵合金微观结构稳定性热力学分析

由不同组元混合形成合金过程中体系自由能改变量可表述为

$$\Delta G_{mix} = \Delta H_{mix} - T\Delta S_{mix} \tag{21-4}$$

式中，ΔG_{mix}为合金的混合自由能；ΔH_{mix}为混合焓；T 为温度。混合自由能越低，合金体系越稳定，它的数值取决于合金形成过程中的混合焓 ΔH_{mix}与混合熵 ΔS_{mix}。

21.2.1.1 混合熵 ΔS_{mix}

前面已经介绍合金的混合熵，为了避免计算的复杂性，高熵合金的混合熵均采用规则溶液模型，并且只考虑组态熵。合金的混合熵 ΔS_{mix} 恒定为正值。相比于生成各种金属间化合物以及形成多相平衡而言，生成多基元固溶体的高熵合金混合熵 ΔS_{mix} 最高。

高的混合熵 ΔS_{mix} 降低合金体系的自由能 G，提高合金的稳定性。故此，从混合熵角度看，合金中各组元原子在空间中随机混乱地排列，也就是将不同的原子混乱地分布在晶体的点阵位置，合金可以更稳定。这种情况表现为：增进组元间的相溶性，也抑制合金中生成有序相或产生相分离。所以，ΔS_{mix} 促进生成固溶体相。对于多基元的高熵合金来说，混合熵高，有利于随机互溶固溶体相。

另外，温度 T 越高，ΔS_{mix} 的作用就越明显。因此，从热力学的角度考虑，$T\Delta S_{mix}$ 的值可以用来表征多基元合金中固溶体相形成的驱动力。

不过，人们在逐渐深入研究高熵合金过程中认识到：仅凭借高熵效应还不足以保证获得固溶体，还有很多因素显著影响多组元合金中固溶体的稳定性。原因在于，合金形成过程中，除了各组元原子混合而提高合金的熵外，还改变了合金的焓——表现为混合焓 ΔH_{mix}。

21.2.1.2 混合焓 ΔH_{mix}

根据规则溶液模型，只考虑合金中最近邻原子间的结合键能时，n 元合金中固溶体的混合焓 ΔH_{mix} 可以表达为

$$\Delta H_{mix} = \sum_{i=1, i \neq j}^{n} 4 \Delta H_{ij}^{mix} x_i x_j \tag{21-5}$$

式中，ΔH_{ij}^{mix} 为由第 i 个组元和第 j 个组元组成的二元合金在规则溶液中的混合焓，可以采用二元溶液的 Miedema 宏观模型计算其数值；x_i、x_j 分别为合金中第 i、j 组元的摩尔分数。

合金的混合焓数值可正可负。合金的 ΔH_{mix} 为正值时，其中各组元之间具有排斥作用，相互溶解能力差，合金中出现同类原子偏聚而形成原子团簇，乃至于形成化学成分不同的多相组织。ΔH_{mix} 越高，这种效应就越显著。当合金的 ΔH_{mix} 为负值时，各组元之间具有较强的结合力，容易形成异类原子结合的短程有序，乃至于形成金属间化合物，而且混合焓越负，这种效应越显著。此外，根据 Inoue 的大块非晶合金三原则，负的混合焓还容易促使非晶态结构的产生。

理论上，只有当混合焓 $\Delta H_{mix} = 0$ 时，合金中各组元的原子才会随机分布，形成完全无序固溶体。无论 ΔH_{mix} 为正值还是负值，它都会妨碍多组元合金中不同原子之间的完全随机结合。故此，ΔH_{mix} 实质上会降低完全无序固溶体的热力学稳定性。由于正、负混合焓对固溶体的稳定性具有相同的影响效果，使用混合焓的绝对值 $|\Delta H_{mix}|$ 表征多组元合金中固溶体形成的阻力——其绝对值越大，多基元合金中越不利于形成固溶体。

21.2.1.3 热力学参数 Ω

从热力学的角度考虑，多组元合金中形成固溶体的 ΔG_{mix} 取决于混合熵 ΔS_{mix} 和混合焓 ΔH_{mix}，并且随着合金成分和温度的变化而改变。合金具有较高的 ΔS_{mix} 和相对低的 ΔH_{mix} 时，生成固溶体相会更加稳定。其中，ΔH_{mix} 是固溶体形成的阻力，$T\Delta S_{mix}$ 为固溶体形成的驱动力。如果将 $T\Delta S_{mix}$ 和 ΔH_{mix} 的效果结合起来，就能更好地描述多组元合金中固溶体相的稳定性。由此，定义两者的比值为参数 $\Omega(T)$，即

$$\Omega(T) = \frac{T\Delta S_{mix}}{|\Delta H_{mix}|} \tag{21-6}$$

参数 $\Omega(T)$ 随温度变化：温度 T 升高，参数 $\Omega(T)$ 增大。如果将参数 $\Omega(T)$ 作为多组元合金中固溶体形成能力的判据，还需要考虑温度的影响。

众所周知，金属由熔融液体结晶形核的温度非常接近于其熔点，动力学过冷温度很低，也就是说，可以简单地认为金属开始结晶的温度就是其熔点。因此，考虑高熵合金形成固溶体的能力时，只需比较合金开始凝固的温度（简称为合金熔点 T_m）下的参数 $\Omega(T_m)$，将此参数简单记作 Ω

$$\Omega = \frac{T_m \Delta S_{mix}}{|\Delta H_{mix}|} \tag{21-7}$$

式中，T_m 为“合金熔点”，为了方便计算，取其计算公式为

$$T_m = \sum_{i=1}^{n} x_i T_{mi} \tag{21-8}$$

式中，T_{mi} 为合金中第 i 组元的熔点。

参数 Ω 表示合金凝固时形成多组元固溶体的能力，可以认为 $\Omega = 1$ 是多组元固溶体形成的临界值，对应于固溶体形成过程中混合熵 ΔS_{mix} 和混合焓 ΔH_{mix} 对混合自由能的作用相等。如果 $\Omega > 1$，合金凝固时，ΔS_{mix} 对固溶体形成的作用超过了 ΔH_{mix} 的作用，合金易于形成固溶体；$\Omega < 1$，则 ΔS_{mix} 的作用弱于 ΔH_{mix} 的作用，后者在固溶体的形成自由能中占主导地位。如果 ΔH_{mix} 为正，优先形成原子偏聚团簇甚至相分离；ΔH_{mix} 为负，则会形成局部有序结构或者形成金属间化合物，从而抑制形成固溶体。因此，$\Omega > 1$ 可作为多组元高熵合金的固溶体形成判据。

21.2.2 高熵合金微观结构稳定性的影响因素

传统的金属材料中，以金属键结合的多组元固体物质，其中组元原子之间的结合情况与合金中物相选择之间的关系，Hume-Rothery 等人在物理冶金学中进行了系统的归纳总结，形成了一系列的准则。它们涉及合金组元的原子尺寸差、电负性差、价电子浓度等因素对合金组元之间形成固溶体及其晶体结构的影响规律。

高熵合金中固体原子之间的结合键属于典型的金属键。故此，有关高熵合金中简单晶体结构的固溶体的生成、晶体结构类型以及热力学稳定性问题，人们也尝试将传统金属材料中的这一系列准则加以应用，来考察其有效性。其中，这些因素具体地用以下参数表征：价电子浓度 VEC、原子半径差 δ 以及 Pauling 电负性差 $\Delta\chi$ 等。

21.2.2.1 价电子浓度因素

合金的价电子浓度（VEC）定义为

$$VEC = \sum_{i=1}^{n} x_i (VEC)_i \tag{21-9}$$

式中，$(VEC)_i$ 为合金中第 i 个组元的价电子浓度；x_i 为合金中第 i 个组元的摩尔分数。

实验结果表明：高熵合金中，价电子浓度 VEC 显著影响固溶体的结构类型。对已有的高熵合金进行统计发现：当 $VEC \geqslant 8.6$ 时，FCC 结构固溶体相比较稳定；当 $VEC < 6.87$ 时，BCC 固溶体相比较稳定；VEC 介于两值之间时，高熵合金中容易形成两种晶体结构固溶体的混合组织。

需要注意，高熵合金的价电子浓度仅适合作为相对稳定的固溶体晶体结构类型的判据，不能判定多基元合金是否形成固溶体形态从而形成高熵合金。

21.2.2.2 原子尺寸因素

如果包含 n 组元的合金中各组元的原子半径为 r_i，定义综合原子半径差参数 δ 为

$$\delta = \sqrt{\sum_{i=1}^{n} x_i(1 - r_i/\bar{r})^2} \tag{21-10}$$

式中，$\bar{r}$ 为合金各组元原子的加权平均半径，它与各组元的原子半径 r_i 的关系为

$$\bar{r} = \sum_{i=1}^{n} x_i r_i \tag{21-11}$$

式中，x_i 为合金中第 i 组元的摩尔分数。

多元合金中，各组元原子尺寸差（或原子尺寸错配度）加大时，会增加合金的晶格畸变，导致晶体应变能增大，从而使合金内能升高，不利于固溶体相的稳定。只有当合金的元素尺寸相似时，各组元的原子才能相互取代，形成无序固溶体形态的高熵合金。

此外，合金组元的原子尺寸差造成原子缓慢扩散，降低相转变速率，延缓组元偏聚，甚至导致生成非晶相或局部析出纳米晶相，同样不利于形成简单结构固溶体的高熵合金。

另外，有人从原子尺寸差引发的晶格畸变出发，研究高熵合金中固溶体晶体结构类型的转变机理。在 $CoCrFeNiCu_{1-x}Al_x$ 合金系中加入大尺寸的铝原子，可以引起原子级别的晶格畸变。为了降低这种畸变能，随着 Al 含量的增加，合金由单一 FCC 结构固溶体的组织，先转变为 FCC 结构固溶体与 BCC 结构固溶体的两相共存组织，并最终转变为单一的 BCC 结构固溶体。合金由最密排的 FCC 结构逐渐转变为致密度较低的 BCC 结构，可以有效松弛晶格畸变。

21.2.2.3 合金组元电负性因素

合金组元原子的电负性差越大，各组元之间越容易发生核外电子转移，从而易于生成金属间化合物。仿照上面有关原子半径差的描述，对 n 元合金定义综合电负性差 $\Delta\chi$ 为

$$\Delta\chi = \sqrt{\sum_{i=1}^{n} x_i(\chi_i - \bar{\chi})^2} \tag{21-12}$$

式中，χ_i 为合金中第 i 个元素的 Pauling 电负性；$\bar{\chi}$ 为合金的平均 Pauling 电负性：

$$\bar{\chi} = \sum_{i=1}^{n} x_i\chi_i \tag{21-13}$$

减小合金中各组元的电负性差，有利于形成单相固溶体，从而有利于获取高熵合金。

21.2.3 高熵合金微观结构稳定性的综合分析

从热力学出发，通过比较合金体系在不同状态下的自由能相对高低，就可以得到合金体系最稳定的状态。为此，可以计算高熵合金中形成简单结构固溶体的自由能变化。如果还能够同时计算出合金中形成各种金属间化合物及其相平衡条件下的体系自由能，原则上就可以确定多元合金系中形成高熵合金的成分范围。当然，对于多元合金，还要避开形成非晶的合金成分区。不过，这种热力学计算绝非易事。为此，到目前为止，为了成功制备

高熵合金，人们主要还是从多元合金的组元自身特性出发，考虑形成简单结构固溶体的热力学参数变化，根据现有实验结果总结归纳一些有利于形成简单结构固溶体的条件，从而提高制备高熵合金的成功率。

21.2.3.1 多组元合金的基本特征参数比较

根据已报道的超过100种多基元的高熵合金研究结果，计算出影响合金固溶体稳定性的各参数δ、VEC、$\Delta\chi$以及T_m、ΔH_{mix}、ΔS_{mix}、Ω等，考察它们与合金的实际相组成的关系。与此同时，采用类似的处理对几十种典型的多组元非晶合金进行了相应参数的计算，并且加以比较。表21-1中给出了一些代表性的结果。需要说明一点：冷却速度和热处理可以影响高熵合金的相组成。为了排除动力学因素对合金相组成的影响，表中所列合金的相组成，都是经电弧熔炼后所得到的相应铸态合金中的情况。

表21-1 一些多组元合金的微观组织结构以及各相应参数的计算数据

合 金	相组成	δ /%	ΔH_{mix} /kJ·mol^{-1}	ΔS_{mix} /J·(K·mol)$^{-1}$	T_m/K	Ω	VEC	$\Delta\chi$
$Mn_2Cr_2Fe_2Ni_2Cu$	FCC	0.91	0.10	13.14	1749	229.8	8.11	0.140
$Mn_2CrFeNi_2Cu$	FCC	0.99	0.44	12.98	1713	50.53	8.43	0.150
$CoCrFeNiCu_{0.5}$	FCC	1.06	0.49	13.15	1805	48.44	8.56	0.090
MoCrFeNiCu	FCC	2.92	4.64	13.38	1985	5.72	8.20	0.160
$Mn_2CrFe_2NiCu_2$	BCC + FCC	0.83	4.69	12.97	1655	4.58	8.50	0.145
$Ti_{0.5}Co_{1.5}CrFeNiAl$	BCC + FCC	6.02	-17.17	14.54	1706	1.45	7.08	0.130
CoCrFeNiCuAlSi	BCC + FCC	4.51	-18.86	16.18	1632	1.40	7.29	0.120
TiCoCrFeNiAl	BCC1 + BCC2	6.58	-21.56	14.90	1720	1.19	6.67	0.140
$Ti_2CoCrFeNiCu$	IC	6.69	-14.04	14.53	1813	1.87	7.43	0.150
ZrHfTiCuFe	IC	9.84	-15.84	13.38	1949	1.64	6.20	0.250
AlTiVYZr	IC	10.35	-14.88	13.38	1802	1.62	3.80	0.160
ZrHfTiCuCo	IC	10.21	-23.52	13.38	1941	1.11	6.40	0.260
ZrTiVCuNiBe	IC	11.09	-24.89	14.90	1821	1.09	6.00	0.200
$Mg_{65}Cu_{20}Zn_5Y_{10}$	MG	12.70	-5.98	8.16	1086	1.48	4.40	0.25
$Mg_{65}Cu_{7.5}Ni_{7.5}Zn_5Ag_5$	MG	9.53	-7.35	9.96	1107	1.50	4.33	0.25
$Cu_{47}Ti_{33}Zr_{11}SiNi_8$	MG	8.46	-17.56	10.07	1670	0.96	7.77	0.214
$Zr_{57}Ti_5Al_{10}Cu_{20}Ni_8$	MG	9.69	-31.50	10.18	1813	0.59	5.78	0.25
$Zr_{46.75}Ti_{8.25}Cu_{7.5}Ni_{10}Be_{27.5}$	MG	14.70	-37.03	11.16	1849	0.56	4.58	0.21
$Ti_{40}Zr_{25}Ni_3Cu_{12}Be_{20}$	MG	12.03	-25.88	11.60	2010	0.90	4.62	0.18
$Ti_{53}Cu_{15}Ni_{18.5}Al_7Sc_3Si_3$	MG	7.54	-31.75	11.28	1697	0.60	6.06	0.18

注：第二栏中，IC代表金属间化合物，MG代表非晶玻璃，其余为高熵合金中固溶体相的晶体结构类型。

表21-1中数据显示：高熵合金的混合焓绝对值较小，混合熵较大，参数Ω最高，原子尺寸差较小。

相比较而言，形成金属间化合物的合金，混合焓绝对值比较大，原子尺寸差较大，参数 Ω 大致为1左右。易于形成非晶的多元合金，具有较大的负混合焓，合金组元的原子尺寸差较大，参数 Ω 最低（大多小于1）。值得注意的是：易于形成非晶的合金中，Mg基合金混合焓绝对值小，参数 Ω 大于1，比较特殊。

不过，比较表21-1中给出的高熵合金、金属间化合物和易于形成非晶的多元合金的各参数会发现：如果将合金分类计算的话，由这些参数的平均值都可以看到显著的差别。不过，具体某种合金而言，任何一个参数在不同类别的合金之间都存在比较接近甚至互相交叉的情况。

需要指出的是，前面已经总结的多组元合金体系的混合熵、混合焓以及热力学参数，以及从传统合金中引申过来的影响金属键合金中固溶体结构稳定性的各参数，对于高熵合金中固溶体稳定性都有影响。但是，任何单一的因素都不具有决定性。故此，需要将这些因素结合在一起综合考虑。以下简单总结有关的研究结果。

21.2.3.2 高熵合金形成与合金混合焓－原子半径差的关系

通过统计、计算和分析已发表的高熵合金及其他五元以上多组元合金的原子半径差 δ、混合焓 ΔH_{mix}，绘制出了原子半径差与混合焓的综合影响关系图，如图21-12所示。从中可以发现，固溶体相形成的范围是：δ 小于6.5%，ΔH_{mix} 在 $-15\sim5$kJ/mol之间，即图中的S和S′区域。这些合金的混合熵计算结果在 $12\sim17.5$J/(K·mol)之间。

图21-12中以 B_1 和 B_2 标注的区域为易于形成大块非晶（BMG）的合金。这两个区域中，合金中各组元的原子半径差一般大于6.5%。B_1 区合金具有很高的负混合焓，一般小于 -20kJ/mol。B_2 区域中混合焓较低，可至 -5kJ/mol左右。对照表21-1，B_2 区域可能主要是Mg基或者Cu基BMG合金。

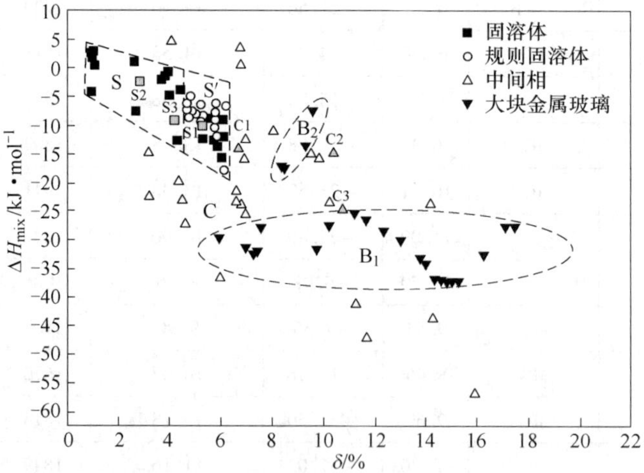

图21-12 铸态多组元合金微观组织结构与原子半径差 δ 及混合焓 ΔH_{mix} 的关系

图中以三角符号给出了易于形成金属间化合物的合金，分布在图中剩余的区域。

不过，这种关系只具有统计意义，并非总是成立。例如，FeAl合金的 ΔH_{mix} 和 δ 分别为 -11kJ/mol和5.93%，根据 ΔH_{mix}-δ 判据，应当形成稳定的固溶体相。实际中该合金形成了BCC结构的FeAl电子化合物相。这里，通过 ΔH_{mix} 和 δ 分别考虑了合金混合焓变化及原子错配影响应变能两种因素对固溶体热力学稳定性的影响，但忽略了二元合金的 ΔS_{mix} 较小的因素。

另一个类似的统计分析如图 21-13 所示。易于形成固溶体形态高熵合金的多组元合金为上述参数确定的矩形区域，高熵合金的混合焓 ΔH_{mix} 最高为 5kJ/mol，最低至 -22kJ/mol；合金中各组元原子尺寸差 δ 不超过 6.5%。易于形成金属间化合物 IC 的多元合金，主要是 δ 更大的合金。另外，当合金的负混合焓绝对值很大时，合金中易于形成金属间化合物。

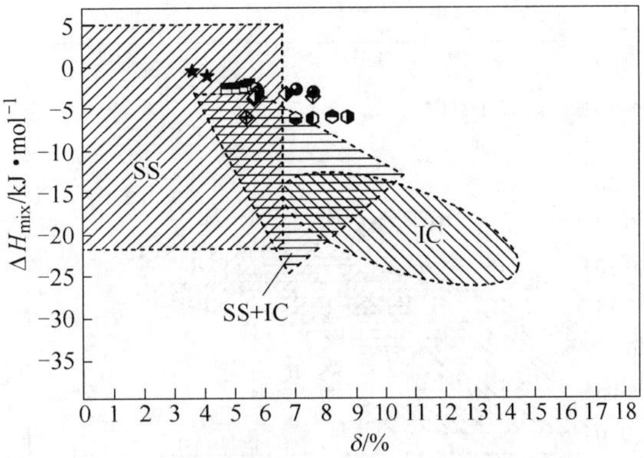

图 21-13 铸态多组元合金微观组织结构与 δ 及 ΔH_{mix} 的另一种关系

21.2.3.3 高熵合金形成与合金热力学参数 Ω-原子半径差 δ 的关系

由已报道的高熵合金实验结果，分析合金相组成与其热力学参数 Ω 及原子半径差 δ 之间的关系，得到如图 21-14 所示的结果。能够形成简单结构固溶体 S、获取高熵合金的多基元合金，有两种不同的归纳结果。依据其中（a）图，左侧偏上方的三角形区域为易于形成高熵合金的区域；（b）图中将其确定为矩形区域。所确定的参数条件类似：$\Omega > 1.1$ 并且 $\delta < 6.6\%$。

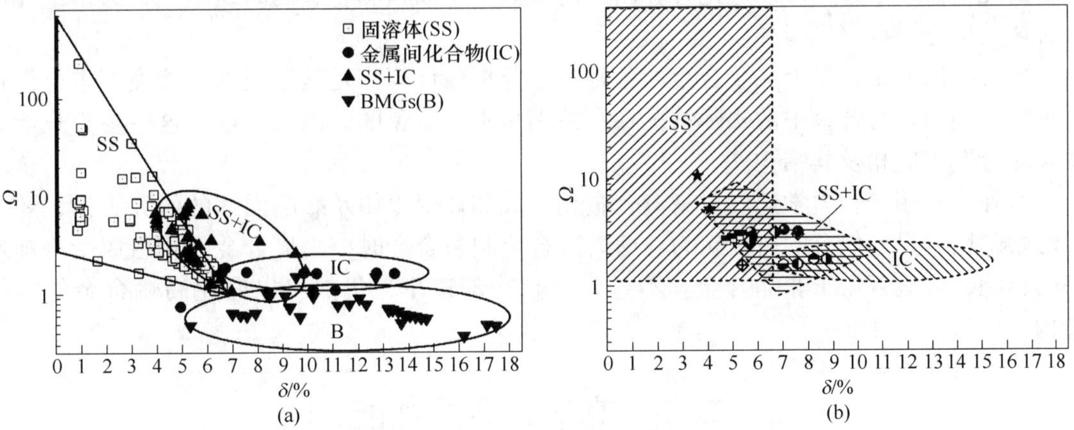

图 21-14 多组元合金微观组织结构与参数 Ω 及原子半径差 δ 的关系

比较其中固溶体（SS）形态的高熵合金与金属间化合物（IC）的多元合金的形成条件发现：形成金属间化合物的合金，组元之间的原子尺寸差 δ 总体平均值显著高于 6.6%，而参数 Ω 大约为 1，不会很高。

21.2.3.4 高熵合金形成与合金其他参数-原子半径差 δ 的关系

图 21-15 中给出了关于多元合金组成相与合金其他参数的统计关系，其中都将合金中组元原子尺寸差 δ 作为影响因素之一来处理。图中，SS 表示以固溶体为主要组成相的合金区域，也就是获取高熵合金的区域；IC 为金属间化合物为主的合金区域；SS + IC 代表由固溶体和金属间化合物共同为主要组成相的合金区域。

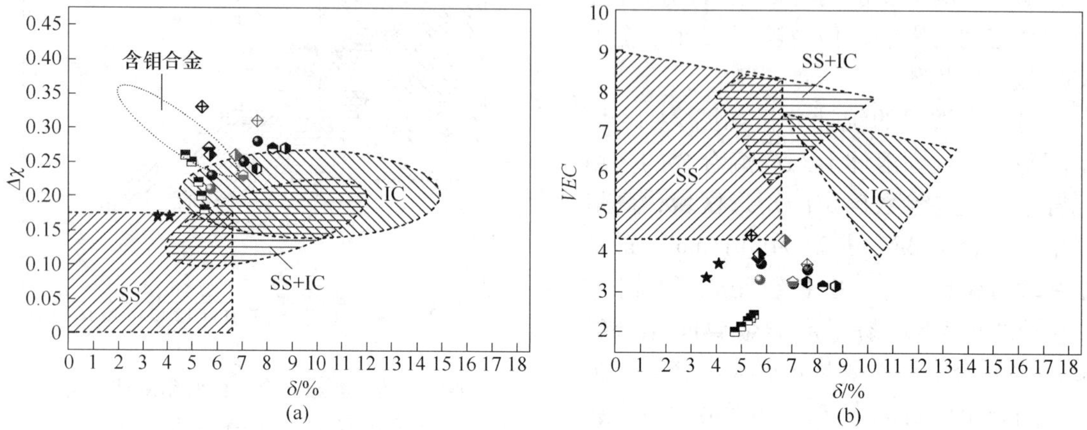

图 21-15 多组元合金组成相与合金电负性、价电子浓度的关系图

由图 21-15 可见，高熵合金中各组元之间的电负性差 $\Delta\chi$ 比较小，但含 Mo 高熵合金例外。形成金属间化合物的合金中，$\Delta\chi$ 整体略高。高熵合金的价电子浓度 *VEC* 范围与金属间化合物没有明显差别，而 *VEC* 对于高熵合金中固溶体的晶体结构有显著影响，如此前所述。

以上所述的是合金组织结构与其参数 ΔH_{mix}、Ω、$\Delta\chi$、*VEC* 和 δ 之间关系的半经验规律。由此，借助于这些可以理论计算出来的参数，可以预测合金的组织结构，为多组元高熵合金的成分设计提供指导。

需要指出的是：以上关于合金的各种参数分析和计算都是基于规则溶液模型进行简化处理后得到的，与合金中的实际情况存在差别是不可避免的。因此，依据这些参数只能大致预测合金组成相及其结构。

另外，从相变动力学角度对高熵合金相形成和转变规律及影响因素的研究工作，还处在起始阶段。目前仅有的研究认为：由熔融合金制备合金时，高熵合金的相组成受冷却速率的影响，会显著弱于非晶合金。不过，提高冷却速率，仍然可以简化高熵合金的组织结构。

21.3 高熵合金的性能

多基元的高熵合金具有特殊的组织结构，因而赋予其特殊的性能。本节总结介绍高熵合金作为结构材料应用背景下的一些特性。

21.3.1 室温硬度及压缩和拉伸性能

人们采用硬度试验、拉伸试验及压缩试验研究了高熵合金的室温力学性能。

21.3.1.1 高熵合金的室温硬度

多基元的高熵合金最初被人们所关注，不仅因为其形成独特的多组元固溶体结构，还因为高熵合金具有高的硬度和强度。表 21-2 为多种合金在铸态与完全退火态时的硬度。

表 21-2 高熵合金与传统合金退火前后硬度的比较

合金	类型	硬度（HV）	
		铸态	退火态
CuTiVFeNiZr	高熵合金	590	600
AlTiVFeNiZr		800	790
MoTiVFeNiZr		740	760
CuTiVFeNiZrCo		630	620
AlTiVFeNiZrCo		790	800
MoTiVFeNiZrCo		790	790
CuTiVFeNiZrCoCr		680	680
AlTiVFeNiZrCoCr		780	890
MoTiVFeNiZrCoCr		850	850
316 型不锈钢	传统合金	189	155
17-4 PH 不锈钢		410	362
Hastelloy C①		236	280
Stellite 6②		413	494
Ti-6Al-4V		412	341

① Hastelloy C 为 Ni-2. 15Cr-2. 5Co-13. 5Mo-4W-5. 5Fe-1Mn-0. 1Si-0. 3V-0. 1C(wt. %)；

② Stellite 6 为 Co-29Cr-4. 5W-1. 2C(wt. %)。

与传统金属材料比较，高熵合金一般硬度很高。对此，研究人员指出：高熵合金的固溶体中各组元含量相当，无明显的溶剂和溶质之分，是一种超级固溶体。其固溶强化效应异常强烈，由此显著提高合金的强度和硬度。合金中如果析出少量有序相、纳米晶以及存在非晶相的话，还可能对合金起到进一步强化的效果。

另外，高熵合金退火后硬度几乎不降低，从而表现出良好的抗退火软化的性能。多基元高熵合金的缓慢扩散效应可能是合金具有良好抗退火软化性能原因所在。

21.3.1.2 高熵合金拉伸与压缩试验结果

图 21-16 所示为 Ti_xCoCrFeNiAl 系高熵合金室温压缩试验的真应力-应变曲线。试验结

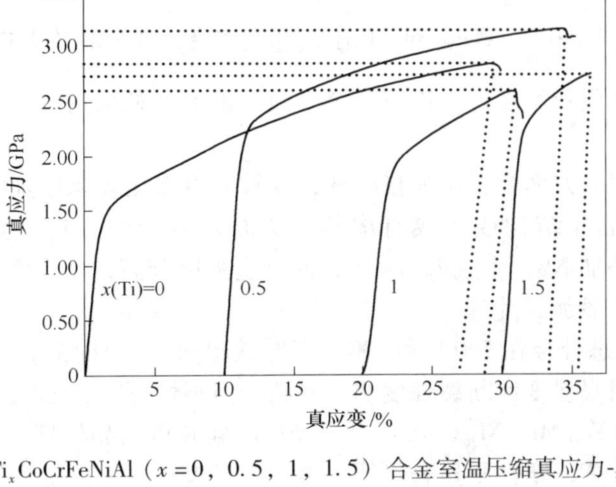

图 21-16 Ti_xCoCrFeNiAl（$x=0$, 0.5, 1, 1.5）合金室温压缩真应力-真应变曲线

果表明：所有合金均具有高屈服强度、高断裂强度、高塑性和高的加工硬化能力。其中，$Ti_{0.5}CoCrFeNiAl$ 合金的屈服强度、断裂强度和最大塑性变形量分别达到 2.26GPa、3.14GPa 和 23.3%。这样的性能甚至超过了大多数的高强度合金。该系列高熵合金因为添加 Ti 使合金产生固溶强化而获得非常高的强度。大尺寸的 Ti 原子使得晶格畸变能增加，因而获得显著的固溶强化效果。另外，$Al_{11.1}(TiVCrMnFeCoNiCu)_{88.9}$ 合金的压缩断裂强度也达到 2.43GPa。

对具有 FCC 结构固溶体的多基元高熵合金人们开展了室温拉伸试验。$CoCrFeNiCuAl_{0.5}$ 合金的杨氏模量 E、屈服强度 $R_{p0.2}$、抗拉强度 R_m 测试结果分别为 24.5GPa、359MPa 和 707MPa，断后伸长率 A 为 19.1%。合金的屈强比为 0.51，表明合金具有良好的加工硬化能力。这样的室温力学性能接近于一些 TRIP 钢和 TWIP 钢。

截至目前的实验结果已经表明：多组元高熵合金室温下的力学性能与其中固溶体相的晶体结构密切相关。BCC 结构的合金室温屈服强度非常高，而 FCC 结构合金的室温屈服强度通常低于 0.3GPa。

图 21-17 为 Al 含量对 $(FeCoNiCrMn)_{100-x}Al_x$ 合金拉伸性能的影响规律。该高熵合金中，Al 含量增加，使合金由 FCC 结构转变成 FCC 结构与 BCC 结构固溶体的复相组织。BCC 结构固溶体的产生及其含量的增加，提高了合金强度，并导致合金塑性降低。

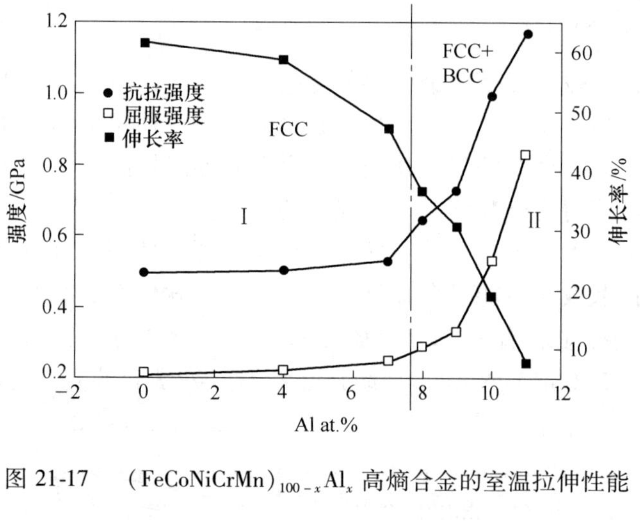

图 21-17 $(FeCoNiCrMn)_{100-x}Al_x$ 高熵合金的室温拉伸性能

除了合金组元性质及温度外，以下几个方面因素也会影响到合金的力学性能。

A 合金元素

增加的合金元素一方面会引起晶格畸变，导致固溶强化效果增加；另一方面会与合金组元作用改变合金晶体结构或生成有序相，从而影响合金性能。如图 21-18 所示，向 CoCrFeNiAl 合金中添加 Nb，生成 Laves 相，使合金强度升高，塑性降低。

B 热处理和变形加工处理

$CoCrFeNiAl_{0.3}$ 铸态合金在 700℃ 和 900℃ 下时效退火 72 小时后，合金的拉伸特性发生明显变化。其中，屈服强度和断裂强度明显提高，但塑性下降，如图 21-19 所示。

图 21-20 所示为 $Fe_{40}Mn_{27}Ni_{26}Co_5Cr_2$ 合金经过冷轧和再结晶处理后的力学性能变化。冷轧态合金强度明显升高，塑性则显著降低。再结晶退火消除了冷加工缺陷，大幅度提高合

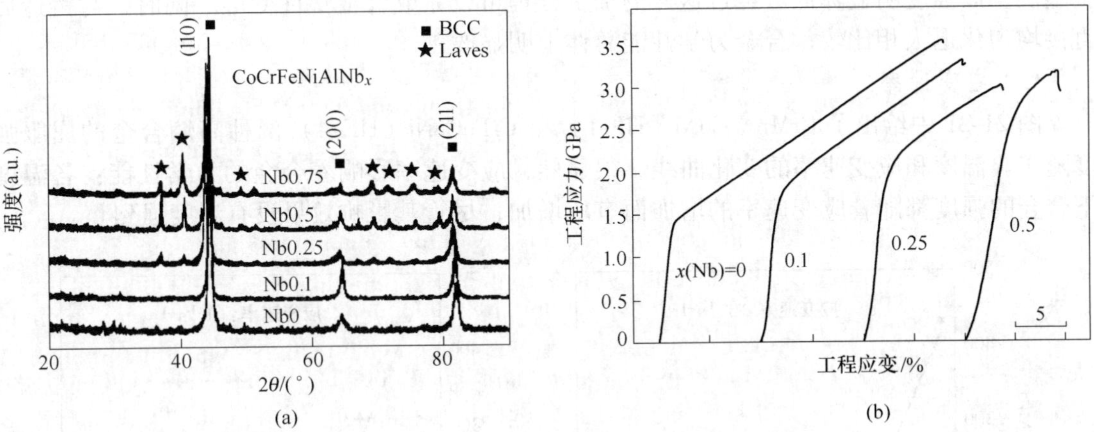

图 21-18 CoCrFeNiAlNb$_x$ 合金的相组成与力学性能

（a）XRD 图谱；（b）室温压缩应力-应变曲线

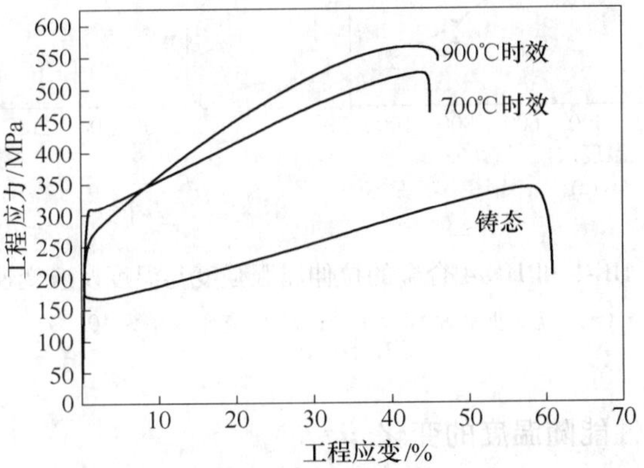

图 21-19 CoCrFeNiAl$_{0.3}$ 合金铸态和时效后的室温拉伸应力-应变曲线

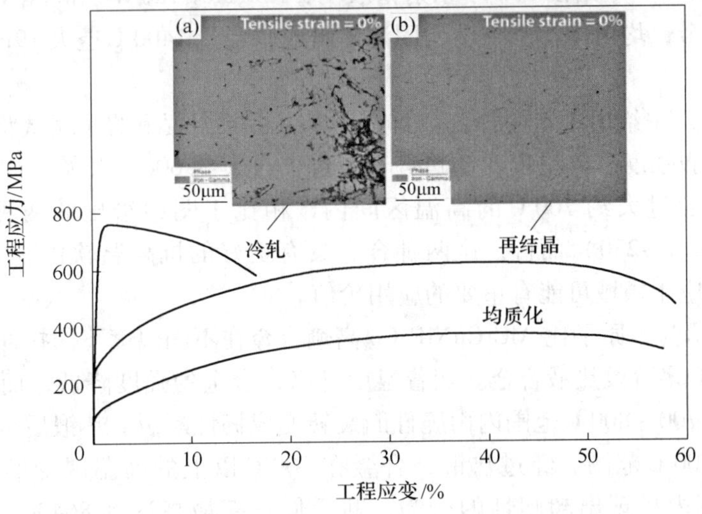

图 21-20 $Fe_{40}Mn_{27}Ni_{26}Co_5Cr_2$ 合金样品在不同状态下的室温应力-应变曲线

金塑性，而强度明显降低。经过这样的加工处理可以完成合金塑性变形。同时，与铸造后直接均匀化退火相比较，合金力学性能总体上明显改善。

C 应变速率

图21-21中给出了CrMnFeCoNi（HE-1）和CrFeCoNi（HE-4）两种高熵合金的屈服强度随实验温度和应变速率的变化曲线。很显然，应变速率影响着合金的力学性能：各温度下合金的强度都随着应变速率的增加而有所增加，尽管其影响效果没有温度强烈。

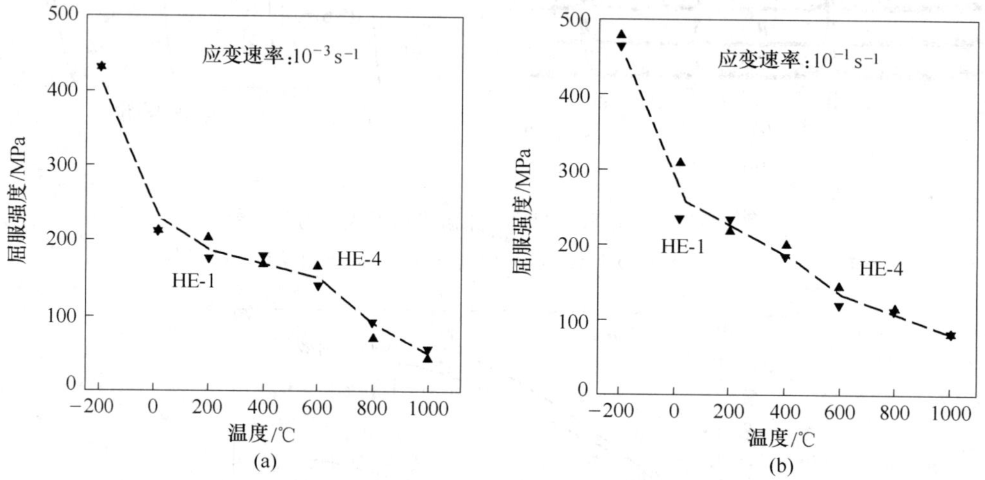

图21-21 HE-1和HE-4合金的拉伸屈服强度与温度及应变速率的关系
（a）应变速率为10^{-3} s^{-1}；（b）应变速率为10^{-1}s^{-1}

21.3.2 高熵合金力学性能随温度的变化

人们已经对高熵合金在很宽的温度范围内开展了力学性能变化规律的试验研究。

图21-22（a，b）中给出的中子衍射谱表明：$Nb_{25}Mo_{25}Ta_{25}W_{25}$和$V_{20}Nb_{20}Mo_{20}Ta_{20}W_{20}$两种高熔点高熵合金，均由体心立方结构固溶体组成，经过1400℃退火19h后，合金的组织依然稳定不变。

图21-22（c）中给出了这两种合金自室温以上不同温度下的压缩试验结果。随着温度升高，合金的屈服强度总体呈现降低趋势。不过，自大约600℃开始，屈服强度的变化趋于平缓。在温度超过大约700℃的高温区间内，相比于图中给出的两种Ni基高温合金（Inconel718和Haynes230）而言，这两种合金具有更好的抗高温软化能力。该结果表明：高熵合金在高温应用领域可能有重要的应用价值。

图21-23所示为等原子比AlCrCuNiFeCo高熵合金在不同温度下的拉伸试验结果，包括铸态合金和950℃多阶段热锻合金。随着温度升高，合金的强度降低，而拉伸塑性明显增加。铸态样品在700~800℃范围内由脆性断裂转变成韧性断裂。热锻后合金的这种韧脆转变降低至600~700℃范围。经过热锻，合金在700℃以上的高温区变形能力更强；而在800~1000℃范围内呈现出超塑性的行为，断后伸长率最高达到864%，如图21-23（c）所示。

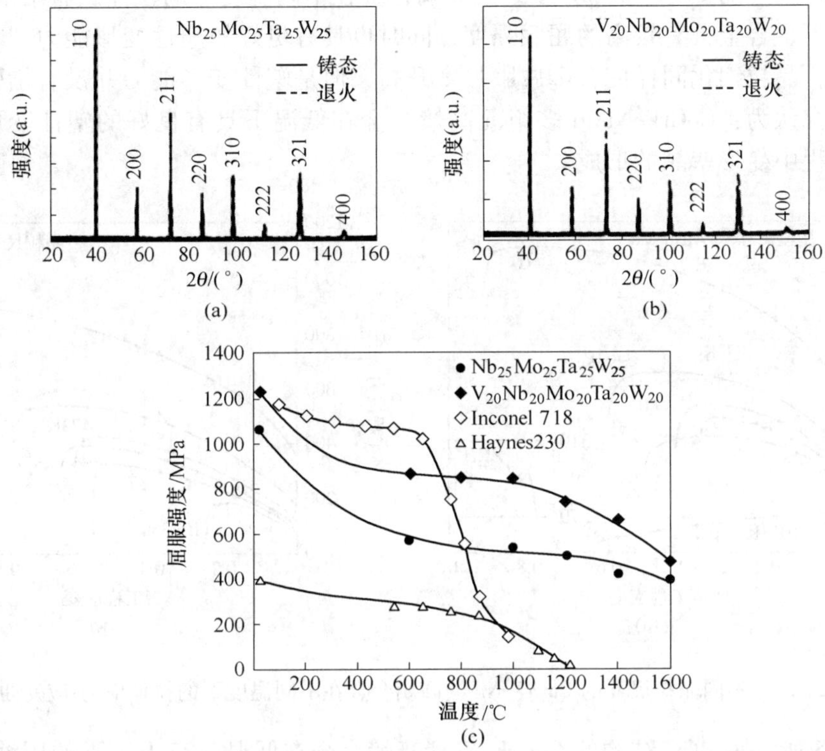

图 21-22 两种高熵合金铸态与退火态的中子衍射图谱以及屈服强度随温度的变化曲线

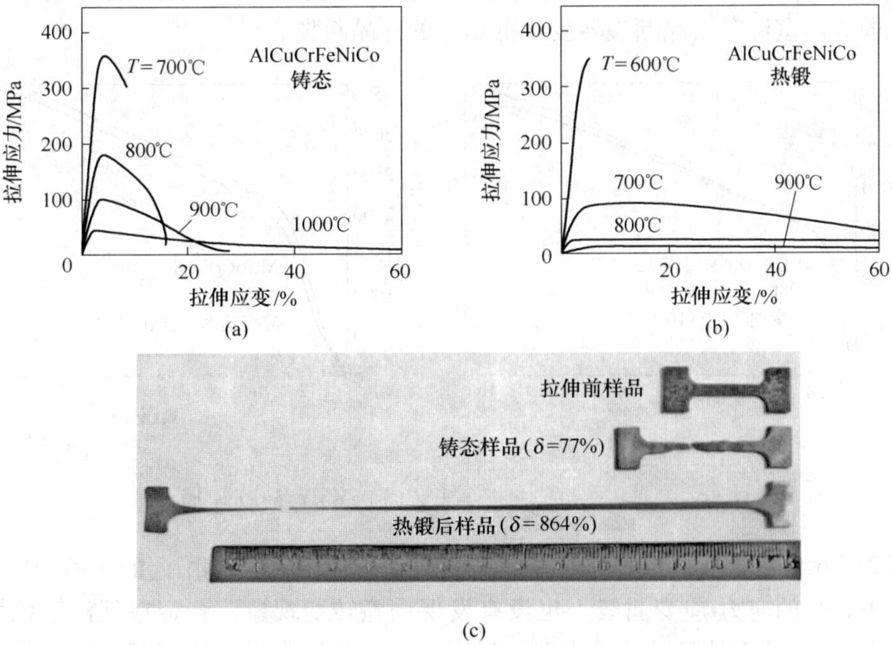

图 21-23 不同温度下 AlCrCuNiFeCo 合金的拉伸应力-应变曲线

（a）铸态样品；（b）热锻后的样品；（c）1000℃下经拉伸变形后合金样品形貌

不同晶粒尺寸的 CoCrFeNiMn 多组元高熵合金在不同温度下的拉伸试验结果如图 21-24 所示。低温下，合金具有较高的屈服强度，同时也具有更好的塑性变形能力。在不太高的温度范围内，晶粒细化同样使合金屈服强度升高，但是塑性变形能力并没有增强，甚至有所减弱。研究认为：CoCrFeNiMn 多组元高熵合金在低温下具有良好的塑性变形行为，得益于变形过程中变形孪晶的形成。

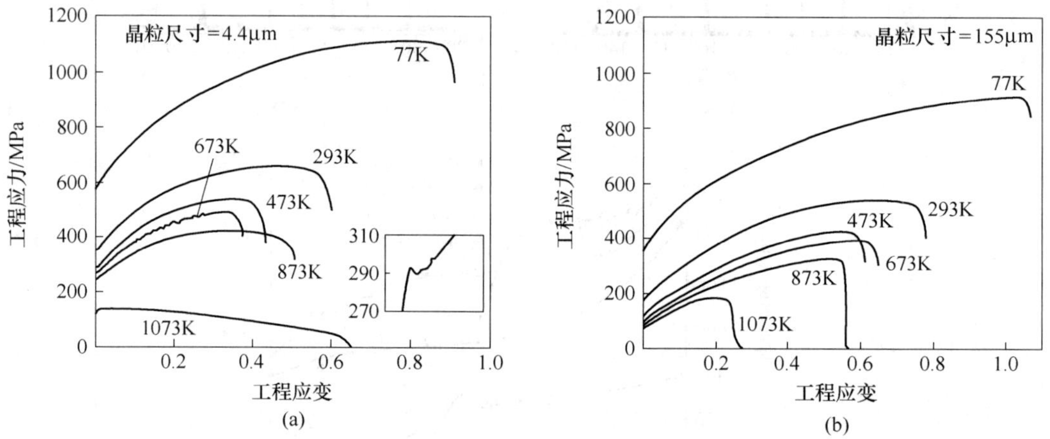

图 21-24 不同晶粒尺寸的 CoCrFeNiMn 高熵合金在不同温度下的拉伸应力-应变曲线

图 21-25 所示为 BCC 结构的 CoCrFeNiAl 高熵合金在低温（77 K）下的压缩试验曲线。低温下合金的屈服强度、断裂强度较室温下分别提升 29.7% 和 19.9%，但塑性变化不大。温度降低至 77K，BCC 结构的高熵合金并没有发生韧脆转变。不过，合金的断口形貌表明，断裂模式由室温时沿晶断裂转变为低温下的穿晶断裂。

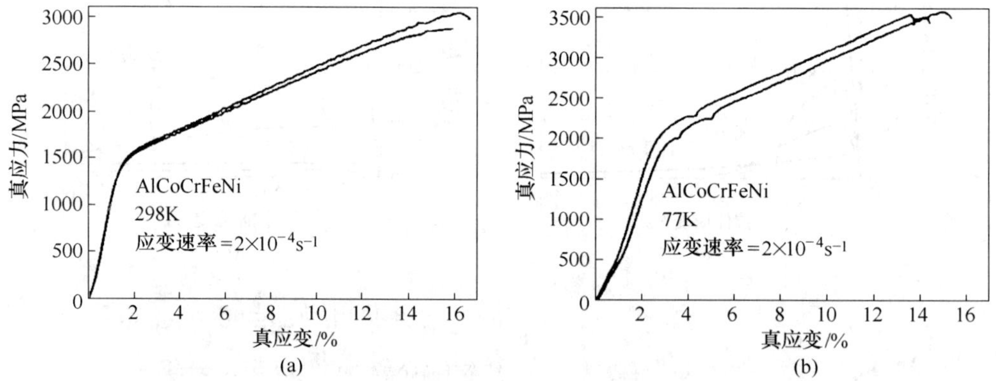

图 21-25 CoCrFeNiAl 高熵合金在不同温度下压缩应力-应变曲线

如图 21-26 所示为 $Al_{0.5}CoCrCuFeNi$ 合金在 4.2～300K 温度范围内的压缩变形行为。从不同温度下合金的应力-应变曲线上也没有发现韧脆转变现象，合金在低温下依然具有大的塑性变形量（4.2K 时变形量可达 8%），并且合金的屈服强度从 300K 时的 450MPa 增加到 4.2K 时的 750MPa。当温度低于 15K 时，在合金的应力-应变曲线上还观察到了明显的锯齿流变行为。

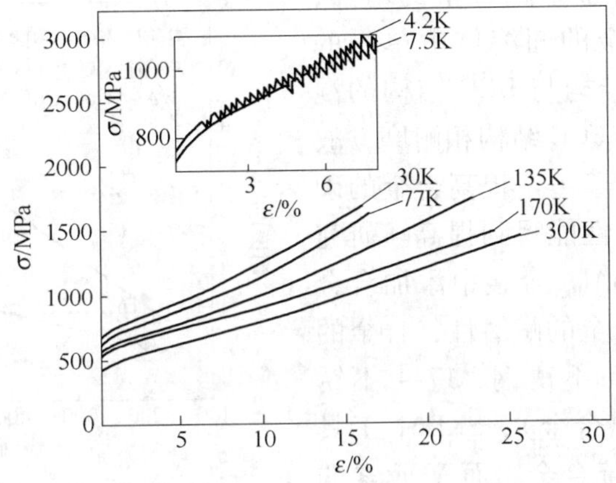

图 21-26 $Al_{0.5}CoCrCuFeNi$ 合金在 4.2～300K 温度范围内的压缩试验曲线

21.3.3 高熵合金其他力学性能

21.3.3.1 高熵合金的疲劳性能

$Al_{0.5}CoCrCuFeNi$ 高熵合金的抗疲劳性能试验结果如图 21-27 所示。该试验结果表明：对比其他合金，高熵合金具有较好的疲劳性能，合金样品在较高的应力状态下都具有较长的疲劳寿命。高熵合金的条件疲劳极限在 540～945MPa 之间，与拉伸断裂强度的比值为 0.402～0.703，与钢铁、Ti 合金及非晶合金的疲劳性能相当。由此表明高熵合金具有潜在的应用前景。

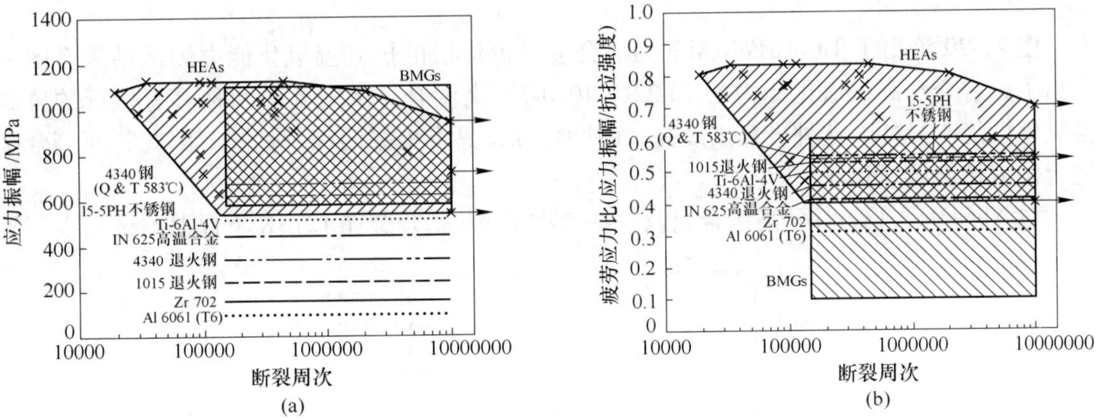

图 21-27 $Al_{0.5}CoCrCuFeNi$ 合金的疲劳曲线

（a）S-N 曲线；（b）疲劳比率与相应断裂周次（N）的关系曲线

21.3.3.2 高熵合金的耐磨性

如图 21-28 所示，对 $CoCrFeNiCuAl_x$（x = 0.5，1.0，2.0）系列高熵合金的耐磨性能试验结果表明：该合金与处于相同硬度级别的合金钢具有相似的耐磨性能，但不如 SKD61 工具钢和 SUJ2 轴承钢。

如前所述，随着合金中铝含量的增加，$CoCrFeNiCuAl_x$ 高熵合金的固溶体由单一的FCC结构过渡为FCC结构与BCC结构的混合组织。BCC结构相较FCC结构相耐磨，故此，较高的铝含量（$x=2.0$）提高合金的硬度，所以合金的抗磨损性能得到提高。研究还发现，在 $CoCrFeNiCuAl_{0.5}$ 合金中添加合金元素B可以明显改善合金的耐磨性，合金的抗磨损能力要优于316不锈钢、17-4不锈钢、Stellite（Co基高温合金）、SKD61工具钢及SUJ2轴承钢等传统合金。而V元素的添加同样也能有效提高 $CoCrFeNiCuAl_{0.5}$ 合金的耐磨性能。

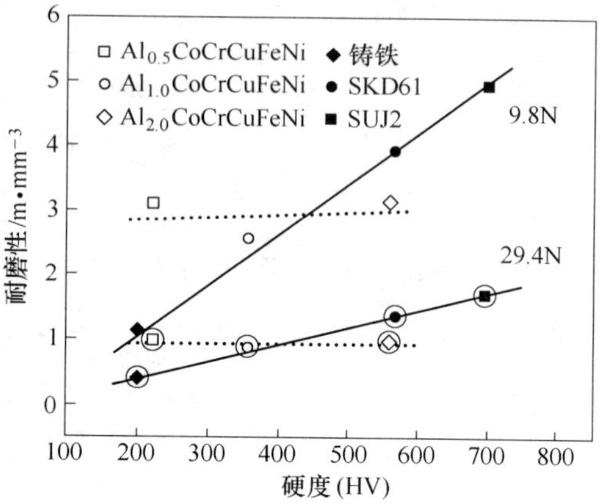

图21-28 $CoCrFeNiCuAl_x$（$x=0.5$, 1.0, 2.0）系列高熵合金的耐磨性

研究发现：$Co_{1.5}CrFeNi_{1.5}Ti$ 和 $Al_{0.2}Co_{1.5}CrFeNi_{1.5}Ti$ 合金具有更加优异的耐磨性能。它们的硬度与耐磨钢SUJ2和SKH51相当，但其耐磨性至少两倍于传统的耐磨钢SUJ2和SKH51。机理研究认为：这两种高熵合金优良的耐磨性能主要源自它们具有良好的抗氧化性和抗高温软化性。

21.3.3.3 高熵合金的断裂韧性

有研究报道，CoCrFeNiMn高熵合金的断裂韧性超过 $200MPa \cdot m^{1/2}$，处于金属材料的抗裂纹扩展能力的最高档次。高熵合金的断裂韧性还有待深入开展测试研究。

21.3.4 高熵合金抗腐蚀性能

图21-29给出了TiCoCrFeNiAlSi高熵合金喷覆涂层的抗高温氧化能力测试结果。图中给出了该合金与高抗氧化能力的Ni-22Cr-10Al-1Y高温合金的对比。两种具有接近的抗高温氧化性能。另外，这种合金硬度高、耐磨性强，具有更好的综合性能。因此，高熵合金适合作为抗高温氧化涂层。

对 $NbCrMo_{0.5}Ta_{0.5}TiZr$ 高熵合金及一些典型的Nb基合金在1273K下保温测试其表面氧

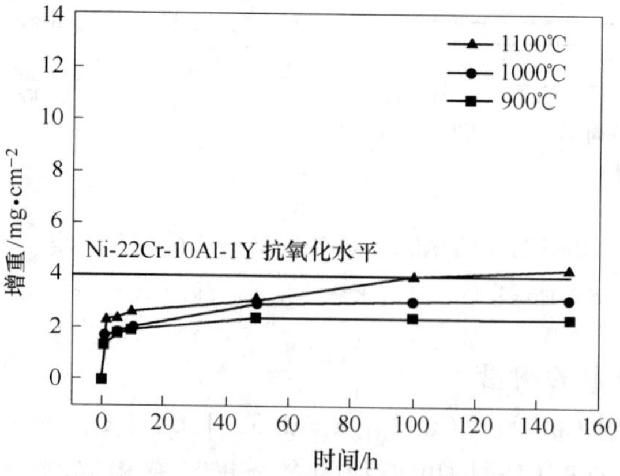

图21-29 TiCoCrFeNiAlSi高熵合金喷涂涂层的抗氧化性能

化增重特性，比较合金的抗氧化性能。表 21-3 所给的试验结果表明：$NbCrMo_{0.5}Ta_{0.5}TiZr$ 高熵合金具有较好的抗高温氧化性能，达到了与 Nb-18Si-26Mo 合金接近的水平，优于多数的商业 Nb 基合金。

表 21-3 含 Nb 高熵合金与 Nb 合金在 1273K 下表面氧化增量对比 （mg/cm^2）

合 金	氧化时间				
	1h	2h	4h	24h	100h
Nb	159	300	—	—	—
Nb-7Si-9Al	69	145	275	—	—
Nb-8Si-9Al-10Ti	—	—	—	182	338
Nb-8Si-11Al-15Ti	—	—	—	51	153
Nb-19Si-5Mo	26	53	106	—	—
Nb-18Si-26Mo	9.7	13.8	19.5	45	—
Nb-12Si-15Mo	1.3	1.4	4.0	15	—
$NbCrMo_{0.5}Ta_{0.5}TiZr$	10	15	22	50	119

图 21-30 对比了高熵合金与其他合金在 3.5wt% NaCl 溶液中的腐蚀速率，显然，高熵合金的腐蚀速率与不锈钢和 Al 合金相当，虽然总体高于 Ni 合金和 Ti 合金，但明显低于低碳钢和低合金钢。比如，CoCrFeNi 合金具有良好的抗点蚀性能，与 304 型奥氏体不锈钢相仿。另外，高熵合金在高浓度硫酸、盐酸、硝酸等腐蚀溶液环境中往往具有优异的耐蚀性，特别是含有 Cu、Ti、Cr、Ni 或 Co 的高熵合金。

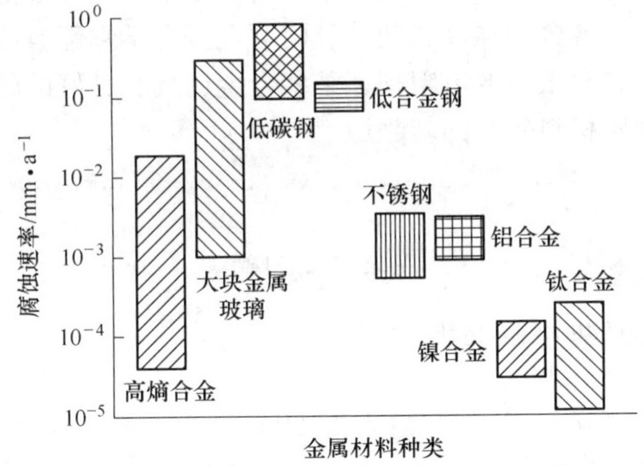

图 21-30 高熵合金与其他合金在 3.5wt% NaCl 25℃溶液中的腐蚀速率比较

高熵合金薄膜和涂层具有高硬度，高热稳定性，良好的抗氧化、抗腐蚀和抗磨损性能，可以作为硬质涂层、扩散障碍、装饰涂层等。故此，除了块体材料，高熵合金的氮化物、碳化物薄膜和涂层成为另一个研究重点。

21.3.5 高熵合金的物理性能

试验数据业已表明：高熵合金普遍具有非常高的电阻率，仅次于非晶合金。高熵合金有两个方面的特征影响其导电性，其一是合金中多种不同化合价态的合金原子无序随机分布，其二是不同原子的尺寸差造成合金原子空间位置的偏离（晶格畸变）。这两个特征造成高熵合金中晶格静电势场的严重不规则性，降低了自由电子在合金中移动的自由程，从而提高了合金的电阻率。另外，试验表明：高熵合金的电阻率在室温以上的温度范围内，随温度升高而线性增加，显示出比较典型的金属自由电子导电性。

研究结果显示：一些高熵合金具有良好的软磁性能。溅射法制备的 FeCoNiAlB 合金薄膜，室温下的饱和磁感应强度达到 1.3T。高熵合金同时具有非常高的电阻率，故此可望具有良好的交流软磁特性，在高频通信方面具有很好的应用潜力，类似于非晶软磁合金。

需要指出：由于目前为止对于高熵合金的了解还很有限，对于其性能的认识更是处于初级阶段，还严重缺乏数据的积累，上面所介绍的性能特点甚至可能是特殊情况，不具备普遍性。尽管如此，高熵合金已经显示出一些明显不同于传统合金的特殊性能。这就促使人们投入更多的人力物力，对高熵合金的性能及其规律性和机理开展深入细致的研究。

本 章 小 结

高熵合金是近年来人们在金属材料领域新开发出来的一类新型材料。这类材料具有多个基本组元，在多元合金相图中处于中间成分区域，合金的组织结构是具有简单的 FCC 或者 BCC 晶体结构的固溶体。促进形成这种组织结构的因素是多基元合金所具有的高混合熵。同时，合金组元之间的混合焓绝对值不能太高，以避免形成金属间化合物或者形成分离的多相共存组织。已有的高熵合金研究结果表明：合金中存在强烈的晶格畸变，合金元素的扩散系数有所降低；合金的强度、塑性、耐磨性等力学性能具有独特性；合金具有良好的抗腐蚀性能；合金具有很高的电阻率，某些合金还具有良好的软磁特性。

高熵合金开辟了金属材料研究的新领域。

思考题与习题

21-1 高熵合金的化学组成的基本特点是什么?

21-2 高熵合金的组织结构特征是什么?

21-3 多元合金系中，生成高熵合金的主要竞争对象是什么?

21-4 多元系合金中生成高熵合金的驱动力是什么，阻力又是什么? 说明各自作用的原因。

21-5 从热力学角度出发，判断高熵合金形成能力的合金参数是什么? 解释其意义。

21-6 多组元合金体系中，原子尺寸差、价电子浓度、电负性差等因素对金属合金的相组成状态有显著的影响。在高熵合金中，根据现有的研究成果，你能总结出哪些规律性?

21-7 计算等原子比的 4 元、5 元和 6 元合金的混合熵。

21-8 由 21-7 计算得出的结果描述相应合金在实际相组成状态下的混合熵，是否存在需要注意的问题?

21-9 合金体系的混合焓，对第 21-7 题给出的计算结果与合金体系实际状态的混合熵之间的吻合程度是否存在影响? 解释你给出的判断原因。

21-10 合金体系的原子尺寸差、电负性差是否影响合金体系实际状态下的混合熵?

21-11 BCC 结构与 FCC 结构的高熵合金，强度与塑性性能有什么差别？

21-12 影响高熵合金中固溶体两种立方结构“转变”的因素，有哪些重要的试验规律？

21-13 总结高熵合金与此前所介绍金属材料的不同点。

21-14 高熵合金是一种新型的金属合金，本章简单总结介绍了其组织结构与性能的现有研究结果。你如何看待这些研究结果？与本教材前面所介绍的工程上大量应用的那些金属材料是否应当明显区别对待？请给出你的观点。

参考文献

[1] Zhang Y. , etc. , Microstructures and properties of high-entropy alloys. Progress in Materials Science 61, 2014, 1.

[2] 张勇，非晶和高熵合金[M]. 北京：科学出版社，2010.

[3] Zhang Y. , etc. , Solid-solution phase formation rules for multi-component alloys. Advanced Engineering Materials 10, 2008, 534.

[4] Yang X. , Zhang Y. , Prediction of high-entropy stabilized solid-solution in multi-component alloys. Materials Chemistry and Physics 132, 2012, 233.

[5] Zhou Y. , etc. , Solid solution alloys of $AlCoCrFeNiTi_x$ with excellent room-temperature mechanical properties, Applied physics letters 90, 2007, 181904.

[6] Lu Y. P. , etc. , A promising new class of high-temperature alloys: eutectic high-entropy alloys, Scientific Reports 4, 2014, 6200.

[7] Chang S. Y. , etc. , Structural and thermodynamic factors of suppressed interdiffusion kinetics in multi-component high-entropy materials, Scientific Reports 4, 2014, 4162.

[8] Koželj P. , etc. , Discovery of a superconducting high-entropy alloy, Physical Review Letters 113, 2014, 107001.

[9] Murty B. S. , Yeh J. W. , Ranganathan S. , High entropy alloys, Boston: Butterworth-Heinemann, 2014.

[10] Senkov O. N. , etc. , Accelerated exploration of multi-principal element alloys with solid solution phases, Nature Commmunications, 6, 2015, 6529.

[11] Zhang Y. , etc. , Guidelines in predicting phase formation of high-entropy alloys, MRS Communications 4, 2014, 57.

[12] Santodonato L. J. , etc. , Deviation from high-entropy configurations in the atomic distributions of a multi-principal-element alloy, Nature Commmunications, 6, 2015, 5964.

[13] Gludovatz B. , etc. , A fracture-resistant high-entropy alloy for cryogenic applications. Science 345, 2014, 1153.

[14] Wang X. F. , etc. , Novel microstructure and properties of multicomponent $CoCrCuFeNiTi_x$ alloys, Intermetallics 15, 2007, 357.

[15] Zhang Y. , etc. , A brief review of high entropy alloys and serration behavior and flow units, Journal of Iron and Steel Research, International 23, 2016, 2.

冶金工业出版社部分图书推荐

书名	作者	定价(元)
中国冶金百科全书·金属材料	编委会 编	229.00
合金相与相变(第2版)(本科教材)	肖纪美 主编	37.00
金属学原理(第3版)(上中下册)(本科教材)	余永宁 编著	197.00
金相实验技术(第2版)(本科教材)	王 岚 等编	32.00
物理化学(第4版)(本科教材)	王淑兰 主编	45.00
冶金物理化学(本科教材)	张家芸 主编	39.00
冶金物理化学研究方法(第4版)(本科教材)	王常珍 主编	69.00
冶金与材料热力学(本科教材)	李文超 等编	65.00
冶金与材料近代物理化学研究方法(本科教材)	李文超 等编	56.00
冶金工程实验技术(本科教材)	陈伟庆 主编	39.00
钢铁冶金原理(第4版)(本科教材)	黄希祜 编	82.00
材料科学基础教程(本科教材)	王亚男 主编	33.00
材料科学与工程实验指导书(本科教材)	李维娟 主编	20.00
现代材料测试方法(本科教材)	李 刚 等编	30.00
工程材料与热处理(本科教材)	何人葵 主编	31.00
金属学与热处理(本科教材)	陈慧芬 主编	39.00
相图分析及应用(本科教材)	陈树江 等编	20.00
合金设计及其熔炼(本科教材)	田素贵 编著	33.00
耐火材料(第2版)(本科教材)	薛群虎 主编	35.00
稀土金属材料	唐定骧 等著	140.00
高纯金属材料	郭学益 著	69.00
硬质材料与工具	周书助 编著	79.00
硬质合金生产原理和质量控制	周书助 编著	39.00
激光制备先进材料及其应用	刘其斌 等著	64.00